国外优秀食品科学与工程专业教材

食品化学（第五版）

Food Chemistry, 5e

主编　【美】Srinivasan Damodaran
　　　　Kirk L. Parkin

译　　江　波　杨瑞金　钟　芳　张晓鸣
　　　　卢蓉蓉　张文斌　华　霄

中国轻工业出版社

图书在版编目 (CIP) 数据

食品化学:第五版/(美)斯里尼瓦桑·达莫达兰(Srinivasan Damodaran),(美)柯克·L. 帕金(Kirk L. Parkin)主编;江波等译. —北京:中国轻工业出版社,2020. 12

国外优秀食品科学与工程专业教材

ISBN 978-7-5184-2528-0

Ⅰ.①食…　Ⅱ.①斯…　②柯…　③江…　Ⅲ.①食品化学—高等学校—教材　Ⅳ.①TS201.2

中国版本图书馆 CIP 数据核字(2019)第 122706 号

Fennema's Food Chemistry, Fifth Edition/by Srinivasan Damodaran Kirk L. Parkin/ISBN 978-1-4822-0812-2

Copyright@ 2017 by CRC Press.

Authorized translation from the English language edition published by CRC Press, a member of the Taylor & Francis Group, LLC;All Rights Reserved. 本书原版由 Taylor & Francis 出版集团旗下,CRC 出版公司出版,并经其授权翻译出版。版权所有,侵权必究。

China Light Industry Press is authorized to publish and distribute exclusively the Chinese (Simplified Characters) language edition. This edition is authorized for sale throughout Mainland of China. No part of the publication may be reproduced or distributed by any means, or stored in a database or retrieval system, without the prior written permission of the publishers. 本书中文简体翻译版授权由中国轻工业出版社有限公司独家出版并只限在中国大陆地区销售,未经出版者书面许可,不得以任何方式复制或发行本书的任何部分。

Copies of this book sold without a Taylor & Francis sticker on the cover are unauthorized and illegal. 本书封面贴有 Taylor & Francis 公司防伪标签,无标签者不得销售。

策划编辑:钟　雨
责任编辑:钟　雨　　　责任终审:张乃东　　　封面设计:锋尚设计
版式设计:砚祥志远　　　责任校对:朱燕春　　　责任监印:张　可

出版发行:中国轻工业出版社(北京东长安街 6 号,邮编:100740)
印　　刷:三河市国英印务有限公司
经　　销:各地新华书店
版　　次:2020 年 12 月第 1 版第 1 次印刷
开　　本:787×1092　1/16　印张:63.75
字　　数:1380 千字
书　　号:ISBN 978-7-5184-2528-0　定价:240.00 元
邮购电话:010-65241695
发行电话:010-85119835　传真:85113293
网　　址:http://www.chlip.com.cn
Email:club@ chlip.com.cn
如发现图书残缺请与我社邮购联系调换
180484J1X101ZYW

译者序

在食品化学课程众多教学资料之中,由美国威斯康星(麦迪逊)大学的 Owen R. Fennema 教授主编的《食品化学》,堪称是最全面、最权威且最具参考价值的教材与教学参考书。Fennema 教授组织全球著名且拥有丰富教学经验的食品化学家共同编纂了《食品化学》第一版,并于 1976 年出版。该书一经问世,便被誉为当时最好《食品化学》书籍。随着食品化学领域的迅速发展与知识的迭代更新,Fennema 教授先后两次组织重新编著,于 1985 年及 1996 年相继出版《食品化学》(第二版)和《食品化学》(第三版)。鉴于食品化学研究的飞速发展,2007 年,Damodaran 教授、Parkin 教授和 Fennema 教授重新编著的《食品化学》(第四版)再度问世,并称为 *Fennema's Food Chemistry*(Fennema 的食品化学),以表达对 Fennema 教授的感谢与敬意。

为了将食品化学领域这一极具价值的著作广泛传播,Fennema 等教授编著的各版《食品化学》,曾先后被译成西班牙文、葡萄牙文、俄文和中文。《食品化学》(第二版)和(第三版)中译本,由江南大学王璋教授与许时婴教授牵头负责,分别于 1991 年和 2003 年由中国轻工业出版社出版发行。两位教授为翻译工作倾注全部心血,对中国食品化学教材领域做出了持续长久的贡献。如今王璋教授已经仙逝,他的纪念研讨会也于 2013 年 5 月在江苏无锡召开。《食品化学》(第四版)中译本于 2013 年出版,由王璋教授弟子,同时也是在食品化学领域有较高学术造诣的教授:江波教授、杨瑞金教授、钟芳教授、张晓鸣教授和卢蓉蓉教授负责翻译。第四版中译本的出版,亦是表达了对王璋教授的深切怀念及其毕生奉献的敬意。

随着食品化学领域的研究动向、趋势与成果不断更新发展,对其理论的系统性梳理也需进行相应的调整与收录。在 Fennema《食品化学》(第四版)的基础上,Damodaran 教授和 Parkin 教授等对《食品化学》的内容进行重新编写,并于 2017 年出版了第五版。与第四版相比,第五版修订了部分章节,其中包括水与冰、色素、生物活性物质:功能性组分与毒素、牛乳的特性和可食用植物组织的采后生理,同时删除了食品体系组分的物理和化学相互作用和生物技术对食品供应和品质的影响。第五版新增了本领域内的新成果、新应用及新趋势等,旨在为读者提供一个较宽广的视角。

为及时呈现《食品化学》(第五版)的最新内容,译者组织国内食品化学领域的专家和学者对第五版进行了翻译。具体编写情况如下:江南大学食品科学与技术国家重点实验室江波教授负责(第 5、8、10、12、13 章)、江南大学食品学院杨瑞金教授负责(第 1、6、9、11 章和附录)、钟芳教授负责(第 2、15 章)、张晓鸣教授负责(第 4、7 章)、卢蓉蓉教授负责(第 3 章)、张文斌副教授负责(第 14 章)、华霄副教授负责(第 16 章)。此外,国家重点实验室的张涛教授和陈静静副研究员等做了大量的翻译与核对工作。

感谢中国轻工业出版社对《食品化学》(第五版)中译本的出版所付出的辛勤劳动,感谢对译者的鼓励与支持。限于译者水平,书中难免有疏漏之处,敬请广大读者批评指正。

江 波

2020 年 10 月

前言

欢迎使用菲尼玛的《食品化学》第五版。从第四版到第五版经历了十一年时间,撰稿人和内容都有了变化,这些变化体现了十多年来食品化学领域的新老交替和新的研究与发展成果。"食品中的水和冰""着色剂""生物活性物质:营养素和毒素""牛乳的特性"和"可食性植物组织的采后生理学"这几章有了新的撰稿人和合作撰稿人。第五版删除了第四版中"食品系统中组分间的物理和化学相互作用"和"生物技术对食物供应和品质的影响"两章。然而,有些却一直没有改变。尽管我们曾试图找到更好的撰稿人,但还是出现了罗伯特·林德森博士为"食品添加剂"(标题曾为"其他食品有益成分")一章所有五版和"食品风味"一章第二版到第五版的唯一作者的情况。有些原则是很难遵循的。非常感谢所有撰稿人在第五版编写的过程中所做的努力,感谢他们在章节修订和改写中的认真和奉献。他们的努力使欧文·R. 菲尼玛的《食品化学》的内容紧跟时代。

许多人都知道欧文·R. 菲尼玛博士在 2012 年 8 月去世了,这是件很悲痛和忧伤的事情。艾萨克·牛顿爵士说:"如果说我看得更远的话,是因为我站在巨人的肩膀上。"对于我们中那些有幸被欧文感动的人来说,得益于他为我们提供的洞察力,使我们能够看得更远。他还以他作为科学家、专业人士和普通人的方式激励我们。谨将《食品化学》第五版献给欧文·R. 菲尼玛博士。

接下来,我们一起分享下面两篇文章。

Srinivasan Damodaran 和 Kirk L. Parkin
美国威斯康星州麦迪逊市

威斯康星大学(麦迪逊)教员悼文
退休教授欧文·R.菲尼玛的去世

家住米德尔顿市的荣誉退休教授欧文·R.菲尼玛(Owen R.Fennema)于2012年8月1日(星期三)在阿格拉斯临终关怀中心因膀胱癌并发症去世,享年83岁。在他去世时,家人陪伴在侧。欧文于1929年1月23日出生于伊利诺伊州辛斯代尔市,是尼古拉斯(乳品厂老板)和弗恩·菲尼玛的儿子。后来,移居堪萨斯州温菲尔德,1946年中学毕业。他在高中时遇到了他心爱的妻子伊丽莎白(娘家姓哈默),于1948年8月22日结婚。

欧文就读于堪萨斯州立大学,于1950年获得乳品工业学士学位,并很快于1951年在威斯康星州麦迪逊大学(UW Madison)获得乳品工业硕士学位。1951年至1953年,欧文在得克萨斯州胡德堡的美国陆军中担任少尉军械官。1953年,他和伊丽莎白移居明尼阿波利斯,在皮尔斯伯里公司的研究部门工作。1957年,移居麦迪逊,进入研究生院,于1960年获得乳品和食品工业(辅修生物化学)博士学位。

欧文于1960年被聘为食品化学助理教授,1964年升为副教授,1969年晋升为正教授,1977—1981年担任系主任,然后作为威斯康星大学(麦迪逊)食品科学教授直至1996年退休。在此期间,他在食品科学系、农业与生命科学学院、威斯康星大学麦迪逊校区、食品科学界和国际社会的各个方面都成绩卓著。

在科学研究方面,菲尼玛教授将他的团队定位在几个领域的研究前沿,其在食品低温生物学和食品模拟体系及可食用膜的研究成果最为丰硕,最值得关注。采用整体方法来定义和理解影响食品质量特性的食品体系的物理、化学和生物学性质。他对食品体系中的相行为、(生物)化学反应性和溶质转移之间的相互作用的复杂性的基础发现成为这些领域的科学范例,其中的许多至今仍在指导着专业人士。揭示食物中的水和冰的本质、对食品的影响和控制方法是菲尼玛教授研究的突出重点。这可以从他发表的数百篇学术文章和书籍章节的内容以及他指导的研究生完成的约60篇学位论文得到印证。在欧文因其研究活动获得的众多荣誉和奖项中,最负盛名的是美国化学学会(the American Chemical Society)农业和食品化学分会(the Agricultural and Food Chemistry Division of American Chemical Society)的Fellow(会士)和Advancement of Application of Agricultural and Food Chemistry Award(农业和食品化学应用进步奖,美国化学学会农业和食品化学分会的最高荣誉)。他是美国食品科学技术学会(Institute of Food Technologists,IFT)的Fellow和Nicholas Appert奖(IFT最高荣誉)获得者,荷兰瓦赫宁根农业大学农业与环境科学荣誉博士。

在教学方面,菲尼玛教授是一位天才的沟通者和学生学习的激励者。他对课程内容的组织精心到不可思议的程度。他的讲解非常的清晰,就像他专注研究的"水和冰"一样。他特别专注解释原理,并用图例(定期更新)让学生有"直观"的感觉。欧文在课堂上表现和对传授知识的热情"使主题变得生动"。欧文对学生的学习有着真正的兴趣,他会鼓励学生提问,然后在课堂内外花时间帮助学生归纳问题。学生们把欧文当作他们尊敬的支持者,他们从欧文对他们教育的全身心投入中得到激励。在其辉煌成就的一生,欧文因一本被认为是食品科学学生及学者的种子书蜚声世界,这本书现在冠名为《菲尼玛食品化学》,已经出版四版,并翻译成多种语言出版,在全世界广泛使用。他认为这是他作为一名教师最重要的成就之一。他从同事和学生中得到了许多的赞誉,包括"杰出老师(phenomenal teacher)""领域巨人(titan in his field)"和"食品科学之父(father of food science)"。他指导一些后来者成为食品科学界负有盛名的领导者。菲尼玛教授名至实归地获得了IFT颁发的William V. Cruess Award for Excellence in Teaching 奖、威斯康星大学(麦迪逊)颁发的 UW-Madison Distinguished Teaching Award 和西班牙马德里颁发的 Fulbright distinguished lecturer award 奖。

欧文曾在许多专业团体和委员会任职,包括美国化学学会、农业科学技术委员会(the Council for Agriculture Science and Technology)和美国食品科技学会。他在IPT曾担任过多个职位,1982—1983年任主席,1994—1999年任I财务主管。欧文在1999年至2003年期间担任IFT的同行评议期刊的主编,他的努力使期刊从质量和相关性下降中发生逆转,使其成为在食品科学学者中有影响力和受到推崇的期刊。他也曾在多个国家咨询委员会任职,2000年获得美国食品药物监督管理局局长特别嘉奖(U.S. FDA Director's special citation award)。

欧文是世界公民,他对国际食品科学做出了许多贡献,其中最重要的是他在国际食品科学与技术联盟(IUFoST)的服务。他曾在IUFoST担任各种职务,在世界各地讲学,担任众多国际学生的导师。1999—2001年,欧文担任国际食品科学技术学院(International Academy of Food Science and Technology)首任院长。欧文具有全球影响力,对许多机构的活动和教育计划都有影响。他是一个没有偏见的人。他是第一批被邀请到南非的美国食品科学家之一,坚持在南非的黑人机构发表演讲。

尽管获得了各种奖项和荣誉,欧文仍然是一个谦逊和温暖的人。对他的老师,他总是随叫随到,表现出无限的耐心,并成为他们一生的朋友。由于他的时间有限,他的学生和同事们经常会利用每一个机会与他交流,甚至有时会在他在校园里散步的时候。欧文传奇般的步态让其他人很难跟上他的步伐,边喘气边与他进行智慧对话是件很不容易的事情。从专业上来说,欧文经常遥遥领先于我们。我们很想知道怎样才能跟上他的步伐。

欧文也是一位有成就的诗人、木匠和铅玻璃工匠。他是一位真正的天才艺术家,他的许多作品都悬挂在威斯康星大学(麦迪逊)的大楼、IFT的芝加哥总部及朋友和熟人的家里。一件漂亮的作品在巴布科克大厅的主入口迎接来访者进入我们挚爱的巴布科克大厅。

欧文感动了很多人,包括学生、同事、朋友和家人。在他生命的最后几周里,许多人给他写评论和写信,告诉他他是一个多么伟大的老师和导师,以及他对他们的生活所产生的巨大影响。"作为一位杰出的学者、世界著名的教授和善良、体贴的朋友,他是我们大家的引领者。"

当我们降临到这个世界的时候，我们被水所爱抚。水是生命之源，支撑着我们。当亲人离开的时候，我们悲伤流泪。欧文一生都在研究水。现在很容易浮现出一幅画面，他在玩水，露出他那惯常的咧嘴笑看着我们，好像他知道一些我们并不知道的事情，急于与我们分享——永远的老师。我们在这里哀悼他的去世，我们会珍惜他留给我们的礼物，即不可磨灭的奉献、无私、人性和榜样的印记。

纪念委员会
Srinivasan Damodaran
Daryl B. Lund
Kirk L. Parkin（主任）

在欧文·R. 菲尼玛博士的众多才华中，他有一种文字表达的方法，包括将科学与讲故事的艺术相结合的能力。以下是菲尼玛博士写的"水和冰"一章的摘录。摘自《食品化学》第三版第 18 页。

序:水——有关生与死的物质

在一个地下洞穴的黑暗中,没人关注的一颗水滴从一块石笋中慢慢地滴下,顺着前人走出的一条小径前行,像其他水滴一样,分开变小,尽情触摸矿物之美,然后停在顶端,慢慢汇聚到最大,再迅速地掉落到洞穴的底部,好像急于去执行其他任务或要以其他形式出现。水具有无限的可能性。一些水滴表现出静谧的美——在孩子的外套袖子上,没有人注意设计独特和精致完美的雪花花纹;在蜘蛛网上,露珠在晨曦照耀下突然迸发出光芒;在乡村,夏日的阵雨带来清爽;在城市,雾轻轻地弥漫在夜空中,以它的宁静减轻嘈杂。一些人则喜欢瀑布的喧闹和活力、冰川的浩瀚、即将来临的暴风雨的凶险,或者女人脸上泪水的感染力。水的其他角色不那么明显,但却更为关键。生命由水以种种微妙的以及少为人认知的方式创始和维持。在特殊情况下,少量有害的冰晶也会引起不可避免的死亡;在森林地上的腐烂,水无情地分解故去的,使生命重新开始。然而,这些都不是人们最熟悉的水的形式。人们熟悉的是它的简单的、平常的、平凡的、不值得特别注意的形式,就像从家里水龙头哗哗流出的凉水。青蛙和鸣,似乎对自己生命赖以生存的湿地环境漠不关心。无疑,水最显著的特征就是捉摸不透。它是一种真正的无限复杂的物质,有着极大和无法估量的重要性,它的奇异和美妙足以激发和挑动任何人去认识它。

参编人员

James N. BeMiller
普渡大学食品科学系,印第安纳州西拉法叶市

Morgan J. Cichon
俄亥俄州立大学,俄亥俄州哥伦布市

Jessica L. Cooperstone
俄亥俄州立大学,俄亥俄州哥伦布市

Srinivasan Damodaran
威斯康星大学(麦迪逊)食品科学系,威斯康星州麦迪逊市

Eric A. Decker
马萨诸塞大学食品科学系,马萨诸塞州阿莫斯特市

Owen R. Fennema
M. Monica Giusti
俄亥俄州立大学食品科技系,俄亥俄州哥伦布市

Jesse F. Gregory III
佛罗里达大学食品科学和人类营养学系,佛罗里达州盖恩斯维尔市

Chi-Tang Ho
罗格斯大学食品科学系,新泽西州新布朗斯维克市

David S. Horne
威斯康星大学(麦迪逊)乳品研究中心,威斯康星州麦迪逊市

Kerry C. Huber
爱达荷大学,爱达荷州莫斯科市

Robert C. Lindsay
威斯康星大学(麦迪逊)食品科学系,威斯康星州麦迪逊市

David. Julian McClements
马萨诸塞大学食品科学系,马萨诸塞州阿莫斯特市

Dennis D. Miller
康奈尔大学食品科学系,纽约州伊萨卡市

Kirk L. Parkin
威斯康星大学(麦迪逊)食品科学系,威斯康星州麦迪逊市

Steven J. Schwartz
俄亥俄州立大学,俄亥俄州哥伦布市

Gale M. Strasburg
食品科学与人类营养学系,密歇根州立大学,密歇根东兰辛市

Ton van Vliet
瓦赫宁根农业大学,荷兰瓦赫宁根市

Joachim H. von Elbe
威斯康星大学(麦迪逊),威斯康星州麦迪逊市

Pieter Walstra
瓦赫宁根农业大学,荷兰瓦赫宁根市

Christopher B. Watkins
康奈尔大学综合植物科学学院,纽约州伊萨卡市

Hang Xiao
马萨诸塞大学食品科学系,马萨诸塞州阿莫斯特市

Youling L. Xiong
肯塔基大学动物与食品科学系,肯塔基州莱克星顿市

前言(第一版)

多年来急需一本能适合于食品科学专业学生的食品化学教科书,而这些学生已经学过有机化学和生物化学。本书的构思主要是为了满足上述需要;其次,也为从事食品研究、食品产品开发、质量管理、食品加工以及从事与食品工业有关的其他工作的人们提供一本参考书。

曾经仔细地考虑过挑选多少作者参加本书的编写,并且做出了这样的决定:大部分的章节由不同的作者编写。虽然让许多作者共同写一本书可能会产生一些问题——各章所包括的范围出现不平衡,不同的哲学观点,不可避免地重复以及因疏忽而造成重要材料的遗漏,但是我们认为还是有必要将食品化学的许多方面包括进去,并且对主要的读者应达到足够的深度。由于我们清楚地认识到上述隐藏的危险,因此,在编写本书过程中已设法将这些危险降低到最低的程度。考虑到这是第一版,我认为它确实是十分满意的,除了篇幅或许稍大以外。如果读者赞同我的评价,我将感到十分高兴,但是不会感到惊奇,这是因为由如此著名的学者编写的一本书几乎不可能会失败,除非主编者不善于组织这些有才能的人一起工作。

本书的编排形式十分简明,我希望这样做是恰当的。食品的主要成分、食品的次要成分、食品分散体系、可食用的动物组织、可食用的动物来源的流体、可食用的植物组织和食品成分的相互作用按次序编排;作者的意图是从简单的体系逐步进展到较复杂的体系。当然,作者并没有企图将食品化学的所有方面都编入本书。然而,我们希望那些最重要的题目已在书中作了足够深入的论述。为了达到这个目标,本书的重点放在能适用于各种食品的主要的基本原理上。

本书中采用了大量的图和表格,作者深信这将有助于读者理解所提供的材料。为了使读者易于获取额外的资料,书中引用了大量的参考文献。

我衷心地希望所有的读者能指出那些我没有注意到的错误,并提出改进的建议,在编写本书新的版本时将充分考虑这些建议。

由于非本专业的读者对本书所作出的反应令人满意,因此,我最大的期望是读者能发现本书是具有启发作用的,并且它能达到编者预期的目标。

Owen R.Fennema

前言(第二版)

　　自从很受欢迎的本书第一版问世以来,相当长的时间又过去了,因此,适时地向读者提供一个新的版本似乎是有必要的。新版的宗旨仍然是向具有良好的有机化学和生物化学背景的高年级本科生或低年级研究生提供一本教科书;对食品化学有兴趣的研究人员也能从本书获取有益的见解。本书最适用于两个半学年的食品化学课程,如果选读部分章节,那么也适用于半学年的课程。应该指出有几章的内容具有足够的广度和深度,它们作为研究生专业课程重要的原始资料是有价值的。

　　第二版的编排方式和第一版相同,但是在其他方面却有着重大的变动。碳水化合物、脂类、蛋白质、风味和乳这几章以及作为总结的最后一章是由新的作者撰稿,因此,它们的内容是全新的。第二版删去了食品分散体系这一章,而有关的内容分散在各个章节的适当部位。对于其余各章都没有例外地作了重大的修改,索引部分也有很大的扩展,它增加了化学物质索引这一部分。与第一版相比,新版更注重于食品化学所特有的那些内容,也就是说与标准生物化学课程所包括的内容较少地重复。因此,新版是经过重大的更新和提高的。我感谢各位作者对本书所做出的卓越的贡献,我也感谢他们对主编有时近乎苛刻的要求所表现出来的容忍态度。

　　按照我的意见,本书的内容包括了食品化学的各个领域,并且各个部分具有相同的深度和透彻性,这是高水平的、导论性的有机化学和生物化学教材所具有的特征。我深信,这是一个重大的进展,它反映了食品化学领域的发展已达到了人们所期望的成熟程度。

Owen R. Fennema

前言(第三版)

  自《食品化学》(第二版)出版至今,时间已过去 11 年,显然有必要出版一个新的版本。新版的目的和前几版相同,首先它可以作为高年级本科生和低年级研究生的教科书使用,这些学生必须具备良好的有机化学和生物化学基础;其次,它也可以作为一本参考书使用。在新版中没有特意编入食品分析的内容,然而当在逻辑上能与所讨论的题目相配合时,也涉及食品分析的信息。作为本科生的教科书,它是依据两学期食品化学课程安排内容的,编者建议授课教师可选择性地指定学生阅读确实需要掌握的材料。在食品化学范围内还有一些具有研究生水平的专门课程,本书的各个章节可以作为这些课程的基础。

  第三版在一些重要的方面不同于第二版。由首次参与编写的作者所编写的那些章在内容上完全是新的,这些章包括蛋白质、分散体系、酶、维生素、矿物质、动物组织、毒物和色素。其余章由第二版的作者作了彻底的改写。例如,在水和冰这一章中主要增加了分子流动性和玻璃化转变现象这方面的内容。因此,此版书有 60% 以上的内容是新的,它的图表也得到了很大的改进,并且能更好地聚焦在食品化学领域中最重要的内容。

  在新版中增加了分散体系和矿物质这两章。在第二版中,将有关分散体系的内容分插在脂类、蛋白质和碳水化合物等章中,而矿物质包含在维生素和矿物质这一章中。虽然在第二版中作这样的处理在编排上是有合理的一面,但是这也造成分散体系和矿物质在内容上的肤浅和粗略。在新版中这些论题有了专门的章节,使相关的内容具有足够的深度,并与本书的其余部分保持一致。由一位新的作者单独撰写的维生素这一章与这些变化相关。我确信,这一章能完整、深入和集中地论述食品化学领域中的维生素这个专题。

  新版的所有作者工作非常努力,并且能容忍我在编辑上有时过分严厉的要求,为此我深表感激。他们编写了一本具有一流质量的书。在出版了前面两版和 20 年之后,我能满意地说:所有主要的论题都能以合适的宽度和深度包括在新版中,并且新版能聚焦在与食品有关的反应上。这样的聚焦能成功地将食品化学与生物化学区分开来;在同样意义上,生物化学也区别于有机化学,当然前者仍然依赖着后者。

  虽然我曾非常仔细地策划和编辑,但是次要的错误是难免的,尤其是在第一次印刷的书中。如果读者发现这些错误,非常希望他们能告诉我,这将有助于改正这些错误。

Owen R.Fennema

前言（第四版）

Fennema 教授的巨作《食品化学》第四版已先后译成西班牙文、葡萄牙文及俄文，其中文版的面世，将使全球非英语国家与英语国家的食品科学家共同获益。Fennema 教授的《食品化学》译成多种主要语种的事实成功表明，她不仅是一本供学生使用的优秀教科书，也是一本深受学术与工业界专业人士喜爱的参考书。作为编者之一，我深感荣幸。

由衷感谢江南大学江波、杨瑞金、钟芳、张晓鸣及卢蓉蓉五位教授，对于他们在翻译此书过程中所体现出的奉献精神及辛勤工作，谨致以最诚挚的谢意。

由于人口众多，中国的食品科学界规模已远超世界其他任何国家。故我深信，《食品化学》第四版中文版将对中国食品化学教育有极大的促进作用。对使用此书的中国学生及科学家，我衷心希望她将有助于你们接受教育，提升专业水准。

我真诚希望《食品化学》中文版不仅能体现其教学重要性，更能开创中美学者间科学合作、交融与理解的新时代。

目　录

第一部分　食品的主要组分

第二部分 食品次要组分

第三部分 食品系统

绪论 1

Owen R. Fennema，Srinivasan Damodaran，
和 Kirk L. Parkin

1.1　什么是食品化学

　　食品科学主要研究食品的物理、化学以及生物学属性。这些性质关系到食品的稳定性、成本、质量、加工、安全、营养价值、卫生和方便性。食品科学是生命科学的一个分支，是微生物学、化学、生物学和工程学相融合的交叉学科。食品化学作为食品科学的重要领域，主要研究食品的组成、性质以及食品在处理、加工和贮藏过程中的化学变化。食品化学与化学、生物化学、物理化学、植物学、动物学以及分子生物学紧密相关。食品化学家也只有掌握了上述学科的知识才能有效地研究和控制作为人类食物来源的生物物质。了解生物物质的固有性质和掌握运用生物物质的方法是食品化学家和生物科学家的共同兴趣。生物学家主要关注的是在与生命相似或基本相似的环境条件下生物物质的繁殖、生长和变化。与之相反，食品化学家主要关注的是已经死去或正在死去的生物物质（植物的采后生理学和肌肉的宰后生理学）以及这些生物物质在各种环境条件下的变化规律。例如，对于销售新鲜水果和蔬菜，食品化学家关注的是维持其剩余生命的合适条件，尽量延长食品保藏期，而对不适于生命过程的条件则不怎么关注。此外，食品化学家还关注破碎了的食品组织（面粉、水果汁和蔬菜汁、分离出的和经改性的组分以及加工好的食品）、单细胞食品原料（蛋和微生物）和乳（主要的生物流体）的性质。总之，对于生物物质，食品化学家除有着许多与生物科学家相同的关注点外，还有着一些与后者显著不同的关注点。这些不同的关注点对人类同样至关重要。

1.2　食品化学的历史

　　食品化学的起源不明确。有关它的历史详情没有很好地研究和记载。这也不足为奇，因为食品化学的发展与农业化学交织在一起，农业化学领域的历史文献并没有详细记载食品化学的发展过程。直到 20 世纪，食品化学才有了一个清晰明确的名称 [1,2]。因此，以下

1

关于食品化学发展历史的简要介绍是不完整的和有选择性的。然而,已有的信息足以说明下述的食品化学中的关键性事件发生的时间、地点和原因,并能将其中一些事件与 19 世纪以来食品供应改善的主要变化联系起来。

虽然在某种意义上食品化学的起源可以追溯至中世纪前,但就目前的判断,食品化学领域最重要的发现始于 18 世纪后期。这一时期食品化学的发展历史在 Filby[3] 和 Browne[1] 的著作中有详细的记载。它们也是本节中所述诸多信息的主要来源。

在 1780—1850 年,一些著名的化学家做出了许多重大的发现。其中的一些直接或间接地与食品相关,并构成了现代食品化学的基础。瑞典药物学家 Carl Wilhelm Scheele(1742—1786 年)是历史上最伟大的化学家之一。除了著名的有关氯、甘油和氧(比 Priestly 早 3 年,但没有公开发表)的发现以外,他还分离并研究了乳糖的特性(1780 年)。通过乳酸氧化制备了黏酸(1780 年),设计了加热贮藏醋的方法(1782 年,早于 Appert 的发现),从柠檬汁(1784 年)和醋栗(1785 年)中分离出了柠檬酸,从苹果中分离出了苹果酸(1785 年),并在 20 种常见水果中检测出了柠檬酸、苹果酸及酒石酸的存在(1785 年)。他从动植物中分离各种新的化学成分的工作被认为是农业与食品化学领域精确分析研究的起源。

法国化学家 Antoine Laurent Lavoisier(1743—1794 年)对燃素学说的否定和现代化学原理的形成起了重要作用。在食品化学方面,他建立了燃烧有机分析的基本原理,首次阐明发酵过程可以用平衡反应方程来描述,首次尝试测定乙醇的元素成分(1784 年),而且最早发表的有关各种水果中有机酸的论文中有一篇是他写的(1786 年)。

法国化学家 Nicolas-Théodore de Saussure(1767—1845 年)对 Lavoisier 提出的农业和食品化学原理的格式化和阐明做了很多贡献。他还研究了植物呼吸期间 CO_2 和 O_2 的变化(1804 年),通过灰化方法测定了植物的矿物质含量,同时首次完成了乙醇的精确元素分析(1807 年)。

Joseph Louis Gay-Lussac(1778—1850 年)和 Louis-Jacques Thenard(1777—1857 年)在 1811 年发明了测定干蔬菜物质中碳、氢和氮百分含量的第一个方法。

英国化学家 Humphrey Davy 爵士(1778—1829 年)在 1807 年和 1808 年分离了元素 K、Na、Ba、Sr、Ca 和 Mg。他对农业和食品化学的贡献主要是他的农业化学系列著作,其中的第一部(1813 年)是《农业化学原理》(*Elements of Agricultural Chemistry*)。这是他在农业委员会讲课的讲稿[4]。他的著作使已有的知识更加条理化、清晰化。他曾这样阐述:

"植物的所有组成部分都可被分解成少数几个元素。按这些元素的组合排列可用于食品或艺术品。这些元素或者存在于植物的组织或者存在于植物所含的汁液中。研究这些物质的性质是农业化学的一个基本部分。"

后来,他指出植物通常仅由 7 种或 8 种元素组成,而最基本的植物物质是由氢、碳和氧按不同比例组成。它们通常单独存在,少数情况下会与氮结合[5]。

瑞典化学家 Jons Jacob Berzelius(1779—1848 年)和苏格兰化学家 Thmoas Thomson(1773—1852 年)的研究促使了有机化学方程式的开端。如果没有有机化学方程式,有机分析就是荒漠,而食品分析更是不可完成的任务[12]。Berzelius 测定了约 2000 种化合物的元素组成,因此证实了定比定律。他还发明了一种精确测定有机物中水分含量的方法,克服了 Gay-Lussac 和 Thenard 方法中存在的缺陷。此外,Thomson 指出支配无机物质组成的定律也同样也适用于有机物。这一点非常重要。

法国化学家 Michel Eugène Chevreul(1786—1889 年)在名为《有机分析及其应用概论》(*Considérations générales sur l'analyse or ganique et sur ses applications*)[6]的著作中列出了当时已知的存在于有机物质中的元素(O、Cl、I、N、S、P、C、Si、H、Al、Mg、Ca、Na、K、Mn、Fe),并列出了可用于有机分析的方法:①中性溶剂提取,如水、乙醇或含水乙醚;②缓慢蒸馏或分馏;③水蒸气蒸馏;④将被分析物通过已加热至白炽状态的管子;⑤用氧分析。Chevreul 是有机物分析的先驱,他在动物脂肪方面的经典研究促成了硬脂酸和油酸的发现及命名。

驻扎在密歇根州麦基诺堡(Fort Mackinac,MI)的美国军队外科医生 William Beaumont(1785—1853 年)开展了经典的胃消化实验。该实验否定了在 Hippocrates 时代关于食品只含有一种营养成分的概念。该实验是于 1825—1833 年在一位加拿大人 Alexis Bidagan St. Martin 身上进行的。该加拿大人因受枪伤而形成了一个能直接进入胃内部的通路,通过该通路可以引入食物,并能检测到食物在随后的消化过程中的变化[7]。

Justus von Liebig 男爵(1803—1873 年)一生取得了的诸多令人瞩目的成就,其中包括在 1837 年证实了乙醛是发酵产醋过程中形成的乙醇和乙酸的中间产物。1842 年他将食品分为含氮的(植物血纤维蛋白、白蛋白、酪蛋白以及动物肉和血)和不含氮的(脂肪、碳水化合物和含酒精饮料)两类。虽然这种分类在一些方面是不合适的,但它可用于区分各种不同食品之间的重要差异。他还优化了定量分析有机物质的方法,尤其是通过燃烧进行分析的方法。他在 1847 年出版了食品化学领域的第一本著作《食品化学研究》(*Researches on the Chemistry of Food*)[8]。该书涵盖了他在肌肉水溶性组分(肌酸、肌酸酐、肌氨酸、次黄嘌呤核苷酸和乳酸等)方面的大量研究工作。

有趣的是上述食品化学的发展历程与严重的、广泛的食品掺假起源相平行。可以毫不夸张地说,检测食品中杂质的需求是发展分析化学特别是食品分析化学的一个主要推动力。遗憾的是,化学的发展也确实或多或少地"帮助"了食品掺假。不道德的食品供应商能得益于化学文献,从中获得食品掺假的配方,用那些基于科学依据的更有效的方法来取代陈旧的、低效的经验方法进行食品掺假。因此,食品化学与食品掺假的历史通过一些因果关系紧密地交织在一起。也正因为如此,人们应该从历史的观点来分析和看待食品掺假[3]。

当前世界上比较发达的国家的食品掺假历史可以划分为三个不同的阶段。第一阶段是 1820 年以前,当时食品掺假问题并不严重,也没有建立检测方法的必要。这主要是因为当时食品是从小商贩或个人处购买获得的,买卖主要建立在人与人之间相互信任的基础上。第二阶段开始于 19 世纪早期,当时在食品中有意掺假出现的频率和严重程度都显著增加。这一变化主要归结于食品加工和分配集中化程度的增加和人与人之间责任意识的下降。此外,现代化学的发展也是食品掺假增加的部分原因。直至 1920 年前后,有意的食品掺假仍然是一个严重的问题,但是,随着监管压力的加大和有效检测方法的实施将有意的食品掺假频率和严重性减少至可接受的水平,这标志着第二阶段的结束和第三阶段的开始。至今,食品掺假状况一直在持续改善中。

一些人认为食品掺假的第四阶段开始于 20 世纪 50 年代。当时含有合法化学添加剂的食品逐渐成为主流;在大多数工业化国家中,深度加工的食品成为人们膳食的主要来源;同时一些不期望的工业化副产物,例如汞、铅和农药,对食品的污染逐渐引起公众和司法界的关注。此观点的正确性备受争议,分歧一直持续到今天。尽管如此,抵制食品掺假问题的行动方向是明确的。公众对食品供应的安全及营养密切关注已使得食品生产、处理和加工方式发生了一些自愿和非自愿的变化。随着人们对合适的食品加工方法有了更多了解以及食品中不期望组分的最高容许摄入量的估计更为精确,必然会采用更多的防范措施。

19 世纪初是公众对食品供应的质量和安全特别关注的时期。此类关注,或者更恰当的说是愤慨,是由英国作家 Frederick Accum 发表的题为《论食品掺假》(*A Treatise on Adulterations of Food*)[9]和一篇匿名发表的题为《锅中的死亡》(*Death in the Pot*)的文章[10]所引发的。阿卡姆声称"确实难以在一个掺假的国家中找到一种不掺假的食品,有些东西的真品恐怕几乎从来没有生产过"。他进一步指出"更可悲的是,化学本该应用在人们生活中的有用之处,却被扭曲将它应用在这种邪恶的交易(掺假)中"。

虽然 Filby[3]认为 Accum 的谴责有些过分,但正如这两位阐述的那样,在 19 世纪食品和配料故意掺假现象普遍存在,包括甘露糖、黑胡椒、辣椒、香精油、醋、柠檬汁、咖啡、茶、牛乳、啤酒、葡萄酒、糖、黄油、巧克力、面包和糖果产品。

19 世纪初在公众意识到食品掺假的严重性后,补救的力度逐渐加大。政府制定新的法规使掺假非法化,化学家们努力研究获得食品的天然性质、经常被用作掺假物的化学物质以及检测掺假物的方法。在 1820—1850 年,化学和食品化学的重要性在欧洲得到认可。这一方面得益于本章引述的科学家们的工作,另一方面是许多大学为青年学生建立了化学研究实验室以及创办了新的化学研究杂志[1]。此后,食品化学一直在加速发展,下面概述的是其中的一些进展及其原因:

1860 年,第一个由政府资助的农业实验站在德国的韦德(Weede)建立。Wilhelm Henneberg 和 Friedrich Stohmann 分别被任命为该农业实验站的主任和化学专家。基于早期化学家们的研究成果,他们发明了一种用于常规测定食品中主要组分的重要方法。将一种试样分成几个部分,分别测定其水、粗脂肪、灰分和氮含量,然后将氮值乘以 6.25 得到蛋白质含量。依次用稀酸和稀碱消化试样后得到被称为"粗纤维"的残渣。除去蛋白质、脂肪、灰分和粗纤维后,剩余部分被称为"不含氮提取物",代表了可利用的碳水化合物。遗憾的是,在很长的一段时间里,化学家和生理学家都错误地认为,不管是什么食物,用此方法获得的同样的值代表着同样的营养价值[11]。

1871 年,Jean Baptiste Duman(1800—1884 年)认为,仅含有蛋白质、碳水化合物和脂肪的膳食不足以维持生命。

1862 年,美国国会通过了由 Justin Smith Morrill 起草的赠地大学法案(Land-Grant College Act)。这个法案促进了农学院在美国的建立并且推动了对农业和食品化学家的培训。同一年,成立了美国农业部,Isaac Newton 被任命为第一任部长。

1863 年,Harvey Washington Wiley 成为美国农业部的首席化学家。他倡导了反对冒牌和掺假食品的运动,并最终促成了美国第一个纯食品和药物法令的颁布(1906年)。

1887年,在密苏里州众议员、众议院农业委员会主席 William Henry Hatch 起草的哈奇法案(Hatch Act)颁布实施后,美国建立了农业实验站。结果,全世界最大的国家农业实验站系统诞生了,并对美国的食品研究产生了巨大的影响。

在20世纪上半叶,人类必需营养素大部分得以发现并鉴定,其中包括维生素、矿物质、脂肪酸和一些氨基酸。

在20世纪中期,是发展和使用化学物质来帮助食品的生长、制造和销售是一个特别值得注意和有争议事件的。

上述的历史回顾虽然简略,但这使得目前的食品供应与19世纪时相比已有极大改善。然而,在撰写本文时,食品领域出现了食品科学界必须解决的不同于以往的几个新问题,即进一步提高食品安全和营养价值,减轻已有的或潜在的食品供应的安全威胁。这些问题包括非营养成分在食品、膳食补充剂和在促进人体健康方面比单一营养素更有效的植物制剂(详见第13章)中表现的性质、功效及作用;作物的分子工程(转基因生物,GMOs)及其对食品安全及人类健康的潜在威胁与益处(详见第16章);有机与传统农业方式种植的作物其营养价值差异。

1.3 食品化学的研究方法

食品化学家较为关注的是认知决定食品基质材料性质、化学活性分子因素以及如何应用获得的认知来有效地改善食品的配方、加工和贮藏稳定性。最终目标是建立不同类别化学成分之间的因果关系和结构与功能的关系,从而将对一种食品或食品模型体系研究中获得的结果应用于对其他食品的认知。食品化学的分析研究方法包括四个部分:①确定安全、优质食品的属性;②确定对食品质量和/或卫生水平下降有显著影响的化学和生物化学反应;③综合这两点,推断关键的化学和生化反应如何影响食品的质量和安全;④将上述认知应用于解决食品配方、加工和贮藏过程中遇到的各种问题。

安全是任何食品的先决条件。从广义上讲,安全意味着食品在被消费时必须不含任何有害的化学物质和微生物污染物。为了便于操作,食品安全的定义有着更为实用的形式。在罐头工业中,低酸食品的"商业无菌"是指不存在可以生长的肉毒芽孢杆菌孢子。该表述同样可以转化为对于特定包装的特定产品的特定热加工需求。考虑到这些加热要求,可以选择满足这一热加工需求的特定的时间—温度组合以最大限度地保留食品的质量属性。相似地,对花生酱这样的产品,操作安全性可用"不存在黄曲霉毒素"来表达。黄曲霉毒素是由一种类霉菌产生的致癌物质。为防止霉菌生长所采取的措施可能会(也可能不会)影响食品的其他质量属性;尽管如此,确保食品安全的操作是必需的。

表1.1所示为食品的质量属性以及它们在加工和贮藏过程中可能发生的变化。除了涉及营养价值和安全性的变化以外,其他质量属性的变化对消费者来说也是敏感的。

许多化学或生物化学反应能改变食品的质量或安全性。表1.2所示为这些反应中较重要的几类。每个反应类别可能涉及不同的反应物或底物,这取决于特定的食物和加工或贮藏条件。将反应进行归类是因为底物或反应物的一般性质对于所有食品都是类似的。因此,非酶褐变涉及的羰基化反应产生的羰基化合物可能是体系中存在的还原糖或是其他各种反应产生的,例如抗坏血酸氧化,淀粉水解或脂质氧化的产物。氧化反应可以涉及脂质、蛋白质、维生素或色素。脂质氧化就可能涉及一种食品中的甘油三酯或另一种食品中的磷脂。有关这些反应将在本书随后的章节中详细论述。

表1.1	食品生产、加工和贮藏过程中品质的变化
属性	变化
质构	溶解度下降
	持水力下降
	变硬
	变软
风味	发生酸败(水解或氧化)
	产生烧煮或焦糖风味
	产生其他不良风味
	产生期望的风味
色泽	变暗
	褪色
	产生期望的颜色(例如,焙烤产品的棕色)
营养价值	蛋白质、脂类、维生素、矿物质和其他促进健康成分的损失、降解或生物利用率的改变
安全性	产生有毒物质
	产生对健康有益物质
	有毒物质失活

表1.2	导致食品质量或安全发生变化的一些化学、生物化学反应
反应种类	实例
非酶褐变	焙烤食品、干制品和中等水分食品
酶促褐变	切开的水果和蔬菜
氧化反应	脂类(不良风味)、维生素降解、色素消色、蛋白质(营养价值的丧失)
水解	脂类、蛋白质、维生素、碳水化合物、色素
金属相互作用	络合(花色苷)、叶绿素中镁的丧失、催化氧化反应
脂质异构	顺式→反式异构化,非共扼→共扼
脂质环化	单环脂肪酸
脂质氧化—聚合	深度油炸过程中起泡
蛋白质变性	蛋清凝固、酶失活
蛋白质交联	在碱法加工过程中失去营养价值
多糖合成与降解	发生在采收后的植物
糖分解反应	发生在宰杀后的动物组织、采收后的植物组织

表 1.3 所示的反应导致表 1.1 所示的食品品质属性变化。综合表 1.1 和表 1.3 就可以了解食品品质下降的原因。食品的变质通常包括一系列初级反应以及在其基础上的次级反应,而这些反应显著性改变食品的质量属性(表 1.1)。表 1.3 所示为此类顺序变化的实例。特别值得注意的是,食品某一特定质量属性的改变可能源于几种不同的初级反应或变化。

表 1.3 生产、贮藏和加工过程中与食品品质变化有关的因果关系示例

初级的引发反应	次级反应	受影响的属性(表 1.1)
脂质水解	游离脂肪酸与蛋白质反应	质构、风味、营养价值
多糖水解	糖与蛋白质反应	质构、风味、色泽、营养价值
脂质氧化	氧化产物与其他组分的反应	质构、风味、色泽、营养价值,能产生有毒物质
水果擦伤	细胞破裂,酶释放,接触氧气	质构、风味、色泽、营养价值
园艺产品受热	细胞壁和膜失去完整性,酸释放,酶失活	质构、风味、色泽、营养价值
肌肉组织受热	蛋白质变性和聚集,酶失活	质构、风味、色泽、营养价值
脂质的顺→反结构转变	在深度油炸中聚合反应速度提高	在深度油炸中过量起泡,脂质营养价值和生物利用度降低煎炸油固化

表 1.3 所示的顺序关系有以下两方面的用途。从左至右,可以分析初级反应、相关的次级反应和对食品质量属性的影响;也可以自右至左,针对观察到的某一质量变化(表 1.3 第 3 列),分析所有可能引起该变化的初级反应,然后结合正确的化学测试确定出关键性的初级反应。构建此类因果关系顺序的实际意义是鼓励人们用一种分析的方式来认识食品质量变化的问题。主要食品成分,即蛋白质、碳水化合物和脂质,在加工过程中不可避免地会发生变化。这些变化包括成分内和成分间的相互作用或反应。图 1.1~图 1.3 所示为蛋白质、碳水化合物和脂类在食品加工和处理过程中的主要反应。这些复杂的反应或相互作用对期望或不期望的食品感官和营养特性起着至关重要的作用。

图 1.4 所示为导致食品变质的食品主要成分的反应和相互作用的简单总结。每一类化合物都有着其特有的变质过程。羰基化合物在许多质变过程中所起的作用都应该得到重视。主要来源于脂质氧化和碳水化合物降解的羰基化合物可导致营养价值的破坏以及不良色泽和风味的产生。当然,同样的反应在许多食品的烹饪过程中也会带来期望的风味和色泽。

1.3.1 分析食品在加工与贮藏过程中面临的问题

有了对高质量、安全食品的属性的了解,以及对引起食品变质的重要化学反应和二者之间关系的认识,就可以考虑如何将此知识应用于食品贮藏和加工过程中了。

表 1.4 所示为食品贮藏和加工过程中涉及的主要可变因素。温度或许是这些因素中最重要的一个,因为它对所有类型的化学反应都有广泛的影响。温度对某一化学反应的影响

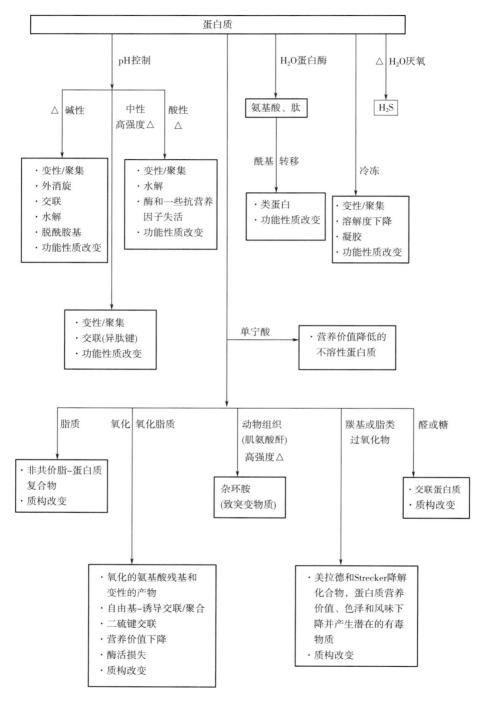

图 1.1 食品蛋白质组分在加工过程中发生的主要反应

资料来源：P. Taoukis T. P. Labuza (1996). In: Food chemistry, 3rd edn. (O. Fennema, ed.), Marcel Dekker, New York., p. 1015.

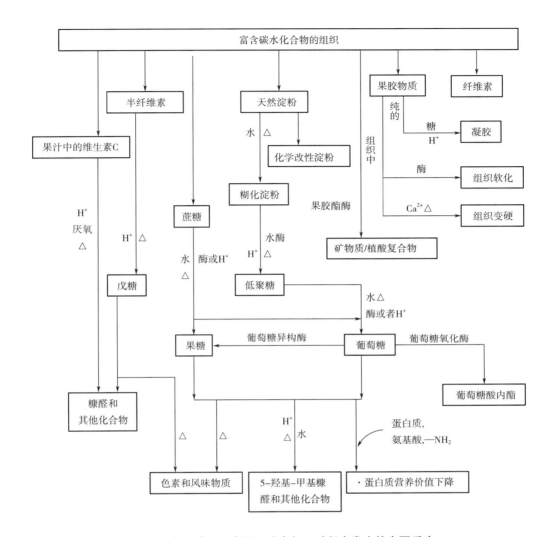

图 1.2　食品碳水化合物组分在加工过程中发生的主要反应

资料来源：P. Taoukis T. P. Labuza（1996）. In: Food chemistry, 3rd edn.（O. Fennema, ed.）, Marcel Dekker, New York., p. 1016.

程度可以用阿伦尼乌斯（Arrhenius）方程 $k = Ae^{-\Delta E/RT}$ 来估算。如果数据符合阿伦尼乌斯方程，将 $\log k$ 对 $1/T$ 做图可以得到一条直线。ΔE 是活化能，代表将一个化学成分从基发态提升至可发生反应的过渡态所需的自由能变化。图 1.5 中的阿伦尼乌斯曲线代表的是重要的食品变质反应。从图中可以看出，食品反应通常在一个有限的中等温度范围内符合阿伦尼乌斯方程，但在较高或较低温度时会偏离方程[12]。因此，需要谨记的是，对于食品体系，阿伦尼乌斯方程只有在经实验证实的温度范围内才是可靠的。出现与阿伦尼乌斯曲线的偏差可能有以下几种原因：①酶活性丧失；②反应途径或限速步骤发生改变或受到竞争性反应的影响；③体系的物理状态发生改变（如冻结）；④其中一种或几种反应物被耗尽。这些原因大多数也是高温或低温引起的。

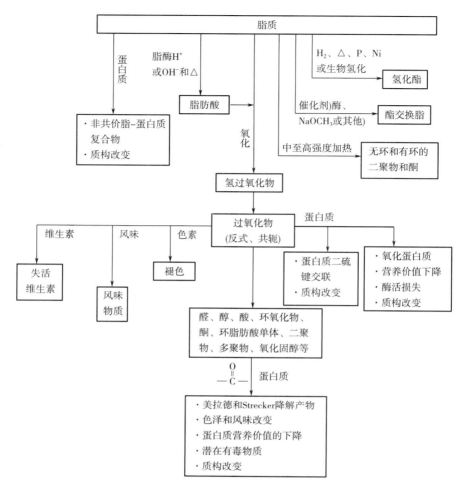

图 1.3　食品脂质组分在加工过程中发生的主要反应

资料来源：P. Taoukis T. P. Labuza（1996）. In：Food chemistry, 3rd edn.（O. Fennema, ed.）, Marcel Dekker, New York., p. 1017.

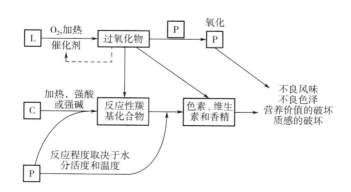

图 1.4　主要食品组分之间的化学相互作用示意图

L—脂类(三酰基甘油、脂肪酸和磷脂)；C—碳水化合物(多糖、糖和有机酸等)；

P—蛋白质(蛋白质、肽、氨基酸和其他含氮物质)。

表 1.4 所示的另一个重要因素是时间。在食品贮藏期间，人们往往希望了解可以在多长时间内保留食品特定的品质。因此，人们关注的是在特定的贮藏期间食品发生的化学和/或微生物变化，以及通过将这些变化结合在一起来确定产品特定的保质期。在食品加工过程中，人们通常感兴趣的是灭活一定数量的微生物所需要的时间以及一个反应进行多久才能达到要求的程度。例如，人们可能关心需要油炸多长时间才能使土豆片产生期望的褐色。为此，关注温度随时间的变化（$\mathrm{d}T/\mathrm{d}t$）是必需的。借助 $\mathrm{d}T/\mathrm{d}t$ 可以确定食品加工过程中反应速率随食品温度变化而变化的程度。如果已知反应的 ΔE 和食品的温度变化曲线，就可以通过积分来分析获得产物的净累积量。对于由一种以上反应，如脂质氧化和非酶褐变引起变质的食品，了解其 $\mathrm{d}T/\mathrm{d}t$ 变化曲线也是有意义的。如果褐变反应的产物是抗氧化剂，

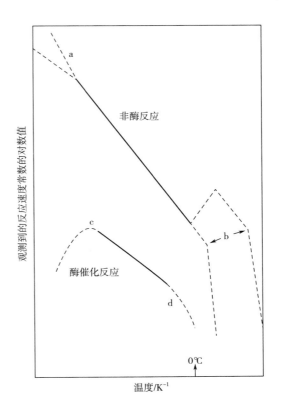

图 1.5　食品中重要的变质反应与阿伦尼乌斯方程的一致性

a—当温度超过某一特定 T 值时，由于反应途径的变化导致偏离线性关系；b—当温度低于体系的冰点时，冰相（基本上是纯的）增加，包含全部溶质的流体相减少。在非冷冻相中溶质的浓缩是降低反应的速度（补充降温度的效果）还是提高反应速度（与降低温度的效果相反）取决于体系自身的性质（详见第 2 章）；c—在酶反应中，酶在高温下变性，导致酶活力丧失；d—在水的冰点附近，如酶合物的解离等一些细微变化，会导致反应速率的急剧下降。

就有必要了解这些反应的相对速度是否导致它们之间产生重要的相互作用。

表 1.4	影响食品在处理、加工和贮藏期间稳定性的重要因素
产品因素	环境因素
各个组分（包括催化剂）的化学性质；氧含量；pH；水分活度；T_g 和 W_g	温度（T）；时间（t）；气体组成；化学、物理或生物化学处理；光照；污染；物理损伤

注：水分活度 $=p/p_0$，式中 p 是食品中水蒸气分压和 p_0 是纯水的蒸汽压；T_g 是玻璃化转变温度；W_g 是产物在 T_g 时的水分含量。

另一个变量 pH，影响着许多化学和酶催化反应的速度。极端 pH 可以充分地抑制微生物生长和酶催化过程，同时也会加速酸或碱催化的反应。值得注意的是，有时非常小的 pH

改变也可能造成某些食品质量的改变,如肌肉。

食品的组成非常重要,因为食品组成决定了参与化学反应的反应物。同样重要的还有细胞和非细胞、均匀和非均匀的食品体系对反应物的分布和反应活性的影响。然而从质量观点看,原料和最终产品组成之间的关系尤其重要。例如,①水果和蔬菜采收后的处理方式会影响其糖含量,而糖含量又会进一步影响脱水和油炸过程中引起褐变的程度;②动物组织的宰后处理方式会影响糖酵解和ATP降解的程度和速度,从而进一步影响保质期、持水力、硬度、风味和色泽;③原料的混合会产生不期望的相互作用,例如盐含量的变化会加快或降低氧化反应速度。

食品中另一个决定反应速度的重要组分因素是水分活度(A_W)。大量的研究已经证实,A_W能显著性地影响酶催化反应[13]、脂类氧化[14-15]、非酶催化褐变[14,16]、蔗糖水解[17]、叶绿素降解[18]、花色苷降解[19]和其他反应的速度。正如在第2章中所讨论的,当水分活度低于中等水分食品所对应的A_W范围(0.75~0.85)时,大多数反应的速度会下降。脂类氧化以及相关的次级反应,如类胡萝卜素的褪色,属于例外。这些反应在低水分活度下速度反而加快。

最近,人们已经认识到食品的玻璃化转变温度(T_g)以及在T_g时食品的水分含量(W_g)与食品中扩散限制的变化的速率有关。T_g和W_g与冷冻和干燥食品的物理特性;冷冻干燥的适宜条件;结晶、重结晶、糊化和淀粉老化等过程中所涉及的物理变化以及受扩散限制的化学反应相关(详见第2章)。

对于加工食品,可以通过加入被允许使用的化学物质如酸化剂、螯合剂、风味、抗氧化剂或者通过去除不期望的物质,如从脱水蛋清蛋白除去葡萄糖,来调整其组成。

对于有呼吸作用的植物性食品的保藏,环境中的乙烯和CO_2浓度很重要,而相对湿度和氧含量显得更为重要。不幸的是,有时需要将氧气排除,但实际上很难做到。在产品保藏期间,有时少量残余的氧气会造成严重的后果。例如,保藏期间早期形成的少量脱氢抗坏血酸(抗坏血酸氧化产物)会引起美拉德褐变。

对某些产品来说,光照会产生不利的影响。如果可能,最好将产品包装在不透光的材料中,或者控制光的强度和波长。

食品科学家必须有能力将食品的质量属性、易导致食品变质的反应和决定变质反应类型及速度等因素综合起来,解决与食品配方、加工和产品贮藏稳定性有关的问题。

1.4 食品化学家的社会作用

1.4.1 为什么食品化学家应该参与社会问题

鉴于以下几点,食品化学家应该感到有义务参与到包含相关技术问题的社会话题中(技术社会问题)。

(1)食品化学家接受了高水平教育,掌握了特殊的科学技能,这使得他们能够承担起高度的职责。

(2)食品化学家的活动影响着食品供应的充足程度、人群的健康、食品的成本、废物的产生和处理、水和能量的使用以及食品法规。这些事务与公众的福利密切相关,因此可以认为,食品化学家应该有将他们的活动服务于社会利益的责任。

(3)如果食品化学家不参与技术社会问题,那么其他专业的科学家、职业说客、媒体工作者、消费者活动家、骗子和反技术的狂热分子等的意见就会盛行。这些人中的大多数都不如食品化学家有资格对有关食品的问题发表言论,其中的一些人显然是没有资格对食品问题进行评论的。

(4)食品化学家有机会也有责任去帮助解决那些影响或可能影响公众健康以及公众对科技发展看法的社会争论。目前的相关争论主要包括:克隆或转基因的安全性、动物源激素在农作物中的使用、有机与传统方式种植的农产品在营养价值上的差异。

1.4.2　参与方式

食品化学家的社会义务包括良好的工作表现、做好公民和守护科学社会道德。然而,仅做好这些必需的角色是不够的。另外一个非常重要但往往没有很好履行的职责是帮助社会决定如何解读和使用科学知识。尽管做出这些决定的参考不应仅仅由食品化学家或其他食品科学家提出,但应该听取和考虑他们的观点。接受了这一无可争辩的社会责任,接下来应运而生的问题是:"为履行好这个责任,食品化学家应该实实在在做些什么?"进行以下活动是合适的:

(1)参加相关专业协会。

(2)应邀参与政府咨询服务。

(3)自发开展社会服务性质活动。

第三点可以包括给报社、期刊、立法者、政府监管机构、公司高管、大学管理人员和其他人写信,以及在民间团体演讲或对话,包括与从幼儿园到高中生和所有其他利益相关者的交流。这些活动的主要目的是在食品和饮食方面教育和开导公众,包括提高公众理智评估该领域相关信息的能力。要做到这一点非常不容易,因为相当一部分公众在食品和合理膳食方面已有根深蒂固的错误观念,而且对一些人来说,食品具有远远超出化学家们关注的内涵。对于这些人,食品也许是宗教活动、文化遗产、仪式、社会象征或者是获得生理健康途径中不可或缺的一部分。他们的这些态度在很大程度上影响其获得合理、科学的评价食物和饮食习惯的能力。

最具有争议和至今没有得到公众合理、科学评价的食品问题之一是用于食品改良目的的化学物质的使用。"化学恐惧症",即畏惧化学物质,已经影响了相当一部分人群,使许多人认为食品添加剂代表着危害。当然,这是不符合事实的。人们经常会怀着不安的心情在大众报刊上看到一些文章声称美国的食品供应充满着有毒物质,最好的结果是对人体健康产生一定的危害,而最坏的情况是危及生命。这些作者还指出,真正令人震惊的是,贪婪的工业家为了利益将有害物质加入到我们食品,而效率低下的食品与药物管理局却只是在一旁平静地漠不关心地旁观。持有此种观点的作者可信吗?该问题的答案在很大程度上取决于作者在科学问题争论焦点上有多大的可信任度和权威性。可信任度是建立在其所接受正规的教育、培训、实践经验以及对所争论议题的学术贡献基础上的。学术贡献包括科学研究、新知识的发现以及对已有知识的综述和解释。可信任度还建立在作者做出的一切客观努力的基础上,而客观努力体现在需要考虑其他的观点以及关于这一问题的现有知识,而不仅是指出支持其观点的事实和解释。知识的积累应该来自于已发表的相关研究成果,由于这些研究成果经过了同行评审并受特定的行业标准、文献及职业道德的规范,因此比在大众媒体中发表的文章更具权威性。

当前,学生或正在成长中食品科学专业人士,常需要面对的一个问题是对能从互联网中轻松获得的大量信息(包括科学信息)可信性的考量。有些这类信息的作者并不明确,也没有证据判断披露信息的网站是可信和权威信息的来源。有些信息挂在网上可能是为了支持某种观点或动机,或者是作为商业活动的一部分用来影响阅读者的想法或购买习惯。虽然互联网上的一些信息与受过培训的科学家通过媒体和科学出版商提供的信息具有同等的权威性,但还是应该鼓励学生们认真地分析从互联网获得的信息的来源,而不是简单地屈从于互联网的便利。

尽管食品科学领域的知识日益丰富,但对食品安全和其他食品科学问题仍有不同看法。大多数知识型人士认为,尽管有必要继续警惕不利的影响,但目前食品供应的安全性和营养性是可以接受的,经合法批准的食品添加剂不会构成无保证风险[20-30]。然而,也有一小部分知识型人士认为,食品供应存在不必要的危险因素,特别是在一些合法批准的食品添加剂应用方面。

最近,公众论坛中的科学辩论已经扩展到包括转基因对公众和环境安全的影响、有机与传统方式种植的农产品的营养价值差异和可能会被公众理解为健康声称的膳食补充剂的商业宣传的合理性。科学知识的快速发展,使我们永远也无法为下一个争论做好充分的准备。科学家的任务就是参与其中,鼓励持不同观点的各方客观地关注科学和知识,使充分知情的决策者能够得出正确的结论。

总之,科学家比没有受过正规科学教育的人应对社会承担更大的义务。人们期待科学家以富有成效的和合乎道德的方式创造知识。但是,这还不够,他们还应承担责任,确保科学知识的使用方式能为社会带来最大的利益。为了履行好这一义务,科学家不仅要在他们的日常职业活动中追求卓越和符合高道德标准,而且还要对公众的福利和科学启蒙深入地关注。

参考文献

1. Browne, C. A. (1944). *A Source Book of Agricultural Chemistry*, Chronica Botanica Co., Waltham, MA.

2. Ihde, A. J. (1964). *The Development of Modern Chemistry*, Harper & Row, New York.

3. Filby, F. A. (1934). *A History of Food Adulteration and Analysis*, George Allen & Unwin, London, U. K.

4. Davy, H. (1813). *Elements of Agricultural Chemistry, in a Course of Lectures for the Board of Agriculture*, Longman, Hurst, Rees, Orme and Brown, London, U. K. Cited by Browne, 1944 (Reference 1).

5. Davy, H. (1936). *Elements of Agricultural Chemistry*, 5th edn. Longman, Rees, Orme, Brown, Green and Longman, London, U. K.

6. Chevreul, M. E. (1824). *Considérations générales sur l' analyse organique et sur ses applications*, F. - G. Levrault. Cited by Filby, 1934 (Reference 3).

7. Beaumont, W. (1833). *Experiments and Observations of the Gastric Juice and the Physiology of Digestion*, F. P. Allen, Plattsburgh, NY.

8. Liebig, J. von (1847). *Researches on the Chemistry of Food*, edited from the author's manuscript by William Gregory; Londson, Taylor and Walton, London, U. K.

Cited by Browne, 1944 (Reference 1).

9. Accum, F. (1966). *A Treatise on Adulteration of Food, and Culinary Poisons, 1920*, Facsimile reprint by Mallinckrodt Chemical Works, St. Louis, MO.

10. Anonymous (1831). *Death in the Pot.* Cited by Filby, 1934 (Reference 3).

11. McCollum, E. V. (1959). The history of nutrition. *World Rev. Nutr. Diet.* 1:1−27.

12. McWeeny, D. J. (1968). Reactions in food systems: Negative temperature coefficients and other abnormal temperature effects. *J. Food Technol.* 3:15−30.

13. Acker, L. W. (1969). Water activity and enzyme activity. *Food Technol.* 23:1257−1270.

14. Labuza, T. P., S. R. Tannenbaum, and M. Karel (1970). Water content and stability of low−moisture and intermediate−moisture foods. *Food Techol.* 24:543−550.

15. Quast, D. G. and M. Karel (1972). Effects of environmental factors on the oxidation of potato chips. *J. Food Sci.* 37:584−588.

16. Eichner, K. and M. Karel (1972). The influence of water content and water activity on the sugar−amino browning reaction in model systems under various conditions. *J. Agric. Food Chem.* 20:218−223.

17. Schoebel, T., S. R. Tannenbaum, and T. P. Labuza (1969). Reaction at limited water concentration. 1. Sucrose hydrolysis. *J. Food Sci.* 34:324−329.

18. LaJollo, F., S. R. Tannenbaum, and T. P. Labuza (1971). Reaction at limited water concentration. 2. Chlorophyll degradation. *J. Food Sci.* 36:850−853.

19. Erlandson, J. A. and R. E. Wrolstad (1972). Degradation of anthocyanins at limited water concentration. *J. Food Sci.* 37:592−595.

20. Clydesdale, F. M. and F. J. Francis (1977). *Food, Nutrition and You*, Prentice−Hall, Englewood Cliffs, NJ.

21. Hall, R. L. (1982). Food additives, in Food and People (D. Kirk and I. K. Eliason, Eds.), Boyd & Fraser, San Francisco, CA, pp. 148−156.

22. Jukes, T. H. (1978). How safe is our food supply? *Arch. Intern. Med.* 138:772−774.

23. Mayer, J. (1975). *A Diet for Living*, David McKay, Inc., New York.

24. Stare, F. J. and E. M. Whelan (1978). *Eat OK—Feel OK*, Christopher Publishing House, North Quincy, MA.

25. Taylor, R. J. (1980). *Food Additives*, John Wiley & Sons, New York.

26. Whelan, E. M. (1993). *Toxic Terror*, Prometheus Books, Buffalo, NY.

27. Watson, D. H. (2001). *Food Chemical Safety*. Vol. 1: Contaminants, Vol. 2: Additives, Woodhead Publishing Ltd., Cambridge, U. K.

28. Roberts, C. A. (2001). *The Food Safety Information Handbook*, Oryx Press, Westport, CT.

29. Riviere, J. H. (2002). *Chemical Food Safety—A Scientist's Perspective*, Iowa State Press, Ames, IA.

30. Wilcock, A., M. Pun, J. Khanona, and M. Aung (2004). Consumer attitudes, knowledge and behaviour: A review of food safety issues. *Trends Food Sci. Technol.* 15:56−66.

31. Taoukis, P. and T. P. Labuza (1996). Summary: Integrative concepts (shelf life testing and modeling), in: *Food Chemistry*, 3rd edn. (O. Fennema, ed.), Marcel Dekker, New York, pp. 1013−1042.

第一部分
食品的主要组分

食品中的水和冰 2

Srinivasan Damodaran

2.1 引言

水是地球上存量最丰富的物质。在地球上不同的区域,基于气温的差异,水以液、固、气三种不同的形态存在。现代科学已经证实如果没有水的存在就不可能有地球上生命的起源:生物膜、蛋白质/酶等结构化生物大分子的形成以及这些生物结构特定功能的实现通常都依赖于液态水的参与和组织。除此之外,在生物体内水还具有其他多种功能,如调节体温、作为营养物和废弃物的溶剂和载体、作为反应物之一参与水解反应。

生物组织中,水的含量在 50%~90%[1]。由于新鲜食物通常来自植物和动物组织,所以其湿基水分含量也在 50%~90%。即使在泡沫、乳状液、凝胶等加工食品中,水仍然是重要的组分,水的存在形式会显著影响这些食品的质构、外观和风味。在食品体系中,水与脂肪、碳水化合物、蛋白质等其他组分间的相互作用会显著改变这些食品组分的物理化学特性,进而影响食品的感官特性以及消费者接受性。不过,高水分含量食品也是微生物的良好培养基,因此特别容易被微生物腐败。冷冻和脱水等食品保藏技术的基本原则就是将液态水冻结成冰或者通过蒸发移去水分。由于这些保藏技术的经济性受不同压力-温度条件下水的物理特性的影响,因此,对液体和固体状态下水的结构和特性的基本了解是全面理解水对食品稳定性影响规律的必要前提。

2.2 水的物理性质

水是两个氢原子与一个氧原子以共价键结合形成的简单化合物。但液态和固态的水却表现出如下所示的 41 项与其他相近分子质量化合物截然不同的异常特性(框图 2.1)。在这 41 项异常的特性中有一些是至关重要的,如果缺失了,地球上的生命从理论上讲就不可能存在。例如,相较于固态而言,液态分子间的距离增大(体积膨胀),因此,在熔点温度下,一种物质的液态密度通常会比其固态密度低 5%~15%。但水却不是这样,0℃时液态水的密度比冰大。而且,在 0~100℃,水的密度始终高于冰,最高密度出现在 3.984℃(图

18

2.1）。正因为如此,冰才可以浮在水面上。如果冰的密度高于水,那么北极和南极的冰就会下沉,经历一段时间整个海洋就会变成固态的冰,整个地球就会变得不适宜生命体生存。

框图 2.1　水的异常性质

1. 高熔点;
2. 高沸点;
3. 高临界点;
4. 高表面张力;
5. 高黏度;
6. 高蒸发热;
7. 熔化时体积缩小;
8. 高密度且密度随温度升高而增大(至 3.984℃);
9. 熔化时水分子的邻近分子数增加;
10. 邻近分子数随温度上升而增加;
11. 熔点随压力增大而下降(13.35MPa 时熔点为-1℃);
12. 最大密度所对应的温度随气压增大而下降;
13. 氘代水(D_2O)、氚代水(T_2O)与水的物理性质差异远大于由分子质量增大所带来的预期;例如,其最大密度所对应的温度分别上升至 11.185℃ 和 13.4℃;
14. 随着温度的下降,水的黏度异常大幅上升但其扩散性下降;
15. 温度低于 33℃,水的黏度随压力升高而降低;
16. 异常低的可压缩性;
17. 可压缩性随着温度的降低而降低,直至 46.5℃ 时达到最低点,进一步降低温度则可压缩性提高;
18. 低的热膨胀系数;
19. 低温下水的热膨胀系数加速下降甚至变成负数;
20. 声音在水中的传播速度随温度的升高而加快,在 73℃ 时达到最大;
21. 水的比热容是冰和蒸汽的两倍以上;
22. 水的定压比热容和定容比热容异常高;
23. 定压比热容有最低值,定容比热容有最高值;
24. 低温时,水分子的核磁共振自旋晶格弛豫非常小;
25. 溶质对其性质(如密度和黏度)的影响各异;
26. 所有水溶液都不能达到甚至接近热力学理想状态,包括氘代水与水的互溶体系都不是热力学理想溶液;
27. X-射线衍射实验表明水具有异常大的精细结构;
28. 过冷水具有两相,其第二临界温度大约为-91℃;
29. 极小液滴形式存在的水可过冷至-70℃仍呈液态,而玻璃态的冰在-123~-149℃时也可转化成过冷水;
30. 与其他物质相比,固态水具有更加多样的稳定或不稳定的晶体和无定形结构;
31. 热水可能比冷水更加容易结冰;Mpemba 效应;
32. 水的折射率在略低于 0℃ 时达到最大值;
33. 非极性气体在水中的溶解度随温度的降低而下降直至到达最低点后反升;
34. 低温时,水的自扩散随着密度和压力的升高而升高;
35. 水的导热系数在 130℃ 达到最大,而后随着温度的进一步上升而下降;
36. 氢离子和氢氧根离子在电场中的移动速率异常高;
37. 水的熔化热在-17℃ 达到最大;
38. 水的介电常数很高,且与温度的相关性异常;
39. 高压下,水分子间的距离随着压力的升高而增大;
40. 水的电导率在 230℃ 达到最大,而后随着温度的进一步上升而下降;
41. 温水的分子振动衰减时间比冷水长。

资料来源:卓别林,M.,水的异常性质 http://www.lsbu.ac.uk/water/ammlies.html,2003.

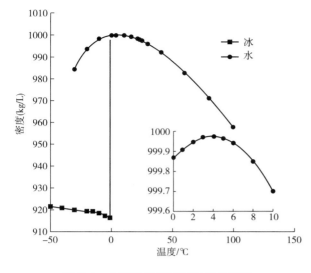

图 2.1　水和冰的密度随温度的变化

右下为 0~10℃ 区间的局部放大图。

水还具有一些与食品加工相关联的反常特性,包括异常高的沸点和熔点、高介电常数、高表面张力、异常的热特性(如热容、导热系数、热扩散系数、熔化热和蒸发热)以及高黏度(相对于其低分子质量而言)(表 2.1)。例如,相对于其他液体或非金属固体,水和冰具有更高的导热系数,更重要的是,0℃下冰的导热系数比相同温度下水的导热系数高 4 倍。同时,冰的热扩散系数比水高 9 倍,而热容是水的 1/2。正是因为冰具有高的导热系数、热扩散系数以及低的热容,当冰和水暴露在同样的温度梯度下时,冰的温度变化速率要远高于水。在相同的正向和负向温差下,食物冷冻的速度远高于解冻的速度也正是冰和水不同的热特性导致的。

表 2.1	水和冰的物理性质
性质	数值
相对分子质量	18.0153
熔点(101.3kPa)	0.00℃
沸点(101.3kPa)	100.00℃
临界温度	373.99℃
临界压力	22.064MPa
三相点温度	0.01℃
三相点压力	611.73Pa
熔化焓 ΔH_{vap}(0℃)	6.002kJ/mol
蒸发焓 ΔH_{sub}(100℃)	40.647kJ/mol
升华焓 ΔH_{fus}(0℃)	50.91kJ/mol

其他具有温度依赖性的性质	温度			
	冰		水	
	−20℃	0℃	0℃	20℃
密度/(g/cm³)	0.9193	0.9168	0.99984	0.99821
蒸汽压/kPa	0.103	0.6113	0.6113	2.3388
热容/(J/g·k)	1.9544	2.1009	4.2176	4.1818
热导率(液体)/(W/m·k)	2.433	2.240	0.5610	0.5984
热扩散速率/(m²/s)	$11.8×10^{-7}$	$11.7×10^{-7}$	$1.3×10^{-7}$	$1.4×10^{-7}$
可压缩性/Pa⁻¹		2	4.9	
介电常数	98	90	87.90	80.20

资料来源:Lide, D. R. (ed.), Handbook of Chemistry and Physics, 74th edn., CRC Press, Boca Raton, FL, 1993/1994.

2.2.1 水的相图

在地球上正常的温度和压力范围内,水以液、固、气三种相态存在。在常温常压下,水是液体。在常压下,当温度上升到100℃时水会蒸发,温度下降至0℃以下则水会变成固体。图2.2中的实线代表的是水以气/液、液/固或气/固两相平衡状态存在时所对应的温度–压力组合。在这些相边界线上,两种相态(气/液、液/固或气/固)的水共存,两种相态水的化学位相等。三条相线的交汇点被称为"三相点"。对于水来说,只有一个气/液/固三相点。在三相点,气态、液态和固态水的化学位相等,气态、液态和固态的水完美平衡共存。水的三相点出现在温度273.16K[①],压力611.73Pa(图2.2)。三相点附近任何的温度或压力轻微偏离都会导致水进入两相区域。在三相点下方的温度–压力组合区域,水以固态或气态存在,当固态的冰在恒定压力下被加热时就会直接变成水蒸气,而当水蒸气在恒定的温度下受到更高的压力时就会直接转化成固态的冰。这一现象被称为升华,是食品工业中所使用的冷冻干燥技术的基础。与传统的高温干燥相比,冷冻干燥可以更多的保留食品中的营养物质以及其他的品质属性。冷冻干燥中常用的温度–压力组合为–50℃、13.3~26.6Pa。

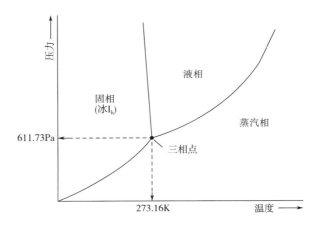

图 2.2 水的相图,包括固(冰I_h)、液、气三态平衡的三相点

水的另外一个异常特性是其相图(图2.2)中固/液平衡线的斜率是负的,而大多数物质的这一平衡线的斜率是正的。因此,在比三相点稍低的恒定温度下逐渐增加压力,水就会发生气→固→液的状态变化,其他物质则只会发生从气态到固态的转变。换句话说,大多数物质的熔点(或凝固点)温度随着压力的增大而增大,水的熔点温度却随着压力增大而下降。冰的这种异常行为与其独特的晶格结构有关。

根据压力和温度的不同,冰至少存在13种不同的结构形式。因此,水的相图中存在多个三相点,这其中只有一个气/液/固三相点,其余的则为液/固/固、固/固/固三相点(图2.3)。对于相图中的诸多相线,生物及食品科学家们只对气/液、液/冰 I_h 和冰 I_h/气平衡线(图2.2)感兴趣。因为相图中的气/冰 I_h 区域可用于指导食品加工中的冷冻干燥操作,

---

① 1℃ = 274.15K。

液/冰 I_h 与冷冻食品的冷冻、解冻相关。

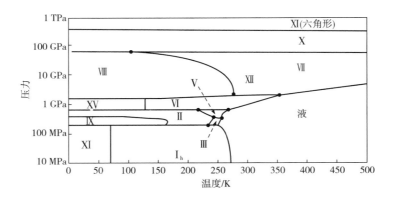

图 2.3　水的温度−压力相图

包含多种形式的冰以及多个液/固/固、固/固/固三相点和一个液/固/气三相点。

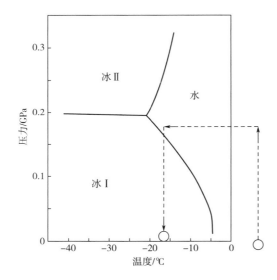

图 2.4　水的冰 I_h/冰Ⅲ/液三相点详图

箭头所示是高压切换冻结操作时所采用的压力−温度变化路径。

除了气/液/固(冰 I_h)三相点外，食品科学家对部分相图,如图 2.4 所示高压力下条件下出现的水/冰 I_h/冰Ⅲ三相点区域也非常有兴趣。从图中可以看出,当压力升高到 200MPa 左右时,冰 I_h 的熔点下降了。这种反常的行为在被称作高压切换冻结的食品加工单元操作中获得了应用[2,3]。高压切换冻结操作时,食材在室温下先经受 180～200MPa 的高压,然后被冷却到 0℃ 以下(通常是−10～−20℃),在此过程中食物中的水保持液体的状态。待温度下降至理想温度时,迅速将压力释放至常压就会使食材中的水快速冻结(从水变成冰)。高压切换冻结的优点在于快速均匀的速冻条件下食物中的水转化成非常细小的冰晶,这有助于在冷冻食品中保持组织的完整性和原有的质构特性。

水/冰 I_h/冰Ⅲ相图的另一个用途是指导冷冻食材的快速解冻。在恒定的冷冻温度下,对冷冻食材施以高压,它就会立即在此温度下融化。进一步升高温度至 0℃ 以上并释放压力,食材就会保持解冻状态。

2.2.2　小结

水有 41 种与众不同的物理特性。其中,对于食品科学而言特别重要的特性包括:异常的密度、高介电常数、高表面张力、异常的热特性(如热容、热导率、热扩散系数、熔化热和蒸发热)以及高黏度。

水有 13 个三相点,生物及食品科学家们只对气/液/固三相点的气/液、液/冰 I_h 和冰 I_h/气平衡线感兴趣。

2.3 水分子化学

水的诸多与众不同的特性暗示着其液态和固态的结构与其他物质存在显著差异。在分子水平上,单个水分子具有两个氢原子以共价键连接一个氧原子的简单化学结构。氧原子处于 sp^3-杂化状态,成键轨道呈四面体取向,其中两个轨道与氢原子的 $1s$ 轨道共享电子,另外两个轨道被两个孤对电子占用[图 2.5(1)]。

在一个孤立的(蒸汽状态)水分子中,H—O—H 的键角是 104.5°[图 2.5(2)],略低于四面体角 109.5°。然而,液态水及冰中水分子 H—O—H 的键角高于 104.5°,这可能是压缩状态下水-水分子间相互作用的结果。O—H 键长为 0.096nm,氧原子的范德华半径为 0.14nm。水分子不是完美的球形,其分子模型如图 2.5(2)所示,从其旋转中心测定得到的直径为 0.312nm,平均范德华直径约为 0.28nm。

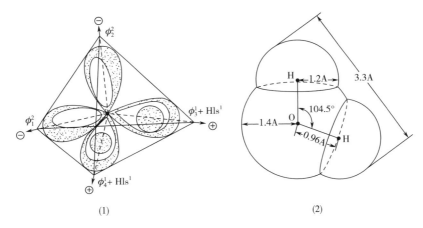

(1)   (2)

图 2.5 单个水分子的结构模型

(1)水的 sp^3 杂化结构模型和 (2)气态下 HOH 的范德华半径

资料来源:Fennema O. R., Water and Ice, in *Food Chemistry*, 3rd edn, Fennema O. R. (ed), Marcel Dekker, Inc., New York, 1996.

2.3.1 氢键

水的很多异常特性与其简单但独特的结构有关。水是氧的二氢化物。在这个分子结构中,高电负性的氧原子吸引电子并使 O—H 键上的电子更向它靠近,因此,氢原子带部分正电荷,氧原子呈现部分负电荷。氧原子的不完整电荷约为-0.72,每个氢原子约为+0.36。这种不对称的电荷分布加之 104.5°的键角使水分子具有永久偶极的特性。水的偶极矩大约为 1.85Debye 单位($D = 6.1375 \times 10^{-30}$ C·m)。这一永久偶极矩使水分子可以通过偶极-偶极相互作用参与到氢键之中。由于水分子在四面体的轴向存在两个质子和两个孤对电子,一个水分子就可以和其他四个水分子形成四个氢键。在这一构象中,O—H 轨道是氢键的供体,氧原子的两个孤对电子轨道是氢键的受体。

　　水分子间的强烈相互作用主要是由四面体几何结构中等量的供体和受体导致的,氧原子电负性的贡献次之。供体和受体的平均分布使得水分子在浓缩状态下形成一种延展的三维氢键网络结构。这一情况在其他氢键液体中是不存在的。例如,氟化氢(HF),它也可以形成分子间氢键相互作用,但并不具有和水类似的异常行为。HF 中的氟原子也具有四面体结构的四个成键轨道,但与水不同的是,其中三个轨道被孤对电子(氢键受体)占据,只有一个氢键供体。这种不平衡的供体/受体分布使得液态 HF 无法形成三维网络。液态 NH_3 也存在类似的情况,氨的四面体几何结构中有三个氢原子(氢键供体)连接在氮原子上,只有一个孤对电子,因此只能形成二维的氢键网络。另一方面,在电负性元素,如 O、S、Se、Te 和 Po 的氢化物中,只有水和 H_2Po 在室温下呈液态,其余的都呈气态,虽然这些氢化物也具有孤对电子轨道(氢键受体)和两个氢原子(氢键供体)(图 2.6)。这一差异是元素电负性的不同所致,各元素电负性的排序为 O>S>Se>Te>Po。氧的电负性为 3.5,S、Se、Te 和 Po 分别为 2.5、2.4、2.1 和 2.0,而氢为 2.2。此外,H—O—H 的键角为 104.5°,其他氢化物的键角为 90°。因此,在其他元素的氢化物中,电子的位移和极性几乎可以忽略,成键轨道从四面体取向中的偏移也使得这些氢化物的分子间相互作用被削弱。值得注意的是,S、Se、Te 和 Po 氢化物的沸点随着元素电负性的上升而线性下降,但水和这个线性趋势完全背离[图 2.6(2)]。这一异常现象表明原子尺寸、电子结构以及氧原子的成键轨道角度等各因素交织在一起共同造就了一个具有多个异常特性的三维网络结构。

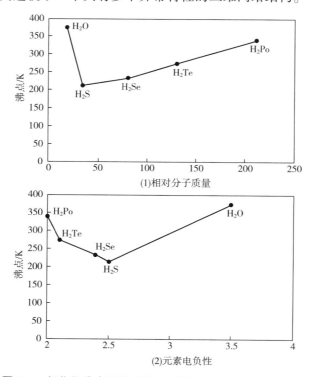

图 2.6　氢化物沸点随相对分子质量和元素电负性的变化图

　　氢键是指一个电负性原子(如氧原子)和一个与其他电负性原子共价结合的氢原子之间的相互作用。作为一个非共价键,氢键的键能通常在8.4~25.1kJ/mol,相对于共价键的334.8~502.3kJ/mol要低很多,但显著高于0.4~1.3kJ/mol的范德华相互作用能,也明显大于25℃时的热能RT(2.5kJ/mol)。由于氢键能比室温下分子的平均动能(热能)高4~10倍,分子间通过氢键形成的复合体可以非常稳定的对抗热运动。

　　如前所述,水分子间氢键的形成是因为水具有偶极。水–水间的氢键键能取决于水分子间的相对取向。具有水分子间最强氢键键能的水–水构象如图2.7所示:图中θ角是指氢键受体与氢键轴之间的夹角。当θ等于58°时,以氢键连接的两个水分子间的势能最低。在这一取向时,氧原子的一个孤对电子与另一个水分子的O—H轴落在一条直线上。值得注意的是,当θ在58°~40°变化时,氢键的势能并不会显著改变(图2.7),这说明取向在此范围内的波动是可以接受的,不会带来任何显著的能量损失。正是由于这一较高的取向自由度,液态的水分子被认为处于高熵(无序)的状态。

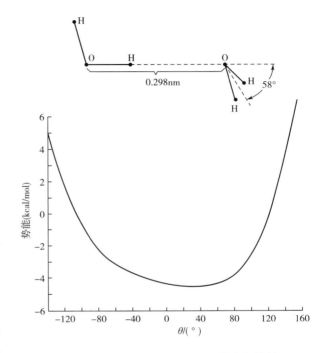

图2.7　水二聚体的势能与氢键受体夹角的关系

资料来源:Stillinger F. H., *Science*, 209,451,1980.

1cal = 4.1855J。

　　氢键能的大小还受O—H···O距离的影响。当O—H···O距离在0.29nm左右时,两个以氢键连接的水分子间的势能达到最小值。高于或低于这一距离,势能呈非线性上升,如图2.8所示,这说明氢键是一种短程相互作用[4]。

小结

(1)水是偶极分子。

(2)每个水分子有两个氢键供体和两个氢键受体,呈四面体取向分布。这使得水可以形成延展的氢键三维网络结构。

(3)水的诸多异常性质都与其独特的氢键网络结构有关。

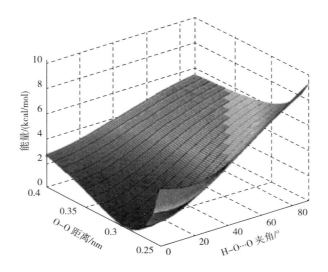

图 2.8　水–水氢键键能与 O—O 距离及 H—O…O 夹角的关系

资料来源:Scott, J. N., and Vanderkooi, J. M., *Water*, 2, 14, 2010.

2.4　冰和液态水的结构

2.4.1　冰的结构

根据温度和压力的不同,冰至少有 13 种不同的相态(结构形态)(图 2.3)。在地球上典型的温度和压力范围内,冰只以六角形 I$_h$ 这一种形式存在。在冰 I$_h$ 中,一个水分子与其他四个最邻近的水分子以氢键结合呈四面体取向,如图 2.9(1)所示。两个最邻近的水分子间的 O—O 距离为 0.276nm,与次邻近水分子间的 O—O 距离为 0.45nm。这种四面体阵列的延展就形成了氢键三维网络结构。网络中的原子独特的空间排列,使冰 I$_h$ 形成了六角形晶体对称的开放结构[图 2.9(2)]。更确切地说,冰属于双六角、双棱锥晶体。在六角对称结构中,六个氢键连接的水分子中的氧原子形成了类椅式六角环几何结构。当我们沿 c 轴向下观察冰 I$_h$ 时就能看到这一结构[图 2.9(3)]。这些六角环的二维阵列以氢键彼此相连,形成了冰的"基面"。在冰的延展三维结构中,这些基面完美排列、层层叠加,相互之间以氢键垂直相连。冰 I$_h$ 晶体可以用两个表面来表征:从 c 轴向下观察看到的基面,以及从 a 轴观察看到的棱柱面[图 2.9(4)]。基面是单折射的,因此是 c 轴是冰的光学轴,而棱柱面是双折射的。

因为是开放的氢键网络结构,水分子的各原子从物理学上讲仅占据了冰 I$_h$ 总体积的 42%,其他的 58% 都是空体积,冰的密度较低也正是这个原因。不过,冰 I$_h$ 中分子间的空体积还不足以容纳另一个分子。因此,当液态的溶液,如蔗糖或盐溶液被冷冻时,形成的冰晶是纯的冰 I$_h$,溶质都被留在未冻结的液相。这一特性是食品工业中常用于浓缩牛乳和果汁等液体食品的冷冻–浓缩工艺的基础。

冰的结构不是静态的,而是动态的。由于晶格中的水分子的转动/振动以及质子的

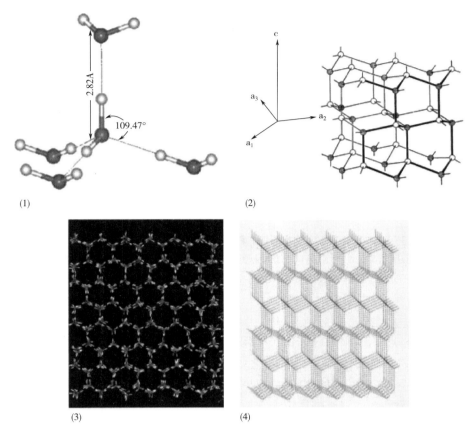

图 2.9　（1）四面体构型中水分子的氢键　（2）冰 I$_h$ 的结构,空心圆和实心圆分别代表
处于基面上层和下层的氧原子　（3）c 轴视角下的基面　（4）棱柱面

解离/结合（形成 H_3O^+ 和 OH^-），冰中的氢键处于持续的变化之中（图 2.10）。分子的这些行为会导致冰晶"缺陷"。"缺陷"的程度具有温度依赖性：只有在 $-180\,℃$ 以下冰晶中的氢键才是静态的和完美的。当温度逐渐升高接近 $0\,℃$，晶格结构中的分子振动以及质子解离/结合就会加剧。在 $0\,℃$ 或 $0\,℃$ 附近，某些水分子的振动能就会大到足以使其从晶格中逃离。据估算，$-10\,℃$ 时，冰晶晶格中水分子的平均振动振幅为 0.04nm[5]。冰中质子的高热扩散系数（表 2.1）以及水从液态变成固态时电导率仅小幅下降的现象都与冰晶的结构缺陷有关。

2.4.2　液态水的结构

由于水是所有生物系统的主要溶剂,且生物膜、蛋白质/酶等生物大分子有序结构的形成以及这些生物结构特定功能的实现通常都依赖于液态水的参与与组织,人们对阐明液态水的结构抱有极大的兴趣。与分子处于相对随机状态且分子间通常以短程范德华相互作用结合在一起的有机液体不同,液态水通常被认为具有以氢键结合分子团为形式的局部有序性,分子团中水分子的相对取向以及流动性由邻近的水分子控制和/或影响。这些结构

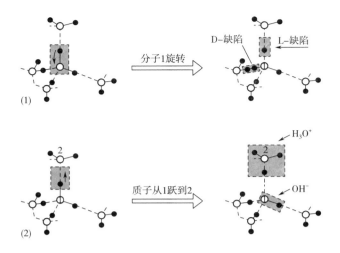

图2.10　冰的质子缺陷示意图(1)定向缺陷的形成　(2)离子缺陷的形成

空心圆和实心圆分别代表氧原子和氢原子,实线和虚线分别代表化学键和氢键。

资料来源:Fennema O. R., Water and Ice, in *Food Chemistry*, 3rd edn, Fennema O. R. (ed),Marcel Dekker, Inc., New York,1996.

化的分子团簇大小不一,其范围可能在 3 ~ >200 个水分子[6,7](图 2.11)。分子团簇可被快速打破和重新形成,始终处于热力学平衡之中,而聚集结构的总量在任一时刻保持不变。在液态水中,这些分子团簇还可能以弱范德华力相结合,形成构象各异的结合体。

　　水的"闪动团簇"模型概念的提出源于水的多种物理特性。如前所述,冰中的水分子只占有冰总体积的 42%。其余空间是空的,因此冰具有开放结构。当冰在 0℃ 融化成0℃ 的液态水时,如果假定水分子以随机紧密堆积分子形式存在,那么所有的水分子理论上只可能占有 60% 的液体物理空间。虽然这在一定程度上解释了为什么水的密度高于冰,但它同时也意味着液态水具有与冰类似的开放结构。也就是说,液态水中的大多数水分子仍然像在冰中一样处于氢键连接的四面体网络团簇中。关于这一点的实验证据包括:0℃ 时冰的熔化潜热和升华潜热分别为 334J/g 和 2838J/g。如果我们假设升华热是指打破冰中所有的氢键、将水分子从固态释放至气相中所需的能量,那么在 0℃ 时将冰转化成0℃ 的水仅需打破冰中所有氢键的 12%(334/2838)。一种更为严谨的算法是:液态水中每一个水分子平均与 3.4 个水分子间以氢键连接,而冰中是 4 个。这就意味着由冰变成水需要打破约 15% 的氢键,在 0℃ 时冰转化成水后大约 85% 的氢键被保留。然而,与冰不同的是,由于具有更强烈的热运动,液态水中的大多数氢键是变形的(弯曲、旋转或拉长)。因此,液态水的结构被看作是部分融化的冰晶格,保留着局部有序结构,但长程有序已丧失。

　　图 2.12 所示是采用 x 射线衍射测定得到的 4℃ 水中氧的径向分布函数,即在距离中心氧原子径向距离 r 处发现另一个氧原子的概率[8-10]。从图中可以看出,第一层最邻近的水分子出现在距离中心水分子径向 0.282nm 处(在冰中为 0.276nm),邻近水分子数为 4.4(冰为 4)。第二层邻近水分子出现在径向距离 0.45nm,与冰的情况类似。第三层邻近水分子

位于径向 0.7nm。在第三层以外,从 X 射线衍射的结果看,不存在长程有序结构。如果将测试温度升高至 50℃,0.45nm 和 0.7nm 处的峰就会消失,而处于第一层 0.29nm 的邻近水分子数会上升至 5。这些数据支持了关于液态水中水分子以氢键连接团簇形式存在、团簇的大小受温度影响但在室温下主要是六聚体、五聚体和四聚体的观点。从摩尔分数的角度看,六聚体和五聚体的数量远高于其他团簇。所有这些不同大小的团簇始终处于动态热力学平衡之中。在这些团簇中,每一个水分子都与其他四个水分子之间以氢键连接,这些以氢键连接的水分子的相对取向与冰中的类似(图 2.7)。水的异常低黏度从根本上是由这些氢键连接团簇间的快速互换导致的,因为这种快速互换从根本上抑制了水的长时间有序。水的超高热容也与这一动态氢键性质有关,因为这会使打破氢键需要更多的能量。

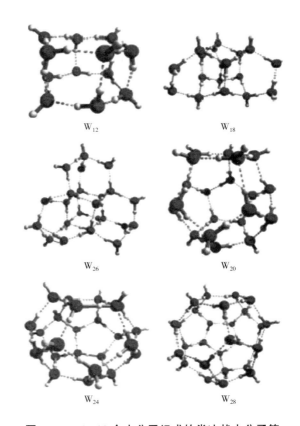

图 2.11 12~28 个水分子组成的类冰状水分子簇

据说液态水中水分子簇的尺寸可大至 200 个水分子。

资料来源:Ludwig, R., *Angew. Chem. Int. Ed.*, 40, 1808, 2001.

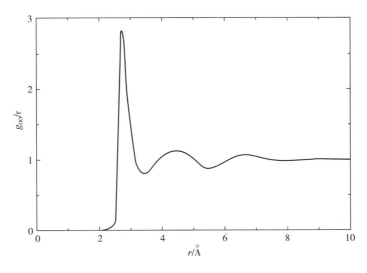

图 2.12 X-射线衍射测定得到的 4 ℃时水中氧的径向分布函数

资料来源:Clark G N I, et al., *Mol. Phys.*, 108, 1415, 2010.

　　0℃的冰融化成0℃的水时,邻近水分子间的氢键距离由0.276nm上升至0.282nm,当温度达到50℃时会进一步上升至0.29nm。我们通常会猜测邻近水分子间距离的增大会导致水的密度随着温度的上升而下降。然而,当冰融化成水并且温度从0℃升高到50℃时,第一层邻近水的数量会由4个增加到5个,因而可能带来密度增大。邻近水分子间距离的上升和第一层邻近水分子数量的增加这两个相反因素的共同作用就是水的密度在3.98℃达到一个最高点的原因,如图2.13所示。需要强调的是,邻近水分子数量的增加对水的温度–密度曲线的影响要强于冰转化成水时氢键长度增大这一因素。

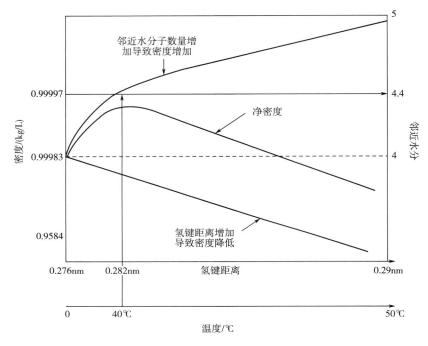

图2.13　氢键长度及邻近水分子数量变化对水的温度–密度相关性的相对贡献示意图

小结

（1）水的低密度与其含有空体积的开放结构有关。

（2）冰的结构是非静态的,氢键处于持续的变化之中。冰中质子的高热扩散系数等多个异常属性都与动态氢键有关。

（3）液态水以不同大小的氢键连接团簇形式存在,且团簇处于热力学平衡之中。液态时,水分子含有高于冰的邻近水分子数量,其范围在0℃的4.4到50℃的5之间。这是水的密度高于冰的主要原因。

2.5 水溶液

2.5.1 水–溶质相互作用

由于液态水的结构是不同尺寸四面体氢键连接团簇之间的动态平衡,向其中引入溶质必然会引起水的平衡结构的移动。因此,当溶质溶解在水中,即使水与溶质间没有任何特定的相互作用,混合熵也会改变体系的热力学以及水的结构特性。如果水和溶质间存在特定的相互作用,那么这种改变的程度就会更大。由于水是偶极分子,它会与几乎所有溶解的溶质间产生电荷–偶极、偶极–偶极以及偶极–诱导偶极等相互作用。表2.2所示为水与溶质官能团之间的各种非共价键相互作用的强弱数据。基于溶质的化学本质,这些相互作用可能增强或者破坏水的四面体氢键连接结构。液态水结构的改变会进一步影响蛋白质/酶等生物大分子的结构及稳定性(详见第5章)。

表 2.2 水–溶质相互作用类型

类型	实例	强度/(kJ/mol)	注释
电荷–偶极	水—游离离子	40~600	取决于离子大小和电荷数
偶极–偶极	水—水	5~25	
	水—蛋白质 NH	5~25	
	水—蛋白质 C＝O	5~25	
	水—OH 基团	5~25	
偶极–诱导偶极 (疏水水合)	水—碳氢化合物 [水+R→R(水合的)]	低	
偶极–诱导偶极 (疏水相互作用)	2R(水合的)→R$_2$(水合的)	4~12	

2.5.2 水与离子的相互作用

电荷–偶极之间的相互作用是所有非共价键相互作用中最强的(表2.2)。在水溶液中,水分子与可移动离子(如盐离子)及蛋白质和碳水化合物上不可移动的离子基团(框图2.2)间就会产生这种相互作用。电荷–偶极间相互吸引势能可用下式计算:

$$E_{\text{ion-dipole}} = -\frac{(ze)\mu}{4\pi\varepsilon_0\varepsilon}\frac{\cos\theta}{r^2} \tag{2.1}$$

式中 z——离子电荷数;

e——电子的带电量($=1.602\times10^{-19}$C);

μ——水的偶极矩($=1.85$ Debye 或 6.137×10^{-30}C·m);

ε_0——真空介电常数($=8.854\times10^{-12}$C^2/N/m^2);

ε——介质介电常数($=1$ 空气或真空);

r—— 离子与偶极的中心距;

θ——偶极角,自由运动的水分子偶极角为0。

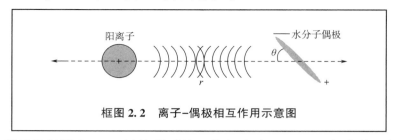

框图 **2.2** 离子-偶极相互作用示意图

图 2.14 所示是根据式(2.1)计算得到的一价离子(如 Na^+,K^+)与水分子间相互作用势能与两者在气体介质($\varepsilon=1$)中距离的关系。由于离子与水分子间的最近距离是两者范德华半径之和,离子-水分子间的相互作用强度在很大程度上取决于离子的电荷数以及大小。对于电荷数相近的不同离子,离子-水分子间的相互作用能随离子半径的增大而减小。

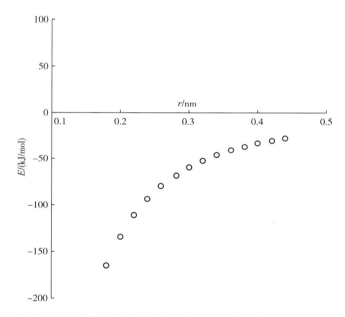

图 **2.14** 一价离子与水分子间的理论电荷-偶极相互作用强度与两者在气体介质($\varepsilon=1$)中距离的关系

在水溶液中,离子-偶极相互作用会给离子外包裹一个由水分子组成的水合壳。离子的 Gibbs 水化自由能($\Delta_{hyd}G$)是离子尺寸及参与第一水合层、其他水合层水分子数量的复杂函数[11]。各离子的 Gibbs 水化自由能见表 2.3。值得一提的是,离子的水化自由能很高,这就意味着水化层中水的流动性可能受限。水合壳中水的介电常数被认为是呈阶梯变化的,典型水化壳分区如图 2.15 所示。离子的水合壳由两个区域组成:水合壳内层是高度有序的且与离子紧密相连(化学吸附);水合壳的外层,被定义为群聚区,由半有序的水分子构成,这些水分子由于既受到离子电场的影响又受到四面体氢键连接的体相水的影响而处于结构不稳定状态。水合壳以外,水以自由的体相水状态存在。各种一价阴离子和阳离子水化壳内层水分子的数量见表 2.3。水合层中水分子的数量受离子大小以及离子表面电荷密度的影响:表面电荷密度越大,水合层水分子数量越多。然而,离子的 Gibbs 水化自由能

（$\Delta_{hyd}G$）不仅取决于内层水分子,还受离子电场与内层及群聚区所有水分子间总相互作用强度影响。

表 2.3　　　　　　　　　　　　　　　离子的 Gibbs 水化自由能

离子	r/nm	$\Delta r/\text{nm}$	n	$\Delta_{hyd}G/(\text{kJ/mol})$	离子固有能量$/(\text{kJ/mol})$
Li^+	0.069	0.172	5.2	−475	1006
Na^+	0.102	0.116	3.5	−365	681
K^+	0.138	0.074	2.6	−295	503
NH_4^+	0.148	0.065	2.4	−285	469
Mg^{2+}	0.072	0.227	10.0	−1830	3859
Zn^{2+}	0.075	0.220	9.6	−1955	3704
Ca^{2+}	0.100	0.171	7.2	−1505	2778
F^-	0.133	0.079	2.7	−465	522
Cl^-	0.181	0.043	2.0	−340	383
Br^-	0.196	0.035	1.8	−315	354
I^-	0.220	0.026	1.6	−275	315
SCN^-	0.213	0.029	1.7	−280	326
SO_4^{2-}	0.230	0.043	3.1	−1080	1208
HCO_2^-	0.169	0.050	2.1	−395	411

注:r 为离子半径;Δr 为第一水合壳的厚度;n 为水合壳第一层水分子数目;$\Delta_{hyd}G$ 为离子水化自由能,其中也包括在群聚区的水分子。

资料来源:Marcus, Y.,*J. Chem. Soc. Faraday Trans.*, 87, 2995, 1991.

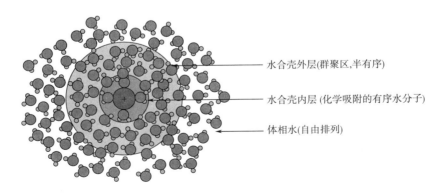

水合壳外层(群聚区,半有序)

水合壳内层 (化学吸附的有序水分子)

体相水(自由排列)

图 2.15　一价阳离子的水合壳示意图

资料来源:Lower, S., A gentle introduction to water and its structure, 2016. http://www.cheml.com/acad/sci/aboutwater.html,摘录时间 2015 年 1 月 27 日。

已有明确的证据表明离子会影响体相水的四面体氢键连接结构。以此为原则,离子可以被分成两类:半径小且表面电荷密度(电荷/表面积)高的离子,例如,Li^+、Na^+、Ca^{2+}、Ba^{2+}、Mg^{2+}和F^-,可强化水的四面体氢键连接结构;半径大且表面电荷密度低的离子,例如Rb^+、Cs^+、Br^+、I^-、ClO^{4-}、SCN^-和NO_3^-,会破坏水的结构。前一类离子被称为"kosmotropes",后一类被称为"chaotropes"。这些离子对体相水结构的相对影响程度遵从霍夫梅斯特序列。Cl^-和K^+等离子对水的结构影响最小,因此在霍夫梅斯特序列中被认为是中性的。由于水溶液中蛋白质的结构和稳定性依赖于体相水的结构状态,chaotropic盐通常会导致蛋白质变性以及非极性物质的溶解度增大,kosmotropic盐则会使水溶液中蛋白质结构稳定性提高、非极性物质溶解度下降。

2.5.3　水与中性极性基团的相互作用

水可以与一些中性极性(亲水)溶质产生偶极-偶极相互作用,如框图2.3所示。

这种相互作用的势能可用下式计算:

$$E_{偶极-偶极} = -\frac{\mu_1\mu_2}{4\pi\varepsilon_0\varepsilon}\frac{cos\theta}{r^3} \tag{2.2}$$

式中　μ_1,μ_2——水和极性分子的偶极矩;

r——两个偶极间的中心距;

θ——偶极间的夹角。

式(2.2)适用于大多数的偶极-偶极相互作用,根据此式计算得到的水双分子间及水分子与多糖、蛋白质极性基团间的氢键势能比真实值小于$-25.1\sim20.9kJ/mol$。这一差异的产生主要是由于水与其他水分子或者极性基团(OH)的相互作用通常是多方的而非单个偶极-偶极相互作用[12-13]。水与极性溶质间的氢键相互作用往往与水分子之间的氢键相互作用强度相当。因此,水与食品中蛋白质、碳水化合物等组分的相互作用与其自身的相互作用一样强。而且,这种相互作用不会像与离子间的相互作用那样导致在极性分子上形成水合壳。

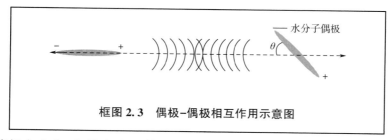

框图2.3　偶极-偶极相互作用示意图

当溶质溶解在水中,它就会改变体相水的结构,这是一个普遍规律。这一规律对所有的溶质都适用,包括中性极性溶质和离子溶质。不过,中性极性溶质会增强还是破坏体相水的结构取决于溶质-水之间的氢键相互作用与体相水自身四面体氢键连接结构在空间和取向上的相容性。就此而言,多羟基化合物,如糖、甘油会增强体相水的四面体氢键连接单元,而与脲的氢键连接则会破坏体相水的四面体氢键连接结构[14-17]。这些结论源于中子衍射分析,研究表明,虽然脲可以非常好的与水混合并在四面体氢键连接结构中替代水分子,但它的大分子尺寸干扰了水−水氢键,使得径向分布图谱中 0.45nm 处的第二个吸收峰完全消失(图 2.11)。换句话说,多羟基化合物增强了,而脲破坏了体相水的长程有序结构。这并不意味着两种类型的溶剂的加入使得每摩尔水的氢键数量增加或者减少了,仅意味着体相水的长程氢键连接团簇状态被改变了。

蛋白质和多糖等多种食品组分中含有氨基、羟基、羰基等可与水形成氢键的中性极性基团(图 2.16)。如前所述,由于这些氢键键能与水−水氢键键能相当,因此我们认为在水溶液中不存在水与这些基团的优先相互作用。

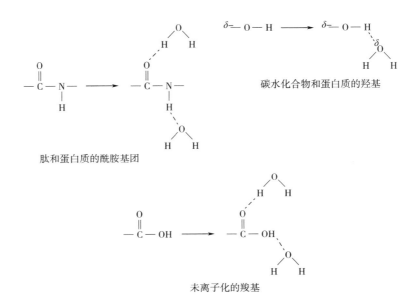

碳水化合物和蛋白质的羟基

肽和蛋白质的酰胺基团

未离子化的羧基

图 2.16 水与蛋白质和碳水化合物中的各种官能团间的氢键相互作用示例

2.5.4 水与非极性溶质的相互作用

虽然大多数非极性物质不溶于水或不能与水混合,但在分子水平上,水还是会与非极性溶质形成偶极−诱导偶极相互作用。

非极性物质不具有永久偶极。然而,当一个偶极矩为 μ_1 的极性分子(如水)靠近非极性分子时,它就会导致非极性分子电子云的变形(框图 2.4),进而产生诱导偶极矩 $\mu_2 = \alpha_0 \mu_1 / 4\pi\varepsilon_0\varepsilon$,其中 α_0 是非极性分子的极化率(单位:m^3)。偶极−诱导偶极之间的相互作用势能计算公式如下:

$$E_{偶极-诱导偶极} = -\frac{\alpha_0 \mu_1^2}{(4\pi\varepsilon_0\varepsilon)r^6} \tag{2.3}$$

式中 r 是两个偶极的中心距。水与非极性分子间的偶极−诱导偶极相互作用总是吸引力,也就是说,在分子水平上,水与非极性物质间不存在" phobia 畏惧"[18]。如果事实如此,就会引出一个问题,为什么在宏观尺度上,非极性物质与水不相混溶?

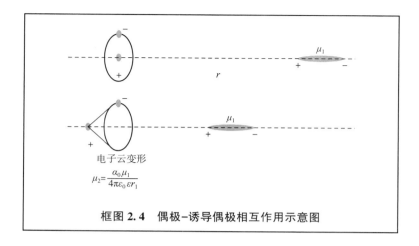

框图 2.4　偶极-诱导偶极相互作用示意图

2.5.5　疏水效应

对这一现象有两种解释。第一种解释认为,两个不相混溶的液体,如水和 n-辛烷间的界面能可用式(2.4)计算:

$$\gamma_{12} = \gamma_1 + \gamma_2 - W_{adh} \tag{2.4}$$

式中　γ_1,γ_2——两种液体的表面张力;

　　　　γ_{12}——界面张力;

　　　　W_{adh}——两种不混溶液体间的"黏附功"。

对于大多数不混溶的液体来说,黏附功是正的(如水和 n-辛烷间的黏附功为 43.76ergs/cm^2),这也就意味着两者间是相互吸引的,不存在水与碳氢化合物间的"排斥畏惧"[18]。不过,这种源于水与碳氢化合物间偶极-诱导偶极相互作用的吸引能还没有大到足以打破水分子间的氢键并使碳氢化合物进入水溶液的程度。假定在气/水界面上水分子的浓度为 5.7×10^{-10} mol/cm^2[19],那么界面上来自水-辛烷黏附功(43.76ergs/cm^2)的吸引能仅为 -7.7kJ/mol,而体相水的平均氢键能大约为 -25.1kJ/mol。因此,水与辛烷间的相互吸引能不能抵抗体相水的氢键,这一能量不足限制了辛烷(以及类似的非极性物质)在水中的溶解度。

第二种解释是基于非极性溶质(如环己烷和甲烷)从气相或者非极性溶剂中转移到水相介质时的热力学变化实验数据,见图 2.17。根据这一转移是源于气相还是液相,焓变(ΔH)为负数或 0,但自由能变化(ΔG)总是正的,即这是一个非热力学自发的过程。由于 $\Delta G = \Delta H - T\Delta S$($\Delta S$ 为熵变),因此当碳氢化合物由非极性介质转移到水相介质时会在水相产生一个比任何焓减效应都大的熵减,因此带来净自由能增大,即 $\Delta G > 0$[20-21]。熵减意味着非极性溶质在水中出现会增加水的"有序性"和"结构化"。更重要的是,此时的水-水几何取向已经与正常的氢键连接水团簇有了显著的差异。

当非极性溶质被引入水溶液时,水与非极性表面间形成偶极-诱导偶极相互作用。然而,为了维持与非极性分子附近其他水分子间的氢键相互作用,水分子被迫跨过非极性表面并重新定位以最大限度地使氢键轨道(无论供体还是受体)的指向背离非极性表面[22]

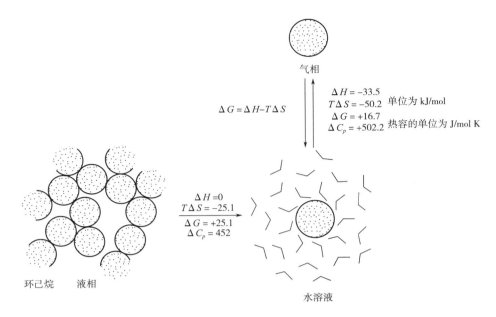

图 2.17　20℃下,非极性分子(环己烷)在气相或液相与水溶液中转换时的典型热力学变化

其中 $\Delta H,T\Delta S$ 和 ΔG 数值的单位为 kJ/mol,ΔC_p 数值单位为 J/(K・mol)。

资料来源:Creighton, T. T., *Proteins*:*Structures and Molecular Properties* 2nd edn., W. H. Freeman & Co., New York 1996, p. 157.

(图 2.18)。这种重新定位被称作"疏水水合",它与离子及极性分子的水合截然不同,离子及极性分子的水化没有取向的限制。非极性溶质及其水合壳一起被称作"笼型水合物",这一水合壳上的水分子完全丧失了其旋转自由度。笼状水合物在低温和非常高的压力下(如在海底以及南、北极的热冰霜)稳定,但在常规条件下非常不稳定。

非极性溶质周围水分子的结构重排带来的主要效应是笼状结构中,氢键相互作用水分子间的相对取向与体相水和冰中氢键连接水团簇存在显著差异:水和冰中水-水取向是错列构象,而在笼状水合物中是重叠构象,如图 2.19 所示。重叠构型与错列构象的区别在于氢键反角发生了 60°的旋

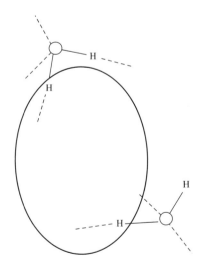

图 2.18　非极性溶质附近水分子的优先定位

为了维持与非极性分子附近其他水分子间的氢键相互作用,水分子被迫跨过非极性表面并重新定位以最大限度地使氢键轨道(无论供体还是受体)的指向背离非极性表面。

资料来源:Stillinger, F. H., *Science*, 209, 451, 1980.

转。在重叠构象中,氧原子孤对电子间的距离比错列构象近,孤对电子间斥力的增大给氢键施加了一个应力。氢键反角旋转自由度的丧失与氢键应力一起使水的熵值下降,因此水中非极性溶质的引入是热力学不利的过程。为控制熵损失,水就不得不尽可能地减少与非极性溶质的结合。因此,水会迫使非极性溶质彼此聚集/结合并将水分子从笼状壳中释放出来回到原本的高熵状态(图 2.20)。这一过程是疏水水合的反向过程,其自由能变化 $\Delta G < 0$,被称作"疏水相互作用"。必须强调的是,这一条件下非极性溶质间的相互作用不是由非极性溶质间内在的范德华吸引驱动的,而是由水结构的熵损失驱动,也正因为如此,疏水相互作用能要远高于范德华相互作用。

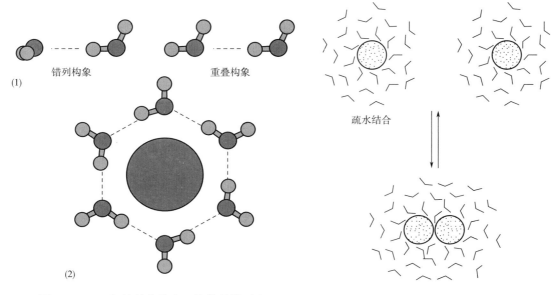

图 2.19　(1)氢键结合的水二聚体的错列和重叠构象　(2)疏水表面的水−水定位(重叠构象)示意图

图 2.20　水溶液中非极性物质疏水结合的示意图
这种结合促使水分子从低熵的水合壳释放至高熵自由态。

　　生物学家及生物化学家一致认为第二种解释更为可信,也更能正确解释水与非极性溶质间的热力学不相适性。非极性溶质促使的水结构重排以及水重回高熵状态的趋势是蛋白质、生物膜及其他细胞生物结构,甚至碳基生命体本身进化的核心要素。例如,磷脂中既有亲水部分(磷酸盐基团)又有疏水链段(长脂肪酰链)。水与脂肪酰链间的热力学不相适性迫使磷脂聚集成胶束或者形成磷脂双层结构,让脂肪酰链逃离与水相的直接接触,而亲水的磷酸盐基团暴露于水相(图 2.21)。同样地,蛋白质同时含有极性和非极性的氨基酸残基,从热力学的角度需要尽可能减少非极性氨基酸残基而最大化极性氨基酸残基与水相的接触。因此,水会迫使蛋白质链段折叠并形成一个大多数非极性残基深埋在内部而极性残基暴露于界面水的三维结构(图 2.22)。

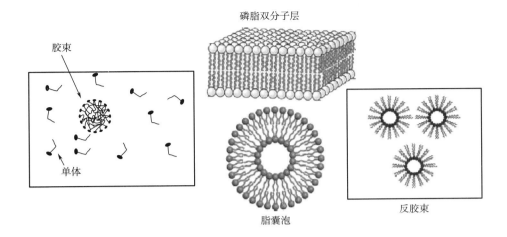

图 2.21　疏水效应导致多种有序磷脂(或表面活性剂)结构的形成(如胶束、双分子层、双层囊泡)

资料来源:Israelachvili,J.N.,*Intermolecular and Surface Forces* 2nd edn.,Academic Press,New York,1992,344pp.

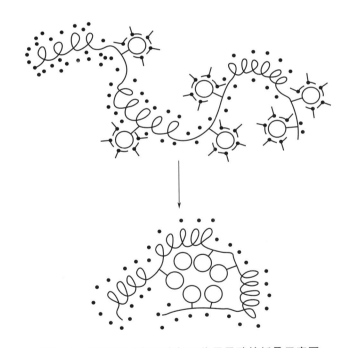

图 2.22　球蛋白内部疏水相互作用导致的折叠示意图

空心圆代表疏水基团,L 型图标代表疏水基团水合壳内的水分子,实心圆点代表与极性基团结合的水分子。

资料来源:Fennema,O.R.,Water and ice,in:*Food Chemistry*,3rd edn.,Fennema,O.R.(ed.),Marcel Dekker,Inc.,New York,1996.

2.5.6　"结合水"的概念

　　通过前面的讨论,我们已经非常明确地知道,水具有与食品材料中各种离子、极性和非极性基团产生相互作用的潜力。这些相互作用的强度范围从偶极-诱导偶极间的 $0.5k_BT$ (k_B 是 Boltzmann 常数,T 是温度)到偶极-偶极相互作用的 $10k_BT$,再到离子-偶极间的大约 $25k_BT$。由于 k_BT 是温度 T 下分子的热(动)能,比 k_BT 高数倍的相互作用能使得水分子与这些基团物理结合在一起。食品材料中与带电离子基团结合的水就被称为"结合水",其流动受限。不过,关于"结合水"的定义,食品科学家之间还存在很大的争议。

争议的原因是食品材料中水与化学基团的相互作用往往不是式(2.1),式(2.2)和式(2.3)所描述的 1 对 1 模式,而是每个化学基团与多个水分子之间的相互作用。当化学基团为离子基团时,这种情况尤为突出,离子-水相互作用会导致水合壳的生成。以单价离子,如 Na^+ 为例,离子在非水合状态下的内在自有能量为:

$$E_{self} = \frac{(ze)^2}{8\pi\varepsilon_0\varepsilon a} \tag{2.5}$$

式中 a 是裸离子的半径。根据式(2.5),非水合状态下 Na^+(半径为 0.102nm)的自有能量为 681kJ/mol(表 2.3)。当 Na^+ 被引入水中并通过离子-偶极相互作用形成水合壳后其自有能量会下降 365kJ/mol(表 2.3)。这一能量减少是离子与多个水分子偶极相互作用的结果。如果参与到水合壳中只有四个水分子,那么每一个水分子的平均结合能就是-91kJ/mol(或者 $31k_BT$)。在这种情况下,这四个水分子就代表真正的"结合水"。如果我们假设水合壳中有 50 个水分子,包括那些处于群聚区的水分子(图 2.15),那么每一个水分子的平均结合能就是约 7kJ/mol(或者 $3k_BT$)。这时水合壳中的水分子与离子的结合就很弱。然而,实际情况是,处于水合壳的水分子与离子的相互作用能遵循负指数梯度,处于水合壳最内层的水分子与离子紧密结合,处于最外层的水分子与离子弱结合。此外,水合壳中的水分子不是"静态的"和"不可移动的"。水合壳内的水分子间以及壳内水分子与体相水分子间以纳秒到皮秒的速度快速互换。因此,在一个指定的环境温度和压力条件下,溶质附近存在一个动态的水分子族群,其热力学特性及分子流动性显著区别于远离溶质的水分子。由于体相水和"结合水"之间的界限不可能被预测和定量,从水的平均热力学性质变化角度理解溶质对水的结构及水在食品体系中功能性质的影响更具现实意义。

2.5.7 依数特性

依数特性是指稀释溶液中那些受溶质浓度影响而非溶质化学本质影响的特性。溶液的依数特性包括蒸汽压下降、冰点下降、沸点上升以及渗透压。在理想溶液中,非挥发性溶质对这些性质的影响主要是基于混合熵。对于二元体系,混合熵可用下式计算:

$$\Delta S_{mix} = -R(n_w \ln X_w + n_s \ln x_s) \tag{2.6}$$

式中 n_w, n_s——水和溶质的摩尔数;

X_w, x_s——指水和溶质的摩尔分数。

由于理想溶液的混合焓(ΔH_{mix})为 0,混合自由能(ΔG_{mix})就应仅来自熵变 $-T\Delta S_{mix}$。也就是说,当溶质与水混合,水的自由能下降了 $n_w RT \ln X_w$,溶质自由能下降了 $n_s RT \ln X_s$。这一自由能下降是理想溶液体系冰点下降和沸点上升的诱因。

溶剂的摩尔冰点下降常数可用下式计算:

$$K_f = \frac{RT_f^2 M}{\Delta H_f} \tag{2.7}$$

式中　R——气体常数，J/mol·K；

　　　T_f——纯溶剂的冰点，K；

　　　ΔH_f——溶剂熔化潜热，J/mol；

　　　M——溶剂的分子质量，kg/mol。

K_f的单位是 K·kg/mol。水的冰点下降常数是 1.86K/m，其中 m 是溶液的质量摩尔浓度。由于可溶性溶质的存在，大多数新鲜水果和蔬菜的冰点在$-2 \sim -5$℃。如果溶液的冰点下降为 ΔT，那么溶液中溶质的摩尔分数就可以用下式计算得到：

$$x_s = \frac{\Delta H_f}{RT_f^2}\Delta T \tag{2.8}$$

对于可离子化的溶质，如 NaCl 和 $CaCl_2$，其冰点下降公式为：

$$\Delta T_f = iK_f m \tag{2.9}$$

式中　m——溶液的质量摩尔浓度；

　　　i——van't Hoff 因子，可用式（2.10）计算。

$$i = \alpha n + (1 - \alpha) \tag{2.10}$$

其中 α 是已解聚成 n 个离子的溶质的比例。以 NaCl 为例，在稀溶液中完全解离为 Na^+ 和 Cl^-。此时，$n=2$，$\alpha=1$，则 $i=2$。根据式（2.8），质量摩尔浓度为 1 的 NaCl 溶液的冰点下降为-3.72℃。

非挥发性溶剂导致的沸点上升与此类似。摩尔沸点上升常数可由下式计算：

$$K_B = \frac{RT_B^2 M}{\Delta H_v} \tag{2.11}$$

式中　T_B——纯溶剂的沸点，K；

　　　ΔH_v——纯溶剂的挥发潜热。

水的 K_B 为 0.51K kg/mol。

式（2.8）和式（2.11）仅适用于理想溶液。偏离理想体系就意味着 $\Delta H_{mix} \neq 0$。图 2.23 所示是式（2.11）预测的蔗糖溶液沸点与蔗糖浓度的线性关系曲线以及实际测定结果。可以看出，即使是在非常低的溶质浓度下，实验结果也已经偏离了理想值。这种与理想值的偏离主要是由蔗糖与水分子间特定的溶质-溶剂相互作用（氢键）导致的，这种相互作用带来的水的化学位下降远超过混合熵效应。因此，需要额外的热能才能将溶液中的水蒸发至气相。

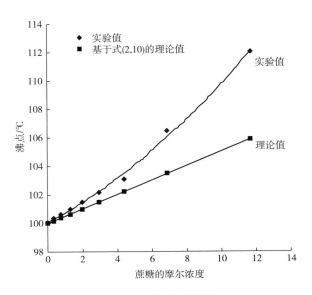

图 2.23　水的沸点升高

小结

(1)通过离子-偶极、偶极-偶极、偶极-诱导偶极相互作用与各种溶质相互作用。在这些相互作用中,离子-偶极相互作用最强,可导致离子周围形成强的水合壳,水合壳中的水分子移动受限。

(2)离子会影响体相水的结构:那些可强化四面体氢键连接结构的离子被称为"kosmotrops",而破坏该结构的离子被称为"chaotropes"。

(3)在非极性物质周围形成水合壳(笼状水合物)会带来水的熵减并产生疏水效应。笼状水合物中氢键连接的水-水取向不同于体相水团簇,使水分子的旋转自由度受限并造成水的熵损失。

(4)当水-溶质相互作用能远高于热能($k_B T$)时,参与这种相互作用的水分子就可以被看作是"结合水"。不过,结合水的定量是困难的。

(5)依数特性是指稀释溶液中那些受溶质浓度影响而非溶质化学本质影响的特性。溶液的依数特性包括蒸汽压下降、冰点下降、沸点上升以及渗透压。不过,即使在很低的溶质浓度下,水溶液也会偏离理想状态,这是水-溶质之间特定的相互作用导致的。

2.6 水分活度

水是所有生命组织的重要基础。它是生物反应和转运过程的溶剂,同时也是一些生物反应的反应物。虽然高水分含量对活的细胞来讲是必需的,但高的水分含量对贮藏期间食物抵抗微生物污染以及其他非微生物降解是不利的。然而,已有研究发现,含水量相同的食物可能具有差异显著的耐贮藏性,也就是说可能并非食物的含水量而是食物中水的"状态"或者水的热力学"活度"决定了食物的耐贮藏性。在相同的水分含量下,不同食物中水的热力学活度差异可能由食物的化学组成以及水与各种食品组分化学基团间的离子-偶极、偶极-偶极、偶极-诱导偶极相互作用强度决定。这也就意味着,那些与其他食品组分的化学基团相连的水与自由水不同,它们可能不会被微生物利用或者无法作为反应物参与那些可能导致食品品质劣化的水解反应。因此,食品材料的"水分活度"反映的是食品材料中水的热力能(能量状态)或者是可真正作为化学试剂参与各种生物和化学过程的有效水浓度。

2.6.1 水分活度的定义及测量

根据经典热力学,水相体系中水的活度是指其在体系中的有效浓度。纯态水的活度是一致的,在理想溶液中,水分活度 A_W 等于溶液中水的摩尔分数 X_{H_2O}:

$$A_W = X_{H_2O} = \frac{n_{H_2O}}{n_{H_2O} + n_{溶质}} \tag{2.12}$$

式中　n_{H_2O}——水的摩尔数;

　　　$n_{溶质}$——体系中溶解的溶质的摩尔数。

对于水溶液,如蔗糖糖浆或盐溶液,如果浓度以摩尔(mol)为单位的话,则式(2.12)可简化为:

$$A_W = X_{H_2O} = \frac{55.5}{55.5 + n_{溶质}} \tag{2.13}$$

在理想溶液中,混合焓(ΔH_{mix})为 0,混合熵是理想状态熵[式(2.6)]。这里理想是指溶质–溶剂、溶剂–溶剂、溶质–溶质间的相互作用能都相等。

鉴于 Gibbs 混合自由能为:

$$\Delta G_{mix} = \Delta H_{mix} - T\Delta S_{mix} \tag{2.14}$$

而理想溶液的混合焓 ΔH_{mix} 为 0。因此,混合自由能仅来自混合熵,即

$$\Delta G_{mix} = -T\Delta S_{mix} \tag{2.15}$$

真实的溶液往往不同于理想状态,这一差异是有因为溶质与溶剂间总是存在或吸引或排斥的相互作用。溶质与溶剂(水)间的相互吸引使混合自由能负偏离理想状态,意味着测定得到的水分活度低于体系中水的真实摩尔分数,即 $A_W < X_w$。这种情况在食品体系中非常普遍,主要因为是水分子与离子以及蛋白质和多糖的氢键基团之间强烈的离子–偶极、偶极–偶极相互作用导致食品中一部分水与食品基质结合,进而使可参与生物和化学反应的有效水浓度下降。偏离理想状态下水分活度的计算可采用式(2.12)的修正公式:

$$A_W = \gamma_w X_w \tag{2.16}$$

式中 γ_w 是食品体系中水的活度系数。γ_w 定义的是溶质(如食品组分)与水的相互作用程度,因此它具有溶质依赖性。将式(2.16)两边取对数且分别乘以 RT,则可将其改写为:

$$R\ln A_W = RT\ln\gamma_w + RT\ln X_w \tag{2.17}$$

即:

$$\Delta G_w = RT\ln\gamma_w + RT\ln X_w \tag{2.18}$$

将式(2.18)与式(2.5)相比较可以看出,$RT\ln X_w$ 是混合熵带来的自由能变化,$RT\ln\gamma_w$ 则代表的是混合焓带来的额外自由能变化。

Hildebrand 和 Scott[23] 发现溶液中溶剂(如水)的活度系数可以由溶质的摩尔分数根据下式计算:

$$\ln\gamma = K_s X_s^2 \tag{2.19}$$

式中　X_s——溶质的摩尔分数;

　　　　K_s——与溶质化学特性相关的常数。

将式(2.19)代入式(2.16)可得:

$$A_W = X_w e^{(K_s X_s^2)} \tag{2.20}$$

由于在大多数情况下 $A_W < X_w$,所以 K_s 通常是负数。式(2.20)被称作 Norrish 公式[24]。虽然式(2.20)与式(2.16)是等效公式,但通过比较各种溶质的 K_s,更容易看到水与溶质中各种化学基团相互作用的本质。

食品材料中水的"有效浓度"的直接测定非常困难,几乎是不可能的。但是,可以采用如下的方法进行间接测定:如前所述,水分活度反映的是体系中水的热力学状态。当液相水与其蒸汽相处于平衡状态时,体系中水的化学位可以表达为:

$$\mu_w = \mu_w^0 + RT\ln\left(\frac{f_w}{f_w^0}\right) \tag{2.21}$$

式中　μ_w——温度为 T 时,体系中水的化学位;

μ_w^0——在此温度下纯水(标准状态)的化学位;

R——气体常数;

f_w——体系中水的逸度;

f_w^0——纯水的逸度。

逸度是指一种物质(此处指水)从溶液状态逃逸的倾向。在式(2.21)中,水分活度被定义为:

$$A_W = \left(\frac{f_w}{f_w^0}\right) \qquad (2.22)$$

由于平衡状态下封闭体系中的水的蒸汽压上升是由于水有逃离溶液状态的倾向,因此,逸度就与蒸汽压密切相关:

$$A_W = \left(\frac{f_w}{f_w^0}\right) = \left(\frac{p_w}{p_w^0}\right) \qquad (2.23)$$

式中　p_w——平衡状态下食品材料上的水蒸气分压;

p_w^0——相同温度和压力下纯水的水蒸气分压。

根据 Raoult 规则,对于理想体系,p_w/p_w^0 等于该组分在溶液中的摩尔分数。然而,在非理想体系中,p_w/p_w^0 等于 $\gamma_w X_w$,其中 γ_w 被定义为活度系数。这是由于水分子与食品材料化学基团之间的相互吸引降低了其从溶液中逃逸到蒸汽相的倾向。

式(2.23)仅适用于低压条件($\leqslant$100kPa),在此条件下 f_w/f_w^0 与 p_w/p_w^0 的差别通常小于1%。因此,从应用的角度,食品材料的水分活度可以通过测定 p_w/p_w^0 来确定。p_w/p_w^0 又称为相对蒸汽压(RVP)。另一个可用的 A_W 或 RSV 表征方式是平衡相对湿度(%ERH):

$$A_W = RVP = \frac{\%ERH}{100} \qquad (2.24)$$

采用 A_W(或 p_w/p_w^0)预测食品安全与稳定性的可靠性基于两个重要的假设:首先,食品材料中的水与食品材料上的蒸汽相之间在密闭系统中建立了真正的平衡;其次,食品材料中的任何一种组分在贮藏过程中都没有发生相变。这两个假设在液体食品中很容易实现,但在复杂的半固体和固体食品中有时却是不可能的,因为建立真正的平衡可能需要几天且在此过程中溶质可能经历缓慢但持续的相变,由无定形态变成结晶态。对于这种高度溶质特异性的情况,A_W 就不再是食品化学、物理和微生物稳定性的可靠指示,因为食品产品中任何组分的相变都会改变 A_W 水平。

小结

(1)理想体系(溶液)的水分活度等于体系中水的摩尔分数。然而在非理想体系中,水分活度是体系中水的"有效"浓度的量度。它反映的是体系中水的平均能量状态。

(2)逃逸原理可用于食品样品水分活度的测定。在实际应用中,样品的水分活度可以定义为 p/p^0,其中 p 是食品样品水的蒸汽分压,p^0 是同温同压下平衡时纯水的蒸汽分压。

2.6.2　水分吸附等温线

由于 $\mu_w - \mu_w^0 = \Delta G$,由式(2.21)和式(2.23)可知,食品材料的水分活度表征的是食品材料中水的自由能变化。这一自由能的变化既源于混合熵(ΔS_{mix})也源于食品中水–溶质相互作用焓(ΔH_{mix})。因此,通过建立食品中水分含量与水分活度 A_W 的反向关联曲线,就可能得到不同实验条件下食品中水的热力学状态并将其与食品的化学、物理变化以及微生物腐败建立联系。这些曲线被称为"水分吸附等温线"(MSIs)。

MSIs 的建立通常采用回吸(或吸附)的方法,将一个完全干燥的食品材料放在恒温且湿度可控的空腔。空腔内的湿度控制通常是通过放置各种不同的饱和盐溶液(表 2.4)来实现。样品被放在可控湿度的空腔内直到达到质量恒定(通常需要几天的时间)。在给定的 A_W(或相对湿度)下,食品样品达到平衡时所增加的净质量就是样品在该 A_W 下的水分含量(g 水/g 样品)。食品材料 MSIs 的形状和位置取决于食品材料的组成以及各组分的相态。MSIs 通常分为三种类型。富含晶体的食品材料,例如蔗糖和硬糖,呈

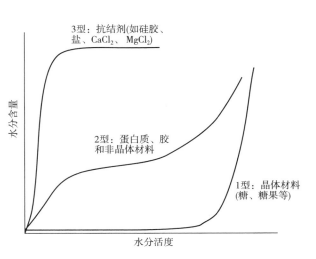

图 2.24　食品原料常见的三类水分吸附等温线示意图

现 J 型等温线,其特点为一个平的低水分含量等温线,直到 A_W 达到并超过 0.8 时出现水分含量的快速直线上升(图 2.24 1 型)。在这一类型的等温线中,$A_W \approx 0.8$ 处的急剧转折点被称为潮解点,食品材料在此点开始溶解到溶液中。含有高吸潮组分,例如抗结剂和某些种类的盐(如 $CaCl_2$ 和 $MgCl_2$)的食品一般具有 3 型等温线(图 2.24),其特点是即使在非常低的水分活度下也有水分含量的快速上升。大多数复杂食品都含有蛋白质和多糖等聚合物组分,这些无定形组分通常具有 S 型等温线(图 2.24 2 型)。由于存在不同类型的化学基团(例如,离子和氢键基团)且这些化学基团与水具有不同的键接亲和性,S 型等温线的水分含量在不同的水分活度下分步增大。呈现 S 型或 J 型的代表性食品水分吸附等温线见图 2.25,其中,结晶蔗糖和纤维素呈现 J 型等温线,黄原胶、即食(RET)谷物、乳清蛋白和燕麦麸呈现 S 型等温线。

表 2.4		饱和盐溶液的水分活度		
盐溶液	A_W		盐溶液	A_W
氯化锂	0.120		硝酸铵	0.625
乙酸钾	0.225		氯化钠	0.755
氯化镁	0.336		硫酸锂	0.850
碳酸钾	0.440		硫酸钾	0.970
硝酸镁	0.550			

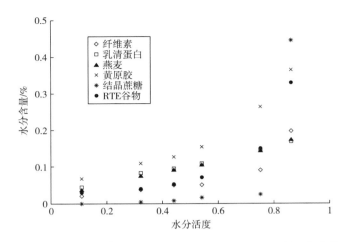

图 2.25　各种食品组分的水分吸附等温线(RET 谷物是即食谷物)

2.6.3　水分吸附等温线的释意

由于水分活度代表水的能量状态,而食品的化学、物理变化以及微生物生长都受水的能量状态的影响,所以了解水在食品中的联系,加强对与之相关的基本物理原则的深入理

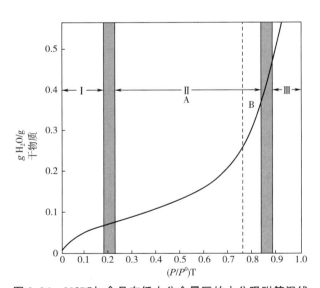

图 2.26　20℃时,食品在低水分含量区的水分吸附等温线

资料来源:Fennema, O. R., Water and ice, in: *Food Chemistry*, 3rd edn., Fennema, O. R. (ed.), Marcel Dekker, Inc., New York, 1996.

解是必要的。S 型等温线表征了水分含量和水分活度的非线性关系,也意味着在不同的水分含量水平下,食品中的水以不同的结合状态存在。原则上,S 型吸附等温线可以分成三个区域,分别代表三个不同类型或结合状态的水,如图 2.26 所示。Ⅰ区是从 0 到吸附曲线第一转折点的区域(通常被称作"膝部"),通常这一转折点出现在水分活度 0.2 ~ 0.25。随着食品的水分活度(水分含量)从干燥食品的初始低值(0.02)上升到 0.2 ~ 0.25,Ⅰ区水的能量状态也随之变化。由于 $\Delta G_w = RT\ln A_W$,当食品的水分含量对应于 $A_W = 0.02$,25℃ 时,水的自由能变化为 $-9.68 kJ/mol$。这些水可以被认为是与食品原料紧密结合的,因为其 ΔG_w 是 $k_B T$ 的 3.9 倍。在 Ⅰ 区的高水分端,即 $A_W = 0.2$ 时,自由能变化约为 $-3.98 kJ/mol$(或者 $1.6 k_B T$)。因此,即使是在 Ⅰ 区内,食品中的水分子也具有 $-9.68 kJ/mol$ ~ $-3.98 kJ/mol$ 的不同能量水平。不过,根据 Ⅰ 区水的平均能量水平可以推测它们都处于与食品材料非常紧密结合的状态。这些水在很大程度上是以离子–偶极相互作用与离子基团结合(尤其是在Ⅰ区的低水分端)或以偶极–偶极相互作用与一些极性基团结合(在Ⅰ区的高水分端)。处于这一区域的食品其水分含量通常是7%(g水/g干食品)。Ⅰ区食品材料基本上是干燥的且流动自由。由于分子的平移和转动(冰生成所必需的)受限,Ⅰ区的水即使在-40℃也不冻结。

Ⅰ区高水分端的水分含量相当于"BET单层"水分含量,BET是Brunauer、Emmett、Teller三个人名的首字母组合[25]。在这一水分含量下,并非所有的极性基团,而是与食品中的水高度亲和且空间可接近的那一部分极性基团是水合了的。因此,BET单层是指与高度亲和位点结合的不饱和单层水。当水分含量进一步升高至Ⅱ区所对应的水分含量(水分活度)时,食品材料中其他极性基团也开始被水合。在Ⅱ区,随着水分含量的增大,水分活度从0.2上升至0.85。25℃时,ΔG_w从Ⅱ区低水分端的-3.98kJ/mol上升到Ⅱ区高水分端的-0.4kJ/mol。Ⅱ区有两个潜在亚区:Ⅱ-A区的水与食品分子间主要以氢键结合,Ⅱ-B区的水与食品分子的非极性表面以偶极–诱导偶极相互作用形成弱结合。

尽管Ⅱ区水分平均自由能量比Ⅰ区高,大多数Ⅱ区水与Ⅰ区的水一样在-40℃不冻结。当食品的总水分含量接近Ⅱ区边界时,这些水主要是以饱和单层的形式与食品分子(如蛋白质、碳水化合物)结合,覆盖所有的离子、极性和非极性表面。水分子可跨Ⅰ区和Ⅱ区在不同的结合位点间互换,但饱和单层始终包含着两个区分明确的亚类:一个亚类对应Ⅰ区,另一个亚类对应Ⅱ区,这两个亚类的水始终具有截然不同的热力学特性。因为Ⅱ区的水与食品分子结合较弱,它的流动性高于Ⅰ区水,但又显著低于体相水。这种高的流动性使Ⅱ区水具有塑化剂的功能,可使食品基质膨胀(原本掩蔽的氢键结合位点暴露于水)并使食品材料的玻璃化转变温度(T_g)下降。

随着水分含量逐渐升高超过Ⅰ区-Ⅱ区边界,食品材料的玻璃化转变温度(T_g)逐渐下降,当水分含量接近Ⅱ区和Ⅲ区边界时,样品的T_g变得与样品温度(室温)相等。因此,Ⅱ区和Ⅲ区边界是室温下材料从玻璃态–橡胶态转变的临界水分含量。玻璃态–橡胶态转变的重要特征是黏度的大幅下降,随之食品材料开始流动(融化)。随着在Ⅲ区水分含量的进一步上升,水以及食品组分的分子流动性(与黏度成反比)可增大几个数量级。大部分食品中分子流动性突变所对应的临界水分活度在0.75~0.85。在Ⅰ区和Ⅱ区由于分子流动性受限而被抑制的化学反应速度以及物理(质构)特性变化,在Ⅲ区快速上升。这些变化有些是有益的,有些则不然。Ⅲ区水流动性的增大使水可以参与生物过程,进而促进微生物的生长。当水分含量越过Ⅲ区下限继续增大,食品分子(如蛋白质)的周围就会形成多层水,当水分活度接近1时,大分子就开始溶解到溶液中。

水分吸附等温线各区域中水的物理特性总结于表2.5[26]。需要强调的是:尽管随着食品中水分含量的增加其水分活度(水的自由能)呈S型(非线性)上升,但即使在非常高的水分含量情况下,低自由能的水(对应Ⅰ区和Ⅱ区)仍然存在。只是不过,这些"结合"水的总量只占总水量的很小一部分。因此,在高水分含量情况下,食品中水的平均热力学特性接近于体相水。

表 2.5　蛋白质水合水平

性质	构成水①	水合壳水(离表面≤0.3nm)			体相水 自由②	体相水 截留③
相对蒸汽压(p/p^0)	$<0.02\ p/p^0$	$0.02\sim0.2\ p/p^0$	$0.2\sim0.75\ p/p^0$	$0.75\sim0.85\ p/p^0$	$>0.85\ p/p^0$	$>0.85\ p/p^0$
等温"区"④	I区最左端	I区	II A区	II B区	III区	III区
mol H_2O/mol 干蛋白	<8	8~56	56~200	200~300	>300	>300
g H_2O/g 干蛋白(h)	<0.01	0.01~0.07	0.07~0.25	0.25~0.58	>0.58	0.58
百分含量(%,以溶菌酶为例)	1	1~6.5	6.5~20	20~27.5	>27.5	>27.5
水的性质						
结构	天然蛋白质结构不可缺少的部分	水主要与带电基团发生相互作用(~2HOH/基团);0.07h时出现表面水的结构变化,水分子簇开始形成带电基团水合完成	水主要与表面极性基团发生相互作用(~1HOH/极性部位);水分子簇结合在极性部位;分子簇的大小和/或排列持续波动;0.15h时开始形成表面水之间的长程连接	0.25h时,水开始在蛋白质表面未被致占满的弱相互作用区凝结;0.38h时单层水完全覆盖蛋白质表面,开始形成独立的水相并出现玻璃态-橡胶态转变		
热力学转变性质⑤						
ΔG/(kJ/mol)	>|-6|	-6	-0.8		接近体相	接近体相
ΔH/(kJ/mol)	>|-17|	-70	-2.1		接近体相	接近体相
滞留时间/s(近似流动性)	$10^{-2}\sim10^{-8}$	$<10^{-8}$	$<10^{-9}$	$10^{-9}\sim10^{-11}$	$10^{-11}\sim10^{-12}$	$10^{-11}\sim10^{-12}$
冻结能力	不可冻结	不可冻结	不可冻结	不可冻结	正常	正常

作为溶剂的能力	无	无	轻微	中等	正常	正常
蛋白质性质						
结构	折叠状态稳定		无定形区开始被水增塑		无定形区进一步被水增塑	
流动性(以酶反应活性表征)	酶活可以忽略	酶活可以忽略	质子交换从 0.04h 时的 1/1000 增加至 0.15h 时的全溶液速率；在 0.1~0.15h，有些酶开始表现出活力	在 0.38h 时，溶菌酶的比活力为稀溶液的 10%	最大活性	最大活性

注：假设在水合初始构成水即存在于干态蛋白质中。水首先在离子化的羧基和氨基酸侧链吸附，此类结合总含量约为 40mol 水/mol 溶菌酶。进一步，蛋白质表面的弱结合位点，例如蛋白质主链的羰基和氨基团被水合。当水分含量达到 0.38h 时，蛋白质表面所有可能水合的弱结合位点都完成水合。平均而言，此时结合水总量达到 1HOH/0.2nm² 蛋白质表面。当水分含量超过 0.58h 时，通常认为蛋白质已经被充分水合了。

① 水分子占据大分子溶质内部的特殊位置；
② 宏观流动不受大分子基质的物理限制；
③ 宏观流动受大分子基质的物理限制；
④ 见图 2.29；
⑤ 水从相转移至水合完时热力学参数。

资料来源：数据主要基于溶菌酶，来自 Franks, F., in: *Characteristics of Proteins*, Franks, F. (ed.), Humana Press, Clifton, NJ, 1988, PP. 127-154; Lounnas, V. and Pettitt, B. M., *Proteins: Struct. Genet.*, 18, 133, 1994; Rupley, J. A. and Careri, G., Adv. Protein Chem., 41, 37, 1991; Otting, G. et al., *Science*, 254, 974, 1991; Lounnas, V. and Pettit, B. M., *Proteins: Struct. Funct. Genet.*, 18, 148, 1994.

小结

(1)MSI 是恒温恒压下食品材料达到平衡状态时水分含量(g 水/g 干物质)与水分活度之间的关系。

(2)大多数食品材料都呈现 S 型 MSI,可被分成三个区域。三个区域中水的能量状态各异。与食品材料相结合处于Ⅰ区的水在-40℃不冻结且不参与化学反应。处于Ⅱ区的水也不可冻结但其流动性要高于Ⅰ区的水,因此可触发食品的玻璃态-橡胶态转变。当食品中的水分含量达到Ⅱ区高限甚至更高时,水更强的流动性使其有利于食品中化学、物理以及微生物变化的发生。

2.6.4　水分活度与食品稳定性

大量的研究已经证实食品的稳定性(物理/化学和微生物)受 A_W 的影响。通过了解这些变化进程与水分活度的相关性,我们就可以将水分活度作为一个技术工具用来控制食品的化学/物理/生物变化。

从食品安全与稳定的角度,我们可以在水分吸附等温线上确定两个临界阈值点。这两个点分别是Ⅰ区/Ⅱ区和Ⅱ区/Ⅲ区的边界。这两个边界处食品的水分活度通常分别为0.20~0.25 和 0.75~0.85。当 $A_W \leqslant 0.25$ (Ⅰ区),食品材料是干燥的且通常是自由流动的干粉;分子流动性的缺失限制了大多数化学反应(脂肪氧化除外),而没有可参与生物过程的水也抑制了微生物的生长。因此,$A_W \leqslant 0.25$ 的食品是非常安全和稳定的,但大多数此类食品不可食用(饼干和薯片除外)。当 $A_W \geqslant 0.8$,食品就进入以高水分/橡胶态相(Ⅲ区),此时水和其他食品组分的分子流动性呈指数上升,那些不期望的化学反应和微生物生长速率提升,因此,$A_W \geqslant 0.8$ 的食品通常是化学不稳定、微生物不安全的。中等水分活度($0.25 < A_W < 0.8$)即中等水分区域是唯一可以通过水分含量和水分活度的微调来控制食品的化学和物理变化速率以及微生物安全的区域。处于该区域的食品被称为"中等水分食品"。

2.6.5　中等水分食品

图 2.27~图 2.31 所示为一些常见食品的水分活度-食品稳定性相关性示例。图 2.27(1)所示是 35℃下水分活度对薯片脂肪氧化速率的影响。数据表明,脂肪氧化速率在非常低及非常高的 A_W 条件下相对较高,但在 $A_W \approx 0.4$ 时达到最低点。对这一反常现象的解释如下[27]:在非常干燥的状态下,氧气与脂肪相遇并促使氧化不会受到阻碍。而当水分含量逐渐升高到达BET 单层覆盖时($A_W \approx 0.4$),水会与脂肪氢过氧化物结合并影响氢过氧化物分解产生自由基,而这一步骤是脂肪氧化进程中必要的一步。此外,BET 单层水还会水合金属离子,如 Fe^{2+} 和 Cu^+,使其催化活性下降。$A_W > 0.4$ 时脂肪氧化速率的上升主要是因为分子流动性增大,使得脂肪与金属催化剂碰撞的频率增高。因此,在低水分食品中,水分活度可调控一系列导致脂肪氧化的化学过程。图 2.27(2)所示是水分活度对薯片脆性(感官评分)的影响。需要指出的是,脆性评分也在 A_W 达到并超过 0.4 后开始下降,这与超过 BET 单层覆盖后($A_W > 0.4$)水的分子流动性增大形成塑化以及薯片微观结构的膨胀、质构特性改变的事实相符。有趣的是,脂

肪氧化速率的上升和脆性评分的下降都始于 $A_W \approx 0.4$，说明这两者之间是相互关联的。

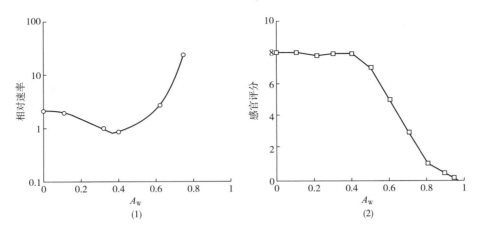

图 2.27　35℃条件下，薯片的水分活度对(1)脂质氧化速率及　(2)感官质量(脆度)的影响

资料来源：Quast, D. G., and Karel, M., *J. Food Sci.* 37, 584, 1972.

水分活度影响食品中的美拉德反应[28]。图 2.28(1)所示是在 40℃储存 10d 的过程中乳粉水分活度对赖氨酸损失的影响[29]。赖氨酸的最大损失发生在 $A_W \approx 0.65$。这一损失是乳粉中的还原糖—乳糖与牛乳蛋白赖氨酸残基上的氨基基团之间的美拉德褐变反应导致的。美拉德褐变反应的第一步是形成席夫碱，这是一个可逆反应。

$$P—NH_2 + R—CHO \Longrightarrow P—NH = CH—R + H_2O \qquad (2.25)$$

由于水是该步反应的产物之一，这一反应的速率就会受到样品水分活度的影响。在 $A_W < 0.4$ 时，赖氨酸损失非常低，这是由于低水分活度下分子的流动性受限导致乳糖与蛋白质碰撞的概率很低。随着 A_W 的上升，分子流动性的提高使反应速率随之加快并在 $A_W \approx 0.65$ 时达到峰值。当 $A_W > 0.65$ 后，食品材料中多余的水分使反应的平衡[式(2.25)]向左移动，美拉德反应速率下降。图 2.28(2)所示为水分活度与乳粉褐变程度的相关性，水分活度对赖氨酸损失程度及褐变程度的一致影响证实这两者是相互关联的。

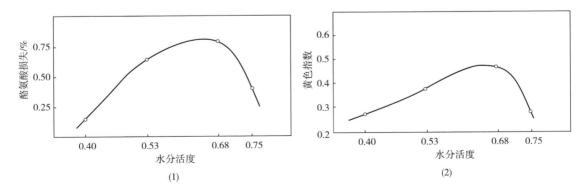

图 2.28　水分活度对乳粉美拉德褐变程度的影响(40℃储存 10d)
美拉德褐变导致的(1)颜色变化和(2)赖氨酸损失

资料来源：Loncin, M., et al., *Food Technol.* 3, 131, 1968.

图 2.29 所示是大麦芽中水分活度对磷脂酶水解效率的影响[30]。值得关注的是,直到水分活度达到 0.35,酶水解的速率几乎可以忽略,但当 $A_W \approx 0.4$ 后水解速率快速上升。其他水分活度(或水分含量)依赖性的实例还包括爆米花的爆裂体积[31]以及口香糖中阿斯巴甜的降解,详见图 2.30 和图 2.31。

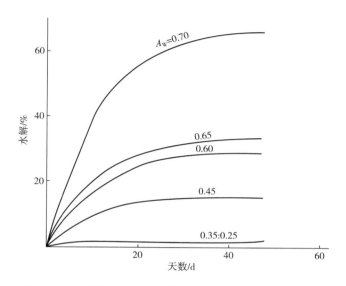

图 2.29　水分活度对大麦麦芽中卵磷脂酶水解进程的影响

资料来源:Acker, L., *Food Technol.* 23, 1257, 1969.

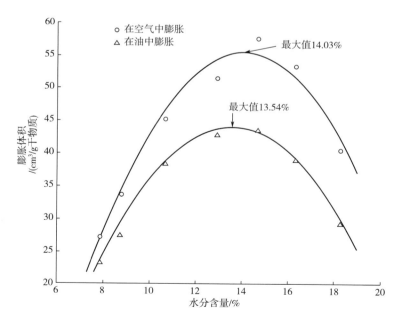

图 2.30　水分含量对爆米花膨胀体积的影响

资料来源:Metzger, D. D., Hsu, K. H., Ziegler, K. E., and Bern, C. J., Effect of moisture content on popcorn popping volume for oil and hot-air popping. *Cereal Chem.* 66, 247-248, 1989.

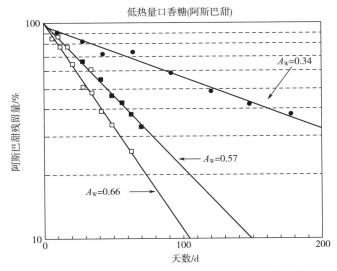

图 2.31　水分活度对口香糖中阿斯巴甜降解速率的影响

资料来源：Bell, L. N. and Labuza, T. P., Aspartame degradation as a function of water activity, *in*: *Water Relationships in Foods*: *Advances in the 1980s and Trends for the 1990s*, Levine, H. and Slade, L. (eds.), Springer Science and Business Media, New York, 2013, pp. 337−347.

　　水分活度还会影响食品中微生物生长。微生物生长所需的临界水分活度因微生物种类而异（表 2.6）。水分活度与食品中各种化学、酶反应以及生物过程速率的相关性总结于图 2.32。总体而言，对于那些需要水作为反应物参与的化学或酶反应（例如，阿斯巴甜降解、磷脂水解以及其他水解反应），当食品材料进入中等水分活度区域（Ⅱ区）后，其反应速率会逐渐增大，而当水分活度到达存在高度流动性水的Ⅲ区后，反应速率加速上升。如果水是反应的产物之一（例如，美拉德反应），那么，这些化学反应的速率会在中等水分活度区域（Ⅱ区）出现一个最大值，这是各要素相互竞争的结果。如果水既不是反应物也不是产物（例如，脂肪氧化），那么反应的速率就主要依赖于分子的流动性，因此反应速率会在Ⅱ区逐渐上升并在Ⅲ区加速增大。对于那些只有当水的流动性接近自由水时才能生长的微生物（例如，霉菌、酵母和细菌），只有当 $A_W > 0.7$ 时才会在食品材料中增殖。

表 2.6　　　　　　　　　　　　　　不同相对蒸汽压下食品中微生物生长的可能性

p/p^0 范围	在此 p/p^0 区间下限时，生长被抑制的微生物	p/p^0 处于此范围的食品
1.00~0.95	假单胞菌属、埃希氏菌属、变形杆菌属、志贺氏菌属、克雷伯氏菌属、芽孢杆菌属、产气荚膜梭状芽孢杆菌、部分酵母	极易腐败变质（新鲜）食品、罐头水果、蔬菜、肉、鱼以及牛乳；熟香肠和面包；氯化钠含量达 7%（质量分数）或蔗糖含量达 40% 的食品
0.95~0.91	沙门菌属、副溶血弧菌、肉毒梭状芽孢杆菌、沙雷氏杆菌属、乳杆菌属、部分霉菌、酵母（红酵母属、毕赤酵母属）	部分干酪（英国切达、瑞士、法国明斯达、意大利波萝伏洛）、腌制肉（火腿）、部分水果汁浓缩物；氯化钠含量达 12%（质量分数）或蔗糖含量达 55% 的食品

续表

p/p^0 范围	在此 p/p^0 区间下限时,生长被抑制的微生物	p/p^0 处于此范围的食品
0.91~0.87	多种酵母(假丝酵母属、球拟酵母属、汉逊酵母属、微球菌属)	发酵香肠(萨拉米)、松蛋糕、干的干酪、人造奶油、氯化钠含量达15%(质量分数)或蔗糖含量达65%的食品
0.87~0.80	大多数霉菌(产生毒素的青霉菌属)、金黄色葡萄球菌、大多数酵母菌属(拜耳酵母)、德巴利氏酵母菌属	大多数浓缩果汁、甜炼乳、巧克力糖浆、槭糖浆和水果糖浆、面粉、米、水分含量15%~17%的豆类食品、水果蛋糕、家庭自制火腿、方旦糖
0.80~0.75	大多数嗜盐细菌、产真菌毒素的曲霉属	果酱、加柑橘皮丝的果冻、杏仁酥糖、糖渍水果、部分棉花糖
0.75~0.65	嗜旱霉菌(谢瓦曲霉、白曲霉、*Wallemia sebi*)、二孢酵母	水分含量10%的燕麦片;牛轧糖、乳脂软糖、棉花糖、果冻、糖蜜、砂糖、部分果干、坚果
0.65~0.60	耐渗透压酵母(鲁氏酵母)、少数霉菌(刺孢曲霉、二孢红曲霉)	水分含量15%~20%的果干、部分太妃糖和焦糖、蜂蜜
0.60~0.50	微生物不增殖	水分含量12%水分意大利面、水分含量10%水分的调味料
0.50~0.40	微生物不增殖	含水量5%的全蛋粉
0.40~0.30	微生物不增殖	水分含量3%~5%的曲奇饼、脆饼干、面包硬皮等
0.30~0.20	微生物不增殖	水分含量2%~3%的全脂乳粉、水分含量5%的脱水蔬菜、水分含量5%的玉米片、家庭自制曲奇饼、脆饼干

资料来源: Reid, D. S. and Fennema, O., Water and ice, in: Damodaran, S., Parkin, K. L., and Fennema, O. (eds.), *Fennema's Food Chemistry*, 4th edn., CRC Press, Boca Raton, FL, 2008.

基于前面的讨论,当 A_W 处于 0.2~0.4 时,食品的化学、物理及微生物稳定性最高。不过,在此水分活度下,食品材料基本上是干沙砾状的,不可食用。当 A_W = 0.6~0.8 时,水分含量就使食品达到了可食用的水平。水分活度为 0.6~0.8(干基水分含量在15%~30%)的食品被称为"中等水分食品"。这些食品在非冷藏条件下货架稳定,具有适宜的质构,对包装保护的需求较低。细菌和酵母的生长基本被抑制,但有些霉菌在此条件下会生长。调整食品的 pH 至 4 以下和/或添加山梨酸钾等防腐剂可以控制霉菌的生长。

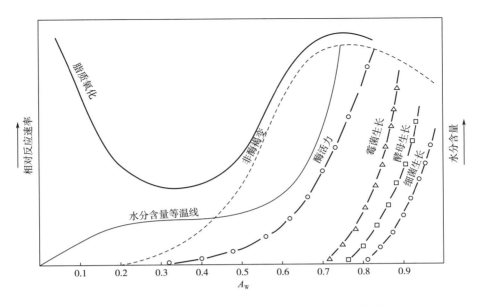

图 2.32 相对蒸汽压、食品稳定性和吸附等温线之间的关系

资料来源: Labuza, T. P. et al., *J. Food Sci.* 37, 154, 1972。

2.6.6 BET 单层的测定

如前所述,在大多数食品中,BET 单层水出现在水分活度 0.2～0.4。由于当水分含量等于或低于 BET 单层所对应的临界水分活度时食品非常稳定,这一临界水分活度可被用作预测食品稳定性的参照点。从 MSI 估算食品的 BET 单层值有两个经验方法。

第一个是 BET 方程[25]:

$$\frac{A_\mathrm{W}}{m(1-A_\mathrm{W})} = \frac{1}{m_\mathrm{m}C_\mathrm{B}} + \frac{(C_\mathrm{B}-1)}{m_\mathrm{m}C_\mathrm{B}}A_\mathrm{W} \tag{2.26}$$

式中 A_W——水分活度;

m——该水分活度下的水分含量;

m_m——BET 单层时的水分含量;

C_B——与体相纯水和单层水化学位差值相关的能量常数。

基于 BET 方程的线性形式[式(2.26)],可以看出 $A_\mathrm{W}/m(1-A_\mathrm{W})$ 与 A_W 线性相关,相关曲线的斜率为 $(C_\mathrm{B}-1)/m_\mathrm{m}C_\mathrm{B}$,截距为 $1/m_\mathrm{m}C_\mathrm{B}$。BET 单层水含量 m_m 可根据斜率和截距计算:

$$m_\mathrm{m} = \frac{1}{截距+斜率} \tag{2.27}$$

然而,BET 方程的缺陷之一是在大多数情况下上述线性关系仅限于水分活度在 0.4 以下的区域,当水分活度大于 0.4 后就会突然偏离线性。鉴于线性关系仅针对 MSI 有限区域的取值,采用 BET 方程得到的 m_m 值的可靠性就存在疑问,虽然在有些情况下采用 BET 方程可以得到一个合理的估值。

作为一个示例,我们将小麦面筋的吸附等温线和由等温线数据计算得到的 BET 曲线分别如图 2.33[33] 和图 2.34 所示。从图中可以看出,在水分活度小于 0.5 时,BET 曲线呈线性,当水分活度大于 0.5 后,曲线偏离线性上移。从图 2.34 中线性部分和斜率和截距计算得到的 m_m 值为 0.052g 水/g 干面筋。此 BET 单层水含量对应的面筋水分活度约为 0.3。需要强调的是,基于成分差异和各自不同的 MSI,不同的食品材料具有不同的 m_m 值。

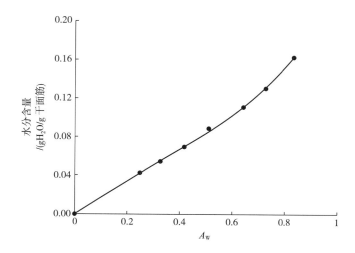

图 2.33　在 25℃下小麦面筋的水分吸附等温线

资料来源: Bock, J. E. and Damodaran, S., *Food Hydrocolloids*. 31, 146, 2013.

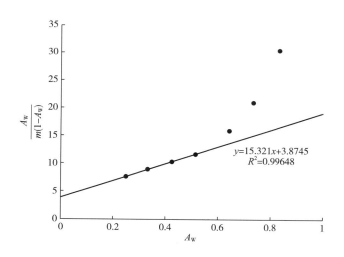

图 2.34　小麦面筋的 BET 曲线(数据源于图 2.33),在 $A_W \approx 0.5$ 处曲线偏离线性

另一个由 Guggenheim[33]、Anderson[34] 和 De Boer[36] 提出的可预测临界水分含量的模型被称作 GAB 模型,它是 BET 方程的修正版。这一模型中引入了第二个能量常数,该常数对应的是高水分含量下的多层吸附。GAB 方程的线性表达式如下:

$$\frac{A_{\mathrm{W}}}{m(1 - kA_{\mathrm{W}})} = \frac{1}{m_{1,\mathrm{G}}\, kC_{\mathrm{G}}} + \frac{(C_{\mathrm{G}} - 1)}{m_{1,\mathrm{G}}C_{\mathrm{G}}}A_{\mathrm{W}}$$ (2.28)

式中 k 和 C_{G}(下标 G 意指 GAB 模型)是能量常数。式(2.28)左侧的函数与 A_{W} 应呈线性相关,若能选择一个合理的 k 值,采用实验等温数据进行的线性拟合就会得到最理想的相关性系数(R^2)[37]。大多数食品材料的 k 值在 0.5~0.9。当 $k = 1$ 时,GAB 方程就变成了 BET 方程。图 2.35 所示为基于小麦面筋的 MSI 数据,在三个不同 k 值下得到的 GAB 曲线。

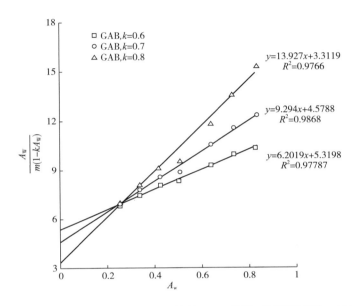

图 2.35　3 个不同 k 值下小麦面筋的 GAB 曲线(数据源于图 2.33)

$k = 0.7$ 时数据拟合最优($R^2 = 0.9868$)。

需要指出的是,根据 R^2 值,最佳的线性拟合出现在 $k = 0.7$ 时。高于或低于此值,GAB 曲线就分别会上移或下移。在正确的 k 值条件下,C_{G} 和 $m_{1,\mathrm{G}}$ 可用下列公式计算:

$$C_{\mathrm{G}} = \frac{x}{ky} + 1$$ (2.29)

和

$$m_{1,\mathrm{G}} = \frac{1}{kC_{\mathrm{G}}y}$$ (2.30)

式中,x 和 y 分别是 GAB 曲线的斜率和截距。图 2.35 中关于小麦面筋的示例中,面筋的 $m_{1,\mathrm{G}}$ 值为 0.08g 水/g 干物质,比 BET 方程计算值略高,$k = 0.7$ 时计算得到的 C_{G} 为 3.9。

为进一步改善实测吸附等温线数据在更高水分活度下(接近 $A_{\mathrm{W}} = 1$)的线性拟合,研究人员提出了多个 GAB 方程改进方案[38-40]。不过,从实际应用的角度看,原始 GAB 方程推出的 BET 单层值具有足够的可信度。

2.6.6.1　小结

BET 单层对应的是 I 区高水分端的水分含量。它代表的是与高度亲和基团(例如,食品材料中的离子基团)结合的非饱和单层水。含水量等于或低于 BET 单层值的食品非常稳定。因此,食品的 BET 单层值常被用作预测食品稳定性的一个参照点。

2.6.6.2　温度与压力依赖性

　　食品的水分活度具有温度依赖性。对大多数食品而言,在恒定水分含量下,水分活度随温度升高而增大。这通常会导致 MSI 向右偏移,如图2.36 所示马铃薯淀粉的 MSI。当水分含量恒定在 0.1g/g 干物质,马铃薯淀粉的水分活度从 20℃的 0.32 升高到40℃的 0.42 和80℃的 0.67。这些数据是合理的,因为离子-偶极(水)以及偶极-偶极相互作用本质上是放热的,随着温度的升高,水分子从食品材料中逃逸的趋势增强。对于一个给定的温度变化,MSI 偏移的程度反映了食品材料对温度波动的敏感性,这一属性具有重要的应用价值。假定在 20℃时食品材料的初始水分活度为 0.7,那么从微生物生长的角度看这一食物是稳定的。但如果贮藏仓库或运输过程中发生温度在 25~45℃波动,产品的水

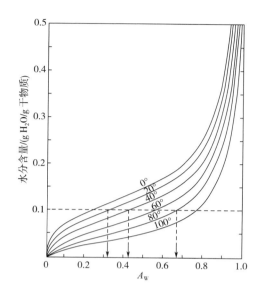

图 2.36　在不同温度下马铃薯的水分吸附等温线

箭头所示为相同水分含量 3 个不同温度下的水分活度变化。

资料来源:Gorling, P., Physical phenomena during the drying of foodstuffs, in: *Fundamental Aspects of the Dehydration of Foodstuffs*, Society of Chemical Industry, London, U. K., pp. 42~53,1958.

分活度会很容易超过 0.8,进而可能导致微生物的生长以及产品中化学和酶反应的加速。

　　恒定水分含量下食品的水分活度与温度的相关性遵循 Clausius-Clapeyron 方程:

$$\frac{\mathrm{d}(\ln A_{\mathrm{W}})}{\mathrm{d}(1/T)} = \frac{-\Delta H_{\mathrm{s}}}{R} \tag{2.31}$$

式中　T——温度;

　　ΔH_{s}——等量吸附热;

　　R——气体常数,8.314J/mol/K。

　　根据式(2.31),在恒定水分含量下,$\ln A_{\mathrm{W}}$ 与 $1/T$ 应呈线性相关,线性回归曲线的斜率是食品材料的等量吸附热(ΔH_{s})。恒定的水分含量下,大多数食品的 $\ln A_{\mathrm{W}}$ 与 $1/T$ 在相当宽的温度范围内呈线性。不过,ΔH_{s} 是水分含量的函数,会随着水分含量的上升而下降(图2.37)。ΔH_{s} 的物理意义是从食品材料中脱除水分所需的能量,水分含量变化导致的 ΔH_{s} 变化反映的是水-食品材料相互作用与水-水相互作用能量的差异。同时,相同水分含量下,不同食品材料间 ΔH_{s} 的差异反映的是水-食品材料间相互作用能大小的差异。通过积分可以将式(2.31)转化成更实用的形式:

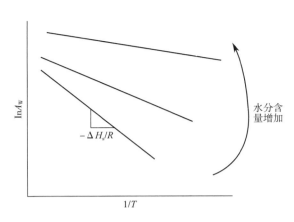

$$\ln\left(\frac{A_{W2}}{A_{W1}}\right) = \frac{-\Delta H_s}{R}\left(\frac{1}{T_2} - \frac{1}{T_1}\right) \quad (2.32)$$

式中 A_{W1} 和 A_{W2} 分别是温度 T_1 和 T_2 时的水分活度。这一 Clausius-Clapeyron 方程的变形可以非常有效地预测恒定水分含量下食品水分活度的温度依赖性。如果已知某一恒定水分含量下食品材料的 ΔH_s，且在 T_1 温度下的初始水分活度为 A_{W1}，就可以用式(2.32)预测任意其他温度 T_2 下的水分活度。

压力也会影响恒定水分含量下食品的水分活度，不过，相对于温度效应而言，在食品加工贮藏过程中可能涉及的物理条件范围内，压力的影响几乎可以忽略。恒定水分含量和温度下，压力与水分活度

图 2.37　食品材料的经典 $\ln A_W$ —$1/T$ 线性
关系图[依据式(2.30)]
曲线的斜率随水分含量的增加而下降。

的关系可表达为：

$$\ln\left(\frac{A_{W2}}{A_{W1}}\right) = \frac{\overline{V_L}}{RT}(P_2 - P_1) \quad (2.33)$$

式中　　V_L——水的摩尔体积；

　A_{W1}、A_{W2}——压力 P_1 和 P_2 时的水分活度。

2.6.7　滞后现象

食品材料的 MSI 可采用两种方法测定：一种是将高水分食品暴露在梯度下降的相对湿度环境中，测定各相对湿度(A_W)下的平衡水分含量，这被称为水分解吸等温。另一种方法是将绝干的物料暴露于梯度增大的相对湿度(A_W)环境中并测定平衡水分含量，这被称为水分回吸等温。尽管理想状态下，水分解吸等温线应该与水分回吸(吸附)等温线完全重合，但对大多数食品而言，这两条等温线无法重叠。解吸和吸附等温线的不重叠被称为"滞后"。所有食品无一例外的都是解吸等温线在吸附等温线的上方，如图 2.38 所示。

多个定性理论被用于解释这种滞后现象，包括毛细管凝结、化学吸附、相转变以

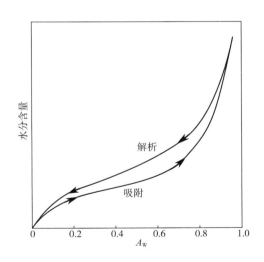

图 2.38　水分吸附等温线的滞后现象

资料来源：Fennema, O. R. Water and ice. *In Food Chemistry*, 3rd edn., Fennema, O. R. (ed.), Marcel Dekker, Inc., New York. 1996.

及细胞结构的形态变异等[42,43]。真正的滞后机制可能因食品材料的种类不同而各异,但导致滞后的最基础的原因是解吸过程中毛细管和细胞结构的坍塌(可能还包括某些组分的相变)(图2.39)。滞后现象中毛细管的作用可用Kelvin公式解释。假定平衡状态下,平液面水的蒸汽压为p^0。当平液面水变形成球状水滴,为了降低表面自由能,水滴就会收缩以最小化界面积。这时,液滴内部的压力(P_{in})就会高于外部压力(P_{out})。平衡状态下,液滴的内外压差可用Laplace公式计算:

$$P_{in} - P_{out} = \Delta P = \frac{2\gamma}{r} \tag{2.34}$$

式中　γ——水的表面张力;

　　　　r——液滴的半径。

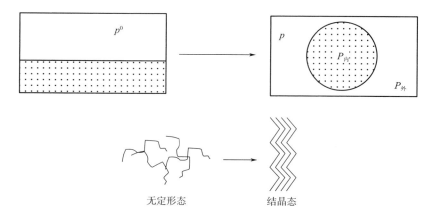

图 2.39　解吸过程中无定形材料向结晶态转化的示意图

这一压力差增大了水逃离液相进入蒸汽相的趋势,进而使体系的蒸汽压由p_0(平液面蒸汽压)变成P(凸液面蒸汽压)。这一压力变化带来的蒸汽相自由能变化(ΔG_v)为:

$$\Delta G_v = RT\ln\left(\frac{p}{p^0}\right) \tag{2.35}$$

液相自由能变化为:

$$\Delta G_L = \int_{P(o)}^{P(o)+\Delta P} V_L dP = V_L \Delta P \tag{2.36}$$

将式(2.34)与式(2.36)结合,可得:

$$\Delta G_L = \frac{2\gamma V_L}{r} \tag{2.37}$$

式中V_L是水的摩尔体积。鉴于平衡状态下$\Delta G_v = \Delta G_L$,可得:

$$RT\ln\left(\frac{p}{p^0}\right) = \frac{2\gamma V_L}{r} \tag{2.38}$$

式(2.38)为凸液面的Kelvin方程。对于凹液面,液体在毛细管中形成弯月面,Kelvin方程需加上一个负号:

$$RT\ln\left(\frac{p}{p^0}\right) = -\frac{2\gamma V_L}{r} \tag{2.39}$$

根据式(2.39),如果凹液面的半径非常小(如食品材料中的毛细管非常细时),弯月面上的蒸汽压就会很低,反之亦然。上述毛细现象提示我们:如果解吸过程中食品材料的毛细管坍塌形成大的毛细管,而大的毛细管具有更高的平衡蒸汽压,因此与解吸过程相比,吸附过程中需要更高的蒸汽压(水分活度)才能实现相同含量的水在食品材料上的凝结,这就产生了滞后现象。

对食品材料吸附滞后的了解对于确保贮藏过程中食品的安全和稳定是非常重要的。图2.40所示是大米的吸附滞后。从图中可以看出,在任一给定的水分含量下,解吸方式得到的大米的水分活度总是低于吸附方式的样品。以水分含量15%的样品为例:解吸方式的大米样本水分活度为0.58,而吸附方式样品的水分活度为0.81。相应地,霉菌不会在 A_w = 0.58的大米上生长,但在 A_w = 0.81的大米上则不然。因此,仅了解水分含量是不够的,测试采用的是吸附还是解吸模式、样品的实际水分活度等信息对于评估食品的微生物安全性都很重要。就化学稳定性而言,吸附方式优于解吸方式,因为解吸方式得到的样品结构更不平整且在相同的水分活度下水分含量更高。Labuza 等[45]的研究发现在相同的水分活度下,采用解吸方式获得的多个肉制品的脂肪氧化速率远高于采用吸附方式获得的样品。因此,虽然采用吸附方式时首先需要完全干燥样品然后再吸附使其达到理想的水分活度水平,操作成本高于解吸方式,但采用这种方法确能获得化学和物理稳定性更高的食品产品,高成本也是公平的[45]。

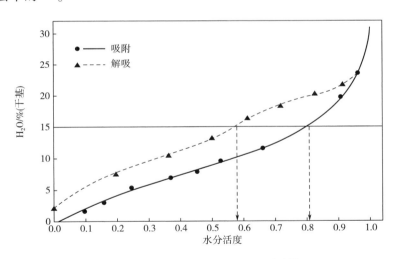

图2.40 大米的水分吸附滞后现象[44]

箭头所示是解吸和吸附过程中相同水分含量下的水分活度差异。

2.7 中等水分食品面临的技术挑战

2.7.1 复杂食品中的水分迁移

均一食品(如曲奇、饼干、干酪)的水分含量和水分活度控制相当容易,但要控制组合食品(如夹心饼干)或者混合食品(如葡萄干玉米片)的水分含量或水分活度就变得非常复杂。

组合或混合食品中水分在各组分间的迁移会引起化学变化,改变各组成部分的感官和物理特性,并因此影响其贮藏稳定性。

水分在组合和混合食品组分间的迁移并非由水分含量差异引起的,而是基于同一食品内不同区域间水分活度的差异[46]。这也意味着如果组合食品的各个组分具有相同的起始水分活度就不会产生水分迁移。水分迁移的热力学驱动力来自食品不同组分水分子间自由能的差异。图 2.41 所示为水分迁移示意图。如图所示,如果组分 A(奶油)和组分 B(曲奇)的起始水分活度分别为 $A_{W,A}$ 和 $A_{W,B}$ 且 $A_{W,A} > A_{W,B}$,即组分 A 中水的自由能大于组分 B。那么在一个恒温的密闭空间里,这一自由能的差异就会驱使水从高水分活度组分向低水分活度组分迁移直至整个食品的各个组分的水分活度达到一致。换句话说,贮藏过程中组分 B 的水分含量和水分活度会缓慢上升,同时组分 A 的水分含量和水分活度随着时间的延长而下降直至两者达到如图 2.41 所示的平衡状态。在此过程中,组分 A 和组分 B 的水分含量-水分活度变化轨迹始终遵循组分 A 和组分 B 的 MSI,如图 2.41 所示。

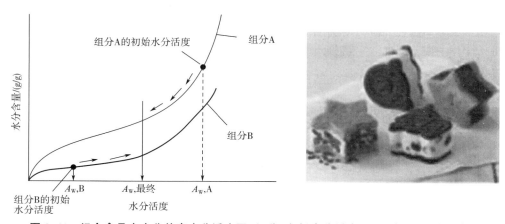

图 2.41　组合食品中水分从高水分活度区(组分)向低水分活度区(组分)迁移的示意图

组合食品中的水分迁移会给食品带来不期望的变化。如果图 2.41 中组分 B 代表曲奇,在起始的水分含量和水分活度下曲奇是脆的,那么水分活度从起始的低水平移动到平衡状态的高水平就可能对曲奇的脆性带来不利的影响。因此,有效预测一个产品的最终平衡水分活度以及平衡状态下各组分的水分含量的能力,对于确定产品配方方案并确保贮藏期内产品品质是至关重要的。

假定食品体系中组分 A 和组分 B 的干基质量分数分别为 f_A 和 f_B,起始水分含量分别为 m_A 和 m_B,起始水分活度分别为 $A_{W,A}$ 和 $A_{W,B}$,那么封闭体系中,组分 A 和组分 B 的最终平衡水分活度,$A_{W,最终}$ 为:

$$\ln A_{W,最终} = \frac{f_A m_A \ln A_{W,A} + f_B m_B \ln A_B}{f_A m_A + f_B m_B} \tag{2.40}$$

框图 2.5 所示为式(2.40)的推导过程。如果为确保产品保持理想的品质属性,将 $A_{W,理想}$ 设置为平衡状态下的最终水分活度,我们就可以从实用的角度将组分 A 和 B 的起始 f、m 和 A_W 值看作可调整参数,利用式(2.41),通过改变组分 A 和组分 B 的质量分数来获得

理想的最终 $A_{\text{W,最终}}$：

$$\frac{W_A}{W_B} = \frac{f_A}{f_B} = \frac{m_B \ln(A_{\text{W,B}}/A_{\text{W,理想}})}{m_A \ln(A_{\text{W,理想}}/A_{\text{W,A}})} \tag{2.41}$$

式中 W_A 和 W_B 分别是组合食品中组分 A 和组分 B 的干重(g)。如果已知组分 A 和组分 B 的 MSI,那么到达平衡水分活度 $A_{\text{W,最终}}$ 时组分 A 和组分 B 的最终水分含量也可以计算得到。

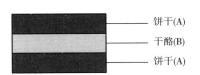

饼干(A)
干酪(B)
饼干(A)

干酪夹心饼干中 A 是饼干部分,B 是干酪部分。假设 $A_{\text{W,A}}$ 和 $A_{\text{W,B}}$ 分别是 A 和 B 的初始水分活度,那么 A 和 B 中水分的自由能变化可表达为:

$$\Delta G_{\text{W,A}} = \mu_{\text{W,A}} - \mu_{\text{W}}^0 = RT\ln A_{\text{W,A}} \tag{B2.5.1}$$

$$\Delta G_{\text{W,B}} = \mu_{\text{W,B}} - \mu_{\text{W}}^0 = RT\ln A_{\text{W,B}} \tag{B2.5.2}$$

假设,n_A 和 n_B 是 A 和 B 中水的摩尔数,则

$$n_A \Delta G_{\text{W,A}} = n_A RT\ln A_{\text{W,A}} \tag{B2.5.3}$$

$$n_B \Delta G_{\text{W,B}} = n_A RT\ln A_{\text{W,B}} \tag{B2.5.4}$$

在一个平衡的封闭系统中

$$(n_A + n_B)RT\ln A_{\text{W,Eq}} = RT(n_A \ln A_{\text{W,A}} + n_B \ln A_{\text{W,B}}) \tag{B2.5.5}$$

因此,

$$\ln A_{\text{W,Eq}} = \frac{(n_A \ln A_{\text{W,A}} + n_B \ln A_{\text{W,B}})}{n_A + n_B} \tag{B2.5.6}$$

假设,W_T 为产品的总干重,W_A 和 W_B 分别为 A 和 B 的干重,m_A 和 m_B 为 A 和 B 的水分含量(按湿重计算),则 $n_A = (W_A m_A)/18$,$n_B = (W_B m_B)/18$,则式(B2.5.6)变为,

$$\ln A_{\text{W,Eq}} = \frac{(W_A m_A \ln A_{\text{W,A}} + W_B m_B \ln A_{\text{W,B}})}{(W_A m_A + W_B m_B)} \tag{B2.5.7}$$

将等式右边的分子分母都除以 W_T,并定义 $f_A = W_A/W_T$,$f_B = W_B/W_T$ 则,

$$\ln A_{\text{W,Eq}} = \frac{(f_A m_A \ln A_{\text{W,A}} + f_B m_B \ln A_{\text{W,B}})}{(f_A m_A + f_B m_B)} \tag{B2.5.8}$$

其中,f_A 和 f_B 为产品中 A 和 B 的干重分数。若已知 A、B 的初始水分含量、水分活度、质量分数,则可由式(B2.5.8)预测平衡水分活度。且式(B2.5.8)可变形为:

$$\frac{W_A}{W_B} = \frac{f_A}{f_B} = \frac{m_B \ln(A_{\text{W,B}}/A_{\text{W,最终}})}{m_A \ln(A_{\text{W,最终}}/A_{\text{W,A}})} \tag{B2.5.9}$$

式(B.2.5.9)在食品产品开发中非常有用。如果食品的最终水分活度是根据感官和安全标准确定的,则可以由式(B2.5.9)计算实现最终 A_W 所需的产品中 A、B 质量比。[注:式(B2.5.8)和式(B2.5.9)中,若质量分数是以湿重为基础的,则水分含量的表达也应以湿重为基础]。

框图 2.5　式(2.40)推导过程

　　虽然组合食品中的水分迁移是由水分活度梯度驱动的,但这是一个动力学过程,达到平衡所需要的时间由多个可能影响食品体系中水分迁移速率的因素决定。如果组合食品的最终平衡水分活度处于化学、物理和微生物稳定不受影响的范围,那么系统中水分迁移的速率就不那么重要。但如果最终的平衡水分活度水平会导致不可接受的化学、物理变化程度及微生物安全性,那么水分迁移的动力学参数就会影响产品的货架期[47]。

2.7.2　食品的相变

　　食品稳定的水分活度概念的一个基本假设是食品是平衡体系。也就是说,贮藏过程中食品组分不经历任何物理变化。这一假设在大多数食品中都存疑,尤其是中等水分食品,因为这些食品中的一些组分可能处于非平衡的状态且在贮藏过程中可能经历持续的相转变。比如在刚制备完成的食品中,蔗糖和乳糖这些糖类通常呈无定形态(玻璃态),具有 S 型水分吸附等温线(图 2.42)。然而,在密闭条件下贮藏时,糖会自发的由高能量(不稳定)的无定形态向低能量(稳定)的结晶态转变。这一相转变的速率由食品的初始水分活度决定。如果产品的水分含量低于 BET 单层($A_w \approx 0.2 \sim 0.3$),相变的速度就会极端缓慢,甚至可以不考虑其对产品质量的影响。然而,在高水分活度下,相变的速度非常快,糖从无定形态转变成结晶态甚至只需要几分钟的时间就能完成,如图 2.42 所示。当糖全部转化成结晶态后,MSI 会由 S 型变成 J 型。如果食品的水分含量保持不变,其水分活度会上升,因为一些原本与无定形态糖结合的水会被释放成为自由水。这也可能影响产品的物理、化学和微生物稳定性。

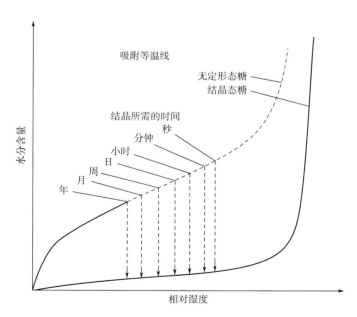

图 2.42　玻璃态蔗糖-水体系中,水分活度和水分含量对糖的无定形态到结晶态相转变速率的影响示意图

资料来源: Roos, Y. H. (1995) Phase Transitions in Foods, Academic Press, New York.

2.8 分子流动性与食品稳定

如前所述,典型的食品基本上都是非平衡体系,在贮藏期间会经历缓慢但持续的化学和物理变化。这些变化包括但不限于糖和聚合物材料的相变、蛋白质-蛋白质及蛋白质-多糖之间的结合/解聚反应以及由蛋白质与小分子物质(例如,还原糖)之间的反应导致的蛋白质构象变化。这些相变会持续改变食品体系中水的热力学状态,进而导致真实食品体系的水分吸附等温线并非真正的平衡等温线。因此,单纯基于食品材料水分活度的食品品质和稳定性预测并不完全可靠,因为即使是在密闭体系中,产品的水分活度也可能会变化。

从根本上讲,食品材料的物理和化学变化是食品基质中组分扩散的结果。水作为载体在此过程中扮演载体的角色。水分吸附等温线提供了水的临界热力学状态信息,在临界水分含量以上,食品基质中组分的扩散速率会增大到足以引起不期望的化学和物理变化的水平。如果这确实是水分活度概念的基本原理,那么其他任何可预测非平衡状态食品体系中(尤其是无定形玻璃态和冷冻食品)受扩散限制的物理、化学变化速率的概念都可取代平衡水分活度概念用于预测食品品质。

分子流动性概念仅适用于物料中分子的转动和平移。分子流动性主要受物料温度和黏度的影响:与温度成正比,与黏度成反比。不过,由于食品的黏度取决于水分含量以及水分与其他食品组分的相互作用和塑化效应,因此,水分含量也是影响食品材料分子流动性的要素之一。

2.8.1 玻璃化转变

一般来说,物质以三种形式存在:气态、液态和结晶固态。冷却时,基于分子间的范德华力、氢键和其他非共价相互作用,气态会凝结成液态(图2.43)。在大多数情况下,液体没有结构且由于存在持续的热运动,分子取向随机。液体被缓慢冷却时,分子的热运动减慢并重新定向以获得最大的相互作势能,在特定温度(凝固点)下,液体转变成晶态固体。在结晶状态下,分子有序排列,以该物质最低能量状态存在。但当液体被快速冷却时(冷却速度高于形成晶格所需的分子重排速率),液体会在远低于凝固点的温度下突然进入类固体状态,这时分子会随机取向,缺乏典型结晶固体所具有的任何形式的点阵对称。物质的这种状态被称作玻璃态或无定形固体,严格地说,它是一个超冷、分子流行性严重受限的黏性液体。由于分子间的相互作用没有被最大化,玻璃态比结晶固体具有更高的自由能,因此被认为是处于亚稳态。

玻璃态(无定形固体)形成的物理过程如图2.44所示。曲线ABCD描述了从液态转变到结晶固态的相变过程中熵与温度的关系。液体冷却过程中,到达B点(凝固点)时液体等温转变成固体(BC),伴随着一个突然的熵减。结晶固体的持续冷却会使得熵进一步下降(CD)。但当液体被超冷时,熵-温度曲线就会变换轨迹(BE),超冷液体的熵会保持在高于结晶固体的水平。当把超冷液体曲线延长至与结晶曲线交叉,就会到达被称为 Kauzmann 温度(T_K)的交汇点,该温度下超冷液体的熵与结晶固体相同。由于不可能实现,所以 T_K 也

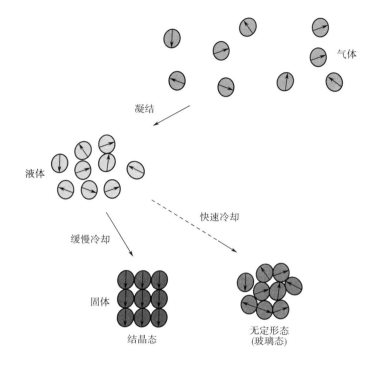

图 2.43 物质的各种状态

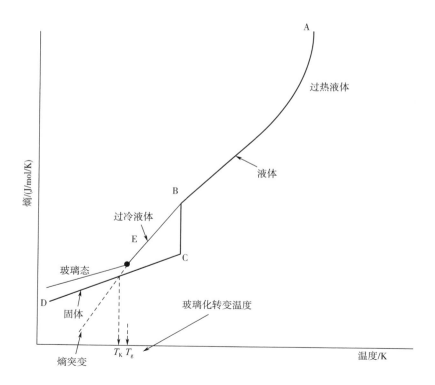

图 2.44 材料的广义等压熵-温度曲线

常常被称作 Kauzmann 悖论。进一步将超冷曲线延长至 T_K 以下，会达到一个更极端的被称作"熵突变"的状态，此时超冷液体的熵低于结晶固体的熵，这是不符合自然规律的。为避免这一突变，超冷液体会在高于 Kauzmann 温度的 T_g 温度下自发转变成玻璃态。玻璃态下，随着温度的下降，在任一低于 T_g 的温度，玻璃态始终保持高于结晶固体的熵值，避免熵突变的发生。

玻璃态的形成在干、半干及冷冻食品中非常普遍。以冷冻食品为例，随着温度的缓慢下降，水在凝固点结晶并从溶液中析出，结果导致剩余非冻结溶液中溶质浓度升高，如图 2.45 所示。继续降低温度，这一过程会持续直到液相中溶质浓度达到饱和水平。越过这一点，随着温度继续下降，溶质会由于在高黏度溶液中的低扩散系数而无法结晶，但水会由于其自身的高扩散能力而继续结晶。最终，体系会形成最大冷冻浓缩液体并随着进一步的冷却转化成玻璃态（对应于图 2.44 中的 E）。因此，缓慢冷冻食品材料通常是冰和水玻璃的混合体。相反，如果将食品在高于冰晶生长速率的冷却速率下快速冷冻，整个食品材料就会在玻璃化转变温度下相变成水玻璃（图 2.45）。

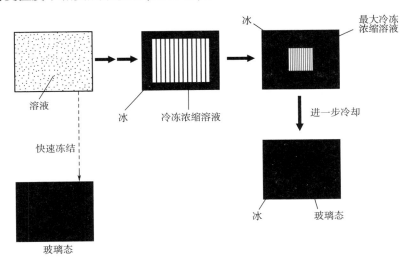

图 2.45　缓慢和快速冻结过程中水溶液的相变示意图

2.8.2　分子流动性与反应速率

对于一个由反应物 A 和反应物 B 发生反应生成产物 C 的双分子反应，其反应速率可用下式表达：

$$\frac{\mathrm{d}C}{\mathrm{d}t} = k[A][B] \tag{2.42}$$

式中　　k——是二阶速率常数；

[A] 和 [B]——反应物 A 和 B 的浓度。

只有反应物在介质中扩散并彼此碰撞，化学反应才会发生。不过，大多数化学反应速率不是扩散限制的，因为并非所有的反应物碰撞都会生成产物。只有碰撞能量足够大，可以破坏化学键并将反应物从基态激发到"活化"或"过渡"态，反应才可能发生。这些反应被

称为活化能限制的反应,其反应速率常数可用阿伦尼乌斯方程表述:

$$k = Ae^{-E_a/RT} \tag{2.43}$$

式中　A——指前因子;

　　　E_a——活化能;

　　　R——气体常数;

　　　T——绝对温度。

指前因子 A 与反应物碰撞频率(Z)以及可导致产物生成的有效碰撞比例(ρ)相关,$A = Z\rho$。因子 ρ 与碰撞时反应物的反应中心处于正确取向的概率有关。指数因子 $e^{-E_a/RT}$ 是指在温度 T 下动能足以克服反应活化能垒的分子的比例。随着温度的升高,拥有可克服能垒能量的分子比例也增大,相应的反应速率提高。当指数因子等于 1,也就是说反应 E_a 接近 0,则式(2.43)可简化为:

$$k = A \tag{2.44}$$

如果概率因子 $\rho = 1$,反应速率就等于分子间的碰撞频率,即 $k_{diff} = Z$,这些反应就被称为扩散限制的反应。扩散限制的反应往往具有非常低的活化能甚至没有活化能,反应速率可达到最高理论速率。鉴于分子扩散系数通常在 $10^{-9} \sim 10^{-10}\,m^2/s$,扩散控制的双分子反应速率通常会在 $10^{10} \sim 10^{11}\,(mol/L)^{-1}s^{-1}$。反应速率常数低于此范围的反应往往是活化能限制的或者是受空间(概率)因子 ρ 限制。

扩散限制的反应速率常数可用改良的 Smoluchowski 方程表示:

$$k_{diff} = \frac{4\pi N_A}{1000}(D_1 + D_2)r \tag{2.45}$$

式中　D_1 和 D_2——反应物 1 和 2 的扩散系数,m^2/s;

　　　　　r——反应物间的最近距离(反应物 1 和 2 的半径之和);

　　　　N_A——Avogadro 数。

对于球形反应粒子,扩散系数可用 Stokes-Einstein 公式计算:

$$D = \frac{k_B T}{6\pi \eta a} \tag{2.46}$$

式中　k_B——Boltzmann 常数;

　　　T——绝对温度,K;

　　　η——介质的黏度,$N \cdot s/m^2$;

　　　a——粒子的半径。

如果粒子 1 和 2 的半径相等,则由式(2.45)和式(2.46)可得:

$$k_{diff} = \frac{8k_B N_A}{3000}\left(\frac{T}{\eta}\right) = \frac{8R}{3000}\left(\frac{T}{\eta}\right) \tag{2.47}$$

由式(2.47)可知,扩散控制的反应速率常数直接正相关于温度,负相关于介质的黏度。

2.8.3　玻璃态的反应速率

正常温度和压力下,扩散控制的反应速率遵循式(2.47)。正常情况下,温度升高带来的介质(水)黏度下降非常有限,温度从 20℃ 升高到 40℃,水的黏度由 $10^{-3}\,Pa \cdot s$ 下降到

$0.653×10^{-3}$ Pa·s(表 2.1)。但玻璃态的情况就不同了。当温度低于 T_g,玻璃态物料中的分子几乎无法平移和转动[48]。在比 T_g 低 50K 的温度下,玻璃态山梨糖、蔗糖、海藻糖的分子弛豫时间在 3~5 年的范围,对应的黏度$>10^{14}$ Pa·s。因此,玻璃态时几乎所有的化学和物理变化的速率都接近于 0。不过,当温度升高至玻璃态与橡胶态平衡的玻璃化转变温度时,分子弛豫时间会缩短至大约 100s,此时对应的黏度为 10^{12} Pa·s[50]。这一黏度的下降赋予分子一定的流动性,进而开始出现物理和化学变化。当温度上升至比 T_g 高 20K 时,黏度会从 10^{12} Pa·s 变成 10^7 Pa·s,下降五个数量级。相应的,在上述有限的温度变化幅度内,玻璃态、橡胶态体系中扩散控制的反应速率会上升几个数量级。需要强调的是,玻璃态材料中反应速率常数的急剧增大很大程度上是基于黏度的变化,单纯的温度贡献很小。因此,对于玻璃态、橡胶态材料而言,式(2.47)可简化为:

$$k_{\mathrm{diff}} \propto \frac{T}{\eta} \tag{2.48}$$

无定形聚合物的黏度随温度的变化规律可用 Williams-Landel-Ferry(WLF)方程表达:

$$\log\left(\frac{\eta_{\mathrm{T}}}{\eta_{\mathrm{g}}}\right) = -\frac{C_1(T - T_g)}{C_2 + (T - T_g)} \tag{2.49}$$

式中　C_1——无量纲常数;

　　　C_2——Kelvin 常数;

　　　η_{T}——温度 T 下的黏度;

　　　η_{g}——玻璃化转变温度(T_g)下的黏度。

C_1 和 C_2 是所有无定形聚合物的通用常数,其取值分别为 17.44K 和 51.6K。鉴于大多数无定形材料的 η_{g} 都约为 10^{12} Pa·s,只要知道某一无定形材料的 T_g,我们就可以根据式(2.49)估算在任何高于 T_g 的温度下该材料的黏度,同时对于扩散控制的反应,就可以根据式(2.47)估算其反应速率常数。或者,可以援引式(2.48),采用下式计算温度为 T 时,无定形材料中某一反应的相对速率常数与玻璃化转变温度 T_g 下反应速率的比值:

$$\log\left(\frac{k_{\mathrm{g}}}{k_{\mathrm{T}}}\right) = -\frac{C_1(T - T_g)}{C_2 + (T - T_g)} \tag{2.50}$$

式中 k_{T} 和 k_{g} 分别是温度 T 和 T_g 时的反应速率常数。对基于无定形合成高聚物研究确定的通用常数 C_1 和 C_2 是否适用于液态食品玻璃,目前还存在争议。但抛开这一点,对于玻璃化转变温度以上较小的温度上升会导致无定形食品中分子的流动性上升几个数量级这一点,研究人员已经达成了共识。因此,食品材料的 T_g 仍可用做预测 T_g 温度以上反应速率的参照点。

由于在 T_g 时,体系的黏度极高,反应速率极慢,采用实验的方法测定 T_g 时的黏度和 k_{g} 几乎是不可能的。不过,WLF 方程允许采用 T_g 以外的其他温度作为参照点,如果这一温度下玻璃态材料的反应速率和黏度是可通过实验测定的。此外,如果需要的话,WLF 方程还可用于估算某一产品特定的 C_1 和 C_2。如果 k_{r} 和 k_{T} 分别是参照温度和另一不同温度下的反应速率常数,那么将式(2.50)两边取倒数,则以 $1/\log(k_{\mathrm{r}}/k_{\mathrm{T}})$ 对 $(T-T_{\mathrm{r}})$ 作图就可以得到一条直线,其截距为 $1/C_1$,斜率为 C_2/C_1。

2.8.4 状态图

食品通常是多组分的体系,其中非液态的固体会与水结合。此外,大多数食品都处于非平衡状态,包括水在内的一个或多个组分会处于从无定形向结晶态的转变之中。因此,食品体系的相行为无法用传统的仅适用于完全平衡态的相图来解释,而需要采用包含平衡态和非平衡态信息的状态图。

对于食品体系,状态图基本描述了当温度和组成变化时,给定材料的各种相态(稳态、亚稳态、非稳态)变化。图 2.46 所示为由水和蔗糖组成的简单二元体系的状态图。不过,即使是对于含有蛋白质和多糖等大分子的复杂食品材料,这些体系仍可以被近似看作一个二元体系,我们可以将所有的非液体组分整合看作单一溶质[26]。当然,这种近似只限于食品体系中所有的非液体组分都不发生相分离且/或与其他组分间不存在热力学不相适性,同时水是体系中唯一可结晶的组分[26]。如果在一个含有两个或两个以上大分子组分的体系中发生了相分离,那我们就需要明确是哪一个大分子组分的玻璃化转变温度(T_g)决定了

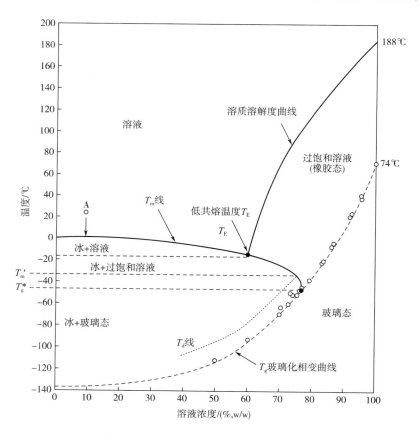

图 2.46 蔗糖溶液的温度-组成状态图

该状态图给定的假设包括:形成了最大冷冻浓度、无溶质结晶、压力恒定、无时间相依性。T_m 是冰的熔点曲线。T_E 为低共熔温度,T_g 为玻璃化相变曲线,T_d 为去玻璃化温度曲线。T_g^* 是因溶质而异的最大冷冻浓缩溶液玻璃化相变温度,T_m'(又称 T_g')是水开始以冰的形式从熔化玻璃中析出时所对应的温度。

资料来源:Reid, D. S. and Fennema, O. (2008) Water and ice. In Fennema's Food Chemistry, 4th edn., Damodaran, S., Parkin, K. L., and Fennema, O. (Eds.), CRC Press, Boca Raton, FL.

食品材料的关键属性[26]。如果淀粉是食品(如焙烤食品)中的关键组分,那么淀粉的状态图对于预测该食品的品质变化就是最有效的。

图 2.46 所示为水和蔗糖二元体系的状态图。状态图的构建有两种途径。第一种方法是将 10% 的蔗糖水溶液在室温下(图中的点 A)缓慢冷却,它的温度会在组成不变的情况下持续下降直到到达溶液的凝固点(由于存在凝固点下降现象,凝固点温度会低于 0℃,详见 2.5.7)。在凝固点,部分水会结晶析出成冰,相应的,溶液相中蔗糖的浓度会上升。随着温度的继续下降,这一过程会不断地自我重复,溶液相的组成会沿着 T_m 线移动直至到达 T_E 点,此时溶液相中溶质的浓度达到该温度下的饱和极限。实线 T_m 是冰的平衡熔化(冻结)曲线,在这条曲线上冰与蔗糖溶液平衡共存。若要使水中蔗糖的溶解度超过 T_E 点限定的饱和浓度,就需要如平衡溶解度曲线 T_s 所示升高温度。冰的熔化曲线与溶解度曲线的交汇点 T_E 被称为共熔点,饱和溶液、结晶溶剂(冰)和结晶溶质在此点共存。这一点也是冰的最低熔点和溶质的最低溶解度点。实线 T_m 和 T_s 以及点 T_E 都代表真正的平衡状态。另外一种构建 T_m 和 T_s 线的方法是将一系列浓度逐渐升高的蔗糖溶液低速冷却并测定其凝固点、构建 T_m 线,同时测定较高温度下的溶解度以构建 T_s 线。

图 2.46 中的 T_g 线代表的是蔗糖溶液的玻璃化转变温度与组成的关系。该曲线的构建采用的是将一系列浓度逐渐上升的蔗糖溶液过冷,控制过冷速率使水和蔗糖都不会从溶液中结晶析出,而是在玻璃化转变温度下形成均一的蔗糖-水玻璃。纯水在过冷至 -135℃ 时转化成玻璃态,而熔融态蔗糖(熔点为 188℃)的过冷玻璃化转变温度为 74℃。根据蔗糖浓度的不同,水-蔗糖体系的玻璃化转变温度在 -135~74℃ 变化,如图 2.46 中 T_g 曲线所示。

当溶液的浓度和温度对应于共熔点浓度 C_E 和温度 T_E,将该溶液继续冷却,在理想情况下,就会导致冰和溶质以与 C_E 相同的固定溶质/水质量比例结晶,因此,随着温度的直线下降,溶液相的组成与 C_E 保持不变,移走的热量大多数是冰和溶质的熔化潜热。然而,由于 C_E 溶液的黏度非常高,真实体系中溶质通常无法结晶,而分子体积小且流动性好的水会持续结晶。这就会导致溶液相过饱和,体系沿着 $T_E \rightarrow T_g^*$ 线变化。体系沿 $T_E \rightarrow T_g^*$ 线移动时,溶液相的过饱和程度和黏度持续增大直至到达 T_m' 点,溶液相中水分子的流动性急剧下降导致水无法结晶,在过冷状态下体系在 T_g^* 进入玻璃态。因此,T_E 和 T_g^* 之间的区域是不稳定的非平衡状态。T_g^* 被定义为最大冷冻浓缩玻璃化转变温度,在冷冻食品中经常会遇到这种情况。

图 2.46 中的实线表示的是平衡状态,虚线则代表非平衡状态。二元体系的状态图可以被划分为多个区域,以分别对应不同的稳态、亚稳态和非稳态相,如图 2.46 所示。T_m 和 T_s 曲线以上是稳定的溶液态。由于溶液态中分子流动性高,这一区域的化学稳定性最差。T_g 曲线以下是亚稳玻璃(无定形)态,这一区域内分子的平移和转动非常慢(但不是 0),在相当长的时间内物质都不会发生变化,食品材料中的物理和化学变化可以被忽略。在 T_m 和 T_g 曲线之间、溶质浓度低于 C_E 的区域,材料处于冻结的非平衡无定形态,而在 T_m 和 T_g 曲线之间、溶质浓度高于 C_E 的区域,材料处于过饱和或橡胶态的非平衡无定形态。这两个非平衡区域都是天然不稳定的,如果食品材料处于这一温度-组成区域的话,随着时间的延长就会产生物理和化学变化。这些变化的速率取决于温度与 T_g 的差值。换句话说,玻璃化转变温度下的分子流动性可作为参照点可用于预测 T_g 与 T_s 曲线围成的区域中 T_g 与 T_m 之间任意温

度 T 时化学和物理反应速率。

假定冰淇淋处于玻璃化转变温度(T_g,通常为$-32℃$)以下,$T<T_g$,玻璃态的冰淇淋的黏度会在 $10^{15}Pa·s$ 左右。随着温度的升高,当 $T=T_g$ 时,黏度会下降至 $10^{12}Pa·s$,这是大多数无定形聚合物在其 T_g 时所具有的黏度[50]。当温度继续升高,黏度变化与温度差($T-T_g$)之间的关系符合 WLF 方程[式(2.49)],可以假定通用常数 C_1 和 C_2 也适用于冰淇淋体系。鉴于分子流动性以及反应速率都反比于材料的黏度,在 T_g 与 T_m 之间任意温度 T 下化学和物理反应(如冰晶生长、脂肪氧化)的速率都可以用式(2.49)或式(2.50)估算。

2.8.5 WLF 方程的局限性

WLF 方程的基本假设是体系中反应物的浓度始终保持不变,且反应动力学仅与 $T-T_g$ 变化导致的大幅度黏度变化有关。在状态图的有些区域,这一假设是不成立的。例如,对于 T_g 和 T_m 曲线间处于玻璃态温度为 T 的食品,随着温度上升至 T_g 以上,虽然液态玻璃会在 T_g 温度下熔化,但熔化玻璃中的水不会析出和结晶,直到温度上升到 T_d,即去玻璃化温度。T_d 曲线被称为去玻璃化曲线。而当 $T>T_d$ 时,水以冰的形式被析出,导致溶液相中溶质的浓度随时间的延长而升高,食品体系以等温形式在状态图中水平右移。此时,温度差 $T-T_g$ 不再是一个常数,而是随着时间的延长逐渐减小。因此,有必要关注浓度对反应速率的影响,尤其是对于双分子反应。假定一个双分子反应是准一级反应,那么浓度的变化就不会影响相对反应速率,但温度差 $T-T_g$ 的变化仍然会导致对相对反应速率的低估。

相反,如果食品处于 T_g 与 T_s 曲线之间区域中,温度为 T 且浓度高于 C_g^*,则该食品就呈现橡胶态,水和溶质都不可能结晶。随着温度从 T_g 上升至 T_s,材料的黏度会下降几个数量级,分子流动性和反应速率会迅速上升。研究发现,在该区域内,食品中的很多物理变化都遵循 WLF 方程。

2.8.6 状态图在食品体系中的应用

食品体系是非常复杂的,它既包含一些小分子组分也含有大分子聚合物。但是,如果已知影响食物品质的主要成分,那么就可以用主要成分的状态图推测食品的品质变化。例如,蔗糖是曲奇的主要原料,蔗糖-水状态图就足以用来预测曲奇品质属性的变化。如果食品是非均一的,存在不止一种结构域,例如,双质构曲奇,那么对于不同的结构域就需要用各自主要成分的状态图进行预测。对于大多数复杂食品体系来说,测定得到 T_m 和 T_g 曲线相对容易,但 T_s 曲线的测定就困难得多,因为在复杂食品中溶质通常不会在饱和浓度下结晶。因此,构建冷冻食品的状态图相对容易,但构建中等水分食品的状态图是具有挑战性的。

2.8.7 T_g 的测定

简单食品体系的玻璃化转变温度 T_g 通常可用差示扫描量热仪(DSC)测定。而对于复杂食品体系,则通常会选用动态热机械分析仪(DMTA)。在这些热谱图中,玻璃态/橡胶态转变呈现二级转变。图 2.47 所示是一个典型的二元体系的 DSC 热谱图。随着样品温度的逐渐升高,玻璃态物料首先在 T_g 转变成高黏度橡胶态。橡胶态物料的黏度随着温度的继续升高而大幅下降,在某一特定温度下,分子的流动性达到可重排、相互作用并形成结晶结构的临界值。热谱图上的放热部分对应的就是结晶行为,放热峰对应的温度就是物料的结晶温度。随着温度的进一步升高,晶体会吸热熔化,吸热峰对应的就是物料的熔化温度。

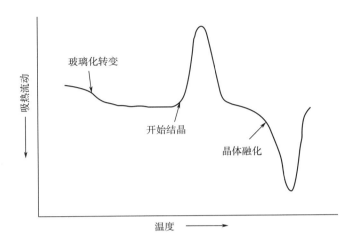

图 2.47　冻干无定形糖的典型 DSC 曲线示意图

随温度上升,无定形(玻璃)材料先熔化,熔融状态下分子流动性足够高时,溶质结晶并释放热量(放热峰),进一步加热会导致结晶在特定温度下熔化(吸热峰)。

资料来源: Roos, Y. H. (1995) Phase Transitions in Foods, Academic Press, New York.

复杂食品材料 T_g 的确定并非易事,因为这个二级转变很弱,非常容易在 DSC 热谱图中被错过。对于仅含有少数几个组分的简单食品,如二元体系,其理论 T_g 可以用 Gordon - Taylor 方程估算[52]:

$$T_{g,mix} = \frac{w_1 T_{g1} + K w_2 T_{g2}}{w_1 + K w_2} \tag{2.51}$$

式中　w_1, w_2——组分 1 和组分 2 的质量分数;

T_{g1}, T_{g2}——组分 1 和组分 2 的玻璃化转变温度;

K——常数,可由式(2.52)计算[53]:

$$K = \frac{\rho_1 T_{g1}}{\rho_2 T_{g2}} \tag{2.52}$$

式中 ρ_1 和 ρ_2 分别是组分 1 和组分 2 的密度。式(2.51)的基本假设是组分间不存在相互作用。已有的研究证实,淀粉、乳糖、蔗糖水溶液的 $T_{g,mix}$ 测定值与式(2.51)的理想估算值基本吻合[53]。

水是无定形聚合材料最有效塑化剂。即使在非常低的浓度下,也能降低无定形材料的 T_g。如图 2.48 和图 2.49 所示,无定形小麦面筋和淀粉的 T_g 都随水分含量的上升而下降。水对小麦面筋及淀粉 T_g 的影响与式(2.51)的估算值相吻合的事实证明:在无定形聚合物材料中,水只是简单的作为塑化剂,而不参与其他任何特定反应[53]。

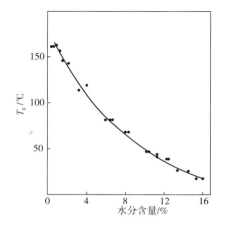

图 2.48　小麦面筋的 T_g 随水分含量的变化图

资料来源：Hoseney, R. C., Zeleznak, K., and Lai, C. S. (1986) Wheat gluten: A glassy polymer. Cereal Chem. 63, 285-286.

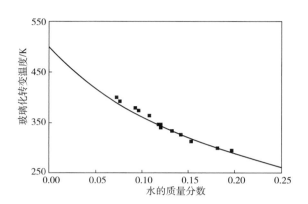

图 2.49　淀粉的 T_g 随水分含量的变化

实线是式(2.51)计算值。

资料来源：Hancock, B. C. and Zografi, G. Pharm. Res. 11, 471,1994.

2.8.8　T_g 的分子质量依赖性

在指定温度下,分子的平移迁移率随着分子尺寸的增大而下降。相应地,随着溶质分子质量的增大,T_g 会升高,T_g^* 也是如此。对于多糖和合成大分子而言,T_g 与溶质的数均分子质量 M_n 之间遵循以下经验公式：

$$T_g = T_{g(\infty)} - \frac{K}{M_n} \tag{2.53}$$

式中　　$T_{g(\infty)}$——无限大分子质量聚合物的 T_g；

　　　　K——一个常数。

不过,麦芽糊精的 T_g 和 T_g^* 也会在分子质量大于 3000u 时到达一个恒定值(图 2.50)。

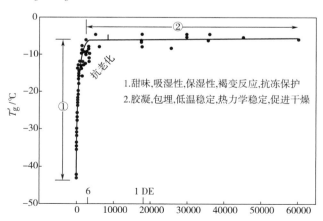

图 2.50　商品淀粉水解物的葡萄糖当量(DE 值) 及数均分子质量对产品 $T_g'(T_m')$ 的典型影响

资料来源：Reid, D. S. and Fennema, O. (2008) Water and ice. In Fennema's Food Chemistry, 4th edn., Damodaran, S., Parkin, K. L., and Fennema, O. (Eds.), CRC Press, Boca Raton, FL.

　　单糖、二糖和麦芽糊精的 T_g 可见于表 2.7。值得注意的是,尽管葡萄糖、半乳糖、果糖等单糖的分子质量相同,果糖的 T_g 明显小于葡萄糖和半乳糖。这一差别可能与这些糖的主要结构形式有关:葡萄糖和半乳糖是吡喃型醛糖,果糖是呋喃型酮糖。因此,除分子质量外,糖的其他分子特征也会影响 T_g。

表 2.7　　　　　　　　　　几种常见的单糖、双糖和麦芽糊精的玻璃化转变温度 (T_g)

碳水化合物	分子质量	T_g/℃	碳水化合物	分子质量	T_g/℃
木糖	150.1	6	麦芽糖	342.3	87
核糖	150.1	−20	海藻糖	342.3	100
葡萄糖	180.2	31	乳糖	342.3	101
果糖	180.2	5	麦芽三糖	504.5	349
半乳糖	180.2	30	麦芽戊糖	828.9	398~438
山梨糖	182.1	−9	麦芽己糖	990.9	407~448
甘露糖	180.2	25	麦芽庚糖	1153.0	412
蔗糖	342.3	62			

　　T_g 的分子质量依赖性可被用于构建双质构食品,如具有软质内芯和硬质外壳的曲奇。图 2.51 是以两个不同的面团(含有果糖的内芯和含有蔗糖的外壳)共挤出方式制备得到的曲奇的状态图。当曲奇经历烘焙并冷却到室温,产品最终处于含蔗糖面团 T_g 曲线的下方(图 2.51)。因此,曲奇中含有蔗糖的那部分就会处于玻璃态,具有脆性;而曲奇中含有果糖的内芯部分处于橡胶态,具有软的质构。

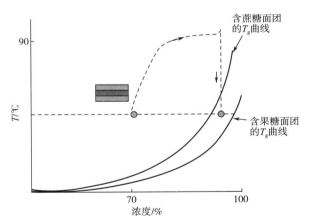

图 2.51　典型的双质构夹心曲奇产品的状态图
(由两种不同的糖制成,如果糖和蔗糖)

虚线所示是烘烤、冷却到最终静止状态的变化路径,
实线所示是含果糖或蔗糖面团的 T_g 曲线的相对位置。

2.8.9　从 A_w、水分含量和分子流动性之间的相互作用角度理解食品中水的作用

　　食品材料的 MSI 描述的是平衡状态下,食品水分含量(MC)与水分活度 A_w 之间的关系, T_g 与 MC 之间的关系则反映了食品中分子的流动性对水的依赖程度。由于 T_g 与 A_w 都和水分含量相关, T_g 与 A_w 之间也必然存在相关性。与 MC-A_w 类似, T_g-A_w 相关性也因产品而异。通过构建 T_g-A_w-MC 关系图,就可以发现和理解食品材料的平衡态特性与动力学(分子流动性)特性之间的联系及其对食

品品质的影响。

图 2.52 所示为喷雾干燥宝乐果粉的 T_g-A_w-MC 关系曲线[54]。这一类图表可用于预测指定贮藏温度下保持食品产品品质所需的临界 MC 以及临界 A_w。当宝乐果粉在 20℃贮藏时,临界 A_w 和临界 MC 分别为 0.319 和 0.046g/g 产品。在此临界条件下,产品的玻璃化转变温度等于贮藏温度,水和产品中的其他组分的分子流动性接近于 0(黏度 η_g 大约为 10^{12}Pa·s)。如果产品的温度被升高至 T_g+20℃,η_g 数量级的下降会使产品的分子流动性提高,A_w 上升并引发不期望的物理和化学变化。因此,T_g-A_w 相关性的建立将食品的平衡态和动力学属性联系了起来,使我们能够预测贮藏期间维持产品品质所需的临界 MC。

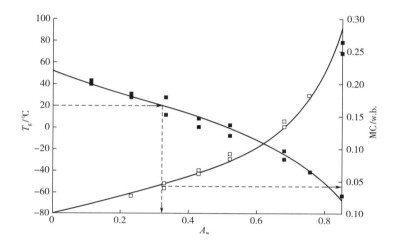

图 2.52　喷雾干燥 Borojo 粉的玻璃化转变温度(T_g)-水分活度(A_w,黑色方块)以及

水分含量(MC,g 水/g 产品)-水分活度(白色方块)相关性曲线

实线为实验数据的 GAB 和 Gordon、Taylor 模型拟合曲线。

资料来源:Mosquera, L. H., et al., Food Biophys. 6, 397,2011.

参考文献

1. Fennema, O.R.(1996) Water and ice.In *Food Chemistry*, 3rd edn., Fennema, O.R.(Ed.), Marcel Dekker, Inc., New York.

2. Fernandez,P.P., Otero, L., Guignon, B., and Sanz, P.D.(2006) High-pressure shift freezing versus high-pressure assisted freezing:Effects on the microstructure of a food model.*Food Hydrocolloid*.20, 510-522.

3. Otero, L. and Sanz, P.D.(2000) High-pressure shift freezing.Part 1.Amount of ice instantaneously formed in the process.*Biotechnol.Prog.*16, 1030-1036.

4. Scott, J. N. and Vanderkooi, J. M.(2010) A new hydrogen bond angle/distance potential energy surface of the quantum water dimer.*Water* 2, 14-28.

5. Hobbs,P.V.(1974) *Ice Physics*, Clarendon Press, Oxford, U.K.

6. Ludwig, R.(2001) Water:From clusters to the bulk. *Angew.Chem.Int.Ed.*40, 1808-1827.

7. Roy, R., Tiller, W.A., Bell, I., and Hoover, M.R. (2001) The structure of liquid water:Novel insights from materials research—Potential relevance to homeopathy.*Mater.Res.Innov.*9-4, 577-608.

8. Narten, A.H.and Levy H.A.(1971) Liquid water:Molecular correlation functions from x-ray diffraction.*J. Chem.Phys.*55, 2263-2269.

9. Clark, G.N.I., Cappa,C.D., Smith, J.D., Saykally, R. J., and Head-Gordon, T.(2010) The structure of ambient water.*Mol.Phys.*108, 1415-1433.

10. Hura,G., Sorenson, J.M., Glaeser, R.M., and Head-Gordon, T.(2000) A high-quality x-ray scattering experiment on liquid water at ambient conditions.*J.Chem.*

*Phys.*113, 9140−9148.

11. Marcus, Y. (1991) Thermodynamics of solvation of ions.*J.Chem.Soc.Faraday Trans.*87, 2995−2999.

12. Barnes, P., Finney, J.L., Nicholas, J.D., and Quinn, J.E. (1979) Cooperative effects in simulated water.*Nature*282, 459−464.

13. Stillinger, F.H. and Lemberg, H.L. (1975) Symmetry breaking in water molecule interactions. *J. Chem. Phys.* 62, 1340−1346.

14. Idrissi, A., Gerard, M., Damay, P., Kiselev, M., Puhovskuy, Y., Dinar, E., Lagenat, P., and Vergoten, G. (2010) The effect of urea on the structure of water: A molecular dynamics simulation.*J.Phys.Chem. B* 114, 4731−4738.

15. Soper, A.K., Castner, E.E., and Luxar, A. (2003) Impact of urea on water structure: A clue to its properties as a denaturant? *Biophys.Chem.*105, 649−666.

16. Walraten, G.E. (1966) Raman spectral studies of the effects of urea and sucrose on water structure.*J.Chem. Phys.*44, 3726−3727.

17. Guo, F.and Friedman, J.M. (2009) Osmolyte−induced perturbations of hydrogen bonding between hydration layer waters: Correlation with protein conformational changes.*J.Phys.Chem.B* 114, 4731−4738.

18. Hildebrand, J.H. (1979) Is there a "hydrophobic effect"? *Proc.Natl.Acad.Sci.USA* 76, 194.

19. Damodaran, S. (1998) Water activity at interfaces and its role in regulation of interfacial enzymes: A hypothesis.*Colloids Surf.B: Biointerfaces* 11, 231−237.

20. Tanford, C. (1978) Hydrophobic effect and organization of living matter.*Science* 200, 1012−1018.

21. Tanford, C. (1991) *The Hydrophobic Effect: Formation of Micelles and Biological Membranes*, 2nd edn., Krieger, Malabar, FL.

22. Stillinger, F.H. (1980) Water revisited. *Science* 209, 451−457.

23. Hildebrand, J.H.and Scott, R.L. (1962) *Regular Solutions*, Prentice Hall, Englewood Cliffs, NJ.

24. Norrish, R.S. (1966) An equation for the activity coefficients and equilibrium relative humidities of water in confectionery syrups.*J.Food Technol.*1, 25−39.

25. Burnauer, S., Emmett, H.P., and Teller, E. (1938) Adsorption of gases in multimolecular layers. *J. Am. Chem.Soc.*60, 309−319.

26. Reid, D.S.and Fennema, O. (2008) Water and ice.In *Fennema's Food Chemistry*, 4th edn., Damodaran, S., Parkin, K.L., and Fennema, O. (Eds.), CRC Press, Boca Raton, FL.

27. Karel, M.andYong, S. (1981) Autoxidation−initiated reactions in foods. In *Water Activity: Influences Food Quality*, Rockland, L.B.and Stewart, C.F. (Eds.), Academic Press, New York, pp.511−529.

28. Gonzales, A.S.P., Naranjo, G.B., Leiva, G.E., and Malec, L.S. (2010) Maillard reaction kinetics in milk powder: Effect of water activity and mild temperatures. *Int.Dairy J.*20, 40−45.

29. Loncin, M., Bimbenet, J.J., and lenges, J. (1968) Influence of the activity of water on the spoilage of food stuffs.*J.Food Technol.*3, 131−142.

30. Acker, L. (1969) Water activity and enzyme activity. *Food Technol.*23, 1257−1270.

31. Metzger, D.D., Hsu, K.H., Ziegler, K.E., and Bern, C.J. (1989) Effect of moisture content on popcorn popping volume for oil and hot−air popping.*Cereal Chem.* 66, 247−248.

32. Bell, L.N.and Labuza, T.P. (2013) Aspartame degradation as a function of water activity.In *Water Relationships in Foods: Advances in the 1980s and Trends for the 1990s*, Levine, H.and Slade, L. (Eds.), Springer Science and Business Media, New York, pp.337−347.

33. Bock, J.E.and Damodaran, S. (2013) Bran−induced changes in water structure and gluten conformation in model gluten dough studied by attenuated total reflectance Fourier transformed infrared spectroscopy. *Food Hydrocolloid.*31, 146−155.

34. Guggenheim, E.A. (1966) *Applications of Statistical Mechanics*, Clarendon Press, Oxford, U.K., pp. 186−206.

35. Anderson, R.B. (1946) Modifications of the Brunauer, Emmett and Teller equation. *J. Am. Chem. Soc.* 68, 686−691.

36. De Boer, J.H. (1968) *The Dynamical Character of Adsorption*, 2nd edn., Clarendon Press, Oxford, U.K., pp.200−219.

37. Timmermann, E.O., Chirife, J., and Iglesias, H.A. (2001) Water sorption isotherms of foods and food− stuffs: BET or GAB parameters. *J. Food Eng.* 28, 19−31.

38. Lewicki, P.P. (1998) A three parameter equation for food moisture sorption isotherms. *J. Food Process Eng.* 21, 127−144.

39. Peleg, M. (1993) Assessment of a semi−empirical four parameter general model for sigmoid moisture sorption isotherms.*J.Food Process Eng.*16, 21−37.

40. Blahovec, J.and Yanniotis, S. (2008) GAB generalized equation for sorption phenomena.*Food Bioprocess Technol.*1, 82−90.

41. Gorling, P. (1958) Physical phenomena during the drying of foodstuffs.In *Fundamental Aspects of the Dehydration of Foodstuffs*, Society of Chemical Industry, London, U.K., pp.42−53.

42. Kapsalis, J.G. (1981) Moisture sorption hysteresis. In *Water Activity: Influences on Food Quality*, Rockland, L.B.and Stewart, G.F. (Eds.), Academic Press, New York, pp.143−177.

43. Kapsalis, J.G. (1987) Influences of hysteresis and tem-

perature on moisture sorption isotherms. In *Water Activity: Theory and Applications to Food*, Rockland, L.B.and Beuchat, L.R.(Eds.), Marcel Dekker, Inc., New York, pp.173−213.

44.Wolf,M., Walker, J.E., and Kapsalis, J.G.(1972) Water vapor sorption hysteresis in dehydrated food.*J. Agric.Food Chem.*20, 1073−1077.

45.Labuza,T.P., McNally, L., Gallagher, D., Hawkes, J., and Hurtado, F.(1972) Stability of intermediate moisture foods. 1. Lipid oxidation. *J. Food Sci.* 37, 154−159.

46.Labuza,T.P.and Hyman, C.R.(1998) Moisture migration and control in multi−domain foods. *Trends Food Sci.Technol.*9, 47−55.

47.Risbo,J.(2003) The dynamics of moisture migration in packaged multi−component food systems I: Shelf life predictions for a cereal−raisin system.*J.Food Eng.*58, 239−246.

48.Zhou,D.(2002) Physical stability of amorphous pharmaceuticals: Importance of configurational thermodynamic quantities and molecular mobility. *J.Pharm.Sci.* 91, 1863−1872.

49.Shamblin, S.L.,Tang, X., Chang, L., Hancock, B. C., and Pikal, M.J.(1999) Characterization of the time scales of molecular motion in pharmaceutically important glasses.*J.Phys.Chem.*103, 4113−4121.

50.Yue, Y.(2004) Fictive temperature, cooling rate, and viscosity of glasses.*J.Chem.Phys.*120, 8053−8059.

51. Williams, M. L., Landel, R. F., and Ferry, J. D. (1955) The temperature dependence of relaxation mechanism in amorphous polymers and other glass−forming liquids.*J.Am.Chem.Soc.*77, 3701−3707.

52.Gordon, M.andTaylor, J.S.(1952) Ideal co−polymers and the second order transitions of synthetic rubbers.1. Non−crystalline copolymers.*J.Appl.Chem.*2, 493−500.

53.Hancock,B.C.and Zografi, G.(1994) The relationship between the glass transition temperature and the water content of amorphous pharmaceutical solids.*Pharm.Res.* 11, 471−477.

54.Mosquera, L.H., Moraga,G., de Cordoba, P.F., and Martinez−Navarrete, N.(2011) Water content−water activity − glass transition temperature relationships of spray−dried Borojo as related to changes in color and mechanical properties.*Food Biophys.*6, 397−406.

55. Creighton, T. T. (1996) *Proteins: Structures and Molecular Properties*, 2nd edn., W.H.Freeman & Co., New York, p.157.

56.Israelachvili, J.N. (1992) *Intermolecular and Surface Forces*, 2nd edn., Academic Press, New York, p.344.

57.Quast, D.G.and Karel, M.(1972) Effects of environmental factors on the oxidation of potato chips.*J.Food Sci.*37, 584−588.

58.Roos, Y.H.(1995) *Phase Transitions in Foods*, Academic Press, New York.

59.Hoseney, R.C., Zeleznak, K., and Lai, C.S.(1986) Wheat gluten: A glassy polymer. *Cereal Chem.* 63, 285−286.

60.Lide, D.R.(Ed.)(1993/1994) *Handbook of Chemistry and Physics*, 74th edn., CRC Press, Boca Raton, FL.

61. Franks, F. (1988) In *Characteristics of Proteins*, Franks, F.(Ed.), Humana Press, Clifton, NJ, pp. 127−154.

62.Lounnas, V.and Pettitt, B.M.(1994) A connected−cluster of hydration around myoglobin: Correlation between molecular dynamics simulation and experiment. *Proteins: Struct.Funct.Genet.*18, 133−147.

63.Rupley,J.A.and Careri, G.(1991) Protein hydration and function.*Adv.Protein Chem.*41, 37−172.

64.Otting, G.et al.(1991) Protein hydration in aqueous solution.*Science* 254, 974−980.

65.Lounnas, V.and Pettitt, B.M.(1994) Distribution function implied dynamics versus residence times and correlations: Solvation shells of myoglobin. *Proteins: Struct.Funct.Genet.*18, 148−160.

66.Lower, S.(2016) A gentle introduction to water and its structure. http://www. chem1. com/acad/sci/ aboutwater.html.

碳水化合物 3

Kerry C. Huber 和 James N. BeMiller

碳水化合物占植物干重的90%以上,因而含量丰富,用途广泛,而且价格低廉。碳水化合物是食品的常见组分,以天然固有组分形式存在,或作为配料添加。其消耗的数量及其产品种类都很大。碳水化合物具有许多不同的分子结构、大小和形状,显示出各种化学与物理性质,对人体的生理功能也不尽相同。它们可通过化学、生物化学以及某种程度的物理改性,商业上采用这些改性以改善它们的性质,并拓展其用途。

淀粉、乳糖和蔗糖通常是可被人体消化的,与D-葡萄糖、D-果糖一起,都是人类能量的来源,为世界人类膳食提供70%~80%热量。但在美国,人们的热量摄入中,碳水化合物提供的热量要低一些,并因人而异。除了严格意义上的热量贡献外,碳水化合物在自然界中也以较难消化的形式出现,为人类的饮食提供了有益的膳食纤维来源。

碳水化合物这个术语意味着它的元素组成,即是由碳和水组成,表达式为$C_x(H_2O)_y$,其中氢和氧的比例与在水中相同。但是大多数来自于有生命体的天然碳水化合物并不具有这种简单的经验式,而大多数天然的碳水化合物是以单糖或改性糖的低聚物(低聚糖)或高聚物(多糖)形式存在,分子质量较低的碳水化合物常由天然高聚物降解得到。本章从介绍单糖开始,进一步扩展到较大和较复杂的结构。

3.1 单糖[7,21]

碳水化合物含有手性碳原子,每个碳原子都连接四个不同的、化学上有所区别的原子或化学基团,在给定的手性中心周围产生两种不同的原子空间排列。空间(构型)中四个原子或基团形成的两种不同的排列是不可叠加的彼此的镜像(图3.1)。换句话说,如同在镜子中可以看到的,

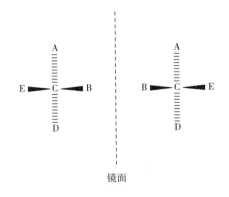

图3.1 手性碳原子

A、B、D和E分别代表接到手性碳原子C的不同原子、功能基团或其他原子基团,楔子代表从纸平面往外的化学键,虚线代表进入纸平面或在纸平面以下的化学键。

一种构型是另一种构型的镜像,分子右边的原子在另一个构型上就处在左边,反之亦然。

D-葡萄糖是最为丰富的碳水化合物和有机化合物(假设它存在于各种结合形式的碳水化合物中),它属于碳水化合物中的单糖。单糖是最为基础的碳水化合物分子,是一类不能通过水解分解成为简单的碳水化合物,所以有时又称简单糖类。单糖相互连接能形成较大的结构,即低聚糖和多糖(详见 3.2 和 3.3),而低聚糖和多糖通过水解能转化成单糖。

D-葡萄糖既是多元醇又是醛,D-葡萄糖是醛糖,糖中含有醛基(表 3.1)。在英文中,后缀-ose 表示糖,前缀 ald-表示醛基。当 D-葡萄糖写成开环式或直链式(图 3.2),又称非环式结构,在顶端具有醛基(C-1),在底部具有第一羟基(C-6)。在这种情况下,其他连接第二羟基的碳原子(位于 C-2、C-3、C-4 和 C-5)连有 4 个不同的取代基团,因此这些碳原子是手性的。

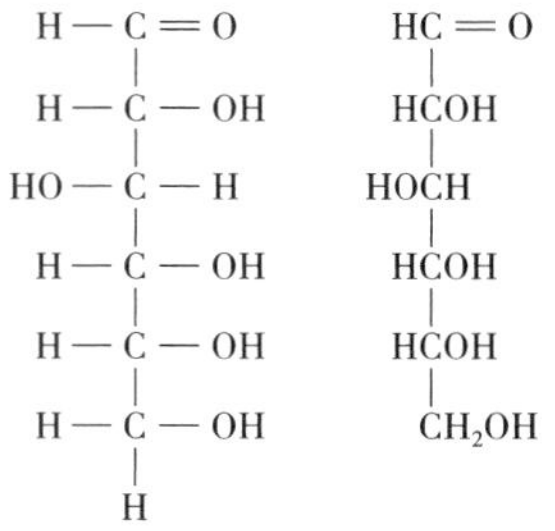

既然每个手性碳原子具有镜像(每个手性碳原子有两种排列),因此这些原子共有 2^n 排列(n 代表分子中的手性碳原子数)。因此,对于 D-葡萄糖这样的六碳糖,它有 4 个手性碳原子,含有第二羟基的碳原子具有 2^4 或 16 种不同的排列,每个单独的排列代表一个独特的糖(异构体)。其中 8 种六碳糖属于 D-系列(图 3.3),另外 8 种是它们的镜像,属于 L-系列。

图 3.2　D-葡萄糖(开链或非环式结构)

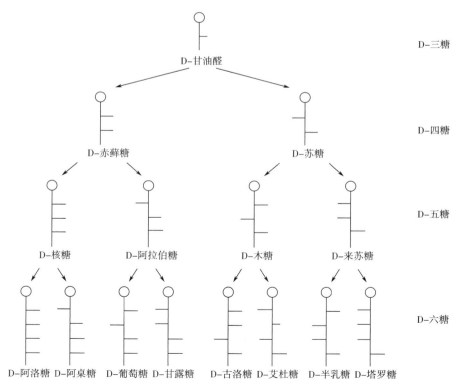

图 3.3　含有 3~6 个碳原子的 D-醛糖的 Rosanoff 结构

　　最高编号的手性碳原子(这里是 C-5)上的羟基位于右侧的糖称为 D-糖,而位于左侧的糖称为 L-糖。天然存在的葡萄糖为 D 型,表示为 D-葡萄糖,它的分子镜面表示为 L-葡萄糖。图 3.2 所示为两种开链、非环式(称为 Fisher 投影)的 D-葡萄糖结构并采用传统的方式对碳原子进行编号。根据常规,每个水平键从纸平面向外伸出,每个垂直键伸入纸平面或伸向纸平面下面,习惯上与氢原子和羟基结合的共价键的水平线省略掉,如图中右面的结构,因为最底端的碳原子是非手性的,所以标明接到该碳原子上的原子和基团的相对位置没有什么意义,一般表达为—CH₂OH。

　　D-葡萄糖和其他含有六个碳原子的醛糖均称为己糖(表 3.1),它们是自然界最丰富的醛糖的代表。分类和名称常是结合在一起,具有 6 个碳原子的醛糖称为己醛糖。

表 3.1　　　　　　　　　　　　　　　　单糖分类

碳原子数	羰基类型		碳原子数	羰基类型	
	醛基	酮基		醛基	酮基
3	丙糖	丙酮糖	7	庚糖	庚酮糖
4	丁糖	丁酮糖	8	辛糖	辛酮糖
5	戊糖	戊酮糖	9	壬糖	壬酮糖
6	己糖	己酮糖			

　　含有三个碳原子的醛糖有两种,分别为 D-甘油糖(D-甘油醛)和 L-甘油糖(L-甘油醛),每种糖仅有一个手性碳原子。具有 4 个碳原子的醛糖称为四糖,它有 2 个手性碳原子;具有 5 个碳原子的醛糖为戊糖,它有 3 个手性碳原子和包括最通常的醛基。延伸到 6 个碳原子以上可得到七糖、八糖和九糖,这些糖以天然形式存在的量很少。由 D-甘油糖可以得到 8 种 D-己糖,如图 3.3 所示。在这张图中,每个分子中的圆圈代表醛基,水平线代表每个羟基在手性碳原子上的位置,垂直线底部是终端、非手性第一羟基(—CH₂OH)。这种表示单糖结构的缩写方法称为 Rosanoff 法。植物中常见的 D-葡萄糖、D-半乳糖、D-甘露糖、D-阿拉伯糖、D-木糖几乎都以结合的形式出现,即同时存在糖苷、低聚糖和多糖形式(详见下文)。D-葡萄糖是存在于天然食品中主要的游离醛糖,但是存在的量很少。

　　L-糖与 D-糖相比数量上是非常少的,尽管如此,L-糖具有重要的生物化学作用。食品中发现两种 L-糖:L-阿拉伯糖和 L-半乳糖,两者在碳水化合物聚合物(多糖)中都是以单体形式存在的。

　　除了醛糖,还有一类单糖,羰基表现为酮基,此类糖称为酮糖(英文前缀 ket-表示酮基)。在碳水化合物系统命名法中表示酮糖的后缀是-ulose(表 3.1)。D-果糖(D-己酮糖)是此类糖的最好例子(图 3.4)[46,71,75]。果糖是组成二糖蔗糖中的 2 个单糖之一(详见 3.2.3),在高果糖玉米糖浆(HFS)中含有 55% 果糖,蜂蜜中含有

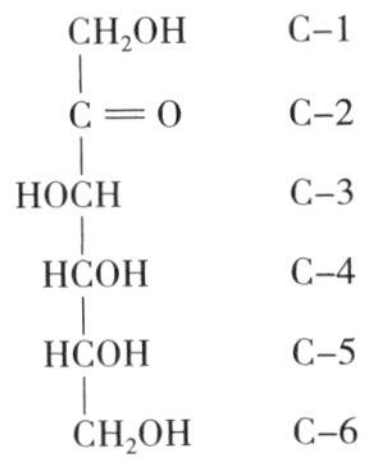

```
CH₂OH        C-1
 |
 C = O        C-2
 |
HOCH          C-3
 |
 HCOH         C-4
 |
 HCOH         C-5
 |
CH₂OH        C-6
```

图 3.4　D-果糖(开链或非环结构)

40%果糖。D-果糖仅有 3 个手性碳原子,C-3、C-4 和 C-5,因此有 2^3 或 8 种己酮糖。D-果糖是唯一商业化的酮糖,在天然食品中游离存在,但是和 D-葡萄糖一样,存在的量很少。

3.1.1 单糖异构化

含有相同数量碳原子的简单醛糖和酮糖互为异构体,换句话说,己醛糖和己酮糖两者具有经验式 $C_6H_{12}O_6$,可通过异构化相互转化。单糖的异构化涉及羰基和邻近的或 α-羟基。通过异构化反应,醛糖转化成另一种醛糖(C-2 具有相反的构型)和相应的酮糖,酮糖转化成相应的两种醛糖。因此,通过异构化,D-葡萄糖、D-甘露糖以及 D-果糖可以相互转化(图 3.5),异构化可以通过碱或酶进行催化。

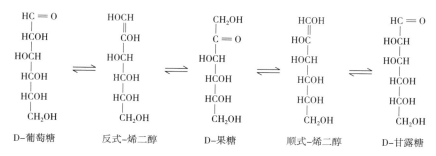

图 3.5　D-葡萄糖、D-甘露糖和 D-果糖异构化的相互关系

3.1.2 环式单糖

醛类羰基非常活泼,容易受羟基氧原子亲核进攻生成半缩醛。半缩醛的羟基进一步与醇的羟基反应(缩合)生成缩醛(图 3.6)。酮羰基具有相似的反应。

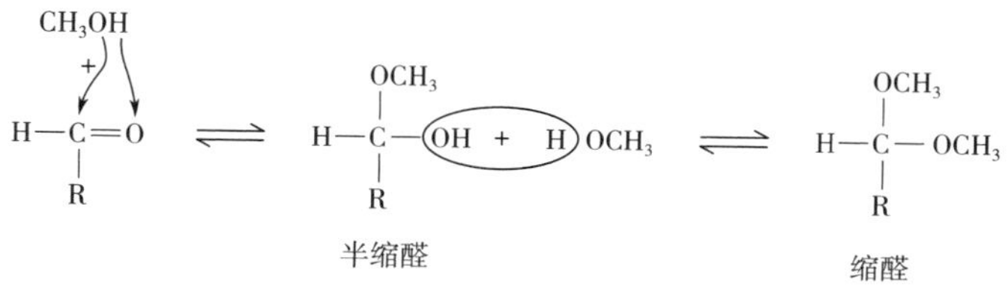

图 3.6　醛与甲醇反应生成缩醛

在同一个醛糖或酮糖分子内,分子中的羰基与自己合适位置的羟基反应常能形成半缩醛,如图 3.7 中 D-葡萄糖形成的环状半缩醛。由于醛基和 C-5 位置上的羟基发生缩合反应,形成的六元糖环称为吡喃环。注意,为了使 C_5 上羟基的氧原子反应成环,C-5 必须旋转将氧原子带往上方,并将羟甲基(C-6)带到环平面的上方。图 3.7 中使用的 D-吡喃葡萄糖环的形式称为 Haworth 投影。在表达 Haworth 环式结构时为了避免混乱,通常采用的方法是环平面的碳原子可由成环的角度来确定,而接到碳原子上的氢原子可以全部省略。

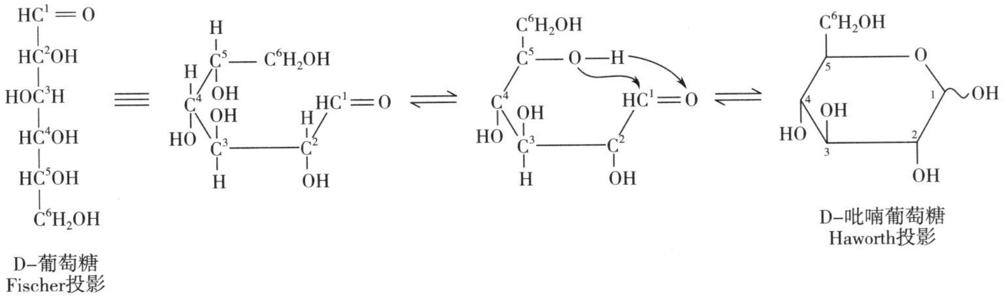

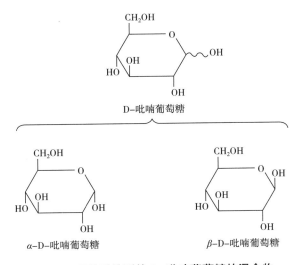

图 3.7   D-葡萄糖吡喃半缩醛环状形成

糖也可以形成五元(呋喃)环(图 3.8),但比吡喃环出现的概率低。

手性型的混合物(糖的 α 和 β 环状结构称为异头物,这两种异头物组成一对异构体)可用波浪线来表达(图 3.9)。

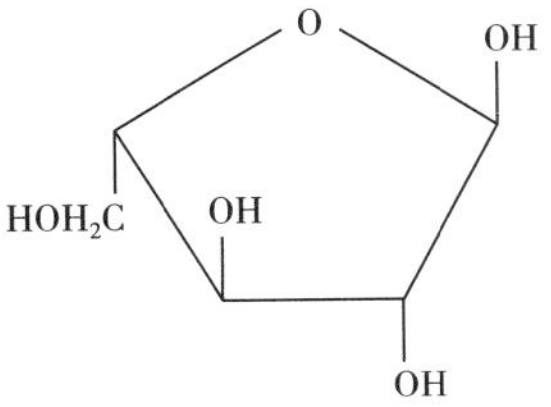

当羰基碳原子以环式存在,会形成半缩醛(吡喃或呋喃)(图 3.7),这个碳原子就具有了手性,成为手性碳原子。D-糖的构型为

图 3.8   L-阿拉伯糖的呋喃环(α-L-构型)

羟基位于环平面的下方(Haworth 投影),称为 α 型(图 3.9)。例如,α-D-吡喃葡萄糖是 D-葡萄糖以吡喃环式(六元)存在的,具有新的手性的碳原子(又称异头碳原子)C-1,其羟基是处于环平面的下方的(α位置)。C-1 上的羟基位于环平面(Haworth 投影)的上方为 β 位置,因此,此结构称为 β-D-吡喃葡萄糖(图 3.9)。这种命名法适合于所有的 D-型糖类。L-系列的糖恰好相反,即在 α-端基异构体中异头羟基是朝上的,而在 β-端基[1]异构体中恰是朝下的(图 3.8),这是因为 α-

D-吡喃葡萄糖

α-D-吡喃葡萄糖   β-D-吡喃葡萄糖

图 3.9   两种手性型的 D-吡喃葡萄糖的混合物

D-吡喃葡萄糖与 α-L-吡喃葡萄糖相互是镜像。若不考虑糖是 D 型或者 L 型,手性混合物就用异头碳和它的羟基之间加一条波浪线(即键)来表示(图 3.9)。

然而,结合着向上和向下直立基团的吡喃环并不是像 Haworth 结构那样的平坦状。更

———

① 糖形成的 α-环和 β-环称为端基异构体。两个端基异构体是成对的。

确切地说,它们具有各种形状(构象),而最通常的是两种椅式构象中的一种,之所以称它们为椅式,是因为它们的形状有点像一个椅子。在这种构象中,每个碳原子的一根键在环平面的上方或在环平面的下方,这些键称为轴向键或轴向位置。不涉及成环的其他键,它们在轴向键的上方或下方,相对于环投影,它们是在周边外环绕,被称为平伏键(图 3.10)。

以 β-D-吡喃葡萄糖为例,C-2、C-3、C-5 和环氧原子保持在同一平面上,而 C_4 略高于平面,C_1 的定位略低于平面,如图 3.10 和图 3.11 所示。这种构象可用 $^4C_1$ 表示。C 记号表示环是椅式(Chair)的,上标与下标的数目表示 C-4 在环平面的上方,而 C-1 在环平面的下方。有两种椅式,第二种椅式是 $^1C_4$,它的轴向和平伏向的基团全倒过来。六元环使正常碳原子和氧原子键角扭曲程度小于其他大小的环,环式构象使大多数基团排列在平伏方向,而不是排列在轴向位置,这样使大的羟基彼此分开最远,因而进一步降低了应变。从能量观点来看平伏位置是有利的,碳原子在连接键上产生旋转时,尽可能使大的基团旋转到平伏位置。

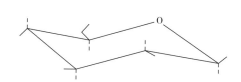

图 3.10 吡喃环的平伏向(实线)和轴向 (虚线)键的位置

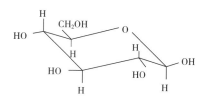

图 3.11 β-D-吡喃葡萄糖的 $^4C_1$ 构象,所有的大基团位于平伏方向,所有的氢原子在轴向位置

正如前面指出的,β-D-吡喃葡萄糖的所有羟基排列在平伏方向,但是每个羟基是弯曲的,略高于平伏位置或略低于平伏位置。β-D-吡喃葡萄糖中所有的羟基在平伏位置,上下排列交替进行,C-1 位置偏上,C-2 偏低,并接着上下排列。已糖的 C-6 位置上的羟甲基几乎总是处于空间自由平伏位置。如果 β-D-吡喃葡萄糖具有 $^1C_4$ 构象,则所有的大的基团都是轴向的,$^1C_4$ 构象的 D-吡喃葡萄糖很少,处于高能状态。

如果六元糖环中的大基团如羟基和羟甲基在平伏位置,这样的构象是很稳定的。于是,β-D-吡喃葡萄糖溶于水很快得到一种开链型以及五元、六元和七元环型的平衡混合物。在室温下(20℃),六元环(吡喃)型占主要,其次是五元环型。每种环的异头碳(醛基的 C-1)构象可以是 α 型或 β 型,两种环式构象的平衡比例随着糖的种类和温度而有所不同。这种在特定糖的溶液的异构体形式之间的相互转换被称为变旋行为,反应可被酸或者碱催化。不同单糖溶液的环式和异头碳构象的分布状况见表 3.2。

表 3.2 一些单糖溶液在室温(20℃)下的环式和异头碳构象的平衡分布

糖类	吡喃环		呋喃环	
	α-	β-	α-	β-
葡萄糖	36.2	63.8	0	0
半乳糖	29	64	3	4

续表

糖类	吡喃环		呋喃环	
	$\alpha-$	$\beta-$	$\alpha-$	$\beta-$
甘露糖	68.8	31.2	0	0
阿拉伯糖	60	35.5	2.5	0.5
核糖	21.5	58.5	6.5	13.5
木糖	36.5	63	<1	<1
果糖	4	75	0	21

开链的醛糖型仅占总构型中的 0.003%;但由于环式结构的快速转换,一种糖当它处于醛糖型时能够很容易并快速地转换为其他结构(图 3.12)。

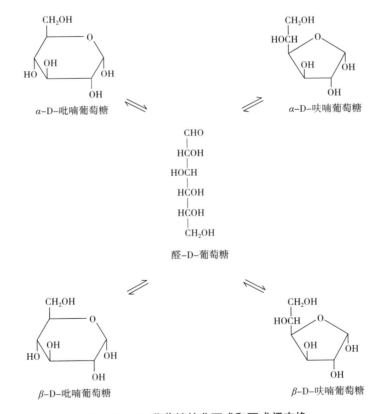

图 3.12　D-葡萄糖的非环式和环式间交换

3.1.3　糖苷

糖的半缩醛型能与醇相互作用生成一个完全的缩醛,此产物称为糖苷。在实验室里,这种反应会发生在有酸(作为催化剂)存在、温度较高的无水环境下。但糖苷大多数是在自然状况下形成的,也就是说,在水相体系中借助一些反应介质可以通过酶的催化作用得以生成。异头碳原子连接的缩醛连接称为糖苷链接（或糖苷键）。配糖体的英文是将后缀"–ose"改成"–ide"。D–葡萄糖与甲醇反应时，主要产物是甲基 α–D–吡喃葡萄糖苷，甲基 β–D–吡喃葡萄糖苷很少（图3.13）。五元环呋喃糖也形成两种端基异构体，但它们具有高能结构，它们重新组织成比较稳定的型式达到平衡时，这两种端基异构体的量较少。这种结构中，甲基和其他任何基团与糖结合形成糖苷，这些基团称为糖苷配基。

糖苷在酸性环境中水解会产生还原糖和羟基化复合物。温度提高会加速酸催化的水解进程。

图3.13 甲基 α–D–吡喃葡萄糖苷（左）和甲基 β–D–吡喃葡萄糖苷（右）

3.1.4 单糖反应

所有碳水化合物分子都具有参与反应的羟基，简单的单糖和大多数其他低分子质量碳水化合物分子也具有参与反应的羰基。前文已经介绍了吡喃环和呋喃环（环式半缩醛）以及单糖糖苷（缩醛）的形成。在3.1.2中提及，尽管溶液中的醛糖几乎全部以吡喃或呋喃糖的形式存在，但由于开环和环式结构之间的快速相互转化，它们就有一个自由醛基，因而就可以发生一些反应。

3.1.4.1 醛糖酸和醛糖醇内酯的氧化

通过将醛基氧化成羧基/羧酸酯基，醛糖非常容易氧化成醛糖酸，此反应通常用于糖的定量测定。最早期定量测定糖的一种方法是费林（Fehling）法。Fehling 试剂是 Cu（Ⅱ）的碱性溶液，可将醛糖氧化成醛糖酸，而 Cu 在此过程中还原成一价，生成砖红色 Cu_2O 沉淀［式（3.1）］。由此演变出的 Nelson–Somogyi 和 Benedict 试剂可用于测定食品和其他生物材料中还原糖含量。因为当醛糖的醛基氧化成羧酸盐时，氧化剂被还原，即糖还原了氧化剂；因此，醛糖被称为还原糖。α–羟基酮糖（例如，果糖）又称还原糖，因为在 Benedict、Fehling 和 Tollens 的碱性测定条件下，它们可异构化为醛糖，虽然酮糖产生的醛糖酸比醛糖少。

$$2Cu(OH)_2 + R\!\!-\!\!\overset{\text{H}}{\underset{}{C}}\!\!=\!\!O\!\!-\!\!R\!\!-\!\!\overset{\text{O}}{\underset{}{C}}\!\!-\!\!OH + Cu_2O + H_2O \qquad (3.1)$$

将 D–葡萄糖定量氧化成 D–葡萄糖酸的简单和特定的方法是使用葡萄糖氧化酶，其初始产物是酸的1,5–内酯（分子内酯）（图3.14）。该反应通常被用于测量食品和其他生物材料中的 D–葡萄糖的含量，还包括测定血液和尿液中 D–葡萄糖的含量。D–葡萄糖醛酸是果汁和蜂蜜中的天然组分。

图3.14的反应也用于制造商品 D–葡萄糖酸及其内酯。D–葡萄糖酸–δ–内酯（GDL）

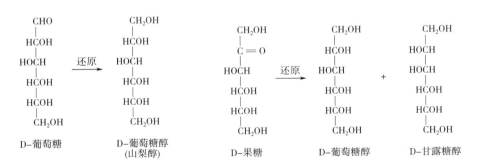

図 3.14 D-葡萄糖在葡萄糖氧化酶催化下氧化

(系统命名为 D-葡萄糖酸-1,5 内酯)在室温下的水中完全水解需要 3h,pH 随之下降。GDL 的缓慢水解,产生缓慢酸化和柔和的口感,使其成为一种独特的食品酸化剂,适用于肉制品与乳制品,特别在冷冻面团中作为化学发酵剂的一个组分(详见第 6 章)。

3.1.4.2　羰基还原[21,46,48,75]

双键加氢称为氢化。当应用于碳水化合物时,氢加到醛糖或酮糖羰基的碳原子和氧原子的双键上。在一定压力与催化剂镍存在情况下加氢非常容易氢化。D-葡萄糖的氢化产物为 D-葡萄糖醇(图 3.15),通常称为山梨醇,英文后缀"-itol"表示为糖醇(醛糖醇)。醛糖醇称为多羟基醇,也可称为多元醇。作为加氢的结果,这些多羟基化合物不再具有促进环结构形成所必需的羰基,因此以开环(即非环)的形式存在。因为它是由己糖制得,D-葡萄糖醇(山梨醇)称为己糖醇。山梨醇广泛分布于植物界,从藻类直到高等植物水果和浆果类,但是它们存在的量一般是很少的。它的甜度仅是蔗糖的 50%,以糖浆和结晶形式出售,一般用作保湿剂,即一种维持/保持产品湿度的物质。

D-甘露糖氢化得到 D-甘露糖醇。商品 D-甘露醇是在蔗糖氢化时与山梨醇一起得到的,它是由蔗糖中 D-果糖或 D-葡萄糖异构化所得的 D-果糖氢化而成(图 3.16),该反应受氢化时溶液的碱性控制。D-甘露糖醇与山梨醇不同,它不是一种保湿剂,非常容易结晶,而且微溶,可以作为糖果的非黏性包衣。D-甘露糖醇的甜度为蔗糖的 65%,被用于不含糖的巧克力、咬嚼的薄荷糖、止咳糖以及硬糖和软糖等。

图 3.15　D-葡萄糖还原　　　　图 3.16　D-果糖还原

木糖醇(图 3.17)是由半纤维素,尤其是桦树中的半纤维素制得的 D-木糖经氢化而成的一种糖醇,它的结晶在溶液中具有吸热效应,将其放在嘴中具有清凉感觉。这种清凉感觉使得它可应用于薄荷糖和不含糖的口香糖中,其甜度与蔗糖相当。食用木糖醇,不会产生龋齿,因为木糖醇不能被口腔中的微生物代谢生成牙斑。

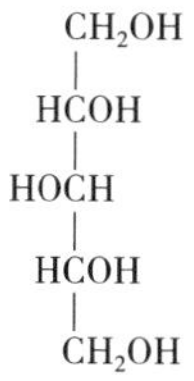

图 3.17　木糖醇

3.1.4.3　糖醛酸

组成低聚糖或多糖的单糖的末端碳原子(碳链中远离醛基的一端)能以氧化形式(羧酸)存在。C-6 以羧酸基形式存在的己醛糖称为糖醛酸。例如,当糖醛酸的手性碳原子与它们在 D-半乳糖中具有相同的构型时,此化合物是 D-半乳糖醛酸(图 3.18),它是果胶(详见 3.3.12)的主要组分。糖醛酸型单糖最常见于各种低聚糖和多糖中。

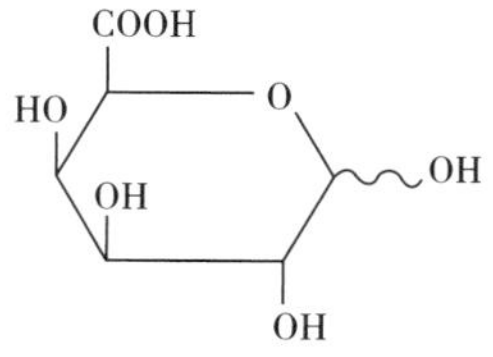

图 3.18　D-半乳糖醛酸

3.1.4.4　羟基酯

碳水化合物中羟基与简单醇的羟基相同,它与有机酸和一些无机酸相互作用生成酯。在合适的碱存在情况下,羟基与羧酸酐或氯化物(酰基氯)反应生成酯:

$$ROH + R'\!-\!\overset{O}{\overset{\|}{C}}\!-\!O\!-\!\overset{O}{\overset{\|}{C}}\!-\!R' \text{ 或 } R'\!-\!\overset{O}{\overset{\|}{C}}\!-\!Cl\!-\!R\!-\!O\!-\!\overset{O}{\overset{\|}{C}}\!-\!R' + HO\!-\!\overset{O}{\overset{\|}{C}}\!-\!R' \text{ 或 } HCl \qquad (3.2)$$

自然界中存在碳水化合物的乙酸酯、琥珀酸一酯以及其他羧酸酯,尤其是作为多糖的组成成分。糖磷酸酯通常是代谢的中间物(图 3.19)。

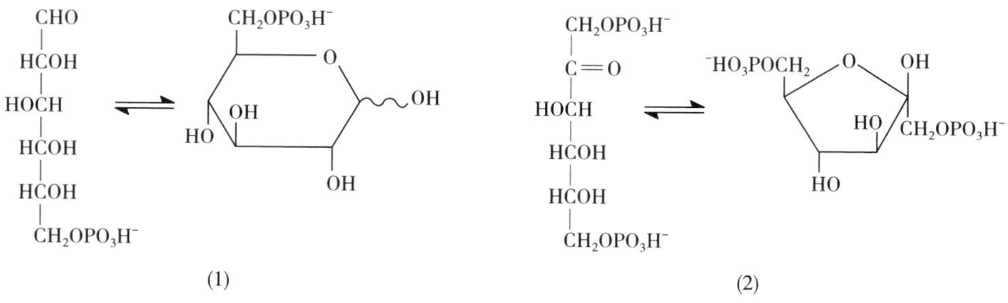

图 3.19　糖磷酸酯代谢中间物的例子

(1)D-葡萄糖 6-磷酸酯　(2)D-果糖 1,6-二磷酸酯

多糖中还存在磷酸一酯,例如,马铃薯淀粉中含有少量磷酸酯基,玉米淀粉中存在的量更少。在生产改性食品淀粉时,往往使一个玉米淀粉分子形成单酯,或在两个淀粉分子之间形成酯基,或两者兼而有之(详见 3.3.6.10)。其他最重要的酯淀粉是乙酸酯、琥珀酸酯、

琥珀酸-酯以及二淀粉己二酸酯,它们都属于改性食品淀粉(详见 3.3.6.10)。商品蔗糖(详见 3.2.3)脂肪酸酯是一种 W/O 型乳化剂。从红藻中分离的卡拉胶类多糖(详见 3.3.10),含有硫酸酯基(硫酸半酯,$R—OSO_3^-$)。

3.1.4.5　羟基醚

碳水化合物中羟基与简单醇的羟基相同,它能生成醚和酯。与酯类不同,通常不存在天然状态的碳水化合物醚。但是多糖通过醚化可以改善它们的性质使它们具有更广的最终用途。例如,甲基纤维素、羧甲基纤维素钠($—O—CH_2—CO_2^- Na^+$)以及羟丙基($—O—CH_2—CHOH—CH_3$)纤维素醚和羟丙基酯淀粉等产品都已获批准用于食品(详见 3.3.6.10,3.3.7.2 和 3.3.7.3)。

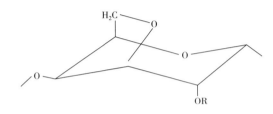

图 3.20　红藻多糖中存在的 3,6-脱水-
α-D-吡喃半乳糖基

在红藻多糖中发现一种特殊类型的醚,它是由 D-半乳糖基的 C-3 和 C-6 间形成的一种内醚(图 3.20),例如,琼脂、红藻胶、κ-卡拉胶和 ι-卡拉胶(详见 3.3.10)。这种内醚又称为 3,6-脱水环,这个名称是源于它是经 C-3 和 C-6 上的羟基脱去水分子形成的。

以山梨醇(D-葡萄糖醇)为主的非离子表面活性剂在食品中用作 W/O 乳化剂与消泡剂。它们是由山梨醇与脂肪酸酯化得到。环式脱水伴随酯化(主要在第一羟基位置,即 C-1 或 C-6),因此碳水化合物(亲水)部分不仅是山梨醇,而且是山梨醇一酐和二酐(山梨醇的内部环状的醚称为山梨醇醚)(图 3.21)。产品中包括一酯、二酯和三酯(Span)(命名中的一、二和三是表示脂肪酸酯基与山梨糖的比)。脱水山梨醇硬脂酸-酯产品实际上是一种混合物,它包括部分山梨醇(D-葡萄糖醇)硬脂酸(C_{18})酯和软脂酸(C_{16})酯、1,5-脱水-D-葡萄糖醇(1,5-脱水山梨醇)、1,4-无水-D-葡萄糖醇(1,4-脱水山梨醇)、内醚及 1,4:3,6-二脱水 D-葡萄糖醇(异山梨酐)二环内醚。脱水山梨醇脂肪酸酯,例如,脱水山梨醇硬脂酸一酯、山梨醇月桂酸一酯和山梨醇油酸一酯通过与氧化乙烯反应生成所谓的乙氧基脱水山梨醇酯(被称为 Tween)进行改性,这是一种非离子型洗涤剂,已被 FDA 批准用于食品。

3.1.4.6　非酶褐变[3,21,40,50,77]

在某些条件下,还原糖产生的褐色是某些食品所期望的和需要的;含有还原糖的食品在加热或长期储存过程中产生的褐色是不希望的。食品在加热或储存过程中产生的褐变一般是由于还原糖(主要是 D-葡萄糖)同游离氨基酸或蛋白质链上氨基酸残基的游离

图 3.21　无水 D-葡萄糖醇(山梨醇醚)

编号指最初 D-葡萄糖(山梨醇)分子中的碳原子。

氨基发生化学反应引起的。这种反应被称为美拉德(Maillard)反应,整个过程有时被称为美拉德褐变,又称非酶褐变,这与新鲜水果和蔬菜(如苹果和马铃薯)切片后产生的快速的酶催化褐变(详见6.5.2.1)是不同的。

当醛糖或酮糖在胺溶液中加热时,各种各样反应接连发生,产生许多化合物,其中有些是风味物、香气以及暗色的高聚物,但是两种反应物消失非常慢。这些风味物、香气、色素有的是期望的和重要的,有的是不期望的或意外产生的。它们在贮藏中缓慢形成,但在油炸、烤制、烘焙等高温条件下会很快地产生。炸薯条和烤面包,就是很好地体现了美拉德褐变反应所形成的理想颜色、口味和香味,最明显的是在两者的表皮上。简而言之,美拉德反应可以被认为是发生在三个主要阶段的多重反应:

(1)羰基化合物(如还原糖)与胺的初始缩合,然后一系列反应导致 Amadori 产物的形成(假设是一种醛糖)。

(2)Amadori 中间体的重排、脱水、分解和/或反应生成糠醛化合物、还原剂/脱氢还原剂(及其分解产物)和 Strecker 降解产物。

(3)美拉德中间产物形成杂环风味化合物,以及红色/棕色到黑色、高分子质量的黑色素。

第一步是在非环式糖的醛基的亲电碳原子中加入非质子化的胺,生成席夫碱(一种亚胺, RHC═NHR′),它可以如醛糖形成环式的糖基胺(有时又称 N-糖苷)。以 D-葡萄糖为例,反应过程见图 3.22。席夫碱经历可逆的 Amadori 重排,如采用 D-葡萄糖可以得到 1-氨基-1-脱氧-D-果糖的衍生物,此物质又称 Amadori 产物。相反,酮糖中的 N-胺酮通过 Heyns 重排转化成相应的 2-氨基-2-脱氧醛糖衍生物。Amadori 和 Heyns 反应产物是美拉德褐变反应的早期中间体。

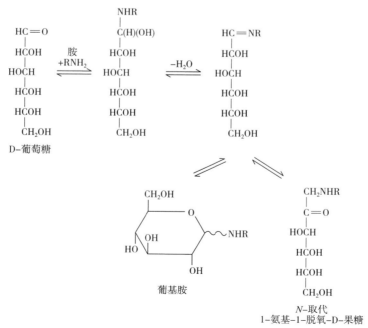

图 3.22　D-葡萄糖与胺(RNH₂)反应的产物

美拉德反应的第二阶段涉及多种中间产物的多次脱水,有时还包括糖链的断裂和某些产物的 Strecker 降解。因此,Amadori 化合物经历了重大的转化,产生的是一种混合中间体和产物的复杂混合物。通过分子重排和缩合而形成的一类中间体包括 1-、3- 和 4-脱氧二羧基化合物,通常也被分别称为 1-、3- 和 4-脱氧邻酮醛糖。这些中间体在 pH 4~7 时比较容易形成,而特定的脱氧邻酮醛糖中间体的形成受 pH 的影响。这些中间体中比较常见的是 3-脱氧邻酮醛糖,更多的被称为 3-脱氧己糖醛酮(图 3.23),它是酸性条件下最常见的中间体(通过 1,2-烯醇化途径)。相反,在中性 pH 下,1-脱氧己糖醛酮(通过 2-3-烯醇化)是最常见的。

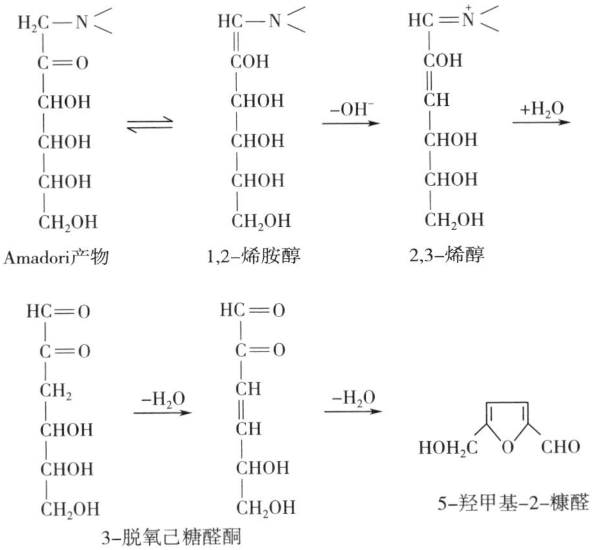

图 3.23 Amadori 产物转变成 HMF

邻酮醛糖类会发生快速脱水反应,尤其是在高温下,也会如醛糖、酮糖一样形成环式。随着反应的进行,最显著的是在酸性 pH 条件下(例如,3-脱氧邻酮醛糖途径),脱水中间体可环化生成呋喃衍生物,由己糖转变为 5-羟甲基-2-呋喃醛(通常称为羟甲基糖醛 HMF,图 3.23),若由戊糖则转变为糠醛。当产物中含有大量的伯胺(如蛋白质中含有大量的 L-赖氨酸),其初级产物是吡咯,即由 N-R 取代 HMF 和糠醛的环氧原子。在中性或中度碱性条件下,还原酮中间体是由 1-脱氧邻酮醛糖形成的,其中许多中间产物与焦糖化反应过程中形成的中间体相似(详见 3.1.4.7)。还原酮是抗氧化剂,因为还原酮可以参与氧化还原反应,其他中间体也可以由还原酮生成(图 3.24)。例如,呋喃酮化合物,包括 4-羟基-5-甲基-3(2H)-呋喃酮,一种由核糖与胺反应产生的熟肉风味成分,是通过 2,3-烯醇化途径得到的。麦芽酚和异麦芽酚(图 3.25)具有面包的风味和香气,都是由 1-脱氧邻酮醛糖通过直接脱水形成的,也有报道提出了用葡萄糖基或半乳糖基单元的 4—O 取代 1-脱氧邻酮醛糖,可以增强麦芽酚的形成。

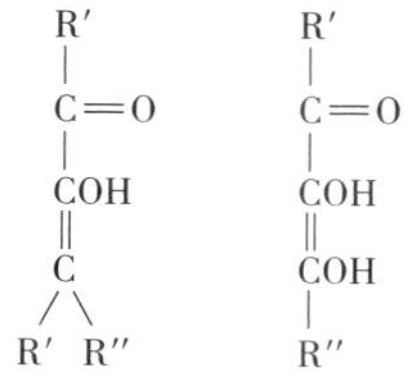

图 3.24　几种还原酮结构中的两例

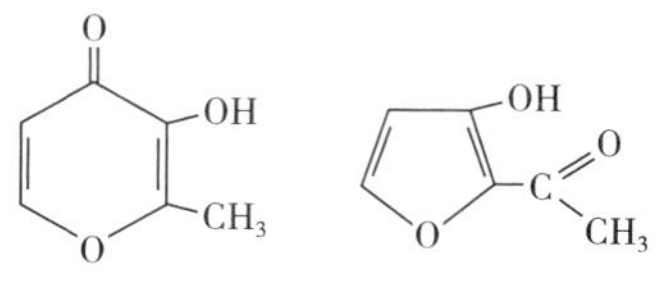

图 3.25　麦芽酚和异麦芽酚

邻酮醛糖(图 3.23)可以在两个羰基之间或者在烯二醇位置(—COH ═COH—)发生裂解反应,形成短链产物,先生成醛,而后发生不同的次级反应。二羰基化合物(邻酮醛糖和脱氧邻酮醛糖)另一个重要的反应就是 Strecker 降解。一种含有 α-氨基酸的这种化合物($R—CHNH_2—CO_2H$)首先会生成席夫碱,然后去二氧化碳(释放二氧化碳)、脱水,最终生成只含有一个碳原子的醛,这比原先的氨基酸结构简单了很多。从氨基酸生成的醛是非酶褐变过程中产生的香味物质的主要来源,氨基酸会影响所产生的香味物质的性质。通过这种方式产生的重要香味物质有:来自 L-蛋氨酸的 3-甲基硫代丙醛($CH_3—S—CH_2—CH_2—CHO$),来自 L-苯丙氨酸的苯乙醛($Ph—CH_2—CHO$),来自 L-缬氨酸的甲基丙醛$[(CH_3)_2—CH—CHO]$,来自 L-亮氨酸的 3-甲基丁醛$[(CH_3)_2—CH—CH_2—CHO]$,以及来自 L-异亮氨酸的 2-甲基丁醛$[(CH_3—CH_2)(CH_3)—CH—CHO]$。

美拉德反应的第三阶段涉及从各种中间体中生成高分子质量的棕色或黑色色素以及杂环风味和香气化合物。活性羰基化合物(HMF、糠醛和其他羰基化合物)和含有氨基的化合物(主要是氨基酸)聚合成深色、不溶性、含氮聚合物的混合物,统称为黑色素。色素的多样性来源于中间体的多样性和一系列可能的缩合反应。有些中间体含有 N,另一些则只含有 C、H 和 O 原子。所有的黑色素都含有芳香环和共轭双键,但颜色(棕色到黑色)、分子质量、氮含量和溶解度各不相同。

美拉德褐变反应还会产生一些改性蛋白质。蛋白质的改性是蛋白质与含羰基化合物(如还原糖、邻酮醛糖、糠醛、HMF 以及吡咯衍生物)反应而导致的,特别是 L-赖氨酸和 L-精氨酸的侧链容易发生这样的反应。例如,某种蛋白质分子中 L-赖氨酸的ε-氨基会发生反应,通过 Amadori 重排,就将 L-赖氨酸转变成了 N-呋喃果糖基-赖氨酸。进一步的反应会使得呋喃环和吡咯环形成呋喃果糖基团并与蛋白质分子相连接。这些反应会造成氨基酸的损失。既然 L-赖氨酸是一种必需氨基酸,通过这一途径造成的降解会影响食品的营养价值。在烤制和烘焙类食品中赖氨酸和精氨酸通常会损失 15%~40%。

混合产物的形成与温度、时间、pH、还原糖的性质以及氨基化合物的性质有关。不同的糖的非酶褐变的反应速度是不同的。羰基的反应活性遵循如下规律:与酮类相比,醛糖与氨基酸的反应能力一般更强,而 α-二羰基化合物的活性甚至比醛糖还要高。然而,一些研究表明,D-果糖发生美拉德褐变反应的速度比 D-葡萄糖快。反应活性顺序为三糖>四糖>戊糖>己糖>双糖。虽然蔗糖是一种非还原糖(详见 3.2.3),在加热过程中,它可能被降解为果糖和葡萄糖,但仍可对美拉德褐变有所贡献。氨基化合物根据其碱性表现出不同的反应性。与胺相比,氨离子与还原糖更容易反应,而仲胺与伯胺产生不同的反应产物。虽然蛋白质、肽和氨基酸都可以参与美拉德反应,但是蛋白质的反应性主要是由于赖氨酸的 ε-氨基而引起的,尽管精氨酸的胍基和半胱氨酸的巯基也可以参与反应。

羰基氧原子的质子化提高了羰基的反应活性,而氨基的质子化降低了其反应活性。因此,pH 对反应的程度起着重要的控制作用。在微酸性介质中,与胺反应的反应速率最大;而在碱性介质中,与氨基酸反应的反应速率最高(详见 5.2)。因为反应具有相对较高的活化能,通常需要进行加热。美拉德反应的速度也与食品的水分活度(A_W)相关,当 A_W 为 0.6~0.7 时,反应速度达到最大值。因此,对于一些食品的美拉德褐变,可以通过控制水分活度、反应物浓度、时间、温度和 pH 来得以实现。二氧化硫和亚硫酸盐可与醛基发生反应,形成其他的化合物。通过去除一种反应物(还原糖、HMF、糠醛等)可以抑制美拉德褐变。产物的不同决定其色泽、口感和香味。可以通过以下的反应变量来加强或减弱美拉德褐变:①温度(降低温度会降低反应速率)和时间;②pH(降低 pH 会降低反应速率);③调节水分含量(最大反应速度发生于水分活度 0.6~0.7,水分含量约 30%);④特定的糖类;⑤存在一些金属催化离子,如 Fe(Ⅱ)和 Cu(Ⅰ)离子(在最终的色素形成阶段会涉及一种自由基反应)。

总之,当还原糖同氨基酸、蛋白质或其他含氮化合物一起加热时产生美拉德褐变产物,包括可溶性与不可溶的高聚物,例如,酱油与面包皮。在面包和曲奇等焙烤中,以及烤肉,褐变是有利的。在烘焙、煎炸或烤制中的非酶褐变产生的挥发性化合物通常会产生理想的香味。当还原糖与乳蛋白反应时,其美拉德反应产物对牛乳巧克力、焦香糖果、太妃糖以及奶油软糖的风味也有重要的作用。美拉德反应产生的一些苦味物质的特殊风味,对于咖啡生产也是非常有益的。另一方面,美拉德反应也会产生一些不良风味和不良香气,这些通常会在超高温巴氏灭菌、脱水食品的贮藏以及肉或鱼的烤制过程中产生。通常对中等水分食品进行加热才会产生非酶褐变。

3.1.4.7 焦糖化反应[3,67]

碳水化合物特别是蔗糖(详见 3.2.3)和还原糖在不含氮化合物情况下直接加热产生复杂反应称为焦糖化反应,少量酸和某些盐类可以加速此反应。虽然并不涉及氨基酸或蛋白质作为反应物,焦糖化反应和非酶褐变有很多地方很相似。其终产物焦糖,也是一种复杂的混合物,由不饱和的环状(五元环或六元环)化合物产生的高聚化合物组成。和美拉德褐变一样,也会产生一些风味物和香气物质。大多数热解反应能引起糖分子脱水,并把双键引入或者形成无水环(图 3.20)。和美拉德反应一样,会形成诸如 3-脱氧邻酮醛糖和呋喃。不饱和环会聚合产生共轭的不饱和双键,生成具有颜色的高聚物。催化剂可以加速反应,使反应产物具有不同的色泽、溶解性以及酸性。

在商业中,焦糖不仅可作为色素物质,也可作为风味物质。生产焦糖,可以单独或在含酸、含碱或含盐的情况下加热碳水化合物。最常用的碳水化合物是蔗糖,也可使用 D-果糖、D-葡萄糖(己糖)、转化糖(详见 3.2.3)、葡萄糖浆、高果糖浆(详见 3.3.6.9)、麦芽糖浆、糖蜜等。使用的酸必须是食用级的硫酸、亚硫酸、磷酸、乙酸和柠檬酸。可使用的碱包

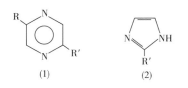

图 3.26　铵存在时发生的焦糖化反应中形成的吡嗪(1)和咪唑(2)衍生物

R =—CH₂—(CHOH)₂—CH₂OH,

R′=—(CHOH)₃—CH₂OH。

括铵、钠、钾和钙的氢氧化物。盐包括铵盐、钠盐、碳酸盐、碳酸氢盐、磷酸盐(单磷酸和二磷酸)、硫酸盐和亚硫酸盐。在焦糖化生产中,还受到很多因素的影响,如温度。铵可以和3-脱氧邻酮醛糖这样的中间体反应,通过热解产生吡嗪和咪唑等衍生物(图 3.26)。

有四种类型的焦糖,它们在制备过程中会使用一种酸或碱,每一种类别的具体条件如下。第一种焦糖,又称普通焦糖或耐酸焦糖,是加热碳水化合物,不加入铵或亚硫酸离子,可能会加入酸或者碱。第二种,又称耐酸硫化焦糖,是在亚硫酸盐存在时加热碳水化合物,但不含有铵离子,可能会加入酸或者碱。这种焦糖,可以增加啤酒或者含醇饮料的色泽,是红棕色的,含有略带负电荷的胶体颗粒,溶液的 pH 为 3~4。第三种,又称铵化焦糖,是在含有铵离子的条件下加热碳水化合物,但不存在亚硫酸盐,可能会加入酸或者碱。这种焦糖,可应用于焙烤制品、糖浆和布丁中,为红棕色,含有带正电荷的胶体颗粒,溶液的 pH 为 4.2~4.8。第四种焦糖,又称硫铵焦糖,是在同时含有亚硫酸和铵离子时加热碳水化合物,可能会加入酸或者碱。这种焦糖,用于可乐饮料、其他的酸性饮料、烘焙食品、糖浆、糖果、宠物食品以及固体调味料等,呈棕色,含有带负电荷的胶体颗粒,溶液的 pH 为 2~4.5。对于这种焦糖,酸性的盐类会催化蔗糖糖苷键的断裂,铵离子参与 Amadori 重排(对于酮糖而言,是 Heyns 重排)(详见 3.1.4.6)。这四种焦糖色素都是复杂、多变、结构尚不明确的大的高聚物分子,正是这些高聚物形成了胶体粒子,而且形成的速率随温度和 pH 的增加而增加。当然,在烧煮和焙烤过程中也会发生焦糖化反应,尤其是含有糖类的时候。在制备巧克力和奶油软糖的时候,当还原糖和氨基同时存在时,焦糖化反应伴随着非酶褐变同时进行。

3.1.4.8　食品中丙烯酰胺的形成[2,24,27,57,78,81]

许多食品在制备和加工过程中会涉及高温处理,此时发生的美拉德反应会产生丙烯酰胺。表 3.3 所示为通过油炸、焙烤、膨化、烤制等方法制备的食品中丙烯酰胺的含量(一般会低于 1.5mg/L)。在未经热处理甚至煮沸的食品(如煮熟的马铃薯)中,都不会检测到丙烯酰胺,因为即使煮沸,温度都不会超过 100℃。在罐藏或冷冻的水果、蔬菜以及植物蛋白制品(植物汉堡及相关产品)中,不含或者很少含有丙烯酰胺,测定值为 0~1925μg/L。(丙烯酰胺是一种公认的神经毒素,但其致病浓度远高于从食品中的摄入量。尚没有直接证据表明丙烯酰胺能引发癌症,在特殊的饮食浓度下可能对人类有一些生理性的影响。目前,人们正在努力降低食品中丙烯酰胺的含量,首要的是要了解其来源。)

用不同的糖和氨基酸组成进行模式研究发现,丙烯酰胺来自还原糖(羰基部分)和游离的 L-天冬酰胺的 α-氨基的二次反应[81](详见 5.2)(图 3.27)。反应的进行需要同时存在这两种底物。这个反应可能起始于席夫碱中间体,通过脱羧基反应,然后 C—C 键断裂,从而产生丙烯酰胺。丙烯酰胺的原子组成来自 L-天冬酰胺。虽然丙烯酰胺不是这一系列复杂反应(反应效率约为 0.1%)的期望产物,但是当食品在高温下持续加热时,它会不断积累而达到可检测的含量范围。

表 3.3 常见高水平丙烯酰胺食品中的含量范围

食品种类	丙烯酰胺含量/(μg/L)[①]	食品种类	丙烯酰胺含量/(μg/L)[①]
面包	24~130	曲奇	34~955
谷物早餐	11~1057	薄脆饼干	26~1540
巧克力	0~74	炸薯条	109~1325
咖啡(研磨,未调制)	64~319	马铃薯片	117~2762[②]
咖啡,脱咖啡因(研磨)	27~351	椒盐脆饼	46~386
含菊苣的咖啡	380~609	玉米粉圆饼	130~196

资料来源:美国 FDA 食品安全与应用营养研究中心(欧洲安全管理局还按年龄组监测食品中丙烯酰胺的含量和接触丙烯酰胺的情况)。

①通常只有少量样品会出现极端值(尤其是最高值)。

②甜的薯片含有 1570μg/L,素食薯片含有 1970μg/L。

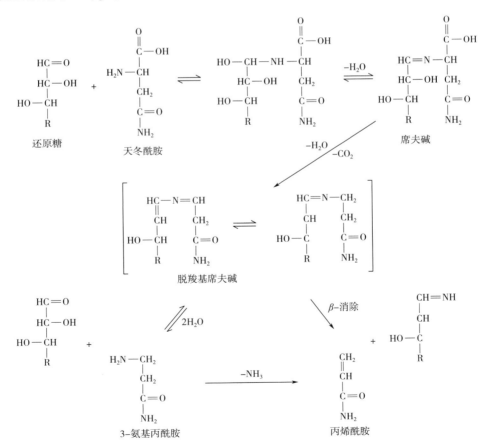

图 3.27 食品中丙烯酰胺可能的形成机制

在复杂的食品体系中,丙烯酰胺生成的反应途径更为复杂,不仅限于简单的还原糖与天冬酰胺的直接反应。油炸马铃薯产品,例如,马铃薯片和炸薯条,特别容易受丙烯酰胺形成的影响,因为马铃薯含有游离的还原糖和游离的 L-天冬氨酸[马铃薯可以在储存过程中积累游离糖,尤其是在低温下,即 3~4℃,淀粉首先转化为蔗糖,随后转化为 D-葡萄糖和 D-果糖。商业上,在预油炸(冷冻前)之前用 D-葡萄糖溶液浸渍或喷洒漂洗过的马铃薯条,以优化和标准化后期油炸的炸薯条的颜色。]对于炸薯条,在还原糖和胺类(即氨基酸、肽、蛋白质)的初始反应中生成的美拉德褐变产物中间体(如脱氧己糖、二羰基化合物等,详见3.1.4.6),会与天冬酰胺发生反应,并对丙烯酰胺的生成有很大的贡献[53]。建立油炸过程中底物水平、水分和温度梯度的动力学模型,可以预测油炸薯条中的丙烯酰胺的含量。在马铃薯条的高温油炸反应中,只有 0.6% 的总天冬氨酸被转化为丙烯酰胺。此外,与果糖相比,D-葡萄糖对颜色形成的贡献更大,而对丙烯酰胺生成的贡献更小;而果糖则产生相反的作用[29]。

丙烯酰胺的产生至少需要 120℃,也就是说在高水分含量的食品中不会产生,当温度接近 200℃时,反应加剧。在 200℃ 以上过度加热,丙烯酰胺的含量由于热降解而有所降低。食品中的丙烯酰胺含量受到 pH 的影响,当 pH 增加到 4~8 以上时,有利于其的产生。在酸性条件下,丙烯酰胺生成量会减少,其原因可能是由于天冬酰胺的 α-氨基的质子化,降低了它的亲核能力;而且,当 pH 降低时,丙烯酰胺的热降解速度也会增加。随着加热的进行,食品表面的水分逐渐去除,表面的温度升高至 120℃ 以上时,丙烯酰胺的含量会快速增加,通常也会发生褐变。表面积较大的产品,如薯片,是高温处理的食物中丙烯酰胺含量最高的代表。因此,食品的表面积也是一个影响因素,它为反应底物和加工温度提供了充分的条件,有利于丙烯酰胺的生成。

通常防止食品中丙烯酰胺的形成可通过一个或多个途径来实现:①去除一种或所有的底物;②改变反应条件,包括加入助剂;③丙烯酰胺一旦形成,立即去除。对于马铃薯制品,通过在水中漂洗或浸泡,去除反应底物(还原糖和游离的天冬酰胺),可以去除 60% 以上的丙烯酰胺。化学改性,例如,通过降低 pH 使天冬酰胺质子化,或者通过天冬酰胺酶将天冬酰胺转化为天冬氨酸;增加竞争性底物,使其无法产生天冬酰胺,例如,加入天冬酰胺以外的氨基酸或蛋白质;或者加入一些盐可以减轻丙烯酰胺的生成。如果可能,更好地控制或优化热处理条件(温度/时间)也对减轻丙烯酰胺的生成有所帮助。多种方法的联合使用将更为有效,可减少食品中丙烯酰胺的形成。但要根据特定的食品体系的性质而选择适宜的方法。

虽然研究表明食品中丙烯酰胺的摄入与致癌风险之间没有关联,但是人们正在研究它对长期的致癌性、致突变以及神经毒性方面的影响,同时也在致力于减少食品加工和制备中丙烯酰胺的产生。

3.1.5 小结

(1)单糖是不能通过水解分解成更小单元的碳水化合物。

(2)单糖是多羟基醛或酮(开链或非环形式),但可环化形成分子内环结构(半缩醛形式)。

(3)单糖定义和区分可依据:

碳原子数(3~9 个最常见);

羰基的性质:醛基(醛糖)与酮基(酮糖);

手性碳原子上羟基的位置;

最高编号的手性碳原子的羟基取向:D 型和 L 型;

环的构型(α 和 β),环的大小(通常五元环或六元环),以及环的构象(例如,$^4C_1$,$^1C_4$)。

(4)单糖可转化为糖苷(缩醛形式),氧化为羧酸(仅对醛糖而言),还原为醇,或修饰为羟基酯或醚。

(5)单糖在高温下通过非酶(美拉德)褐变和焦糖化反应,在特定食品中形成褐色色素、风味和香气。

3.2 低聚糖

由 2~10 个或 2~20 个糖单元通过糖苷键连接的碳水化合物称为低聚糖,超过 20 个糖单元则称为多糖。

二糖是糖苷,其中配糖基是单糖。含有 3 个单糖称为三糖。含有 4~10 个配糖基,无论是线性的或是带有支链结构的均称为四糖、五糖、六糖、七糖、八糖、九糖和十糖。天然存在的低聚糖很少,大多数低聚糖是由多糖水解而成的。由于糖苷键具有缩醛结构,它们在水、酸性 pH、加热或特定糖苷酶存在的条件下发生水解。

3.2.1 麦芽糖

麦芽糖(图 3.28)是一种典型的二糖。其还原端(通常表述在分子的右端)具有潜在的游离醛基,如前所述,在溶液中具有 α-和 β-六元环两种构型并达到平衡(详见 3.1.2)。由于 O-4 被第二个吡喃葡萄糖基挡住,因此不能形成呋喃环。麦芽糖是还原糖,因为其醛基能与氧化剂反应,它几乎可以发生所有的游离醛糖反应(详见 3.1.4)。

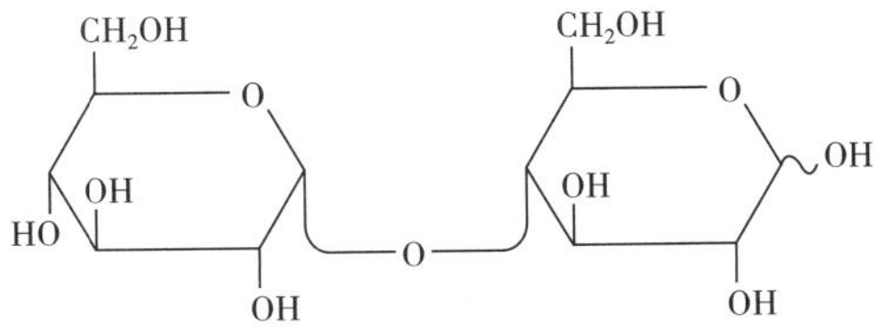

麦芽糖非常容易采用 β-淀粉酶水解淀粉制得(详见 3.3.6.9)。麦芽糖在植物中含量很少,它主要来源于淀粉部分水解。谷物特别是大麦麦粒发芽时产生麦芽糖,但是工业上采用细菌 β-淀粉酶催化淀粉的水解,有时也使用来自大麦麦粒、大豆和甜土豆中的 β-淀粉酶。麦芽糖被少量用

图 3.28 麦芽糖

作食品的温和甜味剂。麦芽糖可还原为麦芽糖醇,用于无糖巧克力的生产(详见 3.1.4.2)。

3.2.2 乳糖

乳中存在二糖乳糖(图 3.29),主要是游离乳糖,少量为较大低聚糖的组分。乳中乳糖

浓度随哺乳动物的来源而变,一般在 2.0% ~ 8.5%。乳糖是哺乳动物发育的主要碳水化合物来源。牛乳和羊乳含有 4.5% ~ 4.8% 乳糖,人乳中含有 7% 乳糖,人类婴儿喂奶期间,乳糖占消耗能量的 40%。乳糖在水解成单糖 D-葡萄糖和 D-半乳糖之后才能作为能量利用。牛乳还含有 0.3% ~ 0.6% 乳糖的低聚糖,它们是双歧杆菌生长的重要能量来源,双歧杆菌是母乳喂养的婴儿小肠中主要的微生物菌群。

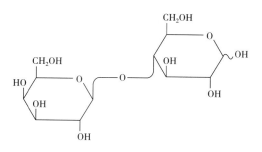

图 3.29 乳糖

人们从乳和其他未发酵乳制品如冰淇淋中摄取乳糖。发酵乳制品,如大多数酸奶和干酪,其中的乳糖含量很少,因为在发酵过程中,一些乳糖被转化成乳酸。乳糖促进肠道吸收和钙的保留。乳糖到达小肠后才被消化,因为小肠内存在水解酶乳糖酶。乳糖酶(β-半乳糖苷酶)是一种膜结合酶,位于小肠的刷状缘上皮细胞。乳糖酶催化乳糖水解生成单糖 D-葡萄糖和 D-半乳糖。碳水化合物中只有单糖才能在小肠中被吸收。D-葡萄糖和 D-半乳糖快速被吸收并进入血流:

$$乳糖 \xrightarrow{乳糖酶} D-葡萄糖 + D-半乳糖 \tag{3.3}$$

如果由于某种原因,摄入的乳糖仅部分水解,即部分被消化,或根本无法水解,这种临床症状称为乳糖不耐症。如果缺少乳糖酶,乳糖保留在小肠肠腔内,由于渗透作用,乳糖有将液体引向肠腔的趋势,这种液体会产生腹胀和痉挛。乳糖从小肠进入大肠(结肠),由厌氧菌发酵生成乳酸(以乳酸盐阴离子形式存在)(图 3.30)和其他短链脂肪酸。由于分子浓度的增加,即渗透性增大,引起液体更大的持留。另外,发酵的酸性产品可降低 pH 而结肠黏膜受到刺激,导致蠕动增强。由于液体持留和肠的蠕动增加,两者均引起腹泻。发酵产生的气体可引起胀气和痉挛。

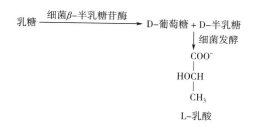

图 3.30 乳糖酶缺乏人群的大肠内乳糖代谢途径

乳糖不耐症一般在超过 6 岁的儿童中才发现,按照这种观点,乳糖不耐症在整个生命期中的影响是随着年龄增大而增大。乳糖不耐症的影响与程度随种族而变,这意味着有无乳糖酶是受基因控制的。

有三种方法可以克服乳糖酶缺乏的影响。一种方法是通过发酵,如在生产酸乳和发酵乳制品时大量减少或去除乳糖。另一种方法是加入乳糖酶减少乳中乳糖(详见第 6 章)。但是两种水解产物 D-葡萄糖和 D-半乳糖都比乳糖甜,如水解 80%,味道变化非常明显。因此,大多数低乳糖乳将乳糖含量尽可能减少 70% 以接近政府规定的标准。第三种方法就是在食用乳制品的同时服用 β-半乳糖苷酶。

3.2.3 蔗糖[42,54]

蔗糖是由 α-D-吡喃葡萄糖基和 β-D-呋喃果糖基头与头相连(还原端与还原端相连),而不是采用头-尾相连(图 3.31)。由于蔗糖没有还原端,它是非还原糖。

商品蔗糖有两种主要来源,甘蔗糖与甜菜糖。在甜菜糖的提取液中也存在①三糖,棉籽糖,它是由蔗糖再连接一个 D-吡喃半乳糖基;②四糖,水苏糖,它是由三糖再连接一个 D-半乳糖基(图 3.32)。豆类中也存在这些低聚糖,是非消化性的。这些和其他一些碳水化合物不能被肠道酶完全降解为单糖,因而不能被大肠所吸收。在大肠,它们被微生物代谢,产生乳酸和气体,从而造成了腹泻和肠胃气胀。

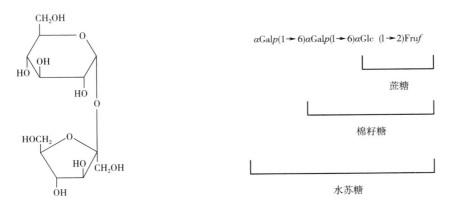

图 3.31 蔗糖　　图 3.32 蔗糖、棉籽糖和水苏糖(有关结构的缩写说明详见 3.3.1)

蔗糖具有+66.5°的特殊比旋光度。水解连接两个单糖的糖苷键,可得到等摩尔的 D-葡萄糖和 D-果糖,该混合物的比旋光度是-33.3°。注意到此现象的早期研究者们,将这一过程称为反旋光,其产物称为反旋糖。

蔗糖和大多数其他低分子质量碳水化合物(例如,单糖、醛醇、二糖和其他低分子质量低聚糖),由于它们亲水性极强和溶解性极大,因此能形成具高渗透性的高浓度溶液。以糖浆和蜂蜜为例,这些溶液本身不需要防腐剂,它们不仅可用作甜味剂(虽然并不是所有的碳水化合物糖浆需要具有很甜的味道),还可用作防腐剂和保湿剂。

在任何碳水化合物溶液中,部分水是不能结冰的,当可结冰的水结晶形成冰时,余下的液相中溶质的浓度增加,冰点下降,导致溶液的黏度增大,最终,液相就固化成玻璃态。在玻璃态下所有的分子运动受到限制,由扩散控制的反应变得很慢(详见第 2 章);由于运动受到限制,处于玻璃态的水分子不能结冰,也就不能形成晶体,因此碳水化合物具有冷冻保护剂的功能,可防止脱水和由冷冻引起的结构和质构的破坏。

人的肠道内的转化酶可以催化蔗糖水解生成 D-葡萄糖和 D-果糖,使蔗糖成为能提供人类能量的三种碳水化合物(除单糖外)之一,其他两种碳水化合物为乳糖和淀粉。单糖(在我们膳食中只有 D-葡萄糖和 D-果糖是具有重要营养意义的糖)可直接被小肠所吸收而进入血液。

用氯原子取代蔗糖的 8 个羟基中的 3 个制成的化合物(三氯蔗糖)是一种高强度甜味

剂(详见第12章)。该过程会导致蔗糖分子中天然的葡萄糖分子转化为半乳糖。

3.2.4　海藻糖[48]

海藻糖是一种商用二糖,它是由2个α-D-吡喃葡萄糖单元,通过各自的异头碳原子连接而成(与蔗糖类似),因此也不是还原糖。虽然使用不够广泛,但在食品加工中具有独特的特性,即可以稳定和保护酶和其他蛋白质免受加热和冷冻的伤害,减少熟淀粉的老化并延长焙烤产品的货架期,可以在冷冻期间保持细胞结构,特别是在冷冻过程中保持风味和香气。

3.2.5　环糊精[17,21,65]

环糊精,过去又称环多糖,是由α-D-吡喃葡萄糖单元通过1,4-糖苷键连接而成的一类环状低聚糖(图3.33)。这些环状结构是由可溶的、部分水解的淀粉高聚物形成的(详见3.3.6.9)。这个水解过程需要一种环糊精糖基转移酶(又称环糊精葡聚糖转移酶,详见第6章)的作用,它可以水解淀粉分子间的环状糖苷键。环糊精可由6、7或8个糖基单元组成,这个环糊精分别称为α-、β-和γ-环糊精。在商业化生产中,要分离这些环糊精,可通过选择性的结晶紧接葡萄糖淀粉酶的作用,或采用具有底物选择性的复合试剂(典型的方法是使用有机溶剂)进行分级沉淀。虽然α-,β-和γ-环糊精都允许应用于食品中(符合GRAS规则),但只有β-环糊精得到了广泛的应用,由于它相对其他两种价格最为低廉,而且功能确切。

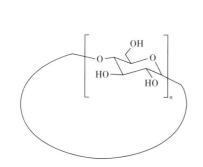

图3.33　α-(n=6),β-(n=7)和γ-(n=8)
环糊精的化学结构

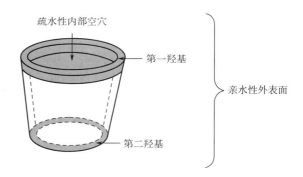

图3.34　环糊精的几何形状示意图

环糊精的形状像一个缺少顶部的漏斗,或者像一个甜面包圈,其内部是疏水性的核心或空穴,而外表面是亲水性的(图3.34)。由于其分子外表面存在的羟基,环糊精具有水溶性,但α-,β-和γ-环糊精的水溶性有所不同(表3.4)。γ-环糊精水溶性最强,其次是α-环糊精,而β-型的,由于分子内氢键存在于整个分子的外圈,其溶解度最小。相反地,环糊精的内部空穴提供了一个疏水环境,可通过疏水作用或非共价作用包容一些非极性的客体物质。内部空穴的大小随着环糊精糖基数量的增加而增大(γ>β>α)(表3.4)。这种具有包埋性的结构使得环糊精具有独特的性质,因而得到广泛的食品和工业应用。在食品体系中,环糊精可用于包埋风味物、脂类和色素物质。环糊精还可以用来包埋不理想的成分(如不良风味、气味、苦味物质,或去除固醇和游离脂肪酸),防止化学氧化(如抑制风味物的氧化,结合酶促褐变的酚类前体),增强非水溶/脂溶性的风味物,以及提高食品添加剂的物理稳定性(挥发性物质的微胶囊化,风味物的可控释放)。

表 3.4　　　　　　　　　　　　　　　α-, β-和 γ-环糊精的化学性质

化学性质	α	β	γ
葡萄糖基数量	6	7	8
分子质量/u	972	1135	1297
溶解性(g/100mL,25℃)	14.5	1.9	23.2
空穴直径/nm	0.47~0.53	0.60~0.65	0.75~0.83

3.2.6　小结

(1)低聚糖是 2~20 个单糖单元通过糖苷键连接而成的。

(2)最丰富的低聚糖是二糖中的蔗糖,它由六元(吡喃)环的 D-葡萄糖(醛糖),与五元(呋喃)环的果糖(酮糖),通过异头碳之间的糖苷键连接而成。

3.3　多糖[12,18,72]

3.3.1　多糖的化学结构和性质

多糖是单糖的聚合物。和低聚糖相似,多糖是由葡萄糖基以直链或侧链方式排列而成的,但大多数是超过 10 个或 20 个单糖的低聚物。多糖中单糖的个数称为聚合度(DP),DP<100 的多糖是很少见的,大多数多糖的 DP 为 200~3000。纤维素的 DP 比较大,达7000~15000。支链淀粉的 DP 更大,其平均分子质量至少可达 10^7(DP>60000)。在自然界估计超过 90%的碳水化合物是以多糖形式存在,多糖的一般科学名称为聚糖。

如前所述,多糖的分子质量都有一个范围,这不仅指不同来源的多糖,而且也包括同一来源的多糖。存在分子质量范围是因为,多糖与蛋白质不同,是在不借助 RNA 模板的情况下由酶合成的。"多分散性"一词用于描述某一特定多糖分子质量的分布情况。因此,在特定的多糖制备中,每一个分子都可能有一个相对分子质量(或 DP),并有别于任何其他的分子。由于同样的原因,即没有模板的生物合成,大多数多糖的化学精细结构也因分子而异。对于某一特定的多糖,化学精细结构的差异可能体现在:单糖单元的类型、比例和/或分布、由单个链组成的键以及可能存在的非碳水化合物基团的数量和分布。这一现象称为"多分子性"。

由相同的糖基单元组成的多糖称为均一聚糖,纤维素(详见 3.3.7)和直链淀粉(详见3.3.6.1)是直链的,支链淀粉(详见 3.3.6.2)是有分支的,这三种都是由 D-吡喃葡萄糖基构成的均一多糖。

两种或多种不同的单糖单元组成的多糖称为杂多糖。由两种不同单糖单元组成的多糖称为二杂多糖,由三种不同单糖单元组成的多糖称为三杂多糖,以此类推。二杂多糖一般是由相似糖单元组成块并沿着直链交替出现的线性聚合物;或者是由一种类型的糖基单元组成直链,另一种糖基单元以侧链形式存在。第一种类型的例子是海藻酸钠(详见3.3.11),后面一种类型的例子是瓜尔豆胶和刺槐豆胶(详见3.3.8)。

低聚糖和多糖的缩写是采用糖基单元名称的前三个字母表示,第一个字母大写,葡萄糖除外,它可写为 Glc。如果单糖单元是 D-糖,则 D-可以省略,只有 L 糖必须标明,如 LAra。环的大小可用斜体字表示。吡喃糖基用 p 表示,呋喃糖基用 f 表示。端基构型用 α 或 β 表示,例如,α-D-吡喃葡萄糖基表示为 αGlc$p$,醛酸可用大写字母 A 表示,例如,L-吡喃古洛糖醛酸单元(详见3.3.11)表示为 LGul$p$A。生物化学家通常采用1,3表示连接位置,而碳水化合物化学家通常采用1→3表示连接位置。乳糖结构的缩写可表示为 β-Gal$p$(1→4)Glc 或 βGal$p$1,4Glc,麦芽糖表示为 α-Glc$p$(1→4)Glc 或 αGlc$p$1,4Glc。注意还原端不能被表示为 α 或 β、吡喃糖或呋喃糖(除非在结晶产物中),因为环可以是开式或闭式,即在乳糖和麦芽糖以及其他的低聚糖或多糖溶液中,还原端将以一种 α-吡喃环和 β-吡喃环型以及无环型的混合物存在,并在这些环型中快速转换(图3.12)。

3.3.2 多糖的结晶性、溶解性和冷冻稳定性

大多数多糖含有糖基单元,糖基平均含有三个羟基。多糖是多元醇,每个羟基均可和一个或几个水分子形成氢键。环氧原子以及连接糖环的糖苷氧原子也可与水形成氢键。多糖中每个糖单元都具有结合水分子的能力,因而多糖具有较强亲水性和易于水合,在水溶液中,多糖颗粒溶胀,然后部分溶解或完全溶解。

在食品体系中,多糖和低分子质量碳水化合物一样,具有改变和控制水分移动的能力,同时水分也是影响多糖的物理与功能性质的重要因素,因此,食品的许多功能性质包括质构都同多糖和水分有关。

与多糖通过氢键相结合的水被称为水合水,这种水的结构由于多糖分子的存在发生了显著的变化,这种水合水不会结冰,又称塑化水,它使多糖分子溶剂化。从化学角度来看,这种水并没有牢固地被束缚,但它的运动受到阻滞,它能与其他水分子快速进行自由交换,在凝胶和新鲜组织食品中,水合水占总水中的比例极小。水合水以外的水存在于凝胶或组织的毛细管或者空穴之中。

多糖与其说是冷冻保护剂,更是冷冻稳定剂。这是由于多糖是一种分子质量很高的大分子,它既不能增加渗透压,也不会显著降低水的冰点,而这两种性质都是依数性。当多糖溶液冷冻时,形成两相体系,一相是结晶水(即冰),另一相是由 70% 淀粉分子和 30% 非冷冻水组成的玻璃相。如同低分子质量碳水化合物溶液一样,非冷冻水是高度浓缩的多糖溶液的组成部分,由于黏度很高,因而水分子的运动受到限制。当大多数多糖处于冷冻浓缩状态时,水分子的运动受到了极大的限制,水分子不能吸附到晶核或结晶长大的活性位置,因而抑制了冰晶的长大,提供了冷冻稳定性。一些天然存在的多糖就是晶核的促进剂。

在冻藏温度(-18℃)下,无论是相对分子质量高或相对分子质量低的碳水化合物都能

有效地保护食品产品的结构与质构不受破坏,提高产品的质量与贮藏稳定性,这是因为控制了冰晶周围的冷冻浓缩无定形介质的数量(特别是存在相对分子质量低的碳水化合物情况下)与结构状态(特别是存在高聚物的碳水化合物的情况下)。

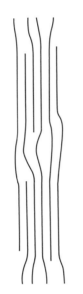

图 3.35　在结晶区内链是平行和定向的

除了分权的多枝树状结构外,大多数多糖(不包括全部多糖)以螺旋形存在。有些直链均匀多糖如纤维素(详见 3.3.7)呈丝带平面结构,均一的直链彼此通过氢键形成结晶区,结晶区之间由无定形区隔开(图 3.35)。正是这些直链结晶区形成含纤维素的纤维,如木头和棉花纤维,这种纤维强度极大,不溶以及抗破裂,它之所以能够抗破裂是由于酶几乎不能穿透结晶区。高度定向的多糖具有定向和结晶性,但不是千篇一律,也有例外。大多数多糖不具有结晶,并不是水不溶性,而是非常容易水合和溶解。

大多数无侧链的二杂多糖含有非均匀糖基单元块,大多数具侧链多糖不能形成胶束,这是因为必须形成分子间强键才能使链段紧密堆积受到阻碍,因此随着链相互间不能靠近,其溶解度也随之增加。一般来说,多糖的溶解性与分子链的不规则程度成正比,换句话说,分子相互结合减弱,则分子溶解性增大。

在食品工业和其他工业中使用的水溶性多糖和改性多糖可分为两类:①天然或改性淀粉;②非淀粉类多糖又称为亲水胶体或食品胶。亲水胶体是以不同目数大小的粉末形式出售。非淀粉类多糖也是膳食纤维的主要组成部分(详见 3.4)。

3.3.3　多糖溶液的黏度和稳定性[39,49,55,72]

多糖(亲水胶体/食品胶)主要用于增稠和胶凝,此外还能控制液体食品与饮料的流动性与质构以及改变半固体(软性)食品的变形性等。在食品产品中,淀粉以外的多糖,在0.10%~0.50%这样很低的浓度下,即能产生黏度和形成凝胶。

高聚物溶液的黏度同分子的大小、形状及其在溶剂中的构象有关。在食品和饮料中,溶剂是其他溶质的水溶液,多糖分子在溶液中的形状与糖苷键周围的振动有关,每个糖苷键的内部自由度越大,每根链段构象数越多。链柔顺性提供了强的熵推动力,克服能量使在溶液中的链接近无序或随机线圈状态(图 3.36)。但是大多数多糖与严格的随机线圈存在偏

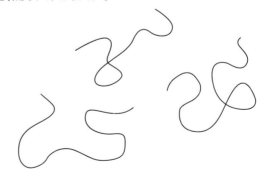

图 3.36　随机线圈的多糖分子

差,形成硬的线圈,常是螺旋状的,线圈的性质同单糖的组成和连接方式有关,有些线圈是紧密的,有些线圈是伸展的。

溶液中线性高聚物分子旋转和伸屈时占有很大的球形空间或区域。当分子间彼此碰撞或在各自区域发生重叠时,就产生了摩擦,消耗能量,因而产生黏度。线性多糖甚至在浓度很低时形成黏度很高的溶液。黏度同溶剂化多糖链的 DP(与分子质量相关)以及高分子链的形状和柔顺性有关,更长的、更伸展的,以及更刚性的分子能产生更高的黏度。至于DP,羧甲基纤维素(CMC)(详见 3.3.7.2)及其衍生物在其浓度为 2% 时,其溶液黏度为 5~100000mPa·s。如果为了使产品增稠,则可能会使用高黏度的产品;如果为了使溶液体现更多的固性,如成膜或提供足够的口感,则可能会使用低黏度的产品。

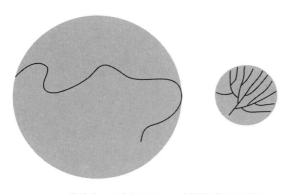

图 3.37　具有相同的相对分子质量的直链多糖和高度支链多糖占有的相对体积

高度支链的多糖分子比具有相同相对分子质量或 DP 的直链多糖分子占有的体积小得多(图 3.37),因此,在溶液浓度相同时,高度支链的分子相互碰撞或重叠的频率也低,溶液黏度比具有相同 DP 的直链分子低得多,这也意味着高度支链的多糖分子溶液与直链多糖分子溶液在相同的浓度下具有相同的黏度时,高度支链多糖分子一定比直链多糖分子大得多。

同样道理,仅带一种类型电荷(一般带负电荷,它由羧基或硫酸一酯基电离而得)的直链多糖由于相同电荷的斥力呈伸展构型,增加了从一端到另一端的链长,高聚物占有体积增大,因而溶液的黏度大大提高。

无支链的聚糖通过加热溶于水中,形成不稳定的分子分散体系,很快出现沉淀或胶凝。这是由于长分子的链段相互碰撞并在几个糖基之间形成分子间键。开始形成短的缔合,然后延伸成拉链形,大大地加强了分子间缔合。其他分子链的其他链段与有组织的核碰撞并结合到核上,使定向的结晶相大大增加。直链分子连续结合形成穗状胶束,达到一定大小后由于重力作用引起沉淀。例如,直链淀粉通过加热溶于水,接着将溶液冷却至 65℃ 以下,分子经聚集而沉淀,此过程称为老化。面包和其他烘焙食品冷却时,直链淀粉分子缔合而变硬。长时间储存过程中,支链淀粉的支链缔合而变陈(详见 3.3.6.7)。

一般情况下,不带电的直链均一多糖分子倾向于缔合和形成部分结晶。但是,如直链多糖进行衍生,或天然存在直链多糖衍生物如瓜尔胶(详见 3.3.8),在主链上有单糖侧链存在,侧链可阻止分子链缔合,生成稳定的溶液。

具有带电基团的直链多糖由于库仑斥力阻止链段相互靠近也能形成稳定的溶液。正如前面提及的电荷斥力也能引起链的伸展,使黏度增高。海藻酸钠(详见 3.3.11)就是这样一种具有高度黏性和稳定的溶液,每个糖基单元是一个醛酸基,含有一个带负电、以盐的形式存在的羧酸基,而黄原胶(详见 3.3.9)中每 5 个糖基单元有一个醛酸和一个羧酸基存在。但如海藻酸溶液 pH 降到 3,羧酸基团的比例增加而发生质子化(羧酸基团的 pK_a 为 3.38 和 3.65),最终分子带电较少,能缔合、沉淀或形成凝胶,正如不带电(中性)的直链多糖那样。

卡拉胶是一种带负电的直链混合物,由于在直链上存在许多带电的硫酸一酯基(详见 3.3.10)。这类分子在低 pH 下不会沉淀,因为在所有实用的 pH 范围内硫酸盐基团都保持电离状态。

亲水胶体溶液是水合分子的分散体系和(或)聚合体系,胶溶液的流动性质与下列因素有关:水合分子或聚集体的大小、形状、是否容易变形(柔顺性)以及带电多少。多糖溶液一般呈现两种流变性质:假塑性(最通常)和触变性,两者都是剪切变稀。

在假塑流动中,随剪切速率增大流动加快,液体流动越快,黏度越低(图 3.38)。在倒出、咀嚼、吞咽、泵送、混合过程中,流动速率随所加的应力增大而增大。当去除应力时,溶液瞬时恢复到其原始黏度。黏度变化与时间无关;随剪切速率变化,流动速率也发生瞬时改变。一般来说,胶的分子质量越高,假塑性越大(尤其是黄原胶,表 3.5)。当然,刚性的、线性的分子也更容易产生假塑性流动。

假塑性小的亲水胶体溶液为长流[①],这种溶液一般具有发黏的感觉。假塑性大的溶液为短流,一般不具有发黏的感觉。食品科学中,发黏的材料是黏稠的,黏嘴,难以吞咽。发黏与假塑性相反,也就是说,若要感觉不黏,那么,在咀嚼和吞咽产生的低剪切率下,一定是非常稀的。

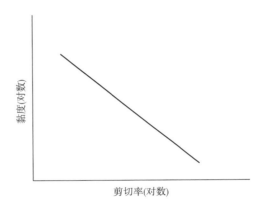

图 3.38 假塑性剪切变稀流体黏度 与剪切速率相关的对数图

触变流动是第二类剪切变稀流动,在触变流动中,随流速增加,黏度下降并不是瞬时发生的,在恒定的剪切速率下触变溶液的黏度下降是和时间有关的,在剪切停止后,重新回复到原有黏度需要一定的时间。这种性质反映了凝胶→溶液→凝胶的转变,换句话说,触变溶液在静止时是一种弱凝胶(可以倒出来的,详见 3.3.4)。羧甲基纤维素就是一种具有触变流动性的典型的胶(表 3.5)。

对大多数亲水胶体溶液,温度升高引起黏度下降。这种性质非常重要,它意味着在较高温度可以制备较高浓度的溶液,然后溶液冷却时起到增稠作用(黄原胶除外,在 0~100℃ 其溶液黏度保持恒定,详见 3.3.9)。

---

① "短流"是呈现假塑性的剪切变稀黏性溶液,"长流"是黏性溶液,具有很弱的剪切变稀或无剪切变稀性质。在使用仪器测定流变性质以前常使用上述术语,这些术语是这样得出来的:让一种胶或淀粉溶液从管子里或漏斗里流出,非剪切变稀形成长串流出来,而剪切变稀形成短滴,产生短滴是由于当越来越多的液体出口时,串流的量越来越大,使流动越来越快,剪切变稀到达某一点,串流破裂形成液滴。

表 3.5　常用的水溶性、非淀粉食品多糖

胶	来源	分类	一般形状	单体及连接方式（近似比）	非碳水化合物取代基团	水溶性	主要性能	食品中主要用途
海藻胶（海藻酸盐，一般为海藻酸钠）	褐藻	海藻提取物聚糖醛酸	线性	下列单元共聚物块 →4)-βManp A(1.0) →4)-αLGulp A (0.5~2.5)		海藻酸钠可溶	与 Ca^{2+} 形成凝胶 黏性但非高度假塑性的溶液	形成不熔化的凝胶（甜食凝胶，仿水果，其他结构水果）仿肉制品
						海藻酸不可溶		海藻酸形成软的、触变性的非熔化凝胶（番茄胶质点心，凝胶类烘焙浇头，含有水果的早餐合物产品）
					藻酸丙二酯中羟基丙基酯基（PGA）	可溶	具有表面活性 其溶液对酸与 Ca^{2+} 是稳定的	奶油色拉调味料的乳化稳定剂 低热量色拉调味料的增稠剂
羧甲基纤维素（CMC）	由纤维素衍生	改性纤维素	线性	→4)-βGlcp-(1→	羧甲基醚 (DS0.4~0.8)①	高	形成透明稳定的溶液（或具有假塑性或具有触变性）	在冰淇淋和其他冷冻甜品中抑制冰晶生长 在各种调味料、汤料、浇头中作为增稠剂、悬浮剂，保护胶体，改善口感与质构 膨化产品的润滑剂、成膜剂以及加工助剂 蛋糕面糊的增稠剂与保湿剂 糖霜、布丁及浇头等的持水剂，抑制结晶和脱水收缩 糖浆增稠剂 固体饮料的增稠剂与悬浮剂 宠物食品中的调味汁

名称	来源	萃取物/类型	结构	衍生物	化学结构	性质（溶解性）	性质（凝胶）	应用
卡拉胶	红藻	海藻萃取物 硫酸化半乳聚糖	线性	硫酸化半酯	κ（Kappa）型： →3)-βGalp4-SO$_3^-$ (1→4)-3, 6An -αGalp (1→ ι（Iota）型： →3)-βGalp4-SO$_3^-$ (1→4)-3, 6An -αGalp 2-SO$_3^-$(1→	κ型：Na$^+$盐溶于冷水，K$^+$盐与Ca^{2+}盐不溶；所有盐超过65℃全部溶解；溶于热牛乳，不溶于冷牛乳 ι型：Na$^+$盐溶于冷水，K$^+$盐与Ca^{2+}盐则不溶；所有盐在55℃以上全部溶解；溶于热牛乳，不溶于冷牛乳	与K$^+$形成硬而脆的热可逆凝胶；在低浓度牛乳中产生增稠和胶凝；与LBG产生协同凝胶 与Ca^{2+}形成软的，有弹性的热可逆凝胶；凝胶不会脱水收缩，并具有良好的冻融稳定性	冰淇淋与相关产品的次要稳定剂 制备炼乳，婴儿配方乳，冻融稳定的发泡稀奶油，乳制甜食以及巧克力奶 肉制品涂层 提高黏着力，增加肉糜制品持水力 改善低脂肉制品的质构与质量

续表

胶	来源	分类	一般形状	单体及连接方式（近似比）	非碳水化合物取代基团	水溶性	主要性能	食品中主要用途
				λ(Lambda)型： →3)-βGalp 2-SO₃⁻ (1→4) αGalp 2,6-diSO₃⁻ (1→		λ型：所有盐均溶于冷的水与牛乳中；热的水与牛乳中	增稠冷牛乳	
结冷胶	发酵固体	微生物多糖	线性	→4)-αLRhap-(1→3) βGlc p-(1→4)- βGlc pA-(1→4)- βGlc p-(1→	天然类型的在每一重复单元中含有一个醋酸盐和一个甘油醋基	溶于热水	阳离子促进凝胶形成 低酰基型形成坚硬的、脆性的、非弹性的凝胶 高酰基型形成柔软的、弹性的、非脆性的凝胶	焙烤混料 营养棒 水果浇头 发酵奶油和酸乳制品
瓜尔豆胶	瓜尔豆种子	半乳糖甘露聚糖	具有单糖基支链的线性分子（具有线性高聚物的性质）	→4)-βManp(~0.56) αGalp 1 ↓ 6 →4)-βManp(~1.0) (Man:Gal≈1.56:1)		高	形成稳定的、不透明的、高度黏性的、具中等程度假塑性的溶液；价廉的增稠剂	在冰淇淋与棒冰中，具有持水，抑制冰晶长大，改善口感，软化卡拉胶与LBG形成凝胶结构，减慢熔化速率。乳制品，方便食品，焙烤食品，汤料以及宠物食品等
阿拉伯胶	阿拉伯树	分泌胶	分支上接有分支，高度分支化	结构复杂，可变，含有多肽		高度水溶	乳化剂与乳状液稳定剂；与高浓度糖相容；高浓度情况下黏度很低	糖果中阻止糖的结晶；糖果中乳化、分散脂肪组分；制备风味物质的O/W型乳状液；糖果包衣组分；制备固体风味物

名称	来源	类型	构型	结构		溶解性	凝胶/性质	应用
菊粉	菊苣根部	植物萃取物	线性	→2)-βFruf(1→		可溶	热溶液冷却时形成凝胶 可用作脂肪替代物	添加于营养物、早餐、能量棒、果蔬馅饼,作为膳食纤维和脂肪替代的来源
魔芋甘露聚糖	魔芋块茎	植物萃取物	分支	→4)-βManp(1→ βGlcp(1→(Man:Glc~1.6:1)	乙酰基	天然的-可溶	天然的-高黏度、剪切变稀 脱乙酰的-硬的、弹性的、不可逆凝胶	应用于亚洲食品中的面团/面条,结构性食品,甜点,猪肉或离类产品(包括宠物食品)中的黏合剂,作为低脂肉制品中的脂肪代物
刺槐豆胶(LBG)	刺槐豆的种子	半乳糖甘露聚糖	具有单糖基支链的线性(具有线性高聚物的性质)	→4)-βManp(~2.5) ↑ αGalp 1 ↓ 6 →4)-βManp(~1.0)(Man:Gal=~3.5:1)		溶于热水,90℃下才能完全溶解	同黄原胶和卡拉胶相互作用形成硬的凝胶,很少单独使用	在冰淇淋与其他冷冻甜食中提供优良的抗热波动性能,塑望的质构与咀嚼性,与黄原胶或卡拉胶一起用于仿肉宠物食品
甲基纤维素(MC)和羟丙基甲基纤维素(HPMC)	由纤维素衍生	改性纤维素	线性	→4)-βGlcp-(1→	羟丙基(MS 0.02~0.3)①和甲基(DS1.1~2.2)①醚	冷水溶、热水不溶	透明溶液、热胶凝,表面活性	MC:提供类脂肪特性,在油炸食品中减少脂肪吸收,通过形成黏性赋予奶油质感,提供润滑性,焙烤中具有持气能力,焙烤产品中可保持水分,并控制水分分布(增加货架寿命,保持弹性) HPMC:应用于非乳搅打浇头,具有稳定泡沫,改进搅打性,阻止相分离以及提供冻融稳定性

续表

胶	来源	分类	一般形状	单体及连接方式(近似比)	非碳水合物取代基团	水溶性	主要性能	食品中主要用途
果胶	水果皮 苹果渣	植物萃取物 聚糖醛酸	线性	主要是由→4)-αGalpA 单元组成	甲酯基 可能含有胺基	可溶	在糖和酸或 Ca²⁺ 存在下形成果冻与果酱型凝胶	HM 果胶:高糖果冻、果酱、蜜饯及橘皮果冻;酸性乳饮料 LM 果胶:低糖果冻、果酱、蜜饯及橘皮果冻
黄原胶	发酵	微生物 多糖	线性主链上每隔一个糖单元具有一个三糖侧链(具有线性高聚物的性质)	βManp 1 ↓ 4 βGlcp A 1 ↓ 2 αManp 6-Ac 1 ↓ 3 →4)-βGlcp-(1→4)- βGlcp-(1→	乙酰酯 丙酮环缩醛	高	高度假塑性,高黏度,优良的乳化和悬浮稳定剂;溶液黏度不受温度和 pH 影响;与盐相溶性;与瓜尔豆胶相互作用;协同增加黏度;与 LBG 相互作用形成热可逆凝胶	稳定分散体系,悬浮体系及乳状液;增稠剂

①DS 和 MS 定义分别见 3.3.6.10 和 3.3.7.3。

3.3.4 凝胶[16,72]

凝胶是由分子或颗粒(例如,结晶、乳状液液滴或分子聚集体/原纤维)连接而成的连续的三维网。网中充满了大量的连续液相,好似一块海绵。在许多食品产品中,高聚物分子(多糖或蛋白质)或原纤维能形成凝胶网络,三维网状凝胶结构是由高聚物分子通过氢键、疏水缔合(范德华引力)、离子桥联、缠结或小片段共价键形成联结区,液相是由相对分子质量低的溶质和部分高聚物链组成的水溶液/分散相,不涉及联结区。

凝胶既具有固体性质,也具有液体性质。当高聚物分子或由高聚物分子形成的原纤维在链长的某一段上相互作用形成结合区和三维网时(图3.39),液体溶液改变成类海绵结构的物质并具有一定的形状。三维网状结构对外界应力具有显著的抵抗作用,使其在某些方面呈现弹性固体性质。连续液相中的分子是完全可以移动的,使凝胶的硬度比正常固体小,因此在某些方面呈现黏性液体性质。因此,凝胶是一种黏弹性的半固体,即凝胶对应力的响应具有部分弹性固体性质和部分黏性液体性质。

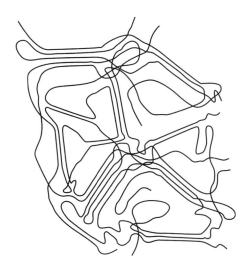

图3.39 在凝胶中典型的三维网状结构示意图
肩并肩平行链代表结合区的定向结晶结构,结合区之间空洞充满可溶性高聚物链段和其他溶质的水溶液。

虽然类凝胶或膏状物质可由高浓度颗粒(如番茄酱)形成,为了形成真正的凝胶,聚合物分子或分子聚集体必须首先存在于溶液中,然后部分从结合区溶液中出来形成三维凝胶网状结构。一般来说,凝胶形成后如果结合区变大,那么网就变得较紧密,结构收缩,产生脱水收缩(在凝胶表面上出现液滴称为脱水收缩)。

虽然多糖凝胶一般含有低于2%的高聚物,即含有98%水分,但是这样的凝胶强度非常高。多糖凝胶的例子有甜食凝胶、肉冻、水果块、仿洋葱圈、仿肉宠物食品、果酱、果冻以及糖霜等。

不同的亲水胶体具有不同的用途,选择标准取决于所期望的黏度、凝胶强度、流变性质、体系的pH、加工温度、与其他配料的相互作用、质构以及价格等。此外,也必须考虑所期望的功能特性。亲水胶体具有多功能用途,它可以作为黏结剂、增稠剂、膨松剂、结晶抑制剂、澄清剂、混浊剂、成膜剂、脂肪代用品、絮凝剂、泡沫稳定剂、缓释剂、悬浮稳定剂、溶胀剂、脱水收缩抑制剂、搅打起泡剂、吸水和持水剂(持留水和控制水的移动)、胶黏剂、乳化剂、乳状液稳定剂以及胶囊剂等。每种食用胶都有一种或几种上述的独特性质,这种性质常作为选择的基础(表3.5)。

3.3.5　多糖水解

在食品加工和贮藏过程中,多糖比蛋白质更易水解而发生解聚。通常,为了某些特殊的功能性质,也刻意地进行食品胶体的解聚。例如,食品胶体通过适度的解聚,较高浓度的高聚物可以产生合适的口感,而不至于带来过高的黏度。

在酸或酶的催化下,低聚糖或多糖的糖苷键会水解。伴随着黏度下降,解聚程度取决于 pH(酸度)、温度、在该温度和 pH 下保持的时间以及多糖的结构。在热加工过程中最容易发生水解,因为升高温度会加快反应速度。加工时一般在配方中添加较多的多糖(亲水胶)以弥补多糖解聚产生的缺陷,常使用高黏度耐酸的亲水胶。解聚也是决定货架寿命的重要因素。

多糖也可采用酶催化水解。酶催化水解的速率和终端产品的性质受酶的特异性、pH、时间以及温度的影响。多糖与其他碳水化合物一样,由于对酶催化水解的敏感性而易受微生物侵袭。此外,亲水胶产品很少杀菌,因此胶作为配料使用时必须考虑杀菌问题。

3.3.6　淀粉[5,19,20,33,55]

与所有其他碳水化合物不同的是淀粉具有独特的化学和物理性质以及营养功能。植物中主要的食用贮藏物是淀粉,为世界人类提供 70%~80% 的热量,淀粉和淀粉的水解产品是人类膳食中可消化的碳水化合物。淀粉存在于制造早餐谷物食物的谷物(如大米和玉米)、制造面包和其他烘焙食品的面粉、水果及蔬菜(如番茄)中,制造食品产品消耗的淀粉量远远超过所有其他的食品亲水胶体。

商品淀粉是从谷物如玉米、蜡质玉米、高含量直链淀粉玉米、小麦、各种各样的米以及块茎与块根类如马铃薯、甜薯和木薯等制得的。例如,商业用的玉米淀粉是通过一种湿磨工艺来制备的,先将玉米粒浸泡在水中,然后通过研磨和水洗,从颗粒组分中释放和提纯淀粉。淀粉和改性淀粉在食品中有广泛的应用,可作为黏着剂、黏合剂、混浊剂、喷粉剂、成膜剂、稳泡剂、保鲜剂、胶凝剂、上光剂、持水剂、稳定剂、质构剂以及增稠剂等。

淀粉是极其独特的碳水化合物,因为它是以分散的、部分结晶的颗粒形式存在,淀粉颗粒不溶于水,但在冷水中能部分水合。淀粉能分散于水中,产生低黏度悬浮液/浆料,甚至淀粉浓度增大至 35%,仍易于混合和管道输送。淀粉浆料烧煮时,黏度显著提高,起到增稠作用。将 5% 未改性淀粉颗粒浆料边搅拌边加热到 80℃,黏度大大提高。淀粉的第二个独特性质是大多数淀粉颗粒是由两种结构不同的高聚物组成的混合物:一种是直链多糖称为直链淀粉,另一种是具有高度支链的多糖称为支链淀粉。

3.3.6.1　直链淀粉[5]

直链淀粉基本上是由 α-D-吡喃葡萄糖基通过 1→4 糖苷键连接而成的直链分子,一些直链淀粉分子含有少量的支链,通过 α-(1→6)糖苷键与主链相连。平均每 180~320 个糖单元有一个支链分支点,占糖苷键的 0.3%~0.5%。含支链的直链分子中的支链有的很长,有的很短,但是支链点隔开很远,因此它的物理性质基本上和直链分子的相同。直链淀粉的相对分子质量因淀粉来源的不同而不同,大约在 10^5~10^6。

直链淀粉链中 α-D-吡喃葡萄糖基的轴向与平伏位置通过 1→4 糖苷键连接形成右手螺旋形分子(图 3.40)。螺旋内部仅含有氢原子,是亲油的,羟基位于螺旋外部。沿着螺旋轴向下看,其结构非常类似于 α-环糊精(详见 3.2.4),因为每个螺旋圈中含有 6 个 1→4 糖苷键连接的 α-D-吡喃葡萄糖基。

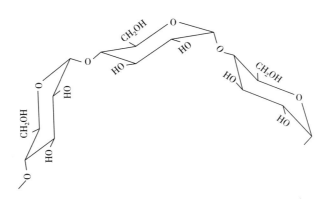

图 3.40　直链淀粉或支链淀粉分子无支链部分的三糖链段

按质量计,大多数淀粉含有约 25% 的直链淀粉(表 3.6),有两种商品高直链玉米淀粉,其直链淀粉含量约为 52% 和 70%~75%。

表 3.6　　　　　　　　　　　一些淀粉颗粒和淀粉糊的一般性质

	普通的 玉米淀粉	蜡质 玉米淀粉	高直链 玉米淀粉	马铃薯 淀粉	木薯 淀粉	小麦 淀粉
颗粒大小/(主轴,μm)	2~30	2~30	2月24日	5~100	4~35	2~55
直链淀粉/%	28	<2	50~70	21	17	28
糊化温度/℃[①]a	62~80	63~72	66~170[②]	58~65	52~65	52~85
相对黏度	中等	中等高	非常低[②]	非常高	高	低
淀粉糊流变性质[③]	短	长(黏)	短	很长	长(黏)	短
淀粉糊透明度	不透明	非常轻微混浊	不透明	清澈	清澈	不透明
胶凝与老化倾向	高	非常低	非常高	中至低	中等	高
脂肪/%DS	0.8	0.2	—	0.1	0.1	0.9
蛋白质/%DS	0.35	0.25	0.5	0.1	0.1	0.4
磷酸/%DS	0	0	0	0.08	0	0
风味	谷物(稍微)	清香味	—	轻微	清淡	谷物(稍微)

①糊化初始温度至终了温度。

②在通常烧煮条件下,浆料加热至 95~100℃,高直链玉米淀粉基本上没有黏度,温度达到 160~170℃ 才能完全糊化。

③长流与短流的说明见 3.3.3。

3.3.6.2　支链淀粉[5]

支链淀粉是一种高度分支的大分子，分支点的糖苷键占总糖苷键的 4%~7%。支链淀粉含有一条具有还原端的主链，主链于很多支链相连，这些支链又和第三层的支链相连。支链淀粉分子的短分支链是成簇的(图 3.41)，在颗粒中以双螺旋形式存在；而较长的分支链则延伸到单个簇外，沿直链淀粉分子长度方向形成簇间的连接。支链淀粉分子的重均分子质量为 $8×10^5$(DP 约 50000)~$6×10^9$u(DP 约 3700000)，这在天然存在的大分子中即便不是最大的，也是较大的分子之一。

支链淀粉存在于所有的常见淀粉之中。大多数淀粉中含有 75% 的支链淀粉(表 3.6)，含有 100% 支链淀粉称为蜡质淀粉，蜡质玉米是第一种被确认的只含有

图 3.41　一个支链淀粉分子部分示意图

支链淀粉的谷物，之所以称为蜡质玉米是因为切开玉米粒后暴露出来的蜡状新表面。其他含有 100% 支链淀粉的淀粉又称蜡质淀粉，尽管它们同玉米一样并不含有蜡的成分。

马铃薯的支链淀粉是独特的，它含有磷酸酯基，大多数(6%~70%)接在 O-6 位，其他的 1/3 接在 O-3 位。每 215~560 个 α-D-吡喃葡萄糖基含有一个磷酸酯基，88%磷酸酯基在 B 链上。

3.3.6.3　淀粉颗粒[5]

淀粉颗粒是由直链淀粉和/或支链淀粉分子径向排列而成，淀粉链的还原端朝向颗粒中心。淀粉颗粒包含半结晶区和大部分为非结晶区(又称无定形区)的区域或外壳，两层交替排列①。半结晶区或更为致密的淀粉颗粒层中含有大量的晶体结构。淀粉颗粒中致密层的结晶性质来自成簇的、双螺旋分支的支链淀粉，这些分支聚集在一起，在整个颗粒中形成短小而周期性的结晶片状结构(图 3.41)。因此，颗粒的晶体结构和分子顺序很大程度上是由支链淀粉分子提供的，并通过链间和链内的氢键得以稳定。淀粉颗粒中淀粉分子的径向和有序排列可由偏光显微镜观察偏光十字得到证实(在黑背景上有白的十字)。十字中心是淀粉颗粒脐点，它是颗粒长大的起始点②。关于直链淀粉在颗粒中的精确位置和排列，仍然存有争议。

即使是单一来源的玉米淀粉颗粒也具有多种形状，有些是接近球状，有些是多角状，有

---

① 淀粉颗粒的层状结构与洋葱的层状结构相似，只是不能被剥离。
② 见参考文献[35]和[59]，其中有一些很好的关于淀粉颗粒的光学显微(采用或不采用偏振)和电镜图片。

些是等角的(其颗粒大小见表3.6)。小麦淀粉其大小呈二级分布($<10\mu m$ 或 $>10\mu m$),大一些的颗粒呈扁豆状,小一些的颗粒呈球形。在商品淀粉中米淀粉颗粒最小为 $1\sim9\mu m$,小麦淀粉小颗粒的大小和米淀粉颗粒差不多,块根淀粉如马铃薯和木薯淀粉中大部分淀粉颗粒比种子淀粉颗粒大得多,结构不太紧密,易于烧煮。马铃薯淀粉颗粒轴向长度达 $100\mu m$。

所有商业淀粉均含有少量灰分、脂肪和蛋白质(表3.6)。马铃薯淀粉的磷含量为 $0.06\%\sim0.1\%$($600\sim1000mg/L$),这是因为支链淀粉分子上存在磷酸酯基。由于磷酸酯基存在,马铃薯支链淀粉略带负电,产生库仑斥力,使马铃薯淀粉颗粒在温水中快速溶胀。马铃薯淀粉糊具有高的黏度、好的透明度(表3.6)以及低的老化速率(详见3.3.6.7)。当存在钙离子时(会使相邻的链之间形成盐桥),磷酸酯基也会改变马铃薯淀粉的烧煮和糊化特性。谷物淀粉分子没有磷酸酯基,或者存在极少量的磷酸酯基。只有谷物淀粉颗粒含有内源脂类,这些内源脂类主要是游离脂肪酸(FFA)和溶血磷脂(LPL,详见第4章),其中溶血磷脂酰胆碱占多数(玉米淀粉中占89%)。FFA 与 LPL 的比随不同品种谷物的淀粉而变化。

3.3.6.4 颗粒糊化和淀粉糊[5,6,61]

未受破损的淀粉颗粒不溶于冷水,但能可逆地吸水,即它们能轻微地溶胀,然后干燥后又可回到原有的颗粒大小。当在水中加热,淀粉颗粒糊化,糊化时,颗粒中分子有序破坏,结晶区融化,双螺旋结构展开,这是由于在天然颗粒内部稳定淀粉链的氢键的断裂。有序破坏包括颗粒不可逆溶胀、双折射消失以及结晶区消失。在糊化过程中,颗粒中的直链淀粉分子发生了一定程度的浸出。完全糊化发生在某温度范围内(表3.6),这是由于颗粒之间的结构不均匀(所有的淀粉颗粒都是不均匀的)。糊化初始表观温度与糊化的温度范围与测定的方法、淀粉与水的比例、颗粒类型、颗粒内部的不均匀分布有关。通过测定,可得到糊化的几个参数,包括初始温度、中点(峰值)温度和终了温度。

淀粉颗粒在过量水存在情况下连续加热引起颗粒进一步溶胀,另外可溶性组分(主要是直链淀粉)沥出,特别是在加剪切力后,颗粒完全破裂,生成了淀粉糊(在淀粉工艺中,通过加热淀粉浆料生成的糊称为淀粉糊)。淀粉颗粒溶胀和破裂形成黏性体(淀粉糊),它是由可溶性的直链淀粉和/或支链淀粉的连续相和颗粒剩余下来的不连续相(颗粒状空胞①或碎片)组成。在高温、高剪切和过量水存在条件下,分子才能完全分散,在制造食品产品时很少会遇到这样的条件。热的玉米淀粉糊冷却时形成一种黏弹性的硬的凝胶。

由于淀粉糊化是吸热过程,广泛应用差示扫描量热仪(DSC)测量糊化温度和糊化焓。虽然在淀粉颗粒糊化时产生的现象和 DSC 数据的解释尚未达到完全一致,下面的一般描述被广泛地接受。水作为一种增塑剂,它首先在无定形区产生促进运动的作用,在物理上具有玻璃性质。当淀粉颗粒在足够量水中(至少60%)加热时,达到一定温度(玻璃化转变温度,T_g),颗粒的塑化无定形区从玻璃态转变到橡胶态②。然而,水合颗粒淀粉在室温下可能

---

① 颗粒烧煮后的残留物,由颗粒外部的不溶性外壳组成。
② 玻璃是一种固体,能支持自己的质量,不会流动;橡胶是一种过冷的流体,呈现黏性流动(详见第2章)。

会发生玻璃态到橡胶态的转变,在常规的操作条件下,DSC 无法检测到这种转变。因此,DSC 只能测量出起始、峰值和结了温度以及结晶熔化的熔值。

脂肪−直链淀粉络合物的熔化温度(在大量水存在情况下为 100~120℃)远高于支链淀粉双螺旋侧链排列成的有序结晶的熔化温度。当含有一酰基脂类(详见第 4 章)的淀粉糊冷却时,直链淀粉分子单螺旋片段之间形成了脂肪−直链淀粉络合物。蜡质淀粉由于不含有直链淀粉,因此在 DSC 图中缺少这种络合物的峰。

在通常的食品加工条件下(热和水分,虽然许多食品体系含有有限的水分,但是远未达到淀粉烧煮所需水分),淀粉颗粒快速溶胀超过可逆点,即发生糊化。水分子进入链中间,打断链间结合,在分离的分子周围形成水合层。水合层的分子链塑化(润滑)后完全分离并溶剂化。水的大量进入使淀粉颗粒溶胀至原颗粒大小的几倍。当 5%淀粉悬浮液慢慢搅拌和加热时,淀粉颗粒吸收大量水分,产生膨胀,相互挤压,从而将高黏性的淀粉糊充满整个容器。这种高度溶胀的颗粒易于破碎,通过搅拌而破碎,使黏度下降。由于淀粉颗粒溶胀,水合的直链淀粉分子从颗粒扩散进入外相(水相),这个现象决定了淀粉糊的某些性质,淀粉溶胀的结果可采用一系列仪器(淀粉黏度计或快速黏度分析仪)记录下来,黏度随温度增加而上升,然后恒定一段时间后,接着又下降(图 3.42)。

大多数淀粉颗粒悬浮液在加热时要进行搅拌,以防治颗粒沉淀到容器的底部。仪器可以记录淀粉糊化过程,如图 3.42 所示,搅拌时黏度的变化与加热温度相关。当黏度达到峰值时,通过搅拌,一些颗粒已破碎。持续搅拌,更多的颗粒破碎,黏度也进一步降低。冷却时,一些淀粉分子部分地重新缔合形成沉淀或凝胶,这个过程称为老化(详见 3.3.6.7)。凝胶的强度与结合区形成的量有关(详见 3.3.4),结合区的形成受到其他配料如脂肪、蛋白质、糖和酸以及水分含量存在的影响(或是促进或是阻碍)。

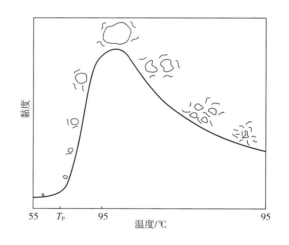

图 3.42 加热/糊化曲线

图中显示了加热到 95℃ 并恒定在 95℃,淀粉颗粒溶胀、崩解过程的黏度变化,测定仪器提供较低的剪切力。

3.3.6.5 未改性淀粉的用途

在食品生产中,淀粉具有多种作用。它们主要用于吸收水生成黏性流体(淀粉糊)和凝胶以及得到期望的质构质量(详见 3.3.6.9)。烘焙食品中淀粉糊化程度对产品的性质包括储存性能和消化率产生很大的影响。由低水分含量面团制备的烘焙食品中,许多谷物淀粉颗粒仍未被糊化,这是由于没有足够的水分来促进糊化。在高水分含量的产品中,大多数或所有的颗粒都已经糊化。

用作食品添加剂的淀粉大多数是"变性淀粉"(详见 3.3.6.10),这是因为天然淀粉,尤其是天然常见的谷物淀粉(例如,玉米淀粉),其烧煮后的产品的质构通常不太理想。蜡质玉米能产生透明和黏稠的糊,这是比较理想的;即便这样,蜡质玉米也通常经过化学改性以提高其使用性能。未改性的马铃薯淀粉用于膨化谷物、方便食品以及汤粉和蛋糕粉中。米淀粉形成不透明的凝胶,可用于婴儿食品中,糯米淀粉凝胶是透明和具有黏性的。小麦淀粉凝胶是弱凝胶,但它们略有味道,这是由于有残余的面粉组分的缘故。块茎(马铃薯)和块根(木薯)淀粉的分子间键很弱,因此很易溶胀得到黏度很高的淀粉糊(表 3.6)。由于淀粉颗粒高度溶胀,一旦受到剪切,黏度就会快速下降。

3.3.6.6　蔬菜组织中的淀粉胶凝[1,36,37,52]

大多数可食用淀粉来自于谷物或蔬菜类的食品原料,因为它们当中的干物质主要是淀粉。因此,了解处于天然环境中的淀粉的热性质是非常重要的,因为这将关系到加工制品的可接受性和质构。食品体系中淀粉的糊化程度通常取决于水分含量和热处理的程度。如前所述,即使加热到很高的温度,一些焙烤制品中的淀粉颗粒并未糊化。馅饼外壳和一些曲奇饼具有高脂肪和低水分含量,约有 90% 的小麦淀粉颗粒没有糊化。而面包和蛋糕,由于水分含量高,大约 96% 的淀粉颗粒都已经糊化;但由于加热时没有受到剪切,淀粉颗粒虽然已经变形,依然可以清楚看到,而且是分散的。

蔬菜的热处理过程(漂白、焙烤、烧煮、蒸煮、油炸)通常比较充分,能软化组织。继续加热,蔬菜组织的薄壁细胞会变得更加容易破裂。

可食性植物中含有大量的薄壁组织。通常,薄壁组织是由多边形的细胞聚集而成,每个这样的组织都包含有成簇的淀粉颗粒,外面包裹着纤维素类的细胞壁。相邻的细胞靠近或紧贴在一起,中间隔着以果胶质为基质的薄壁。水分是大多数蔬菜的最主要成分,84% 存在于细胞的液泡中,13% 存在于淀粉颗粒中,还有 3% 存在于细胞壁中。

加热植物组织,介晶态的淀粉颗粒吸收细胞内的水分,开始溶胀和糊化(图 3.43)。薄壁组织中的天然水分通常足以使淀粉颗粒塑化,并促进糊化。溶质的存在会提高糊化温度。虽然淀粉的糊化是在植物组织内进行,但由于受到细胞壁包裹的限制,颗粒的溶胀是有限的。淀粉颗粒的溶胀(会有一些直链淀粉从细胞内泄露出来)会充满整个细胞空间,形成一个溶胀的淀粉团,但依然清晰可见颗粒碎片。加热后颗粒溶胀会在细胞壁内形成内部压力(约为 100kPa)。虽然这种压力的自身大小还不足以造成细胞的破裂(细胞通常保持完好),发生淀粉糊化并分离的马铃薯薄壁细胞尺寸会短暂变大,并更接近球形。这种现象,称为细胞"圆整",与果胶的 β-消解[4]同时发生,使中间的果胶质薄壁发生降解,造成薄壁组织软化时,常常会引发这种的现象。当发现组织软化,淀粉含量减少,如番茄,主要是因为中间薄壁的果胶发生了降解。

然而,含有淀粉的组织,如马铃薯,高淀粉含量和/或一定程度的淀粉颗粒溶胀,通常会使加工后的组织变得松软、易碎。细胞的"圆整"现象对降解而弱化的中间薄壁产生了物理压力,继而造成细胞的分离和组织的脱落。而且,糊化的淀粉发生溶胀会填充薄壁细胞的空间,由此会影响人们的口感。烧煮后的马铃薯质构习惯地被分为"粉质的"和"蜡质的"。粉质的质构常用于描述很容易粉碎和分散的固体组织。相反,蜡质(有别于蜡质玉米)的组

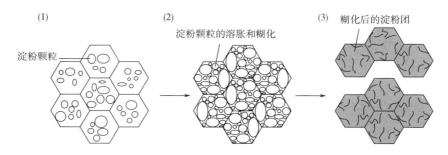

图 3.43 在植物薄壁组织中,细胞内的淀粉颗粒(1)受热后发生溶胀和糊化,对周围的细胞壁形成短暂的"溶胀压力"(2) 继续加热,淀粉颗粒产生不均匀的糊化淀粉团(3)
加热后的组织发生脱落(细胞分离),主要是由于中间薄层的果胶降解,而淀粉溶胀产生的压力起到一个次要作用。

织指湿润的、黏性的口感,和坚硬的质构。通常,粉质的马铃薯更适于再加工的食品(如油炸薯条、土豆泥)。蜡质的马铃薯适合蒸煮和罐头制品。总之,由于组织软化(细胞"圆整")的次级作用以及薄层组织的水结合能力,淀粉的糊化现象对蔬菜加工后的质构和终端产品有重要的影响。

3.3.6.7 老化和陈化[28,45,47,61]

前面已经提到,热的淀粉糊冷却时,一般形成一种硬的黏弹性凝胶。凝胶联结区的形成是凝胶化的淀粉分子形成结晶的第一步。当淀粉糊冷却和贮藏时,淀粉溶解度逐步减小。在稀溶液中沉淀的淀粉分子通过加热也难以重新溶解,可溶性淀粉溶解度减小的整个过程称为老化。经烧煮的淀粉老化涉及两种高聚物成分,即直链淀粉和支链淀粉,比起支链淀粉(几天、几周或几个月),直链淀粉的老化速率快得多(几分钟至几小时),当然也和产品的特性以及储存条件有关。在冷却时,直链淀粉链是造成淀粉糊初始黏度和凝胶强度增加的主导因素。老化速率与一些参数有关,包括直链淀粉与支链淀粉的分子比、与淀粉植物来源有关的直链淀粉和支链淀粉的分子结构、温度、淀粉浓度以及其他配料的存在和浓度如表面活性剂和盐等。食品产品的许多质量缺陷如面包陈化以及汤和调味汁的黏度下降并产生沉淀至少部分原因是淀粉老化。

烘焙食品的陈化表现在面包心硬度增加和产品新鲜程度下降。当烘焙结束和产品冷却时,陈化开始,陈化速率同产品的配方、烘焙工艺以及贮藏条件有关。陈化的原因至少部分是由于淀粉的无定形部分转变为部分结晶的老化状态。烘焙食品中,有足够的水分糊化淀粉颗粒(保持颗粒特征)。当烘焙产品冷却到室温时,直链淀粉大部分已老化了(不溶)。支链淀粉老化主要是由外侧的分子内和/或分子间的支链缔合引起的,支链淀粉的老化时间比直链淀粉长得多,产品冷却后在贮藏过程中产生显著的陈化过程。

具有表面活性的大多数极性脂类可延迟面包心变硬,例如,将甘油棕榈酸一酯(GMP)、其他的甘油一酯及其衍生物以及硬脂酰乳酰乳酸钠(SSL)等化合物加入到面包和其他烘焙食品的面团中,可以延长货价寿命。

3.3.6.8 淀粉复合物

直链淀粉链呈螺旋形,其内侧具疏水(亲油)性质,能与疏水内核中的直链疏水分子形成复合物。碘(I_3^-)能同直链淀粉和支链淀粉分子形成复合物,而且复合物在螺旋段的疏水内侧形成。具有长螺旋段的直链淀粉可与长链的聚 I_3^- 形成复合物并产生蓝色,用于判断淀粉的存在。直链淀粉–碘复合物含有 19% 碘,通过测定复合量可以测量淀粉中直链淀粉的表观含量。支链淀粉与碘复合生成微红或棕色产物,这是因为支链淀粉的支链对于形成长链的聚 I_3^- 而言是太短了。直链淀粉和支链淀粉所形成的碘复合物的颜色差异常用来分辨非蜡质和蜡质的基因属性。

含有直链淀粉的谷物淀粉的一个特点是含有少量但是具有重要功能性的游离脂肪酸、溶血磷脂和单酰基甘油(详见第 4 章)。小麦、黑麦和大麦淀粉几乎都含有溶血磷脂;其他谷物淀粉主要含有游离脂肪酸。溶血磷脂酰胆碱是小麦和玉米淀粉中的主要脂质。食品中的淀粉经烧煮或糊化后,淀粉复合物与这些极性脂和乳化剂/表面活性剂会形成单螺旋复合物。极性脂类能影响淀粉糊以及以淀粉为主的食品就是由于形成了复合物,其影响如下:①影响与淀粉糊化和成糊有关的过程(即双折射消失、淀粉颗粒溶胀、直链淀粉沥出、淀粉颗粒的结晶区融化以及烧煮过程中黏度增加);②改变最终淀粉糊的流变性质;③抑制与老化过程有关的淀粉分子的结晶。而且,与乳化剂形成的复合物对直链淀粉的影响大于对直链淀粉,因此,乳化剂对大多数淀粉的影响大于对蜡质玉米。

一些风味物和芳香气味化合物也能与直链淀粉分子和支链淀粉长链形成复合物。在这类复合物中,风味、香气或其他有机化合物可以作为客体分子进入淀粉螺旋(类似于直链–淀粉脂复合物)和/或介于淀粉螺旋之间,起到微胶囊的作用。包埋有助于挥发性化合物的保留,并对其氧化有保护作用。

3.3.6.9 淀粉水解[5,15,32,48,58,63,69,71,74,74]

淀粉分子和其他多糖分子一样,可用热酸进行解聚。糖苷键的水解或多或少是随机的,起初产生很大的片段。商业化生产中,将盐酸喷射到混合均匀的淀粉中,或用氯化氢气体处理搅拌的含水淀粉;然后混合物加热得到所期望的解聚度。接着将酸中和,回收产品、洗涤以及干燥。产品仍然是颗粒状,比那些没有经过处理的淀粉更容易破碎(烧煮),此淀粉称为酸改性、变稀淀粉或流态化淀粉。虽然只有少量的糖苷键水解,但淀粉在水中加热时,淀粉颗粒较易破碎。酸改性淀粉形成的凝胶透明度得到改善,凝胶强度有所增加,尽管溶液的黏度有所下降。变稀淀粉用于一些产品如沾糖的坚果和糖果以及形成一种强凝胶的胶质软糖(软心豆粒糖、凝胶软糖、橘子软糖、留兰香胶姆糖)以及经加工的长方形干酪中的成膜剂与黏结剂。欲制备特别强和快凝的凝胶,采用高直链玉米淀粉作为主要淀粉基料。

用酸对淀粉进行深度改性产生糊精。在相同浓度下,糊精的黏度比变稀淀粉还低,能以高浓度用于食品加工,它们具有成膜性和黏结性,用于诸多产品如沾糖烤果仁和糖果。它们也可用作填充剂、包埋剂以及风味的载体,特别是喷雾干燥风味物。它们按冷水中的溶解性和颜色(白色或黄色)进行分类,保留大量直链或长链片段的糊精形成强凝胶。

糊状的淀粉分散体系或用酸或用酶进行不完全水解,会产生麦芽糊精[1]。麦芽糊精一般可用葡萄糖当量(DE)来表示。DE 与聚合度(DP)有关,遵循式 DE = 100/DP,其中的 DE 与 DP 均是所有分子的平均值。水解产品 DE 值的定义是产品还原力与纯葡萄糖还原力的百分比,因此 DE 与平均分子质量成反比。DE<20 的淀粉水解产品称为麦芽糊精,其聚合度>5。DE 值最低的麦芽糊精,其分子质量最大,是非吸湿性的;DE 值最高的麦芽糊精具有吸水的倾向。麦芽糊精平淡无味、实际上没有甜味,对食品体系起到增稠或增体积作用(表 3.7)。

表 3.7 淀粉水解产品的功能性质

水解程度较大的产品性质[1]	水解程度较小的产品性质[2]	水解程度较大的产品性质[1]	水解程度较小的产品性质[2]
甜味	产生黏性	增味剂	抑制糖结晶
吸湿性	增稠	具发酵能力	抑制冰晶长大
冰点下降	稳定泡沫	褐变反应	

①高转化(高 DE 值)玉米糖浆。
②低 DE 值玉米糖浆和麦芽糊精。

淀粉连续水解产生 D-葡萄糖、麦芽糖以及其他麦芽低聚糖等混合物。具有这种组成的糖浆已大量生产,最普通的是 DE 值为 42 的玉米糖浆。这些糖浆是稳定的,因为在这样复杂的混合物中不易产生结晶,出售的玉米糖浆具有高渗透浓度(含有 70%的固形物),因而普通微生物不可能生长,例如,华夫饼干和夹心蛋糕用的糖浆,它具有焦糖色素的颜色和枫木香精的风味。DE 值为 20~60 的淀粉水解产品干燥后称为玉米糖浆固体。玉米糖浆固体快速溶解,略有甜味。淀粉水解产品的功能性质见表 3.7。

工业上采用 3~4 种酶将淀粉水解成 D-葡萄糖(详见第 6 章)。α-淀粉酶是一种内切酶,它能将直链淀粉和支链淀粉两种分子从内部裂开产生低聚糖。较大的低聚糖通过 1→6 糖苷键连接具有一个、二个或三个侧链,这是因为 α-淀粉酶仅作用于淀粉的 1→4 糖苷键连接,α-淀粉酶对于双螺旋淀粉聚合物链段或与极性脂形成复合物的聚合物链段(稳定单螺旋链段)是不起作用的。

工业上采用葡萄糖淀粉酶(淀粉葡萄糖苷酶)和 α-淀粉酶相结合生产 D-葡萄糖糖浆和结晶 D-葡萄糖。该酶作为外切酶作用于完全糊化淀粉,从直链淀粉和支链淀粉分子的还原端连续释放单个葡萄糖基,甚至于也能作用 1→6 糖苷键,因此能将淀粉完全水解成 D-葡萄糖,但是 α-淀粉酶能使淀粉先解聚产生小片段和较多的还原端。

β-淀粉酶可以从直链淀粉的非还原端连续释放二糖麦芽糖,但它不能切断支链点的 1→6 糖苷键连接,所以剩下的是经剪切的残留的支链淀粉,称为极限糊精,更多时候被称为 β-限制糊精。

有一些解支酶专门催化水解支链淀粉的 1→6 糖苷键连接,产生许多低分子质量的直链分子,其中一种酶是异淀粉酶,另一种是普鲁兰酶。

---

① 来自淀粉的低聚糖称为麦芽糊精。

环糊精葡聚糖转移酶是一种独特的芽孢杆菌酶,它可以从淀粉高聚物的 α-D-吡喃葡萄糖基单元通过 1→4 糖苷键连接形成环,形成环糊精(详见 3.2.5)。

葡萄糖浆,在美国常被称为玉米糖浆,是 D-葡萄糖和 D-果糖的主要来源。制备糖浆时,玉米糖浆主要组分是 D-葡萄糖和 D-果糖。为了制造玉米糖浆,将淀粉分散在水中的浆料与热稳定的 α-淀粉酶混合,并放入蒸煮锅内,淀粉快速糊化,并被酶催化水解(液化)。当冷却到 55~60℃,继续采用葡萄糖淀粉酶水解,待浆料澄清、浓缩、活性炭精制以及离子交换。如果浆料经合适的精制并引入晶种,就能得到结晶 D-葡萄糖。

为了生产 D-果糖,使 D-葡萄糖溶液通过一根装有固定化葡萄糖异构酶的柱,酶催化 D-葡萄糖异构化生成 D-果糖(图 3.5),得到约 58% D-葡萄糖和 42% D-果糖的平衡混合物(详见第 6 章)。一般希望具有较高浓度的 D-果糖。高果糖浆(HFS)的 D-果糖含量达 55%,它是软饮料的甜味剂。要制备 D-果糖含量高于 42%的糖浆时,异构化糖浆通过 Ca 盐形式的阳离子交换树脂后,树脂结合 D-果糖,最后进行回收得到富含果糖的玉米糖浆。

3.3.6.10 改性食品淀粉[6,74,76]

食品体系会面临各种各样的加工条件,如高温加热、高酸性环境、高剪切混合/泵送、冷冻解冻操作和长期的冷藏,在这些过程中,淀粉必须能够保持其预期的功能。因此,食品加工者一般选择性质优于天然淀粉的淀粉产品。天然淀粉烧煮时形成的淀粉糊质地差、黏性、橡胶态,在淀粉糊冷却时形成的凝胶的特性和稳定性都不够理想。淀粉糊和凝胶的性质可通过淀粉改性进行改善,经改性的淀粉糊能耐热、剪切以及酸等加工条件,并具有特殊的功能性质,如提高淀粉糊的透明度、凝胶强度,或防止老化。改性食品淀粉是一种具有功能性的、有用的、产量丰富的食品大分子配料和添加剂。

改性可以采用化学法或物理法。化学改性能生产交联、稳定化、氧化和解聚(酸改性,稀沸淀粉,详见 3.3.6.9)淀粉。物理改性能制备预糊化(详见 3.3.6.11)和冷水溶胀(详见 3.3.6.12)淀粉,以及慢消化淀粉(详见 3.4)。化学改性对功能性质的影响最为显著,大多数的改性淀粉都是通过衍生试剂与羟基反应从而形成醚或者酯。可以单独采用某一种方法改性,但更多的是两种、三种,有时是四种方法组合使用。

在美国,目前生产改性食品淀粉允许采用的化学反应如下:

(1)采用乙酸酐、琥珀酐、乙酸酐和己二酸酐的混合物、2-辛酰基琥珀酐、磷酰氯、三偏磷酸钠、三聚磷酸钠以及磷酸一钠等对淀粉进行酯化。

(2)采用氧化丙烯对淀粉进行醚化。

(3)用盐酸和硫酸进行酸改性。

(4)用过氧化氢、过乙酸、过锰酸钾以及次氯酸钠进行漂白。

(5)用次氯酸钠氧化。

(6)上述反应的结合。

美国现行的法规进一步允许利用这些反应的特定组合来产生双重改性(稳定化+交联)和多重改性的淀粉产品。在其他国家,可使用乙酸乙烯酯进行乙酰化、与环氧氯丙烷交联,还可采用氧化剂进行氧化(例如,Cu^{2+} 存在时使用过氧化氢)。美国被许可使用经酯化和醚化改性的食品淀粉包括：

（1）稳定化淀粉

①羟丙基淀粉（醚淀粉）；

②乙酸酯淀粉（酯淀粉）；

③辛酰基琥珀酸酯淀粉（一酯淀粉）；

④磷酸一酯淀粉（酯）。

（2）交联淀粉

①磷酸二酯淀粉；

②己二酸二酯淀粉。

（3）交联和稳定化淀粉

①磷酸羟丙基二酯淀粉；

②磷酸磷酰基二酯淀粉；

③磷酸乙酰基二酯淀粉；

④己二酸乙酰基二酯淀粉。

交联淀粉具有更高的糊化温度，增强了对剪切的抗性，增强了对低 pH 的稳定性，比未处理的淀粉黏度高并且对热更稳定。

稳定化淀粉具有较低的糊化温度，预糊化后易于再分散，淀粉糊和凝胶的老化减弱，也就是稳定性好，冻融稳定性提高，透明度提高。

既交联又稳定化的淀粉通常糊化温度都很低，产品黏度高，并表现出交联淀粉或稳定化淀粉的其他一些特征。

次氯酸盐氧化产品色泽白，糊化温度低，黏度峰值降低，可形成柔软透明的凝胶。

稀化淀粉（详见 3.3.6.9），经过轻微解聚，糊化温度降低，产品黏度降低，冷却后凝胶强度增加。

任何一种淀粉（玉米、蜡质玉米、马铃薯、木薯、小麦、大米等）都能被改性，但实践主要针对常规玉米、蜡质玉米、木薯、小麦和马铃薯淀粉。改性蜡质玉米淀粉在美国食品工业中特别受欢迎。未改性的普通玉米淀粉糊会形成凝胶，凝胶一般是黏性、橡胶态、易于脱水收缩（即易于渗水）。蜡质玉米淀粉糊在常温下不太容易形成凝胶，这就是为什么一般选择蜡质玉米淀粉作为食品淀粉中的主要淀粉。但蜡质玉米淀粉糊储存在冷冻或冷藏的条件下将变成混浊、结实以及呈现脱水收缩，所以蜡质玉米淀粉的改性是为了提高淀粉糊的稳定性。最通常使用的稳定化淀粉是羟丙基醚淀粉。

几种改性方法的结合能使某种性质得到改善，如降低烧煮所需能量（加速糊化和成糊），改善烧煮性质（降低热淀粉糊的黏度），提高溶解度，或是增加淀粉糊的黏度，或是降低淀粉糊黏度，增加淀粉糊冻融稳定性，提高淀粉糊的透明度，增加淀粉糊的光泽，抑制或减弱凝胶的形成和凝胶强度，减少凝胶的脱水收缩，增强与其他物质的相互作用，增加稳定性，提高成膜能力和膜的阻湿性，降低淀粉糊的黏合性以及提高耐酸、耐热和耐剪切等。

正如其他碳水化合物一样，淀粉可以在不同的羟基位置上发生反应。在改性食品淀粉过程中,只有极少量羟基被改性。一般接很少量酯基或醚基,DS[1] 值(取代度)很低,DS 一般<0.1,常为 0.002~0.2,这取决于改性的程度[2]。即平均每 500~5 个 D-吡喃葡萄糖基有一个取代基。低水平的衍生大大地改变了淀粉的性质并扩大了应用范围。采用单官能团试剂进行酯化或醚化的淀粉产品阻止了链间缔合,用单官能团试剂衍生的淀粉减少了分子间缔合、淀粉糊形成凝胶以及产生沉淀的能力。因此,这种改性方法称为稳定化,所得产品称为稳定化淀粉。采用双官能团试剂生成交联淀粉。改性食品淀粉往往既经过交联又经过稳定化处理(即双重改性)。

在美国,食品中淀粉乙酰化最大的 DS 允许值为 0.09,它能降低糊化温度,提高淀粉糊的透明度,提高抗老化以及冻融稳定性(但不如羟丙基改性有效)。

淀粉颗粒浸泡于三聚磷酸钠或磷酸一钠溶液中进行反应,可制得磷酸一酯淀粉(单淀粉磷酸酯)(图 3.44)。磷酸一酯淀粉形成的淀粉糊透明而且稳定,具有绵长和黏性的质构。淀粉糊是高黏度的,但可通过改变反应试剂浓度、反应时间、温度以及 pH 控制淀粉糊的黏度。磷酸酯化淀粉降低了淀粉的糊化温度。增加取代度会降低

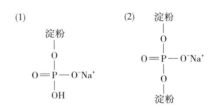

图 3.44 磷酸一酯淀粉(1)和磷酸二酯淀粉(2)的结构
二酯将 2 个分子结合形成交联淀粉颗粒。

糊化温度,产物从冷水溶胀变成冷水可溶(详见 3.3.6.12)。玉米淀粉磷酸酯形成黏度高、透明、稳定性好的淀粉糊,质构类似于马铃薯淀粉。磷酸酯化淀粉是良好的乳化稳定剂,并产生冻融稳定性更好的糊剂。在美国,用作食品配料的磷酸化淀粉可能含有不超过 0.4% 的残余磷酸盐,当使用的试剂是磷酸一钠时;若使用三偏磷酸钠,则不超过 0.04%(两者都以磷计)。

将疏水烃链接到高聚物分子上制得烯基琥珀酸酯淀粉(图 3.45),即使取代度很低,2-辛烯基琥珀酸酯淀粉分子会集中在水包油(O/W)乳状液的界面上,这是因为它具有疏水的烯基。由于该淀粉具有这种特性,因此可以作为乳状液稳定剂。2-辛烯基琥珀酸酯淀粉产品在食品中有广泛的应用,如稳定风味饮料乳状液。由于淀粉衍生物中存在脂肪族链,使它具有脂肪的感官性质,因此在某些食品中可作为脂肪代用品代替部分脂肪。高 DS 产品是不容易浸润的,可用于片状沾糖面团的加工助剂。

羟丙基化是制备稳定化淀粉最常用的方法。羟丙基淀粉(淀粉—O—CH$_2$—CHOH—CH$_3$)由淀粉与氧化丙烯反应制得,其醚化程度较低(DS 为 0.02~0.2,在美国 0.2 为最大允许值)。该淀粉的性质与乙酸酯淀粉相似,这是因为该淀粉高聚物链具有相似的隆起块,可防止链之间的相互缔合,这种缔合会造成老化。羟丙基化降低了淀粉的糊化温度。羟丙基

---

① 所谓取代度(DS)是指每个单糖单元平均酯化或醚化的羟基数。由吡喃己糖基单元组成的具支链或直链多糖中,每个单糖单元平均有 3 个羟基,所以,多糖 DS 的最大值为 3.0。

② 在不同的国家和地区,法律法规限制了变性食品淀粉衍生化的程度。

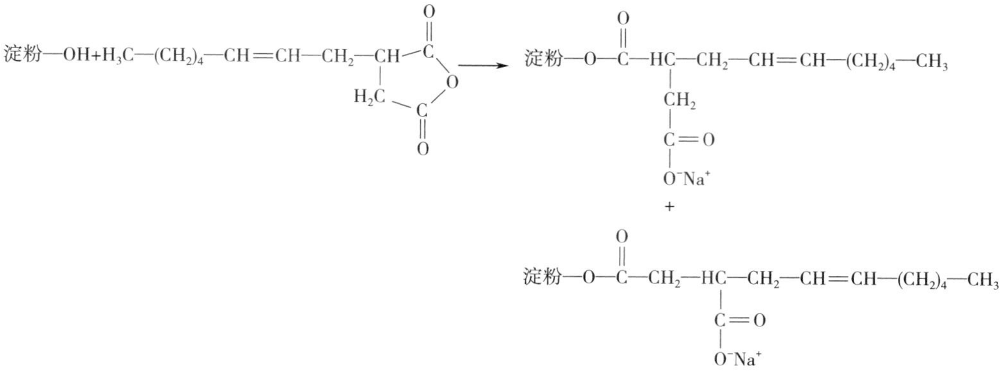

图 3.45　2-辛烯基琥珀酸酯淀粉的制备

淀粉糊是透明的,不会老化,冻融稳定性好。羟丙基淀粉可以作为增稠剂和延展剂。为了提高黏度,特别是酸性、高剪切、长时间烧煮的条件下,乙酰化和羟丙基化淀粉也常通过磷酸基进行交联。

　　大多数改性食品淀粉都是交联淀粉,当淀粉颗粒与双官能团试剂反应时,双官能团试剂与淀粉颗粒内两个不同分子上的羟基反应产生交联,通过交联形成双淀粉磷酸酯(图3.44)。淀粉也可与磷酰氯 PO_3Cl_2 反应,或在碱性浆料中与三偏磷酸钠反应进行交联。淀粉链通过磷酸二酯或其他交联连接在一起加固了淀粉颗粒,并减少了颗粒溶胀的速率和程度,随后也减少了颗粒的破碎,于是淀粉颗粒对加工条件(高温、延长烧煮时间、低 pH、在混合、粉碎、均质以及用泵输送时的高剪切)的敏感性降低了。经烧煮的交联淀粉糊比较黏[①]、稠度较大、质构较短、即使在延长烧煮时间或处于比天然淀粉糊更低 pH、更剧烈搅拌条件下,颗粒也不易破碎。仅需少量交联就能产生显著的效果。在低度交联时颗粒表现出的溶胀与 DS 成反比。随着交联增大,淀粉颗粒耐受物理条件和酸度的能力越来越大,但在烧煮时的分散性越来越小,溶胀和黏度达到最大值所需的能量也增加。例如,淀粉仅用0.0025%三偏磷酸钠处理大大降低了颗粒溶胀的速率与程度、大大增加了淀粉糊的稳定性以及极大程度改变了黏度图和淀粉糊的质构特性。用 0.08%三偏磷酸盐处理淀粉形成的产品颗粒的溶胀受到限制,因此在保温阶段黏度也达不到峰值。由于交联度增加,淀粉的酸稳定性大大增加。虽然交联淀粉在酸性水溶液中加热,糖苷键会水解,但通过磷酸盐相互交联的链可以继续提供大的分子和较高的黏度(即交联本身提供了酸性环境下的稳定性,而补偿了水解带来的损失)。在美国,食品淀粉中许可的其他交联只有己二酸二酯淀粉。

　　大多数食品淀粉每1000 个 α-D-吡喃葡萄糖基单元交联少于 1 个,连续烧煮的淀粉需要增加淀粉抗剪切的能力和对热表面的稳定性。交联淀粉也提供增稠的贮藏稳定性。在罐头食品杀菌时,由于交联淀粉可降低淀粉糊化与溶胀的速率,因此可保持较长时间的初

――――――――――

　　① 如图 3.42 所示,当淀粉颗粒高度溶胀时达到最大黏度;在剪切力存在时,交联的淀粉颗粒结合在一起不易破碎,因此黏度达到峰值后损失较小。

始低黏度;这样有利于快速热传递和升温,在淀粉颗粒溶胀前达到均匀的杀菌,最终可以达到所期望的黏度、质构以及悬浮特性。交联淀粉用于罐头汤、肉汁和布丁以及面糊混合物。交联的蜡质玉米淀粉糊是透明的而且具有足够的硬度,因此用于制作馅饼时,使馅饼切片能保持它们的形状。

通过次氯酸钠(在碱性溶液中的氯)的氧化作用,也可以解聚、降低黏度以及糊化温度。氧化造成直链淀粉分子的解聚,也就是,通过引入少量的羧基和羰基增加稳定性。氧化淀粉黏度低,凝胶比较柔软(与未改性淀粉相比),可用于适当的场合。还可提高鱼肉面糊的黏结性。用次氯酸钠、过氧化氢或高锰酸钾中度处理,可漂白淀粉,并减少其中的可生长微生物。

酸改性(详见 3.3.6.9)也可以用醚化淀粉进行。这种"稀化"也可用于天然淀粉,即降低黏度,以便在溶液中获得更多的固形物,从而提高产品的体积、外形、黏性。如上一段所述,用次氯酸钠氧化也可以实现降低黏度。

特制的改性食品淀粉具有特殊的应用。玉米淀粉、蜡质玉米淀粉、马铃薯淀粉及其他淀粉通过交联、稳定化以及变稀等改性后复合可得到具有各种功能性质的改性食品淀粉,这些功能性质包括:胶黏力、淀粉溶液或淀粉糊的透明度、色泽、乳状液稳定能力、成膜能力、风味释放、水合速率、持水力、耐酸、耐热、耐冷、耐剪切、烧煮所需温度以及黏度(热的淀粉糊与冷的淀粉糊)。它们赋予食品的性质包括:口感、减少油滴移动、质构、光泽、稳定性和黏着性。

交联淀粉和稳定化淀粉都能用于罐头、冷冻、烘焙和干燥食品。在婴儿食品、罐装或瓶装水果与馅饼中使用,使它可提供长的货价寿命,也能使冷冻水果馅饼、锅巴和肉汁在长期储存中保持稳定。

3.3.6.11　预糊化淀粉

淀粉产品常被描述为烹饪用淀粉。相反,煮熟的淀粉经干燥,很少或不会产生老化,可以部分溶解在常温的水中,提供黏度,而不需要进一步加热或烹饪。这种淀粉称为预糊化或速溶淀粉。这种淀粉已经糊化了,也就是说,许多膨胀的颗粒已经被破坏,因此也可以称为预煮淀粉。大致有两种生产预糊化淀粉的方法。一种,将淀粉-水浆料引入两个相互接触但反向旋转的由蒸汽加热的滚筒间隙中,或者通入蒸汽加热的单个滚筒的顶部;当淀粉糊糊化,并几乎立即形成淀粉糊时,把淀粉糊涂在滚筒上,进行快速干燥。从滚筒上把干燥的膜刮下来并磨碎,最终产品可溶于冷水,在室温的水中可以产生黏稠的分散相,当然,适当加热可达到最大的黏度。另一种方法是采用挤压法,通过挤压机中的加热和剪切可以糊化,并破碎潮湿的、溶胀的淀粉颗粒的结构,蓬松、易碎、玻璃状的积压物被碾碎成粉末。

化学改性淀粉和未改性淀粉都能用来制造预糊化淀粉。如果采用化学改性淀粉(详见 3.3.6.10)为原料,那么由改性得到的性质会转移到预糊化产品中,于是淀粉糊的性质如冻融循环的稳定性也是预糊化淀粉的性质,预糊化、轻度交联的淀粉可用于即食汤、意大利馅饼的浇头、挤压方便食品以及早餐谷物。

使用预糊化淀粉最主要的优点就是无须烧煮。类似于一种水溶性胶,细颗粒的预糊化淀粉形成小的凝胶颗粒,加水后,经合适的分散和溶解,形成的溶液具有高黏度。粗颗粒产品较易分散并形成低黏度的分散体系,并具有某些产品所期望的颗粒状或柔软性。许多预糊化淀粉用于固体混合物如即食布丁粉中,它们通过高剪切或与糖混合,或与其他固体配料混合后易于分散。

3.3.6.12　冷水溶胀的淀粉

将普通的玉米淀粉在75%~90%乙醇中加热,或通过特殊的喷雾干燥制得的颗粒状淀粉在常温水中极易吸水溶胀。这类产品(又称冷水可溶淀粉)也可以归类于预糊化或速溶淀粉。它与传统的预糊化淀粉的区别在于,虽然颗粒的结晶排布被破坏了,但颗粒是保持完整的。因此,加入水,颗粒溶胀,如同被烧煮过一般。该产品通过快速搅拌分散在糖溶液或玉米糖浆中,将此分散体系灌入模中,形成一种硬的凝胶,此凝胶非常容易切片,产品是胶质软糖。冷水溶胀淀粉也能用于制造甜食和含有蓝莓颗粒的烤饼面糊,否则,在烘焙加热使面糊增稠前,颗粒将会沉到底部。

3.3.7　纤维素:组成与衍生[79]

纤维素是由 β-D-吡喃葡萄糖基单元通过 $1\to4$ 糖苷键连接而成的高分子直链不溶性的均一高聚物(图3.46)。α-D-吡喃葡萄糖基单元通过轴向→平伏的 $1\to4$ 糖苷键连接而成的高分子淀粉形成一个环绕结构(α-螺旋)(图3.40)。β-D-吡喃葡萄糖基单元通过平伏→平伏的 $1\to4$ 糖苷键连接而成的纤维素分子形成一个平直的、丝带状的结构,每一个葡萄糖基单元都是上下颠倒着与前后的糖基互相连接的。由于这种平直、线性的特点,纤维素分子在广泛区域内缔合,形成多晶纤维束。结晶区被无定形区隔离,也通过无定形区相连接。纤维素不溶于水,欲使纤维素溶于水,大多数氢键必须立即被打破。然而,可通过取代作用将纤维素转变成水溶性胶。

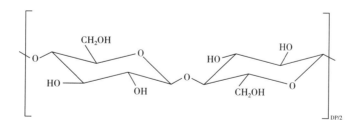

图3.46　纤维素(重复单元)

纤维素和改性纤维素是一种膳食纤维,当它们通过人的消化系统时不提供营养与热量,但是膳食纤维对人类的营养是非常重要的(详见3.4)。

纯化的纤维素粉末被用作食品配料,从木材制浆并纯化可制得高质量纤维素。用于食品的纤维素不需要达到化学纯,因为纤维素是所有水果和蔬菜以及许多其他食品产品的细胞壁的主要组分。食品中使用的粉末状纤维素可以忽略其风味、色泽以及微生物污染。纤维素粉末常常被加入到面包中,它不提供热量。添加纤维素粉末的低热量烘焙食品,其膳食纤维含量有所增加。

3.3.7.1　微晶纤维素[51,55,63,72]

食品工业中使用的微晶纤维素(MCC)是一种纯化的不溶性纤维素,它是由纯木浆纤维素部分水解并从纤维素中分离出微晶组分制得。纤维素分子相当硬,完全是由 3000 个 β-D-吡喃葡萄糖基单元组成的直链分子,非常容易缔合,具有长的接合区。但是长而窄的分子链不能完全排成一行,而破坏晶体结构。结晶区的末端是纤维素链的分叉,不再是有序排列,而是随机排列,形成无定形区,这一结构见图 3.35。当纯木浆用酸水解时,酸穿透密度较低的无定形区,由于这些区域中分子链具有很大的运动自由度,当水解断裂,就得到单个穗状结晶。

已制得两种 MCC 都是耐热和耐酸的。第一种 MCC 为粉末,是喷雾干燥产品。喷雾干燥使微晶聚集体附聚,主要用于风味载体以及作为切达干酪的抗结块剂。第二种 MCC 为胶体,它能分散在水中,并具有与水溶性胶相似的功能性质。为了制造 MCC 胶体,在水解后加很大的机械能将结合较弱的微晶纤维拉开,使主要部分成为胶体颗粒大小的聚集体(其直径小于 0.2μm)。为了阻止干燥期间聚集体重新结合,加入羧甲基纤维素钠(CMC)(详见 3.3.7.2),黄原胶(详见 3.3.9)或海藻酸钠(详见 3.3.11)。阴离子胶通过直接与聚集体相互作用,提供了稳定的负电荷,因此将 MCC 隔开,防止 MCC 重新缔合,有助于重新分散。

MCC 胶体的主要功能如下:特别在高温加工过程中能稳定泡沫和乳状液;形成似油膏质构的凝胶(MCC 不溶解,也不形成分子间结合区,更确切地说是形成水合微晶网状结构);提高果胶和淀粉凝胶的耐热性;提高黏附力;在色拉调味料和冰淇淋中替代脂肪和油,以及控制冰晶生长。MCC 之所以能稳定乳状液与泡沫是由于 MCC 吸附在界面上并加固了界面膜。MCC 是低脂冰淇淋和其他冷冻甜点的常用配料。

3.3.7.2　羧甲基纤维素[30,33,51,55,63,73]

羧甲基纤维素(CMC)(表 3.5)是一种广泛使用的食品胶。采用 18%氢氧化钠处理纯木浆得到碱性纤维素(纯度 99%)。碱性纤维素与氯乙酸钠盐反应,生成了羧甲基醚钠盐(纤维素—O—CH₂—CO₂⁻·Na⁺)。大多数商业化的 CMC 产品的取代度 DS(详见 3.3.6.10)为 0.4~0.8。作为食品配料使用和销售量最大的 CMC 的 DS 为 0.7。

由于 CMC 是由带负电荷的、长的刚性分子组成,大量的离子化的羧基产生静电斥力,因而使 CMC 分子在溶液中是伸展的,而且相邻链间也是相互排斥的。因此,CMC 溶液具有高黏性和稳定的倾向。已能生产各种黏度类型的 CMC 产品。CMC 能稳定蛋白质分散体系,特别是在接近等电点的蛋白质。

3.3.7.3　甲基纤维素(MCs)和羟丙基甲基纤维素(HPMCs)[30,33,51,55,63,73]

碱性纤维素经一氯甲烷处理引入甲醚基(纤维素—O—CH₃),就可得到甲基纤维素(MC)(表 3.5)。这类胶中的许多品种含有羟丙基醚基(纤维素—O—CH₂CHOH—CH₃)。羟丙基甲基纤维素(HPMC)是由碱性纤维素与两种物质即氧化丙烯和一氯甲烷反应而制得的。商品 MC 的甲醚基取代度为 1.1~2.2,商品羟丙基甲基纤维素的羟丙基醚基摩尔取代度 MS[①] 为 0.02~0.3(这类胶中 MC 和 HPMC 一般都简称为 MC。)两种产品都溶于冷水,因为甲基和羟丙基醚基沿着主链伸向空间,因此阻止了纤维素分子间缔合。

在纤维素主链上接上少量醚基,其水溶性大大增加了(这是由于分子内氢键),由于极性较小的醚基替代了持水的羟基,因而水合能力有所下降,这是此类胶的独特性质。醚基限制纤维素链的溶剂化达到一个水溶性的极限程度。因此,当水溶液加热时,高聚物溶剂化的水分子从主链上解离出来,水合明显下降,分子间缔合加强(可能是通过范德华相互作用),产生胶凝。一旦温度降低,又开始水合和溶解,所以胶凝是可逆的。

由于醚基存在,纤维素胶链有些表面活性并吸附在界面上,这有助于稳定乳状液和泡沫。食品产品中使用 MC 可以减少脂肪用量,它具有两个机制:①它们能提供类脂肪的性质,所以产品的脂肪含量可以减少;②可以减少油炸食品中的吸附,这是由于由热胶凝产生的凝胶结构具有阻油和持水的能力,它好似一种黏合剂。

3.3.8 瓜尔胶与刺槐豆胶[30,33,43,51,55,63,73]

瓜尔胶与刺槐豆胶(LBG)都是重要的增稠多糖(表 3.5)。瓜尔胶是所有天然的商品胶中黏度最高的一种胶。两种胶都是磨碎的种子胚乳,两种胚乳的主要组分都是半乳甘露聚糖,半乳甘露聚糖的主链由 β-D-吡喃甘露糖基单元通过 1→4 糖苷键连接而成,在 O-6 位连接一个 α-D-吡喃半乳糖基侧链(图 3.47)。瓜尔胶的特殊多糖组分是瓜尔多糖,组成瓜尔多糖主链的 D-吡喃甘露糖基单元中约有 1/2 具有 D-吡喃半乳糖基侧链。

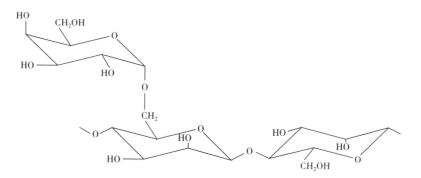

图 3.47 半乳甘露糖分子的代表性片段

刺槐豆胶(又称角豆胶)的半乳甘露聚糖的侧链比瓜尔胶少,而且结构不太规则,约由 80 个未衍生的 D-甘露聚糖基单元组成很长的光滑区,与约由 50 个 D-甘露糖基单元并且每个主链单元在 O-6 位通过糖苷键连接 α-D-吡喃半乳糖基组成的交替区。

由于结构上的差异,瓜尔胶与 LBG 具有不同的物理性质,尽管两者都是由长的、刚性较

---

① 摩尔取代度 MS 是接到多糖的糖基单元上的摩尔平均数。由于羟基与氧化丙烯反应产生的新羟基能进一步与氧化丙烯反应,生成的聚氧化丙烯链中每个端基都具有游离羟基。由于单个吡喃己糖基单元能与 3 个摩尔以上的氧化丙烯反应,所以必须使用 MS,而不是使用 DS。

强的链组成,两者的溶液黏度都很高。由于瓜尔多糖中半乳糖基单元相当均匀地分布在主链,因此在主链几乎没有位置适合于形成接合区。然而,LBG 主链中具有无侧链的长的光滑区能形成接合区,因此将水溶液加热至 90℃,即可完全溶解。虽然 LBG 自身不能形成凝胶,但与黄原胶(图 3.48,详见 3.3.9)和卡拉胶(详见 3.3.10)螺旋相互作用,可形成结合区和刚性凝胶(图 3.49)。

瓜尔胶为许多食品产品提供价廉的增稠剂。它常与其他食品胶复配使用,如在冰淇淋中,它与 CMC(详见 3.3.7.2)、卡拉胶(详见 3.3.10)以及 LBG 复配使用。

LBG 与瓜尔胶的应用基本相同。85%LBG 产品应用于乳制品和冷冻甜点中,它很少单独使用,一般和其他胶如 CMC、卡拉胶、黄原胶以及瓜尔胶复合使用。它与 κ-卡拉胶和黄原胶复合使用,对凝胶的形成有协同效应。常规用量一般为 0.05%~0.25%。

3.3.9　黄原胶[18,30,33,49,51,55,63,73]

在甘蓝族植物的叶子上常能发现一种微生物黄杆菌,黄杆菌能产生一种多糖。这种多糖可以通过大罐发酵来生产,并作为一种食用胶。这种多糖商业上称为黄原胶(表 3.5)。

黄原胶与纤维素具有相同的主链(图 3.48,请与图 3.46 比较)。黄原胶分子中,纤维素主链上每隔一个 β-D-吡喃葡萄糖基单元就在 O-3 位上连接一个 β-D-吡喃甘露糖基-(1→4)-β-D-吡喃葡萄糖基-(1→2)-6-O-乙酰基-β-D-吡喃甘露糖基三糖单元[①]。约有 1/2 端基的 β-D-吡喃葡萄糖基单元连接丙酮酸形成 4,6-环乙酰。三糖侧链通过次级键与主链相互作用,形成较硬的分子。双螺旋式的有序结构增强了黄原胶的刚性,其相对分子质量约为 $2×10^6$,已有报道分子质量较大是由于聚集的缘故。

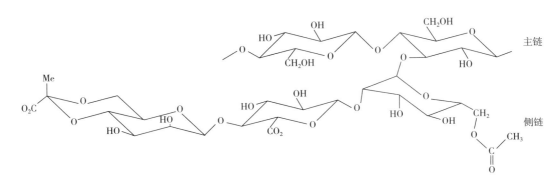

图 3.48　黄原胶五糖重复单元结构

注意三糖侧链的 4,6-O-丙酮酸基-D-吡喃甘露糖基非还原端单元,约有 1/2 侧链是正常丙酮酸化的。

黄原胶与瓜尔胶相互作用,由于协同作用,溶液黏度增加,黄原胶与 LBG 相互作用形成热可逆凝胶(图 3.49)。

黄原胶是应用非常广泛的一种食品胶,这是因为它具有下列重要的特性:能溶于热水

---

①　微生物杂多糖与植物杂多糖不同,一般具有规则的重复单元结构。

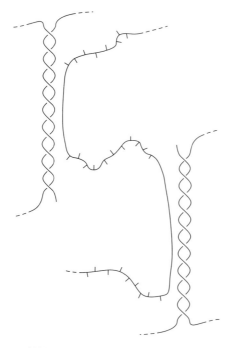

图 3.49　刺槐豆胶分子与黄原胶或卡拉胶双螺旋分子相互作用形成三维网状结构凝胶的示意图

或冷水；低浓度的溶液具有高的黏度；在宽广的温度范围内（0～100℃）溶液黏度基本不变，这在食品胶中是非常独特的；显示很强的假塑性；在酸性体系中保持溶解性与稳定性；与盐具有很好的相容性；与其他胶如 LBG 相互作用；能稳定悬浮液和乳状液以及具有很好的冻融稳定性。黄原胶的非一般的有用性质无疑是与其分子具有直链的纤维素主链以及有阴离子的三糖侧链保护的刚性和分子的性质分不开的。

黄原胶对于稳定水溶液分散体系、悬浮液和乳状液是非常理想的，其溶液黏度随温度变化非常小，即当溶液冷却时不会变稠，所以它在增稠和稳定可以倾倒的生菜调味料和巧克力浆料等产品时是不可替代的，因为这些产品从冰箱中取出与在室温下一样需要易于倾倒，如肉汁在冷却时不应该明显变稠，加热时不希望变得太稀。在普通的生菜调味料中，黄原胶既是增稠剂又是稳定剂，它能悬浮颗粒和稳定 O/W 乳状液。在无油的（低热量）生菜调味料中，黄原胶也是一种增稠剂和悬浮剂。在含油和无油的生菜调味料中，黄原胶总是和藻酸丙二醇酯（PGA）（详见 3.3.11）复合使用。PGA 降低溶液黏度并具假塑性，这两种胶复合使用可以得到所期望的与黄原胶假塑性有关的倾倒性和与非假塑性溶液有关的奶油感觉。

3.3.10　卡拉胶、琼脂和红藻胶[9,30,33,51,55,63,73]

卡拉胶是指从红藻中分离提取得到的一组或一族硫酸化半乳聚糖，是由红藻采用稀碱溶液分离提取制得；一般制得的是卡拉胶钠盐。卡拉胶是几种相关的在糖单元上连接硫酸一酯基的半乳聚糖的混合物（表 3.5）。它是由 D-吡喃半乳糖基通过（1→3）-α-D 和（1→4）-β-D-糖苷键交替连接而成的直链分子，其中大多数半乳糖单元具有与 C-2 或 C-6 位置上的羟基酯化的一个或两个硫酸盐基团。卡拉胶中硫酸酯含量为 15%～40%，常含有 3,6-脱水环。卡拉胶主要结构有三种：kappa（κ）、iota（ι）和 lambda（λ）（图 3.50）。图 3.50 中二糖单元代表每种类型卡拉胶的主要结构块，但不是重复的单元结构。分离提取得到的卡拉胶是非均一多糖的混合物，卡拉胶产品含有三种不同比例的 κ-、ι- 和 λ-卡拉胶，它们具有超过上百种的不同的用途。在制得的卡拉胶粉末中，也会加入一些钾离子或者糖，以提高稳定性。

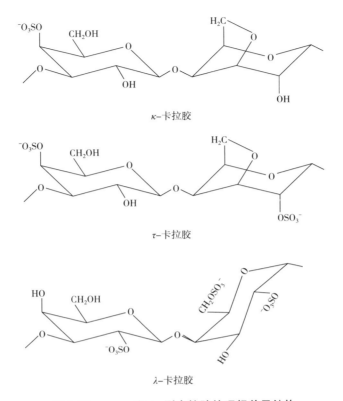

图 3.50 κ-、ι-和 λ-型卡拉胶的理想单元结构

卡拉胶产品溶于水形成黏度很高的溶液,在宽广的 pH 范围内黏度十分稳定,这是因为硫酸—酯即使在强酸条件下也总是离子化的,因此分子带负电荷。但是,卡拉胶在热的酸性溶液中会发生解聚,因此在使用卡拉胶时要避免这种环境条件。

κ-和 ι-型卡拉胶分子的链段以双螺旋的平行链存在,如果有钾或钙离子存在,含有双螺旋链段的热溶液冷却时形成热可逆的凝胶。卡拉胶水溶液的浓度至少达到 0.5% 才产生胶凝。κ-型卡拉胶溶液在钾离子存在情况下冷却,形成一种硬而脆的凝胶。钙离子促进胶凝的作用较小,钾离子与钙离子复合会形成高强度的凝胶。在卡拉胶凝胶中,κ-型卡拉胶凝胶是最强的。这些凝胶具有脱水收缩的倾向,这是因为结构内部接合区扩大的缘故。添加其他胶将会减少脱水收缩。

ι-型卡拉胶比 κ-型卡拉胶溶解度略大一点,但只有钠盐型溶于冷水中。ι-型凝胶最好使用钙离子,所得的凝胶是软的和有弹性的,并具有好的冻融稳定性,而且不会脱水收缩,这大概是因为 ι-型卡拉胶亲水性比较强,形成的接合区比 κ-型卡拉胶少。

κ-或 ι-型卡拉胶溶液在冷却时产生胶凝,这是由于存在结构的不规则性,直链分子不能形成连续的双螺旋。螺旋的线性部分在合适的阳离子存在情况下缔合成一种比较硬的稳定的三维结构凝胶(图 3.51)。所有的 λ-型卡拉胶的盐都溶于水并且不能胶凝。

卡拉胶特别是 κ-型卡拉胶分子产生双螺旋链段,它们与 LBG 的光滑链段形成接合区生成硬、脆并脱水收缩的凝胶(图 3.49)。胶凝浓度仅为形成纯 κ-型卡拉胶凝胶所需的 1/3。

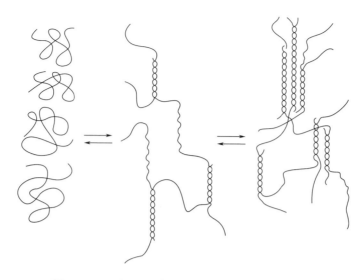

图 3.51　*κ*-和 *ι*-型卡拉胶的假想胶凝机制示意图

在热溶液中,聚合物分子以卷曲状态存在;当溶液冷却时,它们相互缠绕成双螺旋结构;随着溶液进一步冷却,这种双螺旋结构会在钾离子或钙离子的作用下交织成网状结构。

卡拉胶是一种常用胶,这是因为它们能与牛乳和水形成凝胶。卡拉胶与不同量的蔗糖、葡萄糖、缓冲盐或胶凝助剂如氯化钾混合经标准化得到各种各样的产品。商品卡拉胶产品能形成各种不同的凝胶:透明的或混浊的、刚性的或弹性的、硬的或嫩的、热稳定的或热可逆的,以及会或者不会产生脱水收缩的。卡拉胶凝胶不需要冷藏,因为它们在室温下不会融化,它们具有冻融稳定性。

卡拉胶具有一种有用的性质,即它们与蛋白质反应,特别是与牛乳蛋白质相互作用。*κ*-型卡拉胶与牛乳的 *κ*-酪蛋白胶束复合形成一种弱的、触变性的、可倾倒的凝胶。*κ*-卡拉胶在牛乳中的增稠效果比在水中大 5～10 倍。制备巧克力牛乳时,利用卡拉胶这一性质形成具触变性的凝胶结构可以阻止可可粒子沉淀,仅需添加 0.025% 卡拉胶即可达到稳定的目的。利用卡拉胶这一性质也可制造冰淇淋、炼乳、婴儿配方乳粉、具冻融稳定性的搅打稀奶油以及用植物油取代牛乳脂肪的乳状液。

κ-卡拉胶和刺槐豆胶的协同作用(图 3.49)可以形成弹性较大和凝胶强度较强的凝胶,而且其脱水收缩比单用钾型 *κ*-卡拉胶形成的凝胶小。与单一的 *κ*-卡拉胶相比,*κ*-卡拉胶-LBG 复合在冰淇淋中能提供较大的稳定性和持泡能力(膨胀率),但是咀嚼感太强了一点,所以加入瓜尔胶可以软化凝胶结构。

当冷火腿和家禽肉卷含有 1%～2% *κ*-型卡拉胶时,能多吸收 20%～80% 盐水,于是改善了切片性。肉外面涂上一层卡拉胶能起到机械保护作用,并可作为调味料和风味物的载体。有时将卡拉胶加入到由酪蛋白和植物蛋白制成的仿制肉制品中。卡拉胶另一个逐渐增加的用途是持水和保持水分含量,所以它能保持肉制品如维也纳香肠和香肠在烧煮时的软度。将 *κ*-或 *ι*-卡拉胶钠盐或 Euchema 海藻/菲律宾天然级(PES/PNG)卡拉胶加入低脂牛肉糜中能改善质构和汉堡包的质量。一般来说,脂肪具有保持软度的作用,而卡拉胶具有结合蛋白质的能力和强的亲水性,因此卡拉胶具有在瘦肉制品中部分替代天然动物脂肪的功能。

卡拉胶的一些应用见表3.5。食品制造中常混合使用不同类型的卡拉胶。例如,在奶昔中混合使用 κ- 和 λ-卡拉胶,在甜点凝胶中混合使用 κ- 和 ι-卡拉胶后即可以无须冷藏。

也有制造和使用碱改性海藻粉,它们被称为经加工的 PES 或 PNG 卡拉胶,如今又称卡拉胶。为了制备这种类型的卡拉胶,红海藻经氢氧化钾溶液处理。这些海藻中卡拉胶的钾盐型是不溶于水的,因此它们不溶解,不能被分离提取出来。在碱处理过程中,植物中低分子质量可溶性组分被除去,剩余下来的海藻经干燥并磨成粉末,因此这类卡拉胶是一种复合材料,它不仅含有从稀氢氧化钠溶液中分离提取出来的卡拉胶分子,还有其他的细胞壁材料。

两种其他食品胶,琼脂和红藻胶(又称丹麦琼脂)也是从红藻中分离提取得到的,它们的结构与性质同卡拉胶非常相似。与结冷胶(详见3.3.14)相似,琼脂主要用于焙烤中的糖霜和糖衣,因为它可以结合大量的糖,在较高的温度下不会融化,也不会与包装材料发生粘连。

3.3.11 海藻胶[30,33,49,51,55,63,73]

商品海藻胶是从褐藻中提取得到的直链海藻酸聚合物,大多是以钠盐形式存在(表3.5)。海藻酸是由两种单体 β-D-吡喃甘露糖醛酸和 α-L-吡喃古洛糖醛酸单元组成,这两种单体分布在均匀区(只有一种单元或另一种单元组成)和混合单元区。仅含有 D-吡喃甘露糖基单元的称为 M 块,只含有 L-吡喃古洛糖醛酸基单元的称为 G 块。D-吡喃甘露糖醛酸基单元为 $^4C_1$ 构象,而 L-吡喃古洛糖醛酸基单元为 $^1C_4$ 构象(详见 3.1.2 和图 3.52),不同

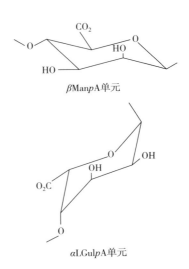

图3.52 β-D-吡喃甘露糖醛酸(βMan$p$A)的 $^4C_1$ 构象和 α-L-吡喃古洛糖醛酸(αLGul$p$A)的 $^1C_4$ 构象

的块具有不同构象的链。M-块区域是平的、像一条带,与纤维素的构象相似(详见3.3.7),这是因为平伏→平伏成键。G-块区具有褶状(波纹的)的构象,这是由于形成轴向→轴向糖苷键。从不同的褐藻提取得到的海藻胶(海藻酸盐)中,不同块段的比例不同,因而具有不同的性质。具有高 G-块含量的海藻胶能形成高强度的凝胶。

海藻酸钠溶液的黏度很高,海藻酸钙是不溶于水的,这是由于钙离子和分子链中 G-块区域自动相互作用产生不溶性盐。两条分子链的 G-块间形成一个结合钙离子的空洞。这个接合区称为"蛋盒",在装鸡蛋盒子中,钙离子好似鸡蛋(图3.53)。凝胶强度与海藻酸盐

的 G-块含量以及钙离子浓度有关。

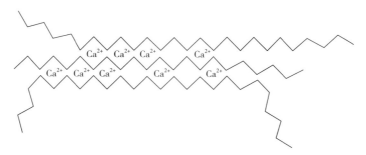

图 3.53　由钙离子促进而形成的三个海藻酸盐分子 G-块区间的接合区,这是推测的示意图

藻酸丙二醇酯是由海藻酸水溶液与氧化丙烯反应而得到的一种酯,其中 50% ~ 80% 羧基被酯化。藻酸丙二醇酯(PGA)溶液与未酯化的海藻酸盐溶液相比,对低 pH、多价离子包括 Ca^{2+} 和蛋白质不太敏感,这是因为酯化的羧基不能离子化。而且,在分子链上丙二醇基团产生碰撞,可以阻止相互靠近的分子链间缔合,因此,PGA 溶液是非常稳定的。由于对钙离子耐受性,PGA 可应用于乳制品。丙二醇基团的疏水性使 PGA 分子具有中等程度的界面活性,即具有起泡性、乳化性以及稳定乳状液的性质。PGA 可用于酸稳定体系,不会与体系(如乳制品)中的 Ca^{2+} 发生反应,或需要适当表面活性的体系中。如果需要耐酸、与钙离子不产生反应(如在乳制品中)或需要有一定的表面活性,则可使用 PGA。因此在生菜调味料中,PGA 可以作为增稠剂(表 3.5)。在低热量调味料中,它常与黄原胶复合使用(详见 3.3.9)。

海藻酸盐由于具有凝胶形成能力,常用作食品配料。通过扩散胶凝、内部胶凝以及冷却胶凝可以得到海藻酸钙凝胶。扩散胶凝用于制造结构化食品,最好的例子也许是结构化西班牙甜椒条。在青橄榄馅料的甜椒条生产中,甜椒泥首先与含有少量增稠剂瓜尔胶的水溶液混合,然后再与海藻酸钠混合,混合物用泵输送到传送带,并加入钙离子使其胶凝,将薄片切成条然后充填进入橄榄。有关水果混合物、果泥以及仿制水果的内部胶凝是在混合物内部慢慢释放钙离子。缓释作用是由微溶的有机酸和螯合剂对不溶性钙盐的联合作用而获得的。冷却胶凝是将形成凝胶的组分在高于凝胶融化温度的温度下混合,然后让其冷却。海藻酸盐凝胶是热稳定的,很少或不会发生脱水收缩。与明胶凝胶不同,海藻酸盐凝胶不是热可逆的;与卡拉胶相同,它并不需要冷藏,可用于制造甜点凝胶,即使在很高的室温下也不会融化,因此不会像明胶那样融于口腔。海藻酸钙形成的薄膜还用作香肠的可食用外壳。海藻酸是一种 pH 较低的海藻酸盐溶液,无论是否加入钙离子,均可用于制造软的、触变性的、不融化的凝胶(表 3.5)。

3.3.12　果胶[18,30,33,51,55,63,73]

商品果胶是半乳糖醛酸聚合物(α-D-吡喃半乳糖醛酸组成的高聚物),它具有不同含量的甲酯化基(表 3.5)。天然果胶存在于所有陆生植物的细胞壁和细胞中间层,它是一种比较复杂的分子,用酸提取可以转化成商业产品。商品果胶是从柑橘皮和苹果渣中提取得到的,柠檬和甜柠檬皮的果胶易于分离提取,而且其品质最佳。因为独特的结构,果胶具有独特的性能,它在糖和酸或钙离子存在的情况下形成可涂抹的凝胶,在这类应用中,果胶几乎是唯一的具有此用途的胶。

果胶的化学组成和性质随不同来源、加工条件以及后处理有很大的差别,用温和的酸进行提取时,造成一些水解解聚和甲酯基的水解。因此,果胶代表为一族化合物,而且是被称为果胶物质的更大一族的一部分。在一般意义上使用果胶这个术语,它代表具有不同的甲酯基含量和中和度,并具有形成凝胶能力的水溶性半乳糖醛酸聚合物。在所有的天然果胶中,一些羧基是甲酯化的,由于分离条件不同,余下的游离羧酸基可以是部分或完全被中和,即部分或完全成为羧酸钠、羧酸钾或羧酸铵,一般是以钠盐形式存在。

根据定义,在果胶制剂中,超过一半以上的羧基以甲酯型(—COOCH₃)存在则称为高甲氧基(HM)果胶(图 3.54);而余下的羧基以游离酸(—COOH)和盐(—COO⁻Na⁺)的混合物存在。在果胶制剂中,低于一半羧基是甲酯型,则称为低甲氧基(LM)果胶。羧基被甲醇酯化的

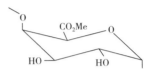

图 3.54　高甲氧基果胶最主要的单体单元

百分数为酯化度(DE)。果胶制剂经铵的醇溶液处理时,有些甲酯基转化成羧酰胺(15%~25%),在此过程中,形成了低甲氧基(LM)果胶(按定义),这些产品称为酰铵化 LM 果胶。

所有果胶分子的主要和关键特点是由(1→4)糖苷键连接的 α-D-吡喃半乳糖醛酸单元组成的直链分子。也存在中性糖主要是 L-鼠李糖,在柑橘和苹果的果胶中,α-D-吡喃鼠李糖基单元以较有规则间隔插入多糖链。由于 L-吡喃鼠李糖基单元的插入,在结构上必然产生不规则性,限制了接合区的大小,并影响了胶凝。虽然在商业化提取时许多天然的支链都被去除了,有些果胶依然含有通过共价连接的高度支化的阿拉伯半乳聚糖链和/或由 D-木糖基单元组成的短的侧链。侧链的存在也是限制分子链间缔合程度的一个因素,从而促进凝胶的形成和稳定。当羧基上的负电荷(由于酸的加入)被除去,当分子水合减少,(通过在 HM 果胶溶液中加入辅助溶质,一般总是糖)和/或当果胶酸高聚物链通过钙离子进行交联,那么有规则的、未带支链的果胶链之间形成了接合区。

在 HM 果胶溶液中加入足够的酸和糖就会胶凝。由于果胶溶液 pH 降低时,高度水合和带电的羧基转变成不带电荷的和仅少量水合的羧基,由于失去了一些电荷和降低了水合,高聚物分子链的某些部分就能缔合,使高聚物链形成接合和网状结构,网孔中固定了溶质分子的水溶液。由于高浓度糖(55%~65%)能竞争水合水,因而降低了分子链的溶剂化,这样使分子链间相互作用,促进了接合区的形成。

LM 果胶溶液仅在二价阳离子存在的情况下形成凝胶,二价离子的作用是产生桥联。随着二价阳离子浓度的增加(食品中仅使用钙离子),胶凝的温度与凝胶强度通常都有所增加。酰铵化的 LM 果胶对钙离子更加敏感,通常不需要在自来水中额外添加钙离子,即可形成凝胶。描述海藻酸钙凝胶形成的蛋盒模型(详见 3.3.11,图 3.53)也能用于解释 LM 和酰铵化 LM 果胶溶液在加入钙离子后形成的凝胶。由于 LM 果胶胶凝时不需要糖,因此可用

于制造营养果酱、果冻以及加橘皮丝的果冻等。

3.3.13　阿拉伯胶[21,63]

有些树和灌木皮损伤时，植物渗出一种黏性物质，把它封在伤口上会变硬，能防止感染和脱水，这种渗出物一般存在于在半干旱气候生长的植物中。由于渗出物很黏，在新鲜渗出时夹杂了灰尘、沙粒、昆虫、微生物以及/或树皮片。阿拉伯胶(金合欢树胶)、刺梧桐树胶以及茄替胶都是树的渗出物；黄芪胶是一种灌木的渗出物。在这些渗出胶中，只有阿拉伯胶在传统食品的应用中仍有好的市场。

阿拉伯胶(金合欢树胶)是金合欢树的渗出物，金合欢树的品种很多，分布在热带和副热带区域(表3.5)。生长在苏丹和尼日利亚金合欢树能产生最好的胶。通常使用纯化的、喷雾干燥的阿拉伯胶。

阿拉伯胶是一种非均一物质，但一般由两种成分组成。阿拉伯胶中70%是由不含或含少量蛋白质的多糖链组成，另一种成分是具有相对分子质量较高的蛋白质作为结构的整体部分。考虑到蛋白质含量，蛋白质-多糖组分本身是非均一的。多糖是以共价键与蛋白质肽链中的羟脯氨酸、丝氨酸相结合，总蛋白质含量约为2%(w/w)，但是特殊组分的蛋白质含量高达25%(w/w)。

与蛋白质相连接或不与蛋白质相连接的多糖结构是高度支链的酸性阿拉伯半乳聚糖，它具有如下组成：D-半乳糖44%；L-阿拉伯糖24%；D-葡萄糖醛酸14.5%；L-鼠李糖13%；4-O-甲基-D-葡萄糖醛酸1.5%。它们的主链由β-D-吡喃半乳糖基单元通过1→3糖苷键连接而成，其侧链是由β-D-吡喃半乳糖基单元通过1→3糖苷键连接成2~4个单元，侧链通过1→6糖苷键连接到主链。主链和许多侧链都连接α-L-呋喃阿拉伯糖基、α-L-吡喃鼠李糖基、β-D-吡喃葡萄糖醛酸基以及4-O-甲基-β-D-吡喃葡萄糖醛酸基单元，分子链的端基常存在两种糖醛酸单元。

在搅拌条件下，阿拉伯胶易溶于水，在食品胶中，阿拉伯胶是非常独特的，阿拉伯胶溶解度很高，但溶液的黏度很低，能制备浓度为50%(w/w)的阿拉伯胶溶液，此时体系有些像凝胶。

用于食用香精O/W乳状液时，阿拉伯胶既是一种相当好的乳化剂，也是一种非常好的乳状液稳定剂。欲乳化柑橘油和其他精油、用作烘焙乳状液的人造香精和软饮料浓缩液，阿拉伯胶是可选择的一种胶。软饮料工业消耗30%的胶作为乳化剂和稳定剂。具有稳定乳状液作用的胶一定含有对油的表面有强的亲和力的基团，而且其分子足够大可覆盖分散油滴的表面。阿拉伯胶具有表面活性，能在油滴周围形成一层厚的、具有空间稳定性的大分子层。由香精油和阿拉伯胶制成乳状液，然后经喷雾干燥生产非吸湿性固体香精，此类产品可防止香精油的氧化和挥发，而且使用时能快速分散和释放香味，不会影响最终产品的黏度。这些稳定的固体香精可用于固体饮料、蛋糕粉、甜食粉、布丁粉以及汤料粉等。

阿拉伯胶另一重要特性是与高浓度糖具有相容性，因此阿拉伯胶广泛应用于高糖含量和低水分含量糖果，如硬糖、太妃糖、软糖以及软果糕等。阿拉伯胶在糖果中的功能是阻止糖结晶,乳化脂肪组分以及防止脂肪从表面析出(可可脂表面产生白霜是由于脂肪的同质多晶转化)。阿拉伯胶的另一用途是作为糖果的上光料或糖衣的一种组分。

3.3.14 结冷胶[30,33,49,51,55,63,73]

结冷胶,是一种商业化的胶类(表 3.5),是由 *Sphingomonas elodea*(一种鞘胺醇单胞菌)经大罐发酵而产生的一种阴离子胞外多糖。结冷胶是线性分子,由 β-D-吡喃葡萄糖基、β-D-吡喃葡萄糖醛酸基和 α-L-吡喃鼠李糖基按摩尔比 2:1:1 组成。天然的结冷胶(又称为高酰基结冷胶)含有两种酯基:一个乙酰基和一个甘油基,都结合在同一个葡萄糖基上。每一个四糖重复单元就含有一个甘油酯基,每两个重复单元即含有一个乙酰酯基。

一些结冷胶可通过碱处理去酯化。去除酰基对结冷胶的凝胶特性有非常显著的影响。去酯化后形成低酰基结冷胶。这样的一个四糖重复单元的结构为[→4)-αLRhap-(1→3)-βGlcp-(1→4)-βGlcpA-(1→4)-βGlcp-(1→]。有三种基本形式:高酰基的(天然的)、低酰基纯化的以及低酰基未纯化的。在食品中主要使用的是低酰基纯化的这一类型。

结冷胶可在一价或二价阳离子的作用下形成凝胶,二价阳离子(Ca^{2+})的作用是一价离子的 10 多倍,即使是 0.05% 的胶(99.5% 的水分)也能形成凝胶。将含有阳离子的热溶液冷却可制得凝胶。在热凝胶溶液冷却的过程中施加剪切,可防止出现常规的凝胶,而形成光滑、均一、触变的流体(可倾倒的凝胶),从而有效地稳定乳状液和悬浮液。

低酰基结冷胶能形成坚硬的、脆性的、非弹性的凝胶(其质构类似于琼脂和 κ-卡拉胶形成的凝胶)。高酰基结冷胶形成柔软的、弹性的、非脆性的凝胶(其质构类似于黄原胶和LBG 形成的凝胶)。将两种类型的结冷胶混合使用可得到质构居中的凝胶。

当结冷胶用作焙烤基料添加剂时,在室温下不会发生水合作用,也不会增加面糊的黏度。但是,加热时会发生水合并在焙烤制品中保持水分。结冷胶由于具有持水能力而用于营养棒配方中。由于其低浓度溶液很容易分散(不会产生高黏度),因而可用于营养和保健饮料中。

3.3.15 魔芋葡甘露聚糖[33,55]

商业魔芋葡甘露聚糖(又称魔芋甘露聚糖,KG)是由亚洲各地生长的魔芋块茎制成的粉。不同等级的魔芋粉,其多糖的纯度不同。该糖的基本结构是由带有少量支链的 β-D-吡喃甘露聚糖基与 β-D-吡喃葡萄糖基按大约 1.6:1 的比例以 1→4 糖苷键连接而成。天然的 KG 有少量的乙酰化。

KG 与淀粉、κ-和 ι-卡拉胶、琼脂和黄原胶相互作用时有协同效应。当将 κ-卡拉胶或黄原胶与 KG 组合的热溶液冷却时,可形成强的、弹性的、热可逆凝胶。将这些亲水胶体组合的溶液加热到杀菌温度后再冷却,能形成热稳定的凝胶。由 KG-黄原胶组合形成的凝胶具有良好的冻融稳定性。

未经加热的 KG-黄原胶组合溶液,其黏度约为单独使用相同浓度的两种亲水胶体的三倍。KG 还可与淀粉(天然的和改性的)相互作用,产生更高的黏度。KG-淀粉混合物经加热后冷却,可得到热稳定的凝胶。

虽然天然 KG 本身并不形成凝胶,但脱乙酰的 KG 在杀菌温度下可保持稳定。因此,KG 与各种淀粉、亲水胶体进行不同的组合,在不同的凝胶形成条件下,可以制备出不同类型的凝胶。

3.3.16　菊粉和低聚果糖[8,11,14,22,23,25,31,38,41,55,56,66]

菊粉(表 3.5)是一种天然的贮藏碳水化合物,存在于成千上万的植物中,包括洋葱、大蒜、芦笋和香蕉。主要的商业来源是菊苣根,有时也可从洋蓟的块茎中获得。

菊粉是由 β-D-呋喃果糖基以 2→1 糖苷键连接而成。多聚链通常,但并不总是(由于天然存在的或分离过程中的降解)以蔗糖单元的还原端为结构末端。菊粉的 DP 值很少会大于 60。在植物中常与低聚果糖共存,DP 平均值为 2~60。

含有呋喃单元的分子(例如,菊粉和蔗糖)比含有吡喃单元的分子较易发生酸催化的水解。菊粉是一种贮藏/储备的低聚糖/多糖,因此任何时候分子都处于不同的合成阶段,然而同时又在发生降解。因此,菊粉制备时得到的是低聚果糖和一些小的多糖分子的混合物。

菊粉常会被人为地解聚为低聚果糖。由菊粉和低聚果糖制备得到的产品都是益生元(益生元是不会被消化的食品添加剂,可以选择性地促进肠道的某一种或特定菌群的生长和活动,而产生对宿主有益的作用。益生元最常用于增强营养和保健)。

可以制备浓度为 50% 的菊粉水溶液。当浓度高于 25% 的菊粉热溶液被冷却时,会形成热可逆的凝胶。菊粉凝胶常被描述为颗粒状凝胶(尤其是在剪切后),具有奶油状的、类似脂肪的质构。因此,菊粉可用于低脂食品中的脂肪替代物。它可以改善低脂冰淇淋和色拉的质构和口感。菊粉可添加于营养品、早餐、膳食替代棒、运动/能量棒、大豆饮料和植物馅饼。

菊粉和低聚果糖都不能被胃和小肠中的酶消化。因此它们是膳食纤维(详见 3.4)的组分。它们的血糖指数为零,因此不会升高血液中的葡萄糖和胰岛素水平。

3.3.17　聚葡萄糖[46,48]

在酸性催化剂存在下,糖在干燥状态(加或不加酒精)加热时,会形成糖苷键(详见 3.1.3)。将 D-葡萄糖(至少 90%)、D-葡萄糖醇/山梨醇(不超过 2%)和柠檬酸一起加热,会产生聚葡萄糖(详见第 12 章)。由于 D-葡萄糖和山梨醇都有多个羟基,会形成多种糖苷键,因此聚葡萄糖链是高度支链化的。聚葡萄糖平均聚合度为 12,可能是低聚糖,也可能是多糖。

它 90% 是膳食纤维(详见 3.4),也就是说,它只有 10% 可消化,因此热量值很低。聚葡萄糖也是一种益生元(详见 3.4)。它可替代蔗糖的功能特性,在固体产品中作为无甜味的填充剂,但依然保持高强度甜味剂的感官特性;作为一种保湿剂,以防止或减少烘焙馅料和营养棒中的水分迁移;降低低糖含乳甜点和其他低糖或无糖产品的冰点。它能够替代脂质,可用于无脂冰淇淋和低脂饼干。

3.3.18 小结

（1）多糖是由20~60000个单糖单元通过糖苷键连接而成的多聚物。

①作为多羟基聚合物，所有的多糖要么是水溶性的，要么是可结合水的，可形成水溶性凝胶，使体系黏度增加而增稠。

②多糖溶液的黏度取决于分子大小、形状、刚性和多糖链的浓度。

③大多数多糖溶液在食品常见浓度下表现为假塑性或触变性流体。

④多糖凝胶一般是通过聚合物链之间形成的接合区得以稳定的。

⑤多糖在酸性条件下可发生水解，但促进水解的具体条件各不相同。

（2）食品中最丰富的多糖是淀粉，淀粉是唯一可消化的多糖，它通过转化为单糖单元（D-葡萄糖）来提供全世界人类饮食中的大部分热量，由直链淀粉和支链淀粉两种多糖组成。

①淀粉颗粒的独特之处在于，聚合物链在植物中排列成半结晶、水不溶性聚集体（1~100μm）。这些颗粒必须先在水中加热，才能溶解聚合物链，展现淀粉的功能性。

②淀粉用作食品配料时通常经过化学修饰，以增强和拓展其物理性质。

（3）其他来自陆地植物、海洋藻类、微生物和化学改性纤维素的水溶性多糖，被称为亲水胶体，被用作食品增稠剂、稳定剂、黏合剂和胶凝剂等。

3.4 膳食纤维、益生元和碳水化合物消化率[7,10-14,20,22,23,26,31,34,38,44,55,59,62,64,68,70,80]

可溶性和不溶性膳食纤维的潜在优势、碳水化合物纤维的益生作用以及小肠和大肠内碳水化合物分解代谢之间的相互关系，都是人们感兴趣的重要领域。营养学家设定膳食纤维的需求量为25~50g/d。传统上，膳食纤维提供多种健康益处，有助于胃肠道的正常运作。膳食纤维主要由亲水性分子组成，这些分子能增加肠道和粪便的体积（主要是通过持水能力），来降低肠道运送时间和防止便秘。可溶性纤维可降低血液胆固醇的水平，可能是通过清除胆盐和减少被大肠重新吸收的机会，从而降低心脏病的发病率。益生纤维特别有助于减轻炎症性肠道疾病，减少结肠癌和直肠癌的发病率。通过对结肠发酵及短链脂肪酸发酵产物的影响，益生纤维还具有免疫调节功能。碳水化合物的营养特性、生理效应以及对人类健康幸福的作用，是食品科学研究中非常热门的领域。

膳食中的低聚糖和多糖是可消化的（主要指淀粉类产品）或部分可消化的，抗性淀粉以及大多数多糖通过人的小肠是不可消化。糊化后的淀粉是唯一能被人体酶水解的多糖，即分解成D-葡萄糖，被小肠的微绒毛吸收，提供人体主要的代谢能量。只有当完全消化水解成单糖时，碳水化合物才能被吸收和分解（只有单糖能被小肠壁吸收，因为只有淀粉能被消化，所以人体中多糖经消化只得到D-葡萄糖）。

植物细胞壁材料（主要是纤维素）、其他非淀粉类多糖和木质素，是蔬菜、水果和其他植物材料中的天然成分，也可作为食品胶添加到加工食品中（详见3.3.7~3.3.17），它们在人的胃或小肠中不能被消化（胃的酸度尚不够强，在胃中的停留时间也不够长，不会引起显著的化学键断裂)。膳食纤维还包括高聚物以外的一些物质,包括不可消化的低聚糖,例如豆类中的棉籽糖和水苏糖(详见3.2.3)。所有这些物质的唯一共同点是在小肠内不可消化,这是被归类为膳食纤维组分的主要标准。

谷物麸皮、芸豆和菜豆(海军豆)也是特别好的膳食纤维来源。用亚麻籽壳制得的一种膳食纤维具有高的持水性,在肠道内通过时间非常快,可以防止便秘。销售以甲基纤维素(MC)为基料的产品也是出于相同的目的。其他亲水胶体,因为它们是不可消化的,也是膳食纤维。膳食纤维中一个重要组分是水溶性多糖,即 β-葡聚糖,燕麦和大麦中含有较多的 β-D-葡聚糖。燕麦 β-葡聚糖已成为一种商品食品配料,已证实它能有效降低血清胆固醇。燕麦 β-葡聚糖是由 β-D-吡喃葡萄糖基单元组成的直链多糖,其中约70%是1→4糖苷键连接,约30%是1→3糖苷键连接。2或3个1→4糖苷键连接隔1个1→3糖苷键连接,因此分子是由(1→3)糖苷键连接 β-纤维三糖基[→3)-βGlcp-(1→4)-βGlcp-(1→4)-βGlcp-(1→]和 β-纤维素四糖基单元组成(图3.55)。这种(1→4,1→3)-β-葡聚糖常称为混合连接 β-葡聚糖。

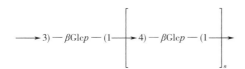

图3.55 燕麦和大麦 β-葡聚糖的结构示意图

其中 n 一般是1或2,有时可能大于2(缩写表示)。

正常人和糖尿病患者从食物中摄食 β-葡聚糖后,可减少饭后血清葡萄糖水平和胰岛素响应,即减轻血糖响应。这个作用似乎与黏度有关。β-葡聚糖也可减少大鼠、鸡和人的血清胆固醇浓度。这些都是水溶性膳食纤维所具有的典型的生理作用。其他的水溶性多糖也有相似的作用,但是作用的程度不同。

小肠中不被人体酶消化为单糖的碳水化合物(除蔗糖、乳糖以及由淀粉制成的产物如麦芽糊精)将作为膳食纤维进入结肠或大肠。当未消化的多糖到达大肠时,它们会接触到常见的肠道微生物,其中一些微生物会产生酶,催化多糖或部分多糖分子的水解。其结果是,在前段肠道中没有被裂解的多糖可以被大肠内的细菌降解和利用。从多糖链中产生的糖被大肠微生物用作厌氧发酵途径的能量来源,产生乳酸、乙酸、丙酸、丁酸和戊酸。这些短链酸可以通过人体肠壁部分吸收,并主要在肝脏中进行能量代谢。此外,释放的一小部分(有时也很突出)糖可以被肠壁吸收,并被输送到门静脉血流中,再被输送到肝脏并被代谢。经计算,平均7%的人类能量来源于大肠中的微生物分解多糖产生的糖,或通过厌氧发酵途径产生的短链酸。多糖裂解的程度取决于产生特定酶的特定微生物的数量。到达大肠尚未被消化,而被上述结肠的微生物群所代谢的一类特殊的膳食纤维,被称为益生元。益生元是一类不被人类小肠酶消化的物质,选择性地促进胃肠道中已经存在的有益微生物的生长和生物活性,特别是在大肠或结肠中,为宿主提供良好的生理效应和健康益处。

抗性淀粉(RS)既是膳食纤维的来源,也是一种新兴的益生元[60]。食物中的一些淀粉可能能够完好无损地通过小肠,即不被消化。RS是膳食纤维的一个特别重要的组成部分,因为它在结肠发酵过程中产生比其他形式的纤维更多的丁酸(丁酸与预防结直肠癌有关)。传统上认可的RS类型有四种,最近发现了第五种。RS1包含在植物细胞中(如某些蔬菜组织),是唾液和胰腺 α-淀粉酶所不能作用的淀粉。RS2是未经烧煮的颗粒状淀粉。例如,高直链淀粉玉米淀粉作为 RS 和膳食纤维的来源在市场上销售,因为它的一些颗粒即使在典型的烹饪温度(含有较高水量的产品为 100℃,低水分产品的温度超过 100℃)时仍未被糊化。RS3 是老化淀粉(主要是老化直链淀粉),含有 RS3 产品的例子是煮沸和冷却过的马铃薯(例如,马铃薯色拉)和面包及相关产品。RS4 是一些经化学修饰的抗性淀粉,而 RS5 则由脂类复合直链淀粉组成。还有一个问题是,人类主要从淀粉中获取释放的葡萄糖,如何修饰淀粉,使葡萄糖释放出的速率不会导致餐后血糖水平(称为高血糖峰值)的大幅增加。

菊粉和低聚果糖(FOS)是由菊粉衍生而来的常用配料,用于食品中添加膳食纤维(详见 3.3.16)。这些物质也是值得关注的益生元。

3.4.1　小结

(1) 只有单糖才能通过小肠壁进入血液,只有蔗糖、乳糖、淀粉和淀粉产生的低聚糖才能被人类消化酶水解成单糖(D-葡萄糖、D-果糖和 D-半乳糖)。

(2) 所有其他碳水化合物都是膳食纤维的组成部分,即不可消化的食物成分。膳食纤维带来健康益处,例如,增加粪便体积、减少粪便转运时间和降低血清胆固醇水平。

(3) 益生元是一种在胃肠道(特别是结肠)转运过程中发酵的膳食纤维源,对有益宿主健康的选择性肠道菌群的生长或生物活性有促进作用。抗性淀粉能够以未消化的形式到达结肠,可作为有益微生物菌群的益生元底物。

思考题

1. 用开链式写出 D-和 L-甘露糖的结构。

2. 说明 D-果糖的开链形式如何转化为 α-D-呋喃糖和 α-D-吡喃糖的环式(写出 Haworth 投影)。

3. 将 α-D-吡喃半乳糖和 β-D-吡喃半乳糖的结构表达为(1)Haworth 投影,(2)构象结构($^4C_1$)。

4. 什么是变旋行为? 变旋的结果是什么?

5. 用反应式说明甘露醇是如何产生的。糖在这个过程中会发生什么样的反应?

6. 列出非酶褐变(美拉德反应)所需的(1)反应物和(2)反应条件。

7. 描述可用来减少食品中非酶褐变的具体条件。

8. 麦芽糖是一种糖苷吗? 为什么?

9. 写出乳糖、麦芽糖和蔗糖的结构。

10. 解释为什么乳糖和麦芽糖可以是美拉德反应的直接反应物,而蔗糖不是。

11. 如果要设计理想的假塑性多糖,它要具有怎样的分子特征?

12. 绘制典型的多糖凝胶的示意图,标注凝胶结构中的关键成分。

13. 描述直链淀粉和支链淀粉的一般分子结构。

14. 为什么要先在足够的水中加热淀粉才能实现它作为增稠剂和/或凝胶剂的功能?

15. 描述淀粉的糊化过程。可绘制一张图,以利于你的表达。

16. 什么是淀粉回生? 对于食品体系,这是一种期望的,还是不期望的现象?

17. 解释交联淀粉的概念,为什么要使用交联淀粉?

18. 对比 HM 和 LM 果胶凝胶所需的条件。描述对这两种多糖形成不同凝胶起主要作用的分子特性。

19. 分别举例说明一种理想的亲水胶体,可体现下列特性:(1)高黏度,(2)假塑性行为,(3)对强酸稳定,(4)乳化性,(5)脂肪替代,(6)热凝胶,(7)在阳离子存在时形成凝胶。

20. 给出益生元的定义。益生元的潜在益处是什么?

参考文献

1. Aguilera, J. M., L. Cadoche, C. Lopez, and G. Guitierrez (2001). Microstructural changes of potato cells and starch granules heated in oil. *Food Research International 34*:939–947.

2. Becalski, A., B.P.-Y. Lau, D. Lewis, and S.W. Seaman (2003). Acrylamide in foods: Occurrence, sources, and modeling. *Journal of Agricultural and Food Chemistry 51*:802–808.

3. Belitz, H.-D., W. Grosch, and P. Schieberle, eds. (2004). *Food Chemistry*, Springer-Verlag, Berlin, Germany, Chapter 4.

4. BeMiller, J.N. (2007). *Carbohydrate Chemistry for Food Scientists*, 2nd edn., AACC International, St. Paul, MN.

5. BeMiller, J. N. and R. L. Whistler, eds. (2009). *Starch: Chemistry and Technology*, 3rd edn., Academic Press, New York.

6. Bertolini, A.C., ed. (2010). *Starches: Characterizations, Properties, and Application*, CRC Press, Boca Raton, FL.

7. Biliaderis, C. G. and M. S. Izydorczyk (2007). *Functional Food Carbohydrates*, CRC Press, Boca Raton, FL.

8. *British Journal of Nutrition* (2005). *93* (Suppl): 1.

9. Campo, V.L., D.F. Kwano, D.B. da Silva, and I. Carvalho (2009). Carrageenans: Biological properties, chemical modifications and structural analysis—A review. *Carbohydrate Polymers 77*:167–180.

10. Charalampopoulos, D. and R. A. Rastall, eds. (2009). *Prebiotics and Probiotics Science and Technology*, Springer, New York.

11. Cho, S.S., ed. (2012). *Dietary Fiber and Health*, CRC Press, Boca Raton, FL.

12. Cho, S.S. and M.L. Dreher, eds. (2001). *Handbook of Dietary Fiber*, Marcel Dekker, New York.

13. Cho, S.S. and E.T. Finocchiaro, eds. (2009). *Handbook of Prebiotics and Probiotics Ingredients: Health Benefits and Food Applications*, CRC Press, Boca Raton, FL.

14. Cho, S.S. and P. Samuel, eds. (2009). *Fiber Ingredients: Food Applications and Health Benefits*, CRC Press, Boca Raton, FL.

15. Chronakis, I.S. (1998). On the molecular characteristics, compositional properties, and structural-functional mechanisms of maltodextrins: A review. *Critical Reviews in Food Science and Technology 38*: 599–637.

16. Dickinson, E., ed. (1991). *Food Polymers, Gels, and Colloids*, The Royal Society of Chemistry, London, U.K.; 16a. Dill, W.L. (1993). Protein fructosylation: Fructose and the Maillard reaction. *American Journal of Clinical Nutrition 58*:779S–787S.

17. Dodzluk, H., ed. (2006). *Cyclodextrins and Their Complexes*, Wiley-VCH, New York.

18. Dumitriu, S., ed. (1998). *Polysaccharides*, Marcel Dekker, New York.

19. Eliasson, A.-C., ed. (2004). *Starch in Food: Structure, Function and Applications*, Woodhead Publishing, Cambridge, U.K.

20. Eliasson, A.-C., ed. (2006). *Carbohydrates in Foods*, 2nd edn., Taylor & Francis, Boca Raton, FL.

21. Embuscado, M.E., ed. (2014). *Functionalizing Carbohydrates for Food Applications*, DEStech Publications, Lancaster, PA.

22. Flamm, G., W. Glinsman, D. Kritchevsky, L. Prosky, and M. Roberfroid (2001). Inulin and oligofructose as dietary fiber: A review of the evidence. *Critical Reviews of Food Science and Nutrition 41*: 353–362.

23. Flickinger, E. A., J. V. Loo, and G. C. Fahey, Jr. (2003). Nutritional responses to the presence of inulin and oligofructose in the diets of domesticated animals: A review. *Critical Reviews of Food Science and Nutrition 43*:19–60.

24. Freidman, M. (2003). Chemistry, biochemistry, and safety of acrylamide: A review. *Journal of Agricultural and Food Chemistry 51*:4504–4526.

25. Fuchs, A., ed. (1993). *Inulin and Inulin-Containing Crops*, Elsevier, Amsterdam, the Netherlands.

26. Gibson, G. R. and M. B. Roberfroid, eds. (2008). *Handbook of Prebiotics*, CRC Press, Boca Raton, FL.

27. Granvogl, M. andP. Schieberle (2006). Thermally generated 3-aminopropionamide as a transient intermediate in the formation of acrylamide. *Journal of Agricultural and Food Chemistry 54*:5933-5938.

28. Gray, J.A. and J.N. BeMiller (2003). Bread staling: Molecular basis and control. *Comprehensive Reviews of Food Science and Food Safety 2*:1-21.

29. Higley, J., J.-Y. Kim, K.C. Huber, and G. Smith (2012). Added versus accumulated sugars on color development and acrylamide formation in French-fried potato strips. *Journal of Agricultural and Food Chemistry 60*:8763-8771.

30. Hoefler, A.C. (2004).*Hydrocolloids*, American Association of Cereal Chemists, St. Paul, MN.

31. Holownia, P., B. Jaworska-Luczak, I. Wisniewska, P. Bilinski, and A. Wojtyla (2010). The benefits & potential health hazards posed by the prebiotic inulin—A review. *Polish Journal of Food and Nutrition Sciences 60*:201-211.

32. Hull, P. (2010). *Glucose Syrups*: *Technology and Applications*, Wiley-Blackwell, Chichester, U.K.; 32a. Imberty, A., A. Buléon, V. Tran, and S. Perez (1991). Recent advances in starch structure. *Starch/Stärke 43*:375-384.

33. Imeson, A., ed. (2010). *Food Stabilisers, Thickeners, and Gelling Agents*, Wiley-Blackwell, Oxford, U.K.

34. Izydorczyk, M.S. and J.E. Dexter (2008). Barley β-glucans and arabinoxylans: Molecular structure, physicochemical properties, and uses in food products—Areview. *Food Research International 41*:850-868.

35. Jane, J.-L., S.L. Kasemsuwan, S. Leas, H. Zobel, and J.F. Robyt (1994). Anthology of starch granule morphology by scanning electron microscopy. *Starch/Stärke 46*:121-129.

36. Jarvis, M.C. (1998). Intercellular separation forces generated by intracellular pressure. *Plant Cell and Environment 21*:1307-1310.

37. Jarvis, M.C., E. MacKenzie, and H.J. Duncan (1992). The textural analysis of cooked potato. 2. Swelling pressure of starch during gelatinization. *Potato Research 35*:93-102.

38. Kalyani Nair, K., S. Kharb, and D.K. Thompkinson (2010). Inulin dietary fiber with functional health attributes—A review. *Food Reviews International 26*:189-203.

39. Lapasin, R. and S. Pricl (1995). *Rheology of Industrial Polysaccharides*, Chapman & Hall, New York.

40. Labuza, T.P., G.A. Reineccius, V. Monnier, J. O' Brien, and J. Baynes, eds. (1995). *Maillard Reactions in Chemistry, Food, and Health*, CRC Press, Boca Raton, FL.

41. Madrigal, L. and E. Sangronis (2007). Inulin and derivatives as key ingredients in functional foods.*Archivos Latinoamericanos de Nutricion 57*:387-396.

42. Mathlouthi, M. and Reiser, P., eds. (1995). *Sucrose*: *Properties and Applications*, Blackie Academic & Professional, Glasgow, U.K.

43. Mathur, N.K.(2011). *Industrial Galactomannan Polysaccharides*, CRC Press, Boca Raton, FL.

44. McCleary, B.V. and L. Prosky, eds. (2001). *Advanced Dietary Fibre Technology*, Blackwell Science, London, U.K.

45. Miles, M.J., V.J. Morris, P.D. Orford, and S.G. Ring (1985). The roles of amylose and amylopectin in the gelation and retrogradation of starch. *Carbohydrate Research 135*:271-281.

46. Mitchell, H., ed. (2006).*Sweeteners and Sugar Alternatives in Food Technology*, Blackwell, Oxford, U.K.

47. Morris, V.J. (1994). Starch gelation and retrogradation. *Trends in Food Science and Technology 1*:2-6.

48. Nabors, L.O., ed. (2012). *Alternative Sweeteners*, 4th edn., CRC Press, Boca Raton, FL.

49. Nishinari, K. and E. Doi, eds.(1993). *Food Hydrocolloids*, Plenum Press, New York.

50. Nursten, H.E. (2005).*The Maillard Reaction*: *Chemistry, Biochemistry, and Implications*, The Royal Society of Chemistry, Cambridge, U.K.

51. Nussinovitch, A.(1997). *Hydrocolloid Applications*: *Gum Technology in Food and Other Applications*, Blackie Academic & Professional, London, U.K.

52. Ormerod, A., J. Ralfs, S. Jobling, and M. Gidley (2002). The influence of starch swelling on the material properties of cooked potatoes. *Journal of Materials Science 37*:1667-1673.

53. Parker, J.K., D.P. Balagiannis, J. Higley, G. Smith, B.L. Wedzicha, and D.S. Mottram (2012). Kinetic model for the formation of acrylamide during the finish-frying of commercial French-fries. *Journal of Agricultural and Food Chemistry 60*:9321-9331.

54. Pennington, N.L. andC.W. Baker, eds. (1990). *Sugar*: *A User's Guide to Sucrose*, Van Nostrand Reinhold, New York.

55. Phillips, G.O. and P.A. Williams, ed. (2009). *Handbook of Hydrocolloids*, 2nd edn., Woodhead Publishing, Cambridge, U.K.

56. Roberfroid, M. (2004). *Inulin-type Fructans*: *Functional Food Ingredients*, CRC Press, Boca Raton, FL.

57. Rydberg, P., S. Eriksson, E. Tareke, P. Karlson, L. Ehrenberg, and M. Tornqvist (2003). Investigations of factors that influence the acrylamide content of heated foodstuffs. *Journal of Agricultural and Food Chemistry 51*:7012-7018.

58. Schenck, F.W. and R.E. Hebeda, eds. (1992).

Starch Hydrolysis Products, VCH Publishers, New York.

59. Seidermann, J. (1966). *Stärke - Atlas*, Paul Parey, Berlin, Germany.

60. Shi, Y.–C. and C.C. Maningat, eds. (2013). *Resistant Starch: Sources, Applications and Health Benefits*, Wiley–Blackwell, Chichester, UK.

61. Slade, L. and H. Levine(1989). A food polymer science approach to selected aspects of starch gelatinization and retrogradation, in *Frontiers in Carbohydrate Research—1* (R.P. Millane, J.N. BeMiller, and R. Chandrasekaran, eds.), Elsevier Applied Science, Amsterdam, the Netherlands, pp. 215–270.

62. Slavin, J. (2013). Fiber and prebiotics: Mechanisms and health benefits. *Nutrients 5*: 1417–1435.

63. Stephen, A.M., G.O. Phillips, and P.A. Williams, eds. (2006). *Food Polysaccharides and Their Applications*, 2nd edn., CRC Press, Boca Raton, FL.

64. Swennen, K., C.M.Curtin, and J.A. Delcour (2006). Non-digestible oligosaccharides with prebiotic properties. *Critical Reviews in Food Science and Technology 46*: 459–471.

65. Szente, L. andJ. Szejtli (2004). Cyclodextrins as food ingredients. *Trends in Food Science and Technology 15*: 137–142.

66. Tomasik, P. (2003). *Chemical and Functional Properties of Food Saccharides*, CRC Press, Boca Raton, FL. 67. Tomasik, P., M. Palasinski, and S. Wiejak (1989). The thermal decomposition of carbohydrates. Part 1. The decomposition of mono-, di-, and oligosaccharides. *Advances in Carbohydrate Chemistry and Biochemistry 47*: 203–278.

68. Tungland, B.C. and D. Meyer (2002). Nondigestible oligo - and polysaccharides (dietary fiber): Their physiology and role in human health and food. *Comprehensive Reviews in Food Science and Food Safety 1*: 73–92.

69. Van Beynum, G.M.A. and J.A. Roels, eds. (1985). *Starch Conversion Technology*, Marcel Dekker, New York.

70. van der Kamp, J.W., N.–G. Asp, J.M. Jones, and G. Schaafsma, eds. (2004). *Dietary Fibre: Bio - Active Carbohydrates for Food and Feed*, Wageningen Academic Publishers, Wageningen, the Netherlands.

71. Varzakas, T., A. Labropoulos, and S. Anestis, eds. (2012). *Sweeteners: Nutritional Aspects, Applications, and Production Technology*, CRC Press, Boca Raton, FL.

72. Walter, R.H., ed.(1998). *Polysaccharide Association Structures in Food*, Marcel Dekker, New York.

73. Whistler, R.L. andJ.N. BeMiller, eds. (1993). *Industrial Gums*, 3rd edn., Academic Press, San Diego, CA.

74. Whistler, R.L., J.N. BeMiller, and E.F. Paschall, eds. (1984). *Starch: Chemistry and Technology*, 2nd edn., Academic Press, New York.

75. Wilson, R., ed. (2007).*Sweetness*, 3rd edn., Wiley–Blackwell, Oxford, U.K.

76. Wurzburg, O.B., ed. (1986). *Modified Starches: Properties and Uses*, CRC Press, Boca Raton, FL.

77. Yaylayan, V.A. and A. Huyghues–Despointes (1994). Chemistry of Amadori rearrangement products: Analysis, synthesis, kinetics, reactions, and spectroscopic properties. *Critical Reviews in Food Science and Nutrition 34*: 321–369.

78. Yaylayan, V.A., A. Wnorowski, and C. Perez Locas (2003). Why asparagine needs carbohydrates to generate acrylamide. *Journal of Agricultural and Food Chemistry 51*: 1753–1757.

79. Young, R.A. and R.M. Rowell, eds. (1986). *Cellulose*, John Wiley, New York.

80. Zhang, G. and B.R. Hamaker(2010). Cereal carbohydrates and colon health. *Cereal Chemistry 87*: 331–341.

81. Zyzak, D.V., R.A. Sanders, M. Stojanovic, D.H. Tallmadge, B.L. Eberhart, D.K. Ewald, D.C. Gruber et al. (2003). Acrylamide formation mechanisms in heated foods. *Journal of Agricultural and Food Chemistry 51*: 4782–4787.

拓展阅读

1. Belitz, H.–D., W. Grosch, and P. Schieberle, eds. (2004). *Food Chemistry*, Springer - Verlag, Berlin, Germany, Chapters 4 and 19.

2. BeMiller, J.N. (2007). *Carbohydrate Chemistry for Food Scientists*, 2nd edn., American Association of Cereal Chemists, St. Paul, MN.

3. BeMiller, J.N. (2010). Carbohydrate analysis, in *Food Analysis*, 4th edn. (S.S. Nielsen, ed.), Kluwer Academic/Plenum Publishers, New York, Chapter 10.

4. BeMiller, J.N. and K.C. Huber (2011). Starch, in *Ullmann's Encyclopedia of Industrial Chemistry*, 7th edn. (B. Elvers, ed.), Wiley–VCH, Weinheim, Germany.

5. Biliaderis, C.G. and M.S. Izydorczyk (2007). *Functional Food Carbohydrates*, CRC Press, Boca Raton, FL.

6. Cui, S.W., ed. (2005). *Food Carbohydrates: Chemistry, Physical Properties, and Applications*, CRC Press, Boca Raton, FL.

7. Eliasson, A.–C., ed. (2006).*Carbohydrates in Food*, 2nd edn., Marcel Dekker, New York.

8. Huber, K. C. and J. N. BeMiller (2010). Modified starch: Chemistry and properties, in *Starches: Characterization, Properties, and Applications* (A. Bertolini, ed.), Taylor & Francis Group, LLC, Boca Raton, FL.

9. Huber, K. C., J. N. BeMiller, and A. McDonald (2005). Carbohydrate chemistry, in *Handbook of Food Science, Technology, and Engineering*, Vol. 1 (Y. Hui, ed.), Taylor & Francis Group, LLC, Boca Raton, FL.

10. International Union of Pure and Applied Chemistry and International Union of Biochemistry and Molecular Biology. Nomenclature of Carbohydrates, *Pure and Applied Chemistry* 68: 1919–2008 (1996), *Carbohydrate Research* 297: 1–92 (1997), *Advances in Carbohydrate Chemistry and Biochemistry* 52: 43–177 (1997), http://www.chem.qmul.ac.uk/iupac/2carb/ (1996). (*Note*: These published documents are identical.)

11. Imeson, A., ed. (2010). *Food Stabilisers, Thickeners, and Gelling Agents*, Wiley–Blackwell, Oxford, U.K.

12. Nursten, H.E. (2005). *The Maillard Reaction: Chemistry, Biochemistry, and Implications*, The Royal Society of Chemistry, Cambridge, U.K.

13. Stephen, A.M., G.O. Phillips, and P.A. Williams, eds. (2006). *Food Polysaccharides and Their Applications*, 2nd edn., CRC Press, Boca Raton, FL.

14. Tomasik, P., ed. (2003). *Chemical and Functional Properties of Food Saccharides*, CRC Press, Boca Raton, FL.

15. Wrolstad, R. E. (2012). *Food Carbohydrate Chemistry*, Wiley–Blackwell, London, U.K.

脂类 4

David Julian McClements and Eric A. Decker

4.1 引言

　　脂类是由一大类溶于有机溶剂而不溶于水的化合物组成。一般来讲,食用脂类是指脂肪(固体)和油(液体),暗含了它们在常温环境下的物理状态。食用脂类也被分成非极性脂类(如甘油三酯和胆固醇)和极性脂类(如磷脂),暗含了它们的溶解性和功能性质的不同。在不同食品中,脂类总含量和脂类组成变化非常大。由于食用脂类能够改善食品属性,如对食品质量有重要作用的结构、风味、营养和热量密度,因而在过去几十年食品发展研究中,这些重要食品组分的研究已经成为一个主要课题。这些研究集中在脂类组成的变化对结构改变、脂肪酸和胆固醇组分改变、总脂肪的降低、生物利用率的改变以及提高脂类的氧化稳定性。此外,脂类的物理稳定性对食品质量有重要影响,因为很多脂类以热力动力学不稳定的分散液/乳状液形式存在。为了改变脂类组成以保证高质量的食品产品,关键是要对脂类的物理化学性质有很好地理解。这一章将集中讨论脂类的化学组成,结晶行为、改进脂肪酸和甘油三酯组成的方法、物理化学性质、氧化破坏的趋势和脂类在健康和疾病中的作用。

4.2 脂类组成

　　接下来的部分是对食用脂类主要类别命名的一个简洁描述。对于脂类更多命名的信息见 O'Keefe[63] 或国际纯粹和应用化学家协会(IUPAC)网站 http://www.chem.qmul.ac.uk/iupac/lipid。

4.2.1 脂肪酸

　　脂类的主要成分是脂肪酸,是一类含有一个羧酸官能团的脂肪链的化合物。绝大部分天然脂肪酸直链中含有偶数个碳,这是因为在脂肪酸延长的生物过程中总是有两个碳被同时加入。含有奇数碳的脂肪酸和支链可以在源头找到,如微生物和乳脂肪。自然中的大多

146

数脂肪酸含有 14~24 个碳。但是热带油和乳脂肪含有大量的＜14 碳的短链脂肪酸脂肪酸。脂肪酸一般被分为饱和的和不饱和的脂肪酸,不饱和脂肪酸含有双键。脂肪酸可以用系统命名、俗名和缩写名来描述。

4.2.1.1　饱和脂肪酸的命名

　　IUPAC 已经标准化了脂肪酸的系统描述。IUPAC 基于碳数系统命名脂肪酸的母体碳水化合物(如十碳为癸)。因为脂肪酸含有一个羧酸官能团,碳水化合物名字终端的 e 由 oic 代替(如 decanoic,表 4.1)。绝大部分偶数碳脂肪酸和很多奇数碳脂肪酸都有俗名(表 4.1)。很多俗名源于这种脂肪酸传统上的来源(如棕榈酸和棕榈油)。数字系统命名可用于名字缩写。在这个系统中第 1 个数字指脂肪酸的碳数,而第 2 个数字指双键数(如十六烷酸:棕榈酸＝16:0)。显然地,对于饱和脂肪酸第 2 个数字总是 0。

表 4.1　　　　　　　　　　食品中存在的一些脂肪酸的命名

学名	普通名称	数值缩写
饱和脂肪酸		
己酸	己酸	6:0
辛酸	羊脂酸	8:0
癸酸	癸酸	10:0
十二酸	月桂酸	12:0
十四酸	肉蔻酸	14:0
十六酸	棕榈酸	16:0
十八酸	硬脂酸	18:0
不饱和脂肪酸		
顺式-9-油脂酯酸	油酸	18:1Δ9
顺式-9,-12-十八碳二烯酸	亚油酸	18:2Δ9
顺式-9,-12,-15-十八碳三烯酸	亚麻酸	18:3Δ9
顺式-5,-8,-11,-14-二十碳四烯酸	花生四烯酸	20:4Δ5
顺式-5,-8,-11~14,-17-十二碳五烯酸	EPA	20:5Δ5
顺式-4,-7,-10,-13,-16,-19-二十一碳六稀酸	DHA	22:6Δ4

4.2.1.2　不饱和脂肪酸的命名

　　在脂肪链中含有双键的脂肪酸为不饱和脂肪酸。在 IUPAC 系统中,用 enoic 代替 anoic 以表示它的不饱和性,以指出双键的存在(表 4.1)。根据双键的数目,di-、tri-、tetra-等被使用在名字中。不饱和脂肪酸也有俗名(除了一些长链聚不饱和脂肪酸),数字缩写系统与饱和脂肪酸相似,第二个数指双键数,如十八烷二不饱和脂肪酸＝18:2。在 IUPAC 系统中双键位置由 Δ 系统标出,指从脂肪酸的羧酸尾部到双键的位置。例如,含有 18 个碳和一个双键的油酸写成 9-十八碳烯酸,含有 18 碳和 2 个双键的亚油酸可以写成 9,12-十八碳二烯酸。另一种数字系统命名是 ω 系统(有时用"n"速记),它指出了从脂肪酸尾部甲基到双键的位置。ω 系统有时是有用的,因为脂肪酸和甘油酯化后,很多酶识别脂肪酸是从分子尾部的自由甲基开始的,因此该系统可以根据脂肪酸的生物活性和生物合成来源进行分类。例如,$\omega-3$ 脂肪酸经常在降低血脂含量方面有生物活性[11]。

在不饱和脂肪酸中,顺式构型是天然存在的形式。在顺式构型中,烷基位于分子的同一侧,而反式构型则是位于分子相反的两侧(图 4.1)。聚不饱和脂肪酸的双键(多于两个双键)通常被一个亚甲基分开,即戊二烯系统。在戊二烯系统中,双键在碳 1 和碳 4 位。换句话说,双键并不是共轭的,而是被一个亚甲基碳分开了(图 4.2)。这意味着大部分不饱和脂肪酸双键是以 3 个碳分隔的(如 9,12,15-十八碳三烯酸)。因此,对于大部分天然的不饱和脂肪酸,如果第一个双键的位置是已知的,就可预测出所有双键的位置。这也是为什么用数字缩写命名系统时,有时只给出双键数和第一个双键位置的原因(如 9,12,15-octadeca-trienoic = 18:3,$\Delta 9$ = 18:3,$\omega-3$)。

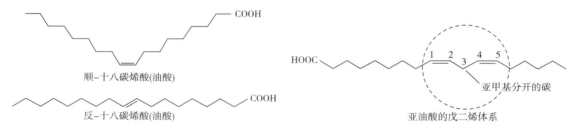

图 4.1　不饱和脂肪酸中顺式和反式双键的差异　　图 4.2　多不饱和脂肪酸亚油酸的戊二烯结构

双键的存在影响脂肪酸的熔点。在构象中的双键会使脂肪酸有弯曲构象。因此,不饱和脂肪酸不是线性的,因而使得确定它的构象方向很困难。由于硬脂酸的阻碍,在不饱和脂肪酸间的范德华作用相当弱;因此,在室温时它们主要以液态油的状态存在,即它们的熔点/凝固温度是相当低。随着双键数目的增加,分子会变得更加弯曲,范德华相互作用进一步下降,同时熔点也会下降。有反-式构象双键的不饱和脂肪酸比有顺-式构象双键的不饱和脂肪酸有更好的线性。这导致分子间包裹更紧,熔点更高。例如,硬脂酸的熔点约为70℃,油酸是 5℃,反式油酸是 44℃[66]。

4.2.2　甘油酯

在植物和动物中发现的脂肪酸超过 99% 的都与甘油发生了酯化。在活体组织中,游离脂肪酸并不普遍,因为它们能够破坏细胞膜组织,是细胞毒素。一旦脂肪酸与甘油发生了酯化,它们的表面活性就会降低,它们的细胞毒性也会降低。

甘油酯可以以甘油一酯、甘油二酯和甘油三酯的形式存在,其中,甘油三酯在食品中最常见,尽管有甘油一酯和甘油二酯也被用作食品添加剂(如乳化剂)。如果甘油尾碳上为不同的脂肪酸,那么甘油三酯中心碳原子就具有手性。由于这个原因,甘油三酯中甘油部分的三个碳可以用立体标号来区分(sn)。如果甘油三酯被投射成一个平面的 Fischer 散射图,那么碳从上到下用 1~3 编号。

甘油三酯可以用几种不同的系统命名。甘油三酯经常用脂肪酸的俗名命名。如果这种甘油三酯只含有一种脂肪酸(如缩写成 St 的硬脂酸),那么它就可以命名为三硬脂酸甘油酯、三硬脂酸酯、甘油硬脂酸酯、StStSt 或 18:0-18:0-18:0。含有不同脂肪酸的甘油三酯根据每个脂肪酸立体结构是否已知而有不同的命名。这些不同的甘油三酯的命名用-ic 代替脂肪酸名字尾的-oyl。如果立体位置是未知的,那么一个含有甘油三酯的棕榈酸、油酸和硬脂酸可以被命名为棕榈酰-油酰-硬脂酰-甘油酯。如果脂肪酸的空间位置是已知的,*sn*-会被加入名字中,如 1-棕榈酰-2-油酰-3-硬脂酰-*sn*-甘油酯,*sn*-1-棕榈酰-2-油酰-3-硬脂酰或 *sn*-甘油酰-1-棕榈酰-2-油酰-3-硬脂。如果其中两个脂肪酸是相同的,则名称可被简化为 1,2-二棕榈酰-3-硬脂酰-*sn*-甘油酯,*sn*-1,2-二棕榈酰-3-硬脂或者 *sn*-甘油-1,2-二棕榈酰-3-硬脂酰。异甘油三酯也可以用脂肪酸的简写来表示,比如,对于 1-棕榈酰-2-油酰-3-硬脂酰-*sn*-甘油酯可以用 PStO 或 16:0-18:0-18:1(stereospecific 位置未知)或 *sn*-PStO 或 *sn*-16:0-18:0-18:1(stereospecific 位置已知)表示。

4.2.3　磷脂

　　磷脂或磷酸甘油酯是甘油三酯的改性,通常在 *sn*-3 位是磷酸根官能团(图 4.3 的结构磷脂)。最简单的磷脂是磷脂酸(PA),*sn*-3 位磷酸根官能团上的取代基为—OH。在 *sn*-3 位磷酸根官能团上的其他一些改性会产生卵磷脂(PC)、磷脂酰丝酸氨(PS)、磷脂酰乙醇胺(PE)和磷脂酰纤维醇(PI)(图 4.3)。命名法与甘油三酯是相似的,磷酸官能团的位置写在最后(如 1-棕榈酰-2-硬脂酰-*sn*-甘油-3-phosphoethanolamine)。术语"lyso"表示一个脂肪酸已经被从磷脂中移除了。在食品工业中,移除了一个脂肪酸的磷脂通常是指 *sn*-2 位脂肪酸被移除了的磷脂。官方命名法要求

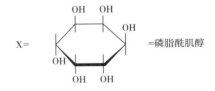

X=OH= 磷脂酸
X=O—CH$_2$—CH$_2$—NH$_2$=磷脂酰乙醇胺
X=O—CH$_2$—CH$_2$—NH$_2$(CH$_2$)$_3$=磷脂酰胆碱
X=O—CH$_2$—CH(NH$_2$)—COOH=磷脂酰丝氨酸

图 4.3　食品中普遍存在的磷脂类结构

被移除脂肪酸的位置应在名字中标出(如 2-lysophospholipids,IUPAC)。在食品工业中,卵磷脂通常是指大豆卵磷脂和蛋黄卵磷脂,尽管如此,作为食品添加剂的卵磷脂固体通常不是纯的卵磷脂,而是含有不同磷脂的混合物,以及一些其他组分。

　　在磷脂中,强极性磷酸根的出现使这些化合物的表面具有了活性(详见第 7 章)。这一表面活性使磷脂按双分子层排布,这对生物细胞膜的性质是至关重要的。因为细胞膜需要维持流动性,在磷脂中发现的脂肪酸经常是不饱和的,以防止在室温下结晶。在 *sn*-2 位的脂肪酸经常比在 *sn*-1 位的脂肪酸更多的是不饱和的。在 *sn*-2 位的不饱和脂肪酸可以由磷脂酶释放出来,因此它们可以作为酶底物利用,如环氧酶和脂氧酶。磷脂的表面活性意味着它们通常可以作为乳化剂或通过改变脂质的结晶行为来改变油脂的物理性质(详见第 7 章)。

4.2.4 鞘脂类

鞘脂类通常指那些含有一个鞘氨醇基的油脂。通常的鞘脂类包括鞘磷脂（图4.4）、神经酰胺、脑苷脂和神经节苷脂。这些油脂通常发现它们与细胞膜有关，特别是和神经组织。它们一般不是食品油脂的主要成分。

4.2.5 固醇类

固醇是类固醇的衍生物。这些非极性油脂均含有3个六碳环和一个连在脂肪链上的五碳环（图4.4）。固醇在A环碳3位有一个羟基官能团。固醇酯是固醇和脂肪酸碳3位羟基发生酯化而成的。在植物中发现的固醇为植物甾醇，在动物中发现的固醇为动物固醇。胆固醇是在动物油脂中发现的主要的固醇。植物油脂中含有很多种固醇，主要是 β-谷甾醇和柱头甾醇。在植物油脂中也可以发现少量的胆固醇。固醇碳3位的羟基官能团使得这些化合物具有表面活性。因此，胆固醇可以嵌入细胞膜，对稳定细胞膜结构有重要

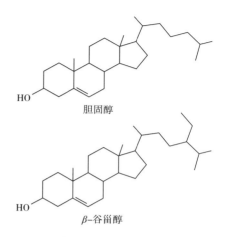

图4.4　食品中普遍存在的固醇类结构

作用。胆固醇也是重要的，因为它是合成胆汁酸的前体，7-脱氢胆固醇是通过紫外辐射皮肤产生维生素D的前体[68]。高血胆固醇和特别是低密度脂蛋白（LDL）中的高胆固醇已经被认为会增加心脏病的风险。由于这个原因，我们渴望降低饮食中胆固醇的含量。这可以通过降低饮食中的动物脂肪和/或通过超临界二氧化碳萃取或分子蒸馏去除动物脂肪中的胆固醇而实现。饮食中的植物甾醇降低了胆固醇在小肠的吸收，因此已经被添加到食品以降低血液胆固醇含量（详见4.12）。

4.2.6 蜡质

蜡质严格的化学定义是由长链酸和长链醇得到的酯。实际上，工业和食品蜡质是一个综合的化学类别，包括蜡质酯、固醇酯、酮、醇、碳水化合物和固醇类[68]。蜡质可以根据它们来源于动物、植物和矿物质而被分类为动物的（蜂蜡）、植物的（棕榈蜡）和矿物的（石油蜡）。在植物表面和动物组织中的蜡质能够限制水分流失或防水。蜡质通常被加在水果表面，以降低在贮藏期间的脱水。

4.2.7 混合油脂

别的食品油脂包括脂溶性维生素（维生素A、维生素D、维生素E和维生素K）和类胡萝卜素在本书的其他章节会有讲解。

4.2.8 脂肪的组成

食品油脂含有多种脂肪酸组分，见表4.2。在油脂中，我们可以发现几个一般的趋势。

表 4.2 常见食品中脂肪酸组成（只列出了这些产品中主要的脂肪酸）

单位：%

食品中油脂	4:0	6:0	8:0	10:0	12:0	14:0	16:0	16:1Δ9	18:0	18:1Δ9	18:2Δ9	18:3Δ9	20:5Δ5	22:6Δ4	总饱和	晶体习性
橄榄油							13.7	1.2	2.5	71.1	10.0	0.6			16.2	β
菜籽油							3.9	0.2	1.9	64.1	18.7	9.2			5.5	β
玉米油							12.2	0.1	2.2	27.5	57.0	0.9			14.4	β
大豆油						0.1	11.0	0.1	4.0	23.4	53.2	7.8			15.0	β
亚麻籽油							4.8		4.7	19.9	15.9	52.7			9.5	
椰子油		0.5	8.0	6.4	48.5	17.6	8.4	0.3	2.5	6.5	1.5				91.9	β'
可可油						0.1	25.8		34.5	35.3	2.9				60.4	β
乳脂	3.8	2.3	1.1	2.0	3.1	11.7	26.2	1.9	12.5	28.2	2.9	0.5			62.7	β'
牛肉脂肪				0.1	0.1	3.3	25.5	3.4	21.6	38.7	2.2	0.6			50.6	β'
猪肉脂肪				0.1	0.1	1.5	24.8	3.1	12.3	45.1	9.9	0.1			38.8	β
鸡肉					0.2	1.3	23.2	6.5	6.4	41.6	18.9	1.3			31.1	
大西洋鲑鱼						5.0	15.9	6.3	2.5	21.4	1.1	0.6	1.9	11.9	23.4	β'
鸡蛋						0.3	22.1	3.3	7.7	26.6	11.1	0.3			30.1	

资料来源：所有脂肪酸组成改编自 White, P. J. (2000)，在《食品中脂肪酸及其健康含义》中 153～174 页，纽约 Marcel Dekker 股份有限公司。只有大西洋鲑鱼来自 Ackman, R. G. (2000)。

大部分植物油,特别是那些来于油料种子的油,有很高的不饱和度,主要含有碳 18 系的脂肪酸。油酸在橄榄和加拿大油菜中含量高,亚油酸在大豆和谷物中含量高,亚麻酸在亚麻籽中含量高。来源于植物且含有大量饱和脂肪酸的甘油三酯包括可可黄油和热带油(如椰子)。椰子油和棕榈仁油独特的是它们含有大量的中等链长的脂肪酸,包括 8:0 到 14:0,最多的是 12:0。来源于动物的脂肪和油中饱和脂肪酸的含量多少顺序一般是牛乳脂肪>羊>牛>猪>鸡>火鸡>海水鱼。动物脂肪中脂肪酸的组成依赖于动物的消化系统以及部分依赖于它们饮食中的脂肪酸组成(如家禽、猪和鱼)。在非反刍类动物中,来源于海生动物的甘油三酯与众不同,因为它们含有大量的 $\omega-3$ 类脂肪酸,二十碳五烯酸和二十二碳六烯酸。在羊和牛中,饮食中的脂肪酸与在瘤胃中的微生物酶引起的生物加氢有关。这导致不饱和脂肪酸转化成了饱和脂肪酸,也能产生具有共轭双键的脂肪酸,如共轭亚麻酸(CLA)。由于反刍类动物主要消耗碳 18 系的植物性油脂,因而生物水合最终产物为硬脂酸。因此,黄油、牛油和羊油比来源于反刍类动物的脂肪含有更多的硬脂酸。反刍动物细菌也是非常独特的,因为它们能够发酵碳水化合物将其转化为乙酸盐和 $\beta-$ 羟基丁酸盐。在乳腺中,这些底物被转化为脂肪酸,赋予乳脂肪高浓度的、饱和短链的脂肪酸而在其他食物甘油三酯中没有发现。反刍动物细菌也促使酮基-,羟基-和支链脂肪酸的形成。由于反刍动物中细菌对脂肪酸的影响,乳脂肪包含数百种不同的脂肪酸。

在食品甘油三酯中,脂肪酸的立体结构变化很大。在一些脂肪中如牛油,橄榄油和花生油等,它们大部分脂肪酸是均匀地分布在甘油的三个位置。尽管如此,一些脂肪有特殊的规律。来源于植物的甘油三酯在 $sn-2$ 位有(聚)不饱和脂肪酸。最好的例子是可可黄油,超过 85% 的油酸在 $sn-2$ 位,棕榈酸和硬脂酸均匀地分布在 $sn-1$ 和 $sn-3$ 的位置。来源于动物的一些甘油三酯饱和脂肪酸集中在 $sn-2$ 位。例如,在乳脂肪和猪油中的棕榈酸主要在 $sn-2$ 位。脂肪酸的空间位置是影响其营养的一个重要决定因素。当甘油三酯在小肠中消化时,在 $sn-1$ 和 $sn-3$ 位的脂肪酸被胰脂酶释放,生成两个游离脂肪酸和一个 $sn-2$ 甘油一酯。如果长链饱和脂肪酸在 $sn-1$ 和 $sn-3$ 位,它们的生物利用率会更低,因为游离脂肪酸会形成不溶解钙盐。因此,在乳脂肪中将脂肪酸置于 $sn-2$ 位可能有利于儿童对这些脂肪酸的吸收。因为在 $sn-1$ 和 $sn-3$ 位的长链饱和脂肪酸不能被有效吸收,所以它们提供更少的热量[16]和对血脂形成有更少的影响。例如,当猪脂肪的脂肪酸是随机分布时,则棕榈酸会更多地分布在 $sn-1$ 和 $sn-3$ 的位置,棕榈酸在 $sn-2$ 的位置要少于比未改性的猪脂中棕榈酸有 65% 在 $sn-2$ 的位置。结构甘油三酯如 salatrim 的能量比正常脂肪要低,因为它们在 $sn-1$ 和 $sn-3$ 位有高浓度硬脂酸(18:0)(详见 4.12)。

4.2.9 小结

(1)脂肪酸是大多数食物脂质的主要组成部分。

(2)脂肪酸可以是饱和的,也可以是不饱和的,这影响了它们的物理和生物特性。

(3)食物中的脂类在脂肪酸组成上存在很大差异,这主要取决于脂质来源于植物还是动物。

(4)脂肪酸在甘油三酯上的位置也取决于植物源脂质还是动物源脂质。

4.3　油脂精炼

甘油三酯可从动物和植物中提取。熔炼是热处理过程,通过蒸煮动物副产物以及未充分利用的鱼类将其细胞结构破坏从而释放甘油三酯。植物甘油三酯可通过挤压(橄榄油)、溶剂萃取(油菜籽)或两种方法的结合(油脂的萃取见参考文献[44])。通过这种方式得到的粗油脂不仅含有甘油三酯同时还有脂类(如游离脂肪酸,磷脂,脂溶性臭味和类胡萝卜素)和非脂类(如蛋白质和碳水化合物)。因此要想得到理想的色泽、风味和保质期,这些成分都应该从油脂中除去。主要的精炼步骤如下所示。

4.3.1　脱胶

磷脂的存在将使油脂形成油包水(W/O)形式的乳状液。这些乳状液将使油变得浑浊,且当油加热至 100℃ 以上(外溅和起泡)时水将成为一种不利的因素。脱胶是通过添加 1%~3% 的水分在 60~80℃ 条件下加热 30~60min 从而除去磷脂的过程。通常还在水中加入少量的酸以增加磷脂的溶解性,这主要是因为柠檬酸可以结合钙和镁,从而减少磷脂的聚集,使它们更容易水合。接着通过沉淀、过滤或离心除去磷脂与水生成的胶。对于像大豆油一类的油,回收后的磷脂将以软磷脂的形式出售。

4.3.2　中和

游离脂肪酸会产生臭味,加速脂类氧化,产生泡沫和干扰氢化和酯化反应。中和是通过在粗油脂中加入氢氧化钠溶液使游离脂肪酸形成可溶的皂,然后通过油水相分离出去。氢氧化钠的使用量是由油脂中的游离脂肪酸浓度决定的。皂料可用于生产动物饲料或表面活性剂和洗涤剂。

4.3.3　漂白

粗油脂通常含有色素会使产品出现不理想的色泽(如类胡萝卜素、棉籽酚等)或加速油脂氧化(叶绿素)。通过混合 80~110℃ 的热油与吸附剂如中性白土、合成硅酸铝盐、活性炭或活性稀土等可去除色素,由于吸附剂会加速油脂氧化,该方法通常是在真空条件下操作。漂白的另外一个好处是可以同时去除残留的游离脂肪酸和磷脂以及分解油脂氢过氧化物。

4.3.4　脱臭

粗油脂包含一些不理想的风味化合物如油脂中天然存在的醛、酮和醇或者是在萃取和精炼过程中由油脂氧化反应生成的。这些风味化合物主要通过 180~270℃ 和低压蒸汽蒸馏除去。除臭工艺同时还可以分解油脂氢过氧化物从而提高油脂的氧化稳定性,但同时会导致反式脂肪酸的生成。后者是大多数含脂食物不含反式脂肪酸的原因。油也可以采用物理法精炼以去除游离脂肪酸和异味,从而跳过中和步骤。这个过程需要更高的温度,以增加产量,但同时也增加了反式脂肪酸的形成[85]。脱臭工艺结束后,加入柠檬酸(0.005%~0.01%)螯合和钝化促氧化的金属。除臭剂馏出物中的生育酚和甾醇可回收作为抗氧化剂和功能性食品添加剂(植物甾醇)。

4.4 甘油三酯的分子相互作用和结构

本节将重点讨论油脂的物理化学性质及其对食品特性的影响,尤其是油脂的分子结构和组织状态如何决定其功能特性(如熔点、结晶形态以及相互作用)及这些功能特性如何决定食品产品多种物理化学及感官特性(如质构、稳定性、外观及风味特性)。

尽管在食品体系中存在多种不同种类的油脂,但是本章节主要讨论甘油三酯,因为甘油三酯含量丰富,在食品中具有非常重要的作用。如前所述,甘油三酯为每个甘油分子中含有三个脂肪酸分子的脂类化合物,每个脂肪酸分子具有不同的碳原子数目、不饱和度及分支。由于有多种不同类别的脂肪酸、脂肪酸又处在甘油中的不同位置,使食品中含有的甘油三酯种类繁多。同时,由于来源不同,可食用脂肪和油总是包含许多不同类型或“种属”的甘油三酯[3,32,33]。

甘油三酯具有“音叉”结构,在甘油分子的尾部连接的两个脂肪酸分子指向同一个方向,在 $sn-2$ 位的脂肪酸指向相反的方向(图 4.5)。他们基本上为非极性分子,所以决定分子构象的分子间最主要作用力为范德华力和空间排斥力[18]。两个分子的作用可以定为分子内电势 $w(s)$,是测定分子在一定的间距 s 内的分子间吸引和排斥的强度(图 4.6)。在一定的分子间距内(s^*),分子间的对势最低,这表明此状态下最稳定。s^* 提供了测定甘油三酯平均距离的方法,同时在此 $w(s^*)$ 时的对势强度提供了测定保持分子聚集为液体或者固体状态下的吸附力强度(图 4.7)。甘油三酯中分子的组织状态主要是由物理状态决定,这主要取决于分子的吸附作用和热能的不稳定影响之间的平衡。油脂在熔点之上呈液态,同时在足够低于熔点温度下呈固态以克服过冷现象(详见 4.7)。

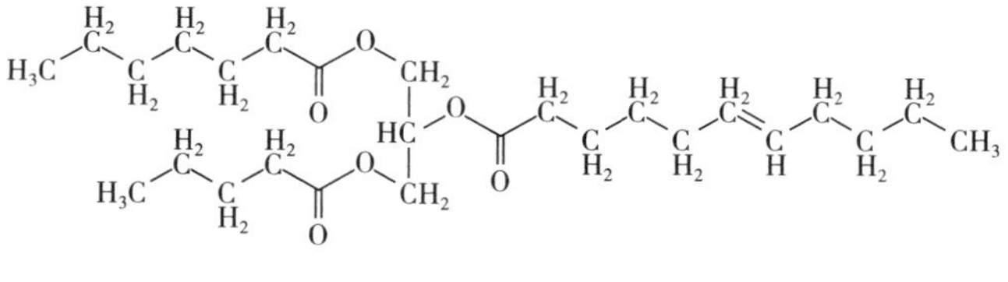

图 4.5 甘油三酯分子的结构(由三个脂肪酸和一个甘油分子组成)

油脂分子可能呈现不同的结构形态:固态和液态,这取决于精确的分子结构(如链长、不饱和度、极性)[37-38]。在固态下,油脂分子的结构可能以很多状态存在。甘油三酯可堆积在一起形成晶体,其高度大约是两个(如,α-和 β-L2)或三个(如 β-L3)脂肪酸链的尺寸(图

4.7)。此外,甘油三酯分子可能在同一平面层以不同的倾斜角的堆叠在一起,如α-和β-L2(图 4.7)。由甘油三酯分子形成的晶体可以用分子在"点阵"中的排列来描述,例如,六方晶系、三斜晶系或正交晶系(图 4.8)。这些差异表明脂肪晶体能以多种具有不同物理和熔点特性的晶体形式存在(详见 4.7.5)。晶体的形成类型取决于油脂分子结构和组成,以及结晶时的环境条件(冷却速率、保持温度和剪切力)。甚至在液态下,甘油三酯并非是无定形的,而由于脂质分子自组装为结构实体具有一定的顺序(如薄层结构)[37-38]。这些实体的大小和数量随着温度的增加而减少。

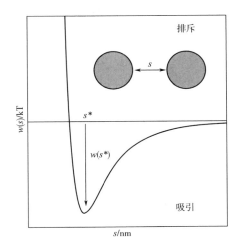

图 4.6 脂质分子的吸引力强度取决于所有可能发生作用的分子间的最小距离

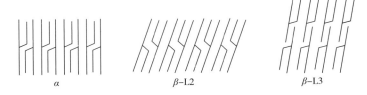

图 4.7 甘油三酯晶体中常见的分子排列方式

资料来源:Adaptedfrom Walstra,P.,Physical Chemistry of Foods,Marcel Dekker,New York,2003.

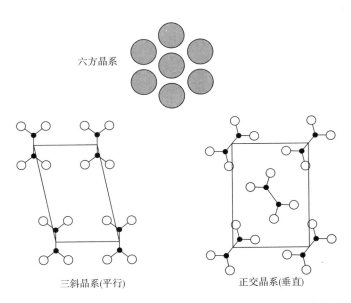

图 4.8 三种最常见的烷烃堆积类型:六方晶系、三斜晶系(平行)和正交晶系(垂直)堆积

黑色圆圈代表碳原子,白色圆圈代表氢原子。

通常认为脂肪是指在室温下(约25℃)以固态形式存在的脂质,然而油则是以液体状态存在,尽管这两种称呼可以交换使用[91,92]。

4.5 甘油三酯的物理特性

可食用油脂的物理特性主要取决于分子结构、作用力及所含有的甘油三酯分子结构[32,56,91]。特别是分子间的吸引力强度,及以紧密方式堆积的有效度并决定了其热敏性,密度和剪切特性(表4.3)。

表4.3 20℃下液态油(甘油三酯)和水的主要物化性质比较

	油	水		油	水
相对分子质量	885	18	比热容/[J/(kg·K)]	1980	4182
熔点/℃	5	0	热膨胀系数/℃$^{-1}$	$7.1×10^{-4}$	$2.1×10^{-4}$
密度/(kg/m³)	910	998	介电常数	3	80.2
可压缩性/(ms²/kg)	$5.03×10^{-10}$	$4.55×10^{-10}$	表面张力/(mN/m)	≈35	72.8
黏度/(mPa·s)	≈50	1.002	折射率	1.46	1.333
电导率/[W/(m·K)]	0.17	0.598			

4.5.1 流变特性

大多数的液体油是具有中间黏度的牛顿流体,在室温25℃下主要为30~60mPa·s,例如,玉米油,葵花籽油,菜籽油和鱼油[15,21,78]。然而调味油具有更高的黏度,因为它含有一定数量的在碳骨架上含有醇基的脂肪酸(如蓖麻油酸),其能与相邻的分子间形成相对较强的氢键。液体油的黏度随着温度的升高而急剧下降,通常以对数形式下降。

大多数的"固体脂肪"通常由脂肪晶体的混合物分散到液体油基质中形成。这些固体脂肪的流变特性主要取决于浓度,形态,作用力,及体系中脂肪晶体的结构[54,56,91]。固体脂肪通常表现为称作"塑性"的剪切特性。塑性材料在临界压力下表现为固体,称为屈服应力(τ_0),但是大于此压力下表现为液体。理想材料的剪切特性(宾汉塑性体)如图4.9所示。在一定的剪切压力下,这种类型材料的剪切特性可以用下式表示:

$$\tau = G\gamma \ (\tau < \tau_0) \tag{4.1}$$

$$\tau - \tau_0 = \eta\gamma' \ (\tau \geq \tau_0) \tag{4.2}$$

式中　τ——施加的剪切力;

　　γ——相应的剪切张力;

　　γ'——剪切张力速率;

　　G——剪切模量(材料由剪切张力得到相应的强度);

　　η——剪切黏度;

　　τ_0——屈服应力(材料开始流动的点)。

通常固体脂肪呈现非塑性的特点。例如,在屈服应力之上,脂肪可能不会如理想流体流动并呈现非牛顿流体特性(如剪切变稀)。在屈服应力之下,脂肪并不表现为理想固体,并且表现一些流体特性(如黏弹性)。并且并不能表现一特定的值,因为脂肪晶体结构的逐渐破坏而表现出一系列的外加应力。脂肪的屈服应力可以通过增加固体脂肪含量而增加(SFC),而且对于能形成三维网状结构的晶体形态表现更高的屈服应力,从而更容易的增加体系的体积(如细针状结构晶体)。塑性脂肪特性的详细介绍已经得到广泛的研究[54,56,91]。

固体脂肪的塑性特性主要是由于其能通过微小的脂肪晶体分散到液体油基质中形成三维网状结构(图4.9)。在一定的施加应力之下,样品变形。但是脂肪晶体之间的弱键并没有被破坏。当超过临界应力时,弱键被破坏,脂肪晶体相互滑动,导致样品的流动。一旦除去应力时,样品停止流动,脂肪晶体重新与邻近的晶体形成键。这一过程的形成速率对产品的功能特性有重要的影响,例如,对人造黄油生产后立即流入容器后变硬的加工过程非常重要。甘油三酯的流变特性对食品的物理化学和感官特性的影响将在后面进行讨论。

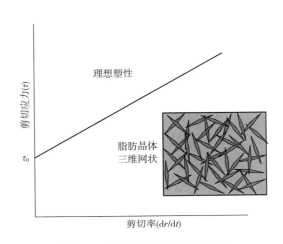

图4.9 理想塑性体在临界应力

屈服应力(τ_0)之下时为固体,而大于临界应力为液体。

4.5.2 密度

油脂的密度是指一定质量油脂所占的一定体积。由于密度决定在一定体积的罐中能够储存的量或是在管子里能够流过的量,所以这是食品加工操作中一个非常重要的参数。油脂的密度还会影响体系的整体性质,因而在特定食品应用中也有重要作用。例如,在O/W体系中的油滴的乳化速率就是由油相和水相的密度差异决定的[59]。液态的油滴密度在室温下大概为$910\sim930kg/m^3$,并随温度的上升而减小[15]。完全固态的脂肪的密度约为$1000\sim1060kg/m^3$,且随温度的升高而迅速下降[78]。在许多食品中,部分脂肪为结晶态,所以其密度主要取决于SFC,即固态脂肪占总体的含量。随着SFC的增加,部分结晶脂肪的密度也会趋于上升,例如,将脂肪冷却至结晶温度以下。部分结晶态脂肪的密度测量有时可以用于测定SFC值。

一种特定脂肪的密度主要取决于内部甘油三酯分子包埋率:包埋率越高,密度越大。因此,线性饱和脂肪酸的甘油三酯包埋率比那些含有分支或不饱和的脂肪酸的要高,因此他们往往有较高的密度[91,92]。而固态脂肪的密度要高于液态油脂也是因为前者分子的包埋率相对较高。但是,并非总是如此。例如,在脂质体系中含有高浓度纯甘油三酯,可以在一个较窄的温度范围内结晶,这表明,整个脂质系统密度实际上由于结晶形成空洞而下降[39]。

4.5.3 热学特性

脂质最重要的热学性能是比热容(c_p),热导率(κ),熔点(T_{mp}),熔化焓(ΔH_f)[21,32,78]。热力学参数决定了改变脂质体系温度所需提供(或去除)的总热量,也决定了加工中可以获得的速率。多数固态油和液态油的比热容大约为2J/g,且随温度的升高而降低[24]。脂质的导热性较差,因而其热导率[~0.165W/(m·s)]略低于水[~0.595W/(m·s)]。不同种类的液态和固态油脂的热力学性质的详细信息被列成表格形式[15,24,34,78],见表4.3。

油脂的熔点和熔化焓取决于结晶形式的甘油三酯包埋率:包埋率越高,熔点和熔化热焓越高[43,91]。因此,随着链长增加,纯甘油三酯的熔点和熔化热焓也增加。①饱和脂肪酸比不饱和脂肪酸的高;②直链脂肪酸比支链脂肪酸的要高;③脂肪酸上的甘油分子分布越对称越高;④反式不饱和结构的比顺式的高(表4.4);⑤同质异构体越稳定的越高。脂质的结晶也是其中最重要的一个参数,决定了食品的物化特性以及感官特性,因此将在后面章节具体阐述(详见4.7和4.9)。

表4.4 多晶型甘油三酯分子的熔点和熔融焓

甘油三酯	熔点/℃	ΔH_f/(J/g)	甘油三酯	熔点/℃	ΔH_f/(J/g)
LLL	46	186	LiLiLi	−13	85
MMM	58	197	LnLnLn	−24	—
PPP	66	205	SOS	43	194
SSS	73	212	SOO	23	—
OOO	5	113			

注:L=月桂酸(C12:0),M=豆蔻酸(C14:0),P=棕榈酸(C16:0),S=硬脂酸(C16:0),O=油酸(C18:1),Li=亚油酸(C18:2),Ln=亚麻酸(C18:3)。

在一些应用中,油脂由于热降解而分解时的温度掌握至关重要(如油炸或烘焙)。油脂的热稳定性可以通过它们的烟点,光点和着火点来描述[64]。烟点是在特定条件下样品开始冒烟时的温度。光点是脂肪以一定速率产生的挥发性成分能够通过火焰点燃而又不能持续燃烧时的温度。着火点是指热降解产生的挥发性成分能够通过火焰快速点燃,且持续燃烧时的温度。在选择高温下使用的脂肪时,这些温度的测量尤为重要(如在烘焙、烧烤或油炸过程中)。甘油三酯的热稳定性要比游离脂肪酸好,因此脂肪加热降解时的性质很多取决于所包含的挥发性有机成分的含量,如游离脂肪酸。

4.5.4 光学性能

对于食品化学研究,油脂的光学性能研究尤为重要。首先,油脂的光学性能影响许多食品材料的总体外观(例如,颜色和透明度)。其次,油脂特定光学性能与其脂类分子特性紧密相关,因此也可以用来评估油脂的质量或品质[63]。最重要的光学特性就是折光率和吸收光谱,在室温条件下液态油的折射率一般在1.43~1.45[24]。特定液态油脂折射率的精确值取决于其主要含有的甘油三酯的分子结构。液态油脂的折光率随链长的增加,双键的增加,共轭双键的增加而增加。根据油脂的折光率可以得到有关其分子结构的经验公式[24]。因此,液态油脂的折光率可以提供关于平均分子质量或游离脂肪酸的不饱和度等信息。脂肪的折射率在乳化食品中很重要,主要是因为油脂的折射率大小也决定着食品的光散射和透明度[57]。

油脂的吸收光谱同样会对产品的最终外观产生显著影响。此外,紫外可见光吸收谱也可以提供关于其成分,品质或分子特性;如不饱和度,脂质氧化程度,杂质的存在,顺反异构化等重要信息[64]。纯甘油三酯几乎没有颜色,因为他们不包含电磁波谱可见光区吸收的结构。然而,商业用油则有一定颜色,因为其含有一定色素从而可以吸收光(如类胡萝卜素和叶绿素Ⅱ)。因此,可食用油通常在精炼时会脱色。

4.5.5 电性能

油脂电性能的研究有时也很重要,因为一些含油脂食品的分析方法是基于测量他们的电特性,例如,脂肪浓度可通过测导电性得到,油滴大小可通过电脉冲测得[59]。脂质的介电常数相对较低($\varepsilon_R \approx 2 \sim 4$),主要是由于甘油三酯分子极性较低(表4.3)。纯甘油三酯的介电常数随着极性的增加而增加(如—OH的存在或氧化),而随着温度的降低而增加[24]。油脂导电性较差,然而电阻则相对较高。

4.6 固体脂肪甘油三酯的含量

如前所述,可食用的甘油三酯含有多种不同的脂肪酸。如果这些脂肪酸随机分布在甘油骨架上,那么在 sn-1、sn-2 和 sn-3 位置上,甘油三酯与不同脂肪酸的可能的组合数取决于脂质中不同脂肪酸的数量。甘油三酯与脂肪酸的组合也影响着脂质的液固相变,因为每种类型的甘油三酯都有不同的熔点。这意味着食物中的甘油三酯通常不会有一个特定的熔点温度,相反它们会在一个很宽的温度范围内融化。这个温度范围通常被称为"塑性范围",因为液态油和固体脂肪的同时存在通常赋予脂质的流变特性是类似塑料的,即它们在一定屈服应力下表现为固体,在该应力之上表现为液体(图4.9)。"塑性范围"的概念广泛应用,主要是因为脂肪可能存在部分结晶且没有流变学特性,然而这不能被严格定义为塑性。例如,可灌注的脂质可能含有非聚合脂肪晶体。

油脂的物理状态(固态或液态)对食品起着重要作用,决定了产品的最终质量[20]。例如,所含油脂的结晶性质极大地影响着产品的物理化学和感官性质如人造黄油、奶油、冰淇淋、生奶油和焙烤食品。食品所具有的良好特性主要由影响油脂结晶性和熔点的主要因素所决定[19,23,36]。

食品中甘油三酯的物理特性(固态或液态)通常由"固体脂肪含量"SFC 来表征,即在特定温度下固态的脂肪含量。一些纯甘油三酯的熔点见图4.10。在足够低的温度下,甘油三酯完全固态此时 SFC = 100%。随着温度的升高,脂肪进入塑性范围内,首先较短的和较不饱和甘油三酯先溶解,随之溶解较长的较饱的直至脂肪完全溶解为液体状态(SFC = 0%)。由于存在不同的晶体类型,存在过冷的可能性,即高熔点的甘油三酯在低熔点下也

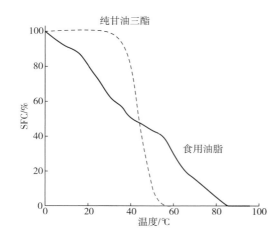

图 4.10　纯甘油三酯和典型的可食油脂的熔点比较

可食用油脂的熔点在一个非常宽的熔点范围，因为它由许多具有不同熔点的甘油三酯分子组成。

可溶,因此脂类的熔融性不能直接从甘油三酯组成中预测。脂肪食品的 SFC 通常用热量法、体积变化量或核磁共振（NMR）测定[64]。NMR 是测定 SFC 较好的方法,因为所需样品量少,操作简单、快速。

SFC 是评价食品油脂的主要参数,因为它提供了重要的质量信息,如在冷藏温度下的结晶性质将会影响不同温度下的熔点、乳化稳定性等,进而影响口感、焙烤品质以及油脂在冷藏或室温下的涂抹性。

天然脂肪中的脂肪酰基通常不是随机分布的。一些来源于天然的脂肪可能只含有几种不同的甘油三酯组合,而另一些则含有许多甘油三酯组合。含有类似熔点的甘油三酯的脂肪可在较窄的塑性温度范围很容易熔化。这些甘油三酯会凝固成最稳定的晶体状态。而另一类含有多种熔点的甘油三酯的脂肪会在较广的塑性温度范围内融化。一些脂类(乳脂)可能含有高和低熔点的甘油三酯混合物,它们会产生阶梯状而不是平滑的、连续的熔点曲线。

如前所述,可食用油脂的 SFC-温度特性决定了多种食品的功能特性及感官特性。例如,这种特性影响了色拉油的外观和稳定性还有调味制品需要在冷藏温度下保存,以及人造黄油在不同条件(如冷藏或室温)下的可涂抹性,巧克力在口腔中的溶解性,还有许多烘焙食品的质地等。

4.7　甘油三酯的结晶性

油脂的固液相转变是许多食品加工过程中的重要控制参数,决定了产品的最终质量。因此油脂的结晶性质极大地影响着产品的物理化学和感官性质如人造黄油、奶油、冰淇淋和生奶油食品。食品所具有的良好特性主要由影响油脂结晶性和熔点的主要因素所决定[37,38,56,91]。

固态和液态甘油三酯分子的排列方式如图 4.11 所示。在特定温度下,一个甘油三酯的物理状态依赖于它的自由能,自由能是由焓和熵组成的,$\Delta G_{S-L} = \Delta H_{S-L} \rightarrow T\Delta S_{S-L}$[5]。焓值 ΔH_{S-L} 表示当甘油三酯从固态转变成液态时,分子之间相互作用的总力改变,而熵值 ΔS_{S-L} 表示由于融化过程而引起的分子组织的改变。固态时油脂分子间的结合力要强于液态时,因为固态时分子能更有效的堆积,因此 ΔH_{S-L} 是正的,更倾向于成固态。相反,液态时油脂分子的熵值要高于固态时,因此 ΔS_{S-L} 是正的,倾向于形成液态。在低温下,焓值大于熵值($\Delta H_{S-L} > T\Delta S_{S-L}$),因此固态具有最低的自由能[91]。随着温度的升高,熵的贡献变得逐渐重要。在高于某一特定温度时(即熔点)熵值要大于焓值($T\Delta S_{\text{S-L}} > \Delta H_{\text{S-L}}$),因此液态具有最低的自由能。因而当某物质的温度升高至熔点以上时,它就从固态变为液态。固-液的转变(融化)是吸热的因为必须给其提供能量以使分子相距更远。相反,液-固转变(结晶)是放热的,因为当分子相互靠近时体系要释放能量。尽管在低于熔点温度时固态时的自由能是最低的,但是结晶还是不能形成直到液态油在熔点以下很好地被冷却,因为自由能要提供晶核的形成。

总之,油脂的结晶大体分为以下几步:过冷、成核、晶体增长、结晶[37,38,55,91]。

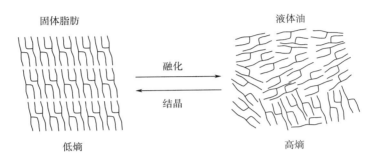

固体脂肪　　　　　　　　　　　　　　液体油

融化

结晶

低熵　　　　　　　　　　　　　　　　高熵

图 4.11　甘油三酯在不同状态下的排布结构取决于分子间吸引力的稳定化影响和热能的去稳定化影响的平衡

4.7.1　过冷

　　尽管,在熔点以下时油脂的固态形式是热力学驱动的,但是在熔点以下结晶以前的很长一段时间内油脂还会以液态形式存在。这是由于液-固相转变时必须要克服晶核生成的活化能(图 4.12)。相比于热能,如果活化能足够的高,那么结晶就不会发生,体系将处于亚稳状态。活化能的高低依赖于晶核形成的能力(足够从稳定的液态油生长为晶体)。液体过冷的程度可定义为:$\Delta T = T - T_{\text{mp}}$,$T$ 代表温度,T_{mp} 代表熔点。结晶时的 ΔT 值取决于油脂的化学结构、原料杂质的存在、冷却速率、油脂的微观结构(例如,块状、乳状油),以及外力的作用[37,91]。纯的油结晶前,常要过冷 10℃以上。

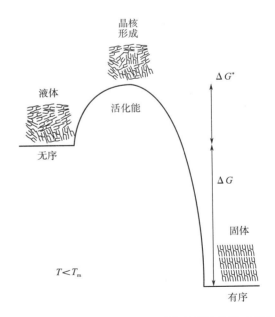

晶核形成

液体

活化能

ΔG^*

ΔG

无序

固体

$T < T_{\text{m}}$

有序

图 4.12　如果晶核形成的吸引能大于液体油,可以在低于脂肪的熔点温度下形成亚稳态

4.7.2 晶核形成

只有当在液态中形成稳定晶核时晶体才能生长。这些晶核被认为是油分子的聚集,形成小的有序晶体,当大量的油分子碰撞时形成晶核并且互相联系[44,45]。在熔点以下,块状晶体状态在热力学上是有利的,因此当液体中的一些油分子聚在一起形成一个核时,自由能会降低。负的自由能(ΔG_v)的改变是跟形成的晶核体积成比例的,这是由于相转变时发生在晶核内部的焓与熵的改变。另一方面,晶核的形成导致新的固-液界面的形成,这个过程包括自由能的增加用以克服界面张力。正的自由能(ΔG_s)的改变与形成的晶核表面积成比例。与晶核形成有关的总自由能改变是体积与表面积的结合[91]:

$$\Delta G = \Delta G_v + \Delta G_s = \frac{4}{3}\pi r^3 \frac{\Delta H_{fus}\Delta T}{T_{mp}} + 4\pi r^2 \gamma_i \tag{4.3}$$

式中　r——晶核的半径;

　　ΔH_{fus}——单位体积液-固相转变的焓的变化;

　　γ_i——代表固-液界面张力。

随着晶核尺寸的增加,增加的体积使负自由能逐渐增加,表面积的增加使正自由能逐渐增加(图4.13)。因为随着晶核尺寸的增加,表面积与体积比例的减小,所以表面对小的晶核贡献大,体积对大的晶核贡献大。结果表明,与晶核形成有关的总自由能改变在临界晶核半径时最大(r^*)。

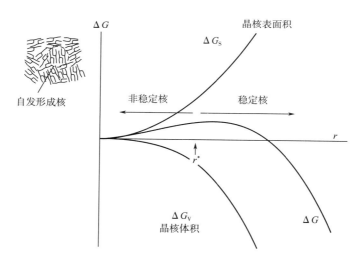

图4.13　晶体增长所需晶核的临界尺寸

这取决于对晶核形成的自由能有贡献的体积和表面积之间的平衡。随着低于r^*半径的增加,晶核迅间形成,而低于此半径形成的这些晶核容易溶解。

$$r^* = \frac{2\gamma_i T_{mp}}{\Delta H_{fus}\Delta T} \tag{4.4}$$

如果一个瞬间形成的晶核,其半径小于临界半径,那么为了降低体系的自由能它很容易溶解。另一方面,如果形成的晶核,其半径大于临界半径,那么它容易长大为晶体。这个方程表明随着过冷程度的增加,为晶体生长晶核的临界尺寸逐渐降低。实际上,形成结晶

的速率在计量学上和活化能 ΔG^* 有关,稳定晶核形成以前必须克服其自由能[37]:

$$J = A\exp(-\Delta G^* / KT)\tag{4.5}$$

式中　J——结晶形成速率(等于每单位体积的原料每秒形成的稳定晶核的数量);

　　　　A——前指数因子;

　　　　K——玻耳兹曼常数;

　　　　T——绝对温度。

ΔG^* 值是将式(4.3)中的 r 用式(4.4)的临界半径代替计算得到的。

成核速率的变化可以通过式(4.5)和过冷的程度预测,见图4.14。在稍低于熔点温度以下时,稳定晶核的形成极其慢,但是当液体被冷却到某一特定温度 T^* 时,形成的稳定晶核急剧增加。实际上,随着低于某一特定温度下过冷程度的增加,成核速率逐渐增加,进一步过冷时,速率会下降。原因是随着温度的降低(降低了油脂分子向液-晶核界面的扩散)油的黏度增加[8,37]。因此,在某一特定温度下,晶核形成速率会有一最大值(图4.14)。

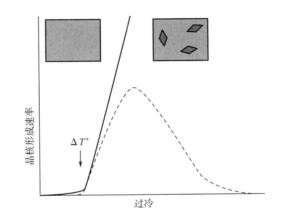

图4.14　理论上,稳定晶核形成速率随过冷程度的增加而增加(实线),然而实际上,在低于特定温度时成核速率下降,这是由于油分子的扩散被油黏度的增加而减缓(虚线)

上面描述的晶核形成的类型是油中没有杂质存在的情况,即通常所说的"均相成核"[37,40]。如果液态油与外界表面有关(例如,灰尘粒子的表面、脂肪晶体、油滴、空气泡、反相胶束、盛油的容器等),那么晶核的形成温度将比纯体系的要高。由于杂质的存在而形成的结晶被称作"多相结晶",并且分为两种类型:初级和次级多相结晶[55]。相对于油来说,当外来表面有不同的化学结构时发生初级多相结晶,而当外来表面是晶体并且与油具有相同的化学结构时发生次级多相结晶。次级多相结晶是为过冷的油脂提供晶种。这个过程包括将预先形成的甘油三酯晶体加入到含有相同甘油三酯的油脂中,以促使在高的温度下形成结晶具有可能性。

当有稳定晶核形成的杂质提供表面时,在热力学上比纯的油更容易形成多相结晶。结果,引发油脂结晶所需的过冷程度降低了。相反,某些杂质的类型能够降低油脂的结晶速率,因为它们融入了生长的晶核表面,阻止了任何油分子的融入[82]。无论杂质是作为成核的催化剂还是抑制剂,这取决于它的分子结构和与晶核的相互作用。我们都知道成核的数学模型仍然存在很大争议,因为现有的理论对于成核速率的预测与实验模型有很大的不同[38,40,91]。然而,成核速率与温度的关系的预测通式与现有的理论能很好地吻合(图4.14)。

4.7.3 晶体生长

一旦稳定的晶核形成,晶核就会结合固-液界面的油长大成为晶体[40]。脂肪晶体有很多不同的面,而且不同面会以不同的速率生长(部分是由于食用脂肪形成的各种不同的晶体形态引起的)。总的晶体生长速率取决于许多因素:包括从液相到固-液界面的分子质量传递、晶格内分子的结合以及结晶过程产生的热转移[37]。环境或体系的条件:如黏度、导热性、晶体结构、温度状况以及机械能够影响热和质量的传递过程,从而影响晶体生长速率。开始时随着过冷程度的增加晶体的生长易于生长直到达到最大速率,随后生长速率下降[37]。晶体生长对温度的依赖性类似于晶核的形成速率,然而,晶核形成最大速率时的温度不同于晶体生长最大速率时的温度(图 4.15)。不同的原因在于产生晶体的数量和形状对冷却速率及保持温度的依赖。如果液态油迅速冷却使得晶核形成速率低于晶体生长速率,那么将形成少量的大晶体,相反,如果液态油迅速冷却使得晶体生长速率低于晶核形成速率,那么将形成大量的小晶体。实验表明,晶体生长速率与过冷度成正比,与黏度成反比[37,38]。

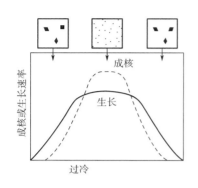

图 4.15 晶核和晶体增长速率有不同的温度依赖性,这是造成在不同冷却机制下形成晶体数目和大小不同的原因

大量的数学模型用来模拟结晶脂肪中晶体的生长速度[37-38]。在通常环境下,最合适的模型建立取决于特定体系中的限速步骤,如液体分子到固液界面的传质,非晶态物质从界面向外的传质,液体分子与晶格的结合,或从界面去除结晶过程中产生的热量。实际上,由于物理化学过程非常复杂,大部分的过程经常很难用数学方法描述,因此基本数学模型的建立也常存在很多困难。

4.7.4 过析晶事件

在液态体系中,晶体一旦形成,尽管总的 SFC 可能保持常数,但其堆积、形状、组成及相互作用会进一步的发生改变[37,91]。过析晶包括从亚稳向更稳的多形态形式的转变,这是由于晶体内甘油三酯分子的重排。如果油脂的形态是混合的晶体(如包含不同类型甘油三酯的晶体),那么在储存过程中晶体的组成可能发生变化,这是由于在晶体内甘油三酯分子的扩散产生的。在晶体内,随着时间的延长由于奥氏熟化(即晶体之间由于油脂分子的扩散以牺牲小晶体为代价大晶体增长的现象),会出现晶体平均尺寸的净增长。最后,在贮藏时,由于烧结机制脂肪晶体之间的键会随时间延长而加强。过析晶的变化会影响食品的物理化学和感观特性,因此理解和控制它显得非常重要。例如,过析晶事件常会导致油脂晶体尺寸的增加,在许多食品中是不期望的,因为它会导致在消费者食用时有沙粒感。

4.7.5　晶体形态学

当油脂结晶时,所谓的"形态"是指形成晶体的大小、形状和分布。晶体的形态受许多内部(如分子的结构、组成、包装和相互作用)和外部(如温度-时间、机械搅动和杂质)因素的影响。一般来讲,当纯净的油快速冷却到熔点以下时会形成大量的小晶体,而当缓慢地冷却到熔点以下时会形成少量的大晶体[37,91]。这是由于成核和结晶速率对温度的依赖性不同(图4.15)。随着温度的降低成核速率比结晶速率更快直到达到一最大值,然后随着温度的进一步降低成核速率下降。然而,快速冷却容易同时产生大量的晶核随后形成小晶体,而缓慢的冷却易产生少量的晶核并且在进一步的晶核形成前有足够的时间长成大晶体(图4.15)。

晶体大小对许多食物的流变学和感官特性有重要的影响。当晶体太大时,它们在口腔中的感觉被描述为"粒状"或"沙质"。晶体中分子堆积的效率取决于冷却速率。如果脂肪被缓慢冷却,或者过冷的程度很小,那么分子就有足够的时间有效地结合成晶体。如果迅速的冷却,在另一个分子填充之前,高分支度的分子就没有足够的时间有效的结合成晶体。因此,快速冷却往往会产生更多的错位晶体且分子密度较低[86]。因此,冷却速率对食品中结晶脂的形态和功能特性有重要影响。

4.7.6　多晶型

晶体的形成类型取决于油脂分子结构和组成,以及结晶时的环境条件(冷却速率、保持温度和剪切力)。脂肪酰基的填充密度越大稳定性越大,并且这是受脂肪酸组成的同质性和甘油三酯的对称性所支配。晶格中脂肪酸的兼容性和分离可能引起空间上长间隙等距的两或三个脂肪酸长度的单元细胞的形成(图4.15中的L2和L3)。

甘油三酯表现出的被称为"多形性"现象,是一个存在大量且具有不同分子填充的晶体结构[50,55,76]。甘油三酯以多种不同方式聚集成脂肪晶体形成多种晶形(图4.7和图4.8)从而具有不同的物理化学性质。最普遍的三种甘油三酯的填充类型是:六方形、正交和三斜晶系,通常分别被称为 α,β' 和 β 多晶型[37,91]。这三种形态的热力学稳定性及熔点顺序是 $\beta > \beta' > \alpha$。尽管 β 型是热力学最稳定的,但是甘油三酯通常首先形成 α 型因为它具有形成晶核最低的活化能(图4.16)。随着时间的推移,晶体将以一定的速率逐渐转变为最稳定的多晶型,这依赖于环境条件如温度、压力和纯度。一个多晶形到另一个多晶形的转变可以用差示扫描量热法(DSC)来监控,它可以测量材料在热处理过程中发生相变时吸收和释放的热量(图4.17)。在图4.17中,可知当脂肪受热之初处于 α 晶型,然后经过一系列转变成为 $\alpha-\beta'$;β' 融解;β 结晶和 β 融解。这些晶型转变所消耗的时间极大地受甘油三酯成分的同质性所影响。对于有相似的分子结构,并具有相对同质组成的甘油三酯其 α 晶型的转变发生得比较快。相反,对于包含多种分子结构和多组分的油脂其 α 晶型的转变相对较慢。油脂不同的多晶型类型可以通过各种方法加以区分:包括 X 射线衍射、DSC、IR、NMR 和 Raman 光谱[37,55,91]。这些方法的分析是依据不同的晶型其晶体的组织排列不同,可以根据它们的高度、宽度和倾斜角度进行分类(图4.18)。对油脂多晶型的了解认识是非常重要的,这是因为它对形成晶体的热学和形态学性质有重要影响,进而影响食品的物理化学和

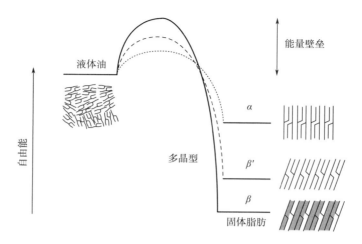

图 4.16　油脂多晶型的形成

此时油晶体取决于与晶核形成有关的活化能的相对大小。

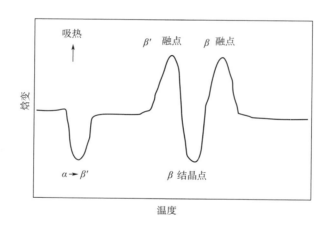

图 4.17　利用差示扫描量热法可以监测多晶的变化

DSC 热谱显示了从一个多晶态过渡到另一个(α-β'),以及不同多晶型物熔点和结晶点(β 或 β')。

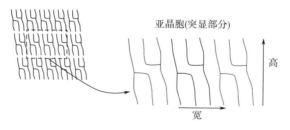

图 4.18　脂肪晶体晶胞的空间结构

感官特性。例如,某些产品优良的质构和外观如人造黄油、涂抹品焙烤食品和巧克力,这些产品需要保证形成脂肪晶体及保持合适的多晶型[2]。来自不同生物来源或不同方式(如分馏、酯化或氢化)加工的食用油脂往往采用多晶形态,通常 β 或 β',因为 α 形式通常是不稳定的[3]。人造黄油和涂抹品种更希望形成精细的 β' 晶体,因其需要口感、光泽及高的表面覆盖程度。大的 β 晶型常在烘焙起酥油(如猪油)中形成并产生"片状"以及巧克力中可可奶油的稳定性。油脂的混合可被用来控制无论是 β' 还是 β 晶型为主要形成的晶体。

4.7.7 食用油脂的结晶

纯甘油三酯的熔点由组成脂肪酸的链长、支链、不饱和度,以及在甘油三酯中的位置决定(表4.4)。食用油脂含有多种不同类型的复杂甘油三酯分子,每种含有不同的熔点,因此,通常在一个较宽范围温度内而不是某个具体的温度下溶解(图4.10)。

食用油脂的熔点范围不是所有组成甘油三酯熔点的简单总和,因为高熔点的甘油三酯在低熔点下也可溶[91]。如硬脂酸甘油酯与甘油三油酸酯(50:50)混合物中,60℃下10%的固态硬脂酸甘油酯可溶于液态甘油三油酸酯中。如果油脂有较宽的不同的熔点,在液体组分中固态组分的溶解性可以预测(>20℃):

$$\ln x = \frac{\Delta H_{fus}}{R}\left[\frac{1}{T_{mp}} - \frac{1}{T}\right] \tag{4.6}$$

式中　x——每克高熔点组分在低熔点组分中的溶解性,用摩尔表示;

　　ΔH_{fus}——熔化的摩尔汽化热。

混合甘油三酯通过冷却形成晶体的结构和物理性质极大地受冷却速率和温度的影响[37,55,91]。如果迅速的冷却,所有的甘油三酯几乎同时结晶且形成固体溶液,包括同质晶体并且甘油三酯紧密的互相混合。相反,如果油被缓慢的冷却,高熔点甘油三酯晶体先形成,低熔点甘油三酯晶体后形成,因此形成混合的晶体。这些晶体是异质的,一些区域富含高熔点的甘油三酯而其他区域也会被熔化为甘油三酯。无论油脂形成混合晶体还是固体溶液,都会影响其物理化学特性,如密度、流变学和熔点,会对食品产品的性质有重要影响。

另外,形成的晶体类型还受体系中各种甘油三酯的分子相容性的影响,如链长、不饱和度和脂肪酸的位置。综述文献中详细阐述了脂肪结晶的热力学和动力学方面以及混合体系中形成的晶体结构类型[40]。通常,根据甘油三酯分子的性质,脂质主要呈现出四种不同的相行为:①单晶连续固体溶液;②共晶体系;③偏晶部分固体溶液;④包晶体系。Himawan等在文章中讨论了这些不同的体系以及形成这些体系的脂质混合物的特性[40]。

一旦脂肪结晶,单个的晶体就会聚集成三维网状结构,然后通过毛细管作用力捕获液体油。在纯脂肪中,负责晶体聚集的相互作用主要是固体脂肪晶体之间的范德瓦尔斯相互作用,尽管"水桥"也可能在某些产品中发挥重要作用。一旦聚合发生时,脂肪晶体可能部分融合在一起,这加强了晶体网状结构。

4.7.8 乳液中脂肪结晶

脂肪结晶对乳液食品的物理化学性质影响主要取决于脂肪的存在形式是连续相还是分散相。W/O形式的乳液的流变特性和稳定性(如黄油和人造奶油)主要由是连续(油)相中是否存在聚集的脂肪晶体网所决定的。脂肪晶体网可防止水滴重力下沉,并影响产品的质构特性。如果脂肪结晶过多,则产品牢固,不易扩散,但当脂肪结晶过少时,产品柔软且会在自身重力下坍塌[91]。因此,选择具有适当熔解特性的脂肪对人造黄油和果酱具有重要影响。通过各种物理或化学方法,包括共混、酯化、分馏和氢化,可以优化天然脂肪的熔解特性,使其具有特定的应用价值[32-34]。

脂肪结晶对 W/O 形式的乳液的理化性质影响显著,如牛乳和色拉酱。当脂肪液体部分结晶时,在液滴碰撞过程中,一个液滴中的晶体可以渗透到另一个液滴中,从而使两个液滴黏在一起。这种现象被称为部分凝聚,导致乳液黏度急剧增加,乳化稳定性下降[27]。广泛的部分凝聚最终会导致相倒置,即将 O/W 乳液转化为 W/O 乳液。这一过程的控制是黄油、人造奶油和果酱生产过程中的重要步骤之一。部分凝聚作用对冰淇淋和掼奶油的生产非常重要,如通过降温使 O/W 乳液冷却产生部分结晶或是通过外力如机械搅拌来促进液滴间的碰撞和聚集[30]。凝聚后的液滴在气泡周围形成二维网状结构,在连续相中形成三维网状结构,有利于产品的稳定性和质构。

4.8　食用油脂中的固体脂肪浓度(SFC)

具备良好塑性的天然脂肪通常情况下很难得到而且很贵。另外,改变脂肪酸通常会降低油脂对氧化的敏感度(降低不饱和度)或提高其营养价值(提高不饱和度)。因此,目前已经形成了许多工艺改变食用油脂的固体脂肪浓度。

4.8.1　混合

将脂肪与甘油三酯不同比例混合是改变脂肪酸组成以及溶化特性的最简单方法。这种方法已经应用在煎炸油和人造奶油中。

4.8.2　膳食操控

动物脂肪中的脂肪酸组成可以通过处理膳食中的脂肪类型改变。这一方法在非反刍动物如猪、家禽和鱼中非常有效。由于瘤胃中的细菌将会在脂肪酸到达小肠被血液吸收之前发生生物氢化,因此这一方法对提高反刍动物(牛和羊)脂肪的不饱和脂肪酸浓度效果不是太好。

4.8.3　遗传操控

脂肪中的脂肪酸含量可以通过改变酶反应途径生成不饱和脂肪酸从而进行遗传操控。遗传操控在传统育种程序和遗传改性技术中均非常成功。目前许多来自遗传改性植物如向日葵等的油脂在商业上均已获得适用。大多数这类油都包含高含量的油酸。

4.8.4　分馏

脂肪中的脂肪酸和甘油三酯的组成还可以通过在特定温度热处理改变,在该温度下大部分饱和或者长链的甘油三酯将结晶,因此这时候就可以通过收集固相(更多的饱和或长链)或液相(更多的不饱和或短链)实现分馏。通常使用在植物性油脂的防冻程序上。去除硬脂可以保护甘油三酯不结晶和变浑浊,因此该工艺对于将油脂应用在冷冻食品中是非常必要的。同样蛋黄酱或色拉调味料的油脂结晶会使乳状液稳定性失调,因此对于这些食品的应用也是非常必要的。

4.8.5 氢化

氢化是向双键提供氢的化学过程。该过程用于改变脂类,因此室温条件下呈现固态,表现出不同的结晶性能(使甘油三酯组成更加均一),同时氧化稳定性更好。这些都是伴随着双键的去除使得脂肪酸更加稳定实现的。氢化的另一个用途是可以破坏类胡萝卜素中的双键从而漂白油脂。通过氢化提高了氧化稳定性,产物包括人造奶油、起酥油和部分氢化油。

氢化反应需要一个催化剂加速反应,氢气提供底物,需控制初始温度使油呈液态,一旦放热反应开始就降温,并搅拌混合催化剂和底物[45]。氢化反应中使用的油脂必须精炼因为一些污染物会降低催化活性或使催化剂中毒。氢化反应是在250~300℃范围内进行的间歇或连续式反应。还原性的镍是最普遍的催化剂,用量为0.01%~0.02%。镍附在多孔载体从而形成一种较大表面积的催化剂,并且该催化剂可通过超滤回收。鉴于反应原料的质量传递限制反应作用,连续式混合是一个关键参数。在反应时间40~60min,反应进展可通过折光率的变化来模拟。结束之后,催化剂可通过超滤回收继续使用。

氢化反应的机制包括不饱和脂肪酸和催化剂在双键两端的结合(图4.19步骤1)。吸附到催化剂上的氢将破坏碳-金属络合物形成部分碳与催化剂相连的半氢化状态(图4.19步骤2)。为了完成氢化作用,半氢化状态将与另一个氢反应打破残留的碳与催化剂之间的键,最终形成氢化脂肪酸(图4.19步骤3)。然而,当氢不够时,反相反应也会发生,脂肪酸将从催化剂上释放,双键将重新形成(图4.19步骤4)。所形成的双键呈顺式或反式构象(几何异构体),有可能还处在原来的碳原子上,也有可能迁移至临近的碳原子(如一个双键在9和10号碳原子之间的脂肪酸会将双键移至8和9号或者9和10号之间,位置异构体)。双键重组的倾向与催化剂相关联的氢浓度有关。因此,低氢气压力、低搅拌、高温(反应速率快于氢向催化剂扩散的速率)和高催化浓度(氢难以饱和催化剂)将会导致高含量几何异构体和位置异构体。这是一个大问题,因为膳食中的反式脂肪酸是和逐渐增加的心血管疾病危险相互关联的。

选择性加氢是指加氢过程中,一种脂肪酸的加氢速度比另一种脂肪酸的加氢速度快的趋势(与随机氢化相比,所有不饱和脂肪酸的氢化速率都差不多)。大多数不饱和脂肪酸的氢化反应是有益的,这不仅可以增加油的氧化稳定性,同时还可以减少高温溶解饱和甘油三酯所引起的结晶和质构影响。选择性加氢的发生主要是因为多不饱和脂肪酸的加氢速率比单不饱和脂肪酸快(部分原因是戊二烯双键体系的催化剂亲和度比单不饱和脂肪酸高)。当催化剂上的氢浓度较低时,氢化是选择性的,因为多不饱和脂肪酸比单不饱和脂肪酸氢化更快。然而,低氢条件也导致高产量的几何和位置异构体,这意味着脂质可以包含大量的反式脂肪酸。

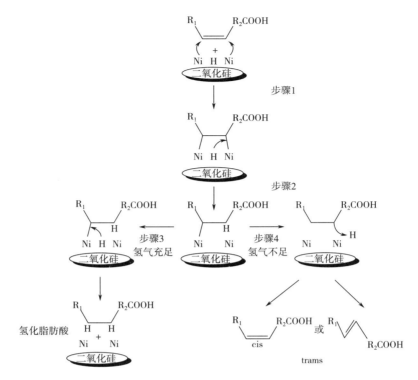

图 4.19　顺式和反式不饱和脂肪酸通过氢化形成饱和脂肪酸途径

4.8.6　酯交换

酯交换是指甘油三酯中酰基的重排[32,33]。一般来讲,酯交换是个随机的过程,结果是产生一个不同于初始油脂的甘油三酯。这个结果改变了油脂的熔点而没有改变脂肪酸组成。酯交换也改变了油脂的结晶特性,因经过酯交换后使甘油三酯组成更加不均匀,所以油脂结晶更难于形成最稳定的 β 晶型。酯交换可以通过酸解、醇解、甘油解和酯基转移来进行。酯基转移是改变食用油脂性质最常用的方法。在此过程中,酰基化钠(如乙酰化钠)是用来加速酯基转移普遍使用,因其在低温下价格低廉及活性高。酯交换可在混合油脂中进行如具有高熔点范围油脂和具有低熔点范围油脂的混合物。如果这两种来源的油脂简单的混合,它们的熔点会不连续,随着混合物不断地加热呈现阶梯状的曲线。两种油脂间的酯交换可以生成新的既包含饱和脂肪酸又包含不饱和脂肪酸的甘油三酯,并且在整个塑性范围渐进的熔化。另一种应用是同质甘油三酯生产异质甘油三酯;这将拓宽塑性范围和促使 β' 晶体为最稳定的晶型。

酯交换并非总是随机的[32]。在直接的酯交换中,反应温度应足够的低以保证高度饱和的甘油三酯形成,它们结晶并且可通过参与反应被除去。与原始油脂相比,这个过程将产生富含不饱和脂肪酸的液态相和富含饱和脂肪酸的固态相。酯交换也可以在以脂酶做催化剂的条件下进行。脂酶的好处是对不同立体构象的甘油三酯有特异性或对不同脂肪酸有专一性。这就意味着可以通过改变脂肪酸组成或者甘油三酯类型(如在 $sn-2$ 位进行改变)来生成结构甘油三酯。通过改变脂肪酸和/或油脂组成使得这些油脂有更优越的营养或物理特性。酯交换可通过酸解、醇解、甘油解和转酯化进行[32]。转酯化是改变食品脂质性质最常用的方法。烷基化钠(如乙基钠)因其价格低廉且在低温下具有活性,常被用于加速酯化反应。对此反应的真正催化剂应该是甘油二酯的羧基阴离子(图4.20)。负的甘油二酯可以攻击甘油三酯脂肪酸上的正的羰基形成过渡态复合物。酰基转移形成的过渡复合物分解通过脂肪酸转移到甘油二酯上及阴离子迁移到所转移脂肪酸的位点上面。酰基转移过程可以发生在相同的(内部酯交换)或不同的(酯交换)甘油三酯上。酯交换所进行的反应介质必须是低水分含量、游离脂肪酸和过氧化物(可钝化催化剂)。随机的酰基转移在100~150℃下进行,并且在30~60min内完成。此反应可通过向反应中加水钝化催化剂从而停止反应。

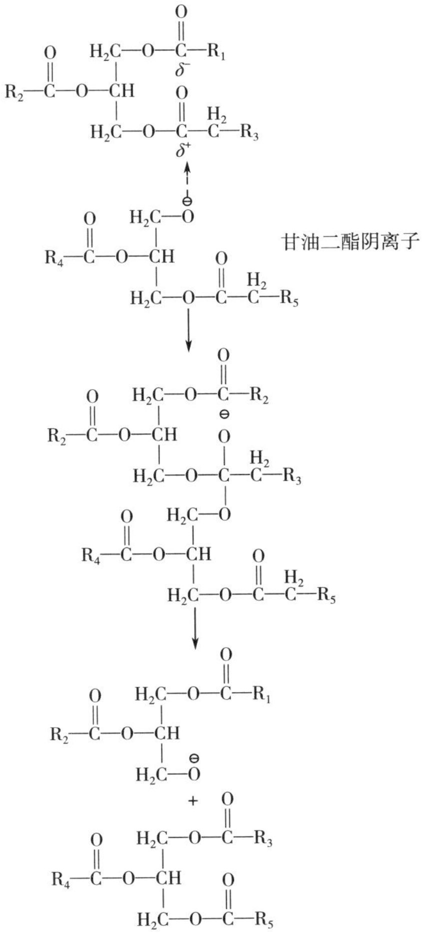

图4.20　甘油二酯羧基阴离子催化酯交换的促进机制

酯交换最初因其高成本和产品的低价值(如酥油和黄油)受到限制。然而,由于反式脂肪酸标签需求促使食品中去除部分氢化脂肪,同时反式脂肪酸的组成较低且与母体脂肪和油脂相似,因此增加了酯交换油的利用度。

4.8.7　小结

脂肪酸产物的改变可改变油脂的熔解性、氧化稳定性及营养价值。

(1)脂肪酸的改变可通过混合不同来源的脂质或甘油三酯的组成及化学修饰改变脂肪酸的结构来实现。

(2)氢化去除脂肪酸中的双键,增加了熔解范围和氧化稳定性。

(3)氢化会形成营养不良的反式脂肪酸。

(4)甘油三酯上的脂肪酸发生酯交换反应,从而改变了熔解范围。

(5)酯交换可以生产用含反式脂肪酸量最少的固体脂肪。

4.9 甘油三酯在食品中的功能性

食品科学家是在深入了解油脂在食品中的多重特性基础上提高食品质量的。

4.9.1 结构

油脂对食品结构的影响主要是由油脂的状态(如固体和液体)和食品基质的特性决定的(如块状脂肪、乳化脂肪或结构脂肪)。对于液体油脂,如烹调油或色拉油,其结构主要是由油在超过使用温度范围时的黏度决定的。对于部分结晶脂肪,如巧克力、焙烤食品、起酥油、黄油和人造奶油,其结构主要由浓度、形态和脂肪晶体相互作用决定的[55]。需要指出的是,脂肪晶体的融化特性对结构、稳定性、分散能力和口感均发挥了很大的作用。许多油包水食品乳状液中的特征奶油特性是由脂肪液滴决定的(如奶油、甜点、敷料剂和蛋黄酱)。在这些体系下,整个体系的黏度是由油滴浓度决定的而非液滴里的黏度[58]。在水包油食品乳状液中,体系的流变性质主要是由油相的流变性质决定。在许多水包油乳状液如蛋黄酱、黄油和涂抹油中,油相是部分结晶并具有塑性的。这些产物的流变性质则可以通过测定固体脂肪浓度和脂肪晶体的形态和相互反应得到,依次由结晶和储存条件决定[55]。例如,人造黄油和黄油产品的扩散性是由脂肪晶体在连续相中聚集形成三相网络结构决定的,使产品具有力学刚性。在许多食品中,许多其他组分通过油脂构成了固态基质完整的部分(如巧克力、蛋糕、曲奇、饼干、干酪)。油脂在这些体系中的物理状态通过脂肪晶体相互作用形成了网状结构,给予最终产品良好的流变性能,如硬度或脆性,从而影响质构。

4.9.2 外观

油脂的存在对许多产品的特征外观影响很大。散装油的颜色如烹调油或色拉油,主要是由杂质色素如叶绿素和类胡萝卜素吸附光引起的。固体脂肪由于脂肪晶体光散射,因而是光学不透明的,而液体脂肪通常是光学透明的。脂肪的不透明度取决于其中脂肪晶体的浓度、大小和形态。其中一相的液滴在另一相中的分散性导致油水不混溶,从而直接导致食品乳状液的浑浊、云集或不透明。光通过食品乳状液时被其中的液滴散射后,食品乳状液通常呈现光学不透明状态[57]。散射程度决定于液滴的浓度、大小和折射率,因此食品乳状液的颜色和不透明度受油脂相的影响非常大。

4.9.3 风味

油脂的类型和浓度会显著影响食品的风味。甘油三酯具有低挥发性而稍有内在风味的相对大分子。然而,不同天然来源的可食用油脂由于特征风味化合物的存在而体现不同的风味特征,如挥发性分解产物和天然杂质等特征风味化合物的存在。许多食品中的风味是由脂肪相间接影响的,因为风味化合物在食品基质中会根据极性和挥发性分配在油、水和气相区域[57]。因此,食品中感知到的风味和口感通常受油脂的类型和浓度影响。

油脂同时还影响许多食品的口感[91-92]。油脂在咀嚼过程中将包覆舌头,从而提供一种特征油质感。如果油脂相含有超过一定大小的脂肪晶体,则感受到不期望的砂质感。脂肪晶体在口中的熔化将导致冰凉的感觉,这也是许多脂肪产品的重要感官指标之一[88-89]。

4.10　油脂的化学降解:水解反应

食品中的游离脂肪酸可带来一系列的问题,如产生异味、降低氧化稳定性、生成泡沫、降低烟点等(油脂开始产生烟的温度)。来自甘油骨架的游离脂肪酸导致了异味(例如,乳制品中短链游离脂肪酸的形成)的产生,这称之为水解酸败。然而,短链游离脂肪酸的存在在某些食品中是必需的,如对干酪的风味形成有贡献。

游离脂肪酸也可以通过脂肪酶酶解甘油三酯得到。在生命组织中,由于脂肪酸可以作为细胞毒素破坏细胞膜的完整性,使得(磷)脂酶的活性受到严格的控制。生物组织作为食源性原材料在加工贮藏过程中,细胞结构和生化控制机制受到破坏,同时脂肪酶被激活(如接触底物)。橄榄油的生产是个很好的例子,一次压榨过程中游离脂肪酸浓度较低,二次压榨和浸提过程中游离脂肪酸浓度较高,细胞基质受到进一步破坏,使得甘油三酯被脂肪酶水解。高温和水分的存在,致使油炸用油中也会发生甘油三酯的水解,随着游离脂肪酸浓度提高,烟点和氧化稳定性下降,起泡的趋势增加。商业用油通过常规吸附剂过滤后,除去游离脂肪酸,延长其货架期。另外,在极端的 pH 条件下也会发生甘油三酯的水解。

4.11　油脂的化学降解:氧化反应

"油脂氧化"是描述油脂和氧气之间一系列复杂化学变化的常用词语[25,61]。甘油三酯和磷脂挥发性低,对食品的香气无直接作用。甘油三酯氧化反应过程中,脂肪酸酰化成甘油三酯和磷脂,继而降解成挥发性小分子,产生异味被称作"氧化酸败"。总而言之,这些挥发性物质对食品的品质有不良影响。对某些食品而言,如油炸食品、干谷物和干酪,少量的脂肪氧化产物是这类食品风味的重要成分。

4.11.1　油脂氧化机制

油脂氧化的中间产物是称为自由基的一类分子。自由基是带有孤对电子的一种分子或原子。不同种类的自由基其能量差异很大。羟基自由基($\cdot OH$)有较高的能量,几乎能够通过夺氢反应氧化任何分子。其他分子如抗氧化剂、α-生育酚可以产生低能量的自由基因而攻击不饱和脂肪酸分子的能力很弱。

食品中油脂氧化动力学曲线中氧化速率一般先有一个滞后期然后是成指数增长(图4.21)。滞后期的长短对于食品加工非常重要,因为这个阶段没有检测到腐臭味,食品的质量是较好的。一旦到达指数期,油脂的氧化迅速进行,异味迅速产生。温度、氧气浓度、脂肪酸的不饱和程度和促氧化剂活性的降低及抗氧化剂浓度的增加,滞后期都会延长。图4.21 所示为 γ-生育酚可以延长玉米油 O/W 乳状液的氧化滞后期[42]。

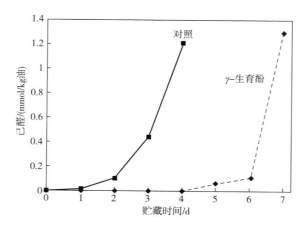

图 4.21　γ-生育酚对玉米油 O/W 乳化体系中油脂氧化滞后期的影响

脂肪酸和脂肪的酰化基团都可以发生氧化反应。脂肪酸的氧化过程可以分为三个步骤:诱导、链传播、终止。

4.11.1.1　诱导

这一步骤描述了脂肪酸去氢形成称为烷基自由基(L·)的脂肪酸自由基,一旦烷基自由基形成,自由基通过双键电子离域导致双键移位来保持稳定,至于多不饱和脂肪酸是通过形成共轭双键。双键迁移主要生成具有较高稳定性的顺式或反式的共轭。图 4.22 表明在诱导阶段,亚油酸的亚甲基断裂去氢,双键重排生成两种异构体。去氢后的烷基自由基主要存在于四个不同的位置(图 4.23)。

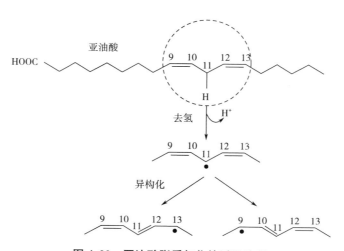

图 4.22　亚油酸脂质氧化的诱导阶段

脂肪酸的不饱和程度越大越容易被激发。脂肪链中碳氢共价键的断裂能为 410.2kJ/mol。如果碳原子和富集电子的双键相邻,碳氢键能减弱为 372.5kJ/mol。多不饱和脂肪酸中,双

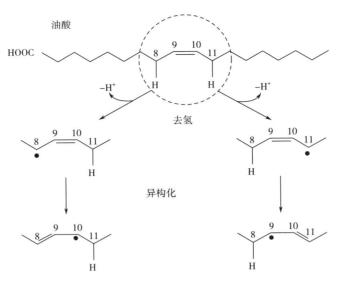

图 4.23 油酸脂质氧化的诱导阶段

键呈亚甲基连接的戊二烯构型(图 4.24)。亚甲基碳的碳氢键能被两边的双键减弱为 334.8kJ/mol。碳氢键断裂能降低,去氢反应变得容易,油脂易于氧化。亚油酸(18:2)较油酸(18:1)易氧化程度大 10~40 倍。多不饱和脂肪酸增加一个额外的双键,则增加一个亚甲基碳上去氢的位点。例如,亚油酸有一个亚甲基断裂碳,而亚麻酸(18:3)有两个,花生四烯酸(20:4)有三个(图 4.24)。大多情况下,随着亚甲基碳数的增加,氧化速率成倍增加。因此,亚麻酸的氧化速率是亚油酸的两倍,花生四烯酸是亚麻酸的两倍(亚油酸的四倍)。

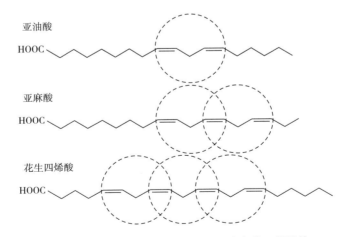

图 4.24 亚油酸,亚麻酸,花生四烯酸中戊二烯结构

4.11.1.2 链传递

首先是氧加到烷基自由基上。空气中的氧气或臭氧是二价自由基,都含有两个电子,自旋方向相同而不能共存于同一轨道。臭氧自由基由于能量较低不能直接发生去氢反应。

氧自由基可直接和烷基自由基反应,反应受到扩散速率限制。烷基自由基和臭氧上一个自由基反应形成一个共价键。氧的其他自由基仍处于游离状态。最后生成的自由基为过氧化氢自由基(LOO·)。过氧化氢自由基能量较高,可以促进其他分子的去氢反应。不饱和脂肪酸的碳氢键较弱,容易受到过氧化氢自由基的攻击。氢加到过氧化氢自由基上生成脂肪酸氢过氧化物(LOOH)、新的自由基和另一个脂肪酸。形成反应从一种脂肪酸到另一种脂肪酸的传递。如图 4.25 所示,用两个亚油酸分子展示了这一过程。脂质氢过氧化物的位点和烷基自由的位点一致,因此,油酸盐可形成四种氢过氧化物,而亚油酸盐形成两种。

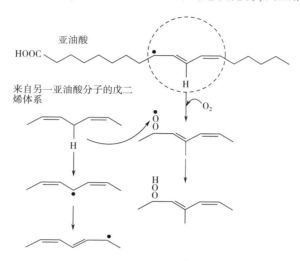

图 4.25 亚油酸脂质氧化形成过程

4.11.1.3 终止

两个激发态结合形成非激发态。有氧存在时,由于受到氧气扩散速率的限制,氧原子连到烷基上形成的自由基以过氧化自由基为主。因此,在空气环境下,链终止反应发生在过氧化自由基和烷氧基自由基之间。氧气浓度较低的环境下(如煎炸油),链终止反应发生在烷氧基自由基之间形成脂肪酸二聚物(图 4.26)。

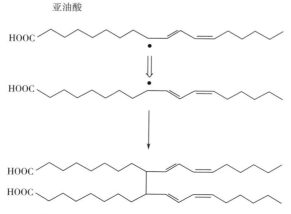

图 4.26 低氧浓度下脂质氧化的终止阶段

4.11.2 促氧化剂

脂肪氧化一般是指自动氧化。前缀"自动"意思是"自发反应",因此"自动氧化"是指在氧气存在条件下脂肪氧化过程中不饱和脂肪酸连续自发产生自由基。诱导阶段,脂肪酸去氢产生一种自由基。氧加到烷基自由基上形成过氧化物自由基随后从另一分子脂肪酸或抗氧化剂得到氢形成脂质氢过氧化物,在链传播阶段并不引起自由基的净增加。如果"自动氧化"是脂肪氧化中的唯一反应,氧化产物会从零开始随时间线性增加。然而多数食物中,滞后期呈指数增加,这表明还有其他的反应会产生自由基。

事实上,所有的氧化体系中都存在促氧化剂,它是引起或加速脂肪氧化的因素。多数促氧化剂由于在反应中发生改变因此并不能真正起到催化剂的作用(例如,单质氧转化成过氧化氢,二价铁转化成三价铁)。促氧化剂通过直接和不饱和脂肪酸产生脂质氢过氧化物(例如,脂肪氧合酶和单重态氧)或通过促进自由基的形成(过渡金属或紫外光促进氢过氧化物分解)加速脂肪氧化。脂质氢过氧化物不会引起异味的产生,因此不能直接导致酸败味。然而,氢过氧化物是酸败味产生的重要底物,因为它的分解会造成脂肪酸降解产生低分子质量挥发性异味物质。食品中主要的促氧化剂将在下面讨论。

4.11.2.1 促进脂质氢过氧化物形成的促氧化剂

(1)单重态氧 如上所述,三重态氧($^3O_2$)是二价自由基,因为在反键$2p$轨道上的两个电子具有相同的自旋方向(平行或者反平行)(图4.27)。根据泡利不相容理论,具有相同自旋方向的两个电子不能在同一个电子轨道上共存。三重态氧不能直接与另一个分子的轨道中的电子发生反应,除非其电子具有匹配的平行自旋方向(非自由基分子的轨道中的两个电子将具有相反的自旋方向)。如果反键$2p$轨道上的电子具有相反的自旋方向,氧则被称为单重态氧($^1O_2$),单重态氧能以五种不同的形态存在,在食品中通常以$^1\triangle$态存在,此状态下电子存在同一个轨道上[61]。由于单重态氧比三重态氧具有更强的亲电性,其能直接和高电荷密度的双键反应,其与不饱和脂肪酸直接形成脂质氢过氧化物速度是三重态氧的1500倍。单重态氧能与双键任意端碳原子反应,然后转变成反式双键。这意味着由单重态氧导致的亚油酸氧化能形成四种不同的氢过氧化物(图4.27),然而脂质氧化的引发阶段形成两种典型的过氧化物(图4.22)。这些不同过氧化物的位置将形成一些特殊脂肪酸组成的产物,以下将进行讨论。

单重态氧通常由光敏作用产生。叶绿素、核黄素和肌球素为食品中的光敏物质,它们能从光照中吸收能量形成激发单重态,然后转变为激发三重态。激发三重态能直接与不饱和脂肪酸反应,转移一个氢原子以触发脂质氧化的引发阶段,该途径被称为类型1。并且将产生在前述用于自动氧化的传播步骤中看到的相同的脂质氢过氧化物,这个过程为类型1,同样也将产生用于自动氧化的链传播阶段中相同的脂质氢过氧化物。在类型2的过程中,激发三重态的光敏物质同样能与三重态氧反应形成单重态氧和单重态光敏物质。类型1和类型2过程取决于氧的浓度,类型2倾向于含氧高的环境。单重态氧同样能通过化学、酶和氢过氧化物的降解产生。然而,光敏作用的产物是食品中单重态氧形成的主要途径。

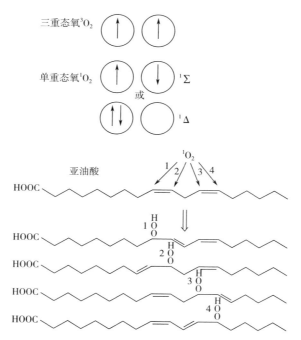

图4.27　亚油酸中单重态氧和单重态氧促氢过氧化物形成机制

（2）脂肪氧合酶　许多植物组织和选择性动物组织含有脂肪氧合酶,其能够产生脂质氢过氧化物。来自植物种子如大豆和豌豆的脂肪氧合酶(LOX)以几种同分异构体存在[95]。在大豆中,异构体 L-1 主要和游离脂肪酸反应,并在油酸和亚油酸的 C-13 产生氢过氧物。异构体 L-2 能在游离或者酯化的油酸和亚油酸的 C-9 和 C-13 产生氢过氧物。植物的脂肪氧合酶为含有非血红铁素的细胞质酶,在没有活性的脂肪氧合酶中铁以二价形式存在。激活是通过铁氧化转变为三价铁的情况下发生,此过程通常由氢过氧物促进。脂肪氧合酶催化氢从间位亚甲基碳转移,形成甲基自由基,并将脂肪氧合酶铁转化为二价。然后酶可以控制立体定向位置,此位置氧加成到烷基自由基上形成氢过氧自由基。二价铁的一个电子贡献给了过氧化氢自由基以形成过氧化氢阴离子。当过氧化氢阴离子与氢反应时形成氢过氧物,脂肪酸从酶中释放。一旦氧从体系中被消耗,酶从脂肪酸上转移一个氢,并且铁转化为二价。由于没有氧的存在,甲基自由基得以释放,脂肪氧合酶变为非活化状态。也有报道脂肪氧合酶存在于动物组织中,特别是与循环系统密切相关的组织(如鱼鳃)[28]。

4. 11. 2. 2　促进自由基形成的促氧化剂

电离辐射　有些时候利用电离辐射以破坏食品中的病原菌和延长货架期。然而,电离辐射将分子转变为激发态形成自由基,如使水产生羟基自由基(·OH)。羟基自由基是最具有活性的自由基,所以其能从脂质中转移氢,同样包括大分子蛋白质和 DNA。因此不足为奇的是,食品经辐射后能增加氧化自由基,特别是高脂肪和高促氧剂含量的肉制品。

4.11.2.3　促进氢过氧化物降解的促氧化剂

脂质氢过氧化物基本上存在于所有含脂质的食物中。当肉类、家禽和海鲜等食品中的油脂作为加工辅料以及当超氧化物歧化酶等酶加工时,也会在食品中发现过氧化氢。食品中的甘油三酯通常指含有 $1\sim100nmol/g$ 油脂的脂质氢过氧化物。这是体内脂质氢过氧化物浓度的 $400\sim1000$ 倍(如血管脂质),这表明氧化发生在油脂的提取和精炼过程中[17]。脂质氢过氧化物可以通过高温热处理过程或者一些促氧剂得以降解。降解时它们也会产生额外的自由基这是许多食物中氧化程度呈指数增加的原因。脂质氢过氧化物的降解产生烷氧基自由基,其可以参加 β-裂解反应。β-裂解反应是脂肪酸降解为低分子质量化合物的主要途径,这些低分子质量的化合物通常易挥发,表现为氧化酸败。

(1)过渡金属　过渡金属是食品原料、水、配料、加工设备和包装材料的常见成分,因此存在于所有食品中。过渡金属是主要的食物促氧化剂之一,它通过将氢过氧化物分解成自由基来降低食物和生物组织的氧化稳定性[29,36]。这些活性金属通过以下氧化还原循环途径降解氢和脂质过氧化物:

$$Mn^{n+} + LOOH \text{ 或 } HOOH \rightarrow Mn^{n+1} + LO\cdot \text{ 或 } HO\cdot + OH^-$$
$$Mn^{n+1} + LOOH \rightarrow Mn^{n+} + LOO\cdot + H^+$$

注:Mn^{n+} 和 Mn^{n+1} 为处于还原态和氧化态的过渡金属元素;LOOH 和 HOOH 为脂质和过氧化氢;$LO\cdot$、$HO\cdot$ 和 $LOO\cdot$ 分别为烷氧基、羟基、和过氧化物自由基。

羟基自由基产生于过氧化氢,然而烷氧基自由基产生于脂质氢过氧化物。当铁和氢过氧化物同时参与这个过程时,称为芬顿反应。金属的浓度、化学状态及类型将影响氢过氧化物的分解速率。铜和铁是食品中普遍参与这些反应的过渡金属元素,并且铁的浓度通常比铜大很多。以亚铜(Cu^+)状态存在的铜具有更高的降解过氧化氢的反应活性,反应速率是二价铁(Fe^{2+})的 50 倍。氧化还原态同样重要,Fe^{2+} 降解过氧化氢速率是 Fe^{3+} 的 10^5 倍。另外,Fe^{2+} 的水溶性比 Fe^{3+} 大,这意味着其更能促进水基质食品中氢过氧化物的降解。过氧化物的类型同样很重要,Fe^{2+} 降解脂质氢过氧化物的速率是过氧化氢的 10 倍[29,36]。

由于过渡金属元素的还原态更利于氢过氧化物的降解,能促进过渡金属氧化还原循环的还原态化合物可促进脂质的氧化。促氧化还原剂包括超氧阴离子($O_2^-\cdot$)和抗坏血酸。超氧阴离子是由增加一个电子到三重态氧而产生的。添加到超氧阴离子中的电子通过转移到过渡金属使其还原。超氧阴离子通过酶、氧化肌球素释放氧产生正铁肌红蛋白或者通过细胞如噬菌细胞而产生。下面的途径介绍了铁的氧化还原循环通过超氧阴离子促进脂质的氧化。此途径为 Haber-Weiss 反应。

$$Fe^{3+} + \cdot O_2^- \cdot \rightarrow Fe^{2+} + O_2$$
$$Fe^{2+} + H_2O_2 \rightarrow Fe^{3+} + \cdot OH + OH^-$$
$$Net \cdot O_2^- \cdot + H_2O_2 \rightarrow O_2 + \cdot OH + OH^-$$

抗坏血酸同样参与 Haber-Weiss 反应。然而不同于超氧阴离子,抗坏血酸同样可以作为抗氧化剂。在抗坏血酸盐浓度高时,其抗氧化活性在加速金属催化氧化能力上占主导地位,这导致了抗氧化的负面效果。

与蛋白质相连接的过渡金属元素同样能促进氢过氧化物的降解。血红素蛋白是这类中研究最多的,包括肌球素、血红素、过氧化物酶和过氧化氢酶都能促进过氧化氢和脂质过氧化物的降解。有时候,血红素蛋白被报道可引起脂质过氧化物的均裂,表明氢过氧化物的降解将产生两个自由基(羟基和烷氧基)。这些蛋白的热变性通过亚铁暴露程度的增加能逐渐促进它们的促氧化活性,因为这样能与氢过氧化物更有效的接触。肌球素的变性是加速熟肉中脂质氧化的因素之一,此问题即为陈腐味的出现。

(2)光和升温　UV 和可见光能促进氢过氧化物的降解而产生自由基。因此通过包装降低曝光率能降低脂质氧化程度。升高温度会增加几乎所有食物中的脂质氧化速率,因此控制温度是防止酸败的重要方法。升高温度也会降解脂质氢过氧化物。事实上,脂质过氧化物的增加通常不能在酸败煎炸油中发现,因为氢过氧化物在形成之后会快速的降解。

4.11.3　油脂氧化降解产物的形成

脂质氢过氧化物一旦降解成烷氧基自由基,可能会有一系列不同的反应机制产生,这些反应机制的产物取决于脂肪酸的种类以及脂肪酸上氢过氧化物的位置。另外降解产物可能是不饱和的且含有完整戊二烯结构,这就意味着氧化产物可能会进一步被氧化,进而导致数百种不同脂肪酸降解产物。由于脂肪酸降解产物的种类取决于食品中脂肪酸的组成,脂肪的氧化可能会对感官性质产生不同的影响。例如,植物油主要是 ω-6 脂肪酸,在氧化时主要产生青草和豆腥味,而水产动物油主要是 ω-3 脂肪酸,氧化时产生鱼腥味。

脂质氢过氧化物的降解导致脂肪酸链断裂的一个原因是脂质氢过氧化物的降解产生了烷氧基自由基(LO·)。烷氧基的活性强于烷基(L·)和过氧化氢(LOO·)自由基,这意味着它可以攻击其他不饱和脂肪酸、具有相同脂肪酸的戊二烯基团或与烷氧基基团相邻的共价键。这种持续反应称为 β-剪切反应,对于食品的品质是非常重要的,因为它能引起脂肪酸降解成有酸败味的低分子质量化合物。

4.11.3.1　β-剪切反应

高活性的烷氧基自由基具有从氧自由基两侧的碳—碳键中提取氢的能力。未被酯化的亚油酸通常被用来说明 β-剪切反应产生的化合物类型。需要记住的是脂肪酸羧酸末端的分解产物通常被酯化成甘油三酯或磷脂。因此,以此方式产生的降解产物并不具有挥发性即不会导致酸败味除非此降解产物进一步分解成低分子质量的化合物。图4.28 所示为亚油酸在碳 9 上氧化产生氢过氧化物。第一步,氢过氧化物分解成烷氧基自由基。第二步,β-剪切反应通过高活性烷氧基可以从相邻的碳—碳键中提取电子以裂解脂肪酸链。β-剪切反应破坏了烷氧基自由基两侧的脂肪酸。如果脂肪酸的裂解发生在脂肪酸的羧酸末端,则分解产物是辛酸和 2,4-癸二烯醛(图 4.28)。如果脂肪酸的裂解发生在烷氧基的相对侧(图 4.29,脂肪酸的甲基末端),则生成 9-氧代壬酸酯和一个拥有9 个碳原子的乙烯基自由基。乙烯基自由基可以与羟基自由基相互作用形成醛,从而产生 3-壬烯醛。同理若氢过氧化物在 C13 位上仍会产生类似的反应,羧酸末端化学键的断裂将会生成 12-氧-9-十二碳烯酸酯和己醛。脂肪酸甲基末端化学键的断裂生成

13-oxo-9,11-十三碳二烯酯和戊烷。

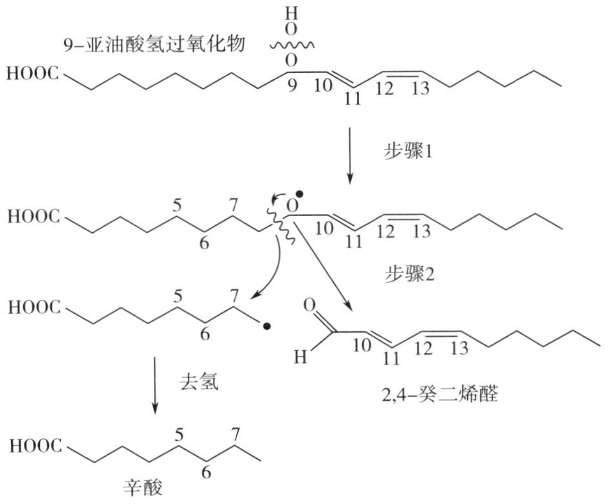

图 4.28 氢过氧化物羧酸侧脂肪酸裂解时生成 9-亚油酸氢过氧化物产生的 β-剪切降解产物

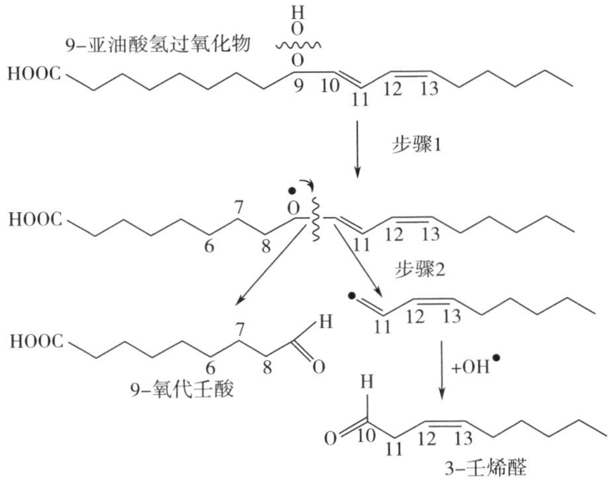

图 4.29 氢过氧化物甲基末端脂肪酸裂解生成 9-亚油酸氢过氧化物产生的 β-剪切降解产物

当单个氧攻击亚油酸时,它可以和所有双键上的碳原子接触进而形成氢过氧化物(图 4.27)。这就意味着可在亚油酸的 9 和 13 位碳原子上形成氢过氧化物,如同自由基引起 10 和 12 位的氢过氧化物的氧化。C10 烷氧基自由基的 β-剪切反应产生的特征产物为在羧基末端的化学键断裂时生成的 9-氧代壬酸酯和 3-壬烯醛,以及在脂肪酸甲基末端化学键断裂时生成的 10-oxo-8-十二碳烯酯和 2-辛烯。当 β-剪切作用在 C12 位的烷氧基自由基时产生的特征产物是在羧基末端的化学键断裂生成的 9-十一碳烯酸盐和庚烯醛,以及在脂肪酸甲基末端断裂生成 12-氧-9-十二碳烯盐和己醛。

从以上关于 β-剪切产物和亚油酸的其他自由基反应的讨论中可以看出,可以形成许多产物。有关通过β-剪切降解形成产物的详细讨论请参照参考文献[25]。类似反应途径表现为在其他不饱和酸上将会生成与之不同的特征化合物。这些降解产物通常包括双键甚至在一些情况下含有完整的戊二烯体系。这些双键体系能进行去氢或者受到单个氧的攻击从而导致其他降解产物的生成。尽管以上讨论的是亚油酸理论上的降解产物过程，但实际上，并不是所有的降解产物均被检测到。其原因可能是这些化合物经历了其他的降解反应。

4.11.3.2 脂肪酸降解的其他反应

除了以上描述的脂肪酸氢过氧化物产物，脂肪酸自由基也能通过一系列的其他反应机制形成化合物如烯烃、醇类、羧酸、酮类、环氧化物以及环式化合物[25]，烷基自由基与氢基和羟基自由基反应生成烯烃和醇。正如先前提到的烷氧基自由基是强活性的自由基，因此它能从其他分子(例如，从不饱和脂肪酸或抗氧化剂上)上夺得氢，进而生成脂肪酸醇。烷氧基自由基也能失去一个电子转化成酮和/或与之相邻的碳成键生成环氧化物。过氧化自由基可以和同一脂肪酸内的双键发生反应生成环状化合物如生成双环的内过氧化物。

脂肪酸氧化降解产生醛是非常重要的，因为这对异味的形成有很大的影响。然而，这些醛能和食品成分中的亲核物质反应，尤其与蛋白质中的巯基和氨基相互作用进而改变蛋白质的性能。一个例子是不饱和醛在肌红蛋白中经迈克尔加成与组氨酸相互反应的能力[22]。这一反应通常被认为是肌红蛋白转成高铁肌红蛋白导致肉变色的原因。

脂肪酸分解产物也可形成二聚体和聚合物[25]，这可以通过自由基终止反应发生。在氧(过氧基和烷氧基自由基)存在下，聚合涉及过氧化物或醚键的形成。在不存在氧(烷基自由基)的情况下，通过碳—碳交联发生聚合，当油在氧气溶解度低的高温条件下这种聚合经常发生。甲酯化的脂肪酸比甘油三酯中的脂肪酸更容易交联，甘油三酯中脂肪酸的交联通常仅在油炸中有意义。

4.11.3.3 胆固醇氧化

胆固醇在 C5 和 C6 位上含有一个双键(图 4.4)，和脂肪酸一样，这个双键易受到自由基的攻击从而经降解反应生成醇、酮和环氧化物[81]。最显著的胆固醇氧化途径是从 C7 原子形成氢过氧化物开始，这个氢过氧化物可以降解成烷氧基自由基接着重排成 5,6 环氧化物、7-羟基胆固醇和 7-酮胆固醇。这些胆固醇氧化产物是潜在的有毒物质，与人体的动脉粥样硬化形成相关联。胆固醇氧化产物通常被发现在经热处理后的动物性食品里，如烹调肉、牛油、猪油和黄油，以及干燥的乳制品和蛋类产品。

4.11.4 抗氧化剂

整个有机体系在含氧环境下都面临着氧化的压力，生物系统已开发出多种抗氧化体系以防止氧化。但至今对抗氧化剂还没有一个统一的定义，因为有许多化学机制可用于抑制氧化。来自生物体组织的食品，通常包含数个内源性抗氧化体系。不幸的是食品加工过程能除去抗氧化剂或引起额外的氧化压力，其可以克服食品中的内源性抗氧化体系。因此，通常在加工后的食品中额外添加抗氧化剂。抗氧化剂的抗氧化机制主要是增加了食品的氧化稳定性如包括控制自由基,促氧化及氧化中间物。

4.11.4.1 自由基的控制

许多抗氧化剂通过钝化或淬灭自由基减缓脂质氧化,于是阻止了自由基引发、传播和 β-剪切反应。自由基清除剂(FRSs)或者断链抗氧化剂通过以下反应能和过氧化自由基(LOO·)及烷氧基自由基(LO·)相互作用:

$$\text{LOO·或 LO·} + \text{FRS} \rightarrow \text{LOOH 或 LOH} + \text{FRS·}$$

自由基清除剂阻止脂质的氧化是因为自由基优先与其反应而不是与不饱和脂肪酸反应。自由基清除剂主要与过氧化自由基相互作用,因为链传递是脂质氧化最慢的步骤,这意味着过氧自由基通常在体系中是所有自由基中浓度最大的自由基;过氧化自由基比烷基自由基具有更低的能量[10],因此优先与自由基清除剂中的低能氢反应,而不是多不饱和脂肪酸;通常情况下自由基清除剂度较低,因此自由基清除剂不能有效地与引发阶段的自由基(如·OH)竞争,后者可以氧化与它们接触的第一种化合物[52]。

抗氧剂的效率取决于自由基清除剂给自由基贡献氢的能力。随着自由基清除剂中氢键能的降低,氢转移到自由基越有利即反应越快。自由基清除剂转移氢给自由基的能力在标准单电子还原电势的帮助下可以尽可能的被预测[10]。任何化合物当其还原电势低于自由基的还原电势(或氧化物)时都能捐献氢给自由基除非这个反应为动力学是非可行的。例如,自由基清除剂包括 α-生育酚($E°' = 500\text{mV}$),儿茶酚($E°' = 530\text{mV}$),和抗坏血酸盐($E°' = 282\text{mV}$),其还原电势均低于过氧化自由基($E°' = 1000\text{mV}$),因此能够提供一个氢给自由基形成氢过氧化物。

自由基清除剂的效率还取决于自由基清除剂基团(FRS·)的能量,如果 FRS·是一个低能态自由基,那么其催化不饱和脂肪酸的可能性下降。由于共价离域,活性自由基形成低能态自由基(图 4.30)[77]。活性自由基清除剂也能产生自由基且此自由基不会迅速与氧反应形成氢过氧化物。如果一个自由基清除剂形成氢过氧化物,这种氢过氧化物可进行降解反应生成其他的自由基进而引发不饱和脂肪酸的氧化。在终止反应中,FRS·也可和其他的 FRS·或油脂自由基反应形成非自由基产物。这就意味着每一个自由基清除剂至少能使两个自由基失活,当自由基清除剂和过氧化基或烷氧基自由基相互作用时第一个自由基失活,在终反应时,当 FRS·同另一个 FRS·或脂自由基反应,第二个自由基也相应失活(图 4.31)。

酚类化合物拥有一个活性自由基清除剂所具备的多种性质。酚类化合物从它的羟基上贡献出一个氢,并由于自由基通过苯环结构离域化,使之生成的酚羟基自由基能量较低。酚类自由基清除剂的活性经常通过苯环上的取代基得到增强,因为它增加了自由基清除剂捐献氢给脂自由基的能力或增加了 FRS·的稳定性[77]。在食品中,酚类自由基清除剂的活性也取决于它们的挥发性、pH 敏感度和极性。以下是食品中普遍存在的自由基清除剂的例子。

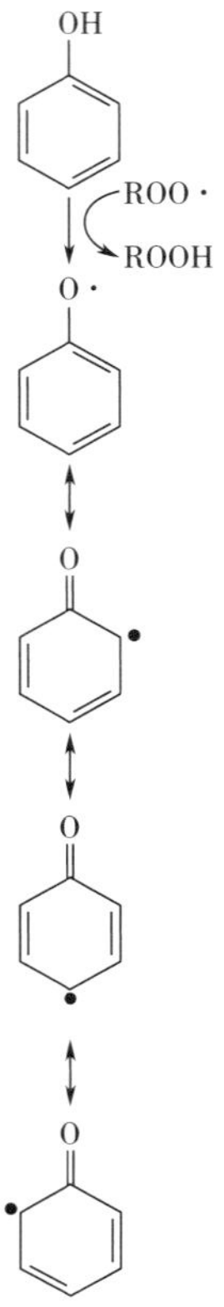

图 4.30　酚自由基的振动离域

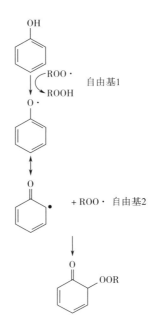

图 4.31　抗氧化自由基和脂质氢过氧化物
自由基(**ROO·**)的终止反应

4.11.4.2　生育酚

生育酚是一类含有羟基化环状体系(芳香环结构)且含有植醇链的化合物(图 4.32)。由于色原烷醇环上甲基化的差异使生育酚同系物分成多种,α-生育酚是三甲基化的,5、8 位和 7,8 位两甲基化时分别为 β-生育酚和 γ-生育酚,而 8 位单甲基化时为 δ-生育酚。生育三烯酚与生育酚的不同之处在于它的植基链中具有三个双键。生育酚含有三个非对称的碳原子,其结果是每个同系物拥有八个可能的立体异构体。天然生育酚都具有 rac 或 RRR 构型。合成型生育酚以 R 和 S 型构型排列且有立体异构体。α-生育酚的立体异构体构型异常重要,因为仅有 RRR 和 2R-立体异构体(RSR,RRS 和 SRR)具有显著的维生素 E 活性且被美国作为建立人体维生素 E 推荐摄入量的依据[23]。α-生育酚作为营养补给品或食品配料时,通常以乙酸酯形式在市场上销售,乙酸酯在胃肠道中通过脂肪酶水解重新生成 α-生育酚。乙酸酯形式的生育酚阻断羟基并降低分子对氧化降解的敏感性。值得注意的是,乙酸酯阻断羟基除去了生育酚的抗氧化活性。α-生育酚的酯化也增加了其稳定性,从而在储存期间维持维生素 E 活性。

生育酚和脂质过氧化物自由基反应导致脂质氢过氧化物和一些生育酚自由基共振结构的形成。这些生育酚自由基可以和其他的脂质自由基或者彼此之间相互作用生成大量

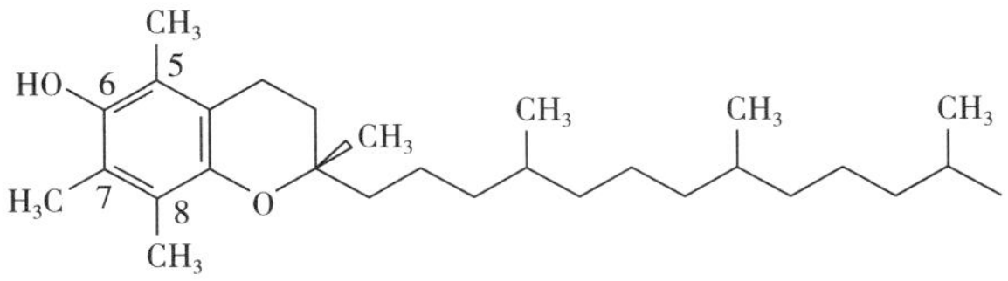

图 4.32　α-生育酚的结构

的最终产物。这些最终产物的含量以及种类取决于氧化速率,自由基种类,实际位置(例如,大块物体和薄膜脂质体),和生育酚浓度[52]。生育酚在水中一般是不溶的。然而,他们的极性能发生改变,就 α-生育酚而言(三甲基化)几乎无极性,而 δ-生育酚(单甲基化)极性最大。极性的不同造成了生育酚表面活性的不同,这也许是成为影响其抗氧化性的一个因素。

4.11.4.3　合成酚类物质

　　苯酚本身不是一种好的抗氧化剂但当苯环上有取代基时能加强抗氧化活力。于是,大多数合成抗氧化剂为含有取代基的一元酚化合物。食品中最普遍的合成自由基清除剂包括丁基羟基甲苯(BHT),丁基羟基茴香醚(BHA),特丁基对苯二酚(TBHQ),和没食子酸丙酯(图 4.33)。这些合成自由基清除剂极性排列次序为:BHT(大多数非极性)＞BHA＞TBHQ＞没食子酸丙酯。合成酚类在许多食品系统中都是有效的;然而,由于消费者对所有天然产品的需求,它们在食品工业中的使用正在下降。就其他的自由基清除剂而言,合成抗氧化剂和脂质自由基相互作用导致低能态共振稳定的酚基生成。这种低能态合成型抗氧化剂自由基意味着它们不能快速催化不饱和脂肪酸的氧化。另外,合成型抗氧化剂自由基不会轻易与氧反应生成不稳定的抗氧化氢过氧化物,这种氢过氧化物能降解成高能量的自由基进而加速不饱和脂肪酸的氧化。合成酚类对于大多数食品体系是有效的;然而,由于消费者出于对纯天然食品的强烈要求,它们近来在食品工业中的应用范围不断缩减。

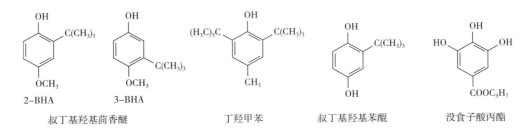

图 4.33　食品中合成抗氧化剂的结构

4.11.4.4　植物酚类物质

　　植物中有多种酚类化合物包括简单酚类、酚酸、花青素、羟基肉桂酸衍生物和类黄酮。

这些酚类物质广泛地分布在水果、香辛料、茶类、咖啡、种子和谷物中。所有的酚类物质都拥有自由基清除剂所要求的结构,尽管他们的活性差别很大。影响植物酚类物质自由基清除活性的因素主要包括位羟基化的位置和程度、极性、溶解性和还原能力,食品加工过程中酚类物质的稳定性,和酚类自由基的稳定性。

迷迭香提取物作为食品添加剂是商业上最重要的天然酚类物质来源,其机制是通过自由基清除作用阻止脂质氧化。在迷迭香提取物中鼠尾草酸、卡诺醇和迷迭香酸是几种主要的自由基清除剂(图 4.34)。迷迭香类提取物在绝大多数食品中能阻止脂质的氧化包括肉类,散装油,和脂质乳状液[4,26,60]。从草本植物中提取的酚类抗氧化剂的使用如迷迭香,通常易被风味化合物如单萜类限制。在食品中天然存在的酚类物质对于食品自身的氧化稳定性是非常重要的。植物中的酚类含量随着成熟度、种类、组织类型、生长条件、收获年龄以及贮藏条件而改变[9,41,84]。

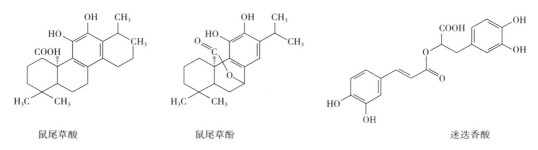

鼠尾草酸　　　　　　　　鼠尾草酚　　　　　　　　迷迭香酸

图 4.34　迷迭香提取物中酚类抗氧化剂的结构

4.11.4.5　抗坏血酸和硫醇

通过如芬顿反应的过程在食物的水相中产生自由基,其从过氧化氢产生羟基自由基。食品加工时,自由基通常产生于水相,如通过芬顿反应氢过氧化物生成羟基自由基。另外,自由基也具有表面活性,意味着它在脂质分散体系的水相和脂相之间界面可以迁移。为了免受源于水相中的自由基对人体的伤害,生物体系包含有能力清除自由基的水溶性混合物。抗坏血酸和硫醇淬灭自由基导致低能态自由基的生成[18]。硫醇如半胱氨酸和谷胱甘肽也许有助于植物和肌肉食物氧化稳定性的提高,但它们几乎不作为抗氧化剂加入食品。但也有一个例外,发现于蛋白质中的硫醇能有效阻止食品中脂质的氧化[20,87]。抗坏血酸和它的异构体异抗坏血酸都能清除自由基,二者拥有类似的活性但从成本来讲异抗坏血酸更划算。抗坏血酸同样可以和棕榈酸结合,这种配合物是脂溶性的且具有表面活性,使得抗坏血酸在散装油中具有有效的抗氧化活性和乳化性。在胃肠道里抗坏血酸棕榈酸酯水解成抗坏血酸和棕榈酸,因此在利用率上对抗坏血酸没有影响。

4.11.4.6　促氧化剂的控制

食品中的脂质氧化速率取决于促氧化剂的浓度和活性(例如,过渡金属元素、单重态氧合酶)。由此得出控制促氧化剂作用是提高食品中氧化稳定性的一种有效策略。内生的和外源的抗氧化剂二者兼可影响过渡态金属和单重态氧的活性。

4.11.4.7　金属促氧剂的控制

　　铜和铁是重要金属促氧剂的两个例子,它们通过促进氢过氧化物的降解加速油脂的氧化。金属的促氧化活性随着螯合剂和多价螯合剂的螯合而发生改变。螯合剂阻止金属促氧化的活力通过一个或者更多的以下机制进行:阻断金属氧化还原循环;占用金属协调位点;形成不溶性的金属复合物和/或者妨碍金属和脂质或氧化中间体相互作用的原子空间排列位置(例如,氢过氧化物)[18]。一些金属螯合剂通过提高金属溶解性和/或者改变氧化还原电位加速氧化反应。螯合剂增加或抑制促氧化活性的作用取决于金属和螯合剂浓度。例如,EDTA(乙二胺四乙酸)无效或者当 EDTA∶铁≤1 时促使氧化,而当 EDTA∶铁＞1时,则起到抗氧化剂作用[53]。

　　食品中发现的主要金属螯合物包含多种多样的羧酸盐(例如,EDTA 和柠檬酸)或者磷酸盐(如多磷酸盐和肌醇六磷酸)。大多数螯合剂在食物的水相中起作用,但是一些也会分配到脂质相(例如,柠檬酸)中,从而使它们使脂溶性金属失活。螯合物必须离子化才具有活性,因此 pH 低于离子化基团的 pK_a 时,其活性降低。食品中最常用的螯合物是柠檬酸,EDTA 和多磷酸盐。磷酸盐的活性随着磷酸基团的增加而提高,因此,三聚磷酸盐和六偏磷酸盐相比磷酸来说更有效[83]。促氧化金属同样也能被金属结合蛋白所控制,如铁传递蛋白、卵黄高磷蛋白、乳铁传递蛋白和酪蛋白[18]。

4.11.4.8　单重态氧的控制

　　如前所述,单重态氧是氧的一种激发态,它能促进油脂氢过氧化物的形成。类胡萝卜素是一种黄红色多烯化合物复合体(＞600 种不同的化合物)。单重态氧的活性可以通过类胡萝卜素的化学和物理淬灭机制控制[51,67]。当单重态氧攻击类胡萝卜素的双键时类胡萝卜素通过化学机制淬灭它。这步反应导致了类胡萝卜素氧化降解产物如醛、酮和内过氧化物的形成。这些反应引起类胡萝卜素的降解,导致抗氧化活性和颜色的丧失。通过类胡萝卜素的作用致使单重态氧的失活,相比而言物理淬灭机制更有效。类胡萝卜素物理淬灭单重态氧是通过转移单重态氧的能量到类胡萝卜素进而生成激发态的类胡萝卜素和基态三重态氧。激发态类胡萝卜素和环境中的溶剂相互作用通过摆动和转动释放能量回归到基态。类胡萝卜素的物理淬灭机制需其分子有 9 个或更多的共轭双键。类胡萝卜素的末尾含有六个碳氧化环结构通常对物理淬灭单重态氧更有效。类胡萝卜素也能通过吸收光催化感光剂的能量如核黄素阻止光敏剂诱发单重态氧的形成。

4.11.4.9　脂肪氧合酶的控制

　　脂肪氧合酶是发现于植物和一些动物组织中的活性脂肪氧化催化剂。脂肪氧合酶的活性可以通过加热的方式和降低可食用组织中酶浓度的植物组织培养方式控制活性的大小。

4.11.4.10 氧化中间体的控制

食品中存在的化合物通过和促氧化的金属或者氧相互作用形成活性反应组分间接影响油脂的氧化。这些化合物的例子包括超氧化物阴离子和氢过氧化物。

4.11.4.11 超氧化物阴离子

超氧化物通过降低过渡金属转化成激发态或者促使结合在蛋白质上铁的释放参与氧化反应。除此之外,在低 pH 条件下,超氧化物会形成其共轭酸氢过氧自由基进而直接催化油脂的氧化[46]。由于氧化反应中超氧化物阴离子的促氧化性质,生物体系含有超氧化物歧化酶(SOD)。SOD 通过以下反应催化超氧化物阴离子向氢过氧化物转变:

$$2O_2^- \cdot + 2H^+ \rightarrow O_2 + H_2O_2$$

4.11.4.12 过氧化物

过氧化物是氧化反应的重要中间体因为它凭借过渡金属、辐射和高温将降解形成自由基。食品中存在的氢过氧化物是直接产生的(例如,灭菌操作过程)和生物组织在新陈代谢时生成,包括通过 SOD 的超氧化物的歧化作用及过氧化物酶体和白细胞的活性作用。氢过氧化物的失活是酶催化的反应,包含一种亚铁血红素的酶,通过下面的反应进行[46]:

$$2H_2O_2 \rightarrow 2H_2O + O_2$$

谷胱甘肽过氧化物酶是一种含硒的酶,它可以通过将还原态谷胱甘肽作为辅助底物降解脂质氢过氧化物和过氧化氢[46]:

$$H_2O_2 + 2GSH \rightarrow 2H_2O + GSSG$$

或者

$$LOOH + 2GSH \rightarrow LOH + H_2O + GSSG$$

注:GSSG 是氧化型谷胱甘肽,LOH 是脂肪酸醇。

4.11.4.13 抗氧化剂之间的相互作用

食品体系内部(本身)包括许多抗氧化组分。另外,在食品加工过程中也添加了许多外源的抗氧化成分。由于各种抗氧化成分之间的相互作用,使得食品的抗氧化性得到增强。常用协同效应来描述抗氧化成分之间的相互作用。为了使抗氧化剂相互作用具有协同作用,抗氧化剂组合的效果必须大于两种单独抗氧化剂的效果之和。然而,许多抗氧化剂组合的有效性通常等于或小于它们的相加效应。因此,在声明协同活性时应谨慎使用。

在两种或更多的自由基清除剂存在的情况下,协同效应得到显著的增强。在多种自由基清除剂同时存在时,可能主要的自由基清除剂会更快地与脂质自由基反应,这些是因为它们的键解离能较低或距离产生这些自由基的位点比较近。在多种自由基清除剂同时存在情况下,快速氧化的主要的自由基清除剂可以通过转移自由基到次要的自由基清除剂上得以再生。α-生育酚和抗坏血酸就是这样的例子,在这个体系中,由于 α-生育酚在油相中,为主要的抗氧化剂,抗坏血酸能释放出酚氧自由基或生育醌,它们再转化为 α-生育酚,抗坏血酸转化为脱氢抗坏血酸[10]。最终结果是主要的自由基清除剂(α-生育酚)仍处于活化状态,继续清除食品中的脂质自由基。

螯合剂和自由基清除剂的复配能显著地抑制脂类氧化[25]。这些加强的相互作用是螯合剂通过"节约效应"实现的。由于螯合剂将通过抑制金属催化氧化来减少食物中形成的自由基的量,因此通过诸如终止或自动氧化的反应最终使自由基清除剂的失活更慢。因此,通过减少自由基的产生并因此减少自由基清除剂失活,自由基清除剂的浓度将更高。

多组分抗氧化体系通过多种不同的机制(如自由基清除、金属螯合和单重态氧淬灭)抑制氧化,利用多种抗氧化成分能极大地增加食品的抗氧化能力。因此,在设计抗氧化体系时,所选的抗氧化成分应该有不同的作用机制或物理特性。确定抗氧化剂是否是最有效主要取决于许多影响因素如:氧化催化剂的类型、食品的物理状态以及影响抗氧化剂活性的因素(如 pH、温度及同食品中其他成分或抗氧化剂相互作用的能力)。

4.11.4.14　抗氧化剂的物理位点

抗氧化剂的抗氧化能力取决于脂质的物理性质[25,71]。例如,亲水性抗氧化剂在水包油乳化体系中的效果通常低于亲脂性抗氧化剂,而亲脂性抗氧化剂在油相中的效果不如亲水性抗氧化剂[25,71]。这种现象被称为"极性相斥"。抗氧化剂在油相和油包水型乳化体系中的抗氧化能力不同是由于在两个系统中它们所处的物理位置不同。极性抗氧化剂在油相中抗氧化能力更强,可能是因为它们可以在油中的反胶束中积聚[12],这些位点由于存在表面活性氢过氧化物和金属促氧化剂,正是脂肪氧化反应最剧烈的位点[90]。相比之下,非极性抗氧化剂在水包油性乳化体系中更有效,因为它们存在于油滴中或在油-水界面处,这也是脂质氧化反应普遍存在的位置。相反,在水包油性乳化体系中,极性抗氧化剂倾向于分配到水相中,在那里它们将不能保护脂质。

4.11.5　影响油脂氧化反应速率的其他因素

4.11.5.1　氧浓度

减少氧的浓度是抑制脂肪氧化的一个常见方法。然而,将氧添加到烷基自由基上是一个扩散限制(快速)反应,因此为了有效地抑制脂肪氧化,应该将系统中大部分的氧除去。由于氧在油中的溶解度高于在水中的溶解度,因此除非使用真空条件,否则为了防止脂肪氧化而去除氧是很困难的。但是,在中等氧浓度下对脂质氧化的研究很少。

4.11.5.2　温度

一般而言,升高温度会加速脂肪氧化。尽管如此,有时升高温度能降低氧的溶解性以至于在较高温度下减缓氧化。在散装油中就会发生这种情况。然而,如果用热油来煎炸食品,则油与空气增加接触,导致氧化加速。高温也能造成抗氧化剂的降解、挥发,在有抗氧化剂存在下会因为变性使其失活。

4.11.5.3　表面积

脂肪的表面积越大,脂肪氧化速率增加,因为这将增加脂肪与氧及促氧化剂接触。最近有报道在含有由天然存在的表面活性剂(如磷脂)和水形成的纳米结构的散装油中观察到了这种情况[12]。

4.11.5.4 水分活度

从食品体系中去除水,脂肪氧化速率会降低,这是由于反应物(如过渡金属和氧)的流动性降低。在一些食品中,不断地去除水分会加速脂肪氧化。在低水分活度下加速脂质氧化是由于脂质氢过氧化物周围的水溶剂保护层被破坏的原因[12,13]。

4.11.6 油脂氧化的测定

通过以上对油脂氧化途径的讨论可知,单一的脂肪酸经氧化后得到很多的氧化产物。另外,这些分解产物常包含双键,有时也包含完整的戊二烯结构。这些双键体系经历夺氢反应或受到单重态氧的攻击,将降解成许多其他产物。由于食品脂质包含有许多不同的不饱和脂肪酸并暴露在不同的促氧化剂中,将会形成许多的降解产物。此外,许多氧化产物(氢过氧化物)是不稳定的并且可以与其他食物组分(醛)反应。这些氧化途径和因素的复杂性使得油脂氧化的分析变得很困难。下面总结了一些常见的关于监测食品油脂氧化产物的分析技术。

4.11.6.1 感官分析

衡量油脂氧化的权威标准是感官分析,因为感官分析是直接监测氧化反应产生异味的唯一技术。另外,感官分析有极高的灵敏度,因为人能在低于或接近于化学技术和仪器检测的水平下检测到特定的香味物质。油脂氧化的感官分析必须由一些在识别氧化产物方面经过专门培训的专家来完成。由于不同脂肪酸的氧化产物不同,将产生不同的感官特性,故在培训时要有针对性。由于需要大量的培训,感官分析耗时长、成本高,很明显不能快速大量地分析产品的质量。因此,许多化学技术和仪器技术应运而生。在最佳情况下,当与感官分析相关联时,化学技术和仪器技术是最有效的。已出现了许多对食品氧化变质测定的技术。下面将讨论常见的方法以及其优缺点。

4.11.6.2 初级氧化产物

初级氧化产物是在氧化诱导阶段和链增长阶段产生的化合物。由于它们是最初的氧化产物,故它们在油脂氧化变质的前期出现。然而,在氧化的后期,这些化合物的浓度会降低,是因为它们的形成速率低于它们的分解速率。用初级氧化产物来评价氧化的一个缺点是,这些物质不易挥发,因此不能直接体现在异味上。另外,在一定条件如高温(煎炸油)或者大量的活性过渡金属下,由于它们的高分解速率,初级氧化产物的浓度并不能出现净增长。这样就会误导结果,哈喇味很重的油中居然只有很低浓度的初级氧化产物。

4.11.6.3 共轭双键

在反应初始阶段的多不饱和脂肪酸夺氢反应中,会快速形成共轭双键。共轭二烯在

234nm 下有最大吸收其摩尔消光系数为 $2.5 \times 10^4 L/(mol \cdot cm)$ [7]。同其他技术相比,测定消光系数有中等的灵敏性。在单一的油相系统中测定共轭二烯是有效的,但是在复杂的混合食品体系中却没有效果,因为许多化合物在该波长附近有吸收因此造成干扰。在某些情况下,共轭二烯值可用脂质氢过氧化物来表示,因为许多脂质氢过氧化物中包含共轭体系。然而,不提倡这种等价表示,因为脂肪酸分解的产物也包含共轭双键,单不饱和脂肪酸(如油酸)分解将形成不含共轭二烯体系的氢过氧化物。食品中的共轭三键可以在 270nm 处测定。这种技术仅对含有大于或等于三个双键的油脂有效,仅限于多不饱和油如亚麻籽油和鱼油。

4.11.6.4 脂质氢过氧化物

测定油脂氧化品质的一个常用方法是测定脂肪酸氢过氧化物。大多测量脂氢过氧化物的方法是基于这种氢过氧化物氧化特定物质的能力。过氧化值是指 1kg 油脂中活性氧的毫克当量,1mg 当量等同于 2mmol 脂氢过氧化物数。最常见的滴定法是氢过氧化物促使碘化物转化为单质碘。然后用淀粉液作为指示剂,用硫代硫酸钠滴定单质碘[70]。这种方法相对不够灵敏(500mmol/g 油)并且需要高达 5 g 的脂质,因此,该法仅适用于分离的脂肪和油。过氧化值也可以利用试样中的过氧化物能够将二价铁离子氧化成三价铁离子,三价铁离子与铁离子特异性发色团如硫氰酸盐或二甲酚橙反应进行检测[79]。这种方法比上述滴定法的灵敏度高。形成的硫氰酸铁配合物的消光系数为 $4.0 \times 10^4 L/(mol \cdot cm)$,能检出毫克级范围[79]。

4.11.6.5 次级油脂氧化产物

次级氧化产物是指脂肪酸氢过氧化物通过 β-剪切反应生成的化合物。如前所述,这些反应可以从食物脂质的氧化产生数百种不同的挥发性和非挥发性化合物。这些物质不可能同时测定,下面这些方法主要集中分析某一特定化合物或者是某一类化合物。采用这些方法有一个缺点是,这些次级氧化产物是脂质氢过氧化合物经过分解而成,因此在某些特定情况下(如抗氧化剂存在时),次要产物的浓度将偏低而初级脂质氧化产物的浓度将偏高。除此之外,食品中含有氨基和巯基的化合物(如蛋白质)会与含有官能基团如醛基的次级氧化产物相互作用,结果使得很难精确测定。这些方法的一个优点是脂肪酸分解的产物正好是产生异味的物质,故与感官分析联系紧密。

4.11.6.6 挥发性次级产物的分析

挥发性油脂氧化产物可以用气相色谱来测定,可以采用直接进样、静态顶空或动态顶空和固相微萃取[48]。采用这些方法,可以用特定的物质(如 $\omega-6$ 脂肪酸中的正己醛,$\omega-3$ 脂肪酸中的丙醛),某类物质(如碳氢化合物或醛类)或总挥发性物质来表示。由于将挥发物提取出样品的能力不同,每种方法都可以给出不同的挥发物分布。与初级氧化产物相比,测定挥发性油脂氧化产物的一个优点是这些挥发性物质与感官分具有更强的相关性。缺点是仪器昂贵,由于氧化迅速难以分析大量样品(耗时长)。除此之外,这些方法常需要加热将挥发物驱入顶部空间。对于某些食品而言,如肉类,加热可能加速脂质氧化。一般而言,测定脂质物质时应在尽可能低的温度下进行取样分析。还有在加工过程如在煎炸油的蒸馏过程中可能损失一些挥发性物质。

4.11.6.7 羰基化合物

脂质氧化产生的羰基化合物可以通过下面方法测定,羰基化合物与2,4-二硝基苯肼生成络合物,其在430~460nm处有明显的吸收。这个方法的局限性在于易受食品中其他羰基化合物的干扰[70]。高效液相色谱法可以将目标羰基化合物从干扰物中分离开。尽管如此,这些技术昂贵且耗时,因此不常用于食品脂质中。

羰基化合物也可以通过与茴香胺结合,产物在350 nm处有明显吸收被测定。这个方法非常有用,它能测不挥发的高分子质量的羰基化合物。茴香胺被用来测定如鱼油的氧化,因为这些油在精炼过程中经过长时间的蒸汽蒸馏。因此,茴香胺可用于鱼油,因为蒸汽蒸馏后非挥发性的高分子质量化合物仍保留在油中,它可以在蒸汽蒸馏之前指示油的质量。

4.11.6.8 硫代巴比妥酸(TBA)

硫代巴比妥酸与羰基化合物在酸性环境下生成红色荧光复合物[94]。TBA方法可以测定整个样品、样品提取物或样品蒸馏物,以及在一定的温度(25~100℃)和时间(15min~2h)范围内络合物也可以被测定。丙二醛(MDA)是初级氧化产物分解产生的,它能与硫代巴比妥酸(TBA)反应,其复合物在532nm处有强吸收。丙二醛是含有三个及以上双键以上的脂肪酸经过两次氧化分解而得的二醛。不饱和脂肪酸中不饱和键越多,氧化分解产生的丙二醛越多。TBA除了能与丙二醛反应外,还与脂质氧化产生的其他醛类物质反应,特别是不饱和醛类。

TBA不具有专一性,它也能与非脂类羰基化合物反应,如抗坏血酸,糖类,非酶褐变产物。这些化合物能与TBA形成复合物,在450~540nm有吸收。通常,更合适的是参考TBA反应性物质(TBARSs)来确认除丙二醛之外的化合物可以产生粉红色发色团。为了减小这些干扰化合物的影响,可以通过荧光法或高效液相色谱法直接测定TBA-MDA复合物。

TBA法简便,廉价,是分析食品油脂氧化的有效方法。尽管如此,该法不具有专一性,故应注意其限制范围,因此不可进行不正确的比较和结论。为了减小TBA法分析的潜在误差,应对新鲜的未被氧化的样品进行分析,以说明活性(反应)物质不是由脂质氧化引起的。如果食品中干扰物质浓度较大,则不适宜采用TBA法。另外,不宜用TBA法比较不同脂肪酸的氧化变化,因为丙二醛随脂肪酸组成而变化。

4.11.7 小结

甘油三酯的水解通过释放脂肪酸影响食品品质,这会对脂肪和油的风味、物理性质和氧化稳定性产生负面影响。

(1)通过自动催化自由基反应发生氧化酸败。

（2）当脂肪酸分解成低分子质量的醛和酮时，会发生氧化酸败。

（3）过渡金属、单重态氧和酶等促氧化剂通常是食品中油脂氧化的主要原因。

（4）抗氧化剂通过清除自由基和/或降低促氧化剂的活性来减缓氧化。

（5）脂质氧化受氧气浓度、脂肪酸不饱和度、温度和水分活度等因素的影响。

（6）衡量油脂氧化的权威标准是感官分析。

（7）可以通过测量初级氧化产物来监测脂质氧化，但这些产物往往与酸败不紧密相关。

（8）次级脂质氧化产物来自脂肪酸降解，并且可能与酸败更紧密相关。

4.12　食品脂质与健康

4.12.1　脂肪酸的生物活性

膳食脂肪与人的健康有着密不可分的联系。因为肥胖与许多疾病密切相关，如心脏病和糖尿病。脂类之所以在人体健康方面扮演负面角色，这主要归因于它有高热量密度（37.7kJ/g）。由于脂类具有调节血液中的低密度脂蛋白（LDL）胆固醇的能力，故食物中的脂肪与心脏病的发作相关。由于低密度脂蛋白胆固醇含量通常与心脏病的发作相关，故建议以下几种饮食策略以达到降低低密度脂蛋白胆固醇含量，包括饮食中摄入的饱和脂肪酸使其产生的能量低于10%热量以下，限制摄入胆固醇量少于300mg/d，并尽可能降低饮食反应[19]。最近，膳食饱和脂肪酸在心脏病中的作用受到质疑，因为饱和脂肪酸会提高"好"的高密度脂蛋白（HDL）胆固醇。此外，饱和脂肪酸的生物学效应因脂肪酸类型而异[14]。

4.12.2　反式脂肪酸

反式脂肪酸既增加了对人体有害的低密度脂蛋白胆固醇含量，又减少了对人体有益的高密度脂蛋白胆固醇含量，因此受到了密切的关注。它的这种作用与反式脂肪酸的几何构型相关，其与饱和脂肪酸的几何构型比不饱和脂肪酸更相似。由于反式脂肪酸的潜在危害，在许多国家要求食品在营养标签上标上反式脂肪酸的浓度。在美国，只要食品中没有标明脂肪、脂肪酸或胆固醇含量，脂肪含量低于0.5g的食品可以不予标注反式脂肪酸。这是因为油脂的精炼导致反式脂肪酸的形成，因此大多数商业油是没有反式脂肪酸的。由于标签要求，加工食品中的反式脂肪酸浓度急剧下降[75]。

现在有很多研究已经致力于膳食脂肪对人体健康的负面影响，一些证据表明部分膳食脂类有助于降低人体患几种疾病的可能。这些生物活性的脂类包括 ω-3 脂肪酸、植物甾醇、类胡萝卜素和共轭亚油酸。

4.12.3　ω-3 脂肪酸

随着农业发展进步，西方社会的膳食脂类特点已经发生了明显的变化。我们的祖先基本上摄入了等量的 ω-3 脂肪酸和 ω-6 脂肪酸。现代农业的发展，增加了精制脂肪，特别是植物油，ω-6 脂肪酸与 ω-3 脂肪酸的膳食比例大于 7:1。在进化过程中，这种极端快速的变化存在严重的问题，因为人体内部 ω-6 脂肪酸与 ω-3 脂肪酸的转换率很低。膳食中的 ω-3

脂肪酸的含量很重要,因为这些生物活性脂类在膜的流动性、细胞信号传导、基因表达和苷类代谢方面起到积极的作用。因此,膳食中的 $\omega-3$ 脂肪酸($\omega-3s$)含量对促进和维持身体健康至关重要,特别是孕妇、哺乳中的妇女、冠心病患者、糖尿病患者、免疫系统紊乱者和精神健康欠佳的患者。有证据说明大多数人摄入的 $\omega-3$ 脂肪酸含量不足[19]。许多公司试图通过直接向食品中加入 $\omega-3$ 脂肪酸或者给牲畜饲喂 $\omega-3$ 脂肪酸以提高其产品中 $\omega-3$ 脂肪酸含量。由于强化食品在加工和贮藏过程中 $\omega-3$ 脂肪酸易发生氧化使得这些方法不理想。

4.12.4　共轭亚油酸

亚油酸中的两个双键之间通常隔有两个单键。然而,双键体系有时会发生异构反应形成共轭构象。通常在氢化时和反刍动物体内的细菌发生生物还原作用时易发生这种异构化。这样的异构产物被称为共轭亚油酸(CLA),因其具有抑制癌症[35]、降血胆固[49]、抗糖尿病及减肥[69]等作用而得到广泛的关注。不同异构体具有不同的生理效应,顺-9-反-11亚油酸具有抗癌活性,而反-10-顺-12 具有调节机体脂肪积累的功能。顺-9-反-11 共轭亚油酸主要存在于乳制品和牛肉中[80]。共轭亚油酸发挥生理活性的分子机制归因于调节前列腺素和基因表达的能力。目前针对共轭亚油酸对人体健康的临床研究还很少。对人类膳食共轭亚油酸消耗的荟萃分析表明,共轭亚油酸对身体成分的影响很小[65]。

4.12.5　植物甾醇

食品中主要的植物甾醇包括谷甾醇、菜油甾醇和豆甾醇。饮食中的植物甾醇几乎不被血液吸收。它们的生理活性主要在于它们能抑制饮食中和胆汁中(肠细胞产生)胆固醇的吸收[72,73]。每天摄入 1.5~2g 的植物甾醇可以降低 8%~15% 的低密度脂蛋白胆固醇。由于植物甾醇主要抑制胆固醇吸收,因此当与含胆固醇的膳食一起食用时,它们是最有效的。植物甾醇具有很高的熔点,在许多食品中通常以脂质晶体结构存在。为了减少结晶,植物甾醇常与不饱和脂肪酸酯化生成相应的酯以提高其脂溶性。

4.12.6　类胡萝卜素

类胡萝卜素是一个脂溶性的混合体系(>600 种不同化合物),包括从黄到红的多烯。维生素 A 是从类胡萝卜素中如 β-胡萝卜素中得到的一种必须营养素。其他类胡萝卜素的生物活性引起了人们广泛的关注,开始时主要集中在类胡萝卜素的抗氧化性。然而,通过临床试验评估具有自由基应激风险的受试者(吸烟者)中的膳食 β-胡萝卜素时,发现 β-胡萝卜素会增加肺癌发病率[6]。已发现其他类胡萝卜素具有健康益处。叶黄素和玉米黄素能提高人体的视觉灵敏度[31]。番茄的健康益处归功于类胡萝卜素番茄红素[62]。有趣的是,熟番茄具有更高的番茄红素生物利用度,可能是由于高温诱导反式番茄红素转化为顺式番茄红素。

4.12.7　低热量油脂

膳食甘油三酯的一个健康问题是它们的热量密度很高。很多人借助仿脂物质,试图生产一种含脂低,且与全脂食品具有相同感官特性的食品。仿脂物质是非脂物质如蛋白质或糖水化合物,能产生脂类的感官特性且具有较低的热值。也有人尝试了类似的方法来生产无热值或热值低的脂质成分(脂肪替代品)。商业上最早出现的无热量脂质是脂肪酸蔗糖酯。这种化合物无热量或热量极低,因为 6 个碳以上的脂肪酸蔗糖酯在空间位置上阻止了脂肪酶水解蔗糖酯,故不能释放出游离的脂肪酸使其进入血液。脂肪酸蔗糖酯的难消化性就意味着酯穿过胃肠道从粪便中排出。这种性质也容易引起胃肠道问题如腹泻。

　　食品工业已经运用了低热量密度的结构脂肪(如 Nabisco's Salatrim)。这些产品主要基于以下原理,即仅甘油三酯 $sn-1$ 和 $sn-3$ 位上的脂肪酸能被胰脂肪酶水解成游离脂肪酸。如果甘油三酯 $sn-1$ 和 $sn-3$ 上是长链的饱和脂肪酸($\geqslant 16$),它们水解后会与二价阳离子反应生成不溶的生物利用性差的肥皂。结构低能脂肪在 $sn-2$ 采用短链脂肪酸($\leqslant 6$)经胰腺脂肪酶水解后,$sn-2$ 位的甘油单酯被小肠的内皮细胞吸收。$sn-2$ 位上的脂肪酸最终在肝脏代谢,释放出比长链脂肪酸更低的热量。将 $sn-1$ 和 $sn-3$ 上长链饱和脂肪酸与 $sn-2$ 上短链脂肪酸结合起来得到的甘油三酯其热量密度为 $20.9 \sim 29.3 \mathrm{J/g}$。

4.12.8　小结

　　脂质对健康既有害又有益。

　　(1)反式脂肪酸对健康有负面作用,因为它们会增加低密度脂蛋白胆固醇并降低低密度脂蛋白胆固醇含量。

　　(2)$\omega-3$ 脂肪酸、共轭亚油酸、植物甾醇和类胡萝卜素对健康有积极作用。

　　(3)通过改变脂质的消化和新陈代谢,可以减少脂质的热量。

参考文献

1. Ackman, R.G. 2000. Fatty acids in fish and shellfish. In *Fatty Acids in Foods and Their Health Implications*, 2nd edn, ed. C.K. Chow, Marcel Dekker Inc., New York, pp. 155-186.

2. Afoakwa, E.O., Paterson, A., and Fowler, M. 2007. Factors influencing rheological and textural qualities in chocolate—A review. *Trends Food Sci. Technol.* 18(6): 290-298.

3. Akoh, C.C. and Min, D.B. 2008. *Food Lipids: Chemistry, Nutrition, and Biotechnology* (3rd edn.). Boca Raton, FL: CRC Press.

4. Aruoma, O.I., Halliwell, B., Aeschbach, R., and Loligers, J. 1992. Antioxidant and pro-oxidant properties of active rosemary constituents: Carnosol and carnosol and carnosic acid. *Xenobiotica* 22: 257-268.

5. Atkins, P. and de Paula, J. 2014. *Physical Chemistry: Thermodynamics, Structure, and Change* (10th edn.). Oxford, U.K.: Oxford University Press.

6. Bendich, A. 2004. From 1989 to 2001: What have we learned about the "biological actions of betacarotene"? *J. Nutr.* 134: 225S-230S.

7. Beuge, J.A. and Aust, S.D. 1978. Microsomal lipid peroxidation. *Meth. Enzymol.* 52: 302-310.

8. Boistelle, R. 1988. Fundamentals of nucleation and crystal growth. In: *Crystallization and Polymorphism of Fats and Fatty Acids*, eds. N. Garti, and K. Sato, Marcel Dekker, New York, Chap 5.

9. Britz, S.J. and Kremer, D.F. 2002. Warm temperatures or drought during seed maturation increase free α-tocopherol in seeds of soybean (glycine max). *J. Agric. Food Chem.* 0: 6058-6063.

10. Buettner, G.R. 1993. The pecking order of free radicals and antioxidants: Lipid peroxidation, α-tocopherol, and ascorbate. *Arch. Biochem. Biophys.* 300: 535-543.

11. Calder, P.C. 2014. Very long chain omega-3 (n-3) fatty acids and human health. *Eur. J. Lipid Sci. Technol.* 116: 1280-1300.

12. Chen, B., McClements, D.J., and Decker, E.A. 2011. Minor components in food oils: A critical review of their roles on lipid oxidation chemistry in bulk oils and emulsions. *Crit. Rev. Food Sci. Nutr.* 51: 901-916.

13. Chen, H., Lee, D.J., and Schanus, E.G. 1992. The

inhibitory effect of water on the Co^{2+} and Cu^{2+} catalyzed decomposition of methyl linoleate hydroperoxides. *Lipids* 27:234–239.

14. Chowdhury, R., Warnakula, S., Kunutsor, S., Crowe, F., Ward, H.A., and Johnson, L. 2014. Association of dietary, circulating, and supplement fatty acids with coronary risk a systematic review and meta-analysis. *Ann. Intern. Med.* 160:658–658.

15. Coupland, J.N., and McClements, D.J. 1997. Physical properties of liquid edible oils. *J. Am. Oil Chem. Soc.* 74 (12):1559–1564.

16. Decker, E.A. 1996. The role of stereospecific saturated fatty acid position on lipid nutrition. *Nutr. Rev.* 54: 108–110.

17. Decker, E. A. and McClements, D. J. 2001. Transition metal and hydroperoxide interactions: An important determinant in the oxidative stability of lipid dispersions. *Inform* 12:251–255.

18. Decker, E.A. 2002. Nomenclature and classification of lipids. In: *Food Lipids, Chemistry, Nutrition and Biotechnology*, eds. C.C. Akoh and D.B. Min, Marcel Dekker, New York, pp.517–542.

19. Dietary Guidelines for Americans. 2010. U. S. Department of Agriculture and U. S. Department of Health and Human Services, (7th edn.). Washington, DC: U.S. Government Printing Office.

20. Elias, R.J., Kellerby, S.S., and Decker, E.A. 2008. Antioxidant activity of proteins and peptides in foods. *Crit. Rev. Food Sci. Nutr.* 48:430–441.

21. Fasina, O. O. and Colley, Z. 2008. Viscosity and specific heat of vegetable oils as a function of temperature: 35C to 180C. *Int. J. Food Prop.* 11(4):738–746.

22. Faustman, C., Liebler, D.C., McClure, T.D., and Sun, Q. 1999. Alpha, beta–unsaturated aldehydes accelerate oxymyoglobin oxidation. *J. Agric. Food Chem.* 47:3140–3144.

23. Food and Nutrition Board, Institute of Medicine. 2001. *Vitamin E, in Dietary Reference Intakes for Vitamin C, Vitamin E, Selenium and Carotenoids*. Washington, DC: National Academy Press, pp.186–283.

24. Formo, M.W. 1979. Physical properties of fats and fatty acids. In: *Bailey's Industrial Oil and Fat Products* (5th edn.), ed. D. Swern, Vol.1, New York: John Wiley & Sons.

25. Frankel, E.N. 2005. *Lipid Oxidation* (2nd edn.). Scotland: Oily Press.

26. Frankel, E.N., Huang, S–W., Aeschbach, R., and Prior, E. 1996. Antioxidant activity of a rosemary extract and its constituents, carnosic acid, carnosol, and rosmarinic acid, in bulk oil and oil–in–water emulsion. *J. Agric. Food Chem.* 44:131–135.

27. Fredrick, E., Walstra, P., and Dewettinck, K. 2010. Factors governing partial coalescence in oil–in–water emulsions. *Adv. Colloid Interface Sci.* 153(1–2):30–42.

28. German, J.B. and Creveling, R.K. 1990. Identification and characterization of a 15–lipoxygenase from fish gills. *J. Agric. Food Chem.* 38:2144–2147.

29. Girotti, A. W. 1998. Lipid hydroperoxide generation, turnover and effector action in biological systems. *J. Lipid Res.* 39:1529–1542.

30. Goff, H. D. and Hartel, R. W. 2013. *Ice Cream*. New York: Springer.

31. Granado, F., Olmedilla, B., and Blanco, I. 2003. Nutritional and clinical relevance of lutein in human health. *Br. J. Nutr.* 90:487–502.

32. Gunstone, F.D., Harwood, J.L., and Dijkstra, A.J. 2007. *The Lipid Handbook* (3rd edn.). Boca Raton, FL: CRC Press.

33. Gunstone, F. D. 2008. *Oils and Fats in the Food Industry*. Chichester, U.K.: Blackwell Publishing.

34. Gunstone, F. D. 2013. Composition and properties of edible oils. In: *Edible Oil Processing* (2nd edn.), eds. W. Hamm, R. J. Hamilton, and G. Calliauw. Hoboken, NJ: Wiley Blackwell, pp.1–39.

35. Ha, Y.L., Grimm, N.K., and Pariza, M.W. 1987. Anticarcinogens from fried ground beef: Heat–altered derivatives of linoleic acid. *Carcinogenesis* 8:1881–1887.

36. Halliwell, B. and Gutteridge, J.M. 1990. Role of free radicals and catalytic metal ions in human disease: An overview. *Meth. Enzymol.* 186:1–88.

37. Hartel, R. W. 2001. *Crystallization in Foods*. Gaithersburg, MD: Aspen Publishers.

38. Hartel, R.W. 2013. Advances in food crystallization. *Annu. Rev. Food Sci. Technol.* 4:277–292.

39. Hernqvist, L. 1984. On the structure of triglycerides in the liquid–state and fat crystallization. *Fette Seifen Anstrichmittel* 86(8):297–300.

40. Himawan, C., Starov, V.M., and Stapley, A.G.F. 2006. Thermodynamic and kinetic aspects of fat crystallization. *Adv. Colloid Interface Sci.* 122(1–3):3–33.

41. Howard, L.R., Pandjaitan, N., Morelock, T., and Gil, M. I. 2002. Antioxidant capacity and phenolic content of spinach as affected by genetics and growing season. *J. Agric. Food Chem.* 50:5891–5896.

42. Huang, S.W., Frankel, E.N., and German J.B. 1994. Antioxidant activity of alpha–tocopherols and gamma–tocopherols in bulk oils and in oil–in–water emulsions. *J. Agric. Food Chem.* 42:2108–2114.

43. Israelachvili, J. 2011. *Intermolecular and Surface Forces* (3rd edn.). London, U.K.: Academic Press.

44. Iwahashi, M. and Kasahara, Y. 2011. Dynamic molecular movements and aggregation structures of lipids in a liquid state. *Curr. Opin. Colloid Interface Sci.* 16(5):359–366.

45. Johnson, L. A. 2002. Recovery, refining, converting and stabilizing edible oils. In: *Food Lipids, Chemistry,*

Nutrition and Biotechnology, eds.C.C.Akoh and D.B. Min.New York：Marcel Dekker, pp.223-274.

46. Kanner, J., German, J.B., and Kinsella, J.E.1987. Initiation of lipid peroxidation in biological systems. *Crit.Rev.Food Sci.Nutr.*25：317-364.

47. Khosla, P.and Hayes, K.C.1996.Dietary trans-monounsaturated fatty acids negatively impact plasma lipids in humans：Critical review of the evidence.*J. Am.Coll.Nutr.*15：325-339.

48. Larick, D.K.and Parker, J.D.2002.Chromatographic analysis of secondary lipid oxidation products.In：*Current Protocols in Food Analytical Chemistry*, ed.R. Wrolstad.New York：John Wiley & Sons, pp.D2.2.1- D2.4.9.

49. Lee, K.N., Kritchevsky, D., and Pariza, M.W.1994. Conjugated linoleic acid and atherosclerosis in rabbits. *Atherosclerosis* 108：19-25.

50. Lee, A.Y., Erdemir, D., and Myerson, A.S.2011. Crystal polymorphism in chemical process development.In *Annual Review of Chemical and Biomolecular Engineering*, ed.J.M Prausnitz, Vol.2, pp. 259-280.

51. Liebler, D.C.1992.Antioxidant reactions of carotenoids.*Ann.NY Acad.Sci.*691：20-31.

52. Liebler, D.C.1993.The role of metabolism in the antioxidant function of vitamin E.*Crit. Rev. Toxicol.* 23： 147-169.

53. Mahoney, J.R.and Graf, E.1986.Role ofα tocoperol, ascorbic acid, citric acid and EDTA as oxidants in a model system.*J.Food Sci.*51：1293-1296.

54. Marangoni, A.G.and Tang, D.2008.Modeling the rheological properties of fats：A perspective and recent advances.*Food Biophys.*3(2)：113-119.

55. Marangoni, A.G.and Wesdorp, L.H.2012.*Structure and Properties of Fat Crystal Networks* (2nd edn.). Boca Raton, FL：CRC Press.

56. Marangoni, A.G., Acevedo, N., Maleky, F., Co, E., Peyronel, F., Mazzanti, G., and Pink, D.2012. Structure and functionality of edible fats.*Soft Matter* 8 (5)：1275-1300.

57. McClements, D.J.2002.Theoretical prediction of emulsion color.*Adv.Colloid Interface Sci.*97(1-3)： 63-89.

58. McClements, D.J.2005.*Food Emulsions：Principles, Practice, and Techniques* (2nd edn.).Boca Raton, FL：CRC Press.

59. McClements, D.J.2007.Critical review of techniques and methodologies for characterization of emulsion stability.*Crit.Rev.Food Sci.Nutr.*47(7)：611-649.

60. Mielche, M.M.and Bertelsen, G.1994.Approaches to the prevention of warmed ovenflavour.*Trends Food Sci. Technol.*5：322-327.

61. Min, D.B.and Boff, J.M.2002.Lipid oxidation in

edible oil.In：*Food Lipid, Chemistry, Nutrition and Biotechnology*, eds.C.C.Akoh and D.B.Min.New York： Marcel Dekker, pp.335-364.

62. Nguyen, M.L.and Schwartz, S.J.1999.Lycopene： Chemical and biological properties.*Food Technol.*53： 38-45.

63. O'Keefe, S.F.2002.Nomenclature and classification of lipids.In：*Food Lipids, Chemistry, Nutrition and Biotechnology*, eds.C.C.Akoh and D.B.Min.New York： Marcel Dekker, pp.1-40.

64. O'Keefe, S.F.and Pike, O.A.2014.Fat characterization.In：*Food Analysis*, ed.S.S.Nielsen. New York：Springer, pp.239-260.

65. Onakpoya, I.J., Posadzki, P.P., Watson, L.K., Davies, L.A., and Ernst, E.2012.The efficacy of long-term conjugated linoleic acid (CLA) supplementation on body composition in overweight and obese individuals：A systematic review and meta-analysis of randomized clinical trials.*Eur.J.Nutr.*51：127-134.

66. O'Neil, M.J.2006.*The Merck Index：An Encyclopedia of Chemicals, Drugs, and Biologicals* (14th edn.). Whitehouse Station, NJ：Merck.

67. Palozza, P.and Krinksky, N.I.1992.Antioxidant effect of carotenoids in vivo and in vitro—An overview.*Meth. Enzymol.*213：403-420.

68. Parish, E.J., Boos, T.L., and Li, S.2002.The chemistry of waxes and sterols.In：*Food Lipids, Chemistry, Nutrition and Biotechnology*, eds.C.C.Akoh and D.B. Min.New York：Marcel Dekker, pp.103-132.

69. Park, Y., Storkson, J.M., Albright, K.J., Liu, W., and Pariza, M.W.1999.Evidence that the trans-10, cis-12 isomer of conjugated linoleic acid induces body composition changes in mice.*Lipids* 34：235-241.

70. Pegg, R.B.2002.Spectrophotometric measurement of secondary lipid oxidation products.In：*Current Protocols in Food Analytical Chemistry*, ed.R.Wrolstad.New York：John Wiley & Sons, pp.D2.4.1-D2.4.18.

71. Porter, W.L.1993.Paradoxical behavior of antioxidants in food and biological systems. *Tox. Indus. Health* 9： 93-122.

72. Quilez, J., Garcia-Lorda, P., and Salas-Salvado, J. 2003.Potential uses and benefits of phytosterols in diet：Present situation and future directions.*Clin.Nutr.* 22：343-351.

73. Russell, J.C., Eqart, H.S., Kelly, S.E., Kralovec, J., Wright, J.L.C., and Dolphin, P.J.2002.Improvement of vascular disfunction and blood lipids of insulin resistant rats by a marine oil-based phytosterol compound.*Lipids* 37：147-152.

74. Rousseau, D.and Marangoni, A.G.2002.Chemical interesterification of food lipids：Theory and practice.In： *Food Lipids, Chemistry, Nutrition and Biotechnology*, eds. C. C. Akoh and D. B. Min. New York： Marcel

Dekker, pp.301-334.

75. Ratnayake, W.M.N., L'Abbe, M.R., Farnworth, S., Dumais, L., Gagnon, C., Lampi, B.et al.2009.Trans fatty acids: Current contents in Canadian foods and estimated intake levels for the Canadian population. *J. AOAC Int.*92:1258-1276.

76. Sato, K., Bayes-Garcia, L., Calvet, T., Cuevas-Diarte, M.A., and Ueno, S.2013.External factors affecting polymorphic crystallization of lipids. *Eur. J. Lipid Sci.Technol.*115(11):1224-1238.

77. Shahidi, F.and Wanasundara, J.P.K.1992.Phenolic antioxidants.*Crit.Rev.Food Sci.Nutr.*32:67-103.

78. Shahidi, F.2005.*Bailey's Industrial Oil and Fat Products, Edible Oil and Fat Products: Chemistry, Properties, and Health Effects*, Vol.1.New York: Wiley-Interscience.

79. Shantha, N.C.and Decker, E.A.1994.Rapid sensitive iron-based spectrophotometric methods for the determination of peroxide values in food lipids.*J.AOAC Int.* 77:421-424.

80. Shantha, N.C., Crum, A.D., and Decker, E.A.1994. Conjugated linoleic acid concentrations in cooked beef containing antioxidants and hydrogen donors. *J. Food Lipids* 2:57-64.

81. Smith, L. L. and Johnson, B. H. 1989. Biological activities of oxysterols.*Free Rad.Biol.Med.*7:285-332.

82. Smith, K.W., Bhaggan, K., Talbot, G., and van Malssen, K.F.2011.Crystallization of fats: Influence of minor components and additives.*J. Am. Oil Chem. Soc.* 88(8):1085-1101.

83. Sofos, J.N.1986.Use of phosphates in low sodium meat products.*Food Technol.*40:52-57.

84. Talcott, S.T., Howard, L.R., and Brenes, C.H.2000. Antioxidant changes and sensory properties of carrot puree processed with and without periderm tissue. *J. Agric.Food Chem.*48:1315-1321.

85. Tasan, M.and Demirci, M.2003.Trans FA in sunflower oil at different steps of refining. *J. Am. Oil Chem. Soc.* 80:825-828.

86. Timms, R.E.1991.Crystallization of fats. *Chem. Ind.* May:342.

87. Tong, L.M., Sasaki, S., McClements, D.J., and Decker, E.A.2000.Mechanisms of antioxidant activity of a high molecular weight fraction of whey. *J. Agric. Food Chem.*48:1473-1478.

88. van Aken, G.A., Vingerhoeds, M.H., and de Wijk, R.A.2011.Textural perception of liquid emulsions: Role of oil content, oil viscosity and emulsion viscosity.*Food Hydrocoll.*25(4):789-796.

89. van Vliet, T., van Aken, G.A., de Jongh, H.H.J., and Hamer, R.J.2009.Colloidal aspects of texture perception.*Adv.Colloid Interface Sci.*150(1):27-40.

90. Waraho, T., McClements, D.J., and Decker, E.A. 2011. Mechanisms of lipid oxidation in food dispersions.*Trends Food Sci.Technol.*22:3-13.

91. Walstra, P.2003. *Physical Chemistry of Foods*. New York: Marcel Dekker.

92. Walstra, P.1987.Fat crystallization.In: *Food Structure and Behaviour*, eds.J.M.V.Blanshard and P.Lillford. London, U.K.: Academic Press, Chap 5.

93. White, P.J.2000.Fatty acids in oilseeds.In*Fatty Acids in Foods and Their Health Implications*, 2nd edn, ed. C. K. Chow, Marcel Dekker Inc., New York, pp. 227-263.

94. Yu, T.C.and Sinnhuber, R.O.1967.An improved 2-thiobarbituric acid (TBA) procedure for measurement of autoxidation in fish oils. *J. Am. Oil Chem. Soc.* 44: 256-261.

95. Zhuang, H., Barth, M.M., and Hildebrand, D.2002. Fatty acid oxidation in plant lipids.In: *Food Lipids, Chemistry, Nutrition and Biotechnology*, eds. C. C. Akoh and D.B.Min.New York: Marcel Dekker, New York, pp.413-464.

氨基酸、肽和蛋白质 **5**

Srinivasan Damodaran

5.1 引言

蛋白质在生物体系中起着核心的作用。虽然有关细胞的进化和生物组织的信息存在于 DNA 中——大部分是蛋白质序列的编码——生物化学反应与进程,包括 DNA 的编码信息,维持细胞和生物体生命的化学和生物化学过程全部是由酶来完成。已经发现成千上万种酶,它们中间的每一种酶在细胞中高度专一地催化一种生物化学反应。除了某些蛋白质具有酶的功能外,还有一些蛋白质(例如,胶原、角蛋白和弹性蛋白等)在细胞和复杂的生命体中作为结构单元。蛋白质所具有的多种功能与它们的化学组成有关。

蛋白质是由 20 种不同氨基酸构成的复杂聚合物,这些构成单元通过取代的酰胺键连接成线性序列。与多糖和核酸中的糖苷键和磷酸二酯键不同,蛋白质分子中的酰胺键具有部分双键的性质,这进一步显示了蛋白质聚合物的结构复杂性。如果不是蛋白质组成的复杂性使蛋白质具有很多的具有不同生理功能的三维结构形式,它们或许就不能发挥各种的生物功能。蛋白质功能的多样性取决于蛋白质三维结构的多样性,而蛋白质三维结构的多样性取决于氨基酸序列的顺序。例如,仅由 200 个氨基酸残基组成的蛋白质就可以重排成 20^{200} 个具有不同结构和功能的新蛋白质。为了说明其生物功能的重要性,这些大分子物质被命名为蛋白质"proteins",该词来源于希腊语"proteois",意指第一等级。

在元素水平上,蛋白质含有(按质量比计)50%~55% 碳、6%~7% 氢、20%~23% 氧、12%~19% 氮和 0.2%~3.0% 硫。蛋白质合成在核糖体内进行,在合成之后,蛋白质分子中的一些氨基酸组分被细胞质酶修饰,从而改变了某些蛋白质的元素组成。在细胞中未经酶修饰的蛋白质被称为简单蛋白质,而经过酶修饰或与非蛋白质组分复合的蛋白质被称为结合蛋白或杂蛋白质,非蛋白质组分常被称为辅基。结合蛋白包括核蛋白(核糖体)、糖蛋白(蛋清蛋白、κ-酪蛋白)、磷蛋白(α-和 β-酪蛋白、激酶、磷酸化酶)、脂蛋白(蛋黄蛋白质、几种肌浆蛋白质)和金属蛋白(血红蛋白、肌红蛋白和几种酶)。糖蛋白和磷蛋白分别含有共价连接的碳水化合物和磷酸基,而其他结合蛋白质是含有核酸、脂或金属离子的非共价复合物。这些非共价复合物在适当条件下能解离。

也可以根据三维组织结构对蛋白质进行分类。以球状或椭圆状存在的蛋白质是球蛋白,这些形状是由多肽链自身折叠形成;而纤维状蛋白是棒状分子,含有相互缠绕的线状多肽链(例如,原肌球蛋白、胶原蛋白、角蛋白和弹性蛋白)。纤维状蛋白也能由小的球状蛋白经线性聚集而成(例如,肌动蛋白和血纤维蛋白)。大多数酶是球状蛋白,而纤维状蛋白总是起着结构蛋白的作用。

蛋白质的各种生理功能可归类如下:酶催化、结构蛋白、收缩蛋白(肌球蛋白、肌动蛋白、微管蛋白)、激素(胰岛素、生长激素)、传递蛋白(血清蛋白、铁传递蛋白、血红蛋白)、抗体(免疫球蛋白[Ig's])、贮藏蛋白(蛋清蛋白、种子蛋白)和毒素。贮藏蛋白主要存在于蛋和植物种子中,这些蛋白质是发芽种子和胚的氮和氨基酸源。毒素是某些微生物、动物和植物为抵御捕食者而建立的防御机制的一部分。

所有的蛋白质基本上是由 20 种基本氨基酸构成。然而,某些蛋白质可能不含有全部 20 种氨基酸。成千上万的蛋白质在结构和功能上的差别是由于以酰胺键连接的氨基酸排列顺序不同造成的。理论上有可能通过改变氨基酸顺序、氨基酸种类和比例以及多肽的链长合成无数种具有独特性质的蛋白质。

所有的由生物产生的蛋白质都可用作食品蛋白质。然而,在实际上食品蛋白质是指易于消化、无毒、富有营养、在食品中发挥功能性质和来源丰富、可持续农业化生产的蛋白质。传统上,乳、肉(包括鱼和家禽)、蛋、谷物、豆类和油料种子是食品蛋白质的主要来源。这些都是动物和植物组织主要的贮藏蛋白质,是胚胎和婴儿成长的氮源。然而,由于世界人口的不断增长,到 2050 年预计有 90 亿人口,为了满足人类营养的需要,有必要开发非传统的蛋白质资源。新的蛋白质资源是否适用于食品,取决于它们的成本,以及它们能否满足作为加工食品和家庭烧煮食品的蛋白质配料应具备的条件。

蛋白质在食品中的功能性质与它们的结构和其他理化性质有关。如果希望改进蛋白质在食品中的性能,那么对蛋白质的物理、化学、营养和功能性质以及在加工中的变化必须有一个基本的了解;这新的或成本较低的蛋白质资源将与传统的食品蛋白质相竞争。

5.2　氨基酸的物理化学性质

5.2.1　一般结构

5.2.1.1　结构和分类

α-氨基酸是蛋白质的基本构成单位。这些氨基酸含有一个 α-碳原子并共价连接于一个氢原子、一个氨基、一个羧基和一个侧链 R 基。氨基酸的结构只在侧链 R 基团的化学性质上有所不同。其物理化学性质,如净电量、溶解度、化学反应性及氢键能均取决于侧链 R 基团的化学性质。

$$NH_2-\overset{\displaystyle H}{\underset{\displaystyle R}{C^{\alpha}}}-COOH \tag{5.1}$$

天然存在的蛋白质含有 20 种不同的基本氨基酸,它们彼此通过酰胺键相连接。这些氨基酸中,19 种含有一个氨基,1 种(脯氨酸)含有两个氨基。一些酶,例如谷胱甘肽过氧化物酶及甲酸脱氢酶,含有硒代半胱氨酸,它被认为是第 21 种新的天然氨基酸[1]。一种特殊的硒代半胱氨酸特异性 tRNA 在某些蛋白质翻译过程中利用终止密码子 UGA 转运硒代半胱氨酸[2]。生物信息学分析表明,人类基因中至少含有 25 种编码硒代半胱氨酸蛋白质的基因[3]。

图 5.1 所示的氨基酸具有基因密码(包括硒代半胱氨酸),即每一种氨基酸具有一个独特的 t-RNA,后者能将 m-RNA 的基因信息转译成蛋白质合成中的一个氨基酸顺序。蛋白质从核糖体中合成和释放后,某些蛋白质氨基酸残基的侧链会经历转译后酶法修饰。这些衍生氨基酸形成交联氨基酸,或单个氨基酸的简单衍生物。含有衍生氨基酸的蛋白质称为结合蛋白质。胱氨酸是一种典型的交联氨基酸,它存在于大多数蛋白质中,由半胱氨酸残基经 S—S 键交联得到。其他交联氨基酸,如锁链素、异锁链素和二、三酪氨酸也存在于结构蛋白质中,如弹性蛋白和节枝弹性蛋白。一些蛋白质中含有几种氨基酸的简单衍生物,例如,胶原蛋白中含有 4-羟基脯氨酸和 5-羟基赖氨酸,它们是在胶原纤维成熟过程中转译后修饰的结果。一些蛋白质中含有磷酸丝氨酸和磷酸苏氨酸,其中包括酪蛋白。N-甲基赖氨酸存在于肌球蛋白中,而 γ-羧基谷氨酸存在于几种凝血因子和钙结合蛋白质中。

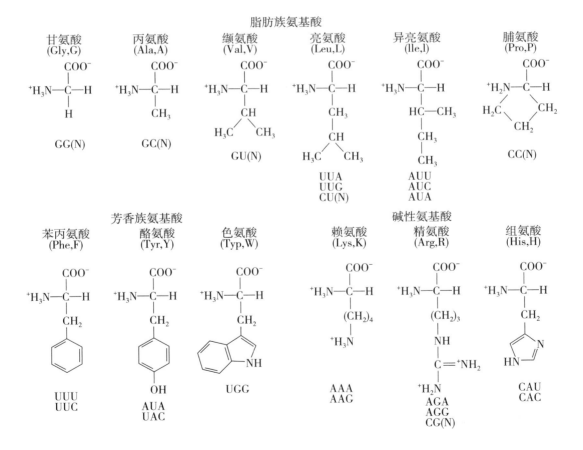

图 5.1　存在于蛋白质中的主要 α-氨基酸

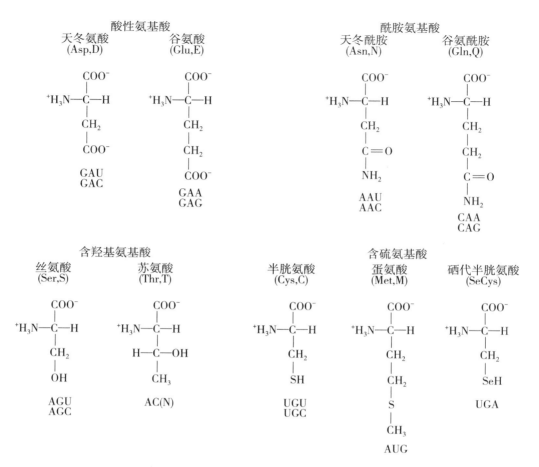

图5.1　存在于蛋白质中的主要 α-氨基酸(续)

$$(5.2)$$

5.2.1.2　氨基酸的立体化学

除 Gly 外,所有氨基酸的 α-碳原子都是不对称的,即有四个不同的基团与它相连接。因此,21 种氨基酸中的 19 种都显示光学活性,即它们能转动线性偏振光平面。Ile 和 Thr 除

了含有不对称的 α-碳原子外,它们分子中的 β-碳原子也不对称,因此 Ile 和 Thr 都有四个对映体。在衍生的氨基酸中,羟基脯氨酸和羟基赖氨酸也含有两个不对称碳原子。在天然存在的蛋白质中仅含有 L-氨基酸。传统上来说,上述命名是基于 D-和 L-甘油醛构型,而不是根据线性偏振光实际转动的方向。即 L-构型并非指左旋(L-甘油醛是左旋),事实上大多数 L-氨基酸为右旋而非左旋。

$$
\begin{array}{c|c}
\begin{array}{c}
\text{COOH}\\
|\\
\text{H}-\text{C}^{\alpha}-\text{NH}_2\\
|\\
\text{R}
\end{array}
&
\begin{array}{c}
\text{COOH}\\
|\\
\text{H}_2\text{N}-\text{C}^{\alpha}-\text{H}\\
|\\
\text{R}
\end{array}\\
\text{D-氨基酸} & \text{L-氨基酸}
\end{array}
\tag{5.3}
$$

5.2.1.3 氨基酸的酸碱性质及氨基酸的相对极性

由于氨基酸同时含有羧基(酸性)和氨基(碱性),因此它们既有酸也有碱的性质,即它们是两性电解质。例如,最简单的氨基酸 Gly 受溶液 pH 的影响可能有 3 种不同的离解状态:

$$
\begin{array}{ccccc}
\begin{array}{c}
\text{H}\\
|\\
\text{NH}_3^+-\text{C}^{\alpha}-\text{COOH}\\
|\\
\text{R}
\end{array}
&
\underset{\xrightarrow{\hspace{1cm}}}{\overset{K_1}{\rightleftharpoons}}
&
\begin{array}{c}
\text{H}\\
|\\
\text{NH}_3^+-\text{C}^{\alpha}-\text{COO}^-\\
|\\
\text{R}
\end{array}
&
\underset{\xrightarrow{\hspace{1cm}}}{\overset{K_2}{\rightleftharpoons}}
&
\begin{array}{c}
\text{H}\\
|\\
\text{NH}_2-\text{C}^{\alpha}-\text{COO}^-\\
|\\
\text{R}
\end{array}
\end{array}
\tag{5.4}
$$

在中性 pH 范围,α-氨基和 α-羧基都处在离子化状态,此时氨基酸分子是偶极离子或两性离子。偶极离子以电中性状态存在时的 pH 被称为等电点(pI)。当两性离子被酸滴定时,—COO⁻ 基变成质子化,当—COO⁻ 和—COOH 的浓度相等时的 pH 被称为 pK_{a1}(即离解常数 K_{a1} 的负对数)。类似地,当两性离子被碱滴定时,—NH₃⁺ 基变成去质子化。同样,当—NH₃⁺ 和—NH₂ 浓度相等时的 pH 被称为 pK_{a2}。图 5.2 所示为偶极离子典型的电化学滴定

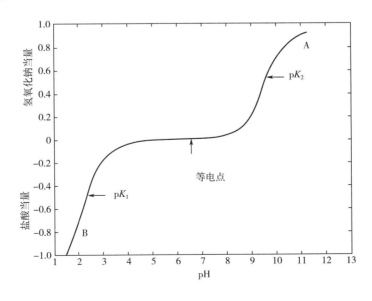

图 5.2 一种典型氨基酸的滴定曲线

资料来源:Tanford, C., *J. Am. Chem. Soc.*, 79, 5333, 1957.

曲线。除 α-氨基和 α-羧基外,Lys、Arg、His、Asp、Glu、Cys 和 Tyr 的侧链也含有可离子化的基团。表 5.1 所示为氨基酸中所有可离子化基团的 pK_{a3}。根据下式可以从氨基酸的 pK_{a1}、pK_{a2} 和 pK_{a3} 估计等电点。

　　侧链不含有带电荷基团的氨基酸,$pI = (pK_{a1} + pK_{a2})/2$

　　酸性氨基酸,$pI = (pK_{a1} + pK_{a3})/2$

　　碱性氨基酸,$pI = (pK_{a2} + pK_{a3})/2$

　　下标 1、2 和 3 分别代表 α-羧基、α-氨基和侧链上可离子化的基团。

表 5.1　　　　　　　　在 25℃时,游离氨基酸中可离子化基团的性质

氨基酸	pK_{a1} (—COOH)	pK_{a2} (NH_3^+)	pK_{a3} (侧链)	pI
丙氨酸	2.34	9.69	—	6.00
精氨酸	2.17	9.04	12.48	10.76
天冬酰胺	2.02	8.80	—	5.41
天冬氨酸	1.88	9.60	3.65	2.77
半胱氨酸	1.96	10.28	8.18	5.07
谷氨酰胺	2.17	9.13	—	5.65
谷氨酸	2.19	9.67	4.25	3.22
甘氨酸	2.34	9.60	—	5.98
组氨酸	1.82	9.17	6.00	7.59
异亮氨酸	2.36	9.68	—	6.02
亮氨酸	2.30	9.60	—	5.98
赖氨酸	2.18	8.95	10.53	9.74
蛋氨酸	2.28	9.21	—	5.74
苯丙氨酸	1.83	9.13	—	5.48
脯氨酸	1.94	10.60	—	6.30
丝氨酸	2.20	9.15	—	5.68
苏氨酸	2.21	9.15	—	5.68
色氨酸	2.38	9.39	—	5.89
酪氨酸	2.20	9.11	10.07	5.66
缬氨酸	2.32	9.62	—	5.96

　　在蛋白质分子中,一个氨基酸的 α-COOH 通过酰胺键与相邻氨基酸的 α-NH_2 相结合,于是,蛋白质分子中可以离子化的基团为 N-末端氨基、C-末端羧基和侧链上可离解的基团。在蛋白质分子中,这些可离子化的基团的 pK_a 不同于它们在游离氨基酸中相应的数值(表 5.2)。与游离氨基酸相比,pK_a 的改变与蛋白质中这些基团可改变的蛋白质三维结构

中的电子与电介质环境有关(这一性质在酶蛋白中很重要)。

表 5.2 蛋白质可离子化基团的平均 pK_a

可离子化基团	pK_a	酸形式 ⇌ 碱形式
末端 COOH	3.75	—COOH ⇌ —COO⁻
末端 NH₂	7.8	—NH₃⁺ ⇌ —NH₂
侧链 COOH（Glu，Asp）	4.6	—COOH ⇌ —COO⁻
侧链 NH₂	10.2	—NH₃⁺ ⇌ —NH₂
咪唑基	7.0	
巯基	8.8	—SH ⇌ —S—
酚羟基	9.6	
胍基*	13.8*	

注:* 摘自参考文献[117]。

可根据 Henderson-Hasselbach 方程计算一个基团在任何指定的溶液 pH 下的蛋白质及氨基酸的离子化程度:

$$pH = pK_a + \log \frac{[共轭碱]}{[共轭酸]} \tag{5.5}$$

利用 Henderson-Hasselbach 方程,离子化基团所带的静电荷数(部分的)可用以下公式表示:在给定 pH 下,解离状态下带电基团与质子化状态下的不带电基团(例如,羧基,巯基和酚羟基)所带负电荷数为:

$$负电荷量 = \frac{-1}{1+10^{(pK_a - pH)}} \tag{5.6}$$

对于质子化状态带正电荷的基团及脱质子状态下的中性基团,给定溶液 pH 下所带正电荷数为:

$$正电荷量 = \frac{1}{1+10^{(pH - pK_a)}} \tag{5.7}$$

将总的负电荷和正电荷相加,可估计一种蛋白质在指定 pH 下的净电荷。

根据侧链与水相互作用的程度可将氨基酸分成几类。含有脂肪族(Ala、Ile、Leu、Met、Pro 和 Val)和芳香族(Phe、Trp、和 Tyr)侧链为疏水性氨基酸,因此它们在水中的溶解度有限

(表 5.3)。极性(亲水)氨基酸易溶于水,它们或者带有电荷(Arg、Asp、Glu、His 和 Lys),或者不带有电荷(Ser、Thr、Asn、Gln 和 Cys)。Arg 和 Lys 的侧链分别含有胍基和氨基,因此在中性 pH 带正电荷(为碱性氨基酸)。虽然 His 的咪唑基本身具有碱性,然而在中性条件下它仅略带正电荷。Asp 和 Glu 的侧链含有一个羧基,因此在中性 pH 条件下,这些氨基酸带有一个净负电荷。碱性和酸性氨基酸具有很强的亲水性。在生理条件下,蛋白质的净电荷取决于它分子中碱性和酸性氨基酸残基的相对数量。

表 5.3 氨基酸的性质(25℃)

氨基酸	相对分子质量	残基体积,Δ^3	残基面积,[①] Δ^2	溶解度/(g/L)	疏水性/(kcal/mol)[②③] (ΔG_{tr}^0)
丙氨酸	89.1	89	115	167.2	0.4
精氨酸	174.2	173	225	855.6	−1.4
天冬酰胺	132.1	111	150	28.5	−0.8
天冬氨酸	133.1	114	160	5.0	−1.1
半胱氨酸	121.1	109	135	—	2.1
谷氨酰胺	146.1	144	180	7.2(37℃)	−0.3
谷氨酸	147.1	138	190	8.5	−0.9
甘氨酸	75.1	60	75	249.9	0
组氨酸	155.2	153	195	—	0.2
异亮氨酸	131.2	167	175	34.5	2.5
亮氨酸	131.2	167	170	21.7	2.3
赖氨酸	146.2	169	200	739.0	−1.4
蛋氨酸	149.2	163	185	56.2	1.7
苯丙氨酸	165.2	190	210	27.6	2.4
脯氨酸	115.1	113	145	620.0	1.0
丝氨酸	105.1	89	115	422.0	−0.1
苏氨酸	119.1	116	140	13.2	0.4
色氨酸	204.2	228	255	13.6	3.1
酪氨酸	181.2	194	230	0.4	1.3
缬氨酸	117.1	140	155	58.1	1.7

①摘自参考文献[118]。

②摘自参考文献[119]。

③ΔG 值是相对于甘氨酸而言氨基酸侧链在 L-辛醇与水之间的分配系数(K_{eq})。

不带电荷的中性氨基酸的极性处于疏水氨基酸和带有电荷的氨基酸之间。Ser 和 Thr 的极性可归之于它们含有能与水形成氢键的羟基。既然 Tyr 也含有一个在碱性条件下能解离的酚羟基,因此可以认为它是一种极性氨基酸。然而,基于其在中性 pH 条件下的溶解性,它应归于疏水性氨基酸。Asn 和 Gln 的酰胺基能通过氢键与水相互作用。经酸或碱水解,Asn 和 Gln 的酰胺基转变成羧基,同时释放出氨。大多数半胱氨酸残基在蛋白质中以胱氨酸存在,后者是半胱氨酸通过它的巯基氧化形成二硫交联而产生的二聚体。

脯氨酸是一种独特的氨基酸,因为它是蛋白质分子中唯一的一种亚氨基酸。在脯氨酸分子中,丙基侧链通过共价连接的方式同时与 α-碳和 α-氨基连接形成一个吡咯烷环状结构。

5.2.1.4　氨基酸的疏水性

构成蛋白质的氨基酸残基的疏水性是影响蛋白质和肽的物理化学性质(如结构、溶解度和脂肪结合能力等)的一个重要因素[4]。疏水性是指:在相同条件下,一种溶质溶于水中的自由能与溶于有机溶剂的自由能的差值。估算氨基酸侧链的相对疏水性的最直接和最简单的方法是实验测定氨基酸侧链溶于水和溶于一种有机溶剂(如辛醇或乙醇)的自由能变化。可采用下式表示一种溶于水的氨基酸的化学势:

$$\mu_{AA,W} = \mu_{AA,W}^0 + RT\ln(\gamma_{AA,W} X_{AA,W}) \tag{5.8}$$

式中　$\mu_{AA,W}^0$——水溶液中氨基酸的标准化学势;

　　　$\gamma_{AA,W}$——活度系数;

　　　$X_{AA,W}$——浓度;

　　　T——绝对温度;

　　　R——气体常数。

类似地,可用下式表示一种溶于乙醇的氨基酸的化学势。

$$\mu_{AA,oct} = \mu_{AA,oct}^0 + RT\ln(\gamma_{AA,oct} X_{AA,oct}) \tag{5.9}$$

在饱和溶液中,$X_{AA,W}$ 和 $X_{AA,oct}$ 分别代表溶质在水中和辛醇中的溶解度,此时氨基酸在水中和辛醇中的化学势是相同的,即:

$$\mu_{AA,W} = \mu_{AA,oct} \tag{5.10}$$

于是,

$$\mu_{AA,oct}^0 + RT\ln(\gamma_{AA,oct} X_{AA,oct}) = \mu_{AA,W}^0 + RT\ln(\gamma_{AA,W} X_{AA,W}) \tag{5.11}$$

量 $(\mu_{AA,oct}^0 - \mu_{AA,W}^0)$ 代表氨基酸与辛醇和氨基酸与水相互作用所产生的标准化学势的差别,它可被定义为氨基酸从辛醇转移至水时自由能的变化 $\Delta G_{tr,(oct\to W)}^0$。于是,假定活度系数的比是 1,那么前面的公式可用下式表示:

$$\Delta G_{tr,(oct\to W)}^0 = -RT\ln(S_{AA,W}/S_{AA,oct}) \tag{5.12}$$

式中 $S_{AA,oct}$ 和 $S_{AA,W}$ 分别代表氨基酸在辛醇中和水中的溶解度。

如同所有其他热力学参数 ΔG_{tr}^0 也是一个加和函数。也就是说,如果一个分子内含有两个基团,A 和 B,它们通过共价键结合在一起,那么 ΔG_{tr}^0 是基团 A 和基团 B 分别从一种溶剂转移至另一种溶剂的活化能变化的加和,即:

$$\Delta G_{tr,AB}^0 = \Delta G_{tr,A}^0 + \Delta G_{tr,B}^0 \tag{5.13}$$

此规则也能用于一种氨基酸从辛醇转移至水时自由能的变化。例如,缬氨酸(Val)可看作

是甘氨酸在 α-碳原子上连接着异丙基侧链的一个衍生物。

$$
\begin{array}{c}
\text{COO}^- \\
| \\
{}^+\text{H}_3\text{N}-\text{C}-\text{H} \qquad \text{甘氨酸基} \\
| \\
\text{-----------------------} \\
| \\
\text{CH} \\
\diagup \quad \diagdown \\
\text{H}_3\text{C} \qquad \text{CH}_3 \qquad \text{异丙基}
\end{array}
$$

从下式可以计算缬氨酸从辛醇转移至水的自由能变化

$$\Delta G^0_{\text{tr,Val}} = \Delta G^0_{\text{tr,Gly}} + \Delta G^0_{\text{tr,sidechain}} \tag{5.14}$$

或

$$\Delta G^0_{\text{tr,sidechain}} = \Delta G^0_{\text{tr,Val}} - \Delta G^0_{\text{tr,Gly}} \tag{5.15}$$

换言之,可通过 $\Delta G^0_{\text{tr,Gly}}$ 从减去 $\Delta G^0_{\text{tr,AA}}$ 来确定氨基酸侧链的疏水性。

表 5.3 所示为氨基酸侧链的疏水值,即氨基酸从辛醇转移到水相的自由能。具有较大正 ΔG^0_{tr} 的氨基酸侧链具疏水性,它会优先选择处于有机相而不是水相中。在蛋白质分子中,疏水性的氨基酸残基倾向于排布在蛋白质分子的内部,这是由于内部的极性环境类似于一个有机相。具有负的 ΔG^0_{tr} 的氨基酸残基具亲水性,这些氨基酸残基倾向于排布在蛋白质分子的表面。

非极性侧链的疏水性是其与周围水相接触表面积呈线性相关,如图 5.3 所示。

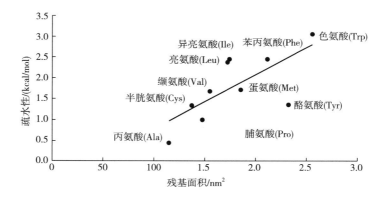

图 5.3　非极性氨基酸残基的表面积和疏水性的关系

5.2.1.5　氨基酸的光学性质

芳香族的氨基酸 Trp、Tyr 和 Phe 在近紫外区(250~300nm)吸收光。此外,Trp 和 Tyr 在紫外区还显示荧光。表 5.4 所示为芳香族氨基酸最大吸收和荧光发射的波长。正是由于这些氨基酸残基的存在使得蛋白质在 250~300nm 范围内有紫外吸收特性,大部分蛋白质的最大吸收波长在 280nm 左右。由于氨基酸所处环境的极性影响它们的光吸收和荧光性质,因此,通常将蛋白质光学性质的变化作为考察蛋白质构象变化的手段。

表 5.4 芳香族氨基酸的紫外吸收和荧光性质

氨基酸	最大吸收波长 λ_{max}/nm	摩尔消光系数/(L/mol·cm)	最大荧光波长 λ_{max}/nm
苯丙氨酸	260	190	282[①]
色氨酸	278	5500	348[②]
酪氨酸	275	1340	304[②]

①在 260nm 处激发。
②在 280nm 处激发。

5.2.2 氨基酸的化学反应性

蛋白质分子中的反应基团,如氨基、羧基、巯基、酚羟基、羟基、硫醚基(Met)、咪唑基和胍基能参与化学反应,反应方式与含有这些基团的有机小分子类似。表 5.5 所示为各种侧链基团的典型反应,其中有些反应可用来改变蛋白质和肽的亲水和疏水性质或功能性质。还有一些反应可被用来定量氨基酸和蛋白质中的特定氨基酸残基。例如,氨基酸与茚三酮、O-苯二甲醛或荧光胺的反应常被用来定量氨基酸。

(1)与茚三酮反应 茚三酮反应常被用来定量游离氨基酸,把氨基酸与过量茚三酮反应时,每消耗 1mol 氨基酸,生成 1mol 的氨、醛、CO_2 和二氢化茚亭[式(5.16)]。释放出的氨随即与 1mol 茚三酮和 1mol 还原茚三酮反应生成一种被称为 Ruhemann's 紫的紫色物质,后者在 570 nm 具有最大吸收。脯氨酸和羟基脯氨酸产生一种黄色物质,它在 440nm 具有最大吸收。这些颜色反应是比色法测定氨基酸的基础。

$$\tag{5.16}$$

通常采用茚三酮反应帮助测定蛋白质的氨基酸组成。此时,先将蛋白质用酸水解成氨基酸,然后采用离子交换/疏水色谱分离和鉴定游离氨基酸。柱的洗脱物同茚三酮反应后,在 570nm 和 440nm 波长下测定反应液的吸光度,再计算氨基酸的量。

(2)与邻-苯二甲醛反应 当存在 2-巯基乙醇时氨基酸与邻-苯二甲醛反应(1,2-苯二甲醛)生成强荧光的衍生物,它的最大激发波长为 380nm,最大发出波长为 450nm。

$$\tag{5.17}$$

（3）与荧光胺反应　含有伯胺的氨基酸、肽和蛋白质与荧光胺反应成高荧光的衍生物，它在 390nm 激发时，在 475nm 具有最高荧光发射。此法能被用于定量氨基酸以及蛋白质和肽。

$$(5.18)$$

表 5.5　　　　　　　　　　　　　氨基酸和蛋白质中功能基团的化学反应性

反应的类型	试剂和条件	产物	评价
A. 氨基			
1. 还原烷基化	HCHO(甲醛)，$NaBH_4$(甲醛)		对放射性标记蛋白质有用
2. 胍基化	(邻－甲基异脲) pH10.6，4℃，4d		将赖氨酰基侧链转移至高精氨酸
3. 乙酰化	乙酸酐		消去正电荷
4. 琥珀酰化	琥珀酸酐		在赖氨酰基残基上引入一个负电荷基团
5. 巯基化	硫氯酸		消去正电荷，在赖氨酰基残基引入巯基
6. 芳基化	1－氟－2，4－二硝基苯（FDNB）		用于测定氨基
	2，4，6－三硝基苯磺酸（TNBS）		在 367nm 的消光系数是 $1.1×10^4 L/mol \cdot cm$，用于测定在蛋白质中的活性赖氨酰基残基

续表

反应的类型	试剂和条件	产物	评价
7. 脱氨基作用	含 1.5mol/L NaNO₃ 的乙酸,0℃	R—OH + N₂ + H₂O	

B. 羧基

1. 酯化	酸性甲醇	ⓇR—COOCH₃ + H₂O	在 pH>6.0 时,发生酯的水解
2. 还原	含氢硼化合物的四氢呋喃,三氟乙酸	ⓇR—CH₂OH	
3. 脱羧基化	酸、碱、热处理	ⓇR—CH₂—NH₂	仅发生在氨基酸,而不发生在蛋白质

C. 巯基

1. 氧化	过甲酸	ⓇR—CH₃—SO₃H	
2. 封闭	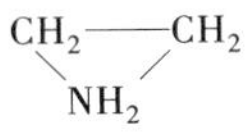 CH₂—CH₂ \ NH₂ （氮丙环）	ⓇR—CH₃—S—(CH₂)₂—NH₃⁺	引入氨基
	碘乙酸	ⓇR—CH₃—S—CH₂—COOH	引入一个氨基
	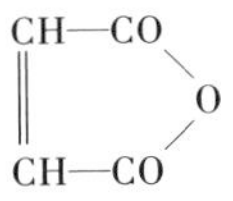 CH—CO \ O / CH—CO （苹果酸酐）	ⓇR—CH₂—S—CH—COOH | CH₂—COOH	封闭一个 SH 基引入两个负电荷
	对-汞代苯甲酸	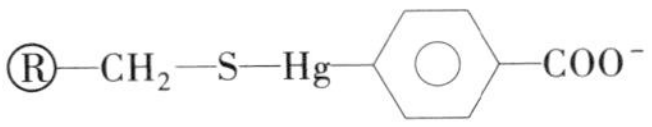 ⓇR—CH₂—S—Hg—◯—COO⁻	此衍生物在 250nm（pH7）的消光系数是 7500L/mol·cm;此反应被用于测定蛋白质中的 SH 基含量
	N-乙基马来亚胺	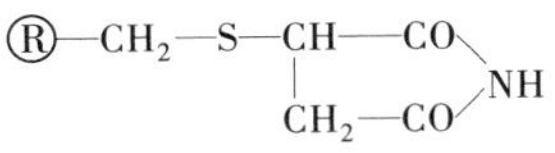 ⓇR—CH₂—S—CH—CO \ NH / CH₂—CO	用于封闭巯基
	5,5′-二硫双(2-硝基苯甲酸)(DTNB)	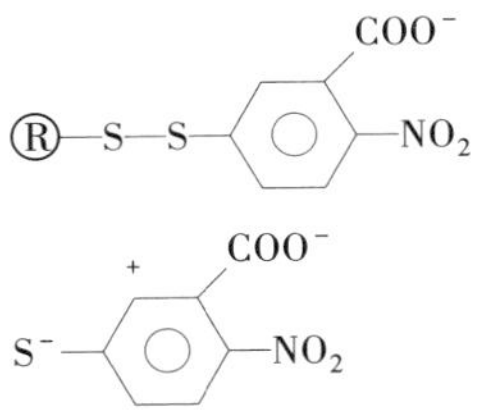 ⓇR—S—S—◯(COO⁻)(NO₂) ⁺S⁻—◯(COO⁻)(NO₂) （硫代硝基苯甲酸）	1mol 硫代硝基苯甲酸被释出;硫代硝基苯甲酸在 412nm 的消光系数是 13600L/mol·cm;此反应被用于测定蛋白质中的 SH 基含量

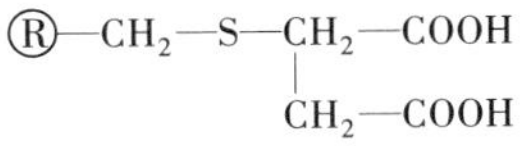

续表

反应的类型	试剂和条件	产物	评价

D. 丝氨酸和苏氨酸

1. 酯化 CH_3-COCl

$$Ⓡ-O-\overset{\overset{\displaystyle O}{\|}}{C}-CH_3$$

E. 蛋氨酸

1. 烷烃卤 CH_3I

$$Ⓡ-CH_2-\overset{\oplus}{\underset{\underset{\displaystyle CH_3}{|}}{S}}-CH_3$$

2. β-丙醇酸内酯

$$\underset{\underset{\displaystyle O}{\rule{0pt}{0pt}}}{CH_2-CH_2-CO}$$

$$Ⓡ-CH_2-\overset{\oplus}{\underset{\underset{\displaystyle CH-CH_2-COOH}{|}}{S}}-CH_3$$

5.2.3 小结

（1）蛋白质由 21 种天然存在的氨基酸组成。硒代半胱氨酸被认为是第 21 种氨基酸。

（2）蛋白质的酸碱性是由，在一定的溶液 pH 下其所带的氨基酸残基的净电荷决定的。

（3）氨基酸的疏水性是指其侧链残基从有机相转移到水相的自由能变化。由于辛醇的介电常数与蛋白质的内部介电常数相似，所以通常被用作参考溶剂。

（4）蛋白质中的芳香族氨基酸残基是蛋白质具有近紫外吸收波长的原因。

5.3 蛋白质结构

5.3.1 蛋白质的结构水平

蛋白质具有四个级别的结构：一级、二级、三级和四级结构。

5.3.1.1 一级结构

蛋白质的一级结构是指蛋白质的构成单元氨基酸通过酰胺键（又称肽键）共价地连接成线性序列。第 i 个氨基酸的 α-羧基和第 $i+1$ 个氨基酸的 α-氨基缩合去掉一分子水形成肽键。在线性序列中所有的氨基酸残基都是 L-型。由 n 个氨基酸残基构成的蛋白质分子含有 $n-1$ 个肽键。

$$-NH-\underset{\underset{\displaystyle R_1}{|}}{CH}-COOH + NH_2-\underset{\underset{\displaystyle R_2}{|}}{CH}-COOH$$

$$\Big\downarrow\!\!\!\rightarrow H_2O$$

（5.19）

$$-NH-\underset{\underset{\displaystyle R_1}{|}}{CH}-\overset{\overset{\displaystyle O}{\|}}{C}-\underset{\underset{\displaystyle H}{|}}{N}-\underset{\underset{\displaystyle R_2}{|}}{CH}-COOH$$

肽键

游离的 α-氨基末端被称为 N-末端,而游离的 α-羧基末端被称为 C-末端。根据惯例,可采用 N 表示多肽链的始端,C 表示多肽链的末端。

由 n 个氨基酸残基连接而形成的链长(n)和序列决定蛋白质的物理化学、结构和生物性质及功能。氨基酸序列的作用如同二级和三级结构的密码(code),从而最终决定着蛋白质的生理功能。蛋白质的分子质量从几千至超过百万道尔顿(Da)。例如,肌肉中的单肽链蛋白质 titin 的相对分子质量超过一百万,而肠促胰液肽(secretin)的分子质量仅为 2300u。许多蛋白质的分子质量在 10000~100000u。

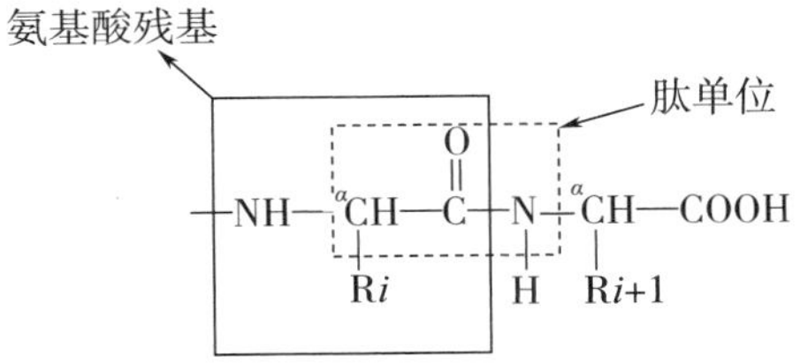

(5.20)

多肽链的主链可用重复的—N—C—C$^\alpha$—或—C$^\alpha$—C—N—单位表示,—NH—$^\alpha$CHR—CO—代表一个氨基酸残基,而—$^\alpha$CHR—CO—NH—代表一个肽单位。虽然 CO—NH 键被视为共价单键,实际上它具有部分双键的性质,这是由电子位移形成共振结构造成的[式(5.21)]。

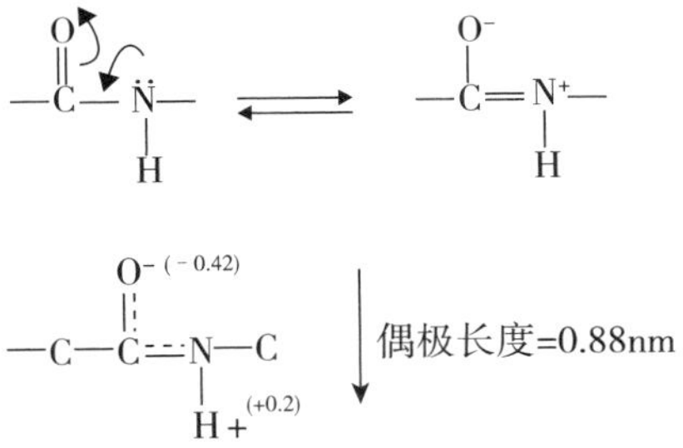

(5.21)

肽键的这个特征对于蛋白质的结构具有重要的影响。

(1)首先,它的共振结构排除了肽键中 N—H 基团的质子化。

(2)其次,由于部分双键的特征限制了 CO—NH 键的转动角度,即 ω 角的最大值为 6°。由于这个限制,多肽链的 6 原子片段(—C$^\alpha$—CO—NH—C$^\alpha$—)处在一个平面中,多肽链主链基本上可视为通过 C$^\alpha$ 原子连接的一系列—C$^\alpha$—CO—NH—C$^\alpha$—平面(如下图)。由于多肽主链中肽键约占共价键总数的 1/3,因此它们有限的转动自由度显著地减少了主链的柔性。仅 N—C$^\alpha$ 和 C$^\alpha$—C 键可自由转动,它们分别被定义为 φ(phi)和 ψ(psi)两面角,又称主链扭转角。

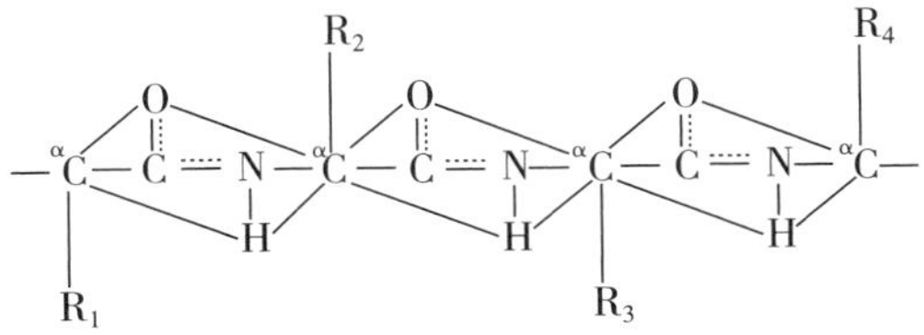

(5.22)

(3)第三,电子的位移作用也使羧基氧原子具有部分的负电荷和 N—H 基的氢原子具有部分的正电荷。由于这个原因,在适当条件下,多肽主链的 C ═O 和 N—H 基之间有可能形成氢键(偶极-偶极相互作用)。

(4)肽键的部分双键性质产生的另一个结果是,连接在肽键上的四个原子能以反式或顺式构型存在。然而,几乎所有的蛋白质肽键都是以反式构型存在的。

$$\overset{O^{\delta-}}{\underset{{}^{\alpha}C_i}{\diagdown}}\overset{{}^{\alpha}C_{i+1}}{\underset{H^{\delta+}}{C═N}} \qquad \overset{O^{\delta-}}{\underset{{}^{\alpha}C_i}{\diagdown}}\overset{H^{\delta+}}{\underset{{}^{\alpha}C_{i+1}}{C═N}} \tag{5.23}$$

反式   顺式

这是因为在热力学上反式构型比顺式构型稳定。由于反式→顺式转变增加肽键自由能 34.7kJ/mol,因此在蛋白质中不会发生肽键的异构化。含有脯氨酸的肽键是一个例外。对于含脯氨酸残基的肽键,反式→顺式转变仅增加自由能约 7.78kJ,因此,在高温条件下这些肽键有时会发生反式→顺式异构化。

虽然 N—C^{α} 和 C^{α}—C 键确实是单键,$\varphi(phi)$ 和 $\psi(psi)$ 在理论上可 360° 自由转动,然而它们的实际转动自由度受 C^{α} 原子上侧链原子的立体位阻限制,也正是这些限制进一步降低了多肽链的柔性。

5.3.1.2 二级结构

二级结构是指多肽链某些片断的氨基酸残基周期性的空间排列。当一个片断中连续的氨基酸残基采取同一套 φ 和 ψ 扭转角时就形成周期性的结构。氨基酸残基侧链之间近邻或短距离的非共价相互作用导致局部自由能下降,这就驱动了 φ 和 ψ 角的扭转。非周期性或随机结构是指连续的氨基酸残基具有不同套的 φ 和 ψ 扭转角所形成的区域。

一般来说,在蛋白质分子中存在着两种周期性的(有规则的)二级结构,它们是螺旋结构和伸展片状结构。表 5.6 所示为蛋白质分子中各种有规则结构的几何特征。

表 5.6   蛋白质分子中有规则的二级结构的几何特征

结构	φ	ψ	n	r	h/nm	t
α-右手螺旋	−58°	−47°	3.6	13	0.15	100°
π-螺旋	−57°	−70°	4.4	16	0.115	81°
3_{10}-螺旋	−49°	−26°	3	10	0.2	120°
β-平行折叠	−119°	+113°	2	—	0.32	—
β-反平行折叠	−139°	+135°	2	—	0.34	—
聚脯氨酸 I(顺式)	−83°	+158°	3.33		0.19	—
聚脯氨酸 II(反式)	−78°	+149°	3.00		0.312	—

注:φ 和 ψ 分别代表 N—C^{α} 和 C^{α}—C 键的两面角;n 是每转的残基数;r 是在螺旋的一个氢键圈中主链的原子数;h 是相当于每一个氨基酸残基的螺距;$t=360°/n$,即相当于每个氨基酸残基的螺旋扭转角度。

（1）螺旋结构　当连续的氨基酸残基的 φ 和 ψ 角按同一套值扭转时，形成了蛋白质的螺旋结构。通过选择不同的 φ 角和 ψ 角组合，理论上可能产生几种几何形状的螺旋结构。然而，α-螺旋是蛋白质分子中占主要地位的螺旋结构，因为在所有螺旋结构中它最稳定。短片段的 3_{10}-螺旋结构也存在于几种球蛋白中。

α-螺旋的几何形状见图 5.4。α-螺旋的螺距，即每圈所占的长度为 0.54nm，它包含 3.6 个氨基酸残基，每一个氨基酸残基占轴长 0.15nm，转动角度为 100°（即 360°/3.6）。氨基酸残基的侧链按照垂直于螺旋轴的方向定向。

α-螺旋依靠氢键稳定。在此结构中，主链上每一个残基的 N—H 基与前

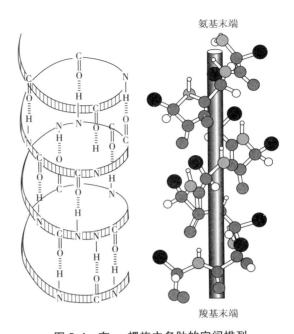

图 5.4　在 α-螺旋中多肽的空间排列

资料来源：http://www.google.com/search? q=alpha+helix.

面第四个残基的 C＝O 基形成氢键，在此氢键圈中包含 13 个主链原子；于是 α-螺旋有时又称 3.6_{13} 螺旋（图 5.4）。氢键平行于螺旋轴而定向。氢键的 N、H 和 O 原子几乎处在一条直线上，即氢键角几乎为 0。氢键的长度，即 N—H…O 距离约为 0.29nm，键的强度约为 18.8kJ/mol。α-螺旋能以右手和左手螺旋两种方式存在，它们彼此为镜像，而天然存在的蛋白质中常见右手螺旋结构。

α-螺旋形成的关键在于其氨基酸序列中的一个二元密码。此二元密码关系到极性和非极性残基在氨基酸序列中的排列。多肽链片段含有从重复的—P—N—P—P—N—N—P—七个氨基酸残基顺序（P 和 N 分别是极性和非极性残基）易在水溶液中形成 α-螺旋[5]。正是此二元密码而不是在 7 个氨基酸残基序列中极性和非极性残基的种类决定了 α-螺旋的形成。只要其他分子间和分子内的相互作用有利于 α-螺旋的形成，那么 7 个氨基酸残基序列二元密码的细微变化也可接受。例如，肌肉蛋白质中的原肌球蛋白是以一种盘绕成圈的 α-螺旋棒形式存在。蛋白质分子中重复的七重峰序列是—N—P—P—N—P—P—P—，与上述序列稍有不同。无论变化如何，原肌球蛋白完全以 α-螺旋结构形式存在，因为螺旋棒中存在着其他的稳定相互作用[6]。

蛋白质分子中的大多数 α-螺旋结构具有两亲性，即螺旋表面的一侧被疏水侧链所占据，而另一侧被亲水残基所占据。在图 5.5 中用一个螺旋轮显示了这一特征。在大多数蛋白质中，螺旋的非极性表面面向蛋白质内部，一般参与和其他非极性表面的疏水相互作用。

在脯氨酸残基中，由于丙基侧链共价结合至氨基而形成了环状结构，N—C^α 键不可能再转动，因而，φ 角固定在 70°的。此外，由于 N 原子上不存在 H，它不能形成氢键。由于脯氨

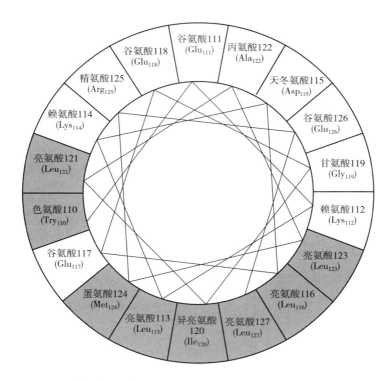

图 5.5　牛生长激素的螺旋结构(氨基酸残基 110-127)的横切面

螺旋轮的上部(空心)代表两性螺旋的亲水性表面,底部(实心)代表疏水性表面。

资料来源:He,X. M. and Carter,D. C.,Atomic structure and chemistry of human serum albumin,*Nature*,358,209-214,1992. Reprinted with permission of AAAS.

酸残基的上述两个特征,含有脯氨酸残基的片断不能形成 α-螺旋。事实上,可将脯氨酸残基看作为 α-螺旋的中止物。脯氨酸残基含量高的蛋白质倾向于采取随机或非周期性的结构。例如,在 β-酪蛋白和 α_{s1}-酪蛋白中脯氨酸残基分别占氨基酸残基数的 17% 和 8.5%,而且由于它们均匀地分布在整个蛋白质分子的一级结构中,这两种蛋白质分子中不存在 α-螺旋结构和其他有序二级结构。然而,聚脯氨酸能形成两种类型的螺旋结构,即聚脯氨酸 I 和聚脯氨酸 II。在聚脯氨酸 I 中,肽键是顺式构型,在聚脯氨酸 II 中,肽键是反式构型。这些螺旋的其他几何特征列于表 5.6 中。胶原蛋白是最丰富的动物蛋白质,它以聚脯氨酸 II 型螺旋存在。在胶原蛋白中,平均每三个残基里有一个甘氨酸残基,随后通常是脯氨酸残基。三个多肽链盘绕形成一个三股螺旋,它的稳定性依靠链间氢键维持。胶原蛋白的高弹性归因于其独特的三股螺旋结构。

(2) β-折叠结构　β-折叠结构是一种具有特定的几何形状的伸展结构(表 5.6)。在此伸展结构中,C=O 和 N—H 基按照与主链垂直的方向定向,因此,氢键只可能在多肽链的两个片断之间形成,而不可能在一个片断之内形成。在 β-折叠结构中每股通常由 5~15 个氨基酸组成。在同一个蛋白质分子中的两个股之间通过氢键相互作用形成 β-折叠结构。在此片状结构中,侧链按垂直于片状结构的平面(在平面上和平面下)定向。根据每股 N→

C 的指向,存在着两类 β-折叠结构,即平行 β-折叠结构和反平行 β-折叠结构(图5.6)。在平行 β-折叠结构中,N→C 方向的折叠指向相互平行,而在反平行 β-折叠结构中,各股指向彼此相反。链指向上的差别,影响着氢键的几何形状。在反平行 β-折叠结构中,N—H···O 原子处在一条直线上(0 氢键角),增加了氢键的稳定性,而平行 β-折叠结构则存在一个角度,从而降低了氢键的稳定性。因此,反平行 β-折叠结构比平行 β-折叠结构更为稳定。

蛋白质中 β-折叠的特定结构形式由二元密码是—N—P—N—P—N—P—N—P—决定。显然,极性和非极性残基交替排布的多肽片断更容易形成 β-折叠结构。富含高疏水侧链片段,如 Val 和 Ile,也容易形成 β-折叠结构。正如预料的那样,二元密码可有一些变动。

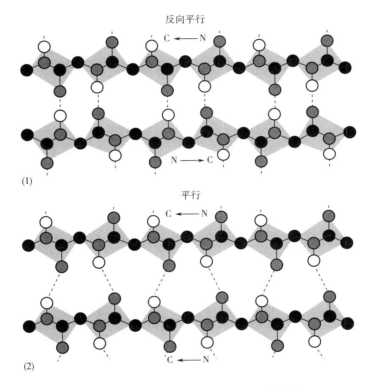

图 5.6　平行(1)和反平行(2)β-折叠结构

虚线代表肽基团之间的氢键,在 C^{α} 原子上的侧链按垂直于主链(上或下)的方向定向。

资料来源:Brutlag, D. L., Advanced molecular biology course, http://cmgm. Stanford. edu/biochem201/slides/protein structure, 2000.

β-折叠结构通常比 α-螺旋结构更为稳定。含有高比例的 β-折叠结构的蛋白质一般具有较高变性温度。以 β-乳球蛋白(51% β-折叠结构)和大豆 11S 球蛋白(64% β-折叠结构),它们的热变性温度分别为 75.6℃ 和 84.5℃。另一方面,牛血清白蛋白含有约 64% α-螺旋结构,因此它的变性温度仅为约 64℃ [7]。当 α-螺旋类型蛋白质溶液经加热和冷却时,α-螺旋结构通常转变成 β-折叠结构[7]。在一定的溶液条件下,朊病毒蛋白会自发地发生 α-螺旋向 β-片状结构的转化[8]。然而,还未发现加热后蛋白质中 β-折叠结构转变成 α-螺旋结构的现象。

β-弯曲(β-bend)或β-旋转(β-turn)是蛋白质分子中另一种常见的结构。β-折叠结构中多肽链反转180°就形成β-旋转或β-弯曲。发夹弯曲是反平行β-折叠结构形成的结果;而交叉弯曲是平行β-折叠结构形成的结果。通常一个β-弯曲包括4个折叠返回的残基,此弯曲结构由一个氢键所稳定。最常见于β-弯曲中的氨基酸残基是 Asp、Cys、Asn、Gly、Tyr和 Pro。

在表 5.7 中列出了几种蛋白质的二级结构组成。

表 5.7   一些球蛋白质的二级结构组成[①]

蛋白质	α-螺旋/%	β-折叠结构/%	β-弯曲/%	非周期性的结构/%
脱氧血红蛋白	85.7	0	8.8	5.5
牛血清白蛋白	67.0	0	0	33.0
α_{s1}-酪蛋白	15.0	12.0	19.0	54.0
β-酪蛋白	12.0	14.0	17.0	57.0
κ-酪蛋白	23.0	31.0	14.0	32.0
胰凝乳蛋白酶原	11.0	49.4	21.2	18.4
免疫球蛋白 G	2.5	67.2	17.8	12.5
胰岛素(二聚体)	60.8	14.7	10.8	15.7
牛胰蛋白酶抑制剂	25.9	44.8	8.8	20.5
核糖核酸酶 A	22.6	46.0	18.5	12.9
鸡蛋溶菌酶	45.7	19.4	22.5	12.4
卵类黏蛋白	26.0	46.0	10.0	18.0
蛋清蛋白	49.0	13.0	14.0	24.0
木瓜蛋白酶	27.8	29.2	24.5	18.5
α-乳清蛋白	26.0	14.0	0	60.0
β-乳球蛋白	6.8	51.2	10.5	31.5
大豆 11S	8.5	64.5	0	27.0
大豆 7S	6.0	62.5	2.0	29.5
云扁豆蛋白	10.5	50.5	11.5	27.5
肌红蛋白	79.0	0	5.0	16.0

①根据不同文献汇编。数值代表占总的氨基酸残基的百分数。

5.3.1.3 三级结构

含有二级结构片断的线性蛋白质链进一步折叠成紧密的三维结构时,就形成了蛋白质的三级结构。

图 5.7 是 β-乳球蛋白和云扁豆蛋白(云扁豆的贮藏蛋白)的三级结构。蛋白质从线性构型转变成折叠状三级结构是一个复杂的过程。在分子水平上,蛋白质结构形成的细节存在于它的氨基酸序列中,也就是说,变性剂去除后,变性的蛋白质会变回原来的三级折叠结构。从热力学角度考虑,三级结构的形成涉及蛋白质分子中各种不同的基团之间的各种相互作用(疏水、静电、范德华力和氢键)以及多肽链构象熵的最优化,使得蛋白质分子的自由能尽可能地降至最低[9]。在三级结构形成的过程中,最重要的几何排列是大多数的疏水性氨基酸残基重新配置在蛋白质结构的内部,而远离水环境和大多数亲水性尤其是带电荷的氨基酸残基重新排在蛋白质-水界面,同时伴随着自由能降低。虽然疏水性氨基酸残基一般更倾向于埋藏在蛋白质内部,然而由于空间位阻的存在往往只能部分地实现这种排列。事实上,在大多数球状蛋白质中,极性氨基酸残基占据着水分子能够接触的表面的约 40% ～ 50%[10]。于是,一些极性基团不可避免地埋藏在蛋白质的内部;然而它们总是与其他极性基团形成氢键,使这些基团在蛋白质内部非极性环境中的自由能降到最低。蛋白质表面的极性与非极性基团的比例极大程度地影响着其部分物化性质。

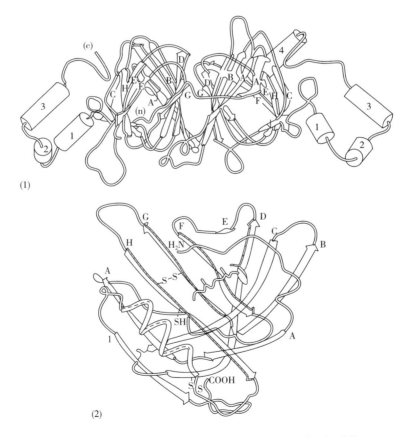

图 5.7　云扁豆蛋白亚基(1)和 β-乳球蛋白(2)的三级结构

箭头表示 β-折叠结构,圆柱表示了 α-螺旋结构。

(1)资料来源:Lawrence,M. C. et al.,*EMBO J.*,9,9,1990. (2)资料来源:Papiz,M. Z. et al.,*Nature*,324,383,1986.

 蛋白质从线性结构折叠至折叠状三级结构伴随着蛋白质-水界面面积的减小。解释蛋白质折叠的理论之一是体积排阻效应：该理论认为，在水中形成一个空腔的容纳展开状态的蛋白质所需要的能量要比折叠的蛋白质（与水分子接触的面积更小）更大[11,12]。折叠状态下空腔形成的所需能量与未折叠状态所需能量之差是蛋白质折叠的驱动力（疏溶剂力）。换句话说，排阻体积效应从根本上与蛋白质-水界面的张力有关，蛋白质折叠是为了使蛋白质-水界面面积最小化。

 蛋白质所占据的三维空间的总界面面积被定义为蛋白质的可接近界面面积，测定的方法可比喻为用一个半径为 0.14nm 的球状水分子滚过蛋白质分子的整个表面。对于天然的球状蛋白质，可接近的界面面积（nm^2）是它们相对分子质量 M 的简单函数，遵循式（5.10）：

$$A_s = 6.3M^{0.73} \tag{5.24}$$

一个处于伸展状态的初生态多肽（即没有二级、三级或四级结构的完全展开的分子）的总的可接近面积也与它的相对分子质量有关，也遵循式（5.10）：

$$A_t = 1.48M+21 \tag{5.25}$$

在形成球状三级结构过程中被包埋的蛋白质的净表面积为：

$$A_b = A_t-A_s = (1.48M+21)-6.3M^{0.73} \tag{5.26}$$

一级结构中亲水性和疏水性氨基酸残基的比例和分布影响着蛋白质的某些物理化学性质。例如，氨基酸的序列决定着蛋白质分子的形状。如果一种蛋白质含有大量的并均匀地分布在氨基酸序列中的亲水性氨基酸残基，那么蛋白质分子将呈拉长状或棒状。这是因为当质量一定时，拉长的形状具有较大的表面积与体积之比，更多的亲水性残基可排列在表面上。反之，如果一种蛋白质含有大量的疏水性氨基酸残基，那么蛋白质分子将呈球状（大致球体），这种形状的表面积与体积之比最小，使更多的疏水性氨基酸残基能埋藏在蛋白质分子的内部。在球状蛋白质中，较大的分子一般比较小分子含有较高比例的非极性氨基酸。

 一些单多肽链蛋白质的三级结构是由结构域构成的，结构域的定义是多肽链序列中折叠成独立的三级结构形式的那些区域。区域结构在本质上只是一个简单蛋白质中的微蛋白质。每个结构域的结构稳定性基本上是与其他区域的结构稳定性无关。在大多数单链蛋白质中，结构域独立地折叠，随后相互作用形成独特的蛋白质三级结构。在一些蛋白质中，如云扁豆蛋白（图 5.7），三级结构含有两个或更多个不同的结构域（结构本体），它们通过多肽链的一个片断连接在一起。一个蛋白质中结构域的数目通常取决于分子质量。含有 100~150 个氨基酸残基的小蛋白质（如溶菌酶、β-乳球蛋白和 α-乳清蛋白）通常形成一个结构域的三级结构。大的蛋白质，如免疫球蛋白，含有多个结构域。免疫球蛋白 G 的轻链含有两个结构域而重链含有 4 个结构域。每一个结构域的大小约为 120 个氨基酸残基。由 585 个氨基酸残基构成的人血清白蛋白含有三个类似的结构域，每一个结构域又含有两个亚结构域[13]。

5.3.1.4　四级结构

 四级结构是指含有一条以上多肽链的蛋白质分子的空间排列。一些具有重要生理作用的蛋白质以二聚体、三聚体、四聚体等形式存在。这些四级复合物（又称为寡聚体）由蛋白质亚基(单体)构成,这些亚基可以是相同的(同类)或者是不同的(异类)。例如,β-乳球蛋白在 pH5~8 以二聚体的形式存在,在 pH3~5 以八聚体的形式存在,在 pH 高于 8 时,以单体形式存在,而且构成这些复合物的单体都是相同的。另一方面,血红蛋白是由 2 种不同的多肽链即 α 和 β 链构成的四聚体。

寡聚体结构的形成是蛋白质-蛋白质特定的相互作用的结果。这些相互作用基本上是非共价相互作用,如氢键、疏水相互作用和静电相互作用。疏水性氨基酸残基所占的比例似乎影响着形成寡聚体结构的倾向。含有超过 30% 的疏水性氨基酸残基的蛋白质形成寡聚体的倾向大于那些含有较少疏水性氨基酸残基的蛋白质。

由于热力学角度需要将暴露的疏水性亚基表面埋藏起来,这就驱动着蛋白质分子四级结构的形成。当一个蛋白质分子含有高于 30% 疏水性氨基酸残基时,它在物理上已不可能形成一种将所有的非极性残基埋藏在内部的三级结构,因此,在表面存在疏水性小区的可能性就很大,在相邻单体的小区之间的相互作用能导致形成二聚体、三聚体等(图5.8)。

许多食品蛋白质,尤其是谷类蛋白质,是以不同的多肽链构成的寡聚体形式存在的。正如预料的那样,这些蛋白质含有高于 35% 的疏水性氨基酸残基(Ile、Leu、Trp、Tyr、Val、Phe 和 Pro)。此外,它们还含有 6%~12% 的脯氨酸。因此,谷类蛋白质以复杂的寡聚体结构存在。大豆中主要的贮藏蛋白质,即 β-大豆伴球蛋白(β-cong-lycinin,即 7S)和大豆球蛋白(glycinin,即 11S)分别含有约 41% 和 39% 疏水性氨基酸残基。β-大豆伴球蛋白是由 3 种不同亚基构成的三聚体,它因离子

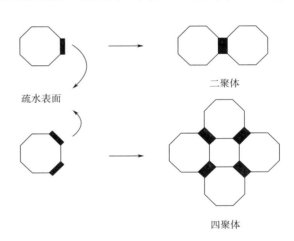

疏水表面

二聚体

四聚体

图 5.8　在蛋白质中二聚体和寡聚体形成的图示

强度和 pH 的变化而呈现复杂的缔合-离解现象[14]。大豆球蛋白由 12 个亚基构成,其中 6 个亚基是酸性的,而其余的是碱性的。每一个碱性亚基通过一个二硫键与一个酸性亚基交联。6 个酸性-碱性亚基对通过非共价相互作用结合成寡聚体状态。大豆球蛋白因离子强度的变动也呈现复杂的缔合-离解性质[14]。

在寡聚体蛋白质中,可接近表面面积 A_s 与寡聚体的分子质量有着如式(5.27)所示的关系[10]:

$$A_s = 5.3M^{0.76} \tag{5.27}$$

此关系不同于适用于单聚体蛋白质的关系[式(5.24)]。当天然的寡聚体结构从构成它的多肽亚基形成时,可根据下式估计埋藏的表面积:

$$A_b = A_t - A_s = (1.48M + 21) - 5.3M^{0.76} \tag{5.28}$$

式中　A_t——线性状态初生多肽链亚基的总可接近界面面积;

　　　M——寡肽蛋白的分子质量。

5.3.2　涉及蛋白质结构稳定性的作用力

无规则的多肽链折叠成一个独特的三维结构的过程是十分复杂的。正如前面已经提到的,生物天然构象的基础存在于蛋白质的氨基酸序列中。1960 年 Anfinsen 和他的同事证实,将变性的核糖核酸酶加入至一种生理缓冲液,它能再折叠成它的天然构象并恢复几乎100%的生物活性。大多数酶都先后被证明具有类似的倾向。一些分子内非共价相互作用促进了从伸展状态向折叠状态缓慢而自发的转变。蛋白质的天然构象是一种热力学状态,在此状态下各种有利的相互作用达到最大,而不利的相互作用降到最小,于是蛋白质分子的整个自由能处于最低的可能值。影响蛋白质折叠的作用力包括两类:①蛋白质分子固有的作用力所形成的分子内相互作用和;②受周围溶剂影响的分子内相互作用。范德华相互作用和空间相互作用属于前者,而氢键、静电相互作用和疏水相互作用则属于后者。

5.3.2.1　空间相互作用

虽然 φ 和 ψ 角在理论上具有 360°的转动自由度,实际上由于氨基酸残基侧链原子的空间位阻而使它们的转动受到很大的限制。因此,多肽链的片断仅能采取有限形式的构象。肽单位平面几何形状的扭曲或者键的伸展和弯曲会导致分子自由能的增加。因此,多肽链的折叠必须避免键长和键角的变形。

5.3.2.2　范德华相互作用

这些是蛋白质的分子中中性原子之间偶极–诱导偶极和诱导偶极–诱导偶极相互作用。当两个原子相互接近时,每一个原子通过电子云极化诱导其他一个原子产生一个偶极矩。这些诱导偶极之间的相互作用同时具有吸引力和斥力。这些作用力的大小取决于相作用的原子间的距离。吸引能反比于相互作用的原子间的距离的 6 次方,而排斥相互作用方反比于该距离的 12 次。因此,两原子在相距 r 时净的相互作用能由下述的位能函数确定:

$$E_{vdw} = E_a + E_r = \frac{A}{r^6} + \frac{B}{r^{12}} \tag{5.29}$$

式中　A 和 B——给定原子对的常数;

　　E_a 和 E_r——吸引和排斥相互作用能。

范德华相互作用是很弱的,随原子间距离增加而迅速减小,当该距离超过 0.6nm 时可以忽略不计。对于各种原子对范德华相互作用能量的范围从–0.17～0.79kJ/mol。然而在蛋白质中,由于有许多对原子对参与范德华相互作用,因此它对于蛋白质的折叠和稳定性的贡献是很显著的。

5.3.2.3　氢键

氢键是以共价与一个电负性原子(例如,N、O 或 S)相结合的氢原子同另一个电负性原子之间的相互作用。可以用 D—H…A 表示一个氢键,式中 D 和 A 分别是供体和接受体电负性原子。一个氢键强度的范围在 8.40～33.1kJ/mol,它取决于所涉及的电负性原子对和键角。

　　蛋白质含有一些能形成氢键的基团。图5.9所示为一些有可能形成氢键的基团。其中，α-螺旋和β-折叠结构中肽键的N—H和C$=$O之间形成最多氢键。

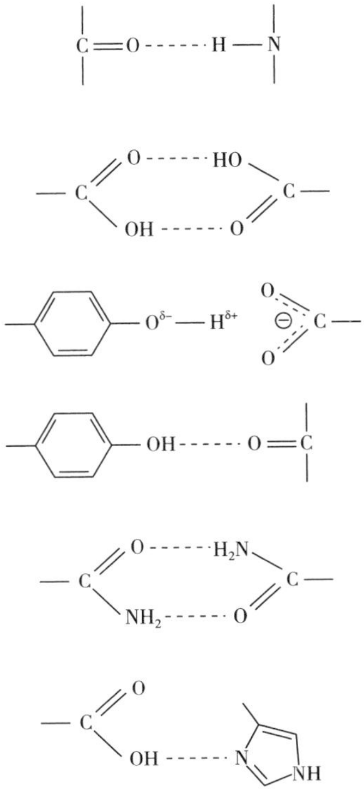

	肽基团间的氢键
	非离子羧基基团间的氢键
	苯酚或羟基基团，和离子羧基基团间的氢键
	苯酚或羟基基团，和羧基肽基团间的氢键
	侧链酰胺基团间的氢键
	侧链羧基基团和组氨酸侧链的氢键

图5.9　存在于蛋白质中的氢键

资料来源：Scheraga，H. A.，Intramolecular bonds in proteins. II. Noncovalent bonds，In：*The Proteins*，Neurath，H.（ed.），2nd edn.，Vol. 1，Academic Press，New York，1963，pp. 478–594.

　　可将肽键看作偶极$N^{\delta-}$–$H^{\delta+}$和$C^{\delta+}$$=$$O^{\delta-}$之间的一种强烈的、永久的偶极–偶极相互作用，如下所示：

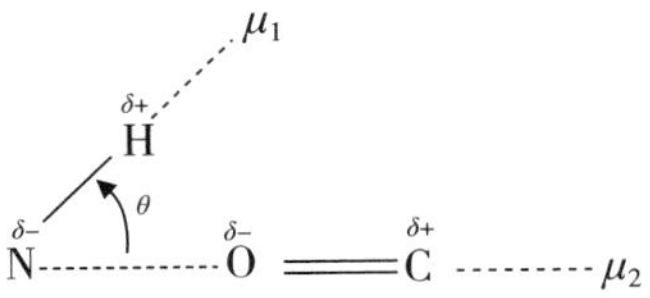

(5.30)

氢键强度由位能函数所确定：

$$E_{\text{H-bond}} = \frac{\mu_1 \mu_2}{4\pi\varepsilon_0 \varepsilon r^3}\cos\theta \qquad (5.31)$$

式中　μ_1，μ_2——偶极矩；

　　　　ε_0——真空状态下的介电常数；

　　　　ε——介质的介电常；

　　　　r——电负性原子之间的距离；

　　　　θ——氢键角。

氢键能正比于偶极矩与键角余弦的乘积,而反比于 N…O 距离的 3 次方和介质的介电常数。当 θ 等于 0($\cos\theta=1$)时氢键的强度最大,而当 θ 等于 90°时,氢键的强度为 0。在 α-螺旋和反平行 β-折叠结构中的氢键具有非常接近 0 的 θ 值,而在平行 β-折叠结构中它们具有大 θ 值。对于最大氢键能的最适 N…O 距离是 0.29nm。在较短的距离,在 $N^{\delta-}$ 和 $C^{\delta+}$ 原子间的静电推斥相互作用导致氢键强度的显著下降。距离较远时,N—H 和 C=O 基团之间的弱偶极-偶极相互作用降低了氢键强度。在蛋白质中 N—H…O=C 氢键的强度一般为 18.8kJ/mol 左右,此时环境的介电常数接近于 1。"强度"是指打断此键所需的能量。

蛋白质中存在着氢键已被充分地确认。由于每一个氢键的形成能使蛋白质的自由能降低约 18.8kJ/mol,因此,一般认为氢键的作用不仅是蛋白质折叠的驱动力,而且能对天然结构的稳定性做出巨大的贡献。然而,这一假设仍有问题。由于水分子本身容易形成氢键,与蛋白质分子中的 N—H 和 C=O 基团竞争氢键的形成,因此,N—H…O=C 氢键的形成也不能成为蛋白质分子中 α-螺旋结构和 β-折叠结构形成的驱动力。氢键基本上是一个离子相互作用。与其他的离子相互作用类似,它的稳定性也取决于环境的介电常数。在二级结构中氢键的稳定性主要应归于由非极性残基之间相互作用所造成的具有低介电常数的局部环境。这些庞大的侧链阻止了水分子靠近 N—H…O=C 氢键,使氢键得以稳定。

5.3.2.4　静电相互作用

如前所述,蛋白质含有一些带有可离解基团的氨基酸残基。在中性 pH,Asp 和 Glu 残基带负电荷,而 Lys、Arg 和 His 带正电荷;在碱性 pH,Cys 和 Tyr 残基带负电荷。

在中性 pH,根据分子中负电荷和正电荷残基的相对数目,蛋白质分子带净的负电荷或正电荷。当蛋白质分子净电荷为 0 时的 pH 为蛋白质的等电点(pI)。等电点不同于等离子点,后者是指不存在电解质时蛋白质溶液的 pH。从蛋白质的氨基酸组成和可离解基团的 pK_a,利用 Hendersen-Hasselbach 方程式[式(5.6)和式(5.7)]可以估计它的等电点 pH。

除少数例外,蛋白质中几乎所有的带电基团都分布在分子的表面。由于,在中性 pH 蛋白质分子或者带有净的正电荷或者带有净的负电荷,故可预料在蛋白质分子中带相同电荷基团之间的推斥作用或许会导致蛋白质结构的不稳定。同样,也有理由认为在蛋白质分子结构中的某些关键部位带相反电荷基团之间的吸引作用有助于蛋白质结构的稳定。然而,这些斥力和吸引力的强度实际上因水溶液中水的高介电常数而降至很低的数值。两个相距为 r 的电荷 q_1 和 q_2 之间的静电相互作用能由下式确定:

$$E_{\mathrm{ele}} = \pm \frac{q_1 q_2}{4\pi\varepsilon_0 \varepsilon r} \qquad (5.32)$$

在真空中或空气($\varepsilon=1$)中,相距 0.3~0.5nm 的两个电荷之间的静电相互作用能约为 $\pm460 \sim \pm277$kJ/mol。然而,在水($\varepsilon=80$)中此相互作用能减少到 $\pm5.86 \sim \pm3.52$kJ/mol,这相当于在 37℃时蛋白质分子的热动力学能(RT)。除此之外,由于在蛋白质分子中电荷之间的距离通常大于 0.5nm,处在蛋白质分子表面的带电基团吸引和排斥静电相互作对蛋白质结构的稳定性贡献不大。在任何情况下,蛋白质内部的静电相互作用在蛋白质最终折叠之前都会考虑进去。

尽管静电相互作用并不能作为蛋白质折叠的主要作用力,然而在水溶液中带电基团倾向于暴露在分子结构的表面确实影响着蛋白质分子折叠模式。

5.3.2.5 疏水相互作用

从前面的论述中可以清楚地看到,在水溶液中多肽链中各种极性基团之间的氢键和静电相互作用的能量不足以驱动蛋白质的折叠。蛋白质分子中这些极性相互作用在水环境中非常不稳定,它们的稳定性取决于能否保持在一个非极性的环境中。驱动蛋白质折叠的主要力量来自于非极性基团的疏水相互作用。

在水溶液中,非极性基团之间的疏水相互作用是水与非极性基团之间热力学上不利的相互作用的结果。当一个烃类物质溶于水时,自由能的变化(ΔG)是正值,而体积变化(ΔV)和熵变化(ΔH)是负值。即使 ΔH 是负值,意味着在水和烃之间存在有利的相互作用,ΔG 还是正值。由于 $\Delta G = \Delta H - T\Delta S$(式中 T 是温度,ΔS 是熵的变化),因此正的 ΔG 的正值必定是由一个大负值的 ΔS 所造成的,后者补偿了焓的有利变化。熵的降低是由于在烃周围形成了一种笼形包合物而造成的。由于自由能的净正变化,使得水和非极性基团之间的相互作用受到高度的限制。因此,在水溶液中非极性基团倾向于聚集,使得与水直接接触的面积降至最低(详见第 2 章)。水结构诱导的水溶液中非极性基团之间的相互作用被称为疏水相互作用。在蛋白质中,氨基酸残基非极性侧链之间的疏水相互作用是蛋白质折叠成独特的三级结构的主要原因,在此结构中大多数非极性基团离开了水的环境。

由于疏水相互作用是非极性基团溶解于水的对立面,疏水相互作用的 ΔG 是负值,而 ΔV、ΔH 和 ΔS 是正值。不同于其他的非共价相互作用,疏水相互作用是吸热的,即疏水相互作用在高温时较强,在低温时较弱(与氢键的情况相反)。疏水自由能随温度的变化通常遵循一个二次函数,即:

$$\Delta G_{H\phi} = a + bT + cT^2 \tag{5.33}$$

式中　a,b 和 c——常数;

　　　　T——绝对温度。

可以从位能方程式估计两个球形非极性分子之间的疏水相互作用能[15]:

$$E_{H\phi} = -20\frac{R_1 R_2}{(R_1 + R_2)}e^{-D/D_0} \ (\text{kJ/mol}) \tag{5.34}$$

式中　R_1 和 R_2——非极性分子的半径;

　　　　D——分子之间的距离,nm;

　　　　D_0——衰变长度(1nm)。

静电、氢键和范德华相互作用与相互作用基团之间的距离遵循幂定律关系,与它们不同,疏水相互作用与相互作用基团之间距离遵循指数关系,故它在较长距离如 10nm 时起作用。式(5.34)用于估计理想的非极性球形粒子之间的疏水相互作用,但是对于蛋白质来说,由于其结构的复杂性和表面疏水区域的不规则分布,此公式不适用。

可利用其他的经验关系能估计蛋白质的疏水自由能。脂肪烃和氨基酸侧链的疏水自由能与水可接近的非极性表面面积呈比例关系(图5.10)[16]。比例常数,即斜率,范围为 Ala、Val、Leu 和 Phe 的 9200J/mol·nm² 至 Ser、Thr、Trp 和 Met 的 10900J/mol·nm²。氨基酸 或氨基酸残基的非极性基团的疏水性平均约为 10000J/mol·nm²,此值接近于烷烃的 10500J/mol·nm²(图5.10 为水分子的斜率)。这是指每 1nm² 非极性表面离开水环境时蛋白质自由能将减少 100J/mol。将总的埋藏表面面积 A_b[式(5.28)]乘以 10000J/mol·nm² 就能估算一个蛋白质的疏水自由能。

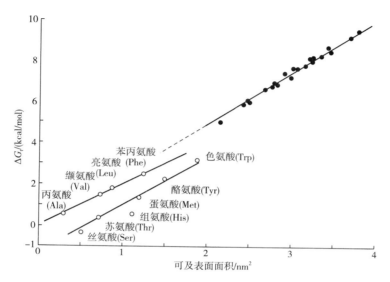

图5.10 疏水性与氨基酸侧链(空心圆圈)和烃(实心圆圈)的可接近表面面积之间的关系

资料来源:Richards, F. M., *Annu. Rev. Biophys. Bioeng.*, 6, 151, 1977; Courtesy of Annual Reviews, Palo Alto, CA.

表5.8 所示为几种球状蛋白质的埋藏表面面积和估计的疏水自由能。显然疏水自由能对蛋白质结构的稳定性做出了重要的贡献。

表5.8 蛋白质的可接近表面面积(A_S)、埋藏表面面积(A_b)和蛋白质展开状态下的疏水自由能

蛋白质	分子质量/u	A_S/nm²	A_b/nm²	$\Delta G_{H\phi}$/(kcal/mol)
小白蛋白	11450	59.30	110.37	269
细胞色素 C	11930	55.70	121.07	294
核糖核酸酶 A	13960	67.90	134.92	329
溶菌酶	14700	66.20	151.57	369
肌红蛋白	17300	76.00	180.25	439
视黄醇结合蛋白	20050	91.60	205.35	500
木瓜蛋白酶	23270	91.40	255.35	617
胰凝乳蛋白酶	25030	104.40	266.25	648

续表

蛋白质	分子质量/u	A_S/nm²	A_b/nm²	$\Delta G_{H\phi}$/(kcal/mol)
枯草菌素	27540	103.90	303.90	739
碳酸酐酶 B	28370	110.20	309.88	755
羧肽酶 A	34450	121.10	388.97	947
嗜热菌蛋白酶	34500	126.50	384.31	935

注:A_S摘自参考文献[10],A_b是从式(5.25)和式(5.26)计算得到。

5.3.2.6 二硫键

二硫键是蛋白质中的唯一共价交联侧链。它们既能存在于分子内也能存在于分子间。在单体蛋白质中二硫键的形成是蛋白质折叠的结果。当两个 Cys 残基以一定构象接近时,巯基在氧分子的氧化作用下形成二硫键。二硫键一旦形成就能帮助稳定蛋白质的折叠结构。

含有胱氨酸和半胱氨酸残基的蛋白质混合物能发生如下式所示的巯基−二硫键交换反应:

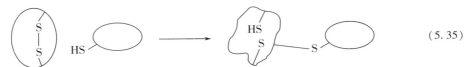

$$\tag{5.35}$$

当只含有一种蛋白质溶液加热到其变性温度,并且该蛋白质至少含有一个游离巯基和一个二硫键,那么这一反应也可以发生。这种交换反应如果发生在室温条件下,那么蛋白质结构会失去稳定性。

总之,一个独特的三维蛋白质结构的形成是各种推斥和吸引的非共价相互作用以及几个共价二硫键的净结果;二硫键的形成也可以进一步稳定折叠结构。

5.3.3 蛋白质的构象稳定性和适应性

天然蛋白质结构的稳定性是指蛋白质分子的天然和变性(或展开)状态之间自由能的差别,通常用 ΔG_D 表示,指从天然的蛋白质到变性所需的能量。

在所有已讨论过的非共价相互作用中,除了推斥静电相互作用外,它们都对天然蛋白质结构的稳定性有贡献。如果只考虑非共价相互作用,天然状态的 ΔG_D 的值会达到几百 kJ/mol(疏水相互作用见表 5.8)。然而,大多数蛋白质的 ΔG_D 是在 21~84kJ/mol。这意味着使蛋白质天然结构不稳定的主要作用力另有其他,也就是多肽链的构象熵。当一个随机状态的多肽链折叠成一个紧密状态,蛋白质分子因各种基团的移动、转动和振动而导致构象熵的降低。构象熵的损失而导致的自由能的增加大于非共价相互作用所需的自由能,从而造成净自由能的降低大约 21~84kJ/mol。于是,蛋白质分子在变性 D(denatured)和天然 N(Native)状态之间自由能的差别可用下式表示:

$$\Delta G_{D \rightarrow N} = \Delta G_{H-bond} + \Delta G_{ele} + \Delta G_{H\phi} + \Delta G_{Vdw} - T\Delta S_{conf} \tag{5.36}$$

式中　ΔG_{H-bond}、ΔG_{ele}、$\Delta G_{H\phi}$ 和 ΔG_{Vdw}——分别代表氢键、静电、疏水相互作用和范德华相互作用的自由能变化；

ΔS_{conf}——多肽链构象熵。

展开状态蛋白质的 ΔS_{conf} 约为每残基 7.9~41.9J/mol·K，通常采用每残基 19.7J/mol·K 的平均值，是氨基酸残基在展开状态下的构象数比在折叠状态下的构象数的近 10 倍[17]。在未折叠状态下，含有 100 个氨基酸残基的蛋白质在 310K 具有的构象熵 $-T\Delta S_{conf}$，约 $-4.7 \times 100 \times 310 = -609.9$kJ/mol。在折叠状态下，构象熵的减少 $[-T(-\Delta S_{conf}) = T\Delta S_{conf}]$ 使得结构不稳定。

表 5.9 所示 ΔG_D 是各种蛋白质展开所需的能量。该数据清楚表明：尽管蛋白质分子中有许多相互作用，然而蛋白质分子仍然处于勉强稳定的状态。例如，多数蛋白质的 ΔG_D 值相当于 1~3 个氢键或 2~5 个疏水相互作用的能量当量；可以推测，打断几个非共价相互作用或许能使许多蛋白质天然结构失去稳定。

表 5.9　　　　　　　　　　　　　　　一些蛋白质的 ΔG_D

蛋白质	pH	T/℃	ΔG_D/(kJ·mol)
α-乳清蛋白	7	25	18.4
牛 β-乳球蛋白 A+B	7.2	25	31.8
牛 β-乳球蛋白 A	3.15	25	42.7
牛 β-乳球蛋白 B	3.15	25	49.8
T_4溶菌酶	3.0	37	19.3
鸡蛋清溶菌酶	7.0	37	51.1
球状肌动蛋白	7.5	25	27.2
脂酶（曲霉）	7.0	—	46.9
肌钙蛋白	7.0	37	19.7
蛋清蛋白	7.0	25	25.1
细胞色素 C	5.0	37	33.1
核糖核酸酶	7.0	37	33.9
α-胰凝乳蛋白酶	4.0	37	33.9
胰蛋白酶	—	37	55.2
胃蛋白酶	6.5	25	45.6
生长激素	8.0	25	59.4
胰岛素	3.0	20	27.2
碱性磷酸酶	7.5	30	85.0

注：$\Delta G_D = G_U - G_N$，式中 G_U 和 G_N 分别代表一个蛋白质分子处于变性和天然状态时的自由能。根据各种资料汇编。

相反，蛋白质并非刚性分子。其天然状态是一种介稳定状态，其结构可以很容易适应各种环境变化。蛋白质构象对溶液条件改变的适应性对于蛋白质发挥某些关键性的功能很有必要。例如,酶与底物或辅基的有效结合肯定涉及多肽链在结合部位的重排。另外,具有生理功能的蛋白质需要有高度的结构稳定性,它们通常由分子内的二硫键所稳定,分子内的二硫键能有效地减少构象熵(即减少多肽链展开的倾向)。

5.3.4　小结

(1)蛋白质的一级结构是指其氨基酸序列。

(2)肽键具有部分双键的性质。这对蛋白质的骨架有四个重要的影响。

(3)α 螺旋和 β 折叠是蛋白质二级结构的主要结构。这些结构是在氨基酸序列的基础上形成的。

(4)α 螺旋和 β 折叠具有两亲性,也就是说,它们具有亲水和疏水表面。

(5)脯氨酸的 φ 角为 70° 的固定值,因此不属于 α 螺旋或 β 折叠结构。

(6)三级结构指蛋白质的最终空间结构,由二级结构和周期性的区域排列形成球状结构,其中的大多数非极性基团埋藏在结构内部,而极性基团与水分子接触。

(7)促使蛋白质折叠的非共价相互作用包括范德华力、氢键、静电斥力和疏水相互作用。

(8)蛋白质从展开状态到折叠状态转变的净自由能变化一般为 21 ~ 83.7kJ/mol。即蛋白质仅处于临界稳态。

5.4　蛋白质变性

蛋白质天然结构是各种吸引和排斥相互作用的净结果,这些相互作用源自于各种分子内的作用力以及各种蛋白质基团与周围水分子间的相互作用。然而,天然结构主要受蛋白质所处环境影响。一个简单蛋白质分子的天然状态是热力学上最稳定的状态,自由能最低的状态。蛋白质所处的环境如 pH、离子强度、温度和溶剂组成等发生任何的变化都会影响分子内的静电作用和疏水相互作用,从而使蛋白质分子采取一个新的平衡结构。结构的细微变化并没有导致蛋白质分子结构剧烈的改变,此种变化通常被称为"构象适应性"。而在二级、三级和四级结构上重大的变化(不涉及主链肽键的断裂)则被称为"变性"。从结构观点来看,蛋白的天然状态是具有高度一致确定结构的实体,分子中的每个原子都可从其结晶态获得,这不同于蛋白质分子的变性状态。变性是一个在生理条件下形成的定义明确的天然蛋白质状态转变成在一个使用变性剂的非生理条件下的未很好定义的最终状态的现象。它没有涉及蛋白质的化学变化。在变性状态,由于多肽链两面角的旋转运动所造成的较大的角度,使蛋白质采取了自由能仅有微小差别的几种构象状态,如图 5.11 所示。一些变性状具有比其状态更多的残基折叠结构(二级结构)。值得注意的是,除了胶原蛋白之外,即使球蛋白在完全变性状态,也不会成为一个真正的无规卷曲状态。这是由于酰胺键的部分双键特性和空间位阻存在,不允许多肽链骨架在 360° 范围内任意旋转。

完全变性的蛋白质的固有黏度($[\eta]$)是氨基酸残基数目的函数,通过经验方程[式

5.18)]表示:

$$[\eta] = 0.716n^{0.66} \tag{5.37}$$

式中 n——蛋白质中氨基酸残基的数目。

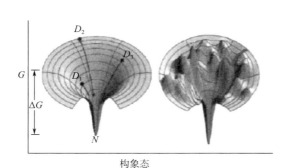

图 5.11 蛋白质分子能量与它构象之间关系的图示

具有最低能量的构象通常是天然状态。

资料来源:Sadi-Carnot, Energy landscape, *Encyclopedia of Human Thermodynamics*, *Human Chemistry*, *and Human Physics*, 2015. www. eoht. info/page/Energy + landscape.

通常来说,由于变性意味着失去某些性质,因此是一个具有负面含义的词语。酶由于变性失去它们的活性。对于食品蛋白质,尽管变性通常会导致蛋白质溶解性和某些功能性质的丧失,然而蛋白质变性在某些情况下是人们所期望的。例如,在空气-水界面和油-水界面蛋白质的部分变性会提高它们的起泡性和乳化性。另一方面,豆类中胰蛋白酶抑制剂的热变性能显著地提高豆类蛋白质的消化率。通常,部分变性的蛋白质比天然状态的蛋白质更易消化。在蛋白质饮料中,需要高的蛋白质

溶解性和分散性,加工过程中由于蛋白质部分变性而带来贮藏过程中的絮凝和聚集,从而给产品的感官性质造成不良影响。热变性也是食品蛋白质热诱导凝胶的先决条件。因此,为了形成合适的加工条件,需要对环境和其他因素对食品体系中蛋白质的结构稳定性影响有一个基本了解。

5.4.1 变性热力学

变性包括在生理条件下蛋白质从确定的折叠结构转变成非生理条件下的展开状态。由于结构不是一个易于定量的参数,因此直接测定溶液中天然的和变性的蛋白质所占的分数不太可能。然而,蛋白质构象的变化必定会影响到蛋白质的某些化学和物理性质,例如紫外(UV)吸光度、荧光、黏度、沉降系数、光学转动、圆二色性、疏基反应能力和酶活力。因此,从测定这些物理和化学性质的变化可以研究蛋白质的变性。

当物理或化学性质的变化值 y 是变性剂的浓度或温度的函数时,许多单体球状蛋白质的变性方式如图 5.12 所示。y_N 和 y_D 项分别代表在蛋白质天然和变性状态时的 Y。

对于大多数蛋白质,当变性剂的浓度(或温度)提高时,Y 在起始阶段保持不变,

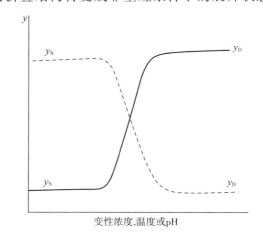

图 5.12 典型的蛋白质变性曲线

Y 代表任何随蛋白质构象变化可以测定的蛋白质分子的物理和化学性质;Y_N 和 Y_D 分别代表的天然和变性状态的 Y。

在超过一个临界点后,此值在一个狭窄的变性剂浓度或温度范围从 Y_N 急剧地变化至 Y_D。对于大多数单体球状蛋白质,此转变曲线是陡峭的,这表明蛋白质变性是一个协同过程。即一旦蛋白质分子开始展开或蛋白质分子中几个相互作用开始破裂,随后在变性剂的浓度(或温度)稍微提高时,整个分子完全展开。可以从蛋白质分子展开的协同本质推测球状蛋白质仅能以天然或变性状态存在,而以中间状态存在是不可能的,这被称为"两态转变"模型,在此模型中,在协同转变区天然和变性状态之间的平衡可用下式表示:

$$N \overset{K_D}{\rightleftharpoons} D \tag{5.38}$$

$$K_D = [D]/[N]$$

式中 K_D——平衡常数。

由于当不存在变性剂(或临界热量输入)时,变性蛋白质分子的浓度非常低(约 $1/10^9$),因此,不可能估计出 $[D]$ 值。然而,在转变区,即当变性剂的浓度足够高(或温度足够高)时,由于变性蛋白质分子数目的增加,有可能测得表观平衡常数 $K_{D,app}$,在转变区同时存在天然和变性蛋白质分子,y 可用下式表示

$$y = f_N y_N + f_D y_D \tag{5.39}$$

式中 f_N 和 f_D——天然状态和变性状态蛋白质所占的分数;

y_N 和 y_D——天然状态和变性状态蛋白的 y 值。

从图 5.12 可以得到下式:

$$f_N = (y_D - y)/(y_D - y_N) \tag{5.40}$$

$$f_D = (y - y_N)/(y_D - y_N) \tag{5.41}$$

可根据下式计算表观平衡常数:

$$K_{D,app} = f_D/f_N = (y - y_N)(y_D - y) \tag{5.42}$$

变性自由能可根据下式计算:

$$\Delta G_{D,app} = -RT \ln K_{D,app} \tag{5.43}$$

在转变区 $-RT \ln K_{D,app}$ 对变性剂浓度作图产生一条直线。在纯水(或不含变性剂的缓冲液)中蛋白质的 K_D 和 ΔG_D 可以从 y 截距计算。变性的热焓即自由能改变随温度的变化可以从 van't Hoff 方程式计算:

$$\Delta H_D = -R \frac{d \ln K_D}{d(1/T)} \tag{5.44}$$

含有两个或更多个结构稳定性不同的结构域的单体蛋白质通常具有多步转变的变性特点。如果各步转变能彼此分开,那么可以从两状态模型的转变图得到各个结构域的稳定性,低聚蛋白质的变性是由亚基离解接着亚基变性而成。

蛋白质变性在某些情况下为可逆过程,尤其是当其为小的单体蛋白时。当从蛋白质溶液中除去变性剂(或者将试样冷却)时,大多数单体蛋白(不存在聚集)在适宜的溶液条件下(包括 pH、离子强度、氧化还原电位和蛋白质浓度)能重新折叠成它们天然的构象。许多蛋白质当它们的浓度低于 $1\mu mol/L$ 时能重新折叠,当浓度超过 $1\mu mol/L$ 时,由于较高程度的分子间相互作用而损害了分子内相互作用,使重新折叠受到部分的抑制,如果蛋白质溶液的氧化还原电位接近生理液体的氧化还原电位,那么在重新折叠时有助于形成正确的二硫键对。

5.4.2　变性剂

5.4.2.1　物理变性剂

（1）温度与变性　热处理是最常用的变性方法。在热加工过程中蛋白质会根据处理时间和温度不同而产生不同程度的变性。这会改变它们在食品中的功能性质,因此了解影响蛋白质变性的溶液体系尤为重要。

逐渐加热一个蛋白质溶液并超过一个临界温度时,蛋白质会迅速从天然状态转变为变性状态。在此转变中点的温度被称为熔化温度 T_m 或变性温度 T_d,在此温度下蛋白质的天然和变性状态的浓度之比为 1。温度导致蛋白质变性的原因是温度会影响非共价相互作用的稳定性。氢键和静电相互作用具有放热的性质,因此加热会破坏它们的稳定性。而疏水相互作用是吸热过程,因此随温度升高其稳定性增强。疏水相互作用的强度在 70~80℃时达到最高,随后下降。除了非共价相互作用外,温度也会影响构象熵,即 $T\Delta S_{conf}$,它对蛋白质的稳定性也起重要作用。随着温度的升高,多肽链构象熵增加极大地促进了多肽链的展开。在特定温度下,蛋白质的稳定性受氢键、疏水相互作用和构象熵这三个主要作用力的共同影响。然而,温度对蛋白质中各种相互作用的影响可更准确的描述为:在球形蛋白质中,大多数带电基团在蛋白分子的表面,并全部暴露在高介电常数的水溶液中。因为水的介电屏蔽作用,带电基团的引力与斥力大大降低。另外,在生理离子强度即 0.15mol/L 条件下,相反电荷离子对蛋白质带电基团的屏蔽作用进一步降低蛋白质的静电作用。正因如此,静电相互作用对蛋白质稳定性的影响不大。与之类似,氢键在水溶液中不稳定,故它在蛋白质中的稳定性依赖于通过疏水作用创造的一个低介电性的局部环境。这意味着只要保持一个非极性的环境,当温度升高时,蛋白质中的氢键仍然可以起作用。上述事实表明,虽然极性作用力受温度影响,但通常并不是蛋白热变性的主要原因。基于这些考虑,天然蛋白的稳定可简单地认为是疏水相互作用与链构象熵的自由能之差,疏水相互作用有利于蛋白质保持折叠状态,而链构象熵有利于蛋白质展开。

即

$$\Delta G_{N\to D} = \Delta G_{H\phi} + \Delta G_{conf} \qquad (5.45)$$

由于疏水相互作用的焓变（ΔH）很小,式(5.45)可以表示为:

$$\Delta G_{N\to D} = -T(-\Delta S_{water}) - (T\Delta S_{conf}) \qquad (5.46)$$

在恒定压力下,蛋白质稳定性与温度的关系可用式(5.47)表示:

$$\frac{\partial \Delta G_{N\to D}}{\partial T} = \frac{\partial \Delta G_{H\phi}}{\partial T} + \frac{\partial \Delta G_{conf}}{\partial T} \qquad (5.47)$$

温度升高时疏水作用力增强, $\dfrac{\partial \Delta G_{H\phi}}{\partial T} > 0$。蛋白质展开时构象熵增加, $\dfrac{\partial \Delta G_{conf}}{\partial T} < 0$。所以当

温度升高时,两种相反作用力的相互影响达到一个点,此时 $\dfrac{\partial \Delta G_{N\to D}}{\partial T} = 0$,此温度即为蛋白质的变性温度（$T_d$）。一些主要相互作用力对蛋白质分子稳定性的相对影响与温度的关系如图 5.13 所示。

值得注意的是蛋白质中氢键的稳定性受温度影响不明显,一些蛋白质的 T_d 见表 5.10。

表 5.10　　　　　　　　　蛋白质的热变性温度(T_d)和平均疏水性

蛋白质	T_d	平均疏水性/ (kJ/mol 残基)	蛋白质	T_d	平均疏水性/ (kJ/mol 残基)
胰蛋白酶原	55	3.73	鸡蛋白蛋白	76	4.06
胰凝乳蛋白酶原	57	3.77	胰蛋白酶抑制剂	77	
弹性蛋白酶	57		肌红蛋白	79	4.40
胃蛋白酶原	60	4.06	α-乳清蛋白	83	4.31
核糖核酸酶	62	3.27	细胞色素 C	83	4.44
羧肽酶	63		β-乳球蛋白	83	4.56
甲醇脱氢酶	64		抗生物素蛋白	85	3.85
牛血清白蛋白	65	4.27	大豆球蛋白	92	
血红蛋白	67	4.02	蚕豆 11S 蛋白	94	
溶菌酶	72	3.77	向日葵 11S 蛋白	95	
胰岛素	76	4.19	燕麦球蛋白	108	

资料来源:Bull, H. B. and Breese, K., *Arch. Biochem. Biophys.*, 158:681, 1973.

一般认为,温度越低蛋白质的稳定性越高,实际情况并非总是如此。有些蛋白质在低温下失活[19](图 5.14)。例如,溶菌酶的稳定性随温度的下降而提高,而肌红蛋白和突变型噬菌体 T₄ 溶菌酶分别在约 30℃ 和 12.5℃ 时具有最高稳定性,低于或高于这些温度时肌红蛋白和 T₄ 溶菌酶的稳定性较低。当保藏温度低于 0℃ 时,这两种蛋白质遭受冷诱导变性。受冷变性主要是由于蛋白质内部的疏水相互作用变弱,受构象熵的不稳定性支配导致折叠展开。蛋白质的最高稳的温度(最低自由能)取决于温度对蛋白质稳定性贡献的相对值。如果蛋白质的稳定主要依靠疏水相互作用,那么它在室温时比在冻结温度时更为稳定。蛋白质分子间二硫键无论在低温还是高温条件下都可使蛋白质稳定,因为它们可降低蛋白质链的构象熵。

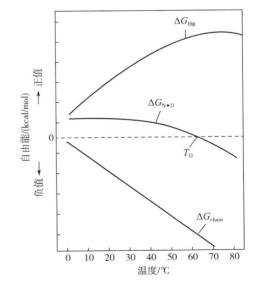

图 5.13　氢键、疏水相互作用和构象熵对蛋白质的稳定性在自由能贡献上的相对变化与温度的关系

一些食品蛋白质在低温下进行可逆解离和变性。大豆中的一种贮藏蛋白质大豆球蛋白在 2℃ 保藏时产生聚集和沉淀,当温度回升至室温时,它再次溶解。脱脂牛乳在 4℃ 保藏时,β-酪蛋白从酪蛋白胶束离解出来,改变了胶束的物理化学和凝乳性质。一些低聚体酶,

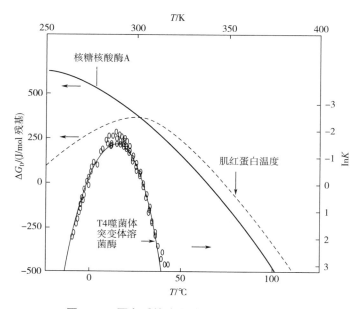

图 5.14　蛋白质的稳定性(ΔG_D)随温度而变化

K 代表平衡常数。

资料来源：Chen，B. and Schellman，J. A.，Biochemistry，28,685，1989；Lapanje，S.，*Physicochemical Aspects of Protein Denaturation*，Wiley-Interscience，New York，1978.

如乳酸脱氢酶和甘油醛磷酸脱氢酶，在 4℃ 保藏时，大部酶活力损失；这主要是由于亚基的解离。然而，当重新置于室温下数小时后，它们会重新聚集并完全恢复酶活[20]。

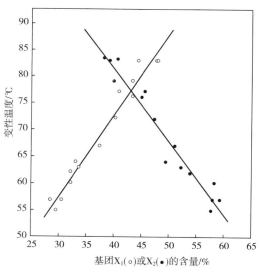

图 5.15　氨基酸残基与球状蛋白质热稳定性的相关性

X₁ 代表 Asp，Cys，Glu，Lys，Leu，Arg，Trp 和 Tyr；X₂ 代表 Ala，Asp，Gly，Gln，Ser，Thr，Val 和 Tyr。

资料来源：Ponnuswamy，P. K. et al.，*Int. J. Biol. Macromol.*，4，186，1982.

氨基酸的组成影响着蛋白质的热稳定性，一般含有较高比例的疏水性氨基酸残基（尤其是 Val、Ile、Leu 和 Phe）的蛋白质比亲水性较强的蛋白质更为稳定。在蛋白质的热稳定性和某些氨基酸残基的百分比之间有一个很强的正相关。例如，从 15 种蛋白质的统计分析显示这些蛋白质热变性温度与 Asp、Cys、Glu、Lys、Leu、Arg、Trp 和 Tyr 残基所占的百分数呈正相关（$r=0.98$）。另一方面，同一组蛋白质的热变性温度与 Ala、Asp、Gly、Gln、Ser、Thr、Val 和 Tyr 残基所占的百分数呈负相关（$r=-0.975$）（图 5.15）[21]。其他氨基酸残基对热变性温度影响较小。

嗜热和极度嗜热微生物（能够耐受极高的温度）的蛋白质的热稳定性同样

归功于它们特殊的蛋白质组成[22]。与常温微生物相比,这些微生物的蛋白质中 Asn、Gln 残基的含量较低。有可能因为这两种氨基酸在高温下容易脱酰胺,高含量的 Asn、Gln 残基有可能部分导致常温蛋白的不稳定。在耐高热蛋白中,在高温下易被氧化的 Cys、Met、Trp 含量也很低。相反,在热稳定蛋白中,Ile、Pro 含量很高[23, 24]。高浓度的 Ile 有利于蛋白内部的排布[25],减少埋藏的空洞或空隙。空隙的存在降低了多肽链在高温的灵活性,同时可减少在高温时多肽链构象熵的增加。高含量的 Pro,特别是在蛋白质链环内的 Pro,被认为可增加结构的刚性[26, 27]。研究也发现在嗜热微生物中的几种蛋白质或酶的结晶结构与常温的相比,在蛋白缝隙中含有更多的离子对,同时在片断间含有更多埋藏的水分子,这些水分子参与片段间氢键桥的形成[28, 29]。结合两者考虑,嗜热和极度嗜热微生物的蛋白质的热稳定性跟在内部非极性区的极性作用(如盐桥、氢键)有关,这样的环境中高浓度的 Ile 可以促进这种作用。如前讨论,在蛋白内部的每个盐桥,在电解常数为 4 的环境里,可以使蛋白质的结构稳定性增加 83.71kJ/mol。一般来说,热稳定性酶具有高疏水内核,结构紧密,环状结构较少或缺失,高含量的脯氨酸使得结构刚性更好,空隙率少,比表面积小,热不稳定残基少,氢键能力强,具有更多盐桥和电子对,并且盐桥之间的网络结构更复杂[24]。

在低蛋白浓度下(小于 1μmol/L),单体球状蛋白的热变性是可逆过程。然而,当蛋白质被加热至 90 ~ 100℃ 并保持较长时间,甚至在中性 pH,它们也会遭受不可逆变性。产生不可逆变性的原因是在蛋白质分子中发生了化学变化,例如 Asn 和 Gln 残基的去酰胺作用,Asp 残基的肽键的裂开,Cys 和胱氨酸残基的破坏以及聚集作用[30, 31]。此外,在高蛋白浓度下(大于 1μmol/L),变性蛋白质之间的分子间作用力会导致聚集或共凝集,阻止蛋白质复性。图 5.16 所示为此过程的能量状态变化,注意凝集状态下蛋白质的自由能低于其天然状态下的自由能。

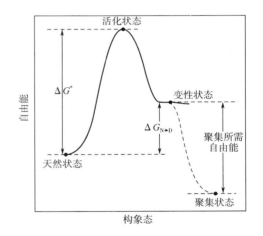

图 5.16 蛋白质天然状态、活化状态、变性状态和聚集状态下的自由能

水能显著地促进蛋白质的热变性[32]。干蛋白质粉对热变性是非常稳定的。当水的含量从 0 增加至 0.35g 水/g 蛋白质时,T_d 值快速下降(图 5.17)。水分含量继续从 0.35 增加至 0.75g 水/g 蛋白质时,T_d 值仅略微下降。当水分含量达到 0.75g 水/g 蛋白质时,蛋白质的 T_d 值与稀释蛋白质溶液相同。水合作用对蛋白质稳定性的影响基本上与蛋白质的动力学有关。在干燥状态,蛋白质具有静止的结构,即多肽链段的移动受到了限制。随着水分含量的增加,水合作用和水部分地穿透至蛋白质结构的空洞的表面导致蛋白质的膨胀。在室温下,当水分含量为 0.3 ~ 0.4g 水/g 蛋白质时,蛋白质的膨胀状态或许达到最高值,此时蛋白质和它所含的水从无定形态转变成胶态。蛋白质的膨胀提高了多肽链的移动性和柔性,使蛋白质分子可以采取动力学上更为熔融的结构,当加热时,此动力学上柔性结构比起干燥状态能提供给水更多的机会接近盐桥和肽的氢键,于是造成较低的 T_d 值。

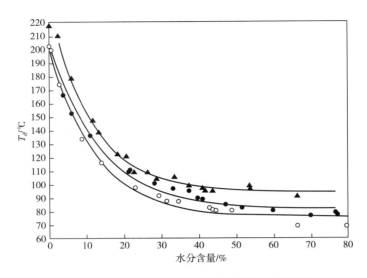

图 5.17   水分含量对大豆蛋白热变性温度的影响

资料来源:Tsukada, H, et al., *Biosci. Biotechnol. Biochem.* , 70, 2096, 2006.

像盐和糖这样的添加剂能影响水溶液中蛋白质的热稳定性。糖如蔗糖、乳糖、葡萄糖和甘油,能提高蛋白质对热变性的稳定性[33]。在诸如 β-乳球蛋白、大豆蛋白、血清白蛋白和燕麦球蛋白等蛋白质中加入 0.5mol/L NaCl 能显著地提高它们的 T_d[7, 34, 35]。

(2)静压和变性   静压是影响蛋白质构象的一个热力学参数。压力诱导的蛋白质变性不同于温度诱导的蛋白质变性,前者能在 25℃ 下发生,条件是必须有充分高的压力存在,而后者一般发生在 40~80℃ 温度范围和 1 大气压。从光谱数据证实,大多数蛋白质在 100~1200MPa 压力范围经受压力诱导变性。压力诱导转变的中点出现在 400~800MPa[36, 37]。

压力诱导蛋白质变性之所以能够发生,主要是因为蛋白质是柔性的和可压缩的。虽然氨基酸残基被紧密地包装在球状蛋白质分子结构的内部,但是一些空穴仍然存在,这就导致蛋白质分子结构的可压缩性。处于水合状态的球状蛋白质的平均偏比容 ν^0 约为 0.74mL/g,可以认为偏比容是三个部分的总和:

$$\nu^0 = V_c + V_{cav} + \Delta V_{sol} \tag{5.48}$$

式中 V_c——原子体积的总和;

V_{cav}——蛋白质内部空穴体积的总和;

ΔV_{sol}——因水合作用引起体积变化[38]。

蛋白质的 V_{cav} 越大,空穴对偏比容的贡献越大,当被压缩时蛋白质越不稳定。大多数纤维状蛋白质不存在空穴,因此它们对静压作用的稳定性高于球状蛋白质。

压力诱导的球状蛋白质变性通常伴随着 30~100mL/mol 的体积减小。此体积的减少是由两个因素造成的:因蛋白质展开而消除了空穴和在展开中非极性氨基酸残基暴露而产生的水合作用。后一个变化导致体积的减少(详见 5.3.2)。下式表达了体积变化与自由能变化的关系：

$$\Delta V = \mathrm{d}(\Delta G)/\mathrm{d}p \tag{5.49}$$

式中　p——静压。

如果球状蛋白质在受压过程完全展开，体积的变化应为约 2%。然而，压缩球状蛋白质所造成的 30~100mL/mol 的体积变化值仅相当于约 0.5% 的体积变化。这表明即使在高达 1000MPa 压力作用下，蛋白质也仅仅是部分地展开。

压力诱导的蛋白质变性是高度可逆的。对于处在稀溶液中的大多数酶，当压力下降到大气压时，因压力诱导蛋白质变性而失去的酶活力能复原[39]。然而酶活力的完全再生需要几个小时。当压力诱导低聚蛋白质和酶变性时，亚基首先在 0.1~200MPa 压力下离解，然后亚基在更高压力下变性[40]；当除去压力作用时，亚基重新缔合，在几个小时后酶活力几乎完全恢复。

食品界正在研究将高静压作为一种食品加工方法应用于杀菌或蛋白质的胶凝作用。由于高静压（200~1000MPa）不可逆地破坏细胞膜和导致微生物中细胞器的离解，这样就使生长着的微生物死亡[41]。在 25℃，对蛋清、16 %大豆蛋白质溶液或 3%肌动球蛋白溶液施加 100~700MPa 静压 30min，就能产生压力胶凝作用，压力诱导形成的凝胶比热诱导形成的凝胶更软[42]。用 100~300MPa 静压处理牛肉肌肉能导致肌纤维部分地碎裂，这可以是一种使肉嫩化的手段[43]及蛋白肌纤维的凝胶化[7]。压力加工不同于热加工，它既不会损害蛋白质中的必需氨基酸或天然色泽和风味，也不会导致有毒化合物的形成。于是，采用高静压加工对某些食品产品可能具有优势（除去成本因素）。

（3）剪切和变性　由振动、捏合、搅打等产生的机械剪切能导致蛋白质变性。剧烈搅动可使蛋白质产生变性和沉淀，在此情况下，蛋白质的剪切变性是由于空气泡的并入和蛋白质分子吸附在气-液界面。由于气-液界面的自由能高于主体相的自由能，蛋白质在界面上发生构象变化。蛋白质在界面构象变化的程度取决于蛋白质的柔性，高柔性的蛋白质比刚性蛋白质较易在气-液界面变性。蛋白质分子在气-液界面变性时，非极性残基排布在气相，极性残基排布在水相。

一些食品加工操作如挤压、高速搅拌和均质，能产生高压、高剪切和高温。当一个转动的叶片产生高剪切时，造成亚音速的脉冲，在叶片的边缘也出现空穴，这两者都能导致蛋白质变性。剪切速度越高，蛋白质变性程度越大。高温和高剪切力相结合能导致蛋白质不可逆的变性。例如，在 pH3.5~4.5 和 80~120℃ 条件下，用 7500~10000/s 的剪切速度处理 10%~20%的乳清蛋白质溶液能形成直径约 1μm 的不溶性球状大胶体粒子。一种具有润滑、乳状液口感的水合物质产品"Simplesse"即用这种方法制备而成。

5.4.2.2　化学变性剂

（1）pH 和变性　蛋白质在它们的等电点时比在任何其他 pH 时对变性作用更加稳定。在中性 pH，大多数蛋白质带负电，而少数蛋白质带正电。由于溶液中净静电斥力能力很小，并且这一静电斥力已经在生理中性 pH 条件下形成天然蛋白质结构时发挥了作用，因此大多数蛋白质在中性 pH 较稳定。然而，当 pH 变得很高或很低时，蛋白质的净电荷发生相应的变化,引起的强烈的分子内静电斥力导致蛋白质分子的膨胀和展开。蛋白质分子展开的程度在极端碱性 pH 时高于在极端酸性 pH 时。在极端碱性 pH 时,部分埋藏在蛋白质内部的羧基、酚羟基和巯基离子化,这些离子化基团试图迁移至水相环境中,因此造成多肽链的展开。pH 诱导的蛋白质变性大多可逆。然而,在某些情况下,肽键的部分水解、Asn 和 Gln 的脱酰胺、碱性 pH 条件下巯基的破坏,或者聚集作用能导致蛋白质的不可逆变性。

(2)有机溶剂和变性　有机溶剂以不同的方式影响蛋白质的疏水相互作用、氢键和静电相互作用的稳定性[44]。由于非极性侧链在有机溶剂中比在水中更易溶解,因此有机溶剂会削弱蛋白质的疏水相互作用。另一方面,由于蛋白质中氢键的稳定性依赖于低介电常数环境,某些有机溶剂实际上强化和促进肽氢键的形成。例如,2-氯乙醇可增加球状蛋白质中 α-螺旋含量。有机溶剂对静电相互作用有着双重的作用。通过降低介电常数,它们一方面促进了带相反电荷基团之间静电相互作用,另一方面也促进了带相同电荷基团之间的推斥作用。一种有机溶剂对蛋白质结构的净效应通常取决于它对各种极性和非极性相互作用影响的大小。在低浓度时,一些有机溶剂能提高几种酶对变性的稳定性。然而在高浓度时,所有的有机溶剂都导致蛋白质变性,这是因为它们对非极性侧链的增溶作用。

(3)小分子物质与变性　蛋白质折叠由溶剂性质决定,溶剂性质的改变会影响蛋白质的稳定性。一些水溶性物质/共溶剂如糖,多羟基醇,尿素,聚乙二醇,以及一些氨基酸在水溶液中会影响蛋白质的稳定性。尿素、盐酸胍(GuHCl)等共溶剂会使蛋白质的自然构象变的不稳定[45,46],而糖,多元醇和某些氨基酸(渗透剂)则增加蛋白质的稳定性[45,46]。糖可以稳定蛋白质的天然构象。某些中性盐,如硫酸物、磷酸物、氟化物的钠盐,即盐析盐,可稳定蛋白,其他盐类,如溴化物、碘化物、高氯酸盐、硫氰酸盐,即促溶盐则正好相反。

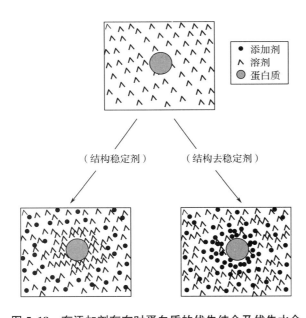

图 5.18　有添加剂存在时蛋白质的优先结合及优先水合

资料来源：Creighton, T. E., Proteins: Structures and Molecular Properties, W. H. Freeman & Co., New York, 1993, pp. 158-159.

水和共溶剂分子与蛋白质表面的结合程度及体积排阻效应主导了球状蛋白质在溶液中的稳定性[45,47-50]。根据优先结合模型,如果蛋白质表面与共溶剂的亲和性高于水分子,那么共溶剂与蛋白质结合,并将水释放到溶液中;相反,则溶质被排除到蛋白质域外(图 5.18)。溶剂成分与蛋白质结合和释放的热动力学性质被称为对称现象[47]。在变性共溶剂中,共溶剂分子与蛋白质结合改变折叠与非折叠状态之间的平衡,因为在非折叠状态下更多空余的蛋白质结合区;在渗透剂中情况正相反。对于稳定共溶剂,情况相反,水分子优先与蛋白质表面结合,增强其稳定性。

尽管优先结合模型似乎可以解释变性剂对蛋白质稳定性的影响，但没有清晰的证据证明蛋白质表面的优先水合需要渗透剂的稳定作用。如果该模型适用于渗透剂，那么优先水合参数（如特定温度和压力等条件下的 $\partial g_1/\partial g_2$，其中 g_1 代表水的质量，g_2 代表蛋白质质量）和蛋白质的稳定性呈正相关。

然而，一些文献表明优先水合参数与几种蛋白质的热转变温度（T_m）没有关联。例如，图 5.19 所示在蔗糖溶液中的 α-胰凝乳蛋白酶优先水合参数与其热转变温度的关系，但是无法证

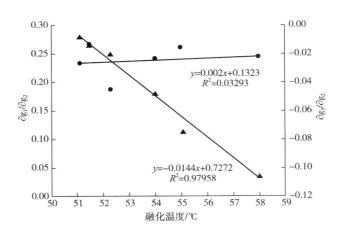

图 5.19　融化温度和优先水合参数（$\partial g_1/\partial g_2$）（●）及蔗糖与胰凝乳蛋白酶的优先结合参数的关系（$\partial g_3/\partial g_2$）（▲）

资料来源：Lee，J. C. and Timasheff，S. N.，*J. Biol. Chem.*，256，7139，1981.

明优先水合是由于溶剂的作用影响蛋白质稳定性的。然而值得注意的是，与优先水合参数相比，蛋白质结构域的邻近出的最优排阻参数（$\partial g_3/\partial g_2$，$g_3$ 代表溶剂的质量）与 T_m 呈线性相关。相反，蔗糖的最优排阻参数（$\partial g_3/\partial g_2$，$g_3$ 代表蔗糖的质量）也与 T_m 呈线性相关。因此，逻辑上来说，渗透剂对于蛋白质稳定性的影响可能直接与排斥蛋白质结构域的力有关，而蛋白质表面的水分聚集可能只是这种排斥力的结果，而不是原因。

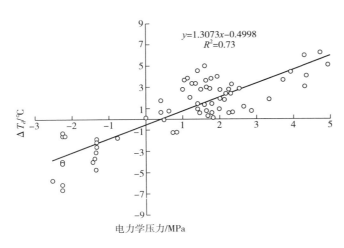

图 5.20　电力学压力与不同蛋白质在热变性温度（T_d）下的净电量的关系

资料来源：Damodaran，S.，*Biochemistry*，52，8363，2013.

渗透剂（和变性剂）改变蛋白质稳定性的机制还尚不明确，但具有不同化学和物理性质的溶剂对蛋白质稳定性有同样的影响，基本的机制相同。其开始不仅是由水和共溶剂与蛋白质表面基团相互作用造成的，而是蛋白质在水介质中与渗透剂的三体量子电动力学相互作用。最近研究表明，一些蛋白质在不同溶剂中的热稳定性与蛋白质-共溶液相互作用造成的电动力学压力呈线性相关（图 5.20）[33，51]。电动力学压力对渗透剂是排斥的则增加蛋白质稳定性，相反则表明 Lifshift-

范德华力三体电动力学相互作用可能与助溶剂影响蛋白质稳定性的机制相同。

当蛋白质处在一个既有稳定又有去稳定剂的环境中时,净结果遵循加和法则。例如,蔗糖与多元醇是蛋白结构稳定剂,而盐酸胍(GuHCl)则是去稳定剂。当蔗糖与盐酸胍混合时,展开蛋白所需的盐酸胍的浓度随蔗糖的浓度增加而增加[52]。

(4)有机溶质和变性　有机溶质,尤其是尿素和盐酸胍(GuHCl)可诱导蛋白质变性。对于许多球状蛋白质,在室温条件下从天然状态转变至变性状态的中点出现在 4~6mol/L 尿素和 3~4mol/L 盐酸胍,完全变性则出现在 8mol/L 尿素和约 6mol/L 盐酸胍。由于盐酸胍具有离子的性质,因此比起尿素来它是更强的变性剂。许多球状蛋白质即使在 8mol/L 尿素中仍然不会完全变性,而在 8mol/L 盐酸胍中它们通常以随机螺旋状态(完全变性)存在。

一般认为,尿素和盐酸胍引起的蛋白质变性包括两个机制,第一个机制是尿素和盐酸胍优先与变性的蛋白质相结合。由于变性的蛋白质以蛋白质—变性剂复合物的形式被除去,N↔D 平衡向右移动。随着变性剂浓度的增加,蛋白质继续不断地转变成蛋白质-变性剂复合物,最终导致蛋白质的完全变性。由于变性剂与变性的蛋白质的结合非常微弱,因此,只有高浓度的变性剂才能导致蛋白质完全变性。第二个机制包括疏水性氨基酸残基在尿素和盐酸胍溶液中的增溶。由于尿素和盐酸胍具有形成氢键的能力,因此高浓度的溶剂打断了水的氢键结构。溶剂水结构的破坏使它成为一种更好的非极性残基溶剂,这就导致蛋白质分子内部的非极性残基的展开和增溶。

尿素和盐酸胍诱导的蛋白质变性是可逆变性。然而,由尿素诱导的蛋白质变性要实现完全的逆转有时相当困难。这是因为部分尿素转变成氰酸盐和氨,而氰酸盐与氨基的作用改变了蛋白质的电荷。

(5)表面活性剂和变性　表面活性剂,如十二烷基硫酸钠(SDS)是一种强有力的变性剂。SDS 在 3~8mmol/L 浓度就能使大多数球状蛋白质变性。变性的机制包括表面活性剂选择性地结合变性的蛋白质分子,于是导致蛋白质在天然和变性的平衡状态之间移动。与尿素和盐酸胍不同,表面活性剂能强烈地与变性的蛋白质结合,这也是在 3~8mmol/L 低浓度表面活性剂就能使蛋白质完全变性的原因。由于存在着这种强烈的结合,因此,SDS 诱导的蛋白质变性为不可逆过程。球状蛋白质经 SDS 变性后不以随机螺旋状态存在,而是在 SDS 溶液中呈 α-螺旋棒状,严格地讲,此棒状蛋白质已变性。

(6)促溶盐(chaotropic salts)和变性　盐以两种不同的方式影响蛋白质的稳定性。在低浓度时,离子通过非特异性的静电相互作用与蛋白质作用,此类蛋白质电荷的静电中和作用一般可以稳定蛋白质结构。当离子强度小于等于 0.2mol/L 时,离子可以完全中和电荷,这与盐的种类无关。然而,在较高的浓度(＞1mol/L),盐对蛋白质结构稳定性的影响于离子的种类有关。Na_2SO_4 和 NaF 之类的盐能促进蛋白质结构的稳定性,而 NaSCN 和 $NaClO_4$ 的作用则相反。阴离子对蛋白质结构的影响甚于阳离子。例如,图 5.21 所示为各种钠盐对 β-乳球蛋白热变性温度的影响。在相同的离子强度,Na_2SO_4 和 NaCl 使 T_D 提高,而 NaSCN 和 $NaClO_4$ 使 T_D 降低。不管大分子(包括 DNA)的化学结构和构象的差别,高浓度的盐总是对它们的结构稳定性产生不利的影响[53, 54]。NaSCN 和 $NaClO_4$ 是强变性剂。在等离子强度下各种阴离子影响蛋白质(包括 DNA)结构稳定性的能力一般遵循下面顺序,F⁻ ＜

$SO_4^{2-}<Cl^-<Br^-<I^-<ClO_4^-<SCN^-<$
Cl_3CCOO^-。这个等级排列又称 Hofmeister
系列或促溶系列。氟化物、氯化物和硫
酸盐是结构稳定剂,而其他阴离子盐是
结构去稳定剂。

盐影响蛋白质结构稳定性的机制
还不清楚,但一般认为涉及它们与蛋白
质结合和改变蛋白质水合性质的能力。

稳定蛋白质的盐能促进蛋白质的
水合作用并与蛋白质微弱地结合,使蛋
白质不稳定的盐能降低蛋白质的水合
作用并与蛋白质强烈地结合[53]。然
而,仍不清楚这一过程是否受体相水结
构变化的影响[54]。正如(3)中讨论的,
Hofmeister 盐效应对于蛋白质稳定性的
影响可能是由于在水介质中,蛋白质与
离子之间的三体电动力学相互作用导
致的[33,51]。

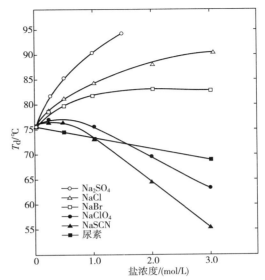

图 5.21　各种钠盐对处在 pH7.0 下 β-乳球
蛋白变性温度的影响

资料来源:Damondaran, S., *Int. J. Biol. Macromol.*, 11,
2, 1989.

5.4.3　小结

(1)蛋白质变性指其从折叠态到非折叠态之间的转变。

(2)蛋白质变性程度可以通过其物理性质的改变,如紫外吸收、荧光、共沉淀、密度等以
变性剂浓度为函数进行测定。

(3)通常导致蛋白质变性的因素有温度、极端 pH、压力、有机溶剂、有机溶质和促溶盐。

5.5　蛋白质的功能性

质构、风味、色泽和感官品质是人们选择食品的重要依据。一种食品的感官品质是食
品中各种主要和次要组分之间复杂的相互作用的净结果。蛋白质对食品的感官品质一般
具有重要的影响,例如,焙烤食品的感官性质与小麦面筋蛋白质的黏弹性和面团形成性质
有关;肉类产品的质构和多汁特征主要取决于肌肉蛋白质(肌动蛋白、肌球蛋白、肌动球蛋
白和一些水溶性的肉类蛋白质)、乳制品的质构性质和凝乳块形成性质取决于酪蛋白胶束
独特的胶体结构;一些蛋糕的结构和一些甜食的搅打起泡性质取决于蛋清蛋白的性质。表
5.11 所示为各种蛋白在不同食品中的功能作用。食品蛋白质功能性质是指在食品加工、
保藏、制备和消费过程中影响蛋白质在食品体系中的性能的那些蛋白质的物理和化学
性质。

表 5.11   **食品蛋白质在食品体系中的功能作用**

功能	机制	食品	蛋白质种类
溶解性	亲水性	饮料	乳清蛋白
黏度	水结合、流体动力学分子大小和形状	汤、肉汁、色拉调味料和甜食	明胶
水结合	氢键、离子水合	肉、香肠、蛋糕和面包	肌肉蛋白质、鸡蛋蛋白质
凝胶作用	水截留和固定、网状结构形成	肉、凝胶、蛋糕、焙烤食品和干酪	肌肉蛋白质、鸡蛋和乳蛋白质
黏结—黏合	疏水结合、离子结合和氢键	肉、香肠、面条和焙烤食品	肌肉蛋白质、鸡蛋蛋白质和乳清蛋白质
弹性	疏水结合和二硫交联	肉和焙烤食品	肌肉蛋白质和谷物蛋白质
乳化	在界面上吸附和形成膜	香肠、大红肠、汤、蛋糕和调味料	肌肉蛋白质、鸡蛋蛋白质和乳蛋白质
起泡	界面吸附和形成膜	搅打起泡的浇头、冰淇淋、蛋糕和甜食	鸡蛋蛋白质和乳蛋白质
脂肪和风味物的结合	疏水结合或截留	低脂焙烤食品和油炸面包圈	乳蛋白质、鸡蛋蛋白质和谷物蛋白质

资料来源:Kinsella, J. E. et al., Physicochemical and functional properties of oilseed proteins with emphasis on soy proteins, in: *New Protein Foods*: *Seed Storage Proteins*, Altshul, A. M. and Wilcke, H. L., eds., Academic Press, London, U. K., 1985, pp. 107-179.

食品所具有的感官品质是各种功能配料间复杂的相互作用得到的。例如,一块蛋糕的感官品质来源于所采用的原料的凝胶性/热定型性、起泡性和乳化性。因此,蛋白质必须具备多种功能性质才能作为一种有用的配料应用于蛋糕和其他类似产品的加工。动物来源的蛋白质,像牛乳(酪蛋白)、鸡蛋和肉类蛋白质被广泛地应用于加工食品中。这些蛋白质都是几种蛋白质的混合物,具有广泛的理化性质,因此具有多种功能性。例如,蛋清具有凝胶作用、乳化、起泡、水结合和热胶凝等多种功能,它是理想的蛋白质配料,可用于多种食品。蛋清的多种功能性质来源于它的蛋白质组分之间复杂的相互作用,这些蛋白质组分包括蛋清蛋白、伴清蛋白、溶菌酶、卵黏蛋白和其他白蛋白类的蛋白质。植物蛋白质(例如,大豆蛋白以及其他豆类和油料种子蛋白质)和其他蛋白质,如乳清蛋白,在普通食品中的使用比较有限。虽然这些蛋白质也都是几种蛋白质的混合物,然而它们在大多数食品中并没有表现出动物蛋白质那样好的功能性质。目前还没有完全了解,蛋白质的哪些分子性质决定了蛋白质在食品中所具有的各种期望的功能性质。

决定蛋白质功能性质的蛋白质的物理和化学性质包括:大小、形状、氨基酸组成和顺序、净电荷和电荷的分布、疏水性和亲水性之比,二级、三级和四级结构,分子柔性和刚性,蛋白质分子间相互作用和同其他组分作用的能力。由于蛋白质具有多方面的物理和化学性质,因此很难描述这些性质中的每一种在指定的功能性质中所起的作用。

在经验水平上,可以认为蛋白质的各种功能性质是蛋白质三类分子性质的表现形式:①蛋白质的水合性质;②与蛋白质表面有关的性质;③与尺寸和形状相关的流体动力学/流变性质(表 5.12)。虽然已经了解了几种食品蛋白质的物理化学性质,但是还不能成功地根据蛋白质的分子性质预测它们的功能性质。已经通过蛋白质模型系统建立了几个蛋白质分子性质与特定功能性的经验关系。然而,蛋白质在模拟体系中的功能往往不同于在真实食品体系,这种差异是的原因之一是由于食品加工过程中蛋白质发生变性。变性的程度取决于 pH、温度、其他加工条件和产品性质。此外,实际食品体系中蛋白质与其他食品组分,如脂肪、糖、多糖、盐和次要组分相互作用,从而改变了它们的功能性质。尽管存在着这些客观困难,然而在了解蛋白质分子的各种物理化学性质与它们的功能性质之间的关系方面仍然取得很大的进展。

表 5.12　　　　蛋白质的物理化学性质与它们对在食品中功能性质影响的关系

一般性质	影响的功能性质
水合性质	溶解性、分散性、润湿性、溶胀性、增稠性、水吸收能力、持水力
表面活性	乳化性质、起泡性、风味物结合性、色素结合性
流体动力学/流变学性质	弹性、黏度、黏结性、咀嚼性、黏着性、黏性、胶凝性、面团形成、质构化

5.5.1　蛋白质的水合作用 [55]

水是食品的一个必需组分。食品的流变和质构性质取决于水与其他食品组分,尤其像蛋白质和多糖那样的大分子的相互作用。水能改变蛋白质的物理化学性质。例如,水对无定形和半结晶的食品蛋白质的增塑作用改变了它们的玻璃化温度(详见第 2 章)和 T_D。玻璃化温度涉及从脆弱的无定形固体(玻璃)状态转变至柔性橡胶状态,而熔化温度涉及从结晶固体转变至无定形结构。

蛋白质的许多功能性质,如分散性、湿润性、膨胀、溶解性、增稠、黏度、持水能力、胶凝作用、凝结、乳化和起泡,取决于水-蛋白质相互作用。在诸如焙烤食品和绞碎肉制品这样的低和中等水分食品中,蛋白质结合水的能力是决定这些食品可接受性的关键因素。蛋白质所具有的在蛋白质-蛋白质相互作用和蛋白质-水相互作用之间保持适当平衡的能力对于它的热胶凝作用非常关键。

水分子能同蛋白质分子的一些基团相结合,它们包括带电基团(离子-偶极相互作用),主链肽基团,Asn 和 Gln 的酰胺基,Ser、Thr 和 Tyr 残基的羟基(偶极-偶极相互作用)以及非极性残基(偶极-诱导偶极相互作用与疏水水合)。

蛋白质结合水的能力是指当干蛋白质粉与相对湿度为 90%~95% 的水蒸气达到平衡时,每克蛋白质所结合的水的克数。表 5.13 所示为蛋白质分子中各种极性和非极性基团结合水的能力(有时又称水合能力)。含带电基团的氨基酸残基结合约 6mol H_2O/mol 残基,不带电的极性残基结合约 2mol H_2O/mol 残基,而非极性残基结合约 1mol H_2O/mol 残基。

因此,蛋白质的水合能力部分地与它的氨基酸组成有关,带电的氨基酸残基数目越大,水合能力越大。

表5.13　　　　　　　　　　　　　　　氨基酸残基的水合能力 *

氨基酸残基	水合能力/ (mol H_2O/mol 残基)	氨基酸残基	水合能力/ (mol H_2O/mol 残基)
极性残基		Asp^-	6
Asn	2	Glu^-	7
Gln	2	Tyr^-	7
Pro	3	Arg^+	3
Ser、The	2	His^+	4
Trp	2	Lys^+	4
Asp(非离子化)	2	非极性残基	
Glu(非离子化)	2	Ala	1
Tyr	3	Gly	1
Arg(非离子化)	3	Phe	0
Lys(非离子化)	4	Val、Ile、Leu、Met	1
离子化残基			

* 根据对多肽的核磁共振研究而测定得到的与氨基酸残基相结合的非冻结水。

资料来源: Kuntz, I. D., *J. Amer. Chem. Soc.* 93, 514, 1971.

可以按下面的经验式从蛋白质的氨基酸组成计算它的水合能力:

$$a = f_C + 0.4f_P + 0.2f_N \tag{5.50}$$

式中　　　a——g 水/(g 蛋白质);

f_C,f_P 和 f_N——蛋白质分子中带电、极性和非极性残基所占的分数。
从实验测得的几种单体球状蛋白质的水合能力上述经验式计算所得的结果一致。然而,该公式不适用于低聚蛋白质。由于低聚蛋白质的结构中亚基-亚基界面蛋白质表面部分包埋,因此理论值一般高于实验值。另一方面,从实验测得的酪蛋白胶束的水合能力(~4g H_2O/g 蛋白质)远大于上述经验式(5.50)计算的结果,这是因为在酪蛋白胶束结构中存在着大量的空穴,使酪蛋白胶束能通过毛细管作用和物理截留吸收水。

在宏观水平上,蛋白质与水结合是一个逐步的过程。在低水分活度时,高亲和力的离子基团首先溶剂化,然后是极性和非极性基团结合水。如图 5.22 所示,随着水分活度的提高,蛋白质与水逐步结合的过程(详见第 2 章)。蛋白质的吸着等温线,即把每克蛋白质结合水的量作为相对湿度的函数,总可以得到一条 S 形曲线(详见第 2 章)。对于大多数蛋白质,所谓的单层覆盖出现在水分活度(A_W)0.7~0.8,而在水分活度大于 0.8 时形成多层水。饱和的单层水相当于 0.3~0.5g 水/g 蛋白质。在饱和的单层水主要与蛋白质表面的离子、极性和非极性基团缔合,这部分水不能冻结,不能作为溶剂参与化学反应,常被称作为"结合水"。应该将这部分水理解为流动性受到阻碍的水。在单层水合范围(0.07~0.27g/g)中水的解吸(从蛋白质表面转移至主体相)的自由能变化在25℃时仅为0.75kJ/mol。由于在25℃时水的热动能约为2.51kJ/mol(远大于解吸自由能),因此有理由认为在单层中的水分子具有流动性。

在$A_W=0.9$时,蛋白质结合约0.3~0.5g H_2O/g蛋白质(表5.14)。当$A_W>0.9$时,液态(大量)水凝聚在蛋白质分子结构的缝隙中或不溶性蛋白质(例如,肌纤维)的毛细管中。这部分水的性质类似于体相水,被称为流体动力学水,随蛋白质分子一起运动。

表5.14　各种蛋白质的水合能力

蛋白质	g 水/g 蛋白质
纯蛋白质[①]	
核糖核酸酶	0.53
溶菌酶	0.34
肌红蛋白	0.44
β-乳球蛋白	0.54
胰凝乳蛋白酶原	0.23
血清白蛋白	0.33
血红蛋白	0.62
胶原蛋白	0.45
酪蛋白	0.40
蛋清蛋白	0.30
商业蛋白质产品[②]	
乳清浓缩蛋白	0.45~0.52
酪蛋白酸钠	0.38~0.92
大豆蛋白	0.33

①在90%相对湿度(A_W)时的值。
②在90%相对湿度(A_W)时的值。
资料来源于不同参考资料。

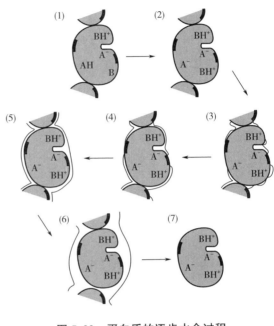

图5.22　蛋白质的逐步水合过程

(1)未水合蛋白质,(2)带电基团的最初水合,(3)靠近极性和带电部位水分子簇的形成,(4)在极性表面水合作用的完成,(5)非极性局部小块的疏水水合,单层覆盖的完成,(6)与蛋白质缔合的水同体相水之间的桥接,(7)完成流体动力学水合作用。

资料来源:Rupley,J.A. et al. Thermodynamic and related studies of water interacting with proteins,In:*water in Polymers*,Rowland,S.P.(ed.),ACS Symposium Series 127,American Chemical Society,Washington,DC,1980,pp.91-139.

一些环境因素,如pH、离子强度、盐的种类、温度和蛋白质的构象影响蛋白质结合水的能力。蛋白质处在等电点pH时,由于蛋白质-蛋白质相互作用得到增强而导致最弱的蛋白质与水相互作用,因此蛋白质显示最低的水合作用。高于或低于等电点pH,由于净电荷和斥力的增加使蛋白质膨胀和结合较多的水。大多数蛋白质结合水的能力在pH 9~10时大于其他pH,这是由于巯基和酪氨酸残基的离子化;当pH超过10时,赖氨酸残基的ε-氨基上正电荷的失去使蛋白质结合水的能力下降。

在低浓度(<0.2mol/L)时,盐能提高蛋白质结合水的能力,这是由水合盐离子尤其是阴离子与蛋白质分子上带电基团微弱地结合所造成的。在此低浓度,离子与蛋白质的结合并没有影响蛋白质分子带电基团的水合层,蛋白质结合水能力的提高基本上来自于与结合的离子缔合的水。然而在高盐浓度,更多的水与盐离子结合,导致蛋白质的脱水。

随着温度的提高,由于氢键作用和离子基团的水合作用的减弱,蛋白质结合水的能力一般随之下降。变性蛋白质结合水的能力一般比天然蛋白质约高10%,这是由于蛋白质变性时,随着一些原来埋藏的疏水基团的暴露,表面积与体积之比增加之故。然而,如果变性导致蛋白质聚集,那么蛋白质结合水的能力由于蛋白质-蛋白质相互作用而下降。必须指出,大多数变性蛋白质在水中的溶解度很低,它们结合水的能力与天然状态时相比没有发生剧烈的变化。因此,不能用蛋白质结合水的能力来预测它们的溶解特性。换言之,蛋白质的溶解性不仅取决于结合水的能力,还取决于其他热力学因素。

对于食品体系,蛋白质的持水能力比它的结合水的能力更为重要。持水能力是指蛋白质吸收水并将水保留(对抗重力)在蛋白质组织(例如,蛋白质凝胶、牛肉和鱼肌肉)中的能力。被保留的水是指结合水、流体动力学水和物理截流水的总和,其中物理截流水对持水能力的贡献远大于结合水和流体动力学水。然而,研究表明,蛋白质的持水能力与结合水能力是正相关的。蛋白质截流水的能力与绞碎肉制品的多汁和嫩度相关,也与焙烤食品和其他凝胶类食品的理想质构相关。

5.5.2 溶解度

蛋白质的溶解度往往影响着它们的功能性质,其中最受影响的功能性质是增稠、起泡、乳化和胶凝作用。不溶性蛋白质在食品中的应用非常有限。

蛋白质的溶解度是在蛋白质-蛋白质和蛋白质-溶剂相互作用之间平衡的热力学表现形式:

$$蛋白质-蛋白质 + 水 \rightleftharpoons 蛋白质-水 \tag{5.51}$$

蛋白质在水溶液中的聚集最终导致蛋白质不溶涉及静电排斥(溶解)与范德华力和疏水相互作用力(不溶解)之间的平衡。如下图所示。深色代表蛋白质表面的疏水区,z 和 e 分别代表净电荷量和电荷(1.6×10^{-19}C)。

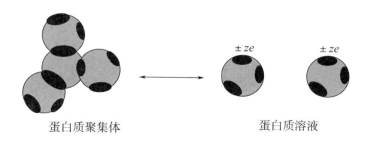

蛋白质聚集体   蛋白质溶液

蛋白质溶解的净自由能变化表示为:

$$E_{net} = E_{elec} + E_{vdW} + E_{H\phi}$$

如果静电排斥的能量(较大负值)高于范德华力与疏水相互作用的总和,也就是说,如

果 E_{net} 是负值,那么蛋白质将溶解。相反,E_{net} 是正值,那么蛋白质将聚集并沉淀。范德华力和疏水相互作用力总是相互吸引的,因此在特定 pH 下,静电效应(蛋白质的亲水性)将决定蛋白质的溶解性。

由于蛋白质是表面带有正负电荷基团的胶体颗粒,因此式(5.32)仅用于估算固定两点之间的相互作用,而不能准确的测定蛋白质分子之间的静电作用。两个胶状颗粒之间的净能量可以用 DLVO 理论计算:

$$E_{net} \approx \left(\frac{2\pi\sigma^2 R}{\varepsilon_0 \varepsilon \kappa^2} e^{-\kappa D}\right) + \left(\frac{AR}{12D}\right) + (E_{H\phi}) \tag{5.52}$$

式中　　σ ——蛋白质分子表面的电荷密度;

　　　　R ——半径;

　　　　ε_0 ——真空下的介电常数;

　　　　ε ——介质的介电常数;

　　　　κ ——Debye 长度;

　　　　D ——蛋白质分子表面之间的距离;

　　　　A ——Hamaker 常数。

Debye 长度取决于介质的离子强度,公式如下:

$$\kappa^{-1} = \left(\frac{\varepsilon_0 \varepsilon kT}{2N_A e^2 I}\right)^{1/2} \tag{5.53}$$

式中　　κ ——波兹曼常数;

　　　　T ——温度;

　　　　N_A ——阿伏伽德罗常数;

　　　　e ——电子的电荷;

　　　　I ——介质的离子强度,mol/m^{-3}。

对于正负电荷 1:1 的电解质,如 NaCl,式(5.53)可以简写为 $\kappa^{-1} = 0.304/[NaCl]^{-1/2}$ nm;对于 2:1 的电解质,如 CaCl$_2$,$\kappa^{-1} = 0.176/[CaCl_2]^{-1/2}$ nm。因为 $\sigma = q/4\pi R^2$(其中 $q = ze$,代表净电量),式(5.52)可以简写为:

$$E_{net} \approx \left(\frac{z^2 kT}{4\pi R^3 N_A I} e^{-\kappa D}\right) + \left(\frac{AR}{12D}\right) + (E_{H\phi}) \tag{5.54}$$

静电相互作用力与颗粒半径和离子强度 I 呈负相关,与颗粒的净电量 z 呈正相关。因为 z 与介质的 pH 有关,因此在蛋白质等电点,静电作用力为 0,此时范德华力和疏水相互作用占主导,导致蛋白质沉淀。蛋白质水溶液的 Hamaker 常数 A 为 10^{-21} J,因此范德华力取决于蛋白质半径大小。另一方面,由于蛋白质表面由不均一且分布着非极性基团区域,式(5.34)不能用于计算疏水相互作用。然而,如果疏水相互作用很大且表面积已知,则可以用包埋表面积概念计算在特定的接触距离($D = 0$)的疏水相互作用(图 5.10)。

Bigelow[56]提出,蛋白质的溶解度本质上与氨基酸残基的平均疏水性和电荷频率有关。平均疏水性可按下式定义:

$$\Delta G = \Sigma \Delta g_{残基}/n \tag{5.55}$$

式中　　$\Delta g_{残基}$ ——每一种氨基酸残基的疏水性,即残基从辛醇转移至水相时自由能的变化

（详见 5.2.1.4）；

n——蛋白质分子中总的残基数。

电荷频率按下式定义：

$$f = (n^+ + n^-)/n \qquad (5.56)$$

式中　n^+ 和 n^-——蛋白质分子中带正电荷和带负电荷残基的总数；

　　　　n——蛋白质分子中的总残基数。

按照 Bigelow[56] 的观点，平均疏水性越小和电荷频率越大，蛋白质的溶解度越高。虽然这个经验关系式对于大多数蛋白质基本正确，然而并非绝对正确。与整个蛋白质分子的平均疏水性和电荷频率相比，与周围水接触的蛋白质表面的亲水性和疏水性是决定蛋白质溶解度更重要的因素。既然大部分疏水性残基埋藏在蛋白质分子内部，那么只有表面上的非极性基团才会影响蛋白质的溶解度。蛋白质的分子表面的疏水小区域数目越少，蛋白质的溶解度越大。

根据蛋白质的溶解性质可以将它们分成四类：白蛋白，能溶于 pH 6.6 的水，例如，血清白蛋白、蛋清蛋白和 α-乳清蛋白均属于此类蛋白质；球蛋白，能溶于 pH 7.0 的稀盐溶液，例如，大豆球蛋白、云扁豆蛋白和 β-乳球蛋白都归于这类蛋白质；谷蛋白，仅能溶于酸（pH 2）和碱（pH 12）溶液，例如，小麦谷蛋白属于此类蛋白质；醇溶谷蛋白，能溶于 70% 乙醇，玉米醇溶蛋白和麦醇溶蛋白都属于此类。谷蛋白和醇溶谷蛋白是高疏水性蛋白质。

除了这些固有的物理化学性质外，pH、离子强度、温度和存在有机溶剂等溶液条件也会影响蛋白质的溶解度。

5.5.2.1　pH 和溶解度

在低于或高于等电点 pH 时，蛋白质分别带有净的正电荷或净的负电荷。带电氨基酸残基的静电斥力和水合作用促进了蛋白质的溶解。大多数食品蛋白质的溶解度-pH 是一条 U 形曲线，最低溶解度出现在蛋白质的等电点附近。多数食品蛋白质是酸性蛋白质，即蛋白质分子中的 Asp 和 Glu 残基的总和大于 Lys、Arg 和 His 残基的总和。因此，它们在 pH 4~5（等电点）具有最低的溶解度，而在碱性 pH 具有最高的溶解度。蛋白质在近等电点 pH 具有最低溶解度是由于缺乏静电斥力作用，因而疏水相互作用导致蛋白质的聚集和沉淀。一些食品蛋白质，例如 β-乳球蛋白（pI5.2）和牛血清白蛋白（pI5.3），即使在它们的等电点仍然高度溶解，这是因为在这些蛋白质分子中表面亲水性残基的数量远高于表面疏水性基团。必须牢记，蛋白质在等电点时即使是电中性的，然而它仍然带有电荷，只是在分子表面上正电荷和负电荷相等而已，因此蛋白质具有亲水性。如果由这些带电残基产生的亲水性和水合作用斥力大于蛋白质—蛋白质疏水相互作用，那么蛋白质在 pI 时依然可溶。

由于大多数蛋白质在碱性 pH（8~9）高度溶解，因此选择此 pH 范围从植物资源，如大豆粉，提取蛋白质均。图 5.23 为从脱脂豆粉中分离大豆蛋白质的加工过程。

热变性会改变蛋白质的 pH-溶解度关系曲线的形状（图 5.24）。天然的乳清分离蛋白质（WPI）在 pH 2~9 范围完全溶解，然而在 70℃ 加热 1~10min 后，pH-溶解度关系曲线转变成典型的 U 形曲线,而最低溶解度出现在 pH 4.5。蛋白质经热变性后溶解度曲线形状的改变是由于蛋白质构象的展开而使表面疏水性提高所造成的,构象的展开使蛋白质-蛋白质和蛋白质-溶剂相互作用之间的平衡向前者移动。

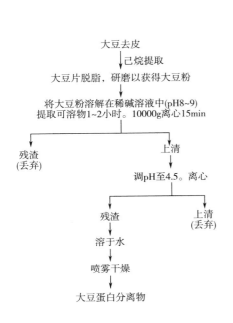

图 5.23 一种从脱脂豆粉中分离大豆
蛋白质的典型加工过程

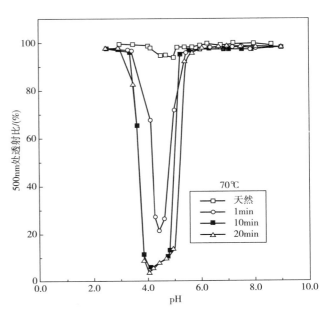

图 5.24 乳清分离蛋白在 70℃ 被加热不同
时间后的 pH-溶解度图

资料来源:Zhu, H. and Damodaran, S., *J. Agric. Food Chem.*, 42, 846, 1994.

5.5.2.2 离子强度和溶解度

可根据下式计算盐溶液的离子强度:

$$\mu = 0.5\Sigma C_i Z_i^2 \tag{5.57}$$

式中　C_i——一个离子的浓度;

　　　Z_i——它的价数。

在低离子强度($<0.5\text{mol/L}$),离子中和蛋白质表面的电荷。此电荷屏蔽效应以两种不同的方式影响蛋白质的溶解度,这取决于蛋白质表面的性质。如果蛋白质含有高比例的非极性区域,那么此电荷屏蔽效应使它的溶解度下降,反之,溶解度提高。大豆蛋白质属于典型的前者,而 β-乳球蛋白则属于后一种。在疏水相互作用使蛋白质溶解度下降的同时,由于盐的作用降低了蛋白质大分子离子的活性而使它的溶解度提高。当离子强度$>1.0\text{mol/L}$时,盐对蛋白质溶解度具有特殊的离子效应。当盐浓度增加,硫酸盐和氟化物(盐)逐渐降低蛋白质的溶解度(盐析),而溴化物、碘化物、硫氰酸和过氯酸盐逐渐提高蛋白质的溶解度(盐溶)。在相同的离子强度下,各种离子对蛋白质溶解度的相对影响遵循 Hofmeister 序列。阴离子提高蛋白质溶解度的能力按下列顺序:$SO_4^{2-} < F^- < Cl^- < Br^- < I^- < ClO_4^- < SCN^-$,而阳

离子降低蛋白质溶解度的能力按下列顺序：$NH_4^+ < K^+ < Na^+ < Li^+ < Mg^{2+} < Ca^{2+}$。离子的这个性能类似于盐对蛋白质热变性温度的影响(详见5.4)。

蛋白质在盐溶液中的溶解度一般遵循下列关系：

$$\log(s/s_0) = \beta - K_s C_s \tag{5.58}$$

式中　s 和 s_0——蛋白质在盐溶液和水中的溶解度；

K_s——盐析常数；

C_s——盐的摩尔浓度；

β——一个常数。

对盐析类盐，K_s 为正值，而对盐溶类盐，K_s 显负值。

5.5.2.3　温度和溶解度

在恒定的 pH 和离子强度，大多数蛋白质的溶解度在 0~40℃ 范围内随温度的升高而提高。然而，一些高疏水性蛋白质，如 β-酪蛋白和一些谷类蛋白质，则属例外，它们的溶解度和温度呈负相关。当温度高于 40℃ 时，由于热动能的增加导致蛋白质结构的展开(变性)、非极性基团的暴露、聚集和沉淀作用，即溶解度下降。

5.5.2.4　有机溶剂和溶解度

加入能与水互溶的有机溶剂如乙醇和丙酮降低了水介质的介电常数，从而提高了分子内和分子间的静电作用力(排斥和吸引)。分子内的静电排斥相互作用导致蛋白质分子结构的展开。在此展开状态，介电常数的降低能促进暴露的肽基团之间的分子间氢键的形成和带相反电荷的基团之间的分子间静电相互吸引作用。这些分子间的极性相互作用导致蛋白质在有机溶剂-水体系中溶解度下降或沉淀。有机溶剂-水体系中的疏水相互作用对蛋白质沉淀所起的作用最低，这是因为有机溶剂对非极性残基具有增溶的作用。有个特例是醇溶蛋白，这些蛋白质疏水性很强，只能在 70% 乙醇中才能溶解。

由于蛋白质的溶解度与它们的结构状态紧密相关，因此在蛋白质的提取、分离和纯化过程中，它常被用来衡量蛋白质变性的程度。它还是判断蛋白质潜在的应用价值的一个指标。商业上制备的浓缩蛋白质和分离蛋白质具有宽广的溶解度范围。常采用蛋白质溶解度指数(PSI)或蛋白质分散性指数(PDI)来表示蛋白质制剂的溶解度特征。这两项都表达了可溶性蛋白质在蛋白质试样中所占的百分数。商业分离蛋白质的 PSI 在 25%~80% 变动。

5.5.3　蛋白质的界面性质

一些天然和加工食品为泡沫或乳状液类产品。对此类型的分散体系，除非在两相界面上存在一种合适的两亲性物质，否则较不稳定(详见第 7 章)。蛋白质是两性分子，它们能自发地迁移至气-水界面或油-水界面。蛋白质自发地从体相迁移至界面表明蛋白质处在界面上比处在体相水相中具有较低的自由能。于是，当达到平衡时，蛋白质的浓度在界面区域总是高于在体相水中。不同于低分子质量表面活性剂，蛋白质能在界面形成高黏弹性薄膜,后者能承受保藏和加工过程中的机械冲击。于是,由蛋白质稳定的泡沫和乳状液体系比采用低分子质量表面活性剂制备的相应分散体系更加稳定,正因如此,蛋白质被广泛地应用于此目的。

虽然所有的蛋白质为双亲分子,但是它们在表面活性性质上存在着显著的差别。不能将蛋白质在表面性质上的差别简单地归之于它们具有不同的疏水性氨基酸残基与亲水性氨基酸残基之比。如果一个大的疏水性/亲水性比值是蛋白质表面活性的主要决定因素,那么疏水性氨基酸残基含量超过40%的植物蛋白质比起疏水性氨基酸含量低于30%的白蛋白质类的蛋清蛋白和牛血清白蛋白应该是更好的表面活性剂。然而,实际情况并非如此,与大豆蛋白和其他植物蛋白相比,蛋清蛋白和血清白蛋白是更好的乳化剂和起泡剂。再者,大多数蛋白质的平均疏水性处在一个狭窄的范围之内,然而它们却表现出显著不同的表面活性。因此,应总结为:蛋白质表面活性的差别主要与它们在构象上的差别有关。主要的构象因素包括多肽链的稳定性/柔性、对环境改变适应的难易程度和亲水与疏水基团在蛋白质表面的分布模式。所有这些构象因素是相互关联的,它们共同起作用对蛋白质的表面活性产生重要影响。

已经证实,理想的表面活性蛋白质具有三个性能:①能快速地吸附至界面;②能快速地展开并在界面上再排布;③一旦达到界面能与邻近分子相互作用,形成具有强的黏合和黏弹性质并能承受热和机械作用的膜[57, 58]。

泡沫和乳状液的形成及稳定都需表面活性剂的参与。表面活性剂可有效地降低气-水或气-油界面的张力。采用小分子表面活性剂如卵磷脂、甘油一酯等或者大分子物质如蛋白质可达到这种效果。通常,等浓度的蛋白质与小分子表面活性剂相比,在界面上降低表面张力能力稍差。一般,蛋白质在气/水和油-水界面饱和单层浓度为15mmol/L/m,而小分子物质为30~40mmol/L/m。蛋白质不能显著降低表面张力是由于其分子结构复杂。虽然蛋白质基本结构中含有亲水与疏水基团,但并不像卵磷脂或者单酰基甘油那样含有亲水性头或者疏水性的尾。这些基团任意分布在蛋白质一级结构中,但在三级折叠结构中却只有少数疏水基团分散在蛋白表面,大多数埋藏在蛋白内部。

亲水性与疏水性基团在蛋白表面的分布方式决定了蛋白在气-水或气-油界面吸附的快慢。如果蛋白质的表面非常亲水,并且疏水区域可以忽略,在这样的条件下,蛋白质在水相比在界面或非极性相具有较低的自由能,那么它就不会吸附到气-水界面。如果蛋白质表面有几个疏水区域,那么它很可能自发吸附到界面上(图5.25)。随机分布在蛋白质表面的单个疏水性残基既不能构成一个疏水区域,也不具有能使蛋白质牢固地固定在界面所需要的相互作用的能量。即使蛋白质可接近的表面的40%可被非极性残基覆盖,如果这些残基没有形成隔离的区域,那么它们仍然不能促进蛋白质的吸附。换言之,蛋白质表面的分子特性对蛋白质能否自发地吸附至界面和它将如何有效地起到分散体系的稳定剂的作用有重大影响。

蛋白质在界面上的吸附模与低分子质量的表面活性剂不同。对于像磷脂和甘油一酯这样的低分子质量的表面活性剂,它们的亲水和疏水部分存在于分子的两端,当分子吸附在界面并排布时,不存在构象限制因素。然而对于蛋白质而言,表面疏水性和亲水性区域的

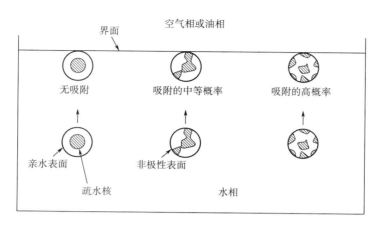

图 5.25   表面疏水小区对蛋白质吸附在气−水界面的概率的影响

资料来源:Damondaran, S., *J. Food Sci.*, 70, R54, 2005.

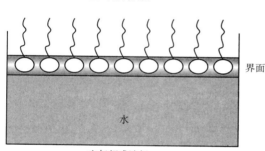

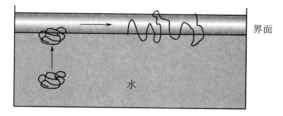

图 5.26   小分子表面活性和蛋白质在气−水或油−水界面吸附模式的差异

分布模式及蛋白质的刚性结构都限制了蛋白质的吸附和排布。对于蛋白质,由于它具有体积庞大和折叠的特点,一旦吸附在界面,分子的一大部分仍然保留在体相,而仅有一小部分固定在界面上(图 5.26)。蛋白质分子的这一小部分束缚在界面上牢固的程度取决于固定在界面上的肽片段的数目和这些片段与界面相互作用的能量。仅当肽片段与界面相互作用的自由能变化(负值)在数值上远大于蛋白质分子的热动能时,蛋白质才能保留在界面上。固定在界面上的肽片段的数目部分地取决于蛋白质分子构象的柔性。像酪蛋白这样高度柔性的分子,一旦吸附在界面上就能经受快速的构象改变,使额外的多肽链片段结合在界面。此外,刚性的球蛋白如溶菌酶和大豆蛋白会在界面上构象的变化不大。

多肽链在界面上采取三种不同的构型:列车状、圈状和尾状(图 5.27)。当多肽片段直接与界面接触时呈列车状;当多肽片段悬浮在水相时呈圈状;蛋白质分子的 N—和 C—末端片段通常处在水相呈尾状。这三种构象的相对的分布取决于蛋白质的构象特征。界面上列车状多肽链比例越大,蛋白质与界面结合越强烈,并且表面张力越低。

分子柔性是影响蛋白质界面性质的一个重要的分子性质,当蛋白质从一种环境转向另

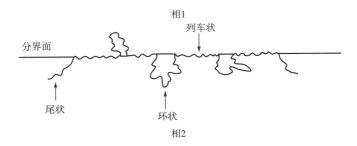

图 5. 27 柔性多肽在界面上的各种构型

资料来源：Damodaran，S.，*J. Food Sci.*，70，R54，2005.

一种环境中，例如，从水相转向界面时，蛋白质的构象会快速改变，这与其内在性质有关。可以用隔热压缩来测定蛋白质的分子柔性。对几种不相关的蛋白质研究发现，蛋白质在界面上的动力学性质与绝热压缩性（分子柔性）呈线性正相关（图 5. 28）[59]，蛋白质从水相转移至气-水界面的吸附过程中，表面张力会以 $1mg/cm^2$ 的速度减少。蛋白质在界面上构象的快速改变对于其疏水和亲水残基在油水两相的定向至关重要，同时疏水和亲水残基最大限度地暴露在两相中并完成在两相中的分配。这将确保表面张力能快速下降，在乳化的起始阶段尤为重要。

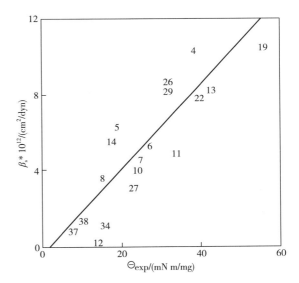

图 5. 28 蛋白质中绝热压缩系数和表面活性的关系

图上的数字代表不同的蛋白质（摘自参考文献[59]）。

界面上蛋白质膜的机械强度取决于分子间相互结合作用，它们包括吸引静电相互作用、氢键和疏水相互作用。吸附的蛋白质经二硫键-疏基间的交换反应而实现的界面聚合作用也能提高膜的黏弹性质。蛋白质在界面膜中的浓度约为 20%～25%（w/v），它几乎是以凝胶状态存在的。各种非共价相互作用的平衡对于此凝胶状膜的稳定性和黏弹性至关重要。例如，如果疏水相互作用太强，将导致蛋白质在界面聚集、凝结和最终沉淀，因而破坏膜的完整性。如果静电推斥力远强于相互吸引作用，则妨碍黏稠膜的形成。因此，吸引、推斥和水合作用力之间适当的平衡是形成稳定的黏弹膜的必要条件。图 5. 29 所示为界面上吸附和形成蛋白质膜时的各种分子排列。

乳状液和泡沫的形成和稳定的基本原理非常类似。然而，由于这两类界面在能量上的差异，因此，它们对蛋白质的分子结构具有不完全相同的要求。换言之，一种蛋白质可以是一种好的乳化剂，而未必是一种好的起泡剂。

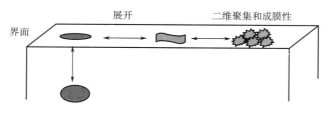

图 5.29　界面上形成蛋白质膜的各种分子排列

现已明确,蛋白质在界面上的性质非常复杂,并且对它的了解还不充分。因此,下面有关食品蛋白质的乳状液和泡沫性质的讨论大体上是定性的。

5.5.3.1　乳化性质

已经在第七章中介绍了乳状液形成的物理化学和影响乳状液分层、絮凝、聚结和稳定性的因素。

一些天然和加工食品,如牛乳、蛋黄、椰乳、豆乳、奶油、人造奶油、蛋黄酱、涂抹(食品)、色拉酱、冷冻甜点、法兰克福香肠、香肠和蛋糕,都是乳状液类型产品,在这些食品中,蛋白质起着乳化剂的作用。在天然牛乳中,脂肪球是由脂蛋白膜稳定的,牛乳在均质时,脂蛋白膜被酪蛋白胶束和乳清蛋白质组成的膜取代。与鲜乳相比,均质牛乳更稳定,更不容易分层,这是因为酪蛋白胶束-乳清蛋白质膜比天然脂蛋白膜强度高。

(1)测定蛋白质乳化性质的方法　评价食品蛋白质的乳化性质有几种方法,如油滴粒径分布、乳化活力、乳化能力和乳化稳定性。

①乳化活力指标(Emulsifying Activity Index,EAI)。由蛋白质稳定的乳状液的物理和感官性质取决于所形成的液滴的粒径和总界面面积。

测定乳状液平均粒径大小的方法有光学显微镜法(不是非常可靠)、电子显微镜法、光散射(质子相关谱)和使用 Coulter 计数器。得到平均液滴的粒径后,可按下式计算总界面面积:

$$A = \frac{3\phi}{R} \tag{5.59}$$

式中　ϕ——分散相(油)的体积分数;

　　　R——乳状液粒子的平均半径。

如果 m 是蛋白质质量,可根据式(5.60)计算乳化活力指标(EAI)即单位质量的蛋白质所产生的界面面积:

$$EAI = \frac{3\phi}{Rm} \tag{5.60}$$

另一个简便而更实际的测定蛋白质的 EAI 的方法是浊度法[60]。乳状液的浊度是由式(5.61)所确定:

$$T = \frac{2.303A}{l} \tag{5.61}$$

式中　A——吸光度；

　　　l——光路长度。

根据光散射的 Mie 理论,乳状液的界面积是它的浊度的两倍。假设 ϕ 是油的体积分数,C 是每单位体积水相中蛋白质的量,那么就可以根据式(5.62)计算蛋白质的 EAI

$$EAI = \frac{2T}{(1-\phi)C} \tag{5.62}$$

必须指出,在式(5.62)中 $(1-\phi)$ 是指乳状液中水相的体积分数,于是 $(1-\phi)C$ 是单位体积乳状液中总的蛋白质量。

虽然根据 EAI 评价蛋白质表面活性以及用浊度法测定 EAI 简便又实用,但是这其中有两个主要缺陷。首先,它是根据在单个波长 500 nm 下测定的浊度而计算得到结果。由于食品乳状液的浊度是与波长相关,因此根据在 500 nm 下测定的浊度而计算得到的界面面积不是非常准确。于是从界面面积再根据式(5.62)估计乳状液中平均粒子直径和乳化粒子的数目时所得的结果也不具可靠性。其次,EAI 的定义是 1mg 蛋白质在一定条件下形成的界面面积。值得注意的是,假设蛋白质中氨基酸残基的平均相对分子质量为 115,而在给定浓度的各种蛋白质中氨基酸残基的物质的量浓度可能相同,而蛋白质的物质的量浓度不会相同因为不同的蛋白质相对分子质量差别较大。所以 EAI 成立的前提是所有的蛋白质已充分展开且所有氨基酸残基都充分暴露在界面上。否则 EAI 将与物质的量浓度相关而非蛋白质的质量浓度。然而可采用该方法定性比较不同蛋白质的乳化活力或蛋白质经不同方式处理后乳化活力的变化。

②蛋白质的载量(Protein Load)。吸附在乳状液油-水界面上的蛋白质量与乳状液的稳定性有关。为了测定被吸附的蛋白质的量,将乳状液离心,使水相分离出来,然后重复地洗涤油相和离心以除去任何被松散的吸附的蛋白质。起始乳状液中总蛋白质量和从油相洗出的液体中蛋白质量之差即为吸附在乳化粒子上的蛋白质的量。如已知乳化粒子的总界面面积,就可以计算每平方米界面面积上吸附的蛋白质的量。一般情况下,蛋白质的载量在 $1\sim3mg/m^2$ 界面面积范围内。在乳状液中蛋白质含量保持不变的条件下,蛋白质的载量随油相体积分数增加而降低。对于高脂肪乳状液和小尺寸液滴,显然需要有更多的蛋白质才足以涂布在界面上并稳定乳状液。

③乳化能力(EC)。乳化能力(EC)是指在乳状液相转变前(从 O/W 乳状液转变成 W/O 乳状液)每克蛋白质所能乳化的油的体积。测定蛋白质乳化能力的方法如下:在恒定的温度和速度下,将油或熔化的脂肪加至在食品捣碎器中被连续搅拌的蛋白质水溶液,根据后者黏度和颜色(通常将染料加入油中)的急剧变化或电阻的增加检测相变。对于一个由蛋白质稳定的乳状液,相变通常会发生在 ϕ 为 0.65~0.85。相变并非是一个瞬时过程,相变出现之前先形成 W/O/W 双重乳状液。由于乳化能力是以每克蛋白质在相变前能乳化的油的体积表示,因此,此值随相变达到时蛋白质浓度的增加而减少,而未吸附的蛋白质积累在水相。于是,为了比较不同蛋白质的乳化能力,应采用 EC-蛋白质浓度曲线,取代在特定蛋白质浓度下的 EC。

④乳状液稳定性。由蛋白质稳定的乳状液一般在数日内能保持稳定。当试样在正常

条件下保藏时,在合理的保藏期内,通常不会观察到肉眼可见的乳油分离或相分离。因此,常采用诸如高温保藏或在一定离心力下分离这样的极端条件来评价乳状液的稳定性。若采用离心方法,可用乳状液界面面积(即浊度)减少的百分数或者分出的乳油的百分数或者乳油层的脂肪含量表示乳状液的稳定性。然而,下式是较常采用的表示乳状液稳定性的方式:

$$ES = \frac{乳油层体积}{乳状液总体积} \times 100 \tag{5.63}$$

式中乳油层体积是在乳状液经受标准化的离心处理后测定得到。常规的离心操作包括将已知体积的乳状液置于有刻度的离心管中,在 $1300 \times g$ 的条件下离心 5min。测得分离出的油相体积,并用占总体积的百分比表示。有时为了避免油滴聚结,可在较低的重力($180 \times g$)下离心较长时间(15min)。

可以采用前述的浊度法评价乳状液的稳定性,此时采用乳状液稳定性指标(ESI)表示乳状液的稳定性,ESI 的定义是乳状液的浊度达到起始值的一半所需要的时间。

测定乳状液稳定性的方法非常带有经验性。与乳状液稳定性相关的最基本的量值是界面面积随时间而改变,但此量值很难直接测定。

(2)影响蛋白质乳化作用的因素　一些因素会影响蛋白质稳定的乳状液的性质,它们包括内在因素,如 pH、离子强度、温度、存在的低分子质量表面活性剂、糖、油相体积、蛋白质类型和使用的油的熔点,以及外在因素,如制备乳状液的设备的类型、能量输入的速度和剪切速度。目前还没有一致认可的系统评价蛋白质乳化性质的标准方法。因此,无法精确地比较从不同实验室得到的结果,这也妨碍了正确理解影响蛋白质乳化性质的分子因素。

涉及乳状液形成和稳定的一般作用力在第 7 章中作了讨论,此处仅讨论影响由蛋白质稳定乳状液的分子因素。

蛋白质的溶解度在它的乳化性质方面起着重要的作用,然而,100% 的溶解度也不是绝对地需要。虽然溶解度较差的蛋白质通常不具有良好的乳化性,但是在 25%~80% 溶解度范围内,蛋白质溶解度和乳化性质之间也无直接关系。然而,由于在油-水界面上蛋白质膜的稳定性同时取决于起促进作用的蛋白质-油相和蛋白质-水相的相互作用,因此,蛋白质具有一定程度的溶解度可能是必需的。发挥良好的乳化性质的最低溶解度取决于蛋白质的种类。例如,在香肠和法兰克福香肠那样的肉类乳状液中,0.5mol/L NaCl 增加了肌纤维蛋白质的溶解性,从而促进了它的乳化性质。市售大豆分离蛋白质的乳化性较差,这是由于加工过程中通过加热处理分离,导致溶解度较差。

pH 影响由蛋白质稳定的乳状液的形成和稳定,这涉及几种机制。一般而言,在等电点具有高溶解度的蛋白质(例如,血清白蛋白、明胶和蛋清白蛋白)在此 pH 下具有最高乳化活力和乳化能力。在等电点时缺乏净电荷和静电推斥相互作用有助于在界面达到最高蛋白质载量和促使高黏弹膜的形成,两者都有助于稳定乳状液。然而,乳化粒子之间的静电推斥相互作用在某些情况下导致絮凝和聚结,而降低了乳状液的稳定性。另一方面,如果蛋白质在等电点是高度水合的(少数情况),那么在乳化粒子之间的水合推斥力能防止絮凝和聚结,于是稳定了乳状液。由于大多数食品蛋白质(酪蛋白、商业化的乳清蛋白、肉蛋白、大豆蛋白)在它们的等电点 pH 时是微溶和缺乏静电推斥力的,因此在此 pH 下它们一般不是良好的乳化剂。然而,这些蛋白质在远离它们的等电点 pH 时可能是有效的乳化剂。

蛋白质的乳化性质与它的表面疏水性存在着一个弱正相关性,然而与平均疏水性(即 kJ/mol 残基)不存在这样的关系。各种蛋白质降低油-水界面张力的能力和提高乳化活力指标的能力与它们的表面疏水性有关(图 5.30),然而此关系决非完美。蛋白质,如 β-乳球蛋白、α-乳清蛋白和大豆蛋白,它们的乳化性质与表面疏水性之间关联不大。可能的原因详见 5.5.3.1(1)。

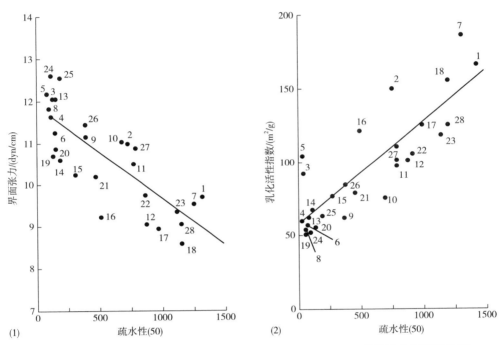

图 5.30　各种蛋白质的表面疏水性与(1)油/水界面张力和(2)乳化活力指标的关联

表面疏水性:单位质量蛋白质结合的疏水性荧光探测剂的量。图中的数字分别代表①牛血清白蛋白,②β-乳球蛋白,③胰蛋白酶,④蛋清蛋白,⑤伴清蛋白,⑥溶菌酶,⑦κ-酪蛋白,⑧~⑫蛋清蛋白在 85℃ 被加热 1、2、3、4 或 5min,使它变性,⑬~⑱溶菌酶在 85℃ 被加热 1、2、3、4、5 或 6min,使它变性,⑲~㉓蛋清蛋白被结合至 0.2、0.3、1.7、5.7 或 7.9mol SDS/mol 蛋白质,㉔~㉘蛋清蛋白被结合至 0.3、0.9、3.1、4.8 或 8.2mol 亚油酸/mol 蛋白质。

资料来源:Kato, A. and S. Nakai. S., *Biochim. Biophys. Acta 624*, 13, 1980.

蛋白质的表面疏水性通常根据与蛋白质结合的疏水性荧光探测剂(顺-十八碳四烯酸)的量确定[61]。虽然此法能提供一些有关蛋白质表面非极性的信息,但采用此方法测定的数值是否真实地反映蛋白质表面的疏水性还存在着疑问。表面疏水性的准确的定义是与周围体相水接触的蛋白质的非极性表面部分。然而,顺-十八碳四烯酸仅能结合至由非极性残基缔合而形成的表面疏水性空穴。非极性配位体能进入这些蛋白质空穴而水不能进入,对于油-水乳状液中的任何一相,除非蛋白质在界面能经受快速的构象重排,它们才能进入这些空穴。根据顺-十八碳四烯酸与蛋白质结合而测定的蛋白质表面疏水性不能指示蛋白质分子的柔性,这也许是一些蛋白质的表面疏水性与它们的乳化性质之间不存在关联的主要原因。在油-水界面的蛋白质分子的柔性可能是决定蛋白质乳化性质最重要的因素。

如果蛋白质在乳化作用前的部分变性(展开)没有造成不溶解,那么这一处理会促进它们的乳化性质,这是由于提高了分子的柔性和表面疏水性。蛋白质在界面上展开的速度取决于原始分子的柔性。在展开状态,含有游离巯基和二硫键的蛋白质通过 2—SH $\rightleftharpoons$ —S—S—交换反应经受缓慢的聚合作用[62]。这会导致在油-水界面形成高黏弹性的膜。过度的热变性会造成蛋白质不溶解,从而破坏蛋白质的乳化性质。

小分子乳化剂例如食品中常见的磷脂,会在油水界面上与蛋白质竞争吸附[63]。小分子表面活性剂在界面能快速分散,而且在界面上再定向不存在构象限制,所以它们在高浓度时可以有效抑制蛋白质的吸附。如果将小分子乳化剂添加到由蛋白质稳定的乳化体系中,它们会在界面上取代蛋白质并导致乳化体系的去稳定。

影响由蛋白质稳定的乳状液的另一个因素是蛋白质组成。食品蛋白质一般由多种蛋白质组分混合而成。例如,卵蛋白是由五种主要蛋白质和几种次要蛋白质组成,而乳清蛋白是由 α-乳清蛋白,β-乳球蛋白和其他几种次要蛋白质组成。豆类贮藏蛋白如大豆分离蛋白含有至少两种主要蛋白质成分(豆球蛋白和豌豆球蛋白)。在乳化过程中,混合蛋白中的各组分间相互竞争着吸附至界面。界面上形成的蛋白膜的成分取决于混合蛋白中各种蛋白成分的表面活性。例如,混合蛋白中 α- 和 β- 酪蛋白的比例为 1:1,当其吸附至油水界面平衡时,蛋白膜中 α-酪蛋白的总量是 β-酪蛋白的两倍[64],而在气-水界面会出现相反的现象[65]。水相中蛋白质组成的多样性会影响吸附膜的蛋白组成和乳状液的稳定性。

溶液中高浓度的蛋白质通常会表现出不相容性[66]。蛋白质浓度范围在 15%~30% 时,油水界面上形成的混合蛋白膜随保留时间会形成二元相分离现象。有文献证明了在气-水界面[67, 68]和油水界面[64]上这个现象的存在。如果在蛋白膜周围的油滴上发生了显著的两相分离,则这种界面相当于乳状液的去稳定性。但是油-水界面蛋白膜中混合蛋白的热力学不相容性和蛋白质乳状液的动力学稳定性之间是否有直接关系,还有待研究。

5.5.3.2　起泡性质

泡沫是由一个连续的水相和一个分散的气相所组成的。许多加工食品是泡沫类型产品包括搅打奶油、冰淇淋、蛋糕、蛋白甜饼、面包、蛋奶酥、奶油冻和果汁软糖。这些产品所具有的独特的质构和口感源自于分散的微细空气泡。在这些产品中的大多数蛋白质是重要的表面活性剂,它们帮助分散的气相的形成和稳定。

由蛋白质稳定的泡沫一般是蛋白质溶液经吹气泡、搅打和摇振而形成的。蛋白质的起泡性质是指它在气-液界面形成坚韧的薄膜使大量气泡并入和稳定的能力。起泡性的评价方法也有几种。蛋白质的起泡能力(foamability 或 foaming capacity)是指蛋白质能产生的界面面积的量。这有几种表示的方式,像超出量(overrun)或稳定状态泡沫值(steady-state foam value),或起泡力(foaming power)或泡沫膨胀(foam expansion)。超出量的定义:

$$超出量 = \frac{泡沫体积-起始液体的体积}{起始液体的体积} \times 100 \qquad (5.64)$$

起泡力(FP)的定义:

$$起泡力(FP) = \frac{并入的气体的体积}{液体的体积} \times 100 \qquad (5.65)$$

起泡力一般随蛋白质浓度的增加而提高,直到达到一个最高值,起泡的方法也影响此值。常采用 FP 作为比较在特定浓度下各种蛋白质起泡性质的依据。表 5.15[82] 所示为一些蛋白质在 pH8.0 时的起泡力。

表 5.15   蛋白质溶液的起泡力(FP)

蛋白质	在蛋白质浓度为 0.5%(w/v)时的起泡力[①]/%	蛋白质	在蛋白质浓度为 0.5%(w/v)时的起泡力[①]/%
牛血清白蛋白	280	β-乳球蛋白	480
乳清分离蛋白	600	血纤维蛋白原	360
鸡蛋蛋清	240	大豆蛋白(经酶水解)	500
蛋清蛋白	40	明胶(酸处理的猪皮)	760
牛血浆	260		

①根据式(5.60)计算。

资料来源:Poole, S. et al., *J Sci. Food Agric.*, 35, 701, 1984.

泡沫稳定性(foam stablity)指蛋白质使处在重力和机械力下泡沫稳定的能力。通常采用的表示泡沫稳定性的方法是 50% 液体从泡沫中流出所需要的时间或者泡沫体积减小 50% 所需要的时间。这些方法都是非常经验性的,它们并不能提供有关影响泡沫稳定性因素的基本信息。泡沫稳定性最直接的量度是泡沫界面面积的减少作为时间的函数。

这可以按如下方法处理。按照 Laplace 原理,一个小泡的内压大于外压(atm),在稳定的条件下压力差 ΔP 按下式计算:

$$\Delta P = p_i - p_o = \frac{4\gamma}{r} \qquad (5.66)$$

式中 p_i 和 p_o——内压和外压;

　　　r——泡沫中小泡的半径;

　　　γ——表面张力。

按照此式,当泡沫坍塌时,在一个含有泡沫的密闭容器内的压力将会增加。压力的净变化是[69]:

$$\Delta P = \frac{-2\gamma \Delta A}{3V} \qquad (5.67)$$

式中 V——体系的总体积;

　　ΔP——压力变化;

　　ΔA——坍塌泡沫部分造成的界面面积净变化。

泡沫的最初界面面积由下式确定:

$$A_0 = \frac{3V\Delta P_\infty}{2r} \qquad (5.68)$$

式中 ΔP_∞——当整个泡沫坍塌时的净压力变化;

A_0——起泡能力的量度。

假设泡沫在坍塌时遵循一级动力学,那么泡沫坍塌的速度可以由下式确定:

$$\frac{A_o - A_t}{A_o} = -kt \tag{5.69}$$

式中 A_t——泡沫的面积和时间 t;

k——一级动力学常数。

一级动力学常数可以被用来比较不同蛋白质的泡沫稳定性。

此法已被用来研究食品蛋白质的泡沫性质[70, 71]。

泡沫的强度或坚硬度是指一管泡沫在破裂前能忍受的最大质量,也采用测定泡沫黏度的方法评价此性质。

(1)影响蛋白质起泡性和稳定性质的环境因素

①pH。已有文献报道,在 pI 不会出现蛋白质沉淀的前提下,由蛋白质稳定的泡沫在蛋白质等电点 pH 下比在任何其他 pH 更为稳定。处在或接近等电点 pH 时,由于缺乏斥力相互作用,有利于在界面上的蛋白质—蛋白质相互作用和形成黏稠的膜。此外,由于缺乏在界面和吸附分子之间的斥力,因此,被吸附至界面的蛋白质的数量增加。上述两个因素提高了蛋白质的起泡能力和泡沫稳定性。如果在 pI 时蛋白质的溶解度很低,多数食品蛋白质的情况确是如此,那么仅是蛋白质的可溶部分参与泡沫的形成。由于可溶部分蛋白质的浓度很低,因此形成的泡沫的数量较少,然而泡沫的稳定性相当高。尽管蛋白质的不溶部分对蛋白质的起泡能力没有贡献,然而这些不溶解的蛋白质粒子的吸附增加了蛋白质膜的黏合力,因此稳定了泡沫。一般情况下,疏水性粒子的吸附提高了泡沫的稳定性。在远离等电点的 pH,蛋白质起泡能力往往较好,但是泡沫的稳定性相当较弱。蛋清蛋白在 pH 8~9 和在它们的等电点 pH 4~5 具有良好的起泡能力。

②盐。盐对蛋白质起泡性质的影响取决于盐的种类和蛋白质在盐溶液中的溶解特性。对于大多数球状蛋白质,如牛血清白蛋白、蛋清白蛋白、面筋蛋白和大豆蛋白,起泡力和泡沫稳定性随 NaCl 浓度增加而提高。此性质通常被归之于盐离子对电荷的中和作用。然而,一些蛋白质,如乳清蛋白,却显示相反的效应,即起泡力和泡沫稳定性随 NaCl 浓度的增加而降低(表 5.16)[72]。这可归之于 NaCl 对乳清蛋白,尤其是 β-乳球蛋白的盐溶作用。一般而言,在特定的盐溶液中蛋白质被盐析则显示较好的起泡性质,被盐溶时则显示较弱的起泡性质。二价阳离子,像 Ca^{2+} 和 Mg^{2+},在 0.02~0.4mol/L 浓度能显著地改进蛋白质起泡能力和泡沫稳定性,这主要归之于蛋白质分子的交联和形成了具有较好黏弹性质的膜[73]。

表 5.16　　　　NaCl 对乳清分离蛋白质起泡力和稳定性的影响

NaCl 浓度/(mol/L)	总界面面积/(cm²/mL 泡沫)	起始面积破裂 50% 的时间/s
0.00	333	510
0.02	317	324
0.04	308	288

续表

NaCl 浓度/(mol/L)	总界面面积/(cm²/mL 泡沫)	起始面积破裂 50% 的时间/s
0.06	307	180
0.08	305	165
0.10	287	120
0.15	281	120

资料来源:Zhu, H. and Damodaran. S., *J. Food Sci.*, 59, 554, 1994.

③糖。蔗糖、乳糖和其他糖加入蛋白质溶液往往损害蛋白质的起泡能力,然而却增强了泡沫的稳定性。糖的添加有利于提高泡沫稳定性是由于它提高了体相的黏度从而降低了泡沫结构中薄层液体泄出的速度。泡沫超量的降低主要是由于在糖溶液中蛋白质的结构较为稳定,于是当蛋白质分子吸附在界面上时较难展开,这样就降低了蛋白质降低表面张力的能力和在搅打时产生大的界面面积和泡沫体积的能力。在加工蛋白甜饼、蛋奶酥和蛋糕等含糖泡沫类型甜食产品时,如有可能在搅打后加入糖,这样可使蛋白质吸附、展开并形成稳定的膜,而随后加入的糖通过增加泡沫结构中薄层液体的黏度提高泡沫的稳定性。

④脂质。脂类物质,尤其是磷脂,当浓度超过 0.5% 时会显著地损害蛋白质的起泡性质,这是因为脂类物质具有比蛋白质更高的表面活性,在泡沫形成中它们吸附在空气-水界的界面上并抑制蛋白质的吸附。由于脂膜不具有吸附性和黏弹性,不能承受泡沫内部的压力,因此小泡快速膨胀,然后在搅打中坍塌。因此,不含脂肪的乳清浓缩蛋白和分离蛋白、大豆蛋白及不含蛋黄的鸡蛋蛋白比相应的含脂肪制剂具有较好的起泡性质。

⑤蛋白质浓度。蛋白质浓度影响着泡沫的一些性质。蛋白质浓度越高,泡沫越坚硬。泡沫的硬度是由小的气泡尺寸和高黏度造成的。高蛋白质浓度提高了泡沫稳定性,这是因为它增加了黏度和在界面上促使形成多层、黏附性蛋白质膜。起泡能力一般随蛋白质浓度提高至某一浓度值时达到最高值。一些蛋白质,如血清白蛋白,在 1% 蛋白质浓度时能形成稳定的泡沫,而另一些蛋白质,如乳清分离蛋白和大豆伴清蛋白,需要 2%~5% 浓度才能形成比较稳定的泡沫。一般而言,大多数蛋白质在浓度 2%~8% 范围内显示最高的起泡能力,蛋白质在泡沫中的界面浓度约 2~3mg/m²。

部分热变性能改进蛋白质的起泡性质。例如,将乳清分离蛋白(WPI)在 70℃ 加热 1min,它的起泡性质得到改进;而 90℃ 加热 5min,即使被加热的蛋白质仍然保持可溶,它的起泡性质变差[71]。WPI 在被 90℃ 加热后起泡性质变差的原因是蛋白质经—S—S— $\rightleftharpoons$ 2-SH 交换反应发生了广泛的聚合作用,所形成的分子质量很高的聚合物不能在起泡过程中吸附在气-水界面。

泡沫产生的方法影响着蛋白质的起泡性质。通过吹泡和喷雾引入空气通常会造成一种含较大气泡的泡沫。按适当速度搅打一般造成含小气泡的泡沫,这是因为剪切作用导致蛋白质在吸附前的部分变性。然而,按高剪切速度搅打或"过度打浆"因蛋白质过度变性、聚集和沉淀会降低起泡力。

一些泡沫类型的食品产品,像果汁软糖、蛋糕和面包,是在泡沫形成之后再加热的。在加热期间,因空气膨胀和黏度下降而导致气泡破裂和泡沫破裂。在这些例子中,泡沫的完整性取决于蛋白质在界面上的胶凝作用,此作用使界面膜具有稳定泡沫所需要的机械强度。明胶、面筋和蛋清具有良好的起泡和胶凝性质,它们在上述产品中是合适的起泡剂。

(2)影响泡沫形成和稳定的蛋白质分子结构 作为一个有效的起泡剂或乳化剂,蛋白质必须满足下列基本要求:①它必须快速地吸附至气-水界面;②它必须易于在界面上展开和重排和③它必须通过分子间相互作用形成黏合性膜。影响蛋白质起泡性质的分子性质主要有分子(链段)柔性、电荷密度和分布、疏水性。

气-水界面的自由能显著地高于油—水界面的自由能,因此,作为稳定气-水界面的蛋白质必须具有快速地吸附至新产生的界面,并随即将界面张力下降至低水平的能力。界面张力的降低取决于蛋白质分子在界面上快速展开、重排和暴露疏水基团的能力。β-酪蛋白带有随机线圈状的结构,它能以这样的方式降低界面张力。另一方面,溶菌酶是一类紧密地折叠的球状蛋白,它在界面上的吸附非常缓慢,仅部分地展开和稍微降低界面张力[74],因而溶菌酶不是一种良好的起泡剂。可以这样说,蛋白质分子在界面上的柔性是它能否作为一种良好起泡剂的关键。

除分子柔性外,疏水性在蛋白质的起泡能力方面起着重要的作用。蛋白质的起泡力与平均疏水性正相关。然而,蛋白质的起泡力与表面疏水性呈曲线关系。在疏水性大于1000时,这两种性质之间不存在有意义的关系[75]。这表明,蛋白质在气-水界面上的最初吸附至少需要数值为1000的表面疏水性,一旦吸附,蛋白质在泡沫形成过程中创造更多界面面积的能力将取决于蛋白质的平均疏水性。

具有良好起泡能力的蛋白质并非一定是好的泡沫稳定剂。例如,β-酪蛋白在泡沫形成中显示卓越的起泡能力,然而泡沫的稳定性很差。另一方面,溶菌酶不具有良好的起泡能力,但它的泡沫具有稳定性。一般而言,具有良好起泡力的蛋白质不具有稳定泡沫的能力,而能产生稳定泡沫的蛋白质往往起泡力较差。蛋白质的起泡能力和稳定性似乎受不同的两组蛋白质分子性质的影响,而这两组性质彼此拮抗。蛋白质的起泡能力受蛋白质的吸附速度、柔性和疏水性影响,而泡沫的稳定性取决于蛋白质膜的流变性质。膜的流变性质取决于水合作用、厚度、蛋白质浓度和有利的分子间相互作用。仅部分展开和保留一定程度的折叠结构的蛋白质(例如,溶菌酶和血清白蛋白)比那些在气-水界面上完全展开的蛋白质(例如,β-酪蛋白)通常能形成较紧密的膜和较稳定的泡沫。对于前者,折叠的结构以圈状的形式伸展至表面下,这些圈状结构之间的非共价相互作用(也可能是二硫交联)促使凝胶网状结构的形成,此结构具有卓越的黏弹和机械性质。对于一个同时具有良好起泡能力和泡沫稳定性的蛋白质,它应在柔性和刚性之间保持适当的平衡,易于经受展开和参与在界面上众多的黏合性相互作用。然而,推测一种指定的蛋白质展开至怎样的程度是理想的,若非不可能,也是相当困难。除去上述因素外,泡沫的稳定性与蛋白质的电荷密度之间通常显示一种相反的关系。高电荷密度显然妨碍黏合膜的形成。

大多数食品蛋白质是种类各异的蛋白质的混合物,因此,它们的起泡性质受界面上蛋白质组分之间相互作用的影响。蛋清所具有的卓越的搅打起泡性质应归之于它的蛋白质组分如蛋清蛋白、伴清蛋白和溶菌酶之间的相互作用。酸性蛋白质的起泡性质可通过与碱性蛋白质(如溶菌酶和鲱精蛋白)混合而得到改进[76],此效果似乎与在酸性和碱性蛋白质之间形成静电复合物有关。

蛋白质的有限酶催化水解一般能改进它们的起泡性质,这是因为分子柔性的增加和疏水基团的充分暴露。然而,由于低分子质量肽不能在界面上形成具有黏附性质的膜,因此过度的水解会损害起泡能力。

5.5.4　风味结合

蛋白质本身没有气味,然而它们能结合风味化合物,进而影响食品的感官品质。一些蛋白质,尤其是油料种子蛋白质和乳清浓缩蛋白质,能结合不期望的风味物,限制了它们在食品中的应用价值。这些不良风味物主要是不饱和脂肪酸氧化产生的醛、酮和醇类化合物。一旦形成,这些羰基化合物就与蛋白质结合,从而影响它们的风味特性。例如,大豆蛋白质制剂的豆腥味和青草味被归之于己醛的存在。在这些羰基化合物中,有的与蛋白质的结合亲和力是如此之强,以至于采用溶剂都不能将它们抽提出来。对于不良风味物与蛋白质相结合的机制有一个基本的了解是必要的,这样可以研究适当的方法以除去它们。

蛋白质结合风味物的性质也具有有利的一面,在制作食品时,蛋白质可以用作为风味物的载体和改良剂,在加工含植物蛋白质的仿真肉制品时,蛋白质的这个性质特别有用,成功地模仿肉类风味是这类产品能使消费者接受的关键。为了使蛋白质能起到风味物载体的作用,它必须同风味物牢固地结合并在加工中保留住它们,当食品在口中被咀嚼时,风味物又能释放出来。然而,蛋白质并不是以相同的亲和力与所有的风味物相结合,这就导致一些风味物不平衡和不成比例的保留以及在加工中不期望的损失。与蛋白质相结合的风味物,如果在口腔中不能轻易释放出来,那么它们对食品的风味和香味无甚贡献。了解各种风味物与蛋白质相互作用的机制和亲合性,对于生产风味物-蛋白质产品或从分离蛋白质除去不良风味很有必要。

5.5.4.1　蛋白质-风味相互作用的热力学

在水—风味模拟体系中,加入蛋白质能减少风味化合物的顶空浓度,这可归之于风味化合物与蛋白质的结合。风味与蛋白质结合的机制取决于蛋白质样品的水分含量,而它们之间的相互作用通常是非共价的。蛋白质干粉主要通过范德华力、氢键和静电相互作用与风味相结合。风味化合物被物理截留在干蛋白质粉的毛细管和缝隙中的风味物质也影响着蛋白质粉的风味性质。在液体或高水分食品中,风味被蛋白质结合的机制主要是涉及非极性风味化合物(配位体)与蛋白质表面的疏水小区或空穴的相互作用。除疏水相互作用外,含有极性端基(如羟基和羧基)的风味化合物也能通过氢键和静电相互作用与蛋白质相互作用。在结合至表面疏水区之后,醛和酮能扩散至蛋白质分子的疏水性内部。

风味化合物与蛋白质的相互作用通常是完全可逆的。然而,醛能与赖氨酸残基侧链的氨基共价结合,而此相互作用是不可逆的。仅非共价结合部分能对蛋白质产品的香味和口味做出贡献。

风味化合物与水合蛋白质结合的程度取决于在蛋白质表面有效的疏水结合部位的数

目[77]。这些结合部位通常由疏水性残基的基团组成,这些基团形成一个个明显的隔离开来的空穴。蛋白质表面上单个的非极性残基一般不可作为结合位点。在平衡条件下风味化合物与蛋白质的可逆非共价结合遵循 Scatchard 方程:

$$\frac{\nu}{[L]} = nK - \nu K \tag{5.70}$$

式中 ν ——每摩尔蛋白质结合的配位体的摩尔数;

n ——每摩尔蛋白质的结合部位总数;

$[L]$ ——在平衡时游离的配位体的浓度;

K ——平衡结合常数,mol/L。

按此方程式,$\nu/[L]$ 对 ν 作图产生一条直线,K 和 n 值分别从直线的斜率和截距计算得到。配体与蛋白质结合的自由能变化可根据方程式 $\Delta G = -RT\ln K$ 计算,式中 R 是气体常数和 T 是绝对温度。表 5.17 所示为羰基化合物结合至各种蛋白质的热力学常数,配位体分子链中每增加一个—CH$_2$,结合常数提高 3 倍,相应的自由能变化为 -2.3kJ/mol 每 CH$_2$ 基团,这也表明结合具有疏水性本质。

表 5.17 羰基化合物结合至蛋白质的热力学常数

蛋白质	羰基化合物	n/(mol/mol)	K/(mol/L)	ΔG/(kJ/mol)
血清白蛋白	2-壬酮	6	1800	-18.4
	2-庚酮	6	270	-13.8
β-乳球蛋白	2-庚酮	2	150	-12.6
	2-辛酮	2	480	-15.5
	2-壬酮	2	2440	-2.0
大豆蛋白(天然)	2-庚酮	4	110	-11.7
	2-辛酮	4	310	-14.2
	2-壬酮	4	930	-17.2
	5-壬酮	4	541	-15.9
	壬醛	4	1094	-17.6
大豆蛋白(部分变性)	2-壬酮	4	1240	-18.0
大豆蛋白(琥珀酰化)	2-壬酮	2	850	-16.7

注:n,在天然状态时结合部位的数目;K,平衡结合常数。

资料来源:Damodaran, S. and Kinsella, J. E., *J Agric. Food Chem.*, 28, 567, 1980; Damodaran, S. and Kinsellam, J. E., *J. Agric. Food Chem.*, 29, 1249, 1981; O'Neill, T. E. and Kinsella, J. E., *J. Agric. Food Chem.*, 35, 770, 1987.

在 Scatchard 关系中假设蛋白质的所有配体结合部位具有相同的亲和力,并且在配体与这些部位结合时不发生构象变化。与后一个假设相反,当风味物与蛋白质相结合时,蛋白质的构象实际上产生了某些的变化。风味物扩散至蛋白质分子的内部打断了蛋白质链段之间的疏水相互作用,使蛋白质的结构失去稳定性。含活性基团的风味物配体,像醛类化合物,能共价地与赖氨酸残基的 $\varepsilon-$ 氨基相结合,改变了蛋白质的净电荷,于是导致蛋白质分子展开。蛋白质分子结构的展开一般伴随着新的疏水基团的暴露,以利于配体的结合。由于这些结构的变化,Scatchard 关系应用于蛋白质时呈曲线。对于寡聚体蛋白质,像大豆蛋白,构象的改变同时伴随亚基的离解和展开。变性的蛋白质一般具有大量的具有弱缔合常数的结合部位。测定风味结合的方法可参考文献[77]和[78]。

5.5.4.2　影响风味结合的因素

由于挥发性风味物主要通过疏水相互作用与水合蛋白质进行相互作用,因此,任何影响疏水相互作用或蛋白质表面疏水性的因素都会影响风味结合。温度对风味结合的影响很小,除非蛋白质发生显著的热展开,这是因为缔合过程主要是由熵驱动而不是由焓驱动的。热变性蛋白质显示较高的结合风味物的能力,然而结合常数通常低于天然蛋白质。盐对蛋白质风味结合性质的影响与它们的盐溶和盐析性质有关。盐溶类型的盐使疏水相互作用去稳定,降低风味结合,而盐析类型的盐提高风味结合。

pH 对风味结合的影响一般与 pH 诱导的蛋白质构象变化有关。通常在碱性 pH 比在酸性 pH 更能促进风味结合,这是由于蛋白质在碱性 pH 比在酸性 pH 经受更广泛的变性。在碱性 pH 裂开蛋白质的二硫键导致蛋白质的展开,这一般会提高风味结合。蛋白质的水解造成疏水区的破坏和疏水区数目的减少,从而降低风味结合。可以利用这些处理方式从油料种子蛋白质除去不良风味。

5.5.5　黏度

一些液体和半固体类食品(例如,肉汁、汤和饮料等)的可接受性取决于产品的黏度或稠度。溶液的黏度与它在一个力(或剪切力)的作用下流动的阻力有关。对于理想溶液,剪切力(单位面积上的作用力 F/A)直接与剪切速度成正比(即两层液体之间的黏度梯度, $\mathrm{d}\nu/\mathrm{d}r$),这可以用下式表示:

$$\frac{F}{A} = \eta \frac{\mathrm{d}\nu}{\mathrm{d}r} \tag{5.71}$$

比例常数 η 被称为黏度系数。服从此关系的流体被称为牛顿流体。

溶液的流动性质主要取决于溶质的类型。可溶性高聚物甚至在很低的浓度时都能显著提高溶液的黏度。可溶性高聚物的这种性质又取决于它们的分子性质,如大小、形状、柔性和水合。如果分子质量相同,那么随机线圈状大分子溶液的黏度比紧密折叠状大分子溶液的黏度大。

包括蛋白质溶液在内的大多数大分子溶液,尤其是在高浓度时,不具有牛顿流体的性质;对于这些系统,当剪切速度增加时黏度系数减小,这种性质被称为假塑性或剪切变稀,

服从下列关系:

$$\frac{F}{A} = m \frac{\mathrm{d}\nu}{(\mathrm{d}r)^{n}} \tag{5.72}$$

式中　m——黏度系数;

n———一个指数,被称为"流动指数"。

造成蛋白质溶液具有假塑性的原因是蛋白质分子具有将它们的主轴沿着流动方向定向的倾向。依靠微弱的相互作用而形成的二聚体和低聚体离解成单体也是导致蛋白质溶液剪切变稀的原因。当蛋白质溶液的剪切或流动停止时,它的黏度可能或不可能回升至原来的数值,这取决于蛋白质分子松弛至随机定向的速度。纤维状蛋白质溶液,像明胶和肌动球蛋白,通常保持定向,于是不能很快地回复至原来的黏度。另一方面,球状蛋白质溶液,像大豆蛋白质和乳清蛋白质,当停止流动时,它们很快地回复至原来的黏度,这样的溶液被称为假塑体系。

由于存在着蛋白质-蛋白质之间的相互作用和蛋白质分子水合球之间的相互作用,大多数蛋白质溶液的黏度(或稠度)系数与蛋白质浓度之间存在着指数关系。图 5.31 所示为以大豆蛋白质为例表明这种关系[79]。在高浓度蛋白质溶液或蛋白质凝胶中,由于存在着广泛而强烈的蛋白质-蛋白质相互作用,蛋白质显示塑性黏弹性质,在这种情况下,需要对体系施加一个特定数量的力,即"屈服应力",才能使它开始流动。

蛋白质的黏度性质是一些变量之间复杂的相互作用的表现形式,这些变量包括在水合状态时蛋白质分子的大小、形状、蛋白质-溶剂相互作用、流体动力学体积和分子柔性。当蛋白质溶于水时,蛋白质吸收水并肿胀,水合分子的体积,即它们的流体动力学大小或体积远大于未水合的分子的大小和体积。蛋白质缔合水对溶剂的流动性质产生长距离的影响。蛋白质分子的形状和大小对溶液黏度的影响遵循下列关系:

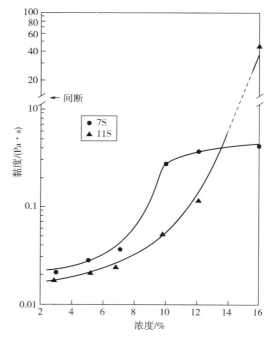

图 5.31　浓度对 7S 和 11S 大豆蛋白质溶液在 20 ℃时黏度(或稠度指数)的影响

资料来源:Rao, M. A. et al. In *Food Engineering and Process Applications*(Le Maguer, M.and P.Jelen, Eds.), Elsevier Applied Sci., New York, pp. 39-48.

$$\eta_{sp} = \beta C(\nu_2 + \delta_1 \gamma_1) \tag{5.73}$$

式中　η_{sp}———比黏度;

　　β———形状因子;

　　C———浓度;

　ν_2 和 γ_1———未水合的蛋白质和溶剂的比体积;

　　δ_1———每个蛋白质结合水的克数。

ν_2 也与分子柔性有关,蛋白质的比体积越大,它的柔性越大。

可以采用几种方式表示稀蛋白质溶液的黏度。相对黏度是指蛋白质溶液黏度与溶剂的黏度之比。如果采用 Ostwald-Fenske 黏度计测定,那么相对黏度可用式(5.74)表示:

$$\eta_{rel} = \frac{\eta}{\eta_0} = \frac{\rho t}{\rho_0 t_0} \tag{5.74}$$

式中　ρ 和 ρ_0——蛋白质溶液和溶剂的密度;

　　　t 和 t_0——规定体积的蛋白质溶液和溶剂流经毛细管的时间。

从相对黏度可以得到其他形式的黏度。比黏度可被定义为:

$$\eta_{sp} = \eta_{rel} - 1 \tag{5.75}$$

比浓黏度是

$$\eta_{red} = \frac{\eta_{sp}}{c} \tag{5.76}$$

式中　c——蛋白质浓度。

而特性黏度是:

$$[\eta] = \mathrm{Lim} \frac{\eta_{sp}}{c} \tag{5.77}$$

将比浓黏度 $[\eta]$ 对蛋白质浓度(c)作图,将所得的图线外延至 0 蛋白质浓度(Lim)就得到特性黏度 $[\eta]$。由于在无限稀释的溶液中不存在蛋白质—蛋白质相互作用,因此特性黏度能精确地指示形状和大小对个别蛋白质分子流动性质的影响。测定特性黏度可以研究由加热和 pH 处理而造成的蛋白质流体动力学形状的变化。

5.5.6　胶凝作用

凝胶是介于固体和液体之间的一个中间相。在技术上它被定义为"一种无稳定状态流动的稀释体系"。它是由聚合物经共价或非共价键交联而形成的一种网状结构,后者能截留水和其他低分子质量的物质(详见第 7 章)。

蛋白质的胶凝作用是蛋白质从"溶胶状态"转变成"似凝胶状态"。在适当条件下加热、酶作用和二价金属离子参与能促使这样的转变。所有这些因素诱导形成一个网状结构,然而过程中所包含的共价和非共价相互作用的类型以及网状结构形成的机制会有显著的不同。

在制备多数食品蛋白质凝胶时,通常是先加热蛋白质溶液。在此种胶凝作用模式中,溶胶状态的蛋白质首先通过变性转变成"预凝胶"状态。在溶胶状态,蛋白质中能形成网状结构的非共价结合基团的数目有限。预凝胶状态通常是一种黏稠的液体状态,此时已经出现某种程度的蛋白质变性和聚合作用。同时,在预凝胶状态关键数量的功能基团,如能形成分子内非共价键的氢键和疏水基团,暴露展开并进入第二阶段,即形成蛋白质网状结构。由于在展开的分子之间存在着许多蛋白质-蛋白质相互作用,因此预凝胶的产生是不可逆的。当预凝胶被冷却至室温或冷藏温度时,热动能的降低有助于各种分子上暴露的功能基团之间形成稳定的非共价键,于是产生了胶凝作用。

在网状结构形成中所涉及的相互作用主要是氢键、疏水和静电相互作用。这些作用力的相对贡献取决于蛋白质的类型、加热条件、变性程度和环境条件。除有多价离子参与形成交联之外,氢键和疏水相互作用与静电相互作用相比能对网状结构的形成做出较大的贡献。蛋白质一般带净的电荷,因此在蛋白质分子之间存在着静电推斥,这通常无助于网状结构的形成。然而,带电基团对于维持蛋白质-水相互作用和凝胶的持水能力是必要的。

主要依靠非共价相互作用维持的凝胶网状结构是热可逆的,正如从明胶凝胶所观察到同例,在加热时它们熔化成预凝胶状态。如果凝胶网状结构的形成主要依靠氢键,那么结果更是如此。由于疏水相互作用随温度升高而增强,因此依靠疏水相互作用形成的凝胶网状结构是热不可逆的,蛋清凝胶就属于这种情况。含有半胱氨酸和胱氨酸的蛋白质在加热时通过—SH 和—S—S—相互交换反应产生聚合和在冷却时形成连续的共价的网状结构,这种凝胶通常是热不可逆的。蛋清蛋白、β-乳球蛋白和乳清蛋白凝胶属于此种类型。

蛋白质能形成两类凝胶,即凝结块(不透明)凝胶和透明凝胶。由蛋白质形成的凝胶的类型取决于它们的分子性质和溶液状况。含有大量非极性氨基酸残基的蛋白质在变性时产生疏水性聚集。

$$ nP_{\mathrm{N}} \xrightarrow{\text{加热}} nP_{\mathrm{D}} \underset{\text{冷却}}{\overset{}{\rightleftharpoons}} (P_{\mathrm{D}})_n (\text{半透明凝胶}) \tag{5.78} $$

(P_{N}是天然状态,P_{D}是展开状态,n是参与交联的蛋白质分子的数目)

随后这些不溶性的聚集体随机缔合而凝结成不可逆的凝结块类型的凝胶。由于聚集和网状结构形成的速度高于变性的速度,这类蛋白质甚至在加热时容易凝结成凝胶网状结构。不溶性蛋白质聚集体的无序网状结构产生的光散射造成这些凝胶的不透明性。一般情况下凝结块凝胶形成的凝胶较弱,且容易脱水收缩。

仅含有少量非极性氨基酸残基的蛋白质在变性时形成可溶性复合物。由于这些可溶性复合物的缔合速度低于变性速度,凝胶网状结构主要是通过氢键相互作用而形成的,因此蛋白质溶液(8%~12%蛋白质浓度)在加热后冷却时才能凝结成凝胶。冷却时可溶性复合物缓慢的缔合速度有助于形成有序而透明的凝胶网状结构。

在分子水平上,当蛋白质溶液中 Val、Pro、Leu、Ile、Phe 和 Trp 残基的总和超过 31.5mol% 时,倾向于形成凝结块凝胶[80];当蛋白质中上述疏水性残基的总和低于 31.5mol% 时,通常形成半透明类型的凝胶。然而这一规律不适用于盐溶中形成的凝胶。例如 β-乳球蛋白含有 32%疏水性氨基酸,它的水溶液能形成一个半透明的凝胶;然而当加入 50mmol/L NaCl 时,它形成一个凝结块类型的凝胶,这是因为 NaCl 能中和蛋白质分子上的电荷从而促进加热时的疏水聚集作用。因此,胶凝机制和凝胶外形基本上被吸引的疏水相互作用和推斥的静电相互作用之间的平衡所控制。实际上,这两种作用力控制着凝胶体系中蛋白质-蛋白质和蛋白质-溶剂相互作用之间的平衡。如果前者远大于后者,可能形成沉淀或凝结块。如果蛋白质-溶剂相互作用占优势,体系可能不会凝结成凝胶。当疏水性和亲水性作用力之间的关系处在这两个极端之间时,体系将形成凝结块凝胶或半透明凝胶。

蛋白质凝胶是高度水合体系,它们能含有高达 98%的水(例如,明胶凝胶)。被截留在凝胶中的水的化学位(活度)类似于稀水溶液中水的活度,但是缺少流动性,并且不易被挤出。有关液态水能以不能流动的状态被保持在凝胶中的机制还没有被完全搞清楚。主要通过氢键相互作用而形成的半透明凝胶比凝结块类凝胶能保持较多的水,并且脱水收缩的倾向也较小。根据这一事实可以推测:很多水是通过氢键结合至肽键的 $C\!=\!O$ 和 N—H 基团,以水合壳的形式与带电基团缔合,和/或广泛地存在于类似于冰的通过氢键形成的水–水网。在凝胶结构微结构的受限制的环境中水有可能作为肽片断的 $C\!=\!O$ 和 N—H 基团之间的氢键交联物(详见第 2 章),这能限制每一单元中水的流动性,当单元变小时,水的流动受到更大的限制。一些水也可能以毛细管水的形式保持在凝胶结构的孔中,尤其是在凝结块凝胶中。

凝胶网状结构对热和机械力的稳定性取决于每单体链所形成的交联数目。从热力学角度考虑,仅当在凝胶网状结构中一个单体的相互作用能量的总和大于热动能时,凝胶网状结构或许是稳定的;这取决于一些内在因素(如大小和净电荷等)和外在因素(如 pH、温度和离子强度等)。蛋白质凝胶硬度的平方根与分子质量呈线性关系[81]。分子质量小于23000u 的球状蛋白质除非含有一个游离的巯基和一个二硫键,否则在任何合理的蛋白质浓度下不能形成热诱导凝胶。巯基和二硫键能促进聚合作用,于是将多肽链的有效分子质量提高至>23000u。有效分子质量低于 23000u 的明胶制剂不能形成凝胶。

另一个影响蛋白质凝胶化作用的重要因素是蛋白质的浓度。为了形成一个静止后自动凝结的凝胶网状结构,需要有一个最低蛋白质浓度,即最小浓度终点(LCE)[82]。大豆蛋白质、鸡蛋白蛋白和明胶的 LCE 分别为 8%、3%和 0.6%,超过此最低浓度时,凝胶强度 G 和蛋白质浓度 C 之间的关系通常服从指数定律,

$$G \propto (C - C_0)^n \tag{5.79}$$

式中 C_0——LCE。

对蛋白质,n 的数值在 1 和 2 之间变动。

如 pH、盐和其他添加剂等环境因素也影响蛋白质的胶凝作用。在接近等电点 pH 时,蛋白质通常形成凝结块类凝胶。在极端 pH,由于强烈的静电推斥作用,蛋白质形成弱凝胶。对于大多数蛋白质,形成凝胶的最适 pH 约 7~8。

有限制的水解有时能促进蛋白质凝胶的形成。干酪是一个众所周知的例子。在牛乳酪蛋白胶束中加入凝乳酶(rennin)导致凝结块类凝胶的形成。由于胶束中的组分 κ-酪蛋白经酶作用被分裂而造成被称为酪蛋白糖巨肽的亲水部分的析出,余下的所谓副酪蛋白具有高疏水性表面,后者促进了弱凝胶网状结构的形成。

在室温下酶催化蛋白质交联能导致凝胶网状结构的形成,常采用转谷氨酰胺酶制备这些凝胶。此酶能在蛋白质分子的谷氨酰胺和赖氨酰基之间催化形成 $\varepsilon(\gamma$-谷氨酰胺)赖氨酰基交联。采用此酶催化交联的方法甚至在低蛋白质浓度也能制备高弹性和不可逆凝胶。

也可采用像 Ca^{2+} 和 Mg^{2+} 这样的二价阳离子制备蛋白质凝胶,这些离子在蛋白质分子的带负电荷基团之间形成交联。从大豆蛋白制备豆腐是此类凝胶中的一个很好的例子。采用此法也能制备海藻酸盐凝胶。制作豆腐的一般方法如图 5.32 所示。

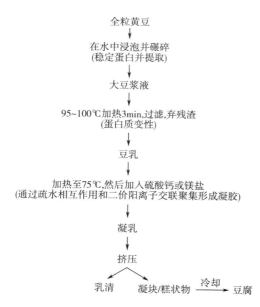

全粒黄豆
↓
在水中浸泡并碾碎
(稳定蛋白并提取)
↓
大豆浆液
↓
95~100℃加热3min,过滤,弃残渣
(蛋白质变性)
↓
豆乳
↓
加热至75℃,然后加入硫酸钙或镁盐
(通过疏水相互作用和二价阳离子交联聚集形成凝胶)
↓
凝乳
↓
挤压
↓
乳清   凝块/糕状物 ──冷却──→ 豆腐

图 5.32　一种典型的商业化豆腐制备过程

5.5.7　组织化

组织化是指蛋白质从球状结构转变成纤维状结构,使其具有肉类的口感特性。组织化蛋白质应具有以下几种功能性质,咀嚼性、弹性、柔软性、多汁性。植物性蛋白质是组织化的优质来源,这是由于它们缺少动物性蛋白质所具有的那些所期望的功能特性。植物性蛋白质的组织化主要通过两种方式进行,即纺纤维组织化和挤压组织化。

5.5.7.1　纺纤维组织化

在此过程中,调节高浓度(~20% w/v)的大豆分离蛋白溶液的 pH 至 12 ~ 13,溶液黏度升高至 50 ~ 100Pa·s,此时蛋白质发生变性,同时碱诱导蛋白质发生交联反应。将这种高黏度的胶状物注入有许多微米孔的吐丝器。用 pH2.5 的磷酸及磷酸盐浸泡纤维状挤出物,此时蛋白质立即凝固成纤维块,再通过滚筒来增加纤维的压缩性和伸展性。通过水洗除去纤维中多余的酸和盐,最后根据产品需要,使水洗纤维通过一系列装有脂肪、风味物、染料或黏合剂的罐子。在 80 ~ 90℃加热纤维以诱导黏合蛋白形成胶凝。卵蛋白因其良好的热凝固性质而被用于黏合剂。最后将成品干燥和整形。图 5.33 所示为纺纤维组织化的整个流程。

5.5.7.2　挤压组织化

在此过程中,用蒸汽将脱脂大豆粉或高溶解性的大豆浓缩蛋白的湿度调整至 20% ~ 25%,将固体放入挤压机,挤压机中逐渐变细的圆柱桶内有旋转螺杆,在螺杆与桶间的距离沿着轴逐渐减小。蛋白块在螺杆间被推进时,会被立即加热到 150 ~ 180℃,在蛋白块随螺杆运动时产生的高温和递增的压力会使蛋白块融化并变性,这被称为热融化,同时这个过程使变性蛋白的纤维形式很紧密。当蛋白块消失,压力会突然释放,水分蒸发,生成物会膨化。可通过调整压力和温度能来控制膨

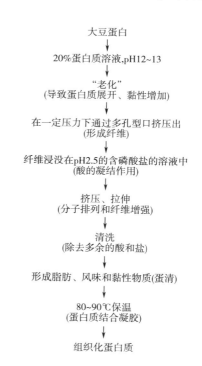

大豆蛋白
↓
20%蛋白质溶液,pH12~13
↓
"老化"
(导致蛋白质展开、黏性增加)
↓
在一定压力下通过多孔型口挤压出
(形成纤维)
↓
纤维浸没在pH2.5的含磷酸盐的溶液中
(酸的凝结作用)
↓
挤压、拉伸
(分子排列和纤维增强)
↓
清洗
(除去多余的酸和盐)
↓
形成脂肪、风味和黏性物质(蛋清)
↓
80~90℃保温
(蛋白质结合凝胶)
↓
组织化蛋白质

图 5.33　一种典型的大豆蛋白纺纤维组织化过程

化。欲得到高密度产品,蛋白块需在挤压出口前冷却。最后将挤出物切块,并按需要进行进一步加工。图 5.34 所示为蛋白质挤压组织化的一般流程。

这些方法的常见原理包括蛋白质的热变性或碱诱导变性,变性蛋白质重新排列成纤维网状结构,同时用蛋白黏合剂将纤维黏合,最终产品的调味。组织化的植物性蛋白越来越多地用做碎肉制品的添加剂(肉馅饼、酱汁、夹饼等)和肉制品类似物或仿真肉。

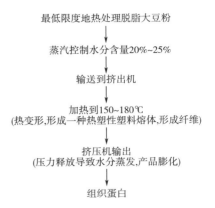

图 5.34　大豆粉的挤压组织化

5.5.8　面团的形成

捏合小麦面粉和水(约 3:1)的混合物,可形成具有黏弹性的面团,它适合于制造面包和其他焙烤产品。面团的这些特性主要来自于小麦面粉的蛋白质。

小麦面粉含有可溶和不可溶蛋白质部分。可溶蛋白质占总蛋白质的 20%,它们主要是白蛋白和球蛋白类型酶以及某些次要的糖蛋白。这些蛋白质对小麦面粉形成面团的性质没有贡献。小麦的主要贮藏蛋白质是面筋。面筋是蛋白质的复杂混合物,主要包括麦醇溶蛋白和麦谷蛋白,面筋在水中的溶解度有限。与水混合后,面筋可形成黏弹性的面团,在发酵过程中截留气体。

面筋具有独特的氨基酸组成,Gln 和 Pro 氨基酸残基占总数的 40%以上(表 5.18)。面筋在水中的低溶解度是由于它的氨基酸组成中 Lys、Arg、Glu 和 Asp 残基的含量低,它们加

表 5.18　麦谷蛋白和麦醇溶蛋白中的氨基酸组成

氨基酸	麦谷蛋白/mol%	麦醇溶蛋白/mol%	氨基酸	麦谷蛋白/mol%	麦醇溶蛋白/mol%
半胱氨酸(Cys)	2.6	3.3	缬氨酸(Val)	4.8	4.8
蛋氨酸(Met)	1.4	1.2	异亮氨酸(Ile)	3.7	4.3
天冬氨酸(Asp)	3.7	2.8	亮氨酸(Leu)	6.5	6.9
苏氨酸(Thr)	3.4	2.4	酪氨酸(Tyr)	2.5	1.8
丝氨酸(Ser)	6.9	6.1	苯丙氨酸(Phe)	3.6	4.3
谷氨酸+谷氨酰胺(Glx)[①]	28.9	4.6	赖氨酸(Lys)	2.0	0.6
脯氨酸(Pro)	11.9	16.2	组氨酸(His)	1.9	1.9
甘氨酸(Gly)	7.5	3.1	精氨酸(Arg)	3.0	2.0
丙氨酸(Ala)	4.4	3.3	色氨酸(Trp)	1.3	0.4

①Glx 是 Glu 和 Gln 的混合物,小麦蛋白中的 Glx 主要由 Gln 组成。

资料来源:MacRitchie, F. and Lafiandra, D., Structure-function relationships of wheat proteins, in: *Food Proteins and Their Applications*, Damodaran, S. and Paraf, A., eds., Marcel Dekker, New York, 1997, pp. 293-324.

起来还不到氨基酸残基总数的 10%。面筋的氨基酸残基的 30%左右是疏水性的,这些氨基酸残基能通过疏水相互作用形成蛋白质聚集体并结合脂类物质和其他非极性物质。面筋的高谷氨酰胺和羟基氨基酸(～10%)含量使它具有水结合性质。此外,面筋蛋白质多肽的谷氨酰胺和羟基氨基酸残基之间的氢键对面筋所具有的黏附-黏合性质也有贡献。胱氨酸和半胱氨酸残基占面筋总氨基酸残基的 2～3mol%。在形成面团的过程中,这些残基经受了 2—SH→—S—S—交换反应,同时导致面筋蛋白质的广泛聚合作用[83]。

　　在小麦面粉和水混合物的混合和捏合过程中出现了几种物理和化学转变:水与谷蛋白中的各种亲水和带电的团结合。在干燥状态下,面筋中的主要的二级结构成分是 β 折叠结构[84]。这些 β 折叠不是球状蛋白质中常见由层间氢键维持的平行和反平行 β 折叠结构,因为在面筋的不同差示扫描量热曲线中没有吸热热流[85]。在吸水时,面筋主要经历了从 β 折叠变为 β 弯曲的结构变化[84,85]。众所周知,面筋中的谷蛋白多肽含有重复的 PGQGQQ 和 GYYPTSLQQ 序列[86],这些序列很容易形成连续的 β 弯曲,进而形成一种 β 螺旋的结构。这种 β 螺旋的结构直径为 1.95nm,倾斜 1.49nm[87]。这种 β 螺旋结构形如弹簧且与面团的黏弹性相关[88]。在主要的结构变化外,谷蛋白多肽在揉捏过程中发生了 2—SH→—S—S—交换反应,导致线状聚合物的形成。这些线状聚合物转而又相互作用,可以通过氢键、疏水缔合和二硫交联形成了能截留气体的似片状的膜(图 5.35)。由于在面筋中出现了这些转变,面团的耐力随时间而增加,直至达到最高耐力,接着耐力下降,表明网状结构破裂。此种断裂涉及聚合物按剪切方向排列和二硫交联的断裂,它使聚合物变小。在捏合过程中面团达到最高强度(R_{max})所需要的时间被用来作为衡量小麦在制作面包时的质量指标,即时间越长,质量越好。

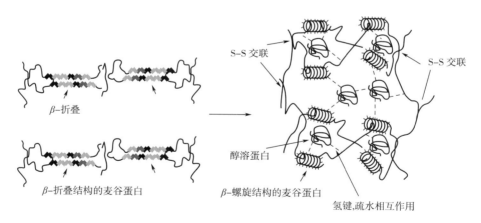

图 5.35　面团中的面筋网络状结构形成机制

　　黏弹性面团的形成与 2—SH→—S—S—交联反应的程度有关,在面团中加入半胱氨酸或巯基封闭剂 N-乙基马来酰亚胺(NEM)使黏弹性显著下降的事实证实了这个观点。另一方面,加入像碘酸盐和溴酸盐这样的氧化剂能增加面团的弹性。这意味着富含—SH 和—S—S—基的小麦品种具有上好的面包加工质量,然而此关系并不可靠。因此,除了二硫键的交联作用,氢键和疏水相互作用在小麦面团中也起重要作用。

不同小麦品种在面包加工质量上的差别可能与面筋结构上的差别有关。正如前面已提及的,面筋是由麦醇溶蛋白和麦谷蛋白构成的。麦醇溶蛋白由四组蛋白质构成,即 α、β、γ 和 ω-麦醇溶蛋白,在面筋中它们以相对分子质量 30000～80000 的单多肽链存在。虽然麦醇溶蛋白含有约一定量的半胱氨酸残基,它们以分子间二硫键形式存,这些二硫键埋藏在蛋白质分子内部,因而,它们不能参与与其他蛋白质的 2—SH→—S—S—交换反应。在面团制备中,二硫键似乎作为分子内二硫化物保留下来。因而从分离的麦醇溶蛋白和淀粉制备的面团具有黏性,但没有黏弹性。

另一方面,麦谷蛋白是相对分子质量从 12000～130000 的复杂多肽。可将它们进一步分成高相对分子质量(>90000,HMW)和低相对分子质量(<90000,LMW)麦谷蛋白。在面筋中,这些麦谷蛋白多肽链是以由二硫交联连接而成的聚合物形式存在的,相对分子质量范围可高达百万。由于它们能通过 2—SH→—S—S—交换反应广泛地聚合,因此麦谷蛋白对面团的黏弹性有着重大的贡献。一些研究显示,对于某些小麦品种,在 HMW 麦谷蛋白含量和面包加工质量之间存在着很强的正相关[89]。从已有的信息可以看出,在面筋结构的 LMW 和 HMW 麦谷蛋白中二硫交联缔合的特殊模式对于面包质量的重要性远超过此蛋白质的数量。例如,在 LMW 麦谷蛋白中缔合/聚合产生的一种结构类似于由 HMW 麦谷蛋白形成的结构,此类结构贡献于面团的黏度,但无助于面团的弹性。与此相反,LMW 麦谷蛋白通过二硫交联(在面筋中)与 HMW 麦谷蛋白联结,已确证这有助于面团的弹性。在高质量小麦品种中,较多的 LMW 麦谷蛋白可能同 HMW 聚合,而在低质量的小麦品种中,大多数 LMW 麦谷蛋白可能在自身间聚合。在各种小麦品种面筋中麦谷蛋白缔合状态的这些差别关系到它们在构象性质(如表面疏水性)和巯基/二硫基反应力上的差别。

总之,在酰胺和羟基间的氢键、疏水相互作用和羰基二硫键交换反应都有助于小麦面团独特的黏弹性质的形成。然而,这些相互作用最终是否有助于产生优良的面团形成性质,取决于各种蛋白质的结构性质和在整个面筋结构中与其结合的蛋白质的结构性质。

由于面筋尤其是麦谷蛋白的多肽链富含脯氨酸,因此它们仅含有很少的有序二级结构。不论最初存在于麦醇溶蛋白和麦谷蛋白中的有序结构是如何,它在混合和揉搓过程中都会丧失。因此,在焙烤中不会出现额外的去折叠。

在小麦面粉中补充白蛋白和球蛋白,如乳清蛋白和大豆蛋白,会对面团的黏弹性质和焙烤质量产生不利的影响。这些蛋白质会妨碍面筋网状结构的形成而减小面包的体积。在面团中加入磷脂和其他表面活性剂能抵消外加蛋白质对面包体积的不良影响。在这种情况下,表面活性剂/蛋白质膜补偿了受损害的面筋膜。虽然这样的处理产生了可接受的面包体积,然而面包的质构和感官品质不如正常的产品。

有时也将分离的面筋作为一种蛋白质配料用于非焙烤产品。该种蛋白质的黏附黏合性质使它成为绞碎的肉制品和鱼浆制品的有效黏结剂。

5.6　蛋白质水解物

用蛋白水解酶使蛋白质部分水解可以改进蛋白质功能性质,如溶解性、分散性、起泡性、乳化性。蛋白水解产物经常用于一些特殊食品,如老年食品、不会引起过敏的婴儿配方、运动饮料和营养食品。蛋白水解物易于消化所以可以特别应用在婴儿配方食品和老年食品中。

蛋白水解作用是指水解酶作用于蛋白质中的肽键。

$$—NH—CH—CO—NH—CH—CO— \quad +H_2O \xrightarrow{\text{蛋白酶}} \quad —NH—CH—COOH \quad + \quad H_2N—CH—CO—$$
$$\underset{R_1}{|} \qquad \underset{R_2}{|} \qquad\qquad\qquad\qquad \underset{R_1}{|} \qquad\qquad \underset{R_2}{|}$$

$$(5.80)$$

在该反应中,酶作用于每个肽键,释放出 1mol 羧基和氨基,当反应完成时,终产物是蛋白质中所有氨基酸组分的混合物。不完全水解产物是原蛋白质水解多肽的混合物。蛋白质水解物的功能性质取决于水解度(DH)和物理化学性质,如大小、溶解性以及水解产物中的多肽。

水解度定义为断裂的肽键的百分数:

$$\%DH = \frac{n}{n_T} \times 100 \tag{5.81}$$

式中　n_T——每摩尔蛋白质中肽键的总摩尔数;

　　　n——每摩尔蛋白质中断裂的肽键的摩尔数。

当蛋白质的摩尔数未知或者蛋白质样品为多种蛋白质的混合物时,n 和 n_T 表示每克蛋白质中的肽键数。

DH 通常用 pH-Stat 法测得,该方法根据当肽键水解时,形成的羧基在 pH>7 时释放 H^+ 并被完全离子化。结果,蛋白质溶液的 pH 随着水解的进行而不断降低。在 pH 7~8,肽键水解的摩尔数与释放的 H^+ 摩尔数相等。在 pH-Stat 法中,用 NaOH 滴定蛋白溶液使其保持恒定 pH,水解时 NaOH 消耗的摩尔数等于肽键断裂的摩尔数。

许多蛋白酶可用于蛋白水解,一些蛋白酶具有位点特异性(表 5.19)。由于蛋白酶的特异性,水解过程中产生的多肽片段因蛋白酶的不同而存在差异。来自地衣芽孢杆菌的碱性蛋白酶是用于生产蛋白水解物的一种主要商品酶,这种酶属于枯草杆菌蛋白酶,是一种丝氨酸蛋白酶。

表 5.19　　　　　　　　　　　　　　各种蛋白酶的特异性

蛋白酶	类型	特异性
弹性蛋白酶	内切蛋白酶	Ala-aa,Gly-aa
菠萝蛋白酶	内切蛋白酶	Ala-aa,Tyr-aa
胰蛋白酶	内切蛋白酶	Lys-aa,Asp-aa
胰凝乳蛋白酶	内切蛋白酶	Phe-aa,Trp-aa,Tyr-aa
胃蛋白酶	内切蛋白酶	Leu-aa,Phe-aa
V-8 蛋白酶	内切蛋白酶	Asp-aa,Glu-aa
嗜热菌蛋白酶	内切蛋白酶	aa-Phe,aa-Leu

续表

蛋白酶	类型	特异性
碱性蛋白酶	内切蛋白酶	无特异性
木瓜蛋白酶	内切蛋白酶	Lys-aa,Arg-aa,Phe-aa,Gly-aa
脯氨酰内肽酶	内切蛋白酶	Pro-aa
枯草杆菌蛋白酶	内切蛋白酶	无特异性

注:aa 指 20 种氨基酸残基中的任何一种。

5.6.1 功能性质

蛋白质水解物的功能性质取决于用于水解的酶,这是由于水解过程中释放出的多肽的大小和其他物理化学性质存在差异性。一般情况下,不论使用哪种酶,蛋白质的溶解性会在水解后得到改进,DH 越大,溶解性越高,但溶解性的净增加取决于所用酶的类型。图5.36 所示为用 V-8 蛋白酶处理酪蛋白前后,pH 和溶解性的关系。图中显示出酪蛋白部分水解后在等电点 pH 的溶解性显著增加,这种现象也出现在其他蛋白质中。沉淀和沉降在酸性蛋白饮料中是所不期望的,因此较高的蛋白质溶解性对酸性饮料尤为重要。

蛋白质的溶解性对其起泡能力和乳化能力是必需的,因此水解蛋白质能改进起泡性和乳化性,而这种改进的程度取决于所使用的酶的类型和 DH。一般情况下,DH<10% 能提高起泡能力和乳化能力,DH>10% 则会降低起泡能力和乳化能力。另一方面,蛋白质水解物的泡沫稳定性和乳化稳定性低于原始蛋白质,其中一个原因是短肽在气水界面和油水界面不能形成黏弹性膜。

蛋白水解物一般不形成热诱导凝胶,但明胶是个例外。明胶是由胶原在酸或碱下水解制得,是不同种类多肽的混合物。明胶中多肽的平均分子质量取决于 DH,这显著影响其凝胶强度,平均分子质量越大,凝胶强度越强。明胶的平均分子质量>20000u 时在任何明

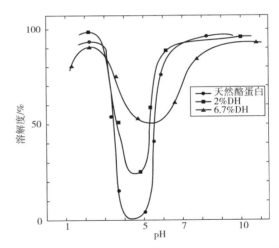

图 5.36 天然酪蛋白和金黄色葡萄球菌 V-8 蛋白酶改性的酪蛋白的 pH-溶解性曲线

溶解性用溶液中总蛋白百分比表示。

资料来源:Adler-Nissen, J., *J. Agric. Food Chem.*, 27, 1256, 1979.

胶浓度都不能形成凝胶。商业明胶产品的凝胶性质可以用胶凝计通过涂层评价法来测定。涂层评价法是指将 6.67%(w/v)的明胶凝胶注入 4cm 的胶凝计,在 10℃ 水浴 17h 后,以克为单位测得质量。表 5.20 所示为几种明胶食品的涂层评价法的条件。

表5.20	几种明胶食品的涂层评价法的条件	
产品	涂层评价/g	食品中的浓度/%
软心豆粒糖	220	7~8
果冻	100~120	10~12
棉花糖	220	2~3
糖锭	50~100	1

5.6.2 致敏性

一些食品蛋白质包括牛乳、大豆蛋白、面筋蛋白、卵蛋白、花生蛋白,会使儿童和成年人产生严重的过敏反应。但这些蛋白质的水解物比它们的天然相似物的致敏性要低[90,91]。免疫球蛋白E(IgE)上的抗原决定簇暴露使天然蛋白质的致敏性增加,蛋白水解物的抗原决定簇会被水解裂开而破坏。例如,用胰酶制剂(胰酶混合物)水解酪蛋白,DH达到55%,酪蛋白的致敏性会降低50%[92]。同样,用胃蛋白酶和α-胰凝乳蛋白酶对乳清蛋白进行水解能显著降低其致敏性[93]。因此,对于那些对食品蛋白质易过敏的婴儿和儿童来说,蛋白质水解物是蛋白质或氨基酸的良好来源。

蛋白水解物致敏性的网状物的减少取决于使用的蛋白酶的类型,非特异性蛋白酶或混合蛋白酶比特异性蛋白酶更能降低蛋白的致敏性。DH会发挥作用:DH越高,越能降低致敏性。基于上述原理,降低蛋白质致敏性的蛋白酶,其效率用致敏性降低指数(ARI)表示,ARI定义为致敏性降低的百分比与DH的比值。

5.6.3 苦味肽

苦味是蛋白质水解物的一个所最不期望的性质,特定蛋白水解会释放苦味。目前可充分证明肽的苦味与疏水性有关,疏水性残基均值<5.4kJ/mol的肽没有苦味(详见第11章),另一方面,疏水性残基均值>5.9kJ/mol的肽有苦味[94]。肽的疏水性残基均值是由氨基酸在乙醇和水中转移的自由能计算的(表11.1)。蛋白质水解物中苦肽的形成取决于氨基酸组成、序列及使用的酶的种类。高度水解的蛋白质的水解物产生苦味,如酪蛋白、大豆蛋白和谷蛋白;但像明胶的蛋白水解物苦味较淡。用几种商业蛋白酶水解酪蛋白和大豆蛋白会产生多种苦肽。使用肽链内切酶和肽链端解酶的混合物能使苦肽降解成疏水性残基均值<5.4kJ/mol的肽,从而能降低或消除苦味。

5.7 蛋白质的营养价值

蛋白质的营养价值因种类不同而有差别。像必需氨基酸的含量和消化率等因素是造成这个差别的原因。因此,人体对蛋白质的日需量取决于膳食中蛋白质的种类和组成。

5.7.1 蛋白质质量

蛋白质的质量主要取决于它的必需氨基酸组成和消化率。高质量蛋白质含有所有的必需氨基酸,并且高于 FAO/WHO/UNU 的参考水平[95],它的消化率可以与蛋清或乳蛋白相比较,甚至高于它们。动物蛋白质的"质量"好于植物蛋白质。

主要品种的谷类和豆类的蛋白质往往缺乏至少一种必需氨基酸,谷类(大米、小麦、大麦和燕麦)蛋白质缺乏赖氨酸而富含蛋氨酸;豆类和油料种子蛋白质缺乏蛋氨酸而富含赖氨酸。一些油料种子蛋白质,像花生蛋白,同时缺乏蛋氨酸和赖氨酸。蛋白质中浓度(含量)低于参考蛋白质中相应水平的必需氨基酸被称为限制性氨基酸。成年人因食用谷类和豆类蛋白质难以维持身体健康;年龄低于12岁的儿童的膳食中仅含有上述的一类蛋白质不能维持正常的生长速度。表5.21所示为各种蛋白质中必需氨基酸的含量。

表 5.21　　　　各种来源蛋白质的必需氨基酸含量和营养价值　　　单位:mg/g 蛋白质

性质	蛋白质来源												
	鸡蛋	牛乳	牛肉	鱼	小麦	大米	玉米	大麦	大豆	蚕豆	豌豆	花生	菜豆
氨基酸浓度/(mg/g 蛋白质)													
His	22	27	34	35	21	21	27	20	30	26	26	27	30
Ile	54	47	48	48	34	40	34	35	51	41	41	40	45
Leu	86	95	81	77	69	77	127	67	82	71	70	74	78
Lys	70	78	89	91	23[①]	34[①]	25[①]	32[①]	68	63	71	39[①]	65
Met+Cys	57	33	40	40	36	49	41	37	33	22[②]	24[②]	32	26
Phe+Tyr	93	102	80	76	77	94	85	79	95	69	76	100	83
Thr	47	44	46	46	28	34	32[②]	29[②]	41	33	36	29[②]	40
Trp	17	14	12	11	10	11	6[②]	11	14	8[①]	9[①]	11	11
Val	66	64	50	61	38	54	45	46	52	46	41	48	52
总必需氨基酸	512	504	480	485	336	414	422	356	466	379	394	400	430
蛋白质含量/%	12	3.5	18	19	12	7.5	—	—	40	32	28	30	30
化学评分/%(根据 FAO/WHO 模型[30])	100	100	100	100	40	59	43	55	100	73	82	67	—
PER	3.9	3.1	3.0	3.5	1.5	2.0	—	—	2.3	—	2.65	—	—
BV(根据大鼠试验)	94	84	74	76	65	73	—	—	73				
NPU	94	82	67	79	40	70	—	—	61				

①主要限制性氨基酸;

②次要限制性氨基酸。

PER:蛋白质效率比;BV:生物价;NPU:净蛋白质利用。

资料来源:FAO/WHO/UNU, Energy and protein requirements, Report of a joint FAO/WHO/UNU Expert Consultation, World Health Organization Technical Report Series 724, WHO, Geneva, Switzerland, 1985; Eggum, B. O. and Beames, R. M., The nutritive value of seed proteins, in: *Seed Proteins*, Gottschalk, W. and Muller, H. P., eds., Nijhoff/Junk, The Hague, the Netherlands, 1983, pp. 499-531.

动物和植物蛋白质一般含有足够数量的 His、Ile、Leu、Phe + Tyr 和 Val,因此,在经常食用的食品中这些氨基酸通常不是限制性氨基酸。然而,Lys、Thr、Trp 或含硫氨基酸往往是限制性氨基酸。如果蛋白质缺乏一种必需氨基酸,那么将它与富含此种必需氨基酸的另一种蛋白质混合就能提高它的营养质量。例如,将谷类蛋白质与豆类蛋白质混合就能提供完全和平衡的必需氨基酸。于是,含有适当数量谷类和豆类的饮食或营养上完全的饮食能支持人的生长和生活。低质量蛋白质的营养质量也能通过补充所缺乏的必需氨基酸得到改进。例如,豆类和谷类在分别补充 Met 和 Lys 后,它们的营养性质得到改进。

如果蛋白质或蛋白质的混合物含有所有的必需氨基酸,并且它们的含量(或比例)使人体具有最佳的生长速度或最佳的保持健康的能力,那么此蛋白质或蛋白质混合物具有理想的营养价值。表 5.22 所示为对于儿童和成人理想的必需氨基酸模型。然而,由于在一个人群中个别人对必需氨基酸的实际需求随他们营养和生理状况而变化,因此,一般将婴幼儿(2~5 岁)的必需氨基酸需求作为一个安全水平推荐给所有的年龄组[96]。

表 5.22　　　　　　　　　　　　　推荐的食品蛋白质中必需氨基酸模式

氨基酸	推荐的模型/(mg/g 蛋白质)			
	婴幼儿(2~5 岁)	学龄儿童(10~12 岁)	学龄儿童	成人
His	26	19	19	16
Ile	46	28	28	13
Leu	93	66	44	19
Lys	66	58	44	16
Met+Cys	42	25	22	17
Phe+Tyr	12	63	22	19
Thr	43	34	28	9
Try	17	11	9	5
Val	55	35	25	13
总计	434	320	222	111

资料来源:From FAO/WHO/NUN. Energy and protein requirements, Report of a joint FAO/WHO/UNU Expert Consultation. World Health Organization Technical Rep. Ser. 724, WHO, Geneva, Switzerland, 1985.

过量摄入任何一种氨基酸会引起"氨基酸拮抗作用"或毒性。一种氨基酸的过量摄入往往造成对其他必需氨基酸需求的增加,这是由于氨基酸之间对肠黏膜吸收部位的竞争。例如,当 Leu 的水平较高时,它降低了 Ile、Val 和 Tyr 的吸收,即使在饮食中这三种氨基酸是足够的,Leu 导致机体对后三种氨基酸的需求量升高。过分摄入其他氨基酸也能抑制生长和诱导病变。

5.7.2　消化率

虽然必需氨基酸的含量是蛋白质质量的主要指标,然而蛋白质的真实质量也取决于这些氨基酸在体内被利用的程度。于是,消化率影响着蛋白质的质量。表 5.23 所示为各种蛋白质的消化率。动物来源的蛋白质比植物来源的蛋白质具有更高的消化率。一些因素影响着食品蛋白质的消化率。

表 5.23 各种食品蛋白质在人体内的消化率

蛋白质来源	消化率/%	蛋白质来源	消化率/%
鸡蛋	97	小米	79
牛乳、干酪	95	豌豆	88
肉、鱼	94	花生	94
玉米	85	大豆粉	86
大米(精制)	88	大豆分离蛋白	95
小麦(全)	86	豆类	78
面粉(精制)	96	玉米制品	70
面筋	99	小麦制品	77
燕麦	86	大米制品	75

资料来源：FAO/WHO/NUN. Energy and protein requirements，Report of a joint FAO/WHO/UNU Expert Consultation. World Health Organization Technical Rep. Ser. 724，WHO，Geneva，Switzerland，1985.

5.7.2.1 蛋白质构象

蛋白质的结构状态影响着它们的酶催化水解。天然蛋白质通常比部分变性蛋白质较难水解完全。例如,采用一种蛋白酶混合物处理菜豆球蛋白(存在于菜豆中的蛋白质)仅能有限地分解蛋白质,释放出分子质量为 22000u 的多肽作为主要产物。当在类似的条件下处理热变性菜豆球蛋白时,它被完全地水解成氨基酸和二肽。一般而言,不溶性纤维状蛋白和过度变性的球状蛋白难以被酶水解。

5.7.2.2 抗营养因子

大多数植物分离蛋白和浓缩蛋白含有胰蛋白酶和胰凝乳蛋白酶抑制剂(Kunitz 类型和 Bowman-Birk 类型)以及外源凝集素。这些抑制剂使豆类和油料种子蛋白质不能被胰蛋白酶完全水解。外源凝集素是糖蛋白,它与肠黏膜细胞结合而妨碍了氨基酸的吸收。外源凝集素和 Kunitz 类型蛋白酶抑制剂并不耐热,而 Bowman-Birk 类型抑制剂在通常的热加工条件下性状稳定。于是,经热处理的豆类和油料种子蛋白质一般比天然的分离蛋白质较易消化。植物蛋白质也含有其他抗营养因子,如单宁和植酸。单宁是多酚的缩合产物,它们共价地与赖氨酰基残基中的 ε-氨基结合,这就抑制了由胰蛋白酶催化的赖氨酰基肽键的断裂。

5.7.2.3 加工

蛋白质与多糖和膳食纤维的相互作用会降低蛋白质的水解速率和水解完全。这对于使用高温高压生产食品的过程尤为重要。蛋白质经受高温和碱处理会导致包括赖氨酸残基在内的一些氨基酸残基产生化学变化,此类变化也会降低蛋白质的消化率。还原糖与 $\varepsilon-$氨基基团发生反应也会降低赖氨酸残基的消化率。

5.7.3 蛋白质营养价值的评价

由于不同来源的蛋白质的营养质量相差很大,并且受许多因素的影响,因此建立评估蛋白质营养质量的程序尤为重要。评价蛋白质的营养质量有助于①确定为了人体生长和维持健康而提供一个安全水平的必需氨基酸所需要摄入的蛋白质的量和②监测在食品加工期间蛋白质营养价值的变化,以便确定能尽可能减少营养质量损失的加工条件。评价蛋白质营养质量的方法包括生物、化学和酶法。

5.7.3.1 生物方法

生物方法的依据是被饲喂含蛋白质饲料的动物的增重或氮保留,同时采用不含蛋白质的饲料作为对照。由 FAO/WHO 推荐的草案一般被用来评价蛋白质的质量[96]。大鼠是通常的试验动物,尽管有时也用人作为试验对象。采用含有约 10%蛋白质(以干物质计)的饮食以保证蛋白质摄入低于日需要量。饮食提供足够的能量。在这些条件下,饮食中的蛋白质在最大程度上用于生长。必须使用足够数量的试验动物以确保所得的结果在统计上的可靠性。一般采用一个 9d 的试验周期。在试验周期的每一天,每一只动物所消费的食物的数量被列成表,粪和尿被收集供氮的分析。

从动物饲养研究结果评价蛋白质质量的方法有下列几种。蛋白质效率比(PER)是指摄入每克蛋白质使动物增重的克数,这是简便而常用的表达方法。另一个表达方式是净蛋白质比(NPR),它可按式(5.82)计算:

$$\text{NPR} = \frac{(增重)-(饲喂不含蛋白质饲料组的失重)}{摄入的蛋白质} \tag{5.82}$$

NPR 值提供了有关蛋白质维持生命和支持生长的能力方面的信息。在这些方法中一般采用大鼠作为试验动物。由于大鼠生长比人快得多,在用于维持生命的蛋白质百分数上,成长中的儿童比生长中的大鼠来得高,于是产生了这样的疑问:从研究大鼠得到的 PER 和 NPR 的值是否对估计人的需求有用[97]。这个观点是有道理的,目前已对这些步骤做了适当的校正。

另一个评价蛋白质质量的方法包括测定氮的摄入和氮的损失。根据此法可以计算两个有用的蛋白质质量参数。从摄入的氮的数量和通过粪便排出的氮的数量之差可以获得表观蛋白质消化率(apparent protein digestibility)或蛋白质消化率系数(coefficient of protein digestibility)。然而,由于总的粪氮也包括代谢氮或内源氮,因此,必须进行校正以获得真实消化率(TD)。真实消化率(TD)可按下式计算:

$$TD = \frac{I - (F_N - F_{K,N})}{I} \times 100 \tag{5.83}$$

式中 I——摄入的氮;

F_N——总的粪便氮;

$F_{K,N}$——内源粪便氮。

该数据可从饲喂不含蛋白质饲料组获得。

TD 值指出了摄入的氮中被人体吸收的氮所占的百分数,然而它并没有指出在被吸收的氮中有多少被动物体真正地保留或利用。

生物价(BV)可按下式计算:

$$BV = \frac{I-(F_N-F_{K,N})-(U_N-U_{K,N})}{1-(F_N-F_{K,N})} \times 100 \tag{5.84}$$

式中 U_N 和 $U_{K,N}$——尿中总的和内源氮损失。

净蛋白质利用率(NPU)是指在摄入的氮中以动物体氮保留下来的氮所占的百分数,它可以从 TD 和 BV 的乘积获得,

$$NPU = TD \times BV = \frac{I-(F_N-F_{K,N})-(U_N-U_{K,N})}{I} \times 100 \tag{5.85}$$

一些蛋白质的 PER、BV_s 和 NPU_s 见表 5.21。

其他的生物测定方法也偶尔被用来评价蛋白质质量,它们包括测定酶活力、血浆中必需氨基酸含量的变化、血浆和尿中尿素的水平、血浆蛋白质供应的速度或先前饲喂不含蛋白质饮食的动物。

5.7.3.2 化学方法

生物方法成本高并且耗时长。测定蛋白质中各种氨基酸的含量并与理想的参考蛋白质中必需氨基酸模型比较,这是快速测定蛋白质营养价值的方法。表 5.22[95] 所示为对于 2~5 岁幼儿参比蛋白质理想的必需氨基酸模型,此模型已被采用为除婴儿以外所有年龄段的标准。在被测定的蛋白质中每一个必需氨基酸的“化学评分”可按式(5.86)计算:

$$\frac{\text{mg 氨基酸/g 被测定的蛋白质}}{\text{mg 同一种氨基酸/g 参考蛋白质}} \times 100 \tag{5.86}$$

在被测定的蛋白质中化学评分最低的必需氨基酸是最限制性的氨基酸,此限制性氨基酸的化学评分给出了被测定的蛋白质的化学评分。正如前面已经提到的,Lys、Thr、Trp 和含硫氨基酸往往是食品蛋白质的限制性氨基酸,因此,这些氨基酸的化学评分一般足以评价蛋白质的营养价值。化学评分能估计摄入多少被试验的蛋白质或蛋白质混合物才能满足限制性氨基酸的日需求量,这可以按式(5.87)计算:

$$\text{需要摄入的蛋白质} = \frac{\text{推荐的鸡蛋或乳蛋白质摄入量}}{\text{被试验的蛋白质的化学评分}} \times 100 \tag{5.87}$$

化学评分方法的一个优点是简便,并且根据蛋白质的化学评分可以确定膳食中蛋白质的互补效果,进而通过混合各种蛋白质研制高质量的蛋白质膳食。然而化学评分也存在着一些缺点。支撑化学评分的一个假设是所有被试验的蛋白质能完全或相同地被消化和所有的必需氨基酸是完全地被吸收。由于这个假设常常是不符合实际情况的,因此,从生物方法得到的结果与化学评分之间的关系往往是不好的。然而,采用蛋白质消化率将化学评分校正后,此关系得到了改进。采用三种或四种酶的组合(如胰蛋白酶、胰凝乳蛋白酶、肽酶和细菌蛋白酶)能在体外快速地测定蛋白质的表观消化率。

化学评分法的其他缺点是它不能区分 D-氨基酸和 L-氨基酸,由于动物仅能利用 L-氨基酸,因此化学评分法过高地估计了蛋白质的营养价值,尤其是当蛋白质处在高 pH 时,后者造成外消旋作用。化学评分法也不能预测一个过高浓度的必需氨基酸对其他必需氨基酸生物有效性的负效应和没有考虑到抗营养因子的影响。尽管存在着这些重要的缺陷,但是最近研究指出,化学评分经蛋白质消化率校正后,对于生物价(BV)超过 40% 的蛋白质,它能与从生物方法所得到的结果很好地符合;当 BV 低于 40% 时,其相关性甚不理想[96]。

5.7.3.3 酶和微生物方法

在体外,有时也采用酶法测定蛋白质的消化率和必需氨基酸的释放。在一个方法中,先后采用胃蛋白酶和胰酶(胰脏提取物的冷冻干燥粉)消化被试验的蛋白质[83]。在另一个方法中,采用三种酶即胰酶、胰凝乳蛋白酶和猪肠肽酶在标准试验条件下消化被试验的蛋白质[98]。这些方法除了能提供蛋白质固有的消化率数据外,还能检测加工引起的蛋白质质量的变化。

如产酶链球菌(*Streptococuus zymogenes*)、粪链球菌(*Streptococcus faecalis*)、肠膜明串珠菌(*Leuconostoc mesenteroides*)、产气荚膜梭状芽孢杆菌(*Clostridium perfringens*)和梨状四膜虫(Tetrahymena pyriformis)这样的微生物的生长也被用来测定蛋白质的营养价值[99],这些微生物中梨状四膜虫(*Tetrahymena pyriformis*)对氨基酸的需求类似于大鼠和人体,因此它在这种方法中特别有用。

5.8 在食品加工中蛋白质的物理、化学和营养变化

食品的商业加工常涉及加热、冷却、干燥、化学试剂处理、发酵、辐照或各种其他处理。加热是最常用的处理方法,它能使微生物失活,使内源酶失活,以免食品在保藏中产生氧化和水解,它也能使由生的食品配料组成的无吸引力的混合品转变成卫生的和感官上吸引人的食品。此外,有些蛋白质,像牛 β-乳球蛋白、α-乳清蛋白和大豆蛋白,会产生过敏反应,加热能消除这个不良效应。不幸的是,通过加热食品蛋白质产生上述的有益效应时也同时损害蛋白质营养价值和功能性质。在这一节中将同时讨论食品加工对蛋白质产生的期望的和不期望的效应。

5.8.1 营养质量的变化和有毒化合物的形成

5.8.1.1 适度热处理的影响

大多数食品蛋白质在适度的热处理(60~90℃ 1h 或更短时间)后产生变性。蛋白质广泛变性后往往变得不溶,这会破坏那些与溶解度有关的功能性质。从营养观点考虑,蛋白质的部分变性能改进它们的消化率和必需氨基酸的生物有效性。几种纯的植物蛋白和鸡蛋蛋白质制剂,即使不含蛋白酶抑制剂,在体外和体内的消化率仍然不高。适度的加热能提高它们的消化率同时不产生有毒的衍生物。

除了提高消化率,适度热处理也能使一些酶失活,例如,蛋白酶、脂酶、脂肪氧化酶、淀粉酶、多酚氧化酶和其他的氧化和水解酶。如果不将这些酶灭活,将导致食品在保藏期间产生不良风味、酸败、质构变化和变色。例如,油料种子和豆类富含脂肪氧合酶,在提取油或制备分离蛋白前的破碎过程中,此酶在分子氧存在的条件下催化多不饱和脂肪酸氧化而引发产生氢过氧化物,随后氢过氧化物分解和释放出醛和酮,后者使大豆粉、大豆分离蛋白和浓缩蛋白产生不良风味。为了避免不良风味的形成,有必要在破碎原料前使脂肪氧合酶热失活。

由于植物蛋白质通常含有蛋白质类的抗营养因子,因此适当的热处理对它们特别有益。豆类和油料种子蛋白质含有胰蛋白酶和胰凝乳蛋白酶抑制剂,这些抑制剂损害蛋白质的消化率,从而降低了它们的生物有效性。而且,胰蛋白酶和胰凝乳蛋白酶因这些抑制剂的作用而失活和复合进一步引起胰脏过量生产和分泌这些酶,导致胰脏肿大和腺瘤。豆类和油料种子蛋白质也含有外源凝集素,它们是糖蛋白,由于它们能导致红血细胞的凝集,因此又称为植物血球凝集素。外源凝集素对碳水化合物具有高亲和力。当人体摄入它时,会损害蛋白质的消化作用[100]和造成其他营养成分的肠吸收障碍。后一个结果是由于外源凝集素与肠黏膜细胞的膜糖蛋白的结合,从而改变了它们的形态学和输送性质。存在于植物蛋白质中的蛋白酶和外源凝集素是热不稳定的。豆类和油料种子经烘烤和大豆粉经湿热处理后能使外源凝集素和蛋白酶抑制剂失活,从而提高了这些蛋白质的消化率和蛋白质的效率比(图 5.37)并防止胰脏肿大的发生[101]。对于家庭烹饪和工业加工的豆类和以大豆粉为基料的食品,如果加热条件足以使这些抑制剂失活,那么这些抗营养因子就不会造成麻烦。

牛乳和鸡蛋蛋白质也含有几种蛋白酶抑制剂。卵类黏蛋白(ovomucoid)具有抗胰蛋白酶活力,约占鸡蛋白蛋白的11%。卵抑制剂(ovoinhibitor)能抑制胰蛋白酶、胰凝乳蛋白酶和几种霉菌蛋白酶,以 0.1% 浓度存在于鸡蛋白蛋白。牛

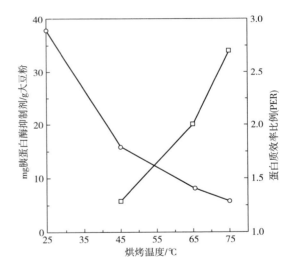

图 5.37 烘烤对大豆粉中胰蛋白酶抑制剂活力 (○) 和 PER(□) 的影响

资料来源:Friedman, M. and M. R. Gumbmann. *Adv. Exp. Med. Biol.*, 199, 357, 1986.

乳含有几种蛋白酶抑制剂,纤维蛋白溶酶原激活剂抑制剂(plasminogen activator inhibitor, PAI)和纤维蛋白溶酶抑制剂(PI),它们来自于血液。当有水存在时,经适度的热处理,这些抑制剂都会失活。

热处理也有有益的一面,它可以使蛋白毒素失活,例如,在 100℃ 加热可使梭状芽孢杆菌产生的肉毒素失活,热处理也可使金黄色葡萄球菌产生的肠毒素失活。

5.8.1.2 在提取和分级时组成的变化

从生物材料制备分离蛋白质包括一些单元操作,像提取、等电点沉淀、盐沉淀、热凝结和超滤。在这些操作中,粗提取液中的一些蛋白质很可能损失。例如,等电点沉淀时一些富含硫的白蛋白由于在等电点 pH 通常是可溶的,因此从上清液中流失。这样,与粗提取液蛋白质相比,等电点沉淀所得到的分离蛋白的氨基酸组成和营养价值发生变化。例如,采用超滤和离子交换法制备的乳清浓缩蛋白(WPC)在脒-胨含量上产生了显著的变化,从而影响了它们的起泡性质。

5.8.1.3 氨基酸的化学变化

在高温下加工时,蛋白质经受一些化学变化,这些化学变化包括外消旋、水解、去硫和去酰胺。这些变化中的大部分是不可逆的,有些变化形成了可能有毒的氨基酸,是潜在毒素。

(1)外消旋 蛋白质在碱性条件下经受热加工,例如制备组织化食品,不可避免地导致 L-氨基酸部分外消旋至 D-氨基酸[102],蛋白质酸水解也造成一些氨基酸的外消旋[103],蛋白质或含蛋白质食品在 200℃ 以上温度被烘烤时就可能出现这种情况[104]。在碱性 pH 条件下的机制包括一个羟基离子从 α-碳原子获取质子,产生的碳负离子失去了它的四面体对称性,随后在碳负离子的顶部或底部加上一个来自溶液的质子,相同的概率导致氨基酸残基的外消旋作用[式(5.80)][102]。氨基酸残基获取电子的能力影响着它的外消旋作用率。Asp、Ser、Cys、Glu、Phe、Asn 和 Thr 残基比其他氨基酸残基更易产生外消旋作用[102]。外消旋作用的速度也取决于—OH 的浓度,但是与蛋白质的浓度无关。有趣的是,蛋白质外消旋速度比游离氨基酸外消旋速度高约 10 倍[102],据推测,这是由于蛋白质的分子内力降低了外消旋作用的活化能。除外消旋作用外,在碱性条件下形成的碳负离子通过 β-消去反应产生一个活性中间物去氢丙氨酸。半胱氨酸和磷酸丝氨酸残基比其他氨基酸残基更倾向于按此路线发生变化,这也是在碱处理蛋白质中未能发现有值得注意的数量的 D-半胱氨酸的一个原因。

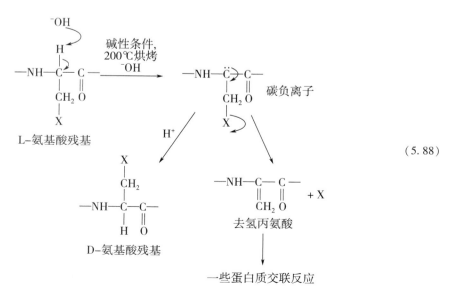

$$(5.88)$$

由于含有 D-氨基酸残基的肽键较难被胃和胰蛋白酶水解,因此氨基酸残基的外消旋使蛋白质的消化率下降。必需氨基酸的外消旋导致它们的损失并损害蛋白质的营养价值。D-氨基酸不易通过小肠黏膜细胞被吸收,即使被吸收,也不能在体内被用来合成蛋白质。而且,已发现一些 D-氨基酸,如 D-脯氨酸,会引起鸡的神经中毒[105]。

在碱性 pH 加热蛋白质时,除了外消旋和 β-消去反应外,还破坏了几种氨基酸,如 Arg、Ser、Thr 和 Lys。Arg 分解成鸟氨酸。

当蛋白质被加热至 200℃ 以上时,在烧烤过程中食品表面会出现这种情况,氨基酸残基分解和热解。从烧烤的肉中已经分离和鉴定了几种热解产物,从 Ames 试验证实它们是高度诱变的。从 Trp 和 Glu 残基形成的热解产物是最致癌/诱变的产物[106]。Trp 残基的热解形成了咔啉和它们的衍生物。肉在 190~220℃ 时也能产生诱变化合物。这些类化合物中的一类是咪唑喹啉(IQ 化合物),它们是肌酸酐、糖和一些氨基酸(Gly、Thr、Ala 和 Lys)的缩合产物[107]。在烧烤鱼中发现的三个最强的诱变剂如下所示。

$$(5.89)$$

2-氨基-3-甲基咪唑基-　　2-氨基-3,4-二甲基咪唑基-　　2-氨基-3,8-二甲基咪唑基-
[4,5-稠环]喹啉(IQ)　　[4,5-稠环]喹啉(MeIQ)　　[4,5-稠环]喹啉(MeIQX)

当按照推荐的工艺加热食品时,IQ 化合物的浓度是很低的(微克数量级)。

(2)蛋白质交联　一些食品蛋白质同时含有分子内和分子间的交联,如球状蛋白质、锁链素(desmosine)和异锁链素(isodesmosine)中的二硫键;纤维状蛋白质如角蛋白、弹性蛋白、节枝弹性蛋白和胶原蛋白中的二和三酪氨酸类的交联。胶原蛋白中也含有 ε-N-(γ-谷氨酰基)赖氨酰基和/或 ε-N-(γ-天冬氨酰基)赖氨酰基交联。天然蛋白质中的这些交联的一个功能是降低蛋白质在体内代谢时的水解。加工食品蛋白质,尤其在碱性 pH 条件下,也能诱导交联的形成。在多肽链之间形成非天然的共价交联降低了包含在或接近交联的必需氨基酸的消化率和生物有效性。

在前一节中曾经讨论到,在碱性 pH 加热蛋白质或在近中性 pH 将蛋白质加热至 200℃ 以上会导致在 α-C 原子上失去质子而形成一个碳负离子,碳负离子又可形成高活性的去氢丙氨酸残基(DHA)。DHA 也可以通过一步机制(无须形成碳负离子)而生成。高活性的 DHA 一旦形成,即与诸如赖氨酸残基的 ε-氨基、半胱氨酸残基的巯基、鸟氨酸(精氨酸的分解产物)的 δ-氨基或组氨酸残基这样的亲核基团反应,分别形成蛋白质中的赖氨酸基丙氨酸、羊毛硫氨酸、鸟氨酸基丙氨酸和组氨酸酰丙氨酸交联。由于在蛋白质中富含易接近的赖氨酸残基,因此,在经碱处理的蛋白质中赖氨酸基丙氨酸是主要的交联形式[式(5.82)]。

(5.90)

经碱处理的蛋白质,由于形成蛋白质—蛋白质之间的交联,它们的消化率和生物价值降低。消化率的降低关系到胰蛋白酶不能分裂赖氨酸基丙氨酸交联中的肽键。而且,由此交联产生的空间压制因素也妨碍了与赖氨酸基和类似的交联相邻的其他肽键的水解。从实验证据可以推测,赖氨酸基丙氨酸是在肠内被吸收,但是它不能被动物体利用,而通过尿被排除。一些赖氨酸基丙氨酸在肾内被代谢。机体不能使赖氨酸丙氨酸的共价键断裂,从而使碱性条件下处理的蛋白质中的赖氨酸的生物可利用度下降。

喂食 $100\mu g/g$ 纯赖氨酸基丙氨酸或 $3000\mu g/g$ 与蛋白质结合的赖氨酸基丙氨酸后,大鼠出现肾巨细胞(即肾紊乱)。然而,并未在其他动物中发现这种肾中毒效应,如鸽、小鼠、仓鼠和猴。这是由于大鼠与其他动物的体内代谢产物类型不同。由于在食品中的含量较低,与蛋白质结合的赖氨酸基丙氨酸不会造成人的肾中毒。尽管如此,理想情况下,在蛋白质的碱处理中,尽可能地减少赖氨酸基丙氨酸。

表 5.24 所示为几种市售食品的赖氨酸基丙氨酸含量。赖氨酸基丙氨酸形成的取决于pH 和温度。pH 越高,赖氨酸基丙氨酸形成的越多。对于经高温热处理的食品如牛乳、甚至在中性 pH 仍然会形成大量的赖氨酸基丙氨酸。加入低分子质量的亲核化合物,如半胱氨酸、氨或亚硫酸盐,能最大限度地减少或抑制赖氨酸基丙氨酸的形成。由于半胱氨酸的亲核 SH 基比赖氨酸的 ε-氨基反应快 1000 倍以上,因此它是高效的。亚硫酸钠和氨与赖氨酸的 ε-氨基竞争 DHA,从而显示了它们的抑制效应。在碱性处理前赖氨酸残基的 ε-氨基因与酸酐反应而被封闭,这样也可以减少赖氨酸基丙氨酸的形成。然而,这样的方法会造成赖氨酸活性的降低,因此,可能不适合于在食品中的应用。

表 5.24 加工食品的赖氨酸基丙氨酸(LAL)的含量

食品	LAL/(μg/g 蛋白质)	食品	LAL/(μg/g 蛋白质)
玉米薯片	390	脱脂牛乳,浓缩	520
椒盐卷饼	500	仿造干酪	1070
玉米粥	560	蛋清固体,干	160~1820
未发酵的玉米粉饼	200	酪蛋白酸钙	370~1000
墨西哥馅饼的皮	170	酪蛋白酸钠	430~6900
牛乳,婴儿配方	150~640	酸酪蛋白	70~190
牛乳,浓缩	590~860	水解植物蛋白	40~500
牛乳,UHT	160~370	起泡剂	6500~50000
牛乳,HTST	260~1030	大豆分离蛋白	0~370
牛乳,喷雾干燥粉	0	酵母抽提物	120

资料来源:Swaisgood, H. E. and Catignani. G. L., *Adv. Food Nutr. Res.* 35, 185,1991.

在一般食品加工过程中,仅有少量的赖氨酸基丙氨酸形成。因此碱处理食品产生的赖氨酸基丙氨酸的毒性并不是最需要担心的。而消化率的下降、赖氨酸生物有效性的丧失和氨基酸的外消旋(其中有些是有毒的)都是碱处理食品组织化植物蛋白加工过程中不期望出现的。

纯蛋白质溶液或碳水化合物含量低的蛋白质食品经过分的热处理也会造成 ε-N-(γ-谷氨酰基)赖氨酰基和 ε-N-(γ-天门冬酰基)赖氨酰基交联的形成。这包括一个在 Lys 和 Gln 或 Asn 残基之间的转酰胺反应[式(5.83)]。所产生的交联被称为异肽键,这是因为这些键不存于天然的蛋白质。异肽能抵抗内脏中的酶水解,这些交联损害了蛋白质的消化力和赖氨酸的生物有效性。

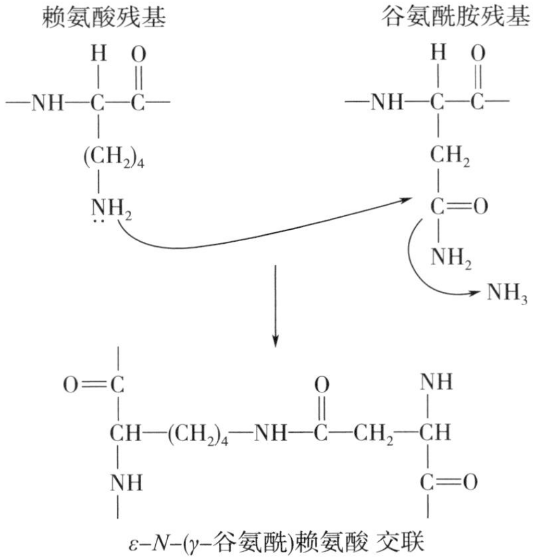

赖氨酸残基　　　　　　　　谷氨酰胺残基

$$\varepsilon\text{-}N\text{-}(\gamma\text{-谷氨酰})赖氨酸\ 交联$$

(5.91)

食品经离子辐照时,在有氧存在的条件下水产生辐解作用形成过氧化氢,进而造成蛋白质的氧化和聚合。离子辐射也能经由水的离子化而直接产生自由基。

$$H_2O \rightarrow H_2O^+ + e^-$$ (5.92)

$$H_2O^+ + H_2O \rightarrow H_3O^+ + \cdot OH$$ (5.93)

羟基自由基能诱导蛋白质自由基的形成,转而又造成蛋白质的聚合作用:

$$P + OH \rightarrow P^* + H_2O$$ (5.94)

$$P^X + P^* \rightarrow P\text{-}P$$

$$P^* + P \rightarrow P\text{-}P^*$$ (5.95)

在 70~90℃ 和中性 pH 条件下加热蛋白质会引起—SH 和—S—S—的交换反应(如果这些基团是存在的),进而造成蛋白质的聚合作用。由于二硫键在体内能被裂解,因此这类热诱导的交联一般不会影响蛋白质和必需氨基酸的消化率和生物有效性。

5.8.1.4　氧化剂的影响

过氧化氢和过氧化苯甲酰等氧化剂被用作牛乳的灭菌剂、谷物粉、分离蛋白和鱼浓缩蛋白的漂白剂以及油料种子粉的去毒剂。次氯酸钠也常作为灭菌剂和去毒剂被用于面粉和粗粉。除了上述外加的氧化剂外,在食品加工过程中还会产生内源氧化性化合物,它们包括食品经受辐射,脂肪经受氧化,化合物(例如,核黄素和叶绿素)经受光氧化和食品经受非酶褐变期间产生的自由基。此外,存在于植物蛋白质中的多酚类化合物在中性至碱性 pH 被分子氧氧化,先生成醌,最终产生过氧化物。这些高活性的氧化剂能导致一些氨基酸残基的氧化和蛋白质的聚合。对氧化作用最敏感的氨基酸残基是 Met、Cys、Trp 和 His,其次是 Tyr。

(1)蛋氨酸的氧化　蛋氨酸易被各种过氧化物氧化成蛋氨酸亚砜。将同蛋白质结合的蛋氨酸或游离的蛋氨酸与 0.1mol/L 过氧化氢在升高的温度下保温 30min,导致蛋氨酸完全转化成蛋氨酸亚砜[108]。在强的氧化条件下,蛋氨酸亚砜被进一步氧化成蛋氨酸砜,在一些情况下产生高磺基丙氨酸。

$$(5.96)$$

蛋氨酸　　　　　蛋氨酸亚砜　　　　蛋氨酸砜　　　　高磺基丙氨酸

蛋氨酸一旦被氧化成蛋氨酸砜或高磺基丙氨酸,其生物学活性就丧失。另一方面,在胃中的酸性条件下,蛋氨酸亚砜被重新转变成 Met。根据实验证据可以进一步推测,通过肠的任何蛋氨酸亚砜均被吸收并在体内被还原成蛋氨酸。然而,蛋氨酸亚砜在体内被还原成蛋氨酸的速率较缓慢。经 0.1mol/L 过氧化氢氧化的酪蛋白(将蛋氨酸完全转化成蛋氨酸亚砜)的 PER 和 NPU 比对照组酪蛋白的相应值约低 10%。

（2）半胱氨酸和胱氨酸的氧化　在碱性条件下,半胱氨酸和胱氨酸遵循 β-消去反应路线生成脱氢丙氨酸残基。然而在酸性 pH 条件下,简单体系中的半胱氨酸和胱氨酸经氧化作用生成几种中间氧化物,其中一些衍生物不太稳定。L-胱氨酸的单-和二亚砜具有生物学效价,据推测它们在体内被重新还原成 L-胱氨酸。然而,L-胱氨酸的单-和二砜衍生物并无生物学活性。与此类似,半胱氨酸次磺酸具有生物学活性,而半胱氨酸亚磺酸并不具备。在酸性食品中,有关这些氧化产物形成的速度和程度尚未见充分的实验结果。

$$(5.97)$$

半胱氨酸 / 半胱氨酸次磺酸 / 半胱氨酸亚磺酸 / 半胱氨酸磺酸

胱氨酸 / 胱氨酸单或二亚砜 / 胱氨酸单或二砜

（3）色氨酸的氧化　在所有必需氨基酸中,色氨酸非常特别,由于色氨酸在一些生理功能中发挥作用,因此它在加工食品中的稳定性备受关注。在酸性、温和、氧化条件下,例如有过甲酸、二甲基亚砜或 N-溴代琥珀酰亚胺(NBS)存在时,色氨酸主要被氧化成 β-氧代吲哚基丙氨酸。在酸性、激烈、氧化条件下,例如,有臭氧、过氧化氢或过氧化脂存在时,色氨酸被氧化成 N-甲醛犬尿氨酸、犬尿氨酸和其他未知的产物。

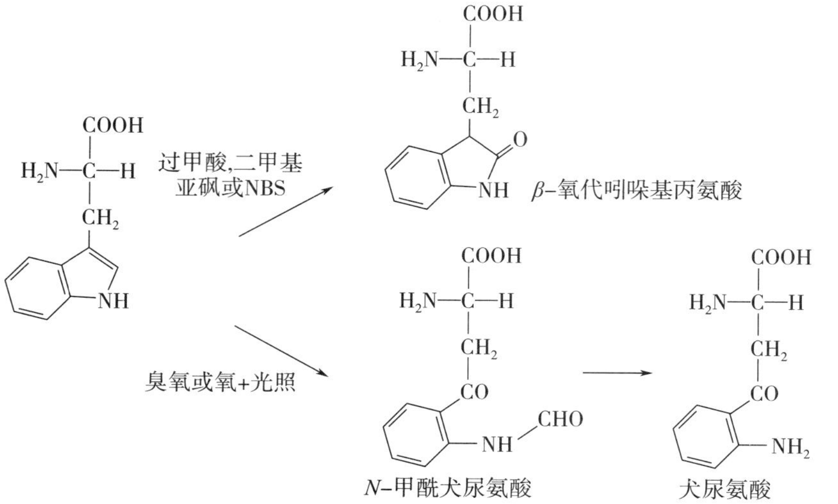

(5.98)

在有氧和光敏剂如核黄素或叶绿素存在条件下,Trp 经光照生成主要产物 N-甲酰犬尿氨酸和犬尿氨酸及几种次要产物。依据溶液中的不同 pH,还可产生其他衍生物,如 5-羟甲酰犬尿酸(pH>7.0)和一种三环氢过氧化物(pH 3.6~7.1)[109]。除光氧化产物外,Trp 还可与核黄酸形成光化加成产物。与蛋白质结合的和游离的色氨酸都能形成这种加成产物。此光化加成产物形成的程度取决于氧的供应量,在无氧条件下形成的程度较大。

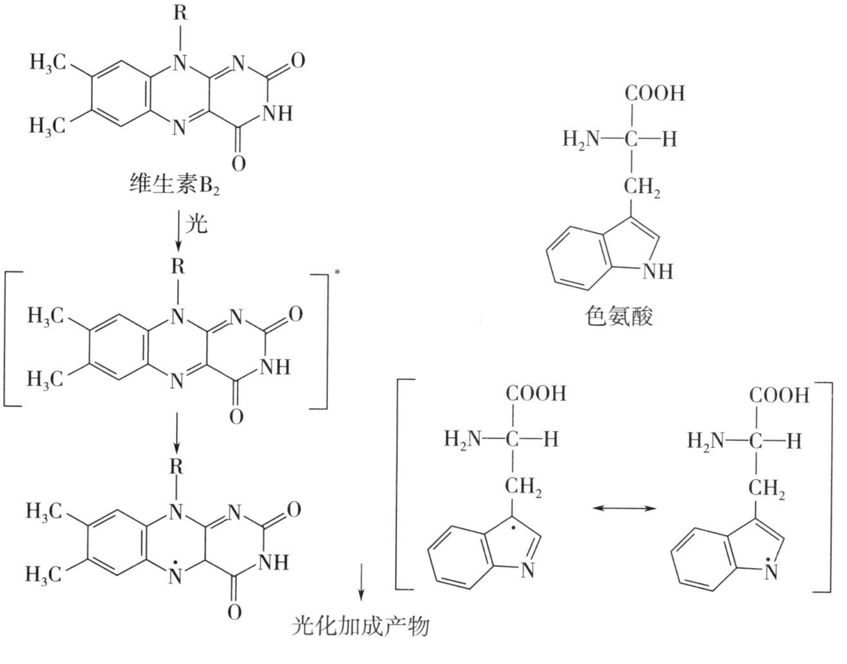

(5.99)

Trp 的氧化产物具有生物活性。此外,犬尿氨酸对动物体具有致癌性,所有其他的 Trp 的光氧化产物如同在肉制品烘烤时形成的 β-咔啉一样呈现诱变活性和在组织培养中抑制哺乳动物细胞的生长。色氨酸-核黄素加成产物显示出对哺乳动物细胞的细胞毒性效应,并且在胃肠外营养中产生肝机能障碍。除非刻意制造一个氧化环境,否则,一般情况下食品中这些不期望产物的含量极其低。

在氨基酸残基侧链中,仅 Cys、His、Met、Trp 和 Tyr 的侧链对光氧化敏感。对于 Cys,磺基丙氨酸是终产物。Met 首先被氧化成蛋氨酸亚砜,最终成为蛋氨酸砜和高磺基丙氨酸。组氨酸的光氧化形成门冬氨酸和脲。酪氨酸的光氧化产物尚不清楚。由于食品含有内源和添加的核黄素(维生素 B_2),并且通常暴露于光和空气中,因此上述氨基酸残基的光氧化作用有可能发生。在牛乳中,游离蛋氨酸会因为光氧化作用而转化成蛋氨酸亚砜,从而使牛乳产生不良风味。在等物质的量浓度下,含硫氨基酸和 Trp 的氧化速度可能是按下列顺序排列:Met>Cys>Trp。

(4)酪氨酸的氧化 酪氨酸溶液在过氧化物酶和过氧化氢作用下酪氨酸被氧化成二酪氨酸。已发现天然蛋白质如节枝弹性蛋白、弹性蛋白、角蛋白和胶原蛋白中存在此类交联,最近在面团中也发现这种交联。

$$(5.100)$$

5.8.1.5 羰-胺反应

在各种加工引起的蛋白质化学变化中,美拉德反应(非酶褐变)对它的感官品质和营养价值具有最大的影响。美拉德反应是一组复杂的反应,它由胺和羰基化合物之间的反应所引发,在升高的温度下,分解和最终缩合成不溶解的褐色产物类黑素(详见第 3 章)。此反应不仅存在于加工中的食品,而且也发生在生物体系中。在这两种情况下,蛋白质和氨基酸提供了氨基组分,而还原糖(醛糖和酮糖)、抗坏血酸和由脂肪氧化而产生的羰基化合物提供了羰基组分。

从非酶褐变系列反应产生的一些羰基衍生物容易与游离氨基酸反应,导致氨基酸降解成醛、氨和二氧化碳,此反应被称为 Strecker 降解。在褐变反应中醛对香味的形成做出了贡献。每一种氨基酸经 Strecker 降解可产生一种具有特殊香味的特定的醛(表 5.25)。

$$R_1CHO + CO_2 + R-\overset{H}{\underset{OH}{C}}-\overset{O}{\overset{\|}{C}}-R + NH_3$$

氨基酸醛类衍生物 (5.101)

表 5.25 经 Strecker 降解产生的具有特殊香味的醛

氨基酸	典型风味	氨基酸	典型风味
Phe,Gly	焦糖味	Met	肉汤味与豆腥味
Leu，Arg，His	焙烤风味	Cys，Gly	烟熏味,烧烤味
Ala	坚果味	α-氨基丁酸	胡桃味
Pro	面包饼干风味	Arg	爆米花味
Gln，Lys	黄油味		

美拉德反应会破坏蛋白质的营养价值。某些反应产物可能是抗氧化剂,有些产物可能具有毒性,不过在食品中所出现的毒性产物的浓度或许还不会造成危险。由于赖氨酸的 ε-氨基是蛋白质中伯胺的主要来源,因此它经常参与羰胺反应,当此反应发生时,它的生物有效性会大大降低。Lys 损失的程度取决于褐变反应的阶段。在褐变的早期阶段,包括席夫碱的形成,赖氨酸均保持生物活性。这些早期衍生物在胃的酸性条件下被水解成赖氨酸和糖。然后,经过酮胺(Amadori 产物)或醛胺(Heyns 产物)阶段,赖氨酸不再具备生物学活性,这主要是由于这些产物在肠内难以被吸收。有必要着重指出,在反应的这个阶段并没有出现褐变现象。虽然亚硫酸盐能抑制褐变色素的形成[110],但是它不能防止赖氨酸生物利用率的损失,这是由于亚硫酸盐不能阻止 Amadori 或 Heyns 产物的形成。

可以采用加入 1-氟-2,4-二硝基苯(FDNB),随后用酸水解衍生的蛋白质的方法在化学上测定赖氨酸在美拉德反应各个阶段的生物活性。FDNB 能同赖氨酸残基的有效 ε-氨基反应;可采用乙醚提取水解产物以除去未反应的 FDNB,然后在 435 nm 测定吸光度以确定水相中 ε-二硝基苯基-赖氨酰基(ε-DNP-赖氨酸)的浓度。也可以通过 2,4,6-三硝基苯磺酸(TNBS)与 ε-氨基的反应测定有效的赖氨酸,在此方法中,从 346nm 的吸光度确定 ε-三硝基苯基-赖氨酸(ε-TNP-赖氨酸)衍生物的浓度。

非酶褐变不仅造成赖氨酸的主要损失,而且在褐变反应中形成的不饱和羰基和自由基造成其他一些必需氨基酸,尤其是 Met、Tyr、His 和 Trp 的氧化作用。在褐变中产生的二羰基化合物所形成的蛋白质交联降低了蛋白质的溶解度和损害了蛋白质的消化率。

某些美拉德褐变产物是可能的诱变剂。虽然诱变物并不一定是致癌的,但是所有已知的致癌物都是诱变剂。因此,在食品中所形成美拉德化合物的诱变性备受关注。对葡萄糖和氨基酸混合物的研究证实 Lys 和 Cys 的美拉德产物具有诱变作用,而 Trp、Tyr、Asp、Asn 和 Glu 的美拉德产物不具诱变性,上述结果已由 Ames 试验确定。必须指出,Trp 和 Gln 的热解产物(在烘烤的肉中)也有诱变作用(Ames 试验)。如前所述,在肌酸存在时加热糖和氨基酸会产生最强的 IQ 类型的诱变剂[式(5.81)]。虽然不能将根据模拟体系所得到的结果可靠地应用于食品,但是美拉德产物和食品中其他低分子质量组分的相互作用可能产生诱变的和或致癌的物质。

从好的方面来考虑,一些美拉德反应产物,尤其是还原酮,确实具有抗氧化活力[111,112]。这是因为它们具有还原性质和螯合金属如 Cu 和 Fe 的能力,而这些金属离子都是助氧化剂,从三糖还原酮与氨基酸如 Gly、Met 和 Val 反应形成的氨基还原酮显示卓越的抗氧化活性。

除还原糖外,存在于食品中的其他醛和酮也参与羰-胺反应。值得注意的是,棉酚(存在于棉籽中)、戊二醛(被加入蛋白质粉以控制在反刍动物的瘤胃中的脱胺作用)和从脂类氧化产生的醛(特别是丙二醛)能与蛋白质的氨基反应。像丙二醛这样的双功能团醛能交联和聚合蛋白质,这可造成溶解性下降、赖氨酸的消化率和生物有效性的丧失以及蛋白质功能性质的损失。甲醛也能同赖氨酰基残基的 ε-氨基反应;可以确信,在冷冻阶段鱼肌肉变硬是由于甲醛与鱼蛋白质反应的结果。

$$P\text{—}NH_2 + OHC\text{—}CH_2\text{—}CHO \longrightarrow P\text{—}N=CH\text{—}CH_2\text{—}CH=N\text{—}P \tag{5.102}$$
蛋白质　　　丙二醛　　　　　　　　　　交联蛋白质

5.8.1.6　食品中蛋白质的其他反应

(1)与脂肪的反应　不饱和脂肪的氧化导致形成烷氧化自由基和过氧化自由基,这些自由基继续与蛋白质反应生成脂-蛋白质自由基,而脂-蛋白质结合自由基能使蛋白质聚合物交联。

$$LH + O_2 \rightarrow LOO^* \tag{5.103}$$

$$LOO^* + LH \rightarrow LOOH + L^* \tag{5.104}$$

$$LOOH \longrightarrow LO^* + HO^* \tag{5.105}$$

$$LO^* + PH \rightarrow LOP \tag{5.106}$$

$$LOP + LO^* \rightarrow {}^*LOP + LOH \tag{5.107}$$

$${}^*LOP + {}^*LOP \rightarrow POLLOP \tag{5.108}$$

或

$$LO^* + PH \rightarrow LOP \tag{5.109}$$

$$LOOP + LOO^* \rightarrow {}^*LOOP + LOOH \tag{5.110}$$

$${}^*LOOP + {}^*LOOP \rightarrow POOLLOOP \tag{5.111}$$

$${}^*LOOP + {}^*LOP \rightarrow POLLOOP \tag{5.112}$$

此外,脂肪自由基能在蛋白质的半胱氨酸和组氨酸侧链引发自由基,然后再产生交联和聚合反应。

$$LOO^* + PH \rightarrow LOOH + P^* \tag{5.113}$$

$$LO^{*} + PH \rightarrow LOH + P^{*} \tag{5.114}$$

$$P^{*} + P^{*} \rightarrow P\text{-}P^{*} \tag{5.115}$$

$$P\text{-}P^{*} + PH \rightarrow P\text{-}P\text{-}P^{*} \tag{5.116}$$

$$P\text{-}P\text{-}P^{*} + P^{*} \rightarrow P\text{-}P\text{-}P\text{-}P \tag{5.117}$$

食品中的脂肪过氧化物的分解导致醛和酮的释放,其中丙二醛尤其值得注意。这些羰基混合物可经羰胺或与蛋白质的氨基反应,后者由席夫碱形成。正如前所述,丙二醛同赖氨酰基侧链的反应导致蛋白质的交联和聚合。过氧化脂肪与蛋白质的反应一般会破坏蛋白质的营养价值。羰基化合物与蛋白质的非共价结合也可产生不良风味。

(2)与多酚反应 酚类化合物,像对-羟基苯甲酸、儿茶酚、咖啡酸、棉酚和槲皮素,存在于所有的植物组织中。在植物组织的浸渍过程中,这些酚类化合物能在碱性条件下被分子氧氧化成醌,存在于植物组织中的多酚氧化酶也能催化此反应。这些高度活性的醌能与蛋白质的巯基和氨基发生不可逆反应。醌同 SH 和 α-氨基(N-末端)的反应远快于同 ε-氨基。此外,醌能缩合形成高分子质量的褐色素。这些褐色产物保持高活性并易与蛋白质中的 SH 和氨基结合,醌-氨基反应降低了与蛋白质结合的赖氨酸和半胱氨酸残基的消化率和生物有效性。

(3)与卤化溶剂的反应 卤化溶剂常被用来从油籽产物如大豆粉和棉籽粉提取油和一些抗营养因子。采用三氯乙烯提取时形成少量的 S-二氯乙烯基-L-半胱氨酸,后者具有毒性。另一方面,溶剂二氯甲烷和四氯乙烯似乎不与蛋白质反应。1,2-二氯甲烷能同蛋白质中的 Cys、His 和 Met 残基反应。某些熏蒸消毒剂如甲基溴能使 Lys、His、Cys 和 Met 残基烷基化。所有这些反应都降低了蛋白质的营养价值,对于其中的某一些还必须考虑安全问题。

(4)与亚硝酸盐的反应 亚硝酸盐与仲胺(某种程度上与促胺和叔胺)反应生成 N-亚硝胺,后者是食品中形成的最具毒性的致癌物质。在肉制品中加入亚硝酸盐的目的通常是为了改进色泽和防止细菌生长。参与此反应的氨基酸(或氨基酸残基)主要是 Pro、His 和 Trp。Arg、Tyr 和 Cys 也能与亚硝酸盐反应。反应主要在酸性和较高的温度下发生。

(5.118)

在美拉德反应中产生的仲胺,如 Amadori 和 Heyns 产物,也能与亚硝酸盐反应。在肉类烧煮和烘烤中形成的 N-亚硝胺是公众非常关心的一个问题,然而如抗坏血酸和异抗坏血酸这样的添加剂能有效地抑制此反应。

(5)与亚硫酸盐的反应　亚硫酸盐还原蛋白质中的二硫键产生 S-磺酸盐衍生物。亚硫酸盐不能与半胱氨酸残基作用。

当存在还原剂半胱氨酸或巯基乙醇时,S-磺酸盐衍生物被恢复为半胱氨酸残基。S-磺酸盐衍生物在酸性(如胃)和碱性 pH 下分解产生二硫化合物。硫代磺化作用并没有降低半胱氨酸的生物有效性,然而由于 S-磺化作用使蛋白质的电负性增加和二硫键的断裂,这会导致蛋白质分子展开和影响到它们的功能性质。

$$\text{(P)}—S—S—\text{(P)} + SO_3^{2-} \longrightarrow \text{(P)}—S—SO_3^{2-} + \text{(P)}—S^- \tag{5.119}$$

5.8.2　蛋白质功能性质的变化

蛋白质的分离方法或工艺能影响蛋白质的功能性质。在各种提取分离步骤中,总希望将蛋白质的变性程度降到最低,使蛋白质具有可以接受的溶解度,后者往往是食品中蛋白质功能性质的先决条件。有时,蛋白质的可控或部分变性也可以改进它们的某些功能性质。

等电点沉淀是常用的分离蛋白质的方法。在等电点 pH 时,大多数球状蛋白质的二级、三级和四级结构是稳定的;当蛋白质在中性条件下分散时,它们易于重新溶解。然而,蛋白质整体结构如酪蛋白胶束在等电点沉淀后失去稳定性,并且这一过程不可逆。在等电点沉淀的蛋白质中胶束结构的破坏涉及几个因素,它们包括胶体磷酸钙的增溶和各种类型酪蛋白的疏水和静电相互作用之间的平衡的变化。采用等电点沉淀方法分离的蛋白质成分不同于原蛋白质,这是因为原蛋白中一些次要的蛋白质组分在主要组分的等电点 pH 仍然是溶解的而没有沉淀下来。成分的变化显然影响到分离蛋白质的功能性质。

采用超滤(UF)制备乳清浓缩蛋白(WPC)时,由于除去了小分子溶质而影响了 WPC 的蛋白质和非蛋白质成分。除去了乳清中部分的乳糖和灰分会显著地影响 WPC 的功能性质,而且当浓缩物在经受适度的温度(50~55℃)处理时,由于蛋白质—蛋白质相互作用的增强而降低了超滤蛋白质的溶解度和稳定性,进而改变了它的水结合能力、胶凝作用、起泡作用和乳化作用等性质。在灰分组成中,钙和磷酸盐含量的变化会显著地影响 WPC 的胶凝性质。采用离子交换法生产的乳清分离蛋白灰分含量少,它的功能性质一般优于采用 UF 生产的乳清分离蛋白。

钙离子常诱导蛋白质的聚集作用,这可归之于由 Ca^{2+} 和羧基参与的离子桥的形成。聚集的程度取决于钙离子的浓度,大多数蛋白质在 40~50mmol/L Ca^{2+} 浓度时具有最高的聚集作用。对于某些蛋白质,如酪蛋白和大豆蛋白,钙离子的聚集作用导致沉淀,而对于乳清蛋白质,却形成较稳定的胶体聚集物(图 5.38)。

碱处理,尤其是在高温下的碱处理易造成不可逆的蛋白质构象变化,部分原因是 Asn 和 Gln 残基的脱酰胺作用和胱氨酸残基的 β-消去反应。它们造成了电负性的增加和二硫

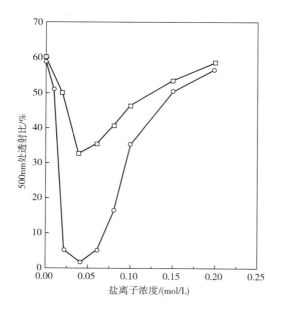

图5.38　乳清分离蛋白(5%)在 CaCl$_2$(○)和 MgCl$_2$(□)溶液中保温 24h 后在室温下浊度与盐浓度的关系

资料来源：Zhu, H. and S. Damodaran. *J Agric. Food Chem.*, 42, 856, 1994.

键的断裂,使经碱处理的蛋白质在结构上出现显著的变化。一般而言,经碱处理的蛋白质较易溶解,并且具有较好的乳化和起泡性质。

常采用己烷从油料种子如大豆和棉籽中提取油。这样的处理不可避免地导致脱脂大豆粉和棉籽粉中的蛋白质变性,于是破害了它们的溶解度和其他功能性质。

热处理造成蛋白质的化学变化和功能性质的改变已在 5.6 中讨论过,当蛋白质溶液经剧烈加热时,含天门冬氨酰基残基的肽键的断裂释出低分子质量肽。在碱性和酸性 pH 条件下剧烈热处理也能导致蛋白质部分水解,蛋白质中的低分子质量肽的含量能影响它们的功能性质。

5.9　蛋白质的化学和酶法改性

5.9.1　化学改性

蛋白质的一级结构中含有一些具有反应活性的侧链。采用化学方法改变这些侧链可以改变蛋白质的物理化学性质和改进他们的功能性质。但需要注意,虽然氨基酸残基的化学衍生作用能改进蛋白质的功能性质,但是它也会降低营养价值,并且产生一些有毒的氨基酸衍生物,尽管人体内也可能产生类似的反应,但这些衍生物可能会面临法规问题。

由于蛋白质含有一些具有反应活性的侧链,因此可以进行多种化学改性,其中的一些见表5.5。然而,仅是这些反应中的少数几个适用于食品蛋白质的改性。赖氨酰基残基的 ε-氨基和半胱氨酸的 SH 基是蛋白质中最具反应能力的亲核基团。大多数化学改性的步骤均涉及这些基团。

5.9.1.1　烷基化

SH 和氨基与碘乙酸或碘乙酰胺反应可以实现烷基化。与碘乙酸反应导致赖氨酰基残基的正电荷被消去,而在赖氨酰基和半胱氨酸残基上引入负电荷。

$$(5.120)$$

经碘乙酸处理的蛋白质电负性的增加能改变 pH-溶解度关系曲线和造成展开。另一方面，与碘乙酰胺反应仅导致正电荷的消去，这会造成局部电负性的增加，但是蛋白质的负电荷基团数目保持不变。与碘乙酰胺反应有效地封闭了巯基，以至于由二硫键诱导的蛋白质聚合作用不会再发生。与 N-乙基马来酰亚胺(NEM)反应也能封闭巯基。

$$(5.121)$$

N-乙基马来酰亚胺

在有还原剂如硼氢化钠(NaBH$_4$)或氰基硼氢化钠(NaCNBH$_3$)存在条件下采用醛或酮能实现氨基的还原性烷基化。此时，通过羰基和氨基反应所形成的席夫碱随后被还原剂所还原。脂肪族醛和酮或还原糖能参与此反应。席夫碱的还原阻止了美拉德反应的进程，使糖蛋白成为终产物(还原糖基化)。

$$\textcircled{P}—NH_2+R—CHO \xrightarrow{\text{碱性 pH}} \textcircled{P}—N=CH—R \xrightarrow{NaBH_4} \textcircled{P}—NH—CH_2—R \quad (5.122)$$
乙醛

所采用的还原剂影响着改性蛋白质的物理化学性质。如果选择脂肪族醛或酮参与此反应，能提高蛋白质的疏水性，通过改变脂肪族基团的链长可以改变疏水性的程度。另一方面，如果选择还原糖作为还原剂，那么蛋白质会更加亲水。由于糖蛋白显示良好的起泡和乳化性质(如蛋清蛋白)，因此蛋白质的还原性糖基化应能提高蛋白质的溶解度和界面性质。

5.9.1.2 酰化

通过与几种酸酐的作用能使氨基酰化。最常用的酰化剂是乙酸酐和琥珀酸酐。蛋白质与乙酸酐的反应消除了赖氨酰基残基的正电荷，相应地提高了电负性。采用琥珀酸酐或其他二羧酸酐造成负电荷取代了赖氨酰基残基上的正电荷，于是蛋白质的电负性显著增加，如果酰化度很高，将导致蛋白质展开。

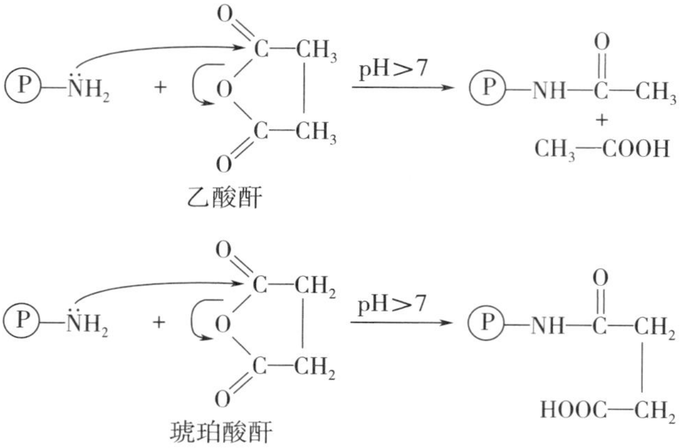

(5.123)

酰化蛋白质一般比天然蛋白质更易溶解。事实上,采用琥珀酸酐酰化能提高酪蛋白和较难溶蛋白质的溶解度。然而,琥珀酰化通常会损害其他功能性质,这还取决于改性的程度。例如,由于具有较强的静电斥力,琥珀酰化蛋白质的热-胶凝性质较差。琥珀酰化蛋白质对水的高亲和力也降低了它们在油-水和气-水界面的吸附力,于是损害了它们的起泡和乳化性质。此外,由于引入了一些羧基,对于钙诱导的沉淀,琥珀酰化蛋白质比它的母体蛋白质更加敏感。

乙酰化和琥珀酰化为不可逆反应。琥珀酰基-赖氨酸异肽键能抵抗由胰消化酶催化的裂解,于是琥珀酰基-赖氨酸不易被肠黏膜细胞吸收,因此琥珀酰化和乙酰化显著降低了蛋白质的营养价值。

将长链脂肪酸连接在赖氨酰基残基的 ε-氨基上能显著提高蛋白质的两性性质,通过脂肪酰氯或脂肪酸的 N-羟基琥珀酰亚胺酯与蛋白质反应能完成此反应。此类改性能促进蛋白质的亲油性和结合脂肪的能力,也能促使新胶束结构和其他类型的蛋白质聚集体的形成。

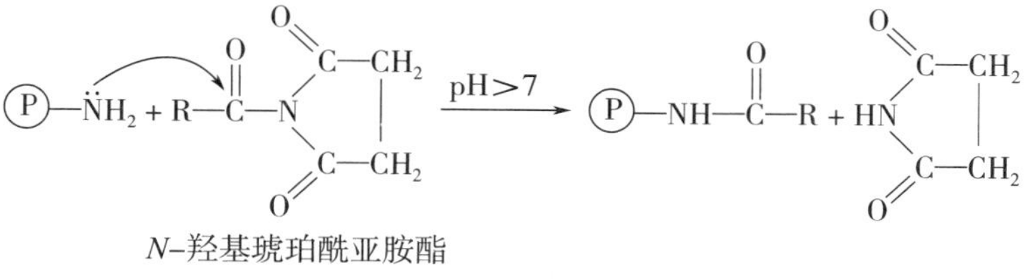

(5.124)

5.9.1.3 磷酸化

一些天然食品蛋白质如酪蛋白属于磷蛋白。磷酸化蛋白质对钙离子诱导的凝结高度敏感,这一性质在仿制的干酪中非常理想。将蛋白质与氯氧化磷 $POCl_3$ 反应可以实现磷酸化。磷酸化作用主要发生在丝氨酰基和苏氨酸残基的羟基和赖氨酰基残基的氨基上。磷酸化作用显著地提高了蛋白质的电负性。

$$\text{(5.125)}$$

氨基的磷酸化相对于每一个因改性而消去的正电荷增加了两个负电荷。在某些反应条件下,尤其是在高蛋白质浓度时,采用 $POCl_3$ 磷酸化会导致如式(5.126)所示的蛋白质聚合作用。此类聚合反应能使改性蛋白质电负性和对钙离子敏感性的增加降到最小。N—P 键对酸不稳定,于是在胃部酸性条件下,N-磷酸化蛋白质或许被去磷酸化,而赖氨酰基残基再生。因此,化学磷酸化或许不会显著影响赖氨酸的消化率。

$$\text{聚合作用 (5.126)}$$

5.9.1.4 亚硫酸盐解(sulfitolysis)

亚硫酸盐解是采用一个包括亚硫酸盐和铜(Cu Ⅱ)或其他氧化剂的还原-氧化系统将蛋白质中的二硫键转变成 S-磺酸盐衍生物的反应,反应的机制如下。

$$\text{(5.127)}$$

亚硫酸盐加入后引发蛋白质二硫键的裂开,并导致一个 $S-SO_3^-$ 和巯基的形成。这是一个可逆反应,而平衡常数很小。当存在一种如 Cu(Ⅱ)的氧化剂时,新释放的 SH 被重新氧化成分子内或分子间的二硫键,而这些键又转而被存在于反应混合物的亚硫酸盐离子再次断裂。此还原-氧化循环不断重复直至所有的二硫键和巯基被转变成 S-磺酸衍生物[113]。

二硫键的断裂和 SO_3^- 基的并入造成蛋白质构象的变化,从而影响蛋白质的功能性质。例如,干酪乳清中蛋白质的亚硫酸盐解极大地改变它们的 pH-溶解度关系曲线(图 5.39)[114]。

5.9.1.5 酯化

蛋白质中的 Asp 和 Glu 残基上的羧基不具备高反应能力,然而,在酸性条件下,这些残基能被醇酯化。这些酯在酸性 pH 是稳定的,但是在碱性 pH 易于被水解。

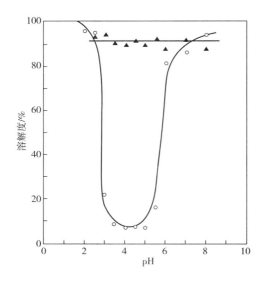

图 5.39 未加工的甜乳清(○)和磺酸化甜乳清
(▲)的 **pH** 与蛋白质溶解度的关系曲线

资料来源:Gonzalez, J. M. and Damodaran. S., *J. Agric.
Food Chem.* ,38, 149, 1990.

5.9.2 酶法改性

已知在生物体系中存在着蛋白质/酶的几种酶法改性。可以将这些改性分成 6 类:糖基化、羟基化、磷酸化、甲基化、酰化和交联。在体外,可以采用这些蛋白质酶法改性来改进它们的功能性质。虽然蛋白质的许多酶法改性在技术可行,但是仅有少数几种可用于食品蛋白质的改性。

5.9.2.1 酶法水解

采用如胃蛋白酶、胰蛋白酶、胰凝乳蛋白酶、木瓜蛋白酶和嗜热菌蛋白酶等蛋白酶水解食品蛋白质可改变它们的功能性质。非特异性蛋白酶如木瓜蛋白酶的广泛水解能使不易溶解的蛋白质增溶,所形成的水解物通常含有相当于 2~4 个氨基酸残基的低相对分子质量肽。广泛的水解会损害几种功能性质,如胶凝、起泡和乳化性质(详见 5.6)。

5.9.2.2 类蛋白反应

类蛋白反应是指一组包括最初的蛋白质水解及随后的由蛋白酶(通常是木瓜蛋白酶或胰凝乳蛋白酶)催化的肽键再合成反应。首先,低浓度的蛋白质底物被木瓜蛋白酶水解,当此含有酶的水解蛋白被浓缩至固形物浓度达到 30%~35%并保温时,酶随机地重新组合肽,从而产生了新的肽[115]。也可以采用一步法完成类蛋白反应,此时将 30%~35%蛋白质溶液(或糊状物)与木瓜蛋白酶连同 L-半胱氨酸一起保温。这两种方法产生的多肽的分子质量比天然蛋白质的多肽分子质量要小得多。酶尤其是木瓜蛋白酶和胰凝乳蛋白酶在特定条件下可作为蛋白酶和酯酶发挥作用。由于类蛋白产物的结构和氨基酸序列不同于原有的蛋白质,因此,它们的功能性质往往已发生变化。当此反应混合物含有 L-蛋氨酸时,它被共价地并入新形成的多肽。于是,可以利用类蛋白反应来提高蛋氨酸和赖氨酸缺乏的食品蛋白质的营养质量。

5.9.2.3 蛋白质交联

转谷氨酰胺酶能催化酰基转移反应,导致赖氨酰基残基 ε-氨基(酰基接受体)经异肽键与谷氨酰胺残基的酰胺基(酰基给予体)形成共价交联。利用此反应能交联不同的蛋白质和产生新形式的食品蛋白质,后者可能具有较好的功能性质。在高蛋白质浓度的条件下,转谷氨酰胺酶催化交联反应能在常温下形成蛋白质凝胶和蛋白膜[116]。利用此反应,也能将赖氨酸或蛋氨酸交联至谷氨酰胺残基,从而提高了蛋白质的营养价值。

$$\underset{\text{谷氨酰胺残基}}{\text{P}-(CH_2)_2-\overset{\displaystyle O}{\overset{\|}{C}}-NH_2} + \underset{\text{赖氨酸残基}}{H_2N-(CH_2)_4-\text{P}} \longrightarrow \text{P}-(CH_2)_2-\overset{\displaystyle O}{\overset{\|}{C}}-NH-(CH_2)_4-\text{P} + NH_3$$

(5.128)

参考文献

1. Böck, A., K. Forchhammer, J. Heider, and C. Baron. 1991. Selenoprotein synthesis: An expansion of the genetic code. *Trends Biochem. Sci.* 16:463–467.

2. Baranov, P.V., R.F. Gesteland, and J.F. Atkins. 2002. Recoding: Translational bifurcations in gene expression. *Gene* 286:187–201.

3. Kryukov, G.V., S. Castellano, S.V. Novoselov, A.V. Lobanov, O. Zehtab, R. Guigó, and V.N. Gladyshev. 2003. Characterization of mammalian selenoproteomes. *Science* 300:1439–1443.

4. Pace, C.N., H.Fu, K.L.Fryar, J.Landua, S.R.Trevino, B.A.Sirley, M.M.Hendricks et al. 2011. Contribution of hydrophobic interactions to protein stability. *J. Mol. Biol.* 408:514–528.

5. Kamtekar, S., J. Schiffer, H. Xiong, J.M. Babik, and M.H. Hecht. 1993. Protein design by binary pat-terning of polar and nonpolar amino acids. *Science* 262:1680–1685.

6. Mak, A., L.B. Smillie, and G. Stewart. 1980. A comparison of the amino acid sequences of rabbit skel-etal muscle and tropomyosins. *J. Biol. Chem.* 255:3647–3655.

7. Damodaran, S.1988. Refolding of thermally unfolded soy proteins during the cooling regime of the gelation process: Effect on gelation. *J. Agric. Food Chem.* 36:262–269.

8. Pan, K–M., M.Baldwin, J, Nguyen, M.Gasset, A.Serban, D.Groth, I Mchlhorn et al.1993. Conversion of a-helices into β-sheets features in the formation of the crappie prion proteins. *Proc. Natl. Acad. Sci; U. S. A.* 90:10962–10966.

9. Pace, C.N., J.M. Scholtz, and G.R. Grimsley. 2014. Forces stabilizing proteins. *FEBS Lett.* 588:2177–2184.

10. Miller, s., J. Janin, A.M. Lesk, and C. Chothia. 1987. Interior and surface of monomeric proteins. *J Mol. Biol*, 196:641–656.

11. Graziano, G. 2009a. Dimerization thermodynamics of large hydrophobic plates: A scaled prticle the–ory study. *J. Phys. Chem B.* 13:11232–1123929.

12. Graziano, G. 2009b. Role of salts on the strength of pairwise hydrophobic interaction. *Chem. Plhys. Lett.* 483:67–71.

13. He, X.M. and D.C. Carter 1992. Atomic structure and chemistry of human serum albumin. *Nature* 358:209–214.

14. Uisumi, S., Y. Matsumura, and T Mori. 1997. Structure–function relationships of soy proteins. In *Food Proteins and Their Applications*, S. Damodaran and A. Paraf (Eds.), Marcel Dekker, New York, pp. 257–291.

15. Iralachvili, J. and R. Pashley. 1982. The hydrophobic interaction is long rnge, decaying exponentially with distance. *Nature* 300:341–342.

16. Richards, F.M. 1977. Areas, volumes, packing, and protein structure. *Annu. Rev. Bioplys. Bioeng.* 6:151–176.

17. Graziano, G.2010. On the molecular origin of cold denaturation of globular proteins. *Phys. Chem. Chem. Phys.* 12:14245–14252.

18. Tanford, C. 1957. Theory of protein titration curves. L General equations for impenetrable spheres. *J Am. Chem. Soc.* 79:5333–5339.

19. Caldarelli, G. and P. De Los Rios. 2001. Cold and warm denaturation of proteins. *J. Biol. Phys.* 27(2):229–241.

20. Weber, G. 1992. *Protein Interactions*. Chapman & Hall, New York, pp. 235–270.

21. Ponnuswamy, P.K., R Muthusamy, and P. Manavalan. 1982. Amino acid composition and thermal stability of proteins. *Int. J. Biol Macromol.* 4:186–190.

22. Taylor, T.J. and I.I. Vaisman. 2010. Discrimination of thermophilic and mesophilic proteins. *BMC Struct. Biol.* 10(Suppl.1):S5.

23. Russell, R.J.M. Ferguson, D.W. Hough, M.J. Danson, and G.L. Taylor. 1997 The crystal struc–ture of citrate synthase from the hyperthermophilic archaeon pyrococcus furiosus at 1.9 A resolution. *Biochemistry* 36:9983–9994.

24. Watanabe, K, Y. Hata, H. Kizaki, Y. Katsube, and Y. Suzuki. 1997. The relfined crystal structure of Bacillus cereus oligo–1,6–glucosidase at 2.0 A resolution: Structural characterization of proline–substitution sites for protein thermostabilization. *J. Mol. Biol.* 269:142–153.

25. Russell, R.J M, D.W. Hough, M 1. Danson, and G.L. Taylor. 1994. The crystal structure of citrate synthase from the thermophilic archacon, Thermoplasma acidophilum. *Structure* 2:1157–1167.

26. Bogin, O, M.Peretz, Y.Hacham, Y.Korkhin, F.Frolow, A.J.Kalb, and Y.Burstein.1998. Enhanced thermal

stability of *Clostridium beijerinckii* alcohol dehydrogenase after strategic substitution of amino acid residues with prolines from the homologous thermopbilic *Thermo-anaerobacter brockii* alcohol dehydrogenase.*Protein Sci.* 7(5):1156−1163.

27. Nakamura, S, T. Tanaka, R. Y. Yada, and S. Nakai. 1997.Improving the thermostability of *Bacillus stearo-thermophilus* neutral protease by introducing proline into the active site helix.*Protein Eng.*10:1263−1269.

28. Aguilar, C. F., L. Sanderson, M. Moracci, M. Ciaramella, R. Nucci, M. Rossi, and L. Pearl. 1997. Crystal structure of the−glycosidase from the hyperther-mophilic archacon *Sulfolobus solfataricus. J. Mol. Biol.* 271:789−802.

29. Yip.K.S.P., T. J. Stillman, K. Britton, P. J. Artymium, P. J. Baker, S. E. Sedelnikova, P. C. Engel et al. 1995. The structure of *Pyrococcus furiosus* glutamate dehydro-genase reveals a key role for ion − pair networks in maintaining enzyme stability at extreme temperatures. *Structure* 3:1147−1158.

30. Ahren, T. J. and A. M. Klibanov.1985.The mechanism of ireversible enzyme inactivation at 100℃.*Science* 228: 1280−1284.

31. Wang, C.−H.and S.Damodaran.1990.Thermal destruc-tion of cysteine and cystine residues of soy pro−tein under conditions of gelation. *J. Food Sci.* 55:1077−1080.

32. Tsukada, H., K. Takano, M. Hattori, T. Yoshida, S. Kanuma, and K. Takashashi. 2006. Effect of sorbed water on the thermal stability of soybean protein.*Biosci. Biotechnol.Biochem.*70:2096−2103.

33. Damodaran, S. 2012. On the molecular mechanism of stabilization of proteins by cosolvents: Role of Lifshitz electrodynamic forces.*Langmuir* 28:9475−9486.

34. Damodaran, S. 1989. Influence of protein conformation on its adaptability under chaotropic conditions. *Int. J. Biol.Macromol.*11:2−8.

35. Harwalkar, V. R. and C. Y. Ma. 1989. Effcts of medium composition, preheating, and chemical modi−fication upon thermal behavior of oat globulin and β−lactoglob-ulin.In *Food Proteins*. J. E. Kinsella and W. G. Soucie (Eds.).American Oil Chemists' Society, Champaign, IL, PP.210−231.

36. Heremans, K. 1982. High pressure efects on proteins and other biomolecules.*Annu. Rev. Biophys. Bioeng.*11: 1−21.

37. Somkuti, J. and L. Smeller. 2013. High pressure efects on allergen food proteins. *Biophys.Chem.*183:19−29.

38. Gekko, K. and Y. Hasegawa. 1986. Compressibility − structure relationship of globular proteins.*Biochemistry* 25:6563−6571.

39. Kinsho, T., H.Ueno, R.Hayashi, C.Hashizume, and K.Kimura.2002.Sub−zero temperature inactiva−tion of

carboxypeptidase Y under high hydrostatic pressure. *Eur.J.Biochem.*269(18):4666−4674.

40. Weber, G.and H G.Drickamer. 1983.The ffect of high pressure upon proteins and other biomolecules.*Q. Rer. Biophys.*16:89−112.

41. Lado, B. H. and A. E. Yousef. 2002. Alternative food − preservation tchnologies: Efficacy and mechanisms.*Mi-crobes Infect.* 4(4):433−440.

42. Okomoto, M, Y.Kawamura, and R.Hayashi 1990.Ap-plication of high pressure to food processing: Textural comparison of pressure−and heat−induced gels of food proteins.*Agric.Biol.Chem.*54:183−189.

43. Buckow, R.A.Sikes, and R.Tume.2013.Eflect of high pressure on physicochemical properties of meat. *Crit. Rev.Food Sci.Nutr.*53:770−776.

44. Griebenow, K.and A.M.Klibanow.1996.On protein de-naturation in aqueous−organic mixtures but nol in pure organic solvents. *J. Am. Chem. Soc.* 118 (47): 11695 − 11700.

45. Timasheff, S. N. 1993. The control of protein stability and association by weak interactions with water: How do solvents afct these processes? *Annu.Rev.Biophys.Bi-omol.Struct.*22:67−97.

46. Canchi, D.R.and A.E.Garcia.2013.Cosolvent efects on protein stability.*Annn.Rev.Phys.Chem.*64:273−293.

47. Timasheff, S. N. 2002. Protein−solvent preferential in-teractions, protein hydration, and the modulation of biochemical reactions by solvent components. *Proc. Natl.Acad.Sci.U.S.A.*99:9721−9726.

48. Chalikian, T V.2014.Effect of cosolvent on protein sta-bilit: A theoretical investigation. *J. Chem. Phys*, 141: 22D504−22D5604−9.

49. Schellman, J. A. 2003. Protein stability in mixed solvents: A balance of contact interaction and excluded volume.*Biophys.J.*85:108−125.

50. Lee, J.C.and S.N.Timasheff. 1981.The stabilization of proteins by sucrose.*J.Biol.Chem.*256:7193−7201.

51. Damodaran, S.2013.Electrodynamic pressure modulation of protein stability in cosolvents. *Biochemistry* 52: 8363−8373.

52. Taylor, L. S., P. York, A C. Williams, H. G. M. Edwards, V.Mehta, G.S.Jackson, I G.Badcoe.and A. R. Clarke. 1995. Sucrose reduces the efficiency of protein denaturation by a chaotropic agent. *Biochim. Biophys.Acta* 1253:39−46.

53. Collins, K.D.2004.Ions from the Hofmeister series and osmolytes: Effects on proteins in solution and in the crystallization process.*Methods* 34:300−311.

54. Zhang, Y.and Cremer, P.S.2006.Interactions between macromolecules and ions: The Hofmeister series.*Curr. Opin.Chem.Biol.*10:658−663.

55. Kuntz, I. D. and W. Kauzmann. 1974. Hydration of proteins and polypeptides. *Adv. Protein Chem.* 28:

239−345.

56. Bigelow, C. C. 1967. On the average hydrophobicity of proteins and the relation between it and protein structure. *J. Theoret. Biol.* 16:187−211.

57. Dickinson, E. 1998. Proteins at interfaces and in emulsions: Stability, rheology and interactions. *J. Chem. Soc. Faraday Trans.* 88:2973−2985.

58. Damodaran, S. 2005. Protein stabilization of emulsions and foams. *J. Food Sci.* 70:R54−R66.

59. Razumovsky, L. and S. Damodaran. 1999. Surface activity—Compressibility relationship of proteins. *Langmair* 15:1392−1399.

60. Pearce, K. N. and J. E. Kinsella. 1978. Emulsifying properties of proteins: Evaluation of a turbidimetric technique. *J. Agric. Food Chem.* 26:716−722.

61. Kato, A. and S. Nakai. 1980. Hydrophobicity determined by a fluorescent probe method and its correla-tion with surface properties of proteins. *Biochim. Biophys. Acta* 624:13−20.

62. Dickinson, E. and Y. Matsummura. 1991. Time−dependent polymerization of β−lactoglobulin through disulphide bonds at the oil−water interface in emulsions. *Int. J. Biol. Macromol.* 13:26−30.

63. Fang, Y. and D. G. Dalgleish. 1996. Competitive adsorption between dioleoylphosphatidylcholine and sodium caseinate on oil−water interfaces. *J. Agric. Food Chem.* 44:59−64.

64. Damodaran, S. and T. Sengupta. 2003. Dynamics of competitive adsorption of s−casein and−casein at theoil−water interface: Evidence for incompatibility of mixing at the interface. *J. Agric. Food Chem.* 51:1658−1665.

65. Anand, K. and S. Damodaran. 1996. Dynamics of exchange betweensl−casein and−casein during adsorption at air−water interface. *J. Agric. Food Chem.* 44:1022−1028.

66. Polyakov, V. L.. V. Y. Grinberg. and V. B. Tolstoguzov. 1997. Thermodynamic compatibility of proteins. *Food Hydrocoll.* 11:171−180.

67. Razumovsky, L. and S. Damodaran. 2001. Incompatibility of mixing of proteins in adsorbed binary protein films at the air−water interface. *J. Agric. Food Chem.* 49:3080−3086.

68. Sengupta, T. and S. Damodaran. 2001 Lateral phase separation in adsorbed binary protein films at the air−water interface. *J. Agric. Food Chem.* 49:3087−3091.

69. Nishioka, G. M. and S. Ross. 1981. A new method and apparatus for measuring foam sability. *J. Colloid Interface Sci.* 81:1−7.

70. Yu, M.−A. and S. Damodaran. 1991. Kinetics of protein foam destabilization: Evaluation of a method using bovine serum albumin. *J. Agric. Food Chem.* 39:1555−1562.

71. Zhu, H. and S. Damodaran. 1994. Heat−induced confor-mational changes in whey protein isolate and its relation to foaming properties. *J. Agric. Food Chem.* 42:846−855.

72. Zhu, H. and S. Damodaran. 1994. Proteose peptones and physical factors afect foaming properties of whey protein isolate. *J Food Sci.* 59:554−560.

73. Zhu, H. and S. Damodaran. 1994. Effects of calcium and magnesium ions on aggregation of whey pro-tein isolate and its effect on foaming properties. *J. Agric. Food Chem.* 42:856−862.

74. Xu, S. and S. Damodaran. 1993. Comparative adsorption of native and denatured egg−white, human and T4 phage lysozymes at the air−water interface. *J. Colloid Interface Sci.* 159:124−133.

75. Kato, S., Y. Osako, N. Matsudomi, and K. Kobayashi. 1983. Changes in emulsifying and foaming properties of proteins during heat denaturation. *Agric. Biol. Chem.* 47:33−38.

76. Poole, S., S. I. West, and C. L. Walters. 1984. Protein−protein interactions: Their importance in the foaming of heterogeneous protein systems. *J. Sci. Food Agric.* 35:701−711.

77. Damodaran, S. and J. E. Kinsella. 1980. Flavor−protein interactions: Binding of carbonyls to bovine serum albumin: Thermodynamic and conformational efects. *J. Agric. Food Chem.* 28:567−571.

78. Damodaran, S. and J. E. Kinsella. 1981. Interaction of carbonyIs with soy protein: Thermodynamic effects. *J. Agric. Food Chem.* 29:1249−1253.

79. Rao, M. A., S. Damodaran, J. E. Kinsella, and H. J. Cooley. 1986. Flow properties of 7S and 1IS soy protein fractions. In Food Engineering and Process Applications, M. Le Maguer and P. Jelen (Eds). Elsevier Applied Science, New York, pp. 39−48.

80. Shimada, K. and S. Matsushita. 1980. Relationship between thermo−coagulation of proteins and amino acid compositions. *J. Agric. Food Chem.* 28:413−417.

81. Wang, C.−H. and S. Damodaran. 1990. Thermal gelation of globular proteins: Weight average molecular weight dependence of gel strength. *J. Agric. Food Chem.* 38:1154−1164.

82. Gosal, W. S. and S. B. Ross−Murphy. 2000. Globular protein gelation [Review]. *Curr. Opin. Colloid Interface Sci.* 5(3−4):188−194.

83. Shewry, P. R. and A. S. Tatham. 1997. Disulphide bonds in wheat gluten proteins. *J. Cereal Sci.* 25:207−227.

84. Bock, J. E. and S. Damodaran. 2013. Bran−induced changes in water structure and gluten conformation in model gluten dough studied by Fourier transform infrared spectroscopy. *Food Hydrocoll.* 31:146−155.

85. Bock, J. E., R. K. Connelly, and S. Damodaran. 2013. Impact of bran addition on water properties and gluten secondary structure in wheat flour doughs studied by

attenuated total rflectance Fourier transform infrared speectroscopy. *Cereal Chem.* 90:377-386.

86. Van Djk, A.A., E.De Boef, A.Bekkers, L.L.Van Wijk, E.Van Swieten, R.J.Hamer, and G.T.Robillard. 1997.Structure characterization of the central repetitive domain of high molecular weight gluten proteins. II. Characterization ion solution and in the dry state. *Protein Sci.* 6:649-656.

87. Miles, M.J., H.J.Carr, T.C.McMaster, K.J.I' Anson, P.S.Belton, V.J.Morris, M.Field, P.R.Shewry, and A.S. Tatham. 1991. Scanning tunneling microscopy of a wheat seed storage protein reveals details of an unusual super secondary structure. *Proc. Natl. Acad. Sci. U. S. A.* 88:68-71.

88. Belton, P.S.1999.On the elasticity of wheat gluten. *J. Cereal Sci.* 29:103-107.

89. Barro, F, L.Rooke, F.Bekes, P.Gras, A.S.Tatham, R.Fido, P.A.Lazzeri, P R.Shewry, and P.Barcelo. 1997. Transformation of wheat with high molecular weight subunit genes results in improved functional properties. *Nat.Biotechnol.* 15:1295-1299.

90. Bertrand-Harb, C.A Baday, M.Dalgalarrondo, J.M. Chobert, and T Haertle.2002.Thermal modifi-cations of structure and codenaturation of a-lactalbumin and B-lactoglobulin induce changes in solubil-ity and suscepibility to proleases. *Nahrung* 46:283-289.

91. Bonomi, F.A.Fiocchi, H.Frokloiaer, A.Gaiaschi, S. Iametti, P.Rasmussen, P.Restani, and P.Rovere. 2003.Reduction of immunoreactivity ofbovine B-lactoglobulin upon combined physical and proteolytic treatment. *J.Dairy Res.* 70:51-59.

92. Mahmoud, M.I., W.T Malone, and C.T.Cordle.1992. Enzymatic hydrolysis of casein: Effectof degree of hydrolysis on antigenicity and physical properties. *J.Food Sci.* 57:1223-1227.

93. Kilara, A and D.Panyam.2003.Peptides from milk proteins and their properties. *Food Sci.Nutr.* 43:607-633.

94. Adler-Nissen, J.1986.Relationship of structure to tuste of peptides and peptide mixtures. In *Protein Tailoring for Food and Medical Uses*, R.E.Feeney and J.R.Whitaker (Eds.), Marcel Dekker, New York, pp. 97-122.

95. FAO/WHO/UNU. 1985. Energy and protein requirements, Report of a joint FAO/WHO/UNU expert consultation. World Health Organization Technical Report Series 724, WHO, Geneva,Switzerland.

96. FAO/WHO. 1991. Protein Quality Evaluation, Report of a Joint FAO/WHO expert consultation. FAO Food and Nutrition Paper 51, FAO, Geneva, Switzerland, pp.23-24.

97. Friedman, M. 1996. Nutritional valuc of proteins from different food sources. A review. *J. Agric. Food Chem*: 44:6-29.

98. Calsamiglla, S. and M.D.Stern. 1995. A three-step in vitro procedure for estimating intestinal digestion of protein in ruminants. *J.Animal Sci.* 73:1459-1465.

99. Ford, J. E. 1981. Microbiological methods for protein quality assessment. In *Protein Quality in Humans: Assessment and In Vitro Estimation*, C.E.Bodwell, J.S. Adkins, and D. T. Hopkins (Eds.), AVI Publishing Co., Westport, CT, pp.278-305.

100. Vasconcelos, I.M.and J.R.A.Oliveira.2004.Antinutritional properties of plant lectins.*Toxicon.* 44:385-403.

101. Reddy, N.R.and M.D.Pierson.1994.Reduction in antinutritional and toxic components in plant foods by fermentation.*Food Res.Int.* 27:281-290.

102. Liardon, R.and D.Ledermann.1986.Racemization kinetics of free and protein-bound amino acids under moderate alkaline treatment. *J.Agric. Food Chem.* 34: 557-565.

103. Fay, L., U.Richli, and R.Liardon.1991.Evidence for the absence of amino acid isomerization in micro-wave-heated milk and infant formulas. *J.Agric. Food Chem.* 39:1857-1859.

104. Hayase, F. H. Kato, and M. Fujimaki. 1973. Racemization of amino acid residues in proteins during roasting.*Agric.Biol Chem.* 37:191-192.

105. Cherkin, A.D., J.L.Davis, and M.W.Garman.1978. D-proline: Sterespecifli-sodium chloride dependent lethal convulsant activity in the chick.*Pharmacol.Biochem.Behav.* 8:623-625.

106. Chen, C., A.M.Pearson, and J, I.Gray. 1990. Meat mutagens.*Adv.Food Nutr.Res.* 34:387-449.

107. Kizil, M., Oz, F., and Besier, H.T.2011. A review on the formation of carcinogenic/mutagenic hetero-cyclic aromatic amines.*J.Food Process Technol.* 2:120.

108. Stadtman, E. R. and R. L. Levine. 2003. Free radica-mediated oxidation of free amino acids and amino acid residues in proteins.*Amino Acids* 25:207-218.

109. Rosario, M., M.Domingues, P.Domingues, A.Reis, C.Fonseca, F.M.L.Amado, and J.V.Ferrer Correia. 2003.Identification of oxidation products and free radicals of tryptophan by mass spectrometry. *J. Am. Soc. Mass Spectrom.* 14:406-416.

110. Wedzicha, B.L, I.Belion, and S.J.Goddard.1991.Inhibition of browning by sulites.In *Nutritional and Toxicological Consequences of Food Processing*, M.Friedman (Ed). Advances in Experimental Medicine and Biology, Vol. 289, Plenum Press, New York, pp. 217-236.

111. Somoza, V. 2005. Five years of research on health risks and benefits of Millard reaction products: An update.*Mol.Nutr.Food Res.* 49:663-672.

112. Yilmaz, Y.and R.Toledo.2005.Antioxidant activity of water-soluble Mallard reaction products.*Food Chem.* 93:273-278.

113. Gonzalez, J.M.and S.Damodaran.1990.Sulfitolysis of disulfide bonds in proteins using a solid state copper carbonale catalyst.*J.Agric.Food Chem*.38:149−153.

114. Gonzalez, J, M.and S.Damodaran.1990.Recovery of proteins from raw sweet whey using a solid state sulfitolysis.*J.Food Sci*.55:1559−1563.

115. Gong, M., A.Mohan, A.Gibson, and C.C.Udenigwe. 2015.Mechanisms of plastein formation, and prospective food and nutraceultical applications of the peptide aggregates.*Biotechnol.Rep*.5:63−69.

116. Kuraishi, C., K.Yamazaki, and Y.Susa.2001.Transglutaminase: Its uilization in the food industry. *Food Rev.Int*.17:221−246.

117. Fitch, C.A., G. Platzer, M. Okon, B. Garcia − Moreno, and L.P.McIntosh. 2015. Arginine: Its pK_a value revisited.*Protein Sci*.24:752−761.

118. Lesser, G.J.and G.D.Ross.1990.Hydrophobicity of amino acid subgroups in proteins. *Proteins: Struct. Funct.Genet*.8:6−13.

119. Fauchere, J.L.and Pliska, V.1983.Hydrophobic parameters−pi of amino acid side−chains from the partitioning of N−acetyl−aminoacid amides. *Eur. J. Med. Chem*.18:369−375.

120. Bull, H.B.and K.Breese. 1973. Thermal stability of proteins.*Arch.Biochem.Biophys*.158:681−686.

121. Kinsella, J.E., S.Damodaran, and J.B.German.1985. Physicochemical and functional properties of oilseed proteins with emphasis on soy proteins.In *New Protein Foods: Seed Storage Proteins*, A.M.Altshul and H.L. Wilcke (Eds), Academic Press, London, U.K., pp. 107−179.

122. Kuntz, I. D. 1971. Hydration of macromolecules. III. Hydration of polypeptides. *J. Am. Chem. Soc*. 93: 514−516.

123. ONeill, T. E. and J. E. Kinsella. 1987. Binding of alkanone flavors to B − lactoglobulin: Effects of confor−mational and chemical modification. *J. Agric. Food Chem*.35:770−774.

124. MacRitchie, F.and D.Lafiandra.1997.Structure−function relationships of wheat proteins.In *Food Proteins and Their Applications*, S. Damodaran and A. Paraf (Eds), Marcel Dekker, New York,pp.293−324.

125. Eggum, B. O. and R. M. Beames. 1983. The nutritive value of seed proteins.In *Seed Proteins*, W.Gottchalk and H.P.Muller (Eds), Nijhoff/Junk, The Hague,

the Netherlands, pp.499−531.

126. Swaisgood, H.E, and G.L.Catignani 1991.Protein digestibility: In vitro methods of assessment.*Adv. Food Nutr.Res*.35:185−236.

127. Lawrence, M.C., E.Suzuki, J.N.Varghese, P.C.Davis, A. Van Donkelaar, P. A. Tulloch, and P. M. Colman.1990.The three−dimensional structure of the seed storage protein phascolin at 3 A resolution. *EMBO J*.9:9−15.

128. Papiz, M. Z., L. Sawyer, E. E. Eliopoulos, A. C. T. North, J.B.C.Findlay, R.Sivaprasadarao, T.A.Jones, M.E.Newcomer, and P.J.Kraulis. 1986.The structure of−lactoglobulin and its similarity to plasma retinol−binding protein.*Nature* 324.383−385.

129. Scheraga, H. A. 1963. Intramolecular bonds in proteins. II. Noncovalent bonds. In *The Proteins*, H. Neurath (Ed.), 2nd edn., Vol.1, Academic Press, New York, pp.478−594.

130. Chen, B.and J.A.Schellman. 1989. Low−temperature unfolding of a mutant of phage T4 lysozyme.1.Equilibrium studies.*Biochemistry* 28:685−691.

131. Lapanje, S. 1978. *Physicochemical Aspects of Protein Denaturation*.Wiley−Interscience, New York.

132. Creighton, T. E. 1993. *Proteins: Structures and Molecular Properties*. W. H. Freeman & Co., New York, pp.158−159.

133. Rupley, J.A., P.−H.Yang, and G.Tollin.1980.Thermodynamic and related studies of water interacting with prolcins. In *Water in Polymers*, S. P. Rowland (Ed), ACS Symposium Series 127, American Chemical Society, Washington, DC, pp.91−139.

134. Adler−Nssen, J.1979.Determination of the degree of hydrolysis of food protein hydrolysates by trinitrobenzenesulfonic acid. *J. Agric. Food Chem*. 27: 1256−1260.

135. Friedman, M. and M. R. Gumbmann. 1986. Nutritional improvement of legume proteins through disulfide interchange. *Adv.Exp.Med.Biol*.199:357−390.

136. Yon.J.M.2001. Protein folding: A perspective for biology, medicine and biotechnology.*Braz. J. Med. Biol. Res*.34:419−435.

137. Sadi−Carnot.2015.Energy landsceape.*Encyclopedia of Human Thermodynamics*, *Human Chemistry: and Human Physics*.www.coht.info/page/Energy+landscape.

Kirk L. Parkin

6.1 引言

在 17—19 世纪,酶在生命组织中的作用被认为是发酵。早期食品酶学中的一些代表性例子包括酵母酒精发酵、动物消化过程以及制麦过程中引起淀粉向糖转化的"糖化"作用。1878 年 W. Kühne 提出了"酶"这个词。该词源于希腊语 enzyme,意为"在酵母中"。

食品酶通常可以分成两类:一类是添加到食品中(外源性)以引起期望变化的酶,另一类是原本存在于食品中(内源性)可能会或不会引起食品品质变化的酶。外源酶可以从不同的来源获得,其选择依据是成本和功能特性。功能特性与特定使用条件下酶的催化活性、底物特异性及稳定性有关。内源酶以不同种类和数量存在于食品材料中,在食品加工过程中对其作用的调节会受到一定的限制,因此,与外源酶相比,对内源酶的控制面临更大的挑战。在一些食品中,内源酶可能与有助于提高食品品质或降低食品品质的反应有关。本章的目的是提供酶的化学基础知识,以便帮助读者理解酶是怎样起作用的和如何将有关酶的理论知识应用在生产实践中控制酶的作用,以便实现提升食品加工,生产食品配料以及保持、加强、监测食品质量的目的。

6.2 酶的基本性质

6.2.1 酶是生物催化剂

酶具有三个重要特征:酶是蛋白质和催化剂,对底物具有选择性,并受调控。酶是生物催化剂中最常见、最普遍的形式。酶与生命过程密切相关,介导合成、转换、细胞信号传导和代谢功能。其他已知的天然生物催化剂是具有催化能力的 RNA 或"核酶",核酶在蛋白质合成(翻译)过程中参与 RNA 修饰和氨基酸连接。当用底物过渡态类似物作为半抗原进行诱导时,抗体会转变成抗体酶。

6.2.2 酶的蛋白质和非蛋白质特性[20,43,94]

所有的酶都是蛋白质,分子质量介于 8ku(约 70 个氨基酸,例如,一些硫氧还蛋白和谷氧还蛋白)~4600ku(例如丙酮酸脱羧酶复合物)。最大的酶由多个多肽链或亚基组成,具有四级结构。这些亚基通常通过一般的非共价相互作用力结合(详见第 5 章)。一个酶的亚基可以是相同或不同多肽链。寡聚酶可能具有多个活性位点,一些大的酶在一条多肽链可能有多个催化活性。在后一种情况下,如高等生物的脂肪酸合成酶复合物,不同的活性与存在于多肽上的不同蛋白质域有关,而且这些大的多肽可进一步结合成二聚体或寡聚体。只有单个活性部位的单体酶的多肽链也可能有不同的结构域,并且每个结构域都具有与催化或生物特性有关的不同功能。

　　一些酶需要非蛋白质成分以实现它们的催化功能。这些非蛋白质成分称为"辅助因子""辅酶"或"辅基"[112]。最常见的辅助因子有金属离子(金属酶)、黄素(黄素酶)、生物素、硫辛酸、多种 B 族维生素以及烟酰胺衍生物(结合紧密并参与可逆的氧化还原反应,是真正的共底物)。带必需辅助因子的酶称为"全酶",不带必需辅助因子时没有催化功能,被称为"脱辅基酶蛋白"。酶的其他非蛋白质成分包括结合脂质(脂蛋白)、碳水化合物(结合在天门冬酰胺残基上,糖蛋白)或磷酸(结合在丝氨酸残基上,磷蛋白)。这些组分在催化反应中通常不起作用,但影响酶的物理化学性质以及赋予酶细胞识别位点。一些酶刚合成时以没有活性的形式存在。这种没有活性的酶的前体称为"酶原",需要蛋白质的部分水解才能激发它们的活性(例如消化酶和小牛凝乳酶)。

　　以单体蛋白质(单个多肽链)存在的酶的分子质量通常在 13k~15ku。大多数细胞酶的分子质量在 30k~50ku。寡聚体酶的分子质量通常在 80k~100ku,由 20k~60ku 的亚基组成。仅有约 1%~3% 的细胞蛋白质的分子质量大于 240ku[130]。寡聚酶通常与宿主生物体内的代谢过程有关,亚基的存在使得酶可以通过细胞代谢物、变构行为(亚基协同作用)以及与其他细胞组分或结构的相互作用对宿主进行多维度的调控。

　　胞外酶和分泌酶一般是较小的单链多肽分子,通常具有水解活性,相对于胞内酶有更高的稳定性。这些胞外水解酶有助于(微)生物体移动和吸收环境中的营养物质及生长因子,不然(微)生物体将会丧失对温度、pH 和环境物质组分等环境因素的调控能力。应用于食品加工的外源酶大部分都来源于微生物。微生物可以大规模快速产酶,然后从发酵液中分离得到酶。然而,也可从植物或动物中提取得到酶,而且这些提取物在一些食品应用中可能更受欢迎。酶的微生物来源仍然是研究热点,因为通过菌种选育和分子生物学技术能快速选择到需要的酶或修饰特定酶的特性,以满足特定食品加工需要。

　　一种酶能以多种形式存在,它们的一级结构略有不同,但是催化功能几乎相同。这些氨基酸序列上的微小差异可使其在底物/产物选择性以及最适 pH 和温度上表现出细微的甚至较大的差异。它们被称为酶的"同工形式",即同工酶。

　　基于目前对蛋白质结构和序列的认识,根据其催化的反应的本质和结构特征(例如,桶型、螺旋桨型、希腊钥匙型和果冻卷型等结构单元)来对酶进行分类。这种分类方法与进化史有关。对肽序列的了解有助于从一级结构的相似性(同源性)的基础上来认识不同的酶。通常被称为蛋白质模体(motif)的小肽序列的存在有助于鉴定或证实假定的酶的活性中心的存在。对蛋白质结构与催化功能关系的了解是改进酶在食品中的应用的基础。

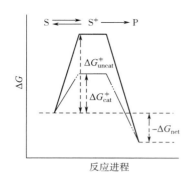

图 6.1　催化反应与非催化反应比较

6.2.3　酶的催化活力[30,43,54,151]

　　催化剂是可以提高反应速率的物质,其自身不会发生化学变化。它们的作用是降低反应物转变为产物的能垒。可以用假定的"反应坐标"来描述产生一个产物(P)的反应的自由能变化(图 6.1)。在催化反应中,底物(S)跃迁到过渡态(S^+)的反应自由能变化(ΔG_{cat}^+)比非催化反应自由能变化(ΔG_{uncat}^+)更低。图 6.1 所示为一个简化过程,在一个反应中还可能存在多个中间状态。不过,一个反应往往存在一个关键或限速性步骤,这一步骤具有最大的 G 或引起最大的 G 增加,从而决定整个化学反应过程的速率。自由能净减少($-\Delta G_{net}$)意味着反应可以进行,但这并不表明反应速率有多快。另一方面,反应速率与热力学的 ΔG^+ 密切相关。一些酶的催化能力见表 6.1。

表 6.1　　　　　　　　　　　　　一些酶的催化能力举例

反应	催化剂	活化自由能/(kcal/mol)	相对反应速率①
$H_2O_2 \rightarrow 1/2O_2 + H_2O$	无(水溶液)	18.0	1.0
	碘化物	13.5	2.1×10^3
	铂	11.7	4.2×10^4
	过氧化氢酶(1.11.1.6)	5.5	1.5×10^9
对硝基苯乙酸酯水解	无(水溶液)	21.9	1.0
	H^+	18.0	7.2×10^2
	OH^-	16.2	1.5×10^4
	咪唑	15.9	2.5×10^4
	血清白蛋白②	15.3	6.9×10
	脂蛋白脂酶	11.4	5.0×10^7
蔗糖水解	H^+	25.6	1.0
	转化酶(3.2.1.26)	11.0	5.1×10^{10}
尿素+$H_2O \rightarrow CO_2 + 2NH_3$	H^+	24.5	1.0
	脲酶(3.5.1.5)	8.7	4.2×10^{11}
酪蛋白水解	H^+	20.6	1.0
	胰蛋白酶(3.4.4.4)	12.0	12.0×10^6
丁酸乙酯水解	H^+	13.2	1.0
	脂肪酶(3.1.1.3)	4.2	4.0×10^6

①相对速率是依据 $e^{E_a/RT}$[式(6.1)]计算得到的 25℃时的反应速率。

②非酶催化反应。

1kcal = 4.184kJ

资料来源:O'Connor,C.J.and Longbottom,J.R.(1986).*J.Coll.Int.Sci.* 112:504-512;Sakurai,Y.,et al.(2004).*Phanmaceut. Res.* 21:285-292;and Whitaker,J.R.,et al.(Eds.)(2003).*Handbook of Food Enzymology*,Marcel Dekker,New York.

对酶催化一个反应速率的相关术语进行了规范[3]。酶活的国际单位（U）定义为：在规定条件（一般为最优条件）下，每分钟催化 1μmol 底物转化成产物所需要的酶量。酶活的 SI 单位是 Katal，定义为：在一定条件下，每秒钟催化 1mol 底物转化成产物所需要的酶量。酶的分子活性定义为"周转率"（k_{cat}），或在一定条件下一个酶分子（活性部位）每分钟可转化的底物分子数。已观察到的酶的 k_{cal} 上限约为 10^7。

6.2.3.1 催化反应的碰撞理论

化学反应速率（动力学）和催化反应的定量计算方法有两种。其中最简单的是碰撞理论，其表达式为：

$$k = PZe^{-E_a/RT} \tag{6.1}$$

式中 k——反应的速率常数；

P——概率因子（又称方位因子）；

Z——碰撞频率；

指数项表示具有足够活化能（E_a）可以进行反应的分子所占的比例；

R——气体常数；

T——温度。

该方程中，指数项是反映反应速率随着温度的改变而变化的最重要的因子。假如 E_a 为 50.2kJ/mol（酶反应的 E_a 通常在 25.1k~62.8kJ/mol 范围内[112]），温度每升高 10℃，"Z"的增加仅约为 4%，而 $e^{-E_a/RT}$ 项的增加达到 100%（2 倍）。式（6.1）中所描述的关系是 19 世纪后期阿伦尼乌斯（S. Arrhenius）根据经验总结得到的，它同样可以用于定量描述温度对酶反应的影响（详见 6.4.1）。

6.2.3.2 酶催化的过渡态理论

从机制上来说，过渡态理论是计算酶反应速率的另一种更有意义的方法。该理论主要是由 H. Eyring 在 20 世纪 30 年代提出的。该理论假设，底物（S）要向产物转变，基态的 S 必须先达到"活化"态或过渡态（S^+）（图 6.1）。处于基态 S 和活化状态 S^+ 的底物分子的比例关系用准平衡常数（pseudo-equilibrium constant）（K^+）来表示。

$$K^+ = S^+/S \tag{6.2}$$

反应速率或 S^+ 转化为 P 的速率为：

$$dP/dt = k_d [S^+] \tag{6.3}$$

式中 k_d—— S^+ 转化为 P 的一级反应速率常数。

S 与 S^+ 之间转化的活化自由能变化（ΔG^+）是重要的热力学参数，表达式如下：

$$\Delta G^+ = -RT\ln K^+ \tag{6.4}$$

将式（6.2）和式（6.4）整合得到：

$$[S^+] = [S]e^{-\Delta G^+/RT} \tag{6.5}$$

假设处于过渡态分子中的化学键是如此之弱，以至于在下一次的键的振动时就会断裂发生分解[54]，则式（6.3）中的速率常数 k_d 等同于转化时键的振动频率（ν），当键的振动能等

于势能的时候,过渡态分子 S^+ 的分解就会发生,此时关系式变为:

$$k_d = \nu = k_B T/h \tag{6.6}$$

式中 k_B——Boltzmann 常数;

  h——普朗克常数。

该理论认为,全部过渡态以同一速率分解,反应速率仅受[S]、温度和 ΔG^+[与 K^+ 有关,式(6.4)]的影响。将式(6.6)中的 k_d 和式(6.5)中的 S^+ 代入速率方程式(6.3),得到,

$$反应速率 = dP/dt = k_S[S] = k_B T/h \times [S]^{-\Delta G/RT} \tag{6.7}$$

于是,在一定确定的[S]范围,可以实验测定不同[S]时的反应速率和速率常数 k_S(k_S[S] $= k_B T/he^{-\Delta G^+/RT}$),然后计算得到 ΔG^+。一旦求得 ΔG^+,就可以计算出热力学参数 ΔH^+ 和 ΔS^+。

在知道了催化剂降低的反应活化自由能的量后,就可根据碰撞理论[式(6.1)]或过渡态理论[式(6.7)]定量计算或者预测出反应的加速程度。根据两个理论得到的结果一致,因为它们都是由自由能指数项确定的。例如,如果酶使反应的活化能(G^+ 或 E_a)降低了 22.6kJ/mol,那么相对于非催化反应,酶催化反应的速率提高了 250000 倍。

过渡态理论的作用在于它简明扼要地阐述了酶的作用机制、酶是如何演变成更加有效的催化剂以及酶是怎样区别于抗体(两者均选择性识别配体)的。酶在起催化作用时,游离底物(S)必须首先结合到游离酶(E)上,得到基态(ES)和激活态(ES$^+$)络合物。相对于非催化反应,酶的作用是降低 ΔG^+ 从而提高 K^+,或提高 S 转变成激活态 S^+ 的稳定态比例。图 6.1 大致表示出了该作用,但图 6.2(1)更好地描述通过过渡态稳定作用的酶催化反应的主要特征。E 和 S 结合形成 ES 有一个特征结合自由能(ΔG_S)(对单底物反应来说通常为负值)。无论 ΔG_S 的大小,该结合为 E 和 S 提供了有利的相互作用。ΔG_S 简称为"结合能",有利于催化反应(详见 6.2.4.2)。接下来是 S 上升到过渡态 ES$^+$(将进一步转变形成 P 和游离 E),其自由能变化为 ΔG^+。整个反应(即游离 S→P)的最小净活化自由能为 ΔG_T。ΔG_T 是结合(ΔG_S)和催化(ΔG^+)步骤的自由能的总和。该图很好地表示了酶识别底物的优势所在。如果酶对底物结合位点朝着能更好地识别(变得更为互补)基态 S 的方向演变,那么 E 和 S 的亲和力将提高,更有利于它们的结合[ΔG_S 负更多,见图 6.2(2)]。结果是,ΔG_T 没有变化,但 ΔG^+ 增大,对于 ES→ES$^+$ 步骤而言,必须克服一个更大的能量障碍。但是,如果酶-底物识别过程中,仅有的变化是活性位点与 S^+ 结构变得更加互补,那么净反应(ΔG_T)和键形成/断裂步骤(ΔG^+)的自由能都将减小[图 6.2(3)]。应该清楚的是,酶催化反应的优势在于酶能够识别或稳定 S 的过渡态形式 S^+。①

6.2.4 酶催化反应机制[30,43,151]

分子水平上,酶具有结合 S 和稳定 S^+ 的活性位点,形成活性位点的氨基酸残基和必需辅助因子通过共价和/或非共价键共同与底物发生相互作用。酶可以通过一系列机制催化

① 酶不能识别存在溶液中的 S^+,但在底物与酶结合过程中由于结合能和一些机械力的作用会促使底物转变或稳定为 S^+。

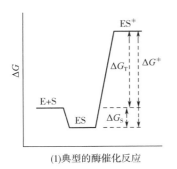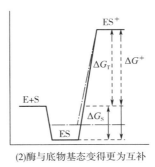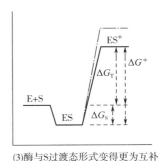

(1)典型的酶催化反应　　　(2)酶与底物基态变得更为互补　　　(3)酶与S过渡态形式变得更为互补

图 6.2　酶与底物的结合及显现的优势

粗线箭头代表 ΔG 相对于(1)的显著变化。

资料来源:Fersht, A. (1985). *Enzyme Structure and Mechanism*, 2nd edn., W. H. Freeman & Company, New York.

键形成/断裂和原子重排过程。这些作用受到活性位点上特有氨基酸残基及其空间排布的影响。除催化反应的必需氨基酸残基外,其他氨基酸残基也可以通过识别 S 和稳定 S⁺来辅助催化反应。

6.2.4.1　酶活性位点的一般特征

　　酶的一些氨基酸残基与酶的催化活性有关。蛋白质是由数量很多的氨基酸残基构成的大分子,但酶蛋白质分子中只有少量的氨基酸残基(通常在 3~20)与催化功能有关[130],其具体数量与酶分子大小成一定比例关系。另一方面,不同的丝氨酸蛋白酶含有 185~800 个数量不等的氨基酸残基,分子质量约为 20k~90ku(大部分为 25k~35ku),但都含有相同的催化三联体 His—Asp—Ser 结构单元。这表明,酶拥有使其具有催化活性所需的多得多的氨基酸残基。人们不免要问"酶为什么如此之大?"[130]。实际上,起催化作用的氨基酸残基在酶的一级序列中分散于整个多肽链,很少彼此靠近。例如,枯草芽孢杆菌(*Bacillus subtilis*)蛋白酶的催化三联体为 His_{64}—Asp_{32}—Ser_{221},米黑根毛霉(*Rhizomucor miehei*)脂肪酶的催化三联体为 His_{257}—Asp_{203}—Ser_{144}(丝氨酸蛋白酶和脂肪酶的作用机制有相似性)[23,63]。因此,多肽链上的非催化部分的功能之一是通过二级和三级结构将催化残基引入同一三维空间。催化残基精确的空间结构使其成为催化位点。多肽链的折叠也将其他一些具有特定结合力的氨基酸残基聚集在一起,形成结合位点,识别底物。因此,多肽构象起着"脚手架"作用,在一个三维空间内将起催化和底物识别作用的氨基酸残基准确定位。

　　多肽链的另一个作用是形成密集的原子堆积,排除酶分子内部的水分[43],将酶分子的水分限制在蛋白质体积的 25% 以内,使酶蛋白质内部形成相对非极性和无水空腔和裂隙。这样会增强偶极力,从而促进催化作用。其他非催化氨基酸残基也可能通过充当辅助因子、结合位点、表面识别位点与细胞其他组分发生相互作用或吸引/诱捕底物,参与酶反应过程[43,130]。未参与催化或底物识别的氨基酸残基有可能会影响蛋白质构象对环境因素如 pH、离子强度、温度等的敏感程度,参与调节酶活、影响酶的整体稳定性。

6.2.4.2 酶催化机制

酶催化机制可归纳为四大类[30,54],分别是邻近效应、共价催化、广义酸碱催化、分子应变或扭曲效应(表6.2)。其他有助于催化反应的作用将在后面适当内容中进行阐述。

表6.2   酶催化作用的一般机制

催化机制	相关作用力	可能参与的氨基酸残基和辅助因子
邻近效应	分子内 vs 分子间催化反应	活性位点以及底物识别残基
共价催化	亲核作用	Ser、Thr、Tyr、Cys、His(碱),Lys(碱),Asp$^-$、Glu$^-$
	亲电作用	Lys(席夫碱)、吡哆醛、硫胺、金属(阳离子)
广义酸碱催化	质子偶合/解离,电荷稳定	His、Asp、Clu、Cys、Tyr、Lys
分子应变/扭曲	诱导契合,诱导应变,齿轮机制,构象柔性	活性位点和底物识别残基

资料来源:Copeland, R. A., *Enzymes: A Practical Introduction to Structure, Function, Mechanism, and Data Analysis*, 2nd edn., John Wiley, New York, 2000; Saier, M. H., *Enzyme in Metabolic Pathways: A Comparative Study of Mechanism, Structure, Evolution and Control*, Harper & Row, New York, 1987; Walsh, C., *Enzymatic Reaction Mechanisms*, W. H. Freeman & Company, San Francisco, CA, 1979.

(1)结合能的作用   在讨论每一个主要的酶作用机制之前,有必要进一步阐述6.2.3.2所介绍的结合能的作用,因为结合能与这里讨论的全部催化机制有关。结合能用来表示底物和酶在结合位点结合所产生的有利相互作用[30,43,151],结合能来源于酶与底物之间结构上的互补。这种互补性可能是预先形成的(E. Fischer 提出的酶-底物识别的"锁钥"概念)或酶与底物结合时形成的,也可能这两种作用都有。净结合能定义为底物去溶剂化后与酶发生的相互作用的自由能变化(通常是负的)。酶-底物结合引起的熵损失与通过溶剂(通常是水)获得的熵相抵消。一些结合能可用于促进产物形成:也就是说,一些结合能可转化为机械和/或化学活化能。结合能可用于使 S 固定在酶的活性部位,或使 S 不稳定或使 S$^+$ 稳定。酶与一个底物反应快,而与其他底物反应慢或不反应的能力称为"选择性"。这种选择能力可能与用于促进催化步骤的结合能的大小直接相关。在活性部位或邻近位置上与催化相关的非必需氨基酸残基通常通过利用结合能来辅助催化反应。

(2)邻近效应   邻近效应的最好描述是:催化单元和底物以有利于反应的方向相互靠近,从而促进反应的进行。另一种邻近效应的表述是:反应物被定位于酶的活性部位,相对于溶液中的反应物浓度,反应物的"有效浓度"大大增加。该机制为催化反应提供了"熵贡献",它帮助克服了熵的大量减少,否则有必要使反应的所有参与物聚集到一起。因此,邻近效应对催化反应的贡献通常用有效(增加)浓度来建立模型,体现传质效应对反应速率的影响。

底物与酶典型结合形成的复合物的寿命要比溶液中反应物分子碰撞产生的分子间结合的寿命长 6 个数量级[151]。酶结合口袋使底物在酶的活性部位的低水环境中"对接"或"锚定"。相互作用的寿命延长意味着使反应达到过渡态的可能性加大。因此,邻近效应对催化反应的贡献也可以将酶反应当作分子内反应来建立模型。相对于分子间反应,分子内反应的全部反应物被视为存在于同一模块(酶分子)内。

邻近效应的净催化效应可以使 1~3 个底物参加的化学反应的速率提高 $10^4 \sim 10^{15}$ 倍

(如果参与反应的底物更多,则提高得更多)[151,154]。邻近效应的一个特征是:它不是特定的氨基酸残基赋予的,但与活性位点的化学和物理性质以及构成活性位点的氨基酸的构象密切相关(表 6.2)。

（3）共价催化 共价催化涉及酶−底物或辅助因子−底物共价中间体的形成,且该催化机制起始于亲核或亲电进攻(酶的氨基酸残基/辅助因子的亲核和亲电行为同样存在于非共价机制中)。亲核中心富含电子,有时候带负电,会寻找缺电子中心(核),例如羰基碳或磷酰基或糖基功能团等,并与之反应。亲电催化反应包括通过亲电体(又称电子穴,electron "sink")从反应中心的获得电子的过程。当共价催化反应的反应物同时具有亲核和亲电基团时,根据首先启动反应的中心来确定反应类型。

共价中间体的形成表明,反应至少包含两个步骤,即共价加合物(Enz−Nu−P$_2$)的形成和断裂,而且每一步都有一个特征 $\Delta G^{\neq}$(图 6.3)。多步骤催化反应机制也反映了酶的多种形式的存在,在动力学上具有比图 6.1 描述的更为复杂的过程。对许多种类的酶,包括丝氨酸和巯基蛋白酶、脂肪酶和羧酸酯酶以及许多糖基水解酶,共价催化是非常普遍的。共价催化的净催化效应估计能使反应速率提高 $10^2 \sim 10^3$ 倍。

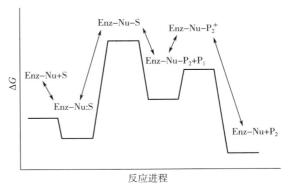

图 6.3 共价中间体参与下的亲核催化反应过程

Enz−Nu 代表具有亲核催化基团的酶;S 代表底物;P$_x$ 代表产物。

①亲核催化。表 6.2 所示为可以提供亲核中心的酶的氨基酸残基。通常,亲核性与功能基团的碱性有关,碱性与为质子提供电子对的能力有关[30,43]。因此,亲核反应的速率常数与结构相关化合物的 pK_a 呈正相关(pK_a 越大,反应速率越大)。然而,大多数情况下,酶的亲核基团只能在一定的 pH 范围,即其构象能保持稳定的 pH 范围内起作用(通常在 pH7 左右)。例如,精氨酸具有一个强碱性基团,它的 pK_a 约为 12,使它不能起亲核残基的作用,因为它在活性酶中几乎只以共轭酸的形式存在。这就是在表 6.2 中没有将它作为亲核残基列出的原因。另一个影响亲核催化反应速率的因素是在共价中间体形成过程生成的"离去基团"或产物(图 6.3 中 P_1)的性质。离去基团的碱性越低(pK_a 越小),对给定亲核体来说,亲核催化反应速率越快。

丝氨酸蛋白酶和脂肪酶/羧酸酯酶特有的催化三联体 His—Asp(Glu)—Ser 是亲核催化反应研究最多的例子之一。这些酶通过共价中间体分别催化氨基化合物(肽)和酯键水解。对枯草芽孢杆菌蛋白酶(EC 3.4.21.62)的催化三联体而言,Ser$_{221}$力图为肽键的羰基碳提供电子,从而发挥亲核体的作用(图 6.4[23,24])。Ser$_{221}$氧原子的亲核性被起着接受一个质子作用的 His$_{64}$所加强,相邻的 Asp$_{32}$残基稳定 His$_{64}$上产生的电荷。这导致瞬时四面体酰基−酶中间体的形成。在最后一步,His$_{64}$起着广义酸的作用,为裂解肽的 N−末端肽片段提供质子,形成离去基团,同时形成酰基−酶共价加合物。尽管图中没有显示,但当作为最后亲核体的水分子进入活性位点,利用上述相同的催化体系形成另一个四面体中间体,从 Ser_{221} 断开肽片段时完成整个催化循环。Asn_{155} 残基对催化作用不是很重要,但是起到使变化中的四面体中间体(一个"氧离子")稳定在酶内一定空间的作用。该空间称作为"氧离子洞"。

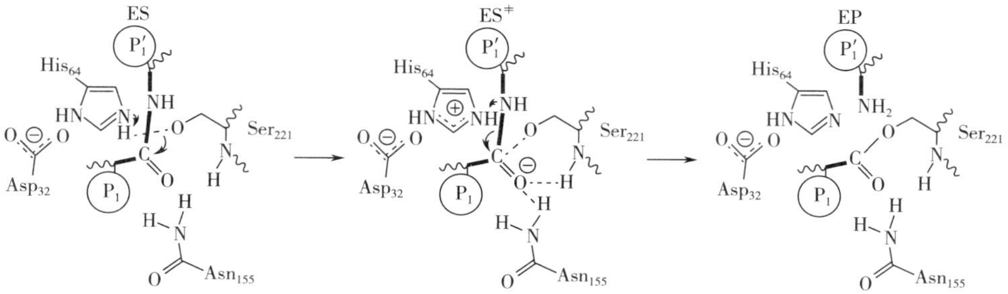

图 6.4 丝氨酸蛋白酶的作用机制

粗线表示底物肽的骨架。P_1 和 P_1' 分别代表可裂开肽键的 N-和 C-端的氨基酸残基的侧链基团。

资料来源:Carter, P. and Wells, J. A., *Nature*, 332, 564, 1988;Carter, P. and Wells, J. A., *Protein Struct. Funct. Genet.*, 7, 335, 1990.

枯草芽孢杆菌蛋白酶的突变型(借助分子技术取代特定的氨基酸)揭示了构成三联体的氨基酸的重要性。表 6.3 中显示,原酶的催化效率为 1.4×10^5(以 k_{cat}/K_M 表示,详见 6.2.5.3)(表 6.3)。如果 Ser_{221}、His_{64}、Asp_{32} 残基中的任意一个被 Ala 取代,则催化效率会下降 $10^4 \sim 10^6$ 倍;如果这些残基中的任意两个或三个全部被 Ala 取代,则几乎检测不到催化效率。这表明这三个氨基酸残基作为一个单元起作用,对催化能力不产生叠加效应。这些相同的氨基酸残基构成了脂肪酶(大多数羧酸酯酶)的催化三联体。对脂肪酶而言,会发生如图 6.4 所示的相同的系列反应,只是底物为酯类(R—CO—OR′)。酰基(R—CO—)参与形成相同的酰基-酶中间体,释放的醇(R′OH)为离去基团。蛋白酶可以通过四种不同催化机制的任意一种起作用(详见 6.3.3),但对脂肪酶和羧酸酯酶而言,His-Asp(Glu)-Ser 催化三联体是一个高度保守的催化单元。采用另外催化单元和催化机制的三种羧酸酯酶包括分泌型磷脂酶 A_2(胰腺、蜜蜂以及毒液;His/Asp 二联体)、马铃薯脂类酰基水解酶(Asp/Ser 二联体)和果胶甲基酯酶(Asp/Asp 二联体)。

表 6.3	定点突变对枯草芽孢杆菌蛋白酶催化常数的影响		
酶	k_{cat}/s^{-1}	$K_M/(\mu mol/L)$	$k_{cat}/K_M/[L/(mol \cdot s)]$
野生型	6.3×10^1	440	6.3×10^5
$Ser_{221} \rightarrow Ala$	5.4×10^{-5}	650	8.4×10^{-2}
$His_{64} \rightarrow Ala$	1.9×10^{-4}	1300	1.5×10^{-1}
$Asp_{32} \rightarrow Ala$	1.8×10^{-2}	1400	1.3×10^1
三个全部突变	7.8×10^{-3}	730	1.1×10^{-1}

资料来源:Carter, P. and Wells, J. A., *Nature*, 332, 564, 1988;Carter, P. and Wells, J. A., *Protein Struct. Funct. Genet.*, 7, 335, 1990.

②亲电催化。亲电催化反应是另一种共价催化机制,其反应的特有步骤是亲电进攻。酶 蛋白的氨基酸残基不能提供足够的亲电基团。亲电体来自缺电子的辅助因子或底物与酶的催化残基形成的带正电的含氮衍生物(表 6.2)。

一些最典型的亲电催化反应是以磷酸吡哆醛(具有维生素 B_6 作用,详见第 7 章)作为辅助因子的。许多这样的酶参与氨基酸转化/代谢[43,140]。吡哆醛酶反应的通常机制涉及连有吡哆醛基团的席夫碱从酶-Lys 残基到酶活性位上的活性氨基酸的转移[图 6.5(1)]。席夫碱中间体被充当电子穴的吡啶环稳定。反应的第一步是酶分子上的一个氨基酸残基作为碱(B:)吸收底物释放的质子。手性中心周围的基团(—R、—H、—COO⁻)是被断开(裂解)还是被转移取决于是哪一个 α-C 取代基与吡啶中间体平面成直角,因为处于与吡啶中间体平面垂直位置的基团具有转化/迁移的最低的 E_a[图 6.5(2)]。

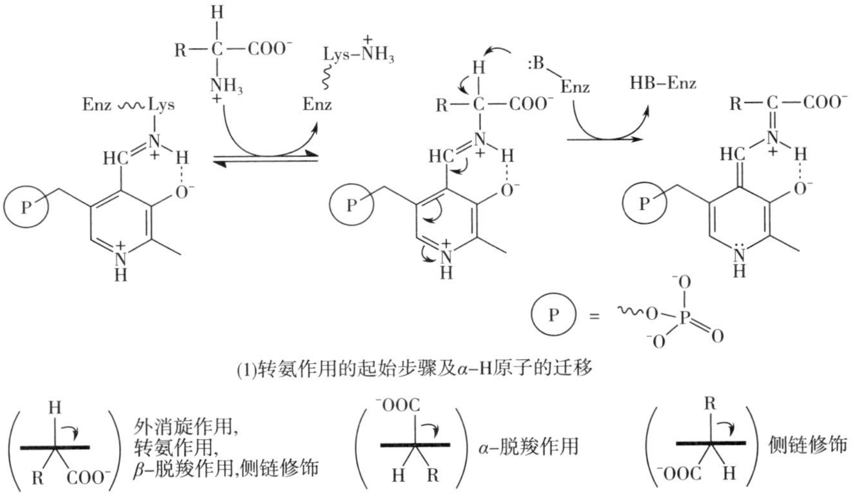

(1)转氨作用的起始步骤及 α-H 原子的迁移

(2)α-C 构型与催化反应类型的关系

图 6.5　吡哆醛酶的一般反应机制

资料来源:Fersht, A., *Enzyme Structure and Mechanism*, 2nd edn., W. H. Freeman & Company, New York, 1985; Tyoshimura, T. et al., *Biosci. Biotech. Biochem.*, 60, 181, 1996.

许多吡哆醛酶活性位点所共有的一些特征可通过蒜氨酸裂解酶(alliin lyase)[EC 4.4.1.4,S-烷基(烯基)-L-半胱氨酸亚砜裂解酶]对 S-烷基(烯基)-L-半胱氨酸亚砜的作用来阐明(图 6.6)。该酶通常称为蒜氨酸酶(alliinase),是葱属(Allium)类蔬菜(洋葱、大蒜、韭菜、香葱等)细胞破裂或新鲜组织被切割时形成特有风味的原因。对大蒜酶而言,在"磷酸根结合凹槽"和与吡啶 N 和羟基相键合的其他氨基酸残基的帮助下,Lys_{251}(洋葱是 Lys_{285},香葱是 Lys_{280})与吡哆醛辅助因子协同作用[69]。底物与酶的其他残基(Agr_{401}、Ser_{63} 和 Gly_{64} 氨基,以及 Tyr_{92})的协同作用增强了酶对 $(+)S$-烷基(烯基)-L-半胱氨酸亚砜的立体选择性。蒜氨酸酶引起底物的 β-裂解,生成次磺酸(R—S—OH,一个良好的离去基团)。

(4)广义酸碱催化　大多数酶反应涉及某种意义上的质子转移,而这种质子转移通常是由可以提供质子(广义酸)和接受质子(广义碱)的氨基酸残基来完成的。广义酸碱催化

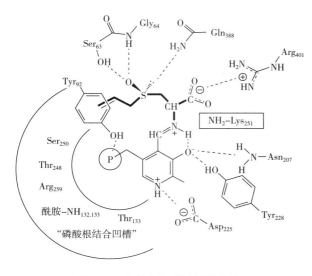

图 6.6　大蒜蒜氨酸酶活性位点

粗线表示(+)S-烷基-L-半胱氨酸亚砜底物的骨架。

资料来源：Kuettner, E. B. et al., *J. Biol. Chem.*, 277, 46402, 2002.

反应与特定的酸（H_3O^+）或碱（OH^-）催化反应有区别。广义酸碱催化反应的催化速率受催化剂浓度的影响。酶采取广义酸碱反应机制是因为它们不能使 H_3O^+ 或 OH^- 聚集(尽管一些酶在活性位点上能产生 H^+ 或 OH^-)。作为广义酸碱起作用的酶的氨基酸残基的 pK_a 通常在酶活和稳定性对应的最适 pH 范围内(一般为 pH 4 ~10)，表 6.2 所示为这些氨基酸残基。广义酸碱行为对丝氨酸蛋白酶、脂肪酶以及羧酸酯酶的亲核作用机制也有贡献(图 6.4)。事实上，His 是参与广义酸碱催化反应较多的一个残基，因为蛋白质中的咪唑基的 pK_a 一般在 6 ~ 8,这使得它在大多数酶有活性的 pH 范围时可作为酸或碱起作用。

溶菌酶的催化机制是另一个广义酸碱催化机制的例子。溶菌酶（EC 3.2.1.17, 黏肽 N-乙酰基胞壁酰水解酶，又称胞壁酸酶)是一种广泛存在于唾液、泪腺分泌物、鸡蛋清中的酶。溶菌酶的作用机制总体上同样适用于糖基水解酶(详见 6.3.2),包括淀粉、糖以及果胶水解酶[126]。溶菌酶可以作为杀菌剂应用于食品,因为它能水解原核细胞壁的肽聚糖杂合物(特别是对革兰阳性微生物,其中许多是食源性致病菌)。在最适 pH5 附近,其催化反应机制取决于其活性位点的氨基酸 Glu35 和 Asp52 的广义酸碱特性[33,126,154]。

$$\qquad\qquad\qquad\qquad\qquad\qquad\qquad\qquad\qquad (6.8)$$

Glu35 质子起广义酸作用,与可断开的糖苷键的氧原子相偶合。Asp52 羧酸起广义碱作用,促进底物中正碳离子的静电稳定。① 完成水解反应所需要引入的水(未显示)部分被 Glu35 的羧基电离,产生的—OH 连接到原糖苷的 C1 上,H^+ 被 Glu35 捕获结合,使酶回复到活性状态。水的排除以及酶活性位点裂隙上大量的疏水残基使得在 Glu35 周围形成了一个非

---

①　许多糖基水解酶,包括溶菌酶,都归为遵循亲核催化机制的一类酶,因为催化反应过程中形成了一个共价中间体[126][在式(6.8)中未表示出来]。Asp52 的羧基是很好的亲核体(表 6.2)。糖基水解酶的机制将在 6.3.2 进行详细介绍。

极性环境,使其不容易电离,并使 pK_a 升高至 6.1 的高值。这使得 Glu_{35} 在 pH5 时可以作为广义酸催化剂起作用,起到屏蔽电荷作用的水分的相对缺乏使得固定偶极能够存在于催化残基和碳正离子中间体之间。这使得反应的 E_a 相对于水相中的非催化反应下降至少 37.7kJ/mol(速率相应增强 10^6 倍)[33]。

酶催化反应中质子/氢转移反应可以在木糖异构酶(EC 5.3.1.5,D-木糖酮醇异构酶,又称葡萄糖异构酶)催化的反应中发现。该酶催化醛糖和酮糖异构体之间的平衡反应。几乎所有的木糖异构酶都是均一四聚体,构成两个活性位点,每个活性位点都有一个阳离子辅助因子(一般为 Mg^{2+};也有 Mn^{2+}、Co^+)[154]。一个保守活性位点序列[以链霉菌(*Streptomyces* spp.)酶作为参考]包括键合阳离子的氨基酸残基($Glu_{180,216}$,$Asp_{244,254,256,286}$,His_{219})以及辅衬活性位点的残基(His_{53},Phe_{93},Trp_{135},Lys_{182},Glu_{185})[126]。活性位点被分为高度极性和疏水两个区域(尤其是 Trp_{135}),后者用以排除水分。该酶过去用于举例说明广义酸碱催化反应,但现在的观点是它催化氢转移反应。反应的特征步骤包括开环、氢转移(限速步骤)及闭环[48,49]。在两个 Mg^{2+} 中,Mg_s 起结构稳定作用并与糖类底物的 O2 和 O4 相作用,而 Mg_c 起催化作用(图 6.7)。开环后(图中未显示),Asp_{256} 起广义碱作用,将水分子中的 H^+ 移除,从而产生 ^-OH。O2 中的一个质子被转移到键合在 Mg_c 上的 ^-OH,之后,Mg_c 被吸引到带负电的 O2(Mg_c 实际移动)上,进而稳定过渡态。该步骤通过键合在 Lys_{182} 和 O1 之间的 H 辅助完成。Mg_c 的移动与氢化物(^-H:)从 C2 到 C1 的转移同时进行。这是一个平衡反应,氢的转移可以在相同的步骤逆转,Mg_c:^-OH 偶合物使 H^+ 从 O1 穿梭到 O2,从而促进氢化物从 C1 到 C2 的转移。

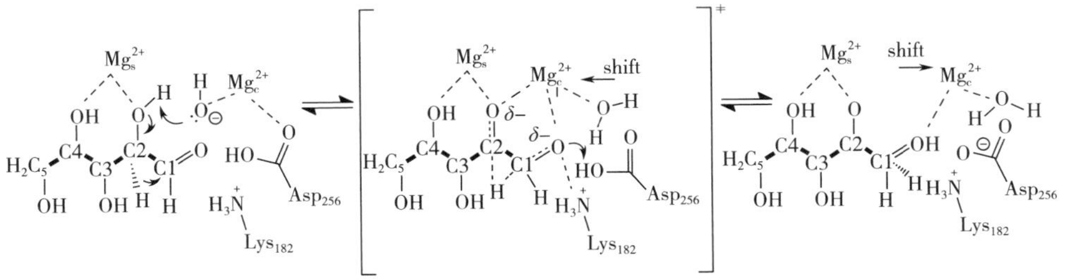

图 6.7 木糖(葡萄糖)异构梅的反应机制

资料来源:Garcia-Viloca, M., et al. (2002). *J. Am. Chem. Soc.* 124:7268-7269 and Garcia-Viloca, M., et al. (2004). *Science* 303:186-195.

广义酸碱催化通常可以使反应速率提高 $10^2 \sim 10^3$ 倍,过程中存在电子的排斥和吸引作用。对溶菌酶而言,由于还存在其他对催化反应有利的因素(静电稳定和底物应变),总速率会有更大程度的提高。

(5)应变和扭曲 应变和扭曲机制是建立在底物和酶的作用域不是刚性的假设上提出来的。在这一点上,它与 1894 年 E. Fischer 提出的酶催化反应的"锁钥"机制不同。J. B. S. Haldane 和 L. Pauling 提出扭曲或应变也是调控酶催化反应的因素之一,其与酶催化反应的过渡态理论相关。因此,当酶和底物的结构和电子互补产生吸引力时,这种互补实际上并不"完美"。如果"预先形成的"互补要求是"完美的"的话,催化反应发生的可能性不大,因为这样需要克服很大的能量障碍才能达到过渡态[图6.2(2)]。

酶和底物结合位点预先形成的互补提供底物识别、结合能的获得,同时帮助底物在活性位点上的定位。酶-底物结合产生结合能可以诱导酶和/或底物的应力/应变,实现互补的进一步"形成"。底物效应不大可能导致键的伸缩、扭曲或键角弯曲,因为要产生这些作用需要很大的力[43]。一定程度上,键自由旋转受限制、空间压缩以及酶和底物静电排斥时,底物应变发生的可能性较大。因此,就真正的物理意义而言,底物结合到酶上时可能遭受"应力"(此时并不发生扭曲),一些结合能的利用可以缓解应力,从而促进过渡态的形成。溶菌酶的作用机制就是一个例子。该机制中,吡喃糖衍生物过渡态阳离子[式(6.8)]呈半椅式("沙发")而不是更加稳定的全椅式构型。

与小的有机(无机)底物相比,酶蛋白质具有更加柔性的结构。与互补理论不同的是,蛋白质构象的柔性是首先由 D. Koshland 提出的酶催化反应"诱导契合"假说的基础。该假说认为,酶与底物结合时酶活性位点构象的细微变化可以促进 ES⁺ 复合物的稳定。酶活性位点构象的调整可能有利于酶和底物反应基团的作用,从而促进催化反应的进行。

诱导契合机制的一个实例是脂肪酶的界面活化。脂肪酶的活性位点被结构域构成的一个"盖子"所覆盖。发生构象变化后,这个"盖子"消失,从而使脂肪酸酯底物能够接近活性位点并发生水解反应。酶的一个更加微妙的分子运动是如前所述的木糖异构酶中 Mg_c 的移动(图6.7),该移动可以使反应速率提高约 10^4 倍[49]。诱导契合的另一个例子是木瓜蛋白酶(一种巯基蛋白酶),其底物结合引入的空间应变在四面体中间体形成时得到缓解。木瓜蛋白酶的底物特异性和作用机制将在 6.2.6 和 6.3.3 中进一步阐述。很明显,许多(即使不是大部分)酶催化反应都存在一定程度的诱导契合;然而,应变的净效应较难量化,大约能使反应速率提高 $10^2 \sim 10^4$ 倍。

(6)其他作用机制　氧化还原酶通过辅基氧化还原态的循环催化电子转移反应。辅基可以是过渡金属(铁或铜),也可以是黄素[烟酰胺,如 NAD(P)H,氧化还原作用的共底物]等。脂肪氧合酶(亚油酸:氧氧化还原酶,EC 1.13.11.12)广泛分布于植物和动物,含有非血红素铁作为辅基。脂肪氧合酶可以与带有一个 1,4-戊二烯基团(脂肪酸中可能有多个这样的基团)的多不饱和脂肪酸发生反应,亚油酸($18:2_{9c,12c}$)是其代表性底物。脂肪氧合酶催化脂肪酸氧化降解,形成一系列不希望的(腐臭的)或希望味道的产物,同时还能通过次级反应漂白色素。通常可以从宿主组织中分离得到以"未激活"的 $Fe^{(II)}$ 态(图6.8)存在的脂肪氧合酶。脂肪氧合酶通过与过氧化物发生反应而被活化(所有生物组织中都存在低水平过氧化物),生成与羟基偶合的 $HO-Fe^{(III)}$ 复合物,作为碱提取亚甲基碳(亚甲基上的 C—H 键具有最低的结合能,最容易起反应)中的 H 原子(通过"隧道效应"①)。自由基加合物处于共振稳定状态,然后 O_2 从与 Fe 相对的一侧加成到由底物形成的烷基自由基上(详见 6.2.6 对有关特异性的讨论)。形成的过氧化自由基从未激活的水-$Fe^{(II)}$辅基中捕获一个质子,

---

① 隧道效应是描述 H 在实际所需能量低于预期能量时转移的一个机制(在能量障碍下挖掘了一条捷径或隧道)。它可能包含两个不可分的 H 转移,首先是原子核,然后是电子[49]。

形成脂肪酸过氧化物(对于大豆脂氧合酶而言主要是 $13-S-$亚油酸氢过氧化物),同时酶再生。

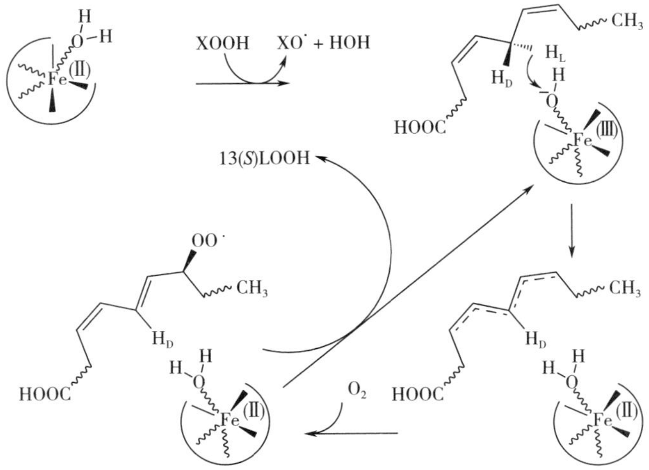

图 6.8 脂肪氧合酶的反应机制

资料来源:Brash,A.R.(1999).*J.Biol.Chem.*274:23679-23682;Casey,R.and Hughes,R.K.(2004).*Food Biotechnol.*18:135-170;and Sinnott,M.(Ed.)(1998).*Comprehensie Biological Catalysi. A Mchanistic Reference*,Vol.Ⅲ,Academic Press,San Diego,CA.

(7)酶催化的净效应 据估计,相对于非催化反应,在酶催化反应中,上述不同作用机制的净效应总的可以使反应速率提高 $10^{17} \sim 10^{19}$ 倍[49,105,154]。这种提高大部分通过过渡态的稳定来实现(活化能的降低),而小部分由隧道效应实现,特别是在氢转移步骤。

6.2.5 酶反应动力学

前面叙述的酶催化反应机制对底物转化的化学进行了阐述,但几乎不涉及酶反应的动力学(怎样快速进行)。酶用以加快反应速率,从而提高食品品质和/或增加食品价值,因此了解酶反应怎样快速进行是决定是否以及如何使用酶的关键。由于酶同时具有选择性,因此了解酶对不同底物的选择性和相对于非酶促反应对底物的专一性也是选择和使用酶的关键。无论是酶促反应还是非酶促反应,其反应速率除受到反应物和催化剂浓度影响外,还同时受到与活化能(图 6.1 和图 6.2)相关的内在动力学因素的影响,由于不同反应条件下反应物的浓度可能不同,因此只有基于内在因素,例如,动力学常数,对相对催化活力进行比较才更有意义。如果已知某一环境条件下的反应速率常数,那么就可以预测该条件下任意一组反应物和催化剂浓度下的反应速率。

6.2.5.1 酶反应的简单模型[31,122]

酶反应动力学类型很独特。对于最简单的酶反应,快速平衡模型又称米氏动力学(Michaelis-Menten kinetics)。一个酶(E)作用于一个简单底物(S),形成单一的络合物

(ES)(有时称为米氏复合物),最后产生单一产物(P):

$$E+S \underset{k_1}{\overset{k_{-1}}{\rightleftharpoons}} ES \xrightarrow{k_{cat}} E+P \tag{6.9}$$

S 与 E 的结合存在一个结合(E+S→ES)和解离(ES→E+S)的平衡,速率常数分别为 k_1 和 k_{-1}。底物与酶结合步骤的平衡方程可表示为:

$$\frac{[E] \times [S]}{[ES]} = \frac{k_{-1}}{k_1} = K_S(解离或亲和常数) \tag{6.10}$$

K_S 的减小说明有更多的酶以 ES 的形式存在,E 和 S 之间有更大的结合或亲和能力。酶催化反应的第二步是 ES→E+P,可以用一级催化速率常数 k_{cat} 加以描述。酶反应初速度的表达式为:

$$v = dP/dt = k_{cat}[ES] \tag{6.11}$$

在该模型中,认为 P 的形成不影响 E 和 S 的结合平衡,因此可以将快速平衡模型应用于酶反应动力学。

另一个动力学方法假设,ES 分解形成 P 的速度会影响酶以游离 E 和 ES 状态存在的分配比例。换言之,可以认为,在观察的短时间内,[ES]不发生变化或变化可以忽略(这就是稳定态方法,由 G. Briggs 和 J. Haldane 提出)。在这种情形下:

$$d[ES]/dt \approx 0 \tag{6.12}$$

ES 形成速率与 ES 分解速率相等。由于 ES 的形成来源于 S 跟 E 的结合(k_1 步骤),而 ES 的分解由 ES 分解过程的总和表示(k_{-1} 和 k_{cat} 步骤):

$$k_1[E] \times [S] = (k_{-1} + k_{cat})[ES] \tag{6.13}$$

进一步转化为:

$$\frac{[E] \times [S]}{[ES]} = \frac{k_{-1} + k_{cat}}{k_1} = K_M \tag{6.14}$$

式(6.14)与式(6.10)相似,只是[ES]同时考虑了酶与底物的结合速度和 ES 分解成产物的速度。K_S 和 K_M 关系的关键是 k_{-1} 和 k_{cat} 的相对大小。如果 k_{cat} 小于 k_{-1} 几个数量级,那么 k_{cat} 可以忽略,酶在 E 和 ES 之间的分配仅由结合平衡决定,K_M 和 K_S 相等。另一方面,如果 k_{cat} 与 k_{-1} 在同一个数量级,那么 E 和 ES 之间的结合平衡将无法达到,因为在 k_{cat} 阶段,ES 会足够快地降解以低于平衡水平。因此,在这种情况下,$K_M \neq K_S$,也不能简单地表示亲和性。符合这个规律的酶被认为符合稳定态动力学模型。K_M 是 ES 的一个伪解离常数,单位是物质的量浓度(mol/L),与 S(和 K_S)的单位一样。因为 K_M 和 S 具有相同单位,所以 K_M 和[S]可以直接进行比较,这将在后面予以叙述。在 $k_{cat} \gg k_{-1}$,$k_{cat}/K_M = k_1$ 的情况下,反应速率受酶与底物结合步骤限制。由于酶的结合速率常数通常大约在 $10^7 \sim 10^8 s^{-1}(mol/L)^{-1}$,因此可以通过 k_{cat}/K_M 来判定稳定态存在的条件,稳定态时该比值为 $10^6 \sim 10^8 s^{-1}(mol/L)^{-1[43,151]}$。许多氧化还原酶和异构化酶表现为稳定态动力学,而大部分(但不是全部)水解酶不是这样。对大部分水解酶而言,$K_M \approx K_S$,K_M 可以表示亲和性。

6.2.5.2 酶反应速率表达式

酶反应速率可以用速度表达式[式(6.11)]和如下的总酶(E_T)守恒表达来表示。

$$\frac{v}{[E_T]} = \frac{k_{cat} \times [ES]}{([E] + [ES])} \tag{6.15}$$

如果酶仅以[ES]形式存在,那么式(6.15)将被大大简化。重排式(6.14)得[E] = $(K_M \times [ES])/[S]$,然后代入式(6.15)。考虑到最大反应速率(v_{max})只有在当所有酶都以ES形式存在时才能达到,那么:

$$v_{max} = k_{cat} \times [E_T] \tag{6.16}$$

式(6.15)简化为:

$$v = \frac{v_{max} \times [S]}{(K_M + [S])} \tag{6.17}$$

这个公式在很多方面都是非常有效的,由于v_{max}和K_M是常数,该式可以转化为下式:

$$y = \frac{ax}{(b + x)} \tag{6.18}$$

式中,a和b是常数,该方程表示的是矩形双曲线。简单的酶反应动力学通常指的就是双曲线动力学。式(6.17)说明酶反应速率是如何受底物浓度影响的。底物浓度([E])低,即$K_M \gg [S]$时,有:

$$v = \frac{v_{max} \times [S]}{K_M} \tag{6.19}$$

因此,当S为有限浓度或无限稀释时,反应速率与底物呈线性关系,斜率为v_{max}/K_M。此时,反应对底物S而言是一级反应。当[S]很小时,酶反应式可以表示为:

$$E + S \xrightarrow{v_{max}/K_M} E + P \tag{6.20}$$

该模型反映了当底物浓度很低时酶识别底物然后转化底物的能力,也为"催化效率"的测量提供了基础。催化斜率借助常数v_{max}/K_M(又称"专一性常数")来量化。基于v_{max}/K_M,对酶对不同底物的选择性的定量比较,可以分析判断酶是如何识别底物的(详见6.2.6)。由于v_{max}/K_M是常数,选择性常数的比较在竞争性底物各个浓度水平上都是有效的。另一个极端情况,即如果$[S] \gg K_M$,那么式(6.17)可以简化为:

$$v = v_{max} \tag{6.21}$$

非常明显的是,对[S]而言,该反应为零级反应,且在该条件下,酶全部被底物"饱和",因此酶反应可以简化为如下模型:

$$ES \xrightarrow{k_{cat}} E + P \tag{6.22}$$

重要的是,此时,反应速率仅受[E_T]影响[式(6.16)]如果要定量检测酶活性的大小,如作为加工效果的指标,那么满足该条件极为重要。

有时酶反应并不遵循常规米氏方程,其原因可能是该模型不适用,或实验数据受到其他因素的影响从而不符合该模型(如底物抑制、底物的内部抑制以及多酶引起的相同反应)这些以及其他复杂的情况可以通过更加先进的处理方法对模型进行修正[31,122]。任何情况下,K_m等仅限于米氏方程有效的情况下使用,否则$S_{0.5}$和$K_{0.5}$只能作为类比项。

在食品酶系中不常见的其他动力学模型及其关系不在本章进行讨论。然而,它们也是非常重要的,如遵循序列反应机制或随机反应机制的双底物反应、平衡反应以及变构酶的动力学等[30,122]。

6.2.5.3 酶反应图形分析

在底物高浓度(饱和)和无限稀释两个极端之间,如果已知v_{max}、K_M和S的相对值,那么很容易得到酶反应速率,后两者的单位为物质的量浓度,因此S可以用K_M的倍数来表达(xK_M)。如果v以v_{max}的比例表达[式(6.17)两边同除以v_{max}],那么酶反应速率表达式可简化为:

$$\frac{v}{v_{max}} = \frac{xK_M}{(K_M + xK_M)} \tag{6.23}$$

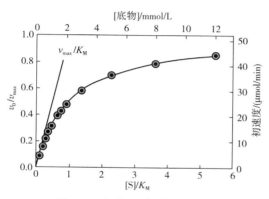

图 6.9　米氏(双曲线)动力学

假定酶的v_{max}为$52\mu mol/min$,K_M为$2.2mmol/L$。开放符号对应于左边纵坐标/下坐标轴;闭合符号对应于右边纵坐标/上坐标轴。

如果用一系列数值(1、2、3···以及0.5、0.33、0.2···)代替式(6.23)中的x,那么就可以根据[S]或[S]/K_M构建一个典型的酶动力学关系,得到一条矩形双曲线(图6.9)渐近线为v_{max},另一条[S]/K_M为-1。该曲线显示了当[S]由低浓度向高浓度逐步增加,反应由一级趋向于零级的过程。当酶反应的v_{max}和K_M确定后,可做出该曲线,而且实测值和计算值之间有很好的对应。如果两者间不能很好对应,则意味着酶反应不严格遵循米氏模型,有更加复杂的反应本质。①

对感兴趣的酶而言,v_{max}(与k_{cat}成比例)和K_M的确定是极为重要的,这两项的确定可以使我们对一定酶和底物浓度条件下酶催化反应速度的快速程度进行预测。如下米氏方程的积分形式对了解和控制食品加工中的酶反应非常有用:

$$v_{max} \times t = K_M \times \ln([S_0]/[S]) + ([S_0] - [S]) \tag{6.24}$$

式中,$[S_0]$是底物起始浓度,$[S]$是t时刻的底物浓度。得到预期的底物转化分数$X(X = ([S_0] - [S])/[S_0])$的时间为:

$$t = [S]X + K_M \times \ln[1/(1-X)]/v_{max} \tag{6.25}$$

该关系可以为在规定时间内(如一个处理过程)反应达到期望程度必须添加多少酶(v_{max}项)提供合理估计。该方程仅提供粗略估算,因为可以导致酶反应背离预期进程的原因有很多,例如共反应物/底物的损耗、产物抑制、酶的逐渐失活、反应条件变化等。

米氏方程中的速率常数还有其他意义。一级常数k_{cat}仅与ES和其他相似的中间物(其

① 许多复杂的酶反应,比如多底物反应。如果只有一个底物的浓度对反应是有限的或变化的,而其他底物的浓度足够高以饱和酶,则该反应也表现出典型的双曲线动力学,遵循单底物或拟一阶反应动力学(此句简而言之为有些多底物反应,如只有一种底物不足或变化则可遵循单底物动力学)。

他中间物以及酶-产物络合物，EP）有关。在前面的介绍中，该常数又称酶周转率。K_M，即米氏常数，通常称为表观解离常数，因为它可能代表了多个与酶结合的中间化合物的解离（图 6.3）。这种"表观"的提法来源于 K_M。K_M 通常依据实验数据作 $v-[S]$ 图来确定，而不是由复合速率常数（k_1、k_{-1} 以及 k_{cat}）来直接确定。K_M 是酶反应速率为 $1/2v_{max}$ 时的底物浓度，此时酶被底物半饱和。理论上，K_M 与 $[E]$ 无关，不过有时会发生反常行为，特别是在浓度高的复杂酶体系中。最后，在食品基质中，比较 K_M 与 $[S]$ 可以获得很多信息。细胞体系中的中间代谢通常在相当于 K_M 的浓度范围内进行，这使得反应调控变得容易，此时酶反应速度随 $[S]$ 的稍微变化而增加或减小[131]。相反，如果在细胞体系中 $[S] \gg K_M$，这就意味着酶对该底物的作用受到一些障碍（例如存在物理分隔或"隔离"），以保持 $[S] \gg K_M$ 状态。尽管对许多酶及其底物而言，K_M 在 $10^{-6} \sim 10^{-2}$ mol/L，但一些 K_M 可以相当高，如葡萄糖氧化酶作用于葡萄糖的 K_M 为 40mmol/L，木糖（葡萄糖）异构酶作用于葡萄糖的 K_M 为 250mmol/L，过氧化氢酶作用于 H_2O_2 的 K_M 为 1.1mol/L[154]。表观二级速率常数，k_{cat}/K_M（与 v_{max}/K_M 成比例）与游离酶的特性相关[式（6.20）]，又称"专一性常数"。该常数在数值上不可能大于酶体系的其他二级常数，相当于酶-底物结合常数[式（6.9）中 k_1 步骤]的最小值。

（1）酶活分析　了解和掌握酶反应动力学特性对食品中酶的应用和控制和精确测定动力学常数具有重要作用。传统方法是采集不同底物浓度下的反应速率（v）的实验数据（图 6.9）。可以采用连续和非连续方式来对反应过程进行检测，获得（产物浓度）随着时间变化的数据（图 6.10）。由于基于米氏模型（以及许多其他动力学模型）的速率表达式仅对底物特定的初始浓度（$[S_0]$）有效，而当 $[S]$ 下降时无效，因此关键的问题之一是确保测得"初速度"（v_0）。实际测定时，需要控制初始

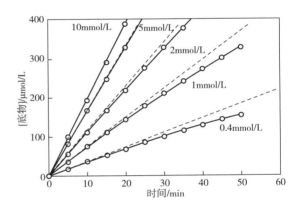

图 6.10　根据底物浓度的酶反应进程曲线

反应进程基于图 6.9 说明中假定的酶参数，以实线和符号表示。虚线为初速度或"线性"部分。

$[S]$ 消耗不多于 5%～10%[30]。这在低初始 $[S]$（$[S_0] < K_M$）时尤为重要，此时反应速率对 $[S]$ 遵循一级动力学。即使在这种情况下，也可以通过作切线的方法和将反应进程曲线初始部分"线性化"的方法来求算 v_0（图 6.10）。当 $[S_0] \gg K_M$ 时，反应能较好保持线性关系，因为即使 $[S_0]$ 的损耗 $>10\%$，反应对 $[S]$ 而言也几乎保持在零级。当 $[S] < K_M$ 时，除上述反应速率测定的复杂性外，还受分析方法的限制，检测较低的反应速率通常会引入较大的误差。

（2）K_M 和 v_{max} 的测定　通常利用米氏方程[式（6.17），图 6.11]的三个线性转换形式之一，对实验所得的速率数据进行处理，以得到 K_M 和 v_{max}。尽管这些转换形式不同，但如果使用准确数据，他们在数学上相等且应该得到相等结果。然而，所有实验测量都存在误差，这些误差可以用来区分这些可替代的线性处理方法的优势与劣势。最常用（及误用）的线性

转化是双倒数(Lineweaver-Burke)图[46,57]。该图主要的限制因素是在最弱的数据点上施加了最重的砝码(即在所研究的最低[S]引入了最大的%误差),而且由于坐标的倒数特性,不确定度(沿 y 轴的误差)将进一步放大[图 6.11(2)]。因此,即使适度的误差或不确定度也可能对回归线的位置产生大的影响。Lineweaver 和 Burke 意识到应该对坐标施加适当权重,但现在大多忽视了这一点。Hanes-Woolf 图与 Lineweaver-Burke 图相反,因为它将重点(砝码)放在对误差影响最小的数据点上(在最高[S]处)[图 6.11(4)]。然而,它们也在[S]>K_M部分有图形偏离。最后,即使 Eadie-Scatchard 将砝码压在设置的每一个数据上,但两个轴上还是存在误差(不确定度),因为因变量(v_0)体现在两个轴上[图 6.11(3)]。该线性图同样有其用途,因为它比其他图更容易鉴别"异常值"的存在(最低 v_0 时的点尤为突出)。

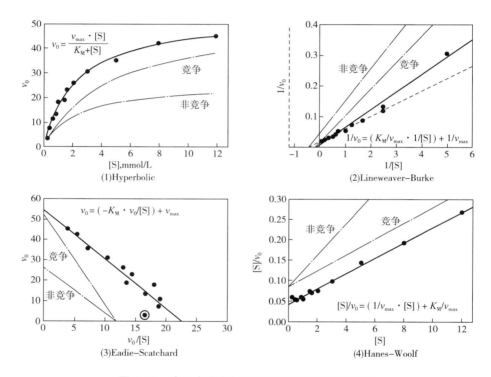

图 6.11　酶反应速率数据的双曲线和线性转化图

　　假定实验数据与图 6.9 类似,以最佳拟合实线和符号表示。所有线性图的方程式为 $y = mx + b$。点划线代表的是图 6.12 表示的抑制作用,同时假定竞争性(Comp)和非竞争性(NonC)抑制的[抑制剂]和 K_1 值均分别为 0.8mmol/L 和 0.5mmol/L。(2)中的虚线代表非抑制作用,修正了最低底物浓度下的"异常值";(3)鉴定了异常值的存在。

　　不管使用哪种作图方法,底物浓度的选择都必须涵盖在 K_M 上、下及附近的那些能构成良好平衡的数据点[31,122]。这样可以防止设置的数据过于偏离双曲线图的一级或零级区域(图 6.9)。准确地说,它反映的是反应速率对[S]/K_M在 0.3~3(或 0.5~5)范围的响应。因此浓度范围的选择非常重要,它会影响所得图的形状。上述米氏方程的线性转化并不是测定酶反应动力学常数的唯一方法,目前有许多基本的图形软件也可以将实验数据进行矩形双曲线拟合,得到适合的非线性回归方程[式(6.17)、图6.9及图6.11(1)],直接从初始(非转化的)数据求算得到K_M和v_{max}。从该曲线还可以直接测算出K_M和v_{max},并看出实际数据与拟合曲线的拟合程度。

上述线性图同样适用于描述抑制剂(Ⅰ)对酶反应的抑制作用(图6.11虚线部分)。两种常见的抑制类型为竞争性抑制和非竞争性抑制(图6.12)。竞争性抑制剂具有与底物类似的结构,干扰底物与活性部位的结合,使得酶反应有一个升高的K_S或K_M,但不影响k_{cat}步骤或v_{max}。非竞争性抑制剂既与E结合形成EI,也与ES结合形成SEI。对EI和ESI的离解常数相同的简单非竞争抑制而言,非竞争性抑制剂不干扰酶与底物的结合(即不影响K_S或K_M),但总有一部分酶与抑制剂及酶与底物形成

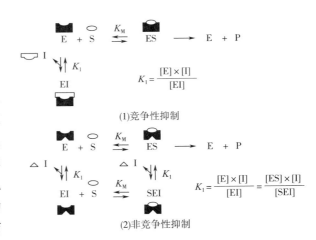

$$K_I = \frac{[E] \times [I]}{[EI]}$$

(1)竞争性抑制

$$K_I = \frac{[E] \times [I]}{[EI]} = \frac{[ES] \times [I]}{[SEI]}$$

(2)非竞争性抑制

图 6.12　酶反应的简单(1)竞争性和
(2)非竞争性抑制作用模型

的络合物结合形成 EI 和 ESI,从而使 v_{max} 下降。竞争性抑制可以通过添加过量 S 来改善,从而使反应平衡向 ES 和 ES→E+P 方向移动。然而,对非竞争性抑制剂而言,该方法行不通,因为抑制剂既可以与 E 结合也可以与 ES 结合,因此,在给定[Ⅰ]下,[EI+ESI]的量不受[S]的影响。从图 6.11(2)~(4)中表征的两种类型的抑制作用对直线的斜率和截距的影响可以发现,相对于没有抑制剂的反应,竞争性抑制使 v_{max} 保持不变而 K_M 增大,非竞争性抑制使 v_{max} 下降而 K_M 保持不变。这些抑制类型的 K_I 表达式如图 6.12 所示,在适应情况下,存在抑制作用反的 K_M 和 v_{max} 可以用因子(1+[Ⅰ]/K_I)来修正[31,122]。

其他和比较不常见的抑制类型包括自杀性抑制和反竞争性抑制。自杀性抑制剂(底物)会结合到酶的活性部位上,之后被酶转化为与酶起作用并使之失活的衍生物。反竞争性抑制剂仅与 ES 结合并抑制酶作用。对有关反竞争性抑制的报道应持谨慎态度,因为只有为数不多的文献报道过这种类型的作用[31]。

6.2.6　酶作用的底物特异性和选择性[43]

尽管特异性和选择性两个术语经常可以互换使用,这些术语与酶作用的辨识能力相关。酶能根据不同的结合亲和性和催化转化的容易程度对竞争性底物进行分辨。酶的底物特异性包括酶仅能与具有特定类型的化学键(例如,肽键、酯键、糖苷键)或基团(例如,己醛醣基、醇基、戊二烯基)的底物起作用,或显示(近乎)绝对的特异性,只作用特定底物催化单一化学反应。因此,可以用酶的底物特异性来表示酶催化反应类型的一般和/或特有的特征。选择性是表示酶对相似和竞争性底物的相对催化能力的参数,用 v_{max}/K_M 来衡量(详见 6.2.5)。对非专业读者而言,特异性和选择性互换使用也是可以接受的。

6.2.6.1 食品酶的特异性

（1）蛋白水解酶 木瓜蛋白酶(EC 3.4.22.2)是最早用于研究非催化部位参与底物识别研究的酶之一,来源于木瓜汁,属于半胱氨酸蛋白酶,具有作为肉类嫩化剂的商业应用价值。使用一系列合成肽底物,将酶的不同作用位点和底物"标注"出来[118,119],通过酶对不同底物的相对反应能力推断出酶的底物选择性(图 6.13)。这种研究方法适用于全部的蛋白酶-肽反应研究。底物中与可断裂肽键相连的氨基酸残基用 P_1 和 P'_1 标记,其他氨基酸残基朝 N-末端方向依次用 P_2、P_3…P_i 标记,朝 C-末端方向依次用 P'_2、P'_3…P'_i 标记。与底物作用的木瓜蛋白酶的对应位点标记为 S 和 S',数字编号与对应的底物残基的数字编号相同。P 系列的 1 个数字代表底物的 1 个氨基酸残基,1 个或多个氨基酸残基可共用并构成相同的 S_x "空间",共同与相对应的底物残基互相作用。图 6.13 用数字"标注"了木瓜蛋白酶对一些重要残基的选择性。

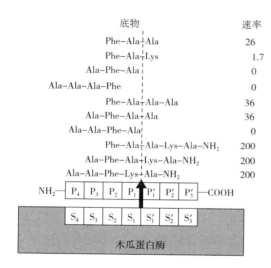

图 6.13 动力学分析得到的木瓜蛋白酶对肽底物的选择性

作者将反应速率进行了标准化。采用的是终点分析方法,测定不同反应时间下底物的反应程度,而未测定反应的初始速度。箭头和虚线代表可断裂的肽键。

资料来源:Schechter, I.and Berger, A.(1967). *Biochem. Biophys. Res. Comm.* 27:157 – 162 and Schechter, I. and Berger, A.(1968).*Biochem. Biophys.Res.Comm.*32:898–912.

由于木瓜蛋白酶被认为在水解肽键时具有广泛选择性,该研究清楚显示出木瓜蛋白酶底物 P_2 位点上 Phe(芳香/非极性残基)的存在(图中未包含所有已测试的底物)。因此,尽管 Phe 不是构成被水解的肽键的氨基酸残基,但酶的 S_2 位点能优先识别 Phe,并由此决定了哪个肽键作为水解的肽键。可以推知,木瓜蛋白酶上的 S_2 位点的"空间"被类似的疏水残基所占据,且对肽键水解作用而言,P_2 和 S_2 残基之间的相互作用对木瓜蛋白酶的选择性做出了主要贡献。木瓜蛋白酶活性部位有一道深的裂隙,在裂隙的相对位置有催化残基 Cys_{25} 和 His_{159}[126]。裂隙两边多达七个非极性残基意味着构成了木瓜蛋白酶的 S_2 "空间"。相比之下,丝氨酸蛋白酶主要通过(亚)位点 S_1/P_1 上的相互作用显示其底物选择性,胰蛋白酶、胰凝乳蛋白酶和胰肽酶 E 的关键性氨基酸残基及其作用键的选择性很大程度上受空间和静电因素的影响,如图 6.14 所示。

就有关反应选择性的认知而言,也许没有一个酶比得上专门用于干酪制作的酸性蛋白酶——凝乳酶(chymosin)(EC 3.4.23.4,又称 rennin)。粗酶制剂,称为"粗制凝乳酶(rennet)",从小牛胃中获得,在干酪制作初始的牛乳凝固阶段,对水解-酪蛋白的 Phe_{105}—Met_{106} 键有高度的选择性。凝乳酶对模拟-酪蛋白底物部分的合成肽作用的动力学研究揭示了构

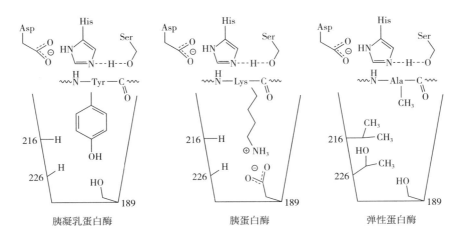

图 6.14 丝氨酸蛋白酶的底物结合口袋

在结合口袋可以发现优先选择进入的 P_1,氨基酸侧链和在 216,226 和 189 位点上的其他的氨基酸侧链。

资料来源:Fesht,A.(1985).*Enzyme Structure and Mechanism*,2nd edn.,W.H.Free man & Company,New York and Whitaker,J. R.(1994).*Principles of Enzymology for the Food Sciences*,2nd edn.,Marcel Dekker,New York.

成其选择性的要素(表 6.4)。首先,发现凝乳酶是一种大小选择性肽链内切酶,底物至少为五肽,而且 Phe 或 Met 不能是底物末端残基(未在表 6.4 显示)。因此,对肽片段(a)和(b)的反应性表示了凝乳酶对最小肽中 Phe-Met 键的选择性或活性的基本水平。肽链朝-酪蛋白 C-末端的扩展提高了酶对 Phe-Met 键的反应活性(k_{cat}/K_M)。相对于底物(b),从底物(c)到底物(g),反应活性提高了 2~3 个数量级。尽管 k_{cat} 和 K_M 两个参数都受到了影响,但对 k_{cat} 提高的影响大于对 K_M 降低的影响。这说明了 Ile-Pro-Pro$_{108-110}$ 残基对底物识别和稳定过渡态的重要作用,其中 Pro 的刚性起了关键作用,可能施加了应变/扭曲。对完整的酪蛋白底物而言,Pro 可以提高可断裂键对蛋白酶的暴露程度(详见第 14 章)。同样地,肽链朝 N-末端扩展[底物(h)和底物(i)]进一步提高了酶的选择性,约有 2 个数量级。这是通过增强底物对酶的亲和力(结合力)来实现的,K_M 降低而 k_{cat} 几乎没有变化。在反应 pH 下,带正电的 His$_{98,100,102}$ 残基簇与酶亚位点 S_8—S_6—S_4 上对应的带负电基团的静电相互作用会帮助"冻结"活性部位上的底物。该例子说明了底物结构可以通过与酶的远程相互作用增强反应选择性,该作用可使酶对断裂键的选择性(冻结/K_M)提高 5 个数量级左右。该例子同样解释了选择和使用"微生物凝乳酶"(凝乳酶替代物)制作干酪所面临的挑战。微生物凝乳酶通常具有较低的凝乳能力,其蛋白水解活性只为凝乳酶(1.4)的 0.10~0.52,这会导致凝块的持续破裂(影响质构)及干酪老化时产生不好的苦味[73]。

表 6.4 凝乳酶对不同链长 κ-酪蛋白(肽)的 Phe—Met 键的选择性

κ-酪 蛋白	肽			k_{cat}/s	$K_M/$ (mmol/L)	$k_{cat}/K_M/$ s/(mmol/L)
	100	105↓106	110			
参考	His-Pro-His-Pro-His-Leu-Ser-Phe-Met-Ala-Ile-Pro-Pro-Lys-Lys					
a		Ser-Phe-Met-Ala-Ile-OMe		0.33	8.5	0.04

续表

κ-酪蛋白	肽			k_{cat}/s	$K_M/$ (mmol/L)	$k_{cat}/K_M/$ s/(mmol/L)
	100	105↓106	110			
b		Leu-Ser-Phe-Met-Ala-OMe		0.58	6.9	0.08
c		Leu-Ser-Phe-Met-Ala-Ile-OMe		18.3	0.85	21.6
d		Leu-Ser-Phe-Met-Ala-Ile-Pro-OMe		38.1	0.69	55.2
e		Leu-Ser-Phe-Met-Ala-Ile-Pro-Pro-OMe		43.3	0.41	105
f		Leu-Ser-Phe-Met-Ala-Ile-Pro-Pro-Lys-OH		33.6	0.43	78.3
g		Leu-Ser-Phe-Met-Ala-Ile-Pro-Pro-Lys-Lys-OH		29.0	0.43	66.9
h	His-Pro-His-Pro-His-Leu-Ser-Phe-Met-Ala-Ile-Pro-Pro-Lys-OH			66.2	0.026	2510
i	His-Pro-His-Pro-His-Leu-Ser-Phe-Met-Ala-Ile-Pro-Pro-Lys-Lys-OH			61.9	0.028	2210

资料来源:Visser,S.(1981).*Neth.Mike Dairy J* 35:65–88.

(2)糖基水解酶(糖苷酶)[126,154,159]　糖基水解酶对二糖、低聚糖以及多糖上的糖苷键起作用。这组酶的酶-底物识别特征及各作用位点的分布情况得到了很好的研究。已经得到深入研究的酶:①糖化酶,一种外切水解酶,从直链低聚麦芽糖非还原末端作用于 $\alpha,1\rightarrow4$ 糖苷键,逐个将葡萄糖单元水解下来;②溶菌酶,一种内切水解酶,识别(N-乙酰氨基葡萄糖[NAG]→N-乙酰胞壁酸[NAM]$_n$)异质二聚体重复的 $\alpha,1\rightarrow4$ 糖苷键;③α-淀粉酶,内切水解酶,随机水解淀粉的直链片段(葡萄糖)$_n$的 $\alpha,1\rightarrow4$ 糖苷键(图6.15)。与蛋白酶活性部位的定位类似,糖基水解酶底物结合亚位点以($-n\cdots-2$、-1、$+1$、$+2\cdots+n$)标注[35]。水解作用发生在亚位点-1上有羰基以及亚位点$+1$上有醇基残基的糖苷键上。一个或两个这些亚位点上的酶-底物相互作用可能引起对结合不利的自由能变化($+\Delta G_S$)。这是可以预期的,因为被转化的底物的键需要被提升到一个过渡态。一定程度上,围绕被转化的残基的亚位点上的相互作用会引起有利于结合的(负的)ΔG_S,而该结合能可以促进催化作用。酶-底物亚位点相互作用的范围被"定位"或限定,底物长度朝$+n$ 或$-n$ 亚位点的进一步扩展不会影响催化作用。糖化酶是一个特例[图6.15(1)],$+1$ 到$+3$ 位点显著增强结合能力以及催化作用,而其他位点对结合能力有增强作用,但对催化作用几乎没有影响。

对溶菌酶而言[图6.15(2)],与亚位点-2 和$+1$ 上残基的相互作用对提高反应能力同样关键,但即使是与较远的亚位点-4 和$+2$ 上的相互作用对催化反应也有相当大的影响[43,151,159]。氢键是酶-底物识别的主要要素,特别是底物残基$-4/-3$ 和Asp_{101} 之间。底物结构同样重要,较大的NAM残基是亚位点-1 的首选,NAM的乳酸基的空间位阻妨碍亚位点-4、-2 以及$+1$ 的结合。对α-淀粉酶而言[图6.15(3)],残基立刻靠近($-2/+2$)易断裂的麦芽糖单元($-1/+1$)为结合提供了最大的$-\Delta G_S$,从而加快催化反应。聚合度(DP)进一步增加时,结合能力(K_M)的增强要大于催化反应(k_{cat})的增强。在所有这三个例子中,较远位置的酶-底物相互作用提供了活性部位上过渡态稳定所需的能量。

(3)脂肪转化酶　对脂肪酶而言,其结合位点存在于被水解的酯的酰基和醇基部分。且每个位点具有两个亚位点[图6.16(1)][63]。这些位点由疏水残基构成,因而其底物选择

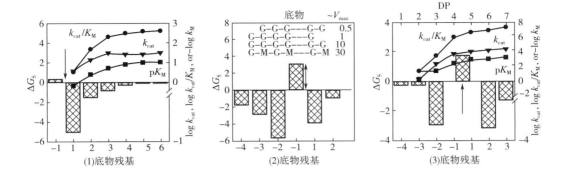

图6.15 动力学分析得到的糖基水解酶底物亚位点图

(1)糖化酶和(3)α-淀粉酶对 α-1,4糖苷键连接的葡萄糖寡聚物的活力为1~7U。二者作用的最小底物是麦芽糖,但葡萄糖淀粉酶能结合葡萄糖。葡萄糖淀粉酶的动力学常数与底物程度从-1到n的增加相关;α-淀粉酶的动力学常数与寡聚物的DP有关;(2)中的溶菌酶的动力学常数是基于模型底物得到的,其中 G 代表 N-乙酰葡萄糖胺,M 代表 N-乙酰胞壁酸。ΔG 估算值对应每个亚位点,箭头指示易断裂的键。

资料来源:Chipman D.M and Sharon N.(1969).*Science* 165:454-456;Meagher M.M et al.(1989).*Biotechnol Bioeng.* 34:681-688;Nitta Y,et al.(1971).*J.Biochem.*69:567-576.

性在很大程度上受结合口袋体积大小的影响。例如,皱褶假丝酵母(*Candida rugosa*)脂肪酶中大的(L_A)和中等大小的(M_A)酰基亚位点分别与 C8 和 C4n-酰基的大小密切相关[图6.16(2)][96],使得这些酰基在反应中有显著的优先权(但不是紧密连接的 C6n-酰基)。许多脂肪酶表现出有多个适宜的脂肪酰基链长[2,74,108]。底物酯的醇结合到暴露在溶剂中的位点上,以容纳醇部分大的(L_{alc})和中等大小的(M_{alc})基团[和离去基团,图6.16(1)]。脂肪酶至少有三个氨基酸残基(与催化残基 Ser/His 和稳定氧阴离子作用的酰胺基临近)与 M_{alc} 基团作用,从而使其具有对醇基的选择性[63]。脂肪酶底物(甘油三酯)结合位点的其他特征,包括可接近性、体积以及形貌,均影响它对酯键位置的选择性[图6.16(3)],如 sn-1,3-特定选择或非特定选择以及脂肪酸选择性(如饱和或不饱和)[2,69,99]。上述所有这些对酰基和醇基的选择性因素的相对大小决定立体选择性(几乎所有混合型甘油三酯都是手性的),一项以两种底物(三油酸甘油酯和三辛酸甘油酯)为模型的研究揭示了不同脂肪酶的立体选择性范围以及底物结构如何影响它们的立体选择性[图6.16(4)]。

影响脂肪氧合酶底物选择性的因素很多。脂肪氧合酶特异性地与多不饱和脂肪酸的1,4-戊二烯基团反应,代表性底物为亚油酸(18:2$_{9c,12c}$)。对氧化花生四烯酸(20:4$_{5c,8c,11c,14c}$)的位置选择性是脂肪氧合酶分类的根据之一(如 5-LOX,8-LOX,9-LOX,11-LOX,12-LOX,15-LOX)。脂肪氧合酶具有两个大的裂隙,这样有利于底物接近活性位点。一个长的、漏斗状的裂隙与疏水残基连在一起,有利于 O_2 与活性位点接近[88,105],另一个狭缝与中性及疏水残基相连,相对狭窄,在活性中心附近弯曲形成"靴"状口袋,用于结合脂肪酸底物(图6.17)。脂肪氧合酶对氧化戊二烯处于位置[-2]或[+2]的亚甲基碳(提取 H 的位置)具有选择性,并与羧酸末端相关。这反映了脂肪氧合酶如何"数碳"的产物特异性的基本区别,即底物结合时是羧基([-2]型)还是甲基([+2]型)先进入结合口袋。

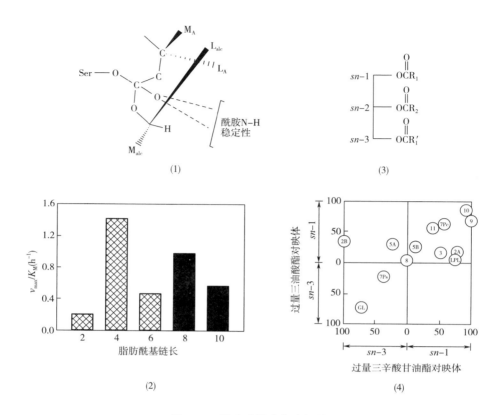

图 6.16　脂肪酶的底物选择性

(1)表示底物结合定位;(2)表示酶对不同链长的外消旋 α-羟甲基脂肪酸底物的立体选择性;(3)表示甘油酯首要的立体编号;(4)中脂肪酶的编码见表6.8,其中大写字母之后的小写字母代表同工酶的其他类型;LPL 代表乳脂蛋白脂肪酶;GL 代表人胃脂肪酶;7Ps 代表简青霉(*Penicillium simplicissimum*)脂肪酶;7Pc 代表卡门柏青霉(*Penicillium camembertii*)脂肪酶。

资料来源:Kazlauskas R.J.(1994).*Trends Biotechnol*.12:464-472;Parida S,and Dordick J.S.(1993).*J.Org.Chem*.58:3238-3244;Rogalska E.,et al.(1993).Chirality 5:24-30.

氧化位点也取决于活性部位的铁原子与哪一个多 1,4-戊二烯(18:3$_{9c,12c,15c}$有 2 个,20:4$_{5c,8c,11c,14c}$有 3 个)作用,同时还部分受脂肪酸结合口袋大小的影响。Leu$_{546}$和 Ile$_{552}$将间戊二烯的亚甲基碳置入催化部位。较大的结合口袋容纳较长的脂肪酸底物,同时位置选择性也向脂肪酸羧基末端漂移(例如 5-LOX)。与图 6.14 中丝氨酸蛋白酶相似,脂肪酸结合口袋的大小同样受口袋中图 6.17 中 Arg$_{707}$区域的氨基酸残基 R 基团大小的影响。最后,脂肪氧合酶生成 S-或 R-氢过氧化物脂肪酸的产物立体特异性与酶的一个氨基酸残基(大豆 LOX-同工型 1 为残基 538)有关,分别为 Ala(R-基团=CH$_3$)或 Gly(R-基团=H)[29]。Ala$_{538}$立体阻碍 O$_2$结合到邻近(Pro-,C-9)位点,并影响 13S 的立体选择性,而 Gly$_{538}$允许邻近位点氧化,生成 R-氢过氧化物产物(图 6.17)。该特点适用于全部目前已分析的脂肪氧合酶结构[88]。脂肪氧合酶的反应选择性同样受脂肪酸酯化程度和聚集形式(胶束、洗涤剂复合物或以盐形式存在)以及 pH(决定羧基的离子化程度)的影响。pH 对产物选择性影响通常通过底物的定位因素来解释[154]。大豆 LOX-1 在最适 pH(9 左右)处显示产物选择性，在该条件下，13-氢过氧化物-辛二烯酸甲酯与 9-氢过氧化物-辛二烯酸甲酯之比约为 10:1，而在 pH7 附近，生成的这两种产物的量几乎相等。在 pH9 时，离子化的羧酸酯按图 6.17 所示定位亚油酸，而在 pH7 时，质子化的亚油酸可能首先在羧基的"反"方向结合，将 C-9 置于加氧的位置。该例子表明底物结构怎样影响反应选择性。

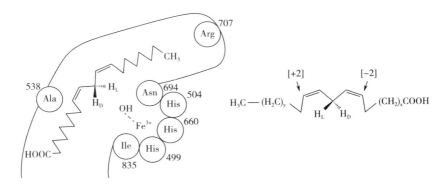

图 6.17　脂肪氧合酶的活性位点及位置(立体)选择性

资料来源：Boyington J.C et al.(1993).*Science* 260:1482-1486；Coffa G and Brash A.R.(2004)，*Proc. Natl Acad. Sci*，(USA)101:15579-15584；Kuhn H.et al.(1985).*Biochim.Biophys.*Acta 830:25-29；Prigge S.T.，et al.(1997). Biochimie 79:629-636.

6.2.6.2　酶的系统命名及分类

由于惯用名不足以反映酶反应的准确特征，国际生物化学和分子生物学协会(IU-BMB)酶学委员会(EC)确定了酶的系统命名法则，并对酶进行了系统命名及分类①。虽然惯用名仍然用于来指代酶，但 EC 编号可以消除所描述的特定反应的歧义。EC 编号由四个整数构成，每一个均代表酶反应的一些特征(表 6.5)。第 1 位数字描述反应的一般类型。水解酶(第 3 类)是食品中最重要的酶，其次是氧化还原酶(第 1 类)。转移酶(第 2 类)的惯用名有时包括"合酶(synthase)"，容易与"合成酶(synthetase)"混淆。后者属于连接酶(第 6 类)，是真正的合成或键形成酶。裂合酶(第 4 类，又称裂解酶)是通过非水解过程使键断裂的一类酶，引起逆向"裂合酶"反应的酶的惯用名有"合酶(synthase)"以及"水合酶(hydratase)"。异构酶(第 5 类)引起原子的分子内重排。第二位和第三位数字对反应以及底物和/或键的变化作进一步描述。酶反应本质没有充分确定的酶的第三位数字指定为"99"。最后 1 位数字是"顺序号"，以区分前面数字相同的酶，同时也表示反应的其他特征以便与其他已知酶区分。本章前面描述特定酶部分已经提及了一些酶 EC 编号。

---

①　截至 2016 年 1 月 1 日，对 5684 种酶进行了命名和分类。见：http://www.enzyme-database.org/stats.php.

表 6.5　酶分类的系统命名规则

第1位数字,大类(反应类型)	第2位数字,亚类底物,供体,键(举例)	第3位数字,亚亚类其他基团,底物,受体,特性(举例)	第4位数字,前三位数字相同的酶的顺序号(举例,惯用名)	系统命名样式
1.氧化还原酶(氧化-还原)	被氧化的供体	被还原的受体		供体:受体氧化还原酶
	1.CH-OH基团	1.NAD(P)	1.1.1.1 醇脱氢酶	
	10.二酚(或相关物质)	3.O₂	1.10.3.1 儿茶酚(二酚)氧化酶	
	13.单个供体,O₂	11.并入两个氧原子	1.13.11.12 脂肪氧合酶	
	14.成对供体,O₂	18.并入一个氧原子	1.14.18.1 单酚单(加)氧酶	
2.转移酶(基团转移)	被转移的基团	进一步描述的基团		供体:受体基团转移酶
	3.酰基	1.除丁氨基	2.3.1.175 醇酰基转移酶	
		2.氨基	2.3.2.13 转谷氨酰胺酶	
	4.糖基	1.己糖基	2.4.1.19 环糊精葡糖基转移酶	
3.水解酶(水解)	被水解的键	底物类别		水解酶
	1.酯	1.羧基	3.1.1.3 脂肪酶	
	2.糖苷	2.O-或S-糖基	3.2.1.147 黑芥子酶(葡萄糖硫苷酶)	
	4.肽	24.金属肽酶	3.4.24.27 嗜热菌蛋白酶	
4.裂合酶(消去,又称裂解酶)	被裂开的键	被消去的基团		底物基团裂合酶
	1.C-C	2.醛酶	4.1.2.32 TMNO醛缩酶	
	2.C-O	2.作用于多糖	4.2.2.10 果胶裂合酶	
	4.C-S	1.(无,仅23种酶)	4.4.1.4 蒜氨酸裂合酶	
5.异构酶(异构化)	反应类型	底物,定位,手性		消旋酶,表异构酶,异构酶,变位酶
	2.顺式-反式异构酶	1.(无,仅10种酶)	5.2.1.5 亚油酸异构酶	
	3.分子间氧化还原	2.醛糖-酮糖相互转化	5.3.1.5 木糖异构酶	
6.连接酶(键形成)	被合成的键	底物,共底物		X-Y连接酶(合成酶)
	4.C-C	2.酸-氨基酸(肽)	6.3.2.3 谷胱甘肽合成酶	

资料来源:IUBMB, http://www.chem.quml.ac.uk/iubmb/.

6.3 外源酶在食品中的应用[3,50,139,155]

6.3.1 概述

酶的应用基于如下考虑[19,98]：①温和条件有利于保持食品的好品质；②化学过程潜在的副产物不能接受；③化学过程难以控制；④保留产品的"天然"品质；⑤食品或配料的增值；⑥传统化学过程需要被取代或者改进；⑦需要反应的专一性。成本-效益也是一个关键因素。一些酶可以"固定化"，固定或结合到惰性基质或颗粒中并保持酶活。这样可以将酶装填在柱/生物反应器中，然后让底物连续通过进行反应；或者在间歇反应器中，在一批反应达到要求后，用过滤或沉淀的方法回收酶。这样酶可以多次重复利用，直至酶活降到不可接受的水平。通过这种方式可以相应地降低酶的使用成本。

外源酶的应用包括食品配料及食品成品的生产，例如，玉米糖浆、葡萄糖、高果糖浆、转化糖以及其他甜味料，蛋白质水解物和结构化脂质，食品基质成分调整，如啤酒稳定、牛乳凝固（干酪制作）、肉类嫩化、橘汁脱苦以及面包软化，工艺改良，例如，干酪成熟、果汁提取、果汁/葡萄酒澄清、水果和油料提取、饮料（啤酒/葡萄酒）过滤、加快和面、面团发酵与稳定，过程控制，如在线生物传感器，以及成分分析。外源酶的重要应用主要体现在食品的成分特性上。

6.3.2 碳水化合物酶[126,155,159]

大部分作用于食品碳水化合物的商品酶都是水解酶，且统称作糖基水解酶或糖苷酶。一些碳水化合物酶在食品加工过程中，可以催化由于质量作用效应而底物浓度比较高（30%~40%固体）部位的糖基转移和/或水解的逆反应。该类酶约占食品工业中作为加工助剂用酶的一半（以价值计算），主要用于以淀粉为原料生产甜味料和填充剂/增稠剂，以及在焙烤中用于碳水化合物的改良。糖苷酶的其他应用还在发展。

通过对60多种具有不同一级序列的酶的结构与氨基酸序列分析，已经很好地掌握了该类酶的一些基本特征。糖基水解酶作用于糖苷键，具有许多相同的结构及催化特征。许多糖苷酶是多结构域蛋白质，一部分结构域作为催化单元，其他结构域具有另外的功能，其中之一就是结合延展的多糖底物。糖苷酶活性位点含有双羧基/羰基残基（Asp/Glu），与溶菌酶的作用机制[式(6.8)]相似。从作用机制来讲，该类酶通过广义酸碱催化和/或亲核催化（借助静电效应以及应变/扭曲效应的帮助）起作用。一般而言，酸性残基为糖苷键上的O提供H+，从而生成作为过渡态的含氧碳正离子（图6.18）。羧基残基使水去质子并活化，获得亲核的—OH，从而完成水解反应，或者羧基直接作为亲核体起作用，形成一个共价中间体。这两种情况下，醇基均作为离去基团被释放。

根据糖苷键水解后形成的端基异头碳的构型（α或β），糖苷酶可分为"保持"型或"转化"型（图6.18）。转化型酶的酸催化残基之间相距较远（约0.95nm），使被激活的水分子（亲核体）接近与ROH相连的异头碳的另一位点，ROH从糖苷键释放。保持型酶的酸催化残基之间存在较小的距离（约0.55nm），以至于水只能在被释放的醇基离开活性位点后进入活性位点(被称作双置换反应)。在保持型反应机制中,羧基残基成的糖基-酶共价中间体可引导水(被广义碱残基脱去 H$^+$ 后成为亲核体)进入先前被 ROH 所占据的异头碳上相同位置,因此,原端基构型"保持"。只有保持型糖苷酶能同时催化水解反应和糖苷转移反应,而转化型只能催化水解反应。糖苷酶之间的另一个区别是它们是"内切"型还是"外切"型。外切型与底物的末端部分(大部分是非还原末端,但并非总是)结合,使可断裂键位于活性位点,而内切型随机攻击底物的内部位点。在糖苷酶(如淀粉酶和葡萄糖苷酶)的惯命名中,以"α"和"β"来表示被释放的还原端的构型。表 6.6 所示为食品中最重要的糖苷酶的类型及分类。活性位点/底物的描述见图 6.15,其中可断裂键位于亚位$-1/+1$。除少数例外,酶的一个或两个疏水残基与-1底物残基的 C_5-羟基-亚甲基相互作用,以提供一个过渡态从而稳定"疏水平台"[87]。

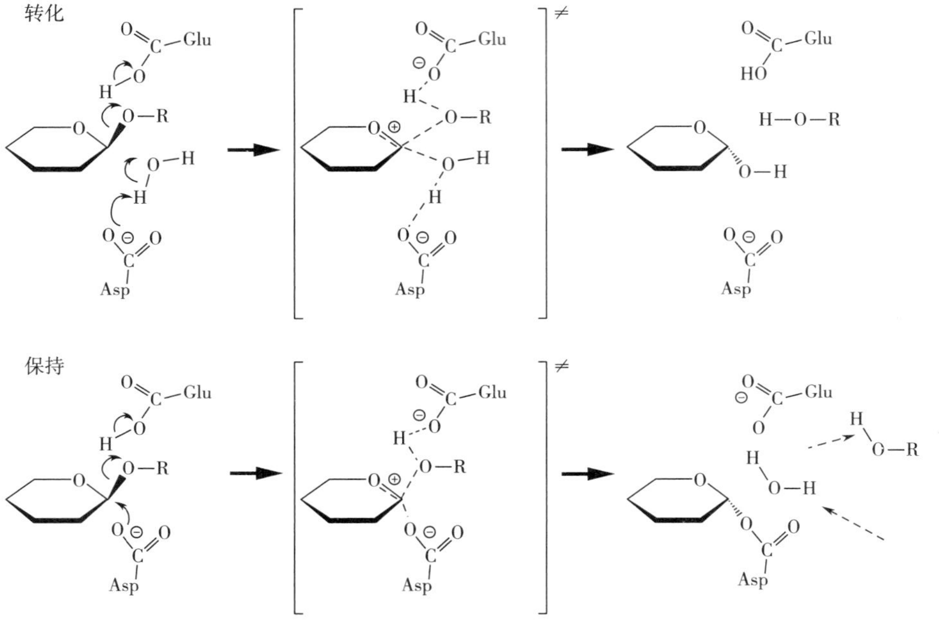

图 6.18 糖基水解酶作用机制的多样性

资料来源:Sinnott, M. (Ed.),*Comprehensive Biological Catalysis. A Mechanistic Reference*, Vol. I, Academic Press, San Diego, CA, 1998.

6.3.2.1 淀粉酶

淀粉酶广泛应用于商业化生产,如玉米糖浆、糊精、高果糖浆以及其他甜味料如麦芽糖和葡萄糖浆等产品的生产。淀粉酶也在焙烤食品中应用,通过添加外源糖苷酶可以延缓产品的陈化和促进酵母发酵。

(1)α-淀粉酶[126,143,154,159]　淀粉酶常用于将淀粉(大部分来自玉米)水解成更小的糊精,从而得到稀淀粉悬浮液。α-淀粉酶(EC 3.2.1.1,1,4α-D-葡聚糖水解酶)是一种内切、$\alpha \rightarrow \alpha$ 保持型酶,主要用于迅速降低淀粉聚合物的平均分子质量。α-淀粉酶是糖苷酶家族

表 6.6

糖基水解酶催化特性

酶	键选择性	产物选择性①	催化残基②	底物残基定位③
α-淀粉酶	α-1→4 葡萄糖	RETα→α	Glu$_{233}$，Asp$_{300}$（酸，亲核体/碱）	Endo
β-淀粉酶	α-1→4 葡萄糖	INVα→β	Glu$_{186}$，Glu$_{380}$（酸，碱）	Exo
普鲁兰酶	α-1→6 葡萄糖	可能是 RETα→β	不确定，可能是 Glu$_{706}$，Asp$_{677}$（酸，亲核体/碱）	Endo，几个明显亚位点
糖化酶	α-1→4（α-1→6）葡萄糖	INVα→β	Glu$_{179}$，Glu$_{400}$（酸，碱）	Exo
环麦芽糊精转移酶	α-1→4 葡萄糖	RETα→α	Glu$_{257}$，Asp$_{229}$（酸，亲核体/碱）	Endo
转化酶	β-1→2 果糖	RETβ→β	Glu$_{204}$，Asp$_{23}$（酸，亲核体/碱）	β-D-果糖苷=-1；葡萄糖=+1
β-半乳糖苷酶	β-1→4 半乳糖	RET β→β	Glu/Mg^{2+}，Glu$_{537}$（酸，亲核体/碱）	β-D-半乳糖苷=-1；糖苷/葡萄=+1
β-葡萄糖苷酶	β-1→4，β-1→葡萄糖配基	RET β→β	Glu$_{170}$，Glu$_{558}$（酸，亲核体/碱）	Exo，β-D-Drn喃葡萄糖苷=-1
多聚半乳糖醛酸酶	α-1→4 半乳糖醛酸	INVα→β	Asp$_{180,201,202}$ 可能是酸/碱残基	Endo（同时也存在外切型）
木聚糖酶	α-1→4 木糖	RET β→β	Glu$_{172}$，Glu$_{78}$（酸，碱）	Endo存在，一些可以转化
溶菌酶	α-1→NAM-NAG④	RET α→α	Glu$_{35}$，Asp$_{52}$（酸，亲核体/碱）	Endo，NAM-NAG单元结合在-1/+1

①RET，保持（retaining）；INV，转化（inverting）。
②文中引用的参考酶，nucl=nucleophile（亲核的）。
③*，存在该亚位点的酶。
④N-乙酰胞壁酸-N-乙酰葡萄糖胺重复单元。

13 的代表,其中的一些常用于淀粉加工。该家族酶的蛋白质中至少存在三个独立的结构域,一个用于催化反应,另一个作为颗粒淀粉的结合位点,第三个与钙结合,并连接其他两个结构域。不同来源的 α-淀粉酶(已报道 70 多个具有不同一级结构的 α-淀粉酶)的分子质量主要在 50k~70ku,不过也有少量接近 200ku。α-淀粉酶有多个位点结合 Ca^{2+},其中活性位点裂隙附近的最为重要,起着稳定酶蛋白二级和三级结构的作用。Ca^{2+} 被牢固结合,使酶在 pH6~10 稳定,并使 α-淀粉酶具有高的热稳定性。活性位点至少由五个亚位点构成[-3~+2,表 6.6,图 6.15(3)],要求底物至少有三个葡萄糖单位。以猪胰腺 α-淀粉酶为例,活性位点的三个保守氨基酸残基中,Asp_{197} 为形成共价糖基-酶中间体的亲核体,Glu_{233} 位于亚位点+1,作为广义酸参与反应,而 Asp_{300} 在亚位点-1 与底物 C2—OH 和 C3—OH 作用,影响底物应变/张力。保守 His_{299} 和 His_{101} 参与底物结合及过渡态稳定,共同使 E_a 降低 23.0kJ/mol。His_{201} 与催化残基 Glu_{233} 相互作用,使最适 pH 从 5.2 变为 6.9。由于 His 残基对催化活性及 pH-活性关系起到关键作用,所以一直认为 His 在 α-淀粉酶的催化机制中扮演重要角色。α-淀粉酶最适 pH 同样受底物长度的影响,在作用于低聚麦芽糖底物时,五个结合亚位点并不被完全占据,最适 pH 范围较窄。其他保守非极性残基有 Trp、Typ 以及 Leu,通过疏水相互作用参与底物及淀粉颗粒的结合[34,154]。

α-淀粉酶有多个来源。尽管大麦和小麦是 α-淀粉酶的重要来源,但最主要的来源还是微生物。α-淀粉酶的典型终产物为 α-限制糊精和由 2~12 个葡萄糖单位构成的低聚麦芽糖,其中大部分低聚麦芽糖的 DP 在 2~12 范围的上端[154,155]。由于 α-淀粉酶的水解作用是随机的,直链淀粉/支链淀粉的平均分子质量迅速降低,导致淀粉黏度急剧下降。对微生物淀粉酶而言,其最适作用条件一般为 pH4~7 和 30~130℃[95]。常见的商业上用于淀粉转化的淀粉酶的来源包括芽孢杆菌和曲霉属微生物。芽孢杆菌 α-淀粉酶是耐热酶,可以在 80~110℃、5~60mg/kg Ca^{2+} 条件下使用[155]。真菌(曲霉)酶在 50~70℃、pH4~5 和约 50mg/kg Ca^{2+} 条件下可发挥最佳作用[95,155]。虽然真菌 α-淀粉酶也具有内切用,但它们倾向于积累较短的麦芽低聚糖($n=2~5$),并作为淀粉液化的最终产物[139]。已经鉴定出一种独特的细菌"生麦芽糖"-淀粉酶(EC 3.2.1.133)[28]。尽管麦芽糖的生产通常采用结合使用 β-淀粉酶的方法进行(详见 6.4),但生麦芽糖 α-淀粉酶能提高麦芽糖产率,机制可能为进一步或更彻底的水解作用,或是结合在酶上的淀粉分子在从酶的活性位点离开前被多次水解[34]。

少数最适 pH 处于 9~12 的碱性淀粉酶引起了人们的浓厚兴趣,因为它不仅可以作为食品加工助剂(和洗涤剂),而且可以帮助我们了解保守的糖苷酶特征活性位点 Asp/Glu 是如何在高 pH 条件下发挥作用的。芽孢杆菌属 α-淀粉酶的碱性适应性与 Glu、Asp 和 Lys 残基比例的降低和 Arg、His、Asn 和 Gln 比例的增加相关。这有助于在碱性 pH 下保持电荷平衡,并改变活性位点基团存在状态,提高催化基团 Asp/Glu 的 pK[124]。在许多适合在碱性条件下作用的糖基水解酶中,可以观察到上述变化,也可以发现活性部位附近的疏水性增加及结构变得更为紧密[8]。

(2)β-淀粉酶[95,126,139,154] β-淀粉酶(1,4-α-D-葡聚糖麦芽糖水解酶,EC 3.2.1.2)是一种 $\alpha\rightarrow\beta$-转化、外切糖苷酶,从直链淀粉的非还原末端逐个释放麦芽糖单位,是糖苷酶家族 14 的一个成员。β-淀粉酶深度作用于淀粉生成麦芽糖与 β-限制糊精混合物。后者具有 α-1,6-分支点和剩余的由于空间约束不能靠近酶的线性部分,由于外切 β-淀粉酶不能绕过 α-1,6 分支点,而外切 α-淀粉酶却可以,所以 β-限制糊精与 α-限制糊精相比,具有更大的平均分子质量。对来源于大豆、甜薯以及芽孢杆菌的 β-淀粉酶已经有了充分的了解。植物 β-淀粉酶的分子质量约为 56ku(甘薯 β-淀粉酶是一个四聚物),而微生物 β-淀粉酶的分子质量在 30k~160ku。β-淀粉酶的结构很独特,因为其只含有一个结构域,而不像其他淀粉水解糖苷酶那样含有多结构域。催化残基(以大豆 β-淀粉酶为例)为 Glu_{186}(广义酸)和 Glu_{380}(广义碱),它们相距 1.0~1.1nm,隐藏在一个深口袋中。与底物的结合引起盖子结构的关闭,并提供一个大约为 22kcal/mol 的有利结合能,并使活性位点免受溶剂影响。这可能会增强偶极力,从而促进催化。这是又一个"诱导契合"机制的例子。位于亚位点-1 对面的 Glu 残基有四个与底物结合的亚位点。His_{93} 位于亚位点-1 和-2,可能影响酶在碱性 pH 范围内的敏感性。两个麦芽糖单位结合在活性位点(亚位点-2~+2),该特点决定酶与淀粉分支点的接近程度。过去,Cys 残基被认为参与了催化反应,但是点突变揭示,尽管它们可能在酶结构的稳定上起一定作用,但几乎不起催化作用。植物 β-淀粉酶不能结合和消化生淀粉,但一些微生物 β-淀粉酶具有不同的蛋白质结构域,赋予它作用生淀粉的能力。α-环糊精会使 β-淀粉酶受到竞争性抑制,但这可以通过 Leu_{383} 形成包合络合物,阻止 α-环糊精接近活性位点来缓和。β-淀粉酶通常比 α-淀粉酶有较高的最适 pH(pH5.0~7.0),且不需要 Ca^{2+},其最适温度在 45~70℃(微生物来源的 β-淀粉酶的耐热性更好些)。

(3)普鲁兰酶[82,143,154,159] Ⅰ型普鲁兰酶(EC 3.2.1.41,普鲁兰多糖 6-葡聚糖水解酶)又称"脱支酶"或"限制糊精酶",水解包含构成支链淀粉分支点 α-1,6-糖苷键的糊精。普鲁兰酶存在于许多细菌、一些酵母以及谷物中。根据序列分析,其归属于 α-淀粉酶家族 13($\alpha \rightarrow \alpha$-保持型酶),结构特征尚未统一。在这种情况下,活性位点氨基酸残基[以肺炎克雷伯氏菌(*Klebisella pneumoniae*)酶为例]似乎为 Glu_{706}(酸)、Asp_{677}(亲核体/碱),Asp_{734} 起辅助作用(表 6.6)。普鲁兰酶能作用具有[α-D-Glc-(1→4)-α-D-Glc-(1→6)-α-D-Glc-(1→4)-α-D-Glc]重复结构单元的普鲁兰多糖,惯命名也来源于此。普鲁兰酶能作用于比普鲁兰多糖更大而不是更小的片段,以较低的速度作用支链淀粉,优先作用淀粉液化与糖化晚期产生的限制糊精[159]。普鲁兰酶作用的产物是与麦芽糖一样大小的直链低聚糖。普鲁兰酶通常从克雷伯氏菌和芽孢杆菌获得,分子质量约 100ku,最高耐受温度为 55~65℃,最适 pH3.5~6.5,没有已知要求的辅助因子(尽管有些能被 Ca^{2+} 激活)。植物来源的普鲁兰酶又称限制糊精酶,发芽的或制麦的谷物,特别是大麦,是它最丰富的来源。Ⅱ型普鲁兰酶(或 amylopullulanase,EC 3.2.1.41 或 3.2.1.1)主要来源于微生物,具有 α-淀粉酶-普鲁兰酶复合活性,能同时水解淀粉中的 α-1,4 和 α-1,6 键。其他相关的酶是新普鲁兰酶(neopullulanase,EC 3.2.1.125)和异支链淀粉酶(isopullulanase,EC 3.2.1.57),分别作用于普鲁兰多糖分支点的非还原和还原末端 α-1,4 键,产生 α-1,6 分支三糖(潘糖和异潘糖)。

(4)葡萄糖淀粉酶[95,126,154] 葡萄糖淀粉酶(1,4-α-D-葡聚糖葡聚糖水解酶。EC 3.2.1.3),惯用名为淀粉葡萄糖苷酶,是一种 $\alpha \rightarrow \beta$ 转化、外切酶(单独构成糖苷酶家族 15)。

它从直链淀粉片段的非还原末端水解切下葡萄糖单位。尽管葡萄糖淀粉酶对 α-1,4 糖苷键具有选择性,但也能缓慢作用于支链淀粉的 α-1,6 糖苷键。因此,葡萄糖淀粉酶彻底降解淀粉的唯一产物是葡萄糖。它的结构特征及作用机制与 α-淀粉酶相似,分别含有作为酸和碱的催化残基 Glu_{179} 和 Glu_{400}(以曲霉菌酶为例),以及独立的淀粉结合结构域和短的连接结构域。一些葡萄糖淀粉酶能作用天然(生)淀粉颗粒。两个 $Trp_{52,120}$ 残基通过氢键与 Glu_{179} 作用,增强其酸性,起辅助催化作用。除了可断裂糖基所在 -1 的亚位点外,催化结构域有 +1~+5 五个亚位点[图 6.15(1)],且从 +1~+5 的结合都呈现 $-\Delta G_S$(有利),特别是在亚位点 +1 的结合。由于 ΔG_S 对亚位点而言是增添的,因此酶对较长的 C2~C6+ 直链低聚糖具有较大的反应选择性。这种选择性有利于将短淀粉片段进一步彻底地水解为葡萄糖。低聚底物(即短片段)必须进入到"井"里,从而靠近活性位点,因为这些空间限制,解离以及残余底物的重新结合是限速步骤(而不是水解步骤)。

葡萄糖淀粉酶主要来源于细菌和真菌[95],分子质量为 37k~112ku,有多种同工酶形式,不存在辅助因子,最适 pH3.5~6.0,最适温度 40~70℃。曲霉葡萄糖淀粉酶得到广泛使用,在 pH3.5~4.5 时活性最高,且非常稳定,最适温度 55~60℃[154]。根霉(Rhizopus)葡萄糖淀粉酶已引起人们极大的兴趣,因为其同工酶也能迅速水解 α-1,6-分支点[95]。相对于淀粉转化涉及的其他酶,葡萄糖淀粉酶的作用速度相对缓慢,而现今的处理工艺也有所改进以适应此特性。

(5)环麦芽糊精葡聚糖转移酶[126,154,155] 环麦芽糊精葡聚糖转移酶(CGT,1,4-α-D-葡聚糖 4-α-D-[1,4-α-D-葡聚糖苷]-转移酶[环化],EC 2.4.1.9)催化水解反应以及分子内和分子间转糖苷反应。环化反应生成六-(α)、七-(β)以及八-(γ)糖化物,通常称为环状糊精。CGT 是一种 α→α-保持型、内切酶,属于糖苷酶家族 13,除含有 α-淀粉酶中有的三个结构域之外,还有另外两个结构域,包括另外一个底物(特别是麦芽糖)结合位点。多结合位点使其能与生淀粉反应(尽管 CGT 对生淀粉的活性不高),并引导直链淀粉片段进入活性部位狭缝。CGTs 来源于微生物,分子质量主要约为 75ku。催化残基[以环状芽孢杆菌(Bacillus circulans)为例]包括 Asp_{229}(碱/亲核体)和 Glu_{257}(广义酸);Asp_{328}、$His_{140,327}$ 对底物结合和过渡态稳定起作用,Arg_{227} 使亲核体定位,His_{233} 与所需的 Ca^{2+} 协同作用(如同一些 α-淀粉酶)。活性部位有 9 个亚位点,-7~+2,这样有助于 β-环状糊精成为分子内反应的主要产物(表 6.6)。

环状糊精是 CGT 制备的主要商业产品,但是,由于它能够催化多种反应,包括水解反应、环化反应、歧化反应以及偶联反应,因此其底物和产物的选择性相当混杂。例如,它能与葡萄糖和淀粉反应生成不同链长的低聚麦芽糖,也能使糖(许多单糖)与醇基如抗坏血酸和类黄酮偶联。这几个反应可用于制备具有独特功能的新型食品配料与添加剂。CGTs 的最适 pH 一般在 5~6。近几年获得了更耐热的 CGTs,其最适温度已从 50~60℃ 提高到 80~90℃。不同来源的 CGT 倾向于生成不同的环状糊精(六-、七-或八-聚体)。

(6)淀粉的转化应用

①淀粉水解。工业上,淀粉转化利用从起始 pH4.5、固体含量 30%~40% 的淀粉浆料开始(图 6.19)。首先迅速升温至 105℃(使淀粉糊化),然后降温至 90~95℃ 并将 pH 调到

6.0~6.5,继而加入耐高温的 α-淀粉酶(细菌淀粉酶)和 Ca²⁺保持 1~3h。这样淀粉就"液化"转变成直链和分支糊精(麦芽糊精)混合物,水解程度控制在 DE8~15(DE 为葡萄糖当量)范围之间,这样就可以防止淀粉在随后的冷却步骤中胶凝("液化"一词来源于此)。从这点出发,淀粉转化有三个路径。一个是用于 DE15~40 的麦芽糊精(用作增稠剂、填充剂、胶黏剂)的生产,这通过将上述水解产物进一步用淀粉酶水解得到(在一些情况下,开始时用酸[HCl]来使糊化淀粉液化)。其他两个路径用于甜味料的生产,此时需要将温度降到约60℃,将 pH 调整到 4.5~5.5,以满足所使用酶的最适条件。当要得到 95%~98%的葡萄糖糖浆(DE95)时,固体含量应降到 27%~30%,添加糖化酶(通常使用固定化酶柱),添加或不添加支链淀粉酶,保持 12~96h,然后精制得到 DE 大于 95 的葡萄糖糖浆,进一步浓缩到固体含量为 45%,调节 pH7.5~8.0,温度 55~65℃,在添加 Mg²⁺条件下通过固定化木糖(葡萄糖)异构酶柱,得到 42%果糖(52%葡萄糖)的高果糖玉米糖浆。它还可以进一步精制和/或富集成 55%果糖糖浆。通过添加真菌(生麦芽糖酶)α-或 β-淀粉酶的方法可以提高液化淀粉产麦芽糖的产量。添加或不添加支链淀粉酶,可产出一系列用于甜食制作的麦芽糖(30%~88%)糖浆。取决于所用的生麦芽糖淀粉酶的来源,积聚在产物混合物中占主导地位的低聚麦芽糖在 2~5 糖单元。

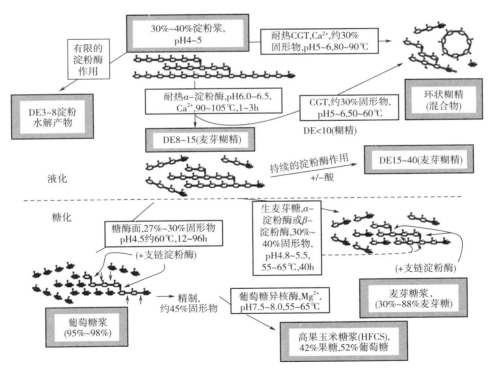

图 6.19 工业酶法淀粉转化

涂黑的葡萄糖单位为还原端,点画的葡萄糖单位为非还原端。

两种由淀粉加工的非甜味料产品是在淀粉加热升温到糊化点前加入 α-淀粉酶的。这样可以更好地控制水解度和水解形式(DE3~8),以生成可以形成热凝胶的和可以作为脂肪替代物的大的糊精(一般称为淀粉水解产物)。这些产品的详细制作方法可参见相关专利文献,其过程通常为在一系列温度下有限的淀粉酶作用[139]。在 pH 调整到 5~6,将耐热的 CGT 添加到淀粉浆中,然后在 80~90℃进行水解。CGT 作用于淀粉生成的环状糊精的总产量与淀粉浓度及液化程度成反比[159]。因此,环状糊精产品的商业生产通常在淀粉固体含量约 30%下进行(一些专利文献报道 1%~33%[135]),以兼顾效率和得率。耐热的 CGT 能在 Ca^{2+} 存在的情况下水解天然(糊化的)淀粉和转糖苷(环化),不耐热的 CGT 同样能起作用,但先要将淀粉液化到 DE10 左右,以防止形成凝胶,然后在降低的温度下(50~60℃)加入 CGT。脱支酶对淀粉的预处理或协同作用可提高环状糊精的产量,也可以通过添加一些试剂(溶剂或表面活性剂)的方法引导反应朝一个或多个环状糊精类型方向进行[135,159]。

今后,改善淀粉加工及转化的重点将放在拓展酶的 pH 稳定范围(至 pH4~5)和降低 α-淀粉酶对 Ca^{2+} 的需求量上,以及提高 α-淀粉酶作用生淀粉的能力[95,143]。对于所有涉及的酶,提高其热稳定性也是很重要的,因为这样能提高生产效率和实现单步加工。另外,反应产物的选择性始终是研究的重点,目的是提高目标产物的产量或控制产品的组成。

②焙烤食品[28,104,143]。事实上,前面讨论过的所有糖苷酶都已应用到焙烤食品生产中以达到某种目的,其中 α-淀粉酶应用最多。起初认为,淀粉酶主要是通过为酵母提供更多的可发酵碳水化合物起作用。淀粉酶也添加到生面团中以降解破损淀粉和/或补充低质(就烘焙而言)面粉的内源淀粉酶活性。然而,现在认识到,直接添加到生面团的淀粉酶会降低生面团黏性、增加面包的体积、提高面包的软度(抗老化)以及改善产品的外皮色泽。大部分这些效应都归因于焙烤期间淀粉糊化时的部分水解,黏度的降低(变稀)可加快面团调制和烘焙过程中的传质和反应,帮助改善产品的质构和体积。抗回生效应被认为是直链淀粉以及特别是支链淀粉的有限水解所产生的,淀粉分子的有限水解在一定程度上迟滞了糊化淀粉的老化,这也是到目前为止仍然在焙烤食品中应用 α-淀粉酶的主要原因①。过量的 α-淀粉酶会导致生产出质地黏糊的面包,这与 DP20~100 的分支麦芽糊精的积累有关。因此,对特定产品而言,必须注意淀粉酶的正确添加量。淀粉酶在焙烤工序中不应还有活性或在后加工时不应有残余活性。在具体应用中,根据酶的温度稳定性确定淀粉酶的添加量,控制淀粉酶在焙烤期间的作用和残留活力[56]。最近,生麦芽糖类型的 α-淀粉酶在抗老化方面性能与抗老化剂一样优越。因为相对于传统的 α-淀粉酶的内切作用,麦芽糖类型的 α-淀粉酶产生较短的低聚麦芽糖(DP7~9)以及较大的糊精(可起到增塑剂的作用)。因此,生麦芽糖酶能保持面包中糊化淀粉网状结构的完整性(柔软,但不黏糊),淀粉分子的轻微减小有利于迟滞老化,保持面包的弹性。

③酿造与发酵[154,155]。自从 1833 年在发芽的谷物中发现了"糖化"活性,淀粉水解酶一直被认为是酿造工业的必需酶,并导致了 α-以及 β-淀粉酶的商业化。然而,发芽谷物的内源淀粉酶不足以作用谷物中全部的可发酵碳水化合物,原因是内源酶的浓度和热稳定性存在不足,且/或谷物中还存在内源性酶抑制剂。因此,有必要添加 α-和 β-淀粉酶、葡萄糖淀粉酶和支链淀粉酶以及细胞壁水解酶(几乎只来源于微生物),以充分利用谷物中的可发酵

---

① 据估计,1990 年,美国因为老化被处理掉的烘焙食品的价值约为 10 亿美元[56]。

碳水化合物。添加葡聚糖酶和木聚糖酶(后面讨论)水解葡聚糖(与纤维素相似,但以 β-1,3 和 β-1,4 糖苷键连接)和木聚糖(主要为木糖聚合物,主要的细胞壁半纤维素成分)。添加 α- 和 β-淀粉酶以完全降解淀粉水解产生 α- 以及 β-糊精,而这些只有不耐热的麦芽淀粉酶是做不到的。残余的限制糊精也是最终产品的组成部分。然而,通过添加糖化酶(和/或支链淀粉酶)可以将限制糊精转变为可发酵性糖,采用该办法可生产出低热量("清淡型")啤酒。外源酶在"糖化"阶段(或随后)添加,在中等温度(45~65℃)下作用,在后面的"麦芽汁"煮沸阶段被破坏。

6.3.2.2 糖转化及其应用

(1)葡萄糖异构化 木糖(葡萄糖)异构酶(EC 5.3.1.5,D-木糖酮醇异构酶)是玉米淀粉甜味剂生产中应用最广泛的酶之一,仅在微生物中有发现[3,139,154]。尽管它对木糖的选择性最高,但在平衡异构化反应中能高效地将葡萄糖异构成果糖,使其成为最重要的工业酶之一,用于高果玉米糖浆(甜味剂)的生产。6.2.4.2 对该酶的作用机制及其活性部位的重要残基作过讨论。该酶以均一的四聚体存在,分子质量为 170k~200ku,每个亚基带有两个(催化和结构各一个)必需的金属辅助因子(通常是 Mn^{2+}、Mg^{2+} 和 Co^{2+})。该酶为商业用酶(主要来源于链霉菌),以固定化形式装填在反应柱中,葡萄糖糖浆流经反应柱即可实现异构化反应。典型的操作是采用离子交换和活性炭对淀粉糖化产生的 40%~50%固形物含量的葡萄糖糖浆(93%固形物为葡萄糖)进行精制(图 6.19)。然后,调整 pH 至 7.5 左右(葡萄糖异构酶在 pH5~7 时稳定性最好,在 pH7~9 时活性最高),添加 1.5mmol/L Mg^{2+},通过葡萄糖异构酶反应柱,温度控制在 55~65℃(虽然最适温度为 75~85℃),控制流速以控制适当的停留时间,实现所期望的转化。葡萄糖异构酶作用温度的选择是考虑到了多种因素,包括保持酶的最大稳定性(以作用几周到几个月)、降低黏度,防止微生物生长以及限制导致酶失活的氨基侧链的美拉德反应。葡萄糖异构酶在工业应用中的最大限制是热不稳定性。受使用条件的影响,葡萄糖糖浆(DE 约为 95)能转化为 42%~45%的果糖糖浆(与葡萄糖平衡)。在更高温度下进行酶反应可提高果糖产量(基于温度与平衡常数的相依性),当前正利用分子生物学技术构建具有耐热性的葡萄糖异构酶。

(2)葡萄糖氧化[127,154] 葡萄糖氧化酶(EC 1.1.3.4,β-D-葡萄糖:氧 1-氧化还原酶)主要来源于黑曲霉(Aspergillus niger)。它是一个分子质量为 140k~160ku 的二聚糖蛋白,带有一个深的结合口袋,通过 12 个氢键和多个疏水相互作用结合葡萄糖,并由此决定其对糖的特异性。尽管如此,对葡萄糖的 K_M 相当高,约为 40mmol/L,但这可以通过反应的高周转/催化速率来弥补。该酶在 60℃ 和 pH4.5~7.5 下仍然相当稳定,故可以按照加工需要在不同条件下使用葡萄糖氧化酶。葡萄糖氧化酶主要用于耗减蛋清中的葡萄糖,以降低蛋清在脱水和贮藏期间的美拉德褐变。用柠檬酸将蛋清 pH 从 9 左右调整到 7 以下,然后加入葡萄糖氧化酶和 H_2O_2(提供 O_2,通常与过氧化氢酶一起使用),在 7~10℃ 下保持 16h 后再进行喷雾干燥[85]。使用葡萄糖氧化酶去除液体或包装中的氧气或产生葡萄糖酸(一种酸性发酵产物和化学膨松剂)等其他应用还未得到广泛推广。由于葡萄糖氧化酶能产生 H_2O_2,所以葡萄糖氧化酶也可以作为抗菌剂添加到牙膏中,葡萄糖氧化酶还可以用作面团调理剂

(增强剂),它能充当"天然"氧化剂以取代溴酸盐,促使面筋二硫键的形成[155]。

(3)蔗糖水解(转化)[126,154]　转化酶(EC 3.2.1.26,β-D-呋喃果糖苷果糖水解酶)长久以来一直是研究的主题,酵母转化酶是 Leonor Michaelis 和 Maud Lenora Menten(1913)用以获得数据构建酶反应动力学模型所选用的酶。已对大约 40 种转化酶进行测序,它们以同工酶形式存在于植物组织和微生物中,可以是单体或低聚体蛋白质,分子质量范围在 37k~560ku。许多转化酶是糖蛋白。植物同工酶有酸-或中性-以及碱-型转化酶,用以反映其最适 pH 条件,它们的最适 pH 分别为 pH4~5 和 pH7~8。转化酶是 $\beta \rightarrow \beta$-保持型糖基转移酶,惯用名为"转化酶"。反映酶改变("转化")蔗糖溶液的旋光度的能力,而不是反应的立体化学(表 6.6)。该酶的一个独特之处是它能在很高的渗透压下保持活性(浓度高达 30mol/L 的蔗糖溶液)。转化酶(来源于酵母)的催化残基为 Glu_{204}(酸)和 Asp_{23}(亲核体/碱)。转化酶对 β-D-呋喃果糖苷具有选择性,其最重要的一个底物是蔗糖。转化酶(来源于酵母)作为外源酶,主要用于软心糖果的生产以及以蔗糖为原料生产人造蜂蜜。就糖果应用而言,酶可以注入包衣糖果中,或者在即将裹糖衣前与颗粒糖混合物(软糖)混匀。糖果的静置期为转化酶作用于蔗糖提供了时间从而可以使其夹心产生黏稠液化。

(4)乳糖水解酶[62,126,154]　β-D-半乳糖苷酶(EC 3.2.1.23,β-D-半乳糖苷半乳糖水解酶)在哺乳动物(肠道)及微生物中有发现,归属于糖基水解酶家族 2。该类酶主要以多肽链的四聚体存在,分子质量约为 90k~120ku。来源于大肠埃希杆菌(*Escherichia Coli*)的 β-D-半乳糖苷酶(lacZ)是乳糖酶的代表,单个亚基由 1023 个氨基酸构成,有五个结构域。每个二聚体单元有两个催化单元[一条多肽链一个,每条多肽链带有一个环(loop),这个环与另一条多肽链的催化单元构成完整的活性位点]。因此,每个四聚体有四个活性位点,结合口袋是一道深的裂隙,位于多肽链的结合界面。催化二联体包括 Glu_{537}(亲核细胞/碱,大肠杆菌)和 Glu_{461}(酸)残基(表 6.6)。在每个亚基结合的几个镁离子中,有两个与活性直接相关。紧密结合在活性位点的 Mg^+(或 Mn^+)与参与催化的 Glu_{461}、Glu_{416}、His_{418} 残基和三个水分子相互协调配合。另一种 Mg^+ 与 Glu_{797} 相互作用,稳定活性位点的环结构。K^+ 和 Na^+ 也被结合,并参与二聚体-二聚体稳定作用,增加对底物的亲和力,稳定过渡态和共价中间体。许多 β-D-半乳糖能被乳糖酶作用,因此尽管还缺乏对亚位点关系的综合分析,但仍然可以认为酶对糖基(亚位点-1)有相当严格的特异性。酶 His_{540} 与 C2—OH、C4—OH、C6—OH 的氢键作用有利于过渡态的稳定,并可能对糖基特异性产生一定作用。对非半乳糖基部分的宽特异性使得可以用能发色的邻硝基苯 β-D-半乳糖苷作为底物来进行常规和简单的酶分析。与 $\beta \rightarrow \beta$-保持型酶一致,β-D-半乳糖苷酶同样可以通过 β-1,6 糖苷键催化半乳糖与其他糖(乳糖、半乳糖、果糖)的转糖苷反应,从而得到独特的 DP2~5 的低聚糖。

不同微生物来源的乳糖酶构成了很宽范围的最适 pH 范围(细菌乳糖酶 5.5~6.5,酵母乳糖酶 6.2~7.5,真菌乳糖酶 2.5~5.0),这为商业应用提供了很大的方便。细菌和酵母乳糖酶的最适温度为 35~40℃,而真菌酶的最适温度高达 55~60℃。真菌乳糖酶是不能被 Mg^{2+} 或 Mn^{2+} 激活的唯一形式。这种作用条件的多样性使得微生物 β-D-半乳糖苷酶能够应用于酸性食品(酸乳清、发酵乳制品)、牛乳和甜乳清中。产物(半乳糖)、Ca^{2+} 以及 Na^+ 对乳糖酶具有抑制作用。乳糖水解后可以提高甜味、可发酵底物及还原糖的量,降低乳糖结晶的发生率(例如,冰淇淋中的"砂质"),使有乳糖不耐症的消费者(缺乏充足的乳糖酶,该酶在哺乳动物中以乳糖根皮苷水解酶形式存在,具有两个活性部位和功能)可以食用乳制品。乳糖水解可以在鲜乳中进行,通过直接添加(间歇式处理)酵母乳糖酶来实现。乳糖水解程度能够达到70%左右,酶在随后的巴氏杀菌中失活[155]。乳清或乳清蛋白浓缩物可以用固定化的曲霉 β-D-半乳糖苷酶来处理,乳糖水解程度可达到90%左右。

(5)其他糖苷酶 β-葡萄糖苷酶(EC 3.2.1.21,β-D-葡萄糖苷葡萄糖水解酶)是另外一组糖基水解酶,属于糖基水解酶家族1和3的一部分。β-葡萄糖苷酶是 $\beta \rightarrow \beta$-保持型酶,由 Glu_{170} 和 Glu_{358} 分别作为酸和亲核残基[相距0.55nm,以粪产碱杆菌(*Alcaligenes faecalis*)酶为例](表6.6)。β-葡萄糖苷酶来源于许多微生物和植物,其中应用最广泛的是来源于杏仁(又称"苦杏仁酶")的酶。β-葡萄糖苷酶的作用 pH 受来源影响,通常有比较宽的 pH(4~10)稳定性,最适 pH 在5~7。可操作的温度为40~50℃。该酶对巯基试剂敏感(意味着 Cys 的稳定作用),其紧密的结构使得它具有比较高的抵抗酶蛋白被水解能力。β-葡萄糖苷酶能够水解糖类(例如,纤维二糖酶水解纤维二糖)、硫糖苷以及烷基和芳香基的-葡萄糖苷(构成糖苷配基部分)。后一种 β-葡萄糖苷会产生水果饮料(葡萄酒和果汁)及茶中的芳香化合物[154,156]。使用 β-葡萄糖苷酶可以去除柠檬汁的苦味(柚皮苷),实际上用于水果提取/果汁制备的果胶酶制剂一般就含有这种活性。一些内源-葡萄糖苷酶可能有利于生物活性物质的释放,例如,氰化氢(来源于木薯和利马大豆的生氰配糖体亚麻苦苷;高粱中的蜀黍苷;杏仁、桃子以及杏核中的苦杏仁苷),以及来源于芸苔芥子苷底物(通过黑芥子酶作用,以后讨论)的抗癌和抗甲状腺肿瘤(以及辛辣味/苦味)的异硫氰酸盐。"果胶酶"制剂中的一些糖苷酶可能会产生芳香风味,这种风味来源于处理果汁的风味前体物质。同时也存在一些有害效应,包括花青素损失引起的颜色变化,以及阿魏酸释放引起的不良("腐烂水果")风味等[156]。

异麦芽酮糖合成酶是一种同时具有糖基水解和转糖苷活性的酶。它的活性残基包括 Asp_{241} 和 Glu_{295}(以克雷伯氏菌 LX3 酶为例),分别作为亲核体/碱和酸[162]。两步反应路径包括:蔗糖水解(α-D-葡萄糖基-1,2-β-D-果糖),紧接着是果糖在 C6—OH 位上的糖基化,产生异构麦芽糖(α-D-葡萄糖基-1,6-β-D-果糖)。净效应就是一个异构化作用,且两个反应步骤均在一个活性位点发生。工业上利用固定化细菌细胞来生产异构麦芽酮糖(又称异构麦芽糖)。异构麦芽糖是一种非致龋的甜味剂,是潜在的益生元;以及利用底物氢化生产二糖醇,即异麦芽糖醇®。

α-半乳糖苷酶(EC 3.2.1.22)用于转化甜菜中的棉籽糖生成蔗糖,可使蔗糖产量提高3%,同时还有利于蔗糖的再结晶。商业 α-半乳糖苷酶由葡酒色被孢霉(*Mortierella vinacea*)菌丝球生产[19]。

6.3.2.3 果胶的酶促转化[154]

果胶降解酶可以分为三种类型,即多聚半乳糖醛酸酶、果胶酸和果胶裂解酶以及果胶甲基酯酶。图6.20所示为这三种果胶酶活性所催化的特定反应。这些酶主要在植物和微生物(尤其是真菌)中发现,并存在多种同工酶。该组酶共同构成了"果胶酶"制剂,通常由黑曲霉生产,常用于果蔬加工、果汁提取及澄清等工业化生产。

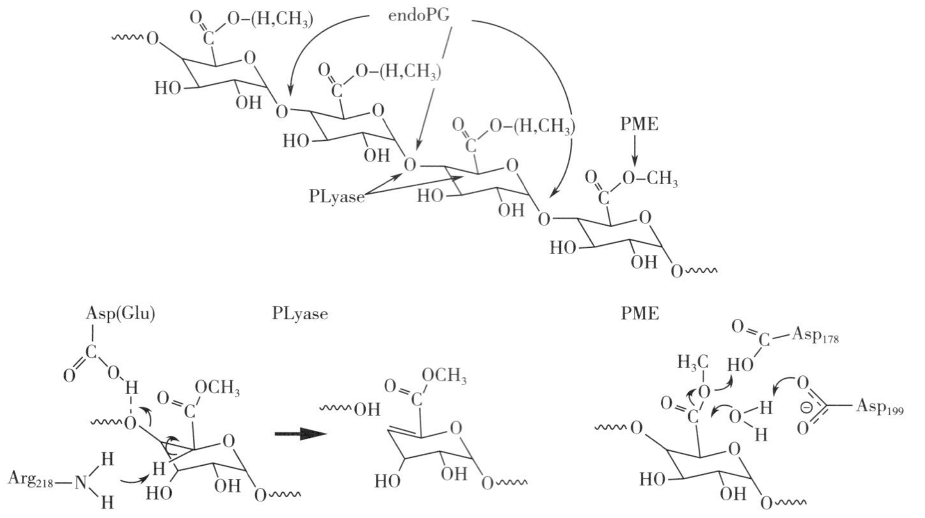

图 6.20　果胶降解酶的作用位点及反应机制

资料来源:Benen,J.A.E. et al.(1999). In *Recent Advances in Carbohydrate Engineering*,Gilbert, H.J., et al.(Eds.).The Royal Society of Chemistry, Cambridge, UK. pp. 99-106, Pickersgill, R.W. and Jenkins,J.A.(1999),In *Recent Advances in Carbohydrate Engineering*, Gilbert, H.J., et al.(Eds.).The Royal Society of Chemistry,Cambridge, UK, pp. 144-149;and Whitaker, J.R.,et al.(Eds.)(2003).*Handbook of Food Enzymology*, Marcel Dekker, New York.

(1)多聚半乳糖醛酸酶[12,101,154]　多聚半乳糖醛酸酶[PG,半乳糖醛酸苷 1,4-α-半乳糖醛酸酶,有内切型(EC 3.2.1.15)和外切型(EC 3.2.1.67 和 EC 3.2.1.82)],为 $\alpha \to \beta$-转化型酶,归属于糖基水解酶家族 28(表 6.6)。来源于黑曲霉的内切酶有三个保守 $Asp_{180,204,202}$ 残基,起着广义酸-碱催化单元的作用,但是它们之间的间距为 0.40~0.45nm,而不是转化糖苷酶通常的 0.90~0.95nm。普遍认为 $Asp_{180,201}$ 激活水作为亲核剂,而 Asp_{202} 在 His_{223}(也是保守的)的帮助下使离去基团质子化,保守残基 Tyr_{291} 也起辅助催化反应作用。4~6 个底物结合亚位点的存在(-5/-3~+1,取决于同工酶形式)与内切特性相一致。这种特征使得该酶有最小底物要求。在亚位点-5 上有强结合(亲和)力的同工酶,不以随机机制作用,而是通过重新结合和重复水解一条单链的方式进行反应。亚位点-1 上的 Lys_{258} 是重要的,它通过与羧基的离子相互作用在该位点与非酯化的半乳糖醛酸残基结合。

真菌多聚半乳糖醛酸酶大部分在 pH3.5~6.0(和植物酶一样)、40~55℃条件下具有最高活性,分子质量为 30k~75ku。多聚半乳糖醛酸酶作用的结果是果胶的解聚和聚半乳糖醛酸的逐步溶解。该酶的作用结果是细胞间屏障(胞间薄层)被破坏;如果该酶持续作用,果胶溶液的黏度将降低。外切多聚半乳糖醛酸酶也来源于真菌,同样可以利用。当甲酯化的半乳糖醛酸残基结合在亚位点+1 时,该酶不显示活性。由于外切多聚半乳糖醛酸酶在解聚及黏度降低时作用效率不高,其用途有限。

(2)果胶酯酶[101,154]　尽管果胶酯酶(EC 3.1.1.11,果胶　果胶基水解酶类),在植物组织很普遍,但还是对真菌果胶酯酶的研究最为透彻。给定来源的果胶酯酶均以多个同工酶(酸性,碱性,中性)存在,分子质量在25k~54ku,具有较宽的pH稳定性(一般在pH2~10),同时具有中等热稳定性(40~70℃),上述条件均受来源的影响。真菌果胶酯酶的最适pH为4~6,而植物果胶酯酶的最适pH偏碱(6~8),而且需要微量的Na^+。作为一种羧酸酯酶,其催化单元及作用机制与Asp-His-Ser三联体(同脂肪酶和丝氨酸蛋白酶)相似。然而,在果胶酯酶中有两个保守的$Asp_{178,199}$和一个Arg_{267}残基[以菊欧文氏菌(*Erwinia chrysanthemi*)酶为例]。一个Asp是去质子化的,激活水作为亲核体进攻羰基碳,而另外一个Asp是酸性的,使羰基氧质子化(图6.20)。反应过程中形成了一个非共价四面体中间体,然后分解生成游离酸和甲醇。对黑曲霉果胶酯酶的研究表明,它有4~6个糖基结合位点,去甲基化不能在果胶片段的非还原性端发生。不同果胶酯酶(以及同工酶)对果胶底物的甲酯化程度要求不同,以及是否在单个果胶链上进行连续水解和是否采用随机选择或选择在相邻位置密集水解的表现也不尽相同。

(3)果胶酸裂解酶[116,154]　果胶酸裂解酶[EC 4.2.2.2,(1→4)-α-D-聚半乳糖醛酸裂解酶]和果胶裂解酶[EC 4.2.2.10,(1→4)-6-*O*-甲基-α-D-聚半乳糖醛酸裂解酶]都能够解聚果胶,前者可以识别可断裂键附近的酸性残基,后者可以识别可断裂键附近的甲酯化残基(被攻击的聚半乳糖醛酸残基位于亚位点+1)。两种酶均有多种同工酶。果胶酸裂解酶需要有四个Ca^{2+}才能在活性位点与聚半乳糖醛酸基配位。这类酶普遍存在于真菌和细菌中[其中以菊欧文氏菌果胶裂解酶最为常见],而在植物中较为少见。果胶酸裂解酶的最适pH为8.5~9.5,最适底物为低甲氧基果胶。果胶裂解酶的最适pH约为6,作用酸性(质子化的)或完全甲氧基化果胶都一样。曲霉属是果胶裂解酶常见的来源。尽管果胶裂解酶不需要Ca^{2+},但该阳离子对它的活性有促进作用,并且能使它的最适pH向酸性方向迁移。这两种酶在50℃下仍保持稳定。保守的Arg_{218}在作用过程中充当碱,捕获C5上的质子(图6.20)。

Arg作为碱起催化作用不常见,但是,该残基的pK计算值为9.5(pK被存在的Ca^+抑制),与最适pH在碱性范围相一致。在其他果胶裂解酶中Lys与Arg的作用相同。当具体的质子供体基团未知时,存在于活性部位的一些Asp/Glu残基和溶剂水也可能起到质子供体的作用。外切酶具有较小的亚位点(局限在-1或-2,朝向非还原末端),而内切酶的亚位点范围是从-2/+2~-7/+3,具体取决于不同的同工酶。在果汁加工中,受蔬菜尤其是水果pH的影响,果胶裂解酶通常比果胶酸裂解酶更为适用。

(4)果胶降解酶的应用[3,50,85,154,155]　果胶酶制剂及相关酶的应用包括组织浸渍、液化、提高收率或提取率(果汁或油)、澄清、辅助去皮(尤其是柑橘类水果)等。商业"果胶酶"制剂通常是几种类型的果胶-、纤维素-以及半纤维素降解酶的混合酶制剂。在具体应用中,会针对特定目的及产品作具体的配比。在大多数情况下,比较温和的果胶酶处理是在果汁或提取液pH下在20~30℃作用几个小时,更强一点的处理是在40~50℃下作用1~2h(浸渍、液化)。首先,碾碎组织或对组织或提取物进行粗研磨(图6.21),然后加入果胶酶制剂水解和解聚细胞间层物质(果胶物质),这样就能很容易地释放出带有完整细胞壁的单个细胞[图6.21(1)]。此时,内切多聚半乳糖醛酸酶(尤其好)或内切果胶裂解酶比较适用,得到的细胞悬浮液可以作为带肉果汁或饮料、婴儿食品或其他产品的配料。

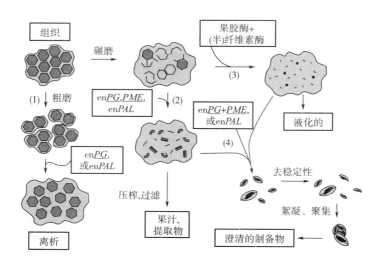

图 6.21　果胶酶在果蔬提取物加工中的应用

资料来源:Godfrey, T. and West, S. (Eds.)(1996), *Industrial Enzymology*, 2nd edn., Stockton Press, New York; Nagodawithana, T. and Reed, G. (Eds.)(1993). *Enzymes in Food Processing*, 3rd edn., Academic Press, New York, p.480; and Whitehurst, R.J. and Law, B.A. (Eds.)(2002), *Enzymes in Food Technology*, 2nd edn., CRC Press, Boca Raton, FL.

其他加工流程是从更加精细的研磨或碾碎(通常使用锤式粉碎机)开始的,希望得到最大汁液提取率或者浆料。仁果或浆果的"提取物"通常需要加酶处理,使破碎得到的水果糊的黏度降低,使随后的压榨提汁更为容易并提高果汁得率[图 6.21(2)]。果胶降解酶很适合解聚和降解高度甲氧基化的果胶,尤其是内切多聚半乳糖醛酸酶和果胶甲基酯酶;内切果胶裂解酶也有应用。用这种方法制备的果汁可以是澄清汁,也可以是浑浊汁,取决于特定的水果组织和所使用的酶。

果蔬原料的液化使得整体组织转化成液体产品,不需要过滤或压榨[图 6.21(3)]。这可通过果胶酶(多聚半乳糖醛酸酶、果胶甲基酯酶以及果胶裂解酶)、纤维素酶(内切-和外切-β-葡聚糖酶)以及半纤维素酶(作用于木聚糖、甘露聚糖、半乳聚糖以及阿拉伯多糖)的组合来完成、一旦大部分的细胞间层和细胞壁物质被"溶解"(达到80%),细胞很容易受渗透压或剪切作用而胀破,从而释放出其中的液体成分。液化常用于转化热带软果(芒果、番石榴、香蕉)、橄榄以及贮藏过的苹果,将其加工成果汁或油质抽提物。得到的果汁可以是浑浊汁,也可以是澄清汁,取决于水果组织和所使用酶。

外源性果胶和细胞壁降解酶最后一个重要应用是果汁或提取液的澄清[图 6.21(4)]。这首先要破坏"浑浊物"的稳定性。有些果汁可能希望是浑浊的(例如橘汁),但是像苹果汁、葡萄汁这类果汁更希望是澄清透明的。浑浊物是由处于内核的蛋白质(在果汁 pH 下带正电)和处于外层的果胶(半乳糖醛酸残基部分解离且带负电)构成的胶体颗粒。果胶降解酶溶解和破坏果胶层,使带正电的蛋白质可以与其他颗粒的果胶层产生静电相互作用,导致颗粒聚集、絮凝,从而使澄清容易进行。该加工过程的最适 pH 约为 3.6。果胶甲基酯酶可以促进澄清,尤其是在与内切多聚半乳糖醛酸酶联合使用时。果胶裂解酶单独作用于高甲氧基化果胶(苹果),也可取得很好的澄清效果。果胶甲基酯酶作用是在 Ca^{2+} 桥联下产生颗粒间的交联点,使颗粒聚集沉淀。在一些情况下,澄清果汁还可能重新变浑浊,此时,阿拉伯糖占多糖类物质的 90% 左右,因此如果在压榨和/或澄清期间添加阿拉伯糖酶,可以将再浑浊降到最低程度。

柑橘(橙)果汁生产中,有一个程序称为"洗渣",即在果渣的水提取物添加到压榨得到的原果汁之前要用果胶酶进行处理,以降低提取物的黏度。柑橘也可以酶法脱皮,在柑橘表皮划刻裂痕,然后真空注入果胶酶,在 20~40℃ 保持约 1h,使柑橘内的白色海绵状橘络降解。酶法去皮后的水果很容易分瓣。不同的水果和不同的产品需要采用不同的加工工艺及酶,这将在后面作进一步叙述[155]。

6.3.2.4 其他糖苷酶

木聚糖酶(EC 3.2.1.8,β-1,4-D-木聚糖木糖水解酶)是 $\beta \rightarrow \beta$-保持型酶,大部分属于糖苷酶家族 10 和 11(其他家族也有木聚糖酶),能够水解以 β-1,4 连接的直链木糖聚合物(具有多种取代基团,如阿拉伯糖)[126,154](表 6.6)。木聚糖酶具有多种同工酶,有内切型和外切型(内切型在食品中尤为重要)。木聚糖是主要的半纤维素成分,和纤维素一起构成植物细胞壁的主要部分。木聚糖酶在植物(特别是谷物)、细菌、真菌中均有发现,分子质量通常在 16k~40ku。环状芽孢杆菌木聚糖酶的催化残基是 Glu_{78}(亲核体)和 Glu_{172}(广义酸/碱),后者的 pK_a 在 6.7(游离酶)和 4.2(底物结合形式)两者间交替变化。来源于荧光假单胞菌(*Pseudomonas fluorescens*)的木聚糖酶 A 存在-4~+1 的底物亚位点。一般而言,亚位点由 4~7 个残基构成。细菌木聚糖酶可以从芽孢杆菌、欧文菌和链霉菌中发现,而真菌木聚糖酶可以在曲霉和木霉(*Trichoderma. spp.*)中发现。作用 pH 受来源影响,细菌木聚糖酶的最适 pH 为 6.0~6.5,而真菌木聚糖酶的最适 pH 为 3.5~6.0,另外,大部分木聚糖酶在 pH3~10 范围内有宽的 pH 稳定性。最适温度在 40~60℃。

木聚糖酶的有益作用是将水不溶性阿拉伯木聚糖转变为水溶性戊聚糖,戊聚糖具有很强的持水能力[104],可以增强生面团的黏性,从而促进弹性、面筋强度和面包的最终体积。木聚糖酶的过量添加可能优先作用水溶性阿拉伯木聚糖或木聚糖酶的添加,起不到应有的好的作用,或会使面团的黏性增加(由具有强持水力的戊聚糖的过度水解所引起),抵消其正面效应。淀粉酶和木聚糖酶的一起使用对冷冻面团制作非常重要[155]。

内切木聚糖酶是半纤维素酶的一种,可应用于果蔬加工。木聚糖酶同样应用于酿造工业,用以降低麦芽汁的黏度,使分离/过滤步骤容易进行,减少浑浊的形成并提高产量。来源于木霉(*Trichoderma*)和青霉(*Penicillium spp.*)的木聚糖酶在湿磨中应用,用以从谷物(尤其是小麦)的麸质中分离出淀粉[50]。

其他重要的细胞壁降解酶是那些能够水解以 β-1,4 和 β-1,3 连接的葡聚糖的酶,统称作纤维素酶和葡聚糖酶[154]。这些酶的使用有助于果蔬组织的液化,和使酿造谷物更多地转化成可发酵糖,改善麦糟从麦芽汁中的过滤分离,以及降低"浑浊葡聚糖"形成的可能性[3,155]。

前面已对溶菌酶的作用机制进行了描述[式(6.8),图6.15(2)]。溶菌酶是一种$\alpha\to$ α-保持型糖苷酶,其活性位点及亚位点的特性如前所述(表6.6)。它可用作抗菌剂,尤其是对革兰阳性菌特别有效[154]。溶菌酶是最小的酶之一,分子质量只有14ku,其最常见的来源是鸡蛋蛋清。它在弱酸性下是稳定的,但在贮藏期间蛋清的pH上升到9左右时,酶活性有所损失。溶菌酶作为防腐剂已应用于干酪制作[155],防止在一些干酪中由于梭状芽孢杆菌(*Clostridium* spp.)污染而导致"后期产气"[3,50]。

6.3.3　蛋白酶[154]

蛋白酶指的是水解蛋白质的一类酶。系统命名法规则允许使用蛋白酶(proteinases 或 proteases)的称谓,但更倾向于用外切肽酶或内切肽酶对其进行描述。蛋白酶是人们在认识酶在人类消化系统中的作用和早期酶的商品化应用(1874年,Christian Hansen销售一种用于干酪制作的标准化小牛凝乳酶)中研究认识最清楚的酶之一。在食品加工中,用于原位转化食品蛋白质或外加以促进蛋白质转化的肽酶有四类,下面逐一进行讨论。

6.3.3.1　丝氨酸蛋白酶

在蛋白质水解酶中,最早研究的就是由胰腺分泌的丝氨酸蛋白酶,包括胰蛋白酶(EC 3.4.21.4)、胰凝乳蛋白酶(EC 3.4.21.1)和弹性蛋白酶(EC 3.4.21.37)。这些酶均参与人体消化及营养素同化作用。枯草杆菌丝氨酸蛋白酶(来源于枯草芽孢杆菌)是图6.4中借助于电荷中继系统的亲核作用的范例。该组酶大多数成员的分子质量在25k~35ku。其共同特征是以表面沟槽或裂隙作为底物结合位点。对构成可切割肽键的N-端(P_1)或C-端(P_1')残基的识别影响该酶的底物选择性。枯草芽孢杆菌蛋白酶广泛应用于蛋白水解物的制备,它们对构成肽键的氨基酸残基具有宽选择性(S_4/P_4相互作用也会对它们的选择性产生影响)。胰内切肽酶的用途比较广,其底物选择性如图6.14所示。

6.3.3.2　天冬氨酸蛋白酶

天冬氨酸蛋白酶以两个作为催化单元的高度保守的Asp残基为特征,大部分在酸性条件下(pH1~6)仍然保持活性,最适pH在3~4附近[154]。该组酶的成员包括消化酶-胃蛋白酶、小牛凝乳酶(又称"rennin"或"rennet",用于干酪制作)、组织蛋白酶(可用于肉类的嫩化)以及来源于毛霉属(*Mucor* spp.)的可替代凝乳酶的肽酶。该类内切肽酶的分子质量主要在34k~40ku,单体带有两个蛋白质结构域,由一个较深的底物结合口袋隔离。由于它们在营养物质同化中的作用,胃蛋白酶对肽键表现出宽广的特异性,底物结合裂隙(cleft)从P5延伸至P3′[90]。水解反应机制涉及充当广义酸/碱的保守的Asp残基二联体(在凝乳酶中为$Asp_{34,216}$)以及一个非共价中间体。基于人的胃蛋白酶,$Asp_{32,215}$残基构成一个共平面平台,在同一平面上持水,Asp_{215}作为碱,活化水充当亲核试剂(图6.22)[39,90]。Asp_{34}残基通过向羰基氧原子提供低势垒氢键来增强可裂变肽键的碳的亲电性。形成四面体中间体(与酶非共价结合)之后是同步的分子间质子转移,质子化N原子,导致肽键断裂。水解产物的解离和H^+回转到Asp_{32}残基使酶恢复到活性状态,等待结合另一水分子。这种分子结构和机制解释了天冬氨酸蛋白酶在低 pH 范围的活性(人胃蛋白酶天冬氨酸残基的 pK 为 1.5 和 4.5)及其催化转肽反应的能力。天冬氨酸蛋白酶催化转肽反应的作用机制尚不明确,但有一点是明确的,即肽片段的释放速率要有差异,而且在催化循环中,在结合下一个水分子之前要先结合另外一个肽。

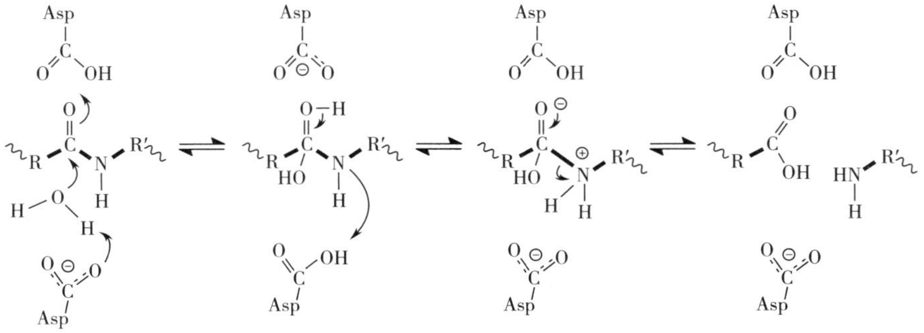

图 6.22　天冬氨酸蛋白酶作用机制

资料来源:Sinnott,M.(Ed.)(1998).*Comprehensive Biological Catalysis. A Mechanistic Reference*,Vol. Ⅰ,Academic Press, SanDiego,CA.

天冬氨酸蛋白酶水解蛋白质的底物选择性极为相似,它们在亚位点 P_1 识别非极性残基(芳香族,Leu),具有宽选择性(包括 Asp、Glu)。凝乳酶对 κ-酪蛋白类似物的特异性在前面作了介绍(表 6.4)。

6.3.3.3　半胱氨酸(巯基)蛋白酶[126,154]

半胱氨酸蛋白酶是存在于动物、植物以及微生物的一大类酶,已知的超过 130 种。该类酶的大多数成员归属于木瓜蛋白酶家族,其他成员还有来源于番木瓜乳液的木瓜凝乳蛋白酶(EC 3.4.22.6)(有多种同工酶)和木瓜蛋白酶(EC 3.4.22.30)、来源于猕猴桃和醋栗莓的猕猴桃蛋白酶(EC 3.4.22.14)、来源于无花果(乳液)的无花果蛋白酶(EC 3.4.22.3)、来源于菠萝的菠萝蛋白酶(EC 3.4.22.4)以及来源于动物组织的溶酶体组织蛋白酶[154]。肌肉中存在的一个独特的半胱氨酸蛋白酶是钙蛋白酶(有多种同工酶),它是一个带有两个亚基的酶,被 Ca^{2+} 激活,在肌肉宰后的嫩化中有一定作用。通常地,该组酶的分子质量在 24k~35ku,最佳活性在 pH6.0~7.5,耐受温度高达 60~80℃(某种程度上受 3 个二硫键的影响)。保守残基(以木瓜蛋白酶为例)包括由 Cys_{25} 和 His_{159} 构成的离子对催化单元,Asn_{175} 起辅助作用,而 Gln_{19} 帮助稳定氧离子中间体。两个蛋白质结构域各有一个离子对的催化残基,位于结构域之间一道深的裂隙中。催化机制独特,亲核及广义酸催化反应通过硫醇-咪唑离子对发生(图 6.23)。硫醇基(RS—)进攻亲电的酰胺 C。生成一个被 Cys_{25} 和 Gln_{19} 酰氨基 NH 稳定的氧阴离子共价中间体。通过 His_{159} 对离去酰氨基的质子化作用产生硫酯中间体,该中间体最终被 His_{159} 活化的水所取代(借助另一个四面中间体)。图中没有显示 Asn_{175} 的作用,酰胺氧与 His_{159} 咪唑基 $N^{\varepsilon 2}$ 原子氢形成氢键。就水解选择性而言,半胱氨酸酶都很相似。它们对肽键有宽选择性,偏向于肽底物 P_1 上的芳香族和碱性氨基酸以及 P_2 上的非极性氨基酸残基(尤其是 Phe)(图 6.13)。

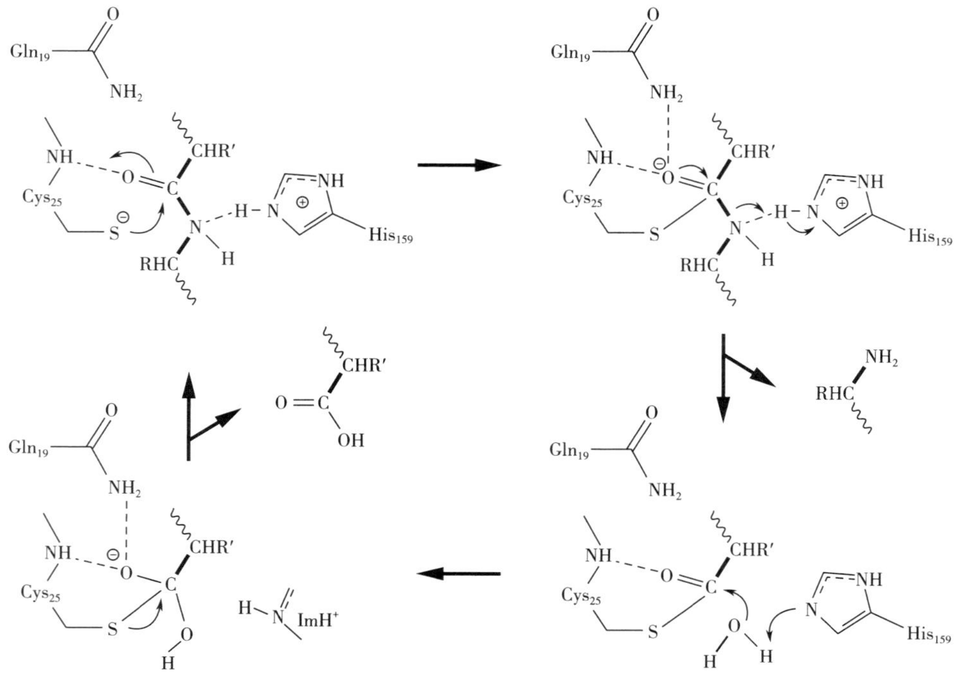

图 6.23　半胱氨酸蛋白酶作用机制

资料来源:Redrawn from Sinnott, M. (Ed.)(1998). *Comprehensive Biological Catalysis. A Mechanistic Reference*, Vol. Ⅰ, Academic Press, SanDiego, CA.

6.3.3.4　金属蛋白酶

金属蛋白酶构成了第四大类蛋白水解酶。该类酶中最为大家熟悉的有外切羧肽酶 A [肽酰-L-氨基酸水解酶,EC 3.4.17.1,一种消化酶]、内切嗜热菌蛋白酶[来源于在日本温泉中分离得到的嗜热蛋白分解杆菌(*Bacillust thermoproteolysicus*),EC 3.4.24.27]和来源于淀粉液化芽孢杆菌(*Bacillus amyloliquefaciens*)的中性内切蛋白酶[154]。大多数与食品质量和加工有关的金属蛋白酶都是外切的,需要 Zn^{2+} 作辅助因子。根据酶蛋白质中带有一个 Glu 残基的富含 His 的金属结合基序(motif),金属蛋白酶被划分为 5 个家族,酶蛋白的分子质量在 15k~87ku。羧肽酶 A(87ku)和嗜热菌蛋白酶(35ku)均带有疏水结合口袋,倾向于结合位于底物亚位点 P_1' 上的非极性和芳香族氨基酸侧链(特别是 Leu、Phe)。羧肽酶中有一个小"洞",一定程度上由酶亚位点 S_1' 上的 Arg_{145} 和 Asn_{144} 引起,通过与 P_1'—COO^- 基团相互作用,赋予该酶在 C-末端的外切特性。嗜热菌蛋白酶(一种内切蛋白酶)跟羧肽酶不同,不存在受限制的结合口袋,因此可以容纳较长的肽片段。

虽然已经提出了统一的金属蛋白酶作用机制模型,但仍然认可催化残基的多样性[126]。对嗜热菌蛋白酶而言,Zn^{2+} 与 OH^-/H_2O 相偶合(偶合 pK_a 在 5 左右),并被底物结合所取代

（图 6.24）。His_{231} 作为广义碱起作用，pK_a 约为 8（由 Asp_{226} 辅助），激活亲核的水。Glu_{143} 的作用是使可断裂肽键的 δ^+C—O 四面体中间体静电稳定；Zn^{2+} 也与可断裂肽键的羰基 δ^+C—O 相偶合。最后，中间体瓦解，生成产物肽的同时使活性位点复原。对羧肽酶 A 而言，作为广义碱的 His 的缺失可以通过被底物羧基末端残基激活的水的亲核能力来弥补（底物辅助催化反应并不罕见）。其他作用机制特征与嗜热菌蛋白酶的几乎相同。尽管羧肽酶的外切蛋白酶作用是由小的疏水结合口袋赋予的，但是底物必须起到广义碱（羧酸）的作用，可能同等重要。

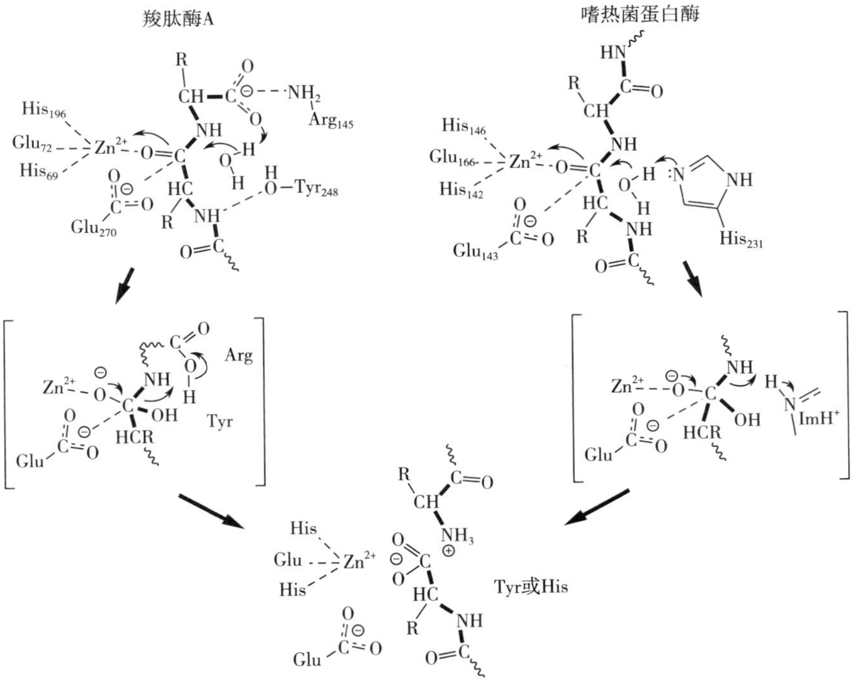

羧肽酶A　　　　　　嗜热菌蛋白酶

图 6.24　金属蛋白酶的作用机制

资料来源：Sinnott, M. (Ed.) (1998). Comprehensive Biological Catalysis. A Mechanistic Reference, Vol. Ⅰ, Academic Press, San Diego, CA.

6.3.3.5　蛋白水解反应的应用[76,85,154,155]

商品蛋白酶以各种不同纯度的形式存在，其中一些包含多个蛋白水解活力，曲霉蛋白酶酶制剂是其中的典型代表。视应用情况不同，蛋白水解的底物选择性有时要求严格，有时要求宽泛。宽选择性可以通过添加多种蛋白酶制剂来获得。在许多情况下，蛋白酶由发酵性的生物分泌，无论是感染的还是有意添加培养的，都会引起食品基质的蛋白质水解。下面就蛋白水解酶的一些重要商业应用进行介绍。

（1）蛋白质水解产物[85,154]　通过蛋白酶对蛋白质的水解可以改善蛋白质/肽的功能特性，例如营养性质、风味/感官性质、质构和物理化学性质（溶解性、起泡性质、乳化性质、胶凝性质），以及降低其过敏源性（详见第 5 章举例）。通常，典型的蛋白质水解产物制备过程为先用选择性肽链内切酶水解蛋白质几个小时,然后采用热处理的方法使酶失活。用于制备水解产物的蛋白质原料的选择依据主要为价值/成本、内在功能性质(有时为确保水解过程顺利进行,选择受到一定限制)、氨基酸组成,甚至一级结构(如果已知)。这些因素还应连同蛋白酶的选择性一起考虑,特别是在针对蛋白质特定部位的水解以制备具有期望功能特性的水解产物时。另外,pH 和温度也是选择肽链内切酶时应该考虑的因素。肽链内切酶通常用于迅速降低肽的平均相对分子质量;而肽链端解酶常常用于将寡肽水解成氨基酸。

蛋白质(通常来源于肉、乳、鱼、小麦、蔬菜、豆类、酵母等)在水解前可以进行预处理使其部分变性,这样有利于蛋白酶的接近和水解的进行(过度的变性会导致蛋白质聚集,妨碍水解)。当蛋白质/酶之比足够高时,尽管也存在产物的抑制效应,但是酶反应还是能以接近 v_{max} 的速率进行,而且酶的自身消化也非常有限。在间歇水解体系中,蛋白质的浓度一般为 8%~10%,此时不存在溶解度限制问题,酶添加量一般约为蛋白质量的 2%,具体添加量取决于酶的纯度。反应进程可以采用一定的方式进行监控(详见第 5 章),在达到期望的水解度(DH)时终止反应。一般而言,要使水解产物具有生理活性功能,水解度应控制在 3%~6%(肽的平均分子质量为 2k~5ku)。DH 略大于 8%,平均分子质量为1000~2000u 的肽具有最好的溶解性能,常用于体育运动食品和临床营养食品。更充分的水解(DH 高达 50%~70%)可得到平均分子质量小于 1ku 的小分子肽和氨基酸,这些产品可用于婴幼儿食品和抗过敏食品,或用于风味配料(汤汁、肉汁、酱汁等)。水解度越大,产生苦味肽(分子质量小且具疏水性)的可能性就越大,因此通常需要采取一些措施来控制这种不良风味的产生。最近,有不少关于从蛋白质水解产物中提取生物活性肽的报道,包括从酪蛋白水解物中提取的可提高矿物质生物利用率的钙离子结合磷酸肽、抗氧化肽、可抑制人血浆中血管紧张素转换酶活性的生物活性肽(具有潜在的降血压作用)。蛋白酶还可以用于分离提取鱼骨或兽骨上残留的肌肉蛋白质。一般的做法是,首先加入蛋白酶在 55~65℃ 下作用 3~4h,然后对得到的酶解产物进行提炼和/或进行分离,获得期望的功能的产品。

(2)乳的凝结[3,154] 向乳中添加牛犊凝乳酶和凝乳酶替代物可导致乳的初期凝结,这有利于干酪的生产。凝乳活性与酪蛋白 Phe_{105}—Met_{106} 键的特异水解有关。首先,特异水解生成糖巨肽(酶促步骤),随之形成的疏水表面使酪蛋白胶束发生聚集(非酶步骤)。凝乳酶的底物特异性见表 6.4。发酵剂在 40~45℃ 时添加到乳中,使乳的 pH 下降至 5.8~6.5,然后加入凝乳酶使乳凝固。在干酪制备的后续工序中,凝乳中的一些酶会继续作用,促进干酪成熟和风味的形成。发酵剂中的蛋白酶在干酪的成熟过程中也能发挥持续的水解和促进风味形成的作用。由 *E. coli* K-12 菌株产的重组凝乳酶(CHY-MAX®)是首个经基因工程改造后应用于食品加工的商品酶制剂。现在,类似的商品酶制剂在食品中的应用已很广泛。凝乳酶替代品包括牛和猪的胃蛋白酶、来自根毛霉属(*Rhizomucor* spp.)和栗疫病菌(*Cryphonectria parasitica*)的天冬氨酸肽链内切酶,它们的凝乳活性与蛋白质水解活性的比率依次降低,导致干酪得率降低和产生苦味。

(3)肉的嫩化[3,139] 通常会在宰后熟化过程中没有足够嫩化的肉或肉品中添加木瓜蛋白酶和其他巯基肽链内切酶(如菠萝蛋白酶、无花果蛋白酶)。这些酶对肉的嫩化效果很好,因为它们能水解胶原蛋白和弹性蛋白。胶原蛋白和弹性蛋白是结缔组织蛋白质,是肉具有硬度的主要原因。但是,外源性肽链内切酶用于肉的嫩化存在两个缺陷。其一,它们会很容易被"过量添加";其二,它们的嫩化方式不同于肉的自然熟化/嫩化方式(蛋白质水解方式不同)。粉末状酶制剂(通常为以食盐或安全材料作为赋型剂的木瓜蛋白酶,)可以直接涂抹于肉品表面,或配制成稀盐溶液以注射或浸泡方式使用。可以在动物宰杀前使用酶制剂,即将酶制剂配制成高纯度的稀盐溶液,在屠宰前 2~10min 或将动物击晕后进行静脉注射,这样可以使酶分布到动物的全身肌肉组织中。注射能可逆失活的木瓜蛋白酶(形成二硫键)可以消除被注射酶液的动物的任何不适,然而,在动物死后木瓜蛋白酶在肉的还原性环境中重新活化。在很多情况下,由于这些肽链内切酶具有相对较好的热稳定性,在烹饪时也能发挥很好的嫩化作用,而且此时的作用不亚于它们在肉的冷却和贮藏过程中发挥的嫩化作用。

(4)饮料加工[85,139] 啤酒"冷浊"是由单宁和蛋白质发生缔合(或复合)所致。自 1911年以来的很长一段时间,啤酒中会添加木瓜蛋白酶以水解蛋白质和减少"冷浊"形成,而现今也可能会使用菠萝蛋白酶、无花果蛋白酶以及其他细菌和真菌蛋白酶。肽链内切酶在啤酒的后发酵和最后的过滤前添加。在啤酒巴氏灭菌过程中,添加的木瓜蛋白酶将会失活,否则它的持续作用将会损害泡沫稳定性[155]。在粉碎工艺中添加其他蛋白酶,特别是淀粉液化芽孢杆菌(*B. amyloliquefaciens*)中性蛋白酶,可以提高培养液中可溶性氮的比例,有利于后发酵,并降低会参与形成浑浊的蛋白质的含量。一些残留的蛋白质对保持啤酒的特定品质是必要的。因此控制或检测啤酒中蛋白质的水解至关重要。

(5)面团调理[3,85,155] 面团配方和面粉种类(面包或饼干粉)决定面团的强度和流变性质,影响最终产品质量。面团 pH 通常约为 6.0,但是在少数情况下 pH 范围会较宽,有时达到 pH8.0。一些细菌(芽孢杆菌属)蛋白酶的最适 pH 在碱性范围,而一些真菌(曲霉属)蛋白酶的最适 pH 则在酸性范围。蛋白酶常用于改善和优化某一特定产品的面团强度,也用于缩短达到合适面团黏弹性的混合时间。蛋白酶还可以提高麸质受损的面粉品质。添加外源性蛋白酶的主要目的是实现面筋蛋白在面团调理阶段的控制水解。不过,蛋白酶在烘焙阶段仍能继续作用,直至加热使它完全失活。面筋蛋白的水解可以减弱面筋网络结构,增强面团的延展性和黏弹性,这有利于增加面包体积,提高面包的均一性软度。采用具有合适的肽键选择性的蛋白酶可以使水解得到更好的控制,避免过度水解,并通过控制蛋白酶的添加量,在焙烤环节酶失活前获得期望的水解度。蛋白质过度水解会导致终产品的体积和质构缺陷。用面筋强度较弱的面团成型制作一些食品(例如,比萨饼、威化饼或饼干)时,可以使用特异性较差的蛋白酶(或蛋白酶混合物)。蛋白酶的选择性对产品质量具有非常重要的影响,因为蛋白酶具有不同的底物特异性,所以对主要的面筋蛋白质——小麦醇溶蛋白或麦谷蛋白的水解作用是不同的(表 6.7)。这是不同的外源性蛋白酶对面团质量改善程度不同的原因。

表 6.7 蛋白酶对主要面筋蛋白的水解选择性

蛋白酶制剂	相对活力		活性比率
	麦谷蛋白	小麦醇溶蛋白	(麦谷蛋白:小麦醇溶蛋白)
A	1.00	2.17	0.46
B	0.50	0.17	3.0
C	0.69	0.064	11
D	1.30	0.90	1.4
E	0.37	0.19	2.0
F	0.55	0.87	0.63
H	2.07	3.02	0.68
I	2.68	0.38	7.0
G	0.60	0.038	16

注:原文献没有对蛋白酶制剂作具体说明。

资料来源:Tucker, G. A. and Woods, L. F. J. (Eds.) (1995), *Enzymes in Food Processing*, 2nd edn., Blackie, New York, 1995.

(6)风味修饰(脱除苦涩味)[106] 由肽链内切酶水解蛋白质得到的中度水解产物和发酵食品(干酪、可可饮料、啤酒、熏肉制品、鱼露、酱油)会有苦味,这是由水解产生的小分子疏水性肽的量超过阈值所造成的。肽链端解(外切)酶可以用作苦味脱除剂。肽链端解酶来源广泛,在国际生物化学与分子生物学联盟(IUBMB)的分类目录中有超过 70 种的生物能产该酶,包括细菌、真菌和动植物。肽链端解酶特异性水解 C-端(羧肽酶)或 N-端(氨肽酶),从底物中释放出氨基酸、二肽或三肽。除了上述特异性之外,肽链端解酶的另一个特异性是对在 P_1/P_1' 或 P_2/P_2' 位点上的氨基酸残基具有一定的选择性,例如 X—Pro—二肽基氨肽酶和 Leu—氨肽酶。在肽链端解酶作用前,要先经特异的肽链内切酶作用,才能确保苦味肽的有效降解。乳酸菌肽链端解酶是研究最为透彻的肽链端解酶。对乳酸菌肽链端解酶特性的充分了解为其应用提供了科学依据,乳酸菌发酵剂、培养物和去除细胞的提取物已在发酵或蛋白质水解食品的苦味控制中得以应用。例如,商业菌株瑞士乳杆菌 CNRZ32(*Lactobacillus helveticus* CNRZ32)可以减轻干酪苦味,并增进干酪的风味。它具有复杂的蛋白质水解酶系,包括脯氨酸特异性肽链内切酶(脯氨酸在 S_1 位)和一个普通的氨肽酶[17]。这些酶协同作用将苦味肽降解成游离氨基酸,从而减少苦味。

(7)阿斯巴甜的合成[19,61,154] 阿斯巴甜作为蔗糖替代物主要用在低热量饮料中。嗜热蛋白酶,一种金属蛋白酶,特别适合阿斯巴甜合成,在 90℃ 时很稳定,在 80℃ 时酶活最高。该酶在高盐浓度(1~5mol/L)时酶活提高 10 倍,因此适合在高渗(高底物浓度)条件下催化反应。它还能耐受有机溶剂,会在天冬氨酸的 α-COOH 上选择性生成肽键(化学法合成时在天冬氨酸的 β-COOH 上形成肽键,生成苦味的类似物),不会水解 Phe 的甲酯基团(甜味必须基团)。现在阿斯巴甜的合成采用固定化的嗜热蛋白酶为催化剂,在间歇式反应器中进行,反应介质为单相的乙酸乙酯-水溶液,反应温度为 55℃,产率高于 95%。

6.3.3.6 谷氨酰胺转氨酶[36,154]

谷氨酰胺转氨酶(TGs)(EC 2.3.2.12,γ-谷氨酰胺肽,氨基-γ-谷氨酰基转移酶)存在于动物、植物和微生物(尤其是轮枝链霉菌)中。谷氨酰胺转氨酶在动物体内最典型的功能是使血纤维蛋白交联(血凝)和角质化(外周组织发育)。在植物体内,谷氨酰胺转氨酶促使细胞骨架和细胞壁形成。在微生物体内,谷氨酰胺转氨酶参与孢子化细胞的被膜组装。哺乳动物体内的 TGs 是典型的单亚基蛋白,分子质量为 75k~90ku;微生物体内的 TGs 分子质量为 28k~30ku。TGs 的活性需要 Ca^{2+},中性至弱碱性 pH 条件下酶活最高。同肽链内切酶一样,底物蛋白质部分变性和去折叠有利于 TG 的接近和作用。TGs 催化的反应类型如下(⊩表示蛋白质骨架):

交联: $$⊩Gln-CO-NH_2+NH_2-Lys⊣ \rightarrow ⊩Gln-CO-NH-Lys⊣+NH_3 \qquad (6.26)$$

转酰基: $$⊩Gln-CO-NH_2+NH_2-R \rightarrow ⊩Gln-CO-NH-R+NH_3 \qquad (6.27)$$

脱氨: $$⊩Gln-CO-NH_2+H_2O \rightarrow ⊩Gln-COOH+NH_3 \qquad (6.28)$$

上述反应为 TGs 在食品中的应用提供了理论指导。最重要的反应是交联反应[式(6.26)],可以使蛋白质分子变大并在食品基质中形成大的网络结构。例如,在蛋、乳、大豆蛋白和面团等食品基质中添加 TGs 可以形成不可逆的、热稳定的凝胶。

在酸乳形成早期添加谷氨酰胺转氨酶可以增加凝胶强度和降低脱水收缩作用。在干酪制造中使用谷氨酰胺转氨酶可以提高蛋白质得率。在烘焙食品中,向面团中添加谷氨酰胺转氨酶可以促进网络结构形成,提高面团稳定性、面筋强度和黏弹性,最终使产品的体积、结构和面包屑质量均有所改善。在肌肉类食品中,谷氨酰胺转氨酶可以增加和控制鱼糜制品的凝胶强度,还可以作为黏结剂将低值碎肉交联成整肉产品,提高火腿和香肠产品的蛋白质凝胶强度。

6.3.4 脂肪酶

6.3.4.1 脂酶

不同于其他羧酸酯酶,脂酶(EC 3.1.1.3,甘油三酯酰基水解酶)只在油-水界面处起作用。脂酶对反应介质的要求可以从反应速率和底物水平增加的关系(图6.25)中看出。脂酶作用可溶性底物,遵循传统的 Michaelis-Menten 动力学方程,而脂酶不能作用溶解的底物,只有当底物浓度高于溶解度并开始形成胶体状聚集体,例如胶束,并形成界面时,脂酶才能同底物接触。同丝氨酸蛋白酶一样(图6.4),脂酶和羧酸酯酶均具有催化三联体 Glu(Asp)—Ser—His 结构。因此,酰基-酶中间产物和2个四面体中间产物的机制同样适用于脂酶。

内源性脂酶会催化酰基甘油的水解,并且会引起脂质降解和/或水解后的哈喇味(或导致氧化性哈喇味,因为脂肪酸更容易被氧化)。外源性脂酶具有利用价值。目前,脂酶的商业用途包括从甘油三酯中释放出风味(短链)脂肪酸和重排甘油骨架上的脂肪酸,将低值甘油三酯转化为功能性甘油三酯。这些应用均需要具有合适选择性的脂酶,以便得到期望的产品。

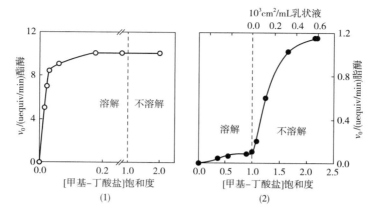

图 6.25 酯酶(1)和脂酶(2)的底物性质区别(由 Sarda,L.和 Desnelle,P 重新绘制)

资料来源:Sarda, L. and Desnelle, P.(1958), Biochim. Biophys. Acta, 30: 513-520.

图 6.26 所示为脂酶的选择性,包括对脂肪酰基的选择性、sn-甘油骨架上的酯键位置的选择性、甘油酯大小(单酯、二酯、三酯)的选择性以及这些因素的相互作用,即立体选择性。表 6.8 所示为已经商业化和具有商业化应用前景的脂酶的选择性类型。具有特殊选择性的脂酶,例如南极假丝酵母(*Candida antarctica*)脂酶 A 和白地霉(*Geotricum candidum*)脂酶同工酶,优先作用 sn-2-甘油上的酯键。脂酶的底物选择性与研究时所用的底物类型(脂肪酸酰基)也有关系。研究者对图 6.26 所示的许多脂酶的立体选择性进行了分析[图 6.26 (4)]。脂酶典型的最适 pH 和温度范围分别为 pH5.0~7.0 和 30~60℃。

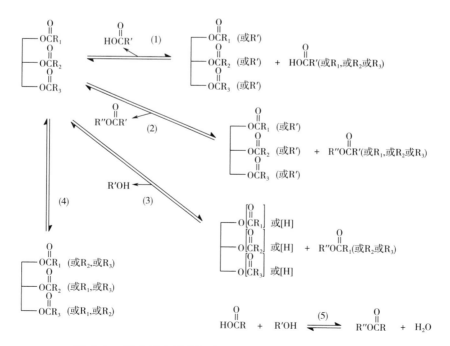

图 6.26 微水相介质中脂酶催化的甘油三酯重构反应类型

(1)酸-酯交换 (2)转酯化 (3)醇解 (4)分子内酯交换 (5)酯化

表 6.8 一些具有商业应用潜力和已经商业化的脂酶的底物选择性

脂酶来源	优先选择			其他特性或备注
	sn-甘油作用位点	脂肪酸①	甘油酯②	
1. 黑曲霉（*Aspergillus niger*）	*sn*−1,3≫*sn*−2	短链、16	AG	
2. 南极假丝酵母（*Candida antarctica*）A 型和 B 型	A：*sn*−2＞*sn*−1,3	短链、18：*X*	AG	
	B：*sn*−1,3＞*sn*−2	6~10	AG；GL	脂肪酸结合口袋,约 13 个碳原子
3. 皱褶假丝酵母（*Candida rugosa*）	*sn*−1,3＞*sn*−2；非特异性	4、8	AG	有多种同工酶,脂肪酸结合口袋约 17 个碳原子
4. 番木瓜（*Carica papaya*）	*sn*−1,3≫*sn*−2	4、短链	AG	木瓜乳汁还含木瓜蛋白酶
5. 白地霉属（*Geotricum candidum*）	*sn*−1,3≫*sn*−2	8、长链、18：*X*	AG	有多种同工酶(少数同工酶为 *sn*−2 型)
6. 马铃薯块茎贮藏蛋白（Patatin, potato tuber）	*sn*−1,3≫*sn*−2	8、10	MAG＞DAG；GL,PL	一般的脂酰基水解酶
7. 青霉属（*Penicillium* spp.）	*sn*−1,3≫*sn*−2	长链	MAG,DAG	有多种同工酶
8. 胰腺（*Pancreatic*）	*sn*−1,3≫*sn*−2	4	AG	脂肪酸结合口袋约 8 个碳原子
9. 假单胞菌属（*Pseudomonas* spp.）	*sn*−1,3≫*sn*−2	8、16	AG	与伯克霍尔德菌属（*Burkholderia* spp.）脂酶脂的肪酸结合口袋相似,约 14 个碳原子
10. 根毛霉（*Rhizimucor miehei*）	*sn*−1,3≫*sn*−2	8~18	AG；PL,GL	脂肪酸结合口袋约 18 个碳原子
11. （*Rhizopus arrizus*）	*sn*−1,3≫*sn*−2	8~14	AG；GL,PL	根霉属脂酶几乎相同

①脂肪酸碳原子数是指 *n*-酰基链的碳原子数；18：*X* 表示 18 碳脂肪酸,包含 0~3 个双键。

②AG＝甘油酯；GL＝糖脂；PL＝磷脂；MAG＝甘油单酯；DAG＝甘油二酯。

资料来源：Ader, U. et al.（1997）. In *Methods in Enzymology*, Rubin, B. and Dennis, E.A.（Eds.）, Vol. 286, *Lipases, Part B. Enzyme Characterization and Utilization*, Academic Press, New York, pp. 351−387；Gunstone, F.D.（Ed.）（1999）, *Lipid Synthesis and Manufacture*, CRC Press LLC, Boca Raton, F L, p. 472；Lee, C.−H. and Parkin, K.L.（2001）. *Biotechnol. Bioeng*. 75: 219−227；Persson, M. et al.（2000）, *Chem. Phys. Lipids*, 104: 13−21；Pinsirodom, P. and Parkin, K.L（2000）. *J. Agric. Food Chem*. 48:155−160；Pleis, J., et al.（1998）. *Chem. Phys. Lipids*, 93: 67−80；Rangheard, M.−S., et al.（1989）. *Biochem. Biophys. Acta*, 1004: 20−28；Sugihara, A. et al.（1994）, *Prot. Eng*.7:585−588；and Yamaguchi, S. and Mase, T.（1991）. *Appl. Microbiol. Biotechnol*. 34: 720−725.

6.3.4.2　脂酶的应用

（1）风味形成　在干酪(特别是意大利干酪和发霉催熟的干酪)中用于催化生成与熟化相关的"辣味"的脂酶能够选择性水解乳脂甘油三酯中的 C4~C8 短链脂肪酸,包括山羊、羊羔和牛犊的前胃脂酶。由于这些短链脂肪酸主要存在 $sn-3-$ 甘油位置,因此对该位置具有选择性的脂酶也有用。番木瓜树乳胶脂酶对 $sn-3-$ 甘油位置的酯键具有选择性,但是由于番木瓜乳汁中含有木瓜蛋白酶,因而番木瓜乳汁不适合用于干酪。相对而言,一些微生物脂酶[例如,皱褶假丝酵母($C.\ rugosa$)、根毛霉($R.\ miehei$)和黑曲霉($A.\ neiger$)]可以水解乳脂肪释放出短链和/或 $sn-1,3$ 连接的脂肪酸(表 6.8)。大多数脂酶可以水解释放出不饱和脂肪酸,这些不饱和脂肪酸是氧化性产物酮和内酯的前体物质。脂酶也用于酶改性干酪(常用于再制干酪、涂抹酱、酱汁或风味料的配料中)的生产,采用巴氏杀菌灭残余酶活。酶的过量添加会产生肥皂味或刺激性气味。

（2）甘油酯重构　脂酶的另一个重要用途是重构甘油三酯,将低品质的脂肪转化成高品质的脂肪[53],即"重构脂质"。利用脂酶重构脂质是在由有机溶剂或脂肪本身作为溶剂的微水相(水分含量<1%)介质中进行的。在微水相介质中,脂酶催化的净反应朝着酯合成(或再合成)方向进行。图 6.26 所示为各种脂酶催化的反应,包括以单一的甘油三酯作为底物的反应(分子内酯交换反应,途径 D)、甘油三酯底物与外源脂肪酸之间的反应(酸-酯交换反应,途径 A)、甘油三酯底物与外源脂肪酸羧酸酯(转酯化反应,途径 B)或醇(醇解反应,途径 C)的反应或脂肪酸和醇类共底物之间的反应(酯化反应,途径 E)。要成功应用上述酯交换反应,必须充分了解脂酶的底物选择性和起始材料(天然来源的甘油三酯)的脂肪酸分布。下面是一些成功应用的实例。

可可脂是优质脂肪,含有高"纯度"的天然甘油三酯(>80%~90%),含 POSt(38%~44%)、StOSt(28%~31%)、POP(15%~18%)[①],熔程窄[53](详见第 4 章)。可可脂替代物可采用具有 $sn-1,3$ 位立体选择性的脂酶,以棕榈油(58% POSt)和"酸解"制备得到的硬脂酸为原料(图 6.26,A 途径),在 40℃搅拌罐式反应器中反应 16h 制备得到。最终产品含有 32% POSt、13% StOSt 和 19% POP。上述反应可以采用曲霉属、根毛霉属或根霉属脂酶作催化剂。这些酶可以固定化,然后装载到填充床反应器内,提高生产效率。Betapol® 是近来商业化的富含 POP 的可可脂替代物。POP 是人乳中的主要甘油三酯[120],因此 POP 可作为营养组分应用于婴儿食品配方中。在此应用中,三棕榈酸甘油酯(富含棕榈硬脂,PPP)是一种合适的起始材料,它可以通过 $sn-1,3-$选择性脂肪酶的催化作用(图 6.26,A 途径)与油酸(1:1 w/w)反应。$sn-1,3-$选择性脂肪酶催化的两步反应包括:第一步 PPP 和乙醇发生醇解反应(图 6.26,C 途径)生成 $sn-2-$棕榈酰基甘油,第二步与油酸发生酯化反应(图 6.26,E 途径)。"Betapol"也可以选用天然脂质为原料来制备,例如富含 PPP 的棕榈油、高油酸含量的葵花籽油或加拿大菜籽油。类似的方法也可用于制备其他"重构脂质",包括医用/膳食脂质,但是目前尚未获得广泛的商业应用。

---

①　三酰基-sn-甘油的分类和命名是通过脂肪酸的简写名称(详见第 4 章)进行的,其中 ST 表示硬脂酸,P 表示棕榈酸,O 表示油酸,并按它们在 $sn-1$、$sn-2$ 和 $sn-3$ 位置的顺序列出。

（3）面团质量改善　脂酶是面团的常用配料[3,139,155]，作为面团品质改良剂（弥补谷物内源性脂酶的不足）使用，在不影响面团流变特性的情况下起到增加面包体积、使面包组织结构和气孔更为均匀、延缓老化的作用。这些改善作用源自于脂酶可以水解谷物和/或添加的脂肪生成乳化剂，例如甘油单酯和甘油二酯。这些水解产物有助于面团中的孔隙（或称为小气室）的形成和稳定。甘油单酯能与直链淀粉形成复合物，降低烘焙后的面包淀粉的回生（老化）速率。用脂酶代替乳化剂还可使产品贴上"清洁"标签。用于烘焙的脂酶主要来源于根毛霉和根霉[50]，它们可以水解糖脂、磷脂和甘油酯（表6.8）；溶血磷脂和溶血糖脂水解产物是极好的表面活性剂。在面条配方中也有脂酶，它可以增加面条的白净度，白净度是一个面条质量的重要指标[155]。脂酶的作用是水解脂肪成分产生不饱和脂肪酸，不饱和脂肪酸氧化产生氧化性产物漂白面团。脂酶还可以减少干面条的断裂和烹饪时的黏结。脂酶的这种作用与它能减少淀粉的沥出有关，也许这是通过淀粉同脂肪酸和甘油酯水解产物形成复合物来实现的。

6.3.4.3　脂肪氧合酶

通常认为脂肪氧合酶会损害食品和脂质的品质。脂肪氧合酶的这些特性将在本章后面部分论述。脂肪氧合酶的一个有益的功能是在面团调理中起氧化作用[155]。脂肪氧合酶氧化不饱和脂肪酸（不饱和脂肪酸由添加脂酶催化脂肪水解产生）产生具有氧化能力的产物，这些物质氧化疏基使面筋蛋白产生二硫键的交联，增进面团网络结构，提高面团黏弹性。将大豆（或蚕豆）粉（富含脂肪氧合酶）添加到面包面团中，可以减少传统氧化剂（如溴酸盐）的添加量。上述次级氧化反应也会破坏内源性类胡萝卜素，并影响最终产品的漂白，而这对面条和一些面包是有利的。

6.3.4.4　磷脂酶

磷脂酶可以分为 A_1、A_2、C 和 D 型，水解磷脂时，各自具有不同的和专一的键选择性（图 6.27）。一个商业化的应用是将磷脂酶 A_2（EC 3.1.1.4）（常见来源是曲霉和胰腺）添加到毛油中，在脱胶阶段在 *sn* 重构脂质 2 位水解磷脂，生成溶血磷脂[50]。上述反应对去除不能水解的磷脂来说非常重要。磷脂酶 A_2 的一个潜在应用是水解富含磷脂的原料（如蛋黄）生产优质溶血磷脂乳化剂[3]。在面包生产中，通过添加具有磷脂酶 A_2 活性的脂酶，可以直接产生溶血磷脂乳化剂（表 6.8）。

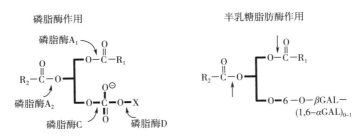

图 6.27　解脂酶作用于极性甘油酯的键特异性

6.3.5 其他酶的应用

发酵乳酸菌(*Lactobacillus fermentum*)酸性脲酶(EC 3.5.1.5,脲氨基水解酶)已获准用于葡萄酒中防止脲的积累,以抑制脲和乙醇反应生成致癌物氨基甲酸乙酯。己糖氧化酶(EC 1.1.3.5)加入到富含己糖的面团中,作用己糖底物产生氧化性物质,起着面团调节剂的作用[3]。在没有冰柜对牛乳进行冷藏保鲜时,用过氧化氢处理可以减少牛乳中微生物数量,再用过氧化氢酶(EC1.11.1.6,H_2O_2:H_2O_2氧化还原酶)处理去除残余的过氧化氢[50]。牛乳在 UHT 处理过程中会形成硫醇。长期以来,添加巯基氧化酶(硫醇氧化酶,EC 1.8.3.2,硫醇:O_2氧化还原酶)可以消除 UHT 牛乳中由于硫醇引起的不良风味[154]。黑曲霉(*A. niger*)巯基(硫醇基)氧化酶可以用作面团调理剂,以提供氧化力,促使面筋蛋白二硫键的形成[3]。

近年来,由于生物技术和遗传工程的进步,酶的生产成本逐年下降,提高了应用酶的工艺过程的竞争力,推动了酶技术的商业化应用。由于受篇幅限制,这里不再对其他具有潜在商业应用价值的酶作一一介绍。将来,酶的热稳定性提高和 pH 稳定范围扩大将继续成为工作重点,应用酶技术回收农业废弃物中有价值的产品将得到进一步关注。

6.4 环境因素对酶活力的影响

温度、pH 和水分活度是影响酶活力的最重要的环境因素。调节这些参数是控制食品基质中酶活力的主要物理手段。本节将讨论这些因素对酶活力的影响。

6.4.1 温度

6.4.1.1 温度对酶的一般影响

温度对酶活力有激活效应和失活效应。温度上升提高了体系的自由能,净结果是降低了反应的能垒,从而加速反应进行。将式(6.1)常数项"*PZ*"用阿伦尼乌斯频率因子"A"替换,则得到式(6.29):

$$\ln k = \ln A - \frac{E_a}{RT} \tag{6.29}$$

式(6.29)表明 $\ln k$ 与 $1/T$ 呈线性关系,斜率为$-E_a/R$。E_a越大,温度对反应速度的影响越大。

值得注意的是,式(6.29)仅可以用来验证和预测速率常数(k_x),或与速率常数成比例的(或组成速率常数的)参数,如 k_{cat}、v_{max}、K_M、v_{max}/K_M、K_S 等,而且假定反应级数不随温度的变化而变化。在特定条件下酶活的简单测定并不满足上述要求。阿伦尼乌斯曲线的线性部分(斜率为负)或者非线性出现"转折"或不连续为大多数生化现象(例如,膜酶的脂质相变或存在多种同工酶)的存在提供了证据。这种"转折"可能表示了速率常数值(例如,K_M)的温度依赖性改变,或反应级数、限速步骤的改变,或关键物质的离子化[54,125]。

阿伦尼乌斯曲线提供了 E_a 的估测方法。在将酶催化反应同化学催化或非催化剂催化反应进行比较时，E_a 可以作为催化能力的量度（表 6.1）。当温度升得比较高时［在图 6.28（1）的 x 轴上约 0.0030K^{-1}处］，酶活的阿伦尼乌斯曲线会发生线性偏离（并非"折断"）。这是由于温度对酶的第二个效应——失活效应引起的。继续升高温度到超过酶活所容许的最高或"最适"温度时，反应速率常数会急剧下降。曲线的正向倾斜（即斜率为正值）的线性部分的斜率代表了酶失活的活化能（本例中 $E_a = 427kJ/mol$）。酶反应的活化能 E_a 一般为 25~63kJ/mol，而酶失活的活化能 E_a 一般为 404~837kJ/mol。蛋白质变性包括多肽链的展开，是一个整体过程，要求比稳定活性部位过渡态（局部过程）所需的更大的自由能变化。

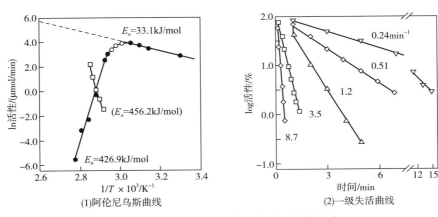

图 6.28　温度对番茄果胶甲酯酶活性的影响

资料来源：Laratta，B.，et al.（1995）.*Proc.Biochem.*30：251-259。原始数据用实心圆圈表示，空圈表示线性近似值。空心方块表示根据图（2）的衍生数据

Anthon，G.E.et al.（2002）.*J.Agric.Food Chem.*50：6153-6159.依斜率增加的顺序各直线分别对应 69.8℃、71.8℃、73.8℃、75.8℃和 77.8℃。

通过酶一开始有活性但很快会失活的温度点精确测定酶反应的初速度 v_0（即线性速率）来评价酶的热失活［图 6.28（1）］是很困难的。测定酶热失活更直接的方法为：将酶在不同温度下保温不同的时间间隔后，在标准条件下（通常在最适 pH 和酶不会失活的温度下）测定酶的残余活力［图 6.28（2）］。在进行酶活测定时，要保证［S］$\gg K_M^*$，这样可以使反应速率接近于 v_{max}（$\propto E_T$），即反应速率直接同［E］相关。酶失活通常满足一级反应动力学（［E_0］为初始酶浓度）：

$$[E] = [E_0]e^{-kt} \text{ 和 } \ln\frac{[E]}{[E_0]} = -k_d t \tag{6.30}$$

可以用半对数坐标作图，如图 6.28（2）所示。酶每一温度下的失活速率常数 k_d 都可以根据得到的线性回归方程的斜率（即斜率 $= -k_d/2.303$）来求得。再将得到的一系列 k_d 转换成阿伦尼乌斯曲线［图 6.28（1）］求算出酶失活的活化能 E_a（在本例中 $E_a = 456kJ/mol$）。采用不同方法研究得到的番茄果胶甲酯酶热敏感性的结果基本一致。

6.4.1.2　酶反应的最适温度

酶反应的最适温度可以根据温度对酶的净激活效应和净失活效应得到。酶的最适温

度是指酶反应速率 v_0 最大时对应的温度。但是这种高反应速率持续时间有限,之后,酶失活迅速占主导,原来的大部分酶活消失。图 6.29(1)所示为产气杆菌(*Aerobacter aerogenes*)普鲁兰酶的热稳定性。在 10~40℃ 时,酶活曲线缓慢上升;在 50~60℃ 时,失活速率常数(k_d)迅速增加,酶活和稳定性迅速下降。在番茄果胶甲酯酶的曲线上[图 6.28(1)],同样可以看到酶失活对温度的敏感性(E_a 更大)大于酶激活对温度的敏感性。因此,当温度升高时,在一些温度点,酶失活加速成为占主导的温度效应。图 6.29(2)所示为一些与食品相关酶的活力-温度关系和稳定温度范围。在实际应用时,食品体系中的酶反应温度上限通常要比酶反应的最适温度低 5~20℃,从而使酶活在规定的处理时间内保持较高水平。

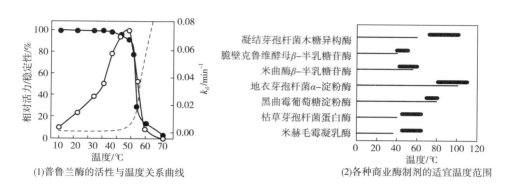

(1)普鲁兰酶的活性与温度关系曲线　　　　　(2)各种商业酶制剂的适宜温度范围

图 6.29　温度对酶活性的影响

(1)中实心圆表示酶的稳定性,空圈表示酶活,虚线表示酶失活速率常数与温度的关系。

(2)中粗线表示酶的内在最适温度范围,细线表示典型的温度使用范围。

资料来源:Godfrey, T. and West, S. (Eds.)(1996), Industrial Enzymology 2nd edn., Stockton Press, New York and Ueda, S. and Ohba, R.(1972). Agric. Biol. Chem. 36:2382-2392.

一个类似的作图法也可用于表示温度对反应的影响。该图与图 6.29(1)类似,不同的是,这里的纵坐标是 $\log K$,斜率与 ΔH° 相关联,而不是与 E_a 相关联:

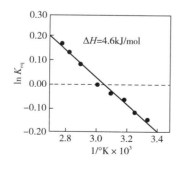

图 6.30　葡萄糖异构酶反应平衡常数与温度的关系

资料来源:Rangarajan, M. and Hartley, B. S.(1992), *Biochem. J.* 283:223-233,重新绘制。

$$\frac{\mathrm{d}\ln K}{\mathrm{d}(1/T)} = \frac{-\Delta H^\circ}{R} \qquad (6.31)$$

图 6.30 所示为葡萄糖异构酶催化葡萄糖异构化反应(葡萄糖⇌果糖)的平衡常数(K_{eq})与温度的关系。图 6.30 也可用于表征其他与酶反应最适条件相关的平衡参数与温度的关系,例如过渡态理论中的 K^+ 与酶活性相关的氨基酸侧链基团的离子化参数(K_a),或代表(准)平衡的酶动力学参数(K_M、K_S)。

还存在其他影响酶活的温度效应。当疏水相互作用在稳定寡聚酶四级结构中起重要作用时,这些寡聚会发生冷失活。低温会减弱疏水相互作用(详见第 5 章),从而使亚基解离,使酶失活。温度升高通常会降低气体在水溶液中的溶解度,因此需要 O_2 的酶反应会受到溶氧浓度的限制。食品中的一些脂类底物在一定温度范围会发生相转变。固相区的出现(尤其是在磷脂双分子层中)产生了表面缺陷,为脂肪分解酶的接近提供了条件,这样常常会加速水解。

6.4.1.3 温度效应总结

每种酶都有其独特的性质。可以总结出一些酶的热稳定性的规律。一些配体(底物或抑制剂)可以通过帮助保持酶活性部位及其周围的天然结构来提高酶的稳定性。介质中的其他成分也可能提高或降低酶的热稳定性。酶的热稳定性的一般变化规律是:酶蛋白越小、肽链数越少、二硫键和盐桥数越多、蛋白质浓度越高,酶对热越稳定;在天然环境中比在体外环境对热稳定;溶解酶比与膜结合酶对热稳定;胞外酶比在胞内酶对热稳定。

6.4.2 pH

6.4.2.1 概述

所有氨基酸残基都有内在的 pK_a(表 6.9),因此,当 pH 改变时,蛋白质氨基酸侧链中的所有可离子化基团的离解状态都会发生改变。一些氨基酸侧链基团离解状态的改变会影响酶的稳定性,而且由于它们的共同作用,酶有可能在一个比较窄的 pH 范围内完全失去稳定(详见第 5 章)。另一方面,大多数氨基酸侧链基团的离子化并不影响酶活或影响甚微。酶活与 pH 的关系往往与少数几个(大约有 1~5 个)氨基酸残基的离子化有关。另外,底物、产物、抑制剂和辅助因子的离子化均会对酶的反应活性产生影响。pH 会影响到 K_{eq} 或各反应物质的浓度。

表 6.9 酶的氨基酸残基中可离子化基团的离解平衡特性

可离子化基团	pK_a (25℃)	$\Delta H_{电离}$/ (kcal/mol)	可离子化基团	pK_a (25℃)	$\Delta H_{电离}$/ (kcal/mol)
C-端(α)羧基	3.0~3.2	~0±1.5	N-端(α)氨基	7.5~8.5	10~13
β/γ-羧基(天冬氨酸、谷氨酸)	3.0~5.0		ε-氨基(赖氨酸)	9.4~10.6	
咪唑基(组氨酸)	5.5~7.0	6.9~7.5	酚基(酪氨酸)	9.8~10.4	6.0~8.6
巯基(半胱氨酸)	8.0~8.5	6.5~7.0	胍基(精氨酸)	11.6~12.6	12

资料来源:Fersht, A.(1985). *Enzyme Structure and Mechanism*, 2nd edn., W.H. Freeman & Company, New York; Segel, I.H.(1975). *Enzyme Kinetics. Behavior and Analysis of Rapid Equilibrium and Steady-State Enzyme Systems*, John Wiley & Sons, Inc., New York; Whitaker, J.R.(1994). *Principles of Enzymology for the Food Sciences*, 2nd edn., Marcel Dekker, New York.

6.4.2.2 酶的 pH 稳定性

酶的稳定性受 pH 的影响,例如图 6.31(1)所示的产气杆菌(*Aerobacter aerogenes*)普鲁兰酶的酶活与 pH 的关系。有两个普遍的规律:①酶稳定的 pH 范围通常要大于酶表现活力的 pH 范围;②酶的稳定性在使酶失去稳定的 pH 时迅速下降,因为 pH 引起的失稳是一个协同过程。相反,酶活随 pH 的变化曲线通常有容易检测的具有滴定曲线特征的跃变,跃变所对应的 pH 与酶中 1~3 个可离子化的基团有关。酶的 pH 稳定性测定方法为,将酶液在不同 pH 条件中保温一定时间,然后在标准条件(接近最适 pH 和一个指定的酶不变性的温度)下测定其残余酶活。图 6.28(2) 中用来表示与酶热稳定性的 k_d 曲线也可以用来表示酶的 pH 稳定性,只要把温度替换成 pH 即可。和酶的热稳定性一样,酶的 pH 稳定性也与介质的组成和条件有关。例如,底物和其他配体的存在会提高 pH 稳定性。例如,当存在 Ca^{2+} 时,α-淀粉酶具有 >50%酶活的 pH 范围由原先的 4~7 扩展到了 4~11[153]。在一些情况下,pH 诱导的酶失活是可逆过程,但这仅限于较窄的 pH 范围和持续的时间不长。在 pH9~11 处理不少于 30min,普鲁兰酶失活,但仍然稳定,当 pH 调至 6~7,酶活能完全恢复[图 6.31(1)]。

了解酶的 pH 稳定性极为重要。选择合适的 pH 条件,使酶能保持长久的活力来完成期望的功能。在准确分析 pH 对酶活的影响(详见 6.4.2.3)时,必须先了解酶活在一定 pH 条件下的下降是不是由于酶的失稳造成的。一些商品酶制剂的 pH 稳定性见图 6.31(2)。这里的 pH 稳定范围是在实际加工温度下的 pH 稳定范围,要比普鲁兰酶例子中的 pH 稳定性范围要窄。普鲁兰酶的 pH 稳定性范围是在保证酶不变性的温度(40℃)下测定的。同样,当 pH 处于远离使酶稳定的最适 pH 范围时,酶的热稳定性随之下降。因此,温度和 pH 对酶的稳定性具有协同作用。

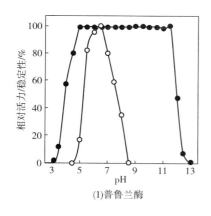

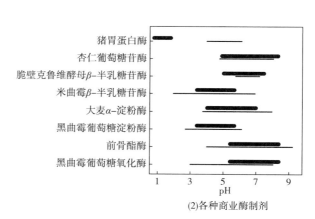

图 6.31 pH 对酶活性的影响

(1)中实圈代表酶的稳定性曲线,空圈代表酶活曲线。

(2)中粗线代表酶活能保持在 80%以上,细条代表酶的稳定性大于 80%。

资料来源:Godfrey, T and West, S. (Eds.)(1996). Industrial Enzymology, 2nd edn., Stockton Press,New York and Ueda, S. and Ohba, R.(1972). Agric. Biol. Chem. 36, 2382–2392.

6.4.2.3 pH 对酶活的影响[43,122,153]

正如酶活性部位由为数不多的关键氨基酸残基构成一样,酶活与 pH 的关系也是由为数不多的可离子化的氨基酸残基所决定。这些氨基酸残基的作用:①使酶活性部位的构象稳定;②参与底物结合;③参与底物转化。离子化状态是产生上述作用的关键。图 6.31(2)所示为一些食品酶在通常加工温度下,酶活能达到最高酶活 80% 以上的 pH 范围。

pH – 酶活关系曲线通常为"钟形",如图 6.32(1)所示。"钟形"的基本特征是表示分别存在碱式跃变和酸式跃变,即分别存在 H^+ 激活步骤和 H^+ 失活步骤。碱性 pK_a 基团的质子化使酶产生活性,而酸性 pK_a 基团的质子化使酶失活。图 6.32(2)所示为其他类型的 pH 影响,包括单一的跃变(曲线 1)、比曲线 1 更陡峭的酶活下降(曲线 2)和一个跃变导致一个活性较低(不是失活)的状态(曲线 3)。

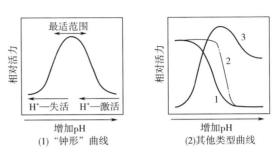

图 6.32 pH 对酶活的影响

根据在特定条件下测定酶活获得的酶的最适 pH[图 6.31(1)]是经验性的,意义有限。测得的酶"活力"的"最优"pH 数据是非常武断的。如果能将 pH 的影响同构象稳定性、底物结合或底物转化联系起来,才更有意义。分析 pH 对 v_{max} 和 K_M 的影响可以了解 pH 是如何对酶活产生影响的。酶分子中关键的可离子化基团的 pH 行为与弱酸和弱碱的 pH 的行为相同:

$$EH \Longleftrightarrow E^- + H^+ \text{ 和 } K_a = \frac{[H^+][E]}{[EH]} \tag{6.32}$$

"游离态"酶(E)和"结合态"酶(ES)都存在上述离子化,即酸式(K_{a1})或碱式(K_{a2})跃变。这种跃变可以用"游离态"酶的三种离子化状态来表示:

$$HEH^+ \xrightleftharpoons{K_{E1}} EH + H^+ \xrightleftharpoons{K_{E2}} E^- + H^+ \tag{6.33}$$

其中,

$$K_{E1} = \frac{[H^+][HE]}{[HEH^+]}, \quad K_{E2} = \frac{[H^+][E^-]}{[EH]} \tag{6.34}$$

在 ES 络合物中,也有相同的形式:

$$HEH^+S \xrightleftharpoons{K_{ES1}} EHS + H^+ \xrightleftharpoons{K_{ES2}} E^-S + H^+ \tag{6.35}$$

其中,

$$K_{ES1} = \frac{[H^+][EHS]}{[HEH^+S]}, \quad K_{ES2} = \frac{[H^+][E^-S]}{[EHS]} \tag{6.36}$$

图 6.33 集中表示了上述所有的离子化和动力学平衡。在该模型中,酶的最高活性状态是 EH 和 EHS,它们与最适或"内在"v_{max} 和 K_M 有关[与图 6.32(1)一致]。该模型可以用于确定酶活在酸性或碱性 pH 范围内下降的原因是以一定形式存在的酶(HEH^+ 和 E^-)不能与底物 S 结合,还是生成了不能完成 S→P 转化的酶的形式(HEH^+S 和 E^-S)。该模型还适用于在一定 pH 范围内具有部分活性的所有酶类[例如图 6.32(2)的曲线 3]。此时需要引入 pH 修正动力学常数($\alpha/\beta K_M^{H^+}$ 和 $\alpha/\beta v_{max}^{H^+}$)。对 $K_M^{H^+}$ 和 $v_{max}^{H^+}$ 的 α/β 修正因子通常分别为 $1\rightarrow\infty$ 和

$1 \rightarrow 0$。$K_M^{H^+}$ 和 $v_{max}^{H^+}$ 表示 pH 对 K_M 和 v_{max} 的影响。

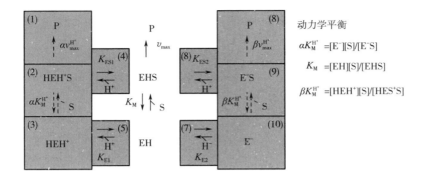

图 6.33 pH 对酶活影响的动力学模型

资料来源:Copland, R.A.(2000). *Enzymes: A Practical Introduction to Structure, Function, Mechanism, and Data Analysis*, 2nd edn.. John Wiley & Sons, New York; Segel, I.H.(1975). *Enzyme Kinetics.Behavior and Analysis of Rapid Equilibrium and Steady-State Enzyme Systems*, John Wiley & Sons, New York; Whitaker, J.R.(1994). *Principles of Enzymology for the Food Science*, 2nd edn., Marcel Dekker, New York.

对于任何一种酶,合理的假设(基于钟形 pH-酶活曲线)是存在三种离子化状态,每种状态都具备结合 S 的潜力,但只有最适合的离子化状态才能够完成 S→P 的转化。根据上述假设可以对通用模型(图 6.33)进行修正,即略去图 6.33(1)和图 6.33(8)。结合传统的反应速率方程[式(6.15)],可以得到:

$$\frac{v}{E_T} = \frac{k_{cat} \times [EHS]}{[EH] + [HEH^+] + [E^-] + [EHS] + [HEH^+S] + [E^-S]} \tag{6.37}$$
$$|\cdots\cdots\text{“E 项”}\cdots\cdots||\cdots\cdots\text{“ES”项}\cdots\cdots|$$

这里假设 EHS 可以进一步转变,将底物转变成产物。通过适当的离子化[式(6.34)和式(6.36)]和动力学(图 6.33)平衡,所有酶的形式都可以转化成 EHS 形式。由于所有的酶的形式处于平衡中,因此任何特定酶形式的浓度都可以用其他酶形式的浓度来表示。具体来说,EHS 来表示每酶形式的平衡常数如下:

EH 为 K_M;HEH^+ 为 K_{E1} 及 K_M;E^- 为 K_{E2} 及 K_M;HEH^+S 为 K_{ES1} 及 K_M; E^-S 为 K_{ES2} 及 K_M。

代入式(6.34)和式(6.36)替代[EHS],等式两边乘以 E_T,再根据式(6.16)用 v_{max} 代替 $k_{cat} \times E_T$,进一步化解得到:

$$v = \frac{v_{max} \times [S]}{K_M\{1 + ([H^+]/K_{E1}) + (K_{E2}/[H^+])\} + [S] + \{1 + ([H^+]/K_{ES1}) + (K_{ES2}/[H^+])\}} = f_E f_{ES} \tag{6.38}$$

在该式中,可以将所有游离态“E”的形式一起归为一个 pH 依赖型的分配项(f_E),称为 Michaelis pH 函数。类似的 f_{ES} 项用于表示所有的“ES”形式[1]。这些函数以[H^+]和 K_a 为自变量表示了“E”或“ES”在任何 pH 时存在的三种离子化状态的量的分布或相对比值(本质

――――――――――――

[1] Michaelis pH 函数是以 EHS 形式作为参考建立的;这些函数也可以任何“E”的形式作为参考建立。当以其他形式作为参考建立酶反应动力学模型时要用相应的 K_a 和[H^+]值。

上而言,也可以绘制成"滴定"曲线)。另外,将式(6.38)右边分子和分母同时除以用 f_{ES},得到:

$$v = \frac{v_{max}/f_{ES} \times [S]}{K_M \{(f_E)/(f_{ES})\} + [S]} \tag{6.39}$$

因此

$$v_{max}^{H^+} = \frac{v_{max}}{1 + \frac{[H^+]}{K_{ES1}} + \frac{K_{ES2}}{[H^+]}} \tag{6.40}$$

并且

$$K_M^{H^+} = K_M \times \frac{f_E}{f_{ES}} = K_m \times \frac{1 + \frac{[H^+]}{K_{E1}} + \frac{K_{E2}}{[H^+]}}{1 + \frac{[H^+]}{K_{ES1}} + \frac{K_{ES2}}{[H^+]}} \tag{6.41}$$

如果将上述动力学常数表示成比率,则有:

$$\frac{v_{max}^{H^+}}{K_M^{H^+}} = \frac{v_{max}}{K_M \times (f_E)} = \frac{v_{max}}{K_m \times \left\{ \left(1 + \frac{[H^+]}{K_{E1}} \right) + \frac{K_{E2}}{[H^+]} \right\}} \tag{6.42}$$

因此,$v_{max}^{H^+}$ 仅同所有的"ES"形式(f_{ES}项)有关,$v_{max}^{H^+}/K_M^{H^+}$ 仅同所有的游离"E"形式[f_E项:式(6.19)~式(6.22)]有关。

对木瓜蛋白酶的研究[图 6.34(1)~(3)]有助于说明 pH 是如何影响酶的功能的。木瓜蛋白酶的最适 pH 范围比较宽,在 5~7,最优条件下的 v_{max} 和 K_M 估测值可以用于式(6.40)和式(6.42)计算 $v_{max}^{H^+}$ 和 $v_{max}^{H^+}/K_M^{H^+}$。从 pH-$v_{max}^{H^+}$[图 6.34(1)]和 pH-$v_{max}^{H^+}/K_M^{H^+}$[图 6.34(2)]关系曲线可以求出 pK_a(纵坐标最大值 50% 处对应的 pH)。从图 6.34(1)求得两个 pK_a 分别为 4.0 和 8.2;从图 6.34(2)求得两个 pK_a 4.2 和 8.2。由于 pH 对 K_M[1]的影响很小 [图 6.34(3)],pH 诱导的酶的离子化对酶与底物的结合步骤的影响可以忽略,仅对催化步骤产生影响。就木瓜蛋白酶而言,一个可离子化基团会导致一个 pH 跃变,所有的游离 E 的离子化状态均能与 S 结合,但仅有 EHS 可以进行 S→P 的转化。因此,前面导出式(6.37)的模型适合木瓜蛋白酶,而且图 6.33 中的(1)和(8)可以从完整的模型中删去($K_M^{H^+}$ 的 $\alpha = \beta = 1$)。pH 对木瓜蛋白酶酶活(v_{max})的影响曲线[图 6.34(1)]与图 6.32(1)中的曲线相似。

为了更深入地分析 pH 效应[113],将式(6.40)~式(6.42)两边取对数,得到:

$$\log v_{max}^{H^+} = \log v_{max} - \log \left[1 + \frac{[H^+]}{K_{ES1}} + \frac{K_{ES2}}{[H^+]} \right] \tag{6.43}$$

$$\log \frac{v_{max}^{H^+}}{K_M^{H^+}} = \log \frac{v_{max}}{K_M} - \log \left[1 + \frac{[H^+]}{K_{E1}} + \frac{K_{E2}}{[H^+]} \right] \tag{6.44}$$

$$\log K_M^{H^+} = \log K_M - \log \left[1 + \frac{[H^+]}{K_{ES1}} + \frac{K_{ES2}}{[H^+]} \right] + \log \left[1 + \frac{[H^+]}{K_{E1}} + \frac{K_{E2}}{[H^+]} \right] \tag{6.45}$$

---

① 在考虑酶反应对 pH 变化的响应时,K_M 小于几倍的变化通常被认为是不显著的,只有 3 倍以上的变化才被认为是有实际意义。

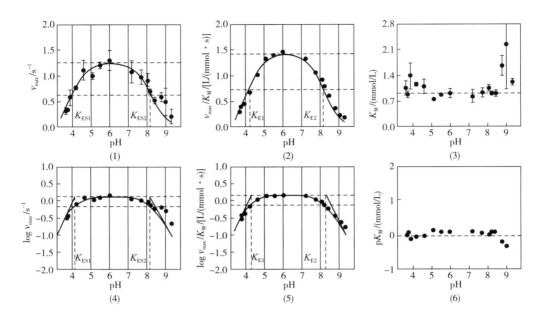

图 6.34 以木瓜蛋白酶为例分析 pH 对酶活的影响

(1)和(4)是对 v_{max} 的影响;(2)和(5)是对 v_{max}/K_M 的影响;(3)和(6)是对 K_M 的影响。

图中曲线与文中公式相吻合。

资料来源:Low,G. and Yuthavong,Y. pH-Dependence and structure-activity relationship in the papain-catalysed hydrolysis of anilides. Biochem. J., 124, 117, 1971.

上述木瓜蛋白酶数据采用 Dixon 法作图得到图 6.34(4)~(6)。式(6.45)本身不用于作图,但会用 $pK_M^{H^+}$(p=-log)作图[图 6.34(6)]。用 $pK_M^{H^+}$ 作图可以弥补用式(6.43)和式(6.44)作图时会出现的曲线向下的缺陷。曲线向下是因为 pH 变化改变了离子基团的离解状态,酶的功能受损。对数形式使 pH-酶活关系的一些方面更加直观[图 6.34(4)~(6)]。v_{max} 出现在曲线的平坦部分(斜率接近 0),最适 pH 为各 pK_a 之间的中点。pH-酶活曲线陡峭上升和陡峭下降的斜坡所代表的酸式(+n)和碱式(-n)跃变的数目反映出可离子化的氨基酸残基的数目。在木瓜蛋白酶的 Dixon 图中,有斜率为+1 和-1 的两个斜坡。一个斜坡,即一个跃变,代表 1 个可离子化氨基酸残基。Dixon 图的曲线斜率一般为 1~3,当酶分子中有多个可离子化基团时,它们会有协同作用[例如图 6.32(2)曲线 2]。

利用 Dixon 图,有两种方法估测 pK_a。当 pH=pK_a 时,表示可离子化基团处于半质子化状态,因此与之对应,此时测得酶活只有最高酶活的 50%。由此可知,一种方法是,在使用 log 坐标的 Dixon 图上在曲线最高点下面 0.3 个纵坐标单位处作一条水平线,与曲线相交的两个交叉点所对应的横坐标上的 pH 即为 pK_a。另一种估测 pK_a 的方法是,作曲线上升和下降部分的切线,并与通过曲线最高点的水平线相交,得到两个交叉点,这两个交叉点对应于横坐标的 pH 即为 pK_a。具体选择哪一种方法取决于酶的性质和收集得到的数据。对于木瓜蛋白酶[图 6.4(4)~(6)],两种方法得到的 pK_a 基本一致,结合态和游离态酶形式的 pK_a 分别为 4.1、8.1 和 4.2、8.2。与上述 pK_a 对应的可离子化氨基酸残基是 Glu/Asp 和 Cys(表

6.9)。然而,木瓜蛋白酶对 pH 的敏感性是由咪唑-硫醇盐离子对(His-Cys)引起的(咪唑-硫醇盐离子对整体起作用,如图 6.23 所示)。Cys_{25} 在解离状态下有活性,而 His_{159} 残基必须质子化才能发挥功能。这告诉我们:蛋白质氨基酸残基的离子化和溶液中氨基酸的离子化(表 6.9)可能不一样。

依据前面的模型,酶的 pH 依赖行为可以广泛地应用于任何感兴趣的酶。对 pH 对葡萄糖异构酶活力影响的分析表明,在 pH5~8(商业应用时 pH 为 7~8)内酶转化 S→P 的能力不受影响[如图 6.35(1),log_{cat} 曲线平坦]。然而,酸式跃变(图中 pH5~6 的斜坡)表明酶分子中的一个可离子化基团的离子化状态与酶与底物结合有关[如图 6.35(2),K_M 发生了改变]。由于 k_{cat} 没有改变,可认为 $\Delta K_M \approx \Delta K_S$。求测出代表酶的 pH 敏感性发生跃变的 pK_a 的目的是间接确定与酶活性密切相关的氨基酸残基。葡萄糖异构酶的可离子化基团的 pK_a 为 5.7~6.1,大概为 His 残基(表 6.9)。根据特征的 ΔH_{ion},经常利用 van't Hoff 关系式[图 6.30(1),式(6.31)]从另一个方面来进一步确定参与反应的氨基酸残基。对于葡萄糖异构酶,根据可离子化基团的 pK_a 随温度变化,求算出 ΔH_{ion} 为 23.4kJ/mol[根据斜率推算,如图 6.35(3)所示],与观测到的咪唑残基的性质相一致(表 6.9)。

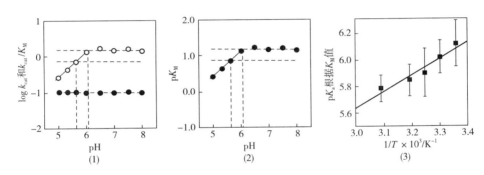

图 6.35 葡萄糖异构酶活力与 pH 关系曲线

(1)对催化过程的影响;(2)对 K_m 的影响;(3)温度对催化过程中的解离基团的影响。

在图(1)中,空心圆圈代表 k_{cat}/K_M,实心圆圈代表 k_{cat}。

资料来源:Vangrysperre,W.,et al.(1990),*Biochem. J.*,265:699-705.

6.4.2.4 其他 pH-酶活关系类型

底物的离子化状态、产物或抑制剂都会对酶反应产生影响,具体影响取决于酶与它们之间的相互作用的性质和形成的复合物的转化。同样地,酶分子氨基酸侧链的离子化可以调节酶对不同潜在底物的选择性。例如,对不同的蛋白质底物,很多蛋白酶表现的最适 pH 不同[50]。

6.4.3 水分[37,41,121]

控制食品含水量是食品保藏的主要方法,它会对酶的活性和稳定性产生影响。水作为酶反应的分散介质,通过控制溶质的稀释度或浓度、稳定化和塑化蛋白质和作为水解反应的共底物来影响酶反应速率。脱水或冷冻会减少体相(或溶剂)水,导致食品组成和物性改变,从而对酶反应产生影响。

6.4.3.1 脱水与水分活度效应

减少体相水(或溶剂水)的主要效果是降低了水作为分散介质或共底物作用。水减少的程度可以用热力学术语水分活度(A_W)来表征,水分活度反映了水与溶质(包括酶)的相互作用。以溶菌酶为例,当A_W为0~0.1时,水分子紧密结合(单分子层)在蛋白质的带电荷和高极性基团上;当A_W为0.1~0.4时,水分子结合到弱极性区(包括肽骨架);$A_W>0.4$,水分子凝结形成多层水,同时增加了体相(或溶剂)水的质量分数。1950—1980年,有大量关于A_W对酶反应影响的研究。图6.36(1)所示为一个关于A_W对酶反应影响的实例。当A_W从0.90降至0.35时,水解反应进程减缓,并接近达到一个近平衡状态。A_W随即升高后,反应进程恢复到原来高A_W时的状态。因此,这种水分活度效应是可逆的。在食品和生物基质中,这种效应可以用毛细管效应来解释,即反应进程局限在对应的限制性A_W处。这种效应已经在脂酶、磷脂酶和转化酶催化的反应中显现出来,也适用于所有酶。例如,当A_W从1.0降至0.60时,多酚氧化酶的反应速率和反应进程将下降90%~95%[138]。在酯合成反应中,不同来源的脂酶具有不同的和特定的最适A_W[图6.36(2)]。

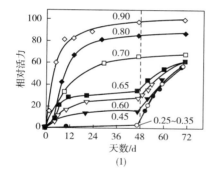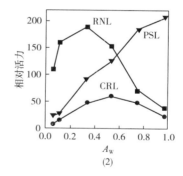

图6.36 A_W对酶活的影响

(1)大麦芽粉(磷脂酶来源)中加入2%卵磷脂,在30℃条件下,A_W由最初的0.25~0.65调整到48d后的0.70。

(2)不同脂酶的酯合成活力[RNL=雪白根霉(*Rhizopus niveus*)脂酶;PSL=假芽孢菌(*Pseudomonas* spp.)脂酶;CRL=皱落假丝酵母(*Candida rugosa*)脂酶]。

资料来源:Acker, L. and Kaiser, H.(1959). *Lebensm. Unters. Forsch.*, 110, 349~356[德文]; and Wehtje, E. and Adlercreutz, P.(1997). *Biotechnol. Lett.*, 11, 537~540.

不同酶发挥催化功能所需的最低A_W不同。当A_W处于或低于单层水的A_W时,酶分子的塑性受到限制,但仍然有一些酶表现活性。低于单层水时的A_W将限制反应活性,但却能提高酶的热稳定性,因为其构象变化同样受到限制,在变性温度下也不容易变性。在食品基质和模型系统中(表6.10),一些氧化-还原酶类所需的最低A_W范围为0.25~0.70,一些水解酶类所需的最A_W范围为0.025~0.96。对于中等含水量食品在长时间贮藏过程中,即使很低的残余酶活也会影响食品品质。

表 6.10 一些酶对 A_W 的要求

酶	基质/底物	最低 A_W	酶	基质/底物	最低 A_W
淀粉酶	黑麦粉	0.75	淀粉酶	淀粉	0.40~0.76
	面包	0.36			
磷脂酶	面团(pasta)	0.45	磷脂酶	卵磷脂	0.45
蛋白酶	小麦粉	0.96	脂酶	油、三丁酸甘油酯	0.025
植酸酶(肌醇六磷酸酶)	谷物	0.90	酚类氧化酶	儿茶酚	0.25
葡萄糖氧化酶	葡萄糖	0.40	脂肪氧合酶	亚油酸	0.50~0.70

资料来源:Drapon, R.(1986).*In Food Packaging and Preservation. Theory and Practice*, Mathlouthi, M. (Ed.), Elsevier Applied Science Publishers, New York, pp. 181–198.

降低 A_W 的另一个效果是影响水参加反应(水解反应)的平衡。对于反应 $AB+H_2O \rightleftharpoons A'+B'$,有:

$$K_{oq} = \frac{[A'] \times [B']}{[AB] \times [H_2O]} \tag{6.46}$$

当 A_W 下降时,反应朝着[AB]积累的方向移动。根据这一原理,可以利用脂酶在微水相介质($<1\% H_2O$)中催化的各种反应(图 6.26)生产功能改善的脂类产品。同样,在阿斯巴甜合成时,嗜热菌蛋白酶所需的最适水分含量(同 A_W 相关)为 $2\% \sim 3\%$,以促进肽键形成[86]。通常,大多数酶发挥活性所需的最适 $A_W > 0.90$。

在扩散介质和酶分子塑性都受到限制时,反应途径和产物组成可能会改变[37,121]。例如,α-淀粉酶作用于淀粉,当 A_W 从 0.95 降至 0.75 时,产物麦芽低聚糖的组成将由混杂的含 1~7 个葡萄糖单元的低聚糖变成主要由 1~3 个葡萄糖单元组成的低聚糖,这表明此时的淀粉水解反应不再是随机的。酶和底物的扩散限制有助于酶的持续作用。因为反应物的流动性受到限制,淀粉分子链段会受到多次和邻近位置的水解作用。同样,在 $A_W = 0.65$ 处的限制扩散作用,提高了富含亚油酸盐(或酯)产品中脂肪氧合酶终产物的量,减少了脂肪酸氢过氧化物的量。扩散限制使得氢过氧化物保留在临近位置更长时间,参与双分子自由基加成(缩合)反应。

降低 A_W 同样可以改变主导酶反应的动力学或平衡常数。例如,当 A_W 从 1.0 降至 0.85,多酚氧化酶的最适 pH 漂移 >0.5 个单位[138]。这种改变同介质的介电性质减弱和重要的离子化基团 pK_a 的增加相一致。脂酶在 A_W 约为 0.4 时具有最低的 A_W[37],这可能是由于酶的性质或底物的界面性质发生改变造成的。在一定的组成和水分活度条件下,一些食品或模拟体系基质可能会发生玻璃化转变,与"橡胶态"或更易流动的液态相比,玻璃化状态的分子的运动受到很大的限制(详见第 2 章)。在一些情况下,玻璃态的酶具有更好的稳定性,但是,在低水分介质中,无论处于玻璃态还是橡胶态,酶的稳定性往往表现出温度敏感性[117]。对模拟体系的研究显示,当玻璃态向橡胶态转变时,酶活并没有像期望的那样明显升高[27]。在低水分体系中,特定的食品组分因子可能比单纯的玻璃态更能有效地调控酶的活力和/或酶的稳定性。

　　最后,随着水分的去除,保留液相黏度相应提高,反应物和产物的扩散性降低,酶反应速率降低。对于一些酶反应,采用惰性增稠剂(如甘油、多元醇和聚合物),黏度效应会得到增强。研究已经表明,黏度提高会降低扩散控制的酶反应速率,或者使限速步骤(例如,产物解离步骤)发生改变。扩散控制的酶反应被认为是一类 k_{cat}/K_M 在 $10^8 \sim 10^9 L/(mol \cdot s)$ 的催化反应,近似于扩散限制的一个大分子和小分子之间的双分子反应[151]。早期研究结果表明转化酶催化蔗糖转化的反应速率在蔗糖浓度高时下降是因为黏度的增加,但是后来发现,其实很大程度上是由底物抑制造成的[84]。这个例子强调,由于影响酶反应的因素很多,研究单一环境因素(如水分含量)引起的特定效应存在其他干扰。

6.4.3.2　脱水的渗透压效应[41,160]

　　逐渐去除食品中的水分,或添加溶质,剩下的液相中溶质的浓度会升高。脱水的另一结果是提高了体系的离子强度和渗透压。在高渗透压介质中,酶的稳定性和活力将受到溶质性质和浓度的影响。通常将离子组分分为两大类:即针对蛋白质的盐溶型和盐析型(详见第 5 章)。每种酶对溶质都有特异的响应,不同溶质使酶的活力下降的所对应的浓度也不同。许多商业化的酶反应都是在高渗透压介质中的进行的。例如,商业生产上果胶酶、蛋白酶、淀粉酶、糖转化酶催化的酶反应都是在高浓度底物(10%~40%)条件下进行的。幸运的是,这些高浓度底物也是蛋白质稳定剂,如多元醇、糖和氨基酸[160]。高底物浓度有助于稳定酶,防止其热变性。

　　另一个在高固体含量介质中进行酶反应的好处是,通过质量作用效应有利于可逆反应的逆反应,尤其是水解反应的逆反应[式(6.46)]。脂酶催化的脂解反应的逆反应提供了合成或重构酯类的途径(图 6.26)。类蛋白是由蛋白酶在高浓度肽条件下,通过转肽反应合成的。该反应可以引入必需氨基酸。在工业化生产中,葡萄糖淀粉酶会通过催化水解反应的逆反应,产生一些不期望的异麦芽糖(α-1,6-键连接)(图 6.19)。在高浓度乳糖条件下,β-半乳糖苷酶能够促进转糖苷反应,得到葡萄糖和可以作为益生元的低聚半乳糖。

　　在自然界中,一些酶长期处于高渗透压环境中。高渗透压环境中生长的生物包括所有的海洋生物(海水盐度约 3.5% NaCl)、盐碱地区(咸水体、高盐度土壤、矿质泉、深海火山口)的植物和微生物。冷冻和干燥同样会导致高渗透压环境。这些生物进化形成的渗透压调节系统有助于缓解高渗透压、高离子强度介质的负面效应。渗透保护剂为多元醇(甘油、甘露醇、山梨糖醇)、糖(蔗糖、葡萄糖、果糖、海藻糖)、氨基酸(尤其是脯氨酸、甘氨酸、谷氨酸、丙氨酸、β-丙氨酸)以及一系列的甲基胺(图 6.37)。在这些化合物的结构中频繁出现稳定蛋白质的功能基团—OH(氢键结合能力)、NH_4^+、RNH_3^+、$—CH_2—COO^-$ 和 SO_3^{2-}。这些功能基团通过抵制或降低 Na^+、K^+、Cl^-、脲和精氨酸等蛋白质变性因子的作用效果来稳定蛋白质。

　　一般认为,渗透保护剂的作用机制包括是溶质-蛋白质间的空间推斥(促进水结构和蛋白质紧密度,增进天然状态)和直接的溶质-蛋白质相互作用(氢键)。有两个渗透保护剂(甲基胺和海藻糖)的例子值得介绍。在海洋生物的组织中含有高达 100mmol/L 的氧化三甲胺(TMAO)。这是一种内源性渗透保护剂,可以保护组织中的酶类不受盐的去稳定影响

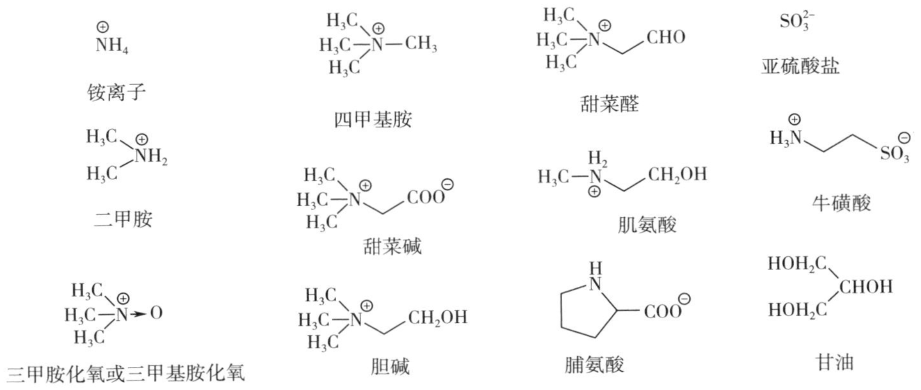

$\overset{\oplus}{NH_4}$

铵离子

四甲基胺

甜菜醛

SO_3^{2-}

亚硫酸盐

二甲胺

甜菜碱

肌氨酸

牛磺酸

三甲胺化氧或三甲基胺化氧

胆碱

脯氨酸

甘油

图 6.37　渗透物质

(使 K_M 产生不期望的改变)，甚至能使酶免于受到脲(一种蛋白质变性剂,存在于鲨鱼和鳐鱼的组织中)的去稳定化影响。在高盐分植物组织中，甜菜碱可以缓解氯化钠(NaCl)对酶的抑制效应。海藻糖[α-D-吡喃葡糖基-1,1-α-D-吡喃葡糖苷]是目前已知的最有效的渗透保护剂。在脱水和冷冻时,它能同蛋白质发生氢键相互作用和促进水分子的结构,使蛋白质稳定[160]。渗透保护剂除了能在水胁迫环境中保持生物体组织中酶的活力外,还可以添加到酶制剂中使酶保持稳定。冷冻和冷冻干燥法生产的酶制剂中通常会加入渗透保护剂。一般来说,酶制剂中仅含有的活性蛋白质不超过 10%,其余组分为赋形剂、载体、冷冻保护剂或渗透保护剂。

　　有些酶需要离子组分才能充分发挥功能或已经进化到在有水分胁迫的条件下也能很好发挥功能,例如,耐盐或嗜盐性生物体中的酶类。其中有些已经通过含不同盐分的起始发酵培养基(如在干酪和豆酱加工中)鉴别出来了。发酵中具有重要作用的酶必须具备持久耐受性和足够的活性,以保证在发酵过程中产生期望的变化。在其他一些例子中,观察到了盐(渗透压)对酶的激活作用。用于生产阿斯巴甜的嗜热菌蛋白酶,在最适 pH7 时,4mol/L NaCl 可以使其酶活提高 12 倍(图 6.38)。一价阳

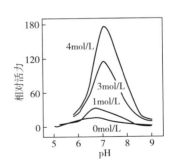

图 6.38　盐(NaCl)对嗜热菌蛋白酶(thermolysin)的激活作用

资料来源:Inouye,K.,et al.(1997).J.Biochem.122:358-364.

离子的激活效应为:$Na^+ > K^+ > Li^+$ [61]。激活仅对 k_{cat} 产生影响,而不影响酶与底物的结合。盐的作用能使酸性基团 pK_a 由 5.4 升高到 6.7,而碱性基团 pK_a 仍稳定在约 7.8。高盐环境对酶的激活是通过盐影响酶分子表面和活性部位的静电相互作用,从而引起蛋白质分子的构象变化实现的。这类酶非常适合在高底物浓度下的多肽合成。

6.4.3.3 冷冻脱水

冷冻脱水有别于其他脱水过程,体相水是在低温(<0℃)下是以固态形式去除的。因此,温度和溶质浓缩是影响冷冻介质中酶活的主要决定因素,黏度和扩散效应均包含在这两个因素中。相对于常规脱水介质,在冷冻介质中 A_W 并不是很重要的因素,因为 A_W 只是由冰和相同温度下过冷水的相对蒸汽压所确定的;在−20℃时,A_W 仅下降到 0.82(详见第 2 章)。在 20 世纪 60—80 年代,人们对生物系统的冷冻保藏很感兴趣,在模型和实际食品体系中对冷冻效应进行了持续和大量的研究。

冷冻介质中影响酶活的两个主要因素的联合效应归纳如下:温度降低通常会降低 k_{cat},使反应速率减慢。浓缩效应相对复杂,与冷冻处理前介质中影响酶反应速度的物质的浓度(如底物、抑制剂、效应剂、辅助因子、缓冲剂的初始浓度)相关,也与溶剂水以冰的形式去除时,上述物质浓度的升高导致的综合效应相关。溶质的浓缩可能通过渗透压和/或抑制效应对酶的活力或稳定性产生负面影响,特别是在 $S>K_M$ 时,使得酶反应速率下降。底物浓度或激活剂浓度的提高,对酶反应速度起着有限的提升作用,但是这种提升作用被温度效应给抵消了,所以在冷冻处理时这种作用微乎其微或根本不起作用。冷冻处理的净结果是使酶反应速率下降。第三个可能的结果是,底物浓缩效应能显著提高反应速度,特别是底物初始浓度很低时,浓缩效应强于温度效应,因此净结果是冷冻处理使酶反应活力提高。

冰晶形成这一物理过程至少会产生三个不同的结果。第一,对细胞而言,冰晶会破坏细胞结构,促使酶和来自不同细胞器的溶质相互混合。在冷冻温度下(−12~−3℃,有时甚至低至−20℃),这种细胞结构破坏效应常起到提高酶反应活力的作用。第二,冰晶大小(与冷冻速率和冰晶的重结晶有关)对冷冻体系的酶反应活力也会产生影响。快速冻结有助于形成大小比较均匀的冰晶和在冰晶间隙间形成更小、分散性更好的"微池"。这些"微池"中包含具有反应活性的液体。即使冻结的净浓度效应可能与冻结至相同终点温度慢速冻结相当,但快速冻结仍然保持了酶和反应物之间的隔离分布,特别是在酶和反应物分别存在于细胞的不同结构部位的情况下。第三个结果与冷冻速率有关。人们一直认为,在 1~100℃/min 范围内的快速冷冻对维持酶的稳定和保持酶活力有益。然而,现在相反的观点似乎得到了更加普遍的认同[22,132]。快速冷冻比慢速冷冻产生更细小、更大比表面积的冰晶,并且降低了形成包含具有反应活性的未冻结液体的"微池"的可能性,细小冰晶加剧了酶分子的表面变性。不同蛋白质(酶)对冰晶的敏感性不同。在细胞系统里,细胞器之间的分隔和其他障碍会使冰晶对蛋白质的损害得到减轻或加重。在任何情况下,中等的冷冻速率对维持酶的稳定和保持酶活有利。通常,液态酶制剂在长期冷冻保存时会失去酶活,而以冻干粉形成保存的酶,水分在保存前已以冰晶形式去除,失活速度要慢很多。

融化速率对生物介质中酶活的保持有重要影响。大幅度减慢融化速率(从 10℃/min 降至 0.1℃/min)会使模拟溶液中的数种酶失活。酶失活最容易发生在−10℃到融化点的温度范围内[22,44]。解冻过程中冰的重结晶会增加表面张力和剪切力,加剧蛋白质变性。以洋葱蒜氨酸酶为例,慢速解冻会导致食品基质中的酶失活[149]。

冷冻的另一结果是增加了未冻结液相的黏度。如图 6.39 所示,低温降低了反应速率和反应进行的程度,以冷冻蔗糖溶液中的碱性磷酸酶为研究对象,开展了黏度效应的定量研究[26]。碱性磷酸酶在自然界和牛乳中广泛存在,是牛乳热加工中的指示剂。碱性磷酸酶处于接近扩散限制的条件时仍具有较高的酶活[k_{cat}/K_M 约为 $10^6 \sim 10^7 L/(mol \cdot s)$],其催化活性的实际测定结果($k_{cat}/K_M$)能很好符合黏度效应的预测结果,解释部分冻结溶液中酶活的变化。然而,在低于扩散控制的速率时,其他因素对酶反应的影响也很重要,共溶物是这些尚未讨论的因素之一,它能引起离子和组分的(pH)变化,从而对酶活和酶稳定性产生影响。介质中的酶浓度和蛋白质浓度也会影响酶对冷冻的敏感性。酶(蛋白质)浓度越大,酶的活性保留得越好。其可能的原因是蛋白质-蛋白质相互作用对酶分子起稳定作用。最后,冷冻保护剂存在有助于酶分子的稳定,渗透保护剂具有相同的作用,尤其是海藻糖、其他多元醇、糖类。

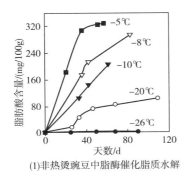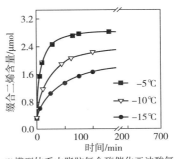

(1)非热烫豌豆中脂酶催化脂质水解　　(2)模型体系中脂肪氧合酶催化亚油酸氧化

图 6.39　冷冻效应对反应进程的影响

资料来源:Bengtsson, B., and Bosund, I.(1996), J. Food Sci. 31:474-481 and Fennema, O. and Sung, J.C.(1980). Cryobiology 17:500-507.

6.4.4　非热加工技术[137]

已被评估用于食品保藏的主要非热技术有高静水压力处理(HPP)、脉冲电场、超声波、辐射、紫外线和氧化过程(臭氧、二氧化氯)。所有这些方法的目标都是针对微生物控制,但 HPP 和超声波也可以使食物中不需要的酶失活,从而保持若采用热处理容易失去的食品的"新鲜度"。足够高的压力会破坏和展开蛋白质结构并解离寡聚物,从而导致酶失活。HPP 的压力范围在 100~900MPa。在大约 400MPa 的压力下酶活性可能提高,而在高达 900MPa 的压力下大部分酶会失活。酶对压力的敏感性取决于组织的基质、HPP 条件和其他辅助处理。因此,该技术的开发利用需要很好的知识和经验。果蔬产品(果汁、果酱、果泥)是最常见的采用 HPP 钝酶延长货架期的产品。HHP 最成功的商业应用之一是用于钝化鳄梨酱中酚酶,使鳄梨酱在冷藏温度下的保质期达到数周。

6.5　食品内源酶和内源酶的控制

本章的其余部分将讨论食品内源酶的特性及其控制,这是食品科学家遇到的一个持久挑战。本章旨在帮助理解组织中酶的性质和分布、它们作用的复杂性和相互作用,以及如何通过物理或化学方法根据需要强化或弱化内源酶的作用。本章不讨论复杂的、相互关联的生物化学过程,例如成熟、采后和宰后的代谢过程、遗传调控等。

6.5.1 细胞和组织的作用

对与食品质量和加工过程相关的酶的研究通常是对酶进行了纯化或部分纯化后进行的,以便能够了解酶的内在性质和特征。体外研究时,酶浓度一般为 $10^{-12} \sim 10^{-7}$ mol/L。可以作一简单快速的推算。假如食品中含有 1000 种平均分子质量为 100ku 的蛋白质,蛋白质的质量分数为 10%,则使任一蛋白质的平均浓度为 10^{-6} mol/L[122]。当然,一些蛋白质的丰度较大,而另外一些的丰度较小,不同蛋白质的浓度范围会有 ±3 个数量级的波动,即通常为 $10^{-9} \sim 10^{-3}$ mol/L。因此,在食品和生物基质中的酶的平均浓度比用于研究它们性质的模拟体系中的浓度高出几个数量级。表 6.11 所示为一些不同来源食物中浓度较高的酶。表中的数据不能用来说明由于酶在细胞内部区域化分布而导致的局部高浓度(高出平均值一个或多个数量级)。非组织化的食品如鸡蛋和牛乳也表现出结构上的非均一性,在不同相中分布或富集内源性组分。

表 6.11 食物和组织中含量较高的酶

酶	来源	含量水平	浓度/(mmol/L)	说明
甘油醛-3-磷酸-脱氢酶	肌肉(肉)	大于湿重的 1%	0.34	相关代谢酶系:醛缩酶 0.15mmol/L、乳酸脱氢酶 0.11mmol/L、多酶复合体
过氧化物酶	辣根	蛋白质含量的 20%	0.2	有多种同工酶,存在于细胞质和质体中
酯酰水解酶	马铃薯块茎	约蛋白质含量的 30%	0.2	贮藏蛋白,位于液胞外膜,富含于块茎芽苞基端
蒜氨酸酶	洋葱鳞茎	约蛋白质含量的 6%	0.02	洋葱液泡
	蒜	约蛋白质含量的 10%	0.2	富含于大蒜束鞘
胰酶(消化性蛋白酶混合物)	胰腺	约 0.04/g 干重	约 1.0 总蛋白酶	以酶原和活性酶形式存在的胰蛋白酶、胰凝乳蛋白酶、弹性蛋白酶

酶在细胞内的隔离分布和体内的浓缩从几个方面影响它们的性质。酶的性质与浓度有关,特别是那些稀释时会发生解离的寡聚酶,稀释时与寡聚酶(变构酶)相关的动力学性质将减弱。尽管理论上,像 K_M 等常数与酶浓度无关,但是当酶浓度改变时,酶和底物之间的动力学关系也会随之改变。肌肉中的磷酸果糖激酶(在宰后肌肉转化为肉的过程中会影响糖酵解速率)是一个典型的例子[图 6.40(1)]。磷酸果糖激酶的生理水平浓度为 500μg/mL(约 10^{-6} mol/L),$S_{0.5}$ 为 0.5mmol/L。当酶浓度为 5μg/mL(约 10^{-8} mol/L)时,$S_{0.5}$ 几乎增加了 10 倍,达 6.4mmol/L。同时,在低酶浓度时,在存在激活剂果糖-2,6-二磷酸的情况下,ATP

(一种共底物)对它具有更强的抑制作用(K_I为1.2mmol/L),而在生理水平时K_I为10mmol/L,ATP的抑制作用小得多。另一种原位效应是其他组分也会起到调控酶活性的作用。在有果糖二磷酸酶存在时,果糖磷酸激酶动力学双曲线上的$S_{0.5}$为2.9mmol/L。单独存在时,呈现出变构动力学特征,$S_{0.5}$升高至9.2mmol/L[图6.40(2)]。因此,通过结构或代谢效应,果糖二磷酸酶在肌肉中可以原位"激活"果糖磷酸激酶。

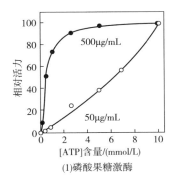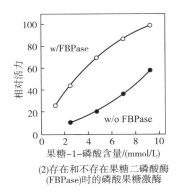

图6.40 原位(*in situ*)刺激对酶功能的影响

资料来源:Bär, J., et al.(1990). *Biochem. Biophys. Res. Comm.* 167:1214–1220 and Ovádi, J., et al.(1986). *Biochem. Biophys. Res. Comm.*, 135:852–856.

另一个影响酶在原位活力的因素是酶、底物、辅助因子的相对含量,其中后两者在多酶中可能会成为竞争对象。例如,糖酵解中间代谢物的浓度为20~540μmol/L,糖酵解酶的浓度为32~1400μmol/L[131]。因此,可用于主要代谢途径和次生代谢途径反应的底物浓度可能不足。在生物体系中,$NAD^+/NADH$的稳态浓度约为540/50μmol/L,许多氧化还原酶对这些共底物的竞争和相对的K_M通常决定哪些酶有活性和哪些酶没有活性(实际上不含有"游离的"$NAD^+/NADH$)。相反,在体外研究酶活性时常常使用过量的共底物和10^{-6}~10^{-2}mol/L的底物浓度。

现在,我们已经很清楚,区域化分布是食品和生物体系中控制酶作用的关键要素。然而,区域化不只是指通过膜结构、存在于细胞器或通过其他物理障碍的简单隔离。酶还可以通过与其他蛋白质、膜或多糖结合来实现与其他酶或底物的分离。在细胞中,酶可以通过相互作用和相互结合来实现共隔离,这种结合可以通过将它们与细胞中细胞质或扩散代谢池分开,在代谢通路中实现底物和中间产物向终产物的转化。酶也可以通过其他因素实现功能性隔离。这种例子不少,例如局部的pH或离子强度(或梯度)不合适、可逆抑制剂存在、激活剂或辅助因子缺乏或需要水解作用来激活酶原等。

在一些情况下,破坏食品中酶的隔离分布状态是很容易的。组织捣碎就是其中一种简单的方式。这样做有时会提高食品的品质(例如,产生风味),有时会降低食品的品质(例如,酶促褐变),这取决于特定的食品材料、特定的质量要求和特定的反应。例如,脂肪氧化酶作用于脂肪,或产生哈喇味,或产生愉快的风味;酶促褐变在茶叶的化学"发酵"中是期望的,但在新切的水果和蔬菜中是不期望的。

6.5.2 影响食品色泽的酶

6.5.2.1 酚氧化酶[129,142,150]

酶促褐变是由酚酶、酚氧化酶、多酚氧化酶、儿茶酚酶、甲酚酶、酪氨酸酶等酶催化的反应引起的,这些酶广泛存在于微生物、植物和动物(包括人类)中。人类皮肤色素的沉淀与该酶有关。这些酶具有相同的Ⅲ型(氧合偶联)双核铜离子活性部位结构,可以催化如下两个反应或后一个反应。

$$单酚 + O_2 + 2H^+ \rightarrow 邻 - 二酚 + H_2O \tag{6.47}$$

$$邻 - 苯二酚 + \frac{1}{2}O_2 \rightarrow 邻 - 苯醌 + H_2O \tag{6.48}$$

第一个反应为羟基化反应,催化反应的酶称为单酚单(加)氧酶(EC 1.14.18.1)。第二个反应为氧化反应,催化反应的酶称为1,2-苯二酚:氧氧化还原酶(EC 1.10.3.1)。前一个反应是"甲酚酶活力"的基础。对-甲酚通常作为单酚的代表,经常用作单酚羟基化反应的底物(形成的产物会进一步氧化)。儿茶酚是1,2-苯二酚(邻-苯二酚)的俗名。因此,分别用甲酚酶和儿茶酚酶活性来表示羟基化和二酚氧化两个步骤。酪氨酸酶一词用来表示能同时具有催化羟基化和二酚氧化反应活性的酶。酪氨酸酶是指能催化羟基化和氧化反应的酶,其名称源自一种常见的富含此酶的蘑菇(双孢蘑菇),该酶作用蘑菇内源性底物酪氨酸。酶反应并不直接生成褐色产物,但是酶反应生成的邻-苯醌会通过化学缩合反应(可能有胺和蛋白质参与),形成各种不同的多聚共轭产物——黑色素,通常呈现红褐色。

每个双核铜离子都紧密地结合在三个His残基上(甜马铃薯儿茶酚酶为His$_{88,109,118}$和His$_{240,244,274}$),而且这个特征在酚氧化酶和相关双核铜离子酶中是高度保守的[40,129]。高等植物的酚氧化酶通常为单体酶或由相同亚基构成的寡聚酶(亚基分子质量为30k~45ku)。酪氨酸酶通常是糖基化的,并存在多种异构体,对底物有不同的选择性。酪氨酸酶的作用机制包括$2e^-$步骤的氧化还原反应(图6.41)。组织中存在的酪氨酸酶约有85%以Met(结合羟基)形式(Cu^{2+}—Cu^{2+}—OH^-)和10%~15%以OXY(结合氧)形式(Cu^{2+}—Cu^{2+}—O_2^{2-})。酶的任何形式都可以轻易地催化二酚的氧化,而且反应会不断循环,快速进行。因此,在一个完整的循环中,1mol O_2和来自于底物的$4e^-$用于生成1mol H_2O。在酶循环的开始阶段,以DEOXY(脱氧)形式存在的酶在结合二酚之前结合O_2,形成过氧桥(OXY形式),从Cu^+—Cu^+接受电子。

羟基化反应常常表现出一个迟滞期。原因是该反应要求较少的OXY形式的酶,而且底物苯环上的取代基会对酶在底物苯环邻位上的羟基化产生空间位阻作用,降低酶的作用用[129]。羟基化过程见图6.41的内循环,每个循环消耗1mol O_2,生成1mol H_2O。单酚可以在一个催化中先发生羟基化反应,接着发生氧化反应。二酚是作用于单酚的酶的激活剂,能降低反应迟滞期,使酶迅速由MET形式转化成OXY形式[这一特征常用式(6.47)表示,需要H原子供体,即用BH_2替代$2H^+$]。单酚对邻-苯二酚氧化和邻-苯二酚对单酚羟基化的相竞争性抑制与它们共享但又有一部分分岔的循环途径一致。低浓度的H_2O_2通过将MET形式酶转化成OXY形式来激活酪氨酸酶。过量的H_2O_2会使酪氨酸酶失活。可能的

原因是双核 Cu_2—过氧化物复合物产生了氧自由基,破坏了稳定活性部位铜离子的 His 残基。尽管早期的研究报告称有只具有甲酚酶活性的酶,但是现在看来,所有具有甲酚酶活性的酶都具有儿茶酚酶活性,两者间典型的酶活比率为 1:40~1:10[161]。大多数具有儿茶酚酶活性的酶也具有甲酚酶活性。

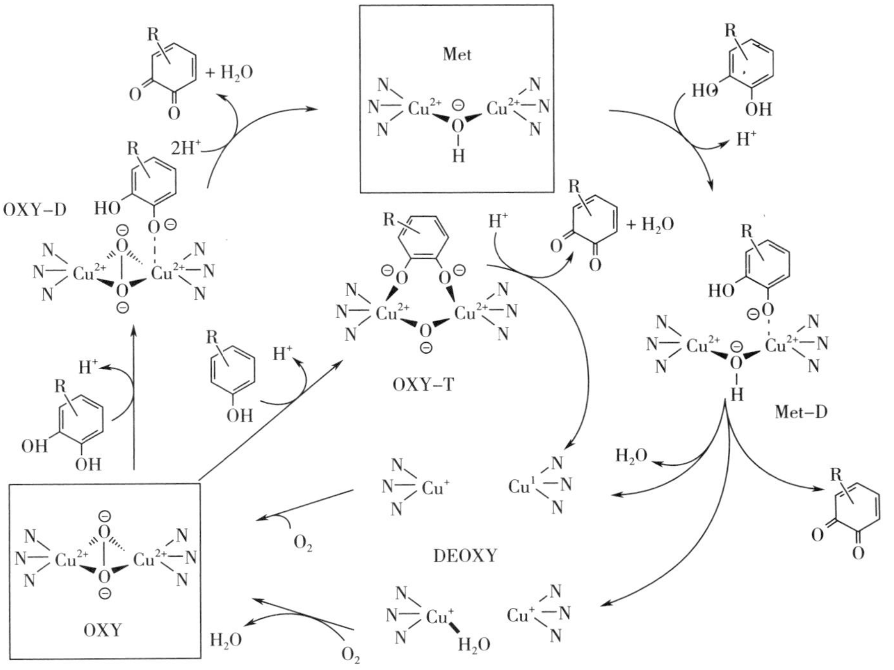

图 6.41　多酚氧化酶催化反应机制

自然界中占主导的、自然形成的酶形式加方框标注。

OXY 形式酶同 2mol 原子氧结合。MET 形式酶同 OH^- 结合。有些形式的酶的活性部位结合二酚(D)或单酚(T)。

资料来源:Eicken, C., et al.(1999). *Curr. Opin. Struct. Biol.* 9:677–683 and Solomon, E.I., et al.(1996). *Chem. Rev.* 96: 2563–2605.

在虾和其他甲壳类动物中会发生酶促褐变,导致褐斑缺陷。血蓝蛋白是一种在甲壳类动物中负责 O_2 传输的 Cu 蛋白,与酪氨酸酶密切相关,也可能与褐斑的形成有关联。漆酶 EC 1.10.3.2)是一类具有氧化二酚活性但没有甲酚酶活性的酶,广泛存在于植物和真菌中。它们对食品中的酶促褐变会有贡献,其功能类似于邻-苯二酚氧化酶,但存在抑制剂敏感性方面的差异。

植物中的酚氧化酶可以用于抵御害虫和病原菌[150]。植物组织中的二酚氧化酶的作用代表了一类典型的去隔离活化机制。大多数酚氧化酶存在于色素体(叶绿体和色质体)中,其中95%~99%都是潜在的,可能与抑制剂(如草酸盐)形成复合物,与底物隔离分布(在液泡或其他细胞内),或以前体形式存在。组织结构破坏时,潜在的二酚氧化酶活性会被酸和与底物(来自液泡)的接触,酶原的水解,各种化学激活剂、特别是表面活性剂所激活。酶反应产生的邻-苯醌具有反应能力,能使入侵微生物所分泌的酶失活。同时,邻-苯醌聚合形成的黑色素也起到防止感染的物理屏障作用。

酚氧化酶是导致食品酶促褐变的原因。酶促褐变有助于提高葡萄干、西梅干、可可豆、茶、咖啡、苹果汁等产品的品质。酚氧化酶也能导致双酪氨酸分子的交联,这对蛋白质的"质构化"有利,例如,形成期望的凝胶和面包面团(面筋)结构。在体内,酪氨酸酶参与了甜菜红色素的合成。然而,在大多数水果和蔬菜中,特别是轻度加工的产品中,酶促褐变与颜色质量损失有关。谷物(例如小麦)中存在的酚氧化酶会降低面条的"白度",引起质量下降。

水果和蔬菜组织中的酚氧化酶的最适 pH 一般在 4.0~7.0,但一些底物会影响其最适 pH。由单一的可离子化基团引起的 pH 效应只会影响酶与底物的结合(K_M 步骤)。而不影响催化(v_{max})步骤,也不影响酶的构象。酚氧化酶最适温度一般为 30~50℃,温度稳定性相对较高,在 55~80℃时的半衰期达到数分钟,这与来源有关。在热处理过程中,酚氧化酶很可能被激活,原因是大约 60~65℃的温度处理会使细胞发生渗漏(去隔离),使酶和底物的混合、接触。

底物的选择性取决于酶的来源和同工酶类型。最常见的天然或内源性底物有咖啡酰奎宁酸、咖啡酰酒石酸、咖啡酰莽草酸衍生物以及儿茶酚,如图 6.42 所示,K_M 范围一般为 0.5~20mmol/L。一些底物浓度足够高时会起抑制作用。

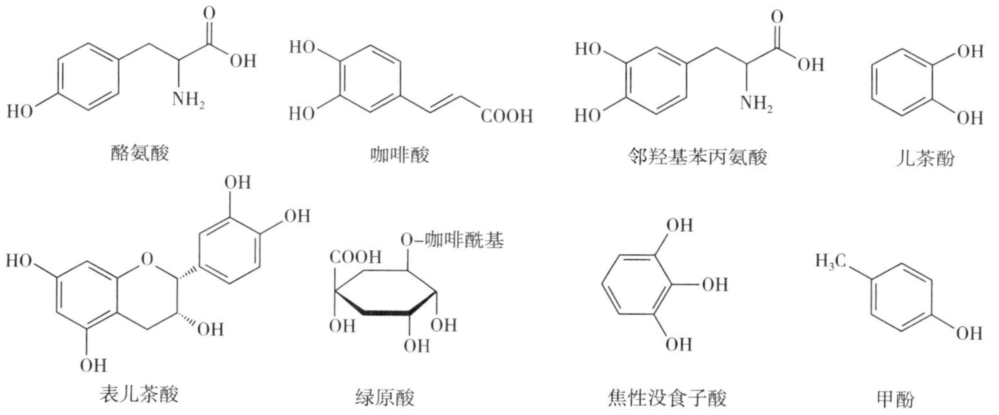

图 6.42 多酚氧化酶的底物

抑制酶促褐变是食品加工的重要的研究内容之一。脱水、冷冻、热处理是抑制酶促褐变的有效方法,但前提是这些处理过程中不会发生过度的与品质保留有关的褐变和质构变化。其他物理方法包括采用气调包装来包装最少加工食品、用糖浆涂裹食品(特别是冷冻食品)或用可食用膜包装来隔离酶反应的共底物 O_2。多酚氧化酶对 O_2 的 K_M 约为 50μmol/L,对饱和了空气的 25℃的水的 K_M 约为 260μmol/L,可食用膜包装可有效降低溶氧水平,是实际中抑制酶促褐变的有效方法。由于厌氧代谢常常会产生异味,因此,在对有呼吸作用的产品的 O_2 进行限制时,不能使 O_2 的浓度下降至会导致厌氧代谢的水平。虽然一些酚氧化酶有反应失活现象(与中间产物邻-苯醌作用),但是这些酶在失活前已经进行了千百次的反应循环,因此实际上不能利用酚氧化酶的这个特点来控制食品中的酶促褐变。

最为常见的是基于抑制或钝化酶,或与天然底物结合形成复合物,或将生成的邻-苯醌还原成邻-苯二酚,和/或将邻-苯醌同其他物质结合以阻止它进一步形成黑色素的化学处理方法。在后一种方法中,仅起着还原剂作用的化学物质只能延迟褐变,当这些还原性物质消耗殆尽后,几乎就不能起作用了。一些还原剂(特别是硫醇)能与邻-苯醌结合形成不能进一步发生聚合反应的复合物。但是,这种效果也有限,因为硫醇会被下述反应所消耗:

$$(6.49)$$

控制酶促褐变的长效方法包括添加酸味剂、酶抑制剂、螯合剂、减活化剂等。添加柠檬酸、马来酸和磷酸等酸味剂控制酶促褐变时一般不会产生不良影响。抑制剂会像天然底物一样竞争性地占据酚(底物)的结合位点。此类抑制剂如图 6.43 所示。

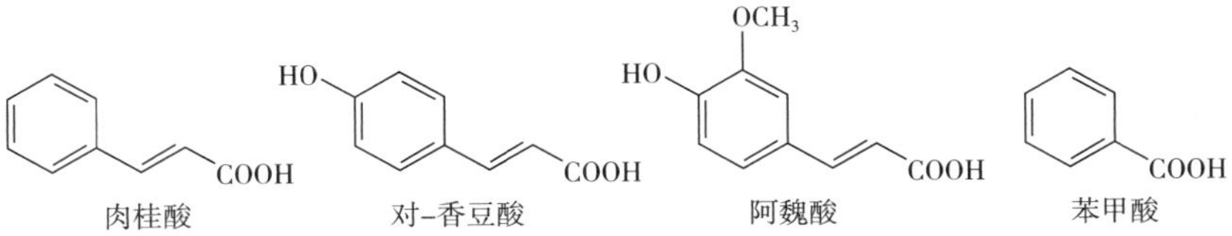

图 6.43 多酚氧化酶抑制剂

EDTA、草酸、柠檬酸(包括含这类有机酸的果汁,如柠檬和大黄)等螯合剂能螯合活性部位的铜离子,会导致一部分铜离子失去作用。但是,由于 His 能与铜离子紧密结合($\log K_{assoc}$ 为 10~18),使得离子螯合剂(EDTA 的 $\log K_{assoc}$ 为 15~19,草酸的 $\log K_{assoc}$ 为 4~9)并不能很有效地去除活性部位的铜离子。其他能与活性部位铜离子作用的抑制剂表现出竞争性抑制作用。这些抑制剂包括卤素盐、氰化物、一氧化碳和一些硫醇试剂。目前有关结合酶的天然底物和限制酶与底物结合或接触的方法研究主要集中在壳聚糖和环糊精处理方面。这些物质在液态产品处理上有一定的应用前景。聚乙烯吡咯烷酮(PVP,不溶解态)是另一种能与酚类物质作用的物质,主要在酚氧化酶的分离研究中用于使分离过程中的褐变反应降低到最低程度。然而,去除底物的方法会降低果汁的营养价值,因为酚类和相关化合物是对人体健康有益的化合物(详见第 13 章)。

还原性物质,如亚硫酸盐、抗坏血酸和半胱氨酸具有抑制酶促褐变的多种效应。它们可以将邻-苯醌还原成二酚或生成化学缀合的邻-苯醌,从而延滞了黑色素形成。由于还原能力会在持续的酶反应过程中被逐渐消耗,因此上述效应的持续时间有限。上述物质的一个更为重要的效应是对酚氧化酶产生可逆、共价的失活作用。在没有底物存在的情况下,将上述物质与酚氧化酶混合保温一段时间,然后进行透析分离出上述物质,酶活不能完全恢复[92]。这些抑制剂似乎与活性部位的铜离子结合,在有氧条件下进行电子传递反应,在活性部位生成"隐性的"氧自由基(不容易被检测或被鉴别)。这些氧化性物质能降解活性部位的 His 配位体,使酶失活,并可能使铜离子游离出来。在破碎组织中通过这种方式发挥作用的抑制剂的抑制能力取决于动力学因素,即相对于酶作用于底物的速度,它们能以多快的速度与酶结合,与底物的竞争力如何。在破碎的组织中,亚硫酸盐和硫醇比抗坏血酸具有更持久的抑制酶促褐变的作用。与抗坏血酸相比,亚硫酸盐和硫醇能更快使酶失活[92]。环庚三烯酚酮和 4-己基间苯二酚是最近鉴定出的酚氧化酶抑制剂(图 6.44)。

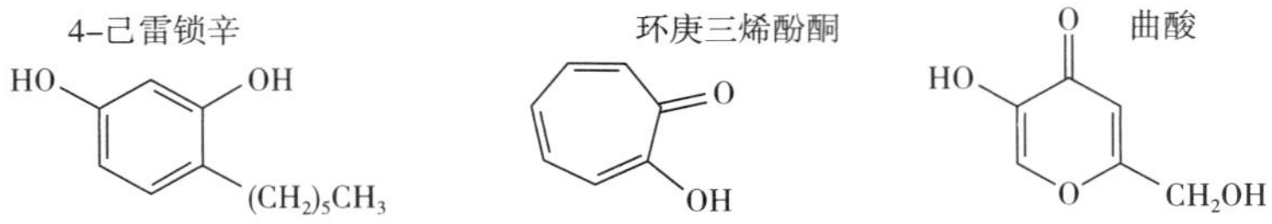

图 6.44　多酚氧化酶抑制剂

它们与底物类似,能与活性部位的铜离子紧密结合,浓度为 $1\mu mol/L$ 左右时就有抑制作用。4-己基间苯二酚分离自用于提取无花果蛋白酶的无花果提取液,原先主要用于替代亚硫酸盐控制甲壳类动物的褐斑[美国食品和药物管理局(FDA)许可]。由于亚硫酸盐对人体有害(特别是会导致哮喘),因此逐渐被禁止使用。环庚三烯酚酮不能添加至食品中,但是它在辨别褐变是由酚氧化酶引起还是由过氧化物酶引起时有用。另一类酚氧化酶抑制剂为来自蜂蜜和玉米芽的小环肽[150]。从曲霉属(*Aspergillus* spp.)和青霉属(*Penicillium* spp.)提取的曲酸也是一种有效的酚氧化酶抑制剂,其作用机制很可能是与活性部位的铜离子配位结合。但是,曲酸可能仅限于在采用上述微生物发酵的食品中使用,因为有数据表明它对动物有一定的毒性。

6.5.2.2　过氧化物酶[38,142]

过氧化物酶是一类广泛存在于植物、动物和微生物中的酶。植物过氧化物酶与食品生物化学关系最为密切。不同属(种)的植物过氧化物酶包括原核生物和真菌分泌的过氧化物酶和一般的植物过氧化物酶等。植物过氧化物酶是糖苷化的单亚基亚铁血红素(原卟啉Ⅸ)蛋白,相对分子质量为 40000~45000,有两个相似的结构域(源于基因复制)。植物过氧化物酶大多数是可溶的,少量以共价结合的方式与细胞膜结合在一起,后者的释放需要细胞壁降解酶的作用。过氧化物酶的生理作用包括木质素的形成和降解、植物生长调节剂吲哚乙酸(参与成熟和与之相关的代谢过程)的氧化、抵御害虫和病原菌以及清除细胞中的 H_2O_2。基于等电点的不同,过氧化物酶同工酶分为酸性、中性和碱性三类。辣根中性过氧化物酶 C(EC 1.11.1.7,供体:H_2O_2 氧化还原酶)是研究最多的一种过氧化物酶,已成为过氧化物酶的研究模型,其特性通常也适用于其他过氧化物酶。过氧化物酶催化的过氧化反应为:

$$2AH(电子供体)+H_2O_2 \rightarrow 2H_2O+2A\cdot \tag{6.50}$$

过氧化物酶以 5 种氧化态形式存在,静息态为 Fe^{III} 型(图 6.45)。当 H_2O_2 靠近血红素铁时,反应开始。His_{42} 作为广义碱"提供"一个电子给 H_2O_2,形成过氧化氢阴离子。过氧化氢阴离子是一种强亲核试剂,能与 Fe 配位结合。与 Fe 配位结合的 His_{170} 残基作为广义碱将电子给予过氧化物,使 O—O 键异裂生成作为离去基团的 H_2O(此时 His_{42} 上的 H^+ 作为广义酸),产生过氧化物酶化合物 I($Fe^V=O$)。因此,来自血红素 Fe^{III} 的 1 个净的 $2e^-$ 将 H_2O_2 还原成了 H_2O。2 个 AH 供体的 2 个连续的 e^-(和 H^+)转移步骤将酶恢复到静息态,完成过氧化循环,其中经历了化合物 II($H^+-Fe^{IV}=O$),和释放出另外一个水分子(作为离去基团)。相对于化合物 I 的形成速率,上述两步比较慢。过氧化物酶很容易被能与血红素辅基结合的化学物质所抑制。常见的这类化学物质有氰化物、NaN_3、CO 以及一些硫醇类化合物。然而,这些抑制剂仅限于用于过氧化物酶特性的研究。由于过氧化物酶对食品质量的影响至今仍然没有明确的定论,因而添加这些抑制剂的必要性也还没有得到肯定。

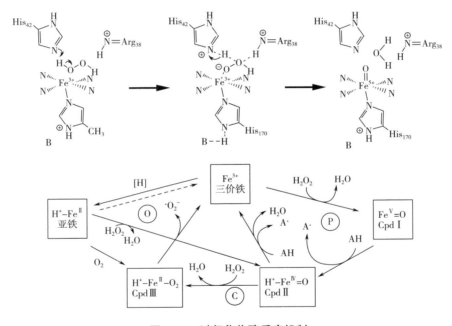

图 6.45　过氧化物酶反应机制

P 代表过氧化反应循环;C 代表过氧化氢酶催化的循环;O 代表氧化反应循环。

资料来源:Dunford,M.B.(1999).*Heme Peroxidases*,John Wiley & Sons,New York,p.507.

酚类(例如,对-甲酚、儿茶酚、咖啡酸、香豆酸,见图 6.42 和图 6.43)、抗坏血酸、NADH、芳香胺(如对-氨基苯甲酸)是常见的使化合物 I 向化合物 II 转化和使酶的铁离子恢复到正铁状态的电子供体。过氧化循环产生的 2A·会有不同的结果。若 AH 是抗坏血酸,得到的 2A·会是 1mol 的抗坏血酸和 1mol 的脱氢抗坏血酸盐;若 AH 是愈创木酚,2A·会发生自由基聚合反应生成四聚体,并产生褐色。因此,愈创木酚广泛作为测定过氧化物酶酶活的底物和热烫灭酶效力的指示剂。

$$(6.51)$$

愈创木酚　　　　四愈创木酚　　　焦性没食子酸　　　红棓酚

焦性没食子酸是另一类底物,可以进行均缩合反生成粉红色二聚体红棓酚。当 AH 为生育酚时可以产生稳定的自由基,而当使用酪氨酸时,自由基加合物可以缩合为二聚体。面包面团(面筋)中发生的二酪氨酸交联会增加面团的黏弹性,提高烘焙质量。

当有过量的 H_2O_2 存在时,过氧化物酶将催化过氧化氢酶催化的反应(图 6.45):$1/2mol$ H_2O_2 反应生成 $1mol$ H_2O,同时形成化合物Ⅲ($H^+-Fe^{II}-O_2$)。当 AH 供体为 $3\sim10mmol/L$ H_2O_2 时,过氧化物酶表现出最大活力。在以测定过氧化物酶酶活力来测定热烫效力时,H_2O_2 浓度的选择很重要。过量 H_2O_2 会形成化合物Ⅲ,导致酶不能循环回到有效的静息态,从而使过氧化物酶残余活力的测定结果偏低。

过氧化物酶还会催化其他特异性反应,其中的一个反应与 NADH 有关。当存在痕量 H_2O_2(H_2O_2 作为 AH)时,在过氧化循环中会生成 $2mol$ NAD·。NAD·会参与如下反应,进一步变化:

$$NAD+O_2 \rightarrow NAD+^-O_2 \cdot \tag{6.52}$$

$$^-O_2 \cdot +2H^+ \rightarrow H_2O_2 \tag{6.53}$$

$$NAD \cdot +铁过氧化物酶 \rightarrow NAD+亚铁过氧化物酶 \tag{6.54}$$

$$亚铁过氧化物酶+O_2 \rightarrow 氧过氧化物酶(化合物Ⅲ) \tag{6.55}$$

$$氧过氧化物酶 \rightarrow 铁过氧化物酶+^-O_2 \cdot [然后再接反应式(6.53)] \tag{6.56}$$

因此,在仅有痕量的 H_2O_2 存在时,使用 NADH,过氧化物酶可以自己产生共底物(H_2O_2),进行过氧化循环和氧化循环。

其他与过氧化物酶有关的反应,如氧化和羟基化反应,会间接影响过氧化物酶活力。在过氧化循环和氧化循环中借助 NADH(作为 AH)可以解释过氧化反应是如何产生活泼氧和氧自由基的。活泼氧和氧自由基都会导致氧化反应。如果共底物产生的 A·能从其他物质中"抽取"H 原子,氧化反应就能发生。上述一连串反应会引发酚类物质的自由基反应,生成聚合的衍生物,使人想起酚氧化酶引起的酶促褐变。因此,过氧化物酶同一个酚类底物的反应会引发另一个间接的(化学的)氧化反应,增加对混合体系(例如食品)中过氧化物酶直接作用进行评价的难度。酚类过氧化物酶的底物会产生 O_2 活性 A·同样会形成 $^-O_2 \cdot$ 和 H_2O_2,并进一步参与氧化反应。因此,过氧化物酶在食品的褐变和漂白中所能起到的作用仍然像谜一样,很难说清楚。最近一些关于过氧化物酶引起褐变的说法都是基于过氧化物酶活力与褐变程度或褐变发生率的关联性提出的,对这些观察结果还没有建立因果关系。

尽管形成化合物Ⅰ的 pH 范围很宽,指示酶活跃变 pH 的 pK_a 约为 2.5 和 10.9,但植物过氧化物酶的最适 pH 范围一般在 4.0~6.0。酸性跃变由 His_{42} 残基引起,其 pK_a 可在 2.5~4.1 变化,取决于介质组成。His 这个异常低的 pK_a,使得它必须先作为共轭碱,并且这要由能促进 H^+ 解离的多重氢键网来引起。过氧化物酶总的最适 pH 与在过氧化循环中利用 AH 将酶恢复至正铁状态的步骤有关。AH 作为 H-供体(不仅是 e^- 供体),如果它(们)的 H^+ 是可解离的,那么它(们)必须是质子化状态才能作为底物,因此最适 pH 也常与底物有关。

过氧化物酶在植物组织中普遍存在,并且耐热,这使得它适合作为热烫的指示剂。如果内源的过氧化物酶失活了,则所有其他对食品品质有损害的酶也失活了。上述方法在实际使用时存在有一定的限制,那就是,当检测不出过氧化物酶活力时可能已经是过度热处理了,引起不必要的食品品质(例如,质构、营养、有效成分浸出)下降。然而,在对热烫(和冷冻)蔬菜质量有直接影响的最耐热的酶被鉴定出来和更容易操作的酶活测定方法建立之前,过氧化物酶仍是果蔬热烫是否达到要求的指示剂。温度对过氧化物酶的影响与植物组织有关。一般而言,酶活的最适温度为适中温度(40~55℃)。过氧化物酶的热稳定性很高,也与来源有关。要使大小适中且未受损伤的蔬菜组织中过氧化物酶彻底失活需要在 80~100℃ 下热烫数分钟。与过氧化物酶热稳定性有关的因素包括血红素辅基、糖基化、四个二硫键和可能参与盐桥形成的 2mol Ca^{2+} 的存在。离子强度较高时,在 pH3~7 过氧化物酶的热稳定性会随 pH 的下降而下降。在 pH5.5~8.0 范围内。短时间热处理(如热烫)的过氧化物酶的活力会再生。一般认为,再生包括热处理时遭到破坏的活性部位的血红素还原。热处理强度提高,如蒸煮,会降低过氧化物酶活力再生的倾向,因为强度更高的热处理会使得酶的构象发生更剧烈的改变,并发生有共价键断裂和生成的反应。然而,释放到介质中的游离的血红素会催化氧化反应,使蔬菜罐头食品产生不良风味。其他由过氧化物酶催化的对食品品质有影响的反应包括会间接氧化脂质的苯氧基自由基的形成和辣椒素的直接氧化。辣椒素是胡椒的主要辛辣成分。

尽管过氧化物酶对酶促褐变的作用仍存疑问,但是还是有一些定论。例如,过氧化物酶会破坏一些色素,特别是甜菜中的甜菜色素。过氧化物酶与特定条件下的叶绿素漂白有关。

6.5.2.3 其他氧化-还原酶[38]

乳过氧化物酶是牛乳中的过氧化物酶,属于动物过氧化物酶超家族,是相对分子质量 78000 的糖蛋白单体酶,含 Ca^{2+} 和一个共价修饰的原卟啉 IX。在过氧化氢(H_2O_2)反应活性和过氧化物酶循环方面,乳过氧化物酶具有与辣根过氧化物酶 C 相似的性质。乳过氧化物酶与过氧化物酶 C 的不同之处在于:前者对卤素离子(特别是 I^-)反应活性更强。最令人感兴趣的是乳过氧化物酶对硫氰酸根(SCN^-)的反应活性。硫氰酸根正常存在于牛乳中,过氧化反应循环起着 AH 的作用:

$$2SCN^- + Enz\text{-}(Fe^V = O) \rightarrow 2SCN \cdot + Enz\text{-}(Fe^{III}) \rightarrow SCN^- + HOSCN + H^+ \tag{6.57}$$

次硫氰酸(HOSCN)和它的共轭碱(pK_a 5.3)次硫氰酸根(OSCN$^-$)是抑菌剂。在牛乳中添加少量 H_2O_2(如果 SCN^- 含量低,也需要额外添加 SCN^-),在"冷-巴氏杀菌"处理时就能产生具有抑菌作用的 HOSCN,使得原乳中的微生物数量下降。这在热带和亚热带地区很有用,尤其是在不具备冷藏条件的情况下。由酶产生的 OSCN⁻ 比添加的外源性化学物质更有效,因为乳过氧化物酶吸附在表面和微粒上,产生的 OSCN⁻ 更容易接近微生物。

过氧化氢酶(EC 1.11.1.6)是一种与过氧化物酶相关的具有四个亚基的血红素酶,广泛存在于自然界中。它的主要作用是使细胞内过量的 H_2O_2 酶解成 H_2O 和 O_2,使细胞脱毒。过氧化氢酶对热相当稳定,因此也被用作热烫处理的指示剂。其酶活测定非常简单,首先将一张小滤纸圆片浸入热烫处理的蔬菜匀浆中,取出后放入盛有 H_2O_2 溶液的试管中。小滤纸圆片浮于表面并不断释放 O_2,则认为反应呈阳性。

6.5.3　影响食品风味的酶

6.5.3.1　脂肪氧合酶[16,25,154]

尽管对脂肪氧合酶的研究已有 70 多年,但仍然有学者在研究和评价食品中脂肪氧合酶的作用及其对食品质量的影响。在一些早期研究中,将脂肪氧合酶称为脂肪氧化酶和胡萝卜素氧化酶。脂肪氧合酶(以及相关加氧酶)广泛存在于植物、动物和真菌中,但过去曾认为仅存在于植物中。本章已对脂肪氧合酶的作用机制和反应选择性进行论述,本节将着重介绍其催化反应的多样性,附带介绍脂肪酸转化途径以及脂肪氧合酶参与的影响食品品质的过程。脂肪氧合酶作用会产生期望或不期望的结果,取决于特定的食品材料和脂肪氧合酶的作用环境。有不少文献列举了这方面的实例[25,154]。

很久以来一直认为脂肪氧合酶是没有经过充分热烫灭酶的加工蔬菜出现质量缺陷的重要原因。豆类蔬菜(如食荚菜豆、大豆、豌豆)特别容易产生氧化性的腐臭,其原因是它们的脂肪氧合酶含量较高(表 6.12)。脂肪氧合酶参与的反应的多样性可以由图 6.8 所描述的反应机制来说明。不存在 O_2 时,厌氧循环成为主导。厌氧循环包括通过过氧化物的激活作用使酶从静息态(Fe^{II})向活化态(Fe^{III})的转变。有时将此活性称为"脂过氧化物酶"活性,如图 6.46)。活化反应的结果是释放出氧自由基(XO·)进一步引发自由基反应。在缺乏 O_2 时,该循环还可能继续,形成并释放出脂肪酸自由基(L·)。当 XO· 为多不饱和脂肪酸氧自由基时,会发生分子内重排,形成具有反应活性的环氧化合物。因此,很多脂肪氧合酶在进行厌氧循环时都会引起次级的自由基共氧化反应。在富氧情况下,遵循图 6.8 所示的正常的反应机制。有些脂肪氧合酶对脂肪酸和中间产物具有较低的亲和力,因而氢过氧化自由基(LOO·)会在正常催化循环完成前通过"低亲和环"提前解离(图 6.46)。这就要求酶在厌氧循环中通过过氧化物来重新活化。豌豆和大豆的脂肪氧合酶同工酶 3 的底物亲和性比其他种子的脂肪氧合酶同工酶的亲和性要小 20 倍[7,59],因此,豌豆和大豆的脂肪氧合酶同工酶 3 的主要作用是产生 LOO·,以引起脂肪酸的自动氧化,并通过产生活性氧[包括在厌氧循环中产生的单重态氧($^1O_2$)]来引发共氧化反应。大多数同工酶仅在厌氧循环中发生共氧化反应。有氧和厌氧循环构成了酶反应循环的可选择途径。两种途径可以同时发生。O_2 浓度通常并不是选择何种酶反应循环的唯一决定因素。每步反应的动力学特征、相对酶浓度、底物和中间产物以及酶的微环境均对途径的选择有影响。

表6.12　脂肪氧合酶和氢过氧化物裂解酶的性质

脂肪氧合酶来源（同工酶）		相对活性	最适pH	脂肪氧合酶底物特异性 9:13，S/R		氢过氧化物裂解酶底物特异性	宿主组织中的优势化合物
大豆	(1)	4200	9.0	4:96	13S(pH 9)	S-13-LOOH(低水平)	正己醛、己醛、异味
	(2)		6.5	23:77	13S(pH 6.6)		
	(3)		7.0	50:50	9R≥9S		
				65:35	R~S		
玉米胚芽		—	6.5	93:7	9S	(痕量/低水平)	正己醛、异味(玉米种子中的酮醛类物质)
豌豆(3亚型)		1800	6.6	67:33	R~S(pH 6.6)	(痕量/低水平)	异味
				59:41	13S,9R(pH 9)		
马铃薯块茎		4600	5.5	95:5	9S	9/13-LOOH	反式-2顺式-6-壬二醛
番茄(3亚型)		360	5.5	96:4	9S	13-LOOH(CYP74B)	反式-2-己醛、顺式-3-己烯-1-醇、正己醛
黄瓜		30~120	5.5	75:25		9,13-LOOH	反式-2-顺式-6-壬二醛
青椒		300	5.5~6.0	无明确的评价		13-LOOH(CYP74B)	顺式-3-己醛、反式,反式-2-己醛、正己醛
梨		痕量	6.0	95:5		9-LOOH	反式-2顺式-6-壬二醛
苹果		<120	6.0~7.0	15:85		13-LOOH	正己醛、反式-2-己醛
蘑菇		—	8.0	10:90	13S	S-10-LOOH	1-辛烯-3-醇、1-辛烯-3-酮
茶叶		—	6.5	16:84	13S	S-13-LOOH	反式-2-己醛、顺式-3-己醛、正己醛

资料来源：Galliard, T. and Chan, H.-W.-S. (1980). In *The Biochemistry of Plants: A Comprehensive Treatise, Volume 4, Lipids: Structure and Function*, Stumpf, P.K. (Ed.), Academic Press, New York, pp. 131–161; Grosch, W. (1982). In *Food Flavours. Part A. Introduction*, Morton, I.D. and Macleod, A.J. (Eds.), Elsevier Scientific Publishing, New York, pp. 325–398; Kuribayashi, T. et al. (2002). *J. Agric. Food Chem.* 50:1247–1253; Matsui, K., et al. (2001). *J. Agric. Food Chem.* 49:5418–5424; and Vliegenthart, J.F.G. and Veldink, G.A. (1982). In *Free Radicals in Biology*, Pryor, W.A. (Ed.), Vol. V, Academic Press, New York, pp. 29–64; Pinsky, A., Grossman, S. and Trop, M. (1971). *J. Food Sci.* 36:571–572.

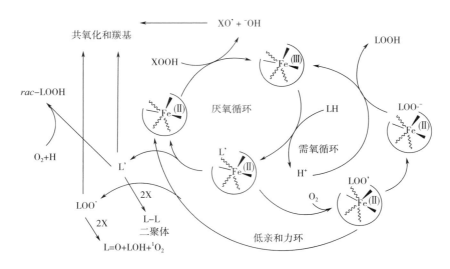

图 6.46　脂肪氧合酶催化反应的途径和循环

资料来源:Hughes, R.K., et al.(1998). *Biochem. J.* 333, 33-43; Whitaker, J.R., et al(Eds.)(2003). *Handbook of Food Enzymology*, Marcel Dekker, New York 和 Wu, Z., et al.(1999). *J. Agric Food Chem.* 47:4899-4906.

　　不同来源的脂肪氧合酶具有不同的同工酶、最适 pH、底物特异性(表 6.12)。脂肪氧合酶是"溶解态"酶,但是不同的同工酶存在于不同细胞器中,在宿主组织中具有不同的用途和在脂肪酸转化中具有独特的作用[45]。大豆种子中的脂肪氧合酶是研究最多的一种脂肪氧合酶[7],在酶学史上作为分类的基础。脂肪氧合酶同工酶 1 在大豆种子中含量最高,其最适 pH 罕见地处在碱性范围内。根据这一特征和对 13S 产物的立体选择性将其归类为"Ⅰ型"脂肪氧合酶。大豆脂肪氧合酶同工酶 2 和同工酶 3 的最适 pH 偏中性,并表现出较弱的产物选择性。也是因为它们具有上述性质,过去将同工酶 2 和同工酶 3 归类为"Ⅱ型"脂肪氧合酶。现在已经很清楚,大多数脂肪氧合酶的最适 pH 都接近中性,呈现较宽的产物选择性,原先"型"的分类作用不大。甚至前面介绍的基于花生四烯酸氧化的区域选择性(例如,5-LOX)的分类的认可程度也不如根据结构相似性的分类。如表 6.12 所示,植物来源的脂肪氧合酶中有不少具有氧化亚麻酸或亚油酸 C9 的位置选择性,生成 S 构型氢过氧化物(LOOH)。一些脂肪氧合酶(特别是大豆同工酶 2 和同工酶 3,豌豆种子同工酶)没有位置选择性和立体选择性。这与其对脂肪酸底物的亲和力较低有关[7,56]。如果 L·释放得过早,则其同分子氧的结合是随机(非选择性)的,生成消旋-LOOH 混合物。但是,当底物处于酶活性中心时氧化仍会表现出位置选择性和立体选择性(图 6.46)。

　　脂肪氧合酶同工酶会导致共氧化反应,通过自由基反应机制生成多种自动氧化产物,包括醛和酮(羰基)。共氧化作用也会漂白类胡萝卜素,破坏(原)营养素。在增加面包面团以及相关烘焙产品的白度方面,共氧化作用能产生有用的和理想的结果。氧自由基的生成还会提高面团的面筋强度和黏弹性。小麦面粉中的脂肪氧合酶的漂白活性较低,可以在面包面团中加入大豆和豌豆(也可以是马铃薯和鹰嘴豆)粉,以漂白面粉中的类胡萝卜素,提高面团品质。来源于番茄和青椒的脂肪氧合酶同样具有共氧化类胡萝卜素的能力。很多其他植物也具有多种脂肪氧合酶同工酶,包括大多数的谷物和菜豆。

可以将由脂肪氧合酶导致的氧化性哈喇味归因于两种原因(详见第4章)。原因之一是亚油酸和亚麻酸氧化生成了LOOH,然后进一步化学分解为不同的芳香醛和酮。原因之二是直接酶解产物脂肪酸自由基释放到食品中,引发共氧化和自由基自动氧化反应。正己醛具有豆腥味,它一般被作为脂肪酸氧化程度的指标。在表6.12所示的各种来源的脂肪氧合酶中,大豆、玉米和豌豆脂肪氧合酶最容易产生哈喇味。因此,玉米和豌豆在冷冻和贮藏前需要进行热烫处理,以使脂肪氧合酶失活。大豆在冷冻、研磨成粉或精炼成油和分离蛋白前也必须通过热处理破坏或弱化脂肪氧合酶的作用。

为了控制好食品质量,对不同脂肪氧合酶同工酶特性上的细微差别都进行了研究。对几种缺乏某种脂肪氧合酶同工酶的同基因型大豆的豆子、豆油和所制成的食品(如面包)产生哈喇味的特性进行了评价。对于均质化的大豆种子,脂肪氧合酶-2产生了最高浓度的正己醛[58]。同工酶1和同工酶3两者之一或同时存在会降低同工酶2产生正己醛的能力,这说明脂肪酸过氧化物的进一步变化与产生它的脂肪氧合酶同工酶有关。当将缺乏特定异构体的大豆粉添加到面包面团时,同工酶1能最大限度地增加面包体积,而同工酶2能最大限度地增加面团的筋力强度和黏弹性[32]。同工酶2也能产生让人不愉快的气味,这就是为什么在面包面团中豆粉加入量控制在<1%范围内的原因。上述例子说明在搞清楚酶反应的细微差别后可能会提出新的生产食品和控制产品品质的策略。

脂肪氧合酶和相关的氧化酶(环氧化酶)同样存在于动物组织和肌肉中,与动物性食品的品质相关[16,25]。在结构和作用机制上,动物性的脂肪氧合酶本质上与真菌和植物来源的脂肪氧合酶一致。一个最主要的差别是:尽管动物来源的脂肪氧合酶对亚油酸和亚麻酸也有活性,但它们的天然底物是花生四烯酸和长链多不饱和脂肪酸。在鲜鱼中,内源脂肪氧合酶的作用可以产生期望的风味(详见第11章)。目前对动物来源的脂肪氧合酶与食品品质之间的关系了解不多。

防止脂肪氧合酶带来负面效果的最有效方式是通过热处理使酶失活,也可以通过调节pH来控制酶活。已经证明的脂肪氧合酶抑制剂有不少。具有典型的酚类-抗氧化剂性质的物质会阻断次级氧化反应,并对酶产生较小的直接效应。只有几种抑制剂被证明会直接抑制脂肪氧合酶活性(图6.47)。这些抑制剂包括去甲二氢愈创木酸、儿茶酚和七叶苷原,这些物质在浓度大约为$10\mu mol/L$时会与活性中心的Fe^{3+}络合和/或将它还原成无活性的Fe^{2+}状态。同样,$10\mu mol/L$左右的白藜芦醇和$5mmol/L$的$SnCl_2$也是竞争性抑制剂。

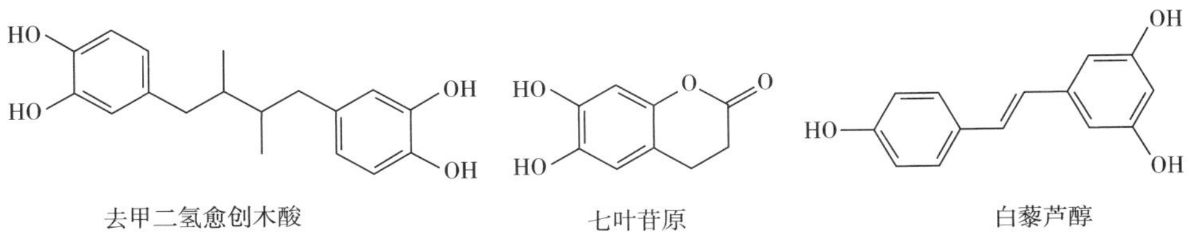

去甲二氢愈创木酸 七叶苷原 白藜芦醇

图6.47 脂肪氧合酶抑制剂

6.5.3.2 氢过氧化物裂解酶及相关酶转化反应[13,148]

由脂肪氧合酶作用产生的脂肪酸氢过氧化物(LOOH),经非特异性的化学反应分解生成羰基化合物,从而导致哈败(详见第 4 章)。但是,当存在可以直接转化 LOOH 生成其他衍生物的酶时,也可能产生令人愉悦的香气。在很多水果和蔬菜组织中,这个途径由氢过氧化物裂解酶引发,导致 6、9 和 12 个碳原子的限制性降解产物的积累(图 6.48,表 6.12)。一般反应过程为:由于脂酶的作用,脂肪酸从甘油酯中释放出来,接着在脂肪氧合酶的作用下,脂肪酸经双氧合反应生成 9/13-氢过氧化物,然后通过氢过氧化物裂解酶的作用,9/13-氢过氧化物裂解,接着发生异构化,最后在醇脱氢酶的作用下由醛转化为醇,这一途径的存在最初是从香蕉风味的形成中推断得出的,而相关酶学则是在对黄瓜和番茄的研究上建立的[47,52,148]。

不同材料中脂肪酸转化成期望风味的途径与其含有的脂肪氧合酶和氢过氧化物裂解酶的底物特异性和它们的联合作用相关,也与其他起辅助作用的酶的含量有关。例如,对于番茄,尽管脂肪氧合酶催化生成的主要产物是脂肪酸 9-LOOH(表 6.12),然而,由于氢过氧化物裂解酶的底物特异性(9:13-LOOH 的相对速率比为 1:62),使得在破碎组织中 C6 和 C12 片段为最主要的产物。相反,黄瓜中的氢过氧化物裂解酶的底物特异性相对较低(9:13-LOOH 的相对速率比为 2:1),直接的脂肪酸氧化产物主要为 C9 片段,且片段化的主要确定因素为脂肪氧合酶的底物选择性。表 6.12 所示的例子可以分为主要形成黄瓜型风味(壬二烯醛物种)或茶叶型风味和富含花/果风味几种类型。在不同的实例中,同属于一组(C9 或 C6)的产物并不表现出相同的整体风味,原因是物质的风味还会受到其他因素的影响,例如,风味的生物源性。另外,还涉及两个因素:一个是氧化途径涉及的酶的种类(包括同工酶)和数量,另外一个是脂肪水解产生的作为底物的亚油酸和亚麻酸的比例。图 6.48 所示为亚麻酸氧化的途径,但是亚油酸也会发生同样的反应,生成具有不同风味特征的类似产物。酶对这两种脂肪酸的选择性差异会影响到终产物的组成,组织中存在的其他辅助酶的不同也会影响到终产物的组成。虽然在黄瓜、亚麻仁、小麦芽、大麦和大豆中发现了特定的异构化酶[47,148],但是上述异构化在大自然中大多属于非酶反应。目前对这些异构化因素依然知之甚少[5,13]。现在,氢过氧化物异构酶(开始编号为 EC 5.3.99.1,但是在 1992 年该编号被取消)催化的反应被认为是氢过氧化物脱水酶(丙二烯氧化物合成酶,EC 4.2.1.92)和丙二烯氧化物环化酶(EC 5.3.99.6)两种酶联合作用的结果[5]。氢过氧化物脱水酶和丙二烯氧化物环化酶的联合作用以会产茉莉酮和酮醇而闻名。有关"异构化因子"的性质仍有待搞清楚。虽然发现在植物组织中至少有三种同工酶(ADH-1,ADH-2,ADH-3)能起到这个作用[13,133],但对所涉及的特定醇脱氢酶知之甚少。每种组织均含有由其他代谢途径或酶反应产生的风味物质,而且这些风味物质会影响甚至会主导表 6.12 所示食品材料的整体风味特征。

氢过氧化物裂解酶(归类为细胞色素,CYP74B 和 CYP74C)很可能是一个四聚体,每个亚基的相对分子质量为 55k~60ku,在组织中同膜(质体)结合[45]。它们不同于其他细胞色素,不需要 O_2 和 NAD(P)H;在形成新的 C—O 键时,以脂肪酸 LOOH 作为底物和氧供体。很多脂肪氧合酶抑制剂(图 6.47)同样会抑制氢过氧化物裂解酶。这并不奇怪,因为两种酶

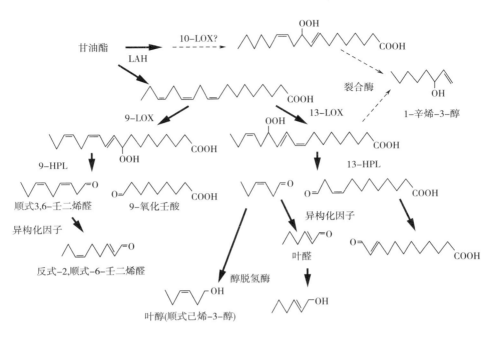

图 6.48　脂肪氧合酶(LOX)、氢过氧化物裂解酶(HPL)和辅助性酶类对脂肪酸的协同作用

资料来源:Blée, E.(1998). *Prog. Lipid Res.* 37:33–72; Fuessner, I. and Wasternack, C.(2002), *Annu. Rev. Plant Biol.* 53: 275–297; and Vliegenthart, J.F.G. and Veldink, G.A.(1982). In *Free Radicals in Biology*, Pryor, W.A. (Ed.), Vol. V., Academic Press, New York, pp:29–64.

均能同脂肪酸结合。氢过氧化物裂解酶中的 Fe 原子除了与 4 个四吡咯配位结合外,还与 Cys 配位结合[45]。来源于甜椒、番茄和番石榴的氢过氧化物裂解酶具有很高的 13-LOOH 特异性,属于 CYP74B 亚家族;而来源于黄瓜和甜瓜的酶则均能对 9/13-LOOH 作用,属于 CYP74C 亚家族。其他氢过氧化物裂解酶仍需进一步研究和分类。令人特别感兴趣的是蘑菇的酶系统,它催化双氧化的亚麻酸和亚油酸形成 C10 和 C8 片段(表 6.12 和图 6.48)。人们最初认为存在 10-LOX,但是现在已经确定蘑菇脂肪氧合酶催化的是在 C13 的双氧化[68]。然而,在蘑菇中形成了亚油酸 10-LOOH 异构体,而且蘑菇蛋白质提取物能够将 10-LOOH 衍生物裂解成 C10 酮酸和 1-辛烯-3-醇。现在看来,是由含有一个血红素基团的氧合酶作用亚油酸产生 8-和 10-过氧化物[18]。

　　根据对番石榴酶的研究结果,最近提出了氢过氧化物裂解酶(包括其他 CYP74 家族酶)的作用机制。均裂反应机制包含环氧烯丙基自由基转变成半缩醛,然后裂解产生片段化产物(图 6.49)。上述机制可能适合于所有氢过氧化物裂解酶,并与已建立的细胞色素 P450 酶系的作用机制一致。

　　将脂肪氧合酶-氢过氧化物裂解酶催化途径的理论应用到水果的遗传改性方面的努力得到了不同的效果。在番茄中引入 Δ9 脱饱和酶和醇脱氢酶均可以增强番茄风味,而抑制脂肪氧合酶和过量表达 9-氢过氧化物裂解酶却没有效果[79]。目前,商业上采用高活力的 13-特异的脂肪氧合酶和脂肪酸 13-LOOH 氢过氧化物裂解酶,利用价廉的亚麻酸来生产

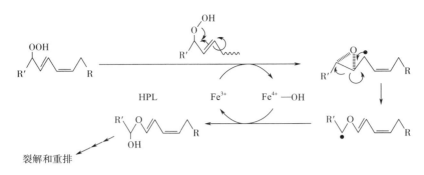

图 6.49　氢过氧化物裂解酶的反应机制

资料来源:Gretchkin, A.N.and Hamberg, M.(2004). *Biochim. Biophys. Acta*, 1636: 47-58.

"绿叶调"风味。这种风味是由 6-C 的醛和醇形成的。这种风味物每年的全球市场销售额估计在 4000 万美元以上。

6.5.3.3　其他脂质衍生风味的生物合成[114]

在果实的成熟阶段醇酰基转移酶的含量会增加[114]。成熟期果实散发出的芳香酯是由于醇酰基转移酶(EC 2.3.1.84)的作用产生的,醇酰基转移酶在苹果、草莓、香蕉、甜瓜、橄榄以及其他水果中广泛存在。另外,酵母和其他真菌中也存在醇酰基转移酶。醇酰基转移酶催化的反应如下:

$$S\text{-酰基-辅酶 A+醇}\Longleftrightarrow\text{酰基酯+辅酶 A-SH} \tag{6.58}$$

通过该酶在成熟中的果实中形成的酯类包括乙酸和丁酸的甲酯、乙酯、苯乙基酯或 n-醇酯(通常为 2~8 个碳)。

食品中的其他脂质风味可能通过其他途径形成。一般认为酯酶可以通过催化水解反应的逆反应来形成挥发性酯类物质。在水果组织中还没有观测到这种反应,但在一些酵母发酵中会有一定程度的发生,产生低强度的水果风味,并有助于一些发酵食品,例如干酪,形成熟化的整体风味。香草和香料中的萜类化合物的生物合成从异戊二烯为开始,由多步的、复杂的生物合成途径构成[114]。牛乳的脂蛋白脂酶(LPL,由脂蛋白激活)含量为 1~2mg/L[154]。如果牛乳在巴氏杀菌前处理不当,牛乳会自发产生哈喇味。

6.5.3.4　辛辣风味的形成与控制

(1)黑芥子硫苷酸酶催化硫葡萄糖苷转化[4,64,83]　十字花科植物,如卷心菜、菜花、芜菁甘蓝、羽衣甘蓝、抱子甘蓝、白萝卜、芥菜和山葵等,都具有辛辣味。一旦组织破碎后,黑芥子硫苷酸酶(EC 3.2.1.147,过去称为 EC 3.2.3.1,硫葡糖苷葡萄糖水解酶)和一系列无味的芥子苷底物接触并发生反应,引爆"芥子油炸弹"。主流观点是,黑芥子硫苷酸酶存在于称为黑芥子细胞的特殊细胞(异形细胞)液泡中。与黑芥子细胞毗邻的其他系统(富含硫化物的 S-细胞)的液泡中含有高达 100mmol/L 的芥子苷和抗坏血酸盐[4,64]。当组织破碎后,抗坏血酸盐浓度被稀释至 1~2mmol/L,激活同底物芥子苷混合在一起的黑芥子硫苷酸酶。

黑芥子硫苷酸酶是一种糖基化酶,糖基含量为 10%~20%,存在多种同工酶,分子质量为 65k~70ku,通过三个二硫键和 Zn^{2+} 保持结构稳定。该酶也会以均一寡聚体的形式存在,或与其他蛋白质形成复合物。黑芥子硫苷酸酶的最适 pH 和温度范围分别 4~8 和 40~75℃,具体数值与来源有关。存在于黑芥子细胞中的蛋白质,包括表硫特异性蛋白(ESP)、硫氰酸盐形成蛋白(TFP)和腈指示蛋白(NSP),共享序列同源性,并影响黑芥子酶对硫葡萄糖苷水解形成的产物的分布[64,67]。ESP 和 NSP 的作用需要 Fe^{2+},它们的作用本质上可能是催化作用[15]。

黑芥子硫苷酸酶仍归属于糖苷水解酶 1 家族(详见 6.3.2),具有两个明显特征:其一,它水解 β-D-硫葡糖苷,而不水解 O-葡糖苷;其二,它仅拥有通常含有的 2 个 Asp/Glu 催化残基中的 1 个[20]。该酶有 1 个疏水结合口袋(芥子种子中的酶为 $Phe_{331,371,473}$、Ile_{257}、Tur_{330}),用来接纳葡萄糖异硫氰酸酯上的 R 基团(通常为分支的或被 S、S═O、酮基或羟基取代的烷基或烯基链)[83]。几个残基(Glu_{464}、Gln_{39}、His_{141}、Asn_{186})和 Trp_{457} 一起与葡萄糖形成氢键,形成"堆放"吡喃糖环的疏水平台[20]。Glu_{409} 和 $Arg_{194,259}$ 同底物分子上的含硫基团配位结合。Glu_{409} 上的羧基作为亲核剂取代 S-糖苷配基(一个好的离去基团)生成酶-葡萄糖共价中间产物(图 6.50)。葡萄糖释放步骤是限速步骤。在其他糖苷水解酶中,第二个保守的羧基(Glu 或 Asp)可以作为亲核试剂激活水分子,但是黑芥子硫苷酸酶的这一功能已丧失,激活水分子和取代葡萄糖(并保留 β-构型)可能是通过 Gln_{187} 的氢键作用实现的。很久就知道抗坏血酸可以使黑芥子硫苷酸酶的活力提高(有些酶的 v_{max} 可以提高几百倍),现在认为抗坏血酸是作为"外源"辅助因子来提高酶活的[21]。在释放出糖苷配基后,抗坏血酸与酶结合(两者与酶的相同位点相同)。抗坏血酸似乎起到了激活亲核的水分子以取代葡萄糖的作用。Glu_{409} 和抗坏血酸的距离约为 0.70nm,大于典型的糖苷水解酶催化残基 Glu/Asp 之间的距离(0.45nm),这一距离可能容纳较大的抗坏血酸残基所必要的。抗坏血酸浓度为 0.5~1.5mmol/L 时具有最大的激活作用;过量的抗坏血酸会与葡萄糖异硫氰酸酯竞争结合,妨碍酶反应循环。

水解后的葡萄糖异硫氰酸酯的进一步变化取决于组成性因素和葡萄糖异硫氰酸酯的天然结构(部分见图 6.51)。在蔬菜组织的 pH 环境中,会形成异硫代氰酸酯衍生物(图 6.50)。Fe^{2+} 和表皮特异硫蛋白(ESP,非酶解)存在时,随着异硫代氰酸酯的消耗,环硫腈累积。水解产物 2-羟烷(烯)基葡萄糖异硫氰酸酯(如 2-羟基-3-丁烯基硫代葡萄糖苷)不稳定,会发生重排生成噁唑烷-2-硫酮。在有 Fe^{2+} 和胱氨酸存在的酸性条件下,腈会累积;在中性和弱碱性条件下,吲哚(如芸苔葡糖硫苷)和苯基葡萄糖硫苷会降解成相关的醇和氰酸盐;烯丙基的(黑芥子硫苷酸钾)和甲硫(4-甲硫-3-丁烯基)衍生物会转化成硫氰酸酯。硫氰酸盐也可以通过 TSP 的作用形成[67]。部分上述产物具有抗营养效应。氰酸盐会妨碍碘的吸收,2-羟基-3-丁烯基硫代葡萄糖苷(前致甲状腺肿素)与甲状腺机能减退症有关。腈是有毒物质。尽管有上述担心,但是已经明确食用芸苔属(Brassica spp.)蔬菜可以降低患癌症的风险。而且这主要归功于硫葡萄糖苷和它们的转化产物。

萝卜硫素是一种源自葡萄糖受体的异硫氰酸酯衍生物,被认为是花茎甘蓝(又称西蓝花)中具有最强防癌活性的化合物之一(详见第 12 章)。在花茎甘蓝中,磺胺莱菔腈衍生物

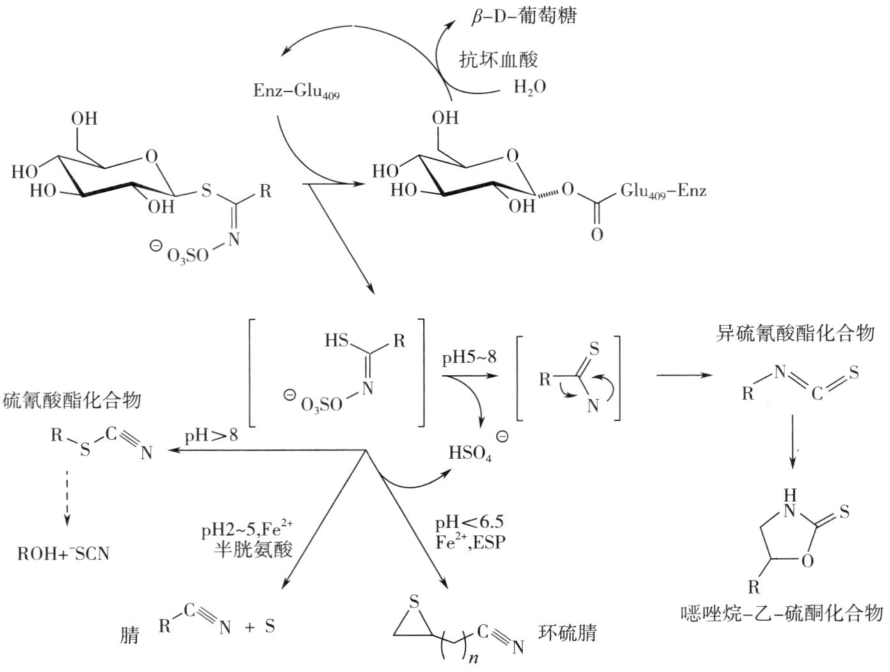

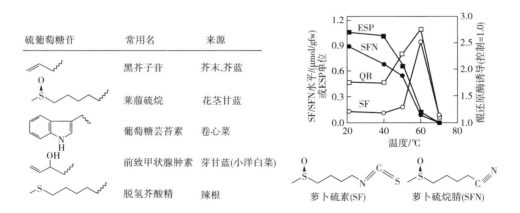

图 6.50　黑芥子硫苷酸酶的反应机制

资料来源:Burmeister, W.P. et al.(1997). *Structure* 5:663-675;Burmeister, W.P., et al.(2000). *J. Biol. Chem.* 275:39385-39393; and Mithen, R.F., et al.(2002). *J. Sci. Food Agric.* 80: 967-984.

硫葡萄糖苷	常用名	来源
	黑芥子苷	芥末,芥蓝
	莱菔硫烷	花茎甘蓝
	葡萄糖芸苔素	卷心菜
	前致甲状腺肿素	芽甘蓝(小洋白菜)
	脱氢芥酸精	辣根

萝卜硫素(SF)　萝卜硫烷腈(SFN)

图 6.51　部分葡萄糖异硫氰酸盐和黑芥子硫苷酸酶终产物形成的控制

ESP=上皮特异性蛋白;QR=奎宁还原酶,一种动物细胞中的致癌物的解毒酶。

资料来源:Matusheski, N.V., et al.(2004). Phytochemistry 65:1273-1281.

的含量比磺胺莱菔子素的含量要高很多,但是腈衍生物的防癌活性比异硫代氰酸酯衍生物的防癌活性低几个数量级[80]。热处理可降低磺胺莱菔腈的量,但会使花茎甘蓝花蕾中的磺胺莱菔子素的量大幅度提高(图 6.51)。温和的热处理(60℃,10~20min)能保留黑芥子硫苷酸酶的活性,破坏上皮硫特异活性;上皮硫特异活性的破坏使得磺胺莱菔腈衍生物:异硫代氰酸酯衍生物的比例发生逆转,即由 10:1 变为约 1:10。逆转后的益处是增加了花茎甘蓝中抗癌活性最强的物质的浓度。

(2)蒜氨酸酶及其他相关酶[154]　　蒜氨酸酶(EC 4.4.1.4,蒜氨酸-烯基次磺酸盐裂解酶,或蒜氨酸裂解酶)是一类能产生风味的酶,存在于葱属植物,例如,洋葱、大蒜、青蒜、细香葱(包括中国韭菜)以及其他相关植物(如洋白菜)和一些蘑菇中。四十多年前,首次报道了在香菇中发现的一种蒜氨酸酶,它与独特的风味化合物香菇精的形成有关。然而,最近的一项分子研究表明,存在于真菌中的该酶与原型的蒜氨酸酶几乎没有同源性,而与存在于真菌中半胱氨酸脱硫酶(EC 2.8.1.7)高度同源性;该酶被认为是一种新的具有广泛特异性的脱硫酶,包括 ASCO 底物[75]。早期认为蒜氨酸酶的活性部位结构和反应机制是吡哆醛-磷酸酶的一个典型代表。反应过程包括非蛋白质氨基酸衍生物的 β-裂解,即-烷(烯)基-L-半胱氨酸亚砜(ACSO)的裂解(图 6.6)。反应的中间产物次磺酸(R-SOH)自发凝聚形成硫代亚磺酸盐。在洋葱和相关物种(韭菜、葱)中,许多 1-丙烯基次磺酸通过 LF 合成酶[78]异构化为硫代丙醛-S-氧化物(催泪因子,LF)。几十年来,这一步骤被认为是化学/自发的(图 6.52)。LF 合成酶的作用机制尚未阐明,但可以判断,该酶催化的分子重排存在多样性,可能包括典型的异构酶或脱氢酶反应[55]。该反应在组织破裂时发生。此时细胞溶质中的底物 ACSO 和液泡中的酶接触。大多数蒜氨酸酶具有相似的选择性,同 ACSO 衍生物反应时,选择性以如下顺序依次递减:不饱和的(1-丙烯基和 2-丙烯基-)＞丙基-＞甲基-衍生物,其反应活性比率(基于 v_{max}/K_m)大约为 10:2:1[123],处于已有文献报道的蒜氨酸酶相对选择性的中间范围。在很大程度上,葱属植物组织中的特征风味与 ACSO 底物水平有关(图 6.52),而不是与其含有蒜氨酸酶的性质相关。

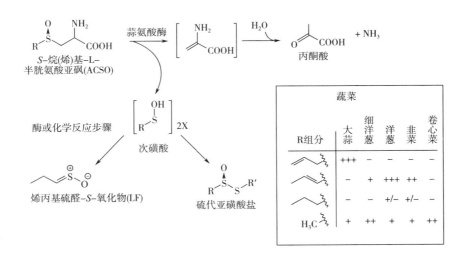

图 6.52　蒜氨酸酶的反应途径以及其在不同蔬菜组织中的底物

资料来源:Shen, C. and Parkin, K.L. (2000). J. Agric. Food Chem. 48:6254-6260 and Whitaker, J.R., et al. (Eds.) (2003). *Handbook of Food Enzymology*, Marcel Dekker, New York.

蒜氨酸酶是糖基化的,并存在一定数目的同工酶,也会是由分子质量为 48k~54ku 的亚基构成的寡聚体。不同蒜氨酸酶之间的差别之一是它们的最适 pH 不同。洋葱、青蒜、花茎甘蓝和蘑菇中的蒜氨酸酶的最适 pH 为 7~8,大蒜中相关酶的最适 pH 为 5.5~6.5。然而,这种差异并不影响实际应用,因为蒜氨酸酶在 pH4.5~8.5 活性都较高[65,154]。在洋葱和大蒜的破碎组织中(pH5.2~6.0),蒜氨酸酶的活力很高,酶蛋白含量分别达到组织蛋白的 6% 和 10%。破碎洋葱组织中的蒜氨酸酶在 1min 之内就可以将 70%~90% 的 ACSO 转化成有机硫化物,在 1h 内几乎可以将 100% ACSO 转化成有机硫化物[70,110]。

除了组织破碎后产生期望的风味外,蒜氨酸酶反应还可以影响控制食品质量的能力。切碎和贮藏或酸化(腌制)的葱属植物组织会褪色和产生粉色/红色(洋葱)或蓝绿色(大蒜)。1-丙烯基-S(O)S-R 硫代亚磺酸盐是导致褪色的主要原因[66]。冷冻储存的大蒜会积累低浓度的 1-丙烯基-ACSO 和烯丙基-ACSO,这些物质会导致切碎的大蒜褪色。

蒜氨酸酶活性的保留很重要,以保证在需要时发生酶反应。如前所述,如果融化的速度足够快,冷冻保藏引起的蒜氨酸酶失活(过度变性)可以得到控制[149]。经常用冷冻保护剂,如甘油和外源性的吡哆醛磷酸盐辅助因子,来稳定蒜氨酸酶制剂的酶活。冷冻干燥可以保留 75% 的初始酶活,而低温干燥(55℃)只能保留 50% 的初始酶活[73]。但是,上述干燥方法不适用于作为膳食补充剂的葱属植物产品的生产,因为这样制得的产品中保留的蒜氨酸酶活性不足以在人体肠道内催化产生人体需要的硫代亚硫酸盐。需要使用肠衣包被制成胶囊或片剂的方法来保护蒜氨酸酶,以免蒜氨酸酶被胃酸和其他酶失活。相反,作为香辛料的大蒜和洋葱粉可以经受强度较高的热处理,大约可以保留 5% 的蒜氨酸酶活性。

在葱属植物组织中,一些 ACSO 风味前体会以 γ-谷氨酰胺-ACSO 肽的形式存在,这些与肽相连的 ACSO 并不被蒜氨酸酶作为底物识别。一种转肽酶(EC 2.3.2.2)催化 ACSO 的 γ-谷氨酰胺基转移到另一个氨基酸上,释放出游离的可以被蒜氨酸酶识别并转化成风味物质的 ACSO。发芽的葱属植物的鳞茎和萌芽的种子具有较高的转肽酶活性,用它们的提取物可以将各种葱属植物中的风味前体物质激活起来。这些产品通常为干制品,需要时进行复水,发挥酶的活性,产生需要的风味。

胱氨酸裂解酶(EC4.4.1.8)又称 β-胱硫醚酶,存在于葱属植物、十字花科植物、豆科植物、真菌和一些细菌中。胱氨酸裂解酶是吡哆醛酶,催化胱氨酸发生 β-消除反应,生成硫代半胱氨酸(Cys-SSH),产生硫风味。在花椰菜中存在多种水溶性酶同工酶,它们的最适 pH 为 8~9。有些来源的胱氨酸裂解酶也可以作用于 ACSO,但是蒜氨酸酶并不能作用于胱氨酸。一个相似的吡哆醛酶,甲硫氨酸-γ-裂解酶(EC4.4.1.11),催化生成巯基甲烷(CH₃SH)。在一些干酪生产中,该反应已可用于产品风味的形成。这可通过发酵剂或辅助培养物来实现。

(3)其他与风味相关的酶反应 在家庭制作麦芽糖或加工甜马铃薯产品(罐装、薄片状、马铃薯泥)时,内源性的 β-淀粉酶催化淀粉水解成麦芽糖,使产品变甜[136]。高麦芽糖甜马铃薯含有更高活性和更耐热的 β-淀粉酶。适度热处理(70~90℃保持 2h 以上)可以使淀粉的糊化速度加快,糊化程度加深,β-淀粉酶对淀粉的水解作用加强。与中温或低温生产相比,该法的麦芽糖含量可以提高 5 倍。

6.5.4 酶对食品质构的影响

作用于食品组分中的大分子或小分子的酶会改变食品的质构和流变性质。已有很多文献对利用外源酶液化淀粉、降低果汁的黏度和浊度、水解或胶凝蛋白质、改善面包生面团的黏弹性等进行了报道。下面将讨论的重点集中在如何对食品中对产品质量产生期望和不期望影响的内源酶的控制上。

6.5.4.1 酶对碳水化合物大分子作用的控制

在番茄加工中,利用热破碎和冷破碎工艺来控制内源酶对碳水化合物的作用是最基本也是最有效的方法。热破碎和冷破碎的提法在一定程度上不太确切。热破碎工艺将番茄组织迅速加热升温至 85~90℃,以使内源性多聚半乳糖醛酸酶和果胶酯酶失活。该工艺保护了果胶,使产品保持较高的黏度、稠度和浊度。相反,冷破碎工艺的处理温度低于 70℃,一些酶被热"激活",导致果胶解聚和脱酯化,使得果汁的黏度、浊度和稠度下降,同时还会使固体颗粒与浆汁分离。冷破碎处理工艺可以增强风味,其可能的原因是促进了脂肪氧合酶/氢过氧化物裂解酶的作用因而产生风味物质。但是这种效应也不是总是存在的。热破碎和冷破碎处理工艺在其他果汁生产中也有应用。在具体加工中究竟选用何种处理工艺取决于加工果汁产品的类型和用途(作为终产品或作为食品配料)。番茄酱的生产采用的是热破碎工艺,这样可以保证一定的黏度和稠度。高温处理工艺也用于其他果汁(橙汁)的生产,以保持产品的浑浊稳定性。

另一个通过控制果胶酶活性来控制产品质构的方法是中间阶段的适度热处理,即通过低温热烫来降低后续热处理带来的完整(或切碎)的果蔬产品的软化。55~80℃的热处理能使果胶酯酶发挥活性,提高细胞壁和胞间层的黏结,强化质构[144]。果胶的甲氧基的水解产生羧基,在邻近果胶分子间形成 Ca^{2+} 桥(详见第 3 章的蛋盒模型),这样能提高质构强度和防止组织在后续热处理工序中遭到破坏。

最早的成功应用例子之一是马铃薯加工[9]。在马铃薯烧煮前于 60~70℃预处理 30~120min,能有效防止马铃薯过度软化,并且可以基本消除组织的崩溃。这项工作是为了满足通过罐藏的方法来保存高淀粉马铃薯的需要而开展的。有必要将最低温度控制在 55~60℃进行处理,以防止组织的"渗漏",并允许阳离子迁移和激活果胶酯酶。然而,过高的温度会使酶过早失活,而不能充分发挥作用。直接蒸煮的土豆片(1~2h 模拟干蒸)80%~100%的组织破损,而经过 60~70℃预处理后再蒸煮的马铃薯片不会塌陷。在甜马铃薯、食荚菜豆、黄瓜(腌渍)、胡萝卜、青椒和番茄加工中,该方法同样有效。在某些情况下,使用含 Ca^{2+} 的盐水可以达到强化质构的效果。

6.5.4.2 酶对蛋白质分子修饰作用的控制

肉的嫩化主要就是蛋白质的控制降解。溶酶体释放的组织蛋白酶和/或钙激活蛋白酶属于内源性肌肉蛋白酶,对肉类嫩化有重要影响。除了温度、成熟时间和宰后早期 pH 下降速率几个因素外,影响内源性蛋白质水解的因素不多。对家畜胴体进行电击,可减少胴体的冷收缩、破坏肌肉结构单元、激活内源性蛋白酶(部分通过向肌浆中释放 Ca^{2+}),从而实现肉类嫩化[60]。胴体早期的蛋白质水解与肌肉钙激活蛋白酶(Ca^{2+}激活半胱氨酸蛋白酶)有关。然而,肌肉蛋白酶仅仅是决定肉的嫩度的几个因素之一(详见第 15 章)。

鱼肉中的内源性蛋白酶会影响凝胶产品(鱼糜制品)的品质。具有弱凝胶形成能力的鱼肉组织中的蛋白酶对半胱氨酸反应试剂敏感,因此抑制其活性的有效方法就是添加半胱氨酸反应试剂(半胱氨酸蛋白酶抑制剂)。人们在牛血清、鸡蛋白和马铃薯中发现了这些抑制剂,将它们添加到鱼糜制品中,可以抑制内源性蛋白酶活力,保持鱼糜制品的凝胶强度。

乳中也有内源性蛋白酶,主要有纤维蛋白溶酶等。纤维蛋白溶酶(EC3.4.21.7)属丝氨酸蛋白酶,分子质量为81ku,最适 pH 为 7.5~8.0,最适温度为37℃[154]。该酶在 pH4~9 稳定,在 5℃时仍表现出 20%的最大酶活。纤维蛋白溶酶在巴氏杀菌后仍能保持活性,其原因是它含有多个二硫键。实际上,纤维蛋白溶酶在超级巴氏杀菌后有活性。纤维蛋白溶酶在乳中主要以纤维蛋白溶酶原的形式存在,在激活剂(包括另一种丝氨酸蛋白酶)的作用下转化成有活性的纤维蛋白溶酶。纤维蛋白溶酶、纤维蛋白溶酶原和它们的激活剂均存在于酪蛋白胶束中。在刚挤出的乳和巴氏杀菌乳中,纤维蛋白溶酶抑制剂和激活剂存在于乳清中,可以防止酶的自发激活和水解的发生。在乳酪生产过程中,纤维蛋白溶酶仍保留在酪蛋白胶束中,在乳酪熟化时,水解特定的 α_{s2}-酪蛋白和 β-酪蛋白。当用经超滤的乳为原料生产乳酪时,纤维蛋白溶酶的活性较低,因为此时有相对较多乳清固体(含纤维蛋白溶酶抑制剂)成分保留。纤维蛋白溶酶的耐热性较好,这使得它在高的烧煮温度下也能水解乳酪,而此时纤维蛋白溶酶抑制剂可能已经失活。由于它的耐热性,它在超巴氏杀菌乳和乳精的凝胶化中有作用。

6.5.4.3　质构缺陷改进——利用小分子物质控制酶的作用

对于枣果,有一种成为"发砂"的缺陷时有发生。所谓"发砂",就是当果品中蔗糖与还原糖的比例足够高(2:1)时,蔗糖会结晶,产生砂粒和硬的质构[128]。优质鲜枣和优质干枣中蔗糖与还原糖的比例在(1.1~1.6):1。易产生"发砂"缺陷的枣果的内源性蔗糖转化酶活性较低。为减少"发砂"缺陷的发生,可用 0.01%~0.10%的商品蔗糖转化酶溶液对枣果进行真空浸渍处理。处理后,枣果的含水量增加至 20%~22%,水分活度也增加了。将处理后的枣果密封,在 27℃左右存放 60d。正如期望中的那样,加酶真空浸渍处理过的枣果中的54%~76%的蔗糖被转化,蔗糖与还原糖之比降至(0.22~0.44):1。令人惊奇的是,加水(不加转化酶)真空浸渍的枣果的蔗糖的转化量也达到53%,蔗糖与还原糖之比降到了 0.56:1。存放 60d 后,真空浸渍处理的枣果(加转化酶或加水)的"发砂"缺陷已不明显。该例子说明,有时发挥内源酶活力不难做到,这里仅是添加了水。存放 60d 后,干燥所有处理的和作为对照的枣果,使它们的含水量降至原来的 16%~18%,再观察 1 个月。发现所有加水(不加转化酶)真空浸渍处理的枣果出现了"发砂"缺陷,而加转化酶真空浸渍处理的枣果的"发砂"缺陷发生率仅为 0~10%,且发生率与转化酶剂量成反比。因此,要彻底消除"发砂"缺陷需借助外源性转化酶的处理。

最后一个在食品中控制酶的作用的例子涉及氧化三甲胺(TMAO)去甲基化酶(EC 4.1.2.32),它在肌肉,特别是鳕科鱼肉中,催化如下反应:

$$(CH_3)_3N \rightarrow O \longrightarrow (CH_3)_2NH + HCHO \qquad (6.59)$$

产生的甲醛(HCHO)使蛋白质交联,导致冷冻保藏的鱼片、鱼块或鱼段肌肉组织变得坚硬。在将鱼肉冻结或剁碎时,细胞结构破坏,酶与底物接触,酶反应发生。鱼肉中的 TMAO 浓度可超过 100mmol/L。TMAO 去甲基化酶的分布并不广泛,但存在于一些细菌中。在鱼肉和器官组织中,TMAO 去甲基化酶似乎与膜结合在一起,但可以液化溶解。对于与膜分离的酶,有两种"辅助因子"或共底物调控其活性[97]。一种以 NAD(P)H 和 FMN 为辅助因子,只能在厌氧环境发挥作用。另一种以 Fe^{2+}、抗坏血酸盐、和/或半胱氨酸为辅助因子,其功能发挥与氧浓度无关,但其活性只有以 NAD(P)H/FMN 为辅助因子的酶的 20%。

防止冷冻大鱼块(约 7kg 长方体)发生上述反应具有重要的商业价值。大鱼块将在后续加工中进一步分割成小份,在冰上"熟化"后再进行冷冻[109]。由鱼片制成的新鲜鱼块(存放 0d)的 TMAO 生成速率为 $10 \sim 25\mu mol/100(g \cdot d)$。越往里(内部),越缺氧,NAD(P)H/FMN 辅因子系统越有效,TMAO 生成速率越快。然而,在熟化 1d 后这种深度效应就迅速减弱。块制备前,HCHO 生成速率范围为 $7 \sim 12\mu mol/100(g \cdot d)$(从块的外部到内部)。在冰上熟化 10d 后,块体各位置的 HCHO 生成速率在 $2.1 \sim 2.4\mu mol/100(g \cdot d)$。一种解释是,促进 HCHO 形成加速效果更好的厌氧辅助因子 NAD(P)H/FMN 在熟化过程迅速消耗,并不能得到补充[100]。随着时间的延长,HCHO 的生成逐渐转变成由反应性较小的辅因子(铁、抗坏血酸盐、半胱氨酸)来贡献。随着时间的推移,这些辅因子也会逐渐减少。熟化 10d 后,HCHO 的形成速率只有原来的 10%~20%。这个例子说明了一种控制酶作用的简单方法,其策略是调节酶反应的(共)反应物的浓度。调控特定反应和相关产品质构的另一种方法是基于缅因州渔民建议提出的,即增加一个将鱼片置于海水中浸泡/冷冻的步骤[71]。该步骤可以将肌肉中的一部分低分子质量成分,包括底物和辅助因子,渗滤出去,使 HCHO 生成速率和程度降低大约 80%,减少后面冷冻过程中肌肉质构的劣化。包括底物和辅助因子,从鱼肉中渗出除去。在后续冷冻时,HCHO 生成速率和程度可下降 80%,大大缓解鱼肉质构的劣化。

参考文献

1. Acker, L. and H. Kaiser (1959). Uber den einfluß der feuchtigkeit auf den ablauf enzymatischer reaktionen in wasserarmen lebensmitteln. II. Mitteilung. *Lebensm. Unters. Forsch.* 110:349–356 (in German).

2. Ader, U., Andersch, P., Berger, M., Goergens, U., Haase, B., Hermann, J., Laumen, K. Seemayer, R., Waldinger, C., and M. P. Schneider (1997). Screening techniques for lipase catalyst selection, In *Methods in Enzymology*, Rubin, B. and E. A. Dennis (Eds.), Vol. 286, *Lipases, Part B. Enzyme Characterization and Utilization*, Academic Press, New York, pp. 351–387.

3. Aehle, W. (2004). *Enzymes in Industry. Production and Applications*, 2nd edn., Wiley-VCH, Weinheim, Germany.

4. Andréasson, E. and L. B. Jørgensen (2003). Localiza-tion of plant myrosinases and glucosinolates, In *Recent Advances in Phytochemistry—Volume 37. Integrative Phytochemistry: From Ethnobotany to Molecular Ecology*, J. T. Romero (Ed.), Elsevier Scientific Ltd., Oxford, U. K., pp. 79–99.

5. Andreou, A. and I. Feussner (2009). Lipoxygenases—Structure and reaction mechanism. *Phytochemistry* 70: 1504–1510.

6. Anthon, G. E., Sekine, Y., Watanabe, N., and D. M. Barrett (2002). Thermal inactivation of pectin methyl esterase, polygalacturonase, and peroxidase in tomato juice. *J. Agric. Food Chem.* 50:6153–6159.

7. Axelrod, B., Cheesebrough, T. M., and S. Laakso (1981). Lipoxygenase from soybeans. In *Methods in Enzymology*, J. M. Lowenstein (Ed.), Vol. 71, *Lipids*, Academic Press, New York, pp. 441–451.

8. Bai, W., Zhou, C., Zhao, Y., Wang, Q., and Y. Ma (2015). Structural insight into and mutational analy-sis of family 11 xylanases: Implications for mechanisms of higher pH catalytic adaptation. *PLoS One* 10 (7):e0132834.

9. Bartolome, L. G. and J. E. Hoff(1972). Firming of po-tatoes: Biochemical effects of preheating. *J. Agric. Food Chem.* 20:266-270.

10. Bär,J., Martínez-Costa, O. H., and J. J. Aragón (1990). Regulation of phosphofructokinase at physio-logical concentration of enzyme studied by stopped-flow measurements. *Biochem. Biophys. Res. Commun.* 167:1214-1220.

11. Bengtsson, B. and I. Bosund(1966). Lipid hydrolysis in unblanched frozen peas (*Pisum sativum*). *J. Food Sci.* 31:474-481.

12. Benen, J. A. E., Kester, H. C. M., Armand, S., Sanchez-Torres, P., Parenicova, L., Pages, S., and J. Visser (1999). Structure-function relationships in polygalacturonases: A site-directed mutagenesis ap-proach, In *Recent Advances in Carbohydrate Engineering*, Gilbert, H. J., Davies, G. J., Henrissat, B., and B. Svensson (Eds.), The Royal Society of Chemistry, Cambridge, U. K., pp. 99-106.

13. Blée, E. (1998). Phytooxylipins and plant defense re-actions. *Prog. Lipid Res.* 37:33-72.

14. Boyington, J. C., Gaffney, B. J., and L. M. Amzel (1993). The three-dimensional structure of an arachi-donic acid 15-lipoxygenase. *Science* 260: 1482-1486.

15. Brandt, W., Backenköhler, A., Schulze, E., Plock, A., Herberg, T., Roese, E., and U. Wittstock (2014). Molecular models and mutational analyses of plant specifier proteins suggest active site residues and reaction mechanism. *Plant Mol. Biol.* 8:173-188.

16. Brash, A. R. (1999). Lipoxygenases: Occurrence, functions, catalysis, and acquisition of substrate. *J. Biol. Chem.* 274:23679-23682.

17. Broadbent, J. R. and J. L. Steele (2007). Proteolytic enzymes of lactic acid bacteria and their influence on bitterness in bacterial-ripened cheeses, In *Flavor of Dairy Products*, Caldwaller, K. R., Drake, M. A., and R. J. McGorrin (Eds.), American Chemical So-ciety (Symposium Series), Washington, DC, pp. 193-203.

18. Brodhun,F., Schneider, S., Obel, C. G., Hornung, E., and I. Feussneri (2010). PpoC from *Aspergillus nidulans* is a fusion protein with only one active haem. *Biochem. J.* 425:553-565.

19. Buccholz, K., Kasche, V., and U. T. Bornscheuer (2005). *Biocatalysis and Enzyme Technology*, Wiley-VCH, Weinhein, Germany.

20. Burmeister, W. P., Cottaz, S., Driguez, H., Iori, R., Palmieri, S., and B. Henrissat (1997). The crystal structures of *Sinapis alba* myrosinase and a co-valent glycosyl-enzyme intermediate provides insights into the substrate recognition and active-site machinery of an *S*-glucosidase. *Structure* 5:663-675.

21. Burmeister, W. P., Cottaz, S., Rollin, P., Vasella, A., and B. Henrissat (2000). High resolution x-ray crystallography shows that ascorbate is a cofactor for myrosinase and substitutes for the function of the cata-lytic base. *J. Biol. Chem.* 275:39385-39393.

22. Cao, E., Chen, Y., Cui, Z., and P. R. Foster (2003). Effect of freezing and thawing rates on denat-uration of proteins in aqueous solutions. *Biotechnol. Bioeng.* 832:684-690.

23. Carter, P. and J. A. Wells (1988). Dissecting the catalytic triad of a serine protease. *Nature* 332: 564-568.

24. Carter, P. and J. A. Wells (1990). Functional inter-action among catalytic residues in subtilisin BPN′. *Protein Struct. Funct. Genet.* 7:335-342.

25. Casey, R. and R. K. Hughes (2004). Recombinant lipoxygenase and oxylipin metabolism in relation to food quality. *Food Biotechnol.* 18:135-170.

26. Champion,D., Blond, G., Le Meste, M., and D. Sti-matos (2000). Reaction rate modeling in cryoconcen-trated solutions: Alkaline phosphatase catalyzed DNPP hydrolysis. *J. Agric. Food Chem.* 48:4942-4947.

27. Chen,Y-H., Aull, J. L., and L. N. Bell (1999). In-vertase storage stability and sucrose hydrolysis in solids as affected by water activity and glass transition. *J. Agric. Food Chem.* 47:504-509.

28. Christophersen, C., Otzen, D. E., Norman, B. E., Christensen,S., and T. Schäfer (1998). Enzymatic characterisation of Novamyl®, a thermostable α-am-ylase. *Starch/Stärke* 50(1, Suppl):39-45.

29. Coffa, G. and A. R. Brash (2004). A single active site residue directs oxygenation stereospecificity in li-poxygenases: Stereocontrol is linked to the position of oxygenation. *Proc. Natl. Acad. Sci. U. S. A.* 101: 15579-15584.

30. Copeland, R. A. (2000). *Enzymes. A Practical Intro-duction to Structure, Function, Mechanism, and Data Analysis*, 2nd edn., John Wiley, New York.

31. Cornish-Bowden, A. (1995). *Fundamentals of Enzyme Kinetics*, Portland Press, Ltd., London, U. K.

32. Cumbee, B., Hildebrand, D. F., and K. Addo (1997). Soybean flour lipoxygenase isozymes effects on wheat flour dough rheological and breadmaking properties. *J. Food Sci.* 62:281-283,294.

33. Dao-Pin, S., Liao, D-I., and S. J. Remington (1989). Electrostatic fields in the active sites of lyso-

zyme. *Proc. Natl. Acad. Sci. U. S. A.* 86:5361–5365.

34. Dauter, Z., Dauter, M., Brzozowski, A. M., Christensen, S., Borchert, T. V., Beier, L., Wilson, K. S., and G. J. Davies (1999). X–ray structure of Novamyl, the five–domain "maltogenic" α–amylase from *Bacillus stearothermophilus*: Maltose and acarbose complexes at 1. 7 Å resolution. *Biochemistry* 38: 8385–8392.

35. Davies, G. J., Wilson, K. S., and B. Henrissat (1997). Nomenclature for sugar–binding subsites in glycosyl hydrolases. *Biochem. J.* 321:557–559.

36. De Jong, G. A. H. and S. J. Koppelman (2002). Transglutaminase catalyzed reactions: Impact on food applications. *J. Food Sci.* 67:2798–2806.

37. Drapon, R. (1986). Modalities of enzyme activities in low moisture media, In *Food Packaging and Preservation. Theory and Practice*, M. Mathlouthi (Ed.), Elsevier Applied Science Publishers, New York, pp. 181–198.

38. Dunford, M. B. (1999). *Heme Peroxidases*, John Wiley & Sons, New York, 507pp.

39. Dunn, B. M. (2002). Structure and mechanism of the pepsin–like family of aspartic peptidases. *Chem. Rev.* 102:4431–4458.

40. Eicken, C., Krebs,B., and J. C. Sacchettini (1999). Catechol oxidase—Structure and activity. *Curr. Opin. Struct. Biol.* 9:677–683.

41. Fennema,O. (1975). Activity of enzymes in partially frozen aqueous systems, In *Water Relations in Foods*, R. Duckworth (Ed.), Academic Press, New York, pp. 397–413.

42. Fennema, O. and J. C. Sung (1980). Lipoxygenase–catalyzed oxidation of linoleic acid at subfreezing temperature. *Cryobiology* 17:500–507.

43. Fersht, A. (1985). *Enzyme Structure and Mechanism*, 2nd edn., W. H. Freeman & Company, New York.

44. Fishbein, W. N. and J. W. Winkert (1977). Parameters of biological freezing damage in simple solutions: Catalase. I. The characteristic pattern of intracellular freezing damage exhibited in a membraneless system. *Cryobiology* 14:389–398.

45. Fuessner, I. and C. Wasternack (2002). The lipoxygenase pathway. *Annu. Rev. Plant Biol.* 53:275–297.

46. Fukagawa, Y., Sakamoto, M., and T. Ishikura (1981). Micro – computer analysis of enzyme – catalyzed reactions by the Michaelis–Menten equation. *Agric. Biol. Chem.* 49:835–837.

47. Galliard,T. and H. W–S. Chan (1980). Lipoxygenases, In *The Biochemistry of Plants. A Comprehensive Treatise*, Volume 4, *Lipids: Structure and Function*, P. K. Stumpf (Ed.), Academic Press, New York, pp. 131–161.

48. Garcia–Viloca, M., Alhambra, C., Truhlar, D. C.,

and J. Gao (2002). Quantum dynamics of hydride transfer by bimetallic electrophilic catalysis: Synchronous motion of Mg^{2+} and H^- in xylose isomerase. *J. Am. Chem. Soc.* 124:7268–7269.

49. Garcia–Viloca, M., Gao,J., Karplus, M., and D. C. Truhlar (2004). How enzymes work: Analysis by modern rate theory and computer simulations. *Science* 303:186–195.

50. Godfrey,T. and S. West (Eds.) (1996). *Industrial Enzymology*, 2nd edn., Stockton Press, New York.

51. Gretchkin, A. N. and M. Hamberg (2004). The "heterolytic lyase" is an isomerase producing a short–lived fatty acid hemiacetal. *Biochim. Biophys. Acta* 1636: 47–58.

52. Grosch, W. (1982). Lipid degradation products and flavour, In *Food Flavours: Part A. Introduction*, Morton, I. D. and A. J. MacLeod (Eds.), Elsevier Scientific Publishing, New York, pp. 325–398.

53. Gunstone, F. D. (Ed.) (1999). *Lipid Synthesis and Manufacture*, CRC Press LLC, Boca Raton, FL, 472pp.

54. Gutfreund, H. (1972). *Enzymes: Physical Principles*, John Wiley & Sons, Ltd., London, U. K., 242pp.

55. He. Q., Kubec, R., Jadhav, A. P., and R. A. Musah (2011). First insights into the mode of action of a "lachrymatory factor synthase"—Implications for the mechanism of lachrymator formation in *Petiveria alliacea*, *Allium cepa* and *Nectaroscordum* species. *Phytochemistry* 72:1939–1946.

56. Hebeda, R. E., Bowles, L. K., and W. M. Teague (1991). Use of intermediate temperature stability enzymes for retarding staling in baked goods. *Cereal Foods World* 36:619–624.

57. Henderson, P. J. F. (1979). Statistical analysis of enzyme kinetic data, in *Techniques in Protein and Enzyme Biochemistry*, Part II, Kornberg, H. L., Metcalfe, J. C., Northcote, D. H., Pogson, C. I., and K. F. Tipton (Eds.), Elsevier/North Holland Biomedical Press, Amsterdam, the Netherlands, pp. B113/1–B113/43.

58. Hildebrand, D. F., Hamilton–Kemp, T. R., Loughrin, J. H., Ali, K., and R. A. Andersen (1990). Lipoxygenase 3 reduces hexanal production from soybean seed homogenates. *J. Agric. Food Chem.* 38:1934–1936.

59. Hughes, R. K., Wu, Z., Robinson, D. S., Hardy, D., West, S. I., Fairhurst, S. A., and R. Casey (1998). Characterization of authentic recombinant pea–seed lipoxygenases with distinct properties and reaction mechanisms. *Biochem. J.* 333:33–43.

60. Hwang, I. H., Devine, C. E., and D. L. Hopkins (2003). The biochemical and physical effects of electrical stimulation on beef and sheep meat tenderness.

Meat Sci. 65:677-691.

61. Inouye, K., Lee, S-B., Nambu, K., and B. Tonomura(1997). Effect of pH, temperature, and alcohols on the remarkable activation of thermolysin by salts. *J. Biochem.* 122:358-364.

62. Juers, D. H., Matthews, B. W., and R. E. Huber (2012). LacZ *b*-galactosidase: Structure and function of an enzyme of historical and molecular biological importance. *Protein Sci.* 21:1792-1807.

63. Kazlauskas, R. J. (1994). Elucidating structure - mechanism relationships in lipases: Prospects for predicting and engineering catalytic properties. *Trends Biotechnol.* 12:464-472.

64. Kissen, R., Rossiter,J. T.,and A. M. Bones (2009). The 'mustard oil bomb': Not so easy to assem-ble?! Localization, expression and distribution of the components of the myrosinase enzyme system. *Phytochem. Rev.* 8:69-86.

65. Krest, I., Glodek,J., and M. Keusgen (2000). Cysteine sulfoxides and alliinase activity of some *Allium* species. *J. Agric. Food Chem.* 48:3753-3760.

66. Kubec, R., Hrbáčová, M., Musah, R. A., and J. Velíšek (2004). *Allium* discoloration: Precursors involved in onion pinking and garlic greening. *J. Agric. Food Chem.* 52:5089-5094.

67. Kuchering, J. C., Burow, M., and U. Wittstock (2012). Evolution of specifier proteins in glucosinolate - containing plants. *BMC Evol. Biol.* 12: 127 (14pp).

68. Kuribayashi, T., Kaise, H., Uno, C., Hara, T., Hayakawa, T., and T. Joh (2002). Purification and characterization of lipoxygenase from *Pleurotus ostreatus*. *J. Agric. Food Chem.* 50:1247-1253.

69. Kuettner, E. B., Hilgenfeld, R., and M. S. Weiss (2002). The active principle of garlic at atomic resolution. *J. Biol. Chem.* 277:46402-46407.

70. Lancaster, J. E., Shaw, M. L., and W. M. Randle (1998). Differential hydrolysis of alk(en)yl cysteine sulphoxides by alliinase in onion macerates: Flavour implications. *J. Sci. Food Agric.* 78:367-372.

71. Landolt, L. A. andH. O. Hultin (1982). Inhibition of dimethylamine formation in frozen red hake muscle after removal of trimethylamine oxide and soluble proteins. *J. Food Biochem.* 6:111-125.

72. Laratta,B., Fasanaro, G., De Sio, F., Castaldo, D., Palmieri, A., Giovane, A., and L. Servillo (1995). Thermal inactivation of pectin methyl esterase in tomato puree: Implications on cloud stability. *Proc. Biochem.* 30:251-259.

73. Lawson, L. D. and Z. J. Wang (2001). Low allicin release from garlic supplements: A major problem due to the sensitivities of alliinase activity. *J. Agric. Food Chem.* 49:2592-2599.

74. Lee, C-H. and K. L. Parkin (2001). Effect of water activity and immobilization on fatty acid selectivity for esterification reactions mediated by lipases. *Biotechnol. Bioeng.* 75:219-227.

75. Liu,L. Y., Lei, X-Y., Chen, L-F., Bian, Y-B., Yang, H., Ibrahim, S. A., and W. Huang (2015). A novel cysteine desulfurase influencing organosulfur compounds in *Lentinula edodes*. *Sci. Rep.* 5: 10047; doi: 10. 1038/srep10047.

76. Löffler, A. (1986). Proteolytic enzymes: Sources and applications. *Food Technol.* 40(1):63-70.

77. Lowe, G. and Y. Yuthavong (1971). pH - Dependence and structure-activity relationships in the papaincatalysed hydrolysis of anilides. *Biochem. J.* 124:117-122.

78. Masamura, N., Ohashi, W., Tsuge, N., Imai, S., Ishii-Nakamura, A., Hirota, H., Nagata, T., and H. Kumagai (2012). Identification of amino acid residues essential for onion lachrymatory factor synthase activity. *Biosci. Biotechnol. Biochem.* 76:447-453.

79. Matsui, K., Fukutomi,S., Wilkinson, J., Hiatt, B., Knauf, V., and T. Kajawara (2001). Effect of overexpression of fatty acid 9-hydroperoxide lyase in tomatoes (*Lycopersicon esculentum* Mill.). *J. Agric. Food Chem.* 49:5418-5424.

80. Matusheski,N. V., Juvik, J. A., and E. H. Jeffery (2004). Heating decreases epithiospecifier protein activ - ity and increases sulforaphane formation in broccoli. *Phytochemistry* 65:1273-1281.

81. Meagher, M. M., Nikolov, Z. L., and P. J. Reilly (1989). Subsite mapping of *Aspergillus niger* glucoamylases I and II with malto-and isomaltooligosaccharides. *Biotechnol. Bioeng.* 34:681-688.

82. Mikami,B., Iwamoto, H., malle, D., Yoon, H-J., Demirkan-Sarikaya, E., Mezaki, Y., and Y. Katsuya (2006). Crystal sructure of pullulanase: Evidence for parallel binding of oligosaccharides in the active site. *J. Mol. Biol.* 359:690-707.

83. Mithen,R. F., Dekker, M., Ververk, R., Rabot, S., and I. T. Johnson (2000). The nutritional significance, biosynthesis and bioavailability of glucosinolates in human foods. *J. Sci. Food Agric.* 80:967-984.

84. Monsan, P. and D. Combes (1984). Effect of water activity on enzyme action and stability. *Ann. NY Acad. Sci.* 434:48-60.

85. Nagodawithana,T. and G. Reed (Eds.) (1993). *Enzymes in Food Processing*, 3rd edn., Academic Press, New York, 480pp.

86. Nakanishi, K., Takeuchi, A., and R. Matsuno (1990). Long-term continuous synthesis of aspartame pre-cursor in a column reactor with an immobilized thermolysin. *Appl. Microbiol. Biotechnol.* 32:633-636.

87. Nerinckx, W., Desmet, T., and M. Claeyssens

(2003). A hydrophobic platform as a mechanistically relevant transition state stabilizing factor appears to be present in the active center of *all* glycoside hydrolases. *FEBS Lett.* 538:1–7.

88. Newcomer, M. E. and A. R. Brash (2015). The structural basis for specificity in lipoxygenase catalysis. *Protein Sci.* 24:298–309.

89. Nitta, Y., Mizushima, M., Hiromi, K., and S. Ono (1971). Influence of molecular structures of substrates and analogues on Taka–amylase A catalyzed hydrolyses. *J. Biochem.* 69:567–576.

90. Wlodawer, A., Gustchina, A., and M. N. G. James (2013). Catalytic pathways of aspartic peptidases, In *Handbook of Proteolytic Enzymes*, 3rd edn., Rawlings, N. D. and G. Salveson (Eds.), Vol. 1, Academic Press, New York, pp. 19–26.

91. O'Connor, C. J. and J. R. Longbottom (1986). Studies in bile salt solutions. XIX. Determination of Arrhenius and transition–state parameters for the esterase activity of bile–salt–stimulated human milk lipase: Hydrolysis of 4–nitrophenyl alkanoates. *J. Colloid Interface Sci.* 112:504–512.

92. Osuga, D. T. and J. R. Whitaker (1995). Mechanisms of some reducing compounds that inactivate poly–phenol oxidases, in *Enzymatic Browning and Its Prevention*, Lee, C. Y. and J. R. Whitaker (Eds.), sym–posium series 600, American Chemical Society, Washington, DC, pp. 210–222.

93. Ovádi, J., Aragón, J. J., and A. Sols (1986). Phosphofructokinase and fructose bisphosphatase from mus–cle can interact at physiological concentration with mutual effects on their kinetic behavior. *Biochem. Biophys. Res. Commun.* 135:852–856.

94. Palmer, T. (1995). *Understanding Enzymes*, 4th edn., Prentice Hall/Ellis Horwood, New York.

95. Pandey, A., Nigam, P., Soccol, C. R., Soccol, V. T., Singh, D., and R. Mohan (2000). Advances in micro–bial amylases. *Biotechnol. Appl. Biochem.* 31:135–152.

96. Parida, S. and J. S. Dordick (1993). Tailoring lipase specificity by solvent and substrate chemistries. *J. Org. Chem.* 58:3238–3244.

97. Parkin, K. L. andH. O. Hultin (1986). Characterization of trimethylamine–N–oxide (TMAO) demethylase activity from fish muscle microsomes. *J. Biochem.* 100:77–86.

98. Penet, C. S. (1991). New applications of industrial food enzymology: Economics and processes. *Food Technol.* 45(1):98–100.

99. Persson, M., Svensson, I., and P. Adlercreutz (2000). Enzymatic fatty acid exchange in digalactosyldia–cylglycerol. *Chem. Phys. Lipids* 104:13–21.

100. Phillippy, B. Q. and H. O. Hultin (1993). Some fac-

tors involved in trimethylamine N–oxide (TMAO) demethylation in post mortem red hake muscle. *J. Food Biochem.* 17:251–266.

101. Pickersgill, R. W. and J. A. Jenkins (1999). Crystal structure of polygalacturonase and pectin methylesterase, in *Recent Advances in Carbohydrate Engineering*, Gilbert, H. J., Davies, G. J., Henrissat, B., and B. Svensson (Eds.), The Royal Society of Chemistry, Cambridge, U. K., pp. 144–149.

102. Pinsirodom, P. and K. L. Parkin (2000). Selectivity of Celite–immobilized patatin (lipid acyl hydrolase) from potato (*Solanum tuberosum* L.) tubers in esterification reactions as influenced by water activity and glycerol analogues as alcohol acceptors. *J. Agric. Food Chem.* 48:155–160.

103. Pleiss, J., Fischer, M., and R. D. Schmid (1998). Anatomy of lipase binding sites: The scissile fatty acid binding site. *Chem. Phys. Lipids* 93:67–80.

104. Poutanen, K. (1997). Enzymes: An important tool in the improvement of the quality of cereal foods. *Trends Food Sci. Technol.* 8:300–306.

105. Prigge, S. T., Boyington, J. C., Faig, M., Doctor, K. S., Gaffney, B. J., and L. M. Anzel (1997). Structure and mechanism of lipoxygenases. *Biochimie* 79:629–636.

106. Raksalkulthai, R. and N. F. Haard (2003). Exopeptidases and their application to reduce bitterness in food: A review. *Crit. Rev. Food Sci. Nutr.* 43:401–445.

107. Rangarajan, M. and B. S. Hartley (1992). Mechanism of D–fructose isomerization by *Arthrobacter* D–xylose isomerase. *Biochem. J.* 283:223–233.

108. Rangheard, M–S., Langrand, G., Triantaphylides, C., and J. Baratti (1989). Multi–competitive enzymatic reactions in organic media: A simple test for the determination of lipase fatty acids specificity. *Biochem. Biophys. Acta* 1004:20–28.

109. Reece, P. (1983). The role of oxygen in the production of formaldehyde in frozen minced cod muscle. *J. Sci. Food Agric.* 34:1108–1112.

110. Resemann, J., Maier, B., and R. Carle (2004). Investigations on the conversion of onion aroma precursors *S*–alk(en)yl–L–cysteine sulphoxides in onion juice production. *J. Sci. Food Agric.* 84:1945–1950.

111. Rogalska, E., Cudrey, C., Ferrato, F., and R. Verger (1993). Stereoselective hydrolysis of triglycerides by animal and microbial lipases. *Chirality* 5:24–30.

112. Saier, M. H. (1987). *Enzyme in Metabolic Pathways. A Comparative Study of Mechanism, Structure, Evolution and Control*, Harper & Row, New York.

113. Sakurai, Y., Ma, S–F., Watanabe, H., Yamaotsu, N., Hirono, S., Kurono, Y., Kragh–Hansen, U.,

and M. Otagiri (2004). Esterase – like activity of serum albumin: Characterization of its structural chemistry using p – nitrophenyl esters as substrates. *Pharm. Res.* 21:285–292.

114. Sanz, C., Olias,J. M., and A. G. Perez (1997). Aroma biochemistry of fruits and vegetables, In *Phytochemistry of Fruit and Vegetables*, Tomás–Barberán, F. A and R. J. Robins (Eds.), Oxford University Press, Oxford, U. K., pp. 125–155.

115. Sarda, L. and P. Desnuelle (1958). Action de la lipase pancréatique sur les esters en émulsion. *Biochim. Biophys. Acta* 30:513–520.

116. Scavetta, R. D., Herron, S. R., Hotchkiss, A. T., Kita, N., Keen, N. T., Benen, J. A., Kester, H. C., Visser, J., and F. Jurnak (1999). Structure of a plant cell wall fragment complexed to pectate lyase C. *Plant Cell* 11:1081–1092.

117. Schebor, C., Burin, L., Burea,M. P., Aguilera, J. M., and J. Chirife (1997). Glassy state and thermal inac–tivation of invertase and lactase in dried amorphous matrices. *Biotechnol. Prog.* 13:857–863.

118. Schechter, I. and A. Berger(1967). On the size of the active site of proteases. I. Papain. *Biochem. Biophys. Res. Commun.* 27:157–162.

119. Schechter, I. and A. Berger (1968). On the active site of proteases. III. Mapping the active site of papain; specific peptide inhibitors of papain. *Biochem. Biophys. Res. Commun.* 32:898–912.

120. Schmid, U., Bornscheuer, U. T., Soumanou, M. M., McNeill, G. P., and R. D. Schmid (1999). Highly selec–tive synthesis of 1,3–oleoyl,2–palmitoylglycerol by lipase catalysis. *Biotechnol. Bioeng.* 64:678–684.

121. Schwimmer, S. (1980). Influence of water activity on enzyme reactivity and stability. *Food Technol.* 34 (5):64–83.

122. Segel, I. H. (1975). *Enzyme Kinetics. Behavior and Analysis of Rapid Equilibrium and Steady – State Enzyme Systems*, John Wiley & Sons, Inc., New York.

123. Shen, C. and K. L. Parkin (2000). In vitro biogeneration of pure thiosulfinates and propanethial–S–oxide. *J. Agric. Food Chem.* 48:6254–6260.

124. Shirai,T., Igarashi, K., Ozawa, T., Hagihara, H., Kobayashi, T., Ozaki, K., and S. Ito (2007). Ancestral sequence evolutionary trace and crystal structure analyses of alkaline α–amylase from *Bacillus* sp. KSM–1378 to clarify the alkaline adaptation process of Proteins. *Proteins: Struct. Funct. Bioinf.* 66:600–610.

125. Silvius, J. R., Read,B. D., and R. N. McElhaney (1978). Membrane enzymes: Artifacts in Arrhenius plots due to temperature dependence of substrate –

binding affinity. *Science* 199:902–904.

126. Sinnott, M. (Ed.)(1998). *Comprehensive Biological Catalysis: A Mechanistic Reference*, Vol. I, Academic Press, San Diego, CA.

127. Sinnott, M. (Ed.)(1998). *Comprehensive Biological Catalysis: A Mechanistic Reference*, Vol. III, Academic Press, San Diego, CA.

128. Smolensky, D. C., Raymond, W. R., Hasegawa, S., and V. P. Maier (1975). Enzymatic improvement of date quality. Use of invertase to improve texture and appearance of "sugar wall" dates. *J. Sci. Food Agric.* 26:1523–1528.

129. Solomon, E. I., Sundaram, U. M., and T. E. Machonkin (1996). Multicopper oxidases and oxygenases. *Chem. Rev.* 96:2563–2605.

130. Srere, P. A. (1984). Why are enzymes so big? *Trends Biochem. Sci.* 9:387–390.

131. Srivastava, D. K. and S. A. Bernhard (1986). Metabolite transfer via enzyme – enzyme complexes. *Science* 234:1081–1086.

132. Strambini, G. B. and E. Gabellieri(1996). Protein in frozen solutions: Evidence of ice–induced partial unfolding. *Biophys. J.* 70:971–976.

133. Strommer,J. (2011). The plant ADH gene family. *Plant J.* 66:128–142.

134. Sugihara, A., Shimada, Y., Nakamura, M., Nagao, T., and Y. Tominaga (1994). Positional and fatty acids specificities of *Geotrichum candidum*. *Protein Eng.* 7:585–588.

135. Szejtli, J. (1988). *Cyclodextrin Technology*, Kluwer Academic Publishers, Dordrecht, the Netherlands, 450pp.

136. Takahata, Y., Noda, T., and T. Nagata (1994). Effect of β–amylase stability and starch gelatinization during heating on varietal differences in maltose content in sweet potatoes. *J. Agric. Food Chem.* 42:2564–2569.

137. Terefe, N. S., Buckow, R., and C. Versteeg (2014). Quality–related enzymes in fruit and vegetable prod–ucts: Effects of novel food processing technologies, part 1: High – pressure processing. *Crit. Rev. Food Sci. Nutr.* 54:24–63.

138. Tome, D.,Nicolas, J., and R. Drapon (1978). Influence of water activity on the reaction catalyzed by polyphenoloxidase (E. C. 1. 14. 18. 1) from mushrooms in organic liquid media. *Lebensm – Wiss. u. – Technol.* 11:38–41.

139. Tucker,G. A. and L. F. J. Woods (Eds.) (1995). *Enzymes in Food Processing*,2nd edn.,Blackie, New York.

140. Tyoshimura, T., Jhee, K–H., and K. Soda (1996). Stereospecificity for the hydrogen transfer and molecu–lar evolution of pyridoxal enzymes. *Biosci.*

Biotech. Biochem. 60:181-187.

141. Ueda, S. and R. Ohba(1972). Purification, crystallization and some properties of extracelullar pullulanase from *Aerobacter aerogenes. Agric. Biol. Chem.* 36:2382-2392.

142. Vámos-Vigyázó, L. (1981). Polyphenol oxidase and peroxidase in fruits and vegetables. *Crit. Rev. Food Sci. Nutr.* 21:49-127.

143. Van der Maarel, M. J. E. C., ven der Veen, B., Uitdehaag, J. C. M., Leemhius, H., and L. Dijkhuizem (2002). Properties and applications of starch-converting enzymes of the α-amylase family. *J. Biotechnol.* 94:137-165.

144. Van Dijk, C., Fischer, M., Beekhuizen, J-G., Boeriu, C., and T. Stolle-Smits (2002). Texture of cooked potatoes (*Solanum tuberosum*) 3. Preheating and the consequences for the texture and cell wall chemis-try. *J. Agric. Food Chem.* 50:5098-5106.

145. van Santen,Y., Benen, J. A. E., Schröter, K-H., Kalk, K. H., Armand, S., Visser, J., and B. W. Dijkstra (1999). 1.68-Å crystal structure of endopolygalacturonase II from *Aspergillus niger* and identification of active site residues by site-directed mutagenesis. *J. Biol. Chem.* 274:30474-30480.

146. Vangrysperre, W., Van Damme, J., Vandekerckhove, J., De Bruyne, C. K., Cornelis, R., and H. Kersters-Hilderson (1990). Localization of the essential histidine and carboxylate group in D-xylose isomerases. *Biochem. J.* 265:699-705.

147. Visser, S. (1981). Proteolytic enzymes and their action on milk proteins. A review. *Neth. Milk Dairy J.* 35:65-88.

148. Vliegenthart,J. F. G. and G. A. Veldink (1982). Lipoxygenases, In *Free Radicals in Biology*, W. A. Pryor (Ed.), Vol. V., Academic Press, New York, pp. 29-64.

149. Wäfler, U., Shaw, M. L., and J. E. Lancaster (1994). Effect of freezing upon alliinase activity in onion extracts and pure enzyme preparations. *J. Sci. Food Agric.* 64:315-318.

150. Walker, J. R. L. and P. H. Ferrar (1998). Diphenol oxidases, enzyme-catalysed browning and plant disease resistance. *Biotechnol. Genet. Eng. Rev.* 15:

457-497.

151. Walsh, C. (1979). *Enzymatic Reaction Mechanisms*, W. H. Freeman & Company, San Francisco, CA.

152. Wehtje, E. andP. Adlercreutz (1997). Lipases have similar water activity profiles in different reactions. *Biotechnol. Lett.* 11:537-540.

153. Whitaker, J. R. (1994). *Principles of Enzymology for the Food Sciences*, 2nd edn., Marcel Dekker, New York.

154. Whitaker, J. R., Voragen, A. G. J., and D. W. S. Wong (Eds.) (2003). *Handbook of Food Enzymology*, Marcel Dekker, New York.

155. Whitehurst, R. J. and B. A. Law (Eds.) (2002). *Enzymes in Food Technology*, 2nd edn., CRC Press, Boca Raton, FL.

156. Wrolstad, R. E., Wightman,J. D., and R. W. Durst (1994). Glycosidase activity of enzyme preparations used in fruit juice processing. *Food Technol.* 48 (11):90-98.

157. Wu, Z., Robinson, D. S., Hughes, R. K., Casey, R., Hardy, D., and S. I. West (1999). Co-oxidationof β-carotene catalyzed by soybean and recombinant pea lipoxygenases. *J. Agric. Food Chem.* 47:4899-4906.

158. Yamaguchi, S. and T. Mase (1991). Purification and characterization of mono- and diacylglycerol lipase isolated from *Penicillium camemberti. Appl. Microbiol. Biotechnol.* 34:720-725.

159. Yamamoto T. (Ed.) (1995). *Enzyme Chemistry and Molecular Biology of Amylases and Related Enymes*, The Amylase Research Society of Japan, CRC Press, Boca Raton, FL.

160. Yancey, P. H., Clark, M. E., Hand, S. C., Bowlus, R. D., and G. N. Somero (1982). Living with water stress: Evolution of osmolyte systems. *Science* 217:1214-1222.

161. Yoruk, R. and M. R. Marshall (2003). Physicochemical properties and function of plant polyphenol oxi-dase: A review. *J. Food Biochem.* 27:361-422.

162. Zhang, D., Li, N., Lok, S-M., Zhang, L-H., and K. Swaminathan (2003). Isomaltulose synthase (*PalI*) of *Klebsiella*sp. LX3. *J. Biol. Chem.* 278: 35428-35434.

拓展阅读

1. Aehle, W. (2004). *Enzymes in Industry. Production and Applications*, 2nd edn., Wiley-VCH, Weinheim, Germany, 484pp.

2. Copeland, R. A. (2000). *Enzymes: A Practical Introduction to Structure, Function, Mechanism, and Data Analysis*, 2nd edn., John Wiley, New York, 397pp.

3. Fersht, A. (1985). *Enzyme Structure and Mechanism*, 2nd edn., W. H. Freeman & Company, New York, 475pp.

4. Godfrey, T. and S. West (Eds.) (1996). *Industrial Enzymology*, 2nd edn., Stockton Press, New York, 609pp.

5. Palmer, T. (1995). *Understanding Enzymes*, 4th edn., Prentice Hall/Ellis Horwood, New York, 398pp.

6. Segel, I. H. (1975). *Enzyme Kinetics. Behavior and Analysis of Rapid Equilibrium and Steady-State Enzyme Systems*, John Wiley & Sons, Inc., New York, 957pp.

7. Sinnott, M. (Ed.) (1998). *Comprehensive Biological Catalysis. A Mechanistic Reference*, Vols. I–IV, Academic Press, San Diego, CA.

8. Stauffer, C. E. (1989). *Enzyme Assays for Food Scientists*, Van Norstrand Reinhold, New York, 317pp.

9. Tucker, G. A. and L. F. J. Woods (Eds.) (1995). *Enzymes in Food Processing*, 2nd edn., Blackie, New York, 319pp.

10. Whitehurst, R. J. and B. A. Law (Eds.) (2002). *Enzymes in Food Technology*, 2nd edn., CRC Press, Boca Raton, FL, 255pp.

11. Whitaker, J. R. (1994). *Principles of Enzymology for the Food Sciences*, 2nd edn., Marcel Dekker, New York, 625pp.

12. Whitaker, J. R., A. G. J. Voragen, and D. W. S. Wong (Eds.) (2003). *Handbook of Food Enzymology*, Marcel Dekker, New York, 1108pp.

分散体系：基础理论 **7**

Ton van Vliet and Pieter Walstra[*]

7.1 引言

本章所讨论的内容与本书中其他章节所介绍的大多数内容具有相当大的不同,如涉及电子转移的纯粹化学在本章中几乎没有谈到。然而,关于分散体系许多方面的内容对于理解大多数食品的特性和组合食品的生产是具有极其重要意义的。

虽然本章涉及一些基本理论,但已尽量简化说明。文中所述的大多数主题可参考作者的《食品物化》(*Physical Chemistry of Foods*),其中有更多详细论述。

7.1.1 食品分散体系

大多数食品都是分散体系,只有小部分是均相溶液,如烹调油和一些饮料,啤酒似乎也是均相体系,但饮用时却有泡沫层。分散体系的性质不是完全由其化学组成决定的,还取决于体系的物理结构。就像本书第 15 章和第 16 章所讨论的食品体系,那些来源于动植物组织的食品结构是非常复杂的。加工食品与一些天然食品可能具有相对简单的结构:啤酒泡沫是含有气泡的溶液;牛乳是含有脂肪液滴和蛋白质聚集体(酪蛋白胶束)的溶液;塑性脂肪是由含油聚集甘油三酯晶体组成;色拉酱可能仅是乳状液;许多凝胶都由能够稳定溶液的多糖分子网络构成。但是,还有一些加工食品在结构上却很复杂,这是由于它们含有尺寸大小与聚集状态不同的一些结构物质:夹心凝胶、胶状泡沫、采用挤压和旋转制得的物料、粉末、人造黄油、面团和面包等。

分散的状态可能会带来如下的一些结果:

(1)因为不同成分存在于不同的相内或结构单元内,所以不存在热力学平衡。即使是均一的食品体系也不可能处于平衡状态,对于分散体系更是这样。正如在 7.1.3 中简要介绍的那样,这种不平衡可能对化学反应产生显著影响。

(2)风味成分可能分布于不同的结构单元内,从而能够在食用时延缓其释放。这种风味物质的区域分布可能带来食用时释放的波动性,从而增强风味,因为它能够在某种程度

---

[*] 已于 2012 年 9 月 29 日逝世。

上抵消对风味感觉上的适应性。大多这种区域分布的食品与经均质处理后的食品相比,其味道差异较大。

(3)通常情况下,如果结构单元间存在相互吸引的作用力,整个体系就具有一定的稠度,这个概念被定义为体系具有抵御永久形变的承受力。因为它与诸如竖立性、铺展性或切削难易度等性质相关,被认为是一种重要的功能特性。而且稠度会像任何食品的物理不均一性一样影响到食品的口感。食品科学家们经常使用质构这一术语来综合表述这些性质。

(4)如果产品具有相当大的稠度,则存在的溶剂(大多数食品中的溶剂是水)将是不可流动的。体系中的传质(通常还有传热)就只能通过扩散的形式,而非对流,这对反应速率具有相当大的影响。

(5)分散状态可能会极大地改变体系的外观。假如分散相粒子的尺寸超过 50nm,就会由于这些粒子的光散射作用而影响体系的外观。这种分散的不均一性甚至为肉眼可见,这种现象赋予"质构"这一概念以独特的意义。

(6)因为体系是微观物理意义上的不均匀状态,所以可能是不稳定的。在储存过程中会发生许多形式上的变化,如体系分成数层,这种情况也可被认为是形成了宏观的非均匀体系。而且在加工或食用过程中,分散状态也会发生变化,这其中有些是期望的(如搅打奶油),有些是不期望的(如奶油的过度搅打,致使产生了黄油颗粒)。

在本章中将讨论上述的一些内容,关于力学性质、流体动力学和加工工程方面的内容将被大大简略。当然,大多数食品体系都表现出显著的独特行为,但要全面的顾及这些方面既占用篇幅又让读者难以理解,因此在本章中只着重叙述相当简单的模拟体系中具有普遍意义方面的内容。

7.1.2　分散体系的特征

分散体系是离散粒子散布于连续液相中的体系。当粒子呈气态时,我们称之为泡沫,当粒子呈液态时为乳状液,当粒子为固态时为悬浮液(如含细胞碎片的橘汁)。乳状液分为两种类型:水包油(O/W)型和油包水(W/O)型。大多数食品乳液是 O/W 型(如牛乳、色拉酱和大多数汤类),它们可以被水稀释。分散相可以含有一定数量不同的粒子:牛乳含有小的蛋白聚集体,汤料通常含有蔬菜组织碎片。奶油和人造黄油含有水滴,但它们不是真正的 W/O 型乳状液,因为油相含有脂肪结晶,组成了空间填充的网络结构。

人造黄油就是固相分散体系的一个例子,即在分散相形成后,连续相具有一种类固体状的性质。在含泡沫的煎蛋体系中,连续相蛋白溶液已经形成了凝胶。液体巧克力是固体粒子(糖晶体、可可豆碎片)分散在油中的体系,一旦冷却,油就变成了一大块结晶脂肪基质。

如果一个二元体系是呈类固体状,原则上有两个连续相。一个简单的例子就是湿海绵,其中水和海绵都是连续相。许多食品也具有两种连续相,如面包,气体和固体基质都是连续相,如果不是这样,面包在焙烤后体积就会大大缩小,因为主要是水的热气泡在冷却后会显著收缩。

胶体通常被定义为一个含有粒子的分散体系,分散粒子要明显比小分子(比如说,溶剂分子)大,但又未达肉眼可见的程度,这表明粒子的尺寸范围在 10～0.1mm。胶体通常分为两类:亲液胶体(亲溶剂的)和疏液胶体(憎溶剂的)。疏液胶体含两相(或多相),如气体、油、水和各种结晶物质。疏液胶体不能自发形成,它需要能量把一相分散至另一相(连续相)中,形成的体系是非平衡体系,因此在物理学上是不稳定的。

亲液胶体是通过在一种合适的溶剂中溶解另一种物质而形成的,因此体系是平衡的。主要例子是大分子(多糖、蛋白质等)和缔合胶体。缔合胶体是由像肥皂一样的两亲分子所形成的,这类分子都含有一个相当长的疏水性"尾巴"和一个小且极性极强的亲水性"头"。在水相环境中,这些分子趋于采用一种特殊的方式相互缔合——"尾巴"互相紧密靠在一起以避开水相,而"头"则朝向水。这样,就形成了胶束或液晶结构。在 7.2.2 中会简略地讨论胶束,而液晶相[39]在食品体系中并不重要,所以不再赘述。

需要进一步指出的是不稳定体系可能看起来是稳定的(在观察时间内,性质上没有出现显著变化)。这意味着其变化的速率非常小,可能是由于①要发生化学或物理变化需要较高的活化(自由)能或者②由于体系的黏度极高(例如干燥食品),分子或粒子很难移动。

食品体系中结构单元的尺寸大小可以在相当大的范围内变化,图 7.1 所示的例子表明,这个范围可能跨越了 6 个数量级。水分子的直径是 0.3nm,而植物或动物细胞的直径可达 0.3mm。粒子的形状和它们的体积分数 Φ(即体系中粒子所占体积的百分数)也是很重要的因素。所有这些变量均影响了产品的性质,由于粒子的尺寸大小导致的一些影响包括:

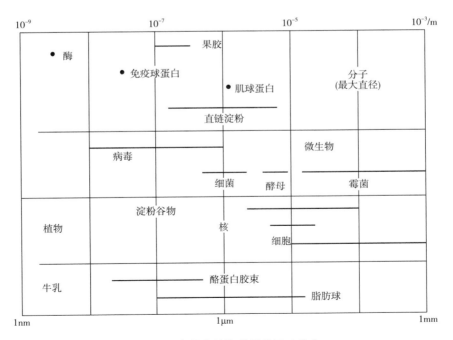

图 7.1　食品中结构单元的尺寸分布

(1)外观　例如 O/W 型乳状液,如果油滴的直径为 0.03μm,则体系几乎是透明的;若直径为 0.3μm,则体系看上去带蓝色;直径再增加一个数量级,体系呈白色;而当直径增大到 30μm 后,就可以观察到油的色泽(通常是黄色)了。

(2)表面积 对一些直径为 d(单位:m)的球体,其表面积为:

$$A = 6\frac{\Phi}{d} \tag{7.1}$$

单位为 $m^2 m^{-3}$,在此式中 Φ 是分散粒子的体积分数,因此分散相的总表面积是很大的。对于一个 $\Phi = 0.1$ 和 $d = 0.3\mu m$ 的乳状液,每毫升乳状液可拥有表面积 $A = 2m^2$;如果每平方米的油滴表面吸附了 5mg 的蛋白质,则被吸附的蛋白质总量将达到乳状液量的 1%。

(3)孔径 粒子与粒子之间存在连续相,这些分隔开的连续相区域的大小正比于粒子的尺寸而小于分散相的体积分数 Φ。如果形成了空间填充的网络结构,则处于网络中的孔径也遵循上述原则。溶剂分子穿过这些孔径的难易程度——渗透能力正比于孔径的平方。这就是大分子聚合物凝胶比由大的粒子组成的凝胶渗透能力小的原因(详见 7.5.2)。

(4)涉及的时间跨度 这里的时间标准定义为一个事件发生所需要的特征时间,如两个分子发生反应,一个粒子发生旋转,焙烤面包等事件。粒子越大,涉及的时间跨度就越长。举例来说,对一个直径是 d 的粒子,其扩散距离 z 的平方根是扩散时间 t 的函数:

$$(z^2)^{0.5} \propto \left(\frac{t}{d}\right)^{0.5} \tag{7.2}$$

一个直径为 10 nm 的粒子在水中扩散至与它直径相等的距离需用时 1μs;直径为 1μm 时需 1s;而直径 0.1mm 时需 12d。当考虑某一物质扩散进入一个结构单元时,扩散系数 D、扩散距离 ι 和半衰期 $t_{0.5}$(对浓度)就可表示为:

$$\iota^2 \approx Dt_{0.5} \tag{7.3}$$

式中,存在于水中的小分子的 D 值大约是 $10^{-9} m^2/s$,而大多情况下(大分子或更黏稠的溶液),它要低于这个值。

(5)外力的影响 大多作用于粒子的外力正比于粒子直径的平方,而粒子间的主要胶体吸引力正比于粒子直径。这表明小粒子对来自外力(如剪切力或重力)的影响是微不足道的,而大粒子在外力的作用下会发生变形甚至破碎。同时大粒子沉降速度更快。

(6)分离的难易程度 上面提到的一些观点说明从液体中分离出小粒子比大粒子要困难得多。

一个胶体体系的粒子不会完全都是相同大小的,粒径分布这一概念是非常复杂的[2,70],这里不作讨论。但我们知道在多数情况下,粒子尺寸的范围可以用来表征粒径分布,并用粒子的体积/表面平均直径 d_{vs} 或者 d_{32} 来大致估算其粒径分布。然而,在使用这个方法时要注意,讨论不同性质时需采用不同类型的平均值。粒径分布越宽(宽度可以表示为标准偏差与平均值之比),不同类型平均值之间的差别就越大(数值上相差一个数量级也是常见的)。通常粒子的不等轴现象越严重或者粒子的性质相差越大,粒径分布的测定以及对结果的解释就越困难[2]。

7.1.3 对反应速率的影响

正如前文提及,分散食品体系中的成分可能存在于不同的结构单元内,这会大大影响反应速率。如果一个体系包含水(α)和油(β)两相,一种组分在两相中都有溶解。根据能斯特分布或分配定律,组分在两相中的浓度之比为一常数:

$$C_\alpha / C_\beta = 常数 \tag{7.4}$$

这个常数取决于温度,或其他一些条件的影响。例如,体系的 pH 对羧酸在两相中的分配存在强烈影响,因为这一类酸只有在中性状态下才溶于油相。当 pH 高时,酸完全解离,所以几乎所有的酸都存在于水相中;而低 pH 时,这些酸在油相中的浓度可能会相当大。值得注意的是存在于某一相中的反应物的量还决定于该相在体系中所占的体积分数。

当反应发生在多相体系中的某一相时,影响反应速率的并不是体系中总的反应物浓度,而是处于那一相中的反应物浓度[102]。对反应速率产生影响的浓度可能高于或低于总的浓度,具体情况取决于式(7.4)中分配常数的数值。因为许多食品中的反应,实际上包含着层层叠叠的若干不同反应,所以总的反应方式,以及产物混合物的组成,都有可能取决于组分在各相中的分配情况。化学反应常涉及组分在分隔单元之间的传递,因而传递距离以及分子移动能力都将影响反应速率。在式(7.3)中,物质从很小的结构单元(例如,乳状液的分散液滴)中进入或移出的扩散时间在绝大多数情况下是非常短的,然而,在溶剂被单元结构所形成的网络结构固定化的情况下,反应会大大减慢,尤其当反应物(如 O_2)必须从外界进入反应系统时,这种影响更为显著。除此之外,有的反应也许只能在相与相的边界上才能进行,如脂肪的自动氧化过程。在此情况下,被氧化的物质(不饱和油)在油滴中,而反应的催化物(如铜离子)存在于水中。另外的例子可以是酶存在于某个结构单元内,而酶作用的底物却存在于另一个结构单元内,此时,比表面积可能决定了反应速率。反应物吸附到结构单元之间的界面上可以降低它们参与反应的有效浓度,并因此降低反应活性。因此,分散体系中发生的化学反应速率和反应物的混合物组成都可能与均相体系所发生的情况有相当大的不同。这类情况在植物与动物组织中的例子已广为人知,如某些添加剂的活性[102]和乳状液液滴中脂类酶的水解,但除此之外的情况还要进行深入研究。

7.1.4 小结

(1)大多数食物都是分散体系,在分散体系中化学变化的速度、风味、外观、稠度和物理稳定性等性质都会受到影响。

(2)分散体系的特征是由不均匀性物质的组成,包括物质类型和大小。

(3)反应单元的划分对化学反应速率有很大影响。

7.2 表面现象

如前所述,大多数食品都具有很大的相边界或界面积。通常物质吸附到界面上会对体系的静力学和动力学性质产生很大影响。在本节中只讨论一些基本方面的内容,应用会在以后论述[1,3]。

在两相间能存在各种界面,主要的是气-固、气-液、液-固和液-液界面。如果一相是气体(多数是空气),通常称为表面,而其他情况则称为界面,但这两个词语通常可以交换使用。比较重要的界面现象包括固体界面的区分(其中一相是固体)和两个流体间流体界面的区分(气-液或液-液)。固体界面是刚性的,而流体界面能够发生形变。

7.2.1 界面张力和吸附

相界面上存在过量的自由能,它正比于界面积,结果是界面尽量变小来降低界面自由能。这意味着需要外力来扩大界面积。界面间的作用力是吸引力且作用于界面所在的平面内。如果界面是流体,则能够测定这个力[如图7.2(1)]。每单元长度的力称为表面或界面张力:符号γ,单位 N/m。(γ_{ow}表示油水间的张力,γ_{As}是气固间的张力,其他以此类推)。固体也有界面张力,但无法测定。

γ 的数值取决于两相的组成,表7.1 所示为一些数值。界面张力取决于温度且通常随温度的增加而下降。

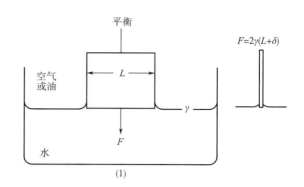

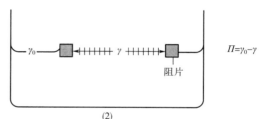

图7.2 **(1)** 通过 **Wilhelmy** 平板(宽度为 L,厚度为 δ)法计算表面或界面张力 **(2)** 由吸附的表面活性剂分子(图中所示垂直虚线)所引起的表面压强(Π)

通过拉动平板达到一个敏感的平衡状态,F 为合力。两个阻片之间的表面张力下降了,作用在阻片上的是数量为 Π 的一个二维净压强。

表 7.1			室温下一些物质的界面张力近似值		
物质	对空气	对水	物质	对空气	对水
水	72	0	0.1 g/L β-酪蛋白[①]	44	0
饱和 NaCl 溶液	82	0	石蜡油	30	50[②]
0.02mol/L 的 SDS 水溶液	41	0	甘油三酯	35	30
乙醇	22	0			

注:表中近似值(mN/m)都是在室温下测定。

①老化时间为 1d。

②使用一些缓冲盐得到的值要低于水的值。

溶液中的一些与界面相连的分子能够在界面累积,形成一个单层,这被称为吸附(吸附是与吸收相区别的,吸收是一种物质进入另一种物质)。吸附的物质被称为表面活性剂,吸附是由于能提供更低的表面自由能,从而降低表面张力。如图 7.3(1),可以看出 γ 的降低取决于达到平衡后存在于溶液中的表面活性剂的浓度。当达到确定 γ 的降低值所得到的 c_{eq} 的值越低,表面活性剂的表面活性就越强。

一个重要的参数是表面载量 Γ,即单位表面积吸附的物质的量(以物质的量或质量表示)。当 $\Gamma = 0, \gamma = \gamma_0$ 时,是洁净的界面。在相对较高的表面活性剂浓度(c_{eq})下,Γ 值达到了一个高的恒定值,这时表面活性剂形成了致密的单层。Γ 的恒定高值与达到恒定高 γ 值的表面活性剂的浓度是一一对应的。$\Gamma_{平台}$ 的数值因表面活性剂而变化,大多数在 $1 \sim 4 mg/m^2$。Γ 值与平衡表面活性剂浓度之间的关系被称为吸附等温线,气相中的物质,如水在空气中的体系,也能吸附到(固体)表面,上述关系也是成立的。

在平衡状态下(给定的温度),每一种表面活性剂在 Γ 值和 γ 的降低值之间都有确定的关系。界面降低值被称为表面压 $\Pi = \gamma_0 - \gamma$ [参考 7.2(2)]。Π 的最大值随表面活性剂的不同而变化,对于许多表面活性剂而言(虽然不是全部),这个值在气-水和油-水界面是粗略相同的。Π 和 Γ 之间的关系称之为状态表面公式,举例如图 7.3(2)。

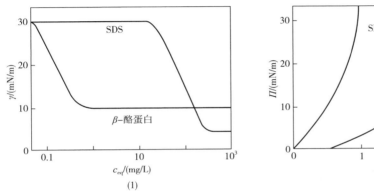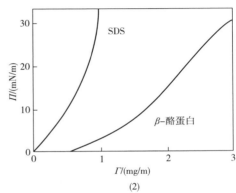

图 7.3 β-酪蛋白和 SDS 在油-水界面的吸附

(1)界面张力(γ)与平衡表面活性剂浓度(c_{eq})的函数关系;(2)表面压强(Π)和表面载量(Γ)(近似值)之间的关系。

表面活性剂的吸附速率主要取决于它的浓度,表面活性剂通常通过扩散移动至表面,如果浓度为 c,达到的表面载量为 Γ,则临近表面厚度为 Γ/c 的一层能提供足够的表面活性剂。把 $\iota = \Gamma/c$ 和式(7.3)联立,可以推导出:

$$t_{0.5} = \frac{\Gamma^2}{Dc^2} \tag{7.5}$$

在水溶液中 D 通常为 $10^{-10} m^2/s$。假定表面活性剂的浓度为 $3 kg/m^3$,Γ 为 $3 mg/m^2$,那么可以计算出 $t_{0.5} \approx 10 ms$,吸附会在 10 倍的 $t_{0.5}$ 的时间内完成,也就是在 1s 之内。如果表面活性剂的浓度更低,吸附会需要更长的时间,但搅拌会显著提高吸附速率,换句话说,吸附在实际应用中几乎总是很快的。

7.2.2 表面活性剂

表面活性剂分为两类:聚合物和小的两亲性分子(有一些作者只把小分子的两亲性物质称为表面活性剂。同时,表面活性剂通常又称乳化剂——译者注)。

7.2.2.1 两亲性分子

小分子两亲性物质的疏水(亲脂)部分比较典型的是脂肪链,而亲水部分则多种多样。

对于经典的表面活性剂——普通肥皂而言,亲水部分是离子化的羧基基团。大多数两亲性物质在水中或油中都不是高度可溶的,只有当它们的结构部分处于亲水的环境(水),部分处于疏水环境(油)(如 O/W 界面)(图 7.4)[101]时,这类物质所受到的来自溶剂的斥力最小。它们也吸附到气-水和一些固-水界面上。在溶液中,它们倾向于相互缔合形成胶束来使其与溶剂的相互排斥作用力最小。

表 7.2 所示为一些常用于食品体系的小分子表面活性剂[38,64],根据亲水基团的性质,它们被划分为非离子型、阴离子型和阳离子型。同时,表面活性剂也被分为天然的(如肥皂、甘油单酯和磷脂)和合成的两大类。吐温(Tween)系列的表面活性剂与其他表面活性剂有点不同,原因在于这类物质的亲水基团含有 3 或 4 条聚氧乙烯链(其链长约为 5 个单体的长度)。磷脂是一大类组成与性质都极其广泛的物质,其中有一些是两性离子。

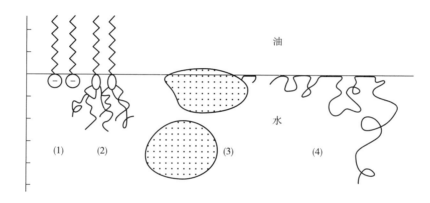

图 7.4　一些表面活性剂在油-水界面的吸附模式

左边是纳米标尺;(1)肥皂;(2)吐温;(3)小的球蛋白(为了比较也标识了一个溶液中的蛋白质分子);(4)β-酪蛋白。

表 7.2　　　　　　　　　　　一些小分子表面活性剂和它们的 HLB

表面活性剂类型	表面活性剂实例	HLB	表面活性剂类型	表面活性剂实例	HLB
非离子型			吐温 80	聚氧乙烯失水山梨醇单油酸酯	16
脂肪醇	十六醇	1	**阴离子型**		
一酰基甘油	甘油单硬脂酸酯	3.8	肥皂	油酸钠	18
一酰基甘油类酯	丙醇酰单棕榈酸酯	8	乳酸酯	硬脂酰-2-乳酸钠	21
司盘类	失水山梨醇单硬脂酸酯	4.7	磷脂	卵磷脂	比较大
	失水山梨醇单油酸酯	7	阴离子去垢剂①	十二烷基硫酸钠	40
	失水山梨醇单月桂酸酯	8.6	**阳离子型**①		大

①不用于食品,但用于洗涤剂。

小分子表面活性剂的一个重要特征是它们的 HLB。HLB 是指一个物质的亲水-疏水平衡值。当 HLB 为 7 时,意味着该物质在水中与油中具有几乎相等的溶解性,HLB 越低,表面活性剂在油中的溶解性越好,反之则在水中的溶解性越好。表面活性剂的 HLB 在 1~40。表面活性剂的 HLB 与溶解性之间的关系对表面活性剂本身是非常有用的,它还关系到一种表面活性剂是否适合作为乳化剂使用。当 HLB 大于 7 时,此表面活性剂一般是用于制备泡沫和 O/W 型乳状液;当 HLB 小于 7 时,则适用于制造 W/O 型乳状液(详见 7.6.2 中的 Bancroft 规则)。在水溶液中,HLB 高的表面活性剂适于做清洗剂。与 HLB 有关的其他一些对应性也被提及,但其中大部分性质仍待商榷。

表面活性剂的 HLB 最初是通过在水中的溶解性除以在油中的溶解性计算得来的,近年来则通过一些化学基团来计算。有一些作者制定了 HLB 表[28]。表面活性剂的极性基团是正值,疏水基团是负值。这些值的总和再加上 7 即为 HLB。总的来说,长的脂肪链具有较低的 HLB,而极性较强或具有较大极性基团的物质具有较高的 HLB。实际上表面活性剂的 HLB 也受到温度、油的类型的影响。

如前所述,许多小分子两亲性物质倾向于形成胶束,在临界胶束浓度(CMC)之上即可形成。超过这一浓度,过量的表面活性剂就进入胶束,它们的热动力学活性(或不精确的说是有效浓度)几乎不再增加,结果就是表面载量 Γ 不再增加,表面张力也不再下降。在图 7.3(1)中,十二烷基硫酸钠(SDS)的临界胶束总浓度(CMC)达到了 300mg/L。在某一类表面活性剂中,随链长增加,CMC 降低。对于离子型表面活性剂而言,离子强度增加,CMC 会显著降低,CMC 也取决于体系的 pH。

在气–水界面上也存在同样的方式,但由于 γ_0 比较高而 Π 几乎相同,所以 γ 更高。在气–水界面上获得的最小 γ 大约是 35mN/m,但对于大多数小分子表面活性剂,在三乙酰甘油的油–水界面上,γ 的变化范围总小于 1~5mN/m。

值得注意的是,市面上存在的商品表面活性剂一般都是若干种组分的混合物,它们的链长和其他性质都有些不同。例如,这些组分的 γ 平衡值可能就不相同。尤其当样品中存在微量组分时,这些组分比主要组分的 γ 低,当达到平衡状态时,在界面上的主要是具有最小 γ 的表面活性剂组分。但是由于这些微量组分的浓度很低,它们移动到界面的时间会比较长[式(7.5)]。这表明它们达到一个平衡的组成并产生稳定的 γ 需要更长的时间。另一个复杂的情况是在实际分散体系中,表面对体积的比率非常大,而在通常测定的情况下,也就是在相与相之间的宏观界面上,这个比率又是相当小。这意味着这时所测定的 γ 可能并不能代表实际体系(如泡沫或乳状液)的真实情况。

7.2.2.2 聚合物

一些合成的聚合物也能被用作表面活性剂,许多有关的实验证实了它们的表面活性并建立了一些相关的理论描述这些情况[27]。共聚物的部分链节是具有极高疏水性的,而其他部分则是亲水的,所以可以用作表面活性剂。它们趋于采用"卧式""环式"和"尾式"的构象发生吸附(图 7.4)。天然聚合物很少采用这种方式吸附,多糖的表面活性尚无定论[21]。许多多糖是由于具有蛋白链基才具有表面活性的,另一方面,化学修饰可以提供多糖疏水基团,一个广为所知的例子是纤维素酯,它们可以作为乳化剂使用[13]。

蛋白质是经常被食品技术采用的表面活性剂,尤其常用在泡沫和 O/W 型乳状液体系[19,57,93](因为蛋白质在油中是不溶的,它们不适合于 W/O 型乳状液)。蛋白质的吸附模式多种多样(图 7.4),存在非常大的构象变化。例如,大多数酶(除了真正的酯酶)类在吸附到油-水界面后由于构象的变化,活力会完全丧失,当然有一些酶在吸附到油-水界面后会保留部分活性[17]。大多数球蛋白在界面上仍保持了球状的构象,虽然与天然构象有些差别。几乎没有二级结构的蛋白质,如明胶和酪蛋白,倾向于像线性聚合物一样吸附。这意味着它们较球蛋白能更深入水相。而球蛋白在吸附前可能会发生变性(如热处理),在吸附后构象会发生改变。通常情况下,表面载量 Γ 和突出的距离都会增加。当溶液中蛋白质的浓度较高时,还可能发生多层吸附,不过此时第二层及更外层的吸附比较弱。

在图 7.3 中,对蛋白质的吸附与阴离子表面活性剂进行了比较,通常对于蛋白质和合成高分子聚合物与小分子两亲性物质相比有三个方面的差异:

(1)蛋白质明显比阴离子活性剂更具表面活性 吸附蛋白质的解吸不能或很少能通过稀释或清洗来达到。吸附蛋白质如果发生交联,解吸就会更加困难,对于含有游离硫基的蛋白质来说是显而易见的,在表面上会发生胱氨酸-半胱氨酸相互作用[25]。

(2)如图 7.3(2),状态表面公式在蛋白质与 SDS 之间是极不相同的。对于蛋白质而言,在相同表面载量 Γ 下,蛋白质的表面压强要大大高于两亲性小分子。这是因为在低表面载量 Γ 条件下,表面压 Π 的值与单位表面积下的以摩尔质量表示的表面载量成正比,但应考虑到蛋白质的摩尔质量是典型的小分子的两亲性物质的 100 倍左右,这对乳状液和泡沫的形成具有重要的作用(详见 7.6.2 和 7.7.1)。

(3)在达到平衡吸附时,阴离子表面活性剂能比蛋白质产生更低的表面张力。表面张力的数值会影响到几个结果,这将在以后讨论。这里我们只讨论一个方面,就是以高浓度的两亲性物质取代界面上的蛋白质。如图 7.5 所示,许多天然食品含有一些表面活性剂(脂肪酸、甘油单酯和磷脂),它们能够改变吸附层的性质。

一定程度上,表面上的蛋白能够相互取代,这取决于浓度、表面活性、摩尔质量、分子流动性等。在某种意义上蛋白质吸附是不可逆的,因为不能通过稀释获得更低的表面载量 Γ,然而存在着相互替代,这意味着界面层上的个体蛋白质分子与溶液中的蛋白质分子能够相互交换,尽管这种交换速度很慢。

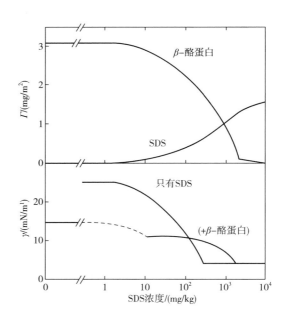

图 7.5　SDS 存在下的 β-酪蛋白体系

随 SDS 浓度的增加,O/W 型乳状液中的表面载量(Γ)和 O/W 界面上的界面张力(γ)变化;同时也给出了仅存在 SDS 时的界面张力 γ。

7.2.3　接触角

当两种流体相互接触并同时与另一固体接触时,在这三相之间存在一接触线[1]。图 7.6(1)示意了一个气/水/固三相体系的例子。此时作用于固体表面所在平面上的各种表面力之间必定存在着一个平衡,这就引出了 Young 方程:

$$\gamma_{AS} = \gamma_{WS} + \gamma_{AW}\cos\theta \tag{7.6}$$

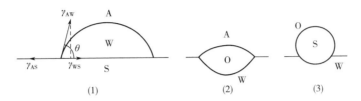

图 7.6　接触角(θ):三相体系举例

A=空气;O=油;S=固体;W=水。(1)中的箭头表示三个界面张力值。

接触角 θ 通常是在最黏稠的流体上得到的,其值由三者的界面张力决定。γ_{AS} 和 γ_{WS} 无法测定,但它们的差值可以由接触角推导得来。如果 $(\gamma_{AS}-\gamma_{WS})/\gamma_{AW}>1$,则式(7.6)无解,$\theta=0$,固体将被液体完全湿润,水停留在洁净的玻璃表面就是这样的一个例子。如果上述比例<−1,则固体完全不为液体所湿润,水停留在聚四氟乙烯或其他强疏水性材料表面的情况即为典型的例子。

图 7.6(2)表示了三种流体间比较复杂的接触情况。在此情况下,各种表面力必须既在水平平面又在竖直面达到平衡,这就出现了两个接触角。铺展压力可以被定义为:

$$\Pi_S = \gamma_{AW} - (\gamma_{AO} + \gamma_{OW}) \tag{7.7}$$

在图 7.6(2)中,$\Pi_S<0$。如果大于零的话,气-油界面和油-水界面的界面自由能之和就会小于仅是气-水界面的自由能,而且油会在水的表面发生铺展。从表 7.1 中的数据可以得到这样的结论:石蜡油的铺展压强为 $\Pi_S=-8\text{mN/m}$,这意味着油滴不能在水面上发生铺展(但它会黏附于气-水界面上)。对于甘油三酯,$\Pi_S=7\text{mN/m}$,因此该油滴可以分散至水相表面。这些现象对于乳化液滴与气泡之间的相互作用是非常重要的。扩展压力也可以被表面活性剂改变。但是,大部分的蛋白质会大约以相同的数量降低 γ_{AW} 与 γ_{OW},这样扩展压力就不会在很大程度上被改变。

图 7.6(3)所示为一个固体小颗粒置于油-水表面。杨氏方程同样适用于该种情况。当甘油三酯晶体在甘油三酯油-水界面时,该接触角(在水相中大约为 140°)将非常有代表性。这时的接触角可以通过添加合适的表面活性剂(如 SDS)至水相中来降低它。当添加大量的表面活性剂时,甚至可以使 $\theta=0$,这时,水相就能够润湿晶体表面。这可以应用于从油中分离脂肪晶体。晶体附着于 O/W 界面以及相关的接触角对于乳状液的稳定性非常重要。(详见 7.6.5)

需要注意的是,如图 7.6 所示,重力作用会改变界面上液滴的形状,但是接触角仍保持不变。如果液滴小于 1 mm,那么重力的影响将非常小。

7.2.4 弯曲的界面[1]

在弯曲相界面上,凹一侧的压力总是大于凸一侧。这种差别称为拉普拉斯压力 p_L,由下式表示:

$$p_L = \frac{2\gamma}{R} \tag{7.8}$$

式中 R——曲率半径;对于球形粒子 R 为粒子半径 r。

一个重要的结论是,液滴与气泡都趋于球形,这样就不容易发生形变,当它们的粒子越小时该结论更显著。如果一个液滴不是呈球形的,曲率半径将随位置不同而不同,这表明液滴内存在着压力差。这就引起了处在液滴内的物质从高压区域向低压区域移动,直到获得球形的形状。以下是一些富有启发性的例子。对于一个半径为 $0.5\mu m$,表面张力为 $0.01N/m$ 的乳化液滴,拉普拉斯压力值将达到 4×10^4Pa,此时需要大量的外部压力以引起足够的形变。对于一个半径为 $1mm$,$\gamma = 0.05N/m$ 的气泡,p_L 将为 $100\ Pa$,使得变形更易发生。这些内容将在 7.6.2、7.6.4 和 7.7.1 中进一步讨论。

拉普拉斯压力的另一个结果是毛细管上升,见图 7.7(1)。在一个装有零接触角液体(如玻璃管中的水)的垂直毛细管中,会形成一个弯的凹液面。对于一个半径为 r 的毛细管,在弯液面之下的水相与管外相同高度的水相之间存在着大小为 $2\gamma/r$ 的压力差。管内的液体将要上升,直到由于重力引起的压力($g\rho h$)平衡了毛细管压力。举例来说,内径为 $0.1mm$ 的圆柱形毛细管中的纯水会上升 $15cm$。如果接触角变大,则上升将减弱;如果接触角 $>90°$,毛细管内液体将发生下降。

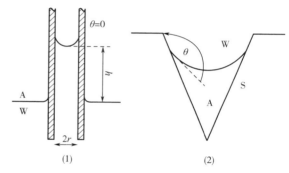

图 7.7 一些毛细管现象
(1)当接触角 $\theta = 0$ 时,液体在毛细管内的上升。
(2)置于水中固体裂缝内的气泡。

这些方面还与水中分散的粉末相关。如果一堆粉被放置于水中,毛细管上升将首先发生于水穿透粉末粒子之间的空隙,并润湿粒子,这是分散的前提,然后发生粉末的溶解。这需要接触角(发生于粉末粒子,水和空气之间)$<90°$。粉末内的有效接触角显著大于粉末光滑表面的接触角,因此后者将显著小于 $90°$,才会发生粉末的润湿。

拉普拉斯压力的第三个结论是在液体周围气泡内气体的溶解度的上升。根据拉普拉斯方程[式(7.8)],小气泡内的气体压力上升了,同时根据 Henry 法则,气体的溶解性与它的压力成比例。粒子的曲率对于粒子材料溶解性的影响并不仅局限于气泡,而是可通过卡尔文方程给出普遍规律。

$$RT\ln\frac{s(r)}{s_\infty} = \frac{2\gamma M}{\rho r} \tag{7.9}$$

对于一个半径为 r 的球形粒子;s 代表溶解性,s_∞ 为界面表面的溶解性(如"正常的"溶解性),M 和 ρ 分别为粒子内物质的摩尔质量与质量密度。R 是通用气体常数($J/mol \cdot K$),T 是绝对温度(K)。根据式(7.9)所示的计算例子列于表7.3中。可以看出,对于大部分的体系,需要非常小的粒子半径(如$<0.1\mu m$)才具有显著的效果。但是,1mm 气泡内的气体溶解度已经明显提高。

溶解性的提高产生了奥氏熟化,即在分散体系中,以牺牲小粒子为代价而出现了大粒子,并最终导致最小粒子的消失。但是,这只发生于粒子内的物质至少在连续相中有一定的溶解度。因此,它会发生于气泡和 W/O 型乳状液中,但不会发生于甘油三酯 O/W 型乳状液中。奥氏熟化的速率取决于很多因素(详见7.7.2)。

奥氏熟化通常与晶体一起存在于饱和溶液中,如果晶体过大,则速率较慢。另外一个结果是它会引起小晶体的"修圆"过程。在晶体的边缘,曲率半径可能非常小,如几纳米,这时会引起溶解性的巨幅上升(表7.3,油中的脂肪晶体)。因此,晶体边缘附近的物质将溶解,并被沉积于其他地方。在部分冷冻食品中,小的冰晶($20\mu m$)通常具有非常好的等径形状。

表 7.3 由于曲率变化而导致的不同物质粒子溶解性上升的例子[1]

变量	油相中的水	水相中的空气	油相中的脂肪晶体	饱和溶液中的蔗糖晶体
R/m	10^{-6}	10^{-4}	10^{-8}	10^{-8}
$\gamma/(N/m)$	0.005	0.05	0.005	0.005
$\rho/(kg/m^3)$	990	1.2	1075	1580
$M/(kg/mol)$	0.018	0.029	0.70	0.342
sR/s_∞	1.000073	1.010	1.30	1.091

①所测数据依据式(7.9)计算得到,为一些任意的曲率半径和一些界面张力的合理数值(温度为300K)。

如果粒子表面是(部分)凹陷而非凸起,如图7.7(2)所示,溶解性当然会下降。如果所描述的情况代表的是一种自身的平衡,那么液体中的气体浓度将低于饱和。如果气体浓度升高,所描述的气囊将变大。

7.2.5 界面流变学[4,5,43,94]

如果一个界面具有表面活性剂,那么这个界面将具有流变学特性。需要区分的两种表面流变学,分别为剪切与扩张(图7.8)。当界面遭到剪切作用(假设界面面积和表面活性剂的数量都为固定值),可以计算出达到剪切效果所需要的界面力。通常这可以表征为对剪切速率的一个函数,并同时获得表面剪切黏度 η_{ss}(单位为 Ns/m)。对于大部分的表面活性剂而言,η_{ss} 可以忽略不计,但不适用于一些聚合物的表面活性剂。例如,对于酪蛋白酸钠单层,可以观察到的黏度为 $0.002Ns/m$,对于球蛋白多层,它的值在 $0.01\sim1Ns/m$。对于大部分的体系,发生的是剪切变稀,观察到的黏度为表观黏度,即黏度值与剪切力有关。对于球蛋白,文献报道的黏度值有很大差异,有一部分原因来源于实验的不确定性:单层分子会变形或破裂,因此测得的"黏度"将在很大程度上取决于破裂的形态[48]。对于其他一些蛋白质,黏度会随着单层时间的延长而显著上升,因为形成了分子间键[17]。

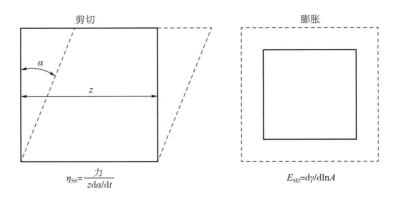

图 7.8　运用简单剪切与膨胀的表面理论表征表面几何形态的变化

如果界面面积被扩大了,而它的形状仍保持不变,将会使界面张力增加,因为 Γ 被降低了。这通常可以被描述为表面扩张模量,定义如下:

$$E_{SD} \equiv \frac{d\gamma}{d\ln A} \tag{7.10}$$

式中　A——界面面积;

E_{SD}——所有表面活性剂的限定集合。

如果表面活性剂的活性很高,表面积的扩大速率很小,那么该值将非常小。在这样的一个例子中,表面活性剂从大量溶剂中快速扩散至扩大了的表面,因此提高了 Γ,降低了 γ。换言之,体相浓度(c_{eq})与界面浓度(Γ)之间的平衡将很快恢复。因此,E_{SD} 将随着变形速率的降低而显著降低。对于蛋白质,E_{SD} 可能或多或少与时间有关,因为蛋白质会不可逆地吸收水分,尽管吸收程度会有较大差别。蛋白质的界面浓度具有很大的影响:图 7.3(2)显示对于蛋白质,在重要值 Π 之前,Γ 需要较高,以此获得 E_{SD}。吸水和扩张导致的蛋白质构型变化也会影响 E_{SD}。

E_{SD} 是一个参数,出现在许多与界面现象有关的方程中。但是,E_{SD} 的测量非常不容易,甚至是不可能的,除非在相对较长的时间段内和/或较小的变形内。总体而言,对于球状蛋白,在气-水界面,观察到的 E_{SD} 的范围为 30～100mN/m,对于 β-酪蛋白,它的范围是 10～20mN/m[4,30,56,74]。油-水界面的值可能与气-水界面有显著差异。

蛋白质层的表面流变学参数决定于 pH、离子强度、溶剂性质、温度等。通常,模数和黏度的最大值处在等电点 pH 处,并可以测量出表面膨胀黏度和表面剪切模量。

7.2.6　表面张力梯度

如果一个液体表面含有表面活性剂,那么就产生了表面张力梯度。这可以用图 7.9 的气-水界面来表示。在(1)中,一个速度梯度($\nabla\nu = d\nu_x/dy$)促使表面活性剂向下游运动,因此产生一个表面张力梯度:γ 在下游将偏低。这意味着表面对于液体起到了一个切线应力 $\Delta\gamma/\Delta x$ 的作用。当梯度足够大时,应力将与剪切应力 $\eta\cdot\nabla\nu$(η=液体的黏度)相抵抗,这意味着表面将不能移动。如果不存在表面活性剂,表面将随着流动的液体而移动;在油-水界面体系中,流速在界面表面也是连续的。

这对于泡沫具有更重要的结果,见图 7.9(3) 和图 7.9(4)。在不存在表面活性剂时,处在两个气泡之间的液体向下流动,就像下落的水滴。当存在表面活性剂时,流动变慢许多,就如壁膜经受了由向下流动液体产生的应力。换言之,表面张力梯度对于气泡的形成是至关重要的。这也意味着,在几乎所有的例子中,一个小气泡或乳状液液滴在移动的过程中,经历一个静止的表面,即它表征出来的性状就似一个刚性粒子。在这些例子中,因为 Δx 较小,所以 γ-梯度都非常大。

图 7.9(2) 表示当界面存在着界面张力梯度时(梯度由表面活性剂的吸附产生),临近界面的液体将与界面一起移动。这被称作马兰戈尼效应:在一个葡萄酒杯中,超过液面的酒滴趋向于向上运动;而在这里,乙醇的挥发引起上升,因此产生了 γ-梯度。

马兰戈尼效应的一个重要结果是它提供了薄膜的稳定性,见图 7.9(5)。如果该膜需要某一个浓度较稀的点,膜的表面积就会增加,因此 Γ 降低,γ 提高,同时建立了 γ-梯度,这就促使附近的液体流向这个浓度较稀点,从而恢复膜的厚度。这个"吉布斯机制"解释了薄液体膜的稳定性,如气泡。

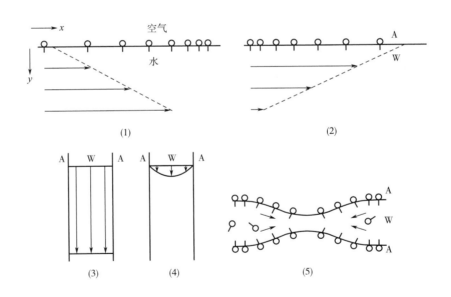

图 7.9   气-水界面的表面张力梯度

(1)沿着表面流动的液体所产生的表面张力梯度;(2)马兰戈尼效应:表面张力梯度引起邻近液体的流动;(3)
在存在表面活性剂或(4)不存在表面活性剂时,液体沿着垂直膜的引流现象;(5)膜稳定的吉布斯机制。

表面张力在阻止乳化过程中新形成液滴之间的结合上也非常重要,这部分内容详见7.6.2。在所有这些情况中,它的效果决定于膜或吉布斯弹性,这被定义为表面膨胀模量的两倍(膜具有两个表面)。薄膜通常具有很大的弹性,因为溶解在其中的表面活性剂很少。在较厚的膜中因为含有非常高浓度的表面活性剂,表面活性剂分子可以以很低的表面载量扩散至一点,重建最初的表面张力。因为薄膜具有较大的弹性,除非经历非常长的时间,否则这种现象不能或只能以非常慢的速度发生于薄膜中。

7.2.7 表面活性剂的功能

食品中的表面活性剂,无论是小分子的两性化合物还是蛋白质,均具有许多特性,简要罗列如下:

(1)因为 γ 的降低导致拉普拉斯压力的降低,从而使界面的变形变得容易。这对于乳化,泡沫形成(详见7.6.2)和聚结的出现(详见7.6.4)都很重要。

(2)接触角受到影响,它对于润湿和分散都非常重要。接触角决定了一个固体颗粒是否可以附着于液体表面以及它可以在多大程度上附着于任一液相。这些方面对于一些乳状液(详见7.6.5)和气泡(详见7.7.2)的稳定性都有重要的作用。

(3)界面自由能的降低将成比例地降低奥氏熟化。奥氏熟化的速率也同时受表面膨胀模量的影响(详见7.7.2)。

(4)表面活性剂的存在产生了表面张力梯度,这可能是最重要的功能特性。它对于乳化剂和泡沫的形成与稳定至关重要(详见7.6.2、7.6.4、7.7.1和7.7.2)。

(5)表面活性剂附着于粒子上可能会显著改变胶状粒子间的作用力,主要提高排斥力,从而使稳定性上升。这在7.3中讨论。

(6)小分子的两性物质可以形成胶束,从而在其内部包埋一些疏水性的分子,如油滴分子。这可以显著提高许多疏水性物质的表观溶解性,这也是洗涤剂形成的理论基础。

(7)小分子的表面活性剂可能与大分子之间存在着某些特定作用。离子化的两性化合物通常指蛋白质,因此,通过特定作用可以改变一些蛋白质的性质(如等电点、表观溶解性、表面活性)。另一个例子是多糖与脂类表面活性剂的相互作用。

7.2.8 小结

(1)界面的特征是通过收缩力、表面张力或界面张力 γ(N/m)来表征的。

(2)表面活性剂的吸附使 γ 降低。

(3)两种主要的表面活性剂是聚合物(包括蛋白质)和小的两亲分子。

(4)当两种液体和一种固体或三种液体相遇时,它们之间会有一个接触角,这对润湿和分散有很大的影响。

(5)在界面的凹面和凸面之间会产生所谓的拉普拉斯压力,从而引起毛细上升、奥氏熟化和小液滴抗变形能力等现象的产生。

(6)含有表面活性剂的界面的流变特性可以区分为提供抗剪切变形能力(对包括许多蛋白质在内的几种聚合物表面活性剂很重要)和抗膨胀变形(对所有表面活性剂都很重要)的流变特性。

(7)液体沿表面活性剂界面流动会产生表面张力梯度,反之亦然。这对于泡沫的稳定性,防止刚刚形成的乳化液液滴的聚结,以及马兰戈尼效应(即液体排水的阻滞)起着重要的作用。

7.3 胶体间的相互作用

在 7.1.2 中,胶体被定义及分类。通常而言,粒子间的作用力决定于粒子的材料特性和间隙间液体的特性。这些胶体间相互作用力的方向垂直于粒子表面,与 7.2 谈到的表面力相反,它们作用于表面的平面。粒子间的作用力可以是吸引力也可以是排斥力。

作用于胶体粒子之间的净作用力具有重要的作用。

(1)它决定了粒子之间是否会发生聚结(详见 7.4.3),聚结的结果将导致物理上的不稳定。例如,粒子之间的聚结可能会导致沉降的增加,从而迅速形成乳酪层或沉降物。(对于专业术语的解释:絮凝和凝结这两个词同时在使用,但其二者具有独特的意义;如前者通常指可逆的聚结,后者指不可逆的)。

(2)在其他的情况中,聚结的粒子通常会形成一个填充空间的网络结构,然后形成凝胶(详见 7.5)。此时,含有如此网络结构的系统的流变特性和稳定性就显著决定于胶体间的相互作用。

(3)这种相互作用力可以显著影响乳化液滴和气泡之间的结合,也可以部分影响脂肪球之间的结合(详见 7.6.4 和 7.6.5)。

胶体间相互作用的净效应同时决定于外力,例如,重力、搅拌或电位梯度,以及粒子的大小与形态。进一步研究发现,粒子表面附着的表面活性剂也可以显著改变排斥力的强度。

我们将简要讨论胶体间相互作用的一些方面,主要是基于相同大小球体的一些简单例子。关于胶体化学的专著有许多,本书的后面也会提到相关书籍。

7.3.1 范德华吸引力

分子间的范德华力无处不在,它们通常发生于较大的个体之间,如胶体粒子。因为这些力是附加的,具有一定的限制条件,依赖于粒子之间距离(指粒子的外表面)的作用力远远小于分子之间。对于两个相同的球状粒子,范德华相互作用自由能可以通过下式给出:

$$V_A \approx \frac{Ar}{12h}, \ h < \sim 10\text{nm} \tag{7.11}$$

式中　r——粒子半径;

　　　h——粒子间的距离;

　　　A——Hamaker 常数。

A 与粒子的性质及粒子间存在液体的性质有关;而且它随着两种粒子性质差异的增大而显著增大。对于大部分存在于液体食品体系中的粒子而言,A 介于 $1 \sim 1.5$ 倍的 kT 值(在常温下,$kT \approx 4 \times 10^{-21}$ J),但是对于水中存在的气泡,A 就大许多,大约为 10 倍的 kT 值。各种不同的 A 值可以从文献参考得到。

如果两个粒子具有相同的性质,而处在它们之间的液体是不同的,那么 A 总是正值,粒子之间存在着吸引力。如果两个粒子具有不同的性质,A 可能为负值,两粒子之间可能存在范德华排斥力,但这种现象是非常罕见的。

7.3.2　带电双分子层

水溶液中的大部分粒子因为吸附离子或离子表面活性剂的作用,都带有一定电量。在大部分食品中,带电量是负的。因为稳定的系统必须呈电中性,所以粒子周围是带相反电荷的电子云,称为补偿离子。离子及其补偿离子的分布示意图见图7.10(1)。显而易见,当处于一个合适的表面距离,溶液中的正负电量浓度将达到平衡。超过此距离,粒子所带电量被中和了,由带电双分子层中的过剩补偿粒子导致。后者被定义为处在粒子表面的区域及一个达到了静电中和的平面。所观察到的双电层不是静止不动的,因为溶剂分子和离子会在该层内外不断扩散。

电效应通常用电位 ψ(V)来表示。它的值是表面距离 h 的函数,由下式给出。

$$\psi = \psi_0 \exp(-kh) \tag{7.12}$$

ψ_0 是表面的电位,带电双分子层的表观厚度或德拜长度 $1/\kappa$ 由下式给出:

$$k \approx 3.2 I^{0.5} (\mathrm{nm}^{-1}) \tag{7.13}$$

上式适用于常温下的较稀水溶液。离子强度 I 取决于全部的离子浓度,定义如下:

$$I \equiv \frac{1}{2} \sum m_i z_i^2 \tag{7.14}$$

式中　　m——摩尔浓度;

　　　　z——每种离子的化合价。

比如对于 NaCl, I 等价于溶液的摩尔浓度,但是如果存在高价离子就不是这样了,如对于 $CaCl_2$, I 等于溶液摩尔浓度的三倍。

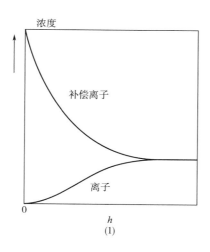
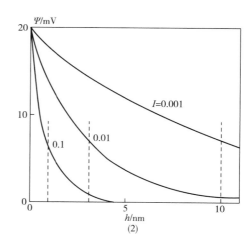

图 7.10　双电层

(1)离子与补偿离子的分布对于带电表面间距 h 的函数;(2)电位 ψ 对于间距 h 的函数,图中所示为三种不同的离子强度 I/(mmol/L);虚线代表迪拜长度($1/\kappa$)。

电位对于距离的函数计算见图 7.10(2)。水溶液中的离子强度各不相同,由 1mmol/L (典型的自来水)到超过 1mol/L(腌渍食品)。牛乳的 I 值大约是 0.075mol/L,血浆大约为 0.14mol/L。由此导致双分子层的厚度通常只有 1 nm 或更少。

电荷相互作用依赖于表面电位,而表面电位通常决定于 pH。对于大部分的食品体系, ψ_0 的绝对值低于 30mV。当带相反电荷离子的浓度较高时(特别是二价离子),离子对可以在粒子表面的带电基团和补偿离子间形成,从而降低 ψ_0 的绝对值。

在非水溶液相中,双电层常数通常远小于水中,因此式(7.12)不适用此种情况。同时,在这种情况下,离子强度也可忽略不计。这意味着即使存在一个带电的表面(如液滴浮于油的表面),电荷间的相互作用力也通常不重要。

7.3.3　DLVO 理论

如果带电粒子具有相互靠近的趋势,那么其双电层相互重叠,粒子间相互排斥,可计算出静电排斥相互作用自由能 V_E。对于相同大小的球体而言, V_E 可近似通过下式计算:

$$V_E \propto r\psi_0^2 \exp(-\kappa h) \tag{7.15}$$

相互作用自由能 V_A(由范德华作用产生的)和排斥相互作用自由能 V_E 的加和,使得 DLVO(Deryagin-Landau,Verwey-Overbeek)理论成为胶体稳定性中最有用的理论。该理论能够计算两个分散粒子从无限远处移到距离 h 时所需的总自由能 V。由于食品体系中精确的计算通常是不可能的,故 V 也不能被精确地计算。V 除以 kT 所得的值,即平均动能,由布朗运动引起的两个粒子间的碰撞产生。

如图 7.11 所示的趋势。曲线 1 是范德华吸引的例子,粒子间距离越短,其作用越强。曲线 2 是范德华吸引与静电斥力共同作用的例子,曲线中在接近 C 处有一次最小值,布朗

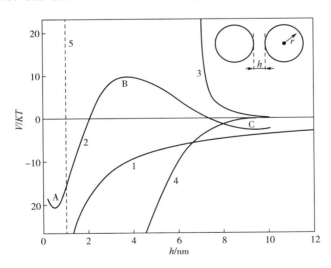

图 7.11　两个粒子间的相互作用自由能 V 随距离 h 的函数变化

内图表示考虑到的几何因素。曲线(1)范德华吸引力;(2)DLVO-相互作用;(3)空间位阻;(4)排除作用。

运动易使粒子对到达此点。V 大约为 $-3kT$ 时,就足以使粒子聚集。然而,在这个例子中,粒子间净吸引力很弱,故粒子能够再次解聚。粒子对其至有可能在 B 点克服最大自由能($10kT$),意味着粒子能达到最小值 A,由于其值非常低以至于粒子能够发生永久性聚集。式(7.11)预测粒子间距 h 接近 0 时,V_A 趋于 $-\infty$,但是当间距 h 非常小时,两粒子表面层的原子间的核心斥力将阻止其变化。

通常改变范德华吸引力是不可能的,但是静电斥力易于改变。降低离子强度(I),在较远的距离上斥力起作用,实际上次小值将不再存在。通过添加离子表面活性剂或调节 pH 来增加粒子所带电荷,即 $|\psi_0|$,导致曲线中的最大值增加,从而阻止粒子永久性聚集。如果同时 $|\psi_0|$ 非常低且 I 非常高,粒子在不同距离上因相互吸引而迅速聚集。

尽管 DLVO 理论对许多无机胶体体系都是非常成功的,但其仍无法充分预测绝大多数生物源性胶体体系的稳定性。例如,乳脂肪球在等电点(pH3.8)时无表面电势,但它们却抵抗聚集而稳定,因此 DLVO 理论应该预测的是无斥力的相互作用[95],此理论中没涉及的其他相互作用力也是相当重要的。

7.3.4　立体排阻

如图 7.4 所示,粒子界面上吸附的一些分子(如聚合物、吐温等)具有灵活的分子链(称为"毛发"),这些毛发可伸展到连续相中。这就引发了立体排阻效应。这可通过两个机制来解释。其一,当另一个粒子表面靠近时,毛发被限定于它们所能变化的构象中,这意味着熵的损失,导致自由能的增加,从而产生了斥力。体积限制效应可以非常巨大,但只有当粒子表面具有非常低的毛发密度(每单位面积上的毛发数量)时,它才显得非常重要。这是因为在接近粒子的过程中毛发区开始重叠,于是第二个机制先于第一个机制起作用。这个重叠导致突出的毛发密度增加,从而造成渗透压的增加;于是水分移动到重叠区,导致空间位阻的产生。然而,只有当连续相是毛发的优良溶剂时,这个机制才是正确的;若为不良溶剂,则会产生吸引力。例如,酪蛋白覆盖的乳化液滴具有突出的毛发,能稳定乳化液滴。若在乳状液中加入乙醇,溶剂溶解性大幅降低,造成液滴的聚集[19]。

在一些情况下,立体排阻自由能可以合理精确地计算[27]。如果这些值是由于范德华作用产生,则可得到总的相互作用与粒子间距的关系曲线。溶剂性能是其有较好的溶解能力,产生的斥力较强(图 7.11 曲线 3)。真正的食品体系是非常复杂的,通常不可能计算立体排斥自由能[22,27,89]。例如,被吸附的分子性质变化较大,如酪蛋白,它在吸附时形成"毛发"状结构,带电的"毛发"状结构能增加乳滴间的斥力。另一方面,当聚合物同时吸附于两个粒子表面,可能会引起桥联聚合[27,89]。如果聚合物太少不能完全覆盖粒子表面区域或通过一定的加工方法就会产生这种桥联聚合。另外,在所吸附的蛋白质间能够形成粒子间键,如在高温下二硫键的形成或在充足的 Ca^{2+} 存在下毛发上负电荷间—Ca—桥的形成。总之,水分散体系中成分的微小变化都可对胶体的稳定性产生显著影响。

7.3.5　排除作用

除了从表面突起的聚合物链外,溶液中的聚合物分子也能影响胶体相互作用,例如,一

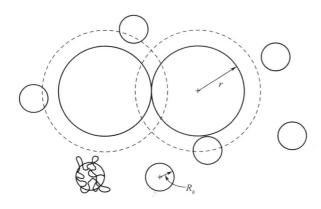

图7.12 胶体粒子(半径r,如图中大环所示)表面的非吸附性聚合物分子(旋转半径R_g,如图中小环所示)的排除作用及重叠排除区域(图中虚线所示)的示意图

个乳状液,其含有一些非吸附的可溶解的聚合物,如黄原胶。聚合物分子中心至表面的距离不能小于δ,δ大约等于它的旋转半径R_g,如图7.12所示。因此,聚合物将液体层排出。这意味着体相中的聚合物浓度由于乳化液滴的存在而上升。溶液的渗透压Π_{osm}也随之增加。如果此时两个液滴靠近(如聚集),他们的部分排出区域发生重叠,使得体相中的聚合物浓度下降,导致渗透压的降低。由于体系会驱使渗透压尽可能地降低,产生使液滴聚集的驱动力。排除作用的自由能(V_D)可根据下式估算:

$$V_D \approx -2\pi r \Pi_{osm}(2\delta - h)^2, \quad 0 < h < 2\delta, \quad r \geq \delta \tag{7.16}$$

式中　$\delta = R_g$——聚合物分子最接近的距离;

　　　h——粒子之间的距离;

　　　r——粒子半径。

V_D粗略正比于聚合物的摩尔浓度,同时也取决于溶剂的性能。

在食品中多糖甚至在低浓度(例如,0.03%的黄原胶,$R_g \approx 30$mm)就能促使胶粒的排除聚集[19]。另一例子如图7.11中的曲线所示。更高浓度的聚合物常导致粒子胶的形成,从而阻碍了粒子的移动(详见7.4.2和7.5.1)。

7.3.6　其他作用

在食品体系中存在几种明确的胶体相互作用,体系中表面活性剂的种类和浓度对这些相互作用的影响很大。甚至在最简单的情况下,几种变量也是很重要的(表7.4)。

表7.4　　　　　　　　　　水相体系中胶粒间的相互作用自由能(V)的影响因素

变量	V_A	V_E	V_S
粒径	+	+	(+)
粒子材料	+	−	−
吸附层	(+)	+	+
pH	−	+	−①
离子强度	−	+	−①
溶剂性质	−	−	+

注:A=范德华相互作用力;E=静电斥力;S=空间位阻;+,有效;−,无效;(+),在一定条件有效。

①无电荷存在。

在这里要提及几种特别复杂的情况。DLVO 理论不适用于粒子距离很近的情况,也不能用于预测粒径,这可能是由于粒子表面的粗糙性引起的。

疏水相互作用发生于粒子距离非常近的情况下,他们通常产生吸引力,这是由于弱的溶剂性能导致的。这种类型的相互作用与温度具有强烈的相关性,随温度的增加而增加,在接近 0℃时,这种力将非常弱。

如果蛋白质是一种表面活性剂,则容易产生疏水相互作用。然而即使这样,最终还是会产生斥力。这主要是由空间斥力和静电排斥共同作用产生的,但无法计算这种相互作用自由能。如果 pH 在所吸附蛋白质的等电点附近,表面的负电基团和正电基团之间的静电排斥会转变成静电吸引,而且会产生疏水相互作用,使被蛋白质所覆盖的粒子在近等电点时发生聚集。

7.3.7　小结

(1)胶体相互作用决定了粒子对聚集的稳定性,而聚集又会影响其他物理不稳定性。

(2)不同分子间的范德华力一般是引力。

(3)带电粒子之间存在着电排斥力和吸引力;带电粒子周围形成了电双层。

(4)DLVO 理论描述了具有范德华引力和重叠双层的排斥力之和。

(5)空间阻力是由吸附的聚合物产生的。

(6)水相中溶解的聚合物促进胶体粒子之间排除作用的产生。

7.4　液体分散体系

7.4.1　分散体系

液体分散体系存在几种类型。此处讨论的仅限于悬浮液(固体颗粒分散在液体中)以及遵循相同规律的乳化剂方面。食品中的悬浮液包括脱脂牛乳(酪蛋白胶束悬浮于乳清中)、脂肪晶体悬浮于油中、一些果蔬汁(细胞、细胞聚集物与细胞碎片悬浮于水溶液中)及一些组合食品(如汤)。在食品加工过程中,也会出现悬浮现象,例如,淀粉颗粒处于水中,糖晶粒处于饱和溶液中以及蛋白质聚集体处于水相中等。

分散体系有几种不稳定的类型,具体的描述图解见图 7.13。它们可分为粒子尺寸变化和排列变化两大类。粒子的微小聚集体的形成有两种类型。粒子的溶解和生长取决于物质的浓度、

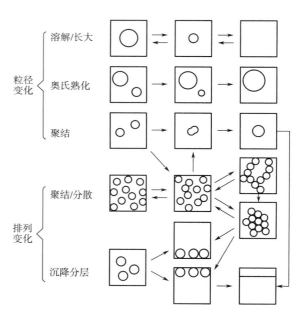

图 7.13　液体分散体系中的各种变化示意图

溶解性和扩散性。在过饱和溶液中,粒子形成以前会出现成核现象。此处将不再进一步讨论粒子的溶解、成核及长大现象。奥氏熟化将在 7.2.4、7.7.2 讨论,聚结现象将在 7.6.4 讨论,其他的变化将在下面讨论。

如图 7.13 所示,各种不同的变化之间会发生相互影响。比如说,任何方式粒子尺寸的增加都会导致沉降作用的增强,同时,沉降作用会加速趋于聚集粒子的聚集速度。搅拌会使液体的一些变化速率增加,但同时也扰乱了沉降作用从而阻断了大的聚集。

7.4.2 沉降作用

如果分散相(D)和连续相(C)的密度(ρ)不同,则微粒会产生浮力。根据阿基米德原理,作用于球体沉降方向上的净作用力为 $\alpha\pi d^3(\rho_D-\rho_C)/6$,此处 α 代表加速度。当球体加速运行时会产生摩擦力,根据斯托克(运动黏度单位)定律,该摩擦力等于 $3\pi d\eta_C\nu$,此处的 η_C 是连续相黏度,ν 是与连续相有关的粒子运动的瞬时速度。当作用于球体上的净作用力与摩擦力相等时,体系达到平衡或匀速下降,斯托克沉降速度表示为:

$$\nu_s = \frac{a(\rho D - \rho C)d^2}{18\eta C} \tag{7.17}$$

如果粒子的粒径非均一,呈现一定的分布,则 d^2 应替换成 $\sum n_i d_i^5 / \sum n_i d_i^3$,此处 n_i 是处于 i 区内每单位体积的微粒数,直径为 d_i。

对于重力沉降,$a=g=9.81\text{m/s}^2$;对于离心沉降,$a=R\omega^2$,此处 R 是离心力的有效半径,ω 为角速度。例如,球的直径为 $1\mu\text{m}$,密度差是 100kg/m^3,连续相的黏度是 $1\text{mPa}\cdot\text{s}$(如水),则在重力的作用下,球体将以 55nm/s 或 4.7mm/d 的速度沉降。沉降显著决定于粒子的尺寸,一个 $10\mu\text{m}$ 的球每天可沉降 47 cm。通常来说,随着温度的升高,黏度下降,沉降速率增加。在式(7.17)中,如果密度差为负值,则沉降方向向上,一个广泛的称呼为乳液上浮;如果密度差是正值,则沉降方向向下,被称作沉淀。

斯托克方程在预测沉降趋势上是很有用的,但是它很少能完全有效。因为其受到很多因素的影响而与理想式(7.17)出现偏差[92],对食品而言,以下是最主要的因素:

(1)微粒并不是均匀的球体。一个非轴对称的粒子往往会沉降较慢,因为它在沉降过程中自动采取加大摩擦力来定向。例如,一个盘形的粒子在沉降时将趋于采用水平的定向方式。即使是球形粒子的聚集也会比相同体积的均一球体沉降速度慢很多,因为聚集体中的空隙使得它们与周围液体的有效密度差较均一球体小。

(2)温度的轻微扰动会引起分散体系内部发生对流,这会强烈干扰微小粒子($<1\mu\text{m}$)的沉降。

(3)如果粒子聚集体的体积分数 Φ 不是很小时,沉降受到的阻力大致可以根据式

$$v = v_s(1-f)^8 \tag{7.18}$$

来计算,当 $\Phi=0.1$ 时,沉降速率可降低 57%。

(4)如果粒子聚集,沉降速度就会加快:d^2 的增加总是大于该情况下导致的 $\Delta\rho$ 的减少。并且,大的聚集体由于具有很快的沉降速度,在沉降的过程中会结合较小的聚集体或粒子,从而"兼并"使得体积增大,进一步加速沉降。这种增加可能会使沉降速率上升几个数量

级。一个极好的例子是在冷的原料乳中出现的迅速上浮分层现象,这是由于冷凝球蛋白存在所导致的脂肪球聚集[95]。

(5)在式(7.17)中隐含的一个假设是其所指的黏度为牛顿流体,也即,它不依赖于剪切速率(或剪切应力)的变化而变化。事实上,这对于很多液态食品是不适用的。图7.14所示为一些表观黏度 η_a 随剪切应力变化的例子。由粒子产生的剪切应力以浮力的形式作用于粒子的交叉区域,该值在仅考虑重力的作用下,球形粒子的剪切力大小约为 $g\Delta\rho d$。对于很多粒子而言,这种应力约为1mPa,这也是粒子在沉降时所产生的。黏度应该在该力(σ)或在相应的剪切速率(σ/η_a)下测定,但绝大部分黏度计所采用的应力均超过1Pa。图7.14表明随所采取的剪切应力不同,表观黏度将在几个数量级内变化。

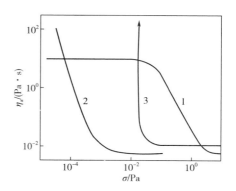

图7.14 液体的非牛顿流体行为示意图: 表观黏度 η_a 随剪切应力 σ 的函数

曲线1是典型的聚合体溶液;曲线2是一种非常小粒子的弱聚合分散体系;曲线3是具有屈服应力的体系。

图7.14所描述的是一个具有较小屈服应力的液体。当小于该应力时,液体将不会流动。然而,由于这个屈服应力太小(1Pa的屈服应力相当于0.1mm高的水柱),测量时往往不易觉察。但是它常常足以阻止沉降(或上浮分层)和聚集的形成。在液态食品中表现出屈服应力的有豆浆、许多果汁、巧克力乳和一些调味品等。有关这些方面的内容将在7.5.2中进一步讨论。

7.4.3 聚集

在液体中的粒子由于布朗运动经常会发生彼此碰撞。这种碰撞可能会导致聚集的产生。聚集定义为:粒子在不存在胶体互相吸引作用力下,仍能较长时间处于彼此紧靠的状态。聚集速度通常是根据布朗运动聚集的 Smoluchowski 理论计算[66]。在一个等大小球状粒子的稀释分散体系中,起始聚集速度为:

$$-\frac{\mathrm{d}N}{\mathrm{d}t} = \frac{4kTN^2}{3\eta W} \tag{7.19}$$

式中 N——粒子数,也就是单位体积中未聚集和聚集的粒子总数。

Smoluchowski 理论假定稳定因子 W 是一样的。那么聚集致使粒子数减半所需的时间为:

$$t_{0.5} = \frac{\pi\eta d^3}{8kT\Phi} \tag{7.20}$$

式中 Φ——粒子体积分数。

在室温下,水中的分散粒子将在 $d^3/10\Phi$ 秒内聚集而减半,这里 d 的单位是 μm。当 $d=$

1μm, $\Phi=0.1$ 时,此结果为 1s,这意味着粒子聚集速度是非常快的。

在绝大多数实际情况下,聚集却非常慢,因为 W 通常很大。稳定因子的大小主要是由粒子间胶体的排斥作用决定(详见 7.3)。例如,如果希望将聚集减半时间从 1s 增加到 4 个月,这时 W 的值需为 10^7。

在食品体系中,直接用式(7.19)预测其稳定性几乎是不可能的。这是因为有很多复杂的因素,其中一些较为重要的因素如下:①一般而言,预测 W 是不可能的;②稳定因子 W 可能会随时间变化(例如,把果胶中的—COOCH$_3$ 基团酶解为—COO⁻ 基团,—COO⁻ 会与存在的 Ca^{2+} 形成桥联);③由于流动(或搅动)或沉降,还存在其他的碰撞机制;④聚集可采用多种形式,如聚结(如油滴的产生)或者聚集体的形成。然而,通常聚集理论的应用仍然是可能和有用的,但它远比这里所讨论的要复杂得多[9,89,92]。

根据聚集粒子间相互作用力的性质(详见 7.3.3),外加一些物质可能引起解聚。这可用于食品的稳定化,也可以在实验室中用于确定力的性质。应该意识到通常不止一种力起作用。加水稀释可能导致解聚,原因如下:①降低了渗透压(如果排除作用是产生聚集的主要原因),②降低了离子强度(增加了静电斥力),③增加了溶剂性能(增加了立体排斥效应)。库伦力也可通过调节 pH 进行改变。由二价阳离子引起的"桥接"通常可以通过添加一些螯合剂进行解聚,如 EDTA。由吸附的聚合物或蛋白质引起的"桥接"通常可通过添加适当的小分子表面活性剂进行解聚(详见 7.2.2)。特殊相互作用(如—S—S—键)的解聚需要特殊的试剂。另外,温度的改变由于改变了溶剂的性质也会影响聚集的稳定性。

如果在一个聚集体中粒子间的作用力不是非常强,可通过一定的剪切力进行解聚。剪切力的大小为 $\eta \cdot \Delta v$,Δv 为速度梯度(剪切速率)。在水中,若使剪切力达到 1Pa,则需要 $\Delta v=10^3 s^{-1}$,这看起来并不是非常大。然而,在搅动和流动中产生的剪切力通常足以使聚集体(部分地)分开。

另一个方面是聚集后粒子间键的加强,或者更精确地说粒子之间的结合力加强了,因为任何这种联结可能表现出很多个(如 100 个)单独的键,这种作用的加强可能是通过多种机制产生的[89]。

通常不希望液态食品中的粒子发生聚集。这可能会导致产品出现不均一性,因为聚集大大地增加了粒子的沉降,或者可能促使乳滴的聚结。在另外的一些情况中,一些弱的聚合可能是被希望的。因为它们可能会形成由聚合粒子填充的空间网络,从而成为一种(弱)凝胶。这些内容将在 7.5.2.5 中进一步讨论。因此,这些粒子被固定化,以至不会沉降,或只是非常缓慢地沉降。这样的例子有巧克力乳中的可可粒和豆浆中的细胞和组织碎片(详见 7.17 和图 7.20)。

7.4.4 小结

(1)液体分散体中的颗粒表现出分散性的变化是由于颗粒尺寸(溶解/生长、奥氏熟化和聚结)和排列(沉淀和聚集)的变化所致。

(2)沉降/乳液上浮,由密度差异引起,其速度取决于颗粒直径、密度差、连续相黏度和加速度。

(3)聚合/解聚取决于粒子间的相互作用力与距离之间的平衡,离子强度和 pH 引起的分散特性的变化,以及流动引起的剪切力。

7.5 软固体

许多食品都是软固体,例如,面包、人造奶油、花生酱、番茄酱和奶酪。另外一个常用术语为半固体,但这两个术语的定义都不甚清楚。它们排除了一些易于流动的,换言之真正的液体,也就是说在外力作用下(如手的按压),食品所能呈现的最大变形程度为弹性变形(可完全恢复)。实际上所有的软固体都是几种物质的复合物,即使从介观,甚至宏观角度看,其也具有不均匀性。以下是软固体的主要结构分类:

(1)凝胶 主要以占主导地位的液体(溶剂)和具有相互交联材质的连续相基质为特征,这一填充网络体现了固体特性。

(2)紧密堆积体系 可变形粒子构成最大程度的体积部分,粒子相互之间在一定程度上发生变形。间隙材料一般为液体,在一些例子里也有弱凝胶,如蔬菜酱料(番茄酱和苹果酱)、浓缩乳状液(蛋黄酱)和多面体泡沫(啤酒泡沫)。浓缩淀粉凝胶包括高度膨胀、部分糊化的淀粉颗粒,一旦颗粒被破坏,即会产生高黏度的大分子"溶液"。

(3)细胞材料 大多数蔬菜和水果组织属于这一类。它们由紧密相连的刚性细胞壁和细胞壁包埋的液体状物质构成。

并不是所有的软固体都能符合这种分类,如具有纤维结构的肉。另外还会有一些中间类型存在。作为软固体的主要类别,我们将主要讨论凝胶(详见 7.5.2~7.5.4)。在这些章节之前,将专门讨论各种生物聚合物在浓度(明显)高于 1% 时可能发生的现象。

7.5.1 生物聚合物混合物的相分离

许多食品中含有生物聚合物的混合物,通常是蛋白质和多糖的混合物。在溶液中,蛋白质-多糖相互作用特性对混合体系的性质有很大的影响。总体来说,蛋白质和多糖溶液混合通常分为以下三种情况:

(1)蛋白质和多糖可以混合 但是这种现象在两种物质浓度都很大时几乎不可能出现,尤其是摩尔质量比较大时,这种现象更为罕见。

(2)两种缔合会导致蛋白质-多糖复合物的形成,复合凝聚或缔合相分离。

(3)热力学不相容或分离相分离。

混合或相分离的发生,取决于混合 ΔF_{mix} 吉布斯自由能变化的符号,ΔF_{mix} 可由式(7.21)计算:

$$\Delta F_{mix} = \Delta H_{mix} - T\Delta S_{mix} \tag{7.21}$$

式中 ΔH_{mix}——混合焓;

ΔS_{mix}——混合熵。

如果 $\Delta F_{mix} \leqslant 0$,发生混合,当 $\Delta F_{mix} > 0$,系统发生相分离。相分离可能是由 ΔH_{mix} 的增

加或者 ΔS_{mix} 的减少引起的, ΔH_{mix} 和 ΔS_{mix} 的变化通常是由于生物聚合物浓度的增加或由诸如酸碱度和离子强度等条件的变化引起。值得注意的是,对于聚合物来说,以 J/(mol·K) 为单位的混合熵比小分子要小得多,并且会由于聚集作用等,而随着分子质量的增加而减小。

7.5.1.1 热力学不相容

当蛋白质和多糖的混合浓度高于通常的百分之几时,将发生热力学不相容,但也可能当两种蛋白质或多糖在相当稀(糊化)的淀粉溶液(直链淀粉和支链淀粉)中混合时,也会发生上述现象。对于蛋白质−多糖混合物来说,它会导致一个相高蛋白质低多糖,另一个高多糖低蛋白质,例如,明胶、葡聚糖和麦芽糊精的混合物中就是此种情况。

当大分子之间的相互作用是排斥的和/或当它们对溶剂的亲和力不同时,会发生热力学不相容。通常,大分子优选由相同的分子或溶剂包围。当生物聚合体的摩尔质量较高时,生物聚合物混合物中的相分离所需的浓度较低。影响相分离的重要生物聚合物性质是电荷密度和构象。线性多糖比支链多糖更不相容于蛋白质,如对于结冷胶,当其由线状转变为螺旋状可以促进相分离;球状蛋白的展开也有利于相分离。此外,其中一种生物聚合物的聚集也会促进相分离。

蛋白质和各种多糖是聚电解质。如果 pH 不接近等电点,离子强度较低,则不发生相分离。在此条件下,盐离子可能在生物聚合物之间发生分配,导致混合熵损失较大。浓聚电解质相与另一相之间盐浓度的相对差随离子强度的增加而减小,在 0.1mol/L 左右消失,使蛋白质相分离的 pH 离等电点较远。接近等电点时,低盐促进相分离,因为蛋白质的溶解度随着离子强度的降低而降低。

图 7.15(1)所示为相分离系统的假设相图。连接线表明分离是如何进行的。组分 A 的混合物将分离为组成 B 和 C 的相。B 和 C 两相的体积比等于 AC/AB 距离的比值。连接

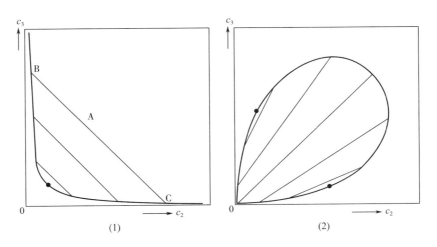

图 7.15 两种大分子水溶液在浓度 c_2 和 c_3

(1)分离相分离或热力学不相容性;(2)结合相分离或复合凝聚时相分离的理想情况。粗线表示双峰(溶解极限),细线表示连接线。点表示临界点。

线越长,不兼容性越强。图中的点给出了临界点,即在该点组分的连接线消失。此时,两个"假设相"具有相同的组成和体积。它可以通过双峰曲线与连接线中点之间连线的切线来测定。在双峰以下的区域,两种生物聚合物溶液完全可以混溶。

相图通常是不对称的,相分离所需的蛋白质浓度通常高于多糖浓度。球蛋白的不对称性要比凝胶和酪蛋白等未折叠的分子要高得多。

分离速率可能从非常慢到快,这取决于聚合物的浓度和温度、pH、离子强度等条件。由于相分离往往发生在高浓度下,因此生物聚合物分子的扩散非常缓慢。在相分离的初始阶段,其中一个相形成液滴,从而形成一个所谓的水包油乳状液。哪一种相成为分散相取决于两种聚合物的浓度比和它们的性质。若两相间的界面张力很小,在 $10^{-7} \sim 10^{-4} N/m$,则液滴很容易变形。

在宏观相分离的两层体系中,如果连续相在系统达到平衡之前形成凝胶,则停止分层。在 7.5.4.5 中对形成的凝胶进行了一些示例。

7.5.1.2　复合凝聚

如果不同聚合物之间的相互作用力是吸引力,则会发生复合凝聚。一个明显的例子是低于等电点 pH 的蛋白质(带阳性基团)和负电荷多糖在不太高的离子强度 I 下的混合物。在高离子强度下,粒子带电。酸性明胶溶液和阿拉伯胶之间以及在 pH 2.5~4.5 和低离子强度下的 β-乳球蛋白和阿拉伯胶之间都是复合凝聚的实例。复合凝聚下形成了一个两相体系:一个相含有两种聚合物的浓分散体,另一个相主要含有水。该系统的理想相图如图 7.15(2)所示。除了凝聚,还可能形成小的可溶性复合物。如果相互作用较弱,则会产生均匀的弱凝胶,如果凝胶较强,则会形成共聚合物的共沉淀。

7.5.2　凝胶:特征

7.5.2.1　结构

凝胶根据不同的标准具有很多种分类方式。对于食品凝胶而言,主要根据聚合物和粒子网络进行划分(图 7.16)。

(1)聚合物凝胶　基质包括长的线性链状分子,它们在链的不同位点与其他分子发生交联。根据交联的特性还可细分为共价键交联[图 7.16(1)]和物理交联(非共价)。后一种在食品凝胶中起主要作用,如盐桥,微晶区域[图 7.16(2)]或者特定的缠结(详见7.5.4.1 和 7.5.4.2)。另一个划分是根据交联链的性状,如明胶的链段灵活性或大多数多糖凝胶的刚性。

(2)颗粒凝胶　如图 7.16(3)所示,与聚合物凝胶相比,大多数的颗粒凝胶网络更加粗糙(具有更大的孔隙)。颗粒凝胶可细分为下述两类:一种为硬质颗粒,如塑性脂肪中的甘油三酯,另一种为可变形颗粒,如各种牛乳胶体中的酪蛋白胶束(如酸乳)。

聚合物分子之间的物理交联,即颗粒之间的相互接触,应称之为接合而不是键合,因为这样的接合包括许多单一键,在 10~100 个。而且,一个键合区将具有很多不同性质的力

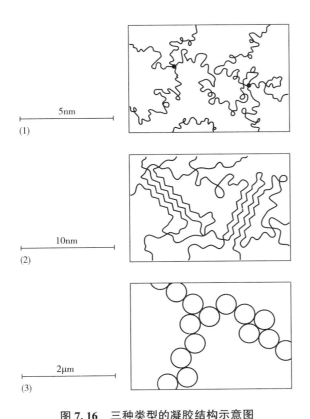

图 7.16　三种类型的凝胶结构示意图

（1）中的点代表交联。（1）聚合物凝胶:共价交联;（2）聚合物凝胶:微晶区;（3）粒子凝胶。注意标注的不同尺度。

（如范德华力、静电力、疏水相互作用和氢键）。一些蛋白也可通过共价键交联（如分子间的二硫键）。

凝胶根据成胶材料的不同特性可通过多种方式生成。一般可分为:

（1）冷置凝胶　当加热至一定温度,形成网络结构的物质溶解或形成极小颗粒的分散体系。接着通过冷却工艺,物质间通过物理交联形成凝胶。此类例子包括明胶、κ-卡拉胶、刺槐豆胶和黄原胶的混合物,也包括塑性脂肪。在聚合物凝胶的例子中,冷却通常涉及网络结构内分子的构象变化,如 κ-卡拉胶。

（2）热置凝胶　当球蛋白溶液加热至高于其变性温度,同时蛋白浓度超于临界值 c_0,就形成了凝胶。通常这些凝胶是不可逆的,并且随着温度的降低硬度增强。c_0 的数值取决于蛋白特性、物理化学条件和加热速率。这样的例子包括蛋清、大豆分离蛋白、乳清蛋白和肉蛋白。一些化学改性的多糖也可通过高温形成可逆的凝胶。这主要包括一些纤维素酯,如甲基纤维素,它们通过所含的—OCH_3在高温下形成疏水键。

一些凝胶的形成是通过改变条件影响分子或胶体间的相互作用,如 pH、离子强度、特定的盐（如钙离子）或酶的作用,如凝乳酶或产酸牛乳的凝胶,通过改变 pH 导致的球蛋白聚集物的冷凝胶（如 β-乳球蛋白或蛋清蛋白）。

7.5.2.2　流变参数

许多食品凝胶的使用和品尝特性在很大程度上取决于其力学特性（详见 7.5.3）。为了更好地理解这些方面,我们将讨论一些基本的机械特性。

从流变学的角度来看,凝胶是一种随着时间改变,主要具有弹性的物质,与真正的固体相比,凝胶的模量相对较小（<100MPa）。模量的定义为材料的应力 σ（单位面积上的剪切力）和相对变形大小（应变）ε 之比。只有当 σ/ε 不依赖于 ε 时,通常才认为其发生了较小的形变。弹性变形是指在屈服应力下材料发生瞬时变形,而当屈服应力撤销后立即恢复最初形状[图 7.17(1)中的虚线]。

但是,对许多凝胶而言,变形不是发生于简单的瞬间:最初发生弹性变形后,在应力作用下材料进一步变形[图7.17(1)],撤销应力后,凝胶并不能恢复到最初的形态,这种区别随着施加应力时间的延长而增大。因此,凝胶表现为塑性流体和黏性流体的结合,即黏弹性流体行为。明胶和κ-卡拉胶在温度低于其胶凝点时,均表现为单一的弹性行为,而凝乳酶或产酸牛乳凝胶表现为黏弹性。

在较大的应力下凝胶可能会发生破裂或屈服,这与凝胶的结构和应力增加的速率(某些凝胶)有关。破裂是指样品发生断裂,大部分断裂为多个部分。如果材料内的孔隙内包含大量溶剂,在各部分之间的空隙会立即充满溶剂,如在干酪生产过程中凝乳酶诱导产生的牛乳凝胶就是这种情况。屈服是指凝胶开始流动时仍为连续的整体[图7.17(2)]。黄油、人造黄油以及大部分果酱都属于屈服凝胶,而明胶和κ-卡拉胶则属于破裂凝胶。

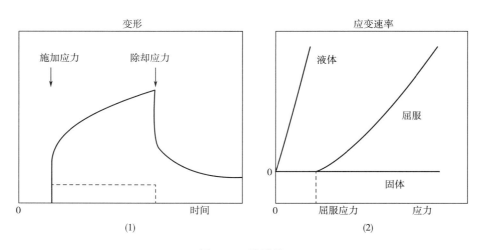

图7.17　黏弹性

(1)当施加一定应力及应力突然撤销后,黏弹性材料的变形(应变)与时间之间的关系;虚线表示应力低于材料的屈服应力。(2)牛顿流体、软固体(具有屈服性)和弹性固体的应变速率随应力的变化趋势。

凝胶的机械性质变化很大。图7.18(1)为理想的应力-应变曲线,终点为破裂发生的点。材料的模量G,又称硬度,是应力除以应变,假设商为常数;通常这只有在应变非常小(<1%)的情况下才成立。材料的强度主要与破裂时的应力σ_{fr}有关,与模量无关。材料的坚度、硬度、强度经常被混用,但是其直观属性与破裂应力有关。通过比较由不同浓度所得的凝胶可知模量和破裂应力之间并无密切联系[如图7.18(2)][36]。当添加惰性粒子(载体)至胶凝材料中时,模量增加,但破裂应力减小[44]。原因之一是模量主要由凝胶中键的数目和强度决定,而破裂性质主要依赖于大量的不均一成分[80]。

脆性主要与破裂时应变的倒数(ε_{fr})有关,其变化范围很广。明胶的ε_{fr}为3,大多数多糖凝胶接近于0.1。如图7.16(1)和图7.16(2)所描述的凝胶,ε_{fr}在很大程度上取决于交联链间的长度和硬度。

另一个参数是"粗糙性",与破裂功W_{fr}的大小有关,表示为图7.18(1)中阴影区的面积,单位是J/m³。

为了进一步探究食物的流变性请参考文献[80]。

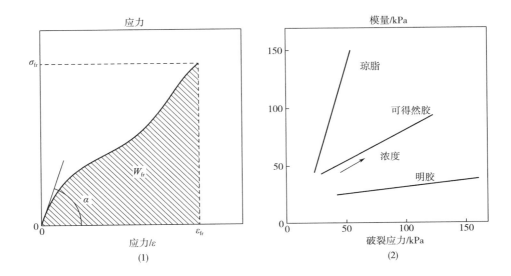

图 7.18 较大程度的变形

（1）软固体发生变形直到破裂时的所受的应力与其应变之间关系的假设例子；模量等于 $\tan\alpha$，W_{fr} 表示破裂所做的功。（2）不同浓度下不同材料（可得然胶是细菌 β-1,3-葡聚糖聚合物）的凝胶的模量与破裂应力的关系。

7.5.2.3 模量

发生较小变形的凝胶可通过模量来表征。一个非常粗略的模量描述是基于一个简化的凝胶模型。在这个模型中，凝胶是由相互交联的链段构成，一个链段是由一个聚合物链或聚集的粒子链组成。当在链上施加一定力时，链上会产生一个反作用力，这个力与形变量 Δx 和相互作用力 f 对交联物间的距离 x 的导数（df/dx）的积成正比。当等式两边都乘以单位交联区域上产生应力的链段数量 N，可得到式（7.22）：

$$\sigma = -N\frac{df}{dx}\Delta x \tag{7.22}$$

在一定宏观应变 ε 下，距离上的变化能被重新计算，通过 Δx 除特征长度 C，C 通过网络的几何结构来确定（C 值的计算是很复杂的，此处没有给出）。f 通常可表示为吉普斯自由能 F 与距离 x 的导数，得到：

$$G = CN\frac{d^2F}{dx^2}\varepsilon \tag{7.23}$$

由于 $G=\sigma/\varepsilon$ 和 $dF=dH-TdS$，H 表示焓，S 表示熵，故模量可表示为：

$$G = CN\frac{d^2F}{dx^2} = CN\frac{d(dH-TdS)}{dx^2} \tag{7.24}$$

7.5.2.4 聚合物凝胶

交联网络间的具有长且柔软的聚合物链的凝胶变形是改变这些链构造的主要原因，表明凝胶网络的熵减小了。这说明在式（7.24）中的焓值可以忽略不计。由于链中的化学键或弯曲或伸展，交联网络间具有坚硬聚合链的凝胶变形也意味着焓的改变。大多数多糖类的凝胶属于此类型，此时熵的变化可以忽略不计。

需要说明的是,式(7.24)中假定所有凝胶链段的性质是一样的。但事实并不总是这样,因为链的交联都是以结点的形式出现,而这些结点内键的数量和强度差别很大。然而,如图7.16(1)中所描述的一个简单例子,它们之间是化学交联,并且具有长且柔软的链,此时式(7.24)可简化为一个非常简单的模量

$$G = \nu k T \tag{7.25}$$

其中 ν 代表单位交联体积内链的数量。这个方程可以很好地描述凝胶内的微小形变,假定 ν 不随温度或其他因素(pH、离子强度、凝胶化过程中的溶剂性质)的变化而变化。

应用浸透理论,导出关于聚合凝胶模量和凝胶形成材料浓度 c 之间的比例关系[69]:

$$G \propto (c - c_0)^n \tag{7.26}$$

指数 n 在大多数情况下在2~4变化,取决于所形成的网络结构。c_0 是形成凝胶时的最低浓度,但没有提供物理解释。该值取决于形成凝胶物质的性质以及凝胶化过程中的理化条件。式(7.26)通常能很好地解释实验结果。

7.5.2.5 粒子凝胶

粒子通过一定条件的相互吸引而聚集形成粒子凝胶,如 pH、离子强度或溶剂性质的改变。这样形成的聚集体呈不规则形状[100]。"相互吸引"的粒子随意碰到一起,形成小的聚集体,然后这些小的聚集体之间又发生相互碰撞,从而形成更大的聚集体。这被称为群群聚集。在一个聚集体中粒子的平均数量 Np 和聚集体的半径 R 之间建立如下关系。

$$N_P = \left(\frac{R}{r}\right)^D \tag{7.27}$$

式中 r——最初粒子的半径;

D——小于3的常数,被称为分形维数。

由于 $D<3$,因此较大的聚集体比较小的聚集体更稀薄。聚集体中粒子的平均体积分数可由下式计算:

$$\Phi_{agg} = \frac{N_p}{N_m} = \frac{(R/r)^D}{(R/r)^3} = (R/r)^{D-3} \tag{7.28}$$

其中 N_m 是紧密排列时具有半径 R 的主要粒子数量。因为 $D<3$,当 R 增大时,Φ_{agg} 减小,直到它等于体系中主要粒子的体积分数。这时,原则上所有的粒子都将包含在聚集体之中。聚集体之间依靠形成的键,组成一个充满空间的网络结构(如凝胶)。这时,处于凝胶点的聚集体的临界半径由下式计算:

$$R_g = r\Phi^{1/(D-3)} \tag{7.29}$$

这个机制说明无论 Φ 是多少,都将形成凝胶。但当 Φ 很小时,凝胶由于太稀薄而几乎观察不到,而且轻微的搅拌就容易被破坏。而且在凝胶形成之前聚集体可能会发生沉降作用。Φ 较小时,这种现象更易发生。因此,凝胶化过程中,Φ_0 是一个临界浓度值。

经常发生的一种复杂情况是,当小聚集体形成之后,粒子间发生重排,如图7.19所示。粒子相互滚动直到与更多的粒子之间形成键。聚集体仍保持着不规则的形态,此时用一个更大的有效半径 r_e 来取代原方程中的 r。而且,由于小聚集体的沉降作用加速,意味着 Φ_0 将变大。

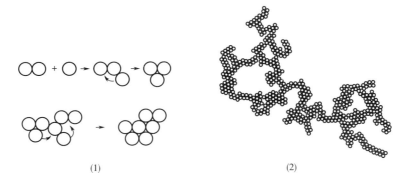

图 7.19　不规则聚集体中的短程重排

（1）粒子在彼此之间滚动形成一个更为协调的数目组合。（2）发生部分短程重排的二维不规则聚集体。

由不规则聚集体导出凝胶形成时的流变学参数比例定律。它假定凝胶模量只从变形时的熵变化里导出，并进一步认为不规则的结构从平均水平来看具有自我相似性。这说明相邻聚集体之间键的数量与它们的半径之间不建立联系。在成型的凝胶里聚集体之间的接触区域与 R_g^2 成比例。这说明凝胶的每交联区域内的聚集体的键数量与 R_g^{-2} 成正比，因此也与式（7.24）中的具有应力的链段数量 N 成正比。由此导出模量与 $\varPhi$ 的关系如下：

$$G \propto C \frac{\mathrm{d}^2 H}{\mathrm{d} x^2} \varPhi^{2/(3-D)} \tag{7.30}$$

一般 D 约等于 2.2，使得 G 与 $\varPhi^{2.5}$ 成比例。由于 C 依赖于，可能会观察到 G 与 $\varPhi$ 之间较强或较弱的依赖性[51,80]。

总而言之，虽然粒子凝胶的结构更倾向于杂乱无章，描述各种性质的简单的比例关系仍可导出［式（7.32）］。

7.5.3　功能性质

食品技术专家通过制作凝胶来获得一定程度的连续性或提供物理上的稳定性。所期望得到的特性和获得这些特性的途径概括见表 7.5 和表 7.6。

表 7.5　　　凝胶的一致性：基于一定目的所制备的具有机械特性的凝胶

所期望的特性	相关的因素	相关的条件
竖立性	屈服应力	时间
硬度	破裂应力或屈服应力	时间，应变
成型性[①]	屈服应力+复原时间	一些
拿捏性，切片性	破裂应力，破裂功	应变速率
咀嚼性	屈服及破裂特性；硬度	应变速率
强度（如膜）	破裂特性	应力，时间

①形成凝胶以后。

表7.6   获得物理稳定性所需要的凝胶特性

需要阻止的相关行为	凝胶所具备的特性
粒子的运动	
沉降	高黏度或显著的屈服应力+短的复原时间
聚集	高黏度或显著的屈服应力
部分体积变化	
奥氏熟化	非常高的屈服应力
溶剂的运动	
渗漏	弱的渗透性+显著的屈服应力
对流	高黏度或显著的屈服应力
溶质的运动	
扩散	非常小的渗透性,高的溶剂黏度

一致性已经被简要地讨论,但表7.5呈现了一个比较重要的信息:根据目标要选择相应的流变学方法以及相应的时间范围或应变速率。这个要求并不困难。比如,需要评价凝胶的直立性,即在自然重力下,一块凝胶(如布丁)所能保持自身形状的倾向,此时如果测量其模量就是没有任何意义。合适的做法就是通过简单的目测,大致测量样品开始发生屈服的高度。为了保证直立性,屈服应力必须大于 $g \times \rho \times H$, H 是样品的高度。对于 10 cm 的样品,该值为 $9.8 \times 10^3 \times 0.1 \approx 10^3 Pa$。当作用时间越长,屈服应力通常越小。

弱凝胶在 7.4.3 中已简要讨论了。在日常生活中,这样一个体系表现为液体,因为当屈服应力小于 10Pa 时,它将很容易从瓶里流出;尽管如此,在更小的应力下,它仍具有弹性。如此小的屈服应力可能对于阻止沉降就已足够了。一个很好的例子就是豆浆(图 7.20)[58]。豆浆里有很多小粒子,包含一些细胞碎片和细胞器。这些粒子聚集体,形成微弱的可逆凝胶。如果加工条件适合,则屈服应力将足以阻止这些粒子,甚至更大的粒子间发生沉降。一些多糖的混合物,如黄原胶和刺槐豆胶溶液,如果浓度很稀,也可以产生很小的屈服应力(图 7.14,曲线 3)。这样的屈服应力即可阻止任何粒子的沉降[45]。

渗透性有时需要阻止液体流动,此时凝胶的渗透性就成为关键参数。根据 Darcy 定律,液体通过多孔基质的表观速度 ν 为:

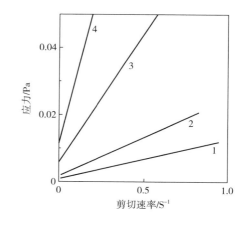

图 7.20   豆浆的流动曲线(剪切应力与剪切率的函数)

屈服应力通过截取曲线的 y 轴部分给出。曲线 1 和曲线 2 所选用的豆子是经过脱皮处理的,而曲线 3 和曲线 4 选取的是完整的豆。曲线 1 和曲线 3 是将豆子在室温浸泡过夜,曲线 2 和曲线 4 是将豆子在 60 ℃浸泡 4h。

$$\nu \equiv \frac{Q}{A} = \frac{B}{\eta}\frac{\Delta p}{x} \tag{7.31}$$

式中　Q——通过交联区域 A 的体积流速,m^3/s;

　　　Δp——距离为 x 之间的压力差渗透性;

　　　B——材料常数,不同凝胶之间相差很大,m^2。

粒子凝胶如经凝乳酶处理的牛乳(由酪蛋白胶束形成)的渗透性大约为 $10^{-12}\,m^2$,然而聚合物凝胶(如明胶)的渗透性是 10^{-17}。对于后者来说,液体从凝胶中的渗漏作用小到可以忽略。

对于无定形粒子凝胶,一个简单的描述渗透性的比例定律表述如下:

$$B = \frac{r_e^2}{K}\Phi^{2/(D-3)} \tag{7.32}$$

式中　K——比例常数,常在 $50\sim100$;

　　　r_e——指有效粒子半径。

Φ 的指数需严格遵守上式[100]。

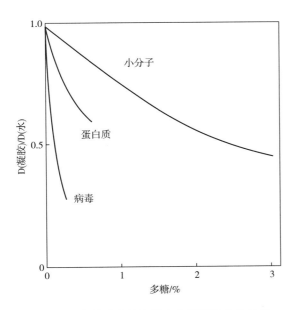

图 7.21　各种浓度的溶质在多糖凝胶中的扩散

D 是扩散系数。

因为对流通常不易发生,通过凝胶中的液体来进行溶质传递都以扩散的方式实现。该扩散系数 D 与溶液中溶质的扩散系数无太大差别,至少对于非浓缩胶中的小分子溶质是这样的。扩散的斯多克公式为 $D = Kt/6\pi\eta r$,其中 r 是分子半径,并不适用于此。体系的宏观黏度是不相关的,因为这里所说的黏度是由扩散分子来表征的,它是溶剂的黏度。另一方面,溶质在凝胶基质的链段之间扩散,对于较大分子和较小孔隙的凝胶来说,扩散干扰会增大。这些方面在图 7.21 中进行了说明[55]。

膨胀和收缩也是凝胶的性质。收缩指除去凝胶中的液体,它的相反情况就是膨胀。它们二者的发生都没有一般的规律。在聚合物凝胶中,减弱溶剂的性质(如改变温度),增加盐(在聚合电解质中),或者增加交联点的数量等都可以引起收缩。然而,因为在式(7.31)中的压力差和 B 一般都较小,收缩或膨胀的发生都比较缓慢。在粒子凝胶中,基于凝胶较大的渗透性,发生收缩要快得多。众所周知,经凝乳酶处理过的牛乳容易发生收缩现象,这也是制作干酪的关键步骤。各种变化因素综合导致的收缩过程是较复杂的[81]。

7.5.4　一些食品凝胶

上面讨论的都是理论观点,接下来将用食品凝胶进行解释。

7.5.4.1　多糖

尽管多糖种类很多(详见第3章),它们仍具有一些共同的凝胶性质。大多数多糖链具有一定的刚性,其中一个原因就是有很多庞大的侧链连接在主链上。一般来说,只有当链片段上的单元结构(单糖残基)超过 10 个时,才能看得出它的弯曲。这个特性导致多糖溶液具有较大的黏度。例如,0.1%的黄原胶将增加水的黏度至少 10 倍。一些多糖能够形成凝胶。广泛而言,凝胶的交叉联结是以连接点的形式存在,每一个都包含了大量的弱键,它们共同构成了材料的一些特性。这意味着交联之间的链段并不长。加之链的刚性导致所形成的凝胶都比较短甚至具有一定脆性。实际上它们都是熵胶和焓胶的中间体[式(7.24)]。当然,在多糖胶中还存在许多不同的类型。

多糖分子间交联可分以下三种:

(1)微晶(类型 1)　这是最简单的类型,如图 7.16(2),它是伸展片段的部分堆积。这种类型在凝胶化的多糖中是不常见的(尽管天然纤维素几乎是完全结晶的线性聚合物)。直链淀粉不能形成线性链,但是推测单个直链淀粉螺旋的堆积能在溶液中形成微晶区域,而且如果直链淀粉浓度足够高,还会发生凝胶化。对于支链淀粉,也可以观察到相似的现象。这些可称作凝胶化淀粉的老化。其他结构元素也可形成微晶。

(2)双螺旋结构(类型 2)　某些多糖(如卡拉胶、琼脂和结冷胶)根据条件不同,在极端温度下能形成双螺旋结构。每一个螺旋通常包括两个分子,但螺旋结构只能在所谓的无毛发区域(不含庞大侧链)形成。双螺旋结构通过交联形成凝胶。尽管凝胶化过程时间达数秒之长,但形成螺旋只需毫秒。双螺旋结构也会形成微晶区[图 7.22(1)],至少对于 κ-卡拉胶是这样,并被认为能稳定其结构。当螺旋"融化"时,凝胶也"融化"了。

(3)鸡蛋盒连接(类型 3)　这种类型发生于带电多糖,如带有二价阳离子的藻酸盐[图 7.22(3)]。藻酸盐带有负电荷,以间隔一定的距离分布,使得二价阳离子如 Ca^{2+} 在两个平

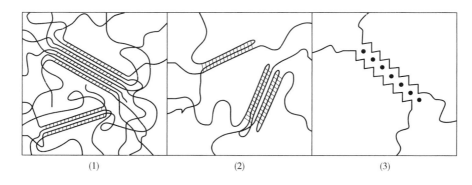

图 7.22　聚合物凝胶中各种类型的连接点

(1)堆积双螺旋,如卡拉胶;(2)明胶中的三重螺旋;(3)"鸡蛋盒"连接,如海藻酸钠;图中的黑点代表 Ca^{2+},折线代表螺旋。

行的聚合分子之间形成桥联。这样就形成了刚性的连接点。连接点进一步重排形成微晶结构。在温度低于100℃时,连接点不会融化。

很多因素都影响凝胶化和多糖的凝胶性质,包括分子结构,摩尔质量[图7.23(2)],浓度[图7.23(1)和图7.23(2)],温度[图7.24(2)],溶剂性质等,对于聚电解质,还包括 pH 和粒子强度[图7.24(2)]^[99]。

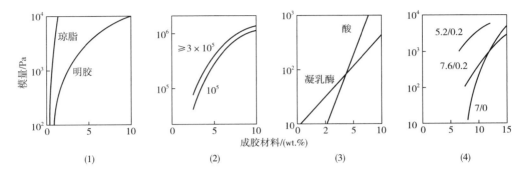

图 7.23　凝胶的剪切模量与成胶材料浓度的关系

(1)琼脂和明胶;(2)溶于0.1% KCl 溶液的两种摩尔质量的 κ-卡拉胶;(3)经弱酸化处理或凝乳酶处理的酪蛋白;(4)大豆分离蛋白的热置凝胶;曲线旁的数字代表 pH/添加的 NaCl(mol)。

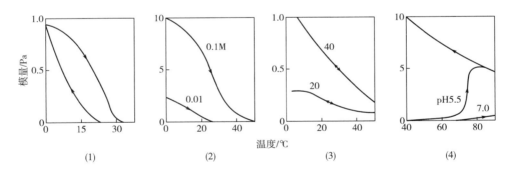

图 7.24　各种凝胶的剪切模量与测量温度的函数关系

箭头代表温度变化次序。(1)明胶(2.5%)。(2)两种 CaCl$_2$ 浓度下的 κ-卡拉胶(1%)。(3)酸化酪蛋白凝胶(2.5%)以及处于两不同温度下的老化。(4)两不同 pH 下的 β-乳球蛋白(10%)。结果还随加热或冷却速率的变化而变化。

7.5.4.2　明胶

在所有的食品凝胶中,明胶是最接近理想熵胶的。交联网络间具有柔性的长链段使得明胶具有非常好的延伸性。由于交联持久(至少在低温时是如此),使得它的弹性非常突出。但是它并不能很好遵守式(7.25)所给出的模量。模量随浓度的平方而粗略增加[图7.23(1)],对温度的依赖性也与预测的大不相同[图7.24(1)]。这些差异来自交联机制。尽管在制备明胶时对胶原做过较大的处理,分子仍保留它们的长度,并形成高度黏性的水溶液。冷却之后,分子倾向形成三重螺旋,就像胶原中脯氨酸螺旋一样。这只适用于部分明胶,且螺旋区域相对较短。明胶分子不能像其他多糖那样形成分子间的双螺旋结构。这是因为肽键不能360°旋转,导致一处形成螺旋结构时另一处就发生扭曲,一旦形成空间位阻,这种螺旋就停止了。假设一个明胶分子严重弯曲形成β-转角,然后形成一个短的双螺旋,接着,第三个折叠片会缠绕于这个螺旋上,完成这个结构。如果第三个折叠片是另一个分子的一部分,就形成了一个交联[图7.22(2)]。随着温度的升高,三重螺旋将会"融化",从而使模量降低。

实际上凝胶形成机制是很复杂的。如图7.24(1)所示,在冷却与加热曲线之间存在大量的滞后效应。而且,当明胶溶液冷却至一个温度之下,如25℃,模量可能会在几天之内都保持增加,还伴随着螺旋含量的增加,直到30%的明胶都参与了这种螺旋,但期间也会发生结构的重排。达到多少程度的堆积才产生三重螺旋仍然存在争议。

值得注意的是,温度与凝胶状态之间的依存关系是明胶的独有特性,它为各类食品的生产提供了可能。

7.5.4.3　酪蛋白酸盐凝胶[83,90,100]

牛乳里含有酪蛋白胶束,蛋白质聚集体的平均直径大约为120 nm,每个包含10^4个酪蛋白分子(详见第14章)。降低pH至4.6(降低静电斥力)或者加入蛋白水解酶除去溶剂中的κ-酪蛋白分子(降低空间排斥),就会形成胶束聚集体。所形成的不规则凝胶的分形维数大约是2.3。酪蛋白的平均渗透率约为$2×10^{-13}m^2$,它与酪蛋白的浓度(c)密切相关,大约与c^{-3}成正比。对于酪蛋白凝胶,模量的对数和酪蛋白浓度的对数具有线性关系[图7.23(3)],这与它们的不规则形态本质是一致的[式(7.30)]。不同的斜率表明其结构的不同。在凝乳酶凝胶形成过程中所形成的最初弯曲的链快速变平直,但在酸性凝胶中,链仍保持弯曲[52]。

酪蛋白酸盐凝胶是由可变形的酪蛋白胶束组成,它们之间的接点具有柔性。因此,这种凝胶非常弱且柔软。对于酸性酪蛋白凝胶,破碎压力大约为100Pa,破碎应力为1.1;对于凝乳酶凝胶,破碎压力大约为10Pa,破碎应力为3。因此酸性凝胶较短,适用于慢速变形(15min);快速变形的话破碎压力要大得多。对凝乳酶凝胶施加稍大于10Pa的压力就会引起凝胶流动(不会产生可观察到的屈服应力),长时间作用后,凝胶会破碎。在10s之内施加100Pa的压力就会引起破碎,对于其他一些粒子凝胶也发现同样的现象,但这不是一个普遍现象。

上面这些数据均受条件的影响,特别是温度。酪蛋白凝胶的模量在低温时显得更大[图7.24(3)]。这看起来有些奇怪,因为酪蛋白分子间的疏水键对维持凝胶状态起着至关重要的作用,而随着温度的降低这些键的强度也随之降低。假设,疏水键强度的减弱(低温)导致胶束膨胀,从而胶束之间的接触区域变大以及每个接点的键数目增多。相反地,较高的凝胶形成温度引起模量增大[至少酸性凝胶是这样的,图7.24(3)],这可能是由于几何网络的一些差异,而不是键种类的差异。

在20℃以上,凝乳酶凝胶表现出脱水收缩的状态,并伴随着粒子网络的重排,这表明发生了解聚作用。在凝胶的某个区域如果没有液体可以排出,重排也会发生,形成密集区域。

这称为微收缩,它导致渗透性的增加和凝胶链的伸直。

7.5.4.4 球蛋白凝胶[12,67,68,80]

如果蛋白浓度超过临界值 C_0,许多溶解性好的球蛋白在加热时能形成凝胶[图 7.23 (4)]。这些热置凝胶只有在自身部分蛋白加热变形并且在冷却后不会回到原先自然状态时才会形成[图 7.24(4)]。凝胶形成是一个相对较慢的过程,至少需要几分钟。达到最大硬度则需要更长时间。凝胶的形成包括许多连续的反应:①蛋白分子的变性;②变性分子聚集成球形、伸长的粒子;③粒子形成充满空间的网络结构。这些反应部分会同时进行。

由于凝胶在分子结构和构象稳定性上的差异,他们的形成过程和性质都会不一样。而且,热置凝胶一般由蛋白混合物组成,如乳清蛋白或大豆分离蛋白。凝胶形成中的键包含—S—S—键、静电相互作用、范德华力、疏水相互作用以及分子间用于 β-折叠片间交联的氢键。

结构和流变学性质会因 pH、离子强度、盐的组成以及加热速率的不同而不同。一般而言,两种结构类型的凝胶可以通过显微观察来区分,即具有精细链结构网络和粗糙链结构网络的凝胶。前者结构清晰(透明),由相对较细的链(直径为 $10\sim50nm$)组成,它们通过分支形成网络。它们主要在远离等电点及低离子强度下加热形成。粗糙链凝胶或粒子凝胶(一些具有不规则的网络结构)是混乱的,且一般由 $0.1\sim1\mu m$ 的球形粒子组成。它们通常在接近等电点和高离子强度下加热形成。粗糙链凝胶比精细链凝胶的刚性更强。两种凝胶链的弯曲部分有很大不同,因而破碎应力也不同。而且热置蛋白凝胶的渗透性也有很大的不同,所以在处理加工过程中,它们在压力下失去溶剂的倾向也不同。

球蛋白凝胶的另一种加工方法是在某个 pH 下加热溶液,使其变性形成小的聚集体但不形成凝胶。冷却后,调节 pH 至等电点附近,这时候才形成凝胶,这称为冷凝胶化。

挤压形成结构的过程与球蛋白热加工定形差不多。富含蛋白质的大豆产品就是一个重要的例子[41]。

7.5.4.5 混合凝胶

凝胶的结构和性质的差别是很大的。1%的凝胶模量可以在 5 个数量级内变化,它们破裂时的应力也可以在因次 100 内变化。几乎每一个体系都表现出各自不同的关系。

当考虑到混合凝胶时,情况就更为复杂了。相对比较简单的是由粒子组成的凝胶(如乳状液滴),那些不是由粒子组成的凝胶性质变化就各不相同了[10,44,80]。通常被选作研究对象的是多糖的混合物。聚合物之间在凝胶化条件下的相互吸引可能会使其形成凝胶,即使它们各自都不能单独形成凝胶[10,54]。如稀的黄原胶或刺槐豆胶不表现出屈服应力,但是混合后就不同了:加热和冷却后,就形成了混合接点。另一个例子是在牛乳中加入 0.03%的 κ-卡拉胶,形成较弱的凝胶。它被用作巧克力牛乳中以防止可可的沉淀。

在凝胶形成过程中,热力学不兼容会导致两种聚合物发生相分离(详见 7.5.1)。这种现象非常普遍,除非聚合物的浓度较低。例如,在明胶和多糖的右旋糖酐体系中,在高于凝胶形成温度下混合就会发生相分离;如果发生分离之后明胶溶液是连续相,那么冷却之后整个体系会冻结。如果这两种生物聚合物都能形成凝胶,那么最先形成凝胶的生物聚合物将主要决定凝胶的拓扑结构。其中重要的因素是凝胶形成的等待时间,因为体系在混合后便开始相分离。在其他体系中,相分离是由凝胶形成过程引起的。例如,对于明胶-麦芽糊精混合物,明胶在冷却时的构象顺序(螺旋形成)诱导了相分离[42]。

混合蛋白-多糖凝胶的微观结构将取决于生物聚合物的性质(图7.25)及其在凝胶形成过程中的浓度和条件。例如,对于混合乳清蛋白-多糖冷凝凝胶,酸化速度越慢,凝胶形成速度越慢,混合凝胶的微观结构就越粗糙。中性多糖如瓜尔豆胶和刺槐豆胶在较低的多糖浓度下导致蛋白质连续体系和血清相的不连续(图7.25)。随着多糖浓度的增加,蛋白质相面积逐渐减小,最终形成不连续相[图7.25(1)]。带负电荷的多糖(凝胶)和黄原胶、角叉菜胶、羧甲基纤维素胶和果胶的混合物,在中间浓度和较低的多糖浓度下形成双连续凝胶[图7.25(2)],在较高的浓度下形成相反相。凝胶的精确结构主要取决于多糖的电荷密度[16]。蛋白质连续凝胶的力学性能主要取决于蛋白质链中局部蛋白质浓度的增加与多糖引起的蛋白质网络连续性下降之间的平衡。

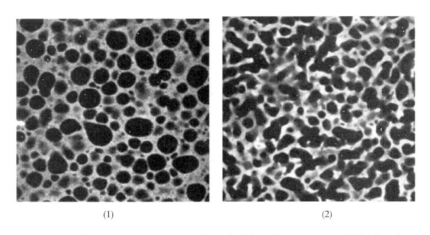

(1)　　　　　　　　　　　　　(2)

图7.25　在低温且pH4.8时3%的乳清分离蛋白和(1)0.1%的槐树豆胶
或(2)与0.4%的凝胶形成的混合物的微观结构

完整的食品体系要比上面所讨论的复杂许多。然而,了解这些规则对于明确食品的特性及设计实验进行研究具有很大的帮助。

7.5.5　食物的口感[34, 62, 79, 80]

食品的咀嚼特性是食品的关键质量属性。构造食品通常是经过特殊设计来优化以下特性,包括风味、质构和外观。这里,我们把重点放在可被感知的质构上,其中主要涉及一致性和物理不均一性。事实上,嘴巴可被认为是一个处理食物的单元,在这里,食物根据其机械属性被作用、分解及运送至食道。此外,嘴巴和连接的鼻腔包含一些感觉器官,以此评价食品的咀嚼特性。

在嘴里处理液体和软固体的方式与硬固体是不同的。液体主要是通过舌头运送到食道,而处理固体食物则涉及几个不同的阶段。一般来说,我们可以区分为①摄取/咬;②咀嚼和润湿,包括使食物形成小而圆的物块;③对于小物块的吞咽及口腔清洁。在每一阶段,食物均和唾液混合,并以不同的速率,使食物发生形变。对软固体的处理也涉及舌头和上颚之间的压力与剪切作用。在这个处理过程中,消费者已经开始评价咀嚼特性,包括一些质构属性,如厚度,表面粗糙度/光滑度,绵软度等。其中上述的一些特性是由多种成分构成的,因为它们包括了一些所能体现出来的次属性。例如,"乳脂状"涉及厚度和光滑度,而此时粗糙度就不复存在了(也许风味也有助于贡献"乳脂状")。

虽然仍局限于有限的程度上,现在已能较好地清楚液体和硬固体在口中的作用方式,并建立了一些一般性的规则。

对于液体的口腔评价取决于其流动特性,最好的描述方式为黏度对于剪切速率的函数。作为一个经验法则,对低黏度(低于 $0.1Pa \cdot s$)液体的黏度感官评价对应于剪切应力为 $10Pa$ 左右的仪器评价。对高黏度产品($10Pa \cdot s$ 以上)感官评价对应于当剪切速率常数为 $10\sim20s^{-1}$ 下应力的仪器评价;口腔评价经常会涉及舌头和上颚的涂抹作用。对于中间黏度的产品,有一个逐步过渡的流变参数起决定因素。"厚度"往往被视为一个单一的感官特性;然而,除了(表观)黏度,它可能还涉及其他的流变特性。这对于苹果酱或番茄酱这样的软固体而言,无疑是正确的。

对于低黏度液体,例如水和牛乳,其在嘴里的局部流动可能会形成湍流。对于所有的液体及许多软固体食品而言,其在嘴里的流速将随所处位置的不同而不同,同时,食品在不同的地方与唾液混合或被稀释。例如,番茄酱和许多基于水质胶状溶液的产品,在流动时变得更稀。这种在嘴里被感知的变稀效应所关联一种质构特性,即滑溜感;但是,即使这样一个简单的属性可能也无法归因于一种流变特性。对于具有屈服应力的食品,当其处于屈服应力之下时,它将不会流动,正如许多软固体一样。所能感知的厚感也取决于这一屈服应力的大小。最后,位于舌头和上腭之间的压力与剪切作用,将引起剪切流动与拉伸,对几种物质,特别是高分子材料,拉伸黏度将显著高于一般的简单剪切黏度。

温度对感知的黏度和与屈服应力相关的质构属性的影响可能相对较小。然而,当食物的初始温度与口腔温度之间存在温差时,所发生的相变化就会使这种影响变得显著(如脂肪晶体或明胶凝胶的融化)。酶的作用同样也能导致这种变化的发生。虽然许多产品在口中的停留时间只有几秒,严重的淀粉老化还是会在期间发生,这取决于食物和唾液的混合程度。

吞咽后,食物残渣的涂层通常仍残留于舌头及口腔的部分区域。涂层的残留程度取决于食物的黏结力和聚合力,以及经口腔处理后残留物的特殊性质。涂层将显著影响"吞咽后"的感官印象。例如,大分子与覆盖于口腔表面黏液层的结合,将会提高收敛性或粗糙度的感官属性。

如上所述,固体食物在嘴里的处理过程可被划分为三个阶段。咬的动作在很大程度上模拟了两个楔子在一个合适的压缩率下的单轴压缩[84]。许多食品的大变形特性取决于变形率。咬的速度一般在 $2\sim6cm/s$。抵抗咬的能力和使材黏料破裂的最大咬力与感官属性中的坚固性和坚硬度有关,但也涉及其他性能。在咬之后,食物通过臼齿之间的研磨和剪切得到进一步的分解。咀嚼性和延展性这样的特性与单轴压缩等测量到的力学性能之间并不是简单的关系。对于软固体,这些性能并不仅取决于断裂前食品的形变特性,并且在很大程度上也取决于食品破碎的方式和程度[75,76]。同时,酥脆性和破碎性也是复杂的属性,很大程度上与食物的断裂行为、发出的声音特点、密度和风味相关[80]。

舌头在运送食物颗粒到臼齿中起着重要的作用,并决定着哪些粒子已经被足够分解从而可以被润湿而进行吞咽;这些过程的速度和相对重要性取决于食物的类型(图 7.26)。食物接着被运送到口腔后部,在那里形成了一个小而圆的物块,一段时间后被吞咽。口腔的清洁应归于舌头的机械作用,通过唾液使食物残渣缓慢分散或溶解,酶的分解作用也起一定作用。

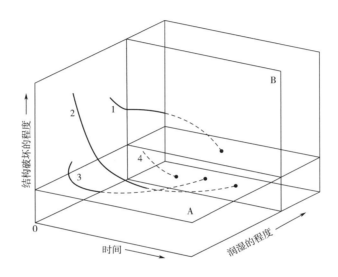

图 7.26　摄取食物后(从时间轴 0 点开始),其在嘴巴内的分解轨迹示意图

图中主要涉及两个过程:(1)结构的破坏,此过程的曲线均在水平平面 A 下方;(2)润湿,此过程的曲线均超过垂直平面 B。经处理过的食物(小圆球)在吞咽之前必须同时满足两个标准。举例如下:①嫩且多汁的肉;②坚硬但干燥的肉;③干燥的海绵状蛋糕(此时润湿速率首先下降然后上升);④厚的液体,如搅拌型酸乳(当曲线处于 A 平面之下或超过了 B 平面时,用虚线表示)。

7.5.6　小结

(1)生物聚合物的混合物在较高的浓度下经常出现相分离,因此可以区分热力学不相容和复杂的凝聚。

(2)凝胶可以根据结构(聚合物和颗粒凝胶)和凝胶形成过程(热固凝胶、冷凝胶和 pH、酶作用等条件变化引起的形成种类)来区分。

(3)为了充分表征凝胶的机械性能,需要一系列的参数。其中最重要的是模量、断裂或屈服应力与应变、应力和应变曲线的形状以及断裂的方式。

(4)聚合物凝胶具有较长的聚合物链,他们的柔韧性变化很大,这可能会影响凝胶的性能。明胶凝胶的交联之间有相当长的柔性分子链,而大多数多糖凝胶的特征是相对较短和相当硬的链。

(5)颗粒凝胶是由于颗粒的聚集而形成的。聚合体的结构具有分形性质,之后这种结构可能会由于重排而改变。

(6)在测定凝胶的功能特性之前,必须考虑决定所需特性的相关参数和条件。

(7)多糖凝胶的交联可能是由于微晶、窦状螺旋和蛋盒连接的形成。

(8)热凝固蛋白凝胶的形成是一个相对缓慢的过程,其特征是三个连续的反应,其中部分是并行进行的。通常,在蛋白质分子间的成键过程中起着一系列不同的相互租用。生物高分子混合物凝胶化形成的凝胶结构与凝胶形成前后的相分离的发生有着明显的关系。

(9)食品的食用特性与食品的机械形能直接相关,液体食品和固体食品之间的差异较大。液体由舌头直接输送到食道,而硬固体的加工则要经过几个阶段。软固体的处理过程介于两者之间。对与液态食品,他们的黏度和对口腔的黏附性是重要特征。而对于固体食品,大的形变、断裂或屈服特性是基本的特征。

7.6 乳状液

7.6.1 描述

乳状液是一种液体分散在另一种液体中的体系。决定乳状液性质的最重要变量包括以下几点:

(1)乳状液的类型,即 O/W 型或 W/O 型 这决定了可以用哪种液体来稀释乳状液(详见 7.1.2)。许多食品都是 O/W 型乳状液,如牛乳和乳制品、酱汁、调味品和汤类。真正的 W/O 型乳状液是几乎不存在的。黄油和人造黄油包含水滴,但是它们是嵌在塑性脂肪中的,脂肪晶体部分的融化产生了 W/O 型乳状液,但很快就会分离出浮在水层上的一层油。一些 O/W 型乳状液的液滴也包含脂肪晶粒,至少在低温下是如此,因此严格来说,它们不是乳状液。

(2)粒子的粒径分布 这对体系的物理稳定性具有重要影响,一般而言,液滴越小,乳状液的稳定性越高。然而,制备乳状液所需要的能量和乳化剂用量,也随着液滴的减小而增加。典型的平均粒子直径是 $1\mu m$,但是体系中粒子的尺寸分布可以从 $0.2\mu m$ 到若干个微米。由于体系的稳定性极大地依赖于粒子的大小,因此粒径分布范围的宽窄也很重要。粒子粒径分布的例子见图 7.27(1)。

(3)分散相的体积分数(Φ) 在大多数食品体系中,Φ 为 0.01~0.4。对于蛋黄酱,Φ 大约为 0.8,这个数值已经超过了刚性球体紧密填充的最大限度(大致为 0.7);这表明油滴部分扭曲了。体积分数对乳状液的黏性有较大影响,随着 Φ 值增加,从稀流体过渡为糊状物。

(4)液滴周围表层的组成及厚度 这决定了界面特征和胶体的相互作用力(详见 7.2.7);厚度显著影响着物理稳定性。

(5)连续相的组成 这决定了表面活性剂的溶剂条件,pH 和离子强度,从而决定了胶体的相互作用。连续相的黏度对乳状液分层有显著影响。

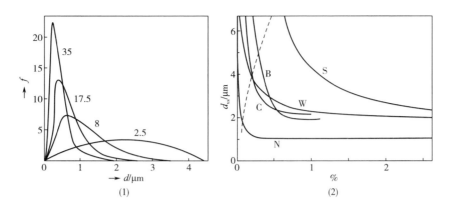

图 7.27　乳化:各种条件对最后形成液滴尺寸的影响

(1)均质压力(标注于曲线旁,单位 MPa)的影响,体积频率分布百分比与粒径直径(d)的关系;所选体系为含 3.5% 油的脱脂牛乳。(2)乳化剂浓度(%w/w)对于体积/表面平均粒径 d_{vs} 的影响。B,血球蛋白;C,酪蛋白酸钠;N,非离子型 小分子表面活性剂;S,大豆蛋白;W,乳清蛋白。所获得的大致结果是添加 20%油,同时加以中等强度的乳化。

与悬浮液中的固体粒子不同,乳状液粒是球形的(大大地简化了预测性计算)和可变形的(允许粒子的破裂和聚结)。而且,它们的界面是液体,允许产生界面张力梯度。然而,在大多数情况下,乳状液粒的行为更像固体粒子。从式(7.8)可以看出,一个半径为 1μm,界面张力 γ 为 5mN/m 的粒子,其拉普拉斯压力为 10^4Pa。对黏度 η 为 10^{-3}Pa·s 的液体(如水),通过搅拌或流动获得的速度梯度 $\nabla\nu$ 达到 10^5s^{-1}(这意味着搅拌很剧烈),这时作用在粒子上的剪切应力 $\eta·\nabla\nu$ 能达到 10^2Pa。这意味着粒子的变形可以被忽略。而且,粒子表面的表面活性剂使得这个表面可以承受一个剪切应力(详见 7.2.6)。在所提到的条件下,当粒子的两个表面的界面张力差为 1mN/m 时,就足够阻止界面的侧向移动,实际上很容易达到这个差值。可以推断得出,除非搅拌非常剧烈或粒子足够大,否则乳状液滴的行为就与固体粒子极为相似。

7.6.2　乳状液的形成[86,97,98]

在这部分,将讨论乳状液形成中液滴大小和界面吸附,特别是当蛋白质作为表面活性剂使用时的情况。

7.6.2.1　液滴破碎

要制备一种乳状液,需要油、水、乳化剂(即合适的表面活性剂)和能量(一般是机械能)。要制备一个液滴非常简单,但是要把它们破碎成更小的液滴则一般很困难。液滴抵抗变形并破裂是由于受到了拉普拉斯压力的作用,液滴越小,拉普拉斯压力越大。这就需要很大的外加能量。通过添加乳化剂降低表面张力,可以导致拉普拉斯压力的降低,从而减少打破粒子所需能量,虽然这并不是添加乳化剂的主要功能。

使液滴变形和破裂所需要的能量一般是通过剧烈搅拌来提供的。如果连续相黏度非常高,搅拌可以产生足够强的黏性剪切力。这在制备 W/O 型乳状液($\eta_{oil} \approx 0.05 \mathrm{Pa \cdot s}$)时是很普遍的,它可以把液滴直径打碎至几微米。在 O/W 型乳状液中,连续相的黏度一般较低。通过在湍流状态下出现的快速、密集强压力波动产生剪切力。所选用的机器是高压均质机,它能制备小至 0.1μm 的液滴。获得的平均液滴大小正比于均质压力的-0.6 次方[图7.27(1)]。当使用高速分散器时,搅拌速度越快,搅拌时间越长,或所选择的搅拌体积越小,能产生更小的液滴,但往往得不到平均直径小于 1 或 2μm 的液滴。

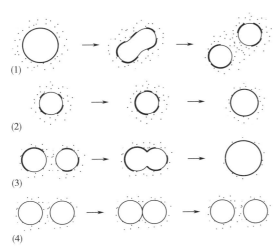

图 7.28　乳化过程中发生的重要步骤

液滴由细线表示,乳化剂由粗线或小点表示。图示只起示意作用,无标尺大小关系。

然而,影响液滴大小还有其他因素。图 7.28 所示为乳化过程中的各种情况。除了破坏液滴[图 7.28(1)],乳化剂必须被转移至新形成的界面[图 7.28(2)]。乳化剂的转移并不是通过分散而是对流,并且发生得非常快。深度的湍流(或者高速剪切)也能够导致液滴的频繁碰撞[图 7.28(3)和图 7.28(4)]。如果它们被表面活性剂有效覆盖,将有可能发生再次聚结[图 7.28(3)]。所有这些过程都有它们自己的时间范围,这取决于一些条件,典型的就是 1μs 左右。这表明即使经过一次均质机阀就可发生无数次这样的过程,每一次过程都或多

或少地建立了液滴破裂与聚集的平衡。

7.6.2.2　再生

乳化剂的主要作用是阻止新形成液滴间的再聚结。把这种功能归因于吸附表面活性剂而产生的液滴间的胶体斥力似乎是合理的。然而,无论是在湍流中还是层流中,由于搅拌作用,液滴被反复挤压。涉及的最大应力是打破液滴所需的应力,即所需的拉普拉斯压力,一般为 10kPa。样品计算表明由于胶体排斥液滴间的分离压一般来说更小一些,0.1kPa 或更小。因此,这个压力不足以阻止液滴靠近因此也不能够阻止它们再聚结。事实上,实验结果表明,乳化过程中的再聚结和已形成乳状液中的聚结之间具有弱的关联性。

阻止再聚结的机制可能如下。当两个部分被表面活性剂覆盖的液滴同时受压,它们间的液体被挤出,导致了界面张力梯度的产生(图 7.29)。在讨论图 7.9(1)和图 7.9(4)的关系时提到,界面张力(γ)梯度将导致液体流量的显著降低。这能够大大减少液滴靠近的速率。这不会阻止它们靠得很近,但是,在液滴聚结之前,推动它们结合的应力一般是短暂存在或者具有改变的迹象(如把液滴拉开)。样品计算证实涉及的应力和时间范围是按量值大小排列的。

这种现象常被称为吉布斯-马兰格尼效应:它的数值决定于液膜的吉布斯弹性(即两倍

的表面膨胀模量),这个机制是和马兰格尼效应相关的。

7.6.2.3 乳化剂的选择

（1）班克罗夫特规则 这个规则的描述如下:当选取油、水和表面活性剂(乳化剂)制备乳状液时,连续相将是能很好溶解表面活性剂的那一相。如图7.29所示,表面活性剂存在于连续相中。如果表面活性剂存在于液滴中,则几乎不能产生界面张力(γ)梯度,因为表面活性剂分子能快速到达界面,从而导致形成一组分恒定的吸附层。如果表面活性剂处于连续相,相互靠近的液滴间薄膜将很快被表面活性剂占

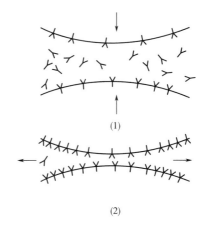

图7.29 乳化过程中两个液滴的靠近

图示为γ-梯度的形成,从而降低了连续相从两个粒子间隙流出的速度。表面活性剂分子由Y表示。

据,从而保持界面张力(γ)梯度。因此,当期望形成W/O型乳状液时,需要低HLB的乳化剂;反之,当期望形成O/W型乳状液时,需要高HLB的乳化剂。

蛋白质是O/W型食品乳状液优先选用的乳化剂,因为其可食用,具表面活性,水可溶,并具优良的抗聚合能力[93]。然而,在相等的搅拌强度下,以蛋白质作为乳化剂所获得的液滴比在相同的质量浓度下,一种合适的小分子表面活性剂所稳定的液滴要大得多。主要的原因可以从图7.3(2)中得到。对蛋白质来说,在O/W界面需要一个比SDS更大的表面剩余浓度(Γ),以此来获得表面张力的显著降低,即,蛋白质在乳化过程中形成明显的表面张力梯度的可能性比SDS(以及大多数小分子乳化剂)要小得多。这就意味着,以蛋白质作为乳化剂时,液滴再聚结的程度将比SDS强得多,而这确实也在实验中观察到了。

但是,只要采用更为激烈的乳化方式,就可以使液滴变小,如选取更高的均质压力,当然前提是有足够的蛋白质存在。图7.27(2)给出了一些液滴的平均尺寸(d_{vs})。在高乳化剂浓度下,d_{vs}将达到一个平台值。这个值对于非离子型表面活性剂要比蛋白质小得多,因为非离子型表面活性剂产生了较低的界面张力。

可以看到,不同的蛋白质获得了相同的d_{vs}平台值。这并不奇怪,因为各种蛋白质产生了相差不大的界面张力(大约10mN/m)。但是,当浓度较低时,不同蛋白质所产生的d_{vs}还是具有明显差异的。人们已经进行了一些实验来评价蛋白质作为乳化剂的合理性。其中比较有名的是乳化活力指数(EAI),它是指在稀的蛋白溶液中乳化大量的油[59]。这个方法大致和图7.27(2)中虚线所指示的条件一致。因此,实验结果对大多数实际情况而言是不成立的,因为蛋白质与油的比例通常要大得多。这也意味着EAI通常与蛋白质的实际效果是不相关的。

人们尝试从不同蛋白表面疏水性的差异去解释EAI的差别[35]。但是,这种相关性仍然很弱,其他一些研究者甚至驳倒了这个概念[59]。按照文中作者的观点,蛋白质乳化效率的差异主要是因为其摩尔质量和溶解性的差异。如果具有相同的质量浓度和较大的摩尔质

量,则摩尔浓度较小,而摩尔浓度被认为是产生较强吉布斯-马兰格尼效应的最重要变量。因此,具有较小摩尔质量的蛋白质将是更有效的乳化剂。需要注意的是,一些蛋白制品,特别是工业化产品,包含了各种尺寸的分子聚集体,从而显著增加了蛋白质的有效摩尔质量,并降低了它的乳化效率。广义而言,那些具有较差溶解性的蛋白制品也是性能较差的乳化剂。

正如上文所述,一个具有显著低摩尔质量的蛋白质,如部分水解的蛋白,将导致较小液滴的形成。相反,采用较小多肽制得的乳状液通常会发生显著聚结[65]。

另一个重要变量是表面载量(Γ)。如果一种乳化剂具有较高的Γ,那么相对而言,制备乳状液时它的需求量就更大。如图7.27(2)和图7.30所示乳清蛋白和大豆蛋白的比较。为了获得稳定的乳状液,通常需要乳化剂具有较高的Γ。

在小分子表面活性剂作用下,平衡在Γ和表面活性剂的体相浓度间建立。为了计算Γ,需要知道表面活性剂的总浓度,O/W的界面面积以及等温吸附[图7.3(1)],无须考虑乳状液的形成方式。但是当使用蛋白质(或其他聚合物)作为乳化剂时就不是这种情况,因为它们不能达到热力学平衡(详见7.2.2)。所以,此时蛋白质的表面吸附量除了上述提到的因素外,还取决于乳状液的制备方式。

如图7.30所示,该曲线更适合于建立表面载量Γ和蛋白质浓度之间的关系。图中给出了一些使用不同蛋白质得到的结果。如果c/A的比值非常小,假设一些蛋白质几乎在O/W的界面上完全展开,形成一个伸展的多肽层,此时的表面载量Γ约为$1\mathrm{mg/m^2}$。一些高度可溶的蛋白所给出的平台值大约为$3\mathrm{mg/m^2}$。聚集的蛋白能产生更大的值。值得注意的是,任何大的蛋白聚集体都优先在乳化过程中被吸附,从而进一步增加了表面载量Γ。

乳化剂不仅是为了形成乳状液,而且需要提供乳状液形成后的持续稳定性。明确区分这两种主要功能是很重要的,因为它们经常是不相关的。一种乳化剂也许非常适合制备小的液滴,但却不能提供长时间的稳定性,从而抵抗聚结,或者反之。因此,仅用是否能形成小液滴来评价蛋白质作为乳化剂的能力是不合适的。通常理想的表面活性剂是需要在较宽的条件(等电点附近的pH,高离子强度,低溶剂性能以及高温)下均能

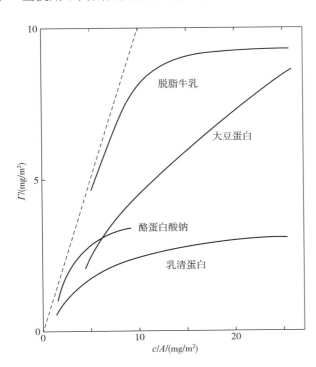

图7.30　经过乳化过程,每单位油的表面积(A)上的蛋白载量(Γ)与蛋白浓度(c)的函数关系
虚线代表当所有蛋白质均发生吸附时的曲线关系。

阻止聚集。乳状液不稳定的类型以及阻止聚结的方法将在第 8 章讨论。

7.6.3 不稳定的类型[20, 92, 93]

如图 7.31 所示,乳状液可以发生许多物理变化。图中的情形属于 O/W 型乳状液,它与 W/O 型乳状液的区别在于体系发生分层时,乳状液出现的是向下沉降,而不是上浮。

奥氏熟化[图 7.31(1)]一般不会发生于 O/W 型乳状液,因为食品体系通常使用甘油三酯,而其在水中是不溶解的。如果使用了精油(如柑橘精油),因为它们在水中有足够的溶解性,所以一些较小的油滴会逐渐消失[24]。W/O 型乳状液可能会发生奥氏熟化。表 7.3 的数据表明,对一个直径 2μm 的粒子,即使它只有非常小的溶解过剩量,在一个较长的储存期内仍能足够发生显著的奥氏熟化。通过在水相中添加合适的溶质(如一种不可溶的油),即可轻易阻止该现象的发生。低浓度的盐(如 NaCl)就很有效:一旦小液滴发生收缩,它的盐浓度和渗透压均上升,从而产生一个驱动力促使水分子朝着相反的方向迁移。最终结果即形成了具有均一粒径分布的液滴。

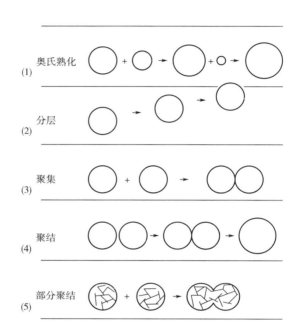

图 7.31　O/W 型乳状液中的物理失稳类型图解

(4)中的接触区域尺寸可能被扩大很多倍;

(5)中的短粗线表示甘油三酯晶体。

另外一些不稳定现象将在其他章节讨论:7.4.2 讨论了上浮现象,7.4.3 讨论了聚集现象,7.6.4 和 7.6.5 将分别讨论聚结和局部聚结现象。

各种变化间可能会互相影响。如聚集会很大程度上促进上浮的发生,而上浮的结果又将进一步促进聚集速度,如此往复。只有当液滴紧密靠近时才会发生聚结(如在液滴的聚集体或上浮层中)。当相当大的分散液滴上浮时,可能上浮层之间的排列会变得很紧密,从而加速聚结。如果上浮层中发生了部分聚结,那么上浮层可能呈现出固体塞子的特征。

人们总是期望建立乳状液的不稳定类型。聚结将导致大液滴的产生,而不是不规则的聚集体或凝集团。凝集团是由部分聚结导致的,当加热到一定温度,足够融解脂肪晶粒时,凝集团将相互聚结形成大的液滴。光学显微镜可观察乳状液发生的不稳定类型,如聚集、聚结或部分聚结。7.4.3 讲述了一些用以区分聚集形成原因的方法。一般而言,聚结或部分聚结会导致更宽的粒径分布,接着,就会形成较大的液滴,或发生快速的凝集团上浮层。

搅拌可以扰乱上浮,还可能破坏比较弱液滴的聚集,但不包括由部分聚结形成的凝集团。缓慢的搅拌可以对抗实真正的聚结。

如果空气被搅打入 O/W 型乳状液,则可能会使得液滴吸附于气泡表面。此时,为了使油能在 O/W 界面铺展,液滴可能会被打碎成更小的尺寸(详见 7.2.3)。如果液滴包含脂肪晶体,可能会产生凝集团;此时若搅打入空气就能促使部分聚结的发生。在搅拌稀奶油制备黄油和搅打奶油时发生的就是这种情况。在搅打奶油时,结块的,部分固化的液滴形成一个连续的网络结构,包裹并稳定住气泡,从而使泡沫具有一定的坚硬度。

一种阻止或延缓除奥氏熟化外的其他所有不稳定性的方法是固定液滴,如使连续相凝胶化(详见 7.5.3)。黄油和人造黄油就是很好的例子。此时,水滴被脂肪晶体所形成的网络结构所固定。而且由于形成了合适的接触角,一些脂肪晶体在油水界面定向排列(详见 7.2.3)。在这种情况下,液滴间不能相互紧密碰触。如果将产品加热使晶体融化,则液滴将快速聚结。通常,在人造奶油中加入合适的表面活性剂来阻止加热过程中的快速聚结,否则会导致不期望的飞溅。

7.6.4 聚结

这节的讨论将集中于 O/W 型乳状液。关于聚结的理论仍然存在着许多困惑。

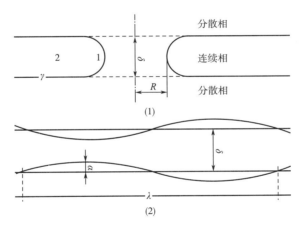

图 7.32 两粒子(或气泡)间平均厚度为 δ 的膜的交叉区域

(1)小洞的形成图解。(2)膜上所形成的对称波特性。

7.6.4.1 膜破裂

聚结是由紧密靠近液滴(同样适用于气泡间的薄膜)间的薄膜(薄片液膜)破裂所引起的。说明见图 7.32(1):一个小洞出于某种偶然原因出现在薄膜上(由于布朗运动)。如果洞的半径大于薄膜厚度的 1/2(即 $R > \delta/2$),则 1 附近的拉普拉斯压力比 2 附近的大;因此,膜内的液体将从 1 流向 2;从而,洞将扩大,这也意味着薄膜将破裂;液滴将很快地流动起来。当膜足够薄时,它也将会破裂;胶态斥力将会阻止这种情况的发生。但是,图 7.32(2)也表明,因为液膜表面出现对称波纹,膜将可能发生局部变薄现象。当液膜上的波长越长(如膜面积越大),表面张力越小时,波的振幅将越大,而膜就越容易破裂。

因为这个理论不能解释所有观察到的液滴聚结现象,我们将不再进一步讨论其潜在的理论。例如,一些大分子表面活性剂会产生一个额外的抵抗聚结的力。大概是因为膜破裂了,这些分子形成的紧密单层也不得不破裂。重要的例子有,蛋白质吸收后趋于形成紧密的单层,如 β-乳球蛋白;这里又涉及分子间二硫键的问题。

7.6.4.2 影响聚结的因素

膜破裂是偶然性事件并具有重要的影响:①聚结发生的可能性,如果它确实发生了,那么必定是和液滴相互紧密靠近的时间成比例的。它特别易在上浮层或聚集中发生;②从时间角度考虑,聚结是一级反应速率过程,而聚集主要是二级反应速率过程;③膜破裂发生的可能性与它们的膜面积也是成比例的。这就意味着把液滴压扁,促使更大膜面积的形成,将会引起聚结。

无论平膜形成与否,都是一个重要变量。它可以用韦伯数来表示,即作用在一对液滴上的局部应力与该液滴的拉普拉斯压力的比值。局部应力是外加应力(σ_{ext})乘以应力浓度因子;应力浓度因子等于液滴表面最小距离(h)的液滴半径。这推导出式(7.33):

$$We = \frac{\sigma_{ext}d^2}{8\gamma h} \tag{7.33}$$

如果 $We>1$,液滴间将形成平膜, We 越大,膜半径就越大。如果 $We\ll1$,就不会形成真正的膜,实质上也就不会发生聚结。

外加应力可以由胶体吸引力产生;或由流动或搅拌引起的流体动力学应力;抑或上浮层(或沉降层)的万有引力或离心力。对于小蛋白质覆盖的乳状液液滴,通常能满足 $We\ll1$ 的条件,除非作用了强的外加应力。即使是在重力场作用下形成的上浮层,外加应力也可以足够小使 We 大大低于 1 。

综合考虑以上因素,我们可以得到以下结论。下列情况下,聚结不太可能发生。

(1)较小的液滴 ①较小的液滴带来较小的 We ,因此液滴之间的膜面积也较小,从而膜破裂的可能性较小;②为了获得一定粒径的液滴,可能需要较多的聚结;③上浮的速率下降。事实上,平均粒径大小是最主要的变量。

(2)液滴间的较厚液膜 这意味着液滴间具有较强的或较远的排斥力时(详见 7.3),能提高抗聚结的稳定性。对于 DLVO 型的相互作用,如果液滴在最小值处发生了聚集,那么将很容易发生聚结(图 7.11)。空间排斥作用通常对于对抗聚结是非常有效的,因为它使液滴间保持相对分离。

(3)较大的表面张力 这个似乎有点奇怪,因为表面活性剂是制备乳状液所必需的,而表面活性剂能够降低表面张力 γ 。此外,较小的表面张力意味着体系具有较小的表面自由能,因此,促使聚结的驱动力就越小。但是,膜破裂所需的活化自由能是随着表面张力的增大而增加的。因为较大的表面张力使得膜的形成和变形都变得困难(膨胀,通过在液膜表面形成波),局部变形对于破裂也是必需的。

基于以上原则,蛋白质是非常适合阻止聚结的,这与观察结果相一致。蛋白质不会产生一个小的表面张力 γ ,它们通常提供相当大的排斥力,包括静电和空间排斥。图 7.33 所

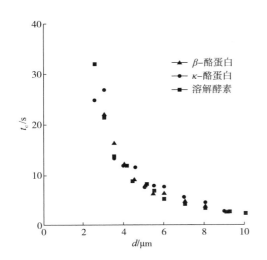

图 7.33 在 **20min** 内，**1mg/L** 的蛋白溶液中，一个 **O/W** 界面上，各种直径（d）油滴的平均聚结时间（t_c）

示的实验结果中，在极端稀的蛋白质溶液中，小液滴产生上浮，在一定时间内与 O/W 界面形成一个平面，可以观察到聚结所需要的时间。液滴尺寸显然具有很重要影响。实验是在一定条件下（蛋白质浓度和吸附时间）获得的结果，蛋白质的表面吸附量不会超过 $0.5mg/m^2$，说明它们之间的排斥力非常弱。当形成更厚的吸附层时，将很难观察到真正的聚结。

图 7.33 表明，在防止液滴聚结的能力上，不同蛋白质之间的差别不大。实践中也发现这个普遍规律，但明胶是个例外，它比其他蛋白质的作用要略微差一些。在剧烈的条件下，可以观察到蛋白质之间的差异，其中酪蛋白酸盐的作用最显著。蛋白质发生的部分水解会大大削弱其防聚结能力[65]。

人们尝试去建立蛋白质（及其他表面活性剂）的抗聚结能力与它的其他多种多样性质之间的关系，特别是吸附蛋白层的表面剪切黏度（详见 7.2.5）。在一些情况下，可以观察到（表观）表面剪切黏度与聚结稳定性之间存在正相关，但也有很多情况下，会发生很大程度的偏离；酪蛋白酸盐具有非常低的表面剪切黏度，但同时具有非常好的抗聚结稳定性。当液滴相当大或表面载量 Γ 相当小时，对于大多数球蛋白而言可以观察到这种合理的相关性；正如前文所提，稳定能力增加的原因可假设为在界面上形成了分子间交联。

相反，在高浓度的乳状液（例如，分散相体积分数 $\Phi=0.8$）中，由于受到挤压乳状液通过小孔而产生一个强的拉伸流动，如果此时界面含有交联球蛋白，则将产生大量聚结[73]。这可以把乳状液假象为软固体，其经受了某种宏观破碎（见 7.5.2）。显然，破碎平面通过了乳状液滴，导致了强烈的局部聚结。受酪蛋白酸盐稳定的高浓度乳状液，没有形成强的分子间交联，不会在拉伸流动中表现有效的聚结。

大多数小分子表面活性剂产生小的界面张力。因为小的界面张力有利于聚结，所以能提供较大空间斥力的表面活性剂，如吐温，具有显著的效果。离子型表面活性剂只有在低的离子强度下才能有效地防止聚结。

在蛋白质稳定的乳状液中存在（或加入）小分子表面活性剂，它们趋向于从液滴表面替代蛋白质（详见 7.2.2，图 7.5），这将降低其抗聚结能力。如果期望达到聚结，那么这提供了一个好的方法；例如，在体系中加入十二烷基硫酸钠和一些盐（降低双电层的厚度），通常会发生快速的聚结。

食品乳状液在极端条件下可能发生聚结。例如，冰晶在冷冻过程中，将促使乳状液滴靠近，使得在解冻过程中导致大量的聚结。类似的情况还发生于干燥及后续的再分散过程;在该情况下,聚结将因相对高浓度的非脂肪固体的存在而减轻。此时,如果粒子的尺寸小而且具有厚的蛋白质吸附层(如酪蛋白酸钠)就能获得最好的稳定性。

另一个极端的条件就是离心分离。这可导致上浮层的快速形成,同时用足够的压力使液滴紧压,获得高的 We;因此,即使是把很小的液滴大大地压扁,也有可能导致聚结。这意味着使用离心分离的方法来预测储存期内乳状液的稳定性是无效的,因为离心分离过程中的条件和乳状液处理过程中的条件是极不相同的(这并不是说用离心分离的方法来预测乳状液的分层是毫无意义的。如果考虑了7.4.2中讨论的复杂因素,这个方法是很有用的)。

预测聚结速率通常是很困难的。最好的方法是采用灵敏的技术来估计液滴的平均粒径(如在合适波长下测量浊度),并建立随时间(如几天)变化的关系。

7.6.5　部分聚结[6-8, 14, 77, 92]

在许多 O/W 型食品乳状液中,部分液滴中的油会结晶化。固体化脂肪的比例 Ψ 取决于甘油三酯的组成及温度(详见第 4 章)。在乳状液液滴中,Ψ 还取决于温度变化过程,因为乳化良好的油可以耐受持久的低温,液滴越小,该现象就越明显[87]。这在图 7.34 中加以说明。如果乳状液滴中包含脂肪晶体,它们通常会形成一个连续的网状结构。这种现象极大地影响了乳状液的稳定性。晶体的出现意味着我们可能只制得了脂肪微球,而不是真正的 O/W 型乳状液。

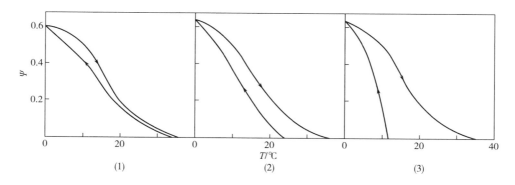

图 7.34　经历 24h 置于温度 T 下的冷贮藏后,又重新加热时乳脂固体的含量(ψ)

(1)大块的脂肪;(2)天然奶油中的相同脂肪(球形尺寸约为 4μm);(3)均质化奶油中的相同脂肪(球形尺寸约为 0.5μm)。

包含由脂肪晶体构成的脂肪球不能发生完全的聚结[图 7.31(5)]。如果球体间的薄膜破裂,它们就会形成不规则的凝集团,由一圈液状油结合在一起。真正的聚结和部分聚结有不同的后果。部分聚结使分散材料的表观体积分数上升。如果初始表观体积分数为 0.2 或更高,剪切速率非常小,则部分聚结就可以形成一种凝胶状的固体网状结构。

邻近球体间的薄膜破裂可以通过球体表面突出的晶体刺穿膜而引发。这通常在流动或搅拌下发生,然后它就会以比真实聚结(相同的乳状液,无脂肪晶体)快 6 个数量级的速度进行。这就说明 O/W 乳状液在脂肪结晶的作用下,部分聚结比真实聚结重要得多。

部分聚结的动力学是复杂多变的,因为它受许多因素影响。在许多乳状液中,大的颗粒(已形成初始球形或凝集团)比小颗粒更易发生部分聚结,引起一种自加速过程,导致大的凝集团出现,使得乳状液迅速分层。残留层的平均粒径会降低。而其他的乳状液只是简单地呈现平均粒径随时间增大的趋势。

影响部分聚结速率的最重要的因素一般包括以下几种(图 7.35):

(1)剪切率 它有多种影响:① 颗粒之间的碰撞率与剪切率成比(详见 7.4.3);②由于剪切流动,两个相互碰撞的球体会沿着彼此滚动,从而显著增加了从一个球体中突出的晶体在极短的时间内达到接近另一个球体位置的可能性;③剪切力可以对抗球体间任何种类的斥力,对相邻的球体施加压力使其靠近,因此增加了突出的晶体在理想的位置刺穿膜的可能性。因此,流速对于部分聚结率有相当大的影响,而当流动属于湍流而非层流时,这种影响更加明显。

(2)液滴的体积分数 液滴的体积分数(Φ)升高,部分聚结率显著增加,是关于 Φ 的平方关系。

(3)脂肪结晶化 如果固体脂肪比例 ψ 为零,部分聚结不可能发生,当液态油不存在($\psi=1$)时,部分聚结也不会发生。当 ψ 非常低时,部分聚结率通常会随 ψ 的增加而增加因为这样会产生更多的突出结晶。然而,Ψ 和聚结率之间的关系是可变的,很大程度上取决于结晶体积和排列的变化。还有一点很重要,即晶体必须在小球周围形成网状结构,才能支撑突出的晶体。形成这种网状结构所需的最小 Ψ 大约为 0.1 个数量级。如果大部分的油是结晶化的,且晶体体积又很小,则晶体网络可以很牢固地支撑余下的油,这样即使膜被刺穿,依然可以防止部分聚结。此外,突出的距离还取决于 Ψ、温度变化过程、晶体尺寸以及晶体形状。

(4)球体直径 图 7.35(4)所描述的关联经常出现,但是乳状液中的球体粒径范围较广。据推测,对 d 的影响源于①大的球体对于更大的剪切力才会有反应。②在两个球体之间,大的球体存在更大的膜面积。

(5)表面活性剂的种类和浓度 比较重要的有两个影响。一是这些变量会决定油—晶体—水的接触角(详见 7.2.3)从而影响到指定结晶突出的距离。二是这些变量决定了球体之间的斥力(强度和范围)。斥力越弱,两个液滴越容易彼此接近,从而增加突出的晶体刺穿他们之间膜的可能性。因此,斥力和球体体积将会决定发生部分聚结的最小剪切率;观测值在 $5\sim120s^{-1}$。有些乳状液在所研究的剪切率内均未发现部分聚结。这种优良的表面活性剂还是蛋白质,如果当它们的表面载量足够高的话[图 7.35(5)]。加入小分子的表面活性剂一般会将蛋白质从表面置换下来(详见 7.2.2),从而极大地促进部分聚结[图 7.35(6)]。

7.6.5.1 冰淇淋[96]

我们会举与冰淇淋制作和性质有关的例子来说明部分聚结的后果。这种产品具有极其复杂的结构。它包含冰晶,一种由浓缩的脱脂乳混入糖、气泡以及部分结晶化的乳脂球所形成的水相。气泡和冰晶是通过剧烈的搅拌和迅速冷却,在刮削式热交换器中产生的。

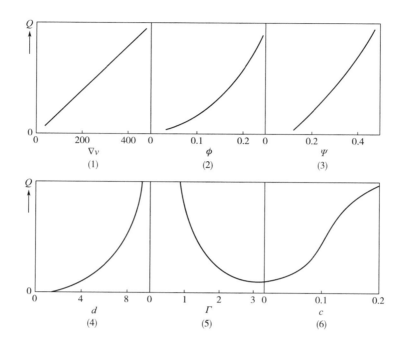

图 7.35　在蛋白质稳定的乳状液中部分聚结率(Q)分别与以下变量的函数

（1）剪切率$\nabla v(s^{-1})$；（2）体积分数 Φ，（3）固体脂肪比例ψ；（4）平均球体半径 $d(\mu m)$；（5）蛋白质的表面载量 $\Gamma(mg/m^2)$；（6）加入的小分子表面活性剂的浓度 $c(\%)$的函数。

只用于说明趋势。

脂肪球可以覆盖气泡,增加其稳定性,使其不易发生奥氏熟化及聚结(详见 7.7.2)。

脂肪球在热交换器中大量发生部分聚结,这是我们所需要的。它可以促使由脂肪球凝集块和由脂肪球覆盖的气泡所共同构成的空间填充网络的形成。这种结构提供了一种"抗融化性",即冰晶在口中融化后所残留的某种硬度感。此外,它赋予产品干燥的外表和一种短促的一致性;后者大大降低了产品的黏度。这些性质使得冰淇淋对消费者更具吸引力,也使快速包装机器的使用成为可能。

如果冰淇淋是由天然奶油(未均质)加糖及一定数量的添加剂制成,则将会迅速产生部分聚结。天然牛乳脂肪球粒径较大(大部分在 $1.5\sim6\mu m$),表面层的表面张力很低($1\sim1.5mN/m$)。此外,剧烈的搅拌将会导致大的脂肪球聚集体形成,无法像期望中那样完全包覆气泡。结果,制得的冰淇淋结构粗糙,含有很大的气泡和脂肪聚集体。解决方法就是将奶油均质,获得尺寸大大降低的脂肪球(如 $0.4\sim1.2\mu m$)。这些球体的表层大部分由乳清蛋白构成。这抑制了部分聚结[图 7.35(4)和图 7.35(5)]。此时所得到的产品具有较小的气泡和均一的结构,但并不具备所期望的抗融化性和干燥性。

为解决后面的问题,可以加入小分子表面活性剂,大大促进部分聚结速率[图 7.35(6)]。通过改变表面活性剂的种类和浓度,可以建立一个获得最好产品质量的最优条件。

7.6.6　小结

（1）乳状液可以分为 O/W 和 W/O 两种类型。其主要特性包括粒子的粒径分布,分散相的体积分数(Φ),液滴周围表层的组成及厚度和连续相的组成。

（2）乳液的形成需要油、水、适当的表面活性剂和能量。

（3）乳化的重要过程包括液滴破碎、乳化剂必须被转移至新形成的界面、新形成液滴的相遇和再凝聚还有聚集和解聚集过程。

（4）乳化剂的主要作用是吉布斯–马兰格尼效应阻止新形成液滴间的再聚结。

（5）对于 O/W 型乳状液来说,蛋白质是最好的乳化剂,主要是因为其是可食用的并且在乳化后具有更好的抗聚结能力。

（6）物理不稳定性包括奥氏熟化、分层、聚集、聚结和部分聚结。

（7）奥氏熟化,即在分散体系中,以牺牲小粒子为代价而出现了大粒子,并最终导致最小粒子的消失。

（8）聚结是由紧密靠近液滴间的薄膜(薄片液膜)破裂所引起的。当膜足够厚或足够薄的时候,就更易发生此现象。较小的液滴、液滴间的较厚液膜、较大的表面张力不易出现膜破裂的现象。

（9）食品乳状液在极端条件下可能发生聚结,例如,在冷冻、干燥及后续的再分散过程。

（10）在许多 O/W 型食品乳状液中,部分液滴中的油会结晶化。影响部分聚结速率的最重要的因素一般包括剪切率、液滴的体积分数、脂肪结晶化、球体直径和表面活性剂的种类和浓度。

7.7　泡沫

在某种意义上,泡沫更像 O/W 型乳状液;它们都是疏水性液体分散在亲水性液体中。然而由于数量上的极大差别,它们的性质也有本质区别。数量信息如表 7.7 所示。很明显,由于气泡直径太大,泡沫已不属于胶体的范畴。较大的直径及密度差距使得气泡的分层速度比乳状液的液滴高出几个数量级。空气在水中的高溶解度,将导致奥氏熟化(通常又称泡沫中的歧化反应)的快速发生。如果气相是 CO_2,如在某些食品中(面包、碳酸饮料等),溶解度将会更高,可以达到 50 倍。泡沫形成的特有时间范围会比大部分 O/W 型乳状液高两到三个数量级。由于分层和奥氏熟化发生得太快,在泡沫形成过程中就会发生物理失稳,从而使得对泡沫和泡沫稳定性的研究变得更为复杂。

表 7.7　　　　　　　　　　　　泡沫与乳状液的对比:一些数量级的差别

性质	泡沫	泡沫	乳状液 W/O	乳状液 O/W	单位
液滴/气泡直径	10^{-3}	10^{-4}	5×10^{-6}	10^{-6}	m
体积分数	0.9	0.8	0.1	0.1	—
液滴/气泡数目	10^{9}	10^{11}	10^{15}	10^{17}	m^{-3}

续表

性质	泡沫	泡沫	乳状液 W/O	乳状液 O/W	单位
界面张力	0.05	0.05	0.005	0.01	N/m
拉普拉斯压力	2×10^2	2×10^3	4×10^3	4×10^4	Pa
D 在 C 中的溶解度	$2.1^①$	$2.1^①$	0.15	0	vol. %
D 与 C 的密度差别	-10^3	-10^3	10^2	-10^2	kg/m³
D 与 C 的黏度比	10^{-4}	10^{-4}	10^{-2}	10^2	—
时间尺度②	10^{-3}	10^{-4}	10^{-5}	10^{-5}	s

注:D,分散相(空气,甘油三酯或水);C,连续相。

①如果含有 CO_2,溶解度是 1 个大气压下浓度的 100 倍。

②形成过程中的特定时间。

这里将对泡沫的一些方面进行简单讨论。表面现象对泡沫的形成和性质具有重要影响;7.2 中提供了一些背景知识。

7.7.1 形成和类别

原则上可以通过两种方法制备泡沫,过饱和法和机械法。

7.7.1.1 通过过饱和法

将一种气体(通常采用 CO_2 或 N_2O,因为它们的溶解度很高)在高压下(通常为几个大气压)分散至水相中。当压力释放后,即形成了气泡。它们并不是通过成核作用形成的。要使气泡自发形成,它的初始半径需达到约 2nm,这需要拉普拉斯压力达到 10^8 Pa[式(7.8)],或 10^3 个大气压。为了达到这点,气体必须被加压到至此压强,这当然是不切实际的。取而代之,气泡通常是从容器壁或小颗粒中存在的小的气穴中形成。对于疏水性强的固体,气体/水/固体的接触角可高达 150°,这使得小的气穴可以保持在裂缝或陡峻的凹坑中[图 7.7(2)]。如果曲率为负,当空气未饱和时,气泡依然可以保持在那里。

举例来说,如果将一个加压的溶有碳酸液体的容器打开,过剩的压力将被释放,CO_2 变为过饱和,它将渗入任何现存的气穴中。气泡会逐渐增长,当体积足够大时,就会从原来位置被移走,留下的空位将会去形成另一个气泡。当气泡继续长大,就会上升,形成一个气泡的分层(又称泡沫)。这些气泡通常会非常大,直径可达 1mm。

另一个例子是在发酵面团中形成 CO_2。过剩的 CO_2 聚集成小气泡,并不断长大。有一些甚至肉眼可见,形成泡沫结构。

7.7.1.2 通过机械力

一束气流通过狭窄的通路被引入水相(喷射);这样虽然会形成气泡,但其直径太大,通常大于 1mm。可以通过将气体打入液体中制备出较小的气泡。首先会形成大的气泡,然后它们渐渐破裂,形成较小的气泡。剪切力通常较弱以致无法形成小的气泡,而破裂机制一一般是在一个湍流场中的压力波动,就如 O/W 型乳状液的形成过程那样(详见7.6.2)。通过这种方法可以得到约 100μm 的气泡,最小的可达 20μm。

打浆是工业加工可以选择的一种方法。如果在一个开放系统里进行,比如在碗里搅打蛋清,主要结果参数是平均气泡尺寸和混入的空气体积分数 Φ。后者常以膨胀率百分比表示,为 $100\Phi/(1-\Phi)$。影响膨胀率的因素目前不甚清楚。因此在图 7.36 中,我们并没有讨论所有的因素,而只是给出了一些重要的变量。这些变量同样影响最终气泡的尺寸。总的来说,高搅打速度和高浓度的表面活性剂会导致小气泡的形成。在工业实践中,经常使用封闭系统,意味着气体和液体的量均可测量。这就决定了能够达到的膨胀程度,前提是提供了足够的表面活性剂。

制备泡沫,表面活性剂是必需的。几乎任何类型都可以,因为对于其功能特性的唯一指标即能产生表面张力(γ)梯度。这并不意味着所有的表面活性剂都适合制备稳定的泡沫,这将在后面进行讨论。此外,表面活性剂的物质的量浓度也决定了膨胀率,这表明蛋白质需要比两亲性小分子具有更高的质量浓度。

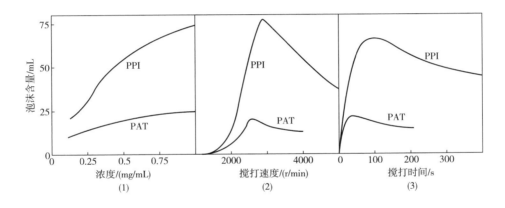

图 7.36 稀释的马铃薯分离蛋白和纯化的 patitin 制备的泡沫数量

pH = 7.0,离子强度 = 0.05mol。(1)蛋白质浓度的影响;(2)搅打速率的影响(每分钟的转速);(3)搅打时间的影响。

然而,在食品工业中,蛋白质是使用较多的一种试剂:它可食用,而且可提供较为稳定的泡沫。从图 7.36(1)可以发现,蛋白浓度是一个重要的变量。为了达到高膨胀率,我们需要更高的蛋白浓度。蛋清之所以是一种优质的发泡剂,原因之一就是它含有 10% 的蛋白质。一个含有 5% 未变性乳清蛋白的溶液可以达到的膨胀率为 1000%。然而,不同的蛋白质,达到给定的膨胀率所需的浓度差别非常大。在相同的质量浓度下,某些蛋白质水解得到的肽可获得比原蛋白质更高的膨胀率,但泡沫的物理稳定性会显著受损。根据经验法则,蛋白质的混合物,如蛋白质和肽的混合物,其发泡性质往往优于纯蛋白质。

7.7.1.3 泡沫的结构演化

图 7.37 所示为最初的气泡形成后泡沫形成的各个阶段。搅打一停止,气泡就迅速上

升,形成一个泡沫层(除非液体的黏度非常大)。浮力很快就会使得气泡互相挤压变形,在它们之间形成薄片。浮力产生的应力大约为 $\rho_水gH$,H 是泡沫层厚度(如 $H=1cm$ 时,压力约为 100Pa)。然而,随着球形气泡开始接触,出现了明显的应力集中,这也意味着那些拉普拉斯压力为 10^3 的气泡将会变得更扁。进一步排除间隙中的水使得气泡形成多面体的结构。当三个薄片接触(不会大于3,否则会形成不稳定的构象),就会形成带圆柱形表面边界的棱形水柱。这种结构单元就称为平台边界。一般情况下,剩余的小气泡很快就会因为奥氏熟化而消失。这样就会形成一种更为规整的多面体泡沫,类似于蜂窝状结构。在泡沫的下层,气泡或多或少仍为球形。

当泡沫继续排水,它的空气体积分数会增加,在泡沫层之下会形成水层。在平台边界处的拉普拉斯压力低于薄片,这使得液体会流向平台边界。因为平台边界互不相连,为液体排出提供了路径。若排水继续进行,Φ 值会很容易升到 0.95,与膨胀率 1900% 相对应。这种泡沫的坚固性不适合于食品。为了避免过度的排水,可以通过内装小颗粒填充物,但必须是亲水性的,否则气泡会发生大量聚结(详见 7.7.2.3)。蛋白质包覆的乳化小液滴可以起到很好的作用,它们存在于一些搅打的上层。另一种方法是通过溶液相的凝胶化。这在充气食品中经常使用,如蛋白糖霜、泡沫煎蛋卷、奶冻、面包及蛋糕。通过使体系在早期发生凝胶化,仍可能形成球形气泡组成的泡沫;换句话说,即"气泡状"或"湿"的泡沫,而不是多面体或"干"的泡沫。

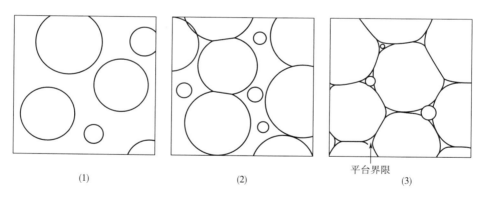

(1)   (2)   平台界限   (3)

图 7.37 气泡形成后,多面体泡沫形成的后续阶段[(1),(2),(3)]
气泡之间的片晶的厚度在这个尺度太小,无法观察到(气泡直径< 1mm)。

多面体的泡沫本身可被视为凝胶。泡沫的变形会导致气泡曲率的上升,相应导致拉普拉斯压力的上升,在较小变形时即具有弹性行为。接着,在较大的应力下,一些气泡会滑过其他气泡,发生黏弹性形变。其结果是产生屈服应力(详见 7.5.2),这会非常明显,因为即使在高处泡沫在其自身质量下也能保持其原形。此时的屈服应力常会超过 100Pa。

7.7.2 稳定性

泡沫一般会显示三种类型的不稳定性。

(1)奥氏熟化(歧化反应),即气体从小气泡扩散至大气泡(或大气中)。发生这种反应的原因是小气泡中的气压要比大气泡中的大。

（2）由于重力,从泡沫层排出或经泡沫层排出的液体。

（3）由于气泡间膜的不稳定而发生的聚结反应。

这些变化某种程度上是相互依赖的:排水会促进聚结,而奥氏熟化和聚结又会提高排水速度。

这些不稳定性取决于一些本质不同的因素,这将在以后进行详述。但是,很多对于泡沫稳定性的研究并没有对这三种类型加以区分。其中一个原因可能是缺少合适的检测气泡尺寸分布的方法。

7.7.2.1　奥氏熟化

关于奥氏熟化的一些基本方面的内容详见7.2。奥氏熟化在大多数情况下都是泡沫不稳定性中最重要的类型,尤其是在食品体系中,因为在食品中气泡的体积比其他种类的泡沫都要小。在泡沫形成的数分钟内,即可观察到明显的气泡尺寸变化。在泡沫的顶层熟化反应发生得最快,因为空气可以直接扩散到大气中,而气泡和大气之间的水层又很薄。但是在泡沫内部,奥氏熟化发生的速度也相当快。

基于式(7.9)和扩散法则的奥氏熟化速率的经典计算方法,是由 de Vries 提出的[18]。他认为半径为 r_0 的小气泡被更大的气泡所包围,它们之间的平均距离为 δ。半径随时间 t 的变化由下式给出:

$$r^2(t) = r_0{}^2 - (\frac{RTDs_\infty \gamma}{p\delta})t \tag{7.34}$$

式中　D——空气在水中的扩散系数,m^2/s;

s_∞——$r = \infty$ 时气体的溶解度(由于气体的溶解度与压强成正比,它的单位是 $mol/m^3 \cdot s$);

γ——界面张力(通常为 $0.05N/m$);

p——环境压强(通常为 10^5Pa)。

从式(7.34)可以得出,气泡体积越小,它收缩得越快。由于很多气体的 γ 和在水中的溶解度都较高,其收缩速度很快,下面的例子可以说明。在水中,半径为 $0.1mm$,$\delta = 1mm$ 的氮气气泡会在 $3min$ 内消失,而同性质的 CO_2 气泡的消失时间是 $4s$。这并不总是对的,因为支持式(7.34)的几何假设与实践并不完全相符,另一个原因是如果使用混合气体,如空气,这个过程会进行的较为缓慢。此外,由于剩下的最小气泡体积变大,反应速率随时间递减。尽管如此,奥氏熟化实际上速率相当之快。

奥氏熟化可以被停止或减速吗? 当气泡收缩,它的表面积降低,表面载量(Γ)升高时它有可能被减速,当然前提是表面活性剂不会发生解吸。如果没有解吸发生,γ 会降低,从而拉普拉斯压力也会降低,这意味着奥氏熟化的驱动力减弱。当表面膨胀系数 E_{SD} [γ 随面积变化的量,见式(7.10)]与 γ 相等时,奥氏熟化甚至会停止。然而,表面活性剂通常会解吸,因此 E_{SD} 降低,它的降低速度取决于许多因素,特别是表面活性剂的种类。用小分子表面活性剂制备的泡沫,解吸很容易进行,因此对奥氏熟化的减速近似可忽略不计。然而,蛋白质一般会解吸得很缓慢(详见 7.2.2),尤其当组成泡沫的气体是 CO_2 时,E_{SD} 会保持相当高的值(详见 7.2.6)。然后,奥氏熟化反应会大大减慢,尽管气泡或乳化液滴也有可能发生塌陷[23,37,50]。如果气体是空气或氮气,意味着奥氏熟化速度减慢,但 E_{SD} 仍维持在较低水平,奥氏熟化并未被明显抑制。

有些蛋白质会因为吸附分子间的交联反应,会在气水界面产生致密的表膜。蛋清就是一种特别好的泡沫稳定剂。在搅打过程中会发生强烈的表面变性,形成相当大的蛋白聚集体。这些为不可逆吸附,会强烈阻碍奥氏熟化的发生。如果固体颗粒具有合适的接触角,它们也可以达到类似的效果(图 7.6)。一个例子就是搅打奶油中的部分固化的脂肪球,它们完全覆盖了气泡,并且形成了遍布整个体系的网络结构(详见 7.6.5)。

许多复杂体系中都至少会包含这样的一些固体颗粒(它们小且具有较强的疏水性)。只有当吸附的固体颗粒彼此接触,才会发生气泡的收缩,接着就形成了一个小而稳定的气泡。这可能是产生那些我们并不希望的持久泡沫的原因。另一个例子是面团中的气孔。它们会发生强烈的奥氏熟化,在最终产品中可以见到的气孔数不及最初气泡数的 1%。这并不说明其他气泡都消失了,事实上,许多小的气泡依然存在,据推测它们是由固体颗粒所稳定的。这些气孔并不可见,但它们足够分散,使面包心具有白色的外表。

值得注意的是,奥氏熟化也可以通过增大液相中的屈服应力来避免,但其要求达到的压强很高,约 10kPa。一个例子就是含有气泡的巧克力。

7.7.2.2 排水

如 7.2.6 提到的,为了避免几乎是瞬时发生的排水,通过建立 γ 梯度达到气水界面的固定化是非常必要的[见图 7.9(3)和 7.9(4)]。为了避免膜表面的移动,两个气泡之间可以有的最大的垂直膜(薄片)厚度由下式计算:

$$H_{max} = \frac{2\Delta\gamma}{\rho g \delta} \tag{7.35}$$

$\Delta\gamma$(从垂直膜的顶部到底部)可以达到的最大值可假设等于表面压强 Π,大约为 0.03N/m。对于厚度 $\delta = 0.1mm$ 的水膜,H_{max} 为 6cm,远大于食品泡沫的需要(6 cm 是浮在洗涤剂溶液上的最大气泡高度)。

具有固定化表面的单一垂直膜的排水时间由下式计算:

$$t(\delta) = \frac{6\eta H}{\rho g \delta^2} \tag{7.36}$$

$t(\delta)$ 是使膜排水以到达给定厚度 δ 所需的时间。对于 1mm 厚的水膜,使其厚度达到 $10\mu m$ 所需的排水时间只有 6s。然而,排水速率随厚度的减小而降低,使厚度达到 20 nm 需要 17d。20nm 的厚度值是两个膜表面开始产生范德华吸引力时的近似值。

预测真实泡沫中的排水速率是极其困难的,无法进行精确计算。式(7.36)可以给出近似值(同数量级)。当然,排水速度可以通过增加体系黏度使其大幅降低。为此,黏度应在极低的剪切应力下测量。屈服应力达到 $gH\rho_{水}$(H 是泡沫层厚度)时,排水也会受到阻滞。

7.7.2.3 聚结

当气泡之间的膜破裂时,就会发生聚结,但其反应机制受制于环境因素,主要可分为以下三种:

(1)厚膜 这是指膜厚到一定程度,使得两个表面之间的胶体相互作用可忽略不计。此时,吉布斯稳定机制起主要作用[详见7.2.6,特别是图7.9(5)]。只有在表面活性剂浓度很低的情况下,才会发生膜破裂,从而导致气泡聚结。如果膜被显著拉伸,就像在搅打中经常发生的那样,破裂将很容易发生。可观测到形成泡沫时最优的搅打速度[图7.36(2)],在此速度下可达到最大的空气混入量。

(2)薄膜 这指的是膜薄到一定程度,使得胶体相互作用变得很重要。7.6.4中所涉及的内容大致适用于此(特别是图7.32)。如果没有较强的胶体排斥力使膜厚维持在相对较大的水平,膜的破裂就极易发生。但是,单纯通过排水使膜厚度变薄需要很长时间。另一方面,水会从膜中蒸发,尤其是在泡沫的顶层。因此,膜破裂特别容易在泡沫顶层发生,导致泡沫高度降低。与乳状液相比,泡沫更易发生聚结。表面张力大(更稳定)、气泡之间的膜是"永久性"的(更不稳定)、膜面积大(更不稳定)。此外,对于泡沫而言,使聚结程度变得显著所需要破裂的膜数量更小(表7.7)。同样的,当蛋白质能形成厚的吸附层时,就能形成最稳定的膜。

(3)膜上包含有外来颗粒 通常可以观测到,当膜上存有外来颗粒,尤其是脂类时,对于泡沫稳定性是极其不利的。这些颗粒会导致相对较厚的膜破裂,对此已有一些假定的机制。据推测,油在气-水界面上的分布起到了重要作用。蛋白覆盖的油滴具有亲水的表层,因此无法使油在气-水表面散布。然而,当涉及脂肪球,即含有甘油三酯晶体的油滴时,油可以轻易地抵达气-水界面;参照类似晶体在部分聚结中的作用(详见7.6.5)。尤其是大的脂肪球,是极有效的泡沫破裂物。众所周知,痕量的口红对于啤酒泡沫的稳定性是极其有害的。另一个例子是脱脂乳,其脂肪含量低于0.05%,只有很少量的脂肪球,因此它可以比全脂乳产生更好的泡沫。

与此相关,外来颗粒的浓度在考虑泡沫的稳定性时,需要被计算在内。一个典型的食品泡沫,其液体相每 m^3 含有的片晶数为 10^{12}。据推测,如果此颗粒可诱发膜破裂,那么 $10^{12}/m^3$ 的颗粒浓度就足以产生大量的气泡聚结。当同时含有液体与固体脂肪时,牛乳乳脂球的体积更大,其直径可达 $6\mu m$。$10^{12}/m^3$ 个脂肪颗粒,仅相当于脂肪含量0.01%,所以说明极小量的脂肪就会诱发严重的聚结。

在典型的搅打奶油体系中,部分固体化的脂肪球数量是很大的,至少有 $10^{16}/m^3$。在这些小球中,许多都能诱发膜破裂。然而,由于数量巨大,许多油滴几乎同时与距离较近的油滴发生吸附。这样液态油将不易扩散,从而膜破裂发生的概率很小,能形成相当稳定和坚固的泡沫。然而,随着搅打继续进行,脂肪球将发生大规模的部分聚结,形成大的脂肪凝集团,最终,它们的数量变少,发生膜破裂。换言之,过度搅会破坏早期形成的泡沫。当搅打奶油希望获得黄油颗粒,即大的脂肪凝集团时,人们就会希望发生这样的过程。

7.7.3 小结

(1)可以通过过饱和法形成泡沫,其可容器壁或小颗粒中存在的小的气穴中形成气泡,这通常是通过机械方法,将一种气体在高压下分散至水相中。

(2)空气体积分数通常以膨胀百分比表示。决定其的主要因素就是表面活性剂的浓度(通常是蛋白质),搅打速度和搅打时间。

(3)气泡迅速乳化并形成泡沫层。它的空气体积分数会随着排除间隙中的水而迅速增加,并且形成多面体的结构。

(4)奥氏熟化在大多数情况下都是泡沫不稳定性中最重要的类型,相比于泡沫内部,在泡沫的顶层熟化反应发生得最快。相比于氮气,当组成泡沫的气体是 CO_2 时,由于 CO_2 在水中的溶解性,其奥氏熟化速度会更快。奥氏熟化可以通过表面活性剂存在时表面载量的升高进行减速,并且通过固体颗粒吸附和凝固连续相来阻止。

(5)通过固定 O/W 界面和增加连续相浓度可以显著的减缓排水。

(6)聚结主要可分为以下三种　①厚膜,吉布斯稳定机制起主要作用;②薄膜,胶体相互作用很重要;③膜上包含有外来颗粒,例如油可以轻易地抵达气-水界面。极小量的脂肪就会诱发严重的聚结,因为每 m^3 的片晶数相比于乳液来说低了很多。

7.8 常用符号及缩写

常用符号	含意	单位
A	(特定)表面积	m^{-1} , m^2
	哈梅克常数	J
a	热力学活性	摩尔分数
	加速度	m/s^2
B	渗透率	m^2
c	浓度	kg/m^3 ; mol/m^3 ; mol/L
D	扩散系数	m^2/s
	分形维数	
d	粒径	m
E_{SD}	表面扩张模量	N/m
F	(吉布斯)自由能	J ; J/mol
f	力	N
G	弹性剪切模量	Pa
g	重力加速度	$9.81 ms^2$
H	高度	m
	焓	J ; J/mol
h	颗粒间距	m
I	离子强度	mol/L
k	玻尔兹曼常数	$1.38×10^{-23} J/K$

续表

常用符号	含意	单位
l	距离,长度	m
m	浓度	mol/L
N	(总)数量浓度	m^{-3}
n_i	i 类颗粒数目	m^{-3}
P	压强	Pa
P_L	拉普拉斯压强	Pa
Q	体积流速	m^3/s
R	通用气体常数	8.314J/(mol·K)
	絮凝聚合物半径	m
R_{cr}	临界半径	m
R_g	回转半径	m
r	颗粒半径	m
S	熵	J/K;J/(mol·K)
s	气体溶解度	mol/m³·Pa
T	绝对温度	K
t	时间	s
$t_{0.5}$	一半的时间	s
V	反应自由能	J
v	速度	m/s
vs	颗粒的斯托克斯速度	m/s
∇v	速度梯度;剪切速率	s
W	稳定率	
x	距离	m
z	化合价	

希腊字母符号

Γ	表面过剩载量	mol/m^2;kg/m^2
γ	表面/界面张力	N/m
δ	膜(层)厚度	m
ξ	应变(相对变形)	
ξ_{fr}	破裂处的应变	
θ	接触角	rad
κ	德拜长度倒数	m^{-1}
η	黏度	Pa·s
η_a	表观黏度	Pa·s

续表

常用符号	含意	单位
Π	表面压强	N/m
Π_{osm}	渗透压	(Pa)
ρ	质量密度	kg/m^3
σ	应力	Pa
σ_{fr}	破裂应力	Pa
σ_y	屈服应力	Pa
Φ	体积分数	
ψ	固体分数	
	电势	V

缩写		
A	空气	
C	连续相	
D	分散相	
O	油	
S	固体	
W	水(水相)	

参考文献

1. Adamson, A. W. and A. P. Gast (1997), *Physical Chemistry of Surfaces*, 6th edn., John Wiley, New York.

2. Allen, T. (1981), *Particle Size Measurement*, 3rd edn., Chapman & Hall, London, U.K.

3. Baszkin, A. and W. Norde, eds. (2000), *Physical Chemistry of Biological Interfaces*, Dekker, New York.

4. Benjamins, J. and E.H. Lucassen-Reynders (1988), Surface dilational rheology of proteins adsorbed at air/water and oil/water interfaces, in *Studies in Interface Science* (D. Möbius and R. Miller, eds.), Elsevier, Amsterdam, the Netherlands, pp. 341-384.

5. Benjamins, J. and E.H. Lucassen-Reynders (2003), Static and dynamic properties of proteins adsorbed at three different liquid interfaces, in *Food Colloids, Biopolymers and Materials* (E. Dickinson and T. van Vliet, eds.), Royal Society of Chemistry, Cambridge, U.K., pp. 216-225.

6. Boode, K. and P. Walstra (1993), Kinetics of partial coalescence in oil-in-water emulsions, in *Food Colloids and Polymers: Stability and Mechanical Properties* (E. Dickinson and P. Walstra, eds.), Royal So-

ciety Chemistry, Cambridge, U.K., pp. 23-30.

7. Boode, K. and P. Walstra (1993), Partial coalescence in oil-in-water emulsions 1. Nature of the aggregation, *Colloids Surf.* **81**: 121-137.

8. Boode, K., P. Walstra, and A.E.A. de Groot-Mostert (1993), Partial coalescence in oil-in-water emulsions 2. Influence of the properties of the fat, *Colloids Surf.* **81**: 139-151.

9. Bremer, L.G.B., P. Walstra, and T. van Vliet (1995), Estimation of the aggregation time of various col-loidal systems, *Colloids Surf. A* **99**: 121-127.

10. Brownsey, G.J. and V.J. Morris (1988), Mixed and filled gels—Models for foods, in *Functional Properties of Food Macromolecules* (J.R. Mitchell and D.A. Ledward, eds.), Elsevier Applied Science, London, U.K., pp. 7-23.

11. Busnell, J.P., S.M. Clegg, and E.R. Morris (1988), Melting behaviour of gelatin: Origin and control, in *Gums and Stabilizers for the Food Industry*, Vol. 4 (G. O. Phillips, D. J. Wedlock, and P. A. Williams, eds.), IRL Press, Oxford, U.K., pp. 105-115.

12. Clark, A.H. and C.D. Lee-Tufnell (1986), Gelation

of globular proteins, in *Functional Properties of Food Macromolecules* (J. R. Mitchell and D. A. Ledward, eds.), Elsevier Applied Science, London, U.K., pp. 203−272.

13. Coffey, D.G., D.A. Bell, and A. Henderson (1995), Cellulose and cellulose derivatives, in *Food Polysaccharides and Their Applications* (A.M. Stephen, ed.), Dekker, New York, pp. 123−153.

14. Darling, D.F. (1982), Recent advances in the destabilization of dairy emulsions, *J. Dairy Res.* **49**: 695−712.

15. De Feijter, J. A., J. Benjamins, and M. Tamboer (1987), Adsorption displacement of proteins by surfac- tants in oil−in−water emulsions, *Colloids Surf.* **27**: 243−266.

16. De Jong, S. andF. van de Velde (2007), Charge density of polysaccharide controls microstructure and large deformation properties of mixed gels, *Food Hydrocoll.* **21**: 1172−1187.

17. De Roos, A. L. and P. Walstra (1996), Loss of enzyme activity due to adsorption onto emulsion droplets, *Colloids Surf. B* **6**: 201−208.

18. de Vries, A. J. (1958), Foam stability. II. Gas diffusion in foams, *Receuil Trav. Chim.* **77**: 209−225.

19. Dickinson, E. (1992), Structure and composition of adsorbed protein layers and the relation to emulsion stability, *J. Chem. Soc. Faraday Trans.* **88**: 2973−2983.

20. Dickinson, E. (1994), Protein−stabilized emulsions, *J. Food Eng.* **22**: 59−74.

21. Dickinson, E. (2003), Hydrocolloids at interfaces and the influence on the properties of dispersed systems, *Food Hydrocoll.* **17**: 25−39.

22. Dickinson, E. and L. Eriksson (1991), Particle flocculation by adsorbing polymers, *Adv. Colloid Interface Sci.* **34**: 1−29.

23. Dickinson, E., R. Ettelaie, B.S. Murray, and Z. Du (2002), Kinetics of disproportionation of air bubbles beneath a planar air−water interface stabilized by food proteins, *J. Colloid Interface Sci.* **252**: 202−213.

24. Dickinson, E., V.B. Galazka, and D.M.W. Anderson (1991), Emulsifying behaviour of gum Arabic. Part 1: Effect of the nature of the oil phase on the emulsion Droplet − size distribution, *Carbohydr. Polym.* **14**: 373−383.

25. Dickinson, E. andY. Matsumura (1991), Time−dependent polymerization of β−lactoglobulin through disulphide bonds at the oil−water interface in emulsions, *Int. J. Biol. Macromol.* **13**: 26−30.

26. Dickinson, E., B. S. Murray, and G. Stainsby (1988), Coalescence stability of emulsion − sized droplets at a planar oil−water interface and the relation to protein film surface rheology, *J. Chem. Soc.*

Faraday Trans. 1 **84**: 871−883.

27. Fleer, G. J., M. A. CohenStuart, J. M. H. M. Scheutjens, T. Cosgrove, and B. Vincent (1993), *Polymers at Interfaces*, Chapman & Hall, London, U.K.

28. Friberg, S. E., R. F. Goubran, and I. H. Kayali (1990), Emulsion stability, in *Food Emulsions*, 2nd edn. (K. Larsson and S.E. Friberg, eds.), Dekker, New York, pp. 1−40.

29. Garrett, P.R. (1993), Recent developments in the understanding of foam generation and stability, *Chem. Eng. Sci.* **48**: 367−392.

30. Graham, D.E. and M.C. Phillips (1980), Proteins at liquid interfaces IV. Dilational properties, *J. Colloid Interface Sci.* **76**: 227−239.

31. Grinberg, V. and V.B. Tolstoguzov (1997), Thermodynamic incompatibility of proteins and polysac- charides in solutions, *Food Hydrocoll.* **11**: 145−158.

32. Hermansson, A. − M. (1988), Gel structure of food biopolymers, in *Functional Properties of Food Macromolecules* (J.R. Mitchell and D. A. Ledward, eds.), Elsevier Applied Science, London, U.K., pp. 25−40.

33. Hough, D.B. and L.R. White (1980), The calculation of Hamaker constants from Lifshitz theory with application to wetting phenomena, *Adv. Colloid Interface Sci.* **14**: 3−41.

34. Hutchings, J.B. and P.J. Lillford (1988), The perception of food texture: Tthe philosophy of the break − down path, *J. Texture Stud.* **19**: 103−115.

35. Kato, A. and S. Nakai (1980), Hydrophobicity determined by a fluorescent probe method and its correlation with surface properties of proteins, *Biochim. Biophys. Acta* **624**: 13−20.

36. Kimura, H., S. Morikata, and M. Misaki (1973), Polysaccharide 13140: A new thermo − gelable polysac- charide, *J. Food Sci.* **38**: 668−670.

37. Kloek, W., T. van Vliet, and M. Meinders (2001), Effect of bulk and interfacial rheological properties on bubble dissolution, *J. Colloid Interface Sci.* **237**: 158−166.

38. Krog, N. J. (1990), Food emulsifiers and their chemical and physical properties, in *Food Emulsions*, 2nd edn. (K. Larsson and S.E. Friberg, eds.), Dekker, New York, pp. 127−180.

39. Larsson, K. andP. Dejmek (1990), Crystal and liquid crystal structure of lipids, in *Food Emulsions*, 2nd edn. (K. Larsson and S.E. Friberg, eds.), Dekker, New York, pp. 97−125.

40. Ledward, D.A. (1986), Gelation of gelatin, in *Functional Properties of Food Macromolecules* (J. R. Mitchell and D.A. Ledward, eds.), Elsevier Applied Science, London, U.K., pp. 171−201.

41. Ledward, D.A. and J.R. Mitchell (1988), Protein ex-

trusion—More questions than answers? in *Food Structure—Its Creation and Evaluation* (J.M.V. Blanshard and J.R. Mitchell, eds.), Butterworths, London, U. K., pp. 219–229.

42. Lorén, N., A.-M. Hermansson, M.A.K. Williams, L. Lundin, T.J. Foster, C.D. Hubbard, A.H. Clark, I.T. Norton, E.T. Bergström, and D.M. Goodall (2001), Phase separation induced by conformational order- ing of gelatin in gelatin/maltodextrin mixtures, *Macromolecules* **34**: 289–297.

43. Lucassen–Reynders, E.H. (1981), Surface elasticity and viscosity in compression/dilation, in *Anionic Surfactants: Physical Chemistry of Surfactant Action* (E. H. Lucassen – Reynders, ed.), Dekker, New York, pp. 173–216.

44. Luyten, H. and T. van Vliet (1990), Influence of a filler on the rheological and fracture properties of food materials, in *Rheology of Foods*, *Pharmaceutical and Biological Materials with General Rheology* (R. E. Carter, ed.), Elsevier Applied Science, London, U. K., pp. 43–56.

45. Luyten, H., T. van Vliet, and W. Kloek (1991), Sedimentation in aqueous xanthan + galactomannan mix- tures, in *Food Polymers*, *Gels and Colloids* (E. Dickinson, ed.), Royal Society Chemistry, Cambridge, U.K., pp. 527–530.

46. Lyklema, J. (1991), *Fundamentals of Interface and Colloid Science*, Vol. I, *Fundamentals*, Academic Press, London, U.K., pp. A9.1–A9.7.

47. Lyklema, J., ed. (2005), *Fundamentals of Interface and Colloid Science*, Vol. IV, *Particulate Colloids*, Elsevier Academic Press, London, U.K., pp. A3.1– A3.9.

48. Martin, A., M.A. Bos, M. Cohen Stuart, and T. van Vliet (2002), Stress – strain curves of adsorbed protein layers at the air/water interface measured with surface shear rheology, *Langmuir* **18**: 1238–1243.

49. Martin, A., K. Grolle, M.A. Bos, M. Cohen Stuart, and T. van Vliet (2002), Network forming properties of various proteins adsorbed at the air/water interface in relations to foam stability, *J. Colloid Interface Sci.* **254**: 175–183.

50. Meinders, M.B.J. andT. van Vliet (2004), The role of interfacial rheological properties on Ostwald ripening in emulsions, *Adv. Colloid Interface Sci.* **108 – 109**: 119–126.

51. Mellema, M., J.H.J. van Opheusden, andT. van Vliet (2002), Categorization of rheological scaling models for particle gels applied to casein gels, *J. Rheol.* **46**: 11–29.

52. Mellema, M., P. Walstra, J. H. J. van Opheusden, and T. van Vliet (2002), Effects of structural rear- rangements on the rheology of rennet–induced casein

particle gels, *Adv. Colloid Interface Sci.* **98**: 25–50.

53. Morris, V.J. (1986), Gelation of polysaccharides, in *Functional Properties of Food Macromolecules* (J. R. Mitchell and D.A. Ledward, eds.), Elsevier Applied Science, London, U.K., pp. 121–170.

54. Morris, V.J. (1992), Designing polysaccharides for synergistic interactions, in *Gums and Stabilizers for the Food Industry*, Vol. 6 (G.O. Phillips, P.A. Williams, and D.J. Wedlock, eds.), IRL Press, Oxford, U.K., pp. 161–172.

55. Muhr, A.H. and J.M.V. Blanshard (1982), Diffusion in gels, *Polymer* **23**(Suppl.): 1012–1026.

56. Murray, B.S. and E. Dickinson (1996), Interfacial rheology and the dynamic properties of adsorbed films of proteins and surfactants, *Food Sci. Technol. Intern.* **2**: 131.

57. Norde, W. and J. Lyklema (1991), Why proteins prefer interfaces, *J. Biomater. Sci. Polymer Ed.* **2**: 183–202.

58. Oguntunde, A. O., P. Walstra, and T. van Vliet (1989), Physical characterization of soymilk, in *Trends in Food Biotechnology* (A. H. Ghee, N. B. Hen, and L. K. Kong, eds.), *Proceedings of the Seventh World Congress on Food Science and Technology*, Singapore, 1987, Institute of Food Science and Technology, Singapore 1989, pp. 307–308.

59. Pearce, K.N. and J.E. Kinsella (1978), Emulsifying properties of proteins: Evaluation of a turbidimetric technique, *J. Agric. Food Chem.* **26**: 716–723.

60. Prins, A. (1988), Principles of foam stability, in *Advances in Food Emulsions and Foams* (E. Dickinson and G. Stainsby, eds.), Elsevier Applied Science, London, U.K., pp. 91–122.

61. Ronteltap, A.D. and A.Prins (1990), The role of sur- face viscosity in gas diffusion in aqueous foams. II. Ex- perimental, *Colloids Surf.* **47**: 285–298.

62. Shama, F. and P. Sherman (1973), Identification of stimuli controlling the sensory evaluation of viscos - ity, *J. Texture Stud.* **4**: 103–118.

63. Shimizu, M., M. Saito, and K. Yamauchi (1986), Hydrophobicity and emulsifying activity of milk pro- teins, *Agric. Biol. Chem.* **50**: 791–792.

64. Shinoda, K. and H. Kunieda (1983), Phase properties of emulsions: PIT and HLB, in *Encyclopedia of Emulsion Technology*, Vol 1. *Basic Theory* (P. Becher, ed.), Dekker, New York, pp. 337–367.

65. Smulders, P. E. A., P. W. J. R. Caessens, and P. Walstra (1999), Emulsifying properties of β–casein and its hydrolysates in relation to their molecular prop- erties, in *Food Emulsions and Foams* (E. Dickinson and J.M. Rodriguez Patino, eds.), Royal Society of Chemistry, Cambridge, U.K., pp. 61–69.

66. Spielman, L. A. (1978), Hydrodynamic aspects of flocculation, in *The Scientific Basis of Flocculation* (K. J. Ives, ed.), Sijthoff & Noordhoff, Alphen aan den Rijn, the Netherlands, pp. 63-88.

67. Stading, M., M. Langton, and A.-M. Hermansson (1992), Inhomogeneous fine-stranded β-lactoglobulin gels, *Food Hydrocoll.* **6**: 455-470.

68. Stading, M., M. Langton, and A.-M. Hermansson (1993), Microstructure and rheological behaviour of particulate β-lactoglobulin gels, *Food Hydrocoll.* **7**: 195-212.

69. Stauffer, D., A. Coniglio, and M. Adam (1982), Gelation and critical phenomena, *Adv. Polym. Sci.* **44**: 105-107.

70. Stockham, J.D. and E.G. Fochtman (1977), *Particle Size Analysis*, Ann Arbor Science Publication, Ann Arbor, MI.

71. Tolstoguzov, V.B. (1993), Thermodynamic incompatibility of food macromolecules, in *Food Colloids and Polymers: Stability and Mechanical Properties* (E. Dickinson and P. Walstra, eds.), Royal Society of Chemistry, Cambridge, U.K., pp. 94-102.

72. VanAken, G.A. (2001), Aeration of emulsions by whipping, *Colloids Surf.* **190**: 333-353.

73. VanAken, G.A. (2002), Flow-induced coalescence in protein-stabilized highly concentrated emulsions, *Langmuir* **18**: 3549-3556.

74. VanAken, G.A. and M.T.E. Merks (1994), Dynamic surface properties of milk proteins, *Prog. Colloid Polymer Sci.* **97**: 281-284.

75. Vanden Berg, L., T. van Vliet, E. van der Linden, M.A.J. van Boekel, and F. van de Velde (1980a), Physical properties giving the sensory perception of whey protein/polysaccharide gels, *Food Biophys.* **3**: 1989-1206.

76. Van den Berg, L., A.L. Carolas, T. van Vliet, E. van der Linden, M.A.J. van Boekel, and F. van de Velde (1980b), Energy storage controls crumbly perception in whey proteins/polysaccharide mixed gels, *Food Hydrocoll.* **22**: 1404-1417.

77. VanBoekel, M. A. J. S. and P. Walstra (1981), Stability of oil-in-water emulsions with crystals in the dis-perse phase, *Colloids Surf.* **3**: 109-118.

78. VanKreveld, A. (1974), Studies on the wetting of milk powder, *Neth. Milk Dairy J.* **28**: 23-45.

79. VanVliet, T. (2002), On the relation between texture perception and fundamental mechanical param-eters for liquids and time-dependent solids, *Food Qual. Prefer.* **13**: 111-118.

80. VanVliet, T. (2013), *Rheology and Fracture Mechanics of Foods*, CRC Press, New York.

81. VanVliet, T., H. J.M. van Dijk, P. Zoon, and P. Walstra (1991), Relation between syneresis and rhe-ologi-cal properties of particle gels, *Colloid Polym. Sci.* **269**: 620-627.

82. VanVliet, T., A.M. Janssen, A.H. Bloksma, and P. Walstra (1992), Strain hardening of dough as a requirement for gas retention, *J. Texture Stud.* **23**: 439-460.

83. Van Vliet, T., S.P.F.M. Roefs, P. Zoon, and P. Walstra (1989). Rheological properties of casein gels, *J. Dairy Res.* **56**: 529-534.

84. Vincent, J.F.V., G. Jeronimides, A.A. Kahn, and H. Luyten (1991), The wedge fracture test: A new method for measurement of food texture, *J. Texture Stud.* **22**: 45-57.

85. Visser, J. (1972), On Hamaker constants: A comparison between Hamaker constants and Lifshitz-van der Waals constants, *Adv. Colloid Interface Sci.* **3**: 331-363.

86. Walstra, P. (1983), Formation of emulsions, in *Encyclopedia of Emulsion Technology*, Vol. 1 (P. Becher, ed.), Dekker, New York, pp. 57-127.

87. Walstra, P. (1987), Fat crystallization, in *Food Structure and Behaviour* (J.M.V. Blanshard and P. Lillford, eds.), Academic Press, London, U.K., pp. 67-85.

88. Walstra, P. (1989), Principles of foam formation and stability, in *Foams: Physics, Chemistry and Structure* (A.J. Wilson, ed.), Springer, London, U.K., pp. 1-15.

89. Walstra, P. (1993), Introduction to aggregation phenomena in food colloids, in *Food Colloids and Polymers: Stability and Mechanical Properties* (E. Dickinson and P. Walstra, eds.), Royal Society of Chemistry, Cambridge, U.K., pp. 1-15.

90. Walstra, P. (1993), Syneresis of curd, in *Cheese: Chemistry, Physics and Microbiology*, Vol. 1. *General Aspects* (P.F. Fox, ed.), Chapman & Hall, London, U.K., pp. 141-191.

91. Walstra, P. (1993), Principles of emulsion formation, *Chem. Eng. Sci.* **48**: 333-349.

92. Walstra, P. (1996), Emulsion stability, in *Encyclopedia of Emulsion Technology*, Vol. 4 (P. Becher, ed.), Dekker, New York, pp. 1-62.

93. Walstra, P. (2002), The roles of proteins and peptides in formation and stabilisation of emulsions, in *Gums and Stabilizers for the Food Industry*, Vol. 11 (P.A. Williams and G.O. Phillips, eds.), Royal Society of Chemistry, Cambridge, U.K., pp. 237-244.

94. Walstra, P. and A.L. de Roos (1993), Proteins at air-water and oil-water interfaces: Static and dynamic aspects, *Food Rev. Int.* **9**: 503-525.

95. Walstra, P. and R. Jenness (1984), *Dairy Chemistry and Physics*, Wiley, New York.

96. Walstra, P. and M. Jonkman (1998), The role of

milkfat and protein in ice cream, in *Ice Cream* (W. Buchheim, ed.), International Dairy Federation, Brussels, Belgium, pp. 17-24.

97. Walstra, P. and I. Smulders (1997), Making emulsions and foams: An overview, in *Food Colloids: Proteins, Lipids and Polysaccharides* (E. Dickinson and B. Bergenståhl, eds.), Royal Society of Chemistry, Cambridge, U.K., pp. 367-381.

98. Walstra, P. and P. E. A. Smulders (1998), Emulsion formation, in *Modern Aspects of Emulsion Science* (B. P. Binks, ed.), Royal Society of Chemistry, Cambridge, U.K., pp. 56-99.

99. Walstra, P. and E. C. H. van Berensteyn (1975), Crystallization of milk fat in the emulsified state, *Neth.*

Milk Dairy J. **29**: 35-65.

100. Walstra, P., T. van Vliet, and L. G. B. Bremer (1991), On the fractal nature of particle gels, in *Food Polymers, Gels and Colloids* (E. Dickinson, ed.), Royal Society of Chemistry, Cambridge, U. K., pp. 369-382.

101. Walstra, P., J. M. Wouters, and T. J. Geurts (2006), *Dairy Science and Technology*, CRC/Taylor & Francis, Boca Raton, FL.

102. Wedzicha, B. L. (1988), Distribution of low-molecular-weight food additives in dispersed systems, in *Advances in Food Emulsions and Foams* (E. Dickinson and G. Stainsby, eds.), Elsevier, London, U.K., pp. 329-371.

拓展阅读

1. Blanshard, J. M. V. and P. Lillford, eds. (1987), *Food Structure and Behaviour*, Academic Press, London, U.K.

2. Blanshard, J. M. V. and J. R. Mitchell, eds. (1988), *Food Structure Its Creation and Evaluation*, Butterworth, London, U.K.

3. Dickinson, E. (1992), *An Introduction into Food Colloids*, Oxford Science, Oxford, U.K.

4. Friberg, S. E., K. Larsson, and J. Sjöblom, eds. (2004), *Food Emulsions*, 4th edn., Marcel Dekker, New York.

5. Hill, S. E., D. A. Ledward, and J. R. Mitchell, eds. (1998), *Functional Properties of Food Macromolecules*, 2nd edn., Aspen, Gaithersburg, MD.

6. Walstra, P. (2003), *Physical Chemistry of Foods*, Marcel Dekker, New York.

第二部分
食品次要组分

维生素

Jesse F. Gregory Ⅲ

8.1 引言

8.1.1 目标

自各种基本维生素及其诸多形式被发现以来,已有大量文献报道了有关食品中维生素在采后处理、商业化加工、销售、贮藏及食品制作过程中保留率的变化,也已发表了许多有关此专题的综述。《食品加工的营养评价》(*Nutritional Evaluation of Food Processing*)一书对此作了很好的概括[59,60,78],可供读者参考。但仍需对最新的文献做更深的评述、使用现代化分析方法做更系统的研究。

本章的主要目标是讨论并正确评估各个维生素的化学性质,以及我们对影响食品中维生素保留率及生物利用率理化因素的理解。目标之二是阐明我们在认识上的分歧,并指出由于对维生素稳定性理解各异而影响数据可靠性的因素。值得注意令人遗憾的是,由于现在仍采用许多过时的术语,文献报道中维生素的命名不一致,仍然比较混乱。本章自始至终采用国际纯粹与应用化学联合会(IUPAC)及美国营养学会[1]所推荐的命名方法。

8.1.2 维生素稳定性概述

维生素由各类有机化合物组成,它们是营养上必需的微量营养素。维生素在体内的作用包括以下几个方面:①作为辅酶或它们的前体(烟酸、硫胺素、核黄素、生物素、泛酸、维生素 B_6、维生素 B_{12} 以及叶酸);②作为抗氧化保护体系的组分(抗坏血酸、某些类胡萝卜素及维生素 E);③基因调控过程中的影响因素(维生素 A、维生素 D 以及潜在的其他几种);④具有特定功能,如维生素 A 对视觉、抗坏血酸对各类羟基化反应以及维生素 K 对特定羧基化反应的影响。

维生素是食品中含量较低的组分。从食品化学的角度看,我们主要对最大限度地提高维生素的保留率感兴趣,而采用的方法是将液相萃取(沥滤)和化学变化(例如氧化和与其他食品组分的反应)降至最低程度。此外,几种维生素作为还原剂、自由基捕获剂、褐变反应的反应物以及风味前体起作用,反过来也会影响食品的化学性质。虽然我们已对维生素的稳定性及性质了解甚多,但对其在复杂的食品环境中的性质还知之甚少。许多发表的文献已经(有时是必须)使用化学固定模型系统(或甚至仅为缓冲溶液),以简化对维生素稳定性的研究。解释这些研究结果应特别谨慎,因为在很多情况下,仍不清楚这些模型能将复杂的食品体系模拟到何种程度。尽管这些研究为影响维生素保留率的化学变量提供了重要的线索,但有时在预测复杂食品体系中维生素特性方面仍价值有限。这是由于复杂的食品体系与模拟体系在物理因素和组分变量方面存在着巨大差异,包括水分活度、离子强度、pH、酶和微量金属催化剂以及其他反应物(蛋白质、还原糖、自由基、活性氧种类等)。本章自始至终将重点探讨真实食品体系相关的条件下维生素的特性。

大多数维生素以一类结构相关、营养功能类似的化合物形式存在。为了对维生素的稳定性做一全面概括,人们已做出了许多努力,其研究结果见表 8.1[59]。这实验的主要局限在于,同一种维生素的不同形式的稳定性变化明显。对同一种维生素的不同形式而言,它们表现出明显不同的稳定性(如最佳稳定性的 pH 和氧化性敏感性)和反应性。例如,四氢叶酸与叶酸是叶酸的两种形式,它们的营养价值几乎完全相同,但我们后面将会讨论到的,四氢叶酸(天然存在形式)极易氧化分解,而叶酸(用于食物强化的人工合成形式)却非常稳定。因而,对维生素性质概括或总结所做的努力,其最好的结果充其量也是不尽准确,在最坏情况下甚至具有高度误导性。

表 8.1				维生素稳定性概述			
营养素	中性	酸性	碱性	空气或氧气	光	热	最大烹调损失/%
维生素 A	S	U	S	U	U	U	40
抗坏血酸	U	S	U	U	U	U	100
生物素	S	S	S	S	S	U	60
胡萝卜素	S	U	S	U	U	U	30
胆碱	S	S	S	U	S	S	5
维生素 B_{12}	S	S	S	U	U	U	10
维生素 D	S	S	U	U	U	U	40
叶酸	U	U	U	U	U	U	100
维生素 K	S	U	U	S	U	S	5
烟酸	S	S	S	S	S	S	75
泛酸	S	U	U	S	S	U	50
维生素 B_6	S	S	S	S	U	U	40
核黄素	S	S	U	S	U	U	75
硫胺素	U	S	U	U	S	U	80
生育酚	S	S	S	U	U	U	55

注:S,稳定(未受重大破坏);U,不稳定(显著破坏)。注意:以上结论过于简化,或许不能精确反映各种条件下的稳定性变化。

资料来源:摘自 Harris, R., General discussion on the stability of nutrients, in: *Nutritional Evaluation of Food Processing*, Harris, R. and von Loesecke, H. (eds.), AVI, Westport, CT, 1971, pp. 1-4. 有修改。

8.1.3　维生素的毒性

除了维生素的营养作用之外,重要的是认识到它们还具有潜在的毒性。在这方面,对维生素 A、维生素 D 及维生素 B_6 应特别引起关注。维生素中毒事件几乎总是与过于热心地服用营养补充剂有关。由于疏忽引起的超量强化而导致中毒的可能性同样存在,该现象已出现于维生素 D 强化乳事件中,这说明需要公共卫生管理机构对此进行跟踪监控。由食品内源维生素而引起的中毒事例极其罕见。

8.1.4　维生素的来源

虽然越来越多的人群以补充的形式摄取维生素,但在许多情况下,食物供给仍是主要和至关重要的维生素摄取来源。形态各异的食物提供了天然存在于植物、动物和微生物中的维生素以及为强化目的而加入的维生素。此外,某些营养食品和疗效食品、肠溶制剂以及静脉注射液都已经过调配,以使特定个体经这些来源补充后,能满足全部维生素的需要。

不论是天然存在还是外加的维生素,总是存在着由于化学或物理处理(沥滤或其他分离方法)而造成损失的可能性。制造、运输、分销、家庭贮藏以及加工食品的制作,不可避免地会在某种程度上造成维生素的损失。维生素的损失同样存在于采后处理、果蔬运输、宰后处理及肉类产品的运输过程中。由于现代食物供应日益依赖于经加工过和工业化配制过的食品,食物供应在营养上是否充足,在很大程度上取决于我们对维生素损失原因的理解程度以及我们对控制这些损失所具备的能力。

虽然有关食品中维生素稳定性的资料已相当丰富,由于对各种条件下的反应机制、动力学以及热力学性质了解甚少,我们对如何利用这些资料常感到力不从心。因而,基于我们目前所掌握的知识,要预测特定的加工、贮藏及处理条件对多种维生素保留率的影响程度,常倍感困难。若缺乏有关动力学与热力学的准确数据,要选择合适的食品加工、贮藏及处理条件与方法,以最大程度提高维生素的保留率,难度同样很大。因而,有必要对复杂食品体系中维生素降解的基本化学性质作更深入的了解。

8.2　添加于食品中的营养素

在 20 世纪初期,营养缺乏是困扰美国的一个主要公共卫生问题。由于普遍缺乏核黄素、烟酸、铁和钙,糙皮病在多数南部乡村地区流行。依据 1938 年的《食品、药物及化妆品法案》而制定的法定统一标准发展计划提供了将几种营养素直接添加于食品,特别是某些乳和谷物制品的方法。虽然食物强化的技术及历史范畴不在本章涉及范围,但读者仍可参考《食品的营养素补充:营养、技术和法规》(*Nutrient Addition to Food*:*Nutritional*,*Technological and Regulatory Aspects*[7])一书,以全面理解有关这一专题的讨论。流行性维生素缺乏症的几近绝迹,为食物强化计划异乎寻常的有效性和美国食品供应营养质量的总体改善提供了有力证据。

有关食品营养素添加术语的定义包括:

(1)恢复　添加直至恢复到关键营养素的原有水平。

（2）强化　显著添加某些营养素于食品中,使其成为含有该类营养素的优质来源。这或许包括添加原先在食品中不存在的营养素,或所添加的量高于加工前在食品中已有的水平。

（3）增补　根据美国 FDA 规定的统一标准,添加一定量的特定营养素。

（4）营养化　这是一个统称,意指包含食品中营养素添加的任何形式。

在食品中加入维生素和其他营养素,尽管按目前的实际情况看显然相当有益,但仍有滥用的可能性,故会对消费者带来风险。基于以上原因,现已制定出一些重要的准则以表明采取这一形式应采用合理和谨慎的方法。这些 FDA 准则[21 CFR Sect. 104.20（g）]规定,添加于食品中的营养素必须:

（1）在通常的贮藏、运输及使用条件下性质稳定。

（2）食品中的营养素在生理上可被利用。

（3）存在的量应确保不被过量摄入。

（4）适用于所需目的并遵循安全条款（即规定）。

此外,这些准则还声明"FDA 不鼓励不加选择地在食品中添加营养素。"美国医学会食品与营养理事会（AMA）、食品工艺师学会（IFT）和国家科学院-国立研究院食品与营养局（FNB）也已提出并联合批准了类似建议[4]。

另外,在 AMA-IFT-FNB 提出的准则中还建议必须满足以下先决条件才可证明强化为合法:①在相当多的人群中某种特定营养素摄取不足;②该食品（或该类食品）被目标人群中的大多数人摄取;③能合理地保证不被过量摄入;④对所需人群价格适中。

该联合声明还包括对以下营养增补方案予以认可:面粉、面包、脱胚及精米的增补（用硫胺素、核黄素、烟酸和铁）;在加工谷物食品中保留或恢复硫胺素、核黄素、烟酸和铁;在牛乳、流质脱脂乳及脱脂乳粉中添加维生素 D;在人造奶油、流质脱脂乳及脱脂乳粉中添加维生素 A;以及在食盐中添加碘。由于人们已认识到氟化物对口腔龋齿的保护作用,因此,在低氟供水地区,允许在牙膏中按标准添加氟化物。

在营养素强化政策方面最新的改变涉及叶酸。如 1998 年 1 月 1 日,提议允许在强化的谷物食品中添加叶酸（例如已具有统一标准的谷物产品,包括大部分小麦面粉、大米、玉米粉、面包及通心粉）。现已证明,为了降低某些出生缺陷（脊柱开裂症和无脑畸形儿）的危险性,补充叶酸是一种可行的方法,人们对叶酸的营养需求也得到了改善。为了减少过量摄入（＞1mg 叶酸/d）的风险,必须对叶酸的添加量进行控制,以防止对维生素 B_{12} 缺乏症诊断的掩蔽作用。叶酸过量风险主要来自于补充剂的使用量而不是强化食品。在国际上,强化政策差异很大,但现在有超过 70 个国家允许或要求在食品中加入叶酸。

在强化和增补食品中,维生素的稳定性已得到彻底评估。如表 8.2 所示,在货架寿命的加速试验条件下,添加于增补谷物产品中的维生素的稳定性非常高[3,22]。在强化的早餐谷物食品中也已有报道得到类似结果（表 8.3）。之所以有如此高的保留率,部分原因是所添加的维生素化学形式的稳定性,当然也由于维生素处于较适宜的环境中诸如适宜的水分活度与温度。在强化乳制品中,维生素 A 和维生素 D 的稳定性也令人满意。

表 8.2 添加于谷物产品中维生素的稳定性

维生素种类	标签值	实测	贮藏时间/月(23℃)		
			2	4	6
每磅白面粉含					
维生素 A/IU	7500	8200	8200	8020	7950
维生素 E/IU[①]	15.0	15.9	15.9	15.9	15.9
吡哆素/mg	2.0	2.3	2.2	2.3	2.2
叶酸/mg	0.30	0.37	0.30	0.35	0.3
硫胺素/mg	2.9	3.4	—	—	3.4
每磅黄玉米粉含					
维生素 A/IU	—	7500	7500	—	6800
维生素 E/IU[①]	—	15.8	15.8	—	15.9
吡哆素/mg	—	2.8	2.8	—	2.8
叶酸/mg	—	0.30	0.30	—	0.29
硫胺素/mg	—	3.5	—	—	3.6
	焙烤后	经 5d 贮藏(23℃)			
每 740g 面包含					
维生素 A/IU	7500	8280		8300	
维生素 E/IU[①]	15	16.4		16.7	
吡哆素/mg	2	2.4		2.5	
叶酸/mg	0.3	0.34		0.36	

①维生素 E 以 dl-α-生育酚乙酸酯表示。

资料来源:Cort, W. M. et al., *Food Technol.*, 30, 52, 1976。

表 8.3 添加于早餐谷物产品中各类维生素的稳定性

维生素含量(每克产品)	起始值	贮藏时间	
		3 个月,40℃	6 个月,23℃
维生素 A/IU	193	168	195
抗坏血酸/mg	2.6	2.4	2.5
硫胺素/mg	0.060	0.060	0.064
核黄素/mg	0.071	0.074	0.67
烟酸/mg	0.92	0.85	0.88
维生素 D/IU	17.0	15.5	16.6
维生素 E/IU	0.49	0.49	0.46
吡哆素/mg	0.085	0.088	0.081

续表

维生素含量(每克产品)	起始值	贮藏时间	
		3 个月,40℃	6 个月,23℃
叶酸/mg	0.018	0.014	0.018
维生素 B_{12}/μg	0.22	0.21	0.21
泛酸/mg	0.42	0.39	0.39

资料来源:Anderson, R. H., *Food Technol.*, 30, 110, 1976.

8.3 膳食推荐量

为了评估食品组成与摄入模式对个体及群体的营养状况的影响,以及为了测定特定加工与处理过程对营养效果的影响,必须确定一种营养参照标准。在美国,为了达到这一目的,已经提出了膳食允许摄入量(RDAs)这一概念,已被食品和营养局膳食允许量委员会定义为"每日膳食平均摄入量,它足以满足几乎所有健康者(97%~98%)在生命的特定阶段和不同性别对营养的需要"[71]。制定中已尽可能地考虑到不同人群对营养素的需求变化以及营养素不能被完全利用的可能性。但是,目前我们对食品中维生素生物利用率的知识仍有限,使得推荐量很难准确界定。许多其他国家以及几个国际组织如FAO/WHO 已经提出了类似于 RDAs 的参考量。由于科学评价或认识上的差异,它们与RDA 在数量上有差别。

为了使得食品标签富有实际意义,微量营养素的含量最好以与参考量相关的数值来表示。在美国,微量营养素的营养标签值传统上以"美国 RDA"的百分数来表示,这一惯例始于 20 世纪 70 年代营养标签法实施的开始阶段。美国目前用于营养标签的所有 RDA 都引用 1968 年公布的 RDA,它与目前食品与营养局报道的数据略有不同(表 8.4)[70-72]。虽然这些差别对消费者而言并不明显,但仍应受到重视和理解。尽管所实施的 RDA 尚未有任何变化,但是依据 FDA 指出的"随着时间的变迁将获得更多的关于人体营养方面的知识"的趋势[21 CFR Sec. 101.9(c)(7)(b)(ii)],联邦法规允许对美国 RDA 进行修改。依据FDA1994 年实施的标签法修订版,美国 RDA 这一术语已被每日参考摄入量(RDI)取代,该参考量目前等同于以前的美国 RDAs。按照目前营养标签法规定的格式,维生素含量以 RDI的百分数表示,标为"%每日量"。目前美国食品与药物管理局(FDA)政策规定:

营养标签中营养素标识有两组参考值①每日参考值(DRVs)和②每日参考摄入量(RDIs)。这些值有助于消费者了解食品中营养素量的信息以及比较不同食品的营养价值。如 RDIs 一样,DRVs 适用于成年人和 4 岁或 4 岁以上的儿童,蛋白质除外。DRVs 包括总脂肪、饱和脂肪、胆固醇、总碳水化合物、膳食纤维、钠、钾和蛋白质。RDIs 适用于 4 岁以下儿童和孕妇及哺乳期妇女所需的维生素,矿物质以及蛋白质。然而,为了防止消费者的混淆,标签应包括单个术语[每日值(DV)],以标明 DRVs 和 RDIs。具体而言,除了蛋白质%DV不是必需之外,标签应标明%DV,如果蛋白质是特定加入某产品或者该产品适用于婴儿或 4岁以下儿童使用,那么蛋白质的%DV 也应标明(http://www.fda.gov/Food/GuidanceRegula-

表 8.4　维生素的膳食推荐摄入量与目前在美国营养标签中使用的"每日参考摄入量"(RDI)

人群	年龄/岁	维生素A/μg RE①	维生素D/μg	维生素E/(mg α-TE)	维生素K/μg	维生素C/mg	硫胺素/mg	核黄素/mg	烟酸/mg NE	维生素B6/mg	叶酸/μg	维生素B12/μg	泛酸/mg	生物素/μg	胆碱/mg
婴儿	0.0~0.5	400	5	4	2.0	40	0.2	0.3	2	0.1	65	0.4	1.7	5	125
	0.5~1.0	500	5	5	2.5	50	0.3	0.4	4	0.3	80	0.5	1.8	6	150
儿童	1~3	300	5	6	30	15	0.5	0.5	6	0.5	150	0.9	2	8	200
	4~8	400	5	7	55	25	0.6	0.6	8	0.6	200	1.2	3	12	200
男性	9~13	600	5	11	60	45	0.9	0.9	12	1.0	300	2.4	4	20	375
	14~18	900	5	15	75	75	1.2	1.3	16	1.3	400	2.4	5	25	550
	19~30	900	5	15	120	90	1.2	1.3	16	1.3	400	2.4	5	30	550
	31~50	900	5	15	120	90	1.2	1.3	16	1.3	400	2.4	5	30	550
	51~70	900	10	15	120	90	1.2	1.3	16	1.7	400	2.4	5	30	550
	>70	900	10	15	120	90	1.2	1.3	16	1.7	400	2.4	5	30	550
女性	9~13	600	5	11	60	90	0.9	0.9	12	1.0	300	1.8	4	20	375
	14~18	700	5	15	75	90	1.0	1.0	14	1.2	400	2.4	5	25	400
	19~30	700	5	15	90	90	1.1	1.1	14	1.3	400	2.4	5	30	425
	31~50	700	5	15	90	90	1.1	1.1	14	1.3	400	2.4	5	30	425
	50~70	700	10	15	90	90	1.1	1.1	14	1.5	400	2.4	5	30	425
	>70	700	10	15	90	90	1.1	1.1	14	1.5	400	2.4	5	30	425
孕妇	<18	750	5	15	75	80	1.4	1.4	18	1.9	600	26	6	30	450
	19~30	770	5	15	90	85	1.4	1.4	18	1.9	600	26	6	30	450
	31~50	770	5	15	90	85	1.4	1.4	18	1.9	600	26	6	30	450
授乳	<18	1200	5	19	75	115	1.4	1.6	17	2.0	500	2.8	7	35	550
	19~30	1300	5	19	90	120	1.4	1.6	17	2.0	500	2.8	7	35	550
	31~50	1300	5	19	90	120	1.4	1.6	17	2.0	500	2.8	7	35	550
RDI②食品标签中使用		1000 (5000 IU)	10 (400 IU)	20 (30 IU)	无 RDI	60	1.5	1.7	20	2.0	400	6.0	无 RDI	无 RDI	无 RDI

①单位:RE,视黄醇当量(1 RE = 1μg 视黄醇 或 6μg β-胡萝卜素);α-TE,α-生育酚当量(1mg α-TE = 1mg d-α-生育酚);NE,烟酸当量(1mg = 烟酸或 60mg 色氨酸)。

②每日参考摄入量(RDI)是美国营养标签法使用的参考单位,以前曾命名为美国 RDA。

资料来源:Institute of Medicine. *Dietary Reference Intakes for Vitamin C, Vitamin E, Selenium, and Carotenoids*. Washington, DC: National Academy Press, 2000;Institute of Medicine. Food and Nutrition Board. *Dietary Reference Intakes for Vitamin A, Vitamin K, Arsenic, Boron, Chromium, Copper, Iodine, Iron, Manganese, Mfobdenum, Nickel. Silicon Vanadium, and Zinc—instifate of Medicine*. Washington, DC: National Academy Press, 2001;Institute of Medicine. Food and Nutrition Board. *Dietary Reference Intakes: Thiamin Riboflavin, Niacin, Vitamin B6, Folate, Vitamin B12. Pantothenic Acid, Biotin, and Choline*. Washington, DC: National Academy Press, 1998.

tion/GuidanceDocumentsRegulatoryInformation/LabelingNutrition/ucm064928. htm，2016 年 9 月 28 日通过）。

8.4　分析方法及数据来源

关于美国食品中维生素含量的信息主要来自于美国农业部国立营养数据库作为标准参考,该数据库提供 8000 多种食品的在线可搜索数据[2015 年美国农业部（USDA）食品组分数据库,http://ndb. nal. usda. gov/,2016 年 9 月 29 日通过]。这需要一直改进和验证方法。现在可以公开获得国家营养数据库的标准参考分析方法,抽样方法和统计方法的总结（http://www. ars. usda. gov/SP2UserFiles/Place/12354500/Data/SR26/sr26 _ doc. pdf，2016 年 9 月 29 日通过）。Holden 等人讨论了有关营养数据库开发和使用的问题[65]。

对于许多维生素而言,分析方法是否适当是一至关重要的问题。尽管对于有些维生素（如抗坏血酸、硫胺素、核黄素、烟酸、维生素 B_6、维生素 A 以及维生素 E）,目前的分析方法通常可以接受,但对于其他维生素（如叶酸、泛酸、生物素、类胡萝卜素、维生素 B_{12}、维生素 D 以及维生素 K）的测定准确度相对较低。分析方法通用性的限制因素包括传统化学方法缺乏专一性、微生物测定方法中的干扰、食品介质中分析物不完全萃取以及维生素复杂形式不能完全被测定。维生素分析数据的改善需要对测定方法的开发研究提供额外支持、强化对分析人员的培训、对质量控制方案展开研究（即操作步骤的确认与标准化）以及建立维生素分析标准参考物质。本章将简要阐述各维生素分析方法的优越性与局限性。

8.5　维生素的生物利用率

生物利用率是指所摄入的营养素被肠道吸收、在体内代谢过程中所起的作用或被利用的程度。广义上,生物利用率包括所摄取的营养素吸收和利用两个方面,它并不涉及摄入前维生素的损失。要完全说明一种食物的营养是否充分,必须了解以下三个因素:①在摄入时维生素的含量;②所含维生素各化学形式的一致性;③当维生素存在于所摄入的食物中时,维生素存在形式的生物利用率。

影响维生素生物利用率的因素包括:①膳食的组成,它可影响肠道内停留时间、黏度、乳化特性和 pH;②维生素的形式（维生素的吸收速度和程度、消化前在胃及肠道中的稳定性、转化为代谢活性或辅酶形式的难易程度以及代谢功效等方面因不同的维生素形式而各不相同）;③特定维生素与膳食组分（如蛋白质、淀粉、膳食纤维、脂肪）的相互作用,此作用会影响维生素的肠道吸收。虽然我们对每种维生素的各种形式的相对生物利用率方面的知识正快速更新,但仍未完全了解食物的组成对维生素生物利用率有何复杂影响。此外,我们在加工及贮藏条件对维生素生物利用率的影响方面依然一知半解。

目前仅有有限的维生素生物利用率信息被应用。在制定膳食推荐量（如 RDA）时通常会考虑生物利用率,但这仅仅是利用了生物利用率的估计平均值。目前我们所掌握的知识仍不完整,不允许将大量维生素生物利用率数据放入食物配料表中。然而,即使我们对个别食品中维生素生物利用率有了更深入的了解,但从中获取的维生素生物利用率数据也几乎毫无用处。我们急需对整个膳食体系(包括个别食品间的相互影响)中维生素生物利用率,以及人群个体间在这方面产生变动的来源作更深入的了解。

8.6 食品中维生素变化/损失的常见原因

自采收时起,所有食物都不可避免地在某种程度上遭受维生素损失。维生素的部分损失在营养上的意义取决于所需维生素的个体(或群体)的营养状况、该维生素来源的特定食品的重要性以及维生素的生物利用率。大多数加工、贮藏及处理方法都力图使维生素的损失降至最低。以下对影响食品中维生素含量变化的诸因素作一概述。

8.6.1 维生素含量的内在变化

果蔬中的维生素含量经常随作物的遗传特性,成熟期、生长地以及气候的变化而异。在果蔬的成熟过程中,维生素的含量由其合成与降解速率决定。除了几种产品中的抗坏血酸和β-胡萝卜素外,有关大多数果蔬生长过程中维生素含量的变化情况尚不清楚。如表8.5所示,番茄中抗坏血酸的最高含量出现在未完全成熟时。近来对番茄中叶酸的研究发现了一个类似的现象,在成熟过程中叶酸的含量会下降35%。而一项对胡萝卜的研究表明,类胡萝卜素含量随品种差异而急剧变化,但成熟期对其并无显著影响。

表8.5	成熟度对番茄中抗坏血酸的影响		
开花后周数	平均质量/g	颜色	抗坏血酸/(mg/100g)
2	33.4	绿	10.7
3	57.2	绿	7.6
4	102	绿-黄	10.9
5	146	黄-红	20.7
6	160	红	14.6
7	168	红	10.1

资料来源:Malewski, W. and Markakis, P., *J. Food Sci.*, 36, 537, 1971.

对谷物和豆类中维生素含量的生长变化尚知之甚少。与果蔬相反,谷物与豆类在相当一致的成熟期收获。

农田耕作和环境条件无疑影响来自植物食品的维生素含量,但是在这方面有用的数据很少。Klein和Perry[85]选取了美国6个不同地区的果蔬样品,并测定了其中抗坏血酸和维生素A(来自类胡萝卜素)的活性。他们的研究发现:不同产地的样品(可能由于地理/气候影响、品种差异以及当地农田耕作方式影响的结果),维生素含量变化差异很大。农田耕作方式的不同和相互作用包括肥料的类型和用量以及灌溉方式、环境和品种均能影响植物来源食品的维生素含量,但是他们之间的关系很难用系统的模型去表示。在不久的将来,可能采用基因工程或选择性育种的方法对各种各样的植物进行改造,以提高某种维生素(如叶酸,生育酚)或维生素活性复合物(如 β-胡萝卜素)的含量,从而达到"生物强化"的目的[27,30]。

动物制品中维生素的含量受生物调控机制和动物饲料两方面的调节。就许多 B 族维生素而言,组织中的维生素含量受到组织空隙的限制,该空隙用于接纳血液中的维生素,并将其转化为辅酶形式。营养欠缺的饲料会导致组织中脂溶性和水溶性维生素的含量降低。与水溶性维生素不同,在饲料中补充脂溶性维生素更容易提高其在组织中的浓度。这已被视为在某些动物制品中增加维生素 E 含量的一种手段,它可用以改善氧化稳定性和色泽保留率。

8.6.2　采后(宰后)食品中维生素的含量变化

水果、蔬菜及动物组织通常保留了一些酶活性,它们能使采后(宰后)食品中维生素的含量发生变化。由于细胞完整性和酶的封闭性被破坏,释放出的氧化和水解酶能引起维生素的化学形式分布及活性的变化。例如,维生素 B_6、硫胺素与黄素辅酶的脱磷、维生素 B_6 糖苷的脱糖以及聚谷氨酰叶酸的解聚,都会引起天然存在于植物和动物体内的维生素在收获或屠宰前后的分布差异。该差异程度取决于下列过程中遭受到的物理损伤,如处理方式、可能存在的温度控制不当以及从收获到加工的时间间隔。以上变化对维生素的净含量影响并不大,但可能会影响其生物利用率。相反,由脂肪氧合酶作用而引起的氧化可使许多维生素的含量降低,而抗坏血酸氧化酶能专一地降低抗坏血酸的含量。

在果蔬采后处理过程中,当采用适宜的加工步骤时,维生素的含量变化虽不可避免但仍保持在最低的范围。在常温下由于长时间的贮存和运输而引起的植物制品处置不当是造成不稳定维生素损失的主要原因。基于不同贮藏条件,采后植物组织的后续代谢是造成某些维生素总量以及化学形式分布变化的原因。在典型的冷藏条件下,宰后肉产品中维生素的损失通常很小。

8.6.3　预处理:整理、清洗与制粉

果蔬的去皮与修整可造成维生素的损失,其损失的维生素都浓集在废弃的茎、外皮和去皮部分。虽然相对于完整无缺的果蔬而言,这可能是一种较显著的损失,但在大多数情况下,不论其发生在工业化生产还是家庭制作过程中,这类损失均被视作不可避免。

为增强去皮效果而采用的碱处理方法可造成一些处于产品表面的不稳定维生素如叶酸、抗坏血酸及硫胺素的额外损失。但是,相对于产品中维生素的总量而言,这类损失并不大。

动植物产品经切割或其他处理而损伤的组织在遇到水或水溶液时会由于浸出(沥滤)而造成水溶性维生素的损失。此类现象发生在清洗、水槽输送以及盐水浸煮过程中。损失程度取决于影响维生素扩散和溶解度等因素,包括 pH(能影响溶解度以及组织内维生素从结合部位解离)、抽提液的离子强度、温度、食品与水溶液的体积比以及食品颗粒的比表面。浸提后,维生素的破坏取决于抽提液中的溶解氧浓度、离子强度、具有催化活性的微量金属元素的浓度与种类以及其他破坏性(如氯)或保护性(如某些还原剂)溶质的存在。

谷物的制粉包括为除去糠麸(种皮)和胚芽而进行的碾磨和分级过程。因为许多维生素浓缩于胚芽和糠麸中,维生素的主要损失发生于脱芽和脱麸过程中(图8.1)。此类损失以及维生素缺乏症的流行,为在谷物产品中补充营养素(核黄素、烟酸、硫胺素、铁和钙,叶酸)的立法提供了理论依据。此项针对公众健康的补充计划已产生巨大的效益。

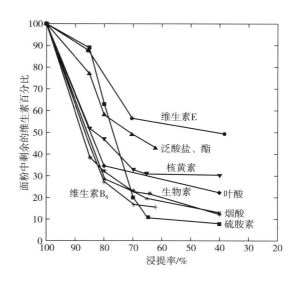

8.6.4　热烫与热处理的影响

热烫作为一种温和的热处理手段是果蔬加工的必要步骤。它的主要目的是使可能带来不利影响的酶失活、降低微生物附着以及减少后处理前空隙间的气体。酶失活常常对随后贮藏过程中许多维生素的稳定性产生有利的影响。

图 8.1　小麦面粉生产中精度对所选营养素保留率影响

提取率是指在制粉过程中以全谷粒为原料得到的面粉回收百分数。

资料来源:Redrawn from Moran, T., *Nutr. Abstr. Rev. Ser. Hum. Exp.*, 29, 1, 1959.

热烫可采用热水、流动蒸汽、热空气中或微波处理。维生素的损失主要由氧化和水提取(浸出)造成,热是次要因素。在热水中热烫由于沥滤而导致水溶性维生素大量损失(图8.2)。有充分证据表明,由于这种差异,高温瞬时(HTST)处理能提高热烫和其他热处理过程中不稳定营养素的保留率。热烫的特定效果已作了评述[128]。

食品在热处理过程中维生素含量的变化是一个被广泛研究和详尽讨论的课题[59,60,78,124]。热处理时的高温加速了在常温时速度较慢的反应。由热引起的维生素损失取决于食品的化学性质、化学环境(pH、相对湿度、过渡金属、其他反应活性物质、溶解氧浓度等因素)、维生素诸形式的稳定性以及进行沥滤的时机。此类损失在营养学上的意义取决于损失的程度和以该维生素为来源的典型

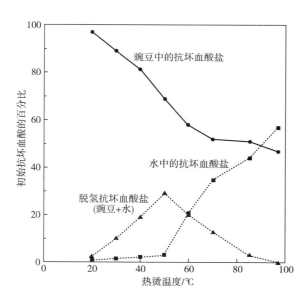

图 8.2　不同温度下用热水热烫 10min 对豌豆中抗坏血酸保留率的影响

资料来源:Redrawn from Selman, J., *Food Chem.*, 49, 137, 1994.

膳食的重要性。尽管在蔬菜罐装过程中维生素损失有相当大的差异,但代表性数据见表 8.6。

表 8.6			罐装食品中维生素的典型损失①②					单位:%	
产品	生物素	叶酸	维生素 B₆	泛酸	维生素 A	硫胺素	核黄素	尼克酸	维生素 C
芦笋	0	75	64	—	43	67	55	47	54
利马豆	—	62	47	72	55	83	67	64	76
四季豆	—	57	50	60	52	62	64	40	79
甜菜	—	80	9	33	50	67	60	75	70
胡萝卜	40	59	80	54	9	67	60	33	75
玉米	63	72	0	59	32	80	58	47	58
蘑菇	54	84	—	54	—	80	46	52	33
嫩豌豆	78	59	69	80	30	74	64	69	67
菠菜	67	35	75	78	32	80	50	50	72
番茄	55	54	—	30	0	17	25	0	26

①包括热烫。

②来自各种来源,Lund 根据不同资料汇编[93,94]。

8.6.5 加工后维生素的损失

与热处理过程中维生素的损失相比,随后的贮藏往往对维生素含量有着较小但仍显著的影响。加工后损失较小的几个原因是:①在室温和低温下反应速度相对较低;②溶解氧可能已耗尽;③由于热效应或浓缩效应(干燥或冷冻)使加工中的 pH 发生变化(通常 pH 降低),这种变化能对某些维生素诸如硫胺素和抗坏血酸的稳定性产生有利影响。例如,图 8.3 说明了热处理对罐装马铃薯中维生素 C 保留率的影响。从图中数据可明显看出,沥滤、化学降解以及容器形状(罐头或软袋)的相对重要性。

在低水分食品中,除了讨论的其他因素外,水分活度(如相对蒸汽压)强烈影响维生素的稳定性。在无氧化

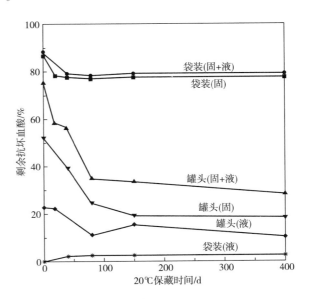

图 8.3 罐装和软包装马铃薯经热处理后,抗坏血酸的保留率和分布

图中显示了马铃薯和容器内汁液中抗坏血酸数值相比于处理前的含量的相对值。细菌致死量(F_0)未列出。

资料来源:Redraw from Ryley, J. and Kajda, P., *Food Chem.*, 49, 119, 1994.

脂肪存在、水分活度小于或等于单分子水合层(水分活度为 0.2~0.3)时,水溶性维生素通常很少降解。降解速度的增加与多层水区域内的水分活度成正比,表明在该区域内有更高的维生素、潜在的反应物以及催化剂更高的溶解度。相反,水分活度对脂溶性维生素和类胡萝卜素稳定性的影响类似于不饱和脂肪酸,即在单分子水合层时反应速度最低,高于或低于此值时速度增加(详见第 2 章)。若食品过于干燥,会对氧敏感的维生素造成相当高的损失。

8.6.6　加工用化学品及其他食品组分的影响

食品的化学组成对维生素的稳定性影响强烈。氧化剂可直接降解抗坏血酸、叶酸、维生素 A、类胡萝卜素和维生素 E,并有可能间接影响其他维生素。其影响程度受氧化剂浓度及其氧化电极电位的影响。与此相反,还原剂如抗坏血酸、异抗坏血酸以及各种硫醇之类还原剂凭借还原作用及作为氧和自由剂清除剂,可增加易氧化维生素如四氢叶酸的稳定性。下面将简要讨论其他几种加工用化学品对维生素的影响。

食品加工用氯的形式有次氯酸($HOCl$)、次氯酸根(OCl^-)、次氯酸钠($NaClO_2$)、分子氯(Cl_2)或二氧化氯(ClO_2)。这些物质能与维生素发生亲电取代、氧化或与双键的氯化反应。目前尚未详细研究用含氯水处理食品后,对维生素损失的影响程度;但如果使用时仅局限在产品表面,我们可以预测其影响较小。与焙烤用其他配料相比,通常认为在蛋糕粉中加氯对维生素的影响极微,因为残留氯可忽略不计。大多数不同形式的氯与维生素反应的产物尚不为人知。

为了防止葡萄酒中微生物的生长以及抑制干燥食品中的酶促反应而使用的亚硫酸盐和其他亚硫酸制剂(SO_2、亚硫酸氢盐、偏亚硫酸氢盐)对抗坏血酸有保护作用,而对其他几种维生素则有不利影响。亚硫酸根可直接作用于硫胺素,使其失去活性。亚硫酸盐同样能与羰基发生反应,并且人们已知它可使维生素 B_6 醛(吡哆醛和吡哆醛磷酸盐)转化为可能无活性的磺酸盐衍生物。亚硫酸制剂对其他维生素的影响程度尚未得到广泛研究。

亚硝酸盐可用于肉制品的保存和腌制,它也可以利用微生物还原天然存在的硝酸盐而获得。在含有亚硝酸盐的肉中加入抗坏血酸或异抗坏血酸可防止生成 N-亚硝胺,这一结果是由于形成了 NO 以及防止了人们所不期望的亚硝酐(N_2O_3,一种主要的亚硝化剂)的形成。已提出的反应式[91]为:

$$抗坏血酸 + HNO_2 \longrightarrow 2-亚硝基抗坏血酸酯 \longrightarrow 半脱氢抗坏血酸自由基 + NO$$

所形成的 NO 较为有利,因为它是结合肌球蛋白所需的配基,可形成腌制肉所需的色泽。残留的半脱氢抗坏血酸自由基保留了部分维生素 C 活性。

化学消毒剂必须用于高度专一的领域中,如用环氧乙烷和丙烷处理香料以除虫,这些物质所起的消毒功能是将蛋白质和核酸烷基化。现已观察到类似作用对某些维生素也有影响。尽管这种处理手段会造成维生素的损失,然而与食品的总供应量相比并不显著。

影响 pH 的化学品和食品配料,尤其是在中性到微酸性范围内,会直接影响如硫胺素和抗坏血酸类维生素的稳定性。酸化增加了抗坏血酸和硫胺素的稳定性;相反,烷基化物质使得抗坏血酸、硫胺素、泛酸和某些叶酸的稳定性降低。

8.7　脂溶性维生素

8.7.1　维生素 A

8.7.1.1　结构与一般性质

维生素 A 是指一类具有营养活性的不饱和烷烃,包括视黄醇及相关化合物(图 8.4)和一些类胡萝卜素(图 8.5)。在动物组织中,视黄醇及其酯是维生素 A 活性的主要形式,而视黄酸的含量则少得多。维生素 A 在肝脏中含量最高,肝脏是机体维生素的主要储存库。在肝脏中,视黄醇及其酯是维生素 A 存在的主要形式。类视黄醇是指一类化合物,它包括视黄醇及其含 4 个类异戊二烯单位的化学衍生物。几类视黄醇是维生素 A 营养活性形式类似物,它们显示出有用的药理学性质。此外,合成的视黄醇乙酸酯和视黄醇棕榈酸酯已广泛用于强化食品。

类胡萝卜素为动植物来源的食品提供了显著的维生素 A 活性。在大约 600 种已知的类胡萝卜素中,约有 50 种具有维生素 A 原活性(即在体内能部分转化为维生素 A)。在植物和真菌中并不存在预先形成的维生素 A;它们的维生素 A 活性与某些类胡萝卜素有关。部分类胡萝卜素的结构以及用大鼠生物测定法和视黄醇等值计算法得到的相对维生素 A 活性列于图 8.5 中。读者可参阅第 10 章类胡萝卜素作为食用色素的相关内容,以对其性质作更深入的研讨。

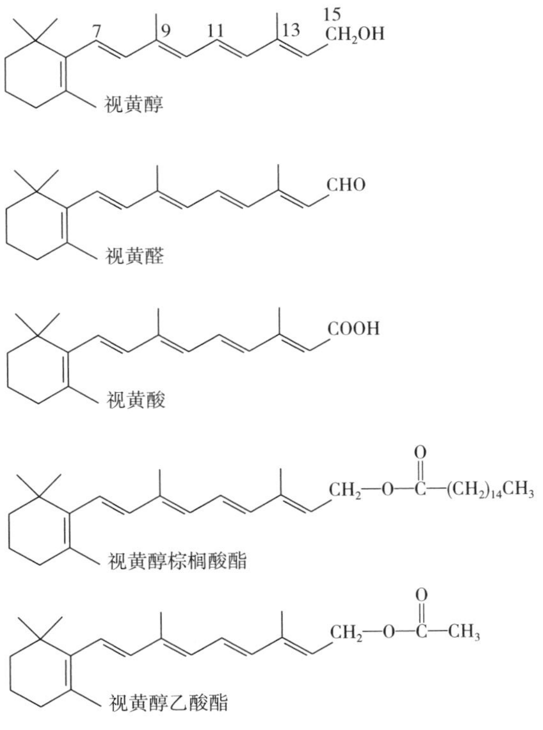

对于一个具有维生素 A 或维生素 A 原活性的物质,它必须与视黄醇具有结构类似性,包括①至少有一个完整的未经氧合的 β-紫罗酮环以及②一个以醇、醛或羧基功能团为末端的异戊二烯侧链(图 8.4)。具有维生素 A 活性的类胡萝卜素如 β-胡萝卜素(图 8.5),在小肠黏膜处被氧化酶打断中央 C^{15}—$C^{15'}$ 键,从而释放出 2 分子活性视黄醇之前,被视为具有维生素 A 原活性。在类胡萝卜素中,β-胡萝卜素具有最高的维生素 A 原活

图 8.4　常见类视黄醇的结构

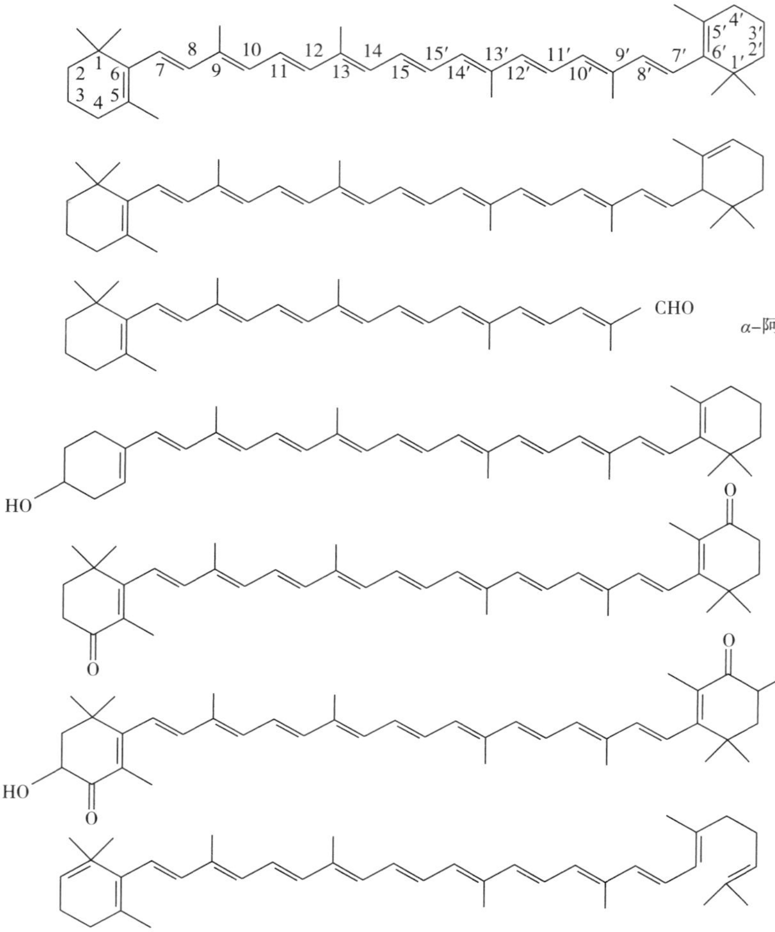

化合物	相对活性	视黄醇活性当量
β-胡萝卜素	50	12
α-胡萝卜素	25	24
α-阿朴-8′-胡萝卜醛	25~30	
玉米黄质	25	24
角黄素	0	
虾红素	0	
番茄红素	0	

图 8.5 部分类胡萝卜素的结构与维生素 A 原活性

性。对于环上带有羟基或羰基的类胡萝卜素,当一个环受到影响时,其维生素 A 原活性低于β-胡萝卜素;当两个环都受到氧化时,活性完全丧失。虽然一分子的膳食β-胡萝卜素可能产生两分子的维生素 A,但其转化效率低,这就解释了为何在大量试验中,β-胡萝卜素所呈现的维生素 A 活性以视黄醇计只有 50%。这也是起初在大量实验中发现以视黄醇计的维生素 A 和胡萝卜素相对活力为 1:2 的理论基础。对类胡萝卜素的利用效率以及食品中完整形式的类胡萝卜素分子被吸收的程度在不同种类的动物及人之间存在着相当大变化(详见 8.7.1.3),β-胡萝卜素与维生素 A 之间的等效问题存在一些科学上的分歧。美国医学研究所通过对组织的生物利用率和生物转化(如类胡萝卜素转化为维生素 A)进行重新评估,得到一组以视黄醇活性当量为单位的推荐量[70]。在此系统中,视黄醇,β-胡萝卜素,和其他具有维生素 A 活性的类胡萝卜素的维生素 A 活性当量的比值为 1:12:24。例如,1μg 的视黄醇活性的量等于从经典膳食中摄取 12μg β-胡萝卜素。要发挥由膳食类胡萝卜素产生的体内抗氧化功能,需要将其分子完整吸收[15]。

　　由于类视黄醇和维生素 A 原类胡萝卜素是异常亲脂的化合物。因而,它们可与食品和活细胞中的脂质、特定的细胞器或者载体蛋白相结合。在许多食品体系中,发现类视黄醇和类胡萝卜素与分散在水相中的油滴或胶束相结合。例如,类视黄醇和类胡萝卜素两者都存在于牛乳中的脂肪球中,而橙汁中的类胡萝卜素则与分散的油滴相结合。类视黄醇中的共轭双键体系产生强烈和有特征的紫外吸收光谱,而类胡萝卜素中额外的共轭双键体系可引起可见光吸收并使此类物质显橙黄色。全反式异构体具有最高的维生素 A 活性,它们是食品中天然存在的类视黄醇和类胡萝卜素的主要形式(表 8.7 和表 8.8)。热处理能使其转化为顺式异构体,这将引起维生素 A 活性的损失。

表 8.7　视黄醇衍生物各类立体异构体的维生素 A 相对活性

异构体	维生素 A 相对活性[①]	
	视黄醇乙酸酯	视黄醇
全反式	100	91
13-顺式	75	93
11-顺式	23	47
9-顺式	24	19
9,13-二顺式	24	17
11,13-二顺式	15	31

①用大鼠生物测定法得到的相对于全反式视黄醇乙酸酯的摩尔维生素 A 活性。

资料来源:Ames, S. R., *Fed. Proc.*, 24, 917, 1965.

表 8.8　胡萝卜素立体异构体的维生素 A 相对活性

化合物与异构体	维生素 A 相对活性[①]
β-胡萝卜素	
全反式	100
9-顺式(新-U)	38
13-顺式(新-B)	53
α-胡萝卜素	
全反式	53
9-顺式(新-U)	13
13-顺式(新-B)	16

①用大鼠生物测定法得到的相对于全反式 β-胡萝卜素的活性。

资料来源:Zechmeister, L., *Vitam. Horm.*, 7, 57, 1949.

　　需要重点注意的是类胡萝卜素虽然没有维生素 A 活性,但对维持人体健康仍具有重要的作用。组织分析表明,在某些含有一定量的类胡萝卜素组织中,其显示出特定的抗氧化功能。特别令人感兴趣的是番茄红素在前列腺中的作用以及玉米黄素和叶黄素在视网膜中的作用,流行病学研究似乎支持这些关系。

8.7.1.2　稳定性及降解模式

　　维生素 A(类视黄醇和具有维生素 A 活性的类胡萝卜素)的降解通常类似于不饱和脂肪酸的氧化降解。能促进不饱和脂肪酸氧化的因素通过直接氧化或间接的自由基效应也能加剧维生素 A 的降解。经蒸煮过的脱水胡萝卜中 β-胡萝卜素的含量变化说明了加工过程中以及与此有关的处理过程中典型的遇氧降解程度(表 8.9)。然而值得一提的是,食品贮藏期的延长,例如,强化早餐谷类食品、婴儿配方食品、流质乳、强化蔗糖以及调味品,通常并不对所添加的维生素 A 的保留率产生非常有害的影响。

表 8.9 经蒸煮过的脱水胡萝卜中 β-胡萝卜素浓度

样品	β-胡萝卜素浓度/($\mu g/g$ 固形物)	样品	β-胡萝卜素浓度/($\mu g/g$ 固形物)
新鲜	980~1860	真空冻干	870~1125
爆破干燥	805~1060	常规气干	636~987

资料来源:Dellamonica, E. and McDowell, P., *Food Technol.*, 19, 1597, 1965.

食品中类视黄醇和类胡萝卜素的维生素 A 活性损失主要是由作用于不饱和异戊二烯侧链上的自动氧化和立体异构化引起。在热处理过程中,类视黄醇和类胡萝卜素分子在化学性质上未发现有变化,尽管它们确实发生了某种程度上的异构化反应。高效液相色谱(HPLC)的分析结果显示,在许多食品中含有类视黄醇和类胡萝卜素的顺反异构体混合物。如表 8.10 所示,果蔬的常规罐装足以引起异构化,继而造成维生素 A 活性损失。除了热引发的异构化外,光、酸、含氯溶剂(如氯仿)或稀碘也可将全反式类视黄醇和类胡萝卜素转化为各类顺式异构体。通常用于脂质分析的氯化溶剂增强了棕榈酸视黄酯的光化学异构化,并且也可能是其他类视黄醇和类胡萝卜素。

表 8.10 部分新鲜和加工果蔬中 β-胡萝卜素异构体的分布

产品	状态	占总胡萝卜素的百分数/%		
		13-顺式	全反式	9-顺式
甜马铃薯	新鲜	0.0	100.0	0.0
甜马铃薯	罐装	15.7	75.4	8.9
胡萝卜	新鲜	0.0	100.0	0.0
胡萝卜	罐装	19.1	72.8	8.1
西葫芦	新鲜	15.3	75.0	9.7
西葫芦	罐装	22.0	66.6	11.4
菠菜	新鲜	8.8	80.4	10.8
菠菜	罐装	15.3	58.4	26.3
羽衣甘蓝	新鲜	16.6	71.8	11.7
羽衣甘蓝	罐装	26.6	46.0	27.4
黄瓜	新鲜	10.5	74.9	14.5
泡菜	巴氏杀菌	7.3	72.9	19.8
番茄	新鲜	0.0	100.0	0.0
番茄	罐装	38.8	53.0	8.2
桃子	新鲜	9.4	83.7	6.9
桃子	罐装	6.8	79.9	13.3
杏子	脱水	9.9	75.9	14.2
杏子	罐装	17.7	65.1	17.2
油桃	新鲜	13.5	76.6	10.0
李子	新鲜	15.4	76.7	8.0

资料来源:Chandler, L. and Schwartz, S., *J. Food Sci.*, 52, 669, 1987.

确定类胡萝卜素顺式异构体的存在已有多年历史(图 8.6)。以前对 β-胡萝卜素异构体的命名来自色谱分离,包括新-β-胡萝卜素 U(9-顺-β-胡萝卜素)和新-β-胡萝卜素 B(13-顺-β-胡萝卜素)。由于开始曾将新-β-胡萝卜素 B 误作为 9,13'-二-顺-β-胡萝卜素[143],因而在文献报道中出现了混乱。其他类胡萝卜素也有类似的异构化现象。通常在罐装果蔬中观察到由热引起的最大异构化程度约为 40%的 13-顺-β-胡萝卜素和 30%的 9-顺-β-胡萝卜素(表 8.10)。在加工食品中观察到的 β-胡萝卜素顺式异构体的含量类似于碘催化 β-胡萝卜素异构化达到平衡时的含量,这说明不管反应机制如何,异构化作用的专一性和反应程度大体相同。

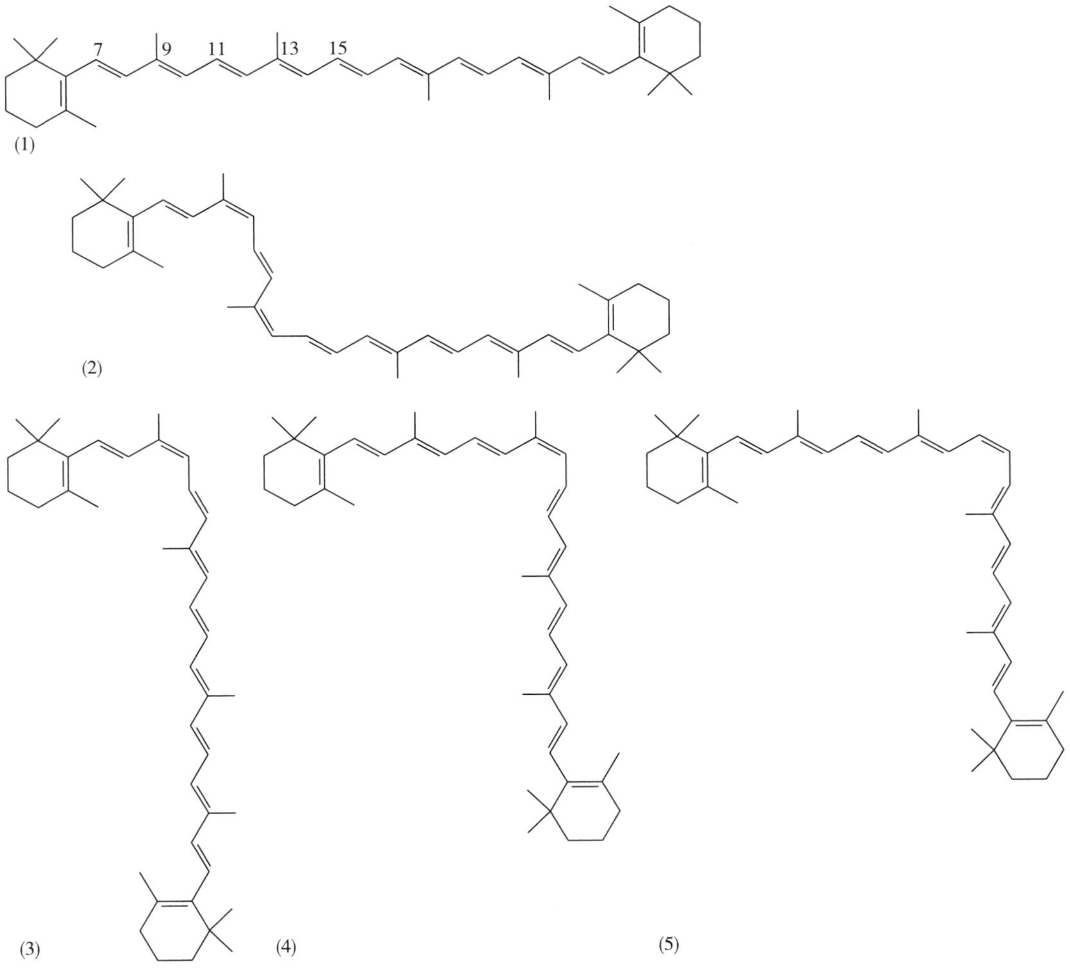

图 8.6 β-胡萝卜素顺式异构体结构

(1)全反式;(2)11,15-二顺式;(3)9-顺式;(4)13-顺式;(5)15-顺式

维生素 A 化合物的光化学异构化直接或间接地受光敏物质的作用,产生的顺式异构的比例和数量随光致异构化手段不同而异。全反式 β-胡萝卜素的光致异构化涉及一系列可逆反应,每个异构化反应伴随着光化学降解(图 8.7)。在 β-胡萝卜素和胡萝卜汁的液相分

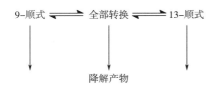

图 8.7 β-胡萝卜素的光化学诱导反应的模型

资料来源:Pesek, C. and Warthesen, J., *J. Agric. Food Chem.*, 38, 1313, 1990.

散体系中已观察到类似的光致异构化与光降解速度。当食品中的类视黄醇见光时(如牛乳),同样已观察到以上的光化学反应。包装材料的形式对贮藏过程中存在于见光食品的维生素 A 活性的净保留率有着相当大的影响。

食品中维生素 A 和类胡萝卜素的氧化降解是由直接的过氧化作用或在脂肪氧化过程中产生的自由基的间接作用所引起。β-胡萝卜素及其他类胡萝卜素在低氧浓度时($<20kPa\ O_2$)都能够起抗氧化剂作用,而在高氧浓度时,起助抗氧化剂作用[15,16]。β-胡萝卜素可清除单重态氧、羟基和超氧化物自由基以及与过氧化自由基(ROO·)反应,从而起到抗氧化剂作用。过氧化物自由基进攻 β-胡萝卜素,形成推测为 ROO-β-胡萝卜素·的加合物,过氧化物自由基则连接在 β-胡萝卜素的 C^7 位置上,而未成对电子通过共轭双键体系离开原位。这一加成物进一步裂解生成环氧化物和其他产物。与酚类抗氧化剂不同,β-胡萝卜素显然不起打断链自由基(提供 H·)的作用。不论其自由基引发机制如何,β-胡萝卜素(或许还有其他类胡萝卜素)的这种抗氧化剂特性造成了维生素 A 活性的降低或完全丧失。对于视黄醇和视黄醇酯,自由基的进攻主要位于 C^{14} 和 C^{15} 处。

β-胡萝卜素的氧化涉及 5,6-环氧化物的形成,后者或许能异构为 5,8-环氧化合物(变色体)。光化学引发的氧化所产生的变色体是主要降解产物。尤其是在高温处理过程中,β-胡萝卜素裂解为许多较小分子化合物,而产生的挥发性物质对风味有着显著的影响。这些片断也出现于类视黄醇的氧化过程中。有关此类反应和维生素 A 其他方面的化学特性见图 8.8。

8.7.1.3 生物利用率

除非出现脂肪吸收障碍,类视黄醇可被有效吸收。视黄醇乙酸酯和棕榈酸酯与非酯化视黄醇的吸收效率相同。含有非吸收性的疏水物质如某些脂肪替代物的食品,会造成维生素 A 的吸收障碍。添加于大米中的维生素 A 的生物利用率已经过人体试验。

除了视黄醇和作为维生素 A 原的类胡萝卜素在利用上的固有差异外,许多食品中的类胡萝卜素只有很少一部分在肠道中吸收。类胡萝卜素专一地结合为类胡萝卜素蛋白或包埋于难消化的植物基质中会造成吸收障碍。在人体试验中,胡萝卜中的 β-类胡萝卜素与纯 β-胡萝卜素相比,只有 21% 的血浆 β-胡萝卜素响应值,菜花中的 β-胡萝卜素显示同样的低生物利用率[12]。

8.7.1.4 分析方法

早期的维生素 A 分析方法集中在类视黄醇与路易斯酸(如三氯化锑和三氟乙酸)的反应方面,上述反应显蓝色。此外,荧光法也已被用于测定维生素 A[142]。当上述方法应用于

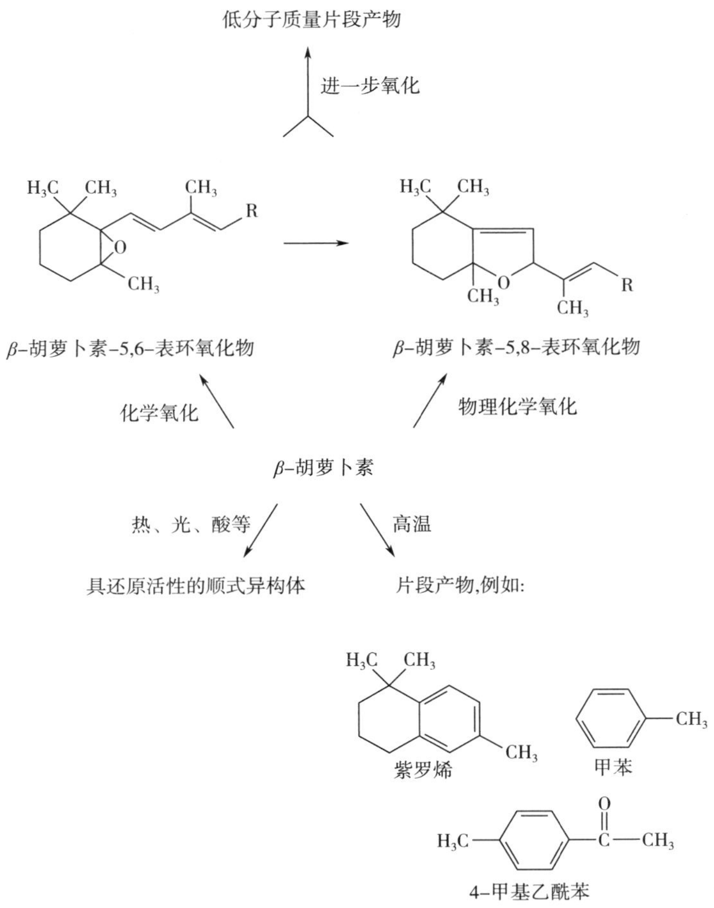

图 8.8 类胡萝卜素的降解过程

食品时,常产生干扰现象。此外,这些方法不能检测顺反异构体,而顺反异构体可能存在于食品加工和贮藏过程中。由于顺式异构体的营养活性比全反式化合物低,因而,简单地将所有异构体的总量看作为总维生素 A 或维生素 A 原活性并不准确。HPLC 是一种可供选择的方法,因为它能相当准确地检测出单个类视黄醇。液相色谱-质谱法(LCMS)也获得了广泛的应用。由于天然存在于食品中的类胡萝卜素具有多种化学形式,因而对它们进行精确测定是一项非常复杂的工作[12,20,79]。

8.7.2 维生素 D

8.7.2.1 结构与一般性质

食品中维生素 D 活性与几种脂溶性固醇类似物有关,包括动物来源的胆钙化固醇(维生素 D₃)和人工合成的麦角固醇(维生素 D₂)(图 8.9)。这两种物质的合成形式均用于食品强化。当受到太阳光照射时,可在人体皮肤中形成胆钙化甾醇,此合成步骤涉及 7-脱氢胆固醇的光化学修饰,再经非酶异构化的多步反应。由于这种体内合成方式,人体对膳食维生素 D 的需求量取决于暴露于阳光下的程度。在维生素 D 中,只有麦角固醇以合成形式存在,在商业上,它可经紫外线照射植固醇(来源于植物的一种固醇)合成制得,在体内可形成几种维生素 D_2 和维生素 D_3 的羟基化代谢物。胆钙化固醇的 1,25-二羟基衍生物是一种主要的生理活性形式,它参与调控钙的吸收和代谢。除胆钙化固醇外,肉与乳制品中的 25-羟基胆钙化固醇也提供了显著量的天然维生素 D 活性。

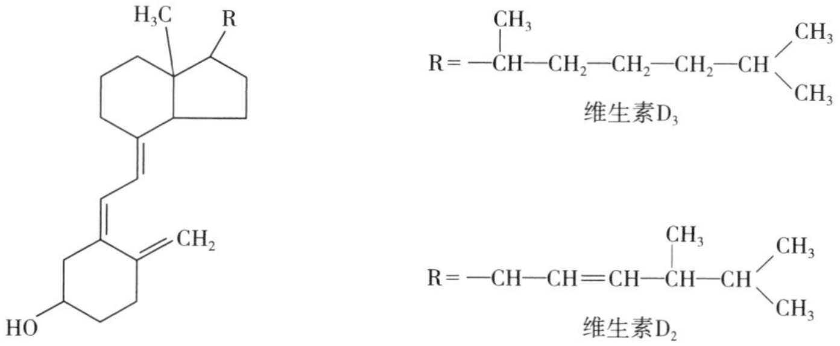

图 8.9　麦角固醇(维生素 D_2)和胆钙化固醇(维生素 D_3)的结构

用麦角固醇或胆钙化固醇强化的大多数液态乳制品在满足膳食需要方面做出了显著贡献。维生素 D 易见光分解,该现象可发生于瓶装乳的零售贮藏过程中。例如,在 4℃下连续用荧光照射 12d,可使约 50% 添加于脱脂乳中的胆钙化甾醇失去活性。目前尚不清楚此降解是由于直接的光化学作用,涉及光敏产生的一种活性氧(如 $^1O_2$),还是光引发脂肪氧化的间接影响。正如食品中其他不饱和脂溶性组分一样,维生素 D 类化合物易氧化降解。但在总体上,食品中维生素 D 的稳定性,特别是在无氧条件下,并不是一个需引起注意的主要问题。

8.7.2.2　分析方法

维生素 D 的测定主要采用 HPLC 和 LCMS 方法[68]。碱性条件会使维生素 D 快速降解,因而,不能采用在分析脂溶性物质中普遍使用的皂化方法。为了在 HPLC 测试前纯化食品中的萃取物,已研究出各种制备色谱方法。

8.7.3　维生素 E

8.7.3.1　结构与一般性质

维生素 E 是一类具有类似于 α-生育酚维生素活性的母育酚和生育三烯酚的统称。母育酚为 2-甲基-2(4′,8′,12′-三甲基三癸基)色满-6-酚,而生育三烯酚除了在侧链的 3′,7′和 11′处存在双键外(图 8.10),其他部分与母育酚的结构完全相同。生育酚,即食品中一种典型的具有维生素 E 活性物质,是其母体母育酚的衍生物,在结构环(色满环)的 5,7 或 8 位置上有一个或多个甲基(图 8.10)。α,β,γ 和 σ 形式的生育酚与生育三烯酚的区别在于甲基的数量与位置，它们的维生素 *E* 活性也显著不同。表 8.11 中的数据是这些化合物相对活力的传统观点，其中 α-生育酚的维生素 E 活力最高[94]。在新的维生素 E 活性报道中[69]，α-生育酚被认为是具有特有维生素 E 活性的唯一形式，而且 α-生育酚和其他的生育酚以及生育三烯酚都具有普通的抗氧化功能，不过此观点尚存在争议。

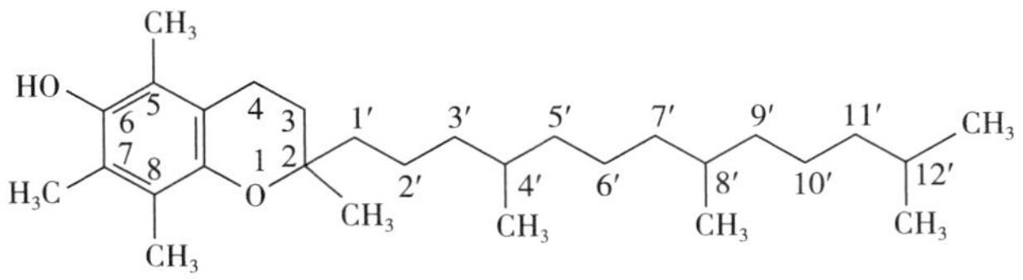

α-生育酚 维生素E

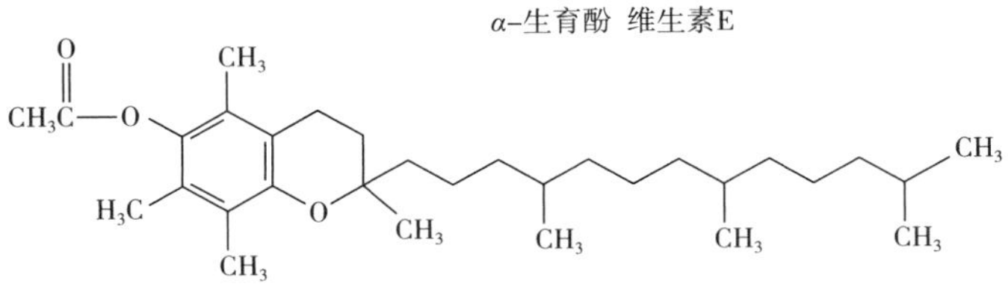

α-醋酸生育酚 维生素E

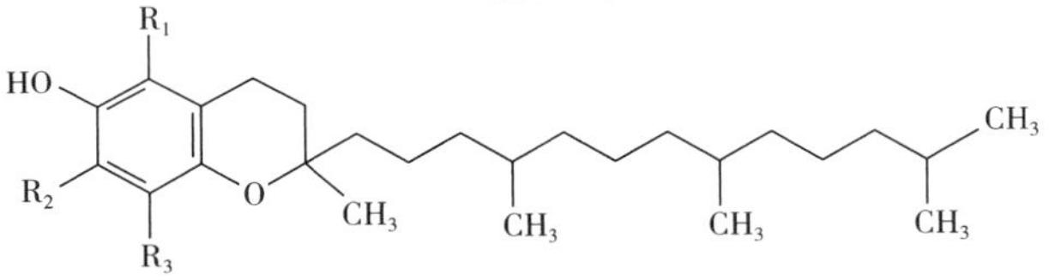

	R_1	R_2	R_3
α	CH_3	CH_3	CH_3
β	CH_3	H	CH_3
γ	H	CH_3	CH_3
δ	H	H	CH_3

图 8.10 生育酚结构

除了在 3′,7′和 11′位置上有双键外，生育三烯酚的结构与生育酚完全一致。

在生育酚分子中有三个不对称碳(2′,4′和 8′)，这些部位的立体构型可影响相应维生素 E 的活性。早期对维生素 E 化合物的命名造成了与对应的立体异构体维生素活性之间关系的混淆。天然存在的 α-生育酚构型具有最高的维生素 E 活性，现命名为 RRR-α-生育酚；其他的命名，如 D-α-生育酚，应不再使用。

α-生育酚乙酸酯的合成形式被广泛用于食品强化中。乙酸酯通过屏蔽酚羟基团，从而消除自由基活性，极大地改善了化合物的稳定性，其合成形式为含有 8 种包括 2′,4′和 8′位立体异构体的外消旋混合物，它们应被命名为全-外消旋-α-生育酚乙酸酯，而非以前所用的 DL-α-生育酚乙酸酯。生育酚和生育三烯酚的维生素 E 活性随所处的特定形式(α,β,γ 和 δ)而异(表 8.11)，并且与生育酚侧链上的立体性质有关(表 8.12)。相对于天然存在的维生素 RRR 异构体，全-外消旋-α-生育酚乙酸酯的维生素 E 活性较低，这一点应该得到重视,并在该类物质用于食品强化时应加以补偿。在大多数动物制品中,α-生育酚是维生素 E 的主要形式,其他的生育酚和生育三烯酚以不同比例存在于植物产品中(表 8.13)。目前,一种提高植物中维生素 E 含量及活性的新方法已得到证实,该方法是通过利用基因工程的手段提高 γ-生育酚的合成,同时提高 γ-生育酚向 α-生育酚的转化率[131]。

表 8.11 生育酚和生育三烯酚的维生素 E 相对活性(传统观点) 单位:%

化合物	生物测定法			
	鼠胎儿的再吸收	鼠红细胞溶血	营养不良导致的肌肉萎缩(鸡)	营养不良导致的肌肉萎缩(大鼠)
α-生育酚	100	100	100	100
β-生育酚	25~40	15~27	12	
γ-生育酚	1~11	3~20	5	11
δ-生育酚	1	0.3~2		
α-生育三烯酚	27~29	17~25		28
β-生育三烯酚	5	1~5		

资料来源:Sies, H. et al., *Ann N Y Acad Sci.*, 669, 7, 1972.

表 8.12 α-生育酚乙酸酯异构式的维生素 E 活性

α-生育酚乙酸酯形式[①]	维生素 E 相对活性/%	α-生育酚乙酸酯形式[①]	维生素 E 相对活性/%
RRR	100	RSR	57
完全外消旋	77	SRS	37
RRS	90	SRR	31
RSS	73	SSR	21
SSS	60		

①R 和 S 是指分别在 2,4′和 8′位置上的手性碳构型。R 为天然存在的手性碳构型。

资料来源:Weister, H. and Vecchi, M., *Int. J. Vitam. Nutr. Res.*, 52, 351, 1982.

表 8.13 部分植物油和食物中生育酚及生育三烯酚浓度

食物	α-T	α-T3	β-T	β-T3	γ-T	γ-T3	δ-T	δ-T3
植物油/(mg/100g)								
葵花油	56.4	0.013	2.45	0.207	0.43	0.023	0.087	
花生油	14.1	0.007	0.396	0.394	13.1	0.03	0.922	
大豆油	17.9	0.021	2.80	0.437	60.4	0.078	37.1	
棉子油	40.3	0.002	0.196	0.87	38.3	0.089	0.457	
玉米油	27.2	5.37	0.214	1.1	56.6	6.17	2.52	
橄榄油	9.0	0.008	0.16	0.417	0.471	0.026	0.043	

续表

食物	α-T	α-T3	β-T	β-T3	γ-T	γ-T3	δ-T	δ-T3
棕榈油	9.1	5.19	0.153	0.4	0.84	13.2	0.002	
其他食物(μg/mL 或 g)								
婴儿配方食品 （已皂化）	12.4		0.24		14.6		7.41	
菠菜	26.05	9.14						
牛肉	2.24							
小麦面粉	8.2	1.7	4.0	16.4				
大麦	0.02	7.0		6.9			2.8	

注:T,生育酚;T3,生育三烯酚。

资料来源:Thompson, J. and Hatina G., *J. Liquid Chromatogr.*, 2, 327, 1979; van Niekerk, P. and Burger, A., *J. Am. Oil Chem. Soc.*, 62, 531, 1985.

生育酚和生育三烯酚具有很强的非极性,它们主要存在于食品的油相中。所有生育酚和生育三烯酚在未经酯化时都可起抗氧化剂作用,它们可提供酚上的 H 和一个电子,从而可起清除自由基作用。生育酚是所有生物膜中的天然组分之一,并被认为能通过其抗氧化性促进膜的稳定性。天然存在的生育酚和生育三烯酚均可通过这一抗氧化活性维持高不饱和植物油的稳定性。与此相反,用于食品强化的 α-生育酚乙酸酯,由于已取代了酚上的氢原子,因而它不具有抗氧化性。但 α-生育酚乙酸酯确有维生素 E 活性,并在体内发挥抗氧化作用,这是由于酯已被酶解。研究已表明,通过饲料摄入的维生素 E 在动物体内的浓度可对宰后肉类的氧化稳定性产生影响。例如,已有实验证明猪肌肉对胆固醇和其他脂类的易氧化性与猪摄入 α-生育酚乙酸酯的量呈负相关。

8.7.3.2 稳定性与降解机制

在不存在氧及氧化脂肪的条件下,维生素 E 类物质的稳定性相当高。食品加工中的无氧处理,如罐装食品的加压灭菌,对维生素 E 活性产生的影响很小。反之,在有分子氧存在条件下,维生素 E 活性的降解速率增加;当有自由基存在时,降解速度尤其快。能影响不饱和脂肪氧化降解的因素同样强烈地影响维生素 E。α-生育酚的降解与水分活度的相关性与不饱和脂肪类似,当水分活度相当于单分子层水含量时,降解速率最低;而高于或低于此水分活度时,速率增加(详见第 2 章)。加工中有意识地氧化处理,如面粉的增白,可导致大量维生素 E 损失。

为了降低腌肉中亚硝胺的形成而加入 α-生育酚是它在食品中有意义的、为非营养目的的使用。一般认为,在自由基引发的亚硝化过程中,α-生育酚可起脂溶性酚类化合物的作用,从而消除氮自由基($NO \cdot , NO_2 \cdot$)。

食品中维生素 E 类物质,尤其是 α-生育酚的反应,已得到广泛研究。如图 8.11 所示,α-生育酚可与过氧化自由基(或其他自由基)反应,形成氢过氧化物和 α-生育酚自由基。

该自由基如同其他酚类自由基一样,反应活性相对较低,这是因为未成对电子可通过酚环体系共振而稳定。自由基终止反应可形成共价连接的生育酚二聚物与三聚物,而进一步的氧化与重排可产生生育酚过氧化物、生育氢醌及生育醌(图 8.11)。重排与进一步的氧化也可产生许多其他产物。虽然 α-生育酚乙酯与其他维生素 E 酯并不参与自由基消除反应,但它们也可被氧化降解,只是速度比非酯类化合物低。维生素 E 的降解产物的维生素活性很低或完全丧失。由于维生素 E 非酯类化合物能起酚类抗氧化剂的作用,它们可对食品脂类的氧化起稳定作用。

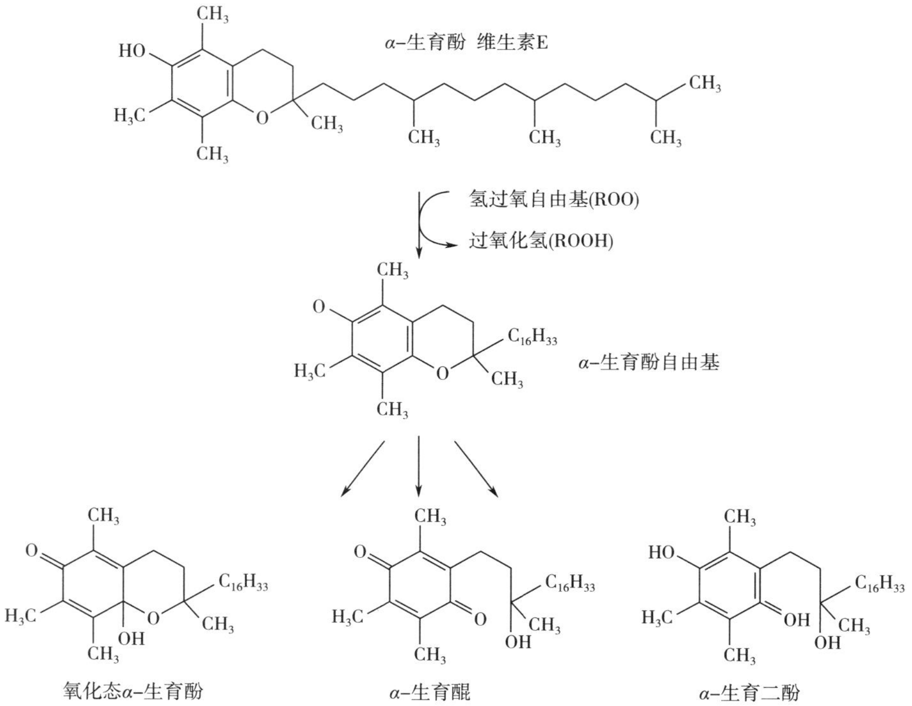

图 8.11 维生素 E 氧化降解的主要历程

除了所列的起始氧化产物外,进一步的氧化和重排还生成许多其他产物。

维生素 E 类化合物在降解的同时可淬灭单重态氧,从而间接地提高其他化合物的氧化稳定性。如图 8.12 所示,单重态氧直接进攻生育酚分子环,从而形成过渡态氢过氧二烯酮衍生物。该衍生物经重排,可形成生育醌和生育醌 2,3-环氧化物,两者皆具很小的维生素 E 活性。生育酚与单重态氧的反应性顺序为 $\alpha > \beta > \gamma > \delta$,而抗氧化能力顺序则正好相反。生育酚也可物理上淬灭单重态氧,该过程涉及单重态氧的失活,从而使其丧失对生育酚的氧化能力。生育酚的此种性质与以下事实相吻合,即它对光敏化、单重态氧引发的大豆油氧化是一种强有力的抑制剂。

8.7.3.3 生物利用率

对于能正常消化和吸收脂肪的个体而言,维生素 E 类物质的生物利用率通常相当高。

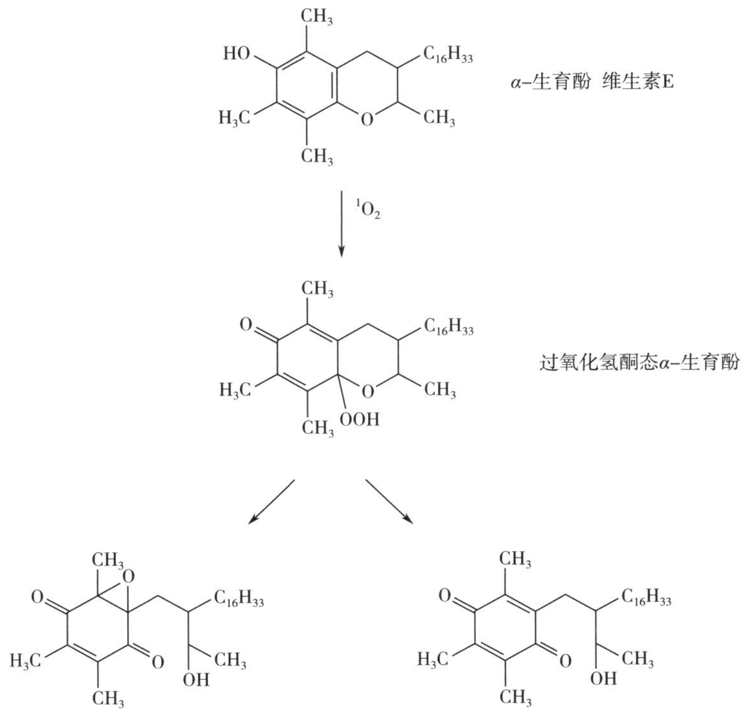

2,3-环氧化α-生育醌　　α-生育醌

图 8.12　单重态氧与 α-生育酚的反应

α-生育酚乙酸酯的生物利用率以摩尔为单位几乎与 α-生育酚完全相同[16]，除非在高剂量时 α-生育酚乙酸酯的酶酯解受到限制。前期研究认为，α-生育酚乙酸酯的活性高于同物质的量的生育酚，这或许是由于在试验前 α-生育酚已氧化，从而造成实验偏差。

8.7.3.4　分析方法

用 HPLC 方法来测定维生素 E 已在很大程度上取代了先前使用的分光光度法和直接荧光法。利用 HPLC 可检测维生素 E 的各个不同形式（如 α-、β-、γ-、δ-生育酚和生育三烯酚），因而，可根据各种化合物形式的相对活性估算出产品中维生素 E 的总活性。检测可通过紫外吸收或荧光法来实现。当采用皂化使维生素 E 与脂质分离时，各种维生素 E 酯被水解并释放出游离的 α-生育酚。应小心操作，以防止在萃取、皂化及其他预处理过程中的氧化作用。

8.7.4　维生素 K

8.7.4.1　结构与一般性质

维生素 K 由一类在 3 位上具有或不具有萜类化合物的萘醌组成（图 8.13）。维生素 K 的未取代式为甲萘醌，其重要性在于它是用于该维生素补充和食品强化的合成形式。叶绿醌(维生素 K_1)来源于食物,而不同链长的甲萘醌类(维生素 K_2)则是细菌(主要是肠道菌群)合成的产物。叶绿醌较多地存在于叶状蔬菜包括菠菜、羽衣甘蓝、花菜和卷心菜中,但它们也较少量存在于番茄或某些植物油中。维生素 K 缺乏症健康人群中比较罕见,这是因为叶绿醌在膳食中的普遍存在以及细菌合成的甲萘醌可被大肠吸收。维生素 K 缺乏症通常与吸收障碍综合征或使用抗凝血药物有关。虽然有报道称使用某些脂肪替代品会阻碍维生素 K 的吸收,但适量摄入这些替代品不会对维生素 K 的利用产生显著影响。

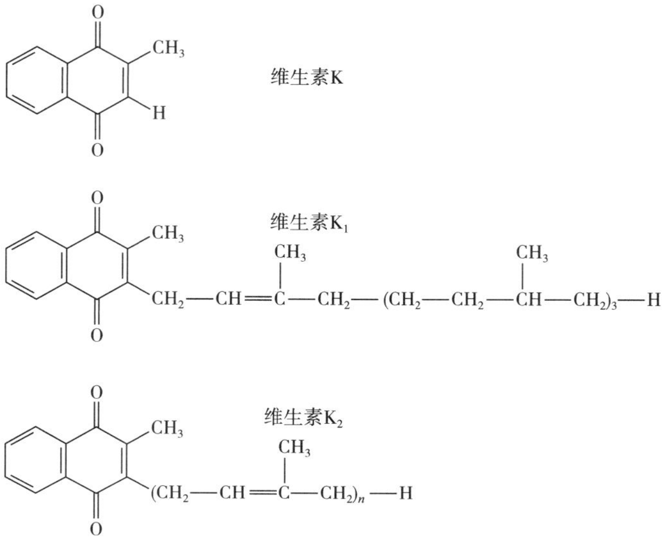

图 8.13　各种形式的维生素 K 结构

　　某些还原剂可将维生素 K 类物质的醌式结构还原成氢醌形式,但维生素 K 的活性仍得以保留。该维生素可发生光化学降解,但它对热很稳定。油的氢化通过将维生素 K_1 转化为二氢维生素 K_1 而导致维生素 K 活性降低[10]。

8.7.4.2　分析方法

　　基于维生素 K 氧化还原性质的分光光度法和化学分析法缺乏食品分析所需的专一性;而现有的各类 HPLC 和 LCMS 方法可提供令人满意的专一性,并能测定各种单一维生素 K 的含量。

8.8　水溶性维生素

8.8.1　抗坏血酸

8.8.1.1　结构与一般性质

　　L-抗坏血酸(AA)(图 8.14)类似于碳水化合物,其酸性和还原性应归结于它所含的 2,

3-烯醇式结构。它具有高度极性,因而易溶于水溶液而不溶于低-非极性溶剂。由于 AA 的 C-3 上的羟基解离($pK_{a1}=4.04,25℃$),故显酸性。二级电离,即 C-2 上羟基的解离,则远为困难($pK_{a2}=11.4$)。经过氢解离的双电子氧化,AA 转化为脱氢抗坏血酸(DHAA)。DHAA 具有与 AA 几乎相同的维生素活性,因为它在体内可以轻易地还原为 AA。

L-异抗坏血酸,即 C-5 光学异构体,以及 D-抗坏血酸,即 C-4 光学异构体(图 8.14),它们与 AA 具有相似的化学性质,但这些化合物在本质上并无维生素 C 活性。由于 L-异抗坏血酸和 AA 的还原性与抗氧化性,它们被广泛地用作食品配料(例如,用于肉制品的腌制及抑制果蔬中的酶促褐变),但异抗坏血酸(或 D-抗坏血酸)无营养价值。

AA 天然存在于果蔬中,并较少量地存在于动物组织和动物来源的产品中。它的天然存在形式几乎完全为还原态的 AA。在食品中发现的 DHAA 浓度几乎总是比 AA 的浓度低得多,而且其浓度与抗坏血酸盐的氧化以及 DHAA 水解为 2,3 二酮古洛糖酸的速度有关。某些动物组织中存在着脱氢抗坏血酸还原酶和抗坏血酸自由基还原酶活性,这些酶可通过循环作用保留维生素并

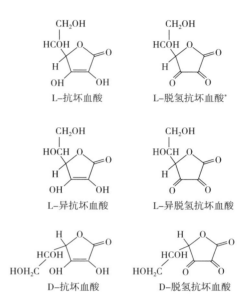

图 8.14 L-抗坏血酸、L-脱氢抗坏血酸及其异构体的结构

* 表示具有维生素 C 活性。

使 DHAA 处于低水平。很明显但目前尚不清楚的是,在食品和生物材料中存在的 DHAA,它可能是在样品制备和分析过程中 AA 被氧化为 DHAA 出现的外来物质。DHAA 的不稳定性使得这一测定分析更趋于复杂。

AA 以未电离酸形式或钠盐形式(抗坏血酸钠)添加于食品中。AA 与疏水化合物的结合使得抗坏血酸具有部分脂溶性。脂肪酸酯如抗坏血酸棕榈酸酯和抗坏血酸乙缩醛(图 8.15)为脂溶性化合物,它们可在脂质环境中提供直接的抗氧化作用。

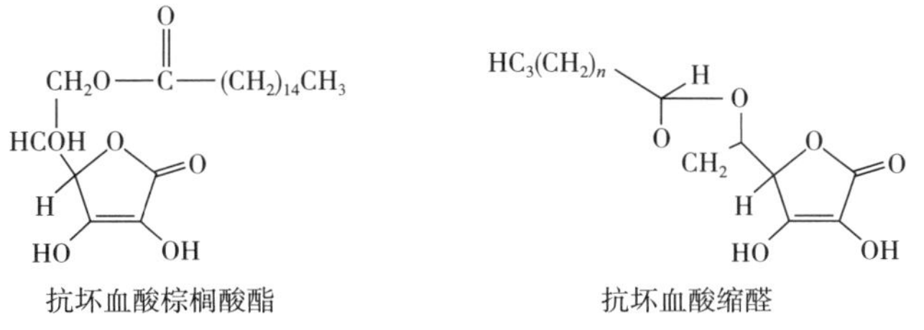

图 8.15 抗坏血酸棕榈酸酯和抗坏血酸乙缩醛的结构

AA 发生的氧化反应涉及两个单电子转移历程或一个双电子转移反应,在以上过程中

未检测到半脱氢抗坏血酸中间体的存在(图8.16)。在单电子氧化过程中,第一步涉及电子转移而形成了半脱氢抗坏血酸自由基,再失去一个电子形成脱氢抗坏血酸,由于桥连内酯易水解,故后者极不稳定。该水解能不可逆形成2,3-二酮古洛糖酸(图8.16),因而导致维生素C的失活。

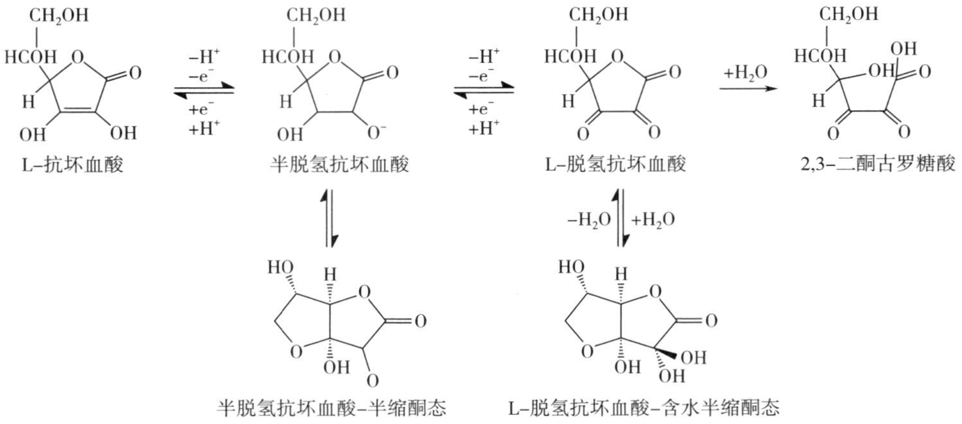

图8.16 L-抗坏血酸的单电子序列氧化反应
除了2,3-二酮古洛糖酸外,其他各物质皆具维生素C活性。

AA对氧化高度敏感,在受金属离子如Cu^{2+}和Fe^{3+}催化时尤其如此。热和光同样能加速该反应进程,而pH、氧浓度和水分活度等因素对反应速度影响强烈。由于DHAA很容易水解,因而维生素C氧化为DHAA是氧化降解过程中一个必经的、通常也是速度限制步骤。

AA的一个常被人们忽视的性质是,当它在低浓度和高氧浓度时可起到助氧化剂的作用。此作用可能是由抗坏血酸作为媒介所产生的羟自由基(OH·)或其他活性物质所引起。在食品化学的大多数领域内,该作用的重要性并不大。

8.8.1.2 稳定性与降解模式

(1)概述 由于AA在水溶液中的高溶解度,新鲜切割或表面碰伤的果蔬在沥滤时可能造成AA的显著损失。AA的化学降解主要涉及以下历程:首先被氧化为DHAA,接着水解为2,3-二酮古洛糖酸,再经进一步氧化、脱水和聚合形成一系列无营养活性的产物。氧化和脱水过程与糖脱水反应密切相关,导致产生许多不饱和产物和聚合物。影响AA降解的速率,机制和AA降解产物的定性性质的主要因素包括pH,氧浓度和存在的微量金属催化剂。

食品在贮藏(包括冷冻保藏)和处理过程中,AA会有大量的损失。例如,商业包装冷冻青豆、菠菜、青豆和黄秋葵中,AA的损失与温度的关系符合阿伦尼乌斯方程[42]。在这项研究中,菠菜中AA的稳定性最低($t_{1/2} = 8 \sim 155d$,$-5 \sim 20℃$),黄秋葵中最高($t_{1/2} = 40 \sim 660d$,$-5 \sim 20℃$)。这些发现表明,AA的稳定性除了与贮藏条件有关外,还与食品组分有关。因此,利用一种食品中AA的降解速率无法去预测另外一种食品体系中AA的降解动力学,即使它们在组分上存在着微小的差异。

由于不同离子化形式的 AA 对氧化的敏感性有异,因而该维生素的氧化降解速率与 pH 呈非线性关系:完全质子化(AH_2)<抗坏血酸单阴离子(AH^-)<抗坏血酸二阴离子(A^{2-})。在与大多数食品相关的条件下,与 pH 有关的氧化主要受到 AH_2 和 AH^- 相对浓度的控制,而这两种形式本身又受 pH 控制(pK_{a1} 4.04)。在 pH≥8 时,由于受 pK_{a2}(11.4)控制,体系中 A^{2-} 的浓度显著增加,导致反应速率增加。这些相关性研究由于氧和微量金属离子浓度而变得更为复杂。

(2)金属离子的催化效应　AA 的总降解模式如图 8.17 所示,该图完整地描述了金属离子和氧的存在与否对抗坏血酸降解机制的影响。通常观察到的 AA 氧化降解速度与抗坏血酸单阴离子(HA^-)、分子氧和金属离子的浓度呈一级反应。曾经有人认为,在中性 pH 以及不存在金属离子条件下(即"未经催化的"反应),AA 氧化降解的速度低但仍较显著。例如,已有报道表明,在中性 pH 条件下,假定为自发的、未经催化的抗坏血酸氧化反应,其一级反应速率常数为 $5.87×10^{-4} s^{-1}$。但是,近期发现的证据表明,在 pH7.0、空气饱和的条件下,AA 氧化反应的速度常数小得多,为 $6×10^{-7} s^{-1}$[13]。这一差别说明未经催化的氧化反应基本上可以忽略,食品和实验溶液中的微量金属是氧化降解的主要因素。在仅有几 mg/L 浓度的金属离子存在的条件下获得的速度常数,比几乎没有金属离子存在的条件下所得到的速度常数要高出几个数量级。

当氧的分压处于 101.3~40.5kPa,金属催化 AA 氧化的反应速度与溶解氧的分压成正比;而当氧分压<20.3kPa 时,反应速度与氧浓度无关[80]。相反,由金属螯物催化的 AA 氧化,则不受氧浓度的影响[75]。

金属离子催化抗坏血酸氧化降解的能力取决于所涉及金属的种类、它的氧化态和螯合剂的存在与否。它们的催化能力如下:Cu(Ⅱ)的催化活性比 Fe(Ⅲ)约高 80 倍,Fe(Ⅲ)与乙二胺四乙酸(EDTA)络合形成的螯合物比游离 Fe(Ⅲ)的催化活性约高 4 倍[13]。抗坏血酸氧化的速率公式可表示为:

$$-\frac{d[TA]}{dt} = k_{cat} × [AH^-] × [Cu(Ⅱ)\text{或}Fe(Ⅲ)]$$

金属离子浓度和 k_{cat} 可用来估计 AA 降解的速度(其中[TA]为总抗坏血酸浓度)。在 pH7.0 的磷酸缓冲液(20℃)中,Cu(Ⅱ)、Fe(Ⅲ)和 Fe(Ⅲ)-EDTA 的 k_{cat} 分别为 880、42 和 10(L·s/mol)。应当注意的是,从简单溶液中获得的催化速度常数的相对和绝对值与真实食品体系相比可能会有所不同。这可能是由于微量金属与其他组分(如氨基酸)的结合或前者参与了其他反应,其中一些反应可能产生自由基或活性氧,它们可加速抗坏血酸的氧化。

与 Fe(Ⅲ)被 EDTA 螯合后的催化活性增加相反,存在 EDTA 时,Cu(Ⅱ)催化抗坏血酸氧化的能力受到很大抑制[13]。因而,尚不能完全预测 EDTA 或其他螯合剂(如柠檬酸和多聚磷酸盐)对抗坏血酸氧化的影响。

①AA 的降解机制。如前期所述,AA 氧化由形成的三元络合物(抗坏血酸单阴离子、金属离子和氧气)或由一系列的单电子氧化所激发。正如 Buettner 在其综述中所提出的[14],

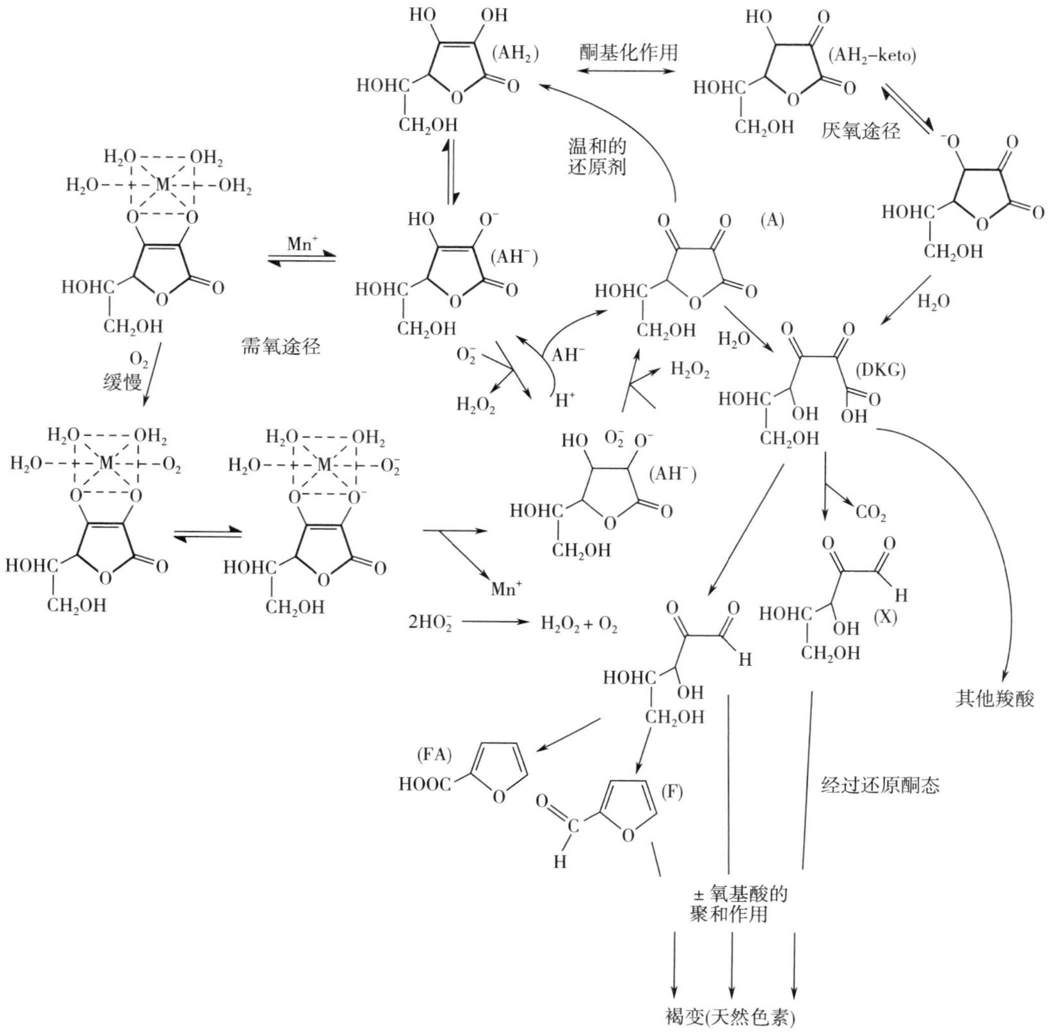

图 8.17　抗坏血酸氧化与无氧降解机制示意图

用粗线条表示的结构为维生素 C 活性的主要来源。缩写:AH₂,完全质子化的抗坏血酸;AH⁻,抗坏血酸单价阴离子;AH·,半脱氢抗坏血酸自由基;A,脱氢抗坏血酸;FA,2-糠酸;F,2-糠醛;DKG,二酮古洛糖酸;DP,3-脱氧戊酮糖;X,木酮糖;Mⁿ⁺,金属催化剂;HO₂·,过氧化羟基自由基。

资料来源:Buettner, G. R. , *J. Biochem. Biophys. Methods*, 16, 27, 1988; Buettner, G. R. , *Arch. Biochem. Biophys.*, 300, 535, 1993; Khan, M. and Martell, A. , J. Am. Chem. Soc. , 89, 4176, 1967; Khan, M. and Martell, A. , *J. Am. Chem. Soc.*, 89, 7104, 1969; Liao, M. -L. and Seib, P. , *Food Technol.*, 31, 104, 1987; Tannenbaum, S. et al. , Vitamins and minerals, in: *Food Chemistry*, Fennema, O. , ed. , Marcel Dekker, New York, 1985, pp. 477–544.

AH⁻氧化为 A⁻· 以及 A⁻· 氧化为 DHAA 的单电子氧化反应有多种途径。相关氧化剂的氧化–还原反应能力(活力)的顺序已总结于表 8.14 中。该表阐明了包括 AA、α-生育酚和核黄素在内的几种维生素的抗氧化作用的相互关系,并说明了 AA(作为单阴离子)的还原能力如何使氧化的食物成分再生,如不饱和脂肪酸的自由基,其他脂质衍生物的自由基以及维生素 E(α-生育酚氧自由基)的自由基形式。

表 8.14 部分自由基和抗氧化剂的还原电位[以最高氧化性(顶行)至最高还原性排列; 氧化还原对中每个氧化态可从其还原态夺取一个电子或一个氢原子]

氧化还原对[①]		$\Delta E°$(mV)
氧化态	还原态	
HO·,H^+	H_2O	2310
RO·,H^+	ROH	1600
HO_2·,H^+	H_2O_2	1060
O_2^-·,$2H^+$	H_2O_2	940
RS	RS^-	920
$O_2(1\Delta g)$	O_2^-	650
PUFA·,H^+	PUFA-H	600
α-生育酚·,H^+	α-生育酚	500
H_2O_2,H^+	H_2O,OH	320
抗坏血酸·,H^+	抗坏血酸单阴离子	282
Fe(Ⅲ)EDTA	Fe(Ⅱ)EDTA	120
Fe(Ⅲ)水溶液	Fe(Ⅱ)水溶液	110
Fe(Ⅲ)柠檬酸	Fe(Ⅱ)柠檬酸	−100
脱氢抗坏血酸	抗坏血酸[−]	−100
核黄素	核黄素[−]	−317
O_2	O_2^-	−330
O_2,H^+	HO_2	−460

①抗坏血酸·[−],半脱氢抗坏血酸自由基;PUFA,多不饱和脂肪酸自由基;PUFA-H,多不饱和脂肪酸,两个烯丙基氢; RO·,脂肪族烷氧基自由基。$\Delta E°$为标准单电子还原电位(mV)。

资料来源:Buettner, G. R., *Arch. Biochem. Biophys.*, 300, 535, 1993.

AA 降解的机制依食品体系和反应介质的性质而异。已提出的金属催化 AA 降解的机制是,氧化降解通过形成抗坏血酸单阴离子、O_2 和金属离子(图 8.17)的三元络合物而进行。由抗坏血酸、氧和金属催化剂组成的三元络合物似乎可直接生成物 DHAA,而没有形成可检测到的单电子氧化产物半脱氢抗坏血酸自由基。

AA 氧化降解过程中维生素 C 活性的损失是由于 DHAA 内酯水解产生 2,3-二酮古洛糖酸(DKG)。碱性条件有利于该水解反应进行,而 DHAA 在 pH2.5~5.5 范围内最为稳定。在 pH>5.5 时,DHAA 的稳定性非常差,并且随着 pH 增加而变得更不稳定。例如,在 23℃下,在 pH 为 7.2 及 6.6 时,DHAA 水解的半衰期分别为 100 和 230min[9]。随着温度升高,DHAA 的水解速率急剧增加,但与是否有氧存在无关。鉴于 DHAA 在中性 pH 时的不稳定性,当分析结果显示食品中有显著量的 DHAA 时,应谨慎处理,这是因为 DHAA 浓度的升高或许反映了分析过程中氧化未受到控制。

虽然由 Khan 和 Martell[80] 提出的三元络合物理论显然是一个 AA 氧化的精确模型,但后来的发现扩展了我们对反应机制的认识。Scarpa 等[127]观察到,在金属催化抗坏血酸单阴离子(AH$^-$)氧化的速度决定步骤中形成了超氧化物(O$_2^{\cdot-}$):

$$AH^- + O_2 \xrightarrow{\text{催化剂}} AH^\cdot + O_2^{\cdot-}$$

随后的反应步骤包括超氧化物作为一种促进剂,有效地使抗坏血酸氧化生成脱氢抗坏血酸(A)反应总速度增加 1 倍:

$$AH^- + O_2^{\cdot-} \xrightarrow{2H^+} AH^\cdot + H_2O_2$$

$$AH^\cdot + O_2^{\cdot-} \xrightarrow{H^+} A + H_2O_2$$

$$2AH^\cdot \longrightarrow A + AH^-$$

通过两个抗坏血酸自由基的反应,也可使反应终止。

对大多数食品中的维生素损失而言,AA 的无氧降解(图 8.17)较不显著。在罐装产品如蔬菜、番茄和果汁中,在除去残留氧后,无氧降解途径变得非常显著,但即使在这些产品中,通过典型的无氧途径而引起 AA 损失进行得非常缓慢。令人惊奇的是,在脱水番茄汁的贮藏过程中,不论是否存在氧,无氧途径已被认定为造成 AA 损失的主要机制。已经证明微量金属可催化此无氧降解,并且反应速度的增加与铜浓度成正比。

AA 无氧降解的机制尚未完全建立。该过程似乎涉及 1,4-内酯桥的直接断裂,而不必预先氧化为 DHAA,这一模式或许遵循如图 8.17 所示的烯醇-酮互变结构途径。与 AA 在有氧条件下的降解不同,无氧降解在 pH 3~4 时显示出最高速度。在温和的酸性范围内的最高速度这一现象或许反映了 pH 对内酯的开环和抗坏血酸单阴离子浓度的影响。

单倍浓缩橙汁在 28℃贮藏过程中,总维生素 C 损失的活化能显著变化,说明了无氧降解机制的复杂性和食品组分对它的影响。相反,在同一范围内(约 4~50℃),罐装柚汁在贮藏过程中的总维生素 C 损失的阿伦尼乌斯曲线却呈线性关系,说明单一机制占主导地位[106]。在类似产品中造成这种动力学及/或机制上差异的原因尚不得而知。

鉴于残留氧存在于许多食品包装中,在密封容器尤其是罐装或瓶装产品中抗坏血酸的降解或许同时遵循有氧和无氧途径。在大多数情况下,抗坏血酸无氧降解的速度常数要比氧化反应小 2~3 个数量级。

②AA 的降解产物。即使不考虑降解机制,内酯的开环也能不可逆地破坏维生素 C 的活性。抗坏血酸降解在终止阶段所涉及的反应虽然与营养学无关但也非常重要,因为它们涉及风味化合物或前体的形成,并且可参与非酶褐变反应。

50 多种抗坏血酸降解的低分子产物已被分离鉴定。这些化合物的种类与浓度以及所涉及的反应机制受到如温度、pH、水分活度、氧浓度和金属催化剂以及活性氧类等因素的强烈影响。三种常见的分解产物已被鉴定:聚合中间体,5~6 个碳链长度的不饱和羧酸,5 个或低于 5 个碳的裂解产物。也已有报道表明抗坏血酸在中性 pH 热降解过程中生成了甲醛。其中一些物质可能对柠檬汁在贮藏或过度加工中产生的风味和气味变化起作用。

糖和抗坏血酸的降解极其相似,在某些情况下反应机制完全相同。在有氧和无氧条件下,AA 的降解模式在性质上有所差别,但 pH 对二者皆有影响。在中性和酸性条件下,AA 分解的主要产物包括 L-木酮糖、草酸、L-苏氨酸、酒石酸、2-糠醛(糠醛)和糠酸以及一系列羰基和不饱和化合物。与糖降解相同,抗坏血酸在碱性条件下裂解程度加剧。

不管是否存在胺类物质,AA 降解总伴随着变色反应。其降解所形成的 DHAA 以及二羰基化合物,与氨基酸一起参与 Strecker 降解。DHAA 与一种氨基酸经 Strecker 降解形成了山梨醛氨酸(图 8.18),后者能形成二、三和四聚物,其中几个产物显红色或黄色。此外,在 AA 无氧降解过程中,脱羧再经脱氢后形成的中间体产物,即 3,4-二羟基-5-甲基-2(5H)-呋喃酮,呈棕色。以上产物或其他不饱和产物再进一步聚合可形成类黑精(含氮聚合物)或不含氮的焦糖样色素。虽然柠檬汁及相关饮料的非酶褐变是一个复杂过程,但 AA 对此所起的作用已被明确证实[74]。

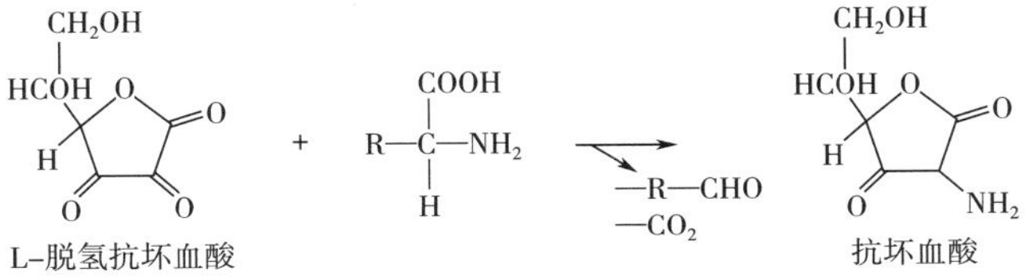

图 8.18　脱氢抗坏血酸参与 Strecker 降解反应

③其他环境变量。除了以前讨论过的影响抗坏血酸稳定性的因素外(如氧气、催化剂和 pH),许多其他变量同样影响该维生素在食品中的保留率。同许多其他水溶性物质一样,在低水分的模拟谷类早餐食品体系中已发现 AA 的氧化速度在 0.10~0.65 水分活度范围内不断增加[76,83,86](图 8.19),这显然是与水作为反应物和催化剂的溶剂化的有效性提高有关。某些糖(酮糖)的存在可增加无氧降解的速度。蔗糖在低 pH 时有类似作用,这与 pH 对果糖的影响一致。相反,一些糖和糖醇对 AA 的氧化降解起保护作用,这可能是由于它们与金属离子结合,并降低了后者的催化能力。光敏剂通过产生单重态氧会对 L-抗坏血酸的保留率起到负面作用。以上发现对真实食品的意义如何仍有待进一步确定。

④抗坏血酸在食品中的作用。AA 除了具有作为必需营养素的作用外,由于其还原和抗氧化性质,它还被广泛用作食品配料/添加剂。正如本书另处所述,由于 AA 可还原邻二醌,因而它可有效地抑制酶促褐变。它的其他作用还包括在面团调制剂中起还原作用;通过其还原作用、自由基及氧的捕获作用保护某些易氧化物质(如叶酸);在腌制肉制品中抑制亚硝胺的形成;还原金属离子。

抗坏血酸的抗氧化作用是多方面的,它可遵循几个不同的反应机制抑制脂肪自动氧化[14,91,132]。它们包括:清除单重态氧;可形成反应活性较低的半脱氢抗坏血酸自由基或DHAA,从而还原以氧和碳为中心的自由基;优先氧化抗坏血酸从而除去氧;使其他抗氧化剂再生,如还原生育酚自由基。

AA 是一种极性很强的物质,因而,在本质上它不溶于油中。但是,当它作为抗氧化剂分散于油或乳状液中时,效果却出奇显著[40]。抗坏血酸与生育酚结合使用对油基体系特别

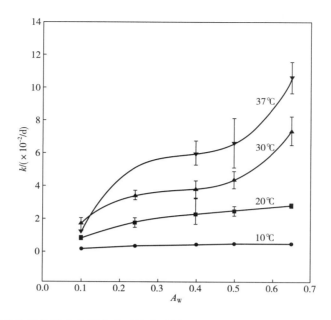

图 8.19　模拟早餐谷物产品的脱水模型食品系统中,抗坏血酸作为储存温度和水活度(A_W)的函数的降解

数据(平均值±SD)表示为总抗坏血酸(AA + DHAA)损失的表观一级速率常数(k)。

资料来源:Kirk, J. et al., *J. Food Sci.*, 42, 1274, 1977.

有效,而 α-生育酚与亲脂性的抗坏血酸棕榈酸酯结合使用对水包油体系效果更好。同样,抗坏血酸棕榈酸酯已显示可与 α-生育酚和其他酚类抗氧化剂起协同作用。

⑤食品中抗坏血酸的生物利用率。AA 的主要膳食来源为水果、蔬菜、果汁及强化食品(如早餐谷类食品)。已有实验表明在经蒸煮过的西蓝花、橘瓣和橘子汁中,AA 的生物利用率与被人体服用的维生素-矿物质片剂中的生物利用率相同[96]。新鲜西蓝花中,AA 的生物利用率比煮后的低 20%,这可能是由于咀嚼及/或消化过程中细胞分裂不完全所致。新鲜的西蓝花以及其他新鲜蔬菜中 AA 的生物利用率,与煮后相比,差别相对较小,因而在营养上几乎没有显著性。根据最近对文献所做的综述,很明显在果蔬中 AA 被人体的利用程度非常高[44,69]。

⑥分析方法。食品中 AA 的分析方法有多种,选择合适的分析方法对获得精确结果至关重要[109]。尽管用分光光度法直接检测易受到多数食品中的其他发色团的干扰,但抗坏血酸可强烈吸收紫外光($\lambda_{max} \sim 245nm$)。DHAA 在 $\lambda_{max} \sim 300nm$ 处吸收很弱。传统的分析方法包括样品的氧化还原滴定法,该方法使用如 2,6-二氯靛酚染料,在 AA 氧化的同时,将氧化还原型染料还原为无色形式。此方法的局限性在于其他还原剂的干扰和对 DHAA 缺乏响应。用 H_2S 气体饱和或硫醇试剂处理,将 DHAA 还原成 AA,并在处理前后分别测定,可测定总抗坏血酸含量。然而,依据处理前后差值而获得的 DHAA 结果不如直接分析的精确度高。

一种可替代的方法是用各种羰基化试剂将 DHAA(样品中 AA 经有控制的氧化而形成)

缩合。用苯肼直接处理以形成可用于分光光度法检测的抗坏血酸–二–苯肼衍生物,可使纯溶液中 L–AA 的检测更为简便。食品中的许多羰基化合物会干扰这一方法。一种类似的方法包括将 DHAA 与邻苯二胺反应以形成具有三环、高荧光密度的产物。虽然邻苯二胺法比苯肼法专一性强、灵敏度高,但会受到食品中某些二羰基化合物的干扰。含有异抗坏血酸的食品不能采用氧化还原滴定法或羰基缩合法来测定维生素 C,因为这些方法对异抗坏血酸这种无营养活性的物质也有响应。

　　许多 HPLC 方法可精确和灵敏地测定总抗坏血酸(用还原剂处理前后),并且某些方法可直接测定 AA 和 DHAA。将色谱分离与分光光度法、荧光法或电化学测定方法相结合,可使 HPLC 检测比传统的氧化还原方法具有更好的专一性。已有报道表明 HPLC 方法可同时测定抗坏血酸、异抗坏血酸和它们的脱氢形式[145]。也有文献报道了一种基于气相色谱–质谱的分析方法,但烦琐的样品制备是这一方法的不足之处[29]。

8.8.2　硫胺素

8.8.2.1　结构与一般性质

　　硫胺素(维生素 B_1)由一取代的嘧啶通过亚甲基桥(—CH_2—)与一取代的噻唑连接而成(图 8.20)。硫胺素广泛分布于动植物组织中。大多数天然的硫胺素主要以硫胺素焦磷酸盐的形式存在(图 8.20),也有少量的非磷酸化的硫胺素、硫胺素单磷酸盐和硫胺素三磷酸盐。硫胺素焦磷酸盐的作用是作为各种 α-酮酸脱氢酶、α-酮酸脱羧酶、磷酸酮酶和转酮醇酶的辅酶。商品化的硫胺素以盐酸盐和单硝酸盐的形式出现,它们被广泛用于食品强化和营养补充中(图 8.20)。

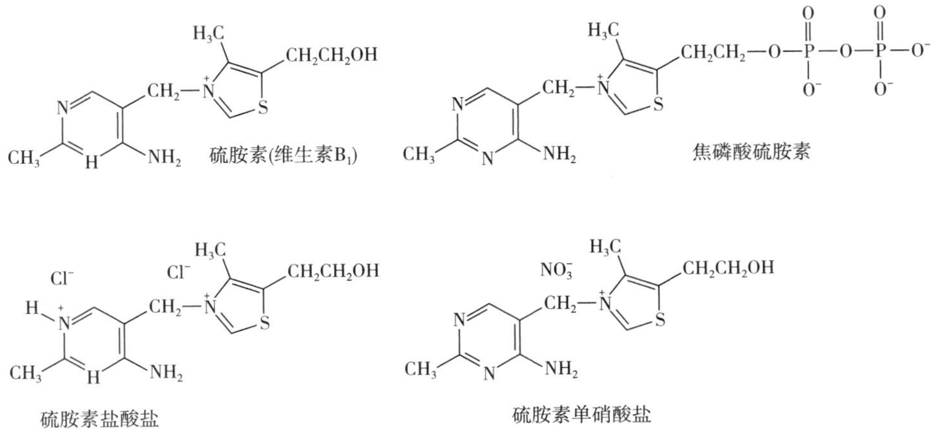

图 8.20　各种形式硫胺素结构
它们都具硫胺素(维生素 B_1)活性。

　　硫胺素分子具有不寻常的酸碱性。第一个 pK_a(4.8)涉及质子化嘧啶 N^1 的解离,形成不带电的硫胺素嘧啶游离碱(图 8.21)。在碱性 pH 范围内,可观察到另一个转换反应(表观 pK_a 9.2)，对应地吸收了两当量碱形成硫胺素假碱。假碱可经噻唑的开环形成硫醇式硫胺素。硫胺素的另一个特性是噻唑环上的季胺 N 在不同 pH 条件下始终以阳离子的形式存在。硫胺素降解受 pH 的显著影响，这与离子态随 pH 变化的趋势相符。质子化的硫胺素比其游离碱、假碱和硫醇形式稳定得多，这是它在酸性介质中高稳定性的原因(表 8.15)。虽然硫胺素对氧化和光较稳定，但在中性或碱性 pH 水溶液中，它属于最不稳定的一类维生素。

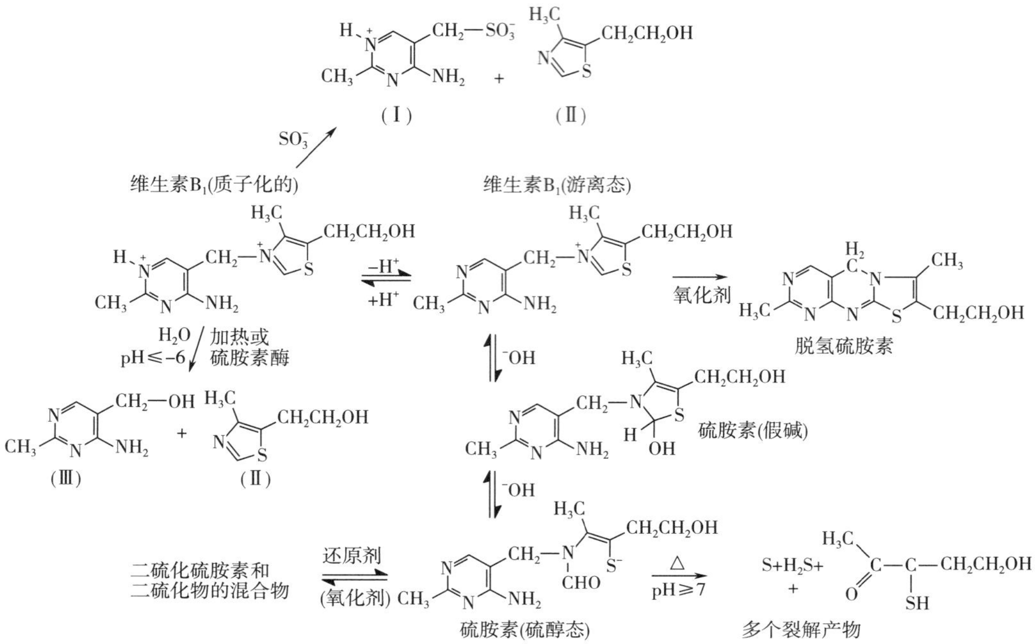

图 8.21 硫胺素离子化和降解的主要途径概述

资料来源:Tannenbaum S. et al. , Vitamins and minerals , in: *Food Chemistry* , Fennema O. , ed. , Marcel Dekker, New York , 1985 , pp. 477-544; Dwivedi, B. K. and Arnold , R. G. , *J. Agric. Food Chem.* , 21 , 54 , 1973.

表 8.15 硫胺素和硫胺素焦磷酸盐的热稳定性比较(0.1mol/L 磷酸缓冲液,265℃)

溶液 pH	硫胺素		硫胺素焦磷酸盐	
	$k^{①}$/min	$t_{1/2}$/min	$k^{①}$/min	$t_{1/2}$/min
4.5	0.0230	30.1	0.0260	26.6
5.0	0.0215	32.2	0.0236	29.4
5.5	0.0214	32.4	0.0358	19.4
6.0	0.0303	22.9	0.0831	8.33
6.5	0.0640	10.8	0.1985	3.49

①k 为一级反应速率常数,$t_{1/2}$为达到50%热降解时所需时间。

资料来源:Mulley, E. A. et al. , *J. Food Sci.* , 40 , 989 , 1975.

8.8.2.2 稳定性与降解模式

(1)稳定性质 关于食品中硫胺素的稳定性已有大量数据报道[37,98]。Tannenbaum 等[138]在先前发表的代表性研究综述中阐明了在某些条件下硫胺素大量损失的可能性(表 8.16)。以下条件会导致食品中硫胺素的损失:①有利于维生素流失至周围水溶液介质中的条件,②pH 接近中性或更高和/或③有亚硫酸盐试剂存在。在常温贮藏过程中,完全水合的食品中的硫胺素也可能有损失,尽管预期速度比在热处理中观察到的低(表 8.17)。食品中硫胺素的降解几乎总是遵循一级反应动力学。由于硫胺素的降解存在着几个可能的机制,有时几种机制同时起作用。在某些食品中硫胺素热损失的阿伦尼乌斯图呈非线性,这是存在多种降解机制的证明,不同机制对温度的依赖性各异。

表 8.16 食品中硫胺素在热处理过程中的代表性降解速度(在参考温度 100℃时的半衰期)和硫胺素损失的活化能

食品体系	pH	研究的温度范围/℃	半衰期/h	活化能/(kJ/mol)
牛心酱	6.10	109~149	4	120
牛肝酱	6.18	109~149	4	120
羊肉酱	6.18	109~149	4	120
猪肉酱	6.18	109~149	5	110
肉糜制品	未报道	109~149	4	110
牛肉酱	未报道	70~98	9	110
全乳	未报道	121~138	5	110
胡萝卜泥	6.13	120~150	6	120
四季豆泥	5.83	109~149	6	120
豌豆泥	6.75	109~149	6	120
菠菜泥	6.70	109~149	4	120
豌豆泥	未报道	121~138	9	110
卤水豌豆泥	未报道	121~138	8	110
卤水豌豆	未报道	104~133	6	84

注:水分活度估计为 0.98~0.99,半衰期和活化能数值分别为 1 和 2 位有效整数。

资料来源:Maurim L. et al., *Int. J. Food Sci. Technol.*, 24, 1, 1989;数据来自多个文献整理。

表 8.17 在罐装食品贮藏过程中硫胺素的典型损失

食品	经12个月贮藏后的保留率/%		食品	经12个月贮藏后的保留率/%	
	38℃	1.5℃		38℃	1.5℃
杏	35	72	番茄汁	60	100
四季豆	8	76	豌豆	68	100
利马豆	48	92	橙汁	78	100

资料来源:Freed, M., et al., *Food Technol.*, 3, 148, 1948.

在室温及低水分活度条件下,硫胺素显示出极好的稳定性。在模拟早餐谷类食品脱水模型体系中的硫胺素在温度低于 37℃、水分活度为 0.1~0.65 条件下,只有很少或者没有损失(图 8.22)。反之,在 45℃,尤其是当水分活度为 0.4 或更高时(即高于水分活度为 0.24 的表观单分子层水分值),硫胺素的降解急剧加速。在以上模型体系中,硫胺素降解的最大速度发生在水分活度为 0.5~0.65 时(图 8.23)[30]。在类似的模型体系中,当水分活度在 0.65~0.85 范围内增加时,硫胺素的降解速度下降[5]。

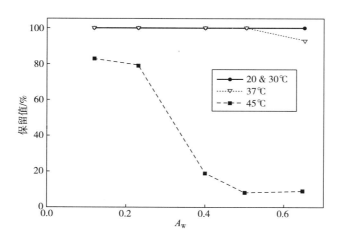

图 8.22　水分活度和温度对模拟早餐谷类产品的脱水食品模型体系中硫胺素保留率的影响

保留率百分数数值适用于 8 个月的贮藏期。

资料来源:Dennison, D., et al., *J. Food Process. Preserv.*, 1, 43, 1977.

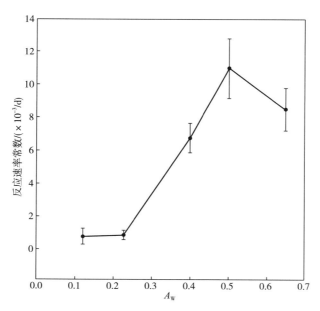

图 8.23　水分活度对贮藏于 45℃ 时模拟早餐谷类产品的脱水食品模型体系中硫胺素降解的一级反应速率常数的影响

资料来源:Dennison, D., et al., *J. Food Process. Preserv.*, 1, 43, 1977.

在许多宰后的鱼类和甲壳类中,硫胺素稳定性稍低已被归结为由于硫胺素酶的存在。然而,硫胺素降解活性的至少部分原因是血红素蛋白(肌红蛋白和血红蛋白)的存在,它们是造成硫胺素降解的非酶催化剂[113]。在金枪鱼、猪肉及牛肉的肌肉组织中存在着促使硫胺素降解的血红素蛋白,这一事实表明变性的肌红球蛋白或许参与了食品加工和贮藏过程中的硫胺素降解。硫胺素的这种非酶活性改变显然不会造成通常在降解过程中出现的硫胺素分子的断裂。曾报道鱼内脏中硫胺素的拮抗成分为硫胺素酶,现认为是一种热稳定物质,并很可能是一种非酶催化剂。

其他食品组分也可影响食品中硫胺素的降解。丹宁可使硫胺素失活,这显然是由于形成了几种无生物活性的加合物的缘故。各种类黄酮也会使硫胺素分子发生变化,但是,存在硫胺素时,类黄酮氧化的表观产物是硫胺素二硫化物,而该物质具硫胺素活性。在遇热或有亚硫酸盐存在时,蛋白质和碳水化合物能降低硫胺素的降解速度,尽管在复杂食品体系中这一作用的程度还很难预测。蛋白质稳定化作用之一是与硫胺素的硫醇式形成了混合二硫化物,该反应似乎阻止了进一步降解。用于食品调配和加工的水中所含的氯(以次氯酸根离子形式)可引起硫胺素的快速降解,这一由分子断裂过程造成的降解与酸性条件下硫胺素的热降解显然完全相同。

评估和预测硫胺素稳定性的另一个复杂因素是游离硫胺素与其主要天然形式硫胺素焦磷酸盐,在稳定性和 pH 依赖性方面存在着内在的差异。虽然硫胺素和硫胺素焦磷酸盐在 pH 4.5 时热降解速度几乎相等,但在 pH 6.5 时硫胺素焦磷酸盐的降解速度要快 3 倍(表 8.15)。

合成态的硫胺素盐酸盐与单硝酸盐的稳定性存在着显著差异。硫胺素-HCl 比单硝酸盐的溶解度更高,这有利于用于液态产品的强化。由于活化能不同,硫胺素单硝酸盐在低于 95℃ 时更稳定,而其盐酸盐在高于 95~110℃ 时显示出高稳定性(表 8.18)。

表 8.18　　　在经受高温的粗粒小麦粉面团中硫胺素损失的动力学数据

水分活度	温度/℃	$k(\times 10^4/min) \pm 95\% \, Cl$[①]	半衰期/min	活化能/(kcal/mol)
盐酸盐				
0.58	75	3.72±0.01	1863	95.4
	85	11.41±3.64	607	
	95	22.45±2.57	309	
0.86	75	5.35±2.57	1295	92.1
	85	12.20±4.45	568	
	95	30.45±8.91	228	
单硝酸盐				
0.58	75	2.88±0.01	2406	109
	85	7.91±0.01	876	
	95	22.69±2.57	305	

食品化学(第五版)

续表

水分活度	温度/℃	$k(\times10^4/min)\pm95\%\ Cl^{①}$	半衰期/min	活化能/(kcal/mol)
0.86	75	2.94±0.01	2357	111
	85	8.31±0.01	834	
	95	23.89±0.01	290	

①一级反应速率常数 ±95% 置信区间。

资料来源:Labuza, T. and Kamman, J. , *J. Food Sci.* , 47, 664, 1982.

(2)降解机制　硫胺素热降解的速度与机制受反应介质 pH 的强烈影响,而该降解通常涉及分子中央亚甲基桥的断裂。

在酸性条件下(即 pH≤6),硫胺素的热降解速度缓慢,且该过程涉及亚甲基桥的断裂,释放出的嘧啶和噻唑部分大体上未有变化。在 pH 6~7,伴随着噻唑环裂解程度的加大,硫胺素的降解速度加快,而在 pH 8 时,发现产品中所有噻唑环均受到破坏。现已知硫胺素的降解可产生大量的含硫化合物,后者可能是由于噻唑环的裂解和重排所致。这些化合物已显示出对肉风味的影响。在 pH＞6 时,噻唑环的裂解产物被认为是由少量以硫醇或假碱形式的硫胺素所引发。

在有亚硫酸氢根离子存在时,硫胺素可快速降解,这一现象促使联邦法规禁止在作为那些被认为是硫胺素的主要膳食来源的食品中使用亚硫酸盐制剂。虽然嘧啶产物已磺化,但由亚硫酸氢盐引起的硫胺素的裂解机制仍与在 pH≤6 时的降解类似(图 8.21)。该反应被认为是由碱交换或亚甲基碳的亲核取代所致,在此过程中,亚硫酸氢根离子取代了噻唑基。目前尚不清楚相关食品中的其他亲核试剂是否也有此效应。在广泛的 pH 范围内,皆可发生由亚硫酸氢盐引起的硫胺素裂解,最大速度出现在 pH≈6 时[156]。由于亚硫酸盐离子主要与质子化的硫胺素反应,该反应的 pH 曲线呈钟形。

几位研究者已注意到有利于硫胺素降解的条件(如 pH 和水分活度)与美拉德反应进程的关系。尤其是,嘧啶环上具有一个伯胺基的硫胺素,在中等水分活度下硫胺素降解速度最大,并且在中性或碱性 pH 时,反应速度大幅增加。虽然早期的研究显示,在某些条件下,硫胺素能与糖起反应,但糖常倾向于增加硫胺素的稳定性。尽管有利于硫胺素降解的条件与美拉德褐变有相似之处,但是硫胺素与食品中美拉德反应的反应物或中间体似乎没有直接的相互作用。

(3)生物利用率　在大多数已审批过的食品中,硫胺素的生物利用率似乎接近完全[52,71]。如前所述,在食品加工中形成的硫胺素二硫化物及其混合物对硫胺素的生物利用率影响很小。动物试验表明硫胺素二硫化物具有 90% 的硫胺素活性。

(4)分析方法　虽然食品中的硫胺素可用微生物生长法测定,但随着荧光和 HPLC 方法的出现[41],微生物生长法很少再被使用。通常可通过加热在稀酸中的均浆液,将硫胺素从食品中萃取出来。用磷酸酶处理缓冲液萃取样品,将维生素的磷酸盐水解,可测定总硫胺素含量。经色谱法消除非硫胺素荧光团后,再用氧化剂处理硫胺素,使其转化为可容易测定的高荧光性脱氢硫胺素(图 8.21)。

总硫胺素的测定可先经磷酸酶处理,再用 HPLC 分析。采用荧光 HPLC 测定时,先将硫胺素转化为脱氢硫胺素,或在柱后将其氧化为脱氢硫胺素,以便于荧光检测。

8.8.3 核黄素

8.8.3.1 结构与一般性质

核黄素,又称维生素 B_2,它是一类具有核黄素生物活性物质的总称(图 8.24)。核黄素族的母体化合物为 7,8-二甲基-10(1′-核糖基)异咯嗪,所有核黄素的衍生物都通称为黄素。核糖基侧链上的 5′-位经磷酸化可形成黄酮单核苷酸(FMN),而黄素腺嘌呤二核苷酸(FAD)还含有一个 5′-腺嘌呤单磷酸部分(图 8.24)。在许多依赖黄素的酶中 FMN 和 FAD 起着辅酶的作用,而这些酶催化各种氧化还原反应。受食品和消化道中磷酸酶的作用,两者都易转化为核黄素。在生物物质中只有相对较少量($<10\%$)的 FAD 与酶结合,结合方式为 FAD 的 8α 位与酶蛋白侧链上的氨基酸残基共价连接。

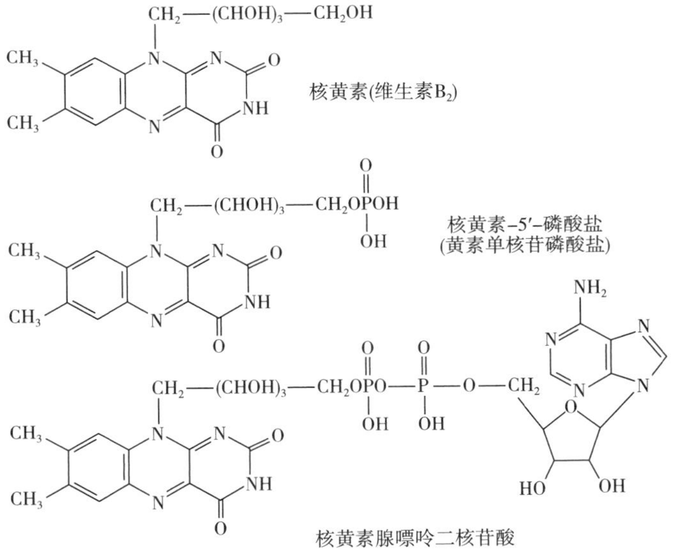

图 8.24 核黄素、单核苷黄酮和黄酮腺嘌呤二核苷酸结构

核黄素和其他黄素的化学性质较复杂,每种物质都能以几种氧化态以及多种离子形式存在。核黄素不管是作为游离维生素还是参与辅酶作用,都在三种化学形式间进行氧化还原循环。它们包括天然态(完全氧化)显黄色的黄素醌(图 8.25)、黄素单氢醌(依 pH 不同显红色或蓝色)以及无色的黄素氢醌。该序列反应的每个转化过程都涉及单电子还原和接受 H^+。黄素单氢醌 N^5 的 pK_a 为 8.4,而黄素单氢醌 N^1 的 pK_a 则为 6.2。

几种含量较少的核黄素形式也存在于食品中,尽管它们的化学由来和对人体营养的量化显著性尚未完全被测定。如表 8.19 所示,FAD 和游离核黄素占牛乳和母乳中总黄素的 80%[120,121]。在含量较少的核黄素形式中,最令人感兴趣的是 10-羟乙基黄素,它是细菌黄

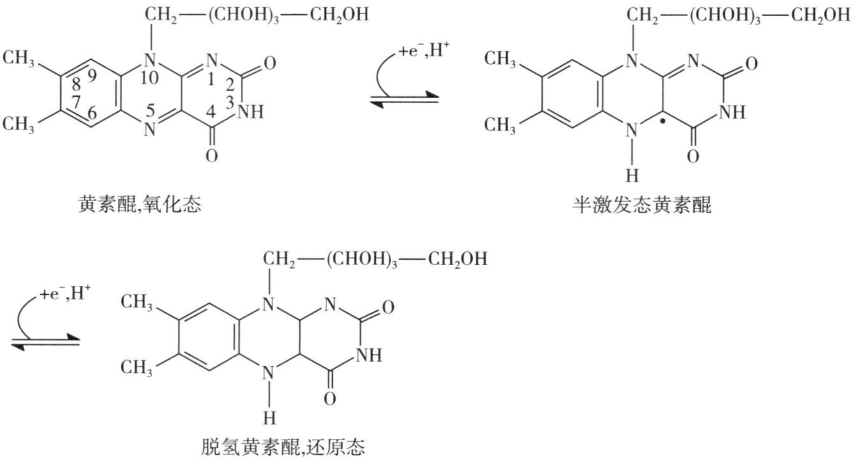

图 8.25　黄素的氧化还原特性

素代谢的产物。已知 10-羟乙基黄素是哺乳动物核黄素激酶的抑制剂,它可抑制核黄素吸收至组织中。其他含量较少的衍生物(如光黄素)也会起拮抗剂的作用。因而,食品既含有如核黄素、FAD 和 FMN 一类具有维生素活性的黄素,但也含有对核黄素转运和代谢起拮抗作用的物质。这说明为了精确评估食品的营养性质,需要对核黄素和其他维生素的各种形式做彻底的分析。

表 8.19　　　　　　　　　　　在新鲜母乳和牛乳中核黄素化合物的分布

化合物	母乳/%	牛乳/%	化合物	母乳/%	牛乳/%
FAD	38~62	23~46①	10-甲醛基核黄素	痕量	痕量
核黄素	31~51	35~59	7α-羟乙基核黄素	痕量~0.4	0.1~0.7
10-羟乙基核黄素	2~10	11~19	8α-羟乙基核黄素	痕量	痕量~0.4

①经巴氏杀菌,大桶装新鲜牛乳中 FAD 含量从 26%降至 13%,核黄素百分数相应增加。

资料来源:摘自 Roughead, Z. K. and McCormick, D. B., *Am. J. Clin. Nutr.*, 52, 854, 1990; Roughead, Z. K. and McCormick, D. B., *J. Nutr.*, 120, 382, 1990.

8.8.3.2　稳定性与降解模式

核黄素在酸性介质中稳定性最高,在中性 pH 稍不稳定,而在碱性环境中则快速降解。在常规的热处理、加工和制备过程中,多数食品中核黄素的保留率为中等至很好。在各类脱水食品体系(早餐谷类食品和模型体系)的贮藏过程中,核黄素的损失可忽略不计。当高于环境温度、水分活度高于单分子层水时,可检测到降解速度加快[28]。

核黄素的典型降解机制为光化学过程,在此过程中生成了两个无生物活性产物,即光黄素和光色素(图 8.26),以及一系列自由基[152]。多年来,一种常用的实验手段是将核黄素溶液暴露于可见光下,从而产生自由基。核黄素的光解生成了超氧化物和核黄素自由基(R·),O₂与 R·反应形成过氧自由基和种类繁多的其他产物。对于造成食品中光敏化反应的核黄素光化学降解程度,尚未取得定量结果,尽管这一过程肯定具有显著影响。核黄素涉及抗坏血酸和可能的其他不稳定维生素的光敏降解。光引起的牛乳异味(产品置于阳光或荧光下)是由核黄素引起的光化学过程所致。虽然异味的形成机制尚未完全确定,但是光引发(可能是自由基引起的)脱羧及蛋氨酸脱氨所形成的甲硫胺醛(CH₃—S—CH₂—CH₂—CH =O)至少是造成异味的部分原因。乳脂肪也可同时发生温和的氧化,通过玻璃瓶装牛乳的家庭运送方式的出现和包装材料的变化,这种光致乳类异味现象已有所减少。

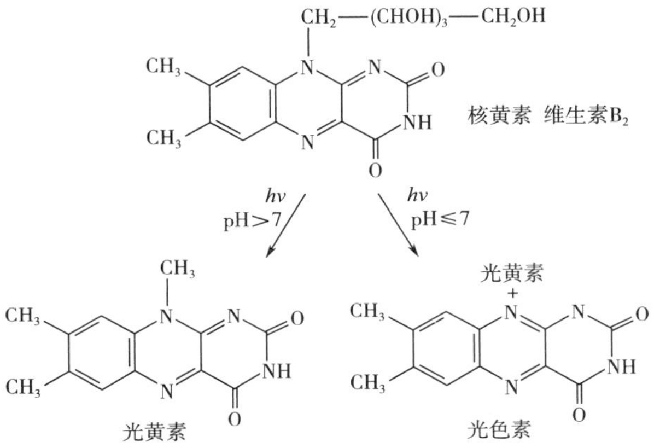

图 8.26 核黄素经光化学转变为光色素和光黄素

8.8.3.3 生物利用率

对天然存在的核黄素的生物利用率相对所知甚少,但也很少会出现不完全生物利用率的问题。将共价结合型 FAD 辅酶喂饲鼠时,虽然该物质在维生素中所占比例较小,但所表现出的生物利用率很低。具有潜在抗维生素活性的膳食核黄素衍生物在营养学上的意义尚未经动物和人体试验证实。

8.8.3.4 分析方法

当黄素类物质以完全氧化态黄素醌形式存在时(图 8.25),具有高度荧光性,它的这一性质为大多数分析方法奠定了基础。对于食品中总核黄素的检测,传统的测定包括在用化学法将核黄素还原为非荧光性的黄素氢醌前后,测定其荧光值[129]。在稀溶液中,荧光与浓度呈线性关系,但是某些食品组分可对精确测定产生干扰。许多现代 HPLC 和 LCMS 方法也适用于根据先前概述的原理[38]测定食品萃取液中总核黄素。通常 HPLC 法需要在稀酸溶液中加压萃取样品,然后通过直接分析核黄素,FMN 和 FAD[121]或者通过磷酸酶处理萃取液将核黄素从 FMN 和 FAD 中释放出来。

8.8.4 烟酸

8.8.4.1 结构与一般性质

烟酸是一类具有类似维生素活性的 3-羧酸吡啶(尼克酸)及其衍生物的总称(图 8.27)。尼克酸及其胺(尼克酰胺:3-酰胺吡啶)或许是最稳定的维生素。烟酸的辅酶形式为尼克酰胺腺嘌呤二核苷酸(NAD)和尼克酰胺腺嘌呤二核苷酸磷酸(NADP),两者均能以氧化或还原态存在。NAD 和 NADP 以辅酶形式(在传递还原当量过程中)参与多个脱氢酶的反应。加热,尤其在酸碱条件下,可将尼克酰胺转变为尼克酸,而维生素活性则不受损失。烟酸不受光的影响,并且在相应的食品加工条件下无热损失。正如其他水溶性营养素,清洗、热烫和加工/制作过程中的沥滤以及组织的汁液渗出(即滴漏)都可造成维生素的损失。烟酸广泛分布于蔬菜和动物来源的食品中。在美国,烟酸缺乏症十分罕见,部分原因是在谷类产品中实施营养素强化计划的结果。由于色氨酸可经代谢转化为尼克酰胺,高蛋白膳食可降低对膳食烟酸的需求。

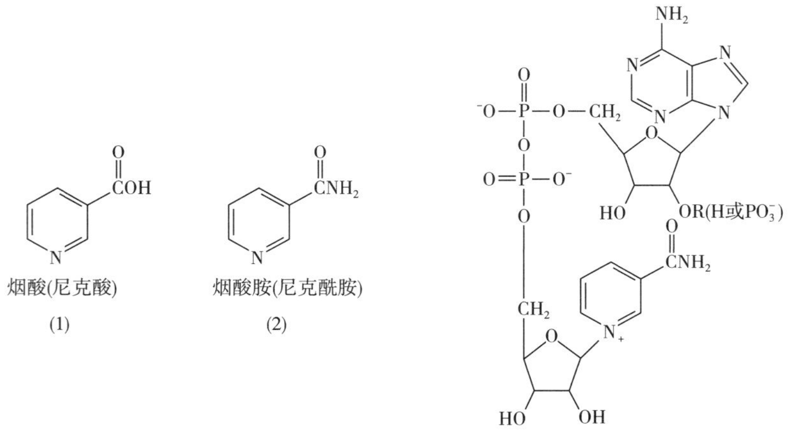

烟酸(尼克酸) (1)

烟酸胺(尼克酰胺) (2)

烟酰胺腺嘌呤二核苷酸 (3)

图 8.27 (1)尼克酸、(2)尼克酰胺和(3)尼克酰胺腺嘌呤二核苷酸(磷酸)的结构

在某些谷类产品中,烟酸以几种化学形式存在,除非经水解,否则它们不具烟酸活性。这些无烟酸活性的形式包括与碳水化合物、肽和酚类结合的、性质未明的复合物。对这些无营养价值、化学结合形式的烟酸的分析结果表明,它们在色谱上呈不均一性并且化学组成具变异性,这说明天然存在着许多结合态的烟酸。用碱处理可将烟酸从这些复合衍生物中释放出来,便于总烟酸的测定。尼克酸的几种酯类形式天然存在于谷物中,这些化合物对食品中烟酸的活性贡献很少。

葫芦巴碱或 *N*-甲基-烟酸是一种天然存在的生物碱,它们在咖啡中的含量较高而在谷类和豆类中含量较低。在温和的酸处理条件下,主要在咖啡的烘烤过程中,葫芦巴碱经脱甲基而生成尼克酸,使得咖啡中烟酸的浓度与活性增加 30 倍。由烹调引起的互变反应也可改变某些烟酸类物质的相对浓度[147,148]。例如,在玉米的蒸煮过程中,加热使游离尼克酰胺从 NAD 和 NADP 中释放出来。此外,烟酸类物质在产品中的分布随品种(如甜玉米对田间玉米)和成熟期的变化而异。

8.8.4.2 生物利用率

多年来人们已知,在许多植物来源的食品中存在着无营养利用价值的烟酸形式,而对其化学本质的认识很少。除了上述化学结合形式外,还有其他几种来自植物食品的烟酸的生物利用率也不完全[148]。由于 NAD 的还原态(即 NADH,也有可能为 NADPH)在胃酸环境中不稳定,它们只具很低的生物利用率。在许多食品中,这些还原态的含量较低,因而在营养学上并无意义。影响烟酸生物利用率的主要因素为化学结合形式在总烟酸中所占的比例。如表 8.20 所示,经碱萃取后测出的烟酸比大鼠生物测定法(可生物利用烟酸)或间接分析(游离烟酸)得到的结果要高得多。

表 8.20 用化学分析法(酸或碱萃取法)或大鼠生物测定法得到的部分食品中烟酸含量

食品	化学测定类型		
	游离烟酸/(μg/g)①	总烟酸/(碱萃取,μg/g)①	大鼠生物测定法/(μg/g)①
玉米	0.4	25.7	0.4
熟玉米	3.8	23.8	6.8
碱液中加热后的玉米 (保留在液体中)	24.6	24.6	22.3
玉米粉圆饼	11.7	12.6	14
甜玉米(新鲜)	—	54.5	40
熟甜玉米	45	56.4	48
熟高粱	1.1	45.5	16
熟米	17	70.7	29
熟小麦面粉	—	57.3	18
烤土豆	12	51	32
烤肝	297	306	321
烤豆	19	24	28

注:盐酸萃取液的分析结果为"游离烟酸"含量,碱萃取液的测定结果为总烟酸含量,而大鼠生物测定法的结果为生物可利用烟酸的含量。

①以湿重计。

资料来源:摘自 Carpenter, K. J. et al., *J. Nutr.*, 118, 165, 1988; Wall, J. and Carpenter, K., *Food Technol.*, 42, 198, 1988.

8.8.4.3 分析方法

烟酸可用微生物法测定。主要的传统化学方法包括将烟酸与溴化腈反应生成 *N*-取代吡啶,再与芳香族胺偶联形成发色团[35]。许多 HPLC 和 LCMS 方法可用于测量食品和生物材料中的烟酸,烟酰胺,NAD、NADP 和其他烟酸衍生物[38,84],HPLC 已被用于测定谷类中单个游离和各种结合形式烟酸的含量[147,148]。

8.8.5 维生素 B₆

8.8.5.1 结构与一般性质

维生素 B₆ 是一类具有吡哆醇维生素活性的 2-甲基-3 羟基-5-羟甲基吡啶物质的总称。如图 8.28 所示,随 4 位一碳取代基的性质不同,维生素 B₆ 的形式各异。吡哆醇(PN)取代基为一醇;吡哆醛(PL)取代基为一醛;而吡哆胺(PM)取代基为一胺。这三类基本形式也可在其 5′-羟甲基上磷酸化,生成吡哆醛 5′-磷酸(PNP)、吡哆醇 5′-磷酸(PLP)和吡哆胺 5′-磷酸(PMP)。维生素 B₆ 以 PLP 形式(也有少量的 PMP 形式)作为辅酶参与 140 多种酶反应,这些反应包括氨基酸、碳水化合物、神经传递质和脂质的代谢。所有上述维生素 B₆ 都具维生素活性,因为它们可在体内转化为辅酶。"吡哆醇"这一术语已不再用作维生素 B₆ 的通称。与"吡哆醇"一样,术语"吡哆醛"也不再使用。

维生素 B₆ 的糖基化形式存在于大多数水果、蔬菜和谷类中,其形式一般为吡哆醇-5′-β-D-葡萄糖苷(图 8.28)[55]。这类形式占总维生素 B₆ 的 5%~75%,在典型混合膳食中占维生素 B₆ 的 15%~20%。吡哆醇葡萄糖苷只有当肠道或其他器官中的葡萄糖苷酶将其水解后,才具营养活性。维生素 B₆ 的其他几种糖苷形式也发现存在于某些植物产品中。

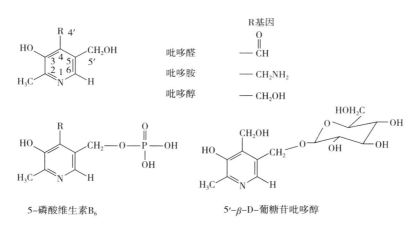

图 8.28 维生素 B₆ 类物质的结构

维生素 B₆ 类物质可通过几个离子部位进行复杂的离子化反应(表 8.21)。由于吡啶 N(p$K_a \approx 8$)和 3-OH(p$K_a \approx 3.5 \sim 5.0$)的基本特性,在中性 pH,维生素 B₆ 分子的吡啶环体系主要以偶极离子的形式存在。维生素 B₆ 类化合物的净电荷随 pH 急剧变化。PM 与 PMP 的 4′-氨基(p$K_a \approx 10.5$)和 PLP 与 PMP 的 5′-磷酸酯(pK_a 分别为 <2.5,6 与 12)也会对该类维生素的电荷产生影响。

离子化[①]	pK_a				
	PN	PL	PM	PLP	PMP
3-OH	5.00	4.20~4.23	3.31~3.54	4.14	3.25~3.69
吡啶 N	8.96~8.97	8.66~8.70	7.90~8.21	8.69	8.61
4′-氨基			10.4~10.63		ND
5′-磷酸酯					
pK_{a1}				<2.5	<2.5
pK_{a2}				6.20	5.76
pK_{a3}				ND	ND

表 8.21 上方标题: **维生素 B_6 类物质的 pK_a**

注:①缩写:PN,吡哆醇;PL,吡哆醛;PM,吡哆胺;PLP,吡哆醇 5′-磷酸;PMP,吡哆胺 5′-磷酸。ND,未检出。

资料来源:Snell, E., *Compr. Biochem.*, 2, 48, 1963.

所有各式维生素 B_6 均存在于食品中,而其分布却差异很大。PN-葡萄糖苷只存在于植物产品中,尽管大多数植物产品中也含有所有其他维生素形式。肌肉和器官肌肉组织中维生素 B_6 的主要成分(>80%)为 PLP 和 PMP,并含少量非磷酸化形式。反复冻-融及均质可造成新鲜植物组织的破裂,从而释放出磷酸酶和 β-葡萄糖苷酶,这些酶可催化脱磷和脱糖反应,导致维生素 B_6 化合物形态的改变。同样,烹调前动物组织的破裂也能引起大量 PLP 和 PMP 脱磷。PNP 是维生素 B_6 代谢的过渡中间体,以维生素 B_6 总量计,几乎可忽略不计。吡哆醇(以盐酸盐形式)由于稳定性能良好,是用于食品强化和营养补充的维生素 B_6 形式。应避免摄入维生素 B_6 的补充超过 100mg/d,因为它有可能具有潜在的毒性。补充含有任何其他形式的维生素 B_6,如磷酸吡哆醛,都不会具有超过 PN 的营养效果。除了盐酸形式外,PN 在市场上也有维生素 B_6-α-酮戊二酸盐复合物(PAK)形式。关于 PAK 的声明证实不足,并且报告的剂量与现在已知的危险范围接近。有关高剂量 PM 补充剂具有抗糖尿病特性的说法并未得到实验证据的强烈支持。

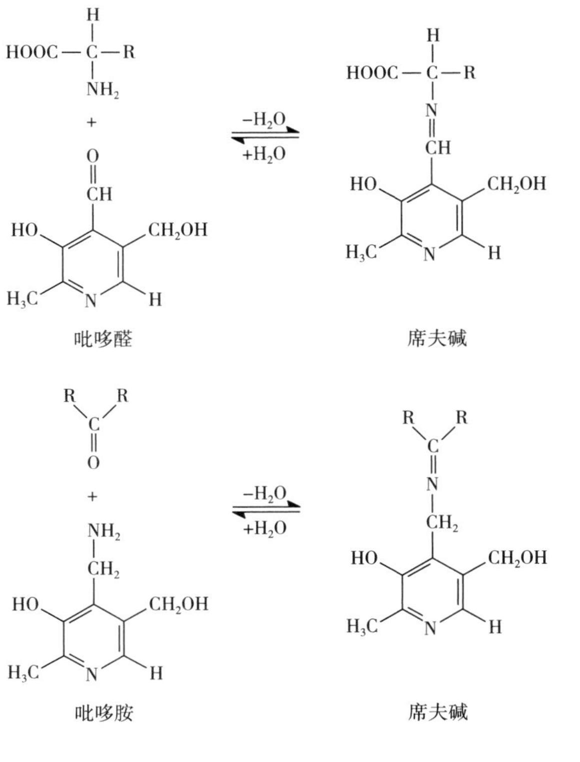

维生素 B_6 的醛和胺形式易参与羰-胺反应:PLP 或 PL 与胺,以及 PMP 或 PM 与醛或酮(图 8.29)。在

图 8.29 从吡哆醛(PL)和吡哆胺(PM)形成的席夫碱结构

PLP 和 PMP 也发生类似反应。

大多数依赖 B₆ 的酶中,PLP 的辅酶作用均涉及羰-胺缩合反应。PLP 和 PL 易与氨基酸、肽和蛋白质上的中性氨基结合形成席夫碱。虽然席夫碱可存在于不含金属离子的水溶液中,以配位共价键与金属离子结合可增加非酶体系中的席夫碱稳定性。PLP 比 PL 更易形成席夫碱,因为 PLP 的磷酸基阻碍了半内缩醛的形成,从而保留了羰基的反应活性(图 8.30)[151]。如同其他羰-胺反应一样,非酶形成的维生素 B₆ 席夫碱受 pH 的强烈影响,其最适 pH 为碱性。席夫碱复合物的稳定性同样受 pH 的强烈影响,并可在酸性环境下发生分解。因此,在如餐后胃容物之类酸性介质中,预计维生素 B₆ 的席夫碱形式可完全分解。除了图 8.29 中的席夫碱外,在平衡体系中还存在着其他几种互变和离子形式。

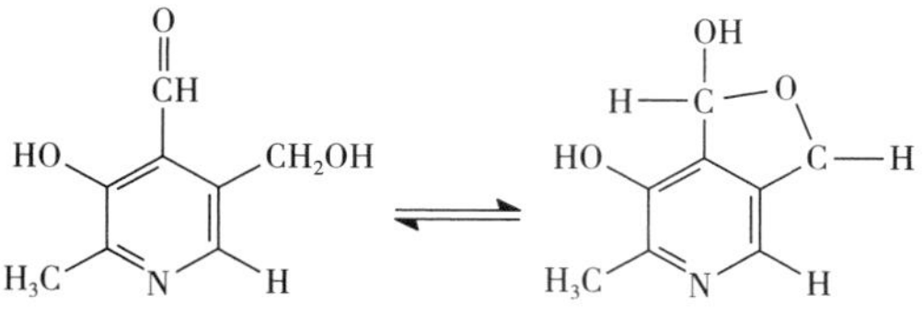

图 8.30　形成吡哆醛半内缩醛

依据与席夫碱中的 PLP 或 PL 发生缩合反应的氨基化合物的化学性质,可发生进一步的重排,形成各种环状结构。例如,半胱氨酸与 PL 或 PLP 缩合形成席夫碱,然后—SH 进攻席夫碱 4′-C 位形成环状四氢噻唑衍生物(图 8.31)。组氨酸、色氨酸和几个相关化合物(如组胺和色胺)可与 PL 或 PLP 碱分别通过咪唑和吲哚基侧链的反应形成类似的环状复合物。

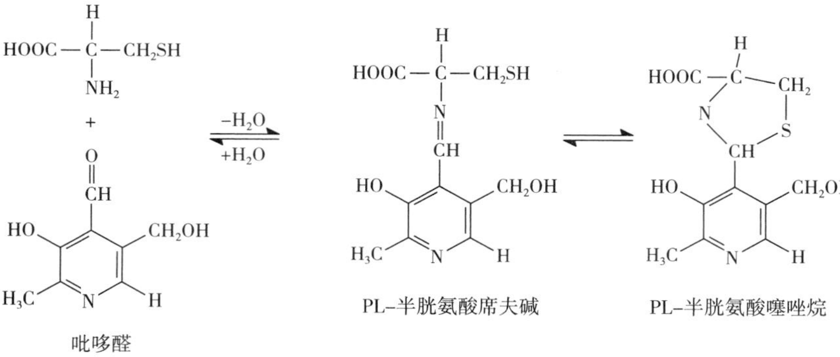

图 8.31　席夫碱和吡哆醛(PL)与半胱氨酸形成的四氢噻唑复合物

8.8.5.2　稳定性与降解模式

食品的热处理和贮藏能以几种方式影响维生素 B₆ 的含量。同其他水溶性维生素一样,遇水可造成浸出,进而导致损失。其化学变化涉及维生素 B₆ 各化学形式的互变、热或光化学降解,或与蛋白质、肽及氨基酸不可逆复合。

维生素 B₆ 类物质的互变主要由非酶转氨作用引起,包括席夫碱的形成和席夫碱双键的移位,以及随后发生的水解和分解。非酶转氨作为 PLP 诱导的酶促转氨模型已得到广泛研究。这一转氨作用广泛存在于含维生素 B₆ 醛式或胺式食品的热处理过程中。例如,在肉类或乳制品的烹调或热处理过程中[11,47]以及在以蛋白质为基料的液态模型体系的研究中[46],可经常观察到 PM 和 PMP 同比增长。这种转氨作用在营养上无不利影响。类似的转氨现象出现于中等水分的模型食品体系的贮藏过程中(水分活度≈0.6)。由 PL 诱导的 H_2S 和含硫氨基酸中的甲巯基非酶消除反应同样存在于食品加工过程中。上述反应是风味的重要来源,并可通过形成黑色 FeS 的形成造成罐装食品褐色[56]。

所有维生素 B_6 类物质均易见光降解,因而在食品加工、制作、贮藏和分析过程中造成损失。对维生素 B_6 的光解机制尚未彻底了解,而且对反应速度与波长之间的关系也不清楚。光诱导的氧化反应似乎涉及自由基中间体。维生素 B_6 遇光可形成无营养活性的衍生物 4-吡哆酸(来自 PL 和 PM)和 4-吡哆酸-5′磷酸(来自 PLP 和 PMP),从而证实了它对光化学氧化的敏感性[117,125]。但是,不论是否存在空气,PLP、PMP 和 PM 的光解速度和降解产物的数量差别不大,这说明氧化反应的引发并不需要 O_2 的直接进攻。在低水分模型食品体系中,PL 的光解速度比 PL 和 PN 快。此反应与 PL 浓度呈一级动力学关系,并受温度的强烈影响,但水分活度对其影响很小(表 8.22)。

表 8.22　温度、水分活度和光强度对脱水模型食品体系中吡哆醛降解的影响

光强度/(流明/m^2)	水分活度	温度/℃	k[①]/(d^{-1})	$t_{1/2}$[①]/d
4300	0.32	5	0.092	7.4
		28	0.1085	6.4
		37	0.2144	3.2
		55	0.3284	2.1
4300	0.44	5	0.0880	7.9
		28	0.1044	6.6
		55	0.3453	2.0
2150	0.32	27	0.0675	10.3

①k,一级反应速率常数;$t_{1/2}$,达 50%降解时所需时间。

资料来源:摘自 Saide, B. and Warthesen, J., *J. Agric. Food Chem.*, 31, 876, 1983.

维生素 B_6 非光化学降解的速度受维生素形式、温度、溶液 pH 和存在的其他反应物(如蛋白质、氨基酸和还原糖)的强烈影响。在低 pH 条件下(如 0.1mol/L HCl,用于维生素 B_6 分析的萃取过程),各种形式的维生素 B_6 均显示出极好的稳定性,这一条件可用于维生素 B_6 分析的提取方法。在 pH4~7 的缓冲液中,将维生素 B_6 类物质于 40℃ 或 60℃ 下保温至 140d,其间未见 PN 有损失。PM 在 pH 7 时损失最大,而 PL 的最大损失则出现在 pH 5(表 8.23)[124]。在以上研究中,PL 和 PM 的降解遵循一级动力学反应模式。相反,在类似研究中,PL、PN 和 PM 在 110~145℃,pH 7.2 缓冲液中的降解动力学模式分别为二级、1.5 级和假一级反应[107]。在平行研究中,菜花泥中维生素 B_6 的热降解也并不符合一级动力学模式。在这些研究中,对造成动力学差异的原因尚不清楚在模拟烘烤过程的干热条件下,脱水模型体系中 PN 的降解始终遵循一级动力学模式[36]。

表 8.23　　　　　　　　　　**pH 和温度对水溶液中吡哆醛和吡哆胺降解的影响**

化合物	温度/℃	pH	$k^{①}$/(d^{-1})	$t_{1/2}^{①}$/d
吡哆醛	40	4	0.0002	3466
		5	0.0017	407
		6	0.0011	630
		7	0.0009	770
吡哆醛	60	4	0.0011	630
		5	0.0225	31
		6	0.0047	147
		7	0.0044	157
吡哆胺	40	4	0.0017	467
		5	0.0024	289
		6	0.0063	110
		7	0.0042	165
吡哆胺	60	4	0.0021	330
		5	0.0044	157
		6	0.0110	63
		7	0.0108	64

①在 pH 4~7、40℃或 60℃下保温至 140d,未发现吡哆醇有显著降解。k,一级反应速率常数;$t_{1/2}$,达 50%降解时所需时间。

资料来源:摘自 Saide, B. and Warthesen, J., *J. Agric. Food Chem.*, 31, 876, 1983.

　　由于上述多种维生素形式均可发生各类降解反应,且该维生素的不同形式之间也可产生互变反应,因而使食品中维生素 B_6 热稳定性的研究变得复杂化。食品加工与贮藏中总维生素 B_6 的损失与观察到的其他水溶性维生素的损失相类似。例如,在热烫和罐装过程中,鹰嘴豆和利马豆损失了约 20%~25%的总维生素 B_6。

　　HPLC 方法的发展使得对加工贮藏过程中维生素 B_6 化合物的化学特性的研究更为方便。在中等水分模型食品体系和模拟婴儿配方食品的液相模型体系中,已观察到在总维生素 B_6 按一级动力学损失的同时,发生了 PL 和 PM 结构互变现象(图 8.32 和表 8.24)[46]。PN 显示出比 PL 或 PM 更好的稳定性,尽管其差值随温度变化而异(表 8.23)。虽然它们之间的活化能差异说明这三种化合物可能遵循不同的降解机制,但动力学参数计算结果证明 PL、PM 和 PN 的损失过程有一共同的速度限制步骤[45]。要更完整地评估在各类食品中天然存在的维生素 B_6 的性状,需要作进一步研究。

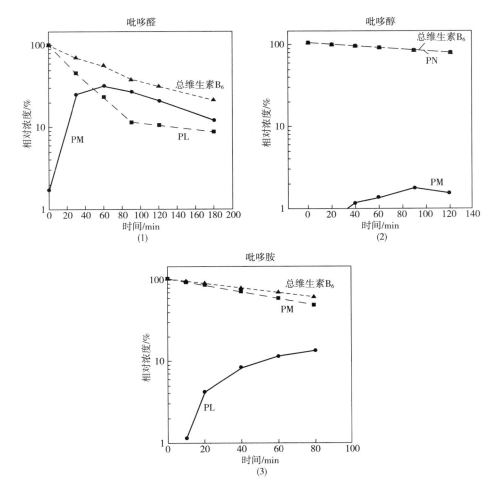

图 8.32　在模拟婴儿配方食品的液态模型食品体系经 118℃热处理期间，

维生素 B₆ 类物质的降解和结构互变

起始维生素 B₆ 含量为 100% 的吡哆醛(PL)(1)，100% 的吡哆醇(PN)(2)和 100% 的吡哆胺(PM)(3)。

资料来源：Gregory, J. and Hiner, M., *J. Food Sci.*, 48, 2434, 1983.

表 8.24　在模拟婴儿配方食品的液态模型体系中总维生素 B₆ 热损失的速度常数和活化能

所添加的维生素 B₆ 形式	温度/℃	k/(min⁻¹)	$t_{1/2}$/min	活化能/(kJ/mol)
吡哆醇	105	0.0006	1120	114
	118	0.0025	289	
	133	0.0083	62	
吡哆胺	105	0.0021	340	99.2
	118	0.0064	113	
	133	0.0187	35	

续表

所添加的维生素 B_6 形式	温度/℃	$k/(\min^{-1})$	$t_{1/2}/\min$	活化能/(kJ/mol)
吡哆醛	105	0.0040	179	87.0
	118	0.0092	75	
	133	0.0266	24	

注:k,一级反应速率常数;$t_{1/2}$,达50%降解时所需时间。

资料来源:Gregory, J. and Hiner, M., *J. Food Sci.*, 48, 2434, 1983.

一个涉及婴儿配方食品的不幸事件促使人们对乳制品中维生素 B_6 的热稳定性进行广泛调查。在 20 世纪 50 年代初期,出现了 50 多例由于食用市售乳基婴儿配方食品而发生的婴儿抽搐发作症[23],而数以千计食用同一配方食品的婴儿未出现病症。给婴儿服用 PN 可使惊厥失调得以纠正。经加工的配方食品中维生素 B_6 不足的问题通过强化 PN 得以纠正,因为 PN 比乳中天然存在的维生素主要形式 PL 的稳定性高得多[61]。商业上对炼乳和未强化婴儿配方食品的灭菌可造成天然存在的维生素损失 40%~60%。在同样的热处理过程中,发现加入 PN 几乎没有损失。这一事件强调了需要对食品的营养质量作完全和彻底的评估,尤其是在应用新配方和新的加工方法时。

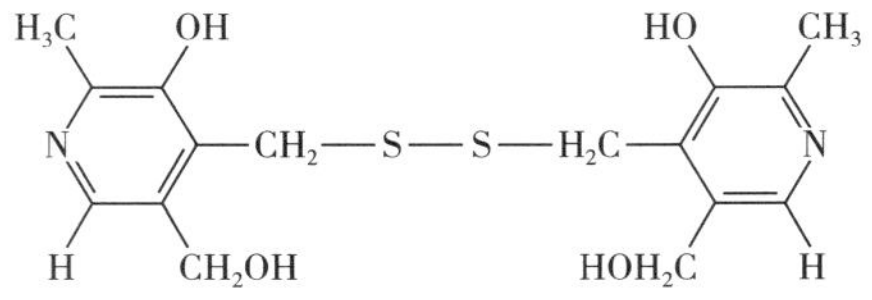

图 8.33　二-4-吡哆醛-二硫化物结构

在上述未强化婴儿配方食品事件中出现的维生素 B_6 缺乏症至少部分原因是在加工过程中 PL 和乳蛋白相互作用,形成了含硫衍生物二-4-吡哆醛-二硫化物(图 8.33)。已观察到在加热 PL 和半胱氨酸的浓缩液后[150],缓慢形成了二-4-吡哆醛-二硫化物,经大鼠生物法测定,它只有部分(20%)维生素活性。已观察到 PL 与乳蛋白相互作用时涉及巯基的证据[134]。但是,当采用 HPLC 分析经热处理并含有放射性同位素标记物 PL 和 PLP 的牛乳,未发现二-4-吡哆醛-二硫化物存在的证据[47]。在同一研究中,发现 PL 和 PLP 可通过还原席夫碱—C ≡N—的连接部位与乳蛋白中赖氨酸的 ε-氨基广泛结合(图 8.34)。在经热加工的肌肉和肝中以及中等水分模型食品体系的贮藏过程中,也已检测到这种吡哆醛赖氨酸残基。席夫碱连接减少的机制尚未被确定。

与食品蛋白质结合的吡哆醛赖氨酸残基所显示的 PN 维生素 B_6 活性约为 50%[54]。将该化合物喂饲维生素 B_6 缺乏症的大鼠,可使缺乏症加重。这一作用与前述食用未强化的热处理婴儿配方食品后出现的缺乏症有关。

蛋白质巯基在 PL 与蛋白质相互作用中所起的作用尚不完全清楚。巯基如同氨基酸侧链上的 ε-氨基或咪唑基,能可逆地与蛋白质同 PL 结合形的席夫碱的连接部位作用,按类似于图 8.31 的方式形成取代的乙醛胺。

维生素 B_6 也可经自由基反应转化成无生物活性的化合物。在抗坏血酸降解过程中产生的羟自由基可直接进攻 PN 的 C^6 位,形成 6-羟基衍生物[136]。其他所有的各式维生素 B_6

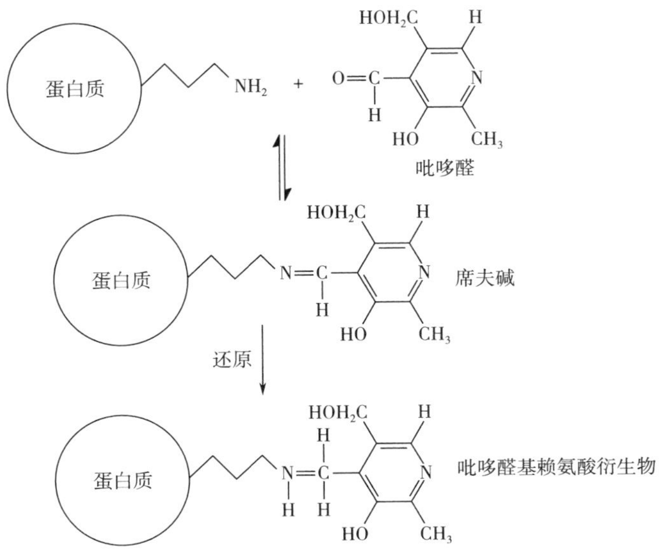

图 8.34　PL 与食品蛋白质中赖氨酸残基上 ε-氨基的相互作用形成席夫碱，然后还原为吡哆醛氨基复合物

也可能发生这一反应。6-羟基吡哆胺完全丧失维生素 B_6 活性。

8.8.5.3　维生素 B_6 的生物利用率

　　影响维生素 B_6 的生物利用率有很多因素[53]。在典型混合膳食中总维生素 B_6 的生物利用率估计约为成人所需的 75%[139]。膳食中的 PL、PN、PM、PLP、PMP 和 PNP，似乎可被高效吸收并有效地起到维生素 B_6 的代谢作用。PL、PLP、PM 和 PMP 的席夫碱在胃酸环境下可分解，因而具有较高的生物利用率。

　　PN-葡萄糖苷以及其他维生素 B_6 糖苷均不能被人体有效利用。虽然已观察到个体间存在的广泛的差异，PN-葡萄糖苷的生物利用率约为 PN 的 50%~60%。在人类膳食中 PN-葡萄糖苷不完全的生物利用率的重要性，在很大程度上取决于所摄入维生素 B_6 的总量和所选的食品种类。然而，由于 PN-葡萄糖苷具有相当好的生物利用率，即使它在食品中所占的比例较高，这些食品也可作为相当有效的膳食维生素 B_6 来源。在不同的动物品种中，PN-葡萄糖苷的生物利用率差异巨大。最重要的是，维生素 B_6 的分析方法必须能检测出各类糖苷形式，并提供它们之间的相对数量。

　　对以吡哆醛氨基化合物形式（如吡哆醛赖氨酸，见图 8.34）存在的 PL 或 PLP 的生物利用率的测定是相当困难的。与席夫碱形式不同，吡哆醛氨基化合物中处于 PL（或 PLP）与赖氨酸 ε-氨基之间的可还原连接部位非常稳定。由于这一稳定的共价连接，在典型的、用于维生素 B_6 分析的萃取条件下，吡哆醛氨基化合物中的 B_6 部分几乎没有被解离出来。所以，PL 或 PLP 与蛋白质之间的这种稳定的共价连接似乎也是一种维生素 B_6 的降解模式，并被视为可测定维生素 B_6 的一种损失。但是，对与膳食蛋白质还原结合的 PLP（吡哆醛赖氨酸残基）的生物利用率研究表明，其生物利用率约为 50%[54]。哺乳动物可部分利用酶促裂解吡哆醛−赖氨酸键释放出 PLP 部分。吡哆醇赖氨酸可以发挥较弱的抗维生素 B_6 活性，尽管只有当饮食中总维生素 B_6 含量较低时才会导致维生素 B_6 缺乏[54]。

8.8.5.4　维生素 B_6 的检测

维生素 B_6 的检测可采用微生物测定法或 HPLC 法[51]。采用微生物法测定总维生素 B_6 时，可使用酿酒酵母(*Saccharomyces uvarum*，原名 *S. carlsbergensis*)或短小克勒克氏酵母(*Kloeckera brevis*)。酵母生长法测定过程包括先酸水解，将维生素 B_6 从食品中萃取出来，然后水解磷酸酯和 β−葡萄糖苷。在使用微生物测定法时应小心，因为所用微生物可能会使 PM 分析结果偏低。HPLC 方法主要基于带有荧光检测的反相或离子交换柱分离，或者使用最近 LCMS 方法。HPLC 方法涉及将维生素 B_6 通过化学或酶法转化为单一物质(如 PN)，因而易于因不完全的相互转化而产生错误。

8.8.6　叶酸

8.8.6.1　结构与一般性质

叶酸是指具有与叶酸(蝶酰基−L−谷氨酸)类似的化学结构和营养活性物质的一类蝶啶衍生物总称。这类物质的不同组分均被取名为"叶酸"(folate)。英文"folacin"和"folic acid"不再被推荐用作通称。叶酸含有 L−谷氨酸，其 α−氨基与对−氨基苯甲酸上的羧基相连，后者再依次连接 2−氨基−4−羟基蝶啶(图 8.35)。在叶酸中，蝶啶基完全被氧化，全部以双键连接形式存在。所有的叶酸都含有酰胺样结构，包括图 8.36 所示的 N^3 和 C^4 在两种异构式之间的共振。

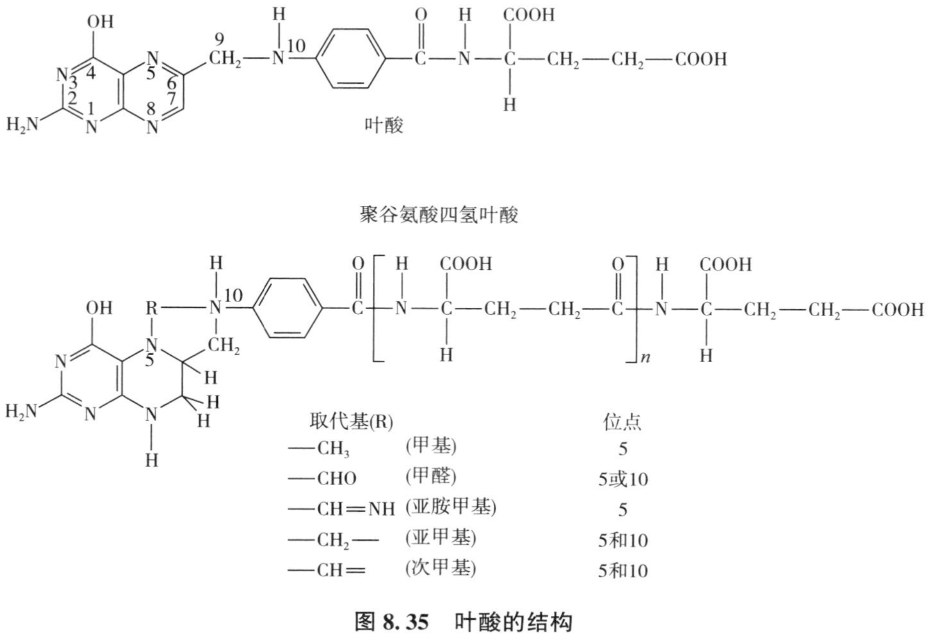

图 8.35　叶酸的结构

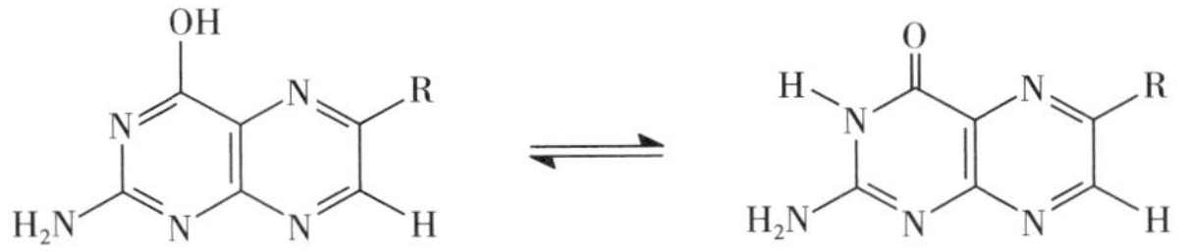

图 8.36 叶酸蝶啶环上 3,4-酰胺位的共振结构式

所示为叶酸蝶啶体系的完全氧化式;H_4叶酸和 H_2叶酸遵循同一模式。

只有极少量的叶酸(蝶酰基-L-谷氨酸)以天然形式存在。在以植物、动物和微生物来源的原料中,叶酸的主要天然存在形式为聚谷氨酰类 5,6,7,8 四氢叶酸(H_4叶酸)(图 8.35),其中蝶啶环状体系中的两个双键被还原。少量的 7,8 二氢叶酸(H_2叶酸)也天然存在(图 8.35)。代谢上,H_4叶酸是单碳转化反应的调节剂,即以一个碳为单位的转化、氧化和还原反应,此类反应解释了有叶酸存在时活细胞中有各类单碳取代形式的原因。单碳取代可作用于 N^5 或 N^{10} 位上(主要以甲基或甲酰基形式),或以亚甲基(—CH_2—)或次甲基(—CH=)形式在 N^5 和 N^{10} 间桥连(图 8.35)。大多数天然状态的叶酸存在于植物和动物组织以及植物与动物来源的食品中,它们都含有一个与以 γ 肽键连接的由 5~7 个谷氨酸组成的侧链。通常假定食品中近 50%~80% 的叶酸以聚谷氨酰的形式存在,取决于食品选择的形式。从 1998 年开始,联邦政府授权添加叶酸到大多数谷物类食品(如面粉、强化面包、春卷、面条、大米等)中,以改变这种格局,使 25%~50% 的叶酸摄入量是通过日常饮食获得的合成叶酸(蝶酰基-L-谷氨酸)。然而,有关各式叶酸在单个食品或所有膳食中的分布数据目前十分有限。所有叶酸,不论其蝶啶环结构是否为氧化态、是 N^5 或 N^{10} 的单碳取代、间或聚谷氨酰链长度,在哺乳动物包括人体内都具维生素活性。很多带有 4-氨基或经其他修饰的叶酸类似物是潜在的癌症和自体免疫疾病化疗的有效拮抗剂。

叶酸的离子态发生变化受 pH 的影响(表 8.25),蝶啶环上电荷的变化部分解释了 pH 对叶酸稳定性、紫外吸收光谱以及色谱分离过程中叶酸 pH 依赖特性的影响。

表 8. 25 **叶酸离子化基团的 pK_a**

叶酸化合物	酰胺	N^1	N^5	N^{10}	α-COOH	γ-COOH
5,6,7,8-H_4叶酸	10. 5	1. 24	4. 82	-1. 25	3. 5	4. 8
7,8-H_2叶酸	9. 54	1. 38	3. 84	0. 28	ND	ND
叶酸	8. 38	2. 35	<-1. 5	0. 20	ND	ND

注:ND,由于溶解度不够,未测。假定这些羧基的 pK_a 值与所有叶酸类似。酰胺是指 N^3-C^4 酰胺位置处的解离。

资料来源:摘自 Poe, M., *J. Biol. Chem.*, 252, 3724, 1977.

两个不对称碳(所有叶酸中谷氨酰 α-碳以及 H_4叶酸中的蝶啶 6 位碳)的每一个都有两种异构体,因此,叶酸被称为非对映异构体。谷氨酸部分必须为 L 型才具维生素活性,对四氢叶酸,C^6 必须为正确的手性形式才具有维生素活性。通过非特异性化学还原叶酸合成的四氢叶酸,是含有 6R 和 6S 非对映异构体的混合物,其中只有一种具有营养活性。正式命名法规定,H_4叶酸,5-甲基,5-甲酰基和 5-甲酰亚胺基 H_4叶酸的天然营养活性形式指定为

6S,而在 C^{10} 位置具有取代基的那些(10-甲酰基,5,10-亚甲基和5,10-甲基 H_4 叶酸盐)指定为6R。使用这种命名法需要注意,简写命名法指出所有天然的,营养活性形式的四氢叶酸为 L 型(如 L-5-甲基四氢叶酸)。由于动物(包括人类)体内以及微生物分析法测定叶酸时,都需要具有维生素活性的天然构型,因此 H_4 叶酸的非对映异构体混合物(6R + 6S)形式仅有 50% 的营养活性。

5-甲酰基或10-甲酰基四氢叶酸含有一碳取代基的醛基。各式 H_4 叶酸的甲酰基可经5,10-次甲基中间体相互转化。只有在 pH<2 时,5-甲酰基或10-甲酰基-H_4 叶酸才易于转化为次甲基式;所以,在大多数食品中,这一形式的叶酸含量较低。在 pH>2 时,5,10-次甲基 H_4 叶酸也短时存在,这就解释了在弱酸中加热时,10-甲酰基-H_4 叶酸可转化为更稳定的5-甲酰基 H_4 叶酸,以及 5-甲酰基-H_4 叶酸转化为 10-甲酰基-H_4 叶酸时受 pH 的影响[119]。

受单碳取代基对氧化降解敏感度的影响,各式 H_4 叶酸间的稳定性差别很大。在大多数情况下,叶酸(蝶啶环完全氧化)比 H_4 叶酸或 H_2 叶酸的稳定性高出许多。H_4 叶酸的稳定性顺序为:5-甲酰基-H_4 叶酸 > 5-甲基-H_4 叶酸 > 10-甲酰基 H_4 叶酸 ≥ H_4 叶酸。每种叶酸的稳定性受蝶啶环的化学性质支配,而不受聚谷氨酰基链长度的影响。叶酸间稳定性的内在差异以及化学与环境变化对叶酸稳定性的影响将在 8.8.6.2 节中深入讨论。

虽然反应机制和产物的性质随维生素的不同化学形式而异,所有叶酸都可氧化降解。还原剂如抗坏血酸和硫醇可起氧清除剂、还原剂和自由基捕获剂的作用,因而对叶酸起到多重保护作用。

除了分子氧,在食品中发现的其他氧化剂可对叶酸稳定性产生有害影响。例如,在类似于杀菌处理的浓度下,次氯酸可造成叶酸、H_2 叶酸和 H_4 叶酸的氧化裂解,形成无营养活性的产物。在同样的氧化条件下,其他某些叶酸(如 5-甲基-H_4 叶酸)的转化产物至少可保留部分营养活性。已知光也可促进叶酸降解,尽管其反应机制尚未明确。在美国实施叶酸强化前,叶酸在人类的饮食往往是最受限制的维生素,大多数未实施食品叶酸强化的其他国家仍存在这种现象。食品中天然存在的叶酸量不足或许是因为①没有选择适当的食物,尤其是对于富含叶酸的食品而言(如水果,特别是柑橘类,绿叶蔬菜和内脏);②在食品加工和家庭制作过程中由于氧化或沥滤造成的叶酸损失;③在许多人类膳食中很多天然存在的叶酸形式的不完全生物利用率[48,51]。

叶酸由于具有极佳的稳定性,是用于食品添加的唯一形式,它也被用于维生素片剂。在临床需要还原态叶酸,由于 5-甲酰基-H_4 叶酸的稳定性好(类似叶酸),因而被用于临床治疗,5-甲基-H_4 叶酸也可用于少量营养补充剂中。

8.8.6.2 稳定性与降解模式

(1)叶酸稳定性 在强化食品和预混料的加工和贮藏中,叶酸具有极好的保留率[48,50]。如表 8.2 和表 8.3 所示,这类维生素在长期低水分贮藏中很少降解。在强化婴儿配方食品和药用处方的高压灭菌过程中,已观察到所添加的叶酸具有同样好的保留率。

许多研究表明,在食品加工和家庭制作过程中存在着叶酸大量损失的可能性。除了易见光分解外,在水溶液介质中叶酸也易于从食物中浸出(表 8.26)。以上任何一种方式都可在食品加工和制作中造成天然存在的叶酸大量损失。食品中叶酸的总损失取决于浸出程度、叶酸存在的形式以及化学环境的性质(催化剂、氧化剂、pH、缓冲液离子等)。因此,对于某种特定的食品,很难预测叶酸的保留率。

表 8.26 蒸煮对部分蔬菜中叶酸含量的影响

蔬菜(水中煮 10min)	总叶酸含量[①]/(μg/100g 新鲜质量)		
	新鲜	煮后	叶酸在蒸煮水中的含量
芦笋	175±25	146±16	39±10
西蓝花	169±24	65±7	116±35
芽甘蓝	88±15	16±4	17±4
卷心菜	30±12	16±8	17±4
菜花	56±18	42±7	47±20
菠菜	143±50	31±10	92±12

[①]平均±SD,$n=4$。

资料来源:摘自 Leichter, J. et al. *Nutr. Rep. Int.*, 18, 475, 1978.

(2)降解机制 叶酸降解的机制取决于该维生素的形式和化学环境。如前所述,叶酸的降解通常涉及在 C^9—N^{10} 处的化学键、蝶啶环(或两者)的变化。当存在氧化剂或还原剂时,叶酸、H_4叶酸和 H_2叶酸的 C^9—N^{10} 键发生断裂,从而导致失活[97]。已发现溶解的 SO_2 可造成某些叶酸的裂解,尽管与食品相关的还原剂很少能引起此类裂解。尚很少发生由于直接氧化而造成 H_4叶酸或 H_2叶酸转化的现象。

众所周知,H_4叶酸、H_2叶酸以及叶酸(程度较小)经氧化裂解生成无营养活性的产物(对氨基苯甲酰谷氨酸和蝶啶)。在 H_4叶酸的氧化裂解过程中的氧化机制和所产生的蝶啶的确切性质随 pH 而变化,如图 8.37 所示。

在许多食品中叶酸的主要存在形式为 5-甲基-H_4叶酸。氧化降解可使 5-甲基-H_4叶酸转化为至少 2 个产物(图 8.38)。第一个已被暂时确定为 5-甲基-5,6-二氢叶酸(5-甲基-H_2叶酸),因为

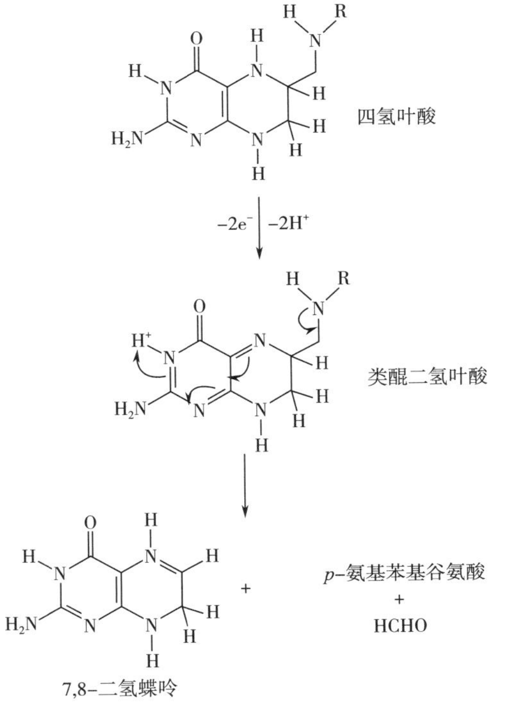

图 8.37 通过醌型二氢叶酸中间体将四氢叶酸氧化成 7,8-二氢蝶呤,甲醛和对氨基苯甲酰谷氨酸的两种推测机制之一

另一推测机制的产物为 6-甲酰基-吡啶和对氨基苯酰谷氨酸。

资料来源:摘自 Reed, L. and Archer, M., J. Agric. *Food Chem.*, 28, 801, 1980.

它可被弱还原剂如硫醇或抗坏血酸还原回 5-甲基-H_4叶酸,所以仍具维生素活性。5-甲基-H_2叶酸在酸性介质中可使 C^9—N^{10}键断裂,从而造成维生素活性损失。一些数据表明,蝶啶环会重排并形成吡嗪-s-三嗪结构(图 8.38)[73]。5-甲基-H_4叶酸的另一个降解产物最初被确定为 4a-羟基-5-甲基-H_4叶酸,它实际上是一些食品和其他生物体系中 5-甲基-H_4叶酸的主要降解产物。目前,有关 5-甲基-H_4叶酸降解过程的化学机制的很多方面有待进一步研究。据报道,5-甲基-H_4 叶酸在低氧浓度下通过光敏剂介导的机制发生光降解,而光所致的单重态氧在较高的氧气浓度下容易使 5-甲基-H_4叶酸分解[108]。

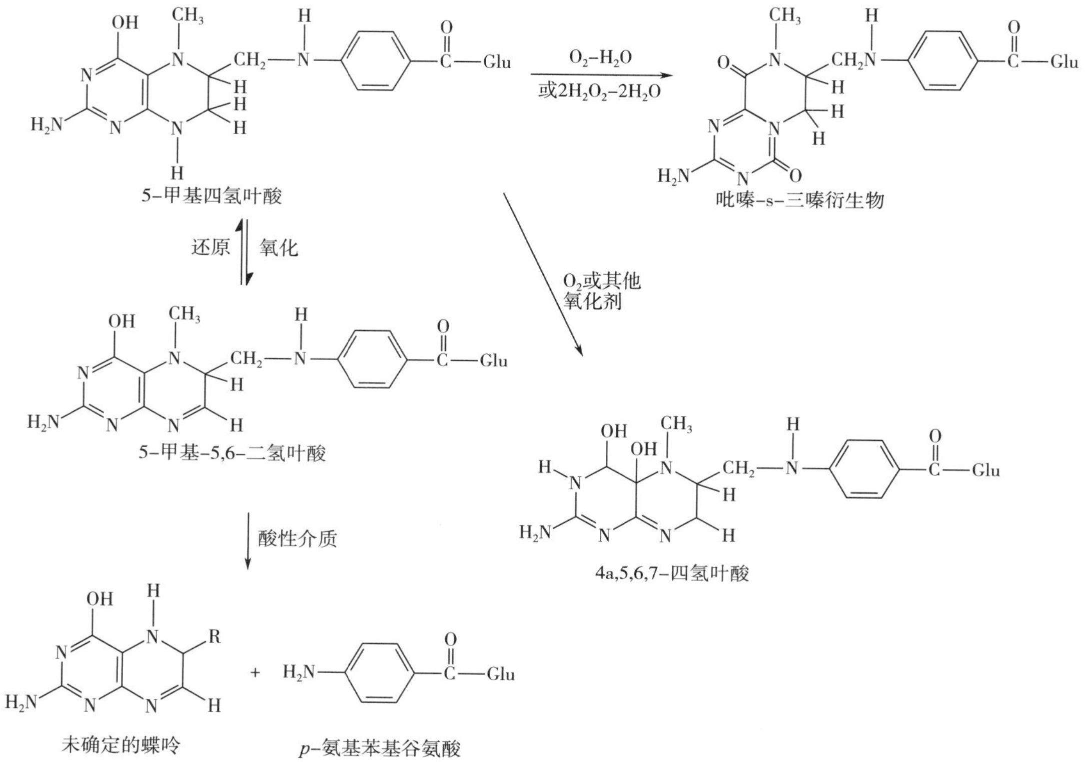

图 8.38 5-甲基-H_4叶酸的氧化降解机制

Blair 等[8]报道,pH 对 5-甲基-H_4叶酸的氧化有明显的影响。当 pH 从 6 降至 4 时(对应 N^5位的质子化 pH 范围),稳定性(以耗氧量计)增加。已出现相反结果的报道[100],造成这一矛盾的因素尚未明确。

在一些包括各种动物和植物组织的食品中,10-甲酰基-H_4叶酸和 5,10-甲基-H_4 叶酸占总叶酸含量高达三分之一。10-甲酰基-H_4叶酸的氧化降解既可通过蝶啶环部分的氧化,产生 10-甲酰基-H_2叶酸或 10-甲酰-叶酸,也可通过氧化裂解,形成蝶啶和 N-甲酰基-对氨基苯甲酰谷氨酸(图 8.39)。10-甲酰 H_2叶酸和 10-甲酰基-叶酸都具有营养活性,而裂解产物却没有。对各种食品中 10-甲酰 H_2 叶酸或 10-甲酰叶酸的检测表明[111],在食品储存和加工过程中 10-甲酰 H_4 叶酸随时发生氧化。影响食品中这类氧化途径的因素尚未确定。与 10-甲酰基-H_4-叶酸相反,5-甲酰基-H_4-叶酸具有极好的热和氧化稳定性。用于叶酸分析的 HPLC 和 LCMS 方法不能定量 10-甲酰基-H_4-叶酸,5,10-甲基-H_4-叶酸,10-甲酰基-H_2-叶酸和 10-甲酰基叶酸,所以可能严重低估了许多食品中的总叶酸含量。

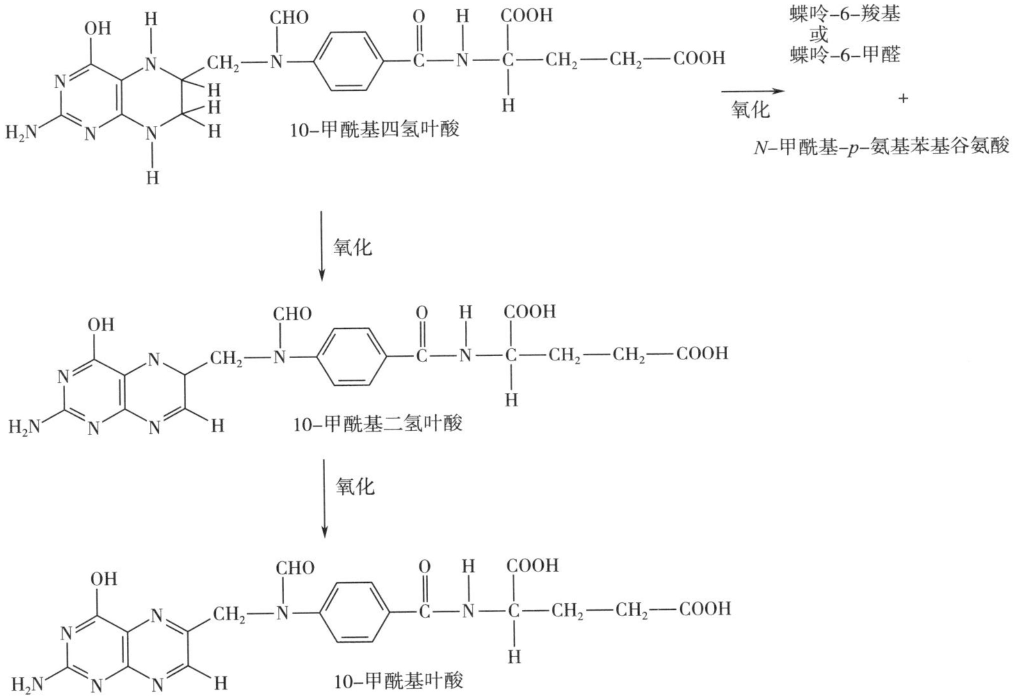

图 8.39 10-甲酰-H_4 叶酸的氧化降解机制

(3)影响叶酸稳定性的因素 已进行了许多研究以比较 pH、氧浓度和温度对缓冲液中叶酸相对稳定性的影响,目前人们尚未完全了解复杂食品体系中叶酸的稳定性。

叶酸耐氧化,通常是最稳定的形式,尽管在酸性介质中稳定性会降低。H_4 叶酸是最不稳定的形式,它的最大稳定性出现在 pH 8~12 和 1~2,而在 pH 4~6 时稳定性最低。然而,即使在最适宜的 pH 范围内,H_4 叶酸也极不稳定。在 N^5 位有取代基的 H_4 叶酸比未取代的 H_4 叶酸的稳定性高得多。这说明 N^5 甲基的稳定化作用(至少部分)是由于空间阻碍作用,限制了氧或其他氧化剂接近蝶啶环。5-甲酰基-H_4 叶酸的 N^5 取代基稳定化作用比 5-甲基-H_4 叶酸更明显,两者的稳定性皆比 H_4 叶酸或 10-甲酰基-H_4 叶酸高得多。在低氧浓度条件下,热处理过程中的 5-甲基-H_4 叶酸和叶酸的稳定性相似。

氧气浓度对食品,缓冲溶液和模型食品体系中叶酸盐稳定性的影响已经被广泛研究。如前所述,5-甲基-H_4 叶酸的氧化速率受溶解氧浓度的影响,并呈二级或假一级反应模式。

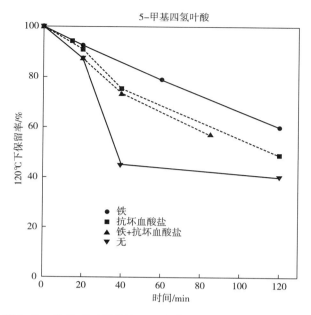

5-甲基四氢叶酸

图8.40　热处理对模拟婴儿配方食品的液态模型食品体系罐装灭菌过程中5-甲基-H₄叶酸的影响

该模型体系由1.5%(W/V)酪蛋白酸钾和7%(W/V)乳糖(存在于0.1mol/L磷酸缓冲液,pH 7.0)组成。铁离子组,加入6.65mg/100mL七水硫酸亚铁;抗坏血酸组,加入6.38mg/100mL抗坏血酸钠。叶酸的起始浓度为10mg/mL。

资料来源:Day, B. P. F. and Gregory, J. F., *J. Food Sci.*, 48, 581, 1983.

在相对无氧的条件下,一些添加组分如抗坏血酸、亚铁离子和还原糖的存在往往可提高叶酸和5-甲基-H₄叶酸的氧化稳定性。这些组分显然通过自身氧化反应而起到降低溶解氧浓度的作用(图8.40)。以上发现说明复杂食品中的一些组分,可消耗氧或起还原剂作用(或二者皆有),从而影响叶酸的稳定性。

Barrett和Lund[6]对中性缓冲液中5-甲基-H₄叶酸的热降解进行了研究,并观察到在此过程中既存在着有氧也存在着无氧降解,令人惊奇的是,有氧降解与无氧降解反应的速度常数数量级相近(表8.27)。尚未确定其他叶酸遵循此模式到何种程度。显然,食品加工过程中尽量减少氧气供应使5-甲基-H₄叶酸减少到最低限度,但并未消除[146]。

表8.27　在pH 7.0的0.1mol/L磷酸缓冲液中,由氧化和非氧化过程引起5-甲基-H₄叶酸降解的反应速度常数

温度/℃	$k_{(O_2-N_2)}$(氧化+非氧化结合)/min⁻¹	k_{N_2}(非氧化)/min⁻¹	k_{O_2}(氧化)/min⁻¹
40	0.004±0.0002	0.0004±0.00001	0.004±0.00005
60	0.020±0.0005	0.009±0.00004	0.011±0.0001
80	0.081±0.010	0.046±0.003	0.035±0.009
92	0.249±0.050	0.094±0.009	0.155±0.044

注:数值为平均值,置信区间为95%;表观一级速率常数;k_{N_2},非氧化过程(在氮饱和环境中)的降解;k_{O_2},氧化过程(在氧饱和环境中)的降解;$k_{(O_2-N_2)}$,氧化及非氧化过程的降解。

资料来源:Barrett, D. M. and Lund, D. B., *J. Food Sci.*, 54, 146, 1989.

介质中的离子组分同样显著影响大多数叶酸的稳定性。据报道磷酸缓冲液可加速叶酸的氧化降解,而加入柠檬酸根离子可拮抗这一作用。Cu(Ⅱ)常作为污染物存在于磷酸缓冲液中也可解释这种影响,因为金属催化剂也被认为是加速叶酸的氧化的物质。例如,在5-甲基-H₄叶酸的无氧水溶液中加入0.1mmol/L的Cu(Ⅱ)可使氧化速率增加近20倍,但加入 Fe(Ⅱ)仅增加 2 倍[8]。在无氧条件下,Fe(Ⅲ)催化的氧化反应为:H₄蝶啶(如 H₄叶酸)→H₂蝶啶(如 H₂叶酸)→完全氧化的蝶啶(如叶酸)。这些金属离子催化效率不同的原因尚不清楚。叶酸经由超氧化物离子发生降解[130,137],但在食品中,这种由自由基引起的叶酸损失程度还未被测定。

几种具有反应活性的食品组分可能会加速叶酸的降解。如前所述,溶解的 SO₂能引起叶酸的还原裂解,而遇亚硝酸根离子时,也可造成 5-甲基-H₄叶酸和 H₄叶酸的氧化裂解。相反,亚硝酸与叶酸反应可产生 10-亚硝基-叶酸,一种较弱的致癌物。然而,已经确认含有亚硝酸的食品中并不会含有叶酸或含有低浓度的其他叶酸。因此,食品中发生亚硝酸与叶酸反应的机会就很小,因为含亚硝酸的食品中不会有大量叶酸存在。次氯酸盐对叶酸的氧化降解会造成某些食品中叶酸的重大损失。

(4)食品中叶酸的生物利用率　叶酸主要在空肠中被吸收,并需要特定的肽酶(蝶啶聚谷氨酰水解酶)水解聚谷氨酰链,然后再经载体调节的传输过程加以吸收[50,155]。食品中天然存在的叶酸的生物利用率不完全,平均为 50%甚至更低[48,71]。此外,在大多数食品中天然存在的叶酸的生物利用率在考虑到各类食品间相互作用的真实进食条件时尚未完全测定。相对于单谷氨酰形式,聚谷氨酰叶酸的平均生物利用率变化较大,典型的为 70%,这说明了在肠道中的解离是一速度限制步骤。尽管较早的研究报道加入谷类产品中的叶酸的生物利用率仅为 30%～60%[21],随后的研究表明,在强化的谷类粮食产品中叶酸具有高的生物利用率[48,71]。

导致不完全生物利用率的因素包括:①食品基质的影响,可能通过非共价键与叶酸结合或者包埋在细胞结构中;②在胃酸环境下不稳定的 H₄叶酸可能发生的降解;③肠道酶促转化聚谷氨酰叶酸至可吸收的单谷氨酰叶酸进行得不完全。在体内研究中发现,许多食品含有抑制肠道蝶啶聚谷氨酸水解酶的物质,但是,这一作用对体内叶酸的生物利用率的重要性尚不明确。许多新鲜水果、蔬菜和肉类同样含有能解离聚谷氨酰叶酸的活性水解酶。均质、冻融和其他破裂细胞的步骤会释放出这些酶,并加速解离过程。尚不清楚以上过程会使膳食叶酸生物利用率提高至何种程度。除非存在内源接合酶,在食品的制作和加工中,聚谷氨酰叶酸几乎不发生解离。

(5)分析方法　可能适用于食品中叶酸测定的技术包括微生物生长繁殖法、HPLC、LCMS 法和竞争结合的放射分析法[114]。由于需要考虑所有形式的该种维生素,因此叶酸的测定相当复杂。假定以叶酸为中心的每个形式都可能与几个长度各异的聚谷氨酰链结合,各式叶酸的总数可轻易达到几十个。在 20 世纪 60 年代之前,叶酸的分析结果通常不准确,主要是因为在提取缓冲液中需要加入还原剂,而在微生物分析介质中却没有。在萃取和分析过程中,为稳定叶酸,需要加入抗坏血酸或硫醇类试剂如巯基乙醇,或二者结合使用。

从食物样品中萃取叶酸的方法包括:①在缓冲液中均质以破坏食品基质和细胞结构;②加热(一般为 100℃),从叶酸结合蛋白质中释放出叶酸、使能催化叶酸相互转化的酶失活以及去除样品中的蛋白质;③离心得到萃取清液;④如果分析方法仅对单谷氨酰基或其他短链叶酸有响应,用谷氨酰蝶啶水解酶(接合酶)处理。其他酶如蛋白酶和淀粉酶,也可用于提高某些食品中叶酸的萃取率。需要将萃取和酶法预处理方法标准化,以提高实验室之间叶酸测定的精确度和精密度。

微生物生长法作为叶酸分析的传统方法,它利用了微生物[鼠李糖乳杆菌(以前为干酪乳杆菌)、啤酒片球菌及粪链球菌]营养需求原理。啤酒片球菌及粪链球菌(用于 AOAC 方法)在食品分析中用处不大,因为它们并不对所有形式的维生素产生响应。相反,鼠李糖乳杆菌对叶酸的所有形式均有响应,因而是用微生物生长法测定食品中总叶酸的最适微生物。适当控制生长培养基中的 pH,鼠李糖乳杆菌可对各式叶酸产生等量的响应。由于典型食品含有几种叶酸形式,因而使用微生物法必须证实其对各式叶酸有等量响应。

竞争结合法涉及样品或标准品中的叶酸和放射性同位素标记的叶酸与能结合叶酸的蛋白质(通常来自牛乳)在结合部位处的竞争。虽然这类测定法具有快速和简便之优点,但由于对不同形式叶酸的亲和力有差异,因而它们在食品分析中的应用受到限制。竞争结合法与鼠李糖乳杆菌法比较,两者的一致性很差,可能缘于上述原因。

8.8.7　生物素

8.8.7.1　结构与一般性质

生物素为含有双环的水溶性维生素,它在羧化和转羧化中起辅酶的作用。两种天然存在的形式为游离 D-生物素和生物胞素(ε-N-生物素基-L-赖氨酸)(图 8.41)。生物胞素以辅酶形式起作用,实际上它含有一个生物素酰赖氨酸残基,是由遗传翻译后的生物素酰基化形成。生物素的环结构存在 8 种可能的立体异构体,其中仅有一种(D-生物素)为天然的、具有生物活性的形式。通过膳食摄入时,游离生物素和与蛋白结合的生物胞素两者皆俱活性,然而在动物组织中天然存在的生物素的代谢产物(双降生物素和生物素亚砜)不具有维生素活性。生物素广泛分布于植物和动物产品中,在正常人群中,生物素缺乏症十分罕见。

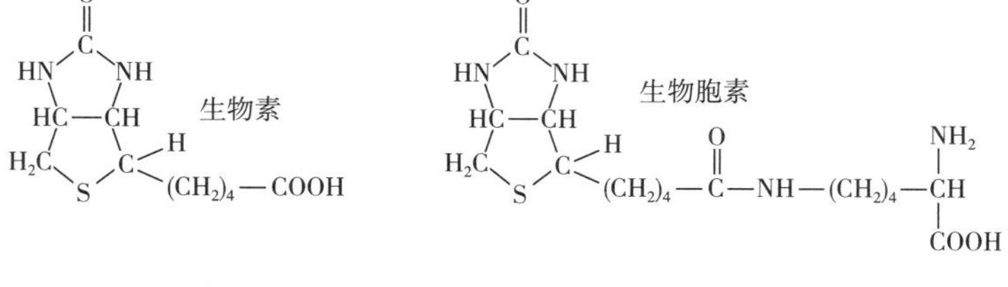

图 8.41　生物素和生物胞素的结构

8.8.7.2　生物素的稳定性

生物素对热、光和氧十分稳定。极端 pH(高或低)可使其降解,可能是由于它们促进了生物素环上—N—C ═O(酰胺)键的水解。氧化条件如存在过氧化氢时,可使硫氧化,并形成无生物活性的生物素亚砜或砜。生物素环上的羰基也可能与胺发生反应,尽管这个反应没有被检测到。在食品加工和随后贮藏中生物素的损失已被多篇文献报道并作概述[66,94]。

如前所述的化学降解过程和游离生物素的沥滤也会造成此类损失。强化谷类产品在低水分贮藏中,很少发生生物素的降解。总体而言,生物素在食品中的保留率相当好。

母乳中的生物素在保存时的稳定性也已得到研究[101,102]。在室温保存 1 周以上、5℃保存 1 月以及-20℃或更低温度下保存 1.5 年条件下,母乳样品中生物素的含量未发生变化。

8.8.7.3　分析方法

食品中生物素的测定可用微生物测定法(通常用植物乳杆菌)或各类配体结合法,后者将抗生物素蛋白作为结合蛋白。也已研究出几种 HPLC 方法。这些方法中大部分都需要用抗生物素蛋白结合法提供响应值和增加灵敏性。微生物法、HPLC 和配体结合均可对游离生物素和生物胞素产生响应,而生物胞素只有在首先用酶或酸水解肽键、从蛋白质中释放出游离态后,才可被测定[101,102]。应小心操作,因为酸水解可使相当量的生物素分解。在一些动物组织和人的尿液中已测出无营养活性的生物素类似物如二-降生物素和生物素亚砜,它们的存在可使分析过程趋于复杂,因为这些类似物会对抗生物素蛋白结合法和某些微生物测定法产生响应。在利用抗生物素蛋白结合法之前,先用 HPLC 法分离生物素衍生物,可改善这些问题,并能对其逐一检测。

8.8.7.4　生物利用率

对食品中生物素生物利用率方面的知识了解得较少。在普通膳食中存在的生物素量似乎已很充足,即使其生物利用率不完全,也很少会在营养方面造成不利影响。在下消化道中,由细菌合成的生物素是人体可利用生物素的又一来源。在食品中的生物素大多以与蛋白结合的生物胞素形式存在。胰液和肠黏膜中的生物素酶可将结合态生物素转化,并释放出具有活性功能的游离生物素,但也会出现某些生物素肽被吸收的现象。

新鲜鸡蛋清蛋白含有能结合生物素的蛋白质-抗生物素蛋白,它被摄入后可几乎完全抑制生物素的吸收。抗生物素蛋白是鸡蛋清蛋白中具有四个亚基的糖蛋白,每个亚基可结合一个生物素。该蛋白质的结合能力很强(解离常数 $\approx 10^{-15}$ mol/L),并且不易消化。与抗生物素蛋白结合的生物素几乎不能被吸收。所以,长期摄入生鸡蛋或鸡蛋清蛋白会削弱生物素的吸收并导致缺乏症。膳食中少量的抗生物素蛋白不会在营养上造成不良后果。在实验动物的食物中加入抗生物素蛋白(或鸡蛋清蛋白)可使动物在实验期内出现生物素缺乏症。食物经烹调后可使抗生物素蛋白变性,从而使其丧失与生物素结合的功能。

虽然对有关人体生物素生物利用率的知识了解甚少,但对动物饲料中的生物利用率的认识却清楚得多。如表 8.28 所示,在一些原料中生物素的生物利用率较低。

表 8.28　　　　　　　　　　　猪与火鸡饲料中生物素的生物利用率

原料	生物素生物利用率/%		原料	生物素生物利用率/%	
	猪饲料[126]	火鸡饲料[99]		猪饲料[126]	火鸡饲料[99]
大豆饼粕	55.4	76.8	玉米	4.0	95.2
肉与骨粉	2.7	ND	小麦	21.6	17.0

续表

原料	生物素生物利用率/%		原料	生物素生物利用率/%	
	猪饲料[126]	火鸡饲料[99]		猪饲料[126]	火鸡饲料[99]
菜籽饼粕	3.9	65.4	补充生物素	93.5	ND
大麦	4.8	19.2	高粱	ND	29.5

注:ND,未测。

8.8.8 泛酸

8.8.8.1 结构与一般性质

泛酸或 D-N-(2,4-二羟基-3,3-二甲基-丁酰基-β-丙氨酸)为水溶性维生素,它由 β-丙氨酸与 2,4-二羟基-3,3-二甲基-丁酸(泛解酸)以酰胺键连接而成(图 8.42)。在代谢过程中,泛酸以辅酶 A 形式(图 8.42)并作为脂肪酸合成中与酰基载体蛋白的辅基(无辅酶 A 的腺苷部分)共价结合而发挥作用。辅酶 A(CoA)与有机酸形成的硫酯衍生物可促进多种代谢过程的进行,该过程主要涉及生物合成和代谢序列反应中的酰基加成或消除。泛酸是所有活体的必需营养素,并广泛分布于肉类、谷类、蛋类、乳类和许多新鲜蔬菜中。

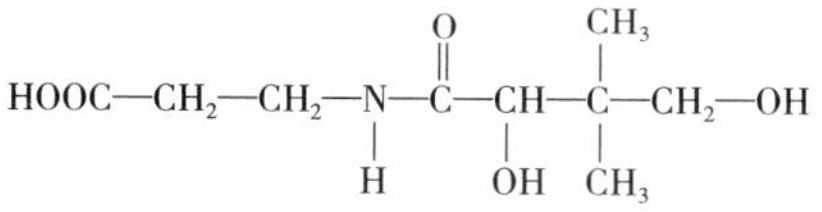

$$HOOC-CH_2-CH_2-\underset{H}{\overset{}{N}}-\overset{O}{\overset{\|}{C}}-\underset{OH}{\overset{}{CH}}-\underset{CH_3}{\overset{CH_3}{C}}-CH_2-OH$$

图 8.42　泛酸的结构

在许多食品和大多数生物原料中,泛酸主要以辅酶 A 的形式存在,大多为各类有机酸的硫酯衍生物。虽然食品中有关游离和辅酶形式泛酸的分析数据相当有限,但在牛肌肉和豌豆中发现游离态泛酸仅占该维生素总量的一半[57]。辅酶 A 作为泛酸来源可被完全利用,因为它可被小肠中的碱性磷酸酶和酰胺酶转化为游离泛酸,其肠道吸收作用通过载体调节机制进行。

合成的泛酸以泛酸钙形式被用于食品强化和维生素补充中。该物质为白色结晶,比游离酸的稳定性高、吸湿性低。泛醇,即泛酸相应的醇类,也已用于动物的饲料补充中。当用于洗发用品时,泛醇也被用作某些洗发水的原料,起物理功效(即润滑)而不是营养补充作用。

8.8.8.2 稳定性和降解机制

在溶液中,泛酸在 pH 5~7 时最为稳定。在食品贮藏过程中,尤其在低水分活度时,泛酸具有相当好的稳定性。由于烹调和热处理造成的损失与处理强度和沥滤程度成正比,通常在 30%~80%。泛酸的沥滤或其在组织液中的损失非常显著。虽然泛酸热损失的机制尚未完全确立,很有可能为 β-丙氨酸和 1,4-二羟基-3,3-丁酰-羧酸间连接键的酸或碱催化水解。在其他情况下,泛酸分子的反应性相当低,与食品中其他组分的相互作用很小。辅酶 A 与食品中其他硫醇易形成混合二硫化物,但这对可利用泛酸的净含量影响很小。

在热处理过程中,泛酸的降解遵循一级反应动力学[57]。存在于缓冲液中的游离泛酸之降解速度常数在 pH 6.0~4.0 随 pH 的降低而增加,而在同一 pH 范围内,反应活化能随之降低。与其他不稳定的营养素(如硫胺素)相比,有关泛酸降解速度的报道相当少。以上发现说明,在食品加工的其他研究中,所报道的泛酸损失主要是由于沥滤而不是实际破坏所致。然而,两者的净结果可能完全相同。

8.8.8.3 生物利用率

据报道,对于摄入混合膳食的人群,泛酸的平均生物利用率为 50%[139]。对于不完全生物利用率造成的不利后果,不必引起特别关注,因为泛酸的摄入通常很充足。尚未有报道证明由于不完全生物利用率而出现营养方面的问题,而且该维生素的复合辅酶形式也易被消化和吸收。

8.8.8.4 分析方法

食品中泛酸的分析可用植物乳杆菌微生物测定法、放射性免疫测定法或 GC-MS[43,122]。泛酸分析的关键因素是需预处理,从而将结合态的维生素释放出来[43]。蛋白酶和磷酸酶的结合使用可将泛酸自许多辅酶 A 衍生物和蛋白结合形式中释放出来。

8.8.9 维生素 B$_{12}$

8.8.9.1 结构与一般性质

维生素 B$_{12}$是一类具有类似氰钴胺素维生素活性物质的总称。这些物质为类咕啉,具有四吡咯结构,其中一个钴离子与四个吡咯上的氮原子螯合。与钴结合的第五个配位共价键为二甲苯嘧啶环上的氮原子,而第六个位置可被氰化物、5′-脱氧腺苷基、甲基、谷胱甘肽、水、羟根或其他配体如亚硝酸、氨或亚硫酸所占据(图 8.43)。图 8.43 所示的各式维生素 B$_{12}$均具维生素 B$_{12}$活性。氰钴胺素,一种用于食品强化和营养补充的维生素 B$_{12}$的合成形式,具有极好的稳定性并且是极易商业化的形式。维生素 B$_{12}$的辅酶形式为甲基钴胺素和5′-脱氧腺苷钴胺素。甲基钴胺素以辅酶的形式在蛋氨酸合成酶中参与甲基团(从 5-甲基四氢叶酸)的转运;而 5′-脱氧钴胺素则以辅酶形式,在由甲基丙二酰-CoA 变构酶催化的酶促重排反应中起作用。食品中几乎不含天然存在的氰钴胺素,事实上,最初曾将维生素 B$_{12}$确定为氰钴胺素,是在分离步骤中人为形成的。氰钴胺素在结晶态或溶液中显红色。氰钴胺素的这一呈色作用使其在某些食品,尤其是浅色产品(如白面包)中的添加受到限制。

不像其他维生素主要在植物内合成,氰钴胺素只能由微生物生物合成法制备。据报道,某些豆类可吸附少量由根瘤菌产生的维生素 B$_{12}$,但很少进入种子内[104]。大多数植物来源的食品缺乏维生素 B$_{12}$,除非受到如来自于肥料的粪便类物质的污染[62]。多数动物组织中维生素 B$_{12}$的主要组成为辅酶、甲基钴胺素和 5′-脱氧腺苷钴胺素,此外还有水钴胺素。

约有 20 种天然存在的维生素 B$_{12}$类似物已被鉴定,其中一些对哺乳动物无生物活性,一些可能是维生素 B$_{12}$的拮抗物,而其他至少具有部分维生素活性,但通常很难被吸收利用。

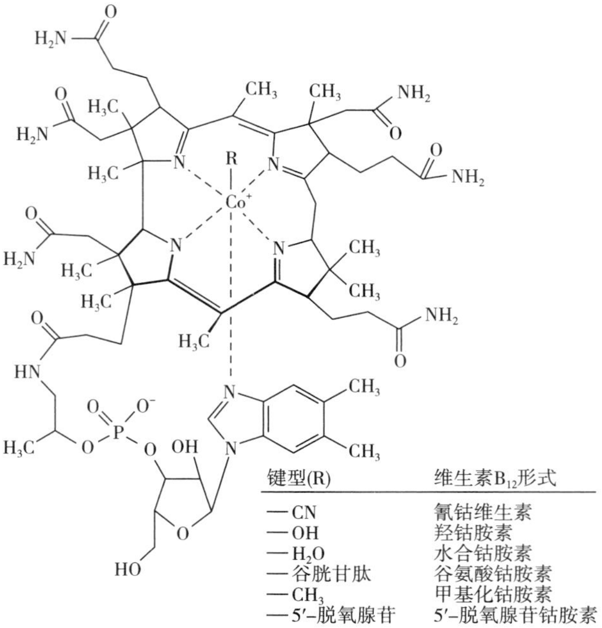

键型(R)	维生素B_{12}形式
—CN	氰钴维生素
—OH	羟钴胺素
—H_2O	水合钴胺素
—谷胱甘肽	谷氨酸钴胺素
—CH_3	甲基化钴胺素
—5′-脱氧腺苷	5′-脱氧腺苷钴胺素

图 8.43　各式维生素 B_{12} 的结构

8.8.9.2　稳定性与降解模式

在大多数食品加工、保存和贮藏条件下,维生素 B_{12}很少有在营养意义上的损失。据报道,添加于早餐谷类产品中的氰钴胺素在加工过程中的平均损失为 17%,在室温下经 12 个月的贮藏,另有 17%的损失[135]。在液态乳加工的研究中发现,经高温瞬时杀菌(HTST),维生素的平均保留率为 96%,与经各种超高温(UHT)加工后的乳中的保留率相近(>90%)[39]。虽然乳类的冷藏对维生素 B_{12}的保留率影响很小,但经 UHT 处理过的乳在长达 90d 的室温贮藏中可造成起始维生素 B_{12}浓度近 50%的进行性损失[17]。据报道,将牛乳在 120℃下灭菌 13min,维生素 B_{12}的保留率只有 23%[77],而预先浓缩(如在炼乳的生产中)可导致更严重的损失。这说明在中性或接近中性 pH 下延长食品的加热时间,存在着维生素 B_{12}较大量损失的潜在可能性。经一般烤箱加热过的商品化方便食品其维生素 B_{12}的保留率为 79%~100%。

抗坏血酸在很长时期内被认为可加速维生素 B_{12}的降解,而这并无多大的实际意义,因为含有维生素 B_{12}的食品通常并不含有显著量的抗坏血酸。在火腿腌制液中加入抗坏血酸和异抗坏血酸对维生素 B_{12}的保留率无任何影响[35]。溶液中的硫胺素和尼克酰胺能加速维生素 B_{12}的降解,但这类现象与食品的相关性可能很小。

对维生素 B_{12}的降解机制尚未彻底了解,部分原因是该分子结构的复杂性以及在食品中的含量极低。维生素 B_{12}辅酶经光化学降解形成了水钴胺素。这类反应干扰了实验研究中 B_{12}的代谢和功能,但此类转化对食品中总维生素 B_{12}的活性并无影响,因为水钴胺素仍

保留维生素 B_{12} 活性。在 pH 4~7 时,维生素 B_{12} 的总体稳定性最高。遇酸可引起核苷部分被水解消除,当酸强度增加时,另可引起裂解。遇酸或碱还可引起酰胺的水解,生成无生物活性的维生素 B_{12} 羧酸衍生物。

通过与 Co 原子键合的配位体的交换,钴胺素之间可发生互变作用。例如,亚硫酸根可将水钴胺素转化为硫钴胺素,而氨、亚硝酸和氢氧根也可发生类似反应,形成被相应基团取代的钴胺素。这类反应对食品中维生素 B_{12} 的净活性影响很小。

8.8.9.3 生物利用率

维生素 B_{12} 生物利用率的研究主要集中在与吸收障碍有关的维生素 B_{12} 缺乏症诊断方面。目前尚不了解食品组成对维生素 B_{12} 生物利用率的影响。有几个研究表明,果胶、可能还有其他类似的胶,可降低大鼠的维生素 B_{12} 的生物利用率。但是,这一作用对人的影响并不清楚。虽然在大多数植物中维生素 B_{12} 的含量极少,但某些海藻确实含有显著量的该类维生素。但海藻并未被推荐作为维生素 B_{12} 的来源,原因是其生物利用率很低[24]。

正常人对鸡蛋中维生素 B_{12} 的吸收率与无食物存在时服用氰钴胺素相比,前者不足后者的一半[32]。有关对鱼和肉类维生素 B_{12} 生物利用率的研究得到类似结果[31,33]。即使某些个体能正常吸收纯氰钴胺素,但由于蛋白质消化率低及食品基质中氰钴胺素的释放不完全,他们或多或少地缺乏维生素 B_{12}[18]。这种食品中维生素 B_{12} 吸收不良的情况在老年人中最常见。最近的研究表明,维生素 B_{12} 添加到面包或牛乳可以为老年人所吸收,这表明强化这些产品在技术上是可行的[123]。

8.8.9.4 分析方法

食品中维生素 B_{12} 含量的测定方法主要采用莱希曼氏乳杆菌微生物测定法和放射性配体结合法及类似方法。虽然各类维生素 B_{12} 均可被色谱分离,但由于其浓度极低,故 HPLC 法并不适用于食品分析,强化食品除外。早期用于临床样本和食品维生素 B_{12} 分析的放射性配体结合法通常并不准确,因为其所用的结合蛋白既可与维生素 B_{12} 的活性形式结合又可与无生物活性的类似物结合。通过使用对维生素活性形式具有专一性的维生素 B_{12} 结合蛋白(通常为猪内在因子),这一方法的专一性已得到很大提高。如果样品含有高浓度的脱氧核苷酶,会干扰莱希曼氏微生物测定法。

食品样品的制备通常首先在缓冲液中均质,然后与木瓜蛋白酶和氰化钠在高温(60℃)下保温。该处理可释放出与蛋白结合的维生素 B_{12},并将各式钴胺素转化为稳定性更高的氰钴胺素。转化为氰钴胺素也可改善测定性能,因为该方法对不同形式的维生素响应有异。

8.9　必需维生素类似物

8.9.1　胆碱和甜菜碱

胆碱(图 8.44)以游离态并以一些细胞成分包括卵磷脂(胆碱最主要的膳食来源)、鞘磷脂和乙酰胆碱的组分存在于所有活体中。虽然人体和其他哺乳动物具有合成胆碱的功能,但大量证据表明生物体也需要膳食胆碱[72]。因此,近期胆碱被定义为营养必须物质[71]。然而,健康个人的多样化饮食很少会胆碱摄入量不足,因为在许多食物中存在大量胆碱(如胆碱,磷酸胆碱及膜组分硝磷脂和卵磷脂)。胆碱以氯化物或酒石酸氢盐的形式用于婴儿配方食品的强化。胆碱通常并不用于其他食品中,除了作为食品配料,例如,将卵磷脂作为乳化剂。胆碱具有高稳定性。在食品贮藏、处理、加工和制备过程中,胆碱无显著损失。

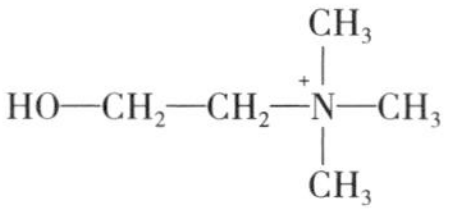

图 8.44　胆碱的结构

甜菜碱(N-三甲基氨酸,图 8.44)是胆碱分解代谢的组成部分。它天然存在于日常饮食当中,尤其是甜菜、小麦、菠菜、虾以及相关的食物来源[154]。甜菜碱作为代谢过程的 5-甲基-H_4 叶酸的替代品,在蛋白合成中将高半胱氨酸转换为蛋氨酸,然后形成 S-腺苷甲硫氨酸(SAM),即许多细胞的甲基化反应。这一过程可以帮助保护蛋氨酸,控制高半胱氨酸水平,并促进 SAM 依赖型甲基化过程,这种方式并不依赖于叶酸的稳定供应。因为甜菜碱可从普通食品中获得,并可在体内由大量的胆碱合成产生,甜菜碱有很少的代谢限制。由于营养或遗传的原因血浆高半胱氨酸升高的情况下,甜菜碱供应受到限制,为了最大限度地将高半胱氨酸转化为蛋氨酸,可以补充维生素(维生素 B_6、维生素 B_{12} 和叶酸)。

8.9.2　肉碱

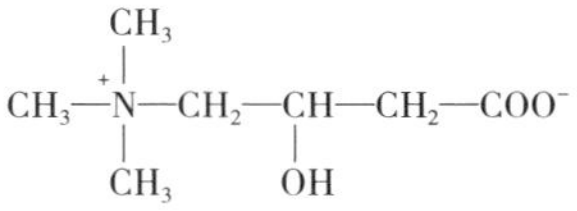

肉碱(图 8.45)可由人体合成,但是某些个体似乎受益于外加的膳食肉碱[115]。目前尚未制订针对肉碱的营养需求。虽然在植物和植物产品中几乎不含肉碱,但它广泛分布于动物来源的食品中。肉碱

图 8.45　肉碱的结构

在代谢上的作用为透过生物膜转运有机酸,促使后者的代谢利用和清除。肉碱也可促使某些有机酸的转运,从而降低某些细胞中毒的可能性。在动物来源的食品中,肉碱以游离和酰化形式存在。酰化肉碱是由各类有机酸与 3 位上的羟基酯化而成。肉碱具有高度稳定性,在食品中几乎不发生降解或少量降解。

合成肉碱以具有生物活性的 L-型应用于某些临床治疗中。D-肉碱无生物活性。L-肉碱添加于婴儿配方食品中,使其含量提高至母乳中所含的水平。

8.9.3　吡咯醌

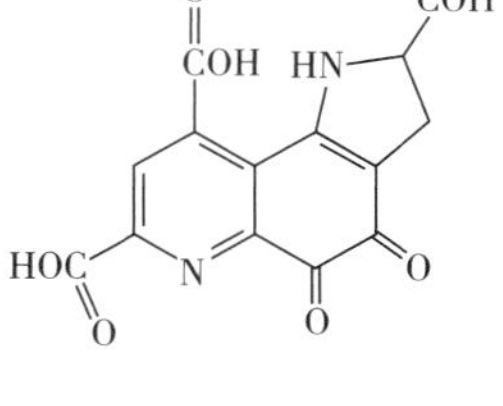

吡咯醌(PQQ)为三环醌(图 8.46),它作为几种细菌氧化还原酶的辅酶而起作用,并已有报道它是哺乳动物赖氨酰氧化酶和胺基氧化酶的辅酶[82]。但是最近的研究发现,最初将以上哺乳动物酶中的辅酶确定为 PQQ 是一错误,该辅酶可能为 6-羟基二羧基苯

图 8.46　吡咯醌的结构

丙氨酸醌[58]。虽然尚未发现 PQQ 对哺乳动物的功效,但已有几个研究表明,大鼠和小鼠对 PQQ 仅有很小的营养需求,可能与结缔组织的形成和正常的繁殖有关[82]。所以,PQQ 对哺乳动物的作用仍是一个不解之谜。由于 PQQ 的普遍存在性以及它可被肠道细菌合成,啮齿动物或人自发产生 PQQ 缺乏症似不太可能。

8.9.4　辅酶 Q_{10}

辅酶 Q_{10}(即泛醌)是一种取代奎宁,它的主要生物化学功能是作为线粒体电子传递系统中的辅酶[24]。辅酶 Q_{10} 的取代奎宁部分通过体内连续两个单电子还原促进其氧化还原功能(图 8.47)。长异戊二烯侧链具有脂溶性,同时在线粒体内充当氧化还原功能的膜位点。该泛醇形式是一种有效抗氧化剂,并作为抗氧化系统的一部分来保护膜脂,因此,它可能存在于某些食物中。辅酶 Q_{10} 是非必须营养素,因为它可由人体大量合成。但是膳食来源(包括植物和动物)的辅酶 Q_{10} 明显有助于被人体、至少部分被生物利用。目前,几乎没有证据表明辅酶 Q_{10} 的补充是必要的或有利于维护健康。辅酶 Q_{10} 的治疗作用可能是作为营养载体,可抵消某些疾病如癌症、心脏病、帕金森病药物的拮抗作用,并有利于线粒体代谢的某些遗传性疾病及常规的抗氧化功能。

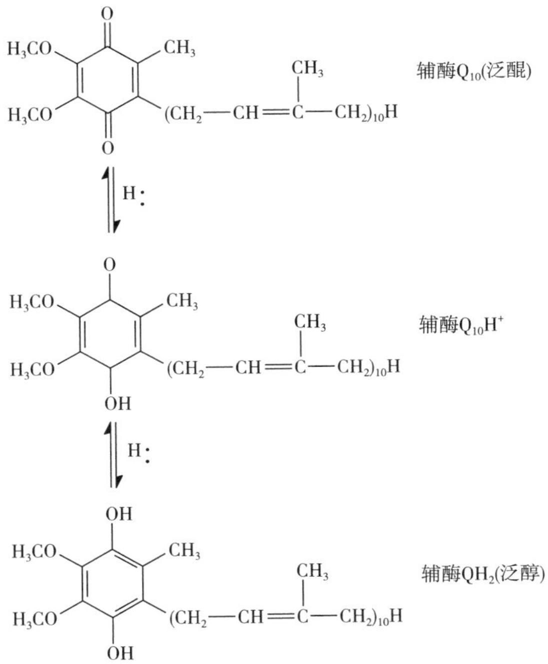

图 8.47　辅酶 Q_{10} 结构

8.10　维生素保留的优化控制

在食品的采后处理、烹调、加工和贮藏过程中,不可避免地会发生程度不同的营养损失。这类损失发生于食品加工工业、食品服务行业和家庭中。营养保留的优化控制是食品制造者和加工者义不容辞的责任,也符合食品工业和公众的共同利益。同样,营养保留的最大化也给家庭、机构和食品零售业带来了一个不容忽视的机遇。

许多维生素保留的优化控制方法基于特定营养素的化学与物理性质。例如,如果在产品中与其他组分配伍,使用酸化剂可提高硫胺素和抗坏血酸的稳定性。但是,降低 pH 会使某些叶酸的稳定性降低,这说明了上述方法的复杂性。在烹调和商业加工中,采用尽可能低地暴露于氧以及过量液体中的条件,可减少许多维生素氧化以及维生素和矿物质的萃取(如沥滤)。在许多情况下,在同等热强度(基于微生物失活)条件下,采用高温瞬时(HTST)工艺与采用常规热处理相比,可使维生素降解减少。此外,某些配料的结合使用可增加几种营养素的保留率(如天然抗氧化剂的存在常有利于许多维生素的保留)。

几种营养素优化控制的实例如下,读者也可参阅其他有关此专题讨论的文献[76,92]。

8.10.1　热处理条件的优化控制

营养素的损失经常发生于为提供货架稳定性的产品的热处理过程中。这类损失常涉及化学降解和沥滤,涉及微生物和维生素破坏的化学变化的反应动力学和热力学巨大差别。微生物的热失活在很大程度上受大分子的变性影响,需要很高的活化能(一般为 200 ~ 600 kJ/mol)。与此相反,与维生素降解有关的反应活化能为 20 ~ 100 kJ/mol。所以,微生物失活速度与维生素降解速度对温度的依赖性显著不同。因而,微生物失活速度随温度的升高而增加的速度远高于维生素降解的速度。当采用 HTST 工艺时,两者不同的反应动力学和热力学原理为提高营养素保留率奠定了基础。Teixeira 等[140]所做的经典工作包括对一系列具有相同微生物致死率的热处理条件进行研究。作者的研究表明,采用合适的时间-温度组合,可使经热处理的豌豆泥中硫胺素的保留率至少增加 1.5 倍。虽然在低酸度食品中,许多其他维生素的稳定性比硫胺素高,但也可预期保留率会得到类似提高。

8.10.2　损失的预测

预测维生素损失的程度需要获得所关心的、处在被研究的食品在化学环境中的维生素特殊形式的降解动力学和降解温度的关系这方面精确的知识。不同的维生素化学形式在特定的加工条件下与各种不同的食品组分反应。我们必须首先确定,是否从所关心的维生素总量(即所有形式的总和)的动力学研究中可获取有用的信息,或者是否需要适用于各种维生素形式的更专一的信息。由于许多营养素对其化学和物理环境的敏感度不同,加工研究中所用的模型条件必须与主要的实际商业化加工和贮藏条件完全相同。如前所述[64,90],只有在几个温度条件下获得的反应动力学才可用于速度常数和活化能的计算。此外,所选定的实验条件应能对所研究的维生素造成足够的损失,以使速度常数的测定具有合适的精确度[64]。如果在高温时,动力学和机制与实际贮藏条件一致,可采用加速贮藏试验方法。因为在实际贮藏和运输过程中温度会有波动,所以在维生素稳定性研究模型中应包括温度波动[42,88]。

8.10.3　包装的影响

包装能以几种方式影响维生素的稳定性。在罐装食品中,热能主要以传导方式(固体或半固体)传递,它对营养素造成的总损失要比对流传热的食品大得多,在使用大容器时尤其如此。这一差异是由于需要对产品中"加热最慢的"部分(即对于传导加热食品容器的几何中心部位)的热处理所引起的。此类损失可通过采用大比表面积,即小罐或非圆筒容器如软袋的方法降至最低[118]。软袋也具有所需填充液少的优点,因而,在特定食品的加工过程中,因营养素沥滤所造成的损失可降至最低。

包装材料的通透性也可对食品贮藏中维生素的保留率产生相当大的影响。当采用低透氧的包装时,果汁和水果饮料中抗坏血酸的稳定性高得多[74]。此外,采用半透明的包装材料可防止对光敏感的维生素如维生素 A 和核黄素以及其他一些营养素的光化学降解。

8.11　总结

如本章所述,维生素是一类有机化合物,它们在稳定性、反应性、对环境变量的敏感性以及对食品其他组分的影响方面,显示出广泛的性质差异。由于大多数维生素存在着多种形式,要对给定条件下的维生素净保留率和降解机制做出预测通常难度很大。为防止误解,读者可参阅表8.1所示的各维生素的一般性质。

参考文献

1. American Society for Nutrition. Nomenclature policy: Generic descriptors and trivial. Names for vitamins and related compounds. *J Nutr* 120: 12–19, 1990.
2. Ames SR. Bioassay of vitamin A compounds. *Fed Proc* 24: 917–923, 1965.
3. Anderson RH, Maxwell DL, Mulley AE, and Fritsch CW. Effects of processing and storage on micronutrients in breakfast cereals. *Food Technol* 30: 110–114, 1976.
4. Anonymous. The nutritive quality of processed food.Genera slices for nutrient addition. *Nutr Rev* 40: 93–96, 1982.
5. Arabshahi A and Lund D. Thiamin stability in simulated intermediate moisture food. *J Food Sci* 53: 199–203.
6. Barrett DM and Lund DB. Effect of oxygen on thermal degradation of 5–methyl–5,6,7,8–tetrahydrofolic acid. *J Food Sci* 54: 146–149, 1989.
7. Bauernfeind J and LaChance P. *Nutrient Additions to Food Nutritional, Technological and Reguaton Aspects*. Trumbull, CT: Food and Nutrition Press, Inc., 1992.
8. Blair JA, Pearson AJ, and Robb AJ. Autoxidation of 5–methyl–5,6,7,8–tetrahydrofolic acid. *J Chem Soc Perkin Transactions*. Ⅱ: 18, 1975.
9. Bode AM, Cunningham L, and Rose RC. Spontaneous decay of oxidized ascorbic acid (dehydro–L–ascorbic acid) evaluated by high–pressure liquid chromatogra-phy. *Clin Chem* 36: 1807–1809, 1990.
10. Booth SL, Pennington JA, and Sadowski JA. Dilydro-vitamin KI: Primary food sources and estimated dietary intakes in the American diet. *Lipids* 31: 715–720, 1996.
11. Bowers J and Craig J. Components of vitamin B_6 in turkey breast muscle. *J Food Sci* 43: 1619–1621, 1978.
12. Brown ED, Micozzi MS, Craft NE, Bieri JG, Beecher G, Edwards BK, Rose A, Taylor PR, and Sm JC, Jr. Plasma carotenoids in normal men after a single ingestion of vegetables or purified beta–carotene. *Am J Clin Nutr* 49:1258–1265, 1989.
13. Buettner GR. In the absence of catalytic metals ascorbate does not autoxidize at pH 7: Ascorbate as a test for catalytic metals. *J Biochem Biophys Methods* 16: 27–40, 1988.
14. Buettner GR. The pecking order of free radicals and antioxidants: Lipid peroxidation, alpha–tocopherol, and ascorbate. *Arch Biochem Bioplrys* 300: 535–543, 1993.
15. Burton GW and Ingold KU. beta–Carotene: An unusual type of lipid antioxidant. *Science* 224: 569–573, 1984.
16. Burton Gw and Traber MG. Vitamin E: Antioxidant activity, biokinetics, and bioavailability. *Ann Rev Nutr* 10: 357–382, 1990.

17. Burton H, Ford JE, Franklin JG, and Porter J. Effect of repeated heat treatments on the levels of some vitamins of the B-complex in milk. *J Dairy Res* 34: 193-197, 1967.

18. Carmel R, Snow RM, Siegel ME, and Samoff IM. Food cobalamin malabsorption occurs frequently in atients with unexplained low serum cobalamin levels. *Arch Intern Med* 148: 1715-1719, 1988.

19. Carpenter KJ, Schelstraete M, Vilicich VC, and Wall JS. Immature corn as a source of niacin for rats. *J Nutr* 118: 165-169, 1988.

20. Chandler L and Schwartz S. HPLC separation of *cis-trans* carotene isomers in fresh and processed fruits and vegetables. *J Food Sci* 52: 669-672, 1987.

21. Colman N, Green R, and Metz J. Prevention of folate deficiency by food fortification. II. Absorption of folic acid from fortified staple foods. *Am J Clin Nutr* 28: 459-464, 1975.

22. Cort WM, Borenstein B, Harley J, Osadca M, and Scheiner J, Nutrient stability of fortified cereal products. *Food Technol* 30: 52-62, 1976.

23. Cousin DB. Convulsive seizures In infants with pyridoxine-deficient diel. *J Am Med Assoc* 154: 406-408, 1954.

24. Dagnelie PC, van Staveren WA, and van den Berg H. Vitamin B-12 from algae appears not to bebioavailable. *Am J Clin Nutr* 53: 695-697, 1991.

25. Day BPF and Gregory JF. Thermal stability of folic acid and 5-methyltetrahydrofolic acid in liquid model food systems. *J Food Sci* 48: 581-587, 1983.

26. Dellamonica E and McDowell P. Comparison of beta-carotene content of dried carrots prepared by three dehydrated processes. *Food Technol* 19: 1597-1599, 1965.

27. Dellapenna D. Nutritional genomics: Manipulating plant micronutrients to improve human health. *Science* 285: 375-379, 1999.

28. Dennison D, Kirk J, Bach J, Kokoczka P, and Heldman D. Storage stability of thiamin and riboflavin in a dehydrated food system. *J Food Process Preserv* 1: 43-54, 1977.

29. Deutsch JC and Kolhouse JF. Ascorbate and dehydroascorbate measurements in aqueous solutions and plasma determined by gas chromatography-mass spectrometry. *Anal Chem* 65: 321-326, 1993.

30. Diaz de la Garza R, Gregory J, and Hanson A. Folate biofortification of tomato fruit. *Proc Natl Acad Sci USA* 104: 4218-4222, 2007.

31. Doscherholmen A, Mcmahon J, and Economon P. Vitamin B_{12} absorption from fish. *Proc Soc Exp Biol Med* 167: 480-484, 1981.

32. Doscherholmen A, Mcmahon J, and Ripley D. Vitamin B_{12} absorption from eggs. *Proc Soc Erp Biol Med* 149: 987-990, 1975.

33. Doscherholmen A, Mcmahon J, and Ripley D. Vitamin B_{12} assimilation from chicken meat. *Am J Clin Nutr* 31: 825-830, 1978.

34. Dwivedi BK and Arnold RG. Chemistry of thiamine degradation in food products and model systems: A review. *J Agric Food Chem* 21: 54-60, 1973.

35. Eitenmiller RR and de Souza S Niacin. In: *Methods of Vitamin Assay*, Augustin J, Klein B, Becker D, and Venugopal P, eds. , 1985, John Wiley & Sons, New York, pp. 385-398.

36. Evans S, Gregory J, and Kirk J. Thermal degradation kinetics of pyridoxine hydrochloride in dehdrated model food systems. *J Food Sci* 48: 555-558, 1981.

37. Farrer K. The thermal destruction of vitamin B1 in foods. *Adv Food Res* 6: 257-311, 1955.

38. Finglas P and Falks R. Critical review of HPLC methods for the determination of thiamin, ribolavin and niacin in food. *J Micronutr Anal* 3: 555-558 1987.

39. Ford JE, Porter J, Thompson S, Toothill J, and Edwards-Webb J. Effects of ultra-high-temperature (UHT) processing and of subsequent storage on the vitamin content of milk. *J Dairy Res* 36: 447-454, 1969.

40. Frankel EN, Huang S-W, Kanner J, and German J. Interfacial phenomena in the evaluation of antioxdants: Bulk oils vs. emulsions. *J Agric Food Chen* 42: 1054-1059, 1994.

41. Freed M, Brenner S, and Wodicka V. Prediction of thiamine and ascorbic acid stability in canned stored foods. *Food Technol* 3: 148-151, 1948.

42. Giannakourou MC and Taoukis, P. Kinetic modelling of vitamin C loss in frozen green vegetables under variable storage conditions. 83: 33-41, 2003.

43. Gonthicr A, Fayol V, Viollet J, and Hartmann D. Determination of pantothenic acid in foods: Influence of the extraction method. *Food Chem* 63: 287-294, 1998.

44. Gregory J. Ascorbic acid bioavailability in foods and supplements. *Nutr Rev* 51: 301-303, 1993.

45. Gregory J. Chemical reactions of vitamins during food processing. In: *Chemical Changes in Food Processing*, Richardson T and Finley J. eds. , Westport, CT: AVI Publishing Co. , 1985, pp. 373-408.

46. Gregory and Hiner M. Thermal stability of vitamin B_6 compounds in liquid model food systems. *J Food Sci* 48: 2434-2437, 1983.

47. Gregory J, Ink S, and Sartain D. Degradation and binding to food proteins of vitamin B-6 compounds during thermal processing. *J Food Sci* 51: 1345-1351, 1986.

48. Gregory J, Quinlivan E, and Davis S. Integrating the issues of folate bioavailability, intake and metabolism

in the era of fortification. *Trends Food Sci Tecnol* 16：229-240, 2005.

49. Gregory JF. Accounting for differences in the bioactivity and bioavailability of vitamers. *Food Nutr Res* 56：5809, 2012.

50. Gregory JF, Ⅲ. Chemical and nutritional aspects of folate research：Analytical procedures, methods folate synthesis, stability, and bioavailability of dietary folates. *Adv Food Nutr Res* 33：1-101, 1989.

51. Gregory JF. Bioavailability of folate. *Eur J Clin Nutr* 51 (Suppl 1)：S54-S59, 1997.

52. Gregory JF. Bioavailability of thiamin. *Eur J Clin Nutr* 51 (Suppl 1)：S34-S37, 1997.

53. Gregory JF. Bioavailability of vitamin B-6. *Eur Clin Nutr* 51 (Suppl 1：S43-S48, 1997

54. Gregory JF. Effects of epsilon-pyridoxyllysine bound to dietary protein on the vitamin B-6 status of ras. *J Nutr* 110：995-1005, 1980.

55. Gregory JF and Ink SL. Identification and quantification of pyridoxine-bela-glucoside as a major form of vitamin B_6 in plant-derived foods. *J Agric Food Chem* 35：76-82, 1987.

56. Gruenwedel D and Patnaik R. Release of hydrogen sulfide and methyl mercaptan from sulfur-containing amino acids. *J Agric Food Chem* 19：775-779, 1971.

57. Hamm DJ and Lund DB. Kinetic parameters for thermal inactivation of pantothenic acid. *J Food Sci*：43：631-633, 1978.

58. Harris ED. The pyrroloquinoline quinone (PQQ) coenzymes：A case of mistaken identity. *Nutr Rev* 50：263-267, 1992.

59. Harris R. General discussion on the stability of nutrients. In：*Nutritional Evaluation of Food Processing*, Harris R and von Loesecke H, eds. Westport, CT：AVI Publishing Co., 1971, pp. 1-4.

60. Harris R and Karmas E. *Nutritional Evaluation of Food Processing*. Westport, CT：AVI Publishing Co., 1975.

61. Hassinen JB, Durbin GT, and Bernhart FW. The vitamin B_6 content of milk products. *J Nutr* 53：249-257, 1954.

62. Herbert V. Vitamin B-12：Plant sources, requirements, and assay. *Am J Clin Nutr* 48：852-858, 1988.

63. Herbert V. Vitamin B-12. In：*Presen Knowledge in Nutrition*, Brown M, ed. Washington, DC：International Life Sciences Institute, Nutrition Foundation, 1990, p. 170-178.

64. Hill MK and Grieger-Block R. Kinetic data：Generation, interpretation, and use. *Food Technol* 34：56-66, 1980.

65. Holden J, Hamly J, and Beecher G. Food composition. In：*Present Anowledge in Nutrition*, Bowman B and Russell R, eds. Washington, DC：International Life Science Institute. 2006, pp. 781-794.

66. Hoppner K and Lampi B. Pantothenic acid and biotin retention in cooked legumes. *J Food Sci* 58：1084-1085, 1089, 1993.

67. Houghton LA and Vieth R. The case against ergocalciferol (vitamin D2) as a vitamin supplement. *Am J Clin Nutr* 84：694-697, 2006.

68. Huang M, Laluzerne P, Winters D, and Sullivan D. Measurement of vitamin D in foods and nutritonal supplements by liquid chromatography/tandem mass spectrometry. *J AOAC Int* 92：1327-1335, 2009.

69. Institute of Medicine. *Dietary Reference Intakes for Vitamin C. Vitamin E, Selenium, and Carotenoids*. Washington, DC：National Academy Press, 2000.

70. Institute of Medicine. Food and Nutrition Board. *Dietary Reference Intakes for Vitamin A, Vitamin K, Arsenic. Boron, Chromium, Copper, Iodine, Iron, Manganese, Mfobdenam, Nickel. Silicon Vanadium, and Zinc-instifate of Medicine*. Washington, DC：National Academy Press, 2001.

71. Institute of Medicine. Food and Nutrition Board. *Dietary Reference Intakes：Thiamin Riboflavin, Niacin, Vitamin B_6, Folate, Vitamin B_{12}. Pantothenic Acid, Biotin, and Choline*. Washington, DC：National Academy Press, 1998.

72. Jiang X Yan J, and Caudill M. Choline. In：*Handbook of Vitamins*, Zempleni J, Suttie J, Gregory J, and Stover P, eds. Boca Raton, FL：CRC Press, 2014, pp. 491-513.

73. Jongehan JA, Mager H, and Berends W. Autoxidation of 5-alkyl-tetrahydropteridines. The oxidation product of 5-methyl-THF. In：*The Chemistry and Biology of Pteridines*, Kisliuk R, ed. Elsevier North Holland, Inc., Amsterdam, the Netherlands, 1979, pp. 241-246.

74. Kacem B, Cornell J, Marshall M, Shireman, and Matthews R. Nonenzymatic browning in aseptically ackaged orange drinks：Effect of ascorbic acid, amino acids and oxygen. *J Food Sci* 52：1668-1672, 1987.

75. Kahn M and Martell A. Metal ion and metal chelate catalyzed oxidation of ascorbic acid by molecular oxygen. Ⅱ. Cupric and ferrie chelate catalyzed oxidation. *J Am Chem Soc* 89：7104-7111, 1969.

76. Karel M. Prediction of nutrient losses and optimization of processing conditions. In：*Nutritional and Safety Aspects of Food Processing*, Tannenbaum SR, ed. Mareel Dekker, New York, 1979, pp. 233-263.

77. Karlin R. Folate content of large mixture of milks. Effect of different thermic treatments on the amount of folates, B_{12} and B_6 of these milks. *Int Z Vitaninforsch* 39：359-371, 1969.

78. Karmas E and Harris R. *Nutritional Evalation of Food Processing*. Van Nostrand Reinhold Co., 1988.

79. Khachik F, Beecher GR, and Lusby WR. Separation,

identification, and quantification of the major carotenoids in extracts of apricots, peaches, cantaloupe, and pink grapefruit by liquid chromatography. *J Agric Food Chem* 37: 1465-1473, 1989.

80. Khan M and Martell A. Metal ion and metal chelate catalyzed oxidation of ascorbic acid by molecular oxygen. I. Cupric and ferric ion catalyzed oxidation. *J Am Chem Soc* 89: 4176-4185, 1967.

81. Khan M and Martell A. Metal ion and metal chelate catalyzed oxidation of ascorbic acid by molecular oxygen. II. Cupric and ferric chelate catalyzed oxidation. *J Am Chem Soc* 89: 7104-7111, 1969.

82. Killgore J, Smidt C, Duich L, Romero-chapman N, Tinker D, Reiser K, Melko M, Hyde D, and Rucker RB. Nutritional importance of pyrroloquinoline quinone. *Science* 245: 850-852, 1989.

83. Kirk J, Dennison D, Kokoczka P, and Heldman D. Degradation of ascorbic acid in a dehydrated food system. *J Food Sci* 42: 1274-1279, 1977.

84. Kirkland J, Niacin. In: *Handbook of Vitamins*, Zempleni J, Suttie J. Gregory J, and Stover P, eds. Boca Raton, FL: CRC Press, 2014.

85. Klein B and Perry A. Ascorbic acid and vitamin A activity in selected vegetables from different geographical areas of the United States. *J Food Sci* 47: 941-945, 1982.

86. Labuza T. The effect of water activity on reaction kinetics of food deterioration. *Food Technol* 34: 36-41, 59, 1980.

87. Labuza T and Kamman J. A research note. Comparison of stability of thiamin salts at high temperature and water activity. *J Food Sci* 47: 664-665, 1982.

88. Labuza TP. A theoretical comparison of losses in foods under uctuating temperature sequences. *J Food Sci* 44: 1162-1168, 1979.

89. Leichter J, Switzer V, and Landymore A. Effect of cooking on folate content of vegetables. *Nutr Rep Int* 18: 475-479, 1978.

90. Lenz MK and Lund D. Experimental procedures for determining destruction kinetics of food components. *Food Technol* 34: 51-55, 1978.

91. Liao M-L and Seib P Selected reactions of L-ascorbic acid related to foods. *Food Technol* 31: 104-107.

92. Lund D. Designing thermal processes for maximizing nutrient retention. *Food Technol* 31: 71-78, 1977.

93. Lund D. Effects of commercial processing on nutrients. *Food Technol* 33: 28-34, 1979.

94. Lund D. Effects of heat processing on nutrents. In: *Nutritional Evaluation of Food Processing*, Karmas E and Harris R, eds. New York: Van Nostrand Reinhold Co., 1988, pp. 319-354.

95. Malewski W and Markakis P. Ascorbic acid content of developing tomato fruit. *J Food Sci* 36: 537-539, 1971.

96. Mangels AR, Block G, Frey CM, Patterson BH, Taylor PR, Norkus EP, and Levander OA. The bioavailbility to humans of ascorbic acid from oranges, orange juice and cooked broccoli is similar to that of synthetic ascorbic acid. *J Nutr* 123: 1054-1061, 1993.

97. Maruyama T, Shiota T, and Krumdieck CL. The oxidative cleavage of folates. A critical study. *Anal Biochem* 84: 277-295, 1978.

98. Mauri L, Alzamora S, Chirife J, and Tomio M. Review: Kinetic parameters for thiamine degradation in foods and model solutions of high water activity. *Int J Food Sci Technol* 24: 1-9, 1989.

99. Misir R and Blair R. Biotin bioavailability of protein supplements and cereal grains for starting turkey poults. *Poult Sci* 67: 1274-1280, 1988.

100. Mnkeni AP and Beveridge T. Thermal destruction of 5-methyltetrahydrofolic acid in buffer and model food systems. *J Food Sci* 48: 595-599.

101. Mock D. Biotin. In: *Handbook of Vitamins*, Zempleni J, Suttie J, Gregory J, and Stover P, eds. Boca Raton, FL: CRC Press, 2014, pp. 397-419.

102. Mock DM, Mock NI, and Langbehn SE. Biotin in human milk: Methods, location, and chemical form. *J Nutr* 122: 535-545, 1992.

103. Moran T. Nutritional significance of recent work on wheat, flour and bread. *Nutr Abstr Rev Ser Hum Exp* 29:1-16, 1959.

104. Mozafar A, Zentrum E, Oertli JJ, and Zentrum E. Uptake of a microbially-produced vitamin (B_{12}) by soybean roots. *Plant Soil* 139: 23-30, 2014.

105. Mulley EA, Strumbo C, and Hunting W. Kinetics of thiamine degradation by heat. Effect of pH and form of the vitamin on its rate of destruction. J *Food Sci* 40: 989-992, 1975.

106. Nagy S. Vitamin C contents of citrus fruit and their products: A review. *J Agric Food Chem* 28: 8-18, 1980.

107. Navankasattusas S and Lund DB. Thermal destruction of vitamin B_6 vitamers in buffer solution and cauliflower puree. *J Food Sci* 47: 1512-1518, 1982.

108. Offer T, Ames BN, Bailey Sw, Sabens EA, Nozawa M, and Ayling JE. 5-methyltetrahydrofolate inhibits photosensitization reactions and strand breaks in DNA. *FASEB J* 21: 2101-2107, 2007.

109. Pelletier O. Vitamin C. In: *Methods of Vitamin Assay*, Augustin J, Klein B, Becker D, and Venugopal P, cds. New York: John Wiley & Sons, 1985, pp. 303-347.

110. Pesek C and Wanhesen J. Kinetic model for photoisomerization and concomitant photodegradation of beta-carotenes. *J Agric Food Chem* 38: 1313-

1315, 1990.

111. Pfeiffer C, Rogers L, and Gregory J. Determination of folate in cereal-grain food products using trienzyme extraction and combined affinity and reversed-phase liquid chromatography. *J Agric Food Chem* 45: 407-413, 1997.

112. Poe M. Acidic dissociation constants of folic acid, dihydrofolic acid, and methotrexate. J *Biol Chem* 252: 3724-3728, 1977.

113. Porzio MA, Tang N, and Hilker DM. Thiamine modifying properties of heme proteins from Skipjactuna, pork, and beef. *J Agric Food Chem* 21: 308-310, 1973.

114. Quinlivan E, Hanson A, and Gregory J. The analysis of folate and its metabolic precursors in biological samples. *Anal Biochem* 348: 163-184, 2006.

115. Rebouche C. Carnitine. In: *Presen Knowledge in Nutrition*, Bowman B and Russell R, eds. Washington, DC: International Life Science Institute, 2006, pp. 340-351.

116. Reed L and Archer M. Oxidation of tetrahydrofolic acid by air. *J Agric Food Chem* 28: 801-805, 1980.

117. Reiber H. Photochemical reactions of vitamin B_6 compounds, isolation and properties of products. *Biochim Biophys Acta* 279: 310-315, 1972.

118. Rizvi S and Acton J. Nutrient enhancement of thermostabilized foods in retort pouches. *Food Technol* 36: 105-109, 1982.

119. Robinson D. The nonenzymatic hydrolysis of N5, N10-methenyltetrahydrofolic acid and related reacions. In: *Methods in Enzymology*, Chytyl F, ed. San Diego, CA: Academic Press, 1971, pp. 716-725.

120. Roughead ZK and Mccormick DB. Flavin composition of human milk. *Am J Clin Nutr* 52: 854-857, 1990.

121. Roughead ZK and Mccormick DB. Qualitative and quantitative assessment of flavins in cow's milk. *J Nutr* 120: 382-388, 1990.

122. Rucker R and Bauerly K. Pantothenic acid. In: *Handbook of Vitamins*, Zempleni J, Suttie J, Gregory J, and Stover P, eds. Boca Raton, FL: CRC Press, 2014, pp. 325-350.

123. Russell RM, Baik H, and Kehayias JJ. Older men and women efficiently absorb vitamin B-12 from milk and fortified bread. *J Nutr* 131: 291-293, 2001.

124. Ryley J and Kajda P. Vitamins in thermal processing. *Food Chem* 49: 119-129, 1994.

125. Saidi B and Warthesen J. Influence of pH and light on the kinetics of vitamin B_6 degradation. *J Agric Food Clem* 31: 876-880, 1983.

126. Sauer WC, Mosenthin R, and Ozimek L. The digestibility of biotin in protein supplements and cereal grains for growing pigs. *J Anim Sci* 66: 2583-2589, 1988.

127. Scarpa M, Stevanato R, Viglino P, and Rigo A. Superoxide ion as active intermediate in the autoxidation of ascorbate by molecular oxygen. Effect of superoxide dismutase. *J Biol Chem* 258: 6695-6697, 1983.

128. Selman J. Vitamin retention during blanching of vegetables. *Food Chem* 49: 137-147, 1994.

129. Shah J. Ribolavin. In: *Methods of Vitamin Assay*, Augustin J, Klein B, Becker D, and Venugopal P, eds. New York: John Wiley & Sons, 1985, pp. 365-383.

130. Shaw S, Jayatilleke E, Herbert V, and Colman N. Cleavage of folates during ethanol metabolism. Role of acetaldehyde/xanthine oxidase-generated superoxide. *Biochem J* 257: 277-280, 1989.

131. Shintani D and Dellapenna D. Elevating lhe vitamin E content of plants through metabolic engineering. *Science* 282: 2098-2100, 1998.

132. Sies H, Stahl W, and Sundquist AR. Antioxidant functions of vitamins. Vitamins E and C, beta-carotene, and other carotenoids. *Ann N Y Acad Sci* 669: 7-20, 1992.

133. Snell E. Vitamin B_6. *Compr Biochem* 2: 48-58, 1963.

134. Srncova V and Davidek J. Reaction of pyridoxal and pyridoxal-5-phosphate with proteins. Reaction of pyridoxal with milk serum proteins. *J Food Sci* 37: 310-312, 1972.

135. Steele C. Cereal fortification - Technological problems. *Cereal Foods World* 21: 538-540, 1976.

136. Tadera K, Arima M, and Yagi F. Participation of hydroxyl radical in hyunotylation of pyridoxine by ascorbic acid. *Agric Biol Chem* 52: 2359-2360, 1988.

137. Taher MM and Lakshmaiah N. Hydroperoxide - dependent folic acid degradation by cytochromec. *J Inorg Biochem* 31: 133-141, 1987.

138. Tannenbaum S, Young V, and Archer M. Vitamins and minerals. In: *Food Chemistry*, Fennema O, ed. New York: Marcel Dekker, 1985, pp. 477-544.

139. Tarr JB, Tamura T, and Stokstad EL. Availability of vitamin B_6 and pantothenate in an average Amencan diet in man. *Am J Clin Nutr* 34: 1328-1337, 1981.

140. Teixeira A, Dixon J, Zahradnik J, and Zinsmeister G. Computer optimization of nutrient retention in the thermal processing of conduction-heating foods. *Food Technol* 23: 845, 1969.

141. Thompson J and Hatina G. Determination of tocopherols and tocotrienols in foods and tissues by high performance liquid chromatography. *J Liquid Chromatogr* 2: 327-344, 1979.

142. Thompson JN. Problems of official methods and new techniques for analysis of foods and feeds for vitamin A. *J Assoc Off Anal Chem* 69: 727-738, 1986.

143. Tsukida K, Saiki K, and Sugiura M. Structural eluci-dation of the main cis beta-carotenes. *J Nutr Sci Vita-minol (Tokyo)* 27: 551-561, 1981.

144. van Niekerk P and Burger A. The estimation of the composition of edible oil mixtures. *J Am Oil Chem Soc* 62: 531-538, 1985.

145. Vanderslice J and Higgs D. Chromatographic separation of ascorbic acid. isoascorbic acid, de-hydroascorbic acid and dehydro-isoascorbic acid and their quantitation in food products. *J Micronutr Anal* 4:109-118, 1988.

146. Viberg U, Jagestad M, Oste R, and Sjoholm I. Thermal processing of 5-methytetrahydrofolic acid in the UHT region in the presence of oxygen. *Food Chem* 59: 381-386, 1997.

147. Wall J and Carpenter K. Variation in availability of niacin in grain products. Changes in chemical compo-sition during grain development and processing affect the nutritional availability of niacin. *Food Technol* 42: 198-204, 1988.

148. Wall J, Young M, and KJ C. Transformation of niacin-containing compounds in corn during grain de-velopment: Relationship to niacin nutritI availability. *J Agric Food Chem* 35: 752-758, 1987.

149. Weiser H and Vecchi M. Stereoisomers of alpha-toco-pheryl acetate. II. Biopotencies of all eight stereoiso-mers, individually or in mixtures, as determined by rat resorption-gestation tests. *Int J Vitam Nutr Res* 52: 351-370, 1982.

150. Wendt G and Bernhart FW. The structure of a sulfur-containing compound with vitamin B_6 activity. *Arch Biochem Biophys* 88: 270-272, 1960.

151. Wiesinger H and Hinz HJ. Kinetic and thermodynamic parameters for Schiff base formation of vitamin B_6 de-rivatives with amino acids. Arch Biochem Biophys 235: 34-40, 1984.

152. Woodcock E, Warihesen J, and Labuza T. Riboflavin in photochemical degradation in pasta measured by high performance liquid chromatography. *J Food Sci* 47: 545-549, 1982.

153. Zechmeister L. Stereoisomeric provitamins A. *Vitam Horm* 7: 57-81, 1949.

154. Zeisel SH, Mar MH, Howe JC, and Holden JM. Con-centrations of choline-containing compounds and be-taine in 12 common foods. *J Nutr* 133: 1302-1307, 2003.

155. Zhao R, Diop-Bove N, Visentin M, and Goldman ID. Mechanisms of membrane transport of folates into cells and across epithelia. *Annu Rev Nutr* 31: 177-201, 2011.

156. Zoltewicz JA and Kaufmann GM. Kinetics and mecha-nism of the cleavage of thiamin, 2-(1-hydroxyethyl) thiamin, and a derivative by bisulfite ion in aqueous solution. Evidence for an intermediate. *J Am Chem Soc* 99: 3134-3142, 1977.

拓展阅读

1. Augustin J, Klein BP, Becker DA, and Venugopal PB (eds.). *Methods of Vitamin Assay*, 4th edn. John Wiley & Sons, New York, 1985.

2. Bauemfeind JC and Lachance PA. *Nutrient Additions to Food. Nutritional, Technological and Regulatory Aspects.* Trumbull, CT: Food and Nutrition Press. Inc., 1992.

3. Caudill MA, Miller JW, Gregory JF, and Shane B. Folate, choline, vitamin B_12, and vitamin B_6. In: *Bi-ochemical, Physiological, and Molecular Aspects of Hu-man Nutrition.* 3rd edn., Stipanuk MH and Caudill MA, eds. St. Louis, MO: Elsevier, 2012, pp. 565-609.

4. Chytyl F and McCormick DB (eds.). *Methods in Enzy-mology. Vol.* 122 *and* 123, *Parts G and H (Respectively). Vitamins and Coenzymes.* San Diego, CA: Academic Press, 1986.

5. Davidek J, Velisek J, and Polorny J (eds.). Vita-mins. In: *Chemical Changes during Food Processing.* Amsterdam, the Netherlands: Elsevier, 1990, pp.230-301.

6. Eitenmiller RR and Landen WO Jr. *Vitamin Analysis for the Health and Food Sciences.* Weimar, TX: Culinary and Hospitality Industry Publications Services, 1998.

7. Erdman JW, Macdonald IA, and Zeisel SH (eds.). Vitamin B_6. In: *Presen Knowledge in Nutrition,* 10th edn. New York: Wiley-Blackwell, 2012.

8. Gregory JF, Quinlivan EP, and Davis SR. Integrating the issues of folate bioavailability, Intake and metabolism in the era of fortification. *Trends Food Sci Technol* 16: 229-240, 2005.

9. Harris RS and Karmas E. Nutritional Evaluation of Food Processing, 2nd edn. Westport, CT: AVI Publishing Co, 1975.

10. Harris RS and von Loesecke H. Nutritional Evaluation of Food Processing. Westport, CT: AVI Publishing Co., 1971.

11. Institute of Medicine. *Nutrition Labeling. Issues and Di-rections for the* 1990s. Porter DV and Earl RO, eds. Washington, DC: National Academy Press, 1990.

12. Karmas E and Hamis RS. *Nutritional Evaluation of Food Prcessing,* 3rd edn. New York: Van Nostrand Reinhold Co., 1988.

13. McCormick DB. Coenzymes, Biochemistry. In: *Encyclopedia of Human Biology*, R. Dulbecco, ed. , Vol. 2. San Diego, CA: Academic Press, 1991, pp. 527–545.

14. McCormick DB, Suttie JW, and Wagner C. *Methods in Enzymology*, *Vols.* 280 *and* 281, *Parts K and J* (*respectively*), *Vitamins and Coenzymes*. San Diego, CA: Academic Press, 1997.

15. Stipanuk MH and Caudill MA (eds.). Biochemical, Physiological, and Molecular Aspects of Human Nutrition, 3rd edn. St. Louis, MO: Elsevier, 2012.

16. Zempleni J, Suttie JW, Gregory JF, and Stover PJ (eds.). *Handbook of Vitamins*, 5th edn. Boca Raton, FL: CRC Press, 2014.

矿物质

Dennis D. Miller

9.1 引言

地壳中天然存在 90 种化学元素,已知约有 25 种对于生命体来说是必需的,存在于活细胞中(图 9.1)。我们的食物均来源于植物和动物,因此同样能够在食物中找到这 25 种元素。生命系统可从周围环境中吸收和积累对生命体必需和非必需的元素,因此食物还含有其他元素。此外,在收获、加工和保存过程中,元素也可能以污染物或者食品添加剂的形式进入食品中。

I-A	II-A	III-B	IV-B	V-B	VI-B	VII-B		VIII		I-B	II-B	III-A	IV-A	V-A	VI-A	VII-A	O
H																	He
Li	Be											B	C	N	O	F	Ne
Na	Mg											Al	Si	P	S	Cl	Ar
K	Ca	Sc	Ti	V	Cr	Mn	Fe	Co	Ni	Cu	Zn	Ga	Ge	As	Se	Br	Kr
Rb	Sr	Y	Zr	Nb	Mo	Tc	Ru	Rh	Pd	Ag	Cd	In	Sn	Sb	Te	I	Xe
Cs	Ba	Ln	Hf	Ta	W	Re	Os	Ir	Pt	Au	Hg	Tl	Pb	Bi	Po	At	Rn
Fr	Ra	Ac	Th	Pa	U												

图 9.1 天然元素的周期表

其中加阴影的元素是动物和人类必需的营养元素。

在食品和营养学上,迄今为止"矿物质"仍没有一个公认的定义。"矿物质"这个术语通常是指食物中除了 C、H、O、N 以外的其他元素。C、H、O、N 主要存在于有机物和水中,大约占生命系统总原子数的 99%[29]。矿物质元素在食物中的含量相对较低,但是却在生命系统和食物中起着关键作用。

过去,根据矿物质在植物或动物体内的含量,可将其分为常量或微量矿物质。这是在还不能精确测定低浓度元素时的分类方法。过去,"微量"通常用来表述不能精确测定的元素的存在。现在,元素周期表中的所有元素都可以采用现代分析方法和仪器进行准确测定[86],但是"常量"和"微量"这两个术语仍然用来描述生物系统中矿物质元素的存在。常量元素包括钙、磷、镁、钾、钠、氯;微量元素包括铁、碘、锌、硒、铬、铜、氟、铅、锡。

9.2 矿物质化学的基本原理

矿物质元素可以以多种化学形式存在于食物中,如化合物,络合物和游离离子等[126]。在了解了矿物质元素间的化学性质差异,食品中存在的可与矿物质元素结合的非矿物质化合物的数量和种类,以及在食品加工和贮藏过程中的化学变化后,就不难理解食品中矿物质存在形式的多样性了。由于食品体系的复杂性,以及矿物质存在形式的不稳定性,分离食品中的矿物质元素和确定其存在形式十分困难,因而对食品中矿物质存在的确切化学形式,目前的了解还比较有限。但是,已有大量的有机、无机和生物化学的文献可以帮助我们了解和预测食品中矿物质元素的存在与作用。

9.2.1 矿物质在水溶液体系中的溶解性

绝大部分的营养元素都是在水溶液环境中输送,并被生物体代谢。所以,矿物质元素的生物利用率和活性很大程度上取决于它们在水中的溶解度。除分子氧和分子氮以外,其他元素的单质形式(例如,单质铁)在生命系统中都没有生理活性,因为单质不溶于水,所以不能与有机体或生物分子产生相互作用。

各种元素在食品中的存在形式很大程度上取决于元素本身的化学性质。元素周期表中Ⅰ族和Ⅶ族元素(图9.1)在食品中主要以游离的离子形式(Na^+、K^+、Cl^-、F^-)存在,具有很高的水溶性,与大多数配位体的亲和力很弱。而其他元素则以络合物、螯合物或含氧阴离子等形式存在(详见9.2.3有关络合物和螯合物的讨论)。

矿物质络合物和螯合物的溶解性与无机盐的溶解性有很大的不同。例如,将氯化铁溶解于水中,铁很快以氢氧化铁的形式沉淀,但是高铁离子与柠檬酸根形成的螯合物溶解度很大。氯化钙是可溶的,但与草酸根离子螯合的钙却不溶于水。

9.2.2 矿物质和酸/碱化学

矿物质元素化学的大部分可以用酸/碱化学的概念来阐明。而且,酸和碱可通过改变食品的 pH 来影响食品中其他组分的功能性质和稳定性,因此酸/碱化学对食品科学来说非常重要。下面是有关酸/碱化学的简单概述。有关酸/碱化学更完整的阐述可见 Shriver 等的专著[116]或其他的无机化学教科书。

9.2.2.1 Bronsted 酸/碱理论

Bronsted 酸是指任何能提供质子的物质。

Bronsted 碱是指任何能接受质子的物质。

许多酸和碱天然存在于食品中,这些酸和碱可以用作食品添加剂或加工助剂。常见的有机酸有醋酸、乳酸和柠檬酸。磷酸是食品中的无机酸的一种,在一些碳酸饮料中用作酸味剂和风味调节剂。磷酸是一种三元酸,含有三个可解离的质子:

$$H_3PO_4 \Longrightarrow H_2PO_4^- + H^+ , \quad pK_1 = 2.12$$

$$H_2PO_4^- \Longrightarrow HPO_4^{-2} + H^+ , \quad pK_2 = 7.1$$

$$HPO_4^{-2} \Longrightarrow PO_4^{-3} + H^+ , \quad pK_3 = 12.4$$

其他常见的无机酸有 HCl 和 H_2SO_4。它们很少直接添加到食品中,但可能在食品加工或烹调过程中产生。例如,硫酸钠铝在有水情况下加热会产生 H_2SO_4:

$$Na_2SO_4 \cdot Al_2SO_4 + 6H_2O \rightarrow Na_2SO_4 + 2Al(OH)_3 + 3H_2SO_4$$

9.2.2.2 Lewis 酸/碱理论

20 世纪 30 年代,G. N. Lewis 提出了另外一种更为全面的酸碱定义[116]:

Lewis 酸为电子对的接受体。

Lewis 碱为电子对的给予体。

习惯上,Lewis 酸用"A"表示,Lewis 碱用":B"表示。Lewis 酸和 Lewis 碱的反应用下式表示:

$$A + :B \rightarrow A—B$$

必须牢记的是,上述反应不包括 A 或 B 的氧化状态的改变,即它不是一个氧化还原反应。A 必须具有一个空的低能量轨道,B 必须具有一对孤对电子,酸和碱的轨道相互作用形成新的分子轨道。络合物的稳定性很大程度上取决于 A 和:B 相互作用形成分子轨道后电子能量降低的程度。由于可能包含多重原子轨道,所以这些络合物的电子结构非常复杂。例如,d 区金属元素可提供 9 个原子轨道(1s,3p 和 5d 轨道)形成分子轨道。Lewis 酸和 Lewis 碱的反应产物一般指的是 A 和:B 通过共用:B 提供的一对电子结合在一起所形成的络合物。

Lewis 酸/碱的概念是理解食品矿物质化学的关键,这里的金属离子是 Lewis 酸,能与 Lewis 碱相结合。金属阳离子和食品分子反应产生的络合物包括金属水合物和含金属的色素,如血红蛋白、叶绿素和金属酶等。

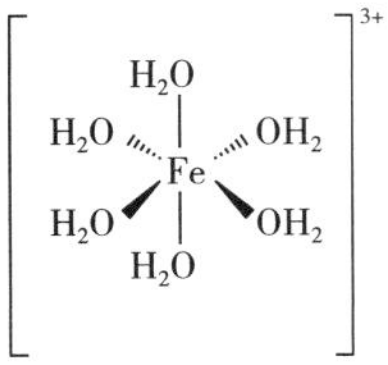

图 9.2 带 6 个配位水分子的高价铁离子

这是 Fe^{3+} 在酸性(pH<1)溶液中的主要存在形式。

能与单个金属离子结合的 Lewis 碱的分子数目或多或少与金属离子的带电情况有关。这个数目通常指的就是配位价,大小范围为 1~12,但一般为 6。例如,Fe^{3+} 结合 6 个水分子形成具有八面体结构的六水合铁(图 9.2)。

络合物中的电子供体通常称为配位体。配位体中主要提供电子的原子是氧、氮、硫。因此,包括蛋白质、碳水化合物、磷脂和有机酸在内的许多食品分子都是矿物质离子的配位体。根据与金属离子形成的键的数目可将配位体进行分类。只能形成一个键的称为单基配位体,能形成两个键的称为双基配位体,依次类推。能形成两个及两个以上键的配位体统称为多基配位体。图 9.3 所示为一些常见的配位体的例子。

金属络合物的稳定性可用生成络合物反应的平衡常数来表示。"稳定常数"k 和"形成常数"通常可以相互转换。金属离子(M)和配位体(L)生成络合物的反应通式如下[116]：

$$M+L \Longrightarrow ML \qquad k_1 = \frac{[ML]}{[M][L]}$$

$$ML+L \Longrightarrow ML_2 \qquad k_2 = \frac{[ML_2]}{[ML][L]}$$

$$\downarrow \downarrow \qquad \downarrow$$

$$ML_{n-1}+L \Longrightarrow ML_n \qquad k_n = \frac{[ML_n]}{[ML_{n-1}][L]}$$

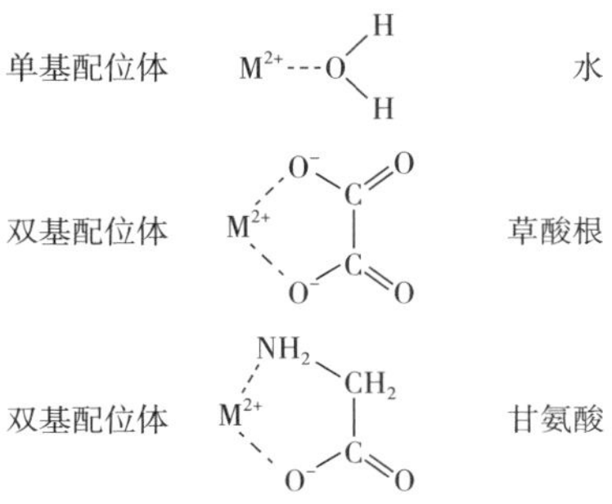

图 9.3　金属离子(M^+) 的配位体示例

当有一种以上配位体与金属离子结合时,总的形成常数可表示为：

$$K = \beta_n = \frac{[ML_n]}{[M][L]^n}$$

式中,$K = \beta_n = k_1 k_2 \cdots k_n$ 表示每个金属离子的配位键数目。

Cu^{2+} 和 Fe^{3+} 的络合物和螯合物的稳定常数见表 9.1。

表 9.1　　　　　　　　　Cu^{2+} 和 Fe^{3+} 的络合物和螯合物的稳定常数 ($\log k$)

配位体	Cu^{2+}	Fe^{3+}	配位体	Cu^{2+}	Fe^{3+}
OH^-	6.3	11.8	组氨酸	10.3	10.0
草酸盐	4.8	4.8	EDTA	18.7	25.1

注：上述是在同一离子强度下的数据。

资料来源：Shriver, D.F. et al.(1994). *Inorganic Chemistry*, 2nd edn., W.H. Freeman, New York.

9.2.3　螯合作用

螯合物是金属离子和多基(齿)配位体结合形成的。金属离子和多基配位体结合形成螯合物时,金属离子和配位体之间形成 2 个或多个键,同时,在金属离子周围形成一个环状结构。螯合物这个术语来自于希腊语" chele "是"脚爪"的意思。螯合配位体(又称螯合试剂)必须具有至少 2 个能提供电子的功能基团。此外,这些功能基团必须在空间上适当排列以便形成一个包围金属离子的环状结构。螯合物与相似的非螯合物相比,热力学稳定性高,这一现象称为"螯合效应"。多个因素间的相互作用会影响螯合物的稳定性,Kratzer 和 Vohra[67]对此进行了如下总结：

(1)环的大小　　五元不饱和环和六元饱和环比更大或更小的环更稳定。

(2)环的数量　　螯合物中环的数量越多越稳定。

(3)碱的强度　　Lewis 碱的强度越大,形成的螯合物越稳定。

(4)配位体的电荷　　带电的配位体比不带电的配位体形成的螯合物更稳定。例如,柠檬酸盐形成的螯合物比柠檬酸形成的螯合物更稳定。

(5)供体原子的化学环境　　金属−配位体键的相对强度顺序如下：

氧作为供体：$H_2O > ROH > R_2O$

氮作为供体：$H_3N > RNH_2 > R_3N$

硫作为供体：$R_2S > RSH > R_3N$

(6)螯合环的共振作用　共振提高稳定性。

(7)立体位阻　大的配位体倾向于形成不稳定的螯合物。

综上所述,影响螯合物稳定性的因素很多,预测其稳定性也很困难,但是,Gibbs 自由能($\Delta G = \Delta H - T\Delta S$)概念可以很好地应用于解释螯合效应。下面是 Cu^{2+} 与氨或乙二胺络合时的熵、焓等的变化[116]：

$$Cu(H_2O)_6^{2+} + 2NH_3 \rightarrow [Cu(H_2O)_4(NH_3)_2]^{2+} + 2H_2O$$

$$(\Delta H = -46kJ/mol; \Delta S = -8.4J/K \cdot mol; \log\beta = 7.7)$$

$$Cu(H_2O)_6^{2+} + NH_2CH_2CH_2NH_2 \rightarrow [Cu(H_2O)_4(NH_2CH_2CH_2NH_2)]^{2+} + 2H_2O$$

$$(\Delta H = -54kJ/mol; \Delta S = +23J/K \cdot mol; \log K = 10.1)$$

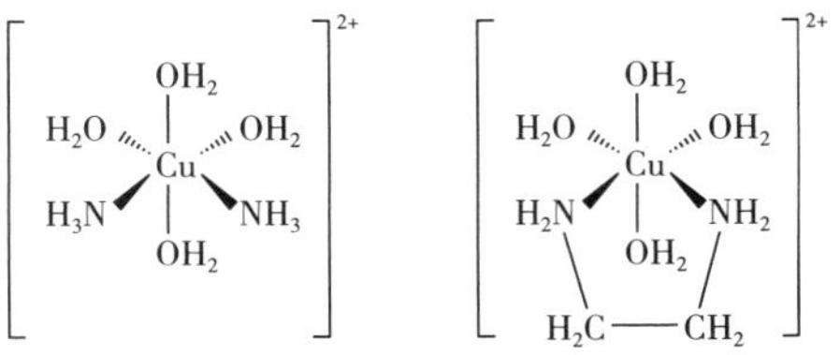

图 9.4　Cu^{2+} 与氨(左)和乙二胺(右)形成的络合物

两个络合物都有两个氮和单个铜离子(图 9.4)结合,但与乙二胺形成的络合物稳定性比与氨形成的络合物稳定性要大得多(形成常数对数分别为 10.1 和 7.7)。焓和熵对稳定性都有影响,但熵的变化是影响螯合效应的主要因素。氨是单基配位体,与铜只形成一个键,而乙二胺是双基配位体,与铜形成两个键。熵值变化是由溶液中自由分子数的变化引起的。在第一个反应中(与氨),反应方程式两边的分子数相等,因此反应的熵变很小;而在第二个螯合反应中(与乙二胺),溶液中的自由分子数净值增加,从而导致熵值增加。

乙二胺四乙酸离子(EDTA)是一个说明螯合效应的更好的例子[97]。EDTA 是一个六基配位体,当它在溶液中与金属离子形成螯合物时,取代了金属上的六个水分子,这对体系的熵值有很大的影响(图 9.5)：

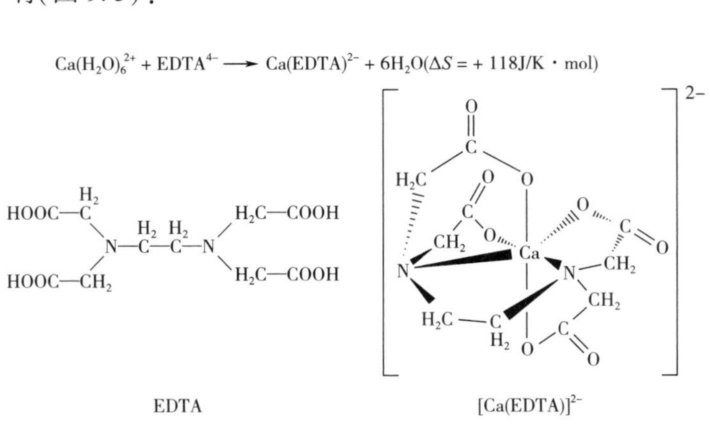

$$Ca(H_2O)_6^{2+} + EDTA^{4-} \longrightarrow Ca(EDTA)^{2-} + 6H_2O(\Delta S = +118J/K \cdot mol)$$

EDTA　　　　　　$[Ca(EDTA)]^{2-}$

图 9.5　乙二胺四乙酸(EDTA)(左)和 Ca^{2+}-EDTA 螯合物(右)

值得注意的是,在螯合物中 EDTA 上的羧基处于电离状态,因此螯合物的净电荷为-2。

此外,EDTA螯合物含有五个环,这也使得其稳定性提高。EDTA能与众多金属离子形成稳定的螯合物。

螯合物在食品和所有的生物系统中都十分重要。在食品中添加螯合剂来遮蔽无机离子,如铁离子和铜离子,防止无机离子的助氧化作用。配制的螯合剂,如EDTA铁钠,可作为强化剂加入到食品中[10]。而且,大多数由金属离子和食品分子形成的络合物都是螯合物。

9.3 矿物质的营养作用

9.3.1 必需矿物质元素

人们对必需矿物质元素提出了多个定义,一个被广泛认可的定义是:如果某种元素从生命体的日常食物或其他摄入途径中去除后,会"导致持续的和可重复的生理功能损害",那么,这种元素对生命是必需的[122]。因此,这种必需性需要通过向试验人群或实验动物提供某种元素含量低的膳食,然后观察他们的生理功能损害情况来证实。

人类对各种必需矿物质的需求从每天几微克到1g不等。如果在某一时期内摄入某种必需矿物质的量偏低,就会出现缺乏症状;相反,过量的摄入会产生毒性。对于大多数矿物质而言,安全和适宜摄入量的范围是相当宽的,因此只要有一个能体现多样化的膳食结构,上述缺乏或中毒都不会发生。

安全和适宜摄入量范围宽的原因是生物体的自我平衡机制,它可以对必需营养素吸收量的高低进行调节。动态平衡可定义为生物体将组织中营养素水平保持在一定狭窄范围内的过程。在高级生物体中,动态平衡是一系列非常复杂的过程,包括营养素的吸收、排泄、代谢和储存的调节。没有动态平衡机制,营养素的摄入必须严格控制,否则容易摄入不足或中毒(图9.6)。当营养水平长时间过低或过高时,都会破坏这种动态平衡。矿物质营养素长时间摄入不足的情况并不罕见,特别是在贫困人群中,因为他们的食物种类非常有限。尽管钠的高摄入量是引发高血压的一个主要因素,但矿物质过度摄入引起中毒的情况不常见[79]。

矿物质是体内数百种酶反应的必需

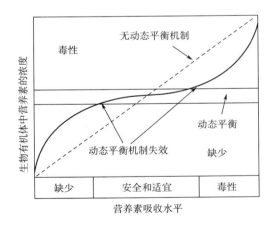

图9.6 生物有机体内的动态平衡机制

无动态平衡(虚线),营养素的安全和适宜摄入量(AIs)范围会非常狭窄;动态平衡的存在会使得其范围大许多。当营养素摄入过低或过高而导致缺乏症或中毒情况发生时,动态平衡机制是不起作用的。

资料来源:Mertz, W.(1984). *Nutr. Today*, 19:22—30.

物质,是调节代谢的关键角色,是保持骨骼和牙齿强度和硬度的必需因素;矿物质能够加强血液中氧和二氧化碳的交换,并且是细胞黏附和减数分裂所必需的物质。矿物质也可能具有毒性,有很多由于矿物质摄入而严重受伤甚至死亡的记录。表9.2所示为矿物质的一些主要的营养和毒理性质。

表9.2   矿物质的营养与毒性

矿物质	功能	缺乏的不利影响	摄入过量的不利影响	食物来源
钙	骨骼和牙齿的矿化、血液凝集、激素分泌、神经传递	易患骨质疏松症、高血压以及一些癌症	过量摄入比较罕见。可能会导致肾结石、乳碱综合征	酸乳、干酪、强化果汁、羽衣甘蓝、菜花
磷	骨骼的矿化、DNA和RNA的合成、磷脂合成、能量代谢、细胞信号	磷在食物中的广泛分布使缺乏症极少发生。低摄入量会使骨骼钙化	损害骨骼形成、肾结石、减少Ca与Fe的吸收、导致铁和锌的缺乏	几乎存在于所有食品中。高蛋白食品(肉类,乳制品等),谷物制品以及可乐型饮料中含量高(H_3PO_4)
镁	多种酶的辅助因子	缺乏症极少出现,除了一些特定的临床病症。心脏手术病人恢复期往往血镁过低	极少发生,除非过度服用镁补充剂。会导致胃肠窘迫、腹泻、腹部绞痛、恶心	绿叶蔬菜、牛乳、粗粮
钠	细胞外液中的主要阳离子,控制细胞外液量及血压,是营养物质出入细胞的重要因素	缺乏症罕见,但耐力运动中可能发生。钠缺乏会导致肌肉抽筋	高摄入会导致盐敏感人群发生高血压	大部分食品天然钠含量很低。加工和预制食品含有不同量的添加钠
铁	氧运输(血红蛋白和肌红蛋白)、呼吸和能量代谢(细胞色素和铁硫蛋白)、分解过氧化氢(氢过氧化物酶和过氧化氢酶)、DNA合成(核糖核苷酸还原酶)	缺乏症普遍。症状包括疲劳、贫血、损害工作能力、认知功能受损、免疫反应受损	铁的过量摄入会增加癌症和心脏疾病的患病概率	肉类、谷物制品、强化食品、绿叶蔬菜
锌	金属酶辅助因子、基因表达调控	生长迟缓、妨碍伤口愈合、性成熟迟缓、免疫反应受损	抑制铜和铁的吸收、免疫反应受损	红肉、贝类、小麦胚芽、强化食品
碘	参与甲状腺激素的合成	甲状腺肿、智力迟钝、生育率降低、克汀病	在碘充足人群中极少发生。在缺碘人群中会产生甲状腺功能亢进症	碘盐、海带、海产品

9.3.2 矿物质营养素的膳食参考摄入量(美国和加拿大)

1997年,美国国家科学院药品研究院食品与营养品委员会膳食参考摄入量科学评估标准委员会发表了一篇报道。该报道提出了一种新的制定健康人群(美国和加拿大)适当膳食营养素摄入量的方法[119]。这些新的推荐摄入量被称作"膳食营养素参考摄入量"(DRIs),并取代了1941年发表的推荐膳食供给量(RDAs)。从发表至今,RDAs定期修改,最后一个版本在1989年发表。DRIs包括了众多数据:平均需要量(EAR),推荐膳食供给量(RDA),适宜摄入量AI以及可耐受最高摄入量(UL)。每一个数据都是根据其评估中的特定标准制定的。下面是这些评估的简单介绍,具体介绍可查阅相关报告[69]。

(1)平均需要量(EAR)　EAR定义为满足特定年龄段和性别群体的半数个体营养需求的营养素摄入量。假定剩余50%的个体的需求量要高于EAR。

(2)推荐膳食供给量(RDA)　RDA定义为满足特定年龄段和性别群体的几乎所有健康人的充足的营养摄入量水平。RDA超过EAR两个标准偏差(SD):RDA = EAR + 2SD。

(3)适宜摄入量(AI)　当没有充分的科学根据来制定一个RDA时,使用AI。它是以健康人群实际平均营养摄入量为评估基础的,而不用从为评估个体营养需求而设计的研究中获得的。

(4)可耐受最高摄入量(UL)　UL定义为对健康无任何副作用的平均每日营养素最高摄入量。这意味着摄入量高于该值会有中毒的危险。

EAR、RDA、AI和UL的图示见图9.7。

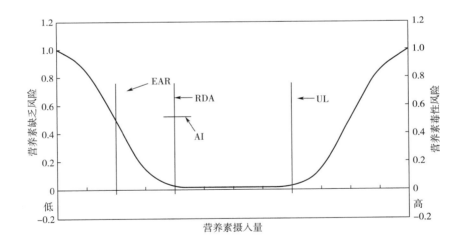

图9.7　营养素缺乏风险(左纵坐标轴)和超过DRI(包括EAR,RDA,AI和UL)的风险(右纵坐标轴)

随着摄入量的增加,营养素缺乏率降低并接近0;而在超过安全摄入量之后,产生毒性的概率随着摄入量的增加而增加。图由美国国家科学院药品研究院食品与营养品委员会膳食参考摄入量科学评估标准委员会1997年重新绘制。

资料来源:*Dietary Reference Intakes for Calcium*,*Phosphorous*,*Vitamin D*,*and Flouride.*National Academy Press,Washington,D.C.

已经为人体必需的25种矿物质中的9种(Ca、P、Mg、Fe、Zn、Cu、Cr、Mn和I)制定了DRIs,其中最重要的矿物质的DRIs如表9.3和表9.4所示。

表 9.3　　膳食营养素参考摄入量(DRIs)中规定的必需矿物质营养素(Ca,P,Mg)[1]

生命阶段	钙摄入量/(mg/d) RDA/AI/UL	磷摄入量/(mg/d) RDA/AI/UL	镁摄入量/(mg/d) RDA/AI/UL
婴儿			
0~6 个月	210/N. D[2]	**100**/ND	30/N. D.
7~12 个月	270/N. D.	**275**/ND	75/N. D.
少儿			
1~3 岁	500/2500	**460**/3000	**80**/65
4~8 岁	800/2500	**500**/3000	**130**/110
男性			
9~13 岁	1300/2500	**1250**/4000	**240**/350
14~18 岁	1300/2500	**1250**/4000	**410**/350
19~30 岁	1000/2500	**700**/4000	**400**/350
31~50 岁	1000/2500	**700**/4000	**420**/350
50~70 岁	1200/2500	**700**/4000	**400**/350
>70 岁	1200/2500	**700**/3000	**400**/350
女性			
9~13 岁	1300/2500	**1250**/4000	**240**/350
14~18 岁	1300/2500	**1250**/4000	**360**/350
19~30 岁	1000/2500	**700**/4000	**310**/350
31~50 岁	1000/2500	**700**/4000	**320**/350
50~70 岁	1200/2500	**700**/4000	**320**/350
>70 岁	1200/2500	**700**/3000	**320**/350
孕妇			
≤18 岁	1300/2500	**1250**/3500	**400**/350
19~30 岁	1000/2500	**700**/3500	**350**/350
31~50 岁	1000/2500	**700**/3500	**350**/350
哺乳期妇女			
≤18 岁	1300/2500	**1250**/4000	**360**/350
19~30 岁	1000/2500	**700**/4000	**310**/350
31~50 岁	1000/2500	**700**/4000	**320**/350

①RADs 以黑体字表示,AI 为普通字体。在每个元素下列出的第一个数值不是 RDA 就是 AI。例如,钙只列有 AIs,磷只列有 RDAs,镁有些为 AIs 有些为 RDAs。斜杠(/)后的数值是 UL。在大部分情况下,ULs 是指所有来源的摄入量(食物,水,补充剂);而对镁来说,ULs 指从补充剂中的摄入量,而不包括从水和食物中的摄入量。RDA、AI 和 UL 的解释见文字部分。

②N.D. = 由于缺乏足够的数据进行评估,食品与营养委员会没有进行确定。

资料来源：Food and Nutrition Board, Institute of Medicine (2003), *Dietary reference Intake Tables. Elements Table*, (http://www.iom.edu/file.asp? id = 7294)。

表 9.4 膳食营养素参考摄入量(DRIs)中规定的必需微量矿物质营养(Fe,Zn,Se,I,F)[1]

生命阶段	铁摄放量/(mg/d) RDA 或 AI/UL	锌摄入量/(mg/d) RDA 或 AI/UL	硒摄入量/(mg/d) RDA 或 AI/UL	碘摄入量/(mg/d) RDA 或 AI/UL	氟摄入量/(mg/d) RDA 或 AI/UL
婴儿					
0~6 个月	0.27/40	2/4	15/45	110/N. D. [2]	0.01/0.7
7~12 个月	**11**/40	**3**/5	20/60	130/N. D.	0.5/0.9
少儿					
1~3 岁	**7**/40	**3**/7	**20**/90	**90**/200	0.7/1.3
4~8 岁	**10**/40	**5**/12	**30**/150	**90**/300	1/2.2
男性					
9~13 岁	**8**/40	**8**/23	**40**/280	**120**/600	2/10
14~18 岁	**11**/45	**11**/34	**55**/400	**150**/900	3/10
19~30 岁	**8**/45	**11**/40	**55**/400	**150**/1100	4/10
31~50 岁	**8**/45	**11**/40	**55**/400	**150**/1100	4/10
50~70 岁	**8**/45	**11**/40	**55**/400	**150**/1100	4/10
>70 岁	**8**/45	**11**/40	**55**/400	**150**/1100	4/10
女性					
9~13 岁	**8**/40	**8**/23	**40**/280	**120**/600	2/10
14~18 岁	**15**/45	**9**/34	**55**/400	**150**/900	3/10
19~30 岁	**18**/45	**8**/40	**55**/400	**150**/1100	3/10
31~50 岁	**18**/45	**8**/40	**55**/400	**150**/1100	3/10
50~70 岁	**8**/45	**8**/40	**55**/400	**150**/1100	3/10
>70 岁	**8**/45	**8**/40	**55**/400	**150**/1100	3/10
孕妇					
≤18 岁	**27**/45	**12**/34	**60**/400	**220**/900	3/10
19~30 岁	**27**/45	**11**/40	**60**/400	**220**/1100	3/10
31~50 岁	**27**/45	**11**/40	**60**/400	**220**/1100	3/10
哺乳期妇女					
≤18 岁	**10**/45	**13**/34	**70**/400	**290**/900	3/10
19~30 岁	**9**/45	**12**/40	**70**/400	**290**/1100	3/10
31~50 岁	**9**/45	**12**/40	**70**/400	**290**/1100	3/10

①RADs 以黑体字表示,AI 为普通字体。在每个元素下列出的第一个数值不是 RDA 就是 AI。例如,铁列有 RDAs,而氟只列有 AIs。斜杠(/)后的数值是 UL。

②N.D.=由于缺乏足够的数据进行评估,食品与营养委员会没有进行确定。

资料来源:Food and Nutrition Board (FNB), Institute of Medicine(IOM). (2002). Dietary Reference Intakes for Vitamin A,Vitamin K, Arsenic, Boron, Chromium, Copper, Iodine, Iron, Manganese, Molybdenum, Nickel, Silicon, Vanadium,and Zinc, National Academy Press, Washington, D.C. and Food and Nutrition Board, Institute of Medicine (2003). *Dietary Reference Intake Tables*: *Elements table*. (http://www.iom.edu/file.asp? id=7294).

9.3.3　生物利用率

人们早已认识到食品中某种营养素的浓度不一定是衡量该食品作为营养素来源价值的可靠指标。为此,营养学家提出了营养素生物利用率的概念。生物利用率可定义为代谢过程中可被利用的营养素的量与摄入的营养素量的比值。对于矿物质营养素,生物利用率主要通过从肠道到血液的吸收效率来确定。然而,在一些情况下,吸收的营养素也会以不能利用的形式存在。例如,在一些螯合物中铁与配体紧密结合,即使铁螯合物被吸收,铁也不能释放到细胞与铁蛋白结合,未被利用的铁螯合物则从尿液中排出。

矿物质生物利用率的变化范围,从某些形式的铁的低于1%到钠及钾超过90%不等。生物利用率的变化范围如此之大的原因非常复杂且各不相同。许多因素都会相互作用,影响营养素最终的生物利用率(表9.5)。其中一个最重要的因素是矿物质在小肠内含物中的溶解度,因为不溶解复合物不能扩散至消化道内胚层黏膜的刷状缘表面,从而不能被吸收。因此,许多激活和抑制因子通过对矿物质溶解度的影响起作用。

表9.5　　　　　　　　影响食物中矿物质生物利用率的可能因素

1. 食物中矿物质的化学形态
a. 高度不溶形式很难被吸收。
b. 如果螯合物高度稳定,可溶性螯合物也可能很难被吸收。
c. 在大部分膳食中,血红素铁比非血红素铁更好被吸收。

2. 食品配位体
a. 配位体与金属离子形成的可溶性螯合物可以提高其从食物中的被吸收率(例如,EDTA能增强Fe从食品中的吸收率)。
b. 不易被消化的高相对分子质量配位体会降低其吸收率(例如,膳食纤维,一些蛋白质等会降低矿物质的吸收率)。
c. 配位体与矿物质形成不溶性螯合物会降低矿物质吸收率(例如,草酸盐抑制Ca的吸收;植酸抑制Ca,Fe,Zn的吸收)。

3. 食品成分的氧化还原活性
a. 还原剂(如抗坏血酸)会增强铁的吸收,但对其他矿物质的吸收无影响。
b. 氧化剂会将铁转化为生物活性更低的形式,从而抑制铁的吸收。

4. 矿物质间的相互作用
膳食中高浓度的矿物质会抑制其他矿物质的吸收(例如,Ca抑制Fe的吸收;Fe抑制Zn的吸收;Pb抑制Fe的吸收)。

5. 消费者的生理状态
a. 机体中矿物质的平衡调节作用可控制吸收量,不足时上调吸收量,足量或过量时下调吸收量。Fe,Zn,Ca都遵循这种机制。
b. 吸收障碍症(如阶段性回肠炎、乳糜泻)会降低对矿物质及其他营养素的吸收。
c. 胃酸缺乏(胃中分泌物减少)会削弱对Fe和Ca的吸收。
d. 年龄也会影响矿物质吸收:随着年龄增大,吸收率降低。
e. 怀孕:怀孕期间铁的吸收量会增加。

9.3.3.1　生物利用增强剂

(1)有机酸　有些有机酸能够提高矿物质的生物利用率。膳食组成、特殊的矿物质营养以及有机酸和矿物质的相对浓度决定其功效的大小。研究最多的有机酸是抗坏血酸、柠檬酸和乳酸。据推测,这些有机酸通过与矿物质形成可溶螯合物来提高矿物质的生物利用率。这些螯合物阻止矿物质沉淀和/或与其他会抑制吸收的配位体结合。

抗坏血酸对于铁的吸收来说是一种显著有效地增强剂,因为它除了具有螯合能力外,还是一个强还原剂,能将 Fe^{3+} 还原成更易溶解及更具有生物活性的 Fe^{2+}。下列反应式显示抗坏血酸对铁的还原[120]:

$$
\text{抗坏血酸} + 2Fe^{3+} \longrightarrow \text{脱氢抗坏血酸} + 2H^+ + 2Fe^{2+}
$$

抗坏血酸对其他矿物质生物利用率影响不明显,其原因可能是它们不容易被还原。

(2)肉因子 肉类,禽类以及鱼肉可以提高在同一餐膳食中的非血红素铁和血红素铁的吸收率[141]。大量试图确定和分离所谓"肉因子"的努力最终证明是徒劳的。肉类对铁有还原作用[66],因此在消化过程中可能存在着一种机制使得 Fe^{3+} 转化成 Fe^{2+}。此外,肉类的消化物,包含有氨基酸和多肽,会与铁形成在小肠内含物中更易溶解的螯合物。

9.3.3.2 生物利用抑制剂

(1)植酸 植酸及各种植酸盐都是抑制矿物质生物利用率的最重要的膳食因子[60]。植酸和它的矿物质复合物(植酸盐)是磷在植物种子中最主要的储存形式。植酸,即肌醇-1,2,3,4,5,6-己糖磷酸,含有六个被肌醇酯化的磷酸基团(图9.8),又称六磷酸肌醇。这些磷酸基团在生理 pH 时极容易电离,因此是一种有效的阳离子螯合物,特别是对二价和三价矿物质,如 Ca^{2+}、Fe^{2+}、Fe^{3+}、Zn^{2+}、Mg^{2+}(图9.9)。这些矿物质与前面的螯合物结合,其生物利用率会降低。因此,植酸作为一种抗营养剂被人们所认知。

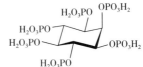

图 9.8 植酸(肌醇-1,2,3,4,5,6-己糖磷酸)的化学结构

除了在植物细胞中具有储存磷的功能外,植酸和它的衍生物在新陈代谢中扮演了许多的重要角色,包括信号转换,ATP、RNA 的输出,DNA 修复以及 DNA 重组[102]。植酸很容易被植酸酶水解。磷酸基团解离的数目决定部分水解产生的磷酸肌醇混合物的组成(表9.6)。植酸和它的多种水解产物被称为 IP6,IP5,IP4,依此类推,以表示肌醇上酯化的磷酸基团的数目。植酸对矿物质吸收的抑制会因水解作用而减弱,但是现在有证据表明 IP5,IP4,IP3 以及 IP6 也会抑制铁的吸收[111]。

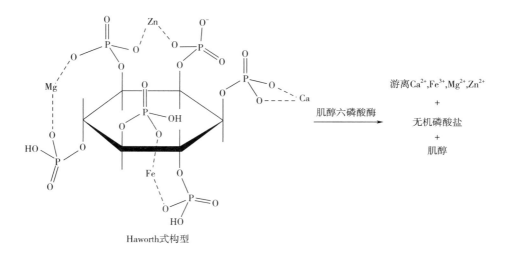

Haworth式构型

图 9.9　哈沃斯(Haworth)透视式显示含镁、锌、钙及铁的肌醇六磷酸盐螯合物的可能结构

Ca,Mg,Zn 为二价阳离子,Fe 为二价或者三价阳离子。植酸酶催化植酸水解,产生游离肌醇、肌醇磷酸盐、无机磷以及金属阳离子混合产物,其中的一些仍可与部分水解的植酸再次结合。

资料来源:Lei, X.G. and C.H.Stahl(2001). *Appl. Microbiol. Biotechnol* 57:474-481.

表 9.6　六磷酸肌醇(IP6)和它的三个水解产物(IP3,IP4,IP5)在一些食品中的含量

食品	IP3	IP4	IP5	IP6
面包,全面粉	0.3	0.2	0.5	3.2
大豆粉	—	0.9	4.4	21.8
玉米渣,佳格(Quaker)	Tr	0.03	0.3	2.0
玉米片,家乐氏(Kelloggs)	Tr	0.06	0.09	0.07
麦片,通用磨坊(General Mills)	0.06	2.2	4.6	5.1
燕麦麸,佳格	0.07	1.0	5.6	21.2
燕麦片,佳格	0.08	0.7	3.0	10.3
米通,家乐氏	0.05	0.4	0.9	1.2
小麦片,利脆片(Nabisco)	0.1	0.7	3.2	9.7
早餐麦片,通用磨坊	0.6	1.8	3.7	5.1
全麸面粉,家乐氏	0.8	3.9	11.5	22.6
三角豆	0.1	0.56	2.04	5.18
红芸豆	0.19	1.02	2.81	9.12

注:数据单位为 μmol/g 食物。

资料来源:Harland, B. and G.Narula(1999), *Nutr. Res* 19:947-961.

植酸盐在食品中的浓度从谷物和豆类植物中的 1%～3%(湿基)到根菜作物、块茎和蔬菜中的 1% 之间变化[111]。由于大部分植物中含有内源植酸盐,在加工过程中会激活,因此在加工食品中含有六磷酸肌醇和它的多种水解产物的混合物。表9.6所示为这些磷酸肌醇在一些食品中的含量[51]。通过粗制谷物麸皮与精制谷物间磷酸肌醇含量水平的比较,很明显可以看出,六磷酸肌醇在谷粒麸皮层含量丰富,而在胚乳部分含量很低。另一方面,对豆类种子来说,其分配更平均些,而且它的磷酸肌醇含量水平比大部分其他种子都要高。

由于有相当一致的证据支持六磷酸肌醇会降低多种必需矿物质生物利用率的说法,因此有理由认为,适当减少食物中的植酸含量可提高矿物质的生物利用率。这促使植物品种选育者努力选育植酸盐含量低的品种来遏制微量矿物质缺乏的普遍化[101]。这种方法虽然有希望,但还没有经过充分的测试来证明它是否可以作为人类营养干预的措施。另一种减少食品中植酸的方法是在食品制备或加工过程中或食用前添加植酸酶。在食用玉米粥前添加植酸酶,人体对锌的吸收率可提高80%以上[11]。此外,Malawi的研究表明,将玉米粉置于水中浸泡过夜可激活其内源植酸酶,达到降低六磷酸肌醇水平的目的[74]。试验表明,食用这种粉做成的麦片粥的儿童,在铁吸收利用方面略有改善。可惜的是,这种方法的效果的重复性不高,令人失望[71]。

有一些人认为减少植酸的摄入对某些人群的矿物质营养状态有好处,但这样做被证明是不明智的,因为动物试验表明,植酸能够预防一些癌症[46,125,129]。具体机制还不很清楚,但可能与它的铁和铜螯合物的抗氧化活性有关。植酸也与降低肾结石形成的风险有关,推测其原因是植酸能抑制钙盐结晶[129]。

(2)多酚化合物　含多酚化合物丰富的食物被认为会降低膳食中铁的生物利用率[140]。茶是一种强抑制剂,可能的原因是它的单宁酸含量高。其他多酚含量高从而抑制铁吸收的食品包括咖啡、芸豆、葡萄干和高粱[143]。

9.3.4 必需矿物质的营养:概述

矿物质营养素的消化和吸收过程可描述如下[85]:一开始食物在口腔咀嚼时,唾液中的淀粉酶即开始了淀粉的消化过程,此时矿物质营养素的变化非常有限。接下来,食物被吞咽进入胃中,食物的pH逐渐被胃酸降低至2左右。在此阶段,矿物质营养素发生很大的变化。矿物质络合物的稳定性受pH变化、蛋白质变性和水解反应的影响。矿物质可能释放到溶液中,也可能同其他配位体作用而形成新的络合物。另外,过渡元素(如铁)在pH降低时还发生价态变化。铁的氧化还原变化与pH密切相关。在中性pH时,即使有过量的像抗坏血酸那样的还原剂存在,高价铁也不会被还原。可是,当pH降低时,抗坏血酸会迅速将Fe^{3+}还原成Fe^{2+}。由于大多数配位体对Fe^{2+}比对Fe^{3+}的亲和力低,这个还原作用使得食物中的铁从螯合物中释放出来。

在下一个消化阶段,已在胃中被部分消化的食物进入小肠。在小肠中,含有碳酸氢钠和消化酶的胰液将食物的pH提高,蛋白质、脂肪和淀粉的消化继续进行。随着消化的进行,原有配位体的形式发生改变并有更多新的配位体形成,这些都将影响配位体与金属离子的亲和力。在小肠中,矿物质进一步发生变化,产生可溶和不可溶的高相对分子质量及低相对分子质量络合物的混合物。可溶性络合物扩散到小肠黏膜的刷状缘表面,在那里它们会被黏液血细胞吸收或在细胞间通过(细胞旁路途经)。吸收过程可以由膜载体或离子通道推动,这可能是一个主动的、需要能量的过程,也可能是一个会达到饱和的、通过生理学过程调节的过程。

很显然,矿物质的吸收过程和影响矿物质吸收的因素非常复杂。人们尽管知道在胃肠道中矿物质会发生变化,但对具体变化知之甚少。但是,目前大量的研究成果还是使我们能够确定一些影响矿物质吸收的因素,其中的一些如表9.5所示。

9.3.5 必需矿物质的营养:重要矿物质元素

由于多种原因,有些矿物质元素人们经常缺乏,而有些则很少或根本不会缺乏。而且,通常来说,特定矿物质的缺乏在不同地域和不同社会经济区域有很大的差异。已报道的膳食摄入不足的矿物质有钙、钴(维生素 B_{12})、铬、碘、铁、硒和锌[53]。钙,铬,铁和锌在食物中以结合态形式存在,它们的生物利用率与食品或膳食的组成密切相关。这些矿物质的缺乏是由低生物利用率和低摄入量引起的。

食物和水中的碘大部分以离子和未结合形式存在,生物利用率高。缺碘主要是摄入不足造成的。硒在食物中以硒代蛋氨酸的形式存在,能被高效利用,因此它的缺乏也是由于摄入量不足造成的。维生素 B_{12}(钴)的缺乏只会发生在严格的素食者或者一些患有吸收障碍综合症的人群中,前者是因为膳食中该种维生素含量低。这些观察结果进一步说明矿物质生物利用率的复杂性,一些结合态形式的矿物质的生物利用率低,而另一些结合态形式的矿物质则有较高的生物利用率,而未结合态通常具有较高的生物利用率。有关矿物质生物利用率和矿物质缺乏的最新研究结果如图9.10所示。

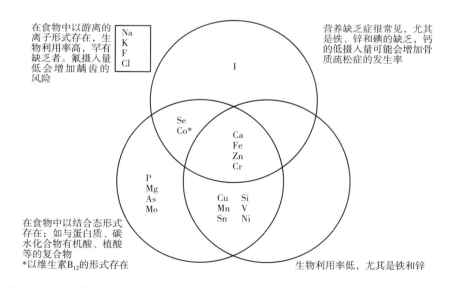

图 9.10 以在食品中存在形式分组的必需矿物质营养素(以游离于溶液中的金属离子或与复合物、螯合物结合的形式存在)、生物利用率和人群中的缺乏情况

在美国,人们关注最多的是钙和铁的缺乏,而在发展中国家,铁和碘因其普遍缺乏而受到重视。

9.3.5.1 钙

成年男女体内分别含有约 1200g 和 1000g 的钙,钙是人体内含量最高的矿物质。整个体内 99% 以上的钙存在于骨骼中[131]。钙除了在植物和动物中起构架作用外,还在许多生物化学和生理学过程中起着重要的调节作用。例如,钙和光合作用、氧化磷酸化、凝血、肌肉收缩、细胞分裂、神经传输、酶反应、细胞膜功能和激素分泌等过程都有关系。

钙是一种半径为 99pm 的二价阳离子。钙在活细胞中的多重作用和它与蛋白质、碳水化合物和脂类物质形成络合物的能力相关。钙的结合对象是有选择性的。钙具有与中性氧原子结合的能力,包括醇类和羰基的氧原子,并且能同时与两个中心相结合,这使它能起到蛋白质和多糖的交联剂的作用[29]。

钙的适宜摄入水平见表 9.3,范围从婴儿的 210mg/d 到青少年和育龄妇女的 1300mg/d。据调查,对美国的大多数人群来说,钙的摄入量低于适宜摄入量(AIs)。钙摄入量过低是一些慢性疾病,如骨质疏松、高血压以及一些癌症产生的原因之一。骨质疏松症的特点是骨密度非常低,骨折风险增加。超过 4000 万的美国人患有骨质疏松症或患骨质疏松症的风险很高[91]。骨质疏松症是一种以很低的骨密度为特征的慢性疾病。患有骨质疏松症的人骨折的可能性增加,特别是髋关节,腕关节以及椎骨容易骨折。这种疾病与许多因素相关,钙和维生素 D 的低摄入量是其中最重要的因素。这种推定的钙摄入量与骨骼健康之间的关系使得许多健康专家建议每日补充钙。然而,最近的荟萃分析并不支持通过补充钙能降低骨折风险的假设[105]。此外,有证据表明,补充钙可能增加心血管、肾结石和胃肠道问题的风险[105]。幸运的是,没有证据表明食物的高钙摄入量与这些不良健康结果有关。因此,从食物中获取钙而不是从钙补充剂中获取钙似乎是明智的做法。

(1)钙的生物利用率 钙的吸收取决于钙在食品中的浓度以及抑制剂或促进剂的存在[132]。钙的吸收率(以摄入钙量的百分比来表示)与摄入钙的浓度的对数在一个较大的摄入量范围内成反比[54]。膳食中钙吸收的主要抑制剂是草酸盐和植酸盐,草酸盐的抑制作用更大。钙离子可与草酸盐形成高度不溶性螯合物(图 9.11)。纤维素对钙的吸收影响不明显[132]。

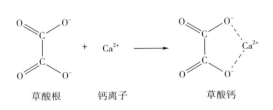

草酸根　　钙离子　　　　　　　　　草酸钙

图 9.11　钙离子与草酸根作用形成草酸钙

草酸钙的溶解度仅为 0.04mmol/L。

表 9.7 所示为多种膳食来源中的钙含量、钙的吸收率和一份食物中的钙含量与一份牛乳中所含钙含量的比值。这些数据表明,只有强化水果果汁提供的可吸收钙量比牛乳高。不食用牛乳以及其他钙含量丰富的乳制品很难达到推荐钙摄入量。

从表 9.7 可以看出,食品中的钙含量和吸收率变化很大。牛乳中的钙的吸收率低于其他食物中的钙的吸收率,这不是因为牛乳中的钙以不好利用的形式存在,而是因为它的浓度高。菜豆和菠菜中钙的生物利用率很低,这可能是它们分别含有高浓度的草酸盐和植酸盐的缘故。

表 9.7 一些食物中的钙含量和生物利用率

食物	每份质量/g	钙含量/mg	吸收率/%	每份预计可吸收钙量[1]/mg	相当于 240mL 牛乳所需份数
牛乳	240	300	32.1	96.3	1.0
杏仁	28	80	21.2	17.0	5.7
菜豆	86	44.7	17.0	7.6	12.7
西蓝花	71	35	52.6	18.4	5.2
绿色卷心菜	75	25	64.9	16.2	5.9
菜花	62	17	68.6	11.7	8.2
含 CCM 橘汁[2]	240	300	50.0	150	0.64
甘蓝	65	47	58.8	27.6	3.5
豆乳	120	5	31.0	1.6	6.4
菠菜	90	122	5.1	6.2	15.5
加钙豆腐	126	258	31.0	80.0	1.2
绿萝卜	72	99	51.6	31.1	1.9
水芹菜	17	20	67.0	13.4	7.2

①吸收的钙与摄入的钙的百分比;

②钙-柠檬酸盐-马来酸盐。

资料来源:Weaver, C.M., and K.L.Plawecki(1994). *Am. J. Clin. Nutr* 59(Suppl.)1238S-1241S.Third Edition.

9. 3. 5. 2 磷

含磷物质普遍存在于所有的生命系统中,在细胞膜的构建和所有的代谢过程中扮演着至关重要的角色。它以无机磷酸盐的形式存在于软组织中,主要存在形式为 HPO_4^{2-};也是多种有机分子的构成要素。成人体内含有多达 850g 的磷,其中 85% 是以羟基磷灰石 $[Ca_{10}(PO_4)_6(OH)_2]$ 的形式存在于骨骼中。骨骼中钙与磷的比率维持在大约 2:1 左右[4]。

存在于生命系统中的有机磷酸盐包括构成所有细胞膜中脂质双分子层的磷脂、DNA 和 RNA、ATP 和磷酸肌酸、cAMP(一种细胞内的第二信使)和其他许多物质。因此,磷酸盐是细胞繁殖,保持细胞完整性,营养物质跨膜传输,能量代谢以及代谢调节过程的必须物质。

RADs 规定的磷摄入范围从婴幼儿的 100mg/d 到青少年和育龄期妇女的 1250mg/d(表 9.3)。磷的推荐膳食供给量与钙的适宜摄入量水平相近,但是,与钙的情形不同的是,除非患有某些代谢疾病,否则磷元素几乎不会缺乏,这是因为磷在许多食物中含量丰富。

磷存在于几乎所有的食物中,在乳制品、肉、禽肉、鱼肉等高蛋白食物中的含量尤其高。粗粮食品和豆制品的含磷量也很高,但是大多数以六磷酸肌醇的形式存在,是磷酸盐在种子中的主要储存形式。不同于无机磷和有机磷,六磷酸肌醇磷的生物利用率很低,且会抑制多种微量矿物质的吸收(详见 9.3.3.2)。食品添加剂中的磷有助于提高磷的摄入比率。磷酸盐在许多加工食品中广泛使用,例如碳酸饮料、干酪、腌肉、焙烤食品以及其他食品等[36]。

9.3.5.3 钠、钾

钠和钾属于碱金属（元素周期表ⅠA族）。它们容易丢失价电子（ns^1）形成单价阳离子，在自然界中只以盐的形式存在。钠是地壳中含量第六丰富的元素，以氯化钠的形式大量储存在地下。钾以KCl（钾盐）和$KCl \cdot MgCl_2 \cdot 6H_2O$（光卤石）的形式在自然界存在。钾在工业上的主要用途是肥料。

钠、钾和氯是必需营养物质，但通常其摄入量远高于需求量，因此几乎不会缺乏。钠和氯在体内的一个重要作用是调节细胞外液体的体积，一个影响血压的一个关键因素。钠离子是细胞外液中的主要阳离子，95%的钠离子存在于细胞外液中。氯离子是细胞外液中的主要阴离子。钠离子和氯离子的功能紧密地交织在一起，有时很难将它们在新陈代谢中的作用分开[100]。另一方面，钾主要存在于细胞内液体中。它在体内的功能包括维持膜的极化，而膜的极化反过来影响神经传导、肌肉收缩和血管张力[61]。还没有为Na、K或Cl建立RDA，原因是没有掌握足够的可用数据。然而，美国国家科学院医学研究所已经设定了适宜摄入量（AI）。对于成年男性和女性，钠、氯和钾的适宜摄入量分别为1.5、2.3和4.7g/d[61]。根据高钠摄入量增加血压的证据，已经建立了钠和氯化物的可耐受最高摄入量（ULs）。成年男性和女性的钠和氯化物的ULs分别为2.3和3.6g/d[61]。由于没有证据表明从食品中摄入过多的钾会对健康产生不良影响，因此还没有确定钾的UL[61]。对大多数人来说，钠摄入量过高。从1988—1994年进行的第三次全国（美国）健康和营养检查调查报告显示，95%的男性和75%的女性的氯化钠摄入量超过了UL。Powles等报告称，全球平均钠摄入量为每人3.95g/d，北美平均钠摄入量为3.4~3.8g/d[98]。2010年针对美国人的饮食指南建议，51岁及以上、任何年龄段非裔美国人和高血压、糖尿病及慢性肾病患者的每日钠摄入量需减少至2300mg以下，并进一步减少至1500mg。大约一半的美国人口，包括儿童和大多数成年人，需采用1500mg的建议值[124]。显然，我们离遵照这些指导还很远。

钠的膳食来源　虽然钠以多种不同的化学形式存在于食品中，但据估计，美国饮食中约90%的钠是以氯化钠的形式存在的，其中大部分是在食品加工过程中添加的[61]。表9.8所示为美国饮食中钠的来源。这给食品工业带来了巨大的压力，要求他们降低产品中的钠含量[16]。许多公司已承诺逐步降低食品中的钠含量。

已有大量证据表明高钠摄入量与血压升高有关[62]。此外血压升高与心血管疾病关联的证据是建议人群减少钠摄入量的基础，就像美国人饮食指南中的建议一样。然而，也有证据表明低钠摄入量可能增加充血性心力衰竭患者的死亡风险[62]。这一点，连同有关减少人群钠摄入量对预防慢性病有效性的相互矛盾的证据，引起了通过减少钠摄入量降低心血管和其他疾病风险的公共卫生干预措施的相当大的争议[62]。部分争议原因是缺乏令人信服的能证明低钠摄入量确实能降低心血管和其他慢性疾病死亡率的证据。最近的荟萃分析显示，正在积累越来越多的证据。莫扎法里安（Mozaffarian）等得出结论，全球165万人死于心血管疾病，其原因可归结为钠摄入量超过2.0g/d[90]。

表 9.8		美国膳食中的盐(NaCl)的来源		
盐的来源	占总盐比例/%	盐的来源		占总盐比例/%
食品加工过程中添加的盐	77	在烹饪过程中添加		5
天然存在于食品中	12	自来水		<1
在餐桌上添加	6			

资料来源:摘自 Institute of Medicine, Dietary Reference Intakes: The Essential Guide to Nutrient Requirements, Otten, J. J., Hellwig, J. P., and Meyers, L. D., eds., The National Academies Press, Washington, DC, 2006.

9.3.5.4 铁

铁是地壳中含量第四丰富的元素,也是几乎所有生物的必需元素。在生物系统中,铁以与金属卟啉环或蛋白质结合的螯合物形式存在。成年男女体内分别含有约 4g 和 2.5g 铁。大约 2/3 的铁具有功能性,在新陈代谢中起积极作用,剩余的 1/3 在含铁充足的个体中被储存下来,主要存在于肝脏、脾和骨髓中。功能性铁在生物系统中起许多重要的作用,包括氧气的输送(血红蛋白和肌红蛋白)、呼吸和能量的代谢(细胞色素和铁-硫蛋白)、过氧化氢的消耗(过氧化氢酶)和 DNA 的合成(核糖核苷酸还原酶)等。上述许多蛋白质含有血红素—铁和原卟啉形成的一种复合物(图 9.12)。在这些代谢反应中,铁的相对稳定指数由其获得或失去一个电子的能力来决定(容易发生 Fe^{2+} 和 Fe^{3+} 之间的氧化还原转化)。

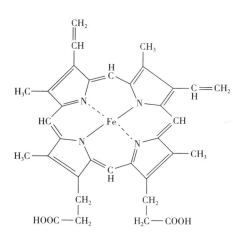

图 9.12 血红素

一种铁螯合物,可在血红蛋白、肌红蛋白、细胞色素和过氧化物酶等许多蛋白质中发现。铁离子的氧化态可为 Ⅱ 或 Ⅲ。

游离铁对活细胞是有毒的。该毒性可能是由活性氧的产生引起的,活性氧会加速脂类的氧化,或攻击蛋白质或 DNA 分子(详见 9.5.4)。为了避免游离铁的毒性,所有的活细胞都有一个在细胞内以无毒形式储存过量的铁的机制。铁隔离在被称为铁蛋白的蛋白壳内部。这种蛋白壳由 24 个排列成球状的多肽亚基构成,铁以聚合氢氧化铁的形式沉积于这个壳的空穴中,一个铁蛋白壳中可储存多达 4500 个铁原子[22]。铁蛋白铁本质上是铁在细胞中的储存形式,能参与合成血红蛋白、肌红蛋白或其他铁蛋白的代谢。

尽管铁在环境中含量丰富,但人类、部分家禽、家畜和在某些土壤中生长的农作物的缺铁问题仍然普遍。例如,世界卫生组织估计缺铁是世界上最普遍的营养失调[139]。缺铁是贫血的主要原因,其特征是红细胞数量低和血红蛋白浓度低。世界上大约三分之一的人口患有贫血,其健康后果包括儿童身心发育受损、疲劳、工作效率下降、儿童和产妇死亡率增加[139]。缺铁和缺铁性贫血在南亚和非洲的发展中国家尤其普遍。儿童和育龄妇女受缺铁影响最大。

铁在环境中含量丰富但营养学上却普遍缺乏的矛盾现象可以通过铁在水溶液中的行为来解释。铁是一种过渡元素,这意味着它有未满的空轨道。在大多数天然存在形式中,它的氧化态为+2 价(亚铁)或+3 价(正铁)。亚铁有 6 个 d 电子而正铁只有 5 个。在水溶液中,铁在还原条件下主要以亚铁形式存在,亚铁在适宜 pH 范围内在水中有相当高的溶解度。然而,有分子氧存在时,水中的 Fe^{2+} 会氧化成 Fe^{3+} 和过氧化物阴离子:

$$Fe_{aq}^{2+} + O_2 \rightarrow Fe_{aq}^{3+} + O_2^-$$

当水分子与铁结合时,水分子的酸度增加,并可能失去质子而形成氢氧化物。随着越来越多的束缚水分子释放质子,形成越来越多的不溶性氢氧化铁[23]:

$$Fe(H_2O)_6^{3+} + H_2O \rightarrow Fe(H_2O)_5(OH^-)^{2+} + H_3O^+ \rightarrow \rightarrow \rightarrow Fe(OH)_3$$

由于这个反应很容易发生,因此除了在非常低的 pH 条件下,否则铁在含水体系中主要以不溶性氢氧化铁的形式存在。这部分解释了为何饮食中非血红素铁的生物利用度低的原因。

铁的生物利用率几乎完全取决于铁在小肠中的吸收率。总铁摄入量、膳食组成、生理状况(如妊娠、肥胖、感染)和摄入者体内铁的状况都对铁的吸收率有决定性影响。

像美国这样的工业化国家,膳食含铁量能达到约 6mg(4187kJ)[8]。食品中的铁可粗分为血红素铁和非血红素铁。血红素铁紧密结合在卟啉环中央位置(图 9.12),在被小肠黏膜细胞吸收之前不会与它的配位体——卟啉分离。血红素主要以血红蛋白或肌红蛋白的形式存在,因此只存在于肉、禽和鱼肉等动物性食品中。实际上,植物性食品的全部铁和动物组织的 40%~60% 的铁为非血红素铁。这种铁主要与蛋白质结合,有时也与柠檬酸根、植酸根、草酸根、多酚类物质或其他配位体相结合。

血红素铁的生物利用率受膳食组成的影响不大,在膳食中的重要性也比非血红素铁大。非血红素铁的生物利用率与膳食组成有很大的关系。普遍认为,饮食中摄入的所有来源的铁(食物中本身存在的和食物中的强化铁)在消化时进入同一部位,铁的吸收取决于通过胃肠道的消化物中存在的配位体的数量。

已经发现几种非血红素铁吸收的促进剂和抑制剂。促进剂包括肉类、禽肉、鱼肉、抗坏血酸、菊粉和 EDTA(在膳食中的利用率不高)。抑制剂包括多酚类物质(存在于茶、豆类和薯类中的单宁酸)、六磷酸肌醇(存在于豆类和谷物中)、某些植物蛋白质(尤其是豆类蛋白质)、钙(可能是因为与肠道上皮细胞刷状缘膜中的转运蛋白的竞争)和磷酸盐。

膳食中铁的总生物利用率取决于所含的促进因子和抑制因子之间复杂的相互作用。以根、块茎、豆类和谷物为主,辅以少量肉和抗坏血酸的膳食,其铁吸收率即使在铁缺乏人群中也仅为 5% 左右。这样的膳食仅能提供每天 0.7mg 可吸收铁,这个量太少,不能满足大多数人的需要。以根、谷物和豆类为主,辅以一定量的肉、禽肉或鱼肉及一些抗坏血酸含量高的食品的膳食,其铁吸收率可达到约 10%。这样的膳食每天能提供 1.4mg 的可吸收铁,这个量对大多数男性和绝经后的妇女是足够的,但对 50% 的育龄妇女还不够。由丰富的肉、禽肉、鱼肉和抗坏血酸含量高的食品组成的膳食,每天能够提供 2mg 可吸收铁,可满足几乎所有健康人的需求[8]。

9.3.5.5 锌

锌以二价阳离子——Zn^{2+}存在于生物系统中。在大多数情况下,它的价电子不会发生改变。因此,它不像铁和铜这类过渡元素,不会直接参与氧化还原反应。Zn^{2+}是一种强 Lewis 酸,因此会与电子供体结合。含有巯基(—SH)和氨基的配位体与 Zn^{2+} 结合得比较紧密,因此,在生物系统中许多锌都与蛋白质相结合[27]。

锌与很多代谢功能有关。已经确定的含锌金属酶超过 50 种,包括 RNA 聚合酶、碱性磷酸酯酶和酸酐酶等[27]。锌在金属酶中起着结构和催化的作用。它的作用类似于抗氧化剂,认为是金属酶 Cu/Zn 过氧化歧化酶的辅助因子。锌在基因表达调控中也起着关键作用。锌的推荐膳食供给量范围从婴幼儿的 2mg/d 到育龄期妇女的 13mg/d(表 9.4)。

尽管锌在许多代谢过程中发挥作用,但尚未开发出一种可靠和敏感的锌状态指标。血浆锌浓度被广泛应用,但对锌状态的变化不太敏感。然而,血浆锌浓度正常的为 12 ~ 18μmol/L。

在人体和动物体内,锌缺乏会导致免疫应答的损害、伤口愈合减缓和食欲不振。1961年,Prasad 首次发表了锌临床缺乏症,患病的男孩表现为侏儒症和性成熟迟缓[99]。据推测,这是由食用含有高浓度六磷酸肌醇的面包所引起的[33]。体内可储存的锌量是有限的,所以一旦摄入量不足会很快出现锌缺乏症状[27]。

食物中的锌含量及其生物利用率变化很大。在美国,肉制品和乳制品是其最重要的来源[73,75]。体内锌的自我平衡调节主要发生在肠内。当吸收量不足时,实际吸收速率会增加,并且内部经由肠道排泄的锌量会减少[27]。内源锌从粪便中排出是由于胰液中的分泌物直接通过肠上皮细胞引起的。

六磷酸肌醇对锌的生物利用率影响的研究一致显示,六磷酸肌醇会降低锌的吸收率。因此,膳食中全谷物食品以及豆类制品过多,会增加锌缺乏的概率。由精面粉制成的食品的六磷酸肌醇含量低,锌含量也相对较低。在整个谷粒中,锌在麸皮和胚芽部分含量高。据 Sandström 等[112]报道,从全麦面包中吸收的锌量比从白面包吸收的要多 50%,尽管二者吸收率分别为 17% 和 38%。与发达国家相比,锌缺乏症在发展中国家比较普遍。在墨西哥,11 岁以下的儿童有 25% 血清锌水平低于 10.0μmol/L(0.65mg/L)[110]。这种差异可能由于发展中国家肉制品和乳制品的消费量低所引起的。然而,在发达国家,例如美国,虽然有研究表明素食者的血浆锌低于正常水平,但是其锌营养状况并没有显著低于非素食者[59]。出现这种的分析结果的原因可能是至今还缺少一种灵敏的测试临界锌缺乏的方法。

9.3.5.6 碘

碘是合成甲状腺激素必需的营养成分。甲状腺素(3,4,3′,5′-四碘甲腺原氨酸,命名为 T_4)和 3,5,3′-三碘甲腺原氨酸(T_3)对人体有多重功效[118]。它们影响儿童神经元细胞的生长、生理心理发展和基础代谢率。对于儿童和哺乳期的妇女,碘的推荐膳食供给量分别为 90μg/d 和 290μg/d(表 9.4)。

碘摄入不足会导致各种疾病,称为碘缺乏病(IDD)[30,31]。最广为人知的碘缺乏病是甲状腺肿,其他的还包括生殖能力衰弱、新生儿死亡率增加、儿童发育迟缓、智力发育受损等[31]。碘缺乏还是造成智力低下的主要原因,呆小症就是其中最严重的一种。如果母亲怀孕期间严重碘缺乏,产下的婴儿可能会患有这种病。据估计,全世界有 20 亿人碘摄入量不足[58]。低摄入率最高的国家是撒哈拉以南非洲和南亚国家,但澳大利亚和一些欧洲国家的碘摄入量也较低[144]。在美国,似乎大多数人的碘摄入量都是足够的[14]。乳制品是美国碘摄入量的唯一最大贡献者,不过加碘盐也是碘的一个重要来源[95]。乳制品中的碘来源包括含碘消毒剂和饲料补充剂。在土壤碘含量高的地区,饲料作物含有大量的碘,这些碘会进入食用这些作物的奶牛的乳中。

碘缺乏主要发生在由于冰川融化(如玻利维亚山区)、降水量大及洪水而导致土壤中碘含量低的地区[31]。摄入致甲状腺肿素会加重碘缺乏,因为致甲状腺肿素能够促进甲状腺的生长。亚麻苦苷是一种致甲状腺肿素,一种存在于木薯中的硫鸟嘌呤。如果食用木薯之前不通过浸泡或适当烹饪将亚麻苦苷除去或降解,亚麻苦苷就会在肠道内水解成氰化物而被吸收,进而转变成硫氰酸盐,影响甲状腺对碘的吸收。只有在碘摄入量不足时,致甲状腺肿素才是造成甲状腺肿的因素,而对碘摄入充足的人不会造成甲状腺肿[118]。

9.3.5.7 硒

硒是人体内至少 25 种蛋白质的必需组成部分[80],包括谷胱甘肽(GSH)过氧化物酶、血浆硒蛋白 P、肌肉硒蛋白 W 以及在前列腺和胎盘内发现的硒蛋白。谷胱甘肽过氧化物酶能够催化氢过氧化物的还原反应,因此起到很重要的抗氧化作用。这一功能可以解释已发现的现象——硒是人和动物体内维生素 E 的备用物,即硒缺乏的时候,维生素 E 的需求增加,硒充足的时候对维生素 E 的需求就会减少。对于婴儿和哺乳期的妇女,硒的推荐膳食供给量分别为 $14\mu g/d$ 和 $70\mu g/d$(表 9.4)。

在元素周期表中,Se 和氧、硫属于同族元素(ⅥA),因此具有类似的化学性质。在动物组织中,Se 以硒代半胱氨酸的形式存在,这是一种与丝氨酸、半胱氨酸具有相同的碳骨架的氨基酸(图 9.13)。

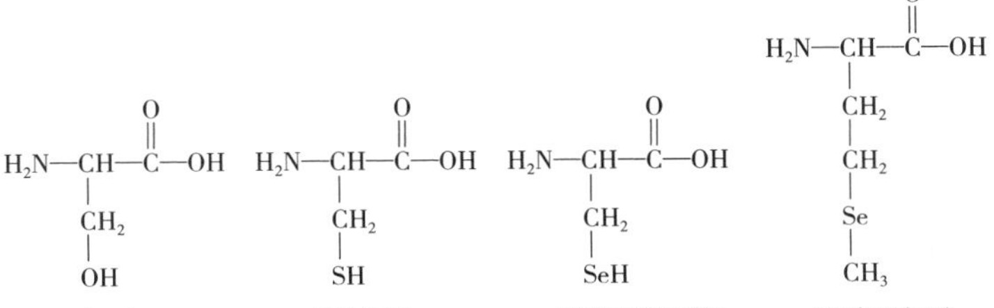

图 9.13 丝氨酸、半胱氨酸、硒代半胱氨酸和硒代蛋氨酸的化学结构式

资料来源:Burk, R.F. and O.A.Levander(1999). Selenium, In: *Modern Nutrition in Health and Disease*, 9th edn., M.E. Shills, J.A. Olson, M. Shike, and A.C.Ross,Lippincott Willians & Wilkens,Philadelphia, PA, pp.265–276.

含硒的蛋白质称为硒蛋白,硒代半胱氨酸就是动物蛋白质中 Se 的活性形式,而硒代蛋氨酸是存储形式,作为蛋氨酸库的一部分,它在植物和动物体内不具有特异性[13]。硒不是植物的必需营养素,但硒代蛋氨酸存在于植物组织中,其浓度取决于土壤中可利用的硒含量。

硒缺乏会造成人和动物严重的健康问题,在世界各地都有发病率。土壤中硒含量低的地区以及主要依赖本地食品的人群,发病率尤其高。在中国偏远农村和西伯利亚东部(土壤中硒含量极低)就有克山病和大骨节病发生[26]。克山病是心肌炎的一种(心脏壁中间肌肉层炎症),表现为心功能不全、心脏增大和其他与心脏相关的问题。近些年来,在中国硒缺乏地区服用亚硒酸钠(Na_2SeO_3)药片,大大减少了其发病率。但是,现在发现这种疾病是多因素的,可能与某种病毒感染有关,而这种病毒对硒缺乏病人的致死率更高[26]。大骨节病是一种骨关节病,表现为关节畸形,严重的会导致侏儒症。已经很清楚的是,其发病与 Se 缺乏有关,但和克山病一样,也涉及其他一些因素[13],包括谷物中的真菌毒素、饮用水中未知的有机污染物等。

硒作为一种营养素,除了可以预防上述缺乏症之外,还有证据表明,当硒的摄入量足够高时,它还可以预防癌症。一些流行病学研究发现,硒与癌症成负相关。许多观测研究报告显示,硒的饮食摄入量与癌症发病率呈负相关。最近一项对 55 项前瞻性观察研究的荟萃分析发现,较高的硒摄入量与较低的癌症发病率和癌症死亡率相关[128]。然而,在同一项研究中,对一项随机对照试验的荟萃分析显示,没有明确的证据表明补充硒可以降低任何癌症的风险。作者得出结论,"到目前为止,没有令人信服的证据表明硒补充剂可以预防癌症"[128]。这些相互矛盾的结果可能是由于硒-基因的相互作用,对不同的个体或人群硒对癌症风险的影响可能不同[80]。对人群硒摄入状况基本情况的研究和掌握也有可能会影响硒对降低癌症风险作用的发挥,或硒缺乏情况。硒可能对低硒或中等硒的人能起到保护作用,但对硒营养良好的人却没有。事实上,越来越多的证据表明,在硒含量足够的人群中,服用硒补充剂可能会增加非黑色素瘤皮肤癌和 2 型糖尿病的发病率[103]。

人类膳食中硒的主要来源是谷物制品、肉类以及海产品[3]。这些食物中的硒浓度因产地而异,因为世界各地土壤中的可利用硒的含量差别很大。其中一个戏剧性的例子是小麦,生长在美国得克萨斯州的小麦籽粒中的硒含量高于 2mg/kg,而新西兰的小麦籽粒中的硒含量只有 0.005mg/kg。动物产品中硒的含量也各不相同,因为动物饲料也受土壤的影响。近几十年来,将硒添加到动物饲料中以预防硒缺乏病这一做法越来越普遍,这也缩小了动物产品中硒含量的产地差异[26]。表 9.9 所示为一些国家的食物中的硒含量。由于各个国家的食物含硒量不同,世界各地硒的膳食摄入量也有差别。表 9.10 所示为一些国家的硒摄入量。

表 9.9　　　　　　　　　　　　**一些食物种类中的硒含量**　　　　　　　　　　　单位:μg/g

食品	美国	芬兰①		中国不同含硒地域②		
		1984 年前	1984 年后	低硒地区	中硒地区	高硒地区
谷物制品	0.06~0.66	0.005~0.12	0.01~0.27	0.005~0.02	0.017~0.11	1.06~6.9
红肉	0.08~0.50	0.05~0.10	0.27~0.91	0.01~0.03	0.05~0.25	—

续表

食品	美国	芬兰①		中国不同含硒地域②		
		1984 年前	1984 年后	低硒地区	中硒地区	高硒地区
乳制品	0.01~0.26	0.01~0.09	0.01~0.25	0.002~0.01	0.01~0.03	—
鱼肉	0.13~1.48	0.18~0.98	—	0.03~0.20	0.10~0.60	—

①芬兰从 1984 年起使用硒肥料,作为一种增加食物中含硒量水平的方法。

②中国不同区域土地含硒量不同,可分为低、中、高三等。

资料来源:Combs, G. F. (2001), *Br. J. Nutr* 85:517-547.

表 9.10　　　　　　　　　　　　　　部分国家膳食硒摄入量　　　　　　　　　　　单位:μg/d

国家或区域	硒摄入量范围	国家或区域	硒摄入量范围
中国(低硒地区)	3~11	新西兰	6~70
中国(高硒地区)	3200~6690	英国(1978)	60(平均值)
芬兰(1974)	25~60	英国(1995)	29~39
芬兰(1992)	90(平均值)	美国	62~216

资料来源:Reilly, C. (1998). *Trend Food Sci Technol* 9:114-118.

有趣的是,在 1978—1995 年,英国居民的硒摄入显著减少了,这是因为面包用的小麦粉由美国小麦转为英国小麦[106],而美国的种植小麦的土壤中的硒含量较高。

9.3.6　食源性重金属的毒理学

所有的金属,包括必需营养素在内,当摄入量超过安全水平时都是有毒的,尤其是食品中的汞、铅、镉具有很高的风险。

食品中重金属的来源有多种途径。它们可能通过植物的根由土壤进入,或大气颗粒或气溶胶在叶片表面积淀等。动物食用污染的植物、水或其他动物,也会在其体内造成重金属富集。而污水有可能会用于农作物灌溉、食品加工以及家庭食品制作中。食品加工机械和食品包装材料也可能会含有能够迁移到食品中的重金属。重金属污染可能来自于自然界,也可能是人为因素引起的。雨水会使重金属从岩石中溶出,并以生物可利用形式沉积于土壤中。火山爆发通常含有高水平量的汞。人为来源包括化肥、杀菌剂、下水道污泥、密封罐头的焊接剂、陶瓷工业中使用的黏土、画图使用的颜料、汽车使用含铅汽油排放的尾气、水力发电站的排出物和如造纸厂等工厂排放出的工业废水等。幸运的是,在过去的三四十年中,为减少和排除从上述许多源头产生的污染而所做的努力取得了巨大的实质性进步。例如,在许多国家不含铅汽油已经大量代替含铅汽油使用,工厂采用新技术去除气体和液体排放物中的有毒物质,含汞、砷的灭菌剂和农药被其他毒性小的产品取代。然而,食品的重金属污染仍然是一个需要不断警惕和监控的热点问题。

食品加工操作可能将重金属从食品中移除,也有可能添加进去。例如,由硬质小麦制作的意大利面中镉的浓度只有在完整麦粒中的 63%。但是,在相同的意大利面中,铅水平是谷粒中的 120%[28]。在水中烹煮这种意大利面,能将镉和铅的水平减少到谷粒中的 33%

和52%。需要进一步说明的是,这种小麦制品的铅和镉水平都大大低于欧洲委员会2001年制定的0.2μg/g(鲜重)最大限量。

9.3.6.1 铅

铅(Pb)是一种有延展性的、耐腐蚀的金属,在许多应用中都很受欢迎。从19世纪开始,铅被用于制造水管,在许多市政供水系统中使用。其中一些管道至今仍在使用。铅还被用于汽油添加剂、管道及食品罐焊料和油漆添加剂。幸运的是,许多使用铅的应用已经被政府禁止,或是被工业界自愿淘汰。但是,铅仍然是一种广泛存在的环境污染物。

铅(Pb)是一种会对健康产生严重不可逆破坏的神经毒素。儿童和孕妇尤其易受其害。儿童铅中毒的症状和表现有学习及行为问题、贫血、肾损害,当接触量高时,还会发生癫痫、昏迷、甚至死亡[39]。已有报道[12],职业接触铅的成人易得免疫抑制、周围神经病变、肾功能衰竭、痛风和高血压。美国疾病控制中心(U. S. Centers for Disease Control)公布,10μg/dL为儿童血铅浓度(BLL)的"关切值"[20]。然而,还没有发现安全的BLL值,低于10μg/L的BLL与儿童的智商缺陷、注意力相关行为和学习成绩差等不良反应有关[1]。这导致了要求取消"关切值",并重新关注一级预防,而不是对BLL超过10μg/L或任何其他"关切值"做出反应。一级预防要求,即使没有发现BLL升高也要减少接触铅[1]。

幸运的是,在过去20年里,美国政府针对降低环境中铅含量的法规出台,使人们接触铅的风险大幅降低。1978年禁止在绘图颜料中使用铅。在经历一个二十五年逐步淘汰计划后,1995年完全淘汰了含铅汽油。1986年禁止在管道中使用铅,1995年禁止在食品罐中使用铅焊料[12]。这些措施取得了显著效果。例如,一份美国FDA的膳食研究表明,2~5岁年龄层人群的食物来源的铅摄入量,从1982—1984年的3μg/d降低至1994—1996年的1.3μg/d。同期的成年人则从38μg/d降至25μg/d。

上述措施也使美国人的血液含铅量明显降低。美国1~5岁儿童的BLL几何平均值从1976—1980年的15μg/dL下降到2007—2008年的2μg/dL以下[12]。然而,美国疾病与控制中心的科学家报道,根据1999—2001年全国健康和营养检查调查(NHANES)数据分析,估计美国仍有43.4万儿童血液铅含量高于10μg/dL[82]。因此,仍然必须保持持续的警惕,因为铅暴露产生的对儿童的不利影响是不可逆转的。

9.3.6.2 汞

汞是最毒的元素之一。它没有已知的生理功能。汞自然地存在于地壳中,并可能通过侵蚀、火山爆发、工业过程中的废水流、农业杀菌剂、化石燃料燃烧和固体废物以及其他人为活动进入土壤、水和/或大气中[19]。各种形式的汞已被用于制造牙科汞齐、农业杀菌剂、抗菌药物、温度计、血压计、电子开关和许多其他产品。其毒性最近才被广泛认识。

存在和毒性 汞以三种氧化状态(0、1+和2+价态)和三种化学形式存在,即元素汞(一种通常被称为水银的液体)、无机汞盐和有机汞。有机汞包括苯基和烷基汞化合物{如甲基汞(CH_3—Hg^+)、二乙基汞$[(CH_3CH_2)_2Hg]^{[2]}$}。元素汞室温下是液体。它在20℃(0.17Pa)时的蒸气压相对较高,因此可以蒸发并被吸入肺部。CH_3—Hg^+带正电荷,因此必须与反离子结合。氯化物是最常见的,以 CH_3—Hg—Cl 形式存在。氯甲烷汞中的 Hg—Cl 键本质上是高度共价的,使该化合物具有亲油性,因此能够穿过细胞膜[77]。这也解释了其在生物体内的蓄积能力[77]。甲基汞化合物是通过生物甲基化作用将存在于湖泊、河流和海洋中的沉积物中的无机汞甲基化所形成的[105]。然后,这些化合物进入水生食物链,在鱼类和海洋哺乳动物体内富集,其浓度在长寿命的掠食性鱼类如箭鱼、鲨鱼、梭鱼、鲈鱼体内达到最高[24]。

汞及其化合物的毒性与其存在的化学形式有关,通常与神经系统和/或肾脏疾病相关。元素汞在肠道几乎不被吸收,很容易通过粪便排出,因此,除了长期或高水平的接触之外,由经口摄入引起的毒副作用很少见[32]。然而,吸入汞蒸气会导致中毒[24],所以元素汞的使用已在很多产品中逐渐被淘汰,包括实验室使用的温度计和诊所中使用的血压计。但是,汞盐和有机汞化合物,即使在低暴露水平也会产生很大的毒性,其中有机汞化合物毒性最大。19 世纪 60 年代,甲基汞化合物在伦敦首次被人工合成,而两个研究此项目的技术人员死于汞中毒[25]。1997 年,一位达特茅斯学院的化学教授在做实验时不慎溅出少量的二甲基汞到她戴手套的手上,该教授 298d 后死亡[93]。涉及肾脏的汞中毒的临床症状包括肾炎和蛋白尿[2]。对神经系统的影响包括感觉异常(麻木或刺痛)、运动失调(随意肌失调)、神经衰弱(情感和心理问题)、视力和听力障碍、昏迷、甚至死亡[1]。

汞化合物对硫醇(—SH)基团有很强的亲和力。汞化合物的这种性质与其毒性有关。在线粒体中,汞与谷胱甘肽结合,导致游离谷胱甘肽的消耗。谷胱甘肽是细胞内一种重要的抗氧化剂,其消耗会导致自由基的积累和氧化应激[19]。

几例由食物污染导致的汞中毒事件已经被证实。一例在日本水俣爆发,由于食用了在水俣湾捕捞的鱼而引起汞中毒[108]。这个港湾被工厂排出的废水严重污染[32]。另一例发生在 1971—1972 年的冬天,伊拉克数以百计的人受到了影响,原因是错误使用了含有甲基汞的杀真菌剂的小麦种子来处理制作面包。这些种子原本打算用于播种,但不知什么缘故被做了面粉。该事件导致 6000 多人中毒,500 人死亡。美国环保署随即禁止在农业中使用烷基汞化合物[2]。

现在,汞化合物已被禁止作为杀真菌剂使用,鱼及海洋哺乳动物成为甲基汞的主要来源[24]。如表 9.11 所示,汞在鱼类中的含量水平差异很大。商业捕捞的海洋鱼类似乎成了最大的威胁,然而淡水鱼也可能被汞污染。

表 9.11　　　　　　　　　　　　一些海产食品中的汞含量

种类	平均值/(mg/kg)	范围/(mg/kg)	种类	平均值/(mg/kg)	范围/(mg/kg)
方头鱼	1.45	0.65~3.73	龙虾(美国北部)	0.31	0.05~1.31
旗鱼	1.00	0.10~3.22	金枪鱼(罐头)	0.17	N.D.~0.75
鲭鱼	0.73	0.30~1.67	鲑鱼	N.D.	N.D.~0.18
鲨鱼	0.96	0.05~4.54	虾	N.D	N.D
金枪鱼(新鲜或冷冻)	0.32	N.D.~1.30			

注:N.D.=不可检测。

资料来源:Food and Drug Administration(2001a), *Mercury levels in Seafood Species*. http://www.efsan.fda.gov/-acrohat/ hgadv2.pdf.

已知的鱼类和其他海产品被汞污染给膳食建议机构造成了一点麻烦。海鲜是长链 ω-3 脂肪酸、二十碳五烯酸(EPA)和二十二碳六烯酸(DHA)的主要来源。摄入 EPA 和 DHA 可降低患心血管疾病的风险。也有适当证据表明,孕妇和哺乳期妇女摄入 ω-3 脂肪酸与婴儿视觉和认知发育的改善有关。因此,2010 年版美国膳食指南建议,成人每周食用 227g 海鲜,孕妇和哺乳期妇女每周至少食用 227~340g 海鲜[124]。膳食指南指出,"适当、一致的证据显示,按推荐量食用各种海鲜对健康的益处超过了与海鲜中带来的甲基汞(不同海鲜甲基汞含量不同)有关的健康风险"。

FDA 确实建议孕妇应选择汞含量较低的鱼类[146]。汞含量较低的鱼类有鲑鱼、虾、鳕鱼、金枪鱼、罗非鱼、鲶鱼和鳕鱼。FDA 建议避免食用含汞量较高的鱼类,包括墨西哥湾的方头鱼、鲨鱼、剑鱼和鲭鱼。

9.3.6.3 镉

慢性的镉中毒表现为肾脏功能损害、骨病和某些癌症[64]。镉暴露源包括食物、烟草烟雾、燃烧化石燃料的排放物和一些工业过程。FAO/WHO 食品添加剂专家委员会(JECFA)公布了暂定的镉的周耐受摄入量(PTWI),即每 kg 体重每周摄入量不超过 7μg(每日 1μg/kg 体重)。JECFA 将镉的周耐受摄入量定义为在确保对人体健康没有风险前提下人一生中每周都可以摄入的镉的安全剂量[113,115]。最近,一些研究者指出,摄入量低于当前的周耐受摄入量水平时,肾脏功能损害的风险仍会增加[64,113,114]。

镉天然存在于土壤、自然水体以及湖泊、溪流和海洋沉积物中[77]。比较澳大利亚耕作土壤和非耕作土壤中的镉含量表明,耕作土壤中的镉含量显著高于非耕作土壤中的镉含量[98],可能的解释是施用了被镉污染的磷肥所致。另外,施用污泥可能也是原因之一。这一结果受到人们关注,因为相对于铅和汞而言,土壤中的镉更容易被植物吸收,即植物对镉具有更高的生物利用率。生长在被镉污染的农田里的庄稼或果蔬成为食物中主要的镉污染源[115]。

在美国,不吸烟者接触镉的主要来源是饮食。表 9.12 所示为不同食物中镉含量估测值、这些食物的每日消费量和消费者每日的镉摄入量。叶菜、谷物、豆类和动物肾脏镉含量比其他食物高[147]。一些植物和动物具有镉的生物蓄积效应。例如,葵花籽比生长在同一土壤中的其他植物能够蓄积更多的镉。甲壳纲动物(如蟹、龙虾)和软体动物也是镉的生物蓄积者。所幸的是,人们消费这些食物的量不多。镉的估计摄入量为 30μg/d,低于 FAO/WHO 设定的安全摄入水平 70μg/d。

表 9.12　　　　　　　　　　　　　　镉在不同种类食物中的含量和估测的摄入量

食品名称	食物的镉含量/(mg/kg)		食物的典型摄入量/(g/d)	接触量/(μg/d)	
	最大值	典型值		最大值	典型值
蔬菜,包括马铃薯	0.1	0.05	250	25	12.5
谷物和豆类	0.2	0.05	200	40	10

续表

食品名称	食物的镉含量/(mg/kg)		食物的典型摄入量/(g/d)	接触量/(μg/d)	
	最大值	典型值		最大值	典型值
水果	0.05	0.01	150	7.5	1.5
油籽和可可豆	1.0	0.5	1	1	0.5
肉和禽肉	0.1	0.02	150	15	3.0
肝脏(牛、羊、家禽、猪)	0.5	1.0	5	2.5	0.5
肾脏(牛、羊、家禽、猪)	2.0	0.5	1	2	0.5
鱼肉	0.05	0.02	30	1.5	0.6
甲壳类、软体动物	2	0.25	3	6	0.75
总量				93.5	30

资料来源:Satarug,S.,et al.(2000).*Br JNuir* 84:791-802.

9.4 食品的矿物质成分

9.4.1 灰分:在食品分析中的定义及意义

"灰分"作为食品的一个近似成分包含在营养数据库中。它的测定是通过对食品中的有机物质完全燃烧后留下的残渣进行称重,且由此估算出食品的总矿物质含量[50]。具体食品和某类食品的灰分测定方法在一些官方出版物[5]中有介绍。灰分中的矿物质以金属氧化物、硫酸盐、磷酸盐、硝酸盐、氯化物以及其他卤化物的形式存在。由于氧存在于许多阴离子中,因此在很大程度上,灰分要高于矿物质总量。但是,它还是可以提供一个大致的矿物质含量,而且在工业分析计算总碳水化合物含量时要用到它。

9.4.2 矿物质成分

食品中矿物质成分的测定步骤为:将食品灰化,然后将灰分溶解(通常在酸溶液中),最后测定溶解液中矿物质的浓度[18,50,86]。化学方法和仪器分析方法都可以用来测定矿物质的浓度,但仪器分析法更为迅速、准确和精确。20世纪60年代出现了原子吸收光谱测定方法,至今仍广泛使用。这是一项可靠的测定技术,但一次只能测定一种矿物质。最近几年,电感耦合等离子光谱法流行起来,主要是因为它能一次从单个样品中测定多种矿物质元素[86]。

营养成分数据可在美国农业部营养数据库[148]在线获取。这个可搜索的数据库提供了8000多种食品的成分数据,包括许多名牌产品。该数据库提供了大多数食品的水、蛋白质、脂肪、碳水化合物、维生素和矿物质的值。钙、铁、镁、磷、钾、钠和锌含量数据都被列出来了。显示的数据值是被认为有代表性的多个样本数据的平均值,特定食品样本的值可能与平均值有较大偏差。

9.4.3 影响食品中矿物质成分的因素

许多因素会影响食品的矿物质成分,因此不同食品的矿物质成分相差会很大。

9.4.3.1 影响植物性食品矿物质成分的因素

植物生长需要从土壤中吸收水分和必需矿物质营养素。营养素一旦被植物根部吸收就会被输送至植物的其他部位。植物可食部分的最后组成受土壤的肥沃程度、植物的遗传特性和生长环境的影响和控制(图 9.14)。最近的研究表明,谷物类与豆类的微量元素含量差异比较大(表 9.13)。

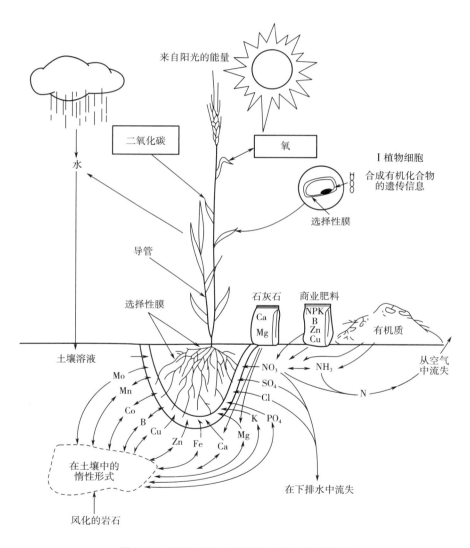

图 9.14 植物从根系周围的土壤中获得营养

营养成分来源包括肥料、腐败的有机质和风化岩。矿物质被根系选择性吸收后向上输送至植物的其他部分。整个过程通过在植物基因组中编码的指令调控。

资料来源:Allaway,W.H.(1975). The effects of soils and fertilizers on human and animal nutrition,Agriculture Information Bulletin No. 378,U.S. Department of Agriculture,Washington, D.C.

表 9.13   一些大米、小麦和菜豆的铁和锌含量变化

农作物	Fe/(μg/g)		Zn/(μg/g)	
	均值	范围	均值	范围
糙米	13	9~23	24	13~42
小麦	37	29~57	35	25~53
豆类	55	34~89	35	21~54

资料来源：Welch, R.M. and R.D.Graham(2002).*Plant Soil* 245:205-214.

9.4.3.2 植物性食物满足人类矿物质需求的程度

植物性食物是大多数人营养素的主要来源。因此，了解植物是否能满足人类的营养需求以及如何控制食品的营养素水平以提高营养品质是相当重要的。这就提出了一系列问题。植物和人类对矿物质营养素的要求相同吗？植物体内的矿物质营养素浓度足以满足人类的需求吗？能否通过农业或遗传手段来改变植物中的矿物质含量，以提高植物的营养品质呢？是否生长在贫瘠土壤中的植物在营养上不如生长在较肥沃土壤上的植物呢？

植物的必需矿物质清单与人类的相似，但不完全相同。F、Se 和 I 对人类是必需的，但大多数植物却不需要。如果人类生存所依赖的植物生长在上述矿物质元素含量低的土壤中，那么，可以预期食用这些植物的人群中会出现这些元素的缺乏症。事实上，在世界上的几个地区确实存在严重的硒和碘缺乏人群[26,31]。

对于植物和动物都需要的营养素，由于其必定存在于植物性食品中，因此人类缺乏这些元素的问题并不严重。但不幸的是，植物中矿物质的浓度有时太低，不能满足人类的需要，或这些矿物质以不能为人体有效利用的形式存在（详见 9.3.5.1 和 9.3.5.4）。这些情况分别出现在钙和铁上。一些植物的钙含量极低，例如，米的钙含量仅为 10mg/417kJ。因此，以米为主食的人们必须通过其他食品来满足对钙的需求。在植物性食品中，铁比钙的分布更为广泛，但它的生物利用率极低，以谷物和豆类为主的膳食常常铁含量不足。例如，Joy 等[65]利用食物平衡表和食物成分表数据，估计非洲 46 个国家的若干矿物质元素的人均摄入量。根据他们的分析，54%的人有缺钙的风险，40%的人口缺锌的风险，28%的人口缺硒的风险。在许多非洲国家，动物源性食物占膳食的比例相对较小。普遍认为，从植物性食品中很难摄入足够的矿物质。

在一些情况下，通过农艺实践和植物育种可以提高农作物的营养质量，但矿物质从土壤向植物和从植物向动物或人类的转移是极其复杂的过程。土壤的矿物质成分差异很大，而且土壤中某种元素的浓度也并不能作为它能被植物根系吸收的量的良好指标，因为元素的化学形式和土壤的 pH 都会显著影响植物对矿物质的生物利用率。例如，施用石灰提高土壤的 pH 会降低植物对铁、锌、锰和镍的可利用率，会提高钼和硒的可利用率[134]。同样地，植物一般具有调节从土壤中摄入营养素数量的生理机制。因此，可以认为改变食用农作物矿物质成分的措施会得到一个混合的结果。例如，通过施肥不能显著提高农作物食品的铁、锰或钙的含量[134]，但通过过量施用锌会提高豌豆的锌含量[135]。越来越多的证据表

明,基因在决定植物矿物质含量时起着主要作用,并且在不同基因型作物间的差异可能非常大[9,133]。这说明有可能通过传统的植物育种手段来提高重要农作物中的微量矿物质含量,这个策略被称为生物强化。

生物强化是一种利用植物育种和农艺来提高食用作物中关键营养素浓度和/或生物利用率的策略[133]。HarvestPlus 计划领导的一项重大国际合作项目,让植物育种专家、种子公司、农民、营养学家等合作,通过向当地农民提供生物强化种子,防止资源贫乏地区的微量营养素营养不良[52]。这个计划的想法是,用这些种子种植的作物可为食用它们的人提供更多的营养。HarvestPlus 重点致力于主要粮食作物中的铁、锌和维生素 A 的生物强化。在全世界数百万人的膳食中,这三种微量营养素量都不足。强化的目标作物包括豆类、木薯、玉米、珍珠栗、大米、甘薯和小麦。

9.4.3.3　影响动物性食品矿物质成分的因素

动物性食品中的矿物质浓度的变化比植物性食品小。一般情况下,动物饲料的变化仅对肉、乳和蛋中的矿物质浓度产生很小的影响,其原因是动物体内的平衡机制能调节其组织中必需营养素的浓度。有一个例外,与散养或喂食谷物和豆类蔬菜的牛的肉相比,其他小牛肉的铁含量更低。二者都是牛群,但小牛群喂食了低含铁量的乳类食物,因此其肉通常铁缺乏。例如,炖熟的散养或喂食谷物和豆类蔬菜的牛的后腿上部的瘦肉的铁含量为 3.32mg/100g 肉,而其他小牛的只有 1.32mg/100g 肉[123]。

9.4.3.4　动物性食品满足人类营养素要求的程度

动物组织的成分与人类相似,因此可以认为动物性食品是很好的营养素来源。肉、禽和鱼是很好的铁、锌、磷酸盐和钴(作为维生素 B_{12})的来源。然而,除非骨头也被食用,否则这些食品并不是好的钙的来源。但遗憾的是,骨头一般不被食用。同样地,除了海洋鱼类外,其他动物性食品的碘含量也低。乳制品是钙的极好来源。因此,动物性食品和植物性食品一起食用才是最好的确保摄入足够必需矿物质的方式。

9.4.4　食品矿物质强化

美国的食品强化是从 1924 年美国为预防一种广为流行的甲状腺病而将碘加入到食盐中开始的[17]。在 20 世纪 40 年代早期,当人们发现许多年轻人不能通过军队体能测试是因为营养状况不好后,食品强化得到进一步重视和发展。在 1943 年,政府颁布了强制生产强化铁、核黄素(维生素 B_2)、硫胺素(维生素 B_1)和烟酸面粉的命令。许多其他食品强化涉及其他营养素而非矿物质,包括 1933 年的维生素 D 和 1988 年的叶酸强化[6]。

自从 20 世纪 20 年代开始进行食品强化以来,包括铁、碘、烟酸和维生素 D 等许多流行性营养缺乏病在美国大为减少。膳食的普遍改进是营养状况改善的主要原因,而强化无疑对目前美国营养缺乏病的低流行起到了最大的作用。自 20 世纪 70 年代以来,美国儿童的贫血概率逐年下降并保持继续下降[142]。这种下降与铁强化的婴儿配方和谷物食品的质量和数量增加有关,这表明强化确实起了作用。另一个成功的强化项目是智利通过实行国家项目,用铁强化乳制品,使得在儿童中缺铁的流行率显著下降[142]。

在今天的美国,大多数食品,包括精制的谷物(如白面粉、精白米、玉米面),都含有丰富的铁、烟酸、核黄素、硫胺素(维生素 B₁)和叶酸。现行的强化面粉、面包、大米、玉米和意大利粉的 FDA 标准如表9.14所示。国内指定使用的大部分盐是加碘的。此外,钙、锌和其他微量矿物质有时被加入到早餐谷物食品和其他食品中。由于婴儿配方食品必须全面营养,因此它们含有大量加入的矿物质。

表9.14　　强化铁和钙的谷物制品的 FDA 标准　　单位:mg/lb

食物	铁	钙
强化面粉①	20	960
强化面包,面卷和小圆面包①	12.5	600
强化通心粉和面条产品②	不少于13 不多于16.5	不少于500 不多于625
强化米②	不少于13 不多于26	不少于500 不多于1000
强化玉米食品②	不少于13 不多于26	不少于500 不多于750

①可以是任何安全和适用的物质。

②必须是无害及可同化的铁或锌。

标注强化的产品必须符合该标准。

1lb=0.45kg

资料来源:Adapted from Food and Drug Administration(2003). *Code of Federal Regulations*, U.S. Government Printing Office,Chapter I, Parts 136, 137, 139(http://www.gpoaccess.gov/cfr/index.html).

9.4.4.1　铁

首次有记载的有关强化铁的建议是由一位生于公元前4000年,名为 Melampus 的波斯湾医生提出的[107]。他建议水手饮用浸泡了铁的甜葡萄酒来提高他们抵御矛和箭的能力以及性功能。美国于1943年开始在膳食中普遍强化铁,那时的第一号战争食品令要求在洲际市场销售的面粉必须强化。虽然联邦法规不再要求面粉强化,但许多州的法规仍然要求强化。

由于某些形式的铁能催化不饱和脂肪酸和维生素 A、维生素 C 及维生素 E 氧化,将铁加入食品涉及一个利弊平衡的难题[83]。加入的铁与食品成分的氧化反应和其他反应可能对食品的色泽、气味和/或风味产生不好的影响。在许多情况下,具有高生物利用率的铁的形式也是具有高催化活性的形式,而在化学上较不活泼的形式也是生物利用率低的形式。总之,水溶性铁成分越多,其生物利用率越高,对食品的感官特性产生的不良影响的趋势越大。一些常用的铁强化剂和它们的特性如表9.15所示。

表 9. 15   一些用于食品强化的铁强化剂的性质

化合物名称	分子式/ 相对分子质量	铁含量/ (g/kg 强化剂)	溶解性	相对生物 利用率[①]
硫酸亚铁	$FeSO_4 \cdot 7H_2O$ $Mr = 278$	200	溶于水和稀盐酸	100
葡萄糖酸亚铁	$FeC_{12}H_{22}O_{14} \cdot H_2O$ $Mr = 482$	116	溶于水和稀盐酸	89
富马酸亚铁	$FeC_4H_2O_4$ $Mr = 170$	330	溶于水和稀盐酸	27~200
焦磷酸铁	$Fe_4(P_2O_7)_3 \cdot xH_2O$ $Mr = 745$	240	不溶于水,溶于稀盐酸	21~74
焦磷酸铁微粒	$Fe_4(P_2O_7)_3 \cdot xH_2O$ $Mr = 745$	240	水分散	100
二甘氨酸铁	$FeC_4H_8O_4 \cdot H_2O$ $Mr = 240$	230	溶于水和稀盐酸	90~350
乙二胺四乙酸铁钠	$FeNaC_{10}H_{12}N_2O_3 \cdot 3H_2O$ $Mr = 421$	130	溶于水和稀盐酸	90~390
电解铁粉	Fe $Mr = 56$	970	不溶于水,溶于稀盐酸	75
氢还原铁粉	Fe $Mr = 56$	97	不溶于水,溶于稀盐酸	13~148
羰基铁粉	Fe $Mr = 56$	99	不溶于水,溶于稀盐酸	5~20

①相对生物利用率与硫酸亚铁相比较,硫酸亚铁值设定为100。

资料来源:Miller, D. D. (2002). In: *Nutritional Biotechnology in the Feed and Food Industries*, T. P. Lyons and K. A. Jacques, eds. Nottingham University Press, Nottingham. Additional data from Bothwell, T. H. and A. P. Macphail(2004), *Int. J. Vitam. Nutr. Res* 74:421-434; Fidler, M. C. et al.(2004). *Br. J Nutr* 91:107-120; *Food Chemicals Codex*(2003), 5th edn., National Academy Press, Washington, DC; and Hertrampf, E. and M. Olivares(2004), *Int. J Vitam. Nutr. Res* 74:435-443.

硫酸亚铁是可用于食品铁强化的最便宜的铁源之一。由于硫酸亚铁在很多食品中的生物利用率较高(表 9.15),经常在铁的生物利用率的研究中用它来做参考标准。一些研究表明,由高浓度硫酸亚铁强化并长时间储存的面粉加工而成的焙烤制品会有不良气味和风味。Barrett 和 Ranum[7]对如何减少硫酸亚铁强化的焙烤制品的氧化问题提出了如下建议:

(1)硫酸亚铁是添加到焙烤制品的优选铁源。

(2)仅当浓度低于 40mg/kg 且在中等温度和湿度条件下储存期不超过 3 个月时,硫酸亚铁才可用于强化小麦面粉。

(3)硫酸亚铁不能用于储存期长的面粉(如家用通用面粉)或含有外加脂肪、油或其他易氧化配料的面粉的强化。

(4)由于预混料会产生酸败,因此,不能采用先制备含硫酸亚铁和小麦面粉的浓缩预混料然后再加入到面粉中的操作方式。

当使用硫酸亚铁强化食品会产生一些问题时,其他铁源也广泛使用。最近,元素铁粉也作为面粉、早餐谷物食品和婴儿谷物食品的强化剂。这些食品的货架期比较长。

正如元素铁的名称所暗示的那样,元素铁粉末是由以高度分散状态存在的元素组成的,它近乎纯的铁伴有少量其他微量矿物质和氧化铁。元素铁不溶于水,因此,很可能在小肠被吸收前氧化成较高的氧化状态。这个氧化反应可能发生在胃部铁与胃酸接触时:

$$Fe^0 + 2H^+ \rightarrow Fe^{2+} + H_2 \uparrow$$

或者,在氧化反应中,氧作为电子受体:

$$2Fe^0 + O_2 + 4H^+ \rightarrow 2Fe^{2+} + 2H_2O$$

与氧的反应可能发生在食品加工,例如面包焙烤过程中。

有三种不同类型的元素铁粉末可供选用[94]。

还原铁:还原铁是通过用氢或一氧化碳气体将铁氧化物还原,然后将其研磨成粉末制成的。它是三种类型中纯度最低的一种,其纯度取决于使用的氧化铁的纯度[94]。

电解铁:通过电解的方法将铁沉积在由挠性不锈钢片制成的阴极上,弯曲不锈钢片,将沉积在它上面的铁取下,然后将其研磨成粉末。电解铁的纯度高于还原铁,其含有的主要杂质是在研磨和储存过程中表面形成的氧化铁[94]。

羰基铁:羰基铁是通过在有 CO 存在和高压条件下,加热铁粉或还原铁形成五羰基铁[Fe(CO)₅]生产的。然后,将五羰基铁加热分解得到细度很高的高纯度铁粉末[94]。

元素铁粉末相当稳定,在食品中不会引起严重的氧化问题。但是,它的生物利用率不确定,这可能与粉末的颗粒大小不一有关。铁粉末的色泽为暗灰色,因此,会使白色面粉稍稍变黑,但这通常不被认为是一个问题[7]。

最近,人们重新关注使用螯合形式的铁作强化剂,乙二胺四乙酸铁钠[NaFe(Ⅲ)EDTA]表现出相当好的前景。大鼠试验表明,与硫酸亚铁相比,NaFe(Ⅲ)EDTA 的铁与硫酸亚铁的铁吸收率相当或更好[35]。无数的人体试验表明,NaFe(Ⅲ)EDTA 在含有相当数量的铁吸收抑制剂的膳食中,铁的生物利用率比在相同膳食中的 FeSO₄高[10,63]。EDTA 结合正铁和亚铁离子的亲和力高于其他配基,例如柠檬酸和多酚类化合物[55,117]。这种高亲和力产生了一种稳定的螯合,使铁在胃与肠中消化时不发生解离,从而防止铁与铁吸收抑制剂结合。没有铁吸收抑制剂存在时,NaFeEDTA 中铁的生物利用率可能低于 FeSO₄ 中铁的生物利用率,这解释了表 9.15 所示的 EDTA 铁钠(NaFeEDTA)中铁的相对生物利用率的大范围变化的原因。Van Thuy 等最近在越南进行了一项双盲测试[127],结果显示,在六个月内食用强化EDTA 铁钠(NaFeEDTA)鱼肠的妇女,其铁缺乏症的患病率是食用非强化鱼肠对照组的50%。在中国一个相同的试验表明,食用强化 EDTA 铁钠(NaFeEDTA)的酱油可明显减少男人、女人、儿童缺铁性贫血的发病率[21]。

氨基酸铁也是一种有前景的食品强化剂[57]。这方面研究最多的是甘氨酸亚铁,它是亚铁与甘氨酸以 1~2 的摩尔比螯合制成的。铁吸收抑制剂对甘氨酸亚铁的影响小于硫酸亚铁。甘氨酸亚铁在粗粮膳食中特别有效。氨基酸螯合铁的一个主要缺陷是,与硫酸亚铁或元素铁粉末相比价格更高[57]。

如前所述,减少元素铁粉的粒径可提高其生物利用率。现在有证据表明,减少铁化合物的粒径也可以提高生物利用率。Zimmermann 和 Hilty[145]使用一种称为火焰喷雾热解的方法制备了纳米结构氧化铁和磷酸盐。他们制备了正磷酸铁和其他粒径在10nm范围内的铁化合物。市售正磷酸铁的粒径在微米范围内,在水中的溶解度很低。因此,它对食物的颜色和气味有微小的不利影响。不幸的是,它的生物利用率也很低。大鼠模型对比研究结果显示,纳米正磷酸铁具有类似于硫酸亚铁的铁生物利用率。这些纳米配合物尚未进行人体测试,但因其具有良好的生物利用率和食品中的低反应性,已显示出作为强化剂应用的前景[84]。

9.4.4.2　锌

由于大范围的锌缺乏症的发生,作为解决问题的策略,很多营养学家提倡在食品中强化锌。在美国,一般公认安全(GRAS)物质列表中的五种锌化合物为硫酸锌、氯化锌、葡萄糖酸锌、氧化锌和硬脂酸锌[110]。其中,氧化锌是最常用的食品强化剂。氧化锌在食品中更加稳定,其原因部分是因为它的溶解度低。但是,氧化锌的生物利用率似乎与更易溶解的硫酸锌相当。氧化锌和硫酸锌添加到玉米饼时,锌的吸收率分别是 36.8% 和 37.2%[110]。用硫酸锌添加到强化铁的小麦面粉制作饺子时,会降低 4~8 岁儿童的铁吸收,但是,相同数量的锌以氧化锌的方式添加时,对铁的吸收没有影响[56]。Rosado[110]推荐的强化水平是每千克墨西哥玉米粉 20~50mg 锌。

9.4.4.3　碘

如前所提到的,早在 1924 年,美国就已在盐中加碘。尽管加碘盐的加工相对简单,而且美国和其他发达国家广泛认为这种做法是成功的。然而,在最近 25 年内,加碘盐在很多发展中国家并不是很普遍,时至今日碘缺乏仍然是一个问题。幸运的是,世界卫生组织在 1993 年采取了一个称作全民食盐加碘(USI)的干预措施来解决这个问题。全民食盐加碘干预措施争取对人类和牲畜食用的所有盐进行强化,包括食品加工中使用的盐[30]。实行食盐加碘政策的国家数量从 1993 年的 43 个增加到 2003 年的 93 个,结果甲状腺肿和智力缺陷的得病率显著下降[138]。然而,不幸的是,碘缺乏症在世界的很多地方仍然是一个重大问题。其中有多种原因,包括非加碘盐的大量使用。非加碘盐很便宜,通常在本地生产。

碘化钠(NaI)或碘酸钠($NaIO_3$)可被用来强化盐。碘酸钠通常用得更为普遍,因为它在长期储存过程中比碘化钠更稳定,特别是在高湿度和高温条件下[30]。

9.4.5　加工的影响

与维生素和氨基酸不同,许多矿物质元素不会被热、光、氧化剂、极端 pH 或其他能影响有机营养素的因素所破坏。本质上,矿物质不会被破坏,但会在沥滤或物理分离过程中丢失。此外,前面提到的因素也会改变矿物质的生物利用率(详见 9.3.3)。

谷物的研磨是引起矿物质损失的最重要的因素。谷粒的矿物质元素集中在麸皮层和胚芽中,去除麸皮和胚芽的胚乳的矿物质含量很低。整麦、白面粉、麦麸和麦胚芽的矿物质浓度见表9.16。在米和其他谷类的研磨中也发生相似的矿物质损失,而且损失很大。在美国,研磨制品的矿物质强化一般只强化铁。

表9.16 小麦和研磨小麦制品中的一些微量矿物质的含量

矿物质	小麦	白面粉	小麦胚芽	麦麸	小麦加工成面粉的损失率/%
铁	43	10.5	67	47~78	76
锌	35	8	101	54~130	78
锰	46	6.5	137	64~119	86
铜	5	2	7	7~17	68
硒	0.6	0.5	1.1	0.5~0.8	16

注:数值单位为 mg 矿物质/kg 产品。

资料来源:Rotruck, J.T.(1982). In: *Handbook of Nutritive Value Processed Food*, M. Rechcigl, Jr., ed., CRC Press, Boca Raton, FL, Vol. I, pp. 521-528, Third Edition.

钙在干酪中的保留很大程度受到生产条件的影响。由于干酪的 pH 低,很多钙会在分离乳清时丢失。不同干酪的钙和磷含量见表9.17。表9.17将钙含量表示为 mg/100g 干酪和 Ca 与蛋白质的比率。由于不同干酪的水分含量不同,因此后者更能反映 Ca 损失的情况。农家干酪的钙浓度最低,因为在它的生产过程中,排出乳清时 pH 一般小于5[49]。切达干酪和埃曼塔尔干酪生产一般分别在 pH6.1 和 pH6.5 排乳清,而后者比前者具有更高的钙含量。牛乳中钙的主要部分——胶状磷酸钙,随着 pH 下降,溶解度逐渐增大。在干酪生产中,溶解的钙在乳清分离时流失。这就是农家干酪钙含量较低的原因[72]。

表9.17 一些干酪中的钙和磷含量

干酪种类	蛋白质/%	Ca/(mg/100g)	Ca:蛋白质(mg:g)	PO₄/(mg/100g)	PO₄:蛋白质(mg:g)
农家干酪	15.2	80	5.4	90	16.7
切达干酪	25.4	800	31.5	860	27.3
埃曼塔尔干酪	27.9	920	33.1	980	29.6

资料来源:Guinee, T.P. et al., in: *Cheese: Chemistry, Physics and Microbiology*, Vol. 2, 2nd edn., P. F. Fox, ed., Chapman & Hall, London, 1993, pp. 369-371; Lucey, J.A. and Fox, P.F., *J. Dairy Sci.*, 76(6), 1714-1724, 1993.

由于许多矿物质在水中有足够的溶解度,因此有理由认为水煮会造成一些矿物质的损失,但不幸的是,有关这方面的研究很少。一般情况下,煮比蒸造成的蔬菜矿物质损失更大[68]。意大利面条(pasta)在煮的过程中,铁的损失最小,但钾的损失超过 50%[68]。这是因为钾以离子形式存在于食品中,而铁以与蛋白质和其他大和小分子配位体相结合的形式存在于食品中。

9.5 食品中矿物质的化学与功能性质

尽管矿物质以相当低的浓度存在于食品中,但是,由于它们会与其他食品成分相互作用,因此它们还是会对食品的物理和化学性质产生重要影响。表9.18所示为对这些矿物质的食品来源和它们的功能的总结。下面就部分矿物质做更为详尽的叙述。

表 9.18　　　　　　　　　矿物质和矿物质盐/络合物在食品中的功能

矿物质	食品来源	功能
钙	乳制品、绿叶蔬菜、豆腐、鱼骨、强化钙食品	质构改良剂:形成带负电荷的大分子凝胶,如海藻酸钠、低甲氧基果胶、大豆蛋白、酪蛋白等。增加海藻酸钠溶液的黏度。添加到配汤中提高罐藏蔬菜的硬度
铜	动物器官、海产品、坚果、种子	催化剂:脂质过氧化、抗坏血酸氧化、非酶促氧化褐变 改色剂:可能会造成罐头食品和腌肉的黑变 酶辅助因子:多酚 质构稳定剂:稳定蛋清泡沫
碘	碘盐、海产品、植物以及生长在土壤中碘充足区域的动物	面粉改良剂:KIO_3能改善小麦粉的焙烤质量
铁	谷物、豆类、肉类、来自于铁质器具和土壤的污染、铁强化食品	催化剂:Fe^{2+}和Fe^{3+}催化食品中的脂质过氧化 改色剂:鲜肉的色泽取决于肌红蛋白和血红蛋白中铁的化合价:Fe^{2+}为红色,Fe^{3+}为褐色。与多酚化合物形成绿色、蓝色或黑色的络合物。罐头食品中与S^{2-}反应生成黑色 FeS 酶辅助因子:脂肪氧合酶、细胞色素、核糖、核苷酸、还原酶等
镁	粗粮、坚果、豆类、绿叶蔬菜	改色剂:从叶绿素中将镁去除,颜色会从绿色变至橄榄褐色
锰	粗粮、水果、蔬菜	酶辅助因子:丙酮酸羧化酶、超氧化物歧化酶
镍	植物食品	催化剂:植物油的氢化。高度分散的元素镍为加工过程中最广泛使用的催化剂
磷	无处不在,动物产品往往是良好的来源。广泛使用的食品添加剂	酸化剂:软饮料中 H_3PO_4 的应用 发酵酸:$Ca(H_2PO_4)_2$是一种快速作用发酵酸 肉类保水剂:三聚磷酸钠提高腌肉类保水性 乳化助剂:磷酸盐在肉类粉碎和干酪加工过程中起酸乳化作用
钾	水果、蔬菜、肉类	盐替代品:KCl 可以作为盐替代品使用。会产生苦涩口感
硒	海产品、动物内脏、谷物(土壤中含量水平决定谷物中的含量水平)	酶辅助因子:谷胱甘肽过氧化物酶

续表

矿物质	食品来源	功能
钠	NaCl、MSG、其他食品添加剂、牛乳。在生食中含量很低	风味改良剂:NaCl加入食品中产生典型咸味 防腐剂:NaCl可降低食品中的水分活度 膨松剂:不少发酵酸是钠盐,如碳酸氢钠、硫酸铝钠及焦磷酸氢钠
硫	含硫氨基酸、食品添加剂(亚硫酸盐,SO_2)	褐变抑制剂:二氧化硫和亚硫酸盐是干果中常用的酶促褐变和非酶促褐变抑制剂 抗微生物:防止、控制微生物生长。广泛应用于酒的酿造中
锌	肉类、谷物、强化食品	ZnO用作蛋白质食品罐头的内壁涂层,以减少加热时黑色FeS的形成

9.5.1 钙

人们对牛乳和乳制品中钙的功能进行了广泛的研究,并把它作为说明食品体系中矿物质相互作用的实例(详见第14章)。牛乳含有包括钙、镁、钠、钾、氯、硫酸根和磷酸根在内的许多矿物质,牛乳中的钙分布在乳清和酪蛋白胶束之间。乳清中的钙以溶解状态存在,大约占牛乳钙总量的30%,其余的钙与酪蛋白胶束结合,主要以胶体磷酸钙的形式存在。亚胶束的缔和可能是在以酯键与酪蛋白丝氨酸残基结合的磷酸基和无机磷酸根离子之间形成钙桥。

在干酪生产中,钙和磷酸根起着重要的功能作用。在凝乳前,添加钙可缩短凝块时间[72]。钙含量低的凝乳较脆,钙含量高的干酪更富有弹性。

在果蔬工业中广泛应用钙盐,以强化质构。钙离子是二价的,它可以通过交联细胞壁果胶中的半乳糖醛酸残基来减缓新鲜水果和蔬菜的硬度下降[109]。处理过程通常包括将产品置于钙盐(如氯化钙或乳酸钙)溶液中浸泡。氯化钙可能导致苦味,因此乳酸钙是首选[76]。

9.5.2 磷酸盐

食品中的磷酸盐有许多存在形式,它既天然存在于动植物组织中,也存在于食品添加剂中。有关磷酸盐在食品中应用的文献很多,有关这方面的内容参见Ellinger[37]和Molins[87]的专著,这些文献对此都有深入的论述。有几种磷酸盐已获准作为食品添加剂使用,它们是磷酸、正磷酸盐、焦磷酸盐、三聚磷酸盐和多聚磷酸盐。图9.15所示为它们的结构简图。

磷酸盐作为食品添加剂在食品中起着多种功能作用,包括酸化(软饮料)、缓冲(各种饮料)、抗结块、膨松、稳定、乳化、持水和防止氧化。对决定磷酸盐的一系列功能的化学性质还不完全清楚,但毫无疑问与同磷酸根缔合的质子的酸度和磷酸根带的电荷有关。在一般食品的pH条件下,磷酸根带负电荷,聚磷酸盐的性质如同聚电解质一样。负电荷使磷酸根

磷酸

正磷酸盐

焦磷酸盐

三聚磷酸盐

多聚磷酸盐

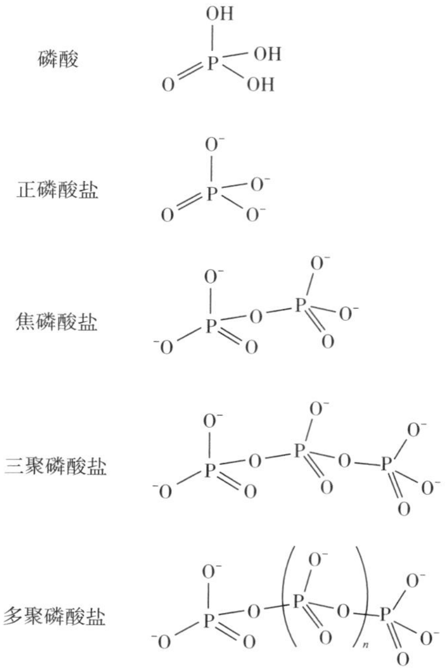

图 9.15　食品中重要的磷酸及磷酸盐离子的结构

具有强的 Lewis 碱的性质,使它具有强烈的结合金属离子的倾向。结合金属离子的能力与前面提到的几个功能性质之间可能存在密切的关系。然而,值得一提的是,有关磷酸盐的功能性质的机制仍然有许多争论,特别是有关它能提高肉和鱼的持水能力的机制。

9.5.3　氯化钠

氯化钠(盐)是一种广泛使用的食品添加剂,在食品中的有利功能包括增加风味、控制微生物增长、改善肉制品的持水力和增加色泽。作为单一配料,盐不仅增加风味,而且增强了食品中的其他风味,减少苦味。许多添加了盐的食品(如面包和其他谷物食品)品尝不出咸味,因此对于消费者来说通过风味来辨别食品中盐的含量是困难的。在美国的食品中,钠的来源如表 9.19 所示。

表 9.19　　　　　　　　　　美国居民摄入钠的食物来源

食品类别	钠摄入的贡献值/% (占所有钠摄入量的百分比)	食品类别	钠摄入的贡献值/% (占所有钠摄入量的百分比)
牛乳和乳制品	6.5	混合菜(砂锅菜、汤等)	22.1
谷物产品	22.0	脂、油、酱油	8.2
水果和蔬菜	6.6	甜点和糖果	4.8
肉类、鱼类、家禽及蛋类	26.1	其他	3.8

资料来源:Engstrom. A. et al.(1997). *Am. J Clin. Nutr* 65(Suppl):704S-707S.

盐在许多干酪中是一种必需添加剂。它增强风味,通过降低水分活度来控制杂菌的生长,控制乳酸发酵的速度和改变质构[104]。

在肉品加工中,例如香肠,盐通过降低产品的水分活度而起到防腐剂的作用;它也能促进肌肉蛋白的溶解(盐溶现象),从而起到乳化作用[47]。

在焙烤产品中,盐能够增加风味但不会赋予咸味,控制酵母发酵产品的发酵速率,并通过与谷蛋白的作用起到面团改良剂的作用[104]。

尽管前面提到了减少钠的争论,但人们普遍认为减少食物中的钠能降低血压和降低心血管疾病以及其他慢性疾病的死亡率。世界卫生组织成员国已制定了一个自愿目标,即到

2025 年全球人口减少 30%的盐摄入量（http://www. whoint/dietphysicalactivity/reducingsalt/en/，访问日期：2014 年 8 月 20 日）。个别食品公司一直在努力减少其产品中的钠含量[34]。目前正在采取的策略包括逐步减少食物中盐的添加量、添加其他能够提高咸味口味的香料以及使用盐替代品。已经证明，长时间逐渐减少盐的摄入量能提高消费者对咸味的敏感度，这样就不会感觉到味道质量的下降。这是一个很有前途的策略，但需要时间，需要全行业的合作[34]。已知其他风味化合物也可增强食物的咸味。其中包括酸性化合物，如有机酸、谷氨酸和其他氨基酸、核苷酸和酵母提取物。另一个策略是使用盐替代品。氯化钾是使用最广泛的盐替代品。氯化钾还有一个额外的优点，即增加钾摄入量可以降低血压。氯化钾缺点是它在食物中可能会产生苦味。

9.5.4 铁

已经充分确定铁会加速食品中脂的过氧化过程。铁在脂类氧化的开始阶段和传递阶段都起催化作用。其化学过程极其复杂，但还是提出了几个可能的机制。在有硫醇基存在的情况下，正铁离子促进过氧阴离子的形成[137]：

$$Fe^{3+} + RSH \rightarrow Fe^{2+} + RS \cdot + H^+$$
$$RSH + RS + O_2 \rightarrow RSSR + H^+ + \cdot O^{2-}$$

然后，过氧阴离子与质子反应生成过氧化氢或将正铁离子还原成亚铁离子：

$$2H^+ + 2 \cdot O^- \rightarrow H_2O_2 + O_2$$
$$Fe^{3+} + O_2^- \rightarrow Fe^{2+} + O_2$$

亚铁离子通过芬顿反应促进过氧化氢分解生成羟基自由基：

$$Fe^{2+} + H_2O_2 \rightarrow Fe^{3+} + OH^- + \cdot OH$$

羟基自由基非常活泼，可通过从不饱和脂肪酸分子中获取氢原子而快速产生脂自由基。于是，引起了脂质的过氧化链式反应。

铁也能通过加速食品中脂质的氢过氧化物的分解来催化脂质的过氧化反应。

$$Fe^{2+} + LOOH \rightarrow Fe^{3+} + LO \cdot + OH^-$$

或
$$Fe^{3+} + LOOH \rightarrow Fe^{2+} + LOO \cdot + H^+$$

第一个反应的速率高出第二个反应一个数量级。这就解释了为什么在一些食品中抗坏血酸可以起着促氧化剂的作用，这是因为它能将正铁还原成亚铁。

9.5.5 镍

尽管还没有有关人体缺镍的记载，但是，许多证据表明，镍是一些动物的必需元素[92]。镍的每日推荐摄入量和每日适宜摄入量没有确定。镍的食品来源包括巧克力、坚果、豆类和谷物[92]。镍对食品加工的重要性主要在于它是食用油氢化的催化剂（详见第 3 章）。

9.5.6 铜

铜和铁一样，都是过渡元素，在食品中以两种氧化状态存在，即 Cu^+ 和 Cu^{2+}。它是包括酚酶在内的许多酶的辅助因子，是血蓝蛋白的活性中心。血蓝蛋白是一些节肢动物的载氧蛋白。Cu^+和Cu^{2+}都能与有机分子紧密结合,因此在食品中主要以络合物和螯合物的形式存在。铜对食品的负面影响是它会催化食品中的脂类氧化。

铜有一个令人感兴趣的功能作用,在西方烹饪中至少已经应用了300年[78]。许多蛋白饼糕制作都把铜碗作为首选的打蛋白容器。打蛋时,一个经常碰到的问题是过度的搅打会导致蛋白泡沫的塌陷。这可推测为,这是由于处于空气-液体界面上的蛋白质因搅打而过度变性,导致泡沫稳定性下降引起的。其中含有的伴清蛋白,是一种类似于血浆铁结合转铁蛋白(plasmairon-binding protein transferring)的蛋白。伴清蛋白既能结合Cu^{2+}也能结合Fe^{3+},铜或铁的存在能稳定伴清蛋白,使它不过度变性[96]。

9.6　总结

矿物质在食品中以低且可变的浓度存在,并具有多种存在形式。矿物质在食品加工、贮藏和消化过程中有着许多复杂的变化。除了IA族和ⅦA族元素外,食品中的矿物质以络合物、螯合物或含氧阴离子的形式存在。尽管对许多矿物质的化学形式和性质的了解仍然有限,然而还是可以根据无机、有机、物理和生物化学原理来预测它们在食品中的作用。

食品中矿物质的主要作用是以一种平衡和生物可利用的形式提供可靠的必需营养素。当食品中必需矿物质的浓度和/或生物利用率偏低时,可采取强化的方法来确保有足够的摄入量。在美国和其他工业化国家,通过铁和碘的强化使铁和碘缺乏病大为减少。但不幸的是,在许多发展中国家还不可能对大宗食品进行适当的强化,这些国家仍然有数亿人患铁、碘、锌和其他缺乏症。

矿物质在食品中也起着重要的功能作用。例如,某些矿物质能显著改变食品的色泽、质构、风味和稳定性。因此,为达到某种特定的功能效果,可以在食品中加入或除去某些矿物质。当难以控制食品中某些矿物质的浓度时,可以使用螯合剂(法规许可时),例如EDTA,来改变它们的性质。

(1)矿物质　除了C、H、O和N以外的元素,在食物中的有机物被燃烧或氧化性酸除去后仍存在。

(2)必需矿物质元素　进行身体重要生理功能所需要的矿物质。必需矿物质摄入不足会导致一种或多种生理功能受损。

(3)矿物质形态　矿物质元素的化学形态。矿物质以许多不同的化学形式存在于食物中,包括游离的离子、复合物、螯合物和化合物。

(4)Lewis酸　电子对受体。

(5)Lewis碱　电子对供体。

(6)配体　能够向金属离子提供电子对形成络合物和螯合物的化学形式。配体中的主要提供电子的原子包括氧、氮和硫。

(7)螯合物　一种金属络合物。配体与金属离子通过两个或多个键形成环状结构。螯合物比类似的非螯合复合物更稳定。

(8)体内平衡　即使营养素摄入量可能较低或较高,生物体维持组织的营养素含量处于一个狭窄和恒定范围内的过程。

（9）膳食营养素参考摄入量（DRIS）　对健康人营养需求的估量。DRI 包含 EAR、RDA、AI 和 UL 四个值。

（10）平均需要量（EAR）　EAR 定义为满足特定年龄段和性别群体的半数个体营养需求的营养素摄入量。假定剩余 50% 的个体的需求量要高于 EAR。

（11）推荐膳食供给量（RDA）　RDA 定义为满足特定年龄段和性别群体的几乎所有健康人的充足的营养摄入量水平。RDA 超过 EAR 两个标准偏差（SD）：RDA = EAR + 2SD。

（12）适当摄入量（AI）　当没有充分的科学根据来制定一个 RDA 时，使用 AI。它是以健康人群实际平均营养摄入量为评估基础的，而不用在为评估个体营养需求而设计的研究中获得的。

（13）可耐受最高摄入量（UL）　UL 定义为对健康无任何副作用的平均每日营养素最高摄入量。这意味着摄入量高于该值会有中毒的危险。

（14）矿物质的营养作用　25 种矿物质被认为是人体必需的营养物质。矿物营养素的营养作用概述于表 9.2。

（15）生物利用率　生物利用率可定义为代谢过程中可被利用的营养素的量与摄入的营养素量的比值。食物营养素的生物利用率受许多因素的影响，包括营养素的化学形式、可能存在于食物中或在消化过程中形成的配体、食品基质的氧化还原活性、食物或膳食中其他营养素的浓度以及生理学因素和食用者的生理状态。

（16）植酸　肌醇-1,2,3,4,5,6-六磷酸。植物种子中磷的主要储存形式。植酸及其盐类对铁、锌和钙等一些矿物质的吸收具有很强的抑制作用。

（17）植物性食品的矿物质成分　植物性食品的矿物质成分受多种因素的影响，包括植物的遗传特性、生长土壤的质量和肥力、生长季节的降雨量和日照量以及收获时的成熟度。

（18）动物性食品的矿物质成分　动物性食品的矿物质成分比植物性食品的变化小。食用低碘和低硒食物的动物，其组织、乳和/或蛋中的这些矿物质含量较低。以低铁饮食喂养的小牛肌肉中的铁含量很低。

（19）强化　在食品中添加一种或多种营养素，以防止人群营养不足。

（20）生物强化　应用传统植物育种或基因工程技术提高主要食用作物中微量营养素的浓度和/或生物利用率。然后，将改良后的种子分配给资源贫乏地区的农民，让他们种植这些种子，收获营养丰富的作物。将这些作物分配给当地消费者可提供他们的微量营养素摄入量。在他们的传统饮食中这些微量营养素可能不足。生物强化作为一种预防微量营养素营养不良的策略，在农村地区尤其有效，因为农村地区缺乏加工的、商品化的强化食品或当地人无力购买。

（21）强化对食品质量的影响　在大多数情况下，在食品中添加矿物质营养素对食品质量的影响很小。铁的加入是个例外。铁是一种具有氧化还原活性的矿物质，可以催化食物中的脂质氧化，产生不良气味和不良风味。某些形式的铁也可能导致食物抗氧化剂（如维生素 A、维生素 C 和维生素 E）的破坏。元素铁粉、铁螯合物（如 EDTA 铁钠）和焦磷酸铁纳米颗粒的氧化催化活性低于硫酸亚铁和其他铁盐。

（22）矿物质毒物　所有矿物质,包括必需矿物质营养素,在饮食中过量时都可能有毒。然而,大多数必需矿物质营养素在食物中的含量很少达到有毒的水平。从毒性的角度来看,最受关注的矿物质元素不是必需矿物质营养素。它们是铅、汞、砷和镉。这些剧毒矿物质可能通过植物根系从土壤中的吸收、天然和工业加工过程对水和空气的污染、动物摄入受污染的饲料、食品包装材料的泄漏和其他机制进入到食品中。近年来,由于禁止使用含铅汽油和禁止在罐头生成中使用含铅焊料;用铁、铜或合成聚合物管替换含铅水管;禁止使用含汞农用杀菌剂;以及其他举措,食品中的铅含量大幅下降。甲基汞是一种剧毒的汞化合物,由于它在某些鱼类中的蓄积,特别是在剑鱼、方头鱼、鲨鱼和鲭鱼等长寿命捕食性鱼类中的蓄积累,一直受到关注。

（23）食品加工对食品中矿物质含量的影响　矿物质本质上是不可破坏的,但某些加工操作可能会降低或增加食品中矿物质的浓度。碾磨谷物,除去了麸皮和胚芽,可降低谷物中几种矿物质的浓度。当乳清被排干时,干酪的制造要排清乳清,这样会导致钙和钾的大量损失。添加盐(NaCl)和其他含钠食品添加剂会增加食品的钠含量。据估计,美国膳食中总盐的77%是食品加工过程中添加的盐。磷酸盐作为功能性成分添加到许多食物中。有些矿物质被添加到食物中,其目的是补充膳食中缺乏的营养素。铁和碘是最常见的用于添加的矿物质营养素,但钙和锌也会添加到一些食品中。

（24）矿物质在食品中的功能作用　矿物质在食品中起着各种重要的功能作用,从酸化到调色、水分活度控制到风味强化。有关矿物质在食品中的功能作用见表9.18。

参考文献

1. Advisory Committee on Childhood Lead Poisoning Prevention(ACCLPP) (2012). Low level lead exposure harms children: A renewed call for primary prevention. http://www.cdc.gov/nceh/lead/acclpp/ final_document_030712.pdf (accessed August 26, 2014).

2. Ahmed, F. E. (1999). Trace metal contaminants in food, in: *Environmental Contaminants in Food*, C.F. Moffat and Whittle, K. J., eds., Sheffield Academic Press, Sheffield, U.K., Chapter 6, pp. 146–214.

3. Allaway, W. H. (1975). The effects of soils and fertilizers on human and animal nutrition. Agriculture Information Bulletin No. 378, U.S. Department of Agriculture, Washington, DC.

4. Anderson, J.J.B., M.L. Sell, S.C. Garner, and M.S. Calvo (2001). Phosphorus, in: *Present Knowledge in Nutrition*, 8th edn., B.A. Bowman and R.M. Russell, eds., ILSI Press, Washington, DC, Chapter 27, pp. 281–291.

5. AOAC International (2012). *Official Methods of Analysis*, 19th edn., AOAC International, Washington, DC.

6. Bailey, L.B., S. Moyers, and J.F. Gregory (2001). Folate, in: *Present Knowledge in Nutrition*, 8th edn., B. A. Bowman and R. M. Russell, eds., ILSI Press, Washington, DC, Chapter 21, pp. 214–229.

7. Barrett, F. and P. Ranum (1985). Wheat and blended cereal foods, in: *Iron Fortification of Foods*, F. M. Clydesdale and K.L. Wiemer, eds., Academic Press, Orlando, FL, pp. 75–109.

8. Baynes, R.D. and T.H. Bothwell (1990). Iron deficiency. *Annu Rev Nutr* 10: 133–148.

9. Blair, M.W., P. Izquierdo, C. Astudillo, and M.A. Grusak (2013). A legume biofortification quandary: Variability and genetic control of seed coat micronutrient accumulation in common beans. *Front Plant Sci* 4: 1–14.

10. Bothwell, T.H. and A.P. MacPhail (2004). The potential role of NaFeEDTA as an iron fortificant. *Int J Vitam Nutr Res* 74(6): 421–434.

11. Brnic, M., R. Wegmuller, C. Zeder, G. Senti, and R.F. Hurrell (2014). Influence of phytase, EDTA, and polyphenols on zinc absorption in adults from porridges fortified with zinc sulfate or zinc oxide. *J Nutr* 144: 1467–1473.

12. Brown, M.J. and S. Margolis(2012). Lead in drinking water and human blood levels in the United States. *MMWR Morb Mortal Wkly Rep* 61(Suppl.): 1–9.

13. Burk, R.F. and O.A. Levander (1999). Selenium, in: *Modern Nutrition in Health and Disease*, 9th edn., M.

E. Shills, J. A. Olson, M. Shike, and A. C. Ross, eds., Lippincott Williams & Wilkins, Philadelphia, PA, pp. 265-276.

14. Caldwell, K.L., A. Makhmudov, E.Ely, R.L. Jones, and R.Y. Wang (2011). Iodine status of the U.S. population, National Health and Nutrition Examination Survey, 2005-2006 and 2007-2008. *Thyroid* 21(4): 419-427.

15. Canfield, R.L., C.R. HendersonJr., D.A. Cory-Slechta, C. Cox, T.A. Jusko, and B.P. Lanphear (2003). Intellectual impairment in children with blood lead concentrations below 10 μg per deciliter. *N Engl J Med* 348(16): 1517-1526.

16. Cappuccio, F.P., S. Capewell, F.J. He, and G.A. MacGregor (2014). Salt: The dying echoes of the food industry. *Am J Hypertens* 27(2): 279-281.

17. Carpenter, K.J. (1995). Episodes in the history of food fortification. *Cereal Foods World* 42(2): 54-57.

18. Ward, C.R.E. and C.E. Carpenter(2010). Traditional methods for mineral analysis, in: *Food Analysis*, 4th edn., S.S. Nielsen, ed., Springer, New York, Dordrecht, Heidleberg, London, pp. 201-215.

19. Carocci, A., N. Rovito, M.S. Sinicropi, and G. Genchi (2014). Mercury toxicity and neurodegenerative effects. *Rev Environ Contam Toxicol* 229: 1-18.

20. Centers for Disease Control and Prevention (2005). Preventing lead poisoning in young children. CDC, Atlanta, GA. http://www.cdc.gov/nceh/lead/publications/PrevLeadPoisoning.pdf (accessed August 26, 2014).

21. Chen, J., X. Zhao, X. Zhang, S. Yin, J. Piao, J. Huo, B. Yu, N. Qu, Q. Lu, S. Wang, and C. Chen (2005). Studies on the effectiveness of NaFeEDTA-fortified soy sauce for controlling iron deficiency: A popu-lation-based intervention trial. *Food Nutr Bull* 26(2): 177-186.

22. Chiancone, E., P. Ceci, A. Ilari, F. Ribacchi, and S. Steranini (2004). Iron and proteins for iron storage and detoxification. *Biometals* 17(3): 197-202.

23. Chrichton, R.R. (1991). *Inorganic Biochemistry of Iron Metabolism*, Ellis Horwood Series in Inorganic Chemistry, J. Burgess, series ed., Ellis Horwood, New York.

24. Clarkson, T.W., L. Magos, and G.J. Meyers (2003). The toxicology of mercury. *N Eng J Med* 349(18): 1731-1737.

25. Clarkson, T. W. and J.J. Strain (2003). Nutritional factors may modify the toxic action of methyl mercury in fish-eating populations. *J Nutr* 133(5 Suppl 1): 1539S-1543S.

26. Combs, G.F. (2001). Selenium in global food systems. *Br J Nutr* 85: 517-547.

27. Cousins, R.J. (1996). Zinc, in: *Present Knowledge in Nutrition*, 7th edn., E.E. Ziegler and L.J. Filer Jr., eds., ILSI Press, Washington, DC, Chapter 29, pp. 293-306.

28. Cubadda, F., A. Raggi, F. Zanasi, and M. Carcea (2003). From durum wheat to pasta: Effect of technological processing on the levels of arsenic, cadmium, lead and nickel—A pilot study. *Food Addit Contam* 20(4): 353-360.

29. da Silva, J.J.F.R. and R.J.P. Williams (1991). *The Biological Chemistry of the Elements: The Inorganic Chemistry of Life*, Clarendon Press, Oxford, U.K.

30. Delange, F., H. Burgi, Z.P. Chen, and J.T. Dunn (2002). World status of monitoring of iodine deficiency disorders control programs. *Thyroid* 12 (10): 915-924.

31. Delange, F., B. de Benoist, E. Pretell, and J.T. Dunn (2001). Iodine deficiency in the world: where do we stand at the turn of the century? *Thyroid* 11(5): 437-447.

32. Deshpande, S.S. (2002). Toxic metals, radionuclides, and food packaging contaminants, in: *Handbook of Food Toxicology*, S.S. Deshpande, ed., Marcel Dekker, Inc., New York, Chapter 16, pp. 783-812.

33. Dibley, M.J. (2001). Zinc, in: *Present Knowledge in Nutrition*, 8th edn., B.A. Bowman and R.M. Russell, eds., ILSI Press, Washington, DC, Chapter 31, pp. 329-343.

34. Dotsch, M., J. Busch, M. Batenburg, G. Liem, E. Tareilus, R. Mueller, and G. Meijer (2009). Strategies to reduce sodium consumption: A food industry perspective. *Crit Rev Food Sci Nutr* 49(10): 841-851.

35. Dutra-de-oliveira, J.E., M.L.S. Freitas, J.F. Ferreira, A.L. Goncalves, and J.S. Marchini (1995). Iron from complex salts and its bioavailability to rats. *Int J Vitam Nutr Res* 65: 272-275.

36. Dziezak, J.D. (1990). Phosphates improve many foods. *Food Technol* 44(4): 80-92.

37. Ellinger, R.H. (1972). Phosphates in food processing, in: *Handbook of Food Additives*, 2nd edn., T.E. Furia, ed., CRC Press, Cleveland, OH, pp. 617-780.

38. Engstrom, A., R.C. Tobelmann, and A.M. Albertson (1997). Sodium intake trends and food choices. *Am J Clin Nutr* 65(Suppl.): 704S-707S.

39. Farley, D. (1998). Dangers of lead still linger. *FDA Consum* 32(1): 16-21.

40. Fidler, M.C., T. Walczyk, L. Davidsson, C. Zeder, N. Sakaguchi, L.R. Juneja, and R.F. Hurrell (2004). A micronized, dispersible ferric pyrophosphate with high relative bioavailability in man. *Br J Nutr* 91: 107-120.

41. Food and Drug Administration (2003). Code of federal regulations. U.S. Government Printing Office,

Washington, DC, Chapter I, Parts 136, 137, 139. http://www.gpoaccess.gov/cfr/index.html (accessed August 26, 2014).

42. Food and Drug Administration (2006). Mercury levels in commercial fish and shellfish (1990 – 2010). http://www.fda.gov/food/foodborneillnesscontaminants/metals/ucm115644.htm (accessed August 26, 2014).

43. Food andNutrition Board (FNB); Institute of Medicine (2002). *Dietary Reference Intakes for Vitamin A, Vitamin K, Arsenic, Boron, Chromium, Copper, Iodine, Iron, Manganese, Molybdenum, Nickel, Silicon, Vanadium, and Zinc*, National Academy Press, Washington, DC.

44. Food and Nutrition Board; Institute of Medicine (2003). Dietary reference intake tables: Elements table. http://www.iom.edu/file.asp? id = 7294 (accessed August 26, 2014).

45. Committee on Food Chemicals Codex. (2014). Food chemicals codex, 9th edn. National Academy Press, Washington, DC.

46. Fox, C.H. and M. Eberl (2002). Phytic acid (IP6), novel broad spectrum anti – neoplastic agent: A system-atic review. *Complement Ther Med* 10(4): 229–234.

47. Gelabert, J., P. Gou, L. Guerrero, and J. Arnau (2003). Effect of sodium chloride replacement on some characteristics of fermented sausages. *Meat Sci* 65: 833–839.

48. Graham, R.D., R.M. Welch, and H.E. Bouis (2001). Addressing micronutrient malnutrition through enhancing the nutritional quality of staple foods: Principles, perspectives, and knowledge gaps. *Adv Agron* 70: 77–142.

49. Guinee, T.P., P.D. Pudja, and N.Y. Farkye (1993). Fresh acid-cured cheese varieties, in: *Cheese: Chemistry, Physics and Microbiology*, Vol. 2, 2nd edn., P.F. Fox, ed., Chapman & Hall, London, U.K., pp. 369–371.

50. Marshall, M.R. (2010). Ash analysis, in: *Food Analysis*, 4th edn., S.S. Nielsen, ed., Springer, New York, Dordrecht, Heidelberg, London, pp. 105–115.

51. Harland, B. and G. Narula (1999). Phytate and its hydrolysis products. *Nutr Res* 19(6): 947–961.

52. HarvestPlus (2014). It all starts with a seed. http://www.harvestplus.org/ (accessed September 5, 2014).

53. Hazell, T. (1985). Minerals in foods: Dietary sources, chemical forms, interactions, bioavailability. *World Rev Nutr Diet* 46: 1–123.

54. Heaney, R.P., C.M. Weaver, and M.L. Fitzsimmons (1990). Influence of calcium load on absorption fraction. *J Bone Miner Res* 5: 1135–1138.

55. Hegenauer, J., P. Saltman, and G. Nace (1979). Iron III phosphoprotein chelates: Stoichiometric equi-

librium constant for interaction of iron III and phosphorylserine residues of phosvitin and casein. *Biochemistry* 18: 3865–3879.

56. Herman, S., I.J. Griffin, S. Suwarti, F. Ernawati, D. Permaesih, D. Pambudi, and S.A. Abrams (2002). Cofortification of iron-fortified flour with zinc sulfate, but not zinc oxide, decreases iron absorption in Indonesian children. *Am J Clin Nutr* 76(4): 813–817.

57. Hertrampf, E. and M. Olivares (2004). Ironamino acid chelates. *Int J Vitam Nutr Res* 74(6): 435–443.

58. Horton, S., V. Mannar, and A. Wesley (2008). Best practice paper: Food fortification with iron and iodine. Copenhagen Consensus Center, Copenhagen Business School, Copenhagen, Denmark.

59. Hunt, J.R. (2003). Bioavailability of iron, zinc, and other trace minerals from vegetarian diets. *Am J Clin Nutr* 78: 633S–639S.

60. Hurell, R.F. (2004). Phytic acid degradation as a means of improving iron absorption. *Int J Vitam Nutr Res* 74(6): 445–452.

61. Institute of Medicine (2006). Introduction to the dietary reference intakes, in *Dietary Reference Intakes: The Essential Guide to Nutrient Requirements*, J.J. Otten, J.P. Hellwig, and L.D. Meyers, eds., The National Academies Press, Washington, DC, pp. 5–17.

62. Institute of Medicine (2013). *Sodium Intake in Populations: Assessment of Evidence*, The National Academies Press, Washington, DC.

63. International Nutritional Anemia Consultative Group (INACG) (1993). Iron EDTA for food fortifica-tion. ILSI Research Foundation, Washington, DC, pp. 27–35.

64. Jarup, L. (2002). Cadmium overload and toxicity. *Nephrol Dial Transplant* 17(Suppl. 2): 35–39.

65. Joy, E.J., E.L Ander, S.D. Young, C.R. Black, M.J. Watts, A.D. Chilimba, B. Chilima et al. (2014). Dietary mineral supplies in Africa. *Physiol Plant* 151(3): 208–229.

66. Kapsokefalou, M. andD.D. Miller (1991). Effects of meat and selected food components on the valence of nonheme iron during in vitro digestion. *J Food Sci* 56(2): 352–355, 358.

67. Kratzer, F.H. and P. Vohra (1986). *Chelates in Nutrition*, CRC Press, Boca Raton, FL.

68. Lachance, P.A. and M.C. Fisher (1988). Effects of food preparation procedures in nutrient retention with emphasis on food service practices, in: *Nutritional Evaluation of Food Processing*, E. Karmas and R.S. Harris, eds., Van Nostrand Reinhold, New York, pp. 505–556.

69. La Frano, M.R., F.F. de Moura, E. Boy, B. Lonnerdal, and B.J. Burri (2014). Bioavailability of iron, zinc, and provitamin A carotenoids in biofortified

staple crops. *Nutr Rev* 72(5)：289–307.

70. Lei，X. G. and C. H. Stahl（2001）. Biotechnological development of effective phytases for mineral nutrition and environmental protection. *Appl Microbiol Biotechnol* 57：474–481.

71. Lind，T.，B. Lonnerdal，L. A. Persson，H. Stenlund，C. Tennefors，and O. Hernell（2003）. Effects of weaning cereals with different phytate contents on hemoglobin，iron stores，and serum zinc：A randomized intervention in infants from 6 to 12 mo of age. *Am J Clin Nutr* 78(1)：168–175.

72. Lucey，J. A. and P. F. Fox（1993）. Importance of calcium and phosphate in cheese manufacture：A review. *J Dairy Sci* 76(6)：1714–1724.

73. Ma，J. and N. M. Betts（2000）. Zinc and copper intakes and their major food sources for older adults in the 1994–96 continuing survey of food intakes by individuals（CSFII）. *J Nutr* 130(11)：2838–2843.

74. Manary，M. J.，N. F. Krebs，R. S. Gibson，R. L. Broadhead，and K. M. Hambidge（2002）. Community–based dietary phytate reduction and its effect on iron status in Malawian children. *Ann Trop Paediatr* 22(2)：133–136.

75. Mares–Perlman，J. A.，A. F. Subar，G. Block，J. L. Greger，and M. H. Luby（1995）. Zinc intake and sources in the US adult population：1976–1980. *J Am Coll Nutr* 14(4)：349–357.

76. Martín–Diana，A. B.，D. Rico，J. M. Frías，J. M. Barat，G. T. M. Henehan，and C. Barry–Ryan（2007）. Calcium for extending the shelf life of fresh whole and minimally processed fruits and vegetables：A review. *Trends Food Sci Technol* 18：210–218.

77. McElwee，M. K.，L. A. Ho，J. W. Chou，M. V. Smith，and J. H. Freedman（2013）. Comparative toxicogenomic responses of mercuric and methyl–mercury. *BMC Genomics* 14：698.

78. McGee，H. J.，S. R. Long，and W. R. Briggs（1984）. Why whip egg whites in copper bowls? *Nature* 308：667–668.

79. Meneton，P.，X. Jeunemaitre，H. E. de Wardener，and G. A. MacGregor（2005）. Links between dietary salt intake，renal salt handling，blood pressure，and cardiovascular diseases. *Physiol Rev* 85(2)：679–715.

80. Méplan，C. and J. Hesketh（2014）. Selenium and cancer：A story that should not be forgotten—Insights from genomics. *Cancer Treat Res* 159：145–166.

81. Mertz，W.（1984）. The essential elements：Nutritional aspects. *Nutr Today* 19(1)：22–30.

82. Meyer，P. A.，T. Pivetz，T. A. Dignan，D. M. Homa，J. Schoonover，and D. Brody（2003）. Surveillance for ele–vated blood lead levels among children—United States，1997–2001. *MMWR Surveill Summ* 52(SS–10)：1–21.

83. Miller，D. D.（2002）. Iron fortification of the food supply：A balancing act between bioavailability and iron–catalyzed oxidation reactions，in：*Nutritional Biotechnology in the Feed and Food Industries*，T. P. Lyons and K. A. Jacques，eds.，Nottingham University Press，Nottingham，England.

84. Miller，D. D.（2010）. Food nanotechnology：New leverage against iron deficiency. *Nat Nanotechnol* 5(5)：318–319.

85. Miller，D. D. and L. A. Berner（1989）. Is solubility in vitro a reliable predictor of iron bioavailability? *Biol Trace Elem Res* 19：11–24.

86. Miller，D. D. and M. A. Rutzke（2010）. Atomic absorption and emission spectroscopy，in：*Food Analysis*，4th edn.，S. S. Nielsen，ed.，Springer Science + Business Media，New York，pp. 421–442.

87. Molins，R. A.（1991）. *Phosphates in Food*，CRC Press，Boca Raton，FL.

88. Morgan，J. N.（1999）. Effects of processing on heavy metal content of foods，in：*Impact of Processing on Food Safety*，L. S. Jackson，M. G. Kinze，and J. N. Morgan，eds.，Kluwer Academic/Plenum Publishers，New York，Chapter 13，pp. 195–211.

89. Mounts，T. L.（1987）. Alternative catalysts for hydrogenation of edible oils，in：*Hydrogenation：Proceedings of an AOCS Colloquium*，R. Hastert，ed.，American Oil Chemists Society，Champaign，IL.

90. Mozaffarian，D.，S. Fahimi，G. M. Singh，R. Micha，S. Khatibzadeh，R. E. Engell，S. Lim，G. Danaei，M. Ezzati，and J. Powles（2014）. Global sodium consumption and death from cardiovascular causes. *N Engl J Med* 371：624–634.

91. National Institutes of Health（2014）. Osteoporosis basics. http://www. niams. nih. gov/Health _ Info/Bone/Osteoporosis/osteoporosis _ ff. asp（accessed August 22，2014）.

92. Nielsen，F. H.（2001）. Boron，manganese，molybdenum，and other trace elements，in：*Present Knowledge in Nutrition*，8th edn.，B. A. Bowman and R. M. Russel，eds.，ILSI Press，Washington，DC，pp. 392–393.

93. Nierenberg，D. W.，R. E. Nordgren，M. B. Chang，R. W. Siegler，M. B. Blayney，F. Hochberg，T. Y. Toribara，E. Cernichiari，and T. Clarkson（1998）. Delayed cerebellar disease and death after accidental exposure to dimethylmercury. *N Engl J Med* 338(23)：1672–1676.

94. Patrick，J.（1985）. Elemental sources，in：*Iron Fortification of Foods*，F. M. Clydesdale and K. L. Wiemer，eds.，Academic Press，Orlando，FL，pp. 31–38.

95. Perrine，C. G.，K. M. Sullivan，R. Flores，K. L. Caldwell，and L. M. Grummer–Strawn（2013）. Intakes of

dairy products and dietary supplements are positively associated with iodine status among U.S. children. *J Nutr* 143(7): 1155–1160.

96. Phillips, L.G., Z. Haque, and J.E. Kinsella(1987). A method for measurement of foam formation and stability. *J Food Sci* 52: 1047–1049.

97. Porterfield, W. (1993). *Inorganic Chemistry: A Unified Approach*, 2nd edn., Academic Press, San Diego, CA.

98. Powles,J., S. Fahimi, R. Micha, S. Khatibzadeh, P. Shi, M. Ezzati, R.E. Engell, S.S. Lim, G. Danaei, D. Mozaffarian; on behalf of the Global Burden of Diseases Nutrition and Chronic Diseases Expert Group (NutriCoDE) (2013). Global, regional and national sodium intakes in 1990 and 2010: A systematic analysis of 24 h urinary sodium excretion and dietary surveys worldwide. *BMJ Open* 3(12): e003733. doi: 10.1136/bmjopen-2013-003733.

99. Prasad, A.S., J.A. Halsted, and M. Nadimi(1961). Syndrome of iron deficiency, hepatosplenomegaly, hypogonadism, dwarfism and geophagia. *Am J Med* 31: 532–546.

100. Preuss, H.G.(2001). Sodium, chloride, and potassium, in: *Present Knowledge in Nutrition*, 8th edn., ILSI Press, Washington, DC, Chapter 29, pp. 302–310.

101. Raboy, V. (2007). The ABCs of low-phytate crops. *Nat Biotechnol* 25: 874–875.

102. Raboy, V. (2003). Myo-inositol-1,2,3,4,5,6-hexakisphosphate. *Phytochemistry* 64(6): 1033–1043.

103. Rayman, M.P. (2012). Selenium and human health. *Lancet* 279(9822): 1256–1268.

104. Reddy, K.A. and E.H. Marth (1991). Reducing the sodium content of foods: A review. *J Food Protect* 54(2): 138–150.

105. Reid, I.R.(2014). Should we prescribe calcium supplements for osteoporosis prevention? *J Bone Metab* 21(1): 21–28.

106. Reilly, C. (1998). Selenium: A new entrant into the functional food arena. *Trends Food Sci Technol* 9: 114–118.

107. Richardson, D.P. (1990). Food fortification. *Proc Nutr Soc* 49: 39–50.

108. Rice,D.C., R. Schoeny, and K. Mahaffey (2003). Methods and rationale for derivation of a reference dose for methylmercury by the U.S. EPA. *Risk Anal* 23(1): 107–115.

109. Rico, D., A.B. Martín-Diana, J.M. Barat, and C. Barry-Ryan (2007). Extending and measuring the qual-ity of fresh-cut fruit and vegetables: A review. *Trends Food Sci Technol* 18: 373–386.

110. Rosado, J.L. (2003). Zinc and copper: Proposed fortification levels and recommended zinc compounds. *J Nutr* 133(9): 2985S–2989S.

111. Sandberg, A.-S. (2002). Bioavailability of minerals in legumes. *Br J Nutr* 88: S281–S285.

112. Sandström, B., Arvidsson, B., Cederblad, A., and Bjorn-Rasmussen, E. (1980). Zinc absorption from composite meals, I: The significance of wheat extraction rate, zinc, calcium, and protein content in meals based on bread. *Am J Clin Nutr* 33: 739–745.

113. Satarug,S., J.R. Baker, S. Urbenjapol, M. Haswell-Elkins, P.E. Reilly, D.J. Williams, and M.R. Moore (2003). A global perspective on cadmium pollution and toxicity in non-occupationally exposed population. *Toxicol Lett* 137(1–2): 65–83.

114. Satarug,S., S.H. Garrett, M.A. Sens, and D.A. Sens (2010). Cadmium, environmental exposure, and health outcomes. *Environ Health Perspect* 118(2): 182–190.

115. Satarug,S., M.R. Haswell-Elkins, and M.R. Moore (2000). Safe levels of cadmium intake to prevent renal toxicity in human subjects. *Br J Nutr* 84(6): 791–802.

116. Shriver, D.F., P.W. Atkins, and C.H. Langford (1994). *Inorganic Chemistry*, 2nd edn., W.H. Freeman, New York.

117. South, P.K. and D.D. Miller (1998). Iron binding by tannic acid: Effects of selected ligands. *Food Chem* 63: 167–172.

118. Stanbury,J.B. (1996). Iodine deficiency and iodine deficiency disorders, in: *Present Knowledge in Nutrition*, 7th edn., E.E. Ziegler and L.J. Filer, eds., ILSI Press, Washington, DC, pp. 378–383.

119. Standing Committee on the Scientific Evaluation of Dietary Reference Intakes; Food and Nutrition Board; Institute of Medicine (1997). *Dietary Reference Intakes for Calcium, Phosphorous, Vitamin D, and Flouride*, National Academy Press, Washington, DC.

120. Suh, J., B.Z. Zhu, and B. Frei (2003). Ascorbate does not act as a pro-oxidant towards lipids and proteins in human plasma exposed to redox-active transition metal ions and hydrogen peroxide. *Free Radic Biol Med* 34(10): 1306–1314.

121. Tchounwou,P.B., W.K. Ayensu, N. Ninashvili, and D. Sutton (2003). Environmental exposure to mercury and its toxicopathologic implications for public health. *Environ Toxicol* 18: 149–175.

122. Underwood, E.J. and W. Mertz (1987). Introduction, in: *Trace Elements in Human and Animal Nutrition*, 5th edn., W. Mertz, ed., Academic Press, San Diego, CA, pp. 1–19.

123. USDA Agricultural Research Service. USDA Food Composition Databases. 2016. https://ndb.nal.usda.

gov/ndb/ (accessed October 6, 2016).

124. U.S. Department of Agriculture and U.S. Department of Health and Human Services (2010). Dietary guidelines for Americans, 2010, 7th edn., U.S. Government Printing Office, Washington, DC.

125. Urbano, G., M. Lopez-Jurado, P. Aranda, C. Vidal-Valverde, E. Tenorio, and J. Porres (2000). The role of phytic acid in legumes: Antinutrient or beneficial function? *J Physiol Biochem* 56 (3): 283-294.

126. van Dokum, W. (1989). The significance of speciation for predicting mineral bioavailability, in: *Nutrient Availability: Chemical and Biological Aspects*, D. Southgate, I. Johnson, and G. R. Fenwick, eds., Roy Society of Chemistry, Cambridge, England, pp. 89-96.

127. Van Thuy, P., J. Berger, L. Davidsson, N. Cong Khan, N. Thi Lam, J.D. Cook, R.F. Hurrell, and H. Huy Khoi (2003). Regular consumption of NaFeEDTA-fortified fish sauce improves iron status and reduces the prevalence of anemia in anemic Vietnamese women. *Am J Clin Nutr* 78: 284-290.

128. Vinceti, M., G. Dennert, C.M. Crespi, M. Zwahlen, M.Brinkman, M.P.A. Zeegers, M. Horneber, R. D'Amico, and C. Del Giovane (2014). Selenium for preventing cancer. *Cochrane Database Syst Rev* (3): Art. No. CD005195. doi: 10. 1002/14651858. CD005195.pub3.

129. Vucenik, I. and A. M. Shamsuddin (2006). Protection against cancer by dietary IP$_6$ and inositol. *Nutr Cancer* 55(2): 109-125.

130. Walczyk, T., P. Kastenmayer, S. Storcksdieck Genannt Bonsmann, C. Zeder, D. Grathwohl, and R.F. Hurrell (2013). Ferrous ammonium phosphate (FeNH$_4$PO$_4$) as a new food fortification: Iron bioavail-ability compared to ferrous sulfate and ferric pyrophosphate form an instant milk drink. *Eur J Nutr* 52(4): 1361-1368.

131. Weaver, C.M. (2001). Calcium, in: *Present Knowledge in Nutrition*, 8th edn., B.A. Bowman and R.M. Russell, eds., ILSI Press, Washington, DC, Chapter 26, pp. 273-280.

132. Weaver, C.M. and K.L. Plawecki (1994). Dietary calcium: Adequacy of a vegetarian diet. *Am J Clin Nutr* 59: 1238S-1241S.

133. Welch, R.M. and R.D. Graham (2002). Breeding crops for enhanced micronutrient content. *Plant Soil* 245(1): 205-214.

134. Welch, R.M. and W.A. House (1984). Factors affecting the bioavailability of mineral nutrients in plant foods, in: *Crops as Sources of Nutrients for Humans*,

R.M. Welch, ed., Soil Science Society of America, Madison, WI, pp. 37-54.

135. Welch, R.M., W.A. House, and W.H. Allaway (1974). Availability of zinc from pea seeds to rats. *J Nutr* 104: 733-740.

136. Whittaker, P., J.E. Vanderveen, M.J. DiNovi, P.M. Kuznesof, and V.C. Dunkel (1993). Toxicological profile, current use and regulatory issues of EDTA compound for assessing potential use of sodium iron EDTA for food fortification. *Regulat Toxicol Pharmacol* 18: 419-427.

137. Wong, D.W.S. (1989). *Mechanism and Theory in Food Chemistry*, Van Nostrand Reinhold, New York, pp. 5-7.

138. WorldHealth Organization (2003). Eliminating iodine deficiency disorders. http://www. who. int/ nut/ idd.htm (accessed August 22, 2014).

139. WorldHealth Organization (2014). Micronutrient deficiencies. http://www.who.int/nutrition/topics/ida/en/ (accessed August 22, 2014).

140. Yeung, C.K., R.P. Glahn, X. Wu, R.H. Liu, and D.D. Miller (2003). In vitro iron bioavailability and antioxidant activity of raisins. *J Food Sci* 68(2): 701-705.

141. Yip, R. (2001). Iron, in: *Present Knowledge in Nutrition*, 8th edn., B.A. Bowman and R.M. Russell, eds., ILSI Press, Washington, DC, Chapter 23, pp. 311-328.

142. Yip, R. andU. Ramakrishnan (2002). Experiences and challenges in developing countries. *J Nutr* 132: 827S-830S.

143. Zijp, I.M., O. Korver, and L.B. Tijburg (2000). Effect of tea and other dietary factors on iron absorption. *Crit Rev Food Sci Nutr* 40(5): 371-398.

144. Zimmermann, M. B. (2009). Iodine deficiency. *Endocr Rev* 30(4): 376-408.

145. Zimmermann, M.B. and F.M. Hilty (2011). Nanocompounds of iron and zinc: Their potential in nutrition. *Nanoscale* 3(6): 2390-2398.

146. FDA (2014). Fish: What pregnant women and parents should know. http://www. fda. gov/food/food-borneillnesscontaminants/metals/ucm393070. htm (accessed August 28, 2014).

147. Agency forToxic Substances & Disease Registry. Toxic substances portal—cadmium. http://www. atsdr.cdc.gov/toxfaqs/tf.asp? id=47&tid=15 (accessed October 5, 2016).

148. USDA. USDA Food Composition Databases. Nutrient Data Laboratory, Beltsville Human Nutrition Research Center. http://ndb. nal. usda. gov/ (accessed October 5, 2016).

着色剂

Steven J. Schwartz，Jessica L. Cooperstone，
Morgan J. Cichon，Joachim H. von Elbe，
and M. Monica Giusti

10.1　引言

　　颜色是决定我们喜欢和愿意进食某类特定食物的最重要因素之一，它可定义为大脑对来自样本的光信号的解释[71]。而着色剂是指任何可产生颜色的天然或合成化学物质。食品之所以显色是因为它可在能刺激视网膜的波长范围内反射或发出不同的能量波。若能量在肉眼可感受范围，则称为可见光。不同个体对光的敏感度略有差异，可见光约在 370~770nm 波长范围内，这一范围仅是整个电磁波光谱的一小部分（图 10.1）。除了明快的颜色（色调）外，黑色、白色以及中灰色也可视作颜色。

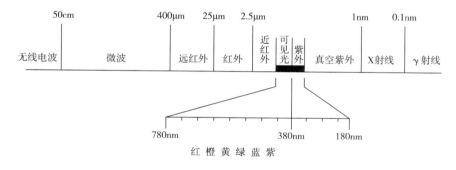

图 10.1　电磁光谱

　　色素指存在于动植物细胞和组织中可赋色的天然物质；染料则为可给予其他材料颜色的任何物质，术语"染料"通常用于纺织业。在美国食品工业界，染料指美国食品和药物管理局（FDA）批准的一类食用级水溶性着色剂，这些特定的染料被称为"需许可证的着色剂"（certified colors），每种染料都指定一个 FD&C 号码，FD&C 编号是指该染料可用于食品、药物和化妆品。新增补入批准目录的是已被证实的 FD&C 色淀是附着在物料上的染料，它可

分散于油中。染料与物料的结合依赖于吸附作用、共沉淀作用或化学反应,该复合物包括一种水溶性原色染料与经批准使用的不溶性物料所形成的盐。氧化铝是唯一可允许用于制备 FD&C 着色剂的基质。此外,在受欧洲经济共同体(EU)或世界卫生组织(WHO)法规制约的其他国家中,还有一些允许使用的其他染料或色淀。无须许可证的着色剂同样允许使用,它们为天然色素或人工合成的天然色素类似物。着色剂的分类以及每一类的实例已列于表 10.1 中。

表 10.1   着色剂的分类

着色剂	实例
A 需许可证	
1.染料	FD&C 红色 40 号
2.色淀	FD&C 红色 40 号色淀
B 无须许可证	
1.天然色素	花色素、果汁浓缩物、胭脂橙提取物
2.合成色素(天然类似物)	β-胡萝卜素

色素在植物中起着重要的作用,其具有许多不同的功能。有些色素参与光合作用,是植物吸收、转移和将光转化为能量的机制的一部分。色素也被用作植物和动物/昆虫之间的引诱剂或信号,过滤掉不需要的波长的光,并在光收集过程中淬灭高能中间体。因为我们能够很容易地感知颜色和外观,所以也是消费者在购买食物时首先需要考虑的因素[149]。消费者同样把食品的特定颜色与质量联系在一起。特定的颜色常常与成熟与新鲜度有关。例如,鲜肉的红色与新鲜度密不可分,绿色草莓可能被认定为成熟度不够[149]。

颜色也可影响风味感受,消费者希望饮料有某种基于颜色的味道,例如红色饮料具有浆果、樱桃或西瓜风味,黄色饮料具有柠檬风味,而绿色饮料具有酸橙风味[155]。颜色对甜味感受的影响也已得到证实,色度高的饮料会感觉更甜[107]。

还应注意到,许多赋予水果和蔬菜鲜亮颜色的物质在消费时可能会表现出生物活性和/或潜在的保健功能。食品的色泽对消费者具有显著的多重影响,将颜色纯粹视为装饰的观念显然有误。

令人遗憾的是,许多食用色素在加工和贮藏过程中不太稳定,防止发生此类不期望的变化通常是相当困难,甚至不太可能。对于不同色素,其稳定性受许多因素的影响,如是否存在光、氧、重金属以及氧化剂或还原剂、温度和水分活度以及 pH。由于色素的不稳定性,有时需在食品中加入着色剂[50]。

本章的目的是为了便于读者更好地理解着色剂化学——一门重要的控制食品颜色及颜色稳定性的预修课程。

10.2　动物和植物组织中的色素

在植物和动物组织里面天然形成的色素是由活细胞合成、积累或分泌。此外,在食物加工过程中发生的转化可能导致这些颜色形成或转化。动植物固有的色素一直是人类普通膳食里的一部分,并且被世人安全食用。可根据其化学结构对其进行分类,如表10.2所示。

表10.2　　　　　　　　　　　　基于化学结构的植物和动物色素分类

化学基团	色素	举例	着色	来源(举例)
四吡咯	血红素类	氧肌红素	红色	新鲜肉类
		肌球素	紫色/红色	
		正铁肌红蛋白	褐色	包装肉
	叶绿素类	叶绿素a	蓝-绿色	西蓝花,生菜,菠菜
		叶绿素b	绿色	
四萜	类胡萝卜素类	胡萝卜素	黄-橙色	胡萝卜,橘,桃,辣椒
		番茄红素	橙-红色	番茄
O-杂环化合物/醌	黄酮类/酚类	花青素	橙/红/蓝色	浆果,红苹果,红卷心菜,小红萝卜
		黄酮醇	白-黄色	洋葱,花菜
		单宁	红-褐色	陈酒,红茶
N-杂环化合物	甜菜色素类	甜菜色素	紫/红色	红甜菜,瑞士甜菜,仙人球
		甜菜黄素	黄色	黄甜菜

10.2.1　血红色素化合物

血红色素在肉类中起着呈色作用,肌红蛋白是一种最主要的色素,而血红蛋白,即血液色素,其重要性则位居次席。在动物被屠宰及放血时,大部分血红蛋白随放血而流失。因而在经正常放血后的肌肉组织中,肌红蛋白所起的呈色作用占90%以上。在不同肌肉组织中,肌红蛋白的数量差异较大,并受品种、育龄、雌雄及活动程度的影响。例如,淡色的小菜牛肉中肌红蛋白的含量较红色牛肉低。以家禽为例,淡色的胸部肌肉很容易与深色的小腿和大腿肌肉相区别。表10.3所示为发现于新鲜、腌制及熟肉中的主要色素。肌肉组织中其他一些含量较低的色素包含细胞色素酶、黄酮及维生素 B_{12}。

表 10.3 存在于新鲜肉、腌肉和熟肉中的主要色素

色素	生成方式	铁的价态	高铁血红素环的状态	球蛋白的状态	颜色
肌红蛋白	高铁肌红蛋白的还原、氧化肌红蛋白脱氧	Fe^{2+}	完整	天然	紫红
氧合肌红蛋白	肌红蛋白的氧合	Fe^{2+}	完整	天然	亮红
高铁肌红蛋白	肌红蛋白与氧化肌红蛋白的氧化	Fe^{3+}	完整	天然	棕色
亚硝基肌红蛋白	肌红蛋白与一氧化氮的结合	Fe^{2+}	完整	天然	亮红(粉红)
亚硝基高铁肌红蛋白	高铁肌红蛋白与一氧化氮的结合	Fe^{3+}	完整	天然	深红
亚硝酸高铁肌红蛋白	高铁肌红蛋白与过量的亚硝酸盐结合	Fe^{3+}	完整	天然	红棕
肌球蛋白血色原	肌红蛋白、氧合肌红蛋白因加热和变性试剂作用,肌球蛋白血色原受辐射	Fe^{2+}	完整(常与非珠蛋白型变性蛋白质结合)	变性(通常分离)	暗红
高铁肌球蛋白血色原	肌红蛋白、氧合肌红蛋白,高铁肌红蛋白、血色原因加热和变性试剂作用	Fe^{3+}	完整(常与非珠蛋白型变性蛋白质结合)	天然(通常分离)	棕色(有时灰色)
亚硝基血色原	亚硝基肌红蛋白受热和变性试剂作用	Fe^{2+}	完整	变性	亮红(粉红)
硫代肌绿蛋白	肌红蛋白与 H_2S、O_2 作用	Fe^{3+}	完整(通常分离)	天然	绿色
高硫代肌绿蛋白	硫代肌绿蛋白氧化	Fe^{3+}	完整(通常分离)	天然	红色
胆绿蛋白	肌红蛋白或氧合肌红蛋白受过氧化氢作用,氧合肌红蛋白受抗坏血酸盐或其他还原剂作用	Fe^{2+} 或 Fe^{3+}	完整(通常分离)	天然	绿色
硝化氯化血红素	亚硝基高铁肌红蛋白与大量过量的亚硝酸盐共热	Fe^{3+}	完整,但还原	不存在	绿色
氯铁胆绿素	受过量7~9中试剂作用	Fe^{3+}	卟啉环打开	不存在	绿色
胆色素	受大剂量7~9中试剂作用	无铁	卟啉环破坏	不存在	黄色或红色

资料来源:Lawrie,R. A. (1985). Meat Science, 4th edn. Pergamon Press, New York.

10.2.1.1 肌红蛋白与血红蛋白

(1)血红素化合物的结构　肌红蛋白是由单条多肽链组成的球状蛋白质,其同时与铁及氧原子结合。它的三维结构在1958年被科学家所确定,并因此获得了诺贝尔奖[112]。它的分子质量为16.8ku,由153个氨基酸组成,已知该分子的蛋白质部分为球蛋白。具有光吸收和显色的发色团是血红蛋白的卟啉环,卟啉环是由四个吡咯环连接在一起且连接到中央的一个铁原子上(图10.2)。这个铁原子的氧化状态,血红蛋白核的状态,以及球蛋白的状态是决定肉的颜色的重要因素。血红素卟啉环存在于血红蛋白的疏水性口袋内,并与组氨酸残基结合[127]。(图10.3)位居中央的铁原子具有6个配位部位,其中四个分别被4个吡咯环上的氮原子占据,第五个配位部位与球蛋白的组氨酸残基键合,剩余的第六个配位部位可与各种配基提供的电负性原子络合,主要为O_2,NO和CO[26]。

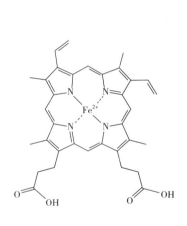

图10.2　肌红蛋白的三级结构　　**图10.3　肌红蛋白的三级结构,显示血红素分子与血红蛋白的协调**

资料来源:摘自 PDB ID1co8;Liong, E. C. et al. ,J. Biol. Chem. ,276,9093,2001.

血红蛋白由4个肌红蛋白组成的四聚体。血红蛋白作为红血细胞的一个组分在肺中与氧形成可逆的络合物。该络合物经血液输送至动物全身各组织,在该处氧被吸收。能与分子氧结合的基团即血红蛋白,细胞组织中的肌红蛋白起类似作用,它可接受血红蛋白运送的氧。因而肌红蛋白可在组织内储存氧,以供代谢用。

(2)化学与颜色:氧化态　肉的颜色取决于肌红蛋白的化学性质,其氧化态、与血红蛋白键合的配体类型以及球蛋白的状态。卟啉环中的血红蛋白铁能以两种形式存在:还原型亚铁离子(+2)或氧化型高铁离子(+3)。血红素中铁原子的这一氧化态应与肌红蛋白的氧合态有所区别。当分子氧与肌红蛋白结合后,形成氧合肌红蛋白(MbO_2),这一作用称为氧合。当肌红蛋白发生氧化反应,铁原子被转化为高价态铁(+3),即形成了高铁肌红蛋白(MMb)。当血红蛋白中的铁处于+2(亚铁)并且缺乏配体键合所需的第六个部位时,它被称为肌红蛋白。

含有肌红蛋白(又称脱氧肌红蛋白)的肉类组织显紫红色。当分子氧结合于第六个配体位置时,形成了氧合肌红蛋白(MbO$_2$),肉组织的颜色可变为通常的亮红色,是肉制品所期望的颜色。这种颜色经常出现在肉的表面,因为肌肉仍然含有活跃的细胞色素酶,可以利用宰后体中的氧气[126]。紫红色的肌红蛋白和红色的氧合肌红蛋白都能被氧化,此时亚铁变为高铁。若这一价位变化经自动氧化机制,两者都可转变为人们所不期望的高铁肌红蛋白(MMb)所具有的红棕色。此时,高铁肌红蛋白不能再与氧结合,第六个配体位置被水占据[60]。肉类中高铁肌红蛋白(MMb)能通过酶促或非酶促形式被还原到肌红蛋白(Mb)形式,其中主要的途径似乎是一种高铁肌红蛋白(MMb)还原酶酶促作用。这种酶在有NADH时能高效地将高铁肌红蛋白里高铁还原到亚铁态[88,148,156]。图10.4所示为亚铁血红色素的多种反应。新鲜肉里面的颜色反应是动态变化的,并取决于肌肉里面的状况以及随后高铁肌红蛋白、肌红蛋白和氧合肌红蛋白间的比例。高铁肌红蛋白和氧合肌红蛋白间很容易(或自发地)发生的相互转化取决于氧分压,高铁肌红蛋白向其他形式产物的转化却需要酶促或非酶促反应将高铁还原到亚铁态。

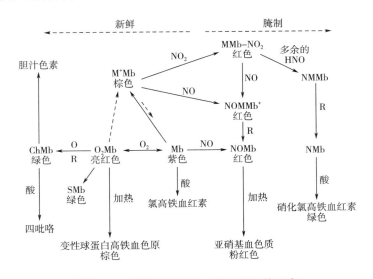

图10.4 新鲜肉和腌肉中肌红蛋白的反应

ChMb=胆绿肌红蛋白(氧化的卟啉环);O$_2$Mb=氧合肌红蛋白(Fe^{2+});MMb=高铁肌红蛋白(Fe^{3+});Mb=肌红蛋白(Fe^{2+});MMb-NO$_2$=亚硝酸高铁肌红蛋白;NOMMb=亚硝基高铁肌红蛋白;NOMb=亚硝基肌红蛋白;NMMb=硝基高铁肌红蛋白;NMb=硝基肌红蛋白,后两者为亚硝酸与分子中血红素部分的反应产物;R=还原剂;O=强烈的氧化条件。

资料来源:摘自Fox Jr., J. B., J. Agric. Food Chem., 14.207, 1966.

图10.5说明了氧分压与各类血红蛋白色素百分数之间的关系。高氧分压有利于氧合,形成亮红色的氧合肌红蛋白。新鲜切割的肉在暴露于氧气环境中时,由于肌红蛋白迅速转化为氧红蛋白,会急剧或迅速形成鲜红色[70]。相反,在低氧分压时,有利于形成肌红蛋白和高铁肌红蛋白。为了促进氧合肌红蛋白的形成,一种行之有效的方法是使环境中的氧处于饱和状态。若氧被完全排除,则使血红蛋白氧化(Fe^{2+}→Fe^{3+})引起的高铁肌红蛋白形成的速率降至最低程度,肌肉中各种色素的比例随所处氧分压的不同而异。

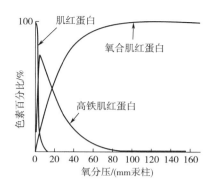

图 10.5　氧分压对肌红蛋白三种化学状态的影响

资料来源:摘自 Forrest,J. et al. , Principles of Meat Science, W. H. Freeman, San Francisco, CA, 1975.

球蛋白的存在可降低血红素氧化的速率($Fe^{2+} \rightarrow Fe^{3+}$)。此外,在低 pH 时氧化反应进行较快,氧合肌红蛋白的自动氧化反应速度比肌红蛋白低。痕量金属尤其是铜离子的存在可促进自动氧化反应。

(3)化学与颜色　变色反应有两个不同的反应可使肌红蛋白变为绿色[126]。过氧化氢可与血红素蛋白中的亚铁或高铁反应,生成胆绿蛋白,即一种绿色素。同样,在有硫化氢和氧存在时,可形成绿色的硫代肌红蛋白。通常认为过氧化氢和/或硫化氢是由细菌生长所致,产生绿色素的第三个机制存在于腌肉制做中,我们将在 10.2.1.2 中加以讨论。

10.2.1.2　腌肉色素

在大部分腌肉制作过程中,会加入硝酸盐和亚硝酸盐以促进颜色和风味,也抑制肉毒梭菌。在腌制肉的过程中发生的一些特殊反应是腌肉制品保持稳定粉红色的主要原因。图 10.4 简要描述了这些反应,影响反应的化合物见表 10.3。

第一个化学反应发生于一氧化氮(NO)与肌红蛋白间,生成一氧化氮肌红蛋白(MbNO),又称亚硝基肌红蛋白。MbNO 显鲜红色且不稳定,受热后则形成较稳定的一氧化氮肌血色原(亚硝基血色素)。此产物可生成腌肉期望的粉红色。该色素在受热时其球蛋白部分变性,但粉红色继续保留。当有高铁肌红蛋白存在时,假设的反应机制为,在与一氧化氮反应前,需要用还原剂将高铁肌红蛋白转化为肌红蛋白。反应的另一种机制是,亚硝酸盐可与高铁肌红蛋白直接相互作用。当存在过量亚硝酸时,可形成硝基肌红蛋白(NMb)。NMb 在还原性条件下受热时,易转化为绿色的硝化氯化血红素。该系列反应会导致众所周知的"亚硝酸盐灼烧"缺陷。

在无氧状态下,肌红蛋白一氧化氮复合物相当稳定。然而,这类色素对光敏感,尤其是在有氧条件时。若加入还原剂如抗坏血酸或巯基化合物,可将亚硝酸盐还原为一氧化氮。因而,在这些条件下,更容易形成一氧化氮肌红蛋白。

帕尔玛火腿(Parama Hames)是一种仅用猪肉和盐在不加硝酸盐和亚硝酸盐的情况下制成的火腿的特殊类型。这些产品在干燥腌制过程中会产生一种新的色素,锌卟啉,血红素中铁原子被锌原子所替代。这些色素是帕尔玛火腿稳定亮红色的主要因素[218]。

现已有许多文献详细描述腌制肉色素的化学性质[69,126,129,161]。

10.2.1.3　肉类色素的稳定性

决定消费者对肉类可接受性的主要因素是肌肉的颜色。在复杂食品体系中的许多操作因素可影响肉类色素的稳定性。一般情况下,当化合物的血红蛋白部分不完整时,肌红蛋白不能与氧结合,而铁氧化为三价铁的可能性增加。当球蛋白因各种原因变性时,肌红蛋白也因此产生了偏爱性[126]。此外,这些因素间的相互作用非常关键,并且难以确定其中的因果关系。某些外界条件如光照、温度、相对湿度、pH 和特定细菌的存在对肉类颜色和色素的稳定性可产生重要影响。有关此专题的综述可见相关文献[60,121]。

已知某些特定反应如脂肪氧化反应可增加色素氧化速率[59]。同样,加入某些抗氧化剂如抗坏血酸、维生素 E、BHA 或 PG 可改善颜色的稳定性[83]。在菜牛食品中添加维生素 E 是一种提高这些动物来源的肉制品颜色稳定性及脂质品稳定性的有效方法[61]。研究表明这些化合物可延缓脂质氧化和改善组织的色泽保留率。其他生化因素如屠宰前的耗氧速度和高铁肌红蛋白还原酶活性也会影响新鲜肉颜色的稳定性[136]。

对肉类的辐射同样能造成其颜色变化,这是因为肌红蛋白分子(尤其是其中的铁)在面对化学环境变化和能量输入时很敏感。在辐射期间,稳定的红色素,棕色素甚至是绿色素都可能变色。综合使用在屠宰家畜前饲喂抗氧化剂,优化肉类辐射前的环境,添加抗氧化剂,采用气调包装(MAP)并控制温度这些手段可能都有助于优化辐射过程中的颜色变化[20]。

一些消费者会以肉(如绞细微冻牛肉饼)内部的烹饪外观来判断肉的成熟度。然而,有两个现象不利于借此特征来做出判断:过早的褐变和顽固的粉红色。在过早褐变过程中,肉看起来好像是熟了(褐色),即便这样其内部温度还没有达到能杀死致病菌的程度。另一方面,甚至在达到安全地内部烹饪温度后某些肉类还能保持粉红色,这就使得消费者把它们烹饪过度了。肉色素的浓度和肉的 pH 对肉品的色泽有一定的影响[146]更高的 pH(> 6.0)能保护肌红蛋白,延缓其变性[84]。年龄较大的动物和生存于压力较大的环境中的动物的肉 pH 更高,更易呈现出持久的粉红色。因此,很有必要知道肉的颜色不应该被作为判断肉的成熟度的依据[98,116]。

10.2.1.4 包装时的注意事项

稳定肉类色泽的一个重要手段是将其保藏于合适的条件下。气调(MAP)包装的使用能够延长肉制品的货架期,该技术需要使用低透气性的包装膜。包装后,创造条件将空气从包装中排出以及贮藏气体的注入从而可减少血红蛋白氧化($Fe^{2+} \rightarrow Fe^{3+}$)导致的褪色。通过注入富氧或无氧气体,可提高色泽稳定性[154]。将肌肉组织贮藏于无氧(100%CO_2)条件下或存在氧清除剂时均显示良好的颜色的稳定性[174,212]。然而,使用气调包装技术可导致其他化学和生化变化,从而影响肉制品的可接受性。气调对色素稳定性的部分影响无疑与它可抑制微生物生长有关。氧气、二氧化碳和氮气的混合物通常用于保存新鲜红肉类品质,以改善微生物及感官品质。通过添加少量的 CO 形成 MbCO 可延长货架寿命,MbCO 比 MbO_2 更加稳定,不易氧化,能给肉以诱人的樱桃红色[135]。有关用于新鲜肉类贮藏的 MAP 更多信息可参见 Seideman 和 Durland[190]以及 Luño 等的综述[135]。

10.2.2 叶绿素类

叶绿素是绿色植物、海藻和光合细菌中的主要光合色素。它们赋予新鲜蔬菜明亮的绿色,并与消费者对质量的感知有关。蔬菜加工和贮藏过程中绿色的丧失可归因于叶绿素的降解。

10. 2. 2. 1　叶绿素类物质及其衍生物的结构

它们是从卟啉衍生出的镁络合物。卟啉具有完全不饱和大环结构,由四个吡咯环经单碳桥连接而成。按 Fisher 编号系统(图 10.6),四个环分别编号为Ⅰ~Ⅳ或 A~D,卟啉环外围上的吡咯碳分别编号为 1~8。桥连碳分别指定为 α、β、γ 和 δ[图 10.6(1)]。由于 Fischer 体系中卟啉俗名数量较多,国际纯化学与应用化学联合会和国际生物化学协会为卟啉制定了 1~24 编号方案[图 10.6(2)][147]。虽然 1~24 的编号方案简化了卟啉的命名,Fischer 编号系统仍常见于叶绿素命名中。

通常认为脱镁叶绿素母环是所有叶绿素的母核,它是由卟啉加上第五个碳环(E)而形成的(图 10.6)。因而,叶绿素归于大环四吡咯色素。叶绿素是四价配体,通过卟啉环中的氮原子与 Mg^{2+} 结合。其 C - 7 位置的丙酸也是其特征之一。

现已发现自然界中存在有几种叶绿素,其结构依脱镁叶绿素母环上取代基的种类而异。叶绿素 a 和叶绿素 b 存在于绿色植物中,其比例约为 3∶1。它们的区别在于 3 位碳上的取代基不同,叶绿素 a 含有一甲基,而叶绿素 b 则含有一甲醛基[图 10.6(3)]。两者在 2 位碳和 4 位碳上分别连接乙烯基和乙基,碳环的 10 位碳上连接甲氧甲酰基,并在 7 位碳上连接丙酸植醇基。植醇是含有 20 个碳的具有

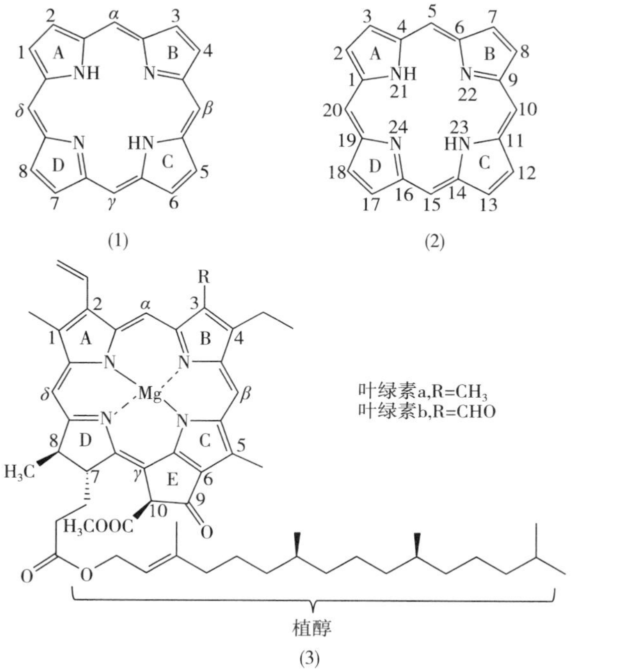

图 10.6　(1)使用 Fischer 编号方案的卟啉结构式,(2)使用 1~24 号编号方案的卟啉结构式,(3)叶绿素

类异戊二烯结构的单不饱和醇。其他天然存在的叶绿素包括叶绿素 c 和叶绿素 d。叶绿素 c 与叶绿素 a 共存于海藻、腰鞭毛虫及硅藻中。叶绿素 d 与叶绿素 a 共存于红藻中,而叶绿素 d 的含量较低。细菌叶绿素和绿菌叶绿素分别是紫色光合细菌和绿色硫菌中叶绿素的主要叶绿素。叶绿素及其衍生物广泛使用俗名[104],表 10.4 所列为最常用的名称。图 10.7 为叶绿素及其一些衍生物相互间结构关系的示意图。

表 10.4　　　　　　　　　叶绿素衍生物的命名

啡啉	含镁叶绿素衍生物
脱镁叶绿素	脱镁叶绿素衍生物
脱植醇叶绿素	由酶法或化学法水解除去植醇、C-7 位为丙酸的产物
脱镁叶绿环	脱镁、水解除去植醇、C-7 位为丙酸的产物
甲基或乙基脱镁叶绿环	相应的 7-丙醇甲酯或乙酯
脱羧甲基化合物	C-10 羧甲基被氢取代的衍生物
内消旋化合物	C-2 乙烯基被乙基取代的衍生物
二氢卟啉 e	由碳环裂解得到的脱镁叶绿酸 a 的衍生物
Phodins g	脱镁叶绿环 b 的相应衍生物

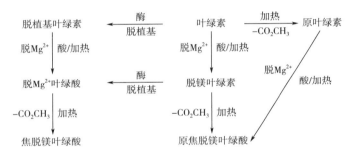

图 10.7　叶绿素及其衍生物关系图

10.2.2.2　物理性质

叶绿素位于绿色植物细胞间器官的薄层中,又称叶绿体,它们与类胡萝卜素、脂质和脂蛋白相结合。这些分子间的连接作用很弱(非共价键),连接键容易断裂,因而可将植物组织置于有机溶剂浸泡从而使叶绿素萃取出来。由于叶绿素及其衍生物极性的不同,萃取溶剂的选择显得尤为重要。脂溶性叶绿素或含有完整植醇侧链的叶绿素衍生物通常使用丙酮或醚萃取。根据样本的不同,有时需要在分析前从共提取的脂类中分离叶绿素[6,170]。缺乏植醇基团的衍生物,如脱植基叶绿素类和脱镁叶绿酸类是水溶性的,更适合于用更多的极性溶剂提取。高效液相色谱(HPLC)被普遍用于分离单个叶绿素及其衍生物[36,62,179]。

叶绿素是高度共轭的系统,符合 Hückel $4n+2$ 芳香性规则。鉴于此,叶绿素具有独特的色团并可根据其特征吸收光谱进行识别。叶绿素及其衍生物的分离鉴定在很大程度上取决于它对可见光的吸收特性,叶绿素 a、叶绿素 b 及其衍生物的可见光谱在 600~700nm(红区)及 400~500nm(蓝区)有尖锐吸收峰(表 10.5)。蓝色区域的条带被称为 Soret 条带,是所有卟啉的共同条带,而红色区域的条带是叶绿素特有的[95]。溶于乙醚中的叶绿素 a 和叶绿素 b 的最大吸收波长分别为:红区,660.5nm 和 642nm;蓝区,428.5nm 和 452.5nm[205]。最近,质谱技术例如大气压化学电离源(APCI)和电喷雾离子化电离源(ESI)已经应用于水果和蔬菜加工过程中产生的叶绿素异质同晶体及其衍生物的结构鉴定[99,170,227]。

表 10.5 叶绿素 a 和叶绿素 b 及其衍生物在乙醚中的光谱性质

化合物	最大吸收波长/nm		吸收比	摩尔吸光系数
	红区	蓝区	(蓝/红)	(红区)
叶绿素 a	660.5	428.5	1.30	86300[①]
叶绿素 a 甲酯	660.5	427.5	1.30	83000[②]
叶绿素 b	642.0	452.5	2.84	56100[①]
叶绿素 b 甲酯	641.5	451.0	2.84	—[②]
脱镁叶绿素 a	667.0	409.0	2.09	61000[②]
脱镁叶绿素 a 甲酯	667.0	408.5	2.07	59000[②]
脱镁叶绿素 b	655	434	—	37000[③]
脱镁叶绿素 b 甲酯	667.0	409.0	2.09	49000[②]
锌代脱镁叶绿素 a	653	423	1.38	90000[④]
锌代脱镁叶绿素 b	634	446	2.94	60200[④]
铜代脱镁叶绿素 a	648	421	1.36	67900[④]
铜脱镁叶绿素 b	627	438	2.53	49800[④]

[①]摘自参考文献[205]。

[②]摘自参考文献[164]。

[③]摘自参考文献[47]。

[④]摘自参考文献[110]。

10.2.2.3 叶绿素类物质的变化

(1)酶促反应 叶绿素酶和脱镁叶绿素酶是在植物衰老、果实成熟和某些蔬菜加工条件下催化叶绿素降解的两种酶。叶绿素酶是一种酯酶,它催化植醇从叶绿素上解离,形成绿色的脱植醇叶绿素(图 10.7)。植醇链的缺失显著增加了由此产生的脱镁叶绿素单元的亲水性,但由于发色团不变,吸收光谱保持不变。但是,叶绿素的热稳定性较差,比起以叶绿素的形式存在,其更容易降解为无镁衍生物[36]。

当卟啉环 10 位碳上带有甲氧甲酰基、7 位和 8 位碳上带有氢时,酶活性受到限制[145]。该酶在热水、乙醇或丙酮类溶液中具有活性[222],当存在大量醇类物质如甲醇或乙醇时,植醇从叶绿素中解离出来,脱植醇叶绿素可经酯化形成相应的甲醇或乙醇酯。叶绿素 a 和叶绿素 b 的降解率,各自的甲基、乙基以及在丙酮中游离的叶绿素含量存在随 C-7 链链长的减少而增加,该现象表明 C-7 链的空间位阻影响氢离子攻击的效率以及随后卟啉环中镁的解离[176]。

该酶只有在采后经热激活后,才可在新鲜叶片中形成脱植醇叶绿素。蔬菜中叶绿素酶的最适温度在 60~82.2℃[108,132],当植物组织受热超过 100℃ 时,叶绿素酶活性完全丧失。

在菠菜中,叶绿素酶活性在其生长过程中波动,观察到的最大活性出现于开花起始期。与植物生长和采摘时相比,采摘后新鲜菠菜在5℃贮藏时,酶活性降低。

菠菜叶片热烫时叶绿素转化为脱植醇叶绿素的过程如图10.8所示。未经热烫的菠菜叶片仅含叶绿素 a 和叶绿素 b。经71℃热烫的菠菜叶片中叶绿素酶仍有酶活是由于脱植醇叶绿素的形成,而经88℃热烫后的菠菜叶片中叶绿素酶彻底失活。

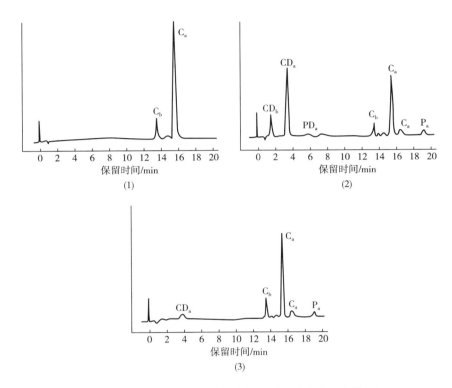

图 10.8 菠菜叶绿素及其衍生物的反相高效液相色谱图

(1)未热烫;(2)71℃热烫 3min;(3)88℃热烫 3min。

C_a,叶绿素 a(不同的保留时间对应于同分异构体);C_b,叶绿素 b;P_a,脱镁叶绿素 a;PD_a,脱镁叶绿酸 a;CD_a,脱植醇叶绿素 a;CD_b,脱植醇叶绿素 b。

脱镁叶绿素酶是最近发现的一种水解酶,其催化植醇从脱镁叶绿素上解离形成橄榄褐色的脱镁叶绿酸。脱镁叶绿素酶被认为在叶片衰老过程中对叶绿素降解起着关键作用[178]。西蓝花在不同采后处理条件下,脱镁叶绿素酶的基因表达与叶绿素的损失的关系比与叶绿素酶的表达更密切[25]。

(2)热和酸的影响 在加热或热处理过程中形成的叶绿素衍生物可根据四吡咯中心是否存在镁原子而分成两类。含镁衍生物显绿素,而无镁衍生物则显橄榄褐色,后者为镁被螯合剂作用,当存在足量的锌或铜离子时,它们可与锌或铜形成绿色络合物[详见 10.2.2.3(3)]。

当叶绿素分子受热时,所观察到的第一个变化即异构化。由于 10 位碳上甲氧甲酰基被转化,从而形成了叶绿素异构体。这些异构体被命名为叶绿素 a′和叶绿素 b′,与其母体化合物相比,它们在 HPLC 的 C18 反相柱上的吸附性更强,因而可得到完全分离。在经加热的植物组织或有机溶剂中,异构化反应速度加快。叶片组织在 100℃时加热 10min,异构化反应达到平衡,有 5%~10%的叶绿素 a 和叶绿素 b 分别转化为叶绿素 a′和叶绿素 b′[12,183,221]。比较新鲜蔬菜和经热烫菠菜提取液的图谱(图 10.9)可以证实异构体的形成[183]。

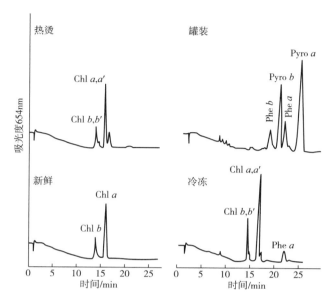

图 10.9　在新鲜、热烫、冷冻及罐装菠菜中叶绿素(chl) 的高效液相(HPLC) 色谱图

Phe = 脱镁叶绿素,Pyro = 焦脱镁叶绿素。

资料来源:摘自 Schwartz,S. J. et al. , J. Agric. Food Chem. , 29,533,1981.

　　叶绿素中的镁原子极易被两个氢所取代,从而形成橄榄褐色的脱镁叶绿素(图 10.7),在水溶液中该反应不可逆。与其母体化合物相比,脱镁叶绿素 a 和脱镁叶绿素 b 的极性较低,在反相 HPLC 柱上的吸附性较强。叶绿素 a 比叶绿素 b 更容易生成脱镁叶绿素[180]。叶绿素 b 比叶绿素 a 的热稳定性高,叶绿素 b 具有更高稳定性的原因是碳−3 位甲醛基的拉电子效应。由于叶绿素的共轭结构,分子中央的电子转移,造成四吡咯氮上的正电荷增加,因而导致吡啶氮氢的平衡常数降低。报道该反应的活化能数据范围为 52.7~147.3kJ/mol。这个活化能的变化归因于介质组成、pH 及温度范围。

　　加工过程中脱镁叶绿素的生成速率受食品基质、pH、温度等因素的影响[87,172,180,223]。受热蔬菜组织中叶绿素的降解受组织 pH 的影响,在碱性介质中(pH 9.0),叶绿素对热非常稳定,而在酸性介质中(pH 3.0),它的稳定性欠佳。植物组织在加热过程中所释放出的酸可使体系的 pH 降低一个单位,这对叶绿素的降解速度产生极为不利的影响。在完整无损的植物组织中或采后产品中,脱镁叶绿素的形成似乎受细胞膜破裂的调控。Haisman 和 Clarke 的研究表明[89],当甜菜叶置于缓冲液中加热时,只有升温至 60℃以上时,叶绿素才开始发生降解,将其在 60℃和 100℃下保温 60min,分别有 32%和 97%的叶绿素转化为脱镁叶绿素。因而推断植物细胞中脱镁叶绿素的形成是热可使氢离子穿过细胞膜的通透性增加所致。引发脱镁叶绿素形成的临界温度与电子显微镜观察到的膜组织中的总体变化相一致。

在被加热至 90℃ 的烟叶中加入钠、镁和钙的盐酸盐,可使脱镁叶绿素分别降低 47%、70% 和 77%,叶绿素降解的降低应归结于盐的静电屏蔽效应[89]。因而提出可能是所加的阳离子中和了叶绿体膜中脂肪酸和蛋白质表面的负电荷,从而降低了氢离子与膜表面的吸收力[153]。

氢离子穿越膜的通透性也受所加洗涤剂的影响,后者可吸附在膜表面。阳离子洗涤剂在膜表面处排斥氢离子,使其扩散至细胞中的能力受到限制,故可降低叶绿素的分解。阴离子洗涤剂可吸引氢离子,使其在膜表面处的浓度增加,提高了氢离子的扩散速率,因而增加了叶绿素的降解。对于中性洗涤剂,膜表面处的负电荷被稀释,所以对氢离子的吸引力以及随即发生的叶绿素的降解有所降低[40,89]。

热处理能够使得脱镁叶绿素 10 位碳上的甲氧甲酰基被氢原子取代,形成橄榄色的焦脱镁叶绿素,焦脱镁叶绿素在红区与蓝区的最大光吸收波长均与脱镁叶绿素相同(表 10.5)。焦脱镁叶绿素 a 和焦脱镁叶绿素 b 在反相 HPLC 上的保留时间比相应的脱镁叶绿素长(图 10.8 和图 10.9)。

在加热过程中叶绿素的变化为序列反应,并按以下动力学过程进行:

$$叶绿素 \rightarrow 脱镁叶绿素 \rightarrow 焦脱镁叶绿素$$

表 10.6 所示为在加热的前 15min 内,叶绿素快速减少而脱镁叶绿素迅速增加[180],再经进一步加热,脱镁叶绿素减少,而焦脱镁叶绿素快速增加。尽管在加热 4min 后就已有少量的焦脱镁叶绿素出现,但在前 15min 并未发现有明显的产物积累,因而为序列反应提供了佐证。与脱镁叶绿素 a 转化为焦脱镁叶绿素 a 相比,脱镁叶绿素 b 转化为焦脱镁叶绿素 b 的一级速度常数要高出 31% ~ 57%[180]。从脱镁叶绿素 a 或脱镁叶绿素 b 上去除碳-10 位上的甲氧甲酰基所需的活化能,要比叶绿素 a 和叶绿素 b 形成脱镁叶绿素 a 和脱镁叶绿素 b 所需的活化能低,这说明从脱镁叶绿素形成焦脱镁叶绿素所需要的温度略低。

表 10.6　**新鲜、热烫及在 121℃ 下经不同时间热处理的菠菜中叶绿素 a、叶绿素 b 和焦脱镁叶绿素 a、焦脱镁叶绿素 b 的含量**[①]　　　　单位:mg/g 干重

	叶绿素		脱镁叶绿素		焦脱镁叶绿素		pH[②]
	a	b	a	b	a	b	
新鲜	6.98	2.49					
热烫	6.78	2.47					7.06
处理时间/min[③]							
2	5.72	2.46	1.36	0.13			6.90
4	4.59	2.21	2.20	0.29	0.12		6.77
7	2.81	1.75	3.12	0.57	0.35		6.60

续表

	叶绿素		脱镁叶绿素		焦脱镁叶绿素		pH[②]
	a	b	a	b	a	b	
15	0.59	0.89	3.32	0.78	1.09	0.27	6.32
30		0.24	2.45	0.66	1.74	0.57	6.00
60			1.01	0.32	3.62	1.24	5.65

①估计误差±2%；每个数据代表 3 次测定平均值。

②在加工后和色素提取前测定 pH。

③当内部温度达到 121℃后开始计时。

资料来源：Schwartz, S. J. and von EIbe, J. , J. Food Sci. ,48,1303,1983.

表 10.7 所示为市售罐装蔬菜制品中脱镁叶绿素 a 和脱镁叶绿素 b 以及焦脱镁叶绿素 a 和焦脱镁叶绿素 b 的浓度[180]。这些数据表明，焦脱镁叶绿素 a 和焦脱镁叶绿素 b 是许多罐装蔬菜中叶绿素类物质的主要组分，因而可使产品显橄榄绿色。同样显而易见的是，所形成的焦脱镁叶绿素的含量也可作为热处理强度的指标。将 303 罐市售菠菜、青刀豆、切块芦笋和青豌豆进行平行热处理试验，分别将其放置在 121℃下保温约 5、11、13 和 17min。表 10.7 数据表明，焦脱镁叶绿素占总脱镁式物质的百分数与不同的加热时间相一致（图 10.6）。

表 10.7　　　　　　　　市售罐装蔬菜中脱镁叶绿素 a 和脱镁叶绿素 b 的含量　　　　单位：μg/g 干重

产品	脱镁叶绿素[①]		焦脱镁叶绿素	
	a	b	a	b
菠菜	830	200	4000	1400
豆类	340	120	260	95
芦笋	180	51	110	30
豌豆	34	13	33	12

①估计误差 = ±2%。

资料来源：Schwartz, S. J. and von EIbe, J. , J. Food Sci. ,48,1303,1983.

虽不常见，但叶绿素可能在镁从卟啉环解离之前失去 C-10 位羧基，形成绿色的焦叶绿素（图 10.10）。焦叶绿素与初始的叶绿素具有相同的吸收光谱，单靠紫外-可见光谱难以区分。采用常压化学电离质谱法对烤开心果中叶绿素 a 和叶绿素 b 进行鉴定[170]。在 138℃焙烧 60min 后，开心果中叶绿素降解产物以焦镁叶绿素和叶黄素为主。微波热处理后的菠菜叶片中也有叶绿素的存在[210]。有假设认为，高温和低湿度会促进食物中焦镁叶绿素的形成[170]。

脱植醇叶绿素（绿色）中的镁原子被氢离子取代可形成橄榄褐色的脱镁叶绿素盐，脱镁叶绿素盐 a 和脱镁叶绿素盐 b 的水溶性比相应的脱镁叶绿素大，而光谱性质则相同（表 10.5）。

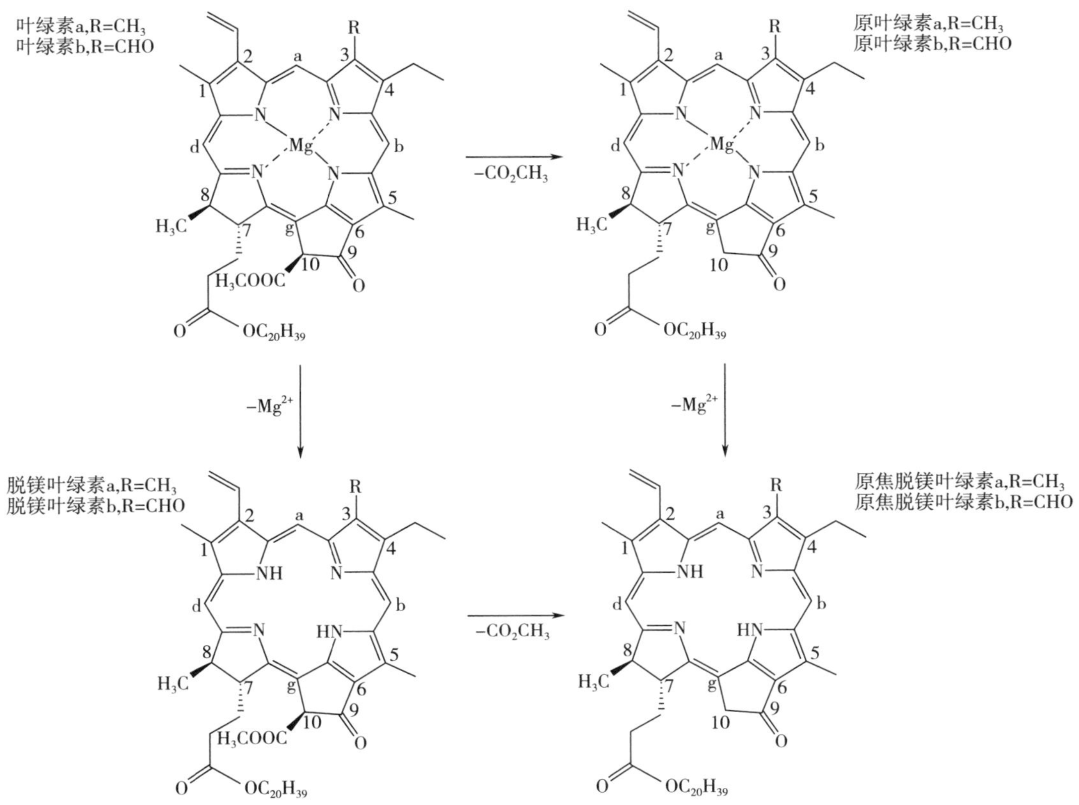

图 10.10　由叶绿素生成的脱镁叶绿素和焦脱镁叶绿素

（3）形成金属络合物　无镁叶绿素衍生物的四吡咯核中的两个氢原子易由锌或铜离子所取代,形成绿色的金属络合物。由脱镁叶绿素 a 和 b 形成的金属络合物使得红区最大吸收峰向短波长方向移动,蓝区最大吸收峰向长波长方向移动(表 10.5)[110]。无植醇金属络合物的光谱特性与其母体化合物完全相同。

锌与铜络合物在酸性溶液中的稳定性较碱性溶液高。如前所述,在室温下加酸可除去叶绿素中的镁,而锌与脱镁叶绿素 a 形成的络合物在 pH 2 的溶液中仍保持稳定。只有当 pH 低至引起卟啉环分解时,才可除去络合物中的铜。

金属离子与中性卟啉的结合是双分子反应,一般认为该反应首先是金属离子附着于吡咯的氮原子上,随后迅速并同时脱去两个氢原子[58]。由于四吡咯环具有高度共振结构,金属络合物的形成受取代基的影响[55,199]。

已知叶绿素金属络合物可在植物组织内形成,并且叶绿素 a 络合物的形成速率高于叶绿素 b 络合物,b 络合物形成速度较低的原因在于 3 位碳上甲醛基的拉电子效应。电子通过共轭卟啉环系统迁移,使得吡咯氮原子带有更多的正电荷,因而与金属阳离子的反应性较低。植醇链的空间阻碍效应也使得络合物的形成速率降低,脱镁叶绿素盐 a 在乙醇中与铜离子的反应速率比脱镁叶绿素 a 高 4 倍[109]。

已有学者研究锌络合物的形成动力学。在丙酮/水(80/20)中,焦脱镁叶绿素 a 与锌的反应最快,随后依次为脱镁叶绿素 a、甲基脱镁叶绿素 a、乙基脱镁叶绿素 a、焦脱镁叶酸素 a 及脱镁叶绿素 a。随着 7 位碳上酯化的烷基长度增加,反应速率降低,这说明空间位阻对此反应非常重要。与此类似,焦脱镁叶绿素 a 与锌的形成速率比脱镁叶绿素 a 高,其原因在于受到脱镁叶绿素 a10 位碳上的甲氧甲酰基的干扰[164,214]。

对蔬菜泥中金属络合物形成机制的平行研究表明铜的螯合速率较锌高得多,当铜浓度低至 1~2mg/L 时,仍可在豌豆泥中检测出铜络合物。与此相反,在类似条件下,当锌浓度低于 25mg/L 时,未在豌豆泥中检测出锌络合物。当锌离子与铜离子共存时,铜络合物的形成占主导地位[177]。利用 HPLC-MS 对鲜橄榄叶中绿素衍生物铜配合物进行了鉴定[6]。这些复合物是造成橄榄表面蓝绿色缺陷的原因,这种效应被称为"绿色染色"。

pH 同样是影响络合物形成速率的因素之一,将菠菜泥中的 pH 从 4.0 提高至 8.5,在 121℃下保温 60min,锌焦脱镁叶绿素 a 的含量可增加 11 倍。当 pH 提高至 10 时,形成的络合物数量下降,原因可能是锌形成了沉淀[123]。

人们对此类金属络合物感兴趣是因为铜络合物在大多数食品加工条件下性质稳定,因而欧盟将其用作着色剂,但这一技术在美国并未获得许可。根据锌金属络合物形成原理,现已开发出了一种改善罐装蔬菜绿色的方法,美国已于 1990 年在罐装绿色蔬菜中应用此法,我们将会在第 11 章中对其进行讨论。[详见 10.2.2.5(4)]

(4)叶绿素的护色 将叶绿素溶于乙醇或其他溶剂并暴露于空气中可发生氧化反应,这一过程称为叶绿素的氧化护色,在这一过程中可吸收与叶绿素等摩尔的氧。该产品呈蓝-绿色,并在 Molisch 相检验中表明没有形成黄-棕色的环。在试验中缺乏颜色响应说明环五酮环(环 E,图 10.6)已被氧化,或 10 位碳上的甲氧甲酰基已被消去[188]。经氧化处理的产物已被确定为 10-羟基叶绿素和 10-甲氧基内酯(图 10.11),叶绿素 b 的主要氧化产物为 10-甲氧基内酯衍生物[122,175]。

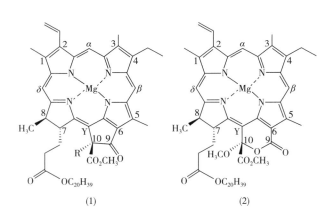

图 10.11 (1)10-羟基叶绿素 a(R=OH)、10-羟基叶绿素 a(R=OCH₃)和(2)10-甲氧基叶绿素内酯 a 的结构

(5)光降解 在由类胡萝卜素和其他脂质包围的健康植物细胞的光合过程中,叶绿素受到保护使其免遭光的破坏。叶绿素对光敏感且可产生单重态氧,而众所周知类胡萝卜素能够淬灭活性态氧并保护植物免于受光降解。一旦由于植物衰老、色素从组织内萃取出以后或在加工过程中细胞受到破坏,这种保护作用也就丧失,使叶绿素很容易见光分解[130,131]。当以上条件占主导地位并有光和氧存在时,叶绿素可发生不可逆脱色。

许多研究者已做了大量工作以鉴定无色叶绿素的光解产物,Jen 和 Mackinney[106]已鉴定出甲基乙基马来酰亚胺的结构。Llewllyn 等学者[130,131]的研究发现,甘油是最主要的降解产物,同时还有乳酸、柠檬酸、琥珀酸和丙二酸,以及少量的丙胺酸,反应后的色素已不再显色。

一般认为叶绿素的光解导致四吡咯的开环并裂解成小分子化合物。已有人提出光解过程始于一个亚甲基桥的开环,并形成了氧化的线型四吡咯结构[206]。目前已知在有氧时叶绿素或类似的卟啉若遇光可产生单重态氧和羟基自由基[65],一旦形成单重态氧或羟基自由基,它们可与四吡咯进一步反应生成过氧化物以及更多的自由基,最终导致卟啉的破坏和颜色的完全丧失。

10.2.2.4 热处理过程中的褪色现象

经热处理过的蔬菜失去绿色是由于形成了脱镁叶绿素和焦脱镁叶绿素,热烫和商业化热灭菌可使叶绿素的损失率高达 80%～100%[181,183]。图 10.9 所示的证据表明在商业化灭菌之前的热烫过程中已有少量脱镁叶绿素形成。与为罐装而热烫的菠菜相比,在冷冻菠菜中可检测出较多量的脱镁叶绿素,其原因是通常为了适于蔬菜冷藏,加大了热烫强度。在罐装前需对菠菜进行热烫处理的主要原因之一是使组织缩水以便于包装;而在冷冻前需经足够的热烫处理,不仅是为了缩水,而且可使酶失活。对罐装样品色素组分的检测结果显示叶绿素已完全被转化为脱镁叶绿素和焦脱镁叶绿素(表 10.6)。

采后植物组织内新合成的酸以及由热引起细胞酸的去局部化可引发叶绿素的降解[89]。在蔬菜中,已鉴定出几种酸的结构,它们包括草酸、苹果酸、柠檬酸、乙酸、琥珀酸和吡咯烷酮酸(PCA)。谷氨酰胺经热降解可形成 PCA,据信它是引起加热过程中蔬菜酸度增加的主要原因[41]。其他引起酸度增加的原因可能来自脂水解形成的脂肪酸、蛋白质或氨基酸释放出的硫化氢以及褐变反应中产生的二氧化碳。表 10.6 所示为在菠菜泥的热处理过程中体系的 pH 降低情况。

10.2.2.5 护色技术

对罐装蔬菜绿色保护所采取的措施主要集中在以下几个方面:叶绿素的保留、叶绿素绿色衍生物即叶绿素酸盐的形成和保留或通过生成金属络合物以形成一种更易接受的绿色。

(1)中和酸以保留叶绿素 在罐装绿色蔬菜中加入碱性物质可改善加工过程中叶绿素的保留率,该技术包括在热烫液中添加氧化钙和磷酸二氢钙,使产品 pH 保持或提高至 7.0,碳酸镁或碳酸钠与磷酸钠的结合添加也已用于此目的。但是以上各种处理均可导致组织软化并产生碱味。

Blair 于 1940 年就已确认在蔬菜中添加钙和镁具有硬化效果,此发现导致人们使用氢氧化钙或镁以达到提高 pH 和保持组织的目的,这种结合添加的处理手段后来即成为广为人知的"Blair 方法"[17]。此法在商业应用上并未获得成功,原因是碱性物质不能长期有效地中和内部的组织酸,因而在不到 2 个月的贮藏期内即已有大量的颜色损失。

另一种护色方法是用乙基纤维素和 5%的氢氧化镁在罐内壁涂层,据称内层中氧化镁的缓慢作用可在较长时间内使罐内容物的 pH 保持或接近 8.0,因而有助于稳定绿色[137,138]。但这些努力也只取得部分成功,因为提高罐装蔬菜的 pH 可使如谷氨酰胺和天门冬酰胺一类的酰胺水解,同时形成了人们所不期望的氨的风味。此外,在高 pH 条件下热烫可引起脂质水解并产生脂肪酸,后者经氧化可产生酸败味。在豌豆中,高 pH(8.0 或以上)条件可引起鸟粪石的形成,一种含有磷酸铵镁络合物的玻璃状晶体,据信鸟粪石是由镁与豌豆蛋白质在加热时所产生的氨起化学反应所致[77]。

(2)现代食品加工技术　现代食品加工过程对叶绿素降解的影响已经得到广泛研究,例如,高温瞬时处理能够有效保护菠菜泥的色泽,因为随温度升高,温度对叶绿素破坏的影响比对肉毒杆菌孢子失活的影响来得小[82,168]。而其他关于蔬菜的研究表明,HTST 过程与 pH 的变化密切相关。以该方式处理的样品与对照组相比(在典型的加工和 pH 条件下),在起始时颜色更绿,并含有更多的叶绿素。然而,正如前所述,在贮藏过程中通常会失去已取得的护色效果[28,87]。有实验表明,高压加工与传统食品加工技术相比,能够更好地保留维生素、食品的风味和颜色。例如在低于 50℃ 的西蓝花汁中,叶绿素 a 和叶绿素 b 在高压下(800 MPa)十分稳定[133]。

(3)金属络合物的商业应用　目前人们致力于改善加工蔬菜的绿色和制备能作为食品着色剂使用的叶绿素,已经涉及使用叶绿素衍生物或锌、铜的络合物。现已有市售脱镁叶绿素铜和脱植醇脱镁叶绿素铜,商品名分别为叶绿素铜和叶绿酸铜。这些叶绿素衍生物在美国尚未被批准在食品中使用,大多数受欧共体法规制约的欧洲国家允许将其用于罐装食品、汤料、糖果和乳制品中。联合国粮食及农业组织(FAO)已批准可将其安全用于食品,但游离铜离子含量不得超过 200mg/L。

Humphry[97]描述了含铜色素的商业化生产方法。首先用丙酮或氯代烷将叶绿素从干草或苜蓿中萃取出来,视植物原料的水分含量,加入足量的水以利于溶剂的渗透,同时避免激活叶绿素酶。萃取过程中会自发形成一些脱镁叶绿素,加入醋酸铜以形成油溶性的叶绿素铜。另一种可选择的方法是在添加铜离子前先将脱镁叶绿素酸水解,以形成水溶性的叶绿酸铜。铜络合物比相应的镁络合物的稳定性高。

(4)热加工蔬菜的绿变(Regreening)　当在工厂将蔬菜泥灭菌时,偶尔可观察到有一小部分区域出现亮绿色。据测定在亮绿色区域内的色素中含有锌和铜,在蔬菜泥中形成亮绿色的区域被称为"绿变"。当工业化加工蔬菜的料液中含有锌及/或铜离子时,可观察到绿变。Okra 在用含有氯化锌的盐水处理时,发现样品保持亮绿色,这是由于锌与叶绿素衍生物形成络合物之故[63,207,209]。

大陆罐头公司(Crown Cork & Sea Company)发布了一项专利,目的旨在将金属盐加于热烫液或盐水溶液中,用以生产罐装蔬菜。该发明方法主要内容为,用含有足量 Zn^{2+} 或 Cu^{2+} 的水溶液热烫蔬菜,将组织中金属离子的含量提高至 $100 \sim 200mg/L$。在罐装盐水中直接加入氯化锌对蔬菜(青刀豆和豌豆)的颜色无显著的作用,而据称用调配过的热烫液处理绿色蔬菜比用常规法处理的产品所获得的色泽更绿,其他二价或三价金属离子的作用较小或毫无作用[189],以上即所谓的"Veri-Greeny 方法"。经鉴定,利用该法加工的罐装蔬菜中的色素为脱镁叶绿素锌和焦脱镁叶绿素锌[55]。

现已有几个制造商工业化生产经锌处理过的绿刀豆和菠菜，但处理结果却不尽相同。如图 10.12 所示，当豌豆泥在含有 300mg/L Zn^{2+} 存在时加热，发生了色素序列反应。加热仅 20min 后，叶绿素 a 就降到极微量水平。在叶绿素急剧下降的同时，形成了脱镁叶绿素 a 和焦脱镁叶绿素 a 的锌络合物。继续加热，在脱镁叶绿素锌含量的下降的同时焦脱镁叶绿素锌的含量升高（图 10.12）。此外，脱镁叶绿素锌经脱甲氧甲酰基或将焦脱镁叶绿素与 Zn^{2+} 反应，也可生成焦脱镁叶绿素锌（图 10.13）。以上结果说明在锌存在的条件下处理蔬菜时，所得到的绿色主要为焦脱镁叶绿素锌。

在 pH 4.0 到 6.0 范围内，Zn-络合物的形成速率最快，而在 pH 8.0 时，速率显著下降。速率下降的原因在于在高 pH 时叶绿素被固定，因而用于形成络合物的叶绿素衍生物受到限制[124,125]。试验还进一步表明阴离子表面活性剂可影响锌络合物的形成，前者吸附在叶绿体的膜上，结果增加了表面负电荷，从而促使络合物的形成[124,125]。

目前，使罐装蔬菜具有满意绿色的最好方法包括将锌添加于热烫液中，在热烫前先将组织加热以增加膜的通透性，然后在 60℃ 或略高温度下热烫，选择适于形成金属络合物的 pH，以及采用阴离子以改变组织的表面电荷。

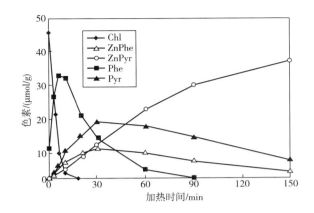

图 10.12　菠菜中的叶绿素和叶绿素衍生物

含 300mg/kg Zn^{2+} 的豌豆泥在 120℃ 加热 150min 后色素的转变 Chl＝叶绿素，ZnPhe＝脱镁叶绿素锌，Phe＝脱镁叶绿素，Pyr＝焦脱镁叶绿素。

资料来源：Von Elbe, J. H. and L. F. Chemistry of color improvement in thermally processed green vegetables, ACS Symposium Series 405, in: Jen, J. J., ed., Quality Factors of Fruits and Vegetables, American Chemical Society, Washington, D. C, 1989, pp. 12-28.

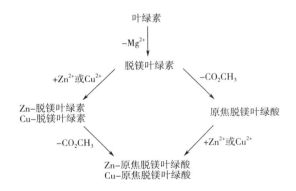

图 10.13　含有锌或铜的绿色蔬菜加热时发生的化学反应

10.2.3　类胡萝卜素

类胡萝卜素是自然界最广泛分布的天然色素，它们赋予了许多水果、蔬菜和植物特有的黄色、橙色和红色；然而，当它们与蛋白质结合时，它们也可以呈现绿色、蓝色和紫色[22]，这些色素大部分是由海洋藻类生物合成的。类胡萝卜素在 19 世纪初首次被发现，兼具热敏性和亲脂性[57]。自然界中已发现的类胡萝卜素超过700种,而人类食用的食物中只含有60多种类胡萝卜素[235]。类胡萝卜素存在于所有的光合生物中,也可由一些细菌、酵母菌和真菌产生[120]。在高等植物中,叶绿体中的类胡萝卜素常被高含量的叶绿素所掩盖。只有到秋季,植物凋谢时,其中的叶绿素开始分解,类胡萝卜素的橙黄色才显现出来[15]。

类胡萝卜素在植物组织的光合作用和光损伤防护作用中发挥重要作用[82]。在所有含叶绿素的组织中,类胡萝卜素作为次生色素通过光合作用从光中获取能量。类胡萝卜素的光保护作用源于其可淬灭并失活由于遇光和空气而形成的活性氧(尤其是单重态氧)。此外,处于根和叶部的某些类胡萝卜素是脱落酸的前体物质,后者起着化学物质信使和生长调节剂的作用[48,152]。类胡萝卜素还在鸟类中传递免疫能力信号,影响配偶选择[197],并影响传粉者的吸引力[113]。

类胡萝卜素色素在人类和其他动物的膳食中最主要的功能是它可作为维生素 A 的前体。虽然类胡萝卜素化合物中的 β-胡萝卜素具有最高的维生素 A 原活性,因为其拥有两个 β-紫罗酮环结构,其他常用的类胡萝卜素如 α-胡萝卜素和 β-玉米黄素也具有维生素 A 原活性。果蔬中的维生素 A 原类胡萝卜素约可提供30% ~ 100%人类所需的维生素 A 量[15,37]。具有维生素 A 活性的先决条件是在胡萝卜素中是否存在视黄醇(即 β-紫罗酮环)结构。所以,只有为数不多的类胡萝卜素具有维生素 A 活性。有关此专题的讨论详见第8章。

1981 年,由于在流行病学的研究中发现摄入高类胡萝卜素含量的果蔬与人类某些癌症的低发病率有关,Peto 等[165]对此类色素进行了专门研究。近来,研究重点转向膳食中的类胡萝卜素及其生理学重要性。以上研究结果又激发起人们对类胡萝卜素的研究兴趣。Krinsky 等发表了一篇关于类胡萝卜素对健康和疾病的影响的综述[43,120,236]。

10.2.3.1　类胡萝卜素类物质的结构

类胡萝卜素可按其结构分成以下两类:烷烃类胡萝卜素和氧合叶黄素(图 10.14)。氧合类胡萝卜素(叶黄素)含有很多衍生物,常见的取代基有羟基、环氧基、醛基和酮基。此外,羟基化的类胡萝卜素脂肪酸酯也广泛分布于自然界中。因而,经鉴定的类胡萝卜素结构已超过700种,并已将其整理归类[235]。此外,考虑到类胡萝卜素还具有顺(Z)反(E)几何异构体,因而其构型可能还远不止这些。类胡萝卜素及其结构的详尽列表(除了紫外/可见光谱、质谱、核磁共振和其他表征数据)可在类胡萝卜素手册中找到[235]。

在植物中,类胡萝卜素通过甲基赤藓糖醇 4-磷酸途径生物合成,该途径不依赖于甲羟戊酸[51]。有关类胡萝卜素合成的完整综述可在别处找到[49,73]。类胡萝卜素的基本骨架结构为头-尾或尾-尾共价连接的异戊二烯单元,分子结构对称(图 10.15),其他类胡萝卜素由此 40 个碳的基本结构衍化而成。某些类胡萝卜素含有两个末端环基(如图 10.14 中的 β-胡萝卜素),而其他品种则只有一个甚至无末端环基(如番茄红素,番茄中的一种主要红色素)。还有一些类胡萝卜素的碳骨架较短可能小于 40 个 C,它们被称为胡萝醛(如胭脂树橙,胡萝卜醛)。虽然对于所有类胡萝卜素已有命名和排序规则[101,102],但人们常用的仍是其俗名,本章也采用俗名。

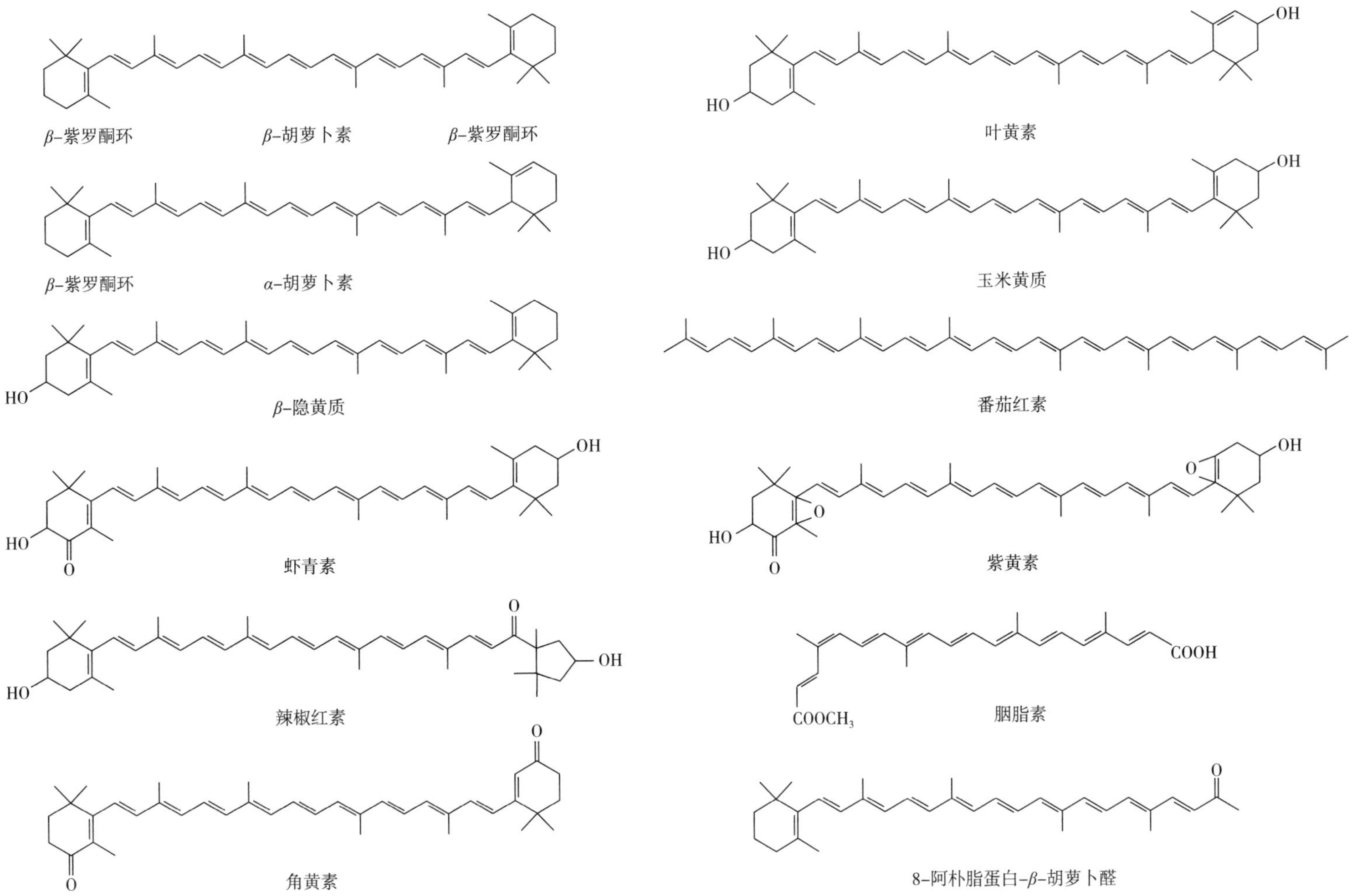
β-紫罗酮环
β-胡萝卜素
β-紫罗酮环
β-紫罗酮环
α-胡萝卜素
β-隐黄质
虾青素
辣椒红素
角黄素
叶黄素
玉米黄质
番茄红素
紫黄素
胭脂素
8-阿朴脂蛋白-β-胡萝卜醛

图 10.14　类胡萝卜素和脱辅基类胡萝卜素的结构和化学式以及脱辅基类胡萝卜素在食品和饲料中常用的着色剂

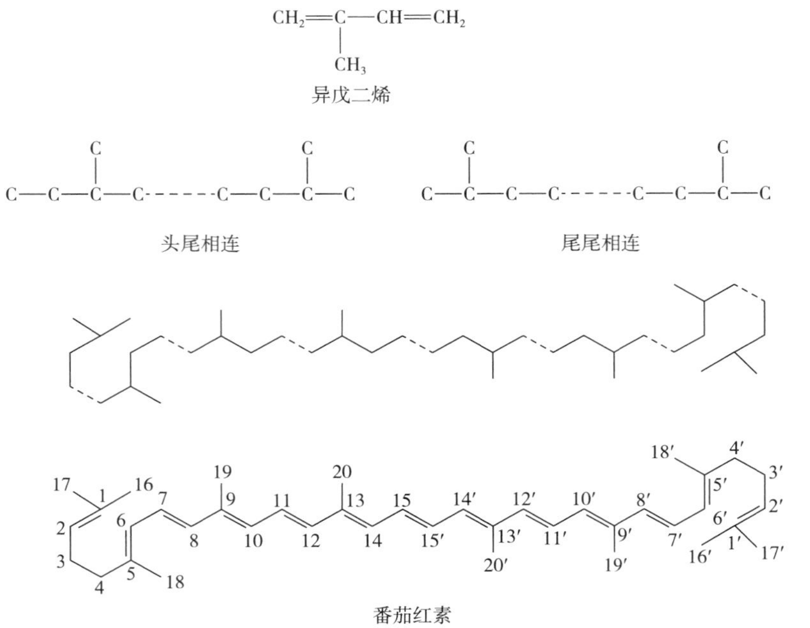

图 10.15　多个异戊二烯单位连接形成番茄红素(番茄中的主要红色素)

资料来源:摘自 Fraser, P. D. and Bramley, P. M., Prog. Lipid Res., 43, 228, 2004.

植物组织中最常见的类胡萝卜素为 β-胡萝卜素,它也可用作食用着色剂。无论是天然或人工合成的类胡萝卜素均可用于食品。图 10.14 所示为植物中的某些类胡萝卜素,它们包括 α-胡萝卜素(胡萝卜)、辣椒红素(红辣椒、甜椒)、叶黄素(α-胡萝卜素的二醇化合物)及其酯(万寿菊瓣)和胭脂树素(胭脂树种子)。食物中其他常见的类胡萝卜素包括玉米黄素(β-胡萝卜素的二醇化合物)、紫黄素(类胡萝卜素的环氧化物)、新叶黄素(一种丙二烯三醇)以及 β-玉米黄素(β-胡萝卜素的羟基化衍生物)。括号中的每一项都是类胡萝卜素的主要来源,尽管这些色素也有其他来源。

近来,已证实豌豆蚜虫能够通过获得真菌基因而具备合成类胡萝卜色素的能力,此为这类昆虫中第一个成功实例[150]。然而,通常动物无法合成类胡萝卜素,因此动物中的类胡萝卜素源于所摄入的植物所含的类胡萝卜素。例如,鲑鱼肉中的粉红色主要为虾青素,后者由含有类胡萝卜素的海生植物经消化而成。人们也已熟知某些动植物中的类胡萝卜素可与蛋白质相连接或缔合。小虾和龙虾外壳中的红色虾青素与蛋白质结合后显蓝色,加热可使复合物变性,因而改变其光谱性质及色素的视觉特性,因此颜色也由蓝变红[39]。其他有关类胡萝卜素-叶绿素-蛋白质复合物的例子为虾卵绿蛋白[231],即在龙虾卵中发现的一种绿色素以及植物叶绿体内的类胡萝卜素-叶绿素-蛋白质复合物[85]。此类化合物的其他独特结构包括类胡萝卜素糖苷,它们中有些存在于细菌和其他微生物中。植物中类胡萝卜素糖苷的一个实例就是在藏红花中发现的类胡萝卜素红色素[166]。

10.2.3.2 类胡萝卜素的存在与分布

植物的可食组织中含有多种类型的类胡萝卜素[86]，它们在红、黄及橙色水果、根类作物以及蔬菜中的含量都很丰富。所有绿叶蔬菜都含有类胡萝卜素，但它们被绿色叶绿素所掩盖。通常，最高含量的类黄素存在于那些含有大量叶绿素色素的植物组织中，例如，菠菜和羽衣甘蓝富含类胡萝卜素，而在豌豆、绿刀豆和芦笋中的含量也很显著。表 10.8 所示为美国农业部营养数据库报告中列出的几种西方饮食中常见的食品的类胡萝卜素含量。

许多因素影响植物中的类胡萝卜素含量。某些水果在成熟过程中可使类胡萝卜素含量发生显著变化。例如在番茄中，类胡萝卜素尤其是番茄红色，在成熟过程中含量显著增加，因而，它们的含量随植物的成熟期而发生变化。甚至在收获后，番茄中的类胡萝卜素合成反应继续进行。由于光可增强类胡萝卜素的生物合成，因而光照强度可影响其含量。影响类胡萝卜素存在和含量的其他因素包括生长气候、杀虫剂和肥料的使用以及土壤类型等[86]。

表 10.8				常见食物中类胡萝卜素含量		
食品名称	质量/g	β-胡萝卜素	α-胡萝卜素	β-隐黄素	番茄红素	叶黄色+玉米黄素
西蓝花(生)	91	0.33	0.02	0	0	1.28
哈密瓜(生)	177	3.58	0.03	0.03	0	0.05
胡萝卜(生)	128	10.61	4.45	0	0	0.33
鸡蛋(煮)	136	0.02	0	0.01	0	0.48
葡萄柚(粉色)	230	1.58	0.01	0.01	3.26	0.012
羽衣甘蓝(熟)	130	10.62	0	0	0	23.72
柑橘(罐头)	189	0.56	0.39	1.47	0	0.46
豌豆(冻)	134	1.64	0.09	0	0	3.15
南瓜(罐头)	245	17.00	11.75	0	0	0
红色甜椒(生)	149	2.42	0.03	0.73	0	0.08
菠菜(生)	30	1.69	0	0	0	3.66
南瓜(夏,黄色和绿色)	180	1.21	0	0	0	2.07
南瓜(冬)	205	5.73	1.40	0	0	2.90
红薯(煮)	328	30.98	0	0	0	0
番茄酱①	132	0.52	0	0	16.72	0.25
番茄(生)	149	0.67	0.15	0	3.83	0.18

注:含量类胡萝卜素以毫克/份为单位,其中 1 份 = 1 杯,杯以克为单位。类胡萝卜素数据选自美国农业部标准参考文献 26。

①番茄酱每份=0.5 杯。

10.2.3.3 物理性质、萃取和分析

各种类胡萝卜素(烃类:胡萝卜素、番茄红素以及氧合叶黄素)均为亲脂化合物,因而它们可溶于油和有机溶剂中。类胡萝卜素具有中度热稳定性,但受氧化后易褪色。类胡萝卜素因热、酸和光的作用而易发生异构化。由于它们的显色范围为黄至红色,因而分析类胡萝卜素的检测波长约为 400~480 nm。为了防止叶绿素的干扰,常采用较高的波长测定某些叶黄素。许多类胡萝卜素与各类试剂反应后,光谱发生偏移,这些变化有助于结构鉴定。

植物食品中类胡萝卜素的复杂性和多样性使得人们必须采用色谱分离方法[117]。人们常用的萃取方法是从组织中定量收集类胡萝卜素,所用的有机溶剂必须能渗透至亲水基质中。为达到此目的,常采用己烷-丙酮混合溶剂,但有时为了取得满意的分离效果,需采用特殊的溶剂和处理方法[115,117]。

包括 HPLC 在内的许多色谱分离手段已用于分离类胡萝卜素[44,56,117]。当需要分离类胡萝卜素酯、顺反异构体和光学异构体时,必须采用特殊的分析手段[117]。

类胡萝卜素存在于红色、橙色和黄色果实的显色体中,而在绿色植物中则存在于植物组织的叶绿体中[185,187]。类胡萝卜素在新鲜植物食品中有多种存在形式,包括叶绿体中的类胡萝卜素蛋白复合物、色素细胞内的晶体或脂溶性液滴(称为塑球蛋白)[217]。晶体结构很难溶解,而类胡萝卜素与脂类可能更具有生物可及性。这些脂溶类胡萝卜素可能更容易从食物基质中去除,因而从理论上讲更容易被肠细胞吸收[22,23,186]。类胡萝卜素在显色体中的物理状态导致了菠菜等绿叶蔬菜的生物利用度相对较低;这是类胡萝卜素与植物细胞内的蛋白质复合物紧密结合的一种功能[24,25]。红番茄中的番茄红素常呈晶体状[90]。相反,独特的含有顺式番茄红素的橘红色番茄中的番茄红素,则以脂溶性液滴的形式储存类胡萝卜素。这种结构上的差异是橘红色番茄比红色番茄的番茄红素生物利用度显著提高的原因。因此,这也可能是小黄番茄中的番茄红素更容易被热加工降解和异构化的原因[43]。类胡萝卜素在植物体内的物理状态在同种植物内部甚至在同一植物的不同部位都存在很大差异[198],这使得类胡萝卜素在植物内的储存具有很大的异质性[34]。需切记,类胡萝卜素储存在植物中的物理状态可以极大地影响类胡萝卜素在体内的生物利用度[165]。

10.2.3.4 化学性质

(1)氧化 类胡萝卜素具有许多共轭双键,故极易被氧化。此反应可导致食品中类胡萝卜素的褪色,并是主要的降解机制。特定色素对氧化的稳定性在很大程度上取决于它所处的环境。在组织中,色素通常受到隔离因而免受氧化。但是,当组织遭受到物理损伤或在提取类胡萝卜素时,类胡萝卜素对氧化的敏感性增加。此外,贮藏于有机溶剂中的类胡萝卜素色素通常会加速分解。由于类胡萝卜素具有高度共轭的不饱和结构,因而它们的降解产物非常复杂。对这些产物在食品、人类及动物血液和组织中的特性的研究十分活跃[64,114,118,219]。在氧化过程中,首先形成环氧化物和羰基化合物,继续氧化可形成短链单环或双环氧合物,如环氧-β-紫罗兰酮。通常环氧结构主要处于末端环上,但氧化反应可切入链上其他许多部位。对于维生素 A 原类胡萝卜素,在环上形成环氧化物可导致维生素 A 原活性损失。剧烈的自动氧化反应可使类胡萝卜素色素漂白并使其褪色。若有亚硫酸盐和

金属离子存在时,β-胡萝卜素的氧化降解加剧[162]。

酶尤其是脂肪氧合酶可加速类胡萝卜素色素的氧化降解。这一反应为间接机制。脂肪氧合酶首先催化不饱和或多不饱和脂肪酸的氧化,形成过氧化物,后者再与类胡萝卜素色素反应。事实上,这一偶合反应相当有效,因而常可根据溶液中的褪色程度和吸光度的下降,测定脂肪氧合酶的活力[11]。

(2)抗氧化活性 由于类胡萝卜素易被氧化,无疑它应具有抗氧化剂的特性。类胡萝卜素除了可在细胞内或活体外对单重态氧引起的反应起保护作用外,在低氧分压时,还可抑制脂肪的过氧化反应[30]。在高氧分压条件下,β-胡萝卜素具有促氧化反应特性[31]。当有分子氧、光敏化剂(即叶绿素)和光存在时,可产生单重态氧,具有高度的氧反应活性。现已知类胡萝卜素可淬灭单重态氧,因而可保护细胞免遭氧化破坏。并非所有的类胡萝卜素都可起到相同的光化学保护剂作用。例如,与其他类胡萝卜素色素相比,番茄红素对淬灭单重态氧特别有效[142,194]。

已有学者提出类胡萝卜素的抗氧化活性具有抗癌、抑制白内障、防止动脉硬化和抗衰老作用[35]。对类胡萝卜素物质抗氧化的详细讨论不在本文涉及范围,读者可参阅几篇优秀的综述文章[31,119,157,230]。

(3)顺/反异构化 通常类胡萝卜素的共轭双键多为全反构型,尽管其顺势构型有重大作用,但只发现为数不多的顺式异构体天然存在于一些植物组织中。盐生杜氏藻积累了高浓度的顺式β-胡萝卜素,通常以它们为原料提取顺式β-胡萝卜素。但是与全反式β胡萝卜素比起来,9-顺势-β胡萝卜素很难转化为维生素 A,且也不以任何形式积累在血浆中[76,152,232]。这表明顺式β胡萝卜素并不是这种营养物质的理想存在形式。但是,一种橘黄色的小番茄(橘茄),由于缺少拷贝类胡萝卜素异构酶的功能,无法产生任何反式类胡萝卜素,因而积累了全顺式类胡萝卜素(即番茄红素)。橘茄中的番茄红素被证明比红番茄中的番茄红素更容易被吸收[43],部分原因是顺式番茄红素同分异构体具有更高的生物利用度[216]。

热处理、有机溶剂、与某些活性表面长期接触、遇酸及溶液经光照(尤其是有碘存在时)极易引起异构化反应。碘催化的异构化反应是研究光致异构化反应的有效手段,这是因为形成了异构体构型的平衡混合物[74]。由于类胡萝卜素中存在着众多的双键,因而在理论上异构化反应可能产生大量的几何异构体,例如,番茄红素具有 1056 种不同的顺式异构体,因为其具有 11 个双键。然而由于空间抑制作用,番茄红素仅有少量的顺式异构体存在[233]。由于某个单独的类胡萝卜素即可具有复杂的多个顺/反异构体,因而直到最近人们才找到研究食品中这些化合物的精确方法[117]。顺/反异构体同样影响类胡萝卜素的维生素 A 原活性,但不会影响其颜色。β-胡萝卜素的顺式异构体的维生素 A 原活性依其异构化的构型,约为全反式相比β-胡萝卜素的 13%~50%[234]。

10.2.3.5 加工中的稳定性

在大多数果蔬的典型贮藏和加工中,类胡萝卜素的性质相对稳定,冷冻对类胡萝卜素含量的影响极微。但是,已知热烫可引起类胡萝卜素含量的变化,常需热烫的植物制品中的类胡萝卜素含量比原料组织有明显增加,这是因为脂肪氧合酶可催化类胡萝卜素的氧化分解,并使可溶性组分进入热烫液而造成损失,而热烫可使该酶失活;常规热烫所采用的温和热处理也可使色素的提取效率比从新鲜组织中直接提取更高。此外,几种物理法的捣碎及热处理也可增加提取率[149]及使用时的生物利用率[114,143]。通常用于甘薯的碱液脱皮仅造成极微的类胡萝卜素的破坏或异构化。

虽然过去通常认为类胡萝卜素遇热相对稳定,但现已知热灭菌可引起顺/反异构化反应。为了避免过度异构化,热处理强度应尽可能降低。以挤压蒸煮和油浴高温加热为例,加工过程不仅可引起类胡萝卜素的异构化反应,也可造成热降解。类胡萝卜素在高温下,可形成挥发性裂解产物,β-胡萝卜素在有空气时剧烈加热所得到的产物与β-胡萝卜素加热氧化时的产物类似(图10.18)。与此相反,气流脱水使得类胡萝卜素更易与氧接触,因而可引起类胡萝卜素的大量降解。脱水产品如胡萝卜和甘薯片具有较高的比表面积,在干燥或空气中贮藏时极易氧化分解。

当顺式异构体形成时,只有很小的光谱偏移(3~5nm),因而产品的色泽基本不受影响;然而,维生素A原活性却有所下降。当为维生素A原选择分析方法时,应当考虑到这类反应在营养上具有的重要意义。老方法和AOAC方法在分析食品中的维生素A时,不能区分单个类胡萝卜素之间或它们异构体的维生素A原活性[237,238]。因此,过去的食品营养数据存在误差,尤其是那些高含量维生素A原类胡萝卜素而非β-胡萝卜素的食品以及本身含有大量的顺式异构体的食品。关于类胡萝卜素的维生素A原活性的更多信息详见第8章。

10.2.4 类黄酮与其他酚类物质

10.2.4.1 类黄酮类物质

酚类物质由一大群有机物质组成,类黄酮是其重要一族。类黄酮族物质中含有花色苷,一种植物界中分布最广的色素。在植物中,花色苷具有各种颜色,如蓝、紫、紫罗兰色、深红、红及橙色等。花色苷一词取自两个希腊语 Anthos(花)和 Kyanos(蓝色)。一个世纪以来,这类物质已经引起了化学家的关注。然而,由于花色苷具有潜在的保健功能和作为食品着色剂的原料,人们对花色苷的兴趣在过去几十年中大大增加[91]。

(1)结构 花色苷具有典型的$C_6C_3C_6$碳骨架结构,因而被认为是一种类黄酮。类黄酮物质的基本化学结构以及与花色苷的关系见图10.16。在每组中,都有很多种不同的化合物,各种化合物的颜色依分子上取代基的存在及其数量而异。

花色苷的基本结构为黄鎓盐的2-苯基苯吡喃鎓结构(图10.17)。花色苷以该盐的多羟基和/或多甲氧基衍生物的糖苷式存在。不同花色苷的区别在于以下几个方面:所存在的羟基及/或甲氧基的数量;与分子相连接的糖基的类型、数量及位置;以及连接在分子中糖基上的脂肪酸或芳香族羧酸的类型及数量[79]。由于其结构多样性,在植物界中存在700多种不同的花青素就不足为奇了[5]。

不含糖取代基的花色苷称为花青素(苷元部分)。共有27种不同的天然花青素,它们具有相同的$C_6C_3C_6$骨架[5],但在食物中常见的花青素有接近90%来自六种苷元,它们分别

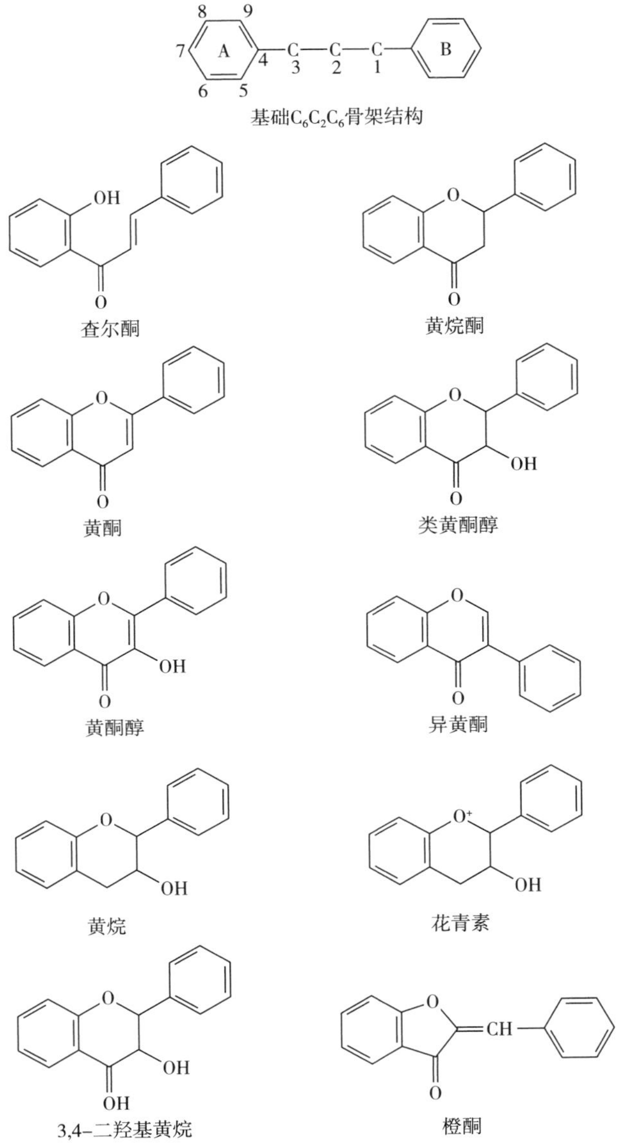

图 10.16　一些重要类黄酮的碳骨架,根据其 C-3 链结构分类

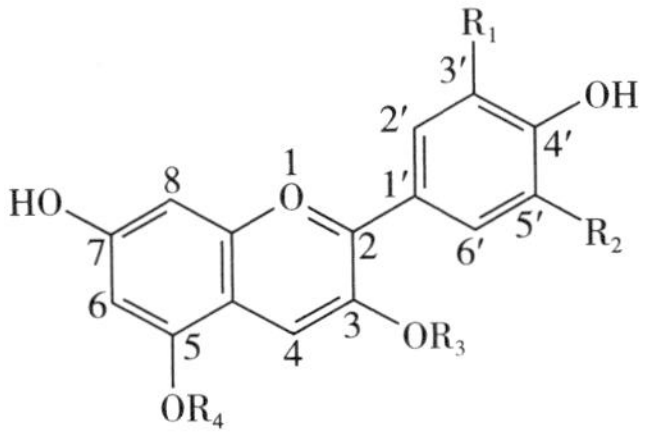

图 10.17　花色苷阳离子

R_1 及 $R_2 =$—H,—OH 或—OCH$_3$,$R_3 =$ 糖基,$R_4 =$—H 或糖基。

629

为矢车菊素、飞燕草色素、锦葵色素、天竺葵色素、芍药色素和牵牛花色素(图10.18)。

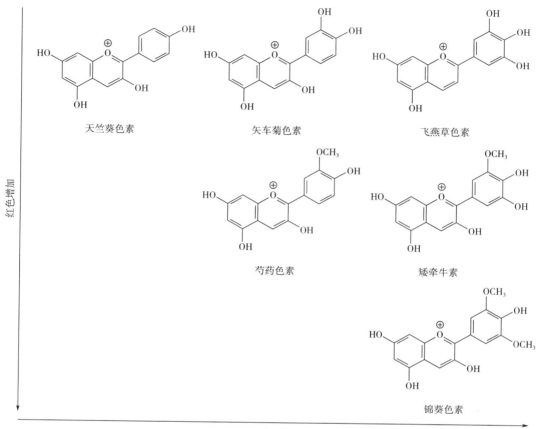

图 10.18　食品中最常见的花色苷

按红色色度和蓝色色度增加方向排列。

　　花色素的水溶性比相应的糖苷(花色苷)低,因而在自然界中并无游离花色素存在。有文献报道,除显黄色的 3-脱氧形式外,其他花色素很可能是在分离过程中形成的水解产物。花色素分子中的游离 3-羟基可破坏发色团的稳定性,因而,3-羟基总是以糖基化形成存在。进一步的糖基化反应很可能发生于 5 位碳上,也可能发生于 7 位碳、-3′、-4′和/或-5′位羟基上(图 10.17)。空间阻碍效应排除了于 3′位碳和 4′位碳同时发生糖基化反应的可能性[23]。然而,在罕见的情况下,花青素 c-糖基化也有报道[173]。

　　最常见的糖基为葡萄糖、鼠李糖、半乳糖、阿拉伯糖、木糖和由这些单糖形成的同质或异质二糖及三糖。

　　从植物中鉴定出的花青素中,超过 65%是酰化的[5]。参与糖基酰化最常见的酸为芳香酸,包括 p-香豆酸、咖啡酸、阿魏酸、芥子酸、没食子酸或 p-羟基苯甲酸以及脂族酸如丙二酸、乙酸、苹果酸、琥珀酸和草酸。这些酰基取代基通常连接于 C-3 位的糖上,与 6-OH 酯化,有时也可与糖的 4-OH 酯化[91]。然而,有报道表明,花色苷含有相当复杂的酰基化部分连接于不同的糖基上[192,211,226]。

(2)花色苷的颜色和稳定性　花色苷和花色素的颜色是由于分子受到可见光激发而形成的。分子受激发的难易程度取决于结构中的电子相对流动性。花色苷和花色素中富含的双键极易受到激发,因而它们对成色至关重要。值得注意的是,随着花色素分子上取代基的增加(图10.16),色调逐渐加深,此结果是由于发色团的红移(向长波长处移动),即可见光谱中光吸收波段从短波长向长波长方向移动,结果颜色由橙/红变化成紫/蓝。与此相反的变化被称为蓝移。红移效应由助色团形成,助色团本身并不发色,但当它们与分子结合后,可使色调加深。助色团是电子供体,在花色素中,通常为羟基和甲氧基。由于甲氧基的供电子能力高于羟基,因而其红移能力也高。图10.18所示为甲氧基数目对红色的影响。对于花色苷而言,糖取代基的类型和数量以及酰基化对颜色特性均有重要影响,其他几个因素如pH变化、形成金属络合物以及共着色也可引起颜色特性的变化。

植物中不仅含有各种花色苷,而且其含量也随品种和成熟期而发生变化。植物中花色苷的总含量不同,每100克新鲜植物组织中总花色苷含量约在20mg至几克的范围内。尽管花青素表现出的颜色也会受到它们所处的微环境的很大影响,但通常色素浓度越高,颜色越深。

花色苷色素的稳定性相对较低,在酸性条件下稳定性最高。该色素的颜色特性(色调和色度)和稳定性均受糖苷配基上取代基的强烈影响。花色苷的降解不仅发生在从植物组织提取过程中,而且存在于食物组织的加工和贮藏过程中。

通过采取合适的加工方法以及选用最适于特定目的的花色苷色素,人们均可利用花色苷化学方面的知识尽可能地减少色素的降解。影响花色苷降解的主要因素为pH、温度和氧浓度,一些次要因素通常为存在的降解酶、抗坏血酸、二氧化硫、金属离子和糖。此外,共色素形成作用也会或可能会影响花色苷的降解速率。

(3)花色苷的化学结构　由于花色苷的结构多样性,其降解速率变化很大。通常羟基化程度提高会使其稳定性下降;而甲基化程度提高则可使其稳定性增加。富含天竺葵色素、矢车菊色素或飞燕草色素类糖苷配基等花色苷的食品的颜色比富含牵牛花色素和锦葵色素类糖苷配基的食品的颜色更不稳定,这是因为后者具有反应活性的羟基被封闭,因而稳定性增加。糖基化也可以增加花青素的稳定性。单糖基的花青素性质不甚稳定,而在C-3位置添加一个糖基,使得花青素形成分子内氢键网络,可以在很极大程度上提高其稳定性与溶解度[18]。额外的糖基化基团对花青素稳定性的作用不太清楚,它们可能增加稳定性,也可能不增加稳定性,这取决于花青素和基质或环境的条件[215]。已有实验表明糖基部分的类型可影响其稳定性,但原因尚无法完全解释。Starr和Francis[200]发现含有半乳糖的蔓越莓花色苷的贮藏稳定性比含阿拉伯糖的高[53]。矢车菊-3-(2-葡萄糖鼠李糖苷)在pH3.5,50℃时的半衰期为26h,而同样条件下,矢车菊-3-鼠李糖苷为16h。以上实验说明取代基对花色苷的稳定性有显著影响,尽管它们本身并不参与反应。

(4)结构变化与pH的影响　在水溶液及食品中,依pH不同,花色苷存在4种可能的结构形式(图10.19):蓝色醌型碱(A)、红色花色䋊阳离子(AH+)、无色醇型假碱(B)和无色查耳酮(C)[24]。图10.19为锦葵色素-3-葡萄糖苷[图10.19(2)]、二羟基黄鉟盐氯化物[图10.19(3)]和4-甲氧基-4-甲基-7-羟基黄鉟盐氯化物[图10.19(4)]在pH 0~6时4

种结构式的平衡分布曲线。对于每种色素而言,在整个 pH 范围内四种结构中只有二种占主导地位。锦葵色素-3-葡萄糖苷的水溶液在低 pH 时红色黄锌盐阳离子结构占优势,而在 pH 3~6 时,无色的醇型假碱结构占优势。4′,7-羟基黄锌盐也存在类似现象,只是其平衡产物主要含有黄锌盐和查耳酮结构。所以,当 pH 接近 6 时,溶液变为无色。在 4′-甲氧基-4-甲基-7-羟基黄锌盐氯化物的水溶液中,黄锌盐阳离子和醌型碱之间存在着平衡,因而溶液在整个 pH 0~6 显色,随着 pH 在此范围内提高,溶液从红色变为蓝色[2]。当 pH 增加到 8 以上时,醌基可以被电离,携带一到两个负电荷[7]。

有趣的是,在相同的 pH 和相似的条件下,花青素 3,5-二糖苷的阳离子比例往往小于相应的花青素-3 糖基阳离子,而酰化花青素则表现出更大的红色黄锌盐阳离子比例,尤其是在 pH 高于 4 时[45]。这就是为什么酰化花青素似乎更适合作为食品着色剂用于更广泛的应用,因为它们可能在更大的 pH 范围内更好地保留颜色[79]。

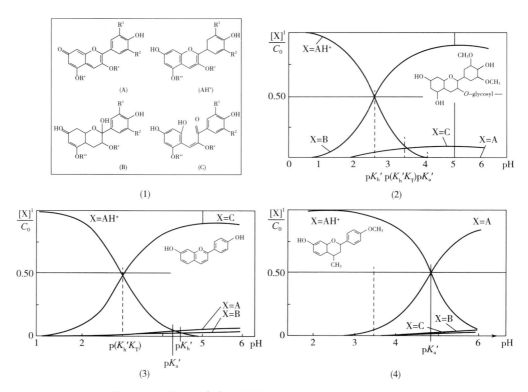

图 10.19　室温下存在于酸性水溶液中的四种花色苷结构式

（A）醌型碱（蓝色）；（AH$^+$），黄锌盐（红色）；（B）假碱或醇式（无色）；（C）查耳酮（无色）。[（2）~（4）25℃下 AH$^+$、A、B 及 C 随 pH 变化的平衡分布；（3）3-葡萄糖基锦葵色素；（3）4′,7-羟基黄锌盐氯化物；（4）4′-甲氧基-4-甲基-7-羟基黄锌盐氯化物。

资料来源:摘自 Brouillard, R., Chemical structures of anthocyanins, in: Markakis, P., ed., Anthocyanins as Food Colors, Academic Press, New York, 1982, pp. 1-40.

为了进一步说明 pH 对花色苷颜色的影响,图 10.20 所示为矢车菊色素-3,5-鼠李糖葡萄糖苷在 pH 1~8 的缓冲液中的光谱。在 pH 1~6 最大吸收峰变化很小,但吸光强度随 pH

增加而降低。当 pH 再次从 6 升高到 8 时,颜色强度再次增加,这可以通过观察到的红移和超红移表现出来。有趣的是,酰基化的花青素与非酰基化的花青素表现相同;然而,在任何 pH 下,花青素似乎都不会完全失去颜色。蔓越菊花色苷色素混合物的颜色随 pH 的变化见图 10.21。蔓越莓花色苷色素在水溶液中的变化情况与在鸡尾酒中相同,pH 是影响色泽变化的主要因素。花色苷的着色强度在 pH 低于 3 时最大,此时色素分子大多以离子化形式存在。在 pH 4.5 时,若无黄色类黄酮存在,果汁中的花色苷接近无色(略带蓝色);若有黄色色素存在(在水果中很常见),果汁呈绿色。

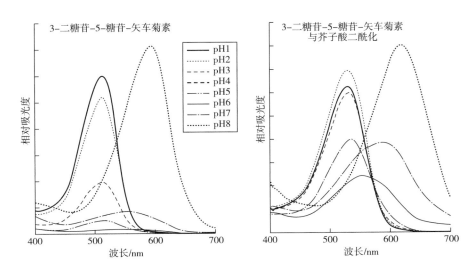

图 10.20 紫甘蓝来源矢车菊素的酰化与非酰化产物在 pH 1~8 缓冲液中的吸收光谱

色素浓度 100μmol/L 在 0.25mol/L KCl 中(pH 1),0.1mol/L 柠檬酸(pH 2~4)和 0.1mol/L 磷酸盐缓冲液(pH 6~8)。

资料来源:摘自 Ahmadiani,N. and Giusti,M.,2015,未公开数据。

(5)温度 食品中花色苷的稳定性受温度的强烈影响,其降解一般遵循一级动力学[4,171]。花青素降解速率也受是否存在氧的影响,如同前面所述的受 pH 和结构变化的影响相同。一般而言,可使 pH 稳定性增加的结构因素也可提高其热稳定性。高度羟基化的花色苷色素与甲基化、糖基化和酰基化异构体相比,稳定性较低。例如,3,4′,5,5′,7-五羟基黄锌盐在 pH 2.8 时的半衰期为 0.5d,而 3,4′,5,5′,7-五甲氧基黄锌盐的半衰期则为 6d[143]。而在类似条件

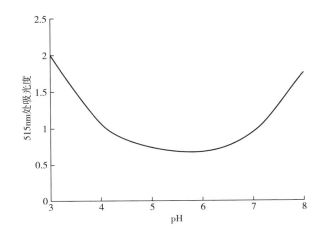

图 10.21 pH 变化对野樱桃花色苷吸光度的影响

色素浓度 50μmol/L 在 0.5mol/L 醋酸钠(pH 3~6)或 0.5mol/L 磷酸缓冲液(pH 7~8)。

资料来源:摘自 Sigurdson,G. 和 Giusti,M.,2015,未公开数据。

下,矢车菊色素-3-芦丁糖苷的半衰期为65d,而矢车菊色素的半衰期仅为12h[139]。值得注意的是由于所采用的实验条件不同,很难将不同文献报道的有关色素稳定性进行比较。在已报道的文献中出现的错误之一是未考虑到四个已知花色苷结构之间的平衡反应(图10.19)。

加热可使平衡向查耳酮方向移动,而逆反应速度则比正反应速度低。例如,以3,5-二糖苷查耳酮为起始物的反应需12h才能达到平衡。由于通常采用分析黄𨋢盐含量的方法来测定残留色素含量,若反应时间不足于达到平衡时,有可能产生误差[139]。

花色苷热降解的确切机制尚未完全了解,但是Patras及其同事对该领域目前的研究成果进行了回顾[160]。花青素的热介导降解依赖于处理温度和时间,主要由共价键的氧化和裂解引起。现已提出了3种途径(图10.22)。按途径(1),花色苷阳离子首先转变为醌式碱,然后生成几种中间体,最后形成香豆素衍生物和B环化合物。按途径(2),花色苷阳离子首先转变成无色醇式碱,然后变为查耳酮,最后生成棕色降解产物。途径(3)与此类似,只是首先形成的降解产物为查耳酮。加热可使花青素水解,导致糖苷键的丢失并形成不稳定花青素。其降解产物呈棕黄色,不宜作为天然着色剂[78]。在所有提出的机制中,花青素的热降解取决于与酰基化花青素有关的花青素的类型,与非酰基化花青素相比,花青素对热的稳定性更强。

(6)氧和抗坏血酸 花色苷结构的不饱和性使其对分子氧很敏感。多年来人们已知将葡萄汁热装瓶时,满瓶灌装可延缓其色泽由紫色变为暗棕色。在其他含有花色苷的果汁中也已观察到类似现象。通过充氮灌装或真空处理含花色苷色素果汁的实验已证实除去氧对保留花色苷颜色的有利影响[46,200]。同样,无糖饮料(康科特)葡萄汁在氮气中灌装时,其色素稳定性可得到大幅度提高。虽然人们对有关水分活度与花色苷稳定性的关系了解甚少,但发现当水分活度在0.63~0.79时,花色苷的稳定性最高(表10.9)。

表10.9   在加热过程中由吸光值测定得到的A_W对花色苷[①]颜色稳定性的影响

43℃时保留时间/min	在以下水分活度时的吸光值						
	1.00	0.95	0.87	0.74	0.63	0.47	0.37
0	0.84	0.85	0.86	0.91	0.92	0.96	1.03
60	0.78	0.82	0.82	0.88	0.89	0.89	0.90
90	0.76	0.81	0.81	0.85	0.86	0.87	0.89
160	0.74	0.76	0.78	0.84	0.85	0.86	0.87
吸光值变化百分数(0~160min)	11.9	10.5	9.3	7.6	7.6	10.4	15.5

①浓度:700mg/100mL(1g市售色素干粉)。

资料来源:摘自Kearsley,M. W. and Rodriguez,N. ,J. Food Technol. ,16,421,1981.

抗坏血酸可以存在于各种水果和蔬菜中,也可以作为酸剂添加到各种食品中,以提高产品的营养价值。现已知在果汁中花色苷在抗坏血酸存在时降解的更快,这说明在两种分子间存在着某种直接的相互作用。但是,另一种提出的机制是由抗坏血酸诱发的花色苷降

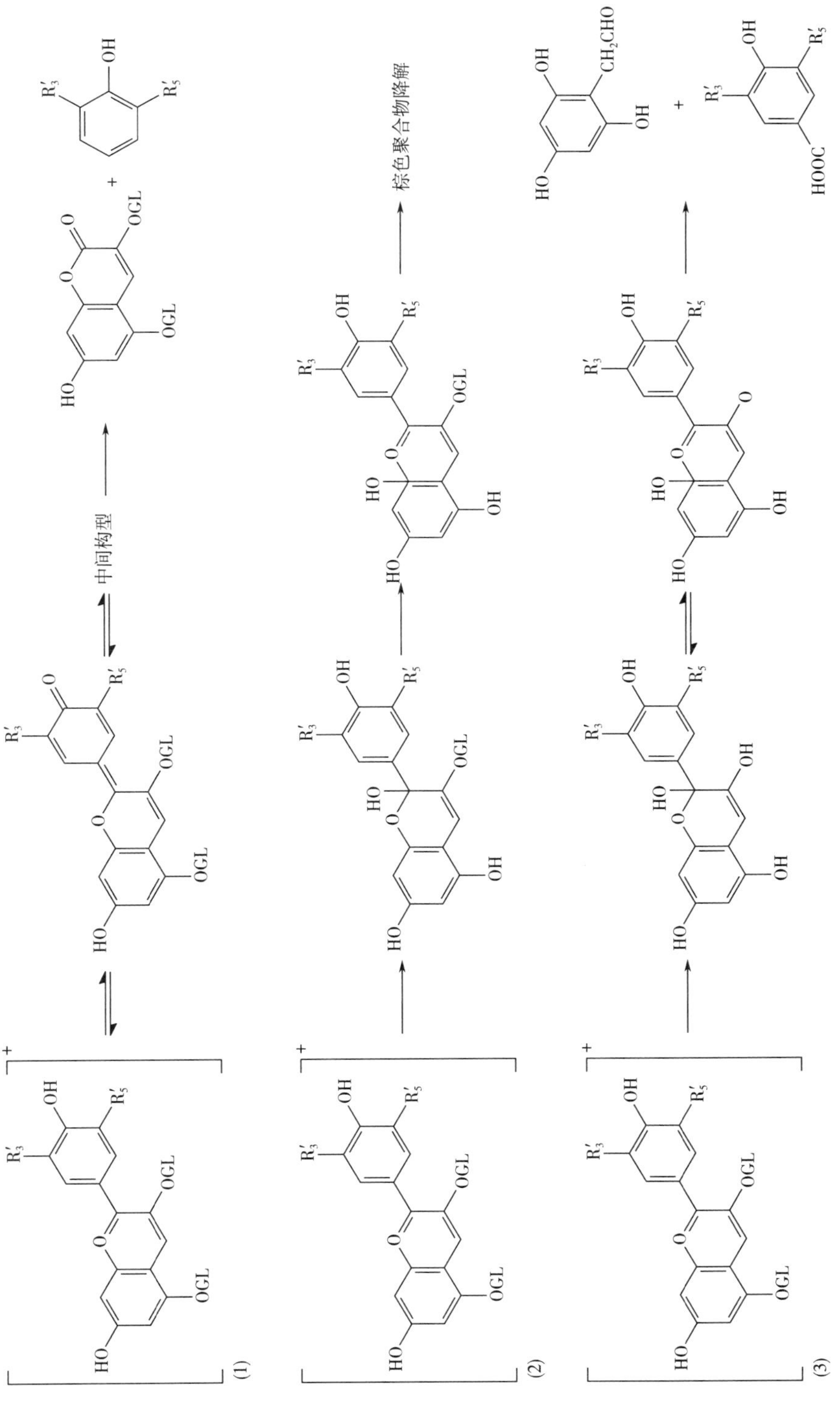

图10.22　3,5-二糖苷花色素与3-二葡萄糖苷花色素的降解机制

(1) 醌基,(2) 甲基和(3) 去糖基化,R'₃,R'₅=—OH,—H,—OCH₃或—OGL;GL=葡萄糖基。

资料来源:摘自 Fulcrand, H., et al., *Phytochem*, 47, 1401, 1998.

解是由于抗坏血酸在氧化过程中形成的过氧化氢的间接作用所致[103]。当有铜离子存在时可加速后一反应的进行,而当有黄酮醇如槲皮素[193]、槲皮苷或儿茶素[38]存在时则受到抑制。促使抗坏血酸氧化的条件不利于形成 H_2O_2,这就解释了在某些果汁中花色苷的稳定性。H_2O_2通过对花色苷 C-2 位亲核进攻使吡喃环裂解,从而生成无色的酯和香豆素衍生物。这类降解产物可进一步分解或聚合,最终导致果汁中常见的棕色沉淀现象。

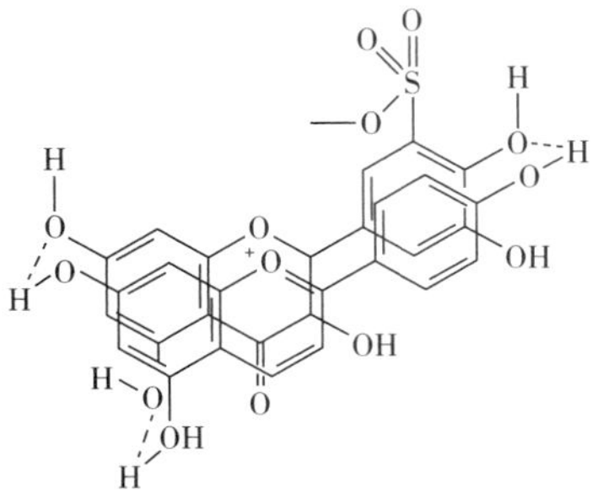

图 10.23 由花色苷与多羟基黄酮磺酸盐
形成的分子络合物

资料来源:摘自 Sweeny, J. et al., *J. Agric. Food Chem.* 29, 563, 1981.

(7)光 植物的光照是诱导花青素产生和积累的重要因素。然而,在植物组织被破坏后,光加速了食物中花青素的降解。在几种果汁和红酒中都可观察到此类不利影响。果酒中酰基化和甲基化的二糖苷较非酰基化的二糖苷稳定,而后者的稳定性较单糖苷高[29]。共色素形成作用(花色苷自缩合或与其他有机物的缩合反应)视不同情况可加速或延缓降解反应。多羟基黄酮、异黄酮和磺酸橙酮对光降解起保护作用[208],该保护作用是由于带负电荷的磺酸盐与带正电荷的黄锌盐相互作用,在分子间形成环(图 10.23)。花色苷 C-5 位羟基团被取代后,其光降解敏感性较未取代时高;未取代或单取代花色苷在 C-2 和/或 C-4 位更易受到亲核进攻。其他形式的辐射如离子化辐射的能量也可造成花色苷的降解[140]。

(8)糖分及其降解产物 果汁所含的高浓度糖分可稳定花色苷,一般认为这一作用是由于降低了水分活度(表 10.9)。水亲核进攻黄锌盐阳离子的 C-2 位,形成无色醇式碱。当所存在的糖分低至对水分活度影响很少时,它们或其降解产物有时可加速花色苷的降解。在低浓度时,果糖、阿拉伯糖、乳糖和山梨糖对花色苷的降解作用比葡萄糖、蔗糖和麦芽糖大。花色苷的降解速率与糖降解为糠醛的速率一致。由戊醛糖所形成的糠醛,或由己酮糖形成的羟甲基糠醛,均为美拉德反应和抗坏血酸氧化的产物。此类化合物易与花色苷发生缩合反应,形成棕色物质。该反应机制目前尚不明了,但温度对其影响很大,有氧时也可加速反应,上述现象在果汁中非常明显。

(9)金属 在植物界中,花色苷的金属络合物很常见,它们拓展了花的色谱。许多美丽的蓝色花朵是由于花青素和金属的络合。长期以来人们发现,有必要对金属罐涂膜,以便果蔬在金属罐中杀菌过程中保留果蔬中花色苷的典型颜色。花色苷含有相邻的酚羟基,可螯合几种多价金属,螯合物会产生红移向蓝波方向。已采用向花色苷溶液中添加 $AlCl_3$ 作为一种将花青素、配基和飞燕草色素与天竺葵色素、芍药色素和锦葵色素区分开来的方法。后一类花色苷不具有邻酚羟基,因而不能与 Al^{3+} 反应(图 10.18)。一些研究已表明金属络合作用可稳定含花色苷食品的颜色,Ca、Fe、Al 和 Sn 离子对蔓越莓汁中的花色苷提供一些保护作用。然而,金属与丹宁形成的络合物可使蓝色和棕色变色,因而抵消了其有利影响[72]。

例如,三价铁离子处理的花青素比三价铝离子处理的花青素表现出更大的黄变。这些红移可以高达 100 nm 或更多。随着游离羟基的数目的增加,红移的程度增加[27]。

将 Al^{3+} 盐和 Fe^{3+} 盐加入酰化花青素或飞燕草衍生物中时可能会形成蓝色化合物[196]。pH 和溶液的组成是关键因素,在 pH 为 4~6 时,除了黄变变色导致更强烈和更蓝的颜色外,还报道了强烈的超变色效应。

水果的变色问题,即所谓"红变",是由于金属与花色苷形成了络合物所致。已发现这类变色现象出现于梨、桃和荔枝中。一般认为红变是由于无色的原花色素在酸性条件下受热转化为花色苷,然后再与金属形成络合物之故[134]。

(10)二氧化硫　在黑樱桃酒、蜜制和糖渍樱桃生产过程中的一个加工步骤是用高浓度的 SO_2(0.8%~1.5%)将花色苷漂白。将含花色苷的水果保存于 500~2000mg/L 的 SO_2 中,可生成无色的络合物。这一反应已被深入研究,相信这上反应涉及 SO_2 在 C-4 位的结合(图 10.24)。提出 SO_2 在 C-4 位结合的理由是 SO_2 在这一位置打断了共轭双键体系,从而导致颜色的损失。天竺葵 3-葡萄糖苷的失色反应速率常数(k)在 pH 3.24 时经计算为 $25700/\mu A$[213]。

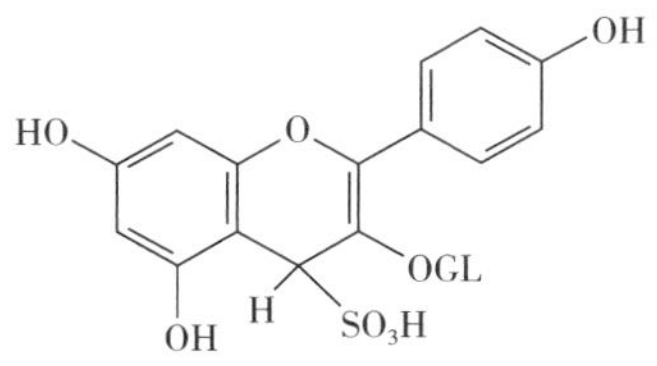

图 10.24　无色花色苷-硫酸盐(—SO_2)络合物
GL＝葡萄糖。

具有较大的速率常数表明只需少量的 SO_2 即可快速地使大量的花色苷变色。可抵御 SO_2 漂白的花色苷,或者是 C-4 位已封闭或通过 4 位连接以二聚体形式存在[21]。如果去除亚硫酸盐,硫介导的花青素变色在一定程度上为可逆过程。但是,发生于黑樱桃酒和樱桃蜜饯生产过程中的漂白为不可逆过程。樱桃蜜饯的颜色可通过添加着色剂得到恢复,最典型的实例是使用合成着色剂,如 FD&C 红色 40 号。

奇怪的是,二氧化硫或它的等效物如亚硫酸氢盐或偏亚硫酸氢盐也被用来提高从植物材料中提取花青素的效率。与水提物相比,亚硫酸氢盐萃取物具有更纯净、更强烈、更稳定的颜色[105]。

(11)共色素形成作用　已知花色苷可与自身(自身结合)或其他有机物(共色素形成作用)发生缩合反应,并可与蛋白质、丹宁、其他类黄酮和多糖形成较弱的络合物。虽然这些化合物大部分本身并不显色,但它们可通过红移作用增强花色苷的颜色,并增加最大吸收峰波长处的吸光强度,这些络合物在加工和贮藏过程中也更稳定。在葡萄酒加工过程中,花色苷经历了一系列的反应后,形成了更加稳定复杂的葡萄酒色素。葡萄酒中稳定的颜色据信是由于花色苷的自身结合所致。该聚合物对 pH 较不敏感,并由于在 4 位上有接合基团,它们可抵御 SO_2 的脱色作用。此外,在葡萄酒中也发现有花色苷的衍生色素(vitisin A 和 B)存在[13,75],它们分别是锦葵色素与丙酮酸或乙醛的反应产物。这一反应导致在可见波长范围内吸收的蓝移,产生比锦葵色素典型的蓝紫色更显橘黄或红的色调。然而,vitisin 对整个葡萄酒的颜色贡献是比较小的[184]。

当黄锌盐阳离子及/或醌式碱吸附在合适的底物如果胶或淀粉上时,可使花色苷保持稳定。此稳定作用可增加其作为潜在食用色素添加剂的适用性,而其他缩合反应则可导致褪色。某些亲核物质如氨基酸、间苯三酚和儿茶酚可与黄锌盐阳离子缩合,生成无色的 4-取代黄锌盐-2-烯[139],结构如图 10.25 所示。

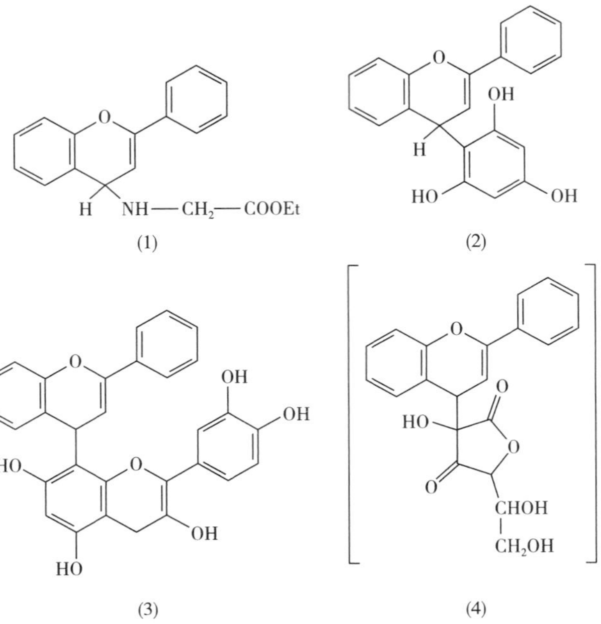

图 10.25 由黄锌盐与(1)乙基甘氨酸,(2)间苯三酚,(3)儿茶酸及(4)抗坏血酸缩合得到的无色 4-取代黄酮二烯

资料来源:摘自 Markakis, P. ,Stability of anthocyanins in foods, in: Markakis, P. , ed. , Anthocyanins as Food Colors, Academic Press, New York, 1982, pp. 163-180.

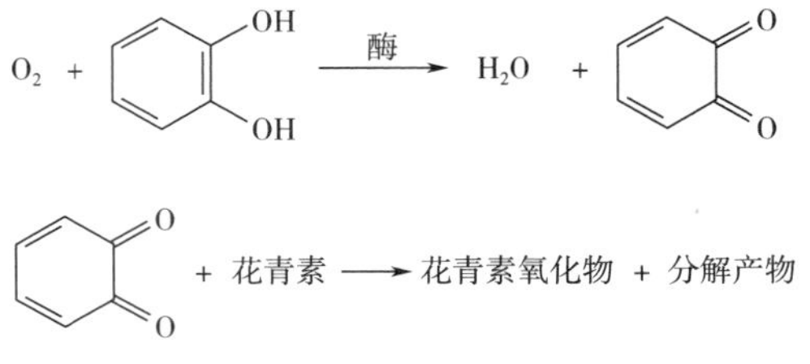

图 10.26 多酚氧化酶降解花色苷的推荐机制

资料来源:摘自 Peng, C. and Markakis, P. , *Nature*, 199,597,1963.

(12)酶反应 酶参与了花色苷的脱色反应,现已确定有两类酶参与此反应:葡萄糖苷酶和多酚氧化酶。它们被统称为花色苷酶。葡萄糖苷酶,正如其名所指,可水解糖苷键,生成糖和糖苷配基。花色苷溶解度的下降以及转化为无色产物可使其光的强度减弱。当有邻二酚和氧存在时,多酚氧化酶可催化氧化花色苷。该酶首先将邻二酚氧化为邻苯二醌,后者遵循非酶作用机制再与花色苷反应形成氧化态花色苷和降解产物(图 10.26)[139]。

虽然水果的热烫并不是一种常用的加工手段,但能破坏花色苷的酶的确可经较短时间的热烫处理(90~100℃下处理 45~60s)而失活。曾建议酸樱桃在冷冻前使用该方法。已报道极低浓度的 SO_2(30mg/L)可抑制樱桃中花色苷的酶降解[81],同样,已观察到 Na_2SO_3 对花色苷有热稳定作用[1]。避免花青素酶解的另一种方法是利用酸化条件使酶变性,防止它们破坏色素。此外,一些酶,如用于促进水果压榨和提高果汁产量的浸渍酶,也可能含有糖苷酶活性。建议对糖苷酶活性的酶制剂进行筛选,以避免色素的去糖基化和颜色丢失[225]。

(13)作为天然食品着色剂的酰基花青素 在过去的几十年里,人们对花青素作为合成染料的潜在替代品的兴趣大大增加。发现有着高稳定性的酰基花青素使其有较大希望为商业化食品着上稳定而理想的颜色[79]。如小萝卜、红马铃薯、红卷心菜、黑胡萝卜、紫玉米和紫甜马铃薯就是这样带有理想颜色和稳定性的花青素的可食性来源。在这些食物中,小萝卜和红马铃薯就被视作 FD&C 红 No.40(诱惑红)的潜在替代物。相应的典型应用就是在pH 低于 3 的果汁或水体系中。然而,还有一些食品已被含花青素的着色剂成功着色;从小萝卜里面提取的着色剂可以将红樱桃(pH3.5)着上亮丽诱人而又稳定的红颜色[80],很接近用诱惑红染过的樱桃。酰基花青素其他潜在的应用包括使用于乳制品[68,79],如酸乳和牛乳。来源于高粱的稀有 3-脱氧花青素也被视为是某些人造着色剂的潜在替代物[10]。这些色素在 pH 变化,贮藏和加工过程中表现出更为显著地稳定性,并且能着从黄-橙色到红色的颜色。这些色素稳定性的增加,加上由于其潜在的保健作用而衍生出的附加值,使得它们在各类食品中的应用更有潜力。花青素在接近中性 pH 的食物中的应用也在探索中,在这类食物中,形成了醌类碱基且颜色在可见光谱中呈现为蓝色。总的来说,与酸性 pH 相比,关于这些 pH 范围内花青素的化学性质和稳定性的信息要少得多,但一些研究表明,可能可以使用花青素赋予传统红色以外的颜色,并扩大花青素在选定食品中的应用[2,196]。虽然食品着色剂的目的是提供颜色,但花青素也被认为是兼具有附加价值的着色剂,因为它们也是有效的抗氧化剂,并与一些健康益处有关。关于花青素对健康的益处的话题超出了本章的范围,对此话题感兴趣的读者可以参考 Wallace 和 Giusti 主编的《花色素苷在健康和疾病中的作用》一书[239]。

10.2.4.2 其他类黄酮

如前所述,花色苷是存在最广的一种类黄酮。然而,植物中有 6000 多种不同的类黄酮,只有其中一些对颜色有重要的贡献。虽然在食品中大多数黄色是由类胡萝卜素所致,但某些黄色是由于非花色苷型类黄酮的存在所造成的。此外,类黄酮的存在也会使一些植物原料显白色,但那些含有酚类基团的氧化产物在自然界中显棕色和黑色。黄酮(Anthoxanthin,希腊语:anthos,花;xanthos,黄色)一词有时也用来命名一些黄酮类物质。与类黄酮(Flavonoids)不同的是 3-位碳连的氧化状态(图 10.16)。通常在自然界中发现的结构在黄酮-3-醇(儿茶酸)至黄酮醇(3-羟基黄酮)和花色苷之间变化。类黄酮同样也包括二氢黄酮、二氢黄酮醇或二羟基二氢黄酮醇和黄酮-3,4-二醇(原花色素)。此外,有五类化合物不具备类黄酮基本骨架,但它们与类黄酮有相关的化学性质,因而通常也将其归入类黄酮族。它们是二羟基查耳酮、查耳酮、异黄酮、新黄酮和橙酮。与花色苷相比,这一族的单体化合物因两个苯环上羟基和甲氧基以及其他取代基的数目不同而异。许多类黄酮化合物的取名与其第一次被分离时存在的来源有关,而不是根据其相应糖苷配基上的取代基来命名。这种命名的不一致给此类化合物的分类带来了混乱。

(1)物理性质 类黄酮的光吸收特性清楚地表明,其色泽与分子中的不饱和度和助色团(存在于分子中可加深颜色的基团)的影响之间存在着某种联系。在羟基取代的黄酮类物质儿茶酸和花色苷前体中,两个苯环之间的不饱和双键被打断,因而其光吸收性质与酚类似,其最大吸收在275~280nm[图10.27(1)]。在二氢黄酮类物质柚柑黄素中,羟基仅与C-4位的羰基耦合,因而并不具有助色性[图10.27(2)],所以其光吸收性质与黄酮类似。而在黄酮类物质叶黄素[图10.27(3)]中,其羟基通过C-4位共轭从而使两个苯环之间发生联系,因而具有助色性。长波长(350nm)的光吸收与B环有关,而短波长的光吸收则受A

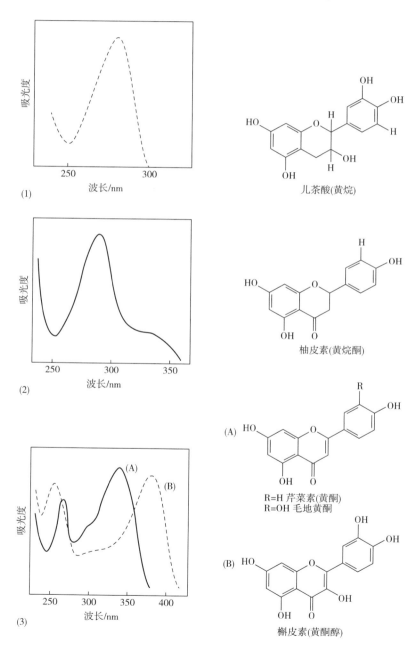

图 10.27　特定类黄酮的吸收光谱

环影响。与黄酮相比,在黄酮醇类物质槲皮素中,C-3 位的羟基可使最大吸收峰继续向长波(380nm)方向移动,所以如果存在足量的黄酮醇,其色泽应显黄色。酰化及/或糖基化可使光吸收性质进一步发生改变。

如前所述,此类类黄酮也可涉及共色素形成作用,这一现象对自然界中的许多颜色产生重要影响。此外,与花色苷类似,类黄酮也是一种金属螯合剂,与铁和铝螯合后可增加黄色度,而当叶黄素与铝螯合后则显亮黄色(390nm)。

(2)在食品中的重要性 非花色苷类(NA)类黄酮对食品的颜色具有一定作用,但是,大多数 NA 类黄酮通常色调苍白,因而限制了其总体作用。某些蔬菜如花菜、球葱和土豆的白色在很大程度上应归结于 NA-类黄酮,但它们通过共色素形成作用对颜色的贡献更为重要。该类化合物的螯合性质可对食品的色泽可产生积极或消极的影响。例如,芸香苷(3-芸香糖苷槲皮素)与三价铁络合后,可使罐装芦笋变为暗绿色,加入螯合剂如乙二胺四乙酸(EDTA)可抑制这种不利的颜色。芸香苷与锡形成的络合物具有非常漂亮的黄色,在用普通锡罐罐装蜡质青豆这种加工方法未被取消前,蜡质青豆可接受的黄色在很大程度上应归结于这类络合物。锡-芸香苷络合物比铁络合物性质稳定,因而只需加入或存在极少量的锡即有利于形成锡络合物。

熟黑橄榄的颜色部分是由于类黄酮的氧化产物所致,所涉及的一种类黄酮为毛地黄-7-葡萄糖苷。该化合物可经氧化并形成黑色,它存在于发酵过程及随后的贮藏过程中[19]。食品中类黄酮的其他重要功能是其抗氧化性和对风味,尤其是苦味的贡献。

(3)原花色素 在花色苷这个大主题下来探讨原花色素是切合实际的,虽然这类化合物并不显色,但它们与花色素具有结构类似性,在食品加工过程中,它们可转化为有色产物。原花色素又称为无色花色素或无色花色苷,用于描述此类无色化合物的其他术语有花黄素、白花色素及聚黄烷。如果用于命名 flaven-3,4-二醇单体(图 10.28),采用无色花色素一词较为合适,因为它是原花色素的基本骨架。无色花色素也可以二聚

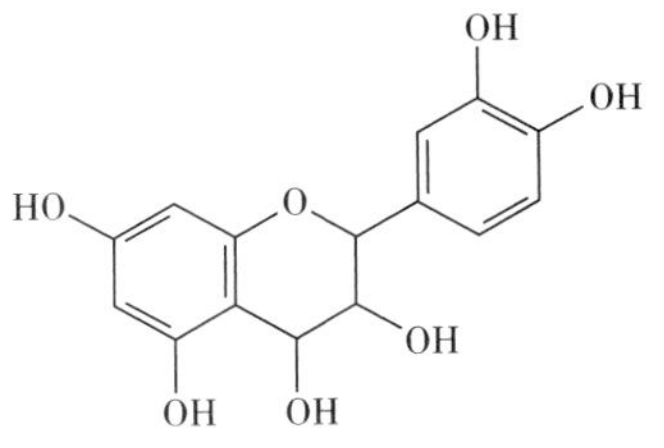

图 10.28 原花色素的基本结构

体、三聚体或多聚体形式存在,单体间通常通过 C-4 和 C-8 或 C-4 和 C-6 连接。

原花色素在可可豆中首次发现,后者在酸性条件下受热后水解为矢车菊色素和(-)-表儿茶素(图 10.29)[67]。二聚原花色素存在于苹果、梨、可乐果及其他水果中。已知这类化合物在空气中或见光可降解为稳定的红棕色衍生物。它们对苹果汁及其他果汁的色泽和某些食品的涩味有显著作用。为了产生涩味,可将 2~8 个原花色素与蛋白质相互作用。其他在自然界中发现的原花色素在水解时可形成常见的花色素,如天竺葵色素、牵牛花色素或飞燕草色素。

(4)丹宁 目前丹宁还没有严格的定义,许多结构各异的物质都包含在这一名称下。丹宁是一类特殊的酚类化合物,之所以取此名完全是由于它具有结合蛋白质和其他聚合物如多糖的能力,而与其本身的化学性质无关。因而,该类物质可依其功能性定义为具有沉淀生物碱、明胶和其他蛋白质能力,且相对分子质量在 500~3000 的水溶性多酚化合物。它

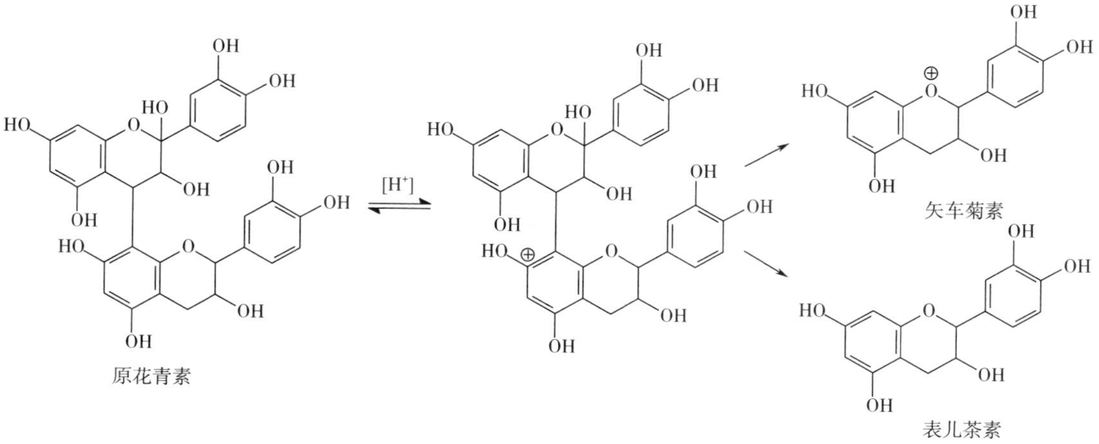
[H⁺]
原花青素
矢车菊素
表儿茶素

图 10.29　原花色素的酸水解机制

资料来源:摘自 Forsyth, W. and Roberts, J. , Biochem. J,74,374,1960.

们存在于橡树皮和水果中,其化学性质相当复杂。一般认为它们分属于两类:①原花色素,又称“缩合丹宁”(如前所述)及②属于六羟基二酚酸一类的没食子酸葡萄糖聚酯(图10.30)。因为后一类物质由葡萄糖苷分子与不同的酚基团键合而成,它们也被称作可水解丹宁。最重要的一个例子是葡萄糖与没食子酸和其二聚体的内酯即鞣花酸的结合。丹宁的显色范围在黄白色至浅棕色区域内,并使食品具有涩味。它们对红茶的呈色起着相当大的作用,原因是在发酵过程中儿茶酸被转化为茶黄素及茶红素。丹宁具有沉淀蛋白质的能力,因而可作为一种有价值的澄清剂。

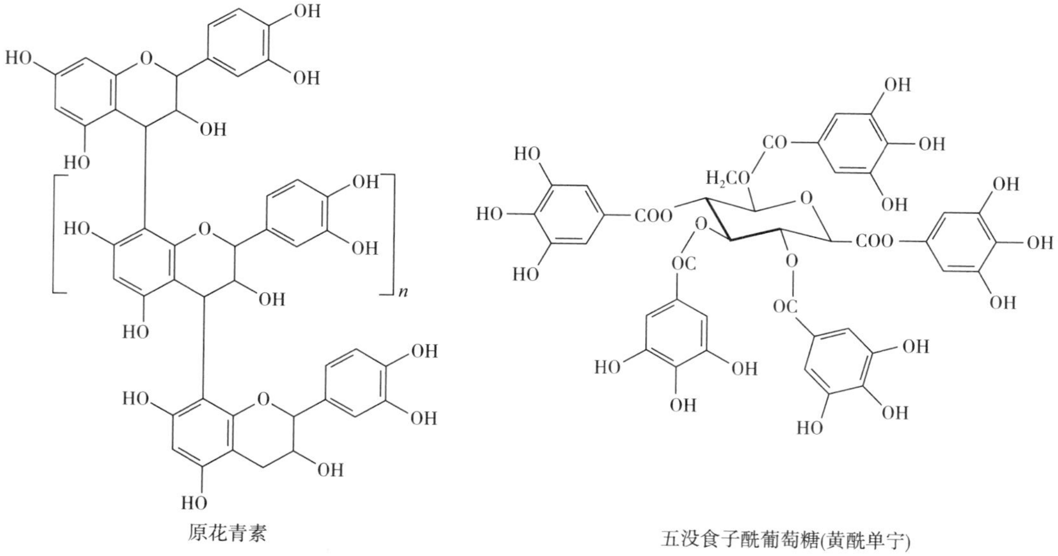
原花青素
五没食子酰葡萄糖(黄酰单宁)

图 10.30　丹宁的结构式

10.2.4.3 醌类物质和酮类物质

醌类化合物属酚类物质,其分子质量变化不定,有单体如1,4-苯醌,二聚体1,4-萘醌,三聚体9,10-蒽醌以及以金丝桃蒽醌为代表的多聚体(图10.31)。它们广泛分布于植物尤其是树中,并在树木中起呈色作用。大多数醌类物质具有苦味,对植物的呈色作用很小。它们也具有某些较深的颜色,如某些真菌和地衣的黄、橙及棕色,以及海百合和介壳虫的红、蓝和紫色。具有复杂取代基如萘醌和蒽醌的化合物存在于植物中,它们具有深紫和黑色调。在体外试验中,在碱性条件下引入羟基可使颜色产生进一步变化。氧杂蒽酮类色素属于黄色酚类色素,由于它们的结构特征,常与醌类物质和类黄酮相混淆。在芒果中,氧杂蒽酮类色素芒果素(图10.32)以葡萄糖苷形式存在。根据其光谱特性,很容易与醌类物质区别开来。

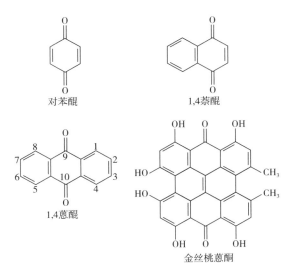

图10.31 醌类化合物的结构式

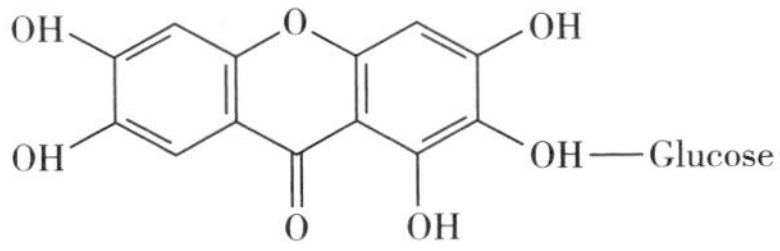

对苯醌 1,4萘醌 1,4蒽醌 金丝桃蒽酮

图10.32 芒果苷的结构式

10.2.5 甜菜色素类物质

10.2.5.1 结构

甜菜碱是一类含氮色素,由甜菜红素(红色/紫色)和甜菜黄素(黄色/橙色)两个结构亚组组成。含有甜菜色素的植物的颜色与含有花色苷的植物的颜色类似,但是它们的颜色受pH变化影响很小。甜菜色素具有水溶性,并以内盐(两性离子)的形式存在于植物细胞的液泡中。含有该类色素的植物只限在中央种子目(*Centrospermae*)的10个科中。存在于植物中的甜菜色素与花色苷相互排斥(例如甜菜红素不与任何花青素共存于同一植物中)[199]。甜菜红素的来源包括红甜菜、苋菜、仙人掌果、瑞士甜菜、黄甜菜和紫火龙果。苋菜既可像绿叶菜一样生吃,也可如谷物一样煮熟后再食用。研究最充分的甜菜红素是红甜菜碱。

到目前为止,已经发现了大约55种不同的甜菜红素结构[201]。甜菜色素的通式[图10.33(1)]说明该物质由伯胺或仲胺与甜菜醛氨酸(BA)缩合而成[图10.33(2)]。所有甜菜色素均能以1,2,4,7,7-五取代-1,7-重氮庚胺表示[图10.33(3)]。当R′与1,7-重氮庚胺体系不相共轭时,该化合物的最大吸收峰约在480 nm处,并具有β-叶黄素的典型黄色;若共轭体系延伸至R′,最大吸收峰则移至约540 nm处,此时具有β-矢车菊色素的典型红色。

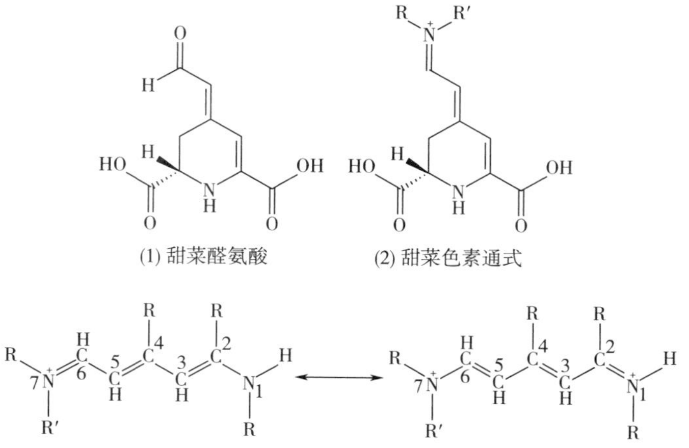

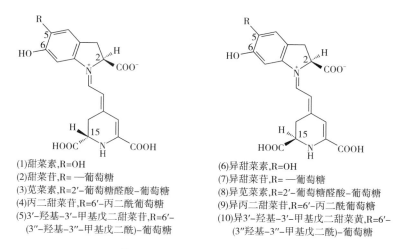

图 10.33　甜菜色素的通式及其基本模块

(1) 甜菜醛氨酸　　(2) 甜菜色素通式

(3) 二氮杂七次甲基阳离子

由于 β-矢车菊色素具有 C-2 和 C-15 两个手性碳原子(图 10.34),因而它具有光学活性。β-矢车菊色素水解后可生成甜菜苷配基[图 10.34(1)]或 C-15 差向异构的异甜菜苷配基[图 10.34(6)],或者是两个糖苷配基异构体的混合物。所有的 β-矢车菊色素均可共享这两个糖苷配基,并已发现 β-矢车菊色素在 C-5 和 C-6 位取代基存在着差异。报道的取代基包括葡萄糖、谷氨酸和芹菜糖,可以通过与丙二酸、3-羟基-3-甲基戊二酸、咖啡酸、对香豆素和阿魏酸等酸进行酯化进一步修饰[204]。第一个被分离和表征的甜菜红素为红甜菜来源的甜菜苷(5-O-β-葡萄糖基甜菜苷)[228]。红甜菜中主要的 β-矢车菊色素为甜菜苷或异甜菜苷[图 10.34(2),(7)],而在苋菜红中,则为苋菜红素及异苋菜红素[图 10.34(3),(8)]。

(1)甜菜素,R=OH
(2)甜菜苷,R= —葡萄糖
(3)苋菜素,R=2'-葡萄糖醛酸-葡萄糖
(4)丙二菜苷,R=6'-丙二酰葡萄糖
(5)3'-羟基-3'-甲基戊二甜菜苷,R=6'-
　　(3"-羟基-3"-甲基戊二酰)-葡萄糖

(6)异甜菜素,R=OH
(7)异甜菜苷,R= —葡萄糖
(8)异苋菜素,R=2'-葡萄糖醛酸-葡萄糖
(9)异丙二菜苷,R=6'-丙二酰葡萄糖
(10)异3'-羟基-3'-甲基戊二甜菜黄,R=6'-
　　(3"羟基-3"-甲基戊二酰)-葡萄糖

图 10.34　特定的甜菜红素结构

甜菜黄素与甜菜红素结构相似,二者的区别在于前者的吲哚核被一氨基酸或氨基取代。首例经分离鉴定的 β-叶黄素为梨果仙人掌黄素[168][图 10.35(1)]。梨果仙人掌黄素的吲哚核与一氨基酸偶联。自甜菜中分离得到的两种 β-叶黄素为仙人掌黄素(1)和(2)[图 10.35(2),(3)],它们不同于梨果仙人掌黄素,后者被脯氨酸取代,而前者则分别由谷氨酰胺或谷氨酸取代。虽然至今只有为数不多的 β-叶黄素已被鉴定,但考虑到色素中氨基酸的数量,有可能存在大量不同的 β-叶黄素。

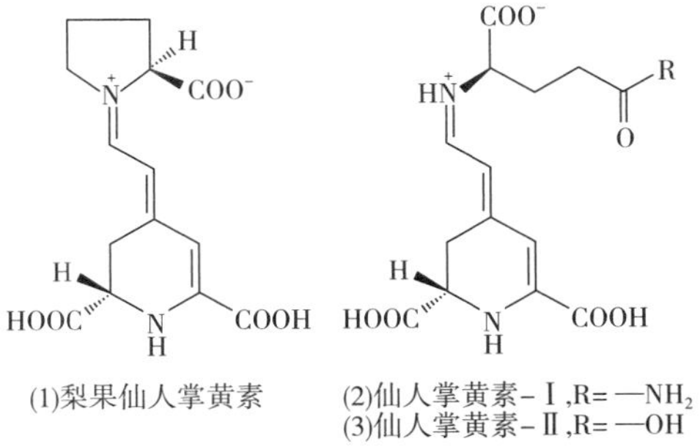

(1)梨果仙人掌黄素   (2)仙人掌黄素-Ⅰ,R= —NH₂
(3)仙人掌黄素-Ⅱ,R= —OH

图 10.35　特定甜菜黄素的结构

10.2.5.2　物理性质

甜菜碱是水溶性色素,比花青素表现出更大的亲水性。它们可以用水从植物材料中提取,但是用甲醇可使潜在的干扰蛋白质沉淀。与其他植物色素相同,甜菜色素可强烈吸收可见光,甜菜苷的摩尔吸光系数值为 1120,而仙人掌黄素则为 750,由此可说明在纯物质时它们具有很高的着色力。在可见光区域内的最大吸收波长取决于它的取代基。但是一般来讲,甜菜红素在 535~538nm,甜菜黄素在 460~477nm[203]。植物在自然界中被观察到的颜色是其甜菜红素和甜菜黄素比率的表现[201]。

与花青素不同,甜菜色素在 pH4~7 十分稳定。pH 低于 4.0 时,最大吸收峰向短波方向移动(pH 2.0 时为 535nm);而当 pH 高于 7.0 时,最大吸收峰向长波方向移动(pH 9.0 时为 544nm)。分光光度法、高效液相色谱法、质谱法和核磁共振法等方法,已成功用于甜菜碱的鉴定和结构鉴定。这些分析方法已在其他地方进行了综述[201,204]。

10.2.5.3　化学性质

像其他天然色素一样,甜菜色素受几种环境因素的影响。

(1)热和/或酸度　在温和的碱性条件下,甜菜苷可降解为甜菜醛氨酸(BA)及环多巴-5-O-葡萄糖苷(CDG)(图 10.36)。由于甜菜醛氨酸(BA)最大吸收峰在 430 nm 左右,所以在其水解后溶液由红色变为黄色。当加热甜菜苷的酸性溶液或热处理含有甜菜根的产品时,也可形成以上两种降解产物,但速度较慢[182]。该反应与 pH 有关(表 10.10),在 pH 4.0~5.0 范围内稳定性最高[96]。应当注意的是该反应需要有水参与,因而当无水或水分有限时,甜菜苷相当稳定。由此可见,降低水分活度可减缓甜菜苷的降解速率[159]。最适合贮藏甜菜粉的色素的推荐水分活度为 0.12(水分含量约为 2%,干基)[42]。当水分活度为 0.64 时,来自于封装甜菜根中的甜菜苷降解速率最大,这表明适中的水分活度比高水分活度对甜菜苷的危害更大[191]。

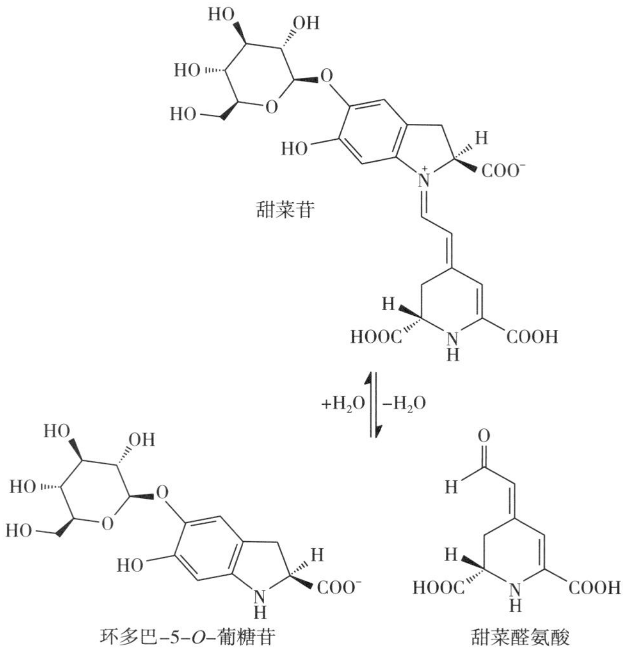

图 10.36　甜菜苷的降解反应

表 10.10　　　　　　　　　90℃下氧和 pH 对甜菜苷水溶液半衰期的影响

pH	甜菜苷的半衰期值/min		pH	甜菜苷的半衰期值/min	
	氮	氧		氮	氧
3.0	56±6	11.3±0.7	6.0	41±4	12.6±0.8
4.0	115±10	23.3±1.5	7.0	4.8±0.8	3.6±0.3
5.0	106±8	22.6±1.0			

资料来源:摘自 Huang, A. and von EIbe, J. , J. Food Sci. , 52, 1689, 1987.

目前尚未有 β-叶黄素降解机制的研究报道,由于 β-矢车菊色素与 β-叶黄素具有相同的基本结构,它们可能遵循与甜菜苷相同的降解机制。

甜菜苷降解成 BA 和 CDG 为可逆反应,因而在受热后部分色素可再生。所提出的再生机制涉及 BA 的醛基与 CDG 的亲核氨基之间的席夫碱缩合反应(图 10.36)。甜菜苷的再生在中间 pH 范围内(4.0~5.0)最高[96]。令人感兴趣的是,虽然原因尚未明确,罐头制造商通常在加工后数小时才检查甜菜罐头以评估其色泽,充分利用了色素的再生作用。

由于 β-矢车菊色素在 C-15 位存在手性碳(图 10.34),因而使其具有两个差向异构体。酸或热均可导致差向异构化反应,因而人们可预期在含甜菜苷食品的加热过程中,异甜菜苷对甜菜苷的比例会提高。然而,差相异构化并不影响化合物的吸收光谱,所以颜色保持不变。

甜菜苷的热降解主要是通过水解裂解进行的,研究表明甜菜苷也可以发生脱羧和脱氢反应。当甜菜苷在水溶液中加热时,经脱羧作用可形成红橙色脱羧甜菜苷(505nm)。这种转化的证据是 CO_2 的生成和手性中心的丢失。脱羧速率随着酸度的增加而增加[96]。甜菜苷还可以脱氢形成橙色脱氢甜菜苷(477nm)。在酸及/或受热条件下甜菜苷的降解反应总结见图 10.37。对于一些酰化的甜菜苷脱羧和脱氢是导致色素降解的主要反应[93]。例如,红紫色火龙果中的色素丙二酰甜菜苷(phyllocactin)[图 10.34(4)]和 3″-羟基-3″-甲基-戊二基甜菜苷(hylocerenin)。

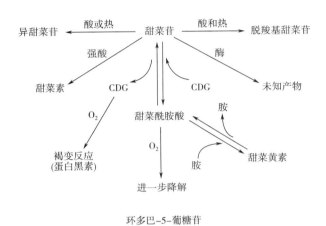

图 10.37　在遇酸和/或受热条件下甜菜苷的降解

　　甜菜黄素的稳定性尚未得到广泛研究,但由于甜菜红素和甜菜黄素拥有相同的一般结构,它们的降解机制也可能相似。从仙人掌梨汁中提取的糖苷在高温下异构化形成异糖苷。就如甜菜红素一样,经过热处理和冷藏后,梨果仙人掌黄素也被观察到通过重构后再生了[151]。与甜菜红素类似,甜菜黄素在 pH 为 5.5 时最稳定[33]。虽然这两种色素在干燥后都比在水溶液中更稳定,但在没有光和氧的情况下,甜菜黄素在冷藏过程中似乎保存得更好[32]。

　　(2)氧和光　造成甜菜色素降解的另一个主要因素是氧的存在。长期以来人们已认识到甜菜罐头顶空中的氧可加速色素的损失。当溶液中存在的氧超过甜菜苷 1mol 以上时,甜菜苷的损失遵循一级动力学反应,当分子氧浓度降至接近甜菜苷时,其降解偏离一级动力学反应。而无氧存在时,其稳定性增加。分子氧已被视作甜菜苷氧化降解的活化剂。因为甜菜色素对氧化很敏感,这些化合物也是有效的抗氧化剂[224]。糖基化也是一个因素,因为甜菜甜菜苷在分子氧作用下的半衰期比其糖基化形式的半衰期更长。这与糖基化的甜菜苷拥有比甜菜苷更低的氧化还原电位相符[52]。

　　光可加速甜菜色素的氧化反应,在一个模型系统中,55℃、40℃和 25℃时[8],光使得甜菜苷降解程度分别增加 27%、83% 和 212%[8]。温度越高,影响越小,这是因为热诱导的化学降解作用比光化学氧化作用更明显。在富含甜菜苷的食物中,如紫色火龙果汁,也观察到了类似的光效应[92]。

　　在当有抗氧化剂如抗坏血酸或异抗坏血酸存在时,可改善其稳定性。由于铜和铁离子可催化分子氧氧化抗坏血酸,它们可降低抗坏血酸作为甜菜色素保护剂的功效。金属螯合剂(EDTA 或柠檬酸)的存在可大大改善抗坏血酸作为甜菜色素稳定剂的功效[9,16]。几种酚类抗氧化剂如叔丁基羟基茴香醚、叔丁基羟基甲苯、儿茶酚、槲皮素、正二氢愈创酸、绿原酸及 α-生育酚,可抑制自由基链式自动氧化反应。由于甜菜色素的氧化反应似乎并不涉及自由基氧化过程,因而此类抗氧化剂对甜菜苷是一种无效的稳定剂就不足为奇了[9]。同样,含硫抗氧化剂如亚硫酸钠和偏亚硫酸氢钠不仅是无效稳定剂,而且可加剧色素损失。硫代硫酸钠是一种低劣的氧清除剂,它对甜菜苷的稳定性毫无作用。硫代丙酸和半胱氨酸也是甜菜苷的无效稳定剂。以上发现证实甜菜苷的降解不遵循自由基机制。甜菜色素对氧的敏感性限制了它作为食品色素的应用。

(3)甜菜色素酶 甜菜苷易被酶降解。过氧化物酶存在于甜菜中,能够催化甜菜苷的氧化降解。过氧化物酶降解甜菜红素的速度比甜菜黄素更快[220]。在甜菜根来源的过氧化物酶存在下,BA 和 CDG 聚合物是甜菜红素的氧化产物,而醌基取代的甜菜苷是甜菜黄素的氧化产物[141]。

红甜菜中也含有多酚氧化酶,可以催化甜菜碱的降解。多酚氧化酶是一种含铜酶,引起在许多水果和蔬菜中的褐变作用。甜菜根提取物中,pH 7 时多酚氧化酶活性最高;pH 6 时过氧化物酶活性最高[100]。甜菜根来源的氧化酶和多酚氧化酶类可以分别在温度高于70℃和80℃时或高压二氧化碳处理后被灭活[100,128]。

(4)甜菜色素的转化及稳定性 在 1965 年,有研究显示在真空条件下存在 0.6mol/L氢氧化铵时,可自 β-叶黄素、甜菜苷和过量脯氨酸中生成类梨果仙人掌黄素[229]。这是首次确定 β-矢车菊色素与 β-叶黄素之间存在着结构联系。进一步的研究表明自甜菜苷生成 β-叶黄素涉及甜菜苷的水解产物甜菜醛氨酸和氨基酸的缩合反应(图 10.38)[94,167,169]。

图 10.39 为 β-矢车菊色素、甜菜苷和 β-叶黄素类和仙人掌黄素在相同试验条件下的热稳定性差异结果。图 10.38 所示的反应机制说明过量加入某种合适的氨基酸可使反应平衡朝相应的 β-叶黄素方向移动,并降低溶液中甜菜醛氨酸的含量。加入过量的氨基酸也可减少参与降解的甜菜醛氨酸含量,从而提高所形成的 β-叶黄素的稳定性,图 10.39 中上部的两条曲线说明了这一效果。β-矢车菊色素转化为 β-叶黄素的反应也存在于富含蛋白质的食品中,这就解释了为何用甜菜色素着色的此类食品中存在着红色损失现象。

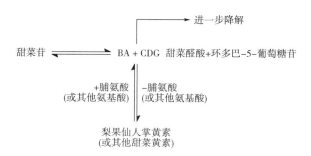

图 10.38　甜菜苷遇过量脯氨酸时梨果仙人掌黄素的形成

资料来源:摘自 Wyler,H. et al., Helv. Chim. Acta,48,361,1965.

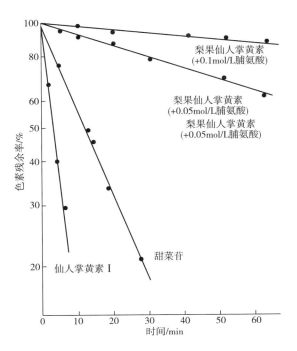

图 10.39 在 pH 5.0、90℃及大气条件下,存在于脯氨酸溶液中的甜菜苷仙人掌黄素 I 与梨果仙人掌黄素稳定性比较

10.3 食品着色剂

10.3.1 法规方面

自古以来,人们就在食物中增色,使其更具吸引力,增加均匀度,或增强或恢复加工过程中失去的颜色。从辣椒粉、姜黄等蔬菜来源和氧化铁、硫酸铜等矿物来源中提取的色素添加剂只是其中的一些。1856 年,W. H. Perkin 发现了第一种合成有机染料命名为淡紫色,随后又有更多的染料被发现[14]。然而,一些颜色添加剂被用来掩盖食品中的缺陷,有些甚至是有害的,含有有毒物质,如铅、砷和汞。显然,为了保护消费者和确保食品的安全,对颜色添加剂的使用进行谨慎的管理是必要的。

从现代开始,各国制定了不同的法规来控制直接或间接添加到食品中的着色剂的使用。早期的法规涉及掺假和有毒物质的添加,多年来不断扩大,以确保任何食品添加剂的安全。

在全球市场上,跟上着色剂使用规定可能是一个挑战,因为世界上某些国家和地区可能允许在不同的使用条件下使用不同的材料。着色剂使用规定可以被描述为流体和动态的,它们是对最新的科学证据和源自消费者压力的回应,而且它们预计还会继续变化。

在本节中,我们将讨论在美国和世界各地控制食品着色剂使用的主要监管问题。但是,对食品中允许使用的着色剂感兴趣的食品加工商,建议去查阅商品拟定销售区的最新相关信息。

10.3.1.1 美国法规

在美国,着色剂的使用受 1960 年颁布的对 1938 年发布的"美国食品、药物及化妆品法案"所制定的"着色添加剂修正案"所管理。该修正案涉及两类着色剂,即需许可证的和无须许可证的着色剂。需许可证的着色剂都是人工合成的染料,它们并不存在于自然界中。许可证认证制度要求该染料需满足特定的政府质量标准,所生产的每批产品的样品必须送交 FDA 的实验室检测其是否符合标准。如果该批样品符合要求,就给予一个官方批号。已取得许可的染料又可分为永久和暂时的。一种"暂时"批准的染料在进行全面的科学研究以确定其是否可作为永久许可期间,可以合法使用。该程序同样适用于色淀。无须许可证的着色剂为天然色素或某些特定的与存在于自然界中结构完全相同的合成染料。属于后者的一个实例便是 β-胡萝卜素,它广泛分布于自然界中,但也可人工合成作为一种"天然等同"的物质。

色素添加剂修正案包含一个对需许可证色素简化的命名规则。对需许可证的色素的命名不采用冗长而难记的俗名,而采用一个数字和缩写字母如 FD&C、D&C、Ext.(外来)D&C 来表示。FD&C 代表 FD&Cs,这类色素可用于食品、药物或化妆品;D&C 及 Ext.(外来)D&C 染料只可用于药物或化妆品。因而需许可证染料日落黄 FC 的命名为 FD&C 黄色6 号(FD&C 黄色 No.6)。目前通常使用的经批准的需许可证染料的目录中有七种着色剂(表 10.11)。另外两种染料,即橙色 B 和柠檬红 2 号也可使用,但它们的使用应限制在特定范围内。橙色 B 只可用于肉肠或香肠的罩色或表面染色,并且其用量限制在不超过 150mg/L(以最终产品质量计);柠檬红 2 号仅限制用于柑橘类表面着色,此类柑橘不能用于深加工,且其用量限制在不超过 2mg/L(以总水果质量计)。

表 10.11 目前可允许使用于食品[①]中的需许可证的着色添加剂以及它们的 EEC 命名

联邦政府规定的名称	形式		常用名	E-编号
	染料	色淀		
FD&C 蓝色 1 号	永久	暂时	亮蓝	E133
FD&C 蓝色 2 号	永久	暂时	靛蓝	E132
FD&C 绿色 3 号	永久	暂时	坚牢绿色	NA[②]
FD&C 红色 3 号	永久	暂时	赤藓红	E123
FD&C 红色 40 号	永久	禁止	诱惑红	E129
FD&C 黄色 5 号	永久	暂时	酒石黄	E102
FD&C 黄色 6 号	永久	暂时	日落黄	E110

①E-编号:列于 ECC 中的编号。

②在欧盟禁止使用。

资料来源:Code of Federal Regulations, Title 21, Chapter 74, revised as of April 2015.

1990 年颁布、1994 年生效的"营养标签与教育法案"强制规定要一一列出各种需许可证的着色剂,并以其缩写名称表示。对于无须许可证的着色剂一般以"人造着色剂"或者其他特定或一般性的名称来列出。然而对着色剂使用"天然"一词是被禁止的,因为这会使消费者相信这样的颜色是来源于食物本身。目前无须许可证的色素添加剂见表 10.12。在过去的十年中,有五种着色剂被添加到豁免认证的颜色列表中。有关美国允许使用的颜色添加剂的完整信息以及纯度和使用水平的要求均列于美国联邦法规中(http://www.ecfr.gov/),每年更新一次。

表 10.12　美国现行不需认证、限制使用的着色剂及其在欧盟的命名号[①]

部分	着色剂	允许食品添加量(美国)	欧盟号[②]
73.30	胭脂树提取物	GMP	E160b
73.35	虾青素	新鲜食物<80mg/kg	E161j
73.37	虾青素二甲基丁二酸氢盐	新鲜食物<110mg/kg	E161j
73.40	脱水甜菜(甜菜粉)	GMP	E162
73.50	群青(深蓝色)	动物食品用盐	NA
73.75	角黄素	固体/半固体食品或每品脱液体<30mg/lb[③] 鸡饲料<4.41mg/kg	E161g
73.85	焦糖	GMP	E150a-d
73.90	8′-阿朴-β-胡萝卜素	固体/半固体食品<15mg/lb 或每品脱液体食品<15mg/lb	E160e
73.95	β-胡萝卜素	GMP	E160a
73.100	胭脂虫提取物;胭脂红	GMP	E120
73.125	叶绿素铜钠盐	柑橘混合饮料干基<0.2%	E141
73.140	烤熟的部分脱脂棉籽粉	GMP	NA
73.160	葡萄糖酸亚铁	同成熟橄榄的 GMP	NA
73.165	乳酸亚铁	同成熟橄榄的 GMP	NA
73.169	葡萄色提取物	同无酒精食品的 GMP	E163
73.170	葡萄皮提取物(葡萄花青素)	同酒类食品的 GMP	E163
73.185	红球藻海藻粉	鲑鱼饲料<80mg/kg	NA
73.200	合成氧化铁	宠物食品<0.25%	E172
73.250	果汁	GMP	NA
73.260	蔬菜汁	GMP	NA
73.275	干海藻粉	同鸡饲料 GMP	NA
73.295	万寿菊(阿兹特克万寿菊)粉及提取物	同鸡饲料 GMP	NA
73.300	胡萝卜油	GMP	NA

部分	着色剂	允许食品添加量(美国)	欧盟号②
73.315	玉米胚乳油	同鸡饲料 GMP	NA
73.340	红辣椒	GMP	E160c
73.345	辣椒油有机酸	GMP	E160c
73.350	云母珠光色素	谷物、糖果中<1.25%	NA
		在含量在 18%~23%酒类中<0.07%	
73.352	副球菌色素	鲑鱼饲料中<80mg/kg	NA
73.355	Phaffia 酵母	鲑鱼饲料中<80mg/kg	NA
73.450	核黄素	GMP	E101
73.500	藏红花	GMP	E164
73.530	螺旋藻提取物	同糖果与口香糖 GMP	NA
73.575	二氧化钛	<食品质量的 1%	E171
73.585	番茄红素提取物;番茄红素浓缩物	GMP	E160d
73.600	姜黄	GMP	E100
73.615	姜黄有机酸	GMP	E100

注:NA 不适用,无相关 E 号。

GMP,良好作业规范。

①注意:摘自 Code of Federal Regulations,Title 21,Chapter 1,Part 73,revised as of April 2015。

②E-编号:欧盟列出的编号。除此以外,欧盟允许花青素/果汁浓缩物(E163),甜菜素(E162)以及叶绿素(E140)的使用。

③1lb=0.45kg。

10.3.1.2 国际法规

世界上许多国家都将着色剂添加于食品中,但在这些国家中所允许使用的着色剂种类变化很大。由于国际贸易正变得日益重要,因而对着色剂的立法正引起各国的关注。不幸的是,尚未建立全球性的允许使用的着色剂清单,所以,在某些情况下着色添加剂成为食品贸易的障碍。例如在美国,FD&C 红色 40 号被允许用于食品,而 FD&C 红色 2 号自 1976 年起不再被允许使用。而一个极端相反的例子是,挪威禁止在食品加工业中使用任何合成染料。欧洲经济共同体(EEC)的立法机构试图为共同市场国家制订出统一的着色添加剂法规,每种被允许使用的着色剂都以 E-编号(E 表示欧洲)命名。表 10.11 所示为目前 EEC可允许使用的合成染料的 E-编号,等同于 FD&C 编号。EEC 天然色素的类似信息列于表10.12 中。综观这些表格,必须牢记某种着色剂或许被限制使用在一个或多个特定产品中。一种 EEC 通用着色剂或许也不能被每个 EEC 国家所批准使用。显然 EEC 国家允许使用的合成和天然着色剂种类比美国和加拿大多。以前,日本对着色剂在食品中的应用也有非常严格的政策,而合成染料是被禁止的。然而,日本近来扩展指定添加剂列表,包括食品色素添加剂。就在 2004 年 12 月份,这份名单不仅包括非化学合成类食品添加剂,同样也包括了

12 种不同的合成染料和一些对应的色淀,所有的都被限制使用。在 FDA 批准的 7FD&C 染料和色淀里面,除了 FD&C 黄色 6 号外现在都在日本食品卫生法指定添加剂名单里面[70]。更多细节读者可以参考食品添加剂表(Elsevier,阿姆斯特丹)。

世界粮农组织(FAO)和世界卫生组织(WHO)试图通过发布食品药典来协调各国间的食品法规,FAO 和 WHO 组成了联合 WHO/FAO 食品添加剂专家委员会(JEFCA)以在全球范围内评价食品添加剂的安全性。JEFCA 对包括着色剂在内的食品添加剂建立了"每日允许摄入量"(ADI)(表 10.13),全球正致力于确立着色剂的安全性,这有望在国际形成可接受的食品着色剂使用法规。《食品法典》规定了食品添加剂的一般标准(GSFA)。这些标准定义了食品类别和食品添加剂,以及使用这些添加剂的条件,包括食品颜色。在 GSFA 下,每个颜色添加剂都被分配一个 INS 号,它通常与 E 号匹配。色素添加剂如诱惑红,在美国上市的规定中可能是 40 号红色,在欧盟法规下为 E129,在 GSFA 标准之下为 INS129。全世界为建立着色剂的安全性所做的努力,终将建立起国际上共同接受的食品着色剂使用规定。同时,在食品中使用食品着色剂应遵循产品销售国家的现行规定。有关世界各地不同食物着色剂规管情况的最新资料,读者可浏览以下网址:

· www. fda. gov(美国联邦法规法典)

· http://laws. justice. gc. ca/en/F-27/C. R. C. -c. 870/index. html(加拿大法规)

· http://webgate. ec. europa. eu/sanco_foods/main/? event=display(欧洲食品安全网站)

· www. codexalimentarius. net/gsfaonline/index. html [JEFCA 提供的指导方针,GSFA(CODEX)]

· http://www. mhlw. go. jp/(日本规)

· http://www. foodstandards. govt. nz/thecode/foodstandardscode. cfm(澳大利亚/新西兰法规)

表 10.13　　　　　某些合成及天然色素的每日允许摄入量[①]

色素	E 号	ADI(JEFCA)/(mg/kg 体重)	色素	E 号	ADI(JEFCA)/(mg/kg 体重)
姜黄素	E100	0.1	焦糖	E150	200
核黄素	E101	0.5	β-胡萝卜素	E160a	5.0
柠檬黄	E102	7.5	胭脂树红	E160b	0.065
胭脂虫红	E120	5.0	辣椒粉	E160c	NS
赤藓红	E127	0.1	甜菜红	E162	NS
亮蓝 FCF	E133	12.5	花青素	E163	NS
叶绿素[②]	E140	NS	葡萄皮提取物[②]	E163	2.5

①修改自 Henry, B. S., Natural food colours, In Hendry, G. A. F and Houghton, J. D. (eds.), Natural Food Colorants, pp. 40-79, Springer-Science+Business Media, London, UK, 1996.

②摘自 Francis, F. J. (1999). Colorants, Eagan Press Handbook Series, St Paul, Minnesota, USA.

NS 非特殊。

10.3.2　需许可证合成色素的性质

需许可证的合成色素可分为四类基本化学类别：它们分别为含氮类、三苯基甲烷类、黄嘌呤类或靛蓝类合成色素。列于表 10.14 中的色素为 FD&C 合成色素、化学类别及其部分性质。其化学结构如图 10.40 所示。表 10.15 为 EEC 合成色素的溶解度和稳定性数据。

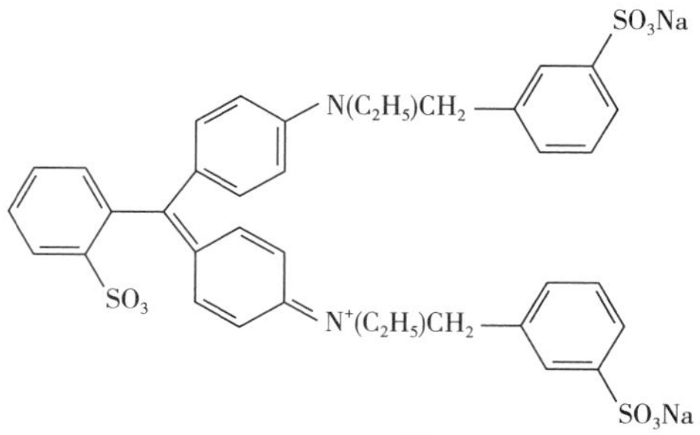

FD&C 蓝1号

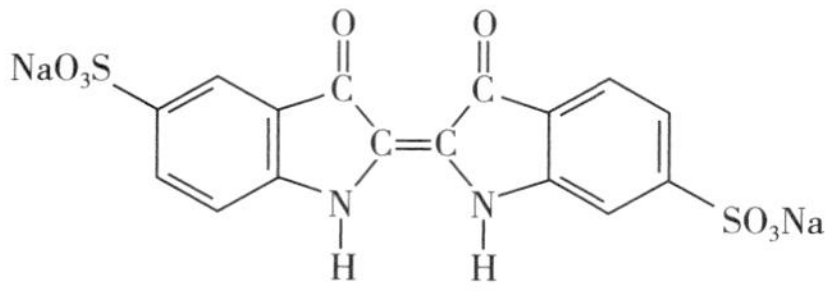

FD&C 蓝2号

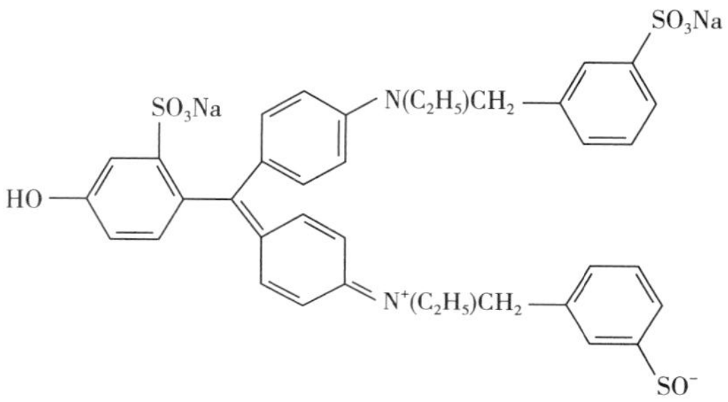

FD&C 绿3号

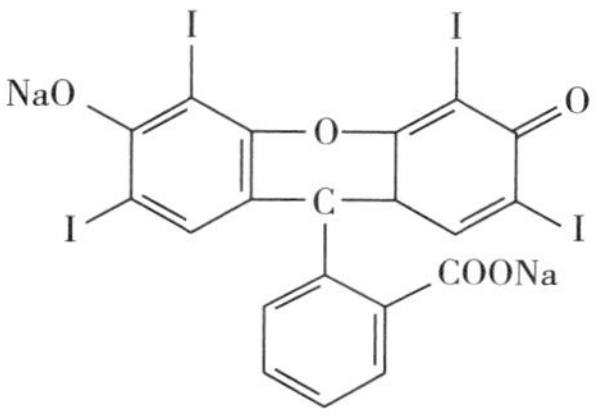

FD&C 红3号

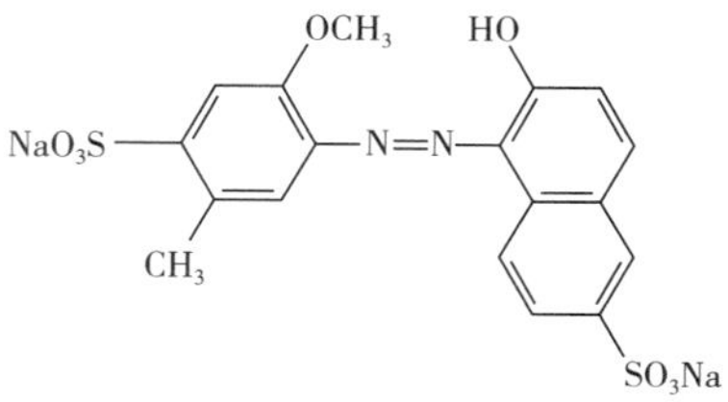

FD&C 红40号

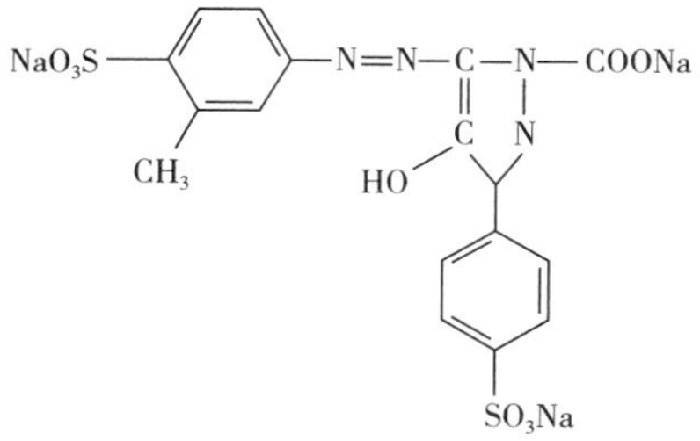

FD&C 黄5号

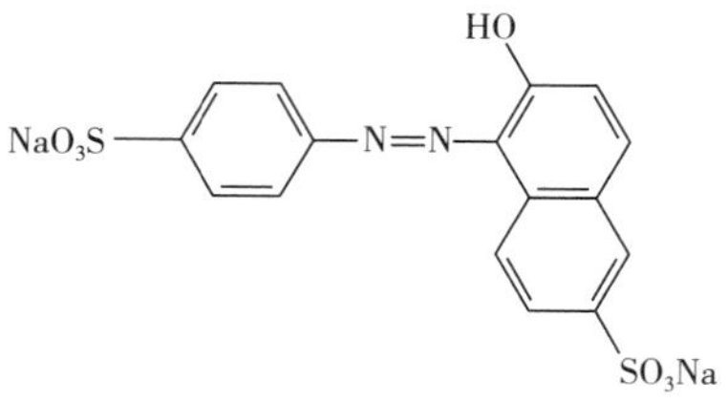

FD&C 黄6号

图 10.40　目前允许在美国正常使用的需许可色素的结构式

表 10.14　需许可证的着色剂及其理化性质

普通名称及 FD&C 号	染料类型	溶解度（g/100mL）① 水	聚乙烯醇	酒精	甘油	稳定性② pH 3.0	5.0	7.0	8.0	光	10%乙醇	10%氢氧化钠	250mg/L SO$_2$	1%抗坏血酸	1%苯甲酸钠
蓝，蓝色 1 号	三苯基甲烷	20.0	20.0	0.35	20.0	4	5	5	5	3	5	4	5	4	6
靛蓝，蓝色 2 号	靛蓝	1.6	0.1	In	1.0	3	3	2	1	1	1	2[b2]	1	2	4
快绿，绿色 3 号	三苯基甲烷	20.0	20.0	0.01	20.0	4	4	4	4[b1]	3	5	2[b1]	5	4	6
赤藓红，红色 3 号	叶黄素	9.0	20.0	In	20.0	In	In	6	6	2	In	2	In	In	5
阿洛拉红，红色 40 号	Azo	22.0	1.5	0.001	3.0	6	6	6	6	5	5	3[b1]	6	6	6
柠檬黄，黄色 5 号	Azo	20.0	7.0	In	18.0	6	6	6	6	5	5	4	3	3	6
日落黄，黄色 6 号	Azo	19.0	2.2	In	20.0	6	6	6	6	3	5	5	2	2	6

①In，不溶解。

②1 = 褪色；2 = 相当严重褪色；3 = 明显褪色；4 = 少量褪色；5 = 略微褪色；6 = 无变化；b1 = 色调变蓝；b2 = 色调变黄。

表 **10.15**   **常见 EEC 染料的理化性质**

名称及 EEC 号	溶解度/(g/100mL)(16℃)				稳定性[①]				
	水	丙烯醇	酒精	甘油	光	热	SO₂	pH	
								3.5/4.0	8.0/9.0
喹啉黄,E104	14	<0.1	<0.1	<0.1	6	5	4	5	2
深红 4R,E124	30	4	<0.1	0.5	4	5	3	4	1
蓝光酸性红,E122	8	1	<0.1	2.5	5	5	4	4	3
苋菜红,E123	5	0.4	<0.1	1.5	5	5	3	4	3
专利绿,E131	6	2	<0.1	3.5	7	5	3	1	2
绿色 S,E142	5	2	0.2	1.5	3	5	4	4	3
巧克力棕 HT,E156	20	15	不溶	5	5	5	3	4	4
亮黑 BN,E151	5	1	<0.1	<0.5	6	1	1	3	4

① 1 = 褪色;2 = 相当严重褪色;3 = 明显褪色;4 = 少量褪色;5 = 略微褪色;6 = 无变化。

图 10.41 为化学合成 FD&C 绿色 3 号,即三苯基甲烷的简化化学合成工艺路线。在生产任何合成色素过程中,主要的困难是需满足美国政府认可的纯度规格(*Code of Federal Regulations*, Title 21, Part 70-83)。色素制造业不仅能达到这些纯度要求,而且大多数制造商可做到比这些要求更高。

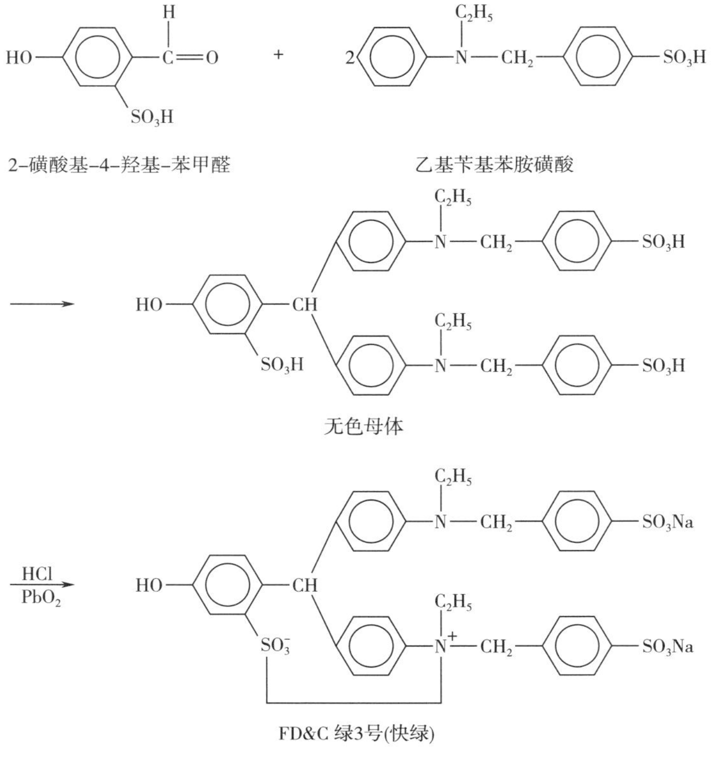

图 10.41 FD&C 绿色 3 号(快绿)的合成

一种典型的需许可证色素的净含量为 86%～96%,此类基础色素总含量有 2%～3% 的差异,但在实际使用时不会有很大影响,因为这种差异不会对产品的最终颜色产生显著影响。合成色素粉剂中的水分含量为 4%～5%,其盐(灰分)含量约为 5%。造成高灰分含量的原因是采用盐析法结晶色素。虽然在技术上有可能除去所使用的氯化钠,但是这些步骤或许成本过于昂贵,收益很小。

所有水溶性 FD&C 含氮色素为酸性物质,其物理性质十分相似。化学性质为遇强还原剂时易还原,因而对氧化剂敏感。FD&C 三苯基甲烷类合成色素(FD&C 绿色 3 号和 FD&C 蓝色 1 号)结构类似,唯一的区别仅为一个羟基,因而其溶解度和稳定性差别很小。用磺酸基取代羟基可改善任何一个此类色素的见光稳定性和对碱的抵抗力。三苯基甲烷类色素的碱脱色过程涉及生成无色醇式碱(图 10.42)。邻位取代的磺酸基在空间上阻碍氢氧根离子接近中央碳原子,因而防止形成醇式碱。

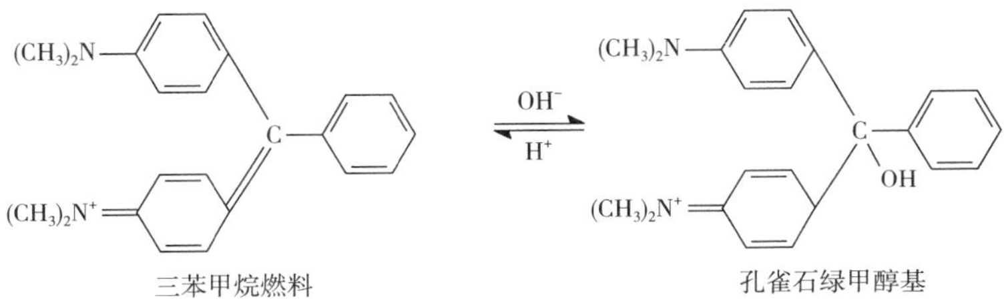

图 10.42 自三苯基甲烷染料形成无色醇式碱

FD&C 红色 3 号是唯一属黄嘌呤类的合成色素。红色 3 号的结构说明其不溶于酸,对碱相当稳定并具有强荧光性。水不溶性红色 3 号色淀由于毒理上的原因不再被允许用于食品。虽然它的水溶性形式总是被列入目录,但前景值得怀疑。FD&C 蓝色 2 号是唯一一种靛蓝类色素,它由靛蓝制备而成,一种最古老及应用最广的天然色素。该色素起源于印度的各类植物中。在人工合成方法发明之前,由提取法生产的色素一直是主要的商业产品。制备蓝色 2 号的方法是将靛蓝磺化成 5,5′-靛蓝二磺酸盐(图 10.43)。与蓝绿色的 FD&C 蓝色 1 号相比,该色素显深蓝色,它的溶解度较低,对光的抵御能力在所有 FD&C 色素中最差,但它对还原剂的抵御能力较强。

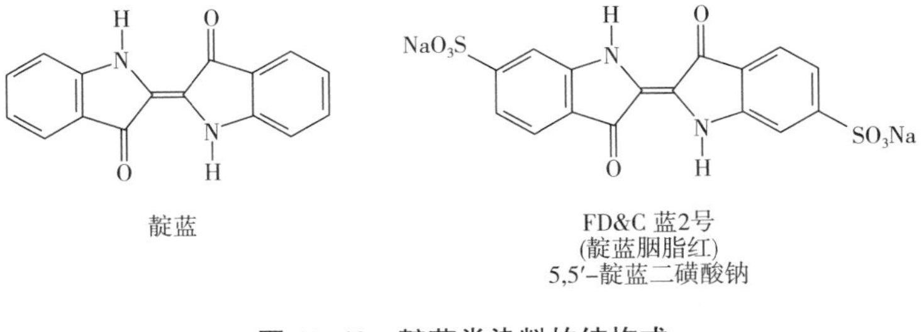

图 10.43 靛蓝类染料的结构式

一般而言,存在还原剂或重金属、见光、过热或暴露于酸或碱中很可能造成需许可证类色素的褪色或沉淀。许多引起色素失效的条件在应用于食品时可以预防,但还原剂最棘手。含氮及三苯基甲烷类色素生色团的还原反应见图10.44。含氮色素可被还原为无色叠氮类,有时还原为伯胺类化合物,而三苯基甲烷类色素则被还原为无色的隐色素碱。存在于食品中的常见还原剂为单糖(葡萄糖、果糖)、醛、酮及抗坏血酸。

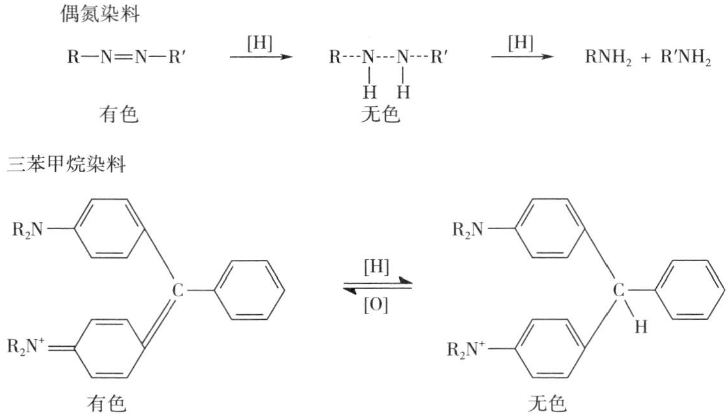

图 10.44　偶氮或三苯基甲烷染料还原为无色产物

游离金属可与许多色素结合,从而造成颜色损失。最令人关注的金属为铁和铜,钙及/或镁可导致不溶盐的形成并产生沉淀。

10.3.3　需许可证合成色素的应用

使用合成色素有很多实用价值。总体说来,它们是一类着色能力很强的粉末,所以只需要很少一点用量就可以着出理想的颜色,这就使成本降低。此外,与天然色素相比,在加工和贮藏过程中它们更为稳定。另外它们还有水溶性的(染料),和水不溶性(色淀)的形式。如果将水溶性色素首先溶于水中,它可与食品结合得更加均匀。为防止生成沉淀,应使用蒸馏水。各类液态色素均可自制造商购得,为防止着色过浓,此类制剂中色素浓度通常不超过3%。通常在液态制剂中加入柠檬酸和苯甲酸钠以防止微生物腐败。

许多食品所含的水分较低,这就很难使色素完全溶解及均匀分散,结果使得着色力降低和/或引起色斑。这一问题可能存在于硬糖制品中,因为它的水分<1%。可采取加入溶剂(如甘油或丙烯醇)而不是水的方法以避免这一问题(表10.14和表10.15)。解决低水分食品中分散性差这一问题的第二个方法是使用"色淀",色淀以分散体而不是以溶液的形式存在于食品中。它们的浓度范围为1%~40%,高浓度的色素未必能呈现高强度的颜色。色淀的粒径很关键,粒径越小,分散越好,颜色越深。色素制造商利用特殊的研磨技术可使所制成的色淀的平均粒径小于1μm。

与色素一样,需要将色淀预先分散于甘油、丙烯醇或食用油中。预分散有助于防止颗粒的结块,因而有利于均色并可降低色斑产品的发生率。色淀分散体中的色素浓度在15%~35%。一种典型的色淀分散体可含有20%FD&C色淀A、20%FD&C色淀B、30%甘油以及 30%丙烯醇,最终的色素浓度为 16%。

　　色素制造商也将色素或色淀制成色糊或色块。例如,色糊可通过加入甘油和糖粉制成,甘油为溶剂,糖粉用来提高黏度。也可在色淀分散体的生产过程中加入胶和乳化剂制成块状色素。

　　近年来,需许可证着色剂的安全性已受到公众的极大关注,造成这种关注的根源部分应归结于人们不适当地将合成色素与原名为"煤焦油"的染料联系在一起。公众心目中的煤焦油为一种黑色黏稠物质,它不适用于食品。事实上用于合成色素的原料在使用前已高度纯化,其最终产品为一种特定的化学品,它与所称的煤焦油几乎毫不相干。此外,合成食品着色剂越来越多地与过敏、杂质或污染物的存在相关的其他问题,以及最近的儿童行为问题联系在一起。

　　南安普敦大学的一个研究团队在 2007 年的一项研究中发现,一些合成食品色素和饮食中的苯甲酸钠(一种防腐剂)的组合与儿童多动症等行为问题之间存在联系[144]。由于这一发现,自 2010 年以来,欧盟要求含有研究中所涉及的合成色素(偶氮染料)的食品必须贴有标签,警告消费者这些食品"可能对儿童的活动和注意力产生负面影响"。2011 年,美国食品药品监督管理局成立了一个食品咨询委员会小组,审查有关人造色素和多动症之间联系的科学证据。FDA 审查了现有的证据,并得出结论,认为没有必要采取进一步的行动。然而,负面广告和对合成色素更严格的标签规定导致了越来越多的使用天然色素的趋势。

10.3.4　无须许可证的色素

　　以下就表 10.12 中的各种色素逐一作扼要介绍。

　　胭脂红提取物由胭脂树种子,即 *Bixa orellana* L. 提取制备而成,几种食用级溶剂可用于提取。超临界二氧化碳萃取技术已被证明是常规有机溶剂萃取的替代方法,但这一技术尚未商业化。从提取法得到的胭脂红中的主要色素为类胡萝卜素胭脂树素,胭脂树素中的甲酯基团经皂化水解,得到的二羧酸称为降胭脂树素(图 10.14)。胭脂树素与降胭脂树素的溶解度不同,并可相应成为油溶及水溶性胭脂色素的基料。

　　脱去可食全甜菜中的汁液可制成脱水甜菜,存在于甜菜中的色素为甜菜色素[β-矢车菊色素(红色)和 β-叶黄素(黄色)]。β-矢车菊色素与 β-叶黄素两者的比例随甜菜的品种与成熟期而异。甜菜着色剂也可按"蔬菜汁"类别生产,制备这类甜菜着色剂可通过真空浓缩甜菜汁至较高的固形物含量,以防止腐败(约 60%的固形物)。

　　角黄素(β-胡萝卜素-4,4′-二酮)、β-阿朴-8′-胡萝卜醛及 β-胡萝卜素为合成色素并可视为"天然类似物",此类物质的结构见图 10.14。

　　胭脂虫红提取物是萃取胭脂虫即 *Dactylopius coccus costa* 的水-酒精提取物的浓缩物。起染色作用的主要为胭脂红酸,即一种红色素(图 10.45)。此类提取物含有 2%~3%的胭脂红酸,也可制成胭

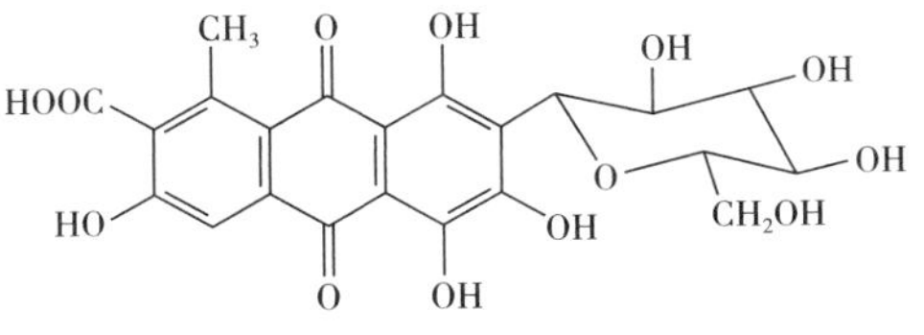

图 10.45　胭脂红酸的结构式

脂红酸含量高达 50% 的着色剂,以上着色剂均可以商品名胭脂红色素出售。

叶绿素铜钠是一种颜色从绿色到黑色的粉末,通过叶绿素皂化反应并用铜元素置换里面的镁元素所形成的(详见 10.2.2)。叶绿素是用丙酮,乙醇和/或正己烷从苜蓿里面提取出来的。在不超过 0.2% 的干粉的橘汁粉饮料里面添加叶绿素铜钠是安全的。

焦糖色素为一类暗棕色液体,它可通过碳水化合物的加热(焦糖化反应)制成。

焙烤、部分脱脂、蒸煮棉籽粉可按下法制成:棉籽经划口剥皮;籽肉过筛,吸气和碾压;调节水分;籽肉加热及榨油;压榨过的饼粕经冷却、磨粉及再加热,从而制成一系列具有浅棕色至深棕色的产品。

葡萄糖酸亚铁是一种灰棕色粉末,略带有焦糖气味。

乳酸亚铁是一种绿白色粉末,用于成熟橄榄的着色。

葡萄皮提取物为红棕色液体,它从葡萄经压榨去汁后残留的果渣中提取制备获得。该提取物的着色物质主要由花青素组成,以商品名“葡萄花色素”销售,并只限用于非碳酸及碳酸饮料、饮料配制基料和酒精饮料的着色。

葡萄颜色提取物是一种提自康克特紫葡萄的花青素色素的水溶液,或者是一种脱水的提自这样的水溶液的水溶性粉末。在不影响其评定标准的前提下,葡萄颜色提取物可被用于给非饮料型食物着色。

果汁与蔬菜汁是可接受的色素添加剂,它们能以单倍浓度或浓缩液的形式添加于食品中。各种来源的果汁中含有前已讨论过的许多色素。现已生产出甜菜和葡萄汁浓缩液,并可在着色剂目录内销售。与葡萄皮提取物不同,葡萄汁浓缩液可用于非饮料类食品。

用己烷萃取食用胡萝卜可制备出胡萝卜油,然后经真空蒸馏除去己烷。该色素主要含 α- 和 β- 胡萝卜素,并有少量存在于胡萝卜中的其他类胡萝卜素。

红辣椒粉或红辣椒油的加工方法是将红辣椒(Capsicum annuun L.)荚干燥粉碎或用溶剂提取。在生产辣椒油过程中,可能会使用到多种溶剂,红辣椒色素的主要成分为 capxanthin(图 10.14),即一种类胡萝卜素。

云母基珠光染料是硅酸铝钾(云母)经化学反应沉积二氧化钛后形成的片状珠光颜料。这些色素表现出一种珠光色效应,这种效应来自于光通过血小板的部分透射、反射和干涉。

核黄素或维生素 B$_2$ 为一种橙黄色粉末,它是牛乳中的天然色素。

藏红花色素是藏红花(Crocus sativul L.)的干花柱头,其黄色呈色物为藏红素,即藏红酸的二糖苷(digentiobioside)。

螺旋藻提取物。该色素添加剂螺旋藻提取物是由蓝细菌节螺旋藻的干燥生物量经过滤水萃取而成。该色素添加剂以藻蓝蛋白为主要着色成分,可用于糖果产品的蓝绿配色。

氧化钛由人工合成,常含有二氧化硅及/或氧化铝以利于在食品中分散,这类稀释剂的含量不得超过总量的 2%。

番茄红素提取物和番茄红素浓缩物。这些色素是用乙酸乙酯从番茄果肉中提取的红色到深棕色的色素,然后通过蒸发除去溶剂。所得到的材料可以用作黏性油树脂(番茄红素提取物)或粉末形式(番茄红素浓缩物)。主要着色成分为类胡萝卜素(图 10.14)。

姜黄粉和姜黄油分别为姜黄(Curcuma longa L.)的根茎粉状物或提取物,其呈色物为姜黄素,在姜黄油的提取过程中可能会用到多种有机溶剂。

其他无须许可证的色素｛虾青素、群青、苏木藻色素、氧化铁、海藻干粉（*Spongiococcum* 属海藻的干细胞）、万寿菊粉［万寿菊（*Tagetes erecta* L.）花瓣的干粉］及玉米胚油、法夫酵母｝没有引起人们太大的兴趣,因为这些色素只限在动物饲料中使用,但它们也可间接地影响食品的颜色。

无须许可证的色素用于食品时也必须在标签上加以注明,这似乎有点不合逻辑。虽然无须许可证的色素是天然物或天然类似物,但它们必须列入"人造色素"目录中。法规对此有明确要求,因为在绝大多数应用中,所加色素对于最终食物制品而言并非天然物。与需许可证的色素一样,在美国,无须许可证的色素在用于食品时必须标明色素名称。

10.3.5 无须许可证色素的应用

除了人工合成的着色剂外,天然类似物色素以及无须许可证着色剂在化学上都属粗制品,它们或是完全不纯,或是动植物的粗提取物。由于它们纯度低,因而需达到所需颜色时用量较大,因而就有人提出这类色素的着色力不够而且会给产品带来不好的风味,上述评论未必完全正确。许多纯的天然色素都有很高的着色力,我们可将 1% 天然色素的吸光值（$A_{1cm}^{1\%}$）与合成染料作比较后说明这一点。在最大吸收波长处,FD&C 红色 40 号与黄色 586 号的（$A_{1cm}^{1\%}$）值分别为 586 和 569,而甜菜色素（一种存在于甜菜粉中的天然色素成分）与 β-胡萝卜素的（$A_{1cm}^{1\%}$）则分别为 1120 和 2400。此外,多数纯天然色素并不产生风味。不纯的天然着色剂引起的着色力不足及可能带来的风味问题可通过分离纯化技术加以解决。令人遗憾的是,这些技术上的改进尚未被认可。

对更健康有益的食物的追求也提高了对有着天然来源的着色剂的需求。由天然色素带来的种种保健作用使它们成为人工色素的有力替代品。相关法律作用和消费者意识都将提升对使用天然着色剂的兴趣。

参考文献

1. Adams J（973）.Colour stability of red fruits.Food Manuf 48：19-20.
2. Ahmadiani N （2012）. Anthocyanin based blue colorants.MS thesis, The Ohio State University, Columbus, OH.
3. Ahmadiani N, Giusti M（2015）.Unpublished data.
4. Ahmed J.Shivhare U.Raghavan G（2004）.Thermal degradation kinetics of anthocyanin and visual color of plum puree.Eur Food Res Technol 278：525-528.
5. Andersen O, Jordheim M （2014）. Basic anthocyanin chemistry and dietary sources.In Wallace TC Giusti MM （eds）, *Anthocyanins in Health and Disease*, pp.13-113.CRC Press, Boca Raton, FL.
6. Aparicio-ruiz R, Riedl KM, Schwartz SJ（2011）.Identification and quantification of metallo-chlorophyll complexes in bright green table olives by high-performance liquid chromatography-mass spectrometry quadrupole/ time-of-flight.Agric Food Chem 59：11100-11108.
7. Asenstorfer R, lland P, Tate M, Jones G （2003）. Charge equilibria and pka of malvidin-3-glucoside by electrophoresis.Anal Biochem 318：291-299.
8. Attoe EL, von Elbe J（1981）.Photochemial degradation of betaine selected anthocyanins. Food Sci46：1934-1937.
9. Attoe EL, von Elbe JH （1985）.Oxygen involvement in betaine degradation：effect of antioxidants J Food Sci 50：106-110.
10. Awika J, Rooney L, Waniska R（2004）.Properties of 3-deoxyanthocyanins from sorghum. Agric Food Chen 52：4388-4394.
11. Ben Aziz A, Grossman S, Ascarelli 1, Budowski P （1971）. Carotene-bleaching activities of lipoxygenase and heme proteins as studied by a direct spectrophotometric method.

12. Bacon ME, Holden M (1967).Changes in chlorophylls resulting from various chemical and physical treatments of leaves and leaf extracts. Phytochemistry 6: 193 – 210.

13. Bakker J, Timberlake C (1997).Isolation, identification, and characterization of new color-stable anthocyanins occurring in some red wines./Agric Food Chem 4.5: 35-43.

14. Barrows J, Lipman A (2003).Color additives: FDA,' S regulatory process and historical perspectives Food Saf Mag Volume: Oct/Nov 2003.

15. Bauernfeind J(1972).Carotenoid vitamin A precursors and analogs in food and feeds. Agric Food Chei20: 455-473.

16. Bilyk A, Kolodij MA, Sapers GM(1981).Stabilization of red beet pigments with isoascorbic. Food Sci46: 1616-1617.

17. Blair J(1940).Color stabilization of green vegetables. U.S.Patent 2, 184.003, March 3, 1937.

18. Borkowski T, Szymusiak H, Gliszezynska-swiglo A, Tyrakowska B (2005).The effect of 3-O-β-glucosylation on structural transformations of anthocyanidins. Food Res Int 38: 1031-1037.

19. Brenes P, Duran MG, Garrido A(1993).Concentration of phenolic compounds in storage brines or ripe olives. J Food Sci 58: 347-350.

20. Brewer S (2004).Irradiation effects on meat color-a review Meat Sc 68: 1-17.

21. Bridle P, Scott K.Timberlake C (1973).Anthocyanins in Salix species.A new anthocyanin in Salix purpurea bark.Phytochemistry 12: 1103-1106.

22. Britton G, Weesie RJ, Askin D.Warburton JD.Gallardo-guerrero L.Jansen FJ, de Groot HJM, Pure Appl Chem 69: 2075 – 2084 Lugtenburg J Cornard J – P, Merlin J–C(997).Carotenoid blues Structural studies on carotenoproteins.

23. Brouillard R (1982). Chemical structures of anthocyanins In Markakis P (ed), Anthocyanins as Food Colors, pp.1-40.Academic Press, New York.

24. Brouillard R.Delaporte B(1977).Chemistry of anthocyanin pigments.2.Kinetic and thermodynamic.

25. Buchert AM, Civello PM, Martinez GA(2011).Chlorophyllase versus pheophytinase as candidates for chlorophyll dephytilation during senescence of broccoli./ Plan Physiol 168: 337-343 In Smith KM (ed), Porphyrins.

26. Buchler J(1975)Static coordination chemistry of metalloporphyrins and Metalloporphyrins, pp. 157 – 278. Elsevier, Amsterdam, the Netherlands.

27. Buchweitz M, Carle R, Kammerer DR(2012).Bathochromic and stabilising effects of sugar beet pectin he e/7and an isolated pectic fraction on anthocyanins exhibiting pyrogallol and catechol moieties.Food C.135:

28. Buckle K, Edwards R(1970).Chlorophyll, colour and PH changes in H T S.T.processed green pea puree.Int Food Sci Technol 5: 173-186.

29. Van Buren J, Bertino J, Robinson W(1968).The stability of wine anthocyanins on exposure to heat and ight.Am Enol Vitic 19: 147-154.

30. Burton GW(1989).Antioxidant action of carotenoids.J Nur 119: 109-111.

31. Burton G, Ingold K(1984).Beta-carotene.An unusual type of lipid antioxidant, Science 224: 569-573.

32. Cai Y, Sun M, Corke H(2005).Characterization and applieationof betalain pigments from plants of the Amaranthaceae.Trend Food Sci Technol 16: 370-376.

33. Cai Y, Sun M, Schliemann W, Corke H (2001). Chemical stability and colorant properties of betaxan thin Pigments from Celosia a/senta.J Agric/ood Chem 40: 4429-4435.

34. Camara B, Hugueney P, Bouvier F, Kuntz M, Moneger R (1995).Biochemistry and molecular biology of chromoplast development. Int Rey Cytol 163: 175 – 247.

35. Canfield LM, Krinsky NI, Olson JA (1993). Carotenoid in Human Health, Vol.691.New York Academy of Sciences.New York.

36. Canjura FL, Schawrtz S J, Nunes RV (199). Degradation kinetics of chlorophylls and chlorophyllides Food Sci56:1639-1643.

37. Castenmillerjjm, West CE, Linssen J PH, van het Hof KH, Voragen AGJ(1999).The food matrix of spinach is a limiting factor in determining the bioavailability of beta-carotene and to a lesser extent of lutein in humans.Nutr 129: 349-355.

38. Chen L, Giusti M (2015).Effect of catechin copigmentation and ascorbic acid fortification on color stability of black carrot and chokeberry anthocyanins under heat treatment. In Institute of Food Technologists A/nual Meeting.Chicago, IL.

39. Cianci M, Rizkallah PJ, Olczak A, Raftery J, Chayen NE, Zagalsky PF, Helliwell R (2002).The molecular basis of the coloration mechanism in lobster shell: Beta-crustacyanin at 3.2-A resolution.Proc Natl Acad Sci99:9795-9800.

40. Clydesdale F, Fleischmann D, Francis F (1970).Maintenance of color in processed green vegetables Food Prod Dev 4: 127-138.

41. Clydesdale F, Lin Y, Francis F(1972).Formation of 2 – pyrrolidone – 5 – carboxylic acid from glutamine during processing and storage of spinach puree. Food Sci 37: 45-47.

42. Cohen E, Saguy I (983).Effect of water activity and moisture content on the stability of beet powder pigments./Food Sci 48: 703-707.

43. Cooperstone JL, Ralston RA, Ried KM, Haufe TC, Schweiggert RM, King SA, Timmers CD et al(2015). Enhanced bioavailability of lycopene when consumed as cis-isomers from tangerine compare to red tomato juice, a randomized, cross-over clinical trial. Mol Nutr Food Res 59: 658-669.

43a. Cooperstone JL, Schwartz SJ (2016).Recent insights into health benefits of carotenoids. In Carle R, Schweiggert, RM (Eds), Handbook on Natural Pigments in Food and Beverages: Industrial Applications for Improving Food Color. Woodhead Publishing. p 473-497.

43b. Cooperstone JL, Francis DM, Schwartz SJ (2016). Thermal processing differentially affects lycopene and other carotenoids in cis-lycopene containing, tangerine tomatoes.Food Chem 210: 4.66-472.

44. Craft NE(2005).Chromatographic techniques for carotenoid separation. In Wrolstad R, Acree E Decker E, Penner M, Reid D, Schwartz S, Shoemaker C, Smith D, Sporns P(eds), Current Protocols in Food Analytical Chemistry, Chapter F2. 3. John Wiley &Sons, Hoboken, NJ.

45. Dangles O, Saito N, Brouillard R(1993).Anthocyanin intramolecular copigment effect. Phytochemistry 34: 119-142.

46. Daravingas G, Cain R(1965).Changes in anthocyanin pigments of raspberries duri ng Processing and storage. J/Food Sci33: 400-405.

47. Davidson J(1954).Procedures for the extraction, separation and estimation of the major fat-soluble pi pigments of hay.J Sci Food Agric 5: 1-7.

48. Davies W, Zhang J(1991).Root signals and the regulation of growth and development of plants in drying soil. Annu Rey Plan Physiol Plant Mol Biol 42: 55-76.

49. Dellapenna D, Pogson BJ(2006).Vitamin synthesis in plants: Tocopherols and carotenoids. Ann Rev Plant Biol 57: 711-738.

50. Downham A, Collins P(2000).Colouring our foods in the last and next millennium.Int Food Sci Technol 35: 5-22.

51. Eisenreich W, Schwarz M, Cartayrade A, Arigoni D, Zenk MH, Bacherl A(1998).The deoxyxylulose phosphate pathway of terpenoid biosynthesis in plants and microorganisms.Chem Biol 5: R221-R233.

52. Von Elbe J, Attoe E(1985).Oxygen involvement in betaine degradation measurement of active oxygen species and oxidation reduction potentials.Food Chem 16: 49-67.

53. Von Elbe J(1963).Factors affecting the color stability of cherry pigments and cherry juice.PHD thesis University of Wisconsin, Madison WI.

54. Von Elbe J H, Laborde LF (1989).Chemistry of color improvement in thermally processed green vege tables, ACS Symposium Series 405 In Jen JJ (ed) Quality Factors of Fruits and Vegetables, pp. 12-28 8American Chemical Society, Washington, DC.

55. Von Elbe J H, Huang AS, Attoe EL, Nank WK (1986).Pigment composition and color of conventional and Veri-green canned beans.Agric Food Chem 34: 52-54.

56. Emenhiser C, Sander LC, Schwartz SJ (1995).Capability of polymeric C30 stationary phase to resolve cis-trans carotenoid isomers in reversed-phase liquid chromatography.Chromatogra 707: 205-216.

57. Eugster CH (1995) History: 175 years of carotenoid chemistry.In Britton G, Liaaen-jensen S, Pfander Switzerland H (eds) Carotenoids, Volume IA: Isolation and Analysis, pp.1-12.Birkhauser Verlag, Basel.

58. Falk J, Phillips J (964). Physical and coordination chemistry of the tetrapyrrole pigments. In Dwyer F: Mellor D (eds), Chelating Agents and Metal Chelates, pp.441-490.Academic Press, New York.

59. Faustman C, Cassens RG, Schaefer DM, Buege DR, Williams SN, Scheller KK (1989) Improvement of pigment and lipid stability in Holstein steer beef by dietary supplementation with vitamin E./Koed Sci54: 858-862.

60. Faustman C, Cassens RG (1990). The biochemical basis for discoloration in fresh meat: A review J Muscle Foods 1: 217-243.

61. Faustman C, Chan WKM, Schaefer DM, Havens A (1998). Beef color update: The role for Vitamin E Anim Sci76:1019-1026.

62. Ferruzzi MG, Schwartz SJ (2005). Chromato aphic sepa ration of chlorophylls In Wrolstad RE, Acree TA, Decker EA, Penner M, Reid D, Schwartz SJ, Shoemaker C, Smith D, Sporns P(eds), Handbook of Food and Analytical Chemistry, p. F4. 4. Wiley, Hoboken, NJ.

63. Fishbach H (943).Microdetermination for organically combined metal in pigment of okra. Assoc Off Agric Chem 20: 139-143.

64. Fleshman MK, Lester GE, Riedl KM. Kopec RE, Narayanasamy S, Curley RW, Schwartz SJ, Harrison EH (2011).Carotene and novel apocarotenoid concentrations in orange-fleshed Cucumis melo melons Determinations of B-carotene bioaccessibility and bioavailability.Agric Food Chem 59: 4448-4454.

65. Foote CS(1968).Mechanisms of photosensitized oxidation.cience 162: 963-970.

66. Forrest J.Aberle E, Hedrick H, Judge M, Merkel R (1975). Principles of Meat Science. W. H. Freeman, San Francisco.CA.

67. Forsyth W, Roberts J(1960).Cacao polyphenolic substances.5.The structure of cacao leucocyanidin I Bio-

chem 74: 374-378.

68. Fossen T, Cabrita L, Andersen O (1998).Colour and stability of pure anthocyanins influenced by PH including the alkaline region.Food Chem 63: 435-440.

69. Fox Jr J, Ackerman S(1968).Formation of nitric oxide myoglobin: Mechanisms of the reaction wit various reductants./Food Sci 33: 364-370.

70. Fox Jr.JB (1966).Chemistry of meat pigments./Agric Food Chem 14: 207-210.

71. Francis FJ (2003).Color analysis. In Nielsen SS (ed Food Analysis, pp. 529 - 541 Kluwer Academic/ Plenum Publishers.New York.

72. Francis F (1977).Anthocyanins.In Furia T(ed) Current Aspects of Food Colorants, pp.19-27.CRC Press. Cleveland.OH.

73. Fraser PD, Bramley PM(2004).The biosynthesis and nutritional uses of carotenoids.Pro Lipid Res 43228-265.

74. Frohlich K, Conrad J, Schmid A Breithaupl DE Bohm V (2007). Isolation and structural elucidation of different geometrical isomers of lycopene. Int/Vitam Nutr Res 77: 369.

75. Fulcrand H, Benabdeljalil C, Rigaud J, Cheynier V, Moutounet M (1998).A new class of wine pigments generated by reaction between pyruvie acid and grape anthocyanins Phytochemistry 47: 1401-1407.

76. Gaziano J M, Johnson EJ, Russell RM, Manson JE, Stampfer MJ, Ridker PM, Frei B, Hennekens CH, Krinsky N (1995). Discrimination in absorption or transport of beta-carotene isomers after oral supplementation with either all-trans- or 9-cis-beta-carotene.Am/Clin Nutr 61: 1248-1252.

77. Gieseker LF(1949).Art of preserving and maintaining color of green vegetables U. S. Patent 2473 747June21.1949.

78. Giusti MM, Wallace TC (2009).Flavonoids as natural pigments.In Bechtold T, Mussak R (eds.) Handbook of Natural Colorants, pp. 257 - 275. John Wiley & Sons, West Sussex, U.K.

79. Giusti MM, Wrolstad RE(2003).Acylated anthocyanins from edible sources and their applications in food systems.Biochem Eng 14: 217-225.

80. Giusti MM, Wrolstad RE (1996).Characterization of red radish anthocyanins,/Food Sci 61: 322-326.

81. Goodman L, Markakis P(1965) Sulfur dioxide inhibition of anthocyanin degradation by phenolase J Food Sci30(1): 135-137.

82. Goodwin T (1980). Functions of carotenoids In Goodwin T(ed The Biochemistry of Carotenoids, Vol 1, Pp 77-95.Chapman and Hall, New York.

83. Govindarajan S, Hultin H, Kotula AW(1977).M Myoglobin oxidation in ground beef: Mechanistic studies J Food Sci 42: 571-577.

84. Graham RT (1989). Variation in myoglobin denaturation and color of cooked beef, pork, and turkey meat as influenced by PH, sodium chloride, sodium tripolyphosphate, and cooking temperature/Food Sci54:536-540.

85. Green B, Durnford D (1996).The chlorophyll-carotenoid proteins of oxygenic photosynthesis. Ann Rev Plant Physiol Plant MO Biol 47: 685-714.

86. Gross J(1991).Pigments in Vegetables: Chlorophylls and Carotenoids.Springer, New York.

87. Gupte S, EL-BISI HM, Francis F(1964).Kinetics of thermal degradation of chlorophyll in spinach puree.J Food Sci 29:379-382.

88. Hagler L, Coppes r RI, Herman RH (1979).Identification dependent and enzyme./Biol Chem 2.54 6505-6514.

89. Haisman D, Clarke M(1975).The interfacial factor in the heat-induced conversion of chlorophyll to pheophytin in green leaves./Sci Food Agric 2 6: 1111-1126.

90. Harris WM.S Durr AR (1969).Chromoplasts of tomato fruits.Il.The red tomato.A//Bo156: 380-389.

91. He J, Giusti MM(2010).Anthocyanins: Natural colorants with health-promoting properties.Annu Rev Food S1: 163-187.

92. Erbach KM, Maier C, Stintzing FC, Carle R (2007). Effects of processing and storage on juice colour and betacyanin stability of purple pitaya (Hylocereus polyrhizus) Juice. Eur Food Res Technol 224: 649-658.

93. Herbach KM, Stintzing-C, Carle R (2006.Betalain stability and degradation-structural and chromatic aspects.Food Sci 71: R41-R50.

94. Herbach KM Stinting FC, Carle R, Stintzing F, arle R (2004).Quantitative and structural changes of betacyanins in red beet (Beta vulgaris L.)juice induced by thermal treatment. In Dufose L (ed.). Pigments in Foods, More Than Colours, pp.103-105.Le Berre Imprimeur, Quimper, France.

95. Rabinowitch E, Govindjee (1969).Photosynthesis.John Wiley & Sons, New York, NY.

96. Huang A, von Elbe J(1987).Effect of pl on the degradation and regeneration of betaine. Food Sci52: 1689-1693.

97. Humphrey BB (1980). Chlorophyll. Food Chem 5: 57-67.

98. Hunt MC, Sorheim O, Linde E(1999).Color and heat denaturation of myoglobin forms in ground beel.J Food Sci 64: 847-851.

99. Hyvarinen K, Hynninen P (1999).Liquid chromatographic separation and mass spectrometric identification of chlorophyll b allomers.J Chromatogr A 837: 107-116.

100. Im J－S, Parkin KL, von Elbe JH（1990）. Endogenous polyphenoloxidase activity associated with the black ring defect in canned beet（Beta vulgaris L）./Food Sci 55: 1042－1059.

101. Isler O（1971）. Carotenoids Birkhauser Verlag, Basel, Switzerland.

102. IUPAC－IUB（1974）. Nomenclature of carotenoids. Pure Appl Chem 41: 407－417.

103. Jackman R, Smith J（1996）.Anthocyanins and betalains In Hendry G, Houghton J（eds, Natura Food Colorants, pp.244－369. Chapman and Hall, New York.

104. Jackson A（1976）.Structure, properties and distribution of chlorophyll In Goodwin T（ed）.Chemistry and Biochemistry of Plant Pigments, pp.1－63.Academic Press, New York.

105. Jahangiri Y.Ghahremani H, Toghabeh JA, Hassani S（2012）.The effects of operational conditions on the total amount of anthocyanins extracted from Khorasan's native fig fruit Ficus carica. Ain Bio! Res 3;2181－2186.

106. Jen JJ, Mackinney G（1970）.On the photodecomposition of chlorophyll in vitro.I.Intermediates and breakdown products.Photochem Photobiol 11: 303－308.

107. Johnson J, Clydesdale FM（1982）. Perceived sweetness and redness in colored sucrose solutions./ Food Sci 47;3－8.

108. Jones I, White R, Gibbs E（1962）.Some pigi ment changes in cucumbers during brining and brine storage Food Technol 16;96－102.

109. Jones I, White R, Gibbs E, Butler L, Nelson L（1977）.Experimental formation of zinc and copper complexes of chlorophyll derivatives in vegetable tissue by thermal processing. Agric Food Chem 2: 149－153.

110. Jones ID, White RC, Gibbs E, Denard C（1968）. Absorption spectra of copper and zinc complexes of Pheophytin and pheophorbides./Agric Food Chen 16: 80－83.

111. Kearsley MW, Rodriguez N（1981）.The stability and use of natural colours in foods: Anthocyanin, beta－carotene and riboflavin.Food Technol 16: 421－431.

112. Kendrew J, Bodo G, Dintzis H, Parrish R, Wyckoff H（1958）.A three－dimensional model of the myoglobin molecule obtained by x－ray analysis. Nature 181: 662－666.

113. Kevan P, Baker H（983）.Insects as flower visitors and pollinators.Annu Rev Entomo/28: 407－453.

114. Khachik P, Spangler C, Smith J, Can field L, Steck A, Pfander II（1997）.Identification, quantification and relative concentrations of carotenoids and their metabolites in human milk and serum.Anal Chen 69: 1873－1881.

115. Khachik F, Beecher GR, Goli MB, Lusby WR（1991）.Separation, identification, and quantification of carotenoids in fruits, vegetables and human plasma by high performance liquid chromatography Puire.

116. Killinger KM, Hunt MC, Campbell RE, Kropf DH（2000）.Factors affecting premature browning dur－Ing cooking of store－purchased ground beef. Food Sci 65: 585－587.

117. Kopec RE. Cooperstone JI, Cichon MJ.Schwartz SJ（2012）Analysis methods of carotenoids In Xu Oxford、U.K.Z, Howard LR（eds）Analysis of Antioxidant Rich Phytochemicals, pp.105－148.Wiley－blackwell.

118. Kopec RE, Riedl KM. Harrison EH, Curley RW, Hruszkewyez DP, Clinton SK.Schwartz SJ（2010）Identification and quantification of apo－lycopenals in fruits, vegetables, and human plasma/Agric Food Chen 58:3290－3296.

119. Krinsky N（989）.Antioxidant functions of carotenoids. Free Radic Biol Med 7.67－635.

120. Krinsky NI, May ne ST, Sies H（2004）.Carotenoids in Health and Disease.Marcel Dekker, New York.

121. Kropf D（1980）.Effects of retail display conditions on meat color. Proc Reciprocal Meat Conf 33: 15－32.

122. Kuronen P, Hyvarinen K, Hynninen PH, Kilpelainen I（1993）.High－performance liquid chromatographic separation and isolation of the methanolic allomerization products of chlorophyll a./Chromatogr A654: 93－104.

123. Laborde LF, von Elbe JH（1990）.Zinc complex formation in heated vegetable purees./Agric Food Chem 38:484－487.

124. Laborde LF, von Elbe JH（1994）.Chlorophyll degradation and zinc complex formation with chlorophyll derivatives in heated green vegetables./Agric Food Chem 42: 1100－1103.

125. Laborde LF, von Elbe JH（1994）.Effect of solutes on zinc complex formation in heated green ve etables. Agric Food Chem 42: 1096－1099.

126. Lawrie R, Ledward D（2006）. Meat Science. CRC Press, New York.

127. Liong EC, Dou Y, Scott EE, Olson JS, Phillips Jr. GN（2001）.Waterproofing the heme pocket: Role of proximal amino acid side chains in preventing hemin loss from myoglobin.Biol Chem 270: 9093－9100.

128. Liu X, Gao Y, Peng X, Yang B, Xu H, Zhao J（2008）. Inactivation of peroxidase and polyphenol oxidase in red beet（Beta vulgaris L, extract with high pressure carbon dioxide.Innov Food Sci Emerg Techno 9;24－31.

129. Livingston D, Brown W（May 1981）.The chemistry of

myoglobin and its reactions [Meat pigments, food quality indices].Food Technol 35(5)：238-252.

130. Llewellyn CA, Mantoura RFC, Brereton RG (1990). Products of chlorophyll photodegradation - 1. Detection and separation. Photochem Photobi0l 52：1037-1041.

131. Llewellyn CA, Mantoura RFC, Brereton RG(1990). Products of chlorophyll photodegradation-2.Structural identification, Photochem Photobiol 52：1043 - 1047.

132. Loef H, Thung S (1965). Ueber den Einfluss von Chlorophyllase auf die Farbe von Spinat waehrend und nach der Verwertung Z Leb Unters Forsch 126：401-406.

133. Van Loey A, Ooms V, Weemaes C, van den Broeck I, Ludikhuyze L, Denys S, Hendrickx M (1998) Thermal and pressure - temperature degradation of chlorophyll In broccoli Brassica oleracea L italica Juice：A kinetic study./Agric Food Chem 46：5289-5294.

134. Luh B, Leonard S, Patel D(1960).Pink discoloration in canned Bartlett pears.Food Technol 14：53-56.

135. Luno M, Roncales P, Djenane D, Beltran JA (2000).Beef shelf life in low O, and high CO atmospheres containing different low CO concentrations.Meat Sci 55：413-419.

136. Madhavi DL, Carpenter CE(1993). Aging and processing affect color, metmyoglobin reductase and Oxygen consumption of beef muscles.J Food Sci 58：939-947.

137. Malecki G(1965).Blanching and canning process for green vegetables. U. S. Patent 3, 183, 102, May II 1965.

138. Malecki G(1978).Processing of green vegetables for color retention in canning, U. S. Patent 4. 104. 410 August 1, 1978.

139. Markakis P (1982)Stability of anthocyanins in foods. In Markakis P(ed), Anthocyanins as Food Colors, pp.163-180.Academic Press.New York.

140. Markakis P, Livingstone G, Fellers R (1957). Quantita ye pects of strawberry-pigment degradation Food Res2：117-130.

141. Martinez-parra J, Munoz R (2001).Characterization of betacyanin oxidation catalyzed by a peroxidase from Beta vulgaris L roots./Agric Food Chem 49：4064-4068 141.

142. Di Mascio P, Kaiser S, Sies H(1989).Lycopene as the most efficient biological carotenoid singlet ox ygen quencher. Arch Biochem Biophys 274：532-538.

143. Mazza G, Miniati E(1993).Anthocyanins in Fruits, Vegetables, and Grains. CRC Press, Boca Raton, FL.

144. Mccann D, Barrett A, Cooper A, Crumpler D, Dalen L, Grimshaw K, Kitchin E et al.(2007).Food additives and hyperactive behaviour in 3-year-old and 8 & 9-year-old children in the community：A ran-domised, double - blinded, placebo - controlled trial.Lancet 370：1560-1567.

145. Mcfeeters RF(975) Substrate specificity of chlorophyllase Plant Physiol 5.5：377-381.

146. Mendenhall VT (1989). Effect of ph and total pigment concentration on the internal color of cooked ground beef patties.Food Sci 54.1-2 146.

147. Merritt J, Loening K(1979).Nomenclature of tetrapyrroles./ure App Chem 51：2251-2304.

148. Mikkelsen A, Juncher D, Skibsted LH(1999).Metmyoglobin reductase activity in porcine m. longis simus dorsi muscle Meat Sci 51：155-161.

149. Mohr H(1980).Light and pigments.In Czygan F-c (ed), Pigments in Plants, pp 7-30.Gustav Fischer Verlag, Stuttgart, Germany.

150. Moran NA, Jarvik T (2010).Lateral transfer of genes from fungi underlies carotenoid production in aphids. Science(80-)328：624-627.

151. Moshammer MR, Rohe M, Stintzing FC, Carle R (2007).Stability of yellow-orange cactus pear (Opuntia ficus-indica (L J Mill.cv.Gialla) betalains as affected by the juice matrix and selected food additives.Eur Food Res Techno/225：21-32.

152. Nagao A, Olson JA (1994).Enzymatic formation of 9-cis, 13-cis and all-trans retinals from isomers of beta-carotene.FASEB/8：968-973.

153. Nakatani H, Barber J, Forrester J (1978). Surface charges on chloroplast membranes as studied by particle electrophoresis. Biochim Biophys Acta 504：215-225.

154. Okayama T(1987).Effect of modified gas atmosphere packaging after dip treatment on myoglobin and lipid oxidation of beef steaks, Meat Sci 19：179-185.

155. Oram N, Laing DG, Hutchinson I, Owen J Rose G Freeman M, Newell G(1995).The influence of favor and color on drink identification by children and a-dults.Dev Psychobiol 28：239-246.

156. Osbom HM. Brown H, Adams JB, Ledward DA (2003).High temperature reduction of metmyoglobin in aqueous muscle extracts.Meat Sci 65：631-637.

157. Palozza P, Krinsky NI (1992).Antioxidant effects of carotenoid in vivo and in vitro：An overview Methods Enzymol 213：403-420.

158. Parry AD, Horgan R (1992).Abscisic acid biosynthesis in roots. I. The identification of potential abscisic acid precursors, and other carotenoids. Planta I87：185-191.

159. Pasch JH, von Elbe J(1975).Betanine as influenced degradation by water activity. Food Sci 40 1145 -

1146.

160. Patras A. Brunton NP O'donnell C, Tiwari B (2010).Effect of thermal processing on anthocyanin sta-bility in foods: mechanisms and kinetics of degradation Trends Food Sci echnol 21: 3−11.

161. Pegg R, Shahidi F, Fox Jr.J (1997).Unraveling the chemical identity of meat pigments.Crit Rer Food Sci Nuir 37: 561−589.

162. Peiser GD, Yang SF(979).Sulfite−mediated destruction of beta−carotene. Agric Food Chem 27 446−449.

163. Peng C, Markakis P (1963).Effect of phenolase on anthocyanins.Nalure 199: 597−598.

164. Pennington F, Strain H, Svec W, Katz JJ (1963). Preparation and properties of pyrochlorophyll a, methyl pyrochlorophyllide a, pyropheophytin a, and methyl pyropheophorbide a derived from chlorophyll by decarbomethoxylation/Am Chem Soc 3801: 1418−1426.

165. Peto R, Doll R, Buckley J, Sporn M(1981).Can dietary beta−carotene materially reduce human cancer rates? Nature 290: 201−208.

166. Pfister S, Meyer P, Steck A, Pfander H(1996).Isolation and structure elucidation of carotenoid − glycosyi esters In gardenia fruits (Gardenia jasminoides Ellis) and saffron (Crocus sativus Linne)./Agric Food Chem 44:2612−2615.

167. Piattelli M, Minale L, Nicolaus R(1965).Pigments of centrospermae − v Betaxanthins from Mirabilis Jalapa L Phytochemistry 4: 817−823.

168. Piattelli M, Minale L, Prota G(1964). Isolation, structure and absolute configuration of indicaxanthin Tetrahedron 20: 2325−2329.

169. Piattelli M, Minale L, Nicolaus R(1965).Pigments of centrospermae−iil.Betaxanthins from Beta vulgaris L Phytochemistry: 121−125.

170. Pumilia G, Cichon MJ, Cooperstone JL, Giuffrida D, Dugo G, Schwartz S(2014).Changes in chlorophylls, chlorophyll degradation products and lutein in pistachio kernels (Pistacia vera L) during roasting.Food Res Int 65: 193−198.

171. Rhim J(2002).Kinetics of thermal degradation of anthocyanin pigment solutions driven from red flower cabbage.Food Sci Biotechnol 11: 361−364.

172. Ryan−stoneham T, Tong CH (2000).Degradation kinetics of chlorophyll in peas as a function of PH Food Sci65:1296−1302.

173. Saito N, Matsuzawa F, Miyoshi K, Shigihara A, Honda T(2003).The first isolation of C−glycosylanthocyanin from the flowers of Tricyrtis formosana.Tetrahedron Lett 44: 6821−6823.

174. Sante V, Renerre M, Lacourt A (1994).Effect of modified atmosphere packaging on color stability and on microbiology of turkey breast meat.J/Food Qual 17: 177−195.

175. Schaber PM, Hunt JE, Fries R, Katz JJ (1984). High − performance liquid chromatographic study of the chlorophyll allomerization reaction. Chromatogr 316: 25−41.

176. Schanderl SH, Chichester C, Marsh G (1962).Degradation of chlorophyll and several derivatives in acid solution/Org Chem 27: 3865−3868.

177. Schanderl SH, Marsh G, Chichester C(1965).Color reversion in processed I.Studies on regreened vegetables pea purges.J Food Sci 30: 312−316.

178. Schelbert S, Aubry S, Burla B,/gne B, Kessler F, Krupinska K, Hortensteiner S (2009). Pheophytin pheophorbide hydrolase (pheophytinase) is involved in chlorophyll breakdown during leaf senescence in Arabidopsis.Plant Cell 21: 767−785.

179. Schoefs B(2002).Chlorophyll and carotenoid analysis in food products. Properties of the pigments and methods of analysis. Trends Food Sci Technol 13: 361−371.

180. Schwartz SJ, von Elbe J (1983). Kinetics of chlorophyll degradation to pyropheophytin in vegetables.J Food Sci48:1303−1306.

181. Schwartz S, Lorenzo T (1991). Chlorophyll stability during continuous aseptic processing and storage I Food Sci56:1059−1062.

182. Schwartz SJ, Elbe JH (1983). Identification of betanin degradation products. Z Leb Unters Forsch 170448−453.

183. Schwartz SJ, Woo SL, von Elbe JH (1981).High − performance liquid chromatography of chlorophylls and their derivatives in fresh and processed spinach.J Agric/ood Chem 29: 533−535.

184. Schwarz M, Quast P, von Baer D, Winterhalter P (2003). Vitisin A content in Chilean wines from Vitis vinifera Cv. Cabernet Sauvignon and contribution to the color of aged red wines. A 8/ic Food Chem 5/6261−6267.

185. Schweiggert RM, Carle R(2016).Carotenoid deposition in plant and animal foods and its impact on bioavailability.Crit Rev Food Sci Nutr. Epub ahead of print.

186. Schweigger RM. Kopec RE, Villalobos − gutierrez MG, Hogel J, Quesada S, Esquivel P, Schwartz SJ, Carle R (2014).Carotenoids are more bioavailable from papaya than from tomato and carrot in humans A randomised cross−over study.Brj/Nutr/11: 490−498.

187. Schweigger RM, Steingass CB, Heller A, Esquivel P, Carle R (2011) Characterization of chromoplasts and carotenoids of red−and yellow−fleshed papaya Carica papaya L.Planta 234: 1031−1044.

188. Seely G(1996).The structure and chemistry of func-
    tional groups. In Vernon L, Seely G (eds,), Th
    Chlorophylls. pp. 67 - 109. Academic Press, New
    York.

189. Segner W, Ragusa T, Nank W, Hayle W (1984).
    Process for the preservation of green color in canned
    vegetables. European Patent 0112178 A2, June
    27, 1984.

190. Seideman SC Durland PR (1984).The utilization of
    modified gas atmosphere packaging for fresh meat A
    review.J Food Qual 6: 239-252.

191. Serris GS, Biliaderis CG (2001). Degradation
    kinetics of beetroot pigment encapsulated in
    polymeric matrices./Sci Food Agric 81: 691-700.

192. Shi Z, Lin M, Francis F(1992).Stability of anthocy-
    anins from Tradescantia pallida. J/Food Sci)
    y758-770.

193. Shrikhande A, Francis F (1974). Effect of flavonols
    on ascorbic acid and anthocyanin stability in model
    systems.J Food Sci 39: 904-906.

194. Sies H, Stahl W, Sundquist AR (1992).Antioxidant
    functions of vitamins.Vitamins E and C, beta-caro-
    tene.and other carotenoids. Ann NY Acad Sci 669:
    7-20.

195. Sigurdson G, Giusti M(2015).Unpublished data.

196. Sigurdson GT Giusti MM (2014). Bathochromic and
    hyperchromic effects of aluminum salt com-plexation
    by anthocyanins from edible sources for blue color
    development.J Agric Food Chem 62: 6955-6965.

197. Simons MJP. Cohen AA, Verhulst S (2012). What
    does carotenoid-dependent coloration tell? Plasma
    carotenoid level signals immunocompetence and oxi-
    dative stress state in birds-a meta-analysis. PLOS
    One7:e43088.

198. Sitte P.Falk H, Liedvogel B(1980).Chromoplasts In
    Czygan F - ced, Pigments in Plants, pp 117 -
    48Gustav Fischer Verlag Stuttgart, Germany.

199. Stafford HA (1994).Anthocyanins and betalains: E-
    volutions of the mutually exclusive pathways. Plant
    Sci10:91-98.

200. Starr M, Francis F(1968).Oxygen and ascorbic acid
    effect on the relative stability of four anthocyanins
    pigments in cranberry juice. Food Technol 22:
    1293-1295.

201. Stintzing FC, Carle R (2007). Betalains-emerging
    prospects for food scientists.Trends Food Sci techn-
    ol18:514-525.

202. Stintzing FC, Carle R(2004).Fi unctional properties
    of anthocyanins and betalains in plants, food, and in
    human nutrition. Trends Food Sci Technol 15:
    19-38.

203. Stintzing FC, Schieber A.Carle R(2002).Identification
    of betalains from yellow beet (Beta vulgaris L.) and

cactus pear [Opuntia ficus-indica (L) Mill.] by
    high-performance liquid chromatography-Electrospray
    ionization mass spectrometry./Agric Food Chem 50:
    2302-2307.

204. Strack D, Vogt T, Schliemann W (2003). Recent
    advances in betalain research. Phytochemistry 62
    247-269.

205. Strain HH, Thomas MR, Katz JJ (1963) Spectra ab-
    sorption properties of ordinary and fully deuterated
    chlorophylls a and b. Biochim Biophys Acta 75:
    306-311.

206. Struck A, Cmiel E, Schneider S, Scheer I (1918).
    Photochemical ring-opening in meso-chlorinated
    chlorophylls.Photochem Photobiol 01: 217-222.

207. Sweeney JP, Martin M(1958).Determination of chlo-
    rophyll and pheophytin in broccoli heated by vari ous
    procedures.Food Sci 23: 635-647.

208. Sweeny J, Wilkinson M, Iacobucci G (1981).Effect
    of flavonoid sulfonates on the photobleaching of an-
    thocyanins in acid solution. Agric Food Chem 29:
    563-567.

209. Swirski MA, Allouf R, Guimard A, Cheftel H
    (1969).Water-soluble, stable green pigment, origi-
    nating during processing of canned brussels sprouts
    picked before the first autumn frosts. Agric Food
    Chem 17:799-801.

210. Teng S, Chen B(1999).Formation of pyrochlorophylls
    and their derivatives in spinach leaves during
    heating.Food Chem 6.5: 367-373.

211. Terahara N, Oda M, Matsui T, Osajima Y, Saito N,
    Toki K, Honda T(1996).Five new anthocyanins ter-
    natins A3 B4 B3 B2 and D2 from Clitoria ternatea
    fowers./Nat Prod 59: 139-144.

212. Tewari G.Jayas D (2001).Prevention of transient dis-
    coloration of beef.J/Food Sci 66: 506-510.

213. Timberlake CF, Bridle P (1967). Flavylium salts,
    anthocyanidins and anthocyanins. I. Reactions with
    sulphur dioxide.J Sci Food Agric 18: 479-485.

214. Tonucci LH, von Elbe JH (1992).Kinetics of the for-
    mation of zinc complexes of chlorophyll derivatives J
    Agric Food Chem 40: 2341-2344.

215. Torskangerpoll K, Andersen OM(2005).Colour sta-
    bility of anthocyanins in aqueous solutions at vari ous
    PH values.Food Chem 89: 427-440.

216. Unlu NZ, Bohn T, Francis DM, Nagaraja HN, Clin-
    ton SK, Schwartz SJ(2007).Lycopene from heat in-
    duced cis-isomer-rich tomato sauce is more bio-
    available than from all-trans-rich tomato sauce in
    human subjects.Br 98: 140-146.

217. Vasquez-caicedo AL, Heller A, Neidhart S, Carle R
    (2006).Chromoplast morphology and beta-carotene
    accumulation during postharvest ripening of Mango
    C.Tommy Atkins./Agric Food Chem54:5769-5776.

218. Wakamatsu J, Nishimura T, Hattori A(2004).A Zn-porphyrin complex contributes to bri ight red color in Parma ham.Meat Sci 67：95-100.

219. Wang X-d(2009)Biological activities of carotenoid metabolites In Britton G Liaaen-jensen S Pfander H(eds,) Carotenoids Volume 5： Nutrition and Health, pp383 - 408. Birkhauser Verlag, Basel, Switzerland.

220. Wasserman B, Eiberger L, Guilfoy M(1984).Effect of hydrogen peroxide and phenolic compounds on horseradish peroxidase - catalyzed decolorization of betalain pigments.J Food Sci 49：536-538.

221. Watanabe T, Nakazato M, Mazaki H, Hongu A, Konno M, Saitoh S, Honda K(1985).Chlorophyll a epimer and pheophytin a in green leaves. Biochim Biophys Acta 807：110-117.

222. Weast C, Mackinney G (940).Chlorophyllase./Biol Chem 133：551-558.

223. Weemaes CA, Ooms V, van Loey AM, Hendrickx ME (1999).Kinetics of chlorophyll degradation and color loss in heated broccoli juice./Agric Food Chen 47：2404-2409.

224. Wettasinghe M, Bolling B, Phak L, Xiao H, Parkin K(2002).Phase II enzyme-inducing and antioxidant activities of beetroot (Beta vulgaris L) extracts from phenotypes of different pigmentation. J. Agric Food Chem 50：6704-6709.

225. Wightman J, Wrolstad R(1996).B-glucosidase activity in juice-processing enzymes based on anthocyanin analysis.J Food Sci 61：427-440.

226. Williams C.Greenham J.Harborne J.Kong J-M Chia L-S.Goh N-K.Saito N.Toki K.Matsuzawa F (2002). Acylated anthocyanins and flavonols from purple flowers of Dendrobium cv.Pompadour Biochem Syst Ecol 30：667-675.

227. Woolley PS, Moir AJ, Hester RE, Keely BJ(1998). A comparative study of the allomerization reaction of chlorophyll a and bacteriochlorophyll a y Chem Soc Perkin Trans 2：1833-1840.

228. Wyler H, Mabry TJ, Dreiding AS(1963).Uber die Konstitution des Randenfarbstoffes Betanin. Helv Chim Acta23；1960-1963.

229. Wyler H, Wilcox M, Dreiding AS(1965).Urnwand-lung eines Betacyans in ein Betaxanthin Synthese von Indicaxanthin aus Betanin Hely Chim Acta 48：361-366.

230. Young A, Phillip D, Lowe G(2004).Carotenoid antioxidant activity.In Krinsl sky NI, Mayne ST, Sies H(eds Carotenoids in Health and Disease, pp.105-126.CRC Press, Boca Raton, FL.

231. Zagalsky P(985).A study of the astaxanthin-lipovitellin, ovoverdin, isolated from the ovaries of the lobster, Homarus gammarus (L.). Comp Biochem Physio 8011：589-597.

232. Zechmeister L (949).Stereoisomer provitamins A.In Harris RS, Thimann KV(eds,) Vitamins and Hormones, pp. 57 - 81. Academic Press, Inc., New York.

233. Zechmeister L (1944).Cis-trans isomerization and stereochemistry of carotenoids and diphenyl polyenes.Chem Rev 34：267-344.

234. Zechmeister L(1962).Cis-trans Isomeric Carotenoids, Vitamin A and Arylpolyenes. Academic Press Inc,. New York.

235. Britton G, Liaaen - jensen, S, Pfander H, eds (2004). Carotenoids Handbook. Birkhauser Verlag, Basel Switzerland.

236. Britton G, Liaaen-jensen S, Pfander H, eds (2009). Carotenoids, Vol 5： Nutrition and Health.Birkhauser A Verlag, Basel, Switzerland.

237. AOAC International (2012).Official method 970.64, Carotene and xanthophylls in dried plant materials and mixed feeds. In Official Methods of Analysis of AOAC International.AOAC International,Gaithersburg, MD.

238. AOAC International (2012).Offcial mehod 941.15 Carotene in fresh plant materials and silage. In Official Methods of Analysis of AOAC International AOAC International, Gaithersburg, MD.

239. Wallace TC, Giusti MM, eds (2014).Anthocyanins in Health and Disease.CRC Press, Boca Raton, FL.

240. Henry BS (1996) Natural food colours. In Hendry GAF, Houghton JD(eds,) Natural Food Colorants pp 40 - 79 Springer - science + Business Media. London.U.K.

拓展阅读

1. Bauernfeind JB, ed. (1981).*Carotenoids as Colorants and Vitamin A Precursors*. Academic Press, New York. Bechtold T, Mussak R, eds. (2009). *Handbook of Natural Colorants*. John Wiley & Sons, West Sussex, U.K.

2. Carle R, Schweiggert RM, eds. (2016). Handbook on Natural Pigments in Food and Beverages, Industrial Applications for Improving Food Color. Woodhead Publishing, Amsterdam, the Netherlands.

3. Counsell JN, ed. (1981).*Natural Colours for Food and Other Uses*, Applied Science, Essex, U.K.

4. Francis FJ (1999).*Colorants*：*Practical Guide for the Food Industry*. Eagan Press Handbook Series. Eagan Press, St. Paul, MN.

5. Griffiths JC (2005). Coloring foods and beverages.*Food Technol* 59(5): 38-44.

6. Houghton J, Hendry G, eds. (1996). *Natural Food Colorants*. Springer-Science+Business Media, Berlin, Germany.

7. Lauro GJ, Francis FJ, eds. (2000). *Natural Food Colorants*. IFT Basic Symposium Series. Marcel Dekker, Inc., New York.

8. Mazza G, Miniati E (1993).*Anthocyanins in Fruits, Vegetables and Grains*. CRC Press, Boca Raton, FL.

9. Schwartz SJ, Lorenzo TV (1990). *Chlorophylls in Foods. Food Science and Nutrition*. CRC Press, Boca Raton, FL.

10. Socaciu C, ed. (2008).*Food Colorants, Chemical and Functional Properties*. CRC Press, Boca Raton, FL.

11. Wallace TC, Giusti MM, eds. (2014). *Anthocyanins in Health and Disease*. CRC Press, Boca Raton, FL.

12. Wrolstad RE, Acree TE, Decker EA, Penner MH, Ried DS, Schwartz SJ, Shoemaker CF, Smith D, Sporns P, eds. (2005). Pigments and colorants. In *Handbook of Food Analytical Chemistry*, pp. 1-216. John Wiley & Sons, Hoboken, NJ.

13. Xu Z, Howard LR, eds. (2012). *Analysis of Antioxidant Rich Phytochemicals*. Wiley - Blackwell, West Sussex, U.K.

风味物质

11

Robert C. Lindsay

11.1 引言

11.1.1 概述

在 20 世纪 50 年代后期出现气相色谱和快速扫描质谱后,通常把风味化学的知识理解为应用这两项技术取得的有关风味的食品化学方面的最新进展。尽管这些仪器为风味物质的鉴定提供了技术手段,但是经典的化学技术仍然在风味研究的前阶段使用,尤其是在精油和香料提取物的研究中[28]。对香味广泛而又有些分散的关注,以及有关食品风味的化学知识迅速却混乱的发展,导致风味作为一门学科发展缓慢。

尽管风味物质的范围极为广泛,包括由主要食品组分衍生的各种结构的化合物,但是"刺激味觉或嗅觉受体或特定的神经产生综合的生理响应被称为风味"。这一概念仍然是将一个分子归入食品化学风味研究范畴的本质要求。不过,从更广泛的角度来说,"风味"这一专业术语是指在摄入食品时所有感官(嗅、味、视、触和听)的综合知觉。尽管非化学的或非直接的感觉(视、听和触觉)也会影响人们对风味的感知,从而影响食品的可接受性,但有关这方面内容的讨论超出了本章的范畴。

本章关注的是那些能产生特定气味和/或味道的化合物,并不十分有意去区分气味、味道等术语的含义与风味的含义之间的差别。本章内容包括重要的风味体系的化学、用来说明有关食品体系化学的特征化合物和食品中风味物质存在的化学基础。在适当的地方,且信息足够充分时,有些部分还涉及风味化合物的结构与活性之间的关系。

这里没有很好提供各种食品中存在的风味物质的列表。有不少文献[48,83]有这方面的内容,其中一些文献[21]还提供了有关各种化合物阈值浓度的列表。另外,有关"主要食品组分的风味化学"的内容在本章或有关主要食品组分介绍的章节进行讨论。例如,有关由美拉德反应产生的风味在第 3 章讨论,而由脂类自动氧化形成的自由基所产生的风味在第 4 章中讨论。低能量甜味剂和大分子风味结合的一部分内容在本章进行讨论,其余部分在第 3 章和第 5 章(与大分子结合)及第 12 章(低能量甜味剂)中讨论。

11.1.2 风味分析方法[22,53,64]

正如本章开头所述,人们通常将风味化学等同于采用气相色谱和快速扫描质谱分析挥发性化合物。但是,这种观点太狭隘了,现在有很多分析风味化合物的方法。由于其他文献[49,66,76]已有大量有关分析方法的讨论,这里只对分析方法做简要的叙述。

风味分析的要求较高,因为风味物质浓度通常很低(mg/kg、μg/kg 或 ng/kg 级),而且成分很复杂(例如,已从咖啡中分离鉴定出 450 多种挥发性物质),有些风味化合物还不稳定,挥发性极高(高蒸气压)或极低(低蒸气压),风味化合物的鉴定要求先将其从大量食品组分中分离出来,然后进行浓缩(例如,蒸馏)。在这个过程中,风味化合物的变化要降到最低程度。这一点在进行风味研究中尤为重要。在分离过程中,先用多孔聚合物吸附风味化合物,然后用热解析或溶剂洗脱。该法能使敏感物质在分离过程中的分解降低到最低程度。不过,高沸点化合物或某些以极低浓度存在的化合物仍需要采用蒸馏的方法来保证有适当的回收率。

风味活性物质及其前体的鉴定是风味分析的首要目标,但食品中这些化合物浓度的精确测定也同样重要。在探索风味化合物的存在与它们所导致的感官性质之间的关系时,这种定量信息就显得尤为有价值。虽然已积累了大量有关食品顶空气体中存在的风味物质的定量数据以及来源于食品的各种分离物,但由于测量中某些物质未能检出或数据失真,要从已有的数据中重构高质量的风味是非常困难的。

此外,试图在营养改性食品中(如低脂食品)模拟未改性食品的风味组分(如全脂食品)往往很难取得成功。人们怀疑不同改性食品中的各种风味化合物在口腔中的释放速度是不同的。为了解决未改性食品中风味组分的释放速度问题,开展了大量地应用大气压电离质谱技术测量风味化合物在口腔中的实时释放速度研究,确定了一些风味化合物在口腔中从食品中的释放速度。科学实验结果表明,未改性食品中各种风味化合物在口腔中的释放的确会存在一种时间-释放强度变化现象,但它似乎与改性食品和非改性食品成分间的感知风味品质差别无关。由于这些发现,人们将注意力转移到在非改性食品中(如全脂食品)寻找发现在改性食品(如低脂食品)中没有或被忽略的风味改良分子。

总的来说,有关客观的风味化学数据与主观的感官信息之间相关性研究方法的建立及应用已取得了很大的进步,但是通过单纯的分析手段来对风味质量进行日常的评定仍然存在局限。"电子鼻"设备[51]的出现和商业化应用满足了人们对能为食品的风味强度和质量提供可靠信息的化学参数的快速测定的需求。尽管现在已有一些"电子鼻"设备成功应用的报道,尤其是在研究变质食品的风味(如氧化哈喇味)方面,但是通常认为这种技术还只是处在发展初期。

11.1.3 风味的感官评定

不管风味研究的最终目标是什么,食品和风味化合物的感官评定在研究中都是必需的。在某些场合,需要有经验的人员(有经验的调香师或研究人员)对样品的感官性质进行评定。但是,在另一些场合,非常有必要先请正式的评定小组进行感官评定,再用统计学分析风味的差别,以获得详细的风味信息,或确定消费者对风味的偏好。有关风味的感官分析的内容已有很好的综述和著作[1,2,61,71],有关风味评定的详细情况可查阅这些资料。

感官评定用于风味化学和芳香化学的风味特征定性,以及对不同浓度的单一或复合的化合物进行定性和定量的分析。确定风味化学物质的检出阈值可以为由单个化合物提供的风味潜能提供一种测量方法。阈值通常是通过不同的具有代表性的人群确定的。首先,将待测的风味化合物在一定的介质(水、牛乳、空气等)中配成一系列浓度的溶液,然后由感官评定小组成员进行评定,每个感官评定小组成员都做出此种风味化合物能否被感觉出的判断。将有至少一半(有时更多)的人能感觉到的浓度范围定义为风味阈值[21]。化合物产生味觉和嗅觉的能力差别很大,因此,阈值很低的化合物即使含量比较少,也比那些阈值高含量多的化合物对食品风味的影响要大得多。

嗅觉单位(OUs)的计算是通过风味化合物的浓度除以它的阈值得到的(OU 表示存在的浓度/阈值浓度),它可以估计此种风味化合物对食品风味的影响。最近,香味提取物稀释分析(AEDA)被广泛应用于鉴定食品中最有效的风味化合物[27]。它包括从食品中提取的风味物质经连续梯度稀释后进行气相色谱检测,再对气相色谱流出物中的单个化合物进行感官检测。这种方法能够有效检测出食品和饮料中存在的强度较大的风味化合物的定量信息。但是,这种确定方法通常忽略或低估了化合物的定性风味特征。尤其是在各种风味化合物共同作用形成一种特定风味的"特征"或"特征影响"品质的情况下。这种检测最强风味化合物的方法存在争议的另一个原因是它提供的是在没有食品介质和风味化合物相互作用影响的情况下的信息。因此,这种数据在真实食品体系中的应用非常有限。

11.1.4　风味感知的分子学机制

一直以来认清风味感知的分子学原理都是风味研究的一个重要目标,且有很多的实际应用,但是最近才开始应用这个领域的最新研究结果来取代原有的理论。当前,大多数对风味感知的研究都采用与分子生物学研究相同的技术。

人们希望能够利用分子的结构与活性的特征(如一个已经明确的结构会产生一种可以预知的香味或口味)来指导更加实用和有效的风味化合物的发展(如强甜味剂,详见第 12 章),这为研究风味产生的机制提供了强大的动力。同样,在一些食品组分中,需要存在一些能够掩盖或者消除某些食品组分的不良风味(如大豆蛋白衍生物等)的物质,特别是需要掩盖一些药物和保健品中固有的苦味(详见第 13 章)。

鼻腔中特定的嗅觉上皮细胞能够检测到微量的挥发性气味物质,这就解释了为什么人们能感知到几乎无限多种不同强度和品质的气味和风味。位于舌和口腔后部的味蕾,能够感觉到甜、酸、咸、苦和鲜味,这些感觉构成了风味中的味。总的来说,在分子水平上香味和口味的感知过程包括三个重要的阶段,分别是感受、转换和神经系统对电刺激信号的处理与编码过程,最终使品尝者的感官体验达到顶点。在最近的一些综述文章中[44,73],都有关于这些生理过程的详细说明,包括一些图表和叙述。

对于气味和其他味道(甜、苦和鲜)的感知,最初的理解是风味分子和受体细胞膜上的特定蛋白发生选择性结合(依然遵循"锁和匙"概念模型)。当发生这种结合时,化学能通过特定的生化反应过程转变为电能。

受体蛋白和风味分子最初的结合刺激了与该受体蛋白相连的 G 蛋白,激活酶促反应,产生一系列的反应产物[如循环的腺苷-5′-单磷酸(AMP)或肌糖三磷酸盐],这些产物能够打开受体细胞膜上的 Na^+ 或 Ca^{2+} 通道,并与之反应。突然产生的带电离子流穿过受体细胞膜,导致细胞的去极化,并且产生一系列特定的电荷(动作电位或神经刺激),这些电荷能反映刺激细胞的气味物质的数量,也为风味分子的鉴定提供信息。有关电信号编码过程的理论以此为基础,但是遗传学和生理学的证据支持以下观点:电信号编码是由在嗅球和其他大脑结构中产生空间图形(不同的神经刺激速度和强度)来完成的。

从分子水平上来说,人们对酸(H^+)和咸(Na^+)的感知和对甜、苦和鲜等其他口味的感知过程是不同的,而且它们本身相互之间也是有区别的。不过,酸味和咸味离子都直接与味觉受体细胞膜上的离子通道发生作用。对酸味剂来说,H^+ 与离子通道的直接结合导致了这些通道对 Na^+ 离子流的关闭,使细胞膜去极化,产生神经刺激。相反,由于 Na^+ 能渗透入离子通道,所以咸味的感知最初由 Na^+ 从外部环境中直接进入受体细胞膜上引起的。因此,当 Na^+ 进入受体细胞,并改变膜内外的电位时,细胞去极化,并产生神经刺激以响应外界环境中盐(NaCl)的存在。

一些风味分子表现出独特的感官特性,如热或辛辣、清凉和麻的感觉,对一些食品和饮料的风味产生重大影响。由于这些感觉来自于风味物质对一定神经纤维的影响,特定的受体细胞(例如,味感和嗅感)没有参与这些感觉的产生,因此以前通常将它们归于非特定的风味感觉。这种在口腔和鼻腔上的感觉看似与皮肤上化学感应系统(刺激、痛、热、冷等)的感觉类似。但是,为了区分口腔和鼻腔神经系统(如三叉神经、舌喉神经、迷走神经)感受到的风味,最近"化学感应"这一术语被用来描述这些风味所产生的感觉。

其他非特定的、化学上引起的风味感觉(丰满、复合等)是由三叉神经感觉到的,但是产生这些效应的化合物还没有很好地被认知,而且感知的机制也不很清楚。

对风味感知的详细过程的研究在继续进行并不断取得进展。有一些文献[50,73]对此进行了综述。

11.2　呈味物质

人们能感知到的呈味物质通常(但并不总是)是水溶性的,且挥发性较低。通常,它们在食品中的浓度比香味物质高得多,在风味范围中较少涉及。由于它们对食品的接受性起着非常重要的作用,因此,我们对那些能产生味感及产生某些不明确味感的物质进行详细讨论。

11.2.1　甜味物质

甜味物质受到了很大的关注,原因是人们希望找到糖的替代物和糖精、甜蜜素(详见第 12 章)等低热量甜味剂的合适替代物。糖分子中含有很多羟基,在现代甜味剂理论提出之前,认为甜味与羟基(—OH)有关的观点很盛行。然而,上述观点很快受到否定,因为多羟基化合物的甜味差异很大,而且很多氨基酸和一些金属盐类也有甜味;甚至与糖结构完全不同的化合物,例如氯仿(CHCl₃)和糖精(详见第 12 章),也是甜的。显然,在甜味物质结构中存在某些共性的东西。在过去的 75 年中,一个有关分子结构与甜味间关系的理论逐渐形成,该理论很好地解释了某些化合物呈现甜味的原因。

Shallenberger and Acree[68] 首先提出了 AH/B 理论,该理论认为所有产生甜味的化合物都有呈味结构单元(图 11.1)。最初认为,这种呈味结构单元是由一个共价键合的能形成氢键的质子和一个距该质子 0.3nm 的电负性轨道组成的,因此分子中的电负性原子对甜味的产生是必需的。此外,这些原子中必须包含一个能形成氢键的质子。在甜味分子中,氧、氮和氯原子通常能满足这些条件,羟基上的氧原子在分子中能起到 AH 或 B 的作用:氯仿(Ⅰ)、糖精(Ⅱ)和葡萄糖(Ⅲ)的 AH/B 关系如下式所示:

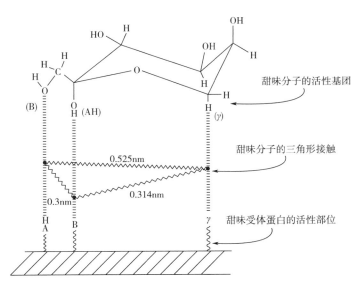

然而,如图 11.1 所示,构成 AH/B 呈味结构单元还需要满足立体化学的要求,这样它们才能与受体部位匹配。甜味分子的活性基团与受体间的相互作用被认为是 AH/B 部分通过氢键与味觉受体中的类似结构相结合。为了将该理论的适用范围延伸至强甜味物质,又在该理论上加上了第三点,即在甜味分子中存在着一个具有适当立体结构的亲油区(通常表示为 γ),它能与味觉受体中类似的亲油区相互吸引。甜味分子的亲油区通常是亚甲基(—CH₂—),甲基(—CH₃)或苯基(—C₆H₅)。对于强甜味物质来说,完整的呈味结构是一个几何形状的结构,在这个结构中所有的活性单元(AH/B 和 γ)与受体分子形成一个三角形的接触。这种排列方式成为当前甜味的三点结构理论的基础。

甜味分子的活性基团

甜味分子的三角形接触

甜味受体蛋白的活性部位

图 11.1　β-D-果糖呈味单元中 AH/B 和 γ 部位的相互关系

γ区域是强甜味分子的一个极为重要的特征,但这对糖的甜度作用较小[8]。它的功能似乎是促进某些分子定位在味觉受体部位,从而影响人们所感知的甜味的强度。由于糖类具有很强的亲水性,这种γ结构只对某些糖(如果糖)起着有限的作用。呈味结构单元的γ部分可能还是不同甜味物质间甜度质量差异的一个重要原因。它的重要作用不仅是影响感觉甜味时间的长短,而且与在某些化合物中观察到的甜味和苦味的一些相互作用有关。

甜味—苦味糖的结构特征是它们与甜味、苦味受体之一或两种受体都能发生相互作用,于是产生了复合的味觉。即使是在试验溶液中苦味物质浓度低于阈值,结构中的苦味特性也会抑制甜味。糖中的苦味似乎是受到异头中心的构象、环上的氧原子、己糖的伯醇基团以及所有取代基的性质等因素的综合影响。通常,甜味分子在结构和立体化学上的改变会造成甜度的降低或丧失,甚至产生苦味。

11.2.2 苦味物质[58,59]

苦味似乎与由分子结构–受体相互作用产生的甜味密切相关。由于某种物质能产生苦味或甜味取决于它们的立体化学,而苦味分子的立体化学与甜味分子具有类似的特征,因此一些分子既可产生甜味,也可产生苦味。尽管甜味分子必须含有两个极性基团,还可能含有一个辅助的非极性基团,但是苦味分子似乎只需要一个极性基团和一个疏水基团[9]。

然而,有的学者[5,7,14]认为,大部分的苦味分子具有一个与甜味分子中相同的 AH/B 完整结构,还含有疏水基团。根据这个设想,AH/B 单元在特定受体部位中的定位决定了分子的甜味与苦味特性,这个受体部位位于受体腔的平坦的底部。分子若能适合受体部位为苦味分子定向的部位,则该分子产生苦味;而若能适合受体部位为甜味分子定向的部位,则产生甜味。如果一个分子的几何形状能按上述两个方向的任一方向取向时,就能产生苦—甜感觉。

这种模式似乎对氨基酸特别适合,D型氨基酸都是甜的,而L型都是苦的[39]。由于甜味受体的疏水或γ部位的亲油性是无方向性的,因此它既可参与产生甜味感,也可参与产生苦味感。分子的体积因素使每个受体腔的受体部位具有立体化学选择性。总之,苦味模式有极广泛的结构基础,大部分有关苦味及其分子结构的实验结果都可用现有的理论来解释。

奎宁是一种生物碱,也是公认的苦味感觉的标准物质。盐酸奎宁(Ⅳ)的检出阈值为10mg/L左右。通常,苦味物质的味觉阈值要比其他呈味物质低,而且它们在水中的溶解度要比其他的味觉活性物质小。奎宁被允许作为一种食品添加剂添加在饮料中,如在具有酸甜口感的软饮料中添加。苦味能跟其他味感很好地混合,在这些饮料中产生一种清凉的味觉刺激。奎宁是一种可被用作治疗疟疾的药物,它能抑制和掩盖药物的苦味,因此可在软饮料中添加奎宁来抑制和掩盖苦味。

(Ⅳ)盐酸奎宁

除软饮料外,苦味还是咖啡、可可和茶等其他大众化饮料的重要风味特征。咖啡因(Ⅴ)存在于咖啡、茶和可可豆中,它在水中的溶解度为 150~200mg/kg,具有缓和的苦味。可可碱(Ⅵ)与咖啡因非常相似,其在可可豆中的存在最引人注意,可以产生可可的苦味。咖啡因在可乐型软饮料中的添加量可达 200mg/kg。这些咖啡因大部分是在去咖啡因咖啡的生产过程中从绿咖啡豆中提取得到的。

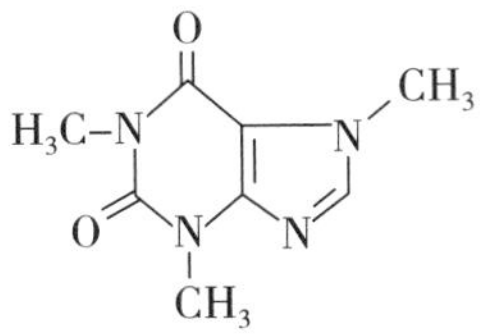

(Ⅴ)咖啡因 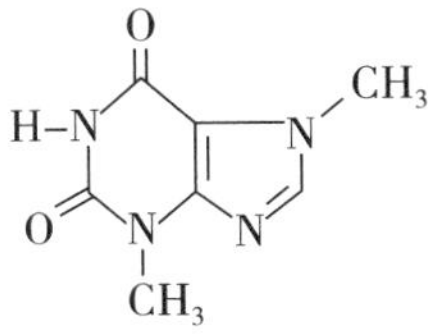   (Ⅵ)可可碱

在酿造工业中,大量使用啤酒花来产生啤酒独特的风味。由一些独特的异戊二烯衍生物产生的苦味是啤酒酒花风味的一个重要方面。这些非挥发性的苦味物质通常可归为葎草酮或蛇麻酮的衍生物,在酿造工业中分别将它们称为 α-酸和 β-酸。葎草酮是含量最多的物质,在麦芽汁煮沸过程中,葎草酮经异构化反应转变为异葎草酮(图 11.2)[16]。

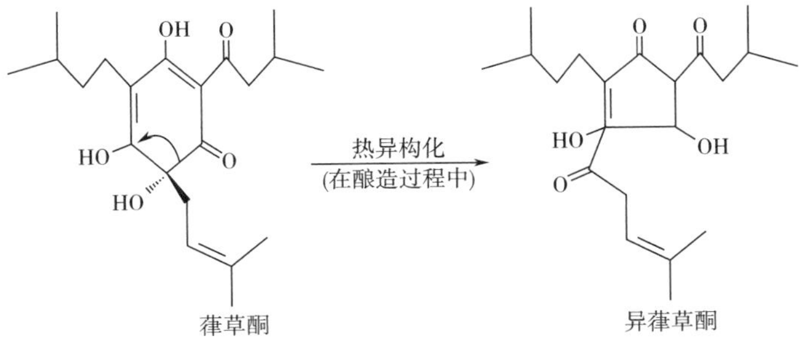

图 11.2 传统的酿造生产过程中葎草酮经异构化反应转变为异葎草酮

啤酒受光照后会产生日晒味,异葎草酮是这种日晒味化合物的前体。当存在酵母发酵产生的硫化氢时,异葎草酮的异乙烯链上与羰基相邻的碳会发生光催化反应,从而产生具有日晒味的 3-甲基-2-丁烯基-1-硫醇(异戊烯硫醇)。在异构化之前,将酒花提取物中的羰基选择性的还原可以防止上述反应的发生,也能防止透明玻璃包装的啤酒产生日晒味。酒花的挥发性芳香化合物在麦芽汁的煮沸过程中能否保持不变是个多年来一直有争议的话题。但是,现在已证明,麦芽汁煮沸后,酒花中有影响的化合物仍然得以保留,而其他化合物则由酒花的苦味物质产生,二者共同作用产生了啤酒花的芳香。

(Ⅶ)5′-磷酸腺苷
(AMP;一种潜在的苦味抑制剂)

尽管许多食品和饮料要求带有苦味,但是,一些食品和饮料,包括功能食品和药品具有的苦味并不受欢迎。在对具有掩盖苦味功能的化合物鉴定方面已经做了大量的工作,但到目前为止还没有取得很大的成功。一些树胶或黏性很大的聚合物能抑制苦味,但它们的使用只能部分减轻苦味。最近发现,与能量代谢相关的 5′-磷酸腺苷(AMP)(Ⅶ)具有很好的苦味抑制作用,而且它在抑制苦味上的应用看来也是允许的。

过量苦味的产生是柑橘工业中的一个大问题,尤其是在加工的产品中。对葡萄柚来说,有些苦味是需要和期望的,但是它的新鲜果汁和加工果汁的苦味强度常常会超过许多消费者的喜爱程度。柑橘类水果中含有一些黄酮糖苷类化合物,而柚皮苷是葡萄柚和苦橙(*Citrus auranticum*)中的主要黄烷酮。柚皮苷含量高的果汁都非常苦,除非用大量柚皮苷含量低的果汁来稀释它,否则这种果汁几乎无经济价值可言。柚皮苷的苦味与它的分子结构中鼠李糖和葡萄糖以1,2糖苷键连接方式形成的构象有关。柚苷酶可以从柑橘果胶的工业化生产过程中分离得到,也可由黑曲霉获得,它能断裂连接鼠李糖和葡萄糖的1,2糖苷键(图11.3),产生无苦味的物质。固定化酶已被用来对柚皮苷含量过高的葡萄柚果汁进行脱苦。工业上也从葡萄柚皮中回收柚皮苷,并作为咖啡因替代品应用到某些食品中。

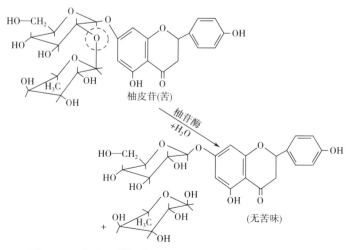

图 11.3　应用于柑橘产品脱苦的柚苷酶水解柚皮苷过程

脐橙和夏橙中的主要苦味物质是被称为柠檬苦素的三萜双内酯(环和 D 环),它也是葡萄柚的苦味成分。在完整的水果中,并不存在柠檬苦素,但是含有由酶水解柠檬苦素的 D-内酯环得到的无苦味衍生物(图 11.4),果汁提取后,酸性条件使得 D 环闭合,从而形成柠檬苦素;这种产生滞后苦味的现象,可能产生严重的经济后果。

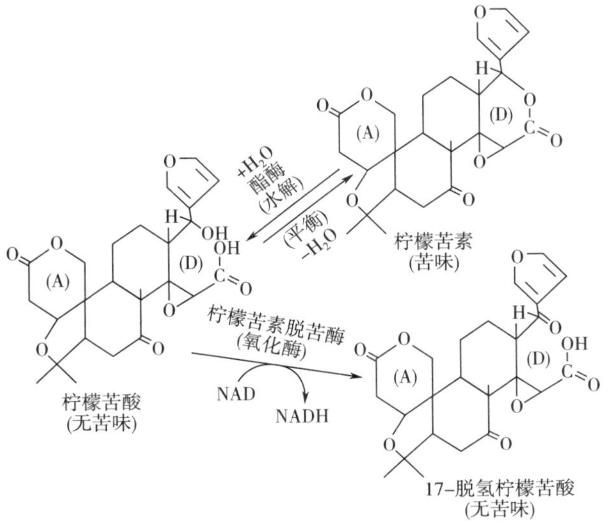

图 11.4　导致柠檬苦素形成的平衡反应和消除柑橘汁苦味的脱苦反应

已经开发了采用固定化的由节杆菌(*Arthrobacter* sp.)和不动杆菌(*Acinetobacter* sp.)产生的酶进行橙汁脱苦技术[34]。酶打开 D-内酯环仅能暂时解决这个问题,因为 D 环在酸性条件下会重新闭合。然而,可用柠檬苦素脱氢酶将这个 D 环被打开的化合物转变成无苦味的 17-脱氢柠檬苦素 A 环内酯(图 11.4),从而提供了一种橙汁脱苦的非可逆方法。采用聚合吸附剂也可以用来进行果汁脱苦,而且这是在商业上更乐意采用的方法[40]。

水解蛋白和发酵成熟的干酪常含有明显的令人讨厌的苦味,这是由多肽的氨基酸侧链的总疏水性引起的。所有的肽都含有适当数目的 AH 型极性基团,它们与受体极性部位相匹配,但是肽的大小和所含的疏水性基团变化很大,因而这些疏水基团与苦味受体必需的疏水部位相互作用的能力也不相同。Ney[58]提出,肽的苦味可以通过计算平均疏水值 Q 来预测。蛋白质参与疏水结合的能力与非极性氨基酸侧链的疏水性总和有关。这些相互作用对蛋白质展开的自由能(ΔG)有重要影响。因此,可以通过加和肽中各氨基酸侧链的自由能变化,然后由式(11.1)计算出蛋白质和肽的平均疏水性 Q:

$$Q = \frac{\Sigma \Delta G}{n} \tag{11.1}$$

式中　n——氨基酸残基的数量。

各氨基酸的 ΔG 可根据溶解度数据求得[75],见表 11.1。Q 大于 5855J/mol 的肽是苦的,而 Q 低于 5436J/mol 的肽一定不苦。肽的相对分子质量也影响它的苦味,只有相对分子质量低于 6000 的肽才可能产生苦味。相对分子质量大于 6000 的肽因体积太大难以进入受体的作用部位,因而不会产生苦味(详见第 5 章)。

表 11.1		各氨基酸 ΔG 的计算值	
氨基酸	$\Delta G/(kJ/mol)$	氨基酸	$\Delta G/(kJ/mol)$
甘氨酸	0	赖氨酸	6272.4
丝氨酸	167.3	缬氨酸	7066.9
苏氨酸	1839.9	亮氨酸	10119.5
组氨酸	2090.8	脯氨酸	10955.8
天门冬氨酸	2258.1	苯丙氨酸	11081.2
谷氨酸	2299.9	酪氨酸	12001.2
精氨酸	3052.6	异亮氨酸	12419.4
丙氨酸	3052.6	色氨酸	12544.8
蛋氨酸	5436.1		

资料来源:Ney,K.H.(1979).In Food Taste Chemistry (J.C.Boudreau,ed.),American Chemical Society,Washington, D.C.,PP.149–173.

ΔG 值为氨基酸侧链从乙醇转移到水中的自由能变化。这些值与氨基酸侧链从辛醇转移到水中的自由能变化(表 5.3)稍有差异。

图 11.5 所示为肽是 α_{S1}-酪蛋白上 144–145 残基和 150–151 残基间的肽键断裂产生的[58],它的 Q 的计算值为 9576kJ/mol。这种肽非常苦,说明很容易从 α_{S1}-酪蛋白得到疏水性强的肽。成熟干酪的苦味就是由这些肽产生的。

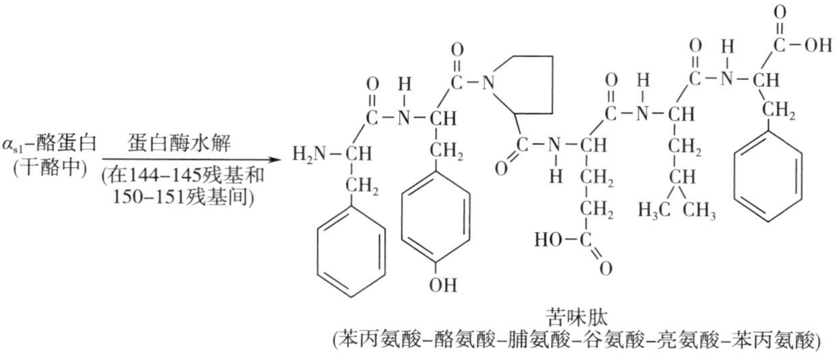

图 11.5 α_{S1}-酪蛋白水解形成的具有很强总非极性特征的苦味肽

由于遗传上的差异,每个人察觉苦味物质的能力不同。对于给定的浓度,某个化合物可能是苦的,也可能是苦—甜的,或者是无味的,这都因人而异。有些人觉得糖精是纯甜的,但是有些人觉得它的味道略苦带点甜味,甚至还有些人觉得它很苦略带甜味。人们在品尝其他化合物时也有很大的差异,有些物质常常有人觉得它苦而有些人却觉得它根本无味。

苯基硫脲(PTC)(Ⅷ)是这类备受关注的化合物之一[1],它的发现是因为在 20 世纪 30

年代早期,人们发现约有 40% 的美籍高加索人察觉不到这个化合物的苦味[4],但另外 60% 的人则能察觉到它的苦味。因为感知 PTC 苦味的能力明显地受到遗传因素的控制,所以 PTC 很快被用作研究苦味感知者和不苦感知者行为和代谢差异的标准物。由于 PTC 会呈现出硫黄的气味,现在越来越多的研究者使用不会产生气味的 6-n-丙基-2-硫代尿嘧啶(PROP)(Ⅸ)来代替 PTC[62]。这两种分子的苦味都是由 N—C≡S 基团引起的。

(Ⅷ)苯基硫脲　　　(Ⅸ)6-n-丙基-2-硫代尿嘧啶
(PTC)　　　　　　　(PROP 或 PRU)

最近的研究发现,感觉 PROP 有强苦味的人也能够感知到其他强度大的风味。这些人也被称为"超级品尝者"。现在,有学者正在研究对 PROP 敏感和对 PROP 不敏感人群的生理和心理学反应,希望能发现影响食物摄入和对食物喜好的因素,以及普通人群中的某些病理状况和健康危机。

PTC 和 PRTOP 是在食品中并不存在的新化合物,而肌酸(Ⅹ)是肌肉类食品的组分,它表现出了与 PTC 类似的性质,即人群中对它有不同的辨味敏感性。在瘦肉中,肌酸的量可高达 mg/g 的水平[1],这足以使敏感的人感到肉汤的苦味。

(Ⅹ)肌酸

盐类也会产生苦味。这种感觉特性严重影响了用其他阳离子替代钠盐的做法,改变了人们对钠摄入的严格限制。导致盐类产生苦味的原子(分子)特性似乎与有机物产生苦味的原子(分子)特性明显不同。盐类的苦味与构成盐的阴、阳离子的直径总和有关[5,6],一般认为,离子直径之和(LiCl:0.498nm;NaCl:0.566nm;KCl:0.628nm)低于 0.650nm 的盐类具有纯正的咸味,但是仍然有一些个体觉得 KCl 有些苦。随着离子直径总和的增加(CsCl:0.696nm;CsI:0.774nm),盐类的苦味也增加;因而,氯化镁(0.850nm)非常苦。

11.2.3　咸味物质

氯化钠(NaCl)和氯化锂(LiCl)具有典型的咸味,但是氯化锂具有毒性,因此不能在食品中使用。通常,盐类具有复合的味感,这种味感是甜、苦、酸和咸的感觉的混合心理。盐类的味感常常与传统的味感不同[65],因而难以用经典的术语来描述。有时非特征的术语,如像化学品那样或像肥皂那样,似乎比经典术语更能准确描述盐类所产生的味感。

NaCl 所产生的风味似乎远远超过了其他经典味感,而且在食品中使用 NaCl 产生了特殊的风味增强效应。通过在标准食品中(如面包和其他焙烤食品)增加或减少 NaCl 的用量,这种效应就可以很容易得到证明。

已经确认,阳离子产生基础咸味,阴离子修饰咸味[3]。钠和锂的阳离子只产生咸味,而钾和其他碱土金属离子既能产生咸味也能产生苦味。阴离子通过抑制阳离子的呈味来修饰咸味,它们本身也能产生一定的味感。在食品中常见的阴离子中,氯离子对咸味的抑制作用最少,柠檬酸根阴离子比正磷酸根阴离子的抑制作用更强。此外,氯离子不产生味感,柠檬酸根阴离子产生的味感比正磷酸根弱。

阴离子对很多食品的风味有影响,例如,在经过加工的干酪中,包含在乳化盐(详见第 12 章)中的柠檬酸盐和磷酸盐会抑制钠盐的咸味,并产生阴离子的味感。同样,长链脂肪酸(XI)和洗涤剂或长链磺酸(XII)的钠盐产生的肥皂味都是由阴离子激发的特殊味感,这些味感可以完全掩盖阳离子的味感。

(XI)长链脂肪酸钠盐 　　(XII)长链磺酸钠盐

政府鼓励减少钠盐消费的政策激起了人们对那些使用钠盐替代物食品的兴趣,特别是含有钾离子和铵离子的替代物。由于使用替代物的食品的味感不同于使用 NaCl 的食品,而且味感通常不理想,因此人们重新开始努力以加深对咸味产生机制的更好地了解,开发钠盐替代物,期望能制备出具有接近正常咸味的低钠产品。

11.2.4　酸味物质

酸味物质实际上是呈酸性的,因此在水相中至少含有一个质子(详见第 12 章)。尽管已经认识到在分子水平上,酸性、酸或辛酸风味的感知会发生如下变化:首先质子(H^+)与受体细胞膜离子通道的结合,导致 Na^+ 流的关闭,细胞膜去极化,但是对酸味产生的定量信息还是了解得很少。与普遍的观念相反的是,溶液的酸度看来并非是影响酸感的主要因素,而其他尚不太清楚的分子特性(如相对分子质量、分子大小和总的极性)似乎对酸感起着重要作用。在食品中选择应用哪种酸往往是由经验决定的。

11.2.5　鲜味物质[39]

自从有了食品烹饪和调制,人类就一直在利用能产生这种独特效果的化合物。多年来,风味增效剂中为人们所熟知的 L-谷氨酸单钠盐(MSG,XIII)和 5′-核糖核苷酸类(5′-肌苷单磷酸,5′-IMP,XIV;和 5′-鸟苷单磷酸)被归入了非特殊口感这一类,因为还没检测到能感受到这些物质特殊口感的受体。然而,自从发现了这些物质的受体后,鲜味就作为一种基本的味感为人们所接受[39]。

(ⅩⅢ)L-谷氨酸单钠盐(MSG;鲜味)　　　(ⅩⅣ)肌苷-5′-单磷酸(IMP;鲜味)

当鲜味物质的使用量超过其单独使用的检出阈值时,使食品非常美味,令人垂涎;当其使用量低于其单独使用的检出阈值时仅能改善和增强风味。鲜味物质对蔬菜、乳制品、肉类、禽类、鱼及其他海鲜食品的风味起着显著而良好的作用。

D-谷氨酸和 2′-或 3′-核糖核苷酸类化合物无增强风味的活性,但一些合成的 5′-核糖核苷酸衍生物却有很强的风味增效作用[43]。通常,这些衍生物的 2 位上有嘌呤取代基。MSG 和 5′-核糖核苷酸类化合物发生的协同作用既能提供咸味,又能增强风味。在商业上这类物质的混合物已经广泛使用。一些证据表明,鲜味物质的风味增强特性是指能共同占据与感受甜、酸、咸、苦味有关的受体部位。

虽然目前已经商业化生产的风味增效剂仅有 MSG,5′-IMP 和 5′-鸟苷 5′-单磷酸,但是黄嘌呤单磷酸以及包括 L-鹅膏蕈氨酸和 L-口蘑氨酸在内的几个天然氨基酸也有希望投入商业化使用[88]。大部分酵母水解物的风味是由所含的 5′-核糖核苷酸产生的。食品工业中大量使用的精制风味增效剂,包括从 RNA 得到的磷酸化(体外)的核苷酸,都来源于微生物[44]。在一些综述文献[43,88]可以找到有关风味增效剂的讨论。

11.2.6　koukumi 味物质和其他风味增效剂

正如 11.2.3 中提到的,普通的盐类(NaCl)能够显著增强和改善许多食品的风味。尽管盐类能够被特殊的受体细胞感觉到(详见 11.1.2),但是很多人认为,它是通过改善其他基础风味受体细胞的功能或通过改善由口腔中的其他神经系统(如三叉神经)所产生的感觉来起到风味增强作用的。因此,盐类可能具有一些与其他风味增效剂相同的特性,它的味感改善机制还有待进一步研究。

日本人引进了一个术语:"kokumi",用来表示那些不产生四种基本味道和鲜味,但是能通过使味感具有丰满、调和、持续、醇厚、具有形体等特征来增强食品美味的物质所产生的味感[80]。例如,大蒜和洋葱的特征挥发性风味的主要前体物质是水溶性的硫代半胱氨酸亚砜类氨基酸(图 11.6),这些化合物都是有很强的 kokumi 特性,能显著影响食品的风味[80,81]。因此,尽管含有大蒜的食品(例如,通心粉的酱料、煎肉等)的风味可能不会表现出能辨别的挥发性的大蒜风味,但是由于 S-(2-丙烯基)-1-半胱氨酸亚砜的存在,它们的风味还是极其调和、丰富和令人满意的。

虽然现在所报道的水溶性的能产生 kokumi 风味的物质还不多,但是像一些含有半胱氨

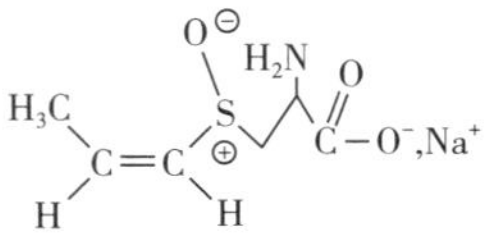

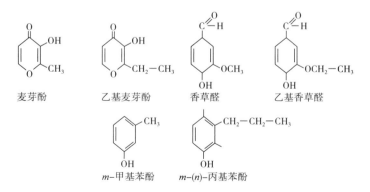

S-(1-丙烯基)-L-
半胱氨酸亚砜
(洋葱)浓厚

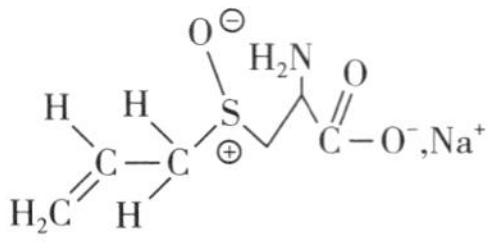

S-(2-丙烯基)-L-
半胱氨酸亚砜
(大蒜,浓厚)

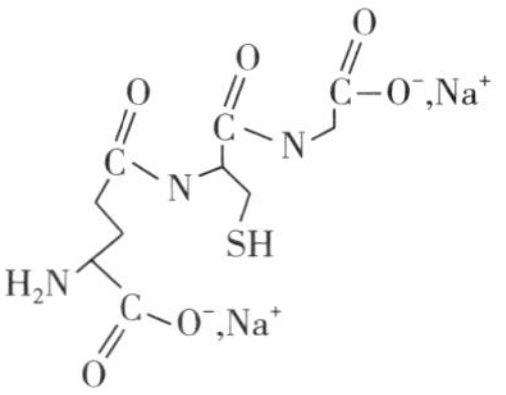

谷胱甘肽
(α-谷氨酸-半胱氨酸-甘氨酸,浓厚)

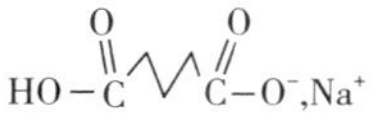

琥珀酸钠
(类似于肉汤的复杂风味)

图 11.6　一些水溶性的风味增效剂的结构

酸的多肽、谷胱甘肽(图 11.6)也具有 kokumi 活性[82]。琥珀酸及其可溶性盐类(图 11.6)除了酸味外还呈现出一种类似于肉汤的特征风味。虽然目前琥珀酸的风味还没成为经典的 kokumi 风味,但是商业上已用它来提供肉汤所特有的风味,特别是在肉类的调味料中。

　　还有很多其他的词也被用来描述各种不同的风味增效剂所产生的类似于 kokumi 的风味,包括柔和、浓烈、柔滑、多汁等。许多天然的和合成的物质(图 11.7)也具有风味增效的作用,它们在结构上有一些相似性。其中,香草醛风味是一种世界最流行的风味,香草醛和乙基香草醛所产生的香味受到了大部分人的喜爱。除了产生香味,香草醛类物质还具有风味增效作用,它能增强食品的圆润度、丰富度和柔滑度,特别是在含有糖和脂质如冰淇淋等的食品中。

麦芽酚

乙基麦芽酚

香草醛

乙基香草醛

m-甲基苯酚

m-(n)-丙基苯酚

图 11.7　一些微溶于水的风味增效剂的结构

　　麦芽酚和乙基麦芽酚(图 11.7)在水果和甜食中作为风味增效剂使用。尽管这两种物质在高浓度时具有令人愉快的焦糖芳香,当浓度较低时(50mg/kg)不产生明显的焦糖芳香,但是它们仍能使甜食、果汁等制品具有圆润、柔和的味感。作为风味增效剂,乙基麦芽酚比麦芽酚更有效,而麦芽酚可把蔗糖的检测阈值降低一半。

最近,发现牛乳和反刍动物肉中天然存在的苯酚在即使很低的浓度(ng/g)也能增强黏附、丰满、多汁的味感。在所有苯酚类化合物中,含有 m-烷基取代基的苯环的风味增效作用最强,m-甲基苯酚和 m-(n)-丙基苯酚(图 11.7)是牛肉制品中最重要的苯酚类化合物。

11.2.7 辛辣物质

香料和蔬菜中的许多化合物会产生特殊的烧灼感和尖利的刺痛感,这些感觉的综合效应称为辛辣[15]。一些主要的辛辣化合物,如红辣椒、黑胡椒和姜中存在的辛辣物质,是非挥发性的,除非它们变成烟雾状通过空气散发,这些物质会对口腔组织产生刺激作用。其他香料和蔬菜中含有的主要辛辣成分多少有挥发性,既能在口腔和鼻腔中产生辛辣,又有特征的芳香。它们包括芥末、辣根、萝卜、豆瓣菜、洋葱以及芳香料丁香,其中丁香的活性组分为丁子香酚。

所有这些香料和蔬菜中的辛辣物质都已用于为食品提供特殊的风味或使食品更加可口。当它们以低浓度应用于加工食品时,由于风味的补充和综合作用,能使风味更加生动。这里只讨论三种主要的香辛料,即红辣椒、姜和胡椒,其他会在蔬菜风味[如异硫氰酸酯、氧化硫代丙醛(催泪因子)和丁子香酚]的讨论中提到。对辛辣化合物的深入了解可查阅相关更详尽的综述[24]。

红辣椒(*Capsicum* sp.)含有一类被称为类辣椒素的化合物。它们是一类碳链长度不等($C_8 \sim C_{11}$)的不饱和单羧酸香草基酰胺。辣椒素(XV)是这些辛辣成分的代表。也有一些人工合成的含饱和直链酸的类辣椒素,用来代替辣椒提取物或油树脂。世界各地的辣椒所含的类辣椒素的总含量相差很大[24];例如红辣椒为 0.06%,牛角红辣椒为 0.2%,萨姆辣椒(印度)为 0.3%,乌干达辣椒(非洲)为 0.85%,甜椒的辛辣化合物含量非常低,使用它的主要目的是因为其中的类胡萝卜素会发生氧化形成所需要色泽,而且它的风味也较轻微。红辣椒含有很多挥发性的芳香化合物,这种芳香成为用该辣椒调味的食品所呈现出的总的风味的一部分。

(XV)辣椒素

黑胡椒和白胡椒都是由胡椒(*Piper nigrum*)果实加工制成的,唯一的不同是黑胡椒是由尚未成熟的绿色果实制备的,而白胡椒则是由更成熟的、色泽由绿变黄又尚未变红时收获的胡椒果实制备的。胡椒中的主要辛辣化合物是胡椒碱(XVI),它是一种酰胺类物质。胡椒碱中的反式不饱和烃类是产生强烈辛辣味所必需的,胡椒经光照和贮藏后其辛辣味降低也主要是由于这些双键的异构化为顺式结构所引起的[24]。胡椒中也含有挥发性化合物,包括 L-甲酰基哌啶和胡椒醛(天芥菜精),胡椒或油树脂为食品提供的风味就是由这些化合物产生的。食品中也使用合成的胡椒碱。

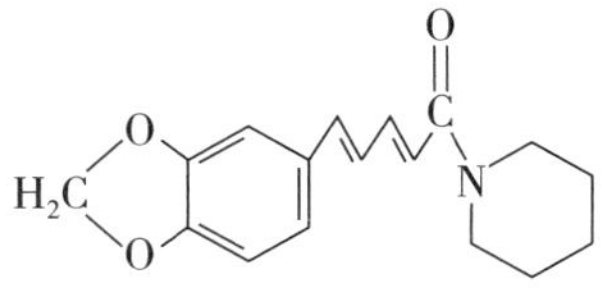

(XVI)胡椒碱

姜是多年长的姜科植物（*Zingiber officinale* Roscoe）的块茎,含有辛辣成分和挥发性芳香成分。新鲜姜的辛辣成分是一类称为姜醇的苯基烷基酮类化合物,其中最具活性的是6-姜醇(图11.8)。在姜醇类化合物分子中,在羟基取代基碳外侧的碳链长度各不相同($C_5 \sim C_9$),在姜的干燥和贮藏过程中,姜醇类化合物会脱水,在外侧形成与羰基共轭的双键。这个反应生成了一类称为姜酚的化合物,它们的辛辣味甚至比姜醇类更强。6-姜醇受热后,酮基外侧的烷基断裂,生成一种甲基酮,即姜油酮。姜油酮的辛辣味比较缓和。

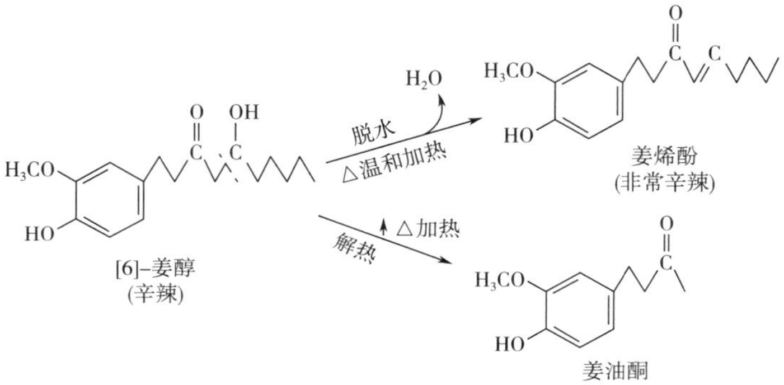

图11.8 姜醇发生的会影响姜的辛辣味的反应

11.2.8 清凉感物质[84]

清凉感是某些化合物与神经或口腔组织接触时刺激非特异性味觉受体(比如三叉神经等)产生的感觉。这种感觉最易使人产生对薄荷般风味的联想(包括胡椒薄荷、荷兰薄荷和鹿蹄草),很多化合物都能使人产生这种感觉,但使用最多的是天然形式存在的(-)-薄荷醇(XVII)(L-异构体)。现在已有很多合成的清凉感化合物。无论是天然的还是合成的化合物,通常都伴有樟脑气味。樟脑(XVIII)除了产生清凉感之外,还产生一种非常有特色的香味,因此樟脑经常作为这类化合物的范例。

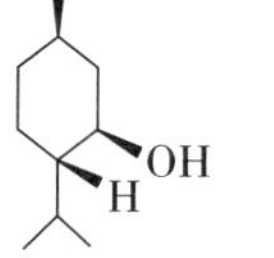

(XVII)(-)-薄荷醇 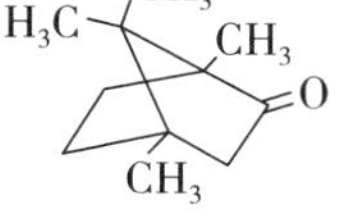　　(XVIII)D-樟脑

与薄荷有关的化合物产生的清凉感不同于多羟基甜味剂(如木糖醇)(详见第 3 章和第 12 章)所产生的轻微的清凉感,后者尝起来有晶体感。一般认为,后者的清凉感是由结晶物质溶解吸热产生的。

11. 2. 9　涩感物质

涩感是一种与感觉有关的现象,嘴巴会感到干燥,而且口腔组织会产生很粗糙的褶皱[45]。涩感通常是由于单宁或多酚类化合物(详见第 10 章)与唾液中的蛋白结合后产生沉淀物或聚集物产生的。此外,某些疏水的可溶性蛋白(如存在于某些乳粉中的蛋白质)也可以与唾液中的黏多糖或蛋白质相结合产生涩感。由于很多人不清楚涩感与苦味的本质区别,因此经常把它们给混淆了。很多的单宁或多酚类物质既能产生涩感,也能产生苦味,如在红酒中[1]。

更多的能产生涩感的单宁通常是氧化反应得到的浓缩单宁,这些分子都有很大的横截面(图 11.9),以便于与蛋白质疏水结合。单宁有很多能够转变为醌的酚羟基,这些基团能依次与蛋白质发生交联结合[57]。这种交联结合可能产生涩感。

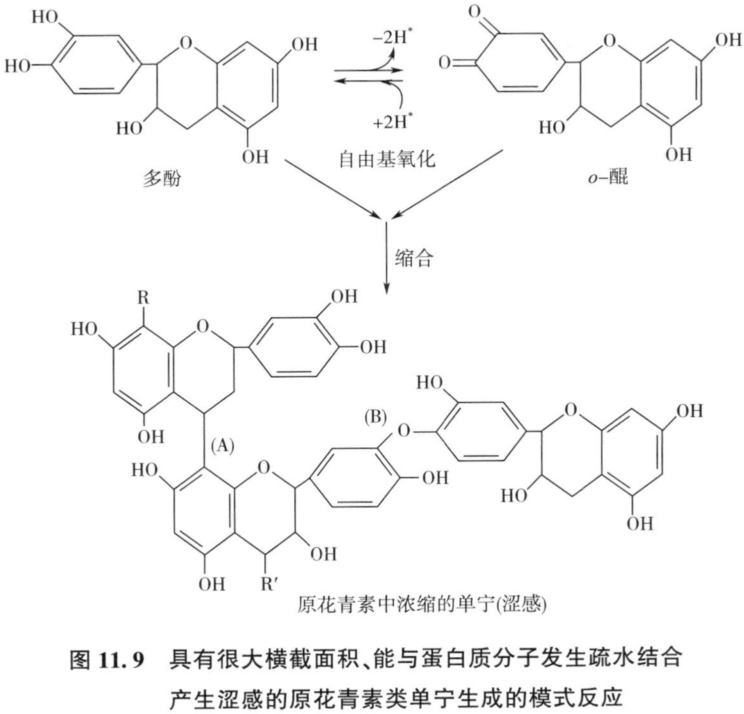

图 11.9　具有很大横截面积、能与蛋白质分子发生疏水结合
产生涩感的原花青素类单宁生成的模式反应

涩感可以是一种人们想要得到的风味,如在茶中。将牛乳或奶油加入到茶中,通过多酚与牛乳蛋白的结合可以抑制涩感。红葡萄酒是同时具有涩感和苦味的饮料的典型代表,它的涩味和苦味都是由多酚类化合物产生的。然而,人们并不希望葡萄酒的涩味太强,因此常采用一些方法来降低与原花青素有关的多酚和单宁的含量。

未成熟的香蕉中的多酚产生的涩感会使添加这类香蕉的产品产生人们不期望的

味感[23]。

11.3 蔬菜、水果和香料的风味[11,63]

由于蔬菜和水果没有合乎逻辑的分类,所以要把它们的风味划分成合理和明确的类别是比较困难的。例如,有关由植物产生的风味有些在辛辣感内容中讨论,而另一些则放在有关反应形成风味的内容中讨论(详见 11.7)。本节的重点是重要果蔬风味的生物合成与产生。至于有关其他果蔬风味的内容参见本章最后所列的参考文献[48]。

11.3.1 葱属植物的含硫挥发性成分

葱属植物以其强烈且有穿透性的芳香为特征,重要的葱属植物有洋葱、大蒜、韭菜、细香葱和青葱。这些植物只有在组织破损、酶与风味前体的分隔被破坏,导致风味前体转变成有气味的挥发性物质后才具有浓郁的特征性芳香。洋葱(A. ceap L.)的风味和芳香化合物的前体是 S-(1-丙烯基)-L-半胱氨酸亚砜[69,85]。它同时也具有 kokumi 风味的特性(详见 11.2.6),这个风味前体也存在于韭菜中。

蒜氨酸酶能迅速地把 S-(1-丙烯基)-L-半胱氨酸亚砜水解成不稳定的次磺酸中间体以及氨和丙酮酸(图 11.10)。次磺酸经进一步的重排生成具有催泪作用的氧化硫代丙醛。该化合物也与新鲜洋葱的芳香有关。风味前体经酶作用产生的丙酮酸是一个稳定的反应产物,可作为洋葱制品风味强度的指标。部分不稳定的次磺酸也可以重排和降解生成更多的化合物:硫醇、二硫化合物、三硫化合物和噻吩类化合物。这些化合物和其他衍生物是产生熟洋葱风味的风味化合物。

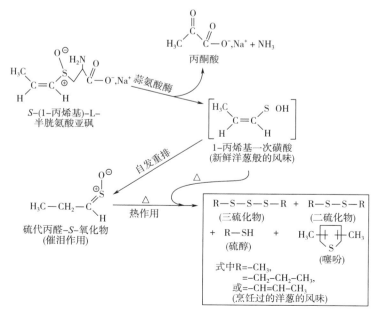

图 11.10 形成洋葱风味的反应

除风味前体是 S-（2-丙烯基）-L-半胱氨酸亚砜外，大蒜（*Allium astivum* L.）风味的形成机制与洋葱风味形成机制基本相同[69]。2-烯丙基硫代亚磺酸酯（蒜素）（图 11.11）会产生大蒜风味，但不产生类似于在洋葱中会形成的具有催泪作用的 S-氧化物。大蒜的硫代亚磺酸酯以与洋葱的次磺酸相同的方式（图 11.10）分解和重排，生成甲基、烯丙基和二烯丙基二硫化物及蒜油和熟大蒜的其他主要风味化合物。

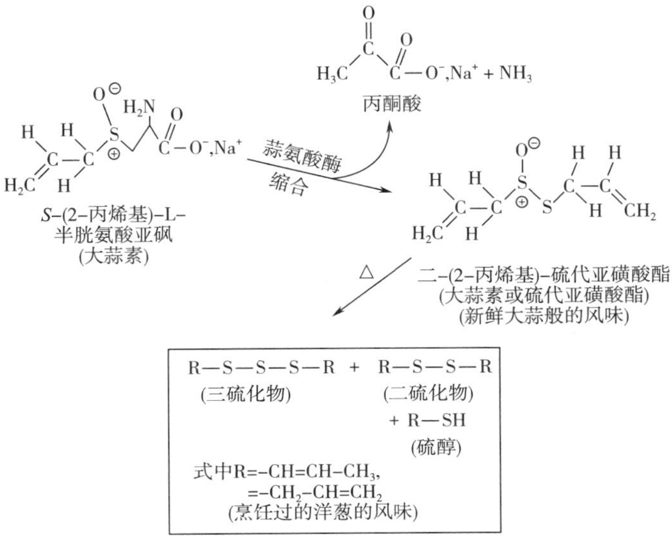

图 11.11　形成大蒜风味的反应

11.3.2　十字花科植物的含硫挥发性成分

十字花科（*Cruciferae*）植物包括卷心菜（*Brassica oleracea capitata* L.）、花茎甘蓝（*Brassica oleracea var. Gemmfera* L.）、白菜型油菜（*Brassica rapa var. rapa* L.）、芥菜（*Brassica juncen* Coss.）以及水田芥（*Nasturtium officinale* R. Br）、萝卜（*Raphanus sativus* L.）和辣根（*Ar-moracia lapathifolia* Gilib）。正如在讨论辛辣化合物时提到的那样，十字花科植物的辛辣成分是挥发性的，所以也会产生特殊的芳香。此外，它们的辛辣感常包括刺激感（特别对鼻腔）和催泪作用。这些植物的风味化合物是通过破损组织中酶的作用和烹饪形成的。

破损组织的新鲜风味是由硫代葡萄糖苷前体在硫代葡萄糖苷酶作用下生成的异硫氰酸酯产生的。图 11.12 所示为十字花科植物的风味形成机制。反应产生的异硫氰酸烯丙酯是辣根和黑芥末的主要辛辣成分和芳香成分[24]。

在十字花科植物中还存在许多其他的硫代葡萄糖苷（S-糖苷，详见第 13 章）[69]，而且每种都能产生特殊的风味。萝卜温和的辛辣味是由芳香化合物 4-甲硫基-3-反式-丁烯基异硫氰酸酯（XIX）产生的。除了异硫氰酸酯类化合物，硫代葡萄糖苷也会产生硫氰酸酯和腈类化合物。

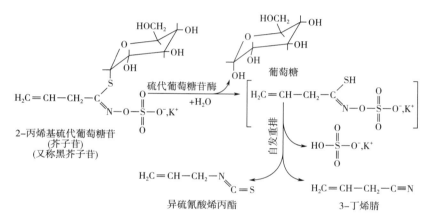

（XIX）4-甲硫基-3-反-异硫氰酸丁烯酯（萝卜）

尽管卷心菜和花茎甘蓝没有明显的辛辣味,但是它们都含有异硫氰酸烯丙酯和烯丁腈,而且它们的浓度随生长条件、可食部位和加工程度的变化而变化。在远高于常温的温度下进行加工(蒸煮或脱水)时,异硫氰酸酯会遭到破坏,腈类和其他含硫的降解产物与重排产物的量会增加。十字花科植物中还存在着几种芳香的异硫氰酸酯,例如,2-苯乙基异硫氰酸酯。它是水田芥的一个重要芳香化合物,能产生刺痛感,影响含有水田芥的色拉的风味。

图 11.12　形成十字花科植物的风味的反应

11.3.3　香菇中独特的硫化物

在香菇(*Letinus edodes*)中发现了一种新的 C—S 裂解酶系。香菇在日本和其他地方因其美妙的风味而受到人们的青睐。其主要风味化合物香菇酸的前体是由硫代-L-半胱氨酸亚砜与 γ-谷氨酰基结合形成的肽[89]。风味的形成需要 γ-谷氨酰基转肽酶的参与,第一步反应中会产生半胱氨酸亚砜前体(即香菇酸)。其次,香菇酸在硫代-烷基-L-半胱氨酸亚砜裂解酶作用下产生风味活性物质——香菇精(图 11.13)。这些反应只有在组织破损后才开始,因此经干燥和复水或把浸软的组织放置一段时间后反应才能发生。除香菇精外,还生成其他多硫庚环化合物,它与香菇精一起作用形成香菇的风味[37,69]。

11.3.4　蔬菜中的甲氧基烷基吡嗪挥发物

很多新鲜的蔬菜都具有青草般的泥土芳香。已经证明,这种芳香是由甲氧基烷基吡嗪类化合物产生的[85]。最近发现,甲氧基烷基吡嗪类化合物还与某些葡萄酒的风味有关。这些化合物气味强且有穿透性,赋予了蔬菜极有特征的芳香。在这类化合物中首先被发现的是 2-甲氧基-3-异丁基吡嗪,它具有很强的甜椒芳香,其检测阈值为 0.002μg/kg。生马铃

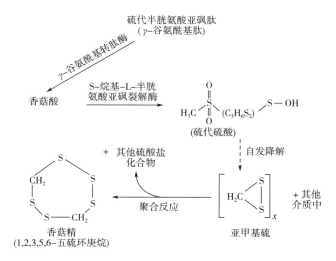

图 11.13 香菇中形成香菇精的反应

薯、豌豆和豌豆荚的主要芳香都是由 2-甲氧基-3-异丁基吡嗪提供的,而生红甜菜芳香则是由 2-甲氧基-3-仲丁基吡嗪产生的。这些化合物都是植物体内由生物合成反应产生的,但一些微生物[如腐卵假单胞菌(*Pseudomonas perolans*)和腐臭假单胞菌(*Pseudomonas taetrolens*)]也能产这些物质[53]。支链氨基酸是这些甲氧基烷基吡嗪的前体,反应机制如图 11.14 所示。

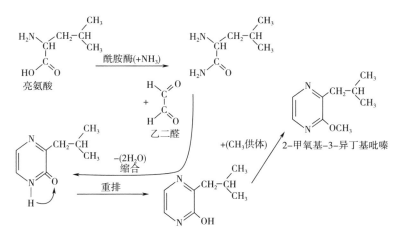

图 11.14 经酶作用产生甲氧基烷基吡嗪类化合物的反应过程

11.3.5 脂肪酸酶促反应产生的挥发物

在水果和蔬菜的风味中,由长链脂肪酸经酶作用后产生的化合物扮演着重要的角色。另外,这类反应也会产生重要的不良风味,如与加工的大豆蛋白相关的异味。关于这些反应的进一步讨论参见脂类(详见第 4 章)和酶(详见第 6 章)的相关内容。

11.3.5.1 植物脂肪氧合酶产生的风味

在植物组织中,不饱和脂肪酸在酶的作用下发生的氧化裂解现象普遍存在,它会产生某些成熟水果和破损植物组织的特征芳香[19]。与脂类自动氧化时随机产生的化合物的风味相比,酶反应产生的化合物的风味极为独特。图 11.15 所示为这些风味化合物的产生过程。如图所示,不饱和脂肪酸发生氧化后生成了 1-辛烯-3-酮、反-2-顺-6-壬二烯醛和反-2-乙烯醛,这些化合物则对应地形成了香菇、黄瓜和番茄的特征风味。此外,脂肪氧合酶还会催化脂肪酸的特定位置发生过氧化反应,随后发生裂解反应。脂肪酸分子断裂后,还会产生酮酸,但它不会影响风味。

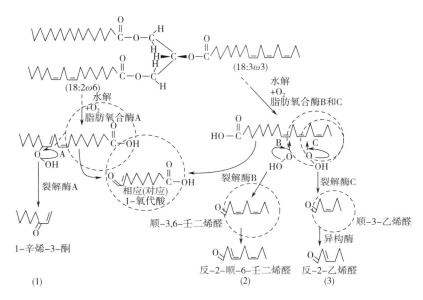

图 11.15 不饱和脂肪酸在脂肪氧合酶作用下产生羰基化合物

(1)在新鲜香菇中;(2)在黄瓜中;(3)在新鲜番茄中。

只有在酶的区域化分布遭到破坏后,上述反应和其他反应才会发生。由于反应的继续进行,总的芳香会随时间而改变。例如,脂肪氧合酶产生的醛和酮会转变为相应的醇(图 11.16),而醇的阈值通常又比相应的羰基化合物高,所以芳香也更为强烈。此外,也存在将顺 3-醛转变成反-2-异构体的顺反异构现象(图 11.15)。这些结构的转变改变了醛的芳香品质。一般而言,C_6 化合物产生的芳香犹如刚割断的草所产生的绿色植物的芳香,C_9 化合物通常产生黄瓜和甜瓜般的气味,C_6 化合物产生蘑菇或紫罗兰与天竺葵叶般的气味[78]。C_6 和 C_9 化合物主要是醇和醛类化合物,而 C_8 化合物是次要的醇和酮类化合物。

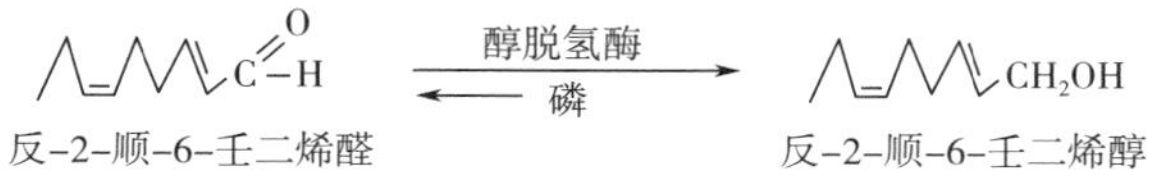

反-2-顺-6-壬二烯醛 $\xrightarrow[\text{磷}]{\text{醇脱氢酶}}$ 反-2-顺-6-壬二烯醇

图 11.16 醛转变为相应的醇

11.3.5.2　长链脂肪酸经 β-氧化产生的挥发物

梨、桃、杏和其他水果令人愉快的水果芳香是在成熟过程中形成的。这些芳香为常常是长链脂肪酸经 β-氧化生成中等碳链($C_6 \sim C_{12}$)挥发物产生的[79]。图 11.17 所示为通过这种方式生成反 2-顺-4-癸二烯酸乙酯的过程。该酯是巴梨(Bartlett pear)的特征芳香化合物。尽管没有在图中表示出来,但在这个酶促过程中可能还生成了羟基酸($C_8 \sim C_{12}$),它进一步环化生成 γ-内酯和 δ-内酯。乳脂肪的代谢和生物合成过程也会发生类似的反应,这将在 11.5 中做详细论述。 $C_8 \sim C_{12}$ 内酯具有明显的椰子和桃的特征芳香。

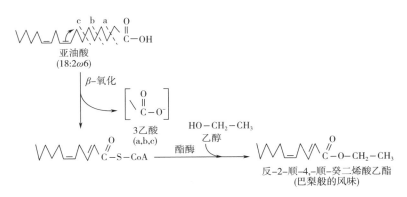

图 11.17　亚油酸经 β-氧化及后续的酯化反应形成成熟梨的关键芳香化合物

11.3.6　支链氨基酸产生的挥发物

支链氨基酸是一些成熟水果的重要风味生物合成的前体。香蕉和苹果是阐述这一过程的最好实例,因为它们成熟时的风味大多是由氨基酸产生的挥发物提供的[79]。有时,把形成这种风味的起始反应(图 11.18)称为酶促 Strecker 降解,因为这个反应与非酶褐变期间发生的转氨和脱羧反应一致。一些微生物,包括烘焙用酵母和产麦芽风味的乳酸乳球菌(*Lactococcus lactis*)菌株,也可以以类似于图 11.18 所示的反应过程修饰大多数氨基酸。植物也可以从除亮氨酸以外的氨基酸出发合成类似的衍生物,而且花中具有类似玫瑰或丁香花香的 2-苯乙醇是由这些反应产生的。

尽管这些反应产生的醛、醇和酸对成熟水果的风味有直接的影响,但是只有酯才是具有特征影响的关键化合物。人们早就知道乙酸异戊酯在香蕉风味中非常重要,但是要使香蕉具有完美的风味还需要其他化合物。2-甲基丁酸乙酯比 3-甲基丁酸乙酯更具苹果的芳香,它是成熟苹果香气的重要特征化合物。

11.3.7　莽草酸途径产生的风味

在生物合成体系中,莽草酸途径会产生与莽草酸有关的芳香化合物。该途径在苯丙氨酸和其他芳香族氨基酸的产生中所起的作用已很清楚。除了产生芳香族氨基酸所衍生的风味化合物外,莽草酸途径还产生与精油有关的其他挥发性化合物(图 11.19)。该途径还

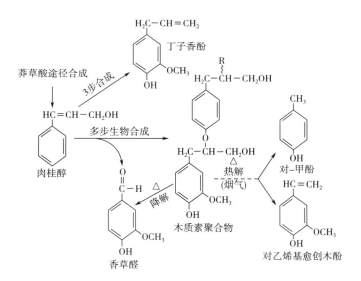

图 11.18　亮氨酸在酶作用下转变为挥发物的反应过程

为植物结构的基本单元木质素聚合物提供苯丙基骨架。如图 11.19 所示,木质素在高温下会降解产生很多酚类化合物[86]。食品中的烟熏芳香在很大程度上是由莽草酸途径中的化合物产生的。

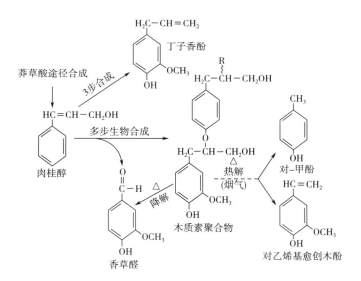

图 11.19　由莽草酸途径产生的一些重要风味化合物

　　香草醛是香草提取物中最重要的特征化合物。图 11.19 还表明,香草醛可通过莽草酸途径得到,也可在纸浆和纸的加工过程中作为木质素的副产品得到。香草醛也能在香草豆中通过生物合成获得。在香草豆中,它最初主要以香草醛葡萄糖苷的形式存在,但葡萄糖苷会在后面的发酵过程中被水解掉。11.2.7 讨论的姜、胡椒和辣椒的辛辣成分中的甲氧基芳环也具有图 11.19 中那些化合物的基本特征。肉桂醇是肉桂香料的重要芳香组分,丁子香酚是丁香的主要芳香和辛辣成分。

11.3.8　风味中的挥发性萜类化合物

由于萜烯类化合物在生产精油和香料工业的植物原料中含量丰富,所以它们在其他植物风味中的重要性就往往被低估了。然而,它们在很大程度上对柑橘类水果、多种调味料和香料的风味起到了一定的作用。在很多水果中,由于存在的萜烯类化合物浓度很低,所以就产生了生胡萝卜的大部分风味。萜烯是通过异戊二烯(C_5)途径生物合成的(图 11.20)。单萜类由 10 个碳原子组成,倍半萜则由 15 个碳原子组成。倍半萜类化合物同样也是重要的特征芳香化合物,β-甜橙醛(XX)和圆柚酮(XXI)是这一类化合物的典型代表。它们分别具有橙和葡萄柚的特征风味。二萜类(C_{20})化合物的分子太大,不易挥发,不直接产生芳香。

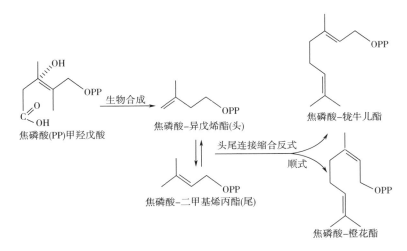

图 11.20　经异戊二烯途径生物合成单萜类化合物

(XX)β-甜橙醛(橙)　　　(XXI)圆柚酮(葡萄柚)

挥发性萜烯类化合物常具有强烈特征的风味,因此对天然芳香有经验的人很容易将它们鉴别出来。萜烯类的光学异构体(如对映体)以及其他非萜烯类化合物的光学异构体可表现出完全不同的嗅觉性质[12,42,54]。为此,人们对香芹酮进行了深入的研究,d-香芹酮[4S-(+)—香芹酮](XXII)具有黄蒿香料的特殊芳香;l-香芹酮[4R-(-)-香芹酮](XXIII)有强烈的留兰香料的特征。人们对这类化合物的研究很感兴趣,因为它们可以为嗅觉的基本过程及分子结构与活性之间的关系提供信息。

(XXII)4S-(+)-香芹酮(黄蒿香类)　　　(XXIII)4R-(-)-香芹酮(留兰香类)

11.3.9　柑橘风味

柑橘风味是常见新鲜水果和饮料具有的风味。大多数有关天然柑橘风味的风味化学信息来自于对加工果汁、果皮精油和用于果汁调味的香精的研究。柑橘风味主要由几类风味成分产生,包括萜烯类、醛类、酯类和醇类物质。也已从各类柑橘类水果中鉴别出大量的挥发性成分[70]。然而,包括该风味的特征化合物在内,柑橘类水果的重要风味化合物的数量相对较少。一些主要柑橘类水果的重要风味化合物见表11.2。

表 11.2　　　　　　　　　　一些对柑橘风味起重要作用的挥发性化合物

橙	中国柑橘	葡萄柚	柠檬
乙醇	乙醇	乙醇	橙花醛
辛醇	辛醇	癸醛	香叶醛
壬醛	癸醛	乙酸乙酯	β-蒎烯
柠檬醛	α-甜橙醛	丁酸甲酯	香叶醇
丁酸乙酯	γ-萜品烯	丁酸乙酯	乙酸香叶酯
d-苧烯	β-蒎烯	d-苧烯	乙酸橙花酯
α-蒎烯	麝香草酚	圆柚酮	香柑油烯
	甲基-N-邻氨基苯甲酸甲酯	1-对-薄荷烯-8-硫醇	石竹烯
			香芹基乙基醚
			里那基乙基醚
			莳基乙基醚
			表茉莉酮酸甲酯

资料来源:Shaw,P.E.(1991). InVolatile Compounds in Food and Beverages (H. Maarse,ed),Marcel Dekker,New York, pp. 305-327.

橙和柑橘[在美国橘子(tangerine)和柑橘(mandarin)互用]的风味差别很微妙,也很容易变化。正如表11.2所示,尽管橙和柑橘中有大量的其他物质,但只有为数不多的醛类和萜烯类化合物是风味所必需的。橙和柑橘中都含有 α-和 β-甜橙醛(XX)。α-甜橙醛对柑橘风味特别重要,使柑橘富有成熟橙子和柑橘的风味。葡萄柚含有两种风味特征化合物,圆柚酮(XXI)和1-对-薄荷烯-8-硫醇,它们使葡萄柚的风味很容易辨别。圆柚酮作为人造葡萄柚风味的调味剂有很广泛的使用;1-对-薄荷烯-8-硫醇是对柑橘风味有影响的几种含硫化合物中的一种。

柠檬风味是许多重要化合物共同作用的结果,几种萜烯酯对柠檬风味有重要贡献。同样地,酸橙风味的形成也需要多种化合物,一般需要两种酸橙油。商品化的酸橙油主要的是墨西哥酸橙蒸馏油,它含有一种刺目的浓烈的酸橙风味。在柠檬-酸橙和可乐饮料中这种风味非常受欢迎。冷榨提取的波斯酸橙油和离心提取的墨西哥酸橙油很受喜爱,因为它们的风味比其他产品更天然。与蒸馏提取相比,冷榨和离心提取的过程更温和,因此可以保留更多的不稳定且重要的新鲜酸橙风味化合物。例如,在酸性蒸馏条件下,具有讨人喜欢的新鲜芳香的柠檬醛会降解成对-伞花烯和 α-对-二甲基苯乙烯。由于这两种化合物的风味粗糙,使得蒸馏制得的酸橙油的风味也有粗糙感[70]。

含萜烯的柑橘精油或风味提取物在硅胶色谱柱上可用非极性和极性洗脱剂分离,分别得到无氧(烃类物质)和含氧两部分。例如,无萜橙油主要包括含氧的萜烯、醛和醇类物质,这些物质已从橙油中提取得到。由于含氧部分具有更好的风味品质,它比无氧部分对风味更为有益。

11.3.10 香草和香料风味

尽管在工业界和不同的国内国际管理机构之间对香料和香草的定义有所区别,但还是把它们归为可用于食品加工、调味和加香的天然植物产品,按照香料和调味品来认识和管理。美国食品和药物管理局把葱蒜味产品,如洋葱和大蒜排除在香料范畴,但国际上和工业界的分类通常把它们归于香料一类。调味品的定义仍然处在调整中。目前将调味品定义为能增强食品风味的物质或辛辣调料。将该术语与它的应用分开与保留它在一定范围内使用的争论依然存在。然而,通常不能将该术语用作芳香植物材料的分类基础。

在一些基于植物学的分类表中,烹饪用香草与香料是分开的。香草包括芳香的软茎植物,如罗勒、牛至、薄荷、迷迭香、百里香以及芳香灌木(鼠尾草)和树(月桂树)叶。在这个分类中,香料包含所有其他用于食品的增味或调味的植物。这些香料通常没有叶绿素,它们包括茎或根(姜)、树叶(桂皮)、花蕾(丁香)、果实(土茴香、胡椒)和种子(肉豆蔻、芥末)。

古代人们就开始使用香料和香草赋予食品开胃、刺激和辛辣的味道以及赋予食品和饮料特征风味。有一些还被广泛用于香料工业和医药中,其中许多具有抗氧化和抑菌的作用。尽管世界上有很多香草和香料,有一些也在香料工业和草药中使用,但只有约70种被官方确定为可用于食品配料。然而,它们的风味特征常常随产地和遗传变异而发生变化,这为食品提供了更为广泛的风味物质来源。这里只对那些普遍应用于食品调味料的香料进行讨论。

香料通常来自于热带植物,香草主要来自于亚热带或非热带植物。香料通常含有由莽草酸途径产生(如丁香中丁香酚,图11.19)高浓度的苯丙基类化合物;香草通常含有较高浓度的由萜烯生物合成的对-薄荷烷类化合物(如椒样薄荷中的薄荷醇,XVII)。

香料和香草中含有大量的挥发性物质。但是,在大多数情况下,原料中的特征芳香是由其中某些含量或多或少的挥发性物质提供的。食品工业使用的主要香草和香料分别见表11.3和表11.4[12,63]。只有在很好地掌握了原料有关的知识和风味物质的主要和微妙风味特征后,才能在食品中很好地应用香草和香料。表 11.3 和表 11.4 中有关香料和香草中的重要风味化合物的评述说明了是哪些风味化合物提供了香料或香草相关的风味,也说明了为什么使用它们可以得到期望的风味类型。必须牢记的是,体系中存在的大量对风味直接影响较小的化合物对香料和香草的独特风味也有积极作用。

表 11.3　　　　　一些常用于食品工业的香草中含有的重要风味化合物

香草	植物部分	重要的风味化合物
罗勒(甜)	叶	甲基对烯丙基苯酚、芳樟醇、甲基香酚
月桂	叶	1,8-桉树脑
郁兰	叶、花	顺和反-水合桧烯、萜品烯
牛至	叶、花	香芹酚、百里酚
牛至属植物	叶	百里酚、香芹酚
迷迭香	叶	马鞭烯酮、1,8-桉树脑、樟脑、里那醇
鼠尾草	叶	丹参-4(14)-烯-1-酮、里那醇
鼠尾草(达尔马提亚)	叶	侧柏酮、1,8-桉树脑、樟脑
鼠尾草(西班牙)	叶	顺和反-乙酸桧酯、1,8-桉树脑、樟脑冬
香薄荷	叶	香芹酚
龙蒿	叶	甲基对烯丙基苯酚、茴香脑
百里香	叶	百里酚、香芹酚
薄荷	叶	l-薄荷醇、薄荷酮、薄荷呋喃
绿薄荷	叶	l-香芹酮、香芹酮衍生物

资料来源:Boelens,M. H. ,et al. (1993). Perfumer Flavorist 18:1-16;Richard,H. M. J. (1991). In Volatile Compounds in Food and Beverages(H. Maares,ed.),Marcel Dedder ,New York,pp. 411-447.

表 11.4　　　　　在一些常用作食品调味料的香料中发现的重要风味化合物

香料	植物部分	重要的风味化合物
多香果	浆果、叶	丁子香酚、β-石竹烯
八角茴香	果实	(E)-茴香脑、甲基对烯丙基苯酚
辣椒	果实	辣椒素、二氢辣椒素
香菜	果实	d-香芹酮、香芹酮衍生物
小豆蔻	果实	α-乙酸萜品酯、1,8-桉树脑、里那醇
桂皮(肉桂)	树皮、叶	肉桂醛、丁子香酚
丁香	花芽	丁子香酚、乙酸丁子酚酯
芫荽	果实	d-里那醇、$C_{10} \sim C_{14}$2-烯醛
孜然	果实	对异丙基苯醛、对-1,3-孟二烯

续表

香料	植物部分	重要的风味化合物
莳萝	果实、叶	二甲基六氢苯并呋喃、d-香芹酮
茴香	小茴香	(E)-茴香脑、葑酮
姜	根茎	姜醇、生姜酚、橙花醛、香叶醛
肉豆蔻衣	皮	α-蒎烯、桧烯、1-萜品-4-醇
芥末	种子	异硫氰酸烯丙酯
肉豆蔻	种子	桧烯、α-蒎烯、肉豆蔻醚
欧芹	叶、种子	芹菜脑
胡椒	果实	胡椒碱、δ-3-蒈烯、β-胡萝卜烯
藏红花	柱头	藏花醛
姜黄	根茎	姜黄酮、姜烯、1,8-桉树脑
香草	果实、种子	香草醛、对羟基-苯基甲基醚

资料来源:Boelens,M. H. ,et al. (1993). Perfumer Flavorist 18:1-16;Richard,H. M. J. (1991). In Volatile Compounds in Food and Beverages(H. Maares,ed.),Marcel Dedder ,New York,pp. 411-447.

11.4　乳酸-乙醇发酵产生的风味

由微生物产生的风味应用极为广泛,但微生物在发酵风味化学中特殊的或确切的作用仍不很清楚,或者说微生物产生的风味化合物并不是特征风味化合物。干酪的风味一直备受关注,但除了甲基酮和仲醇产生青霉干酪的独特风味以及硫化物产生表面成熟干酪的柔和风味外,还不能把由微生物产生的干酪风味化合物归入特征风味化合物这一类。同样地,啤酒、葡萄酒、烈性酒和酵母膨松面包中的酵母发酵不产生具有强烈而鲜明的特征风味化合物。然而,酒精饮料中的乙醇应认为具有特征影响。

图 11. 21 所示为异型发酵乳酸菌[如嗜柠檬酸明串珠菌(*Leuconodtoc citrovorum*)]的主要发酵产物。乳酸、双乙酰和乙醛共同作用产生了发酵奶油和发酵干酪的大部分风味。同型发酵乳酸菌 [例如乳酸乳球菌(*Lactococcus lactis*)、嗜热链球菌(*Streptococcus thermophilus*)]在牛乳培养基中仅产生乳酸、乙醛和乙醇。酸乳是一种同型发酵产品,其特征风味化合物是乙醛。双乙酰是大部分多菌株乳酸发酵的特征芳香化合物,已被广泛用作乳型或奶油型风味剂。3-羟基丁酮本身无味无臭,但它会氧化成双乙酰。乳酸是非挥发性的,只能为发酵乳制品提供酸味。

一般而言,乳酸菌只产生极少量的乙醇(mg/kg 级)。在代谢中,乳酸菌最后的 H 受体主要是丙酮酸。另一方面,酵母代谢的终产物主要是乙醇。乳酸乳球菌的麦芽菌株和所有酿造酵母 [啤酒酵母 (*Saccharomyces cerevisiae*) 和卡氏酵母 (*Saccharomyceomyces carlsbergensis*)]都能通过转氨和脱羧作用把氨基酸转变成挥发性物质。如图 11. 22 所示,苯

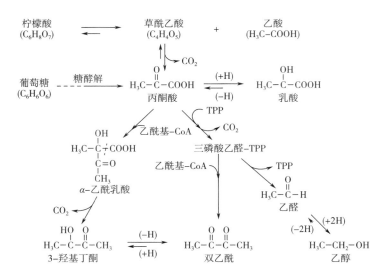

图 11.21　异型发酵乳酸菌产生的主要风味化合物

TPP 为焦磷酸硫胺。

丙氨酸产生了一系列挥发性的芳环化合物,它们通常产生玫瑰花般的香味。通常认为,成熟切达干酪含有过量的苯乙醇是不利的,因为过去一直认为干酪产生玫瑰般的风味是由于使用了不干净的设备导致乳酸菌的发酵不受人为控制造成的。

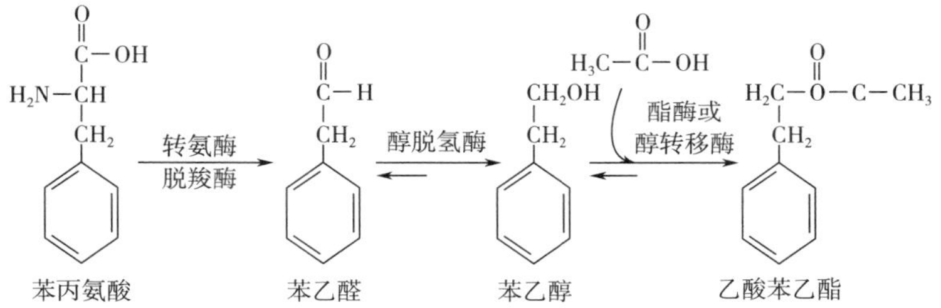

图 11.22　微生物来源的酶转化氨基酸生成挥发物的反应过程

以苯丙氨酸为前体化合物。

　　苯丙氨酸的这些反应与在 11.3.6 中讨论的支链氨基酸的反应类似。然而,尽管一些微生物也会产生一些氧化型产物(醛类和酸类),但微生物主要倾向于产生还原型衍生物(醇)。发酵产生的葡萄酒和啤酒的风味物质包括上述这些挥发性物质的混合物及它们与乙醇相互作用的产物(如混合酯,缩醛)。这些混合物产生了发酵饮料具有的人们所熟悉的酵母和水果般风味。

11.5　油脂产生的风味挥发物

　　众所周知油脂的自动氧化会产生不良风味,已有文献对脂类的风味化学作了很好的综述[26,38]。醛和酮是自动氧化产生的主要挥发物,当这些化合物的浓度足够高时,它们可在食品中产生油漆、脂肪、金属、纸张和蜡烛般的风味。然而,当这些化合物浓度适当时,它们能产生许多烹饪和加工食品的理想风味。脂类自动氧化的机制和脂类按其他方式降解的细节已在第 4 章作了详细讨论。

11.5.1　油脂水解产生的风味

植物甘油酯和动物储存脂肪的水解主要会产生有强烈肥皂味的脂肪酸。另一方面,乳脂肪也是乳制品、乳脂制品和奶油制品挥发性成分的重要来源。这些挥发性成分对这些食品的风味有影响。由乳脂肪水解产生的各种挥发性成分如图 11.23 所示,图中选用了特定的化合物来说明各类化合物的生成过程。碳原子数为双数的短链脂肪酸($C_4 \sim C_{12}$)对干酪和其他乳制品的风味极为重要,其中丁酸是风味最强、影响最大的化合物。羟基脂肪酸水解产生内酯类化合物,赋予焙烤食品理想的椰子或桃子般的风味,但也使经过储存的无菌炼乳产生陈味。甲基酮是甘油酯水解产生的 β-酮酸经加热生成的,它以与内酯类似的方式对乳制品风味产生影响。然而,在青霉干酪中,娄地青霉(*Penicillium roqueforti*)在脂肪酸代谢过程中产生的甲基酮要比从与酰基甘油结合的酮酸转化得到的甲基酮多得多。

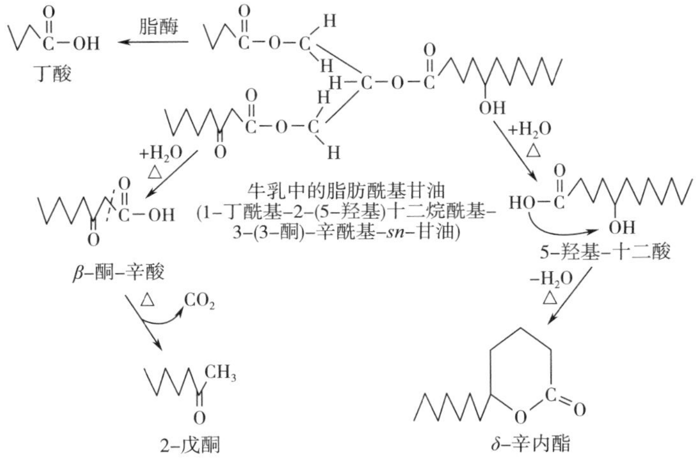

图 11.23　乳脂肪甘油三酯水解断裂生成挥发性风味化合物

虽然乳脂肪以外的其他脂肪水解并不像乳脂肪水解那样产生上述独特的风味,但是人们还是认为动物脂肪与肉类的独特风味有着密切的联系。脂类在肌肉类食品风味中所起的作用将在肌肉食品和乳制品(详见 11.6)中讨论。

11.5.2　长碳链多不饱和脂肪酸产生的特殊风味

很多人认为,用动物脂肪(如猪油、牛油等)烹饪产生的风味明显不同于用任何一种现有的植物油烹饪产生的风味,前者比后者好得多。

产生风味差异的原因包括脂肪酸组成明显不同,因此导致产生的氧化风味化合物不同,并且两种油脂中溶解的微量组分也有差异。不过,有关这个差异产生的化学基础仍有争论。

陆生植物油脂只含有 18C 及以下的多不饱和脂肪酸(主要是 18:2:ω6 和 18:3:ω3)。然而,动物脂肪及其制品在含有大量与植物油脂类似的多不饱和脂肪酸的同时,也含有大量的长碳链多不饱和脂肪酸——花生四烯酸(20:4:ω6)。最近的研究已经明确了花生四烯酸产生的主要的风味性氧化产物[10],这些发现为探索植物油和动物脂肪之间风味化学的差异提供了关键依据。纯花生四烯酸的氧化会产生与众不同的、难闻的、类似没有烹饪过的家禽或动物的气味,这种气味主要是由(E,Z,Z)-2,4,7-十三碳三烯醛产生的,该物质具有很强的生鸡蛋和生家禽的气味(图 11.24)。花生四烯酸的不饱和氧化产物的风味非常强烈,而且具有很明显的特征,以至于这类特征化合物可能就是产生"很多白肉尝起来都有点像鸡肉"的原因。

动物脂肪也含有 ω3 长链多不饱和脂肪酸,尽管它的含量比花生四烯酸少。但是,鱼油中含有大量的 ω3 长链多不饱和脂肪酸,包括二十二碳六烯酸(22:6:ω3)和二十碳五烯酸(20:5:ω3)。它们的氧化会产生(E,Z,Z)-2,4,7-十三碳三烯醛(图 11.24)和其他氧化产物,其中(E,Z,Z)-2,4,7-十三碳三烯醛具有强烈的氧化了的鳕鱼肝油般或不新鲜鱼般的风味。(E,Z,Z)-2,4,7-十三碳三烯醛的浓度过高时会产生极其难闻的鱼腥味,但浓度合适时会使鱼类和海产品具有理想的特征风味。因此,ω3 长链多不饱和脂肪酸的氧化产物提供了区别水生和陆生动物食品风味的化学基础。然而,也可能将 ω3 长链多不饱和脂肪酸归结为导致植物和动物油脂风味差异的原因。值得注意的是,随着藻类工厂化养殖和基因工程技术的发展,植物和动物油脂风味间的差异一定可以迅速减小。

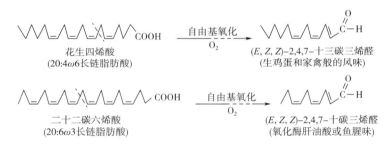

图 11.24 长链多不饱和脂肪酸形成的挥发性风味化合物

11.6 肌肉类食品和乳制品的挥发性风味物质

肉类风味一直备受人们的关注。尽管已进行了大量的研究,但对各种肉类的特征风味化合物仍然知之甚少[17,67]。不过,在肉类风味的研究中所做的不断努力使人们获得了大量有关熟肉风味化合物的知识。肉类风味化合物所具有的一些特殊风味品质(并非因品种不同而异)对食品和风味工业很有价值,但仍需努力探索略微烧煮的肉和特定品种肉的风味本质。经充分烧煮的肉的风味化学将在 11.7 中讨论。

11.6.1 反刍动物肉类和乳制品特有的风味

至少有几种肉的特征风味与其中的脂类成分密切相关。在经过了长时间的争论后，Wong 及其同事[87]在确定羊肉和羔羊肉的风味方面取得了很大进展。他们证明了羊肉的汗酸般风味与某些挥发性的中等长度碳链脂肪酸密切相关，脂肪酸上的几个甲基侧链对此风味也起了一定的作用。4-甲基-辛酸是羊肉和羔羊肉风味中最重要的脂肪酸之一，其形成机制如图 11.25 所示。

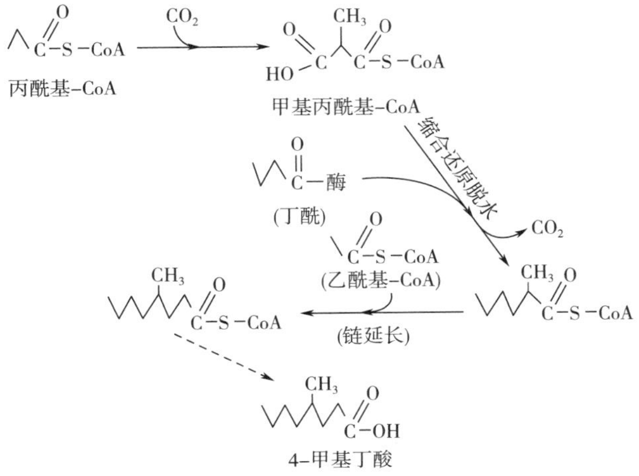

图 11.25　反刍动物中带甲基侧链的中等长度碳链脂肪酸的生物合成

反刍动物发酵产生乙酸、丙酸和丁酸，但大部分脂肪酸是从乙酸经生物合成途径形成的，这个过程产生无侧链的直碳链。一些甲基侧链脂肪酸是由于丙酸的存在而产生的。当饮食或其他因素使瘤胃中丙酸浓度增加时，甲基侧链的量也增加[72]。几种中等长度碳链、甲基侧链脂肪酸对特定品种的风味非常重要，包括羊肉和羔羊肉风味化合物中的 4-甲基-辛酸。此外，4-甲基-辛酸（在水中的阈值为 $18\mu g/L$）可使肉制品和乳制品具有非常特征的羊膻味，它只有在起始脂肪酸是丁酸（butyrl-CoA）而非丙酸（propionyl-CoA）的情况下并遵循图 11.25 所示的方式与丁酰-酶偶合时才能合成[29-31]。

某些烷基苯酚（甲基苯酚异构体、乙基苯酚异构体、n-丙基苯酚异构体、异丙基苯酚异构体、甲基-异丙基苯酚异构体）可使肉和乳制品产生非常特征的牛和绵羊般的风味[31,32,47]。而且，还有一些烷基苯酚，特别是 m-取代物，呈现出 kokumi 的风味（图 11.26）。烷基苯酚在肉和乳制品中以游离的（具有风味的）或与其他物质结合的（无风味的）形式存在，它们是饲料中的前体物质在瘤胃中经莽草酸途径发酵转化产生的（图 11.26）。烷基苯酚在反刍动物体内会形成共价结合的硫酸、磷酸和葡萄糖苷酸，这会增强它们的水溶性，提高它们在尿液中的排出率。随后，这些共价结合化合物经酶水解或热水解释放烷基苯酚，并促进肉和乳制品在发酵和加热过程中风味的形成。

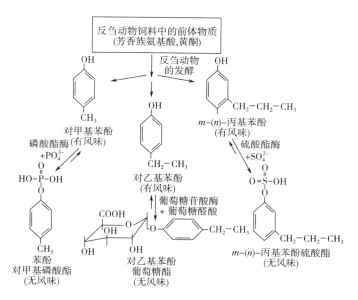

图 11. 26　反刍动物中烷基苯酚的形成

11.6.2　非反刍动物肉类特有的风味

人们对非反刍动物肉类风味的种类特异性的认识是不完全的。在猪油、油渣和一些猪肉中发现,独特的猪肉风味是由对-甲基苯酚和异戊酸产生的,它们是从相应的氨基酸在猪的肠道中经微生物酶作用下转化而来的[29,31]。由色氨酸形成的吲哚和 3-甲基吲哚可能会增强猪肉的异味,由花生四烯酸氧化(详见 11.5.2)产生的(E,Z,Z)-2,4,7-十三碳三烯醛浓度过高时,也会产生猪肉的异味,但是当这个化合物的浓度合适时(详见 11.1.3)便能产生理想的猪肉风味。已有研究表明,猪肉中存在的 γ-C_5,C_9 和 C_{12} 内酯含量较高[17],这些化合物产生猪肉的甜香味。

有较多的研究兴趣集中在产生公猪气味的化合物上,这些物质会引起猪肉严重的不良风味。产生这种气味的两个化合物是 5-α-雄甾-16-烯-3-酮和甾-16-烯-3α-醇,前者有尿味,后者有麝香味(图 11.27)[25]。产生公猪味的化合物主要存在于公猪中,但也可能存在于阉猪和母猪中。有一部分人,尤其是妇女,特别厌恶这些固醇类化合物,但也有一部分人因遗传方面的原因察觉不到这些化合物的气味。由于产生公猪味的化合物只是在猪肉中引起异味,因此将它们归为猪特有的风味化合物。

家禽的特殊风味也一直是很多研究的对象,脂类氧化产生了鸡的特征化合物。早期的研究[33]表明,羰基、顺-4-癸烯醛、反-2-顺-5-十一碳二烯醛和反-2-顺-4-反-7-癸三烯醛产生了炖鸡的特征风味。这些化合物可能是由亚油酸和花生四烯酸衍生而来的。然而,最近重新评估花生四烯酸自动氧化产生的挥发性物质(详见 11.5.2)发现,反应产生的(E,Z,Z)-2,4,7-十三碳三烯醛是一种具有很强家禽风味的物质,因此它是鸡肉和白肉的特征风味化合物。其他因素,例如烹饪方式,也会影响烹饪家禽的特征风味。另一个可能的影

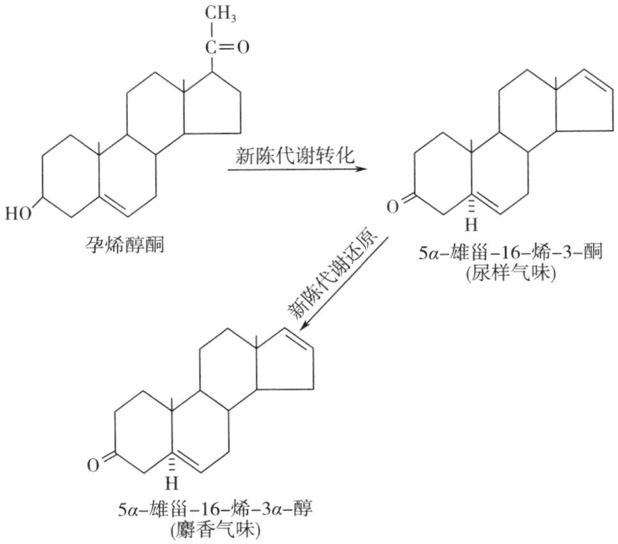

图 11.27　与猪的尿味和麝香味(骚味)相关的类固醇化合物的形成过程

响因素是,鸡能积累 α-生育酚(一种抗氧化剂),而火鸡却不能,因而在烹饪时,尤其是焙烤时,火鸡生成的羰基化合物的量要比鸡多得多。

11.6.3　鱼和海产食品中的挥发物

海产食品风味物质的种类要比其他肌肉类食品略为广泛。动物种类(鳍鱼类、贝壳类和甲壳类)自身新鲜程度都会导致它们之间风味的差异。商业化的海产食品,无论是新鲜的、冷冻的还是加工过的,它们的新鲜风味和芳香常常已大大降低或损失殆尽,因此许多消费者误以为所有的淡水鱼和海产品都有鱼腥味。然而,非常新鲜的海产品的风味却非常鲜美,完全不同于"商业新鲜"的海产品。其中一个因素是组织中鲜味物质的变化,5′-单磷酸鸟苷(详见 11.2.5)先积累,随后又减少,这导致冷藏鱼类和海产品的风味随时间发生显著的变化。

一组由脂肪氧合酶产生的 C_6、C_8 和 C_9 醛、酮和醇起初会提供新鲜鱼的特征和令人愉快的芳香[46]。这些化合物与植物脂肪氧合酶作用产生的化合物极为类似(详见 11.3.5)。鱼和海产品中脂肪氧合酶完成与白三烯(leukotriene)合成有关的酶催化氧化,风味化合物是这些反应的副产物。如图 11.28 所示,氢过氧化作用和随后的歧化反应先生成醇,然后产生相应的羰基化合物[74]。这些化合物使新鲜鱼产生甜瓜般和绿色植物般的风味,刚烹饪好的新鲜鱼所具有的香味也是由这些化合物提供的。它们既可直接对风味产生作用,也可在烹饪时参与反应形成新的风味。

甲壳类动物和软体动物的风味在很大程度上取决于非挥发性呈味物质,此外,挥发物也对风味有影响。例如,经蒸煮的雪蟹可用 12 种氨基酸、核苷酸和盐离子的混合物来模拟[41]。利用这些呈味混合物以及一些羰基化合物和三甲胺的贡献可以很好地模拟蟹的风

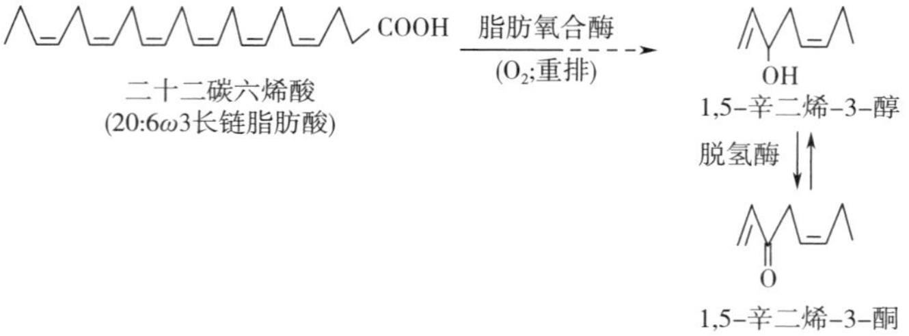

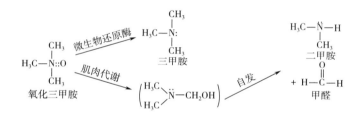

二十二碳六烯酸
(20:6ω3长链脂肪酸)

脂肪氧合酶
（O₂；重排）

1,5-辛二烯-3-醇

脱氢酶

1,5-辛二烯-3-酮

图 11.28　在酶作用下,长碳链 ω3 不饱和脂肪酸生成对新鲜鱼芳香有影响的挥发性物质

味。过去一直认为,鱼和蟹的气味与三甲胺有关,但单纯的三甲胺仅有氨味和鱼腥味。这主要是因为在微生物或内源酶的作用下,三甲胺氧化物降解产生三甲胺和二甲胺(图11.29),只在海水鱼和海产品中才会发现较多的三甲胺氧化物。三甲胺氧化物是海洋和海水鱼渗透物系统的一部分[36]。由于很新鲜的鱼基本上不含三甲胺,所以三甲胺只对不新鲜鱼的气味产生作用,增强"鱼腥"气味。通常,二甲胺的形成与冷冻贮藏过程鱼品质下降密切相关。与二甲胺同时生成的甲醛可促进蛋白质的交联,使冻鱼的肌肉变得坚韧。

氧化三甲胺　　微生物还原酶　　三甲胺

肌肉代谢

自发

二甲胺

甲醛

图 11.29　海水鱼肌肉组织中主要挥发性胺的形成过程

与鱼类产品有关的其他气味和风味通常用"氧化鱼油"和"鱼肝油般"来描述。鱼腥味很大程度上是由 ω3 长碳链多不饱和脂肪酸的自动氧化产生的羰基化合物引起的(详见11.5.2)。其中,(E,Z,Z)-2,4,7-癸三烯醛(图11.24)对鱼腥味有极为重要的影响;顺-4-庚烯醇也会加强鱼腥味[46]。

鱼和海产品的一些重要特征风味源于环境,主要是通过天然的食物链进入体内。例如,二甲基硫化物是烹饪后的蛤和牡蛎的特征头香,它主要是由这些水产品带有的微生物(从环境中摄入)体内的二甲基-β-丙酸噻亭经热降解(图11.30)产生的[55]。水产品带有的微生物群落与它们的生存环境条件有关。

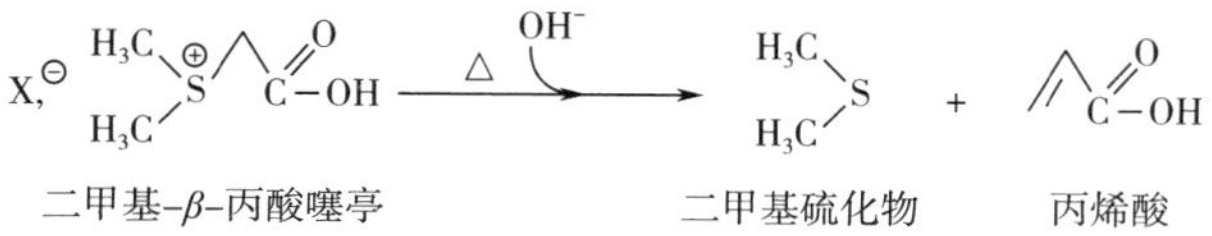

二甲基-β-丙酸噻亭　　二甲基硫化物　　丙烯酸

图 11.30　海产品中二甲基硫化物的形成

人工喂养的和天然野生的虾和鲑鱼等水产的风味有很大的不同[55]。相对于野生的水产,养殖水产的日常食物中溴苯酚含量的不足是导致风味差异的主要原因之一。溴苯酚是由各种低等海洋生物或咸水生物体代谢产生的(图 11.31),它们进入食物链,使鱼和其他海产品具有特征风味[13]。另外一个值得注意的是,溴苯酚对野生小虾风味的影响是它能使其风味产生从"微妙的海鲜味"到"明显的碘酒味"变化。另一方面,溴苯酚含量太低又会使养殖小虾的风味变得不明显或平淡,缺乏传统海产品的风味。

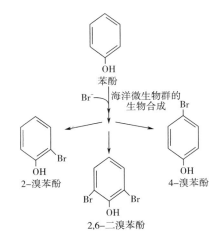

图 11.31 海产品中溴苯酚的形成

11.7 由加工或反应产生的挥发性风味

所有食品,无论来源于动物、植物还是微生物,经烹饪或加工后,都含有很多由化学反应产生的风味化合物。反应的发生需要有合适的反应物和适当的条件(热、pH、光)。由于这些风味化合物对所有食品都很重要,而且是食品中普遍使用的天然风味浓缩物的基础,在期望得到肉或香草风味时更是如此;因此,在本节中对由加工或反应产生的风味进行单独介绍。与风味有关的内容还可参见碳水化合物(详见第 3 章)、脂类(详见第 4 章)和维生素(详见第 8 章)等有关章节。

11.7.1 热加工产生的风味

人们早就发现还原糖和氨基化合物在棕褐色色素形成的过程中起着重要作用(详见第 3 章和第 4 章的美拉德褐变反应),所以,传统上普遍认为热加工产生的风味来自褐变反应。尽管褐变反应几乎总是参与食品加工风味的形成,但褐变反应产物和食品其他组分间的相互作用也很重要且广泛存在。在对受热产生的风味进行广泛讨论的同时,需要适当探讨这种相互作用和受热后发生的反应。

尽管很多加工产生的风味化合物具有强烈的令人愉悦的芳香,但是,相对而言,只有其中少数几种化合物对风味具有真正显著的影响。它们常常具有坚果香、肉香、焙烤香、焦香、炒香、花香、植物香和焦糖香味。有些加工产生的化合物是无环的,但很多是含氮、硫或氧的杂环化合物(图 11.32)。这种化合物存在于很多食品和饮料中,如烤肉、炖肉、咖啡、焙烤坚果、啤酒、面包、饼干、点心、可可和很多其他加工食品中。然而,各种化合物的分布取决于其前体的存在、温度、时间和水分活度等因素。

在进行过程风味浓缩物的生产时,需要选择适当的反应混合物与反应条件,以便这些反应在通常的食品加工中能够重复。常见的配料见表 11.5,包括还原糖、氨基酸和含硫化

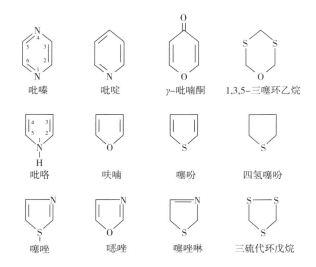

图 11.32 某些常见的与热诱导或褐变风味有关的杂环化合物

合物。这些配料经高温加热后产生风味独特的化合物[35]。硫胺素是一种常用的配料,原因是它的环结构中含有氮原子和硫原子(详见第 8 章)。

表 11.5 在产生肉类风味的反应体系中常见的几种配料

水解植物蛋白	硫胺素	水解植物蛋白	硫胺素
酵母自溶物	半胱氨酸	鸡蛋固形物	阿拉伯糖
牛肉提取物	谷胱甘肽	甘油	5′-核苷酸
特定的动物脂肪	葡萄糖	谷氨酸单钠	蛋氨酸

由于在正常的食品加工过程或模拟过程中会产生大量的过程风味化合物,因此,要充分了解它们形成的化学本质是不现实的。下面将用一些例子来说明一些较重要的挥发性风味化合物的形成机制。烷基吡嗪是首批被确认对所有焙烤食品或类似的热加工食品的风味有重要影响的化合物之一。烷基吡嗪最直接的生成方式是 α-二羰基化合物(美拉德反应的中间产物)与氨基酸通过 Strecker 降解反应发生相互作用产生的(图 11.33)。氨基转移到二羰基化合物上,使氨基酸的氮与小分子化合物结合起来,与氮结合的化合物再参与缩合反应。蛋氨酸含有硫原子,能生成 3-甲硫基丙醛,这是煮马铃薯和干酪脆饼非常重要的特征性风味,因此常把蛋氨酸用作 Strecker 降解反应中的氨基酸。3-甲硫基丙醛很容易进一步降解成甲硫醇。再被氧化成二甲基二硫化物,最终生成活泼的低相对分子质量的含硫化合物,从而对整个体系的风味产生影响。

在形成风味的过程中,硫化氢和氨是混合物中非常活泼的组分,经常用在模拟系统中来帮助确定反应机制。半胱氨酸受热降解(图 11.34)产生氨、硫化氢和乙醛,乙醛随后 3-羟基丁酮(来自美拉德反应)的巯基衍生物作用,生成对炖牛肉风味有影响的噻吩啉[56]。

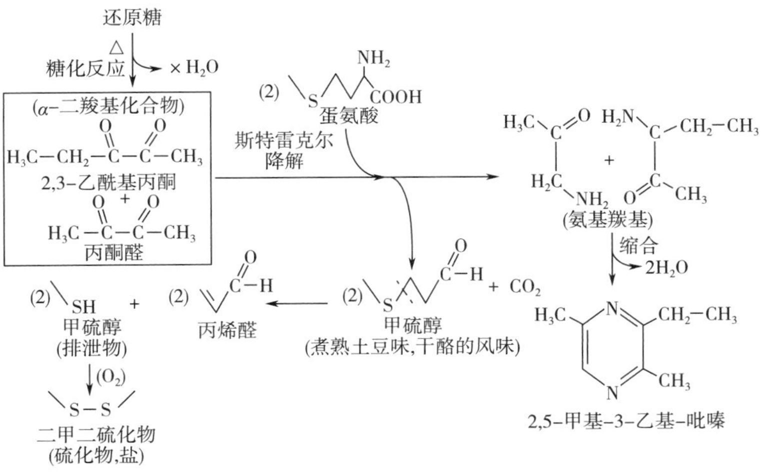

图 11.33 烷基吡嗪和小分子含硫化合物在过程风味形成时的形成过程

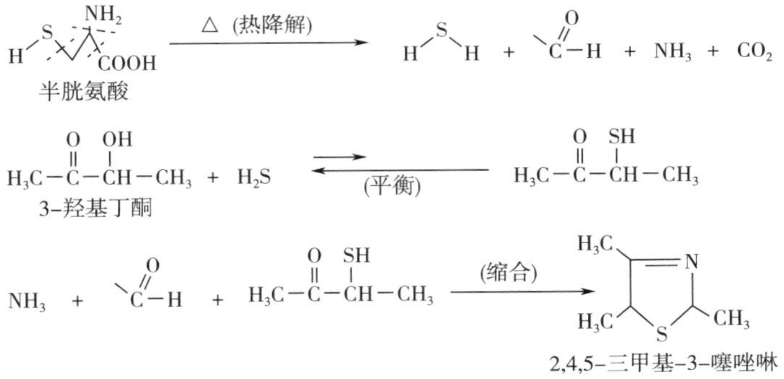

图 11.34 半胱氨酸片段和糖−氨褐变反应产物相互作用生成熟牛肉中含有的噻唑啉的过程

有些杂环化合物很活泼,既可降解,也可与食品组分或反应混合物进一步发生反应。式(11.2)中的化合物是一个说明食品风味稳定性的有趣实例。式(11.2)的两个化合物都具有特征性的、但相互区别的肉般芳香[20]。烤肉的芳香是由于有 2−甲基−3−呋喃硫醇(还原型)存在。肉经烹饪一段时间后,该化合物被氧化成二硫化物,使熟肉的风味也因此变得更加丰满。由于烹饪程度及烹调后放置时间不同而导致的肉类风味的细微变化都是由这些化学反应引起的。

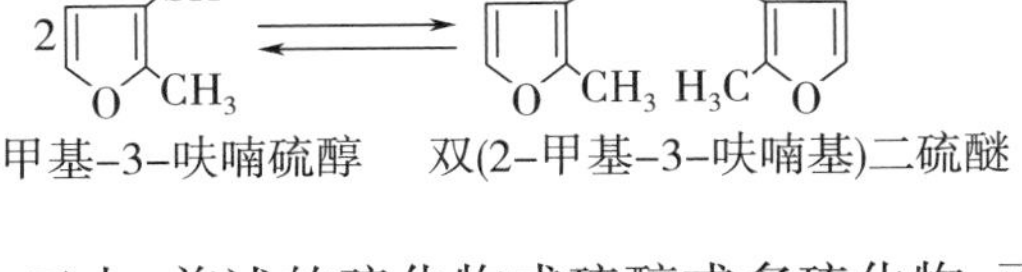

$$(11.2)$$

2−甲基−3−呋喃硫醇 双(2−甲基−3−呋喃基)二硫醚

在复杂食品体系的加工中,前述的硫化物或硫醇或多硫化物,可以与各种化合物一起作用产生新的风味。然而,虽然经常可以在加工食品中检测出二甲基硫醚,但它通常不易再发生反应。在植物性食品中,二甲基硫醚来自于生物合成产生的分子,特别是 S-甲基蛋氨酸锍盐(图 11.35)。S-甲基蛋氨酸相当不耐热,在烹饪中很容易产生二甲硫醚。新鲜蒸煮的和罐装的甜玉米、番茄汁和其他番茄产品的特征性头香都是由二甲硫醚产生的。

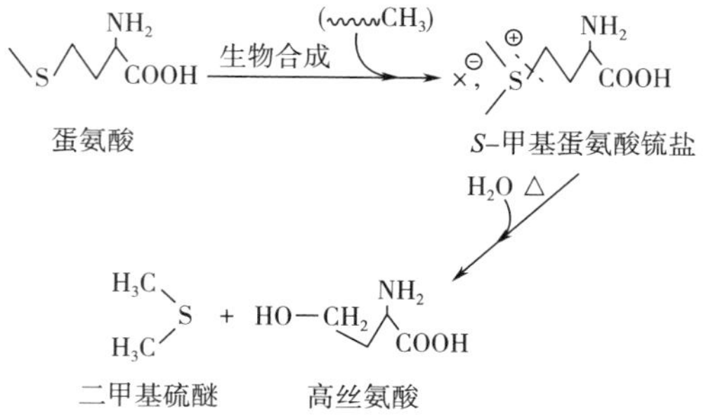

图 11. 35　S-甲基蛋氨酸锍盐受热降解产生二甲硫醚

图 11.36 所示为一些由食品加工中过程反应所产生的令人愉悦的芳香化合物。这些化合物具有焦糖般的芳香,并且在许多加工食品中都会出现。作为合成的枫树糖浆风味物质甲基环戊烯醇酮,应用广泛;作为风味增效剂的麦芽酚则大量用于甜食和饮料中(详见 11.2.6)。4-羟基-2,5-二甲基-3(2H)呋喃酮是从加工过的菠萝中首次分离得到的,具有强烈的菠萝特征风味,因此有时把它称为"菠萝化合物"。生物体系中也能合成二甲羟基呋喃酮,它对新鲜采摘水果的成熟草莓香味有一定的作用。3-羟基-4,5-二甲基-2,5-二氢呋喃-2-酮通常作为糖中的呋喃酮,因为它具有很强的特征风味,很容易在精制糖浆(蔗糖)的顶空空气中检测到。此外,在烹饪的肉中(如炖牛肉)也有呋喃酮,它起着增强肉的香味的作用。

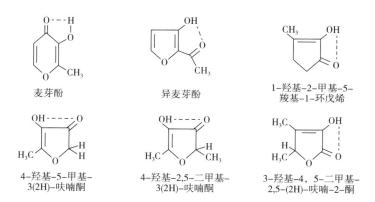

图 11. 36　重要的加工过程中反应产生的焦糖风味化合物的结构

图 11.36 列举的化合物中的平面烯醇环酮结构是由糖前体衍生而来的,而且焦糖般的芳香是由该结构组分产生的[60]。由于烯醇酮会形成很强的分子内氢键作用,如式(11.3)所示,麦芽酚更倾向于主要以平面烯醇酮结构形式存在,而非环状二酮结构。

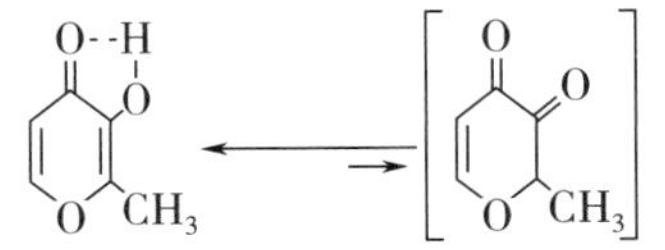

$$(11.3)$$

麦芽酚
(稳定的烯醇酮形式)　　　不稳定的酮形式

巧克力和可可的风味因其需求量大而一直受到关注。新鲜收获的可可豆首先在不加以严格控制的条件下发酵,然后进行焙炒。为了加深可可豆的色泽并圆润其风味,有时还进行碱处理。发酵使蔗糖水解成还原糖,游离出氨基酸,同时还使一些多酚类化合物氧化。在焙炒过程中,会有很多吡嗪类化合物和其他杂环化合物生成,但可可的独特风味来自于Strecker 降解反应产生的醛之间的相互作用。如图 11.37 所示,乙苯醛(来自苯丙氨酸)和 3-甲基丁醛(来自亮氨酸)反应生成可可的重要风味。其中的醛醇缩合反应产物——5-甲基-2-苯基-2-己烯醛具有巧克力所特有的持久芳香。该例子也说明了产生加工风味的反应并非总是生成杂环芳香化合物。

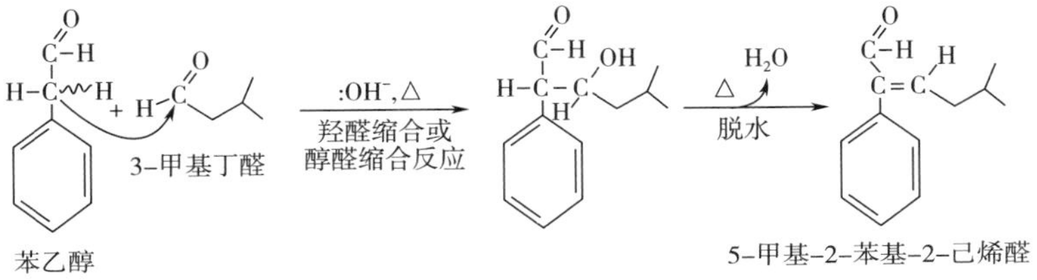

图 11.37　由 Strecker 反应生成的两个醛发生醛醇缩合,产生重要的可可芳香挥发物的过程

11.7.2　类胡萝卜素氧化降解产生的挥发物

前面的章节已经讨论了甘油三酯和脂肪酸的氧化。这里将讨论一些以类胡萝卜素为前体氧化得到的重要风味化合物。这类反应中有些需要有叶绿素光敏作用产生的单重态氧参与,其余的反应则是光敏氧化过程。在烟草加工中,已检测出由氧合类胡萝卜素(或异戊二烯)氧化产生的大量风味化合物[18],其中很多对烟叶的独特风味至关重要。然而,在这类化合物中(图 11.38 所示为 3 个代表性的化合物),对食品风味有重要作用的化合物较少。每一种化合物都有独特的甜香、花香和果香,而且其芳香特征会随浓度的变化发生很大的改变。它们能与食品芳香很好地混合并产生微妙的影响,既可使风味变得理想,也可使风味变得令人讨厌。β-大马酮对新鲜苹果的风味有很好的作用,它也能增强葡萄酒的风味。但对于啤酒,仅几 $\mu g/kg$ 的含量就会使啤酒产生一种陈腐的树脂风味。β-紫罗酮有令人愉悦的花香,与水果风味和谐一致,但它又是存在于冷冻干燥的胡萝卜中的主要异味化合物。另外,红茶中也检出这类化合物,它们对红茶的风味起很好的作用。茶螺烷及其衍生物产生茶叶芳香中极为重要的甜香、果香和土香。尽管这些化合物仅以低浓度存在,但它们分布广泛,使很多食品产生丰满而和谐的风味。

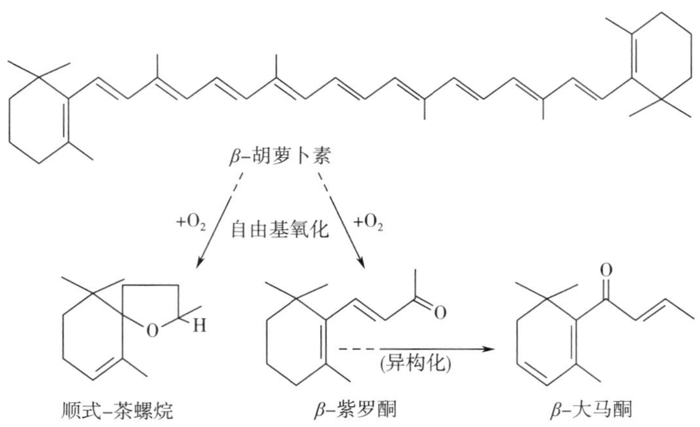

图 11.38 β-胡萝卜素氧化断裂产生茶风味中某些重要化合物的过程

11.8 风味化学和工艺的发展方向

在过去的 45 年中,随着气相色谱和快速扫描质谱技术的发展,风味化学与工艺取得了很大的进展[77]。在这段时期,除了对一些风味物质进行深入细致的研究工作外,大部分时间都集中在风味活性物质的系统发现工作,并已基本实现了研究目标。同样地,对风味化合物的形成和降解的基本知识有了更多的了解,但是风味的形成过程中的很多细节仍未完成,需要进一步的研究。当然,应用于各种单细胞和更高等生物风味研究的遗传工程技术的不断发展将有力推动风味物质在复杂生物中合成机制的深入研究。

不过,将来风味化学研究的重点仍需要作相当大的转变,以满足食品工业面临的紧迫需要。保健食品或功能性食品领域的充分拓展将会带来一个新的挑战,即要求掩盖或抑制其中的不良风味,而这个不良风味是食品本身固有的,同时也具有功能特性。然而,最具挑战性的问题是能否成功地将食品改造,消除其中过量的传统组分,尤其是盐类、脂类和精制的碳水化合物,使它更利于人类的健康。起初,在开发称之为"营养平衡"食品中遇到了很多的挫折和失败,但是消费者不断增长的需求还是使食品工业克服了早期开发这类食品时所遇到的障碍。

最近开展了风味化合物在不同基质中的释放速率研究,目的是了解和克服在生产具有良好风味的配方食品(为满足营养需求,食品的组分有了根本性的改变,如脂类被部分脱除等)中遇到的问题。但是,在风味释放上的研究还没有取得突破性的进展。这要求我们拓宽研究思路,探寻新的研究方法。一个最容易被人们忽视的领域是风味增效剂和改良剂研究。风味增效剂和改良剂(详见 11.2.6)的作用机制还没有被充分认识和理解,而此领域研究是完全可以开展的。不过,该领域的研究要求转变传统的食品和风味化学的思维方式,也必须改进感官分析技术,尤其是在检测和评定由风味增效剂引起的微妙的食品风味特性改变方面。挑战是巨大的,然而人类的健康和生活由此获得的受益也是巨大的。

参考文献

1. Amerine, M. A., R. M. Pangborn, and E. B. Roessler (1965). *Principles of Sensory Evaluation of Food*, Academic Press, New York, p. 106.

2. ASTM (1968). *Manual on Sensory Testing Methods*, STP434, American Society for Testing Materials, Philadelphia, PA.

3. Bartoshuk, L. M. (1980). Sensory analysis in the taste of NaCl. In *Biological and Behaviorial Aspects of Salt Intake* (R. H. Cagan and M. R. Kare, eds.), Academic Press, New York, pp. 83–96.

4. Bartoshuk, L. M., K. Fast, D. Snyder, and V. B. Duffy (2004). Genetic differences in human oral perception. In *Genetic Variation in Taste Sensitivity* (J. Prescott and B. J. Tepper, eds.), Marcel Dekker, New York, pp. 1–41.

5. Beets, M. G. J. (1978). The sweet and bitter modalities. In *Structure–Activity Relationships in Human Chemoreception*, Applied Science Publishers, London, U.K., pp. 259–303.

6. Beets, M. G. J. (1978). The sour and salty modalities. In *Structure–Activity Relationships in Human Chemoreception*, Applied Science Publishers, London, U.K., pp. 348–362.

7. Belitz, H. D. and H. Wieser (1985). Bitter compounds: Occurrence and structure–activity relationships. *Food Rev. Int.* 1:271–354.

8. Birch, G. G. (1981). Basic tastes of sugar molecules. In *Criteria of Food Acceptance* (J. Solms and R. L. Hall, eds.), Forster Verlag, Zurich, Switzerland, pp. 282–291.

9. Birch, G. G., C. K. Lee, and A. Ray (1978). The chemical basis of bitterness in sugar derivatives. In *Sensory Properties of Foods* (G. G. Birch, J. G. Brennan, and K. J. Parker, eds.), Applied Science Publishers, London, U.K., pp. 101–111.

10. Blank, I., J. Lin, F. A. Vera, D. H. Welti, and L. B. Fay (2001). Identification of potent odorants formed by autoxidation of arachidonic acid: Structure elucidation and synthesis of (*EZZ*)-2,4,7-tridecatrienal. *J. Agric. Food Chem.* 49:2959–2965.

11. Boelens, M. H. (1991). Spices and condiments II. In *Volatile Compounds in Foods and Beverages* (H. Maarse, ed.), Marcel Dekker, New York, pp. 449–482.

12. Boelens, M. H., H. Boelens, and L. J. van Gemert (1993). Sensory properties of optical isomers. *Perfum. Flavor.* 18:1–16.

13. Boyle, J. L., R. C. Lindsay, and D. A. Stuiber (1993). Occurrence and properties of flavor–related bromo–phenols found in the marine environment: A review. *J. Aquat. Food Prod. Technol.* 2:75–112.

14. Brieskorn, C. H. (1990). Physiological and therapeutical aspects of bitter compounds. In *Bitterness in Foods and Beverages* (R. L. Rouseff, ed.), Elsevier, Amsterdam, the Netherlands, pp. 15–33.

15. Cliff, M. and H. Heymann (1992). Descriptive analysis of oral pungency. *J. Sens. Stud.* 7:279–290.

16. DeTaeye, L., D. DeKeukeleire, E. Siaeno, and M. Verzele (1977). Recent developments in hop chemistry. In *European Brewery Convention Proceedings*, European Brewing Congress, Amsterdam, the Netherlands, pp. 153–156.

17. Dwivedi, B. K. (1975). Meat flavor. *Crit. Rev. Food Technol.* 5:487–535.

18. Enzell, C. R. (1981). Influence of curing on the formation of tobacco flavour. In *Flavour 81* (P. Schreier, ed.), Walter de Gruyter, Berlin, Germany, pp. 449–478.

19. Eriksson, C. E. (1979). Review of biosynthesis of volatiles in fruits and vegetables since 1975. In *Progress in Flavour Research* (D. G. Land and H. E. Nursten, eds.), Applied Science Publishers, London, U.K., pp. 159–174.

20. Evers, W. J., H. H. Heinsohn, B. J. Mayers, and A. Sanderson (1976). Furans substituted at the three positions with sulfur. In *Phenolic, Sulfur, and Nitrogen Compounds in Food Flavors* (G. Charalambous and I. Katz, eds.), American Chemical Society, Washington, DC, pp. 184–193.

21. Fazzalari, F. A. (ed.) (1978). *Compilation of Odor and Taste Threshold Values Data*, American Society for Testing Materials, Philadelphia, PA.

22. Forss, D. A. (1981). Sensory characterization. In *Flavor Research, Recent Advances* (R. Teranishi, R. A. Flath, and H. Sugisawa, eds.), Marcel Dekker, New York, pp. 125–174.

23. Forsyth, W. G. C. (1981). Tannins in solid foods. In *The Quality of Foods and Beverages*, Vol. 1, Chemistry and Technology (G. Charalambous and G. Inglett, eds.), Academic Press, New York, pp. 377–388.

24. Govindarajan, V. S. (1979). Pungency: the stimuli and their evaluation. In *Food Taste Chemistry* (J. C. Boudreau, ed.), American Chemical Society, Washington, DC, pp. 52–91.

25. Gower, D. B., M. R. Hancock, and L. H. Bannister (1981). Biochemical studies on the boar pheromones, 5α-androst-16-en-3-one and 5α-androst-16-en-3α-ol, and their metabolism by olfactory tissue. In *Bio-chemistry of Taste and Olfaction* (R. H. Cagan and M. R. Kare, eds.), Academic Press, New York,

pp. 7-31.

26. Grosch, W. (1982). Lipid degradation products and flavour. In *Food Flavours, Part A, Introduction* (I. D. Morton and A. J. Macleod, eds.), Elsevier Scientific, Amsterdam, the Netherlands, pp. 325-398.

27. Grosch, W. (1994). Determination of potent odourants in foods by aroma extract dilution analysis (AEDA) and calculation of odour activity values (OAVs). *Flavour Frag. J.* 9:147-158.

28. Guenther, E.(1948). *The Essential Oils*, Vols. 1-6, van Nostrand, New York.

29. Ha, J. K. and R. C. Lindsay (1990). Distribution of volatile branched-chain fatty acids in perinephric fats of various red meat species. *Lebensm. Wissen. Tech.* 23:433-439.

30. Ha, J. K. and R. C. Lindsay (1991). Contributions of cow, sheep, and goat milks to characterizing branched-chain fatty acid and phenolic flavors in varietal cheeses. *J. Dairy Sci.* 74:3267-3274.

31. Ha, J. K. and R. C. Lindsay (1991). Volatile alkylphenols and thiophenol in species-related characterizing flavors of red meats. *J. Food Sci.* 56:1197-1202.

32. Han, L.-H. A. (2000). Characterization and enhancement of contributions of alkylphenols to baked-butter and other flavors. PhD thesis, University of Wisconsin-Madison, Madison, WI, pp. 90-135.

33. Harkes. P. D. and W. J. Begemann (1974). Identification of some previously unknown aldehydes in cooked chicken. *J. Am. Oil Chem. Soc.* 51:356-359.

34. Hasegawa, S., M. N. Patel, and R. C. Snyder (1982). Reduction of limonin bitterness in navel orange juice serum with bacterial cells immobilized in acrylamide gel. *J. Agric. Food Chem.* 30:509-511.

35. Heath, H. B.(1981). *Source Book of Flavors*, AVI Publishing Co., Westport, CT, p. 110.

36. Hebard, C. E., G.J. Flick, and R. E. Martin (1982). Occurrence and significance of trimethylamine oxide and its derivatives in fish and shellfish. In *Chemistry and Biochemistry of Marine Products* (R. E. Martin, G. J. Flick, and D. R. Ward, eds.), AVI Publishing Co., Westport, CT, pp. 149-304.

37. Hiraide, M., Y. Miyazaki, and Y. Shibata (2004). The smell and odorous components of dried shiitake mushroom, *Lentinula edodes* I: Relationship between sensory evaluations and amounts of odorous components. *J. Wood Sci.* 50:358-364.

38. Ho, C. T. and T. G. Hartman (eds.) (1994). *Lipids in Food Flavors*, American Chemical Society, Washington, DC, pp. 1-333.

39. Kawamura, Y. and M. R. Kare (eds.) (1987). *Umami: A Basic Taste*, Marcel Dekker, New York, pp. 1-649.

40. Kimball, D. A. and S. I. Norman (1990). Processing effects during commercial debittering of California navel orange juice. *J. Agric. Food Chem.* 38:1396-1400.

41. Konosu, S.(1979). The taste of fish and shellfish. In *Food Taste Chemistry* (J. C. Boudreau, ed.), American Chemical Society, Washington, DC, pp. 203-213.

42. Koppenhoefer, B., R. Behnisch, U. Epperlein, H. Holzschuh, and R. Bernreuther (1994). Enantiomeric odor differences and gas chromatographic properties of flavors and fragrances. *Perfum. Flavor.* 19:1-14.

43. Kuninaka, A. (1981). Taste and flavor enhancers. In *Flavor Research Recent Advances* (R. Teranishi, R. A. Flath, and H. Sugisawa, eds.), Marcel Dekker, New York, pp. 305-353.

44. Laing, D. G. and A. Jinks (1996). Favour perception mechanisms. *Trend Food Sci. Technol.* 7:387-389, 421-424.

45. Lee, C. B. and H.T. Lawless (1991). Time-course of astringent sensations. *Chem. Senses* 16:225-238.

46. Lindsay, R. C.(1990). Fish flavors. *Food Rev. Int.* 6:437-455.

47. Lopez, V. and R. C. Lindsay (1993). Metabolic conjugates as precursors for characterizing flavor compounds in ruminant milks. *J. Agric. Food Chem.* 41:446-454.

48. Maarse, H.(1991). *Volatile Compounds in Foods and Beverages*, Marcel Dekker, New York.

49. Martin, G., G. Remaud, and G. J. Martin (1993). Isotopic methods for control of natural flavours authenticity. *Flavour Frag. J.* 8:97-107.

50. McGregor, R. (2004). Taste modification in the biotech era. *Food Technol.* 58:24-30.

51. Mielle, P. (1996). "Electronic noses": Towards the objective instrumental characterization of food aroma. *Trend Food Sci. Technol.* 7:432-438.

52. Morgan, M. E., L. M. Libbey, and R. A. Scanlan (1972). Identity of the musty-potato aroma compound in milk cultures of *Pseudomonas taetrolens*. *J. Dairy Sci.* 55:666.

53. Morton, I.D. and A. J. Macleod (eds.) (1982). *Food Flavours, Part A, Introduction*, Elsevier Scientific, Amsterdam, the Netherlands.

54. Mosandl, A. (1988). Chirality in flavor chemistry—Recent developments in synthesis and analysis. *Food Rev. Int.* 4:1-43.

55. Motohito, T. (1962). Studies on the petroleum odor in canned chum salmon. *Mem. Fac. Fisheries Hokkaido Univ.* 10:1-5.

56. Mussinan, C.J., R. A. Wilson, I. Katz, A. Hruza, and M. H. Vock (1976). Identification and some flavor properties of some 3-oxazolines and 3-thiazolines isolated from cooked beef. In *Phenolic, Sulfur, and*

Nitrogen Compounds in Food Flavors (G. Charalambous and I. Katz, eds.), American Chemical Society, Washington, DC, pp. 133–145.

57. Neucere, N.J., T. J. Jacks, and G. Sumrell (1978). Interactions of globular proteins with simple polyphenols. *J. Agric. Food Chem.* 26:214–216.

58. Ney, K. H. (1979). Bitterness of peptides: Amino acid composition and chain length. In *Food Taste Chemistry* (J. C. Boudreau, ed.), American Chemical Society, Washington, DC, pp. 149–173.

59. Ney, K. H. (1979). Bitterness of lipids. *Fette Seifen Anstrichm.* 81:467–469.

60. Ohloff, G. (1981). Bifunctional unit concept in flavor chemistry. In *Flavour '81* (P. Schreier, ed.), Walter de Gruyter, Berlin, Germany, pp. 757–770.

61. O'Mahony, M. (1986). *Sensory Evaluation of Food: Statistical Methods and Procedures*, Marcel Dekker, New York.

62. Reed, D. R. (2004). Progress in human bitter phenylthiocarbamide genetics. In *Genetic Variation in Taste Sensitivity* (J. Prescott and B. J. Tepper, eds.), Marcel Dekker, New York, pp. 43–61.

63. Richard, H. M. J. (1991). Spices and condiments I. In *Volatile Compounds in Foods and Beverages* (H. Maarse, ed.), Marcel Dekker, New York, pp. 411–447.

64. Scanlan, R. A. (ed.) (1977). *Flavor Quality: Objective Measurement*, American Chemical Society, Washington, DC.

65. Schiffman, S. S. (1980). Contribution of the anion to the taste quality of sodium salts. In *Biological and Behavioral Aspects of Salt Intake* (R. H. Cagan and M. R. Kare, eds.), Academic Press, New York, pp. 99–114.

66. Schreier, P. (ed.) (1981). *Flavour '81*, Walter de Gruyter, Berlin, Germany.

67. Shahidi, F. (ed.) (1994). *Flavor of Meat and Meat Products*, Blackie Academic & Professional, London, U.K., pp. 1–298.

68. Shallenberger, R. S. and T. E. Acree (1967). Molecular theory of sweet taste. *Nature* (*London*) 216: 480–482.

69. Shankaranarayana, M. L., B. Raghaven, K. O. Abraham, and C. P. Natarajan (1982). Sulphur compounds in flavours. In *Food Flavours, Part A, Introduction* (I. D. Morton and A. J. Macleod, eds.), Elsevier Scientific, Amsterdam, the Netherlands, pp. 169–281.

70. Shaw, P. E. (1991). Fruits II. In *Volatile Compounds in Foods and Beverages* (H. Maarse, ed.), Marcel Dekker, New York, pp. 305–327.

71. Stone, H. and J. L. Sidel (1985). *Sensory Evaluation Practices*, Academic Press, New York.

72. Smith, A. and W. R. H. Duncan (1979). Characterization of branched-chain lipids from fallow deer perinephric triacylglycerols by gas chromatography – mass spectrometry. *Lipids* 14:350–355.

73. Special Issue on Flavour Perception (1996). *Food Sci. Technol.* 7:457.

74. Swoboda, P. A. T. and K. E. Peers (1979). The significance of octa–1–*cis*–5–dien–3–one. In *Progress in Flavour Research* (D. G. Land and H. E. Nursten, eds.), Applied Science Publishers, London, U.K., pp. 275–280.

75. Tanford, C. (1960). Contribution of hydrophobic interactions to the stability of globular conformations of proteins. *J. Am. Chem. Soc.* 84:4240–4247.

76. Teranishi, R., R. A. Flath, and H. Sugisawa (eds.) (1981). *Flavor Research: Recent Advances*, Marcel Dekker, New York.

77. Teranishi, R., E. L. Wick, and I. Hornstein (eds.) (1999). *Flavor Chemistry: Thirty Years of Progress*, Kluwer Academic/Plenum Publishers, New York.

78. Tressl, R., D. Bahri, and K. H. Engel (1982). Formation of eight-carbon and ten-carbon components in mushrooms (*Agaricus campestris*). *J. Agric. Food Chem.* 30:89–93.

79. Tressl, R., M. Holzer, and M. Apetz (1975). Biogenesis of volatiles in fruit and vegetables. In *Aroma Research: Proceedings of the International Symposium on Aroma Research*, Zeist, the Netherlands (H. Maarse and P. J. Groenen, eds.), Centre for Agricultural Publishing and Documentation, PUDOC, Wageningen, the Netherlands, pp. 41–62.

80. Ueda, Y., M. Sakaguchi, and K. Hirayama (1990). Characteristic flavor constituents in water extract of garlic. *Agric. Biol. Chem.* 54:163–169.

81. Ueda, Y., T. Tsubuku, and R. Miyajima (1994). Composition of sulfur-containing components in onion and their flavor characters. *Biosci. Biotech. Biochem.* 58:108–110.

82. Ueda, Y., M. Yonemitsu, T. Tsubuku, and M. Sakaguchi (1997). Flavor characteristics of glutathione in raw and cooked foodstuffs. *Biosci. Biotech. Biochem.* 61:1977–1980.

83. van Straten, S., F. de Vrijer, and J. C. deBeauveser (eds.) (1977). *Volatile Compounds in Food*, 4th edn., Central Institute for Nutrition and Food Research, Zeist, the Netherlands.

84. Watson, H. R. (1978). Flavor characteristics of synthetic cooling compounds. In *Flavor: Its Chemical, Behavioral, and Commercial Aspects* (C. M. Apt, ed.), Westview Press, Boulder, CO, pp. 31–50.

85. Whitfield, F. B. and J. H. Last (1991). Vegetables. In *Volatile Compounds in Foods and Beverages* (H. Maarse, ed.), Marcel Dekker, New York, pp.

203-269.

86. Wittkowski, R., J. Ruther, H. Drinda, and F. Rafiei-Taghanaki (1992). Formation of smoke flavor compounds by thermal lignin degradation. In *Flavor Precursors: Thermal and Enzymatic Conversions* (R. Teranishi, G. R. Takeoka, and M. Guntert, eds.), American Chemical Society, Washington, DC, pp. 232-243.

87. Wong,E., L. N. Nixon, and C. B. Johnson (1975).

Volatile medium chain fatty acids and mutton flavor. *J. Agric. Food Chem.*23:495-498.

88. Yamaguchi, S. (1979). The umami taste. In *Food Taste Chemistry* (J. C. Boudreau, ed.), American Chemical Society, Washington, DC, pp. 33-51.

89. Yashimoto, K., K. Iwami, and H. Mitsuda(1971). A new sulfur-peptide from *Lentinus edodes* acting as a precursor for lenthionine. *Agric. Biol. Chem.* 35: 2059-2069.

拓展阅读

1. Amerine, M. A., R. M. Pangborn, and E. B. Roessler (1965). *Principles of Sensory Evaluation of Food*, Academic Press, New York.

2. Beets, M. G. J. (1978). *Structure-Activity Relationships in Human Chemoreception*, Applied Science Publishers, London, U.K.

3. Burdock, G. A. (2004). *Fenaroli's Handbook of Flavor Ingredients*, 5th edn., CRC Press, Boca Raton, FL.

4. Fazzalari, F. A. (ed.) (1978). *Compilation of Odor and Taste Threshold Values Data*, American Society for Testing Materials, Philadelphia, PA.

5. Ho, C.T. and T. G. Hartman (eds.) (1994). *Lipids in Food Flavors*, ACS Symposium Series 558, American Chemical Society, Washington, DC.

6. Maarse, H. (1991). *Volatile Compounds in Foods and Beverages*, Marcel Dekker, New York.

7. Morton, I. D. and A. J. Macleaod (eds.) (1982). *Food Flavors*, *Part A*, *Introduction*, Elsevier Scientific, New York.

8. O'Mahony, M. (1986). *Sensory Evaluation of Food: Statistical Methods and Procedures*, Marcel Dekker, New York.

9. Parliment, T. H., M. J. Morello, and R. J. McGorrin (1994). *Thermally Generated Flavors: Maillard, Microwave, and Extrusion Processes*, ACS Symposium Series 543, American Chemical Society, Washington, DC.

10. Rouseff, R. L. (ed.) (1990). *Bitterness in Foods and Beverages*, Elsevier, Amsterdam, the Netherlands.

11. Shahidi, F. (ed.) (1994). *Flavor of Meat and Meat Products*, Blackie Academic & Professional, London, U.K.

12. Stone, H. and J. L. Sidel (1985). *Sensory Evaluation Practices*, Academic Press, New York.

13. Teranishi, R., G. R. Takeoka, and M. Guntert (eds.) (1992). *Flavor Precursors: Thermal and Enzymatic Conversions*, ACS Symposium Series 490, American Chemical Society, Washington, DC.

食品添加剂

Robert C. Lindsay

12.1 引言

有很多物质是为了某些功能目的而加入食品,而在很多情况下,这些成分被发现天然存在于一些食物中。然而,如将这些化学品用于加工食品,它们就成为"食品添加剂"。从法规的观点看,每一种食品添加剂都必须提供有用的和可接受的功能或品质,以证实它的使用价值。通常,改善贮藏质量、强化营养价值、改善和补充功能性质、方便加工和增强消费者的可接受性被认为是食品添加剂可接受的功能。食品添加剂法规明确禁止使用添加剂来掩藏食品的腐败和损伤或欺骗消费者。此外,如采用经济、良好生产作业法也能得到类似于添加剂的效果,就不应使用食品添加剂。

近些年来,在食品化学课本中对一些明确功能具有一定的重要性的食品组分的范围已经扩大,其中一些组分可以用与传统食品添加剂相似的方式使用。但是,随着对个别或一些食品组分保健作用认识的增加,加速了更多新型食品组分的商业化宣传。这些组分许多是为了满足食品组成的特殊需要,例如降低热量;而另一些的出现则是为了满足某种健康需要,例如,植物甾醇可以降低血液胆固醇。然而,这些食品组分或物质中的很多明显属于食品添加剂的分类,需要采取的措施是将它们从人们对食品添加剂的不良印象中分离开来。

一些传统术语已出现模糊。值得注意的是,近年来这些术语已被广泛接受,如功能性食品和功能性食品配料是指常规食品含有更多大量与健康相关的食品组分的食品或配料。由于这些术语的应用,结果使得原来它们作为传统食品添加剂功能的功能性目的和功能性食品配料的作用被减少了,因此需要寻找新的替代术语。

然而,许多食品添加剂中的天然组分以及正在增加的新组分的商业化都来源于天然资源。本章主要讲述用于食品的天然及合成物质以及对它们功能性的整体评价。对于具体食品组分的化学性质的进一步讨论可参阅本书的相应章节,例如,关于有时用作食品添加剂的天然物质的讨论详见 4.11.4、第 8~11 章以及第 13 章。

12.2 酸类

12.2.1 一般属性

有机酸和无机酸都广泛地存在于天然食品系统中,它们扮演着自代谢中间产物至缓冲系统组分的各种角色。人们为了多种目的,把酸用于食品和食品加工中,以发挥它们众多天然作用中一些有益作用。酸类在食品中的一个最重要的功能就是参与缓冲系统,这将在后面讨论。在随后的几节中,我们也将讨论化学膨松系统中的酸和酸式盐、用于食品保藏的特殊的酸性微生物抑制剂(如山梨酸钾、苯甲酸)的作用以及作为螯合剂使用的酸类。在果胶胶凝中,酸起重要作用(详见第3章),酸类还能用作消泡剂和乳化剂,在干酪和发酵乳制品(如酸性稀奶油)的制备过程中,它们可促使乳蛋白凝结(详见第5章和第14章)。在天然培养过程中,由于链球菌和乳杆菌产生的乳酸(CH_3—CHOH—COOH)使体系的pH降至接近酪蛋白的等电点,从而引起凝聚。在干酪生产中,人们向冷牛乳(4~8℃)添加凝乳酶和酸化剂,如柠檬酸和盐酸,随后,加热牛乳至35℃以产生均匀的凝胶结构。如把酸加入热牛乳中,则使蛋白质沉淀而不是形成凝胶。

葡萄糖醛酸内酯是葡萄糖通过发酵过程制备而得,由于葡萄糖酸内酯在含水体系中缓慢水解成葡萄糖酸(图12.1),所以,它也可作为酸乳制品和化学膨松体系中的缓慢酸化剂。乳酸脱水生成丙交酯(一个环状的二内酯,图12.2),也可用作水溶液系统中的酸缓慢释放剂。在水分活度较低和温度较高时,上述脱水反应才能发生。在水高分活度食品中加入丙交酯,会发生逆反应过程,生成2个乳酸分子。

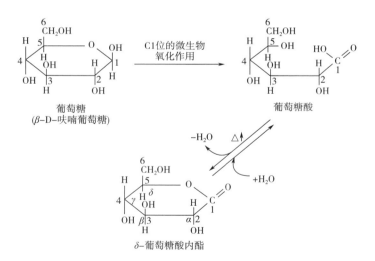

图12.1 葡萄糖醛酸内酯发酵制备过程

葡萄糖通过发酵氧化生成葡萄糖酸,接着通过热脱水形成δ-葡萄糖酸内脂的反应;随后是与δ-葡萄糖酸内脂相关的逆反应,水作为介质缓慢释放出酸,使食品酸化。

把酸(如柠檬酸)加于某些中等酸性的水果和蔬菜中,使pH降至低于4.5,这样,罐装食品可使用比低酸性食品更为缓和的热杀菌条件。此外,加入酸还能预防有害微生物(例如,肉毒梭状芽孢杆菌)的生长。

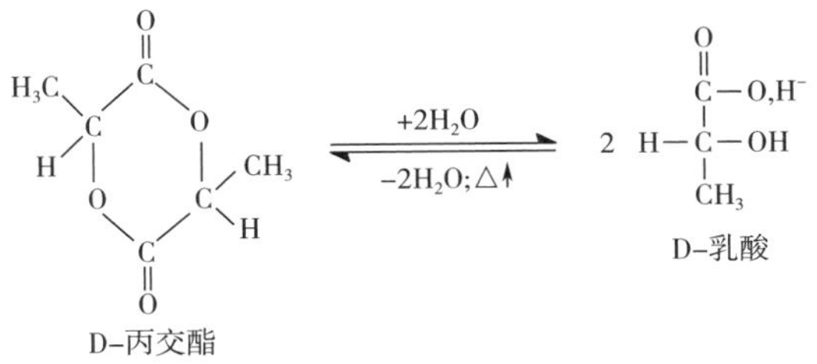

酸类(如酒石酸氢钾)被用于翻糖和软糖的制造,使蔗糖有限度地发生水解(转化)(详见第 3 章)。蔗糖经转化生成果糖和葡萄糖,从而防止蔗糖晶体的过量生长,使糖的质地得到改善。由于单糖的形成使糖浆组成复杂化以及使糖浆的水分活度及相对平衡湿度降低,从而抑制了蔗糖结晶。

图 12.2　丙交酯水解生成乳酸的平衡反应

酸类对食品的其中一个重要作用是产生酸味[22](详见第 11 章)。酸也能改善和强化其他风味物质所产生的味感。氢离子或水合氢离子(H_3O^+)赋予酸味感。此外,游离的短链脂肪酸(C_2-C_{12})还对食品芳香有显著影响。例如,乙酸赋予醋以芳香和滋味;而高浓度的丁酸产生强烈的乳制品酸败风味,但它在较低浓度时,则赋予食品典型风味,如干酪和黄油的。

在为特殊目的选择酸时,酸对食品 pH 的影响也是值得考虑的重要因素,这在很大程度上受控于水溶液体系中酸功能基团的解离度。表 12.1 所示为一些食品用酸的解离常数[59]。食品中常用的有机酸有:乙酸(CH_3COOH)、乳酸($CH_3—CHOH—COOH$)、柠檬酸[$HOOC—CH_2—COH(COOH)—CH_2—COOH$]、苹果酸($HOOC—CHOH—CH_2—COOH$)、富马酸($HOOC—CH = CH—COOH$)、琥珀酸($HOOC—CH_2—CH_2—COOH$)和酒石酸($HOOC—CHOH—CHOH—COOH$)。磷酸($H_3PO_4$)是食品酸味剂中应用最广泛的无机酸,特别是可乐和果汁汽水。

表 12.1　　　　　　　　　一些使用于食品的酸在 25℃时的解离常数

酸	等级	pK_a	酸	等级	pK_a
有机酸			苹果酸	1	3.40
乙酸		4.75		2	5.10
己二酸	1	4.43	丙酸		4.87
	2	5.41	琥珀酸	1	4.16
苯甲酸		4.19		2	5.61
n-丁酸		4.81	酒石酸	1	3.22
柠檬酸	1	3.14		2	4.82
	2	4.77	**无机酸**		
	3	6.39	碳酸	1	6.37
甲酸		3.75		2	10.25
富马酸	1	3.03	磷酸	1	2.12
	2	4.44		2	7.21
己酸		4.88		3	12.67
乳酸		3.08	硫酸	2	1.92

资料来源:Weast, R. C. (ed). (1988). *Handbook of Chemistry and Physics*, CRC Press, Boca Raton, FL, pp. D161-D163.

无机强酸(如盐酸和硫酸),对普通食品的酸化通常来说解离度太高,而且它们的直接加入也会引起食品的质量问题。但是,高解离度的无机酸在一些中间配料的加工中也是很有用并且很经济,例如蛋白水解物。硫酸氢钠(NaHSO$_4$)或者半中和的硫磺酸可作为另一种选择,近来已近被美国认可为一般认为安全(GRAS)。硫酸氢钠是颗粒或粉末状的,它的 pK_a 使它具有类似磷酸的酸化特性。

12.2.2　化学膨松剂

化学膨松剂由一些化合物混合而成,在适当的水分和温度条件下,这些化合物在面团或面糊中发生反应并释放出气体。焙烤时,它们释放的气体与面团或面糊中的空气和水蒸气一起膨胀,而使最终产品具有蜂窝状的多孔结构。在自发面粉、调制好的焙烤混合物、家用和商用发粉和冷藏面团制品中都使用了化学膨松剂[25]。

二氧化碳是当前的化学膨松剂所产生的唯一气体,它是由碳酸盐或碳酸氢盐产生的。虽然,有时饼干中也使用碳酸铵[(NH$_4$)$_2$CO$_3$]和碳酸氢铵(NH$_4$HCO$_3$),但碳酸氢钠(NaHCO$_3$)还是最常用的膨松盐。与碳酸氢钠相同,上述两个铵盐在焙烤温度都发生分解,因此,并不需要另外再加酸。在低钠的饮食中,曾把碳酸氢钾(KHCO$_3$)用作膨松剂的一个组分,但因为具有吸湿性和略带苦味,使它的应用受到限制。

碳酸氢钠易溶于水(619g/100mL),并完全离子化[式(12.1)~式(12.3)]。

$$NaHCO_3 \rightleftharpoons Na^+ + HCO_3^- \tag{12.1}$$

$$HCO_3^- + H_2O \rightleftharpoons H_2CO_3 + OH^- \tag{12.2}$$

$$HCO_3^- \rightleftharpoons CO_3^{2-} + H^+ \tag{12.3}$$

当然,这些反应仅发生在简单水溶液中。在面团中,由于蛋白质和其他天然存在的离子也参与上述反应,因此,离子的分布变得更为复杂。在主要由膨松剂中的酸产生,部分由面团产生的氢离子存在条件下,碳酸氢钠反应生成二氧化碳[式(12.4),一种羧酸盐]。酸必须与碳酸氢钠达到适当的平衡,因为过量的碳酸氢钠使焙烤制品具有肥皂味,而过量的酸则产生酸味,有时还有苦味。膨松剂中酸的中和能力并不相同,一种酸的相对活性是由它的中和值所决定的。中和值是指中和100份质量膨松酸所需的碳酸氢钠的质量份数[53]。然而,在天然面粉配料存在时,使焙烤制品保持中性或合适 pH 的酸量可能与简单系统中的理论值很不相同。在确定膨松剂初始配方时,中和值是有用的。恰当平衡的膨松过程所残留下来的盐类有助于最终产品 pH 的稳定。

$$R-COO^-, H^+ + NaHCO_3 \rightleftharpoons R-COO^-, Na^+ + H_2O + CO_2 \uparrow \tag{12.4}$$

很难将膨松酸看作通常意义上的酸,尽管它们确实提供氢离子以产生二氧化碳。磷酸盐和酒石酸氢钾是酸被部分中和而产生的金属盐,而硫酸铝钠可与水作用产生硫酸[式(12.5)]。如前所述,δ-葡萄糖酸内酯是一个分子内的酯(内酯),在含水体系中,它可缓慢产生葡萄糖酸。

$$Na_2SO_4 \cdot Al_2(SO_4)_3 + 6H_2O \rightarrow Na_2SO_4 + 2Al(OH)_3 + 3H_2SO_4 \tag{12.5}$$

在室温下,膨松酸的水溶性通常有限,而其中有的膨松酸比另一些更不易溶。这种溶解度或有效性的差别造成室温下二氧化碳释放初速度的不同,这也是膨松酸按该速度分类的依据。例如,当膨松酸为中等易溶时,很快产生二氧化碳,它就称为快速作用酸。相反,如果膨松酸溶解的很慢,那么它就是缓慢作用酸。通常,膨松酸在焙烤前先释放出部分二氧化碳,在焙烤受热时,释放出其余的二氧化碳。

快速作用的一水合磷酸二氢钙 $[Ca(H_2PO_4)_2 \cdot H_2O]$ 及缓慢作用的 $1-3-8$ 磷酸铝钠 $[NaH_{14}Al_3(PO_4)_8 \cdot 4H_2O]$ 在 27℃ 产生二氧化碳的通式见图 12.3[53]。超过 60% 的二氧化碳是由较易溶的一水合磷酸二氢钙很快反应释放出,而仅有 20% 的二氧化碳是由作用缓慢的 $1-3-8$ 磷酸铝钠在 10min 的反应过程中产生。因为水合氧化铝的覆盖,除非加热活化,磷酸铝钠 $1-3-8$ 仅有小部分发生反应。图 12.3 还表明,在低温时,NaHCO₃ 与其包覆在其外表的无水磷酸二氢钙 $[Ca(H_2PO_4)_2]$ 作用产生二氧化碳的方式。这种膨松酸的晶体可被略溶于水的磷酸碱金属盐包覆,由于水穿透包覆层需要时间,所以,二氧化碳可在 10min 的反应期间渐渐放出。对于某些在焙烤前需要放置的产品,膨松剂的这种性质非常适合。

焙烤时,膨松剂释放出剩余的二氧化碳,并最终改变了产品的质构。在大多数膨松系统中,随温度升高,二氧化碳的产生速度大大加快。提高温度对作用缓慢的焦磷酸二氢钠 $[Na_2H_2P_2O_7]$ 产生 CO_2 速度的影响如图 12.4 所示。即使温度提高很少(27~30℃),气体产生的速度也有明显增加。当温度接近 60℃ 时,全部二氧化碳在 1 min 内释放殆尽。某些膨松酸对高温不很敏感,只有当温度升至接近焙烤温度时,它们才有很强的活性。在室

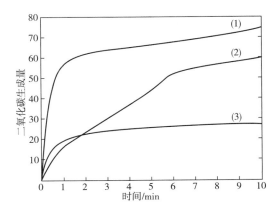

图 12.3　27℃时,NaHCO₃ 与下列各种物质反应生成二氧化碳 (1) $Ca(H_2PO_4)_2 \cdot H_2O$,(2)包埋的无水磷酸二氢钙,(3)1-3-8 磷酸铝钠

资料来源:Stahl, J. E. and R. H. Ellinger (1971). In *Symposium*: *Phosphates in Food Processing* (J. M. Deman and P. Melnychyn, eds.), AVI Publishing Co., Westport, CO, pp. 194-212.

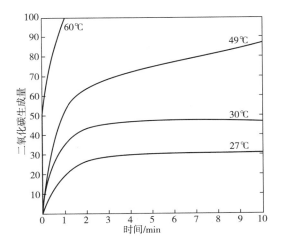

图 12.4　温度对 NaHCO₃ 和作用缓慢的酸式焦磷酸盐反应产生二氧化碳速度的影响

资料来源:Stahl, J. E. and Ellinger, R. H., The use of phosphates in baking industry, In *Symposium*: *Phosphates in Food Processing*, Deman, J. M. and Melnychyn, P. eds., AVI Publishing Co., Westport, CT, 1971, p. 201.

温下,磷酸氢钙($CaHPO_4$)并不参与反应,因为它在此温度下形成略偏碱性溶液。然而,当温度升至高于60℃时,氢离子产生,从而活化了膨松过程。这种缓慢作用,使它只能作用于长时间焙烤的产品中,如某些蛋糕。配方中使用一种或几种膨松酸很常见,特定的面团或面糊也常用特定的膨松剂。

目前使用的膨松酸包括酒石酸氢钾、硫酸铝钠、δ-葡萄酸内酯、正磷酸盐和焦磷酸盐。磷酸盐包括磷酸钙、磷酸铝钠、酸式焦磷酸钠。表12.2所示为常用膨松酸的一些一般性质。但必须指出,这些仅是例子而已,已采用许多技术来改进和控制磷酸盐膨松酸的性质[53]。

表 12.2 　　　　　　　　　　　　常用膨松酸的一些性质

酸	分子式	中和值①	室温下的相对反应速度②
硫酸铝钠	$Na_2SO_4 \cdot Al_2(SO_4)_3$	100	慢
二水合磷酸氢钙	$CaHPO_4 \cdot 2H_2O$	33	无
一水合磷酸二氢钙	$Ca(H_2PO_4)_2 \cdot H_2O$	80	快
1-3-8 磷酸铝钠	$NaH_{14}Al_3(PO_4)_8 \cdot 4H_2O$	100	慢
焦磷酸氢钠(慢型)	$Na_2H_2P_2O_7$	72	慢
酒石酸氢钾	$KHC_4H_4O_6$	50	中等
δ-葡萄酸内酯	$C_6H_{10}O_6$	55	慢

①在简单的模拟系统中,中和100份质量膨松酸所需 $NaHCO_3$ 的质量份数。

②在 $NaHCO_3$ 存在时,二氧化碳的释放速度。

资料来源:Stahl, J. E. and Ellinger, R. H. , The use of phosphates in baking industry, In *Symposium*: *Phosphates in Food Processing*, Deman, J. M. and Melnychyn, P. eds. , AVI Publishing Co. , Westport, CT, 1971, pp. 194-212.

以化学膨松剂作为主要成分的发酵粉在家庭和焙烤工业中都得到使用。发酵粉由碳酸氢钠、合适的膨松酸、淀粉及其他填充剂混合制得。联邦法规规定,在发酵粉的配方中,至少要有可生成12%(以质量计)二氧化碳的成分,而大部分发酵粉含26%~30%质量的碳酸氢钠。传统的酒石酸氢钾发酵粉已在很大程度上被双重作用二发粉所取代。除 $NaHCO_3$ 和淀粉外,通常发酵粉包括一水合磷酸二氢钙[$Ca(H_2PO_4)_2 \cdot H_2O$]和硫酸铝钠[$Na_2SO_4 \cdot Al_2(SO_4)_3$];一水合磷酸二氢钙在混合阶段就快速作用,而硫酸铝钠则在焙烤温度上升时才起作用。

方便食品的与日俱增刺激了预制的焙烤混合粉和冷藏面团的销售。在白蛋糕和黄蛋糕预混合粉中,用得最多的膨松酸包括无水磷酸二氢钙[$Ca(H_2PO_4)_2$]和焦磷酸铝钠[$NaH_{14}Al_3(PO_4)_8 \cdot 4H_2O$];巧克力蛋糕混合粉常含无水磷酸二氢钙和酸式焦磷酸钠($Na_2H_2P_2O_7$)[53]。典型的膨松酸混合物包含10%~20%快速作用的无水磷酸盐,80%~90%作用缓慢的磷酸铝钠或酸式焦磷酸钠。在预制饼干混合粉中,膨松酸常含30%~50%无水磷酸二氢钙和50%~70%的磷酸铝钠或酸式焦磷酸钠。最早的自发粉和玉米混合粉含有一水合磷酸二氢钙[$Ca(H_2PO_4)_2 \cdot H_2O$],而现在则采用包埋的无水磷酸二氢钙和磷酸铝钠[53]。

用于制作饼干和面包卷的冷藏面团在调制和包装时只释出有限的二氧化碳,但在焙烤时则需释放出大量气体。用于制作饼干的冷藏面团配方常含总质量 1.0%~1.5% 的碳酸氢钠和 1.4%~2.0% 缓慢作用的膨松酸,如包埋的磷酸二氢钙和酸式焦磷酸钠。焦磷酸酶在面团中很有用,这是因为它们范围宽广的活性。例如,面粉的焦磷酸酶可把酸式焦磷酸钠水解成正磷酸(图 12.5)。焦磷酸盐与碳酸氢钠反应生成焦磷酸一氢三钠,这个化合物也可被焦磷酸酶水解成正磷酸。这个酶反应产生的气体有助于冷藏面团的密封包装,但该反应还会引起正磷酸盐的大颗粒结晶,而消费者很容易把它们误认为碎玻璃。

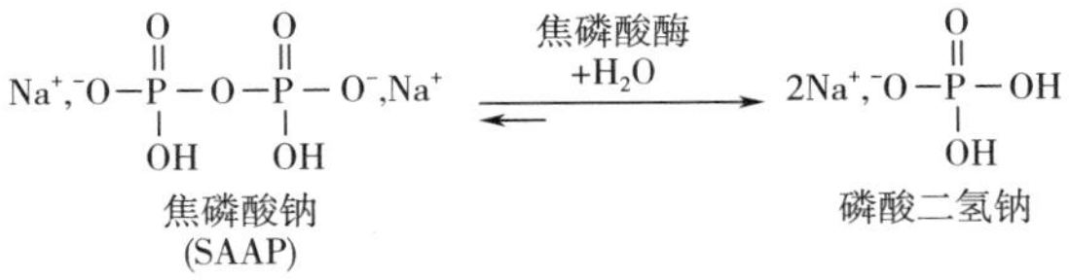

图 12.5 酸式焦磷酸钠的酶催化水解

12.3 碱类

碱性物质在食品及其加工中正得到广泛使用。它们主要用于调节 pH 和参与缓冲,其他功能包括:产生二氧化碳、强化色泽和风味、增溶蛋白质和化学去皮。在 12.2 中我们已经讨论了碳酸盐和碳酸氢盐在焙烤中产生二氧化碳方面所起的作用。

用碱处理某些食品的目的是改善色泽和风味。用 0.25%~2.0% 的氢氧化钠溶液处理成熟的橄榄可以脱去大部分苦味物质,并可加深色泽。椒盐脆饼在焙烤前浸没在 87~88℃ 的 1.25% 氢氧化钠溶液中,使蛋白质和淀粉发生改变,焙烤后它们的表面显得光滑并有深棕色的色泽。在制备玉米粥和玉米圆饼面团时,采用氢氧化钠处理能断开对碱不稳定的二硫键并改善风味。人们还用碱处理溶出大豆蛋白质;同时,发现碱处理会引起氨基酸的外消旋化(详见第 5 章)以及其他营养素的损失。制造花生糖时,也使用少量的碳酸氢钠以强化焦糖化和褐变,并通过二氧化碳的释放使结构含有一些孔隙。碱类(通常是碳酸钾)还用于深色巧克力(荷兰式)的可可加工中[41]。提高 pH 有利于糖-氨基褐变和类黄酮的聚合作用(详见第 9 章),从而巧克力既不很酸也不很苦,风味更加圆润;同时,还使产品色泽加深及溶解性有所提高。

有时,食品体系需调整至较高的 pH 以取得更稳定和更理想的特性。例如,在干酪加工中,以干酪质量的 1.5%~3.0% 加入碱金属盐(如磷酸氢二钠、磷酸三钠和柠檬酸三钠),使 pH 从 5.7 提高至 6.3,蛋白质(酪蛋白)因而得以分散。这种盐-蛋白质的相互作用改善了干酪蛋白质的乳化和结合水的能力[48],这是因为盐与酪蛋白胶束上的钙相结合,形成螯合物。

将含预糊化淀粉的干燥混合物与冷牛乳混合后,在冰箱中放置一段时间即可制成通常的速食乳凝胶布丁。当牛乳中的钙离子存在时,碱性盐(如焦磷酸四钠 $Na_4P_2O_7$ 和磷酸氢二钠 Na_2HPO_4)可使牛乳蛋白质形成凝胶而与预糊化淀粉结合。布丁的最佳 pH 为 7.5~8.0。

碱性磷酸盐提供了部分碱性,但通常还需添加其他碱性剂[13]。

由于磷酸盐和柠檬酸盐可与来自酪蛋白的钙和镁离子形成络合物,所以,牛乳的盐平衡会因它们的添加而改变,其机制尚未完全清楚,但随加入盐类的品种和浓度不同,乳中蛋白质系统可发生稳定化作用、胶凝作用和去稳定化作用。

例如,在酸性奶油此类食品中,碱性剂被用来中和过量的酸。由于稀奶油经乳酸菌发酵,所以,在搅乳前常有大约 0.75% 的滴定酸度(以乳酸计)。加入碱性剂使它的滴定酸度降至约 0.25%,酸度的降低可提高搅乳效率,并阻滞氧化异味的产生。用于食品的中和剂包括碳酸氢钠($NaHCO_3$)、碳酸钠(Na_2CO_3)、碳酸镁($MgCO_3$)、氧化镁(MgO)、氢氧化钙[$Ca(OH)_2$]和氢氧化钠($NaOH$),它们既可单独,也可混合使用。影响碱性剂选择的因素包括溶解性、碱的强度以及因释放出二氧化碳而引起的泡沫等。碱或碱性剂的过量使用会产生肥皂般的风味,特别在有相当多数量的脂肪酸存在时更是如此。

强碱被用于各种水果和蔬菜的去皮,把果蔬浸于 60~82℃ 的氢氧化钠溶液(约 3%)中,然后轻轻磨擦去皮。与其他传统的去皮工艺比较,用碱去皮可大大减少工厂废水。碱对细胞和组织成分不同程度的增溶作用(中间层的果胶特别易溶)是碱法去皮的依据。

12.4 缓冲系统和盐类

12.4.1 食品中的缓冲系统和 pH 控制

由于大部分食品是生物来源的复杂物质,它们本身含有很多参与 pH 控制和缓冲系统的物质,蛋白质、有机酸和弱无机酸磷酸盐都属于这类物质。在动物组织中,乳酸、磷酸盐和蛋白质对 pH 控制很重要,而多元羧酸、磷酸盐和蛋白质对植物组织极为重要。我们在第 5 章中讨论过氨基酸和蛋白质的缓冲效果以及盐类和 pH 对它们的功能性的影响。植物的缓冲系统常含有柠檬酸(柠檬、番茄和大黄)、苹果酸(苹果、番茄和叶用莴苣)、草酸(大黄和叶用莴苣)和酒石酸(葡萄和菠萝),这些酸与磷酸盐一起保持 pH 的控制。牛乳含有二氧化碳、蛋白质、磷酸盐、柠檬酸和一些其他少量的组分,所以,它是个复杂的缓冲系统。

在必需改变 pH 的情况下,理想的方法是通过缓冲系统把 pH 稳定在所需的值。此目的在干酪和腌菜发酵过程中产生乳酸时,就已自然地达到。另外,在某些食品和饮料中使用了相当数量的酸,当然,人们希望降低酸味的尖锐度而使产品风味较为圆润,同时,又不产生中和味(肥皂味)。通常,以弱有机酸盐为主的缓冲系统可以做到这一点。在这些系统中,控制 pH 的基础是同离子效应,这种系统由原先存在的弱酸和加入的盐组成,这些盐具有与弱酸相同的离子。加入的盐立即离子化,抑制了酸的离子化,从而稳定了 pH。缓冲系统的有效性取决于缓冲物质的浓度。由于未离解的酸和离解的盐的存在,所以,缓冲系统可以阻止 pH 的改变。例如,把量较多的强酸(如盐酸)加入乙酸-乙酸钠系统中,氢离子会与乙酸根离子作用,从而增加了不易离子化的乙酸浓度,这样,pH 能够保持相对稳定。同样,加入氢氧化钠产生氢氧根离子,它们与氢离子形成不易离解的水分子。

缓冲系统的滴定及随后得到的滴定曲线(即 pH 对加入的碱液体积作图)也可说明缓冲系统对 pH 改变的抵抗。如果用碱滴定弱酸缓冲系统,pH 会逐渐而稳定地增加,若系统接近中和,每毫升碱导致 pH 的改变较小。在滴定开始时,弱酸仅略有离解。然而,氢氧根离子的增加使平衡移至化合物处在离解状态,则导致缓冲能力的最终消失。

一般而言,酸(HA)与离子(H⁺)和(A⁻)的平衡如式(12.6)。

$$HA \rightleftharpoons H^+ + A^-$$ (12.6)

$$K_{a1} = \frac{[H^+][A^-]}{[HA]}$$ (12.7)

K_{a1} 为表观解离常数(式 12.7),对于特定的酸,其数值具有特定性。当阴离子浓度[A⁻]等于未离解的酸浓度[HA]时,表观离解常数 K_{a1} 等于氢离子浓度[H⁺]。此时,滴定曲线产生一个拐点,与这点相对应的 pH 称为酸的 pK_{a1}。因而,对弱酸而言,当酸的浓度与共轭碱相等时,pH 等于 pK_{a1}(式 12.8):

$$pH = pK_{a1} = -\log_{10}[H^+]$$ (12.8)

当某种酸的 pK_{a1} 已经确定,一种计算缓冲混合物大致 pH 的简便方法可如式(12.11)所示。先解式(12.7)求[H⁺],可得式(12.9)。

$$[H^+] = K_{a1}\frac{[HA]}{[A^-]} = K_{a1}\frac{[酸]}{[盐]}$$ (12.9)

由于溶液中的盐几乎完全溶解,因此,可以假设共轭碱的浓度[A⁻]与盐浓度相等。取各项的负对数得式(12.10)。用 pH 代表-log[H⁺],pK_{a1} 代表-logK_{a1},得式(12.11)。任何离解生成 H⁺ 和 A⁻ 的弱酸缓冲系统的 pH 可由式(12.11)计算。

$$-\log[H^+] = -\log K_{a1} - \log\frac{[酸]}{[盐]}$$ (12.10)

$$pH = pK_{a1} + \log\frac{[盐]}{[酸]} = pK_{a1} + \log\frac{[A^-]}{[HA]}$$ (12.11)

在计算缓冲液的 pH 时,必须认识到表观离解常数 K_{a1} 与真实离解常数 K_a 不同。然而,对任何缓冲体系而言,只要溶液的总离子强度保持不变,K_{a1} 就不随 pH 变化而改变。

在食品工业中,常用葡萄糖酸、乙酸、柠檬酸和磷酸的钠盐来控制 pH 和调整酸味。调整酸味时,常优先使用柠檬酸,而不用磷酸盐,因为柠檬酸盐的酸味较圆润。如需要低钠产品,则可用钾盐缓冲体系代替钠盐。一般不采用钙盐形式,这是因为钙盐溶解度小,且不能与系统中其他组分共存。柠檬酸-柠檬酸钠的有效缓冲范围为 pH2.1~4.7,乙酸-乙酸钠为 pH3.6~5.6,三种正磷酸和焦磷酸阴离子缓冲系统的有效缓冲范围分别为 pH2.0~3.0、5.5~7.5 和 10~12。

12.4.2　乳品加工中的盐类

盐类被广泛地应用于干酪和干酪仿制品的制造,使之具有均匀、光滑的质构。有时,这些添加剂称为乳化盐,这是因为它们有助于脂肪的分散。尽管乳化机制尚未完全搞清楚,但有一点却很肯定,在干酪加工中添加的盐所离解生成的阴离子与副酪蛋白复合物上的钙相结合,并使之脱离副酪蛋白,这就引起干酪蛋白的极性和非极性区域的重排与暴露。同样地,这些盐的阴离子被认为也参与构成蛋白质分子间的离子桥,因而使加工干酪中的脂肪夹杂在一个稳定的基质中[48]。干酪加工中使用的盐包括:磷酸二氢钠、磷酸氢二钠、磷酸三钠、磷酸氢二钾、六偏磷酸钠、焦磷酸钠、焦磷酸三钠、焦磷酸四钠、磷酸铝钠及其他缩聚磷盐、柠檬酸三钠、柠檬酸三钾、酒石酸钠和酒石酸钾钠。

炼乳中加入磷酸三钠等磷酸盐可防止乳脂和水相的分离,加入量随牛乳的来源和季节而变化。采用高温短时法杀菌的炼乳通常在贮藏时形成凝胶。添加聚磷酸盐,如六偏磷酸钠和三聚磷酸钠,可使蛋白质变性和增溶,从而防止凝胶的形成,其机制涉及磷酸盐与钙和镁的结合。

12.4.3 在动物组织中磷酸盐和水结合

添加适当的磷酸盐可提高生肉和熟肉的持水能力[27],磷酸盐被用来进行香肠的加工和火腿腌制,降低家禽和海产品的汁液损失,近来还用于改善预包装新鲜猪肉和牛肉的风味。三聚磷酸钠($Na_5P_3O_{10}$)是加工猪肉、家禽和海产食品中最常用的磷酸盐,它们常与六偏磷酸钠[$(NaPO_3)_n$,$n = 10 \sim 15$]混合使用以增加对钙离子的容限;而钙离子则存在于腌肉所用的盐水中。若腌渍用盐水中含有相当多的钙,常会使正磷酸盐与焦磷酸盐沉淀。

尽管进行了大量研究,但碱金属的磷酸盐和聚磷酸盐增强肉的水合作用的机制仍不清楚。这种作用涉及 pH 改变的影响(详见第 15 章)、离子强度的作用以及磷酸盐阴离子与二价阳离子和肌原纤维蛋白质间相互作用。很多学者认为聚磷酸盐的主要功能是与钙络合,从而使组织结构松弛。人们还认为在聚磷酸阴离子与蛋白质结合的同时,肌动蛋白和肌球蛋白间的交联断裂,从而造成肽链间的静电排斥,而使肌肉系统发生肿胀。如果外部存在着水分,它们就会被吸收并固定在松弛了的蛋白质网络中。此外,由于离子强度的增加,蛋白质之间的相互作用或许可降低至使部分肌原纤维蛋白质形成胶体溶液。在碎肉制品和香肠中,添加氯化钠(2.5% ~ 4.0%)和聚磷酸盐(0.35% ~ 0.5%)能使乳状液较为稳定,也使烹饪后的蛋白质凝结成紧密的网络。

用聚磷酸盐(6% ~ 12%的溶液,0.35% ~ 0.5%保留量)浸渍鱼片、贝类和禽类时,如果磷酸盐产生的增溶作用主要发生在组织的表面,那么烹饪时,在表面上就会形成一层凝结的蛋白质,从而改善了水分的保持[38]。

12.5 螯合剂

螯合剂对稳定食品起着显著作用,它们与重金属离子和碱土金属离子形成络合物,从而改变离子的性质以及它们对食品的影响。食品工业使用的很多螯合剂是天然物质,如多元羧酸(柠檬酸、苹果酸、酒石酸、草酸和琥珀酸)、聚磷酸(三磷酸腺苷和焦磷酸盐)和一些大分子(卟啉和蛋白质)。很多金属以天然的螯合状态存在,这些实例包括:叶绿素中的镁;各种酶中的铜、锌和镁;蛋白质中的铁(如铁蛋白);肌红蛋白和血红蛋白的卟啉环中的铁。当水解反应或其他降解反应发生并释放出这些离子时,它们很易参与造成脱色、氧化、酸败、浑浊和改变食品风味的各种反应。添加于食品中的螯合剂可与这些金属离子形成络合物,从而稳定了食品。

任何有一未共享电子对的分子或离子可与金属离子配合生成金属离子络合物。所以,含两个或更多的官能团(如—OH,—SH,—COOH,—PO$_3$H$_2$,—C $=$ O,—NR$_2$,—S—和—O—)的化合物,如果彼此的几何关系适当,又有合适的物理环境,就能与金属螯合。食品中使用的最多的螯合剂有柠檬酸及其衍生物、各种磷酸盐和乙二胺四乙酸盐(EDTA)。通常,螯合剂(配位体)与金属离子形成五元环或六元环的能力对稳定的螯合作用是很重要的。例如,EDTA与铜离子的螯合物相当稳定,这是因为配位作用先由其氮原子上的电子对和四个羧基中的两个阴离子型氧原子的自由电子对参与(图12.6)。铜离子–EDTA络合物的空间构型使其余两个羧基的阴离子型氧原子的自由电子对能与铜发生额外的配位作用,由于全部六个供电子基团都得到利用,这个络合物极为稳定。

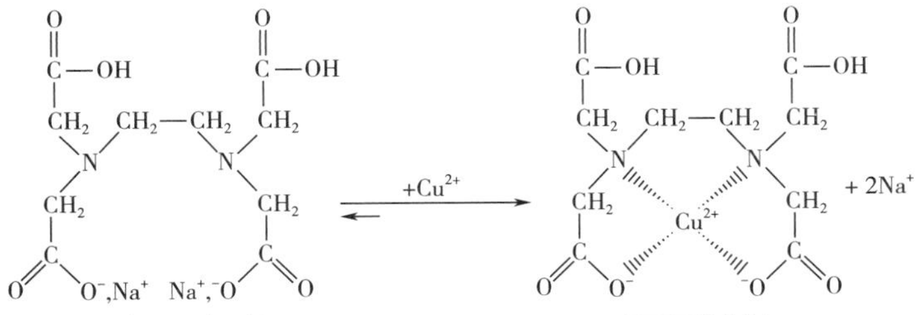

图12.6 EDTA二钠与铜离子(脂肪氧化催化)的螯合示意图

除了空间位置和电子分布这两个因素,诸如pH这样的因素也影响稳定的螯合物的形成。非离子化的羧酸基团不是一个有效的供电子基团,但羧酸盐离子则能有效地提供电子。pH升高可使羧基离解,因而提高螯合效率。在有些情况下,羟基离子竞争金属离子,因而降低了螯合剂的有效性。在溶液中,金属离子以水合络合物(金属·H$_2$O^{M+})形式存在,这些络合物解离产生金属离子的速度影响它们与螯合剂络合的速度。螯合剂对不同离子的相对吸引可根据稳定常数或平衡常数($K=$[金属·螯合剂]/[金属离子][螯合剂])确定(详见第9章)。例如,钙与EDTA的稳定常数(表示为log$K$)是10.7,与焦磷酸盐为5.0,与柠檬酸为3.5[20]。随稳定常数K增加,被络合的金属离子就越多,以非结合的阳离子形式存在的金属就越少(即络合物中的金属结合得更紧密)。

抗氧化剂通过中止链反应或者作为氧的清除剂抑制氧化,在这个意义上螯合剂不是抗氧化剂。然而,由于它们的确可以除去催化氧化反应的金属离子,所以,它们是有效的抗氧剂增效剂(详见第4章)。为了利用这种抗氧化剂增效剂作用而选择螯合剂时,必须考虑它们的溶解性。柠檬酸和柠檬酸脂的丙二醇溶液(20~200mg/L)可溶于油和脂,因而是全脂体系的有效增效剂。除此以外,Na$_2$EDTA和Na$_2$Ca-EDTA的溶解性有限,因而在纯脂体系中不能有效地起作用。然而,在乳化体系中,如色拉调味料、蛋黄酱和人造奶油等,EDTA盐(至500mg/L)却是有效的抗氧化剂,这是因为它们能在水相中起作用,尤其是在水油界面。

在罐装海产品中,使用聚磷酸盐和EDTA以防止鸟粪石或磷酸铵镁MgNH$_4$PO$_4$·6H$_2$O玻璃状结晶的生成。海产品含有相当数量的镁离子,在海产品贮藏过程中有时会与磷酸铵反应产生晶体,可能被误以为玻璃污染物。螯合剂螯合镁以减少鸟粪石的形成。螯合剂还能与海产品中的铁、铜和锌络合,从而防止产品发生变色反应,特别是防止了这些离子与硫化物的反应。在蔬菜热烫前加入的螯合剂可抑制金属产生的变色反应;螯合剂还可脱去细胞壁果胶物质中的钙,因而增加蔬菜的嫩度。

在软饮料中,尽管柠檬酸和磷酸是作为酸味剂使用的,但它们也能螯合金属离子,否则这些金属离子会促使风味化合物(如萜烯类)氧化并催化变色反应。螯合剂与铜的络合有助于发酵麦芽饮料的稳定。游离的铜离子能催化多酚类化合物的氧化,氧化产物常与蛋白质作用而形成持久性浑浊。

某些试剂所具有的极为有效的螯合性已引起人们的关注,尤其是合成的 EDTA 及天然植酸(六磷酸肌醇),这是因为在食品中过量地使用或存在螯合剂会造成体内钙和其他阳离子型矿物质的缺乏。为此,已有法规规定它们的使用范围和数量。在某些场合,通过使用 EDTA 的 Na_2Ca 盐以增加食品中的钙,而不采用 EDTA 的全钠盐(如 NaEDTA,Na_2EDTA,Na_3EDTA 和 Na_4EDTA)或酸形式的 EDTA。然而,考虑到食品中天然存在的钙和其他二价阳离子的浓度,显然很少再有人关注上述螯合剂的允许添加量和存在量。

12.6 抗氧化剂

当原子或原子基团失去电子时,发生氧化反应。与此同时,若另一个原子或原子基团得到电子,则发生相应的还原反应。氧化反应可能涉及或不涉及氧原子加成到被氧化的物质上或从被氧化的物质上去除氢原子。氧化-还原反应在生物体系中较为常见,在食品中也是如此。虽然有些氧化反应对食品有益,但另一些却产生有害的影响,如脂类(详见第4章)、维生素(详见第8章)和色素(详见第10章)的降解,造成营养价值的下降以及异味的产生。通常采用一些能排除氧气或添加适当的化学试剂的加工方法和包装工艺以控制食品中发生不期望的氧化反应。

在建立控制自由基引起的脂类氧化的特殊化学工艺以前,不论氧化反应的机制如何,"抗氧化剂"这个词代表了可抑制氧化反应的所有物质。例如,抗坏血酸也被认为是抗氧化剂,人们用它来防止在切开的果蔬表面发生的酶促褐变(详见第6章)。在这类应用中,抗坏血酸在其中起了还原剂的作用,它把氢原子转移回由酚类化合物在酶作用下氧化产生的醌类化合物。在密闭系统中,抗坏血酸很容易与氧作用,因而可用作氧气清除剂。与此类似,食品体系中亚硫酸盐很容易被氧化成磺酸盐和硫酸盐,因而在干果一类食品中,它们的作用犹如抗氧化剂(详见 12.7.1)。最常用的食品抗氧化剂是酚类化合物。近来,"食品抗氧化剂"这个术语常被用来表示能中止脂类氧化中的自由基链反应的那些化合物以及能够淬灭单重态氧的化合物,然而,如此使用这个术语显然过于狭义。

各种抗氧化剂在防止食品氧化方面显示不同的效果,将不同的抗氧化剂混合起来使用比单独使用时效果更显著[55]。因此,混合抗氧化剂具有增效作用,其机制尚不完全清楚。例如,有人认为,抗坏血酸可把氢原子供给苯氧自由基从而使酚类抗氧化剂得以再生,而苯氧自由基则是酚类抗氧化剂在脂类链式氧化反应中失去氢原子而产生的。若要在油脂中达到此目的,就必须降低抗坏血酸的极性,从而使它能溶于脂肪。将脂肪酸与抗坏血酸酯化形成如抗坏血酸基棕榈酸酯这样的化合物即可达到这种目的。

过渡态金属离子(特别是铜和铁离子)的存在,通过催化作用促进了脂类的氧化(详见第 4 章和第 9 章)。添加螯合剂(如柠檬酸或 EDTA)常可使这些金属助氧化剂失活(详见12.5)。在这种情况下,可以把螯合剂称为增效剂,因为它们大大地强化了酚类抗氧化剂的作用。然而单独使用时,它们往往不是有效的抗氧化剂。

很多天然物质具有抗氧化能力,其中以生育酚最引人注意并被广泛应用(详见第 4 章)。最近,含有多酚类物质的香辛料抽提物,特别是迷迭香(rosemary)抽提物已被成功地开发成具有商业价值的天然抗氧化剂。天然存在于棉籽中的棉酚也是一种抗氧化剂,但它有毒性。其他天然存在的抗氧化剂还有松柏醇(植物中)、愈创木酯酸和愈创树酯酸(来自愈创树脂)。在结构上,所有这些化合物与现在已批准可在食品中使用的合成酚类抗氧化剂类似,这些酚类抗氧化剂是叔丁基-4-羟基茴香醚(BHA)、2,6-二叔丁基对甲酚(BHT)、棓酸丙酯(PG)和叔丁基醌(TBHQ)(详见第 4 章)。与愈创树脂中某些组分有关的一个化合物——去甲二氢愈创木酸,是一个很有效的抗氧化剂,但因毒性问题,已推迟将它直接用于食品。所有这些酚类化合物都通过共振稳定自由基这样的方式参与反应,从而终止氧化[55],但也有研究工作证实它们是单重态氧的清除剂。另一方面,β-胡萝卜素被认为是比酚类物质更有效的单重态氧清除剂。

硫代二丙酸和硫代二丙酸月桂酯已获准作为食品抗氧化剂,但实际上并未在食品中使用,因而很有可能将它们从许可使用的清单上除去。尽管有人担心硫代二丙酸(酯)中的硫原子会产生异味,但这类事情并没有发生。一个更能使人相信的关于在食品中没有使用硫代二丙酸(酯)的理由是当按照允许的水平(200mg/L)使用时,根据过氧化值测定的数据证实它不能抑制食品中脂类的氧化[32]。硫代二丙酸(酯)的确切作用是作为次级抗氧化剂,在高浓度(>1000mg/L)时,它们能降解在烯烃氧化成较稳定的终产品过程中所形成的氢过氧化物,当它们起着这样的作用时,能稳定合成多烯烃。

虽然按容许的水平使用硫代二丙酸(酯)并不能降低食品的过氧化值,但是它们能有效地分解在脂肪氧化中形成的过酸(图 12.7)[32]。在介导双键氧化成环氧化合物中,过酸是非常有效的酸;当有水存在时,反应中形成的环氧化合物易水解成二醇。当胆固醇参与这些反应时,形成了胆固醇环氧化合物和胆固醇-三醇衍生物,人们普遍地认为这些胆固醇氧化物分别是潜在的诱变和致动脉粥样硬化物质[42]。由于硫代二丙酸(酯)能有效地抑制过酸的积累,因此美国 FDA 仍将它们作为批准的抗氧化剂保留下来。

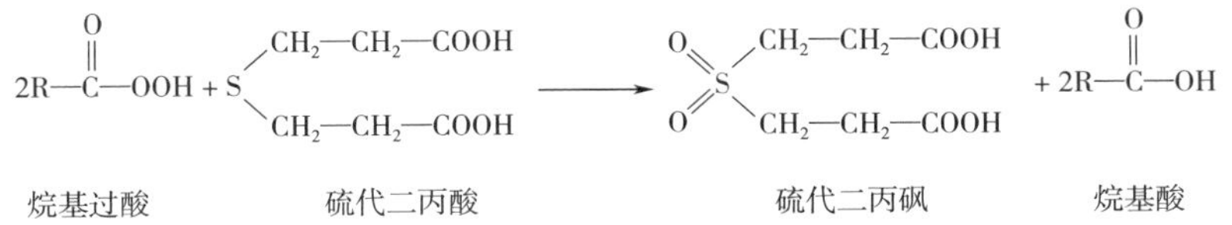

图 12.7 硫化二丙酸降解油脂氧化产物过酸的作用机制

蛋氨酸的化学结构与硫代二丙酸类似(详见第 5 章),根据类似的机制可以解释蛋白质所具有的某些抗氧化剂性质。一分子硫化物(如硫醚)与一分子氢过氧化物作用产生一分子亚砜,与两分子氢过氧化物作用产生一分子砜。

12.7　抗微生物剂

　　具有抗微生物特性的化学防腐剂在防止食品腐败和保证其安全性中起很重要的作用。我们将在下面讨论其中的一部分。

12.7.1　亚硫酸盐和二氧化硫

　　长期以来,二氧化硫(SO_2)和它的衍生物作为普通的防腐剂被使用于食品。将它们加入食品是为了抑制非酶褐变、抑制酶催化反应、抑制和控制微生物及将它们作为一种抗氧化剂和还原剂使用。一般情况下,SO_2和它的衍生物被代谢成硫酸盐后从尿中排出,而不会产生明显的病理结果[60]。然而,最近发现一些敏感的气喘病患者对二氧化硫和它的衍生物具有激烈的反应,因此它们在食品中的使用受到了控制并提出了严格的标签约束。尽管如此,这些防腐剂仍然在当今的食品中起着关键作用。

　　二氧化硫气体、钠、钾或钙的亚硫酸盐(SO_3^{2-})、酸式亚硫酸盐(HSO_3^-)或焦亚硫酸盐($S_2O_5^{2-}$)是被用于食品的常用形式。由于钠和钾的焦磷酸盐在固相时对自动氧化显示良好的稳定性,因此它们是最经常被采用的亚硫酸盐制剂。然而,当固体的浸提产生问题或气体可作为控制 pH 的一种酸时,可采用气态二氧化硫。

　　虽然目前仍然使用这些盐的阴离子的传统名称(亚硫酸盐、亚硫酸氢盐和焦亚硫酸盐),但是国际纯粹化学和应用化学联合会(IUPAC)已给它们指定了如下的名称:S(Ⅳ)氧合阴离子、亚硫酸盐(SO_3^{2-})、氢亚硫酸盐(HSO_3^-)和偏亚硫酸氢盐($S_2O_5^{2-}$)。含氧酸 H_2SO_3 和 $H_2S_2O_5$ 被分别特指为亚硫酸和二亚硫酸[60]。

　　以前普遍持有的在水溶液中存在亚硫酸的观点也稍有改变。较早时认为二氧化硫溶于水时形成了亚硫酸(H_2SO_3),这是因为此酸的盐是简单的硫(Ⅳ)的氧合阴离子的盐。然而,有证据表明,不存在游离的亚硫酸,估计溶解的 SO_2 中低于3%是非离解的。取而代之的是,SO_2 仅与水发生微弱的相互作用,形成一个非离解的络合物,在 pH 低于 2 时,这种形式尤其占优。采用 $SO_2 \cdot H_2O$ 来标记这种复合物,然而,一般并不指出此复合物和亚硫酸的差别[60][式(12.12)]。

　　由于二氧化硫溶液的酸性较为显著,而游离亚硫酸又不存在,因此有人主张强酸 HSO_2 (OH)存在的数量很少,它的离解主要形成亚硫酸氢盐(HSO_3^-)离子而不是 $SO_2(OH)^-$ 离子,据估计后者仅占氢亚硫酸盐(hydrogen sulfite)形式的 2.5%[式(12.13)]。在 pH3~7 范围,HSO_3^- 离子占优势,当 pH 高于 7 时,亚硫酸盐离子(SO_3^{2-})为最多[式(12.14)]。"亚硫酸"一级离解的 pK_a 是 1.86,而二级离解的 pK_a 是 7.18。在稀 HSO_3^-(10^{-2}mol/L)中,很少有焦亚硫酸盐(二亚硫酸盐)离子存在,当 HSO_3^- 的浓度增加时,这部分快速地增加[式(12.15)]。于是,每一种形式的相对比例取决于溶液的 pH、硫(Ⅳ)氧合形式的离子强度和中性盐的浓度[60]。

$$SO_2 + H_2O \rightleftharpoons SO_2 \cdot H_2O \tag{12.12}$$

$$SO_2 \cdot H_2O \Longleftrightarrow HSO_2(OH) \Longleftrightarrow HSO_3^- + H^+ \tag{12.13}$$

$$HSO_3^- \Longleftrightarrow H + SO_3^{2-} \tag{12.14}$$

$$2HSO_3^- \Longleftrightarrow S_2O_5^{2-} + H_2O \tag{12.15}$$

作为一种抗微生物剂,二氧化硫在酸性介质中最为有效,此种效果可能是由于亚硫酸盐的非离解形式能穿透细胞壁所造成。在高 pH 时,已注意到 HSO_3^- 离子是有效的抗细菌剂,但不能抑制酵母。二氧化硫同时起着生物杀伤剂和生物稳定剂的作用,它对细菌比对霉菌和酵母更具有活性;而且,它对革兰阴性菌比对革兰阳性菌更有效。

亚硫酸盐离子的亲核性被认为是二氧化硫作为一种食品防腐剂在微生物和化学应用中产生作用的重要原因[61]。已积累的一些证据表明,硫(Ⅳ)氧合形式与核酸的相互作用导致生物杀伤和生物稳定效应[60]。关于硫(Ⅳ)氧合形式抑制微生物的其他机制包括亚硫酸氢盐与细胞中乙醛的反应,以及酶中必需二硫键的还原和亚硫酸氢盐加成化合物的形成,后者干扰了涉及尼克酰胺二核苷酸的呼吸作用。

在已知的食品非酶褐变抑制剂(详见第 3 章)中,二氧化硫或许最为有效。二氧化硫抑制非酶褐变涉及多种化学反应(图 12.8),但是最重要的一个反应涉及硫(Ⅳ)氧合阴离子(亚硫酸氢盐)与参与褐变的还原糖和其他化合物的羰基之间的反应。于是,这些可逆的亚硫酸氢盐加成化合物通过结合羰基而阻滞了褐变过程。然而,也有人认为此反应除去了类黑精结构中的羰基发色团,对色素产生了漂白效果。硫(Ⅳ)氧合阴离子也能同羟基,尤其是在褐变反应中形成的糖和抗坏血酸中间物的 4-位上的这些羟基,发生不可逆反应,产生磺酸酯。较稳定的磺酸酯衍生物的形成阻滞了整个反应和干扰了产生色素的反应路线[60]。

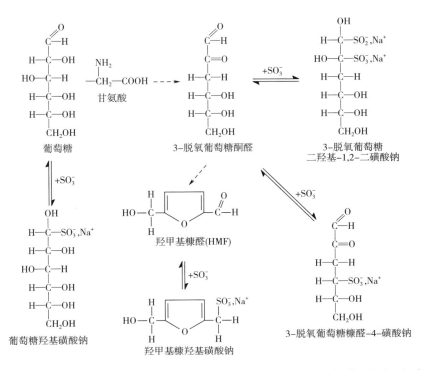

图 12.8　一些硫(Ⅳ)氧合阴离子(亚硫酸氢盐、亚硫酸盐)抑制美拉德(羰-氨)褐变

二氧化硫也抑制了某些酶催化反应,尤其是酶促褐变,这对食品保藏尤其重要。酚类化合物在酶催化下氧化产生褐色素从而使一些新鲜的水果和蔬菜在处理时产生严重的质量问题(详见第6章)。然而,采用喷洒或浸渍亚硫酸盐或焦磷酸盐(含柠檬酸或不含柠檬酸)能有效地控制去皮和片状的马铃薯、胡萝卜和苹果的酶促褐变。

在很多食品体系中,二氧化硫还具有抗氧化剂的功能,但通常并不以此为使用目的。啤酒中添加二氧化硫能明显抑制啤酒在贮藏时产生的氧化风味。当二氧化硫存在时,鲜肉的红色能有效地得以保持。但是,这种使用方法方法并没有被许可,这是因为它可掩蔽劣质肉制品的败坏。

在制作面粉面团时加入二氧化硫,它的作用是可逆地裂开蛋白质的二硫键。在制作曲奇饼时加入亚硫酸钠能减少混合时间和面团的弹性,这有助于面团的压片,并且也能减少因面粉批次的不同而造成的产品品质上的波动[60]。在水果干燥前也常采用二氧化硫气体处理,有时在有缓冲剂(如 $NaHCO_3$)存在条件下完成这一操作。这样处理能防止褐变和诱导花色苷色素的可逆褪色。所造成的这些性质对于某些产品是理想的,如被用来制作白葡萄酒和酒浸樱桃。在刚加工的干制水果中,二氧化硫浓度有时可达到2000mg/L。由于超过500mg/L的浓度会产生明显的令人厌恶的风味,也由于在产品储存和烧煮中亚硫酸具有挥发或参与反应的趋势,因此,在大多数其他食品中二氧化硫的水平低得多。

12.7.2　亚硝酸盐和硝酸盐

亚硝酸和硝酸的钠盐和钾盐常被加入腌肉用的混合物中,用来产生和保持色泽、抑制微生物和产生特殊的风味[50]。显然,亚硝酸盐而非硝酸盐是起作用的成分。亚硝酸盐在肉中形成一氧化氮,而一氧化氮与血红素类化合物作用生成亚硝酰肌红蛋白,这种色素产生了腌肉的浅红色(详见第10章)。感官评定也表明,亚硝酸盐显然是通过抗氧化作用对腌肉风味产生影响,但详细机制还不清楚[46]。此外,亚硝酸盐(150~200mg/L)可抑制罐装碎肉和腌肉中的梭状芽孢杆菌。在pH 5.0~5.5时,亚硝酸盐比其在较高pH时能更有效地抑制梭状芽孢杆菌。迄今为止,亚硝酸盐的抗微生物机制仍不清楚,但有人认为在缺氧条件下,亚硝酸盐与巯基作用的反应物不能被微生物代谢。

已经证明,腌肉中的亚硝酸盐参与生成了含量虽低但可能已达到有毒水平的亚硝胺。我们将在第13章中讨论亚硝胺的化学以及亚硝胺与健康的关系。硝酸盐天然存在于很多食品中,包括蔬菜如菠菜。在大量施肥的土壤中生长的植物组织内,人们已经注意到硝酸盐的大量积累,尤其是在用这样的植物组织制备婴儿食品。在肠道中,硝酸盐还原成亚硝酸盐,继之被吸收,并由于高铁血红蛋白的生成而导致发绀。由于此种原因,食品中亚硝酸盐和硝酸盐的使用已成为一个有争议的话题。亚硝酸盐的抗微生物作用为它使用于腌肉制品尤其是可能生长肉毒梭状芽孢杆菌的制品提供了正当的理由。然而,对于肉毒梭状芽孢杆菌并不构成威胁的那些保藏食品,似乎没有什么理由添加硝酸盐和亚硝酸盐。

12.7.3　乙酸

乙酸(CH_3COOH)以醋的形式来保藏食品可追溯至古代。除了醋(4%乙酸)和乙酸,食品中还使用乙酸钠(CH₃COONa)、乙酸钾(CH₃COOK)、乙酸钙[(CH₃—COO)₂Ca]和二乙酸钠(CH₃—COONa·CH₃COOH·1/2H₂O)。在面包和其他焙烤食品中使用这些盐(0.1% ~ 0.4%)可防止发黏和霉菌的生长,但对酵母却无影响[8]。醋和乙酸还被用于腌肉和腌鱼制品。如果有可发酵的碳水化合物存在,那么至少必须有 3.6%的酸存在才能防止乳酸杆菌和酵母的生长。乙酸还用在调味番茄酱、蛋黄酱和酸菜中;在这些食品中,它既抑制微生物又产生风味。乙酸的抗微生物活性随 pH 下降而增加,这种性质与其他脂肪酸类似。

12.7.4　丙酸

丙酸(CH₃—CH₂—COOH)及其钠盐和钙盐对霉菌和某些细菌具有抗微生物活性。在瑞士硬干酪中天然存在着丙酸,其浓度高达 1%(以质量计),由薛氏丙酸杆菌(*Propionibacterium shermanii*)产生[8]。丙酸在焙烤食品中得到广泛应用,这是因为它不仅有效地抑制霉菌,还能抑制黏性面包微生物——马铃薯芽孢杆菌(*Bacillus mesentericus*)。通常,丙酸的使用量低于 0.3%(以质量计)。正如其他羧酸型的抗微生物剂那样,丙酸的未离解形式具有抑菌活性,在大多数应用中,它的有效范围可扩大至 pH5.0。丙酸对霉菌和某些细菌的毒性与这些微生物不能代谢三个碳原子的骨架有关。在哺乳动物中,丙酸的代谢则与其他脂肪族脂肪酸类似,按照目前的使用量,尚未发现任何有毒效应。

12.7.5　山梨酸和其他中链脂肪酸

中链和长链的单羧基脂肪族脂肪酸具有抗微生物活性,特别是抗真菌活性。其中,α-不饱和脂肪酸类尤为有效。山梨酸(C—C=C—C=C—COOH)及其钠、钾盐被广泛地使用于各种食品以抑制霉菌和酵母的生长,这些食品包括干酪、焙烤食品、果汁、葡萄酒和腌制食品。山梨酸存在于自然界中,特别是在火山附近的浆果类中。在食品工业中使用的山梨酸商品一般都是工业合成的,主要由反式脂肪酸异构体组成。因为山梨酸在化学上是脂肪酸,从标签的角度来看,它的使用会增加食物中反式脂肪酸的含量。

山梨酸对防止霉菌的生长特别有效,在其使用浓度(最高达质量的 0.3%)时,它对风味几乎无影响。它的使用方法有直接加入食品、涂布于食品表面或并入包装材料中。随 pH 下降,山梨酸的抗微生物活性也增加,这说明它的非离解形式比它的离解形式更具活性。一般而言,pH 高至 6.5 时,山梨酸仍然有效,这个 pH 远高于丙酸和苯甲酸的有效 pH 范围。

山梨酸的抗真菌作用似乎是因为霉菌不能代谢其脂肪链中的 α-不饱和双键系统。有的学者认为,山梨酸的二烯结构干扰细胞的脱氢酶,而脂肪酸氧化的第一步常是脱氢。

饱和脂肪酸(C₂ ~ C₁₂)也对很多霉菌(如娄地青霉)有中等程度的抑制作用。但是,某些霉菌能够介导饱和脂肪酸的 β-氧化,使其转变为相应的 β-酮酸,尤其在饱和脂肪酸刚达到有效抑制浓度时更是如此。β-酮酸经脱羧作用产生相应的甲基酮(图 12.9),甲基酮并无抗微生物作用。另外,甲基酮的形成机制有助于解释霉菌成熟蓝干酪的特征性风味。有证据表明,几种霉菌能代谢山梨酸,有人认为这种代谢过程是通过 β-氧化进行,这与哺乳动物的代谢方式类似。有证据表明,人类和动物以与他们代谢天然存在的脂肪酸极类似的方式代谢山梨酸。

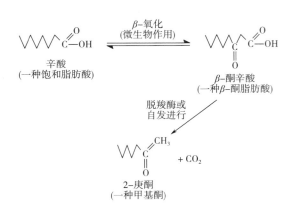

图 12.9 霉菌调控的脂肪酸通过 β-氧化及脱羧生成甲基酮的解毒过程

从表面上看山梨酸似乎十分稳定并不太活泼,但它往往在食品中经受微生物和化学作用而发生改变。山梨酸抗微生物性质失活的两个机制见图12.10。在霉菌中,特别是在娄地青霉中,图12.10(1)所示的反应得到了证实。这个机制包括山梨酸直接脱羧产生1,3-戊二烯。当山梨酸存在时,因霉菌在食品中生长而产生的1,3-戊二烯具有强烈的汽油味或烃的异味,这种情况常在经山梨酸进行表面处理的干酪中出现。

如果含山梨酸的葡萄酒在瓶中发生由乳酸菌引起的腐败时,会产生一种"香叶油般"异味[11]。乳酸菌把山梨酸还原成山梨醇,然后在乳酸菌造成的酸性环境中,山梨醇重排成仲醇[图12.10(2)];最后反应包括乙氧基己二烯生成,它具有很明显且很易辨认的香叶油芳香。

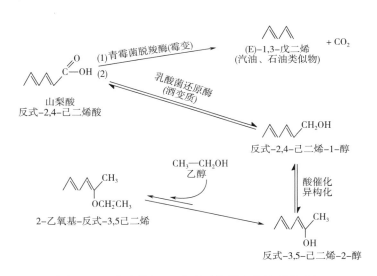

图 12.10 在酶作用下,山梨酸抗微生物性质的破坏

(1)由青霉属引起的脱羧;(2)在葡萄酒中,由羧基还原及随后的重排而形成的醚(乙氧基化二烯烃)。

有时,将山梨酸和二氧化硫结合起来使用,这时发生的反应会同时耗尽山梨酸和硫(Ⅳ)氧合阴离子(图12.11)[23]。在有氧条件特别是在光照条件下,·SO_3^-形成,这些自由基磺化烯烃键同时促进山梨酸氧化。这个包括山梨酸的反应非常独特,通常的抗氧化剂不能显著地影响它,有氧条件下保持的含二氧化硫和山梨酸的食品对自动氧化非常敏感。在无氧条件下,食品中的山梨酸和二氧化硫结合导致亚硫酸盐离子(SO_3^-)和山梨酸中二烯之间的缓慢亲核反应(1,4-加成),产生5-磺基-3-己烯酸(图12.11)。

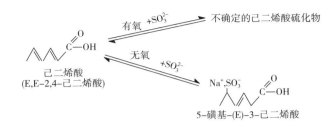

图 12.11　山梨酸和二氧化硫[硫(Ⅳ)阴离子]之间的反应

当山梨酸被用于某些食品如小麦面团时,山梨酸和蛋白质之间发生了反应,而这些蛋白质含有相当数量的氧化或还原硫醇基(胱氨酸中的 R—S—S—R 和半胱氨酸中的 R—SH)。硫醇基(R—SH)离解成硫醇盐离子(R—S⁻),后者是具有活性的亲核剂,它们的反应主要是1,6-加成至山梨酸的共轭二烯。此反应将蛋白质结合至山梨酸,在较高的 pH(＞5)和在升高的温度时,容易发生这样的反应(如在面包焙烤)。虽然在很酸的条件下(pH＜1),反应是可逆的,但是在食品较高的 pH 条件下,反应的结果通常是山梨酸防腐作用的丧失[33]。

尽管通常把山梨酸和山梨酸钾看作抗真菌剂,但最新的研究证明,它们具有更广泛的抗微生物活性。它们对参与新鲜禽、鱼和肉败坏的很多细菌及酵母也有抑制作用,并能有效地推迟腌肉和气调包装的冷藏新鲜鱼中肉毒梭状芽孢杆菌毒素的生成。

12.7.6　甘油酯

很多游离脂肪酸和甘油单酸酯对革兰氏阳性菌和某些酵母有明显的抑制作用[31]。脂肪酸中的不饱和酸(特别是18碳不饱和酸)具有类似脂肪的强抑菌活性;而中等长度碳链脂肪酸(12碳原子)与甘油酯化后具有最强的抑菌能力。当单月桂酸甘油酯(Ⅰ)(商品名称 Monolaurin)以 15~250mg/L 存在时,能抑制某些致病性葡萄球菌和链球菌。人们常把它用于化妆品中,由于它的脂类本性,也把它用在一些食品中。

$$\underset{\underset{\overset{|}{\text{CH}_2\text{OH}}}{\overset{|}{\text{CHOH}}}{\text{C—O—C—(CH}_2)_{10}\text{—CH}_3}}$$

单月桂酸甘油酯(Ⅰ)

这类亲脂化合物对肉毒梭状芽孢杆菌具有抑制作用,因而单月桂酸甘油酯可用于腌肉和冷藏的包装新鲜鱼中。亲脂的甘油衍生物的抑菌效果似乎与它们促进细胞膜的质子转移有关,这样就有效地破坏了底物迁移所需的质子动力[18]。只有在这些化合物的浓度很高时才能观察到杀菌效果,这显然由于细胞膜上形成了孔而引起细胞的死亡。

12.7.7　月桂精氨酸

月桂精氨酸(乙基-N-十二烷基-L-精氨酸 盐酸盐;Ⅱ)是一种新发现的抑菌剂,它与甘油单月桂酸酯一样含有一段中等长度的链式脂肪酸。月桂精氨酸现已取得美国 FDA 公认安全(GRAS)认证。它有着广谱抗菌效力,这使得它被认为能控制食品致病菌[如弯曲杆菌属(*Campylobacter*),沙门氏菌属(*Salmonella*),梭状芽孢杆菌属,埃希氏杆菌属(*Escherichia*)和葡萄球菌属(*Staphylococcus*)]。月桂精氨酸的抑菌作用模式涉及对细胞质膜磷脂双分子层的破坏,这将对代谢进程和细胞周期形成干扰[3]。

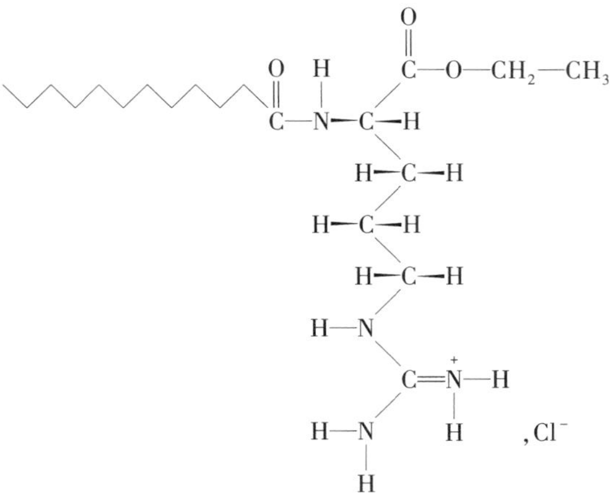

月桂精氨酸(Ⅱ)

12.7.8 纳他霉素(Natamycin)

纳他霉素或海松素(CAS Reg. NO.768-93-8)是一种多烯大环内酯类抗霉菌剂(Ⅲ),美国批准可将其用于成熟干酪以抑制霉菌的生长。

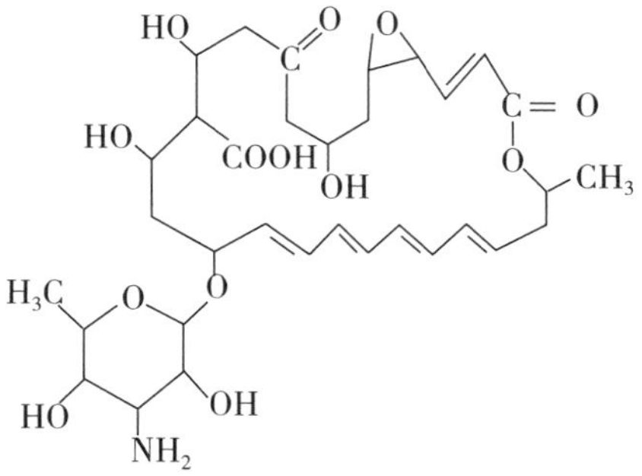

纳他霉素(Ⅲ)

将它用于霉菌容易增殖的暴露于空气的食品表面时,具有良好的抗霉菌效果。纳他霉素的作用机制被认为是由于纳他霉素结合到了真菌胞膜的脂分子上,从而改变了膜的渗透性,最终导致细胞代谢过程的破坏。当应用于成熟干酪这类发酵食品时,纳他霉素特别有吸引力,这是因为它能选择性地抑制霉菌,而让细菌得到正常的生长和代谢。

12.7.9 苯甲酸

苯甲酸(C_6H_5COOH)是食品中广泛使用的抗微生物剂[5],它也天然存在于蔓越菊、洋李、肉桂和丁香中。未离解的苯甲酸具有抗微生物活性,在 pH2.5~4.0 时,它的抗微生物活性最强,因此,特别适用于诸如果汁、碳酸饮料、酸菜和泡菜这样的酸性食品中。在 pH 高于5.2~5.5 的食品中,苯甲酸盐的抗微生物活性很低。由于苯甲酸的钠盐和钾盐比苯甲酸更易溶于水,所以,食品中常采用苯甲酸钠和钾盐。在适当酸性的食品中,一部分苯甲酸盐就转变成具有抗微生物活性的质子化形式,它对酵母和细菌最有效,抗霉菌的活性最差。苯甲酸常与山梨酸或对羟基苯甲酸酯一起使用,常见的使用量为 0.05%~0.1%(以质量计)。

苯甲酸抗微生物活性的方式至今还没有明确的定论。但是,质子化的苯甲酸的亲脂性被认为有助于使整个分子进入细胞膜和内环境。研究表明,根据微生物的类型不同,它可能包含多种活性模式,包括中断质子动力和抑制关键代谢酶。当使用少量苯甲酸时,尚未发现它对人体造成危害。苯甲酸与甘氨酸结合成马尿酸(苯甲酰甘氨酸)后,很容易从体内排出(图 12.12)。这个去毒步骤防止苯甲酸在人体中的积累。

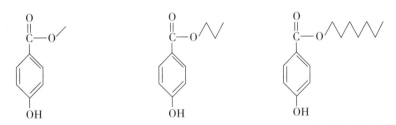

图 12.12　苯甲酸与甘氨酸结合成易于排泄的马尿酸

12.7.10　对羟基苯甲酸烷基酯

对羟基苯甲酸烷基酯是对羟基苯甲酸的烷酯化,在食品、药品和化妆品中作为抗微生物剂广泛使用。美国许可使用对-羟基苯甲酸的甲酯(Ⅳ)、丙酯(Ⅴ)和庚酯(Ⅵ),它的乙酯和丁酯在其他国家也被使用。

对-羟基苯甲酸甲酯(Ⅳ)　对-羟基苯甲酸丙酯(Ⅴ)　对-羟基苯甲酸庚酯(Ⅵ)

对-羟基苯甲酸烷基酯作为防腐剂在焙烤食品、软饮料、啤酒、橄榄、酸菜、果酱和果冻以及糖浆中被广泛使用。它们对风味几乎无影响,但能有效地抑制霉菌和酵母(0.05%~0.1%,按质量计),而对细菌的效果较差,特别对革兰阴性菌更是如此[8]。随着对羟基苯甲酸烷基酯的碳链增长,其抗微生物活性增加,水溶性下降。碳链较短的对羟基苯甲酸烷基酯因溶解度较高而被广泛地使用。与其他抗霉菌剂相反,在 pH7 或更高时,对羟基苯甲酸烷基酯仍具活性,这显然是因为它们在这些 pH 时仍能保持未离解形式的缘故。苯酚官能团使分子产生微弱的酸性。即使在杀菌温度,对-羟基苯甲酸烷基酯的酯键也较稳定。对-羟基苯甲酸烷基酯具有很多与苯甲酸相同的性质,它们也常常一起使用。对-羟基苯甲酸烷基酯对人类仅有很低的毒性,它们经过水解(酯键)及随后的代谢,最终随尿排出体外。

12.7.11 环氧化合物

大部分用于食品的抗微生物剂在它们的使用浓度时,对微生物显示抑制作用而不是致死作用,然而环氧乙烷(Ⅶ)和环氧丙烷(Ⅷ)则是例外。这两个化学杀菌剂可用于低水分食品及无菌包装材料的杀菌。为了与微生物密切接触,环氧化合物常以气态使用,物料经过足够时间的处理后,大部分残留的未反应环氧化物可经冲洗和抽空除去。

$$H_2C—CH_2 \quad\quad H_2C—CH_2—CH_3$$
$$\diagdown O \diagup \quad\quad\quad \diagdown O \diagup$$

环氧乙烷(Ⅶ)　　　环氧丙烷(Ⅷ)

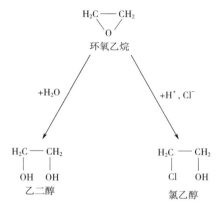

图 12.13　环氧乙烷分别与水和氯离子反应

环氧化合物是活泼的环醚类化合物,它们能杀死各种形式的微生物,包括孢子,甚至病毒,但人们对它们的作用机制了解很少。有人认为,环氧乙烷的杀菌作用可能是由于微生物的必需代谢中间产物的羟乙基(—CH_2—CH_2—OH)发生烷基化而引起的[8],其作用部位可能是代谢系统中的任何不稳定氢。环氧化合物还能与水反应生成相应的乙二醇类化合物(图 12.13),然而乙二醇类化合物毒性相当低,因此不能说明其抑菌效果。

由于经环氧化合物处理的食品中的大部分活性环氧化合物可被消除,以及它们形成的乙二醇类化合物毒性又较低,看起来,这些气体杀菌剂得到广泛使用。然而,它们的使用范围限于干制食品,如碎坚果仁和香料,这是因为在高水分食品中,环氧化合物与水反应而消耗殆尽。香料常带有大量微生物,且常被使用在易变质的食品中。由于重要的风味化合物是挥发性的,而且香料产品通常又是热不稳定的,因此对香料不适宜采用热杀菌的方法,于是用环氧化合物处理香料以减少微生物是一种适宜的方法。

环氧化合物与无机氯化合物反应可能生成较有毒性的氯乙醇(图 12.13),这一点受到人们的关切。然而,据报道,饮食中低浓度的氯乙醇并不引起病理反应[62]。在使用环氧化合物时,要考虑的另一个因素是它们可能对维生素(包括核黄素、烟酸和吡哆醇)产生不利影响。

环氧乙烷(沸点 13.2℃)比环氧丙烷更活泼,也更易挥发和更易燃。为了安全,环氧乙烷常以 10%环氧乙烷和 90%二氧化碳的混合物供应。将需要杀菌的产品放置于一密封的小室中,然后把小室抽空,再用环氧乙烷-二氧化碳混合物加压至 13.6kg。这样的压力是必需的,从而提供足以在适当的时间内杀死微生物所需的环氧化合物浓度。当使用环氧丙烷(沸点 34.3℃)时,需要供给足够的热量以使它保持气态。

12.7.12　抗菌素

抗菌素是一大类由各种微生物天然产生的抗微生物剂。它们具有选择性的抗微生物活性,在医药上,它们对化学疗法意义重大。由于抗菌素在动物活体内能有效地控制致病菌,从而使人们对其用于食品保藏的潜在可能进行了广泛研究。然而,因为害怕抗菌素的日常使用会产生抗药性微生物,所以,美国至今仍不许可将其用于食品,不过乳链球菌素是一个例外。如果将用于食品的抗菌素也用于医药,那么抗药性微生物的产生将更受人们的关注。

由乳链球菌产生的乳链球菌素(Nisin)是一种多肽类抗菌素;在美国,它已被批准可用于高水分加工干酪产品以防止梭状芽孢杆菌可能的生长。乳链球菌素在食品保藏中的应用已得到了广泛研究。这种多肽抗菌素对革兰阳性微生物具有活性,特别是能防止孢子的生长[49],它没有被用于医药中。在世界其他国家,人们用它来防止乳制品的腐败,如将其用于干酪和炼乳中。乳链球菌素对革兰阴性腐败微生物无效,而梭状芽孢杆菌属的某些菌株对它有抵抗性。它对人体基本上无毒性,也不与医用抗菌素产生交叉抗药性,并能在肠道中无害地降解。

某些国家许可有限度地使用几种抗菌素,它们包括金霉素和土霉素[8]。抗菌素在食品中实际或建议的应用,大部分都是配合其他食品保藏法的。特别地,它们能延迟易腐冷藏食品的败坏以及降低热加工的剧烈程度。新鲜肉、鱼和禽这些易腐食品也能得益于广谱抗菌素。事实上,多年前美国食品和药物管理局已许可将整个家禽的躯体浸入金霉素或土霉素溶液中。这种方法延长了家禽的货架寿命,此外,残留的抗菌素经通常的烹饪也被破坏。

抗菌素作用的生物化学模式受到学者们的注意还是不久以前的事,研究工作的重点是分子机制。此外,人们还在继续寻找天然的保藏剂,并希望将它们应用于食品。然而,由于对食品添加剂所提出的严格要求,因此,可被接受的物质很难找到。

12.7.13　焦碳酸二乙酯

焦碳酸二乙酯作为一种抗微生物食品添加剂一直被用于果汁、葡萄酒和啤酒类饮料中。它的优点是能用于水溶液的低温巴氏杀菌过程,并随即水解成乙醇和二氧化碳(图12.14)。在酸性饮料(pH 小于4.0)中,使用量从120~300mg/L,在约60min 内,可杀死全部酵母。其他微生物,如乳酸杆菌对焦碳酸二乙酯有较强的抵抗力,因而只有在微生物负荷(load)较低(小于500mL^{-1})和 pH 低于4.0 时,才能达到杀菌目的。低 pH 降低了焦碳酸二乙酯的分解速度,因而增加了它的有效性。

浓缩的焦碳酸二乙酯是一种刺激剂。然而,在酸性饮料中,它在24h 内几乎全部水解,因而无人关心其直接的毒性。不幸的是,焦碳酸二乙酯与各种化合物反应生成乙酯基衍生物和乙酯。特别地,焦碳酸二乙酯很容易与氨反应生成尿烷(氨基甲酸乙酯,图12.14)。有人认为,此反应是经焦碳酸二乙酯处理的食品中被发现有尿烷存在的原因。由于尿烷是一种致癌物,美国在1972

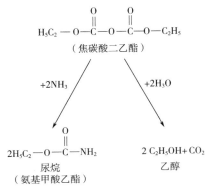

图12.14　焦碳酸二乙酯的水解反应和酰胺化反应

年禁止使用焦碳酸二乙酯。鉴于氨在动植物组织中普遍存在,因而经焦碳酸二乙酯处理的食品含有一些尿烷似乎合乎常理。

然而,后来发现尿烷原本存在于发酵食品和饮料中,它在大多数发酵食品中的含量通常低于 $10\mu g/L$,这些食品包括面包、葡萄酒和啤酒[26]。有人认为,尿烷在食品中生成的主要途径是精氨酸代谢产生的脲与乙醇的反应。酒精饮料比非酒精饮料含较多的尿烷,据报道,一些核果类白兰地酒中尿烷的含量达到 $10mg/L$。尽管天然就存在着尿烷,但是考虑到食品中致癌物上升的可能性,美国不再允许在食品中使用焦碳酸二乙酯。

12.8　无营养甜味剂和低热量甜味剂

无营养甜味剂和低热值甜味剂包括一大类能产生甜味的或能强化甜味感的物质(详见第 11 章)。由于美国禁止使用环己胺基磺酸盐以及对糖精安全性产生的疑问,促使人们寻找低热值甜味剂的替代物,以满足当前对低热值食品和饮料的需要。于是,发现了许多新的具有甜味的分子,具有潜在的商业价值的低热甜味剂日益增多,表 12.3 所示为这些物质的相对甜度。

表 12.3　　　　　　　　　　　　　一些甜味剂的相对甜度

甜味物质	相对甜味值[①](蔗糖=1,按质量计)
安赛蜜(Acesulfamek)	200
天门冬酰丙氨酸酯(Alitame)	2000
L–天冬氨酰–L–苯丙氨酸甲酯(Aspartame)	180~200
环己胺基磺酸盐(Cyclamate)	30
甘草亭(Glycyrrhizin)	50~100
莫那灵(Monellin)	3000
新橙皮苷二氢查尔酮(Neoheperitin dihydrochakcone)	1600~2000
纽甜(Neotame)	7000~13000
糖精(Saccharin)	300~400
甜叶菊苷(Stevioside)	300
三氯半乳蔗糖(Sucralose)	600~800
沙马汀(Thaumatin)	1600~2000

①列出的是常见的相对甜味值;然而,浓度和食品(或饮料)载体能显著地影响甜味剂的实际相对甜味。

12.8.1　氨磺胺类甜味剂:环己胺基磺酸盐、糖精和安赛蜜

氨磺胺甜味剂是结构与磺酸基(Ⅸ)相关的物质,商品包括安赛蜜(Ⅹ)、环己胺基磺酸盐(Ⅺ)和糖精钠(Ⅻ)。

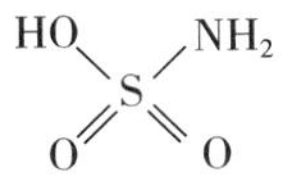

氨基磺酸（Ⅸ）

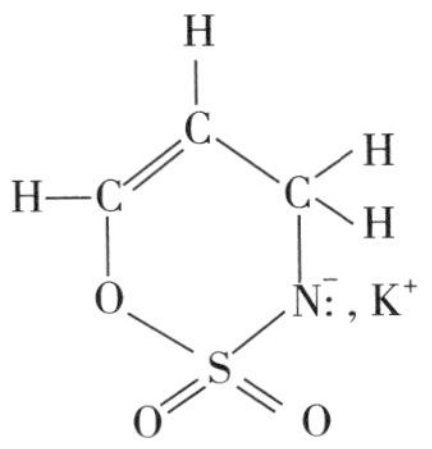

安赛蜜（Ⅹ）

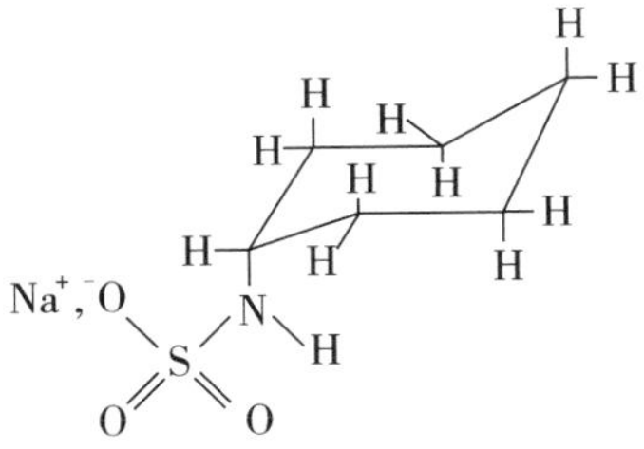

N-环己胺基磺酸盐（Ⅺ）

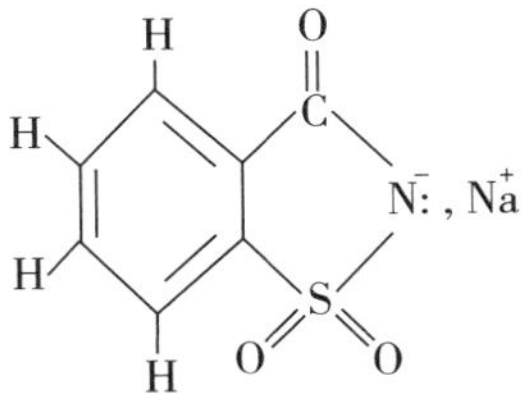

糖精钠（Ⅻ）

1949 年,环己胺基磺酸盐在美国获得批准可作为食品添加剂使用,然而在 1969 年末被美国 FDA 禁止使用。环己胺基磺酸盐的钠盐、钙盐和酸曾被广泛地用作为甜味剂。环己胺基磺酸盐比蔗糖甜约 30 倍,它们的味道很像蔗糖而且不会显著地干扰味感,对热稳定。环己胺基磺酸盐的甜味具有缓释特征,它们产生的甜味所持续的时间比蔗糖长。

早期试验啮齿类动物得到的结果表明,环己胺基磺酸盐和它的水解产物环己胺(图 12.15)会导致膀胱癌[5,45]。然而,从随后的广泛试验所获得的结果没有支持早期的报告,因此,争取环己胺基磺酸盐能重新作为一种被批准使用的甜味剂的申请已在美国备案[40]。目前,已有包括加拿大在内的 40 个国家允许在低热值食品中使用环己胺基磺酸盐。即使大量实验数据支持有关环己胺基磺酸盐和环己胺不是致癌或有毒的结论[4],美国 FDA 仍然借各种理由拒绝再次批准在食品中使用环己胺基磺酸盐。

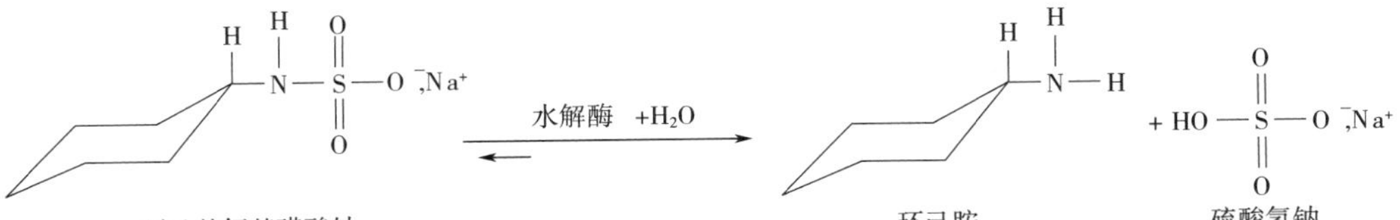

环己基氨基磺酸钠　　　　　　　环己胺　　　　　硫酸氢钠

图 12.15　环己胺基磺酸盐经水解生成环己胺

糖精(邻磺酰苯甲酰亚胺)的钙、钠盐和游离酸都可以作为非营养性甜味剂(Ⅻ)使用。按照通常的经验规律,以 10% 蔗糖溶液为比较标准时,糖精的甜度为蔗糖的 300 倍,但是,随着浓度和食品基质的变化,此范围可扩大至 200~700 倍[47]。糖精略带苦味和金属后味,尤其是对某些人群,当浓度增加时,此反应更为显著。

对于糖精安全性的调查已超过 50 年,曾经发现它对实验动物患癌病有低程度的影响。然而,许多科学家认为动物数据与人无关。在人体中,糖精被快速地吸收,然后被快速地从尿中排出。虽然按目前美国法规,禁止使用在任何动物试验中已证实会导致癌症的食品添加剂,但是,在进一步的研究期间,国会立法机构仍然搁置了一项由 FDA 在 1977 年提出的禁止使用糖精的法案。在 2000 年,美国已将糖精钠从能够致癌的名单中去除,同时也否决了在含糖精的食品包装上必须有相应的健康警告标称的做法,世界上有 90 多个国家批准使用糖精。

安塞蜜[6-甲基-1,2,3-噁噻嗪-4(3H)-酮-2,2-二氧化物]发现于德国,1988 年在美国首先被批准作为一种非营养甜味剂使用。此甜味剂的化学名称极为复杂,因而人们创造了一个通俗的商品名称 Acesulfame K(AK 糖),这个名称表明了在其合成过程中所使用的化合物乙酰乙酸和氨基磺酸的关系,也表明了它是一个钾盐。

以 3%蔗糖溶液为比较标准时,AK 糖的甜度约为蔗糖的 200 倍,其甜度介于己胺基磺酸盐和糖精之间。由于 AK 糖在高浓度时具有一些金属味和苦味,因此它特别适宜于和其他低热甜味剂如阿斯巴甜混合使用。AK 糖在焙烤这样的高温下仍然非常稳定,而它在酸性产品中如碳酸软饮料中也很稳定。AK 糖在体内不能被代谢,因而不产生热量,它通过肾脏不经变化而被排出。广泛的试验证实 AK 糖对动物不具毒性,在食品应用中特别稳定。

12.8.2　肽:阿斯巴甜、纽甜和阿力甜

为了满足降低食品和饮料中产生热量的成分的要求,出现了肽类甜味剂。尽管组成肽类甜味剂成分的氨基酸在消化过程中也有产生热量的可能,但是它们的高甜度可以使其在很少的用量下达到效果而不产生显著的热量。在一些国家,阿斯巴甜(Ⅷ)、纽甜(ⅩⅣ)和阿力甜(ⅩⅤ)组成了允许在食品中使用的肽类甜味剂。

阿斯巴甜的甜度是蔗糖的 180~200 倍,美国在 1981 年首次批准了阿斯巴甜的使用,目前超过 75 个国家已批准使用阿斯巴甜,并已被用于很多食品中。需要澄清的是,阿斯巴甜的甜味缺乏蔗糖的一些甜味品质。

阿斯巴甜的两个缺点是在酸性条件下它的不稳定性和在高温下会快速降解。在酸性条件下,如在碳酸软饮料中,甜味的损失率是渐进的并取决于温度和 pH。阿斯巴甜的肽本性决定了它易于水解(图 12.16),这一特性使其易于发生其他化学反应,也易于被微生物降解。除了由于苯丙氨酸甲酯的水解或两个氨基酸间肽键断裂而造成甜味的损失外,这个二肽化合物还很易发生分子内的缩合(尤其是在升高温度的条件下),产生二羰基哌嗪(5-苯基-3,6-二羰基-2-哌嗪乙酸)(图 12.16)。中性和碱性 pH 有利于这个反应的进行,这是因为在这些条件下,有更多的非质子化的胺基可以参加反应。同样,碱性 pH 有利于羰-胺反应,因此,在这样的条件下,阿斯巴甜易同葡萄糖和香草醛发生反应。与葡萄糖的反应造成的主要问题是在贮藏过程中阿斯巴甜甜味的损失,而它与香草醛的反应则造成香草醛风味的损失。

虽然阿斯巴甜由天然存在的氨基酸组成,其预计的日摄入量又很小(0.8g/人),但作为食品添加剂,它的安全性仍受到关注。用阿斯巴甜作为甜味剂的食品必须显著地标记出苯丙氨酸的含量,以避免苯丙酮尿症患者食用,这些患者体内缺乏参与苯丙氨酸代谢的 4-单氧合酶。人们还注意到了甲醇的潜在长期毒性,甲醇是通过甲酯水解而产生的。这个健康问题与甲醇代谢转化为甲醛的可能性有关。然而,从植物基食品中的果胶聚合物(详见第 3

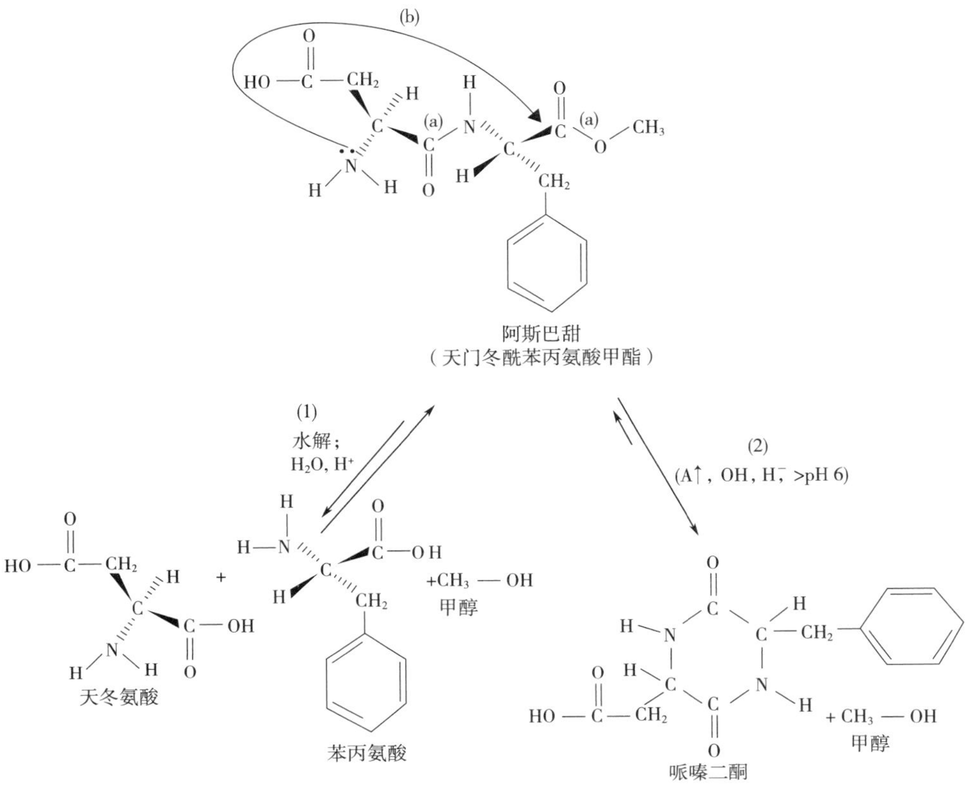

图 12.16　阿斯巴甜的降解反应

章)中释放出的甲醇被确认为是没有任何毒性。同样,一般人群在食用了阿斯巴甜后也不会对人体健康产生副作用。虽然一些人士提出了质疑,但大量的试验都表明,来自阿斯巴甜的二羰基哌嗪在食品中的浓度对人体不具危害[29]。

纽甜{L-苯丙氨酸,N-[N-(3,3-二甲基丁基)-L-α-天门冬氨酰]-L-苯丙氨酸1-甲酯; XIV}:结构与阿斯巴甜(XIII)相似,2002年在美国批准可被用于食品,纽甜被发展为食品配料是因为它能增强食品在制备时的稳定性,以及它的高甜度(相当于蔗糖的7000~13000倍),使其在使用时可以不用为苯酮尿患者贴警告标签。与阿斯巴甜的比较,纽甜的高甜度大部分来源于3,3-二甲基丁基取代基与天门冬氨酸的氨基的结合。这个阿斯巴甜的γ辅基有很强的疏水性,可促进高甜度(详见第11章)。因为很低用量的纽甜常可以对食品的风味产生有益的作用,因此在市场上它也被作为一种风味促进剂(详见第11章)。

阿力甜[L-天门冬酰-N-(2,2,4,4-四甲基-3-硫杂环丁基)-D-丙氨酰胺(XV)]:是一种氨基酸基甜味剂,其甜度相当于蔗糖的2000倍,具有类似于蔗糖的清凉糖味。它极易溶于水,并具有很好的热稳定性和货架期,但是在某些酸性条件下长期储存会产生不良风味。一般而言,可将阿力甜用于需要加入甜味剂的大多数食品,其中也包括焙烤食品。

阿力甜从氨基酸(L-天门冬氨酸和D-丙氨酸)以及一种新的胺合成。阿力甜的丙氨酰胺部分在通过体内时产生最小的代谢变化。大量试验表明,食用天门冬酰丙氨酸酯对人体是安全的,1986年它作为食品添加剂的申请已在美国FDA备案。虽然在美国它仍然没有被批准可使用于食品,但是在澳大利亚、新西兰、中国和墨西哥已获批准。

12.8.3 氯代糖类:三氯蔗糖

氯代糖是综合使用对糖分子的选择性氯代反应和其他合成方法(如定向缩合反应)所合成的产物,具有强烈甜味。氯代糖,即三氯蔗糖(1,6-双氯-1,6-双脱氧-β-果糖基-4-氯-α-D-吡喃半乳糖苷),在美国于1998年获得批准并于1999年在食品里中得到广泛应用,现已被40多个国家批准应用。

三氯蔗糖的甜度是蔗糖的600倍,而且具有和蔗糖类似的甜度维持时间,没有苦味或者其他一些令人不愉快的后味。同时,它还有很高的结晶度、水溶性和很好的高温稳定性。在碳酸饮料的pH环境下也相当稳定,在一般的处理和贮藏过程中仅会发生有限水解,生成单糖。

所设计的三氯蔗糖可抵御消化和水解酶的攻击,因为其分子构象不易被组织水解酶识别。有助于此稳定性的分子特性见图12.17。在图中还与对应的天然糖类,如蔗糖和乳糖做了比较(详见第3章)。

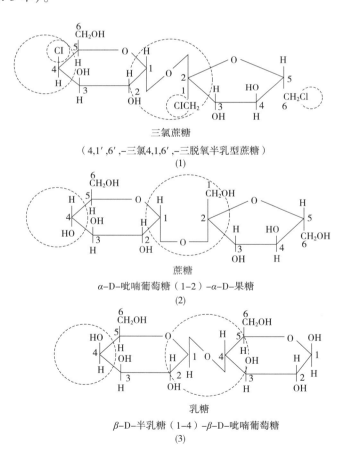

图 12.17　结构特征比较

(1)三氯蔗糖;(2)蔗糖;(3)乳糖。

除在三氯蔗糖分子里有三个羟基被氯原子取代外,三氯蔗糖里还存在一个在半乳糖和果糖基间的 β-糖苷键[图12.17(1)]。与相应的蔗糖[图12.17(2)]和乳糖[图12.17(3)]结构特征相比,三氯蔗糖里面显然是两种基本构造的混合体,正是这样的构造阻碍了一般的消化和代谢酶的识别。然而,有报道显示,在消化过程中有些三氯蔗糖分子可被水解,这一水解过程或是被酸所催化或是由微生物酶介导(图12.18)。

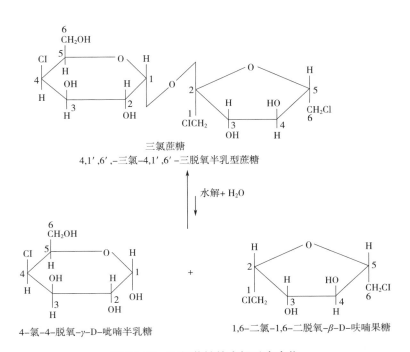

三氯蔗糖
4,1′,6′,-三氯-4,1′,6′-三脱氧半乳型蔗糖

水解+ H_2O

4-氯-4-脱氧-γ-D-吡喃半乳糖

1,6-二氯-1,6-二脱氧-β-D-呋喃果糖

图 12.18 三氯蔗糖的水解反应产物

对三氯蔗糖的安全性已进行了广泛的研究,一般认为在期望使用的水平上该物质可安全食用。然而,这一结论还是受到了一些人的批评,认为批准使用三氯蔗糖的时机尚未成熟。因为它的结构中含有一些成分,尤其在热降解状态下,可能会形成有害物质(图12.19)。

12.8.4 其他无营养甜味剂和低热量甜味剂

在过去二十年中,在寻找新甜味剂的大量研究中发现了许多新的甜味剂化合物,对其中的一些化合物正在作进一步的开发和安全研究以确定它们是否适合于商业化生产。这些化合物已被列入较不为人所熟悉却又具有很强甜味的化合物的目录中,本节将讨论最近发现的一些化合物。

甘草亭(甘草酸)是一种三萜烯皂草苷,它存在于甘草根中,比蔗糖甜50~100倍。甘草亭是一种糖苷,当水解时产生 2mol 葡萄糖醛酸和 1mol 甘草亭酸,后者是一个与齐墩果酸有关的三萜烯。甘草酸的全胺盐,即甘草亭胺,现已上市,它已被批准可作为风味物和表面活性剂使用,但是不能作为甜味剂使用。甘草酸主要被用于烟草产品,也可在某种程度上被

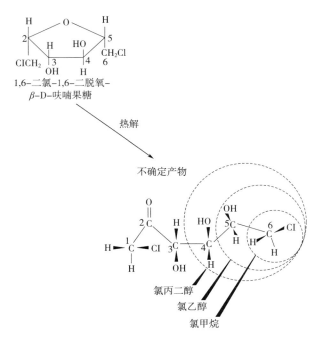

图 12.19　1,6-二氯-1,6-二脱氧-β-呋喃果糖整体结构内含有的潜在有害物质结构

用于食品和饮料。它具有的类似甘草风味影响了它在一些应用中的适用性。

存在于南美植物甜叶菊(*Stevia rebaudiana* Bertoni)叶中的糖苷混合物是甜叶菊和雷包迪苷(rebaudiosid)的来源。纯甜叶菊苷的甜味约为蔗糖的 300 倍。在高浓度时甜叶菊苷有些苦味和不理想的后味,而雷包迪苷 A 具有该混合物的最佳味感。甜叶菊的提取物已被作为商品甜味剂使用,它们在日本有着广泛的用途。大量的安全和毒理试验证明,该提取物对人体食用安全,但是在美国它们尚未获得批准。

新橙皮苷二氢查耳酮是一种无营养甜味剂,它的甜味是蔗糖的 1500~2000 倍,由柑橘类水果的苦味二氢黄酮制得。新橙皮苷二氢查耳酮呈现甜味缓发和后味逗留的特征,但是它减少了对相伴苦味的感觉。该超甜物质以及它类似的化合物可通过氢化法制取:①柚皮苷氢化产生柚皮苷二氢查耳酮,②新橙皮苷氢化产生新橙皮苷二氢查耳酮或③橙皮柑产生橙皮苷二氢查耳酮 4′-O-葡萄糖苷[44]。曾经对新橙皮苷二氢查耳酮的安全性作了广泛的试验,试验结果一般可证实它的安全性。在比利时和阿根廷已获批准使用,而美国 FDA 还要求做额外的毒理试验。

已经鉴定了几种甜味蛋白质,即沙马汀或非洲竹芋甜素 Ⅰ 和 Ⅱ (thaumatins Ⅰ 和 Ⅱ),它们都是从热带非洲竹芋(*Thaumatococcus daniellii*)制得。非洲竹芋甜素 Ⅰ 和 Ⅱ 均为碱性蛋白质,分子质量约为 20000u[58],它们的甜度约为蔗糖(以质量为基准)的 1600~2000 倍。在英国,非洲竹芋果实提取物以 Talin 的商品名称出售,在日本和英国已许可作为甜味剂和风味增效剂使用。在美国,它也被许可作为胶姆糖的风味增效剂使用。Talin 具有持久的甜味,但其略带甘草风味及高成本限制了它的使用。

另一种甜味蛋白质莫那灵（Monellin）从锡兰莓为原料制备而成,它的分子质量约为11500u。莫那灵的甜味约为蔗糖(以质量为基准)的3000倍,煮沸会破坏天然莫那灵的甜味。甜味蛋白质的应用受到了某些限制,因为此类化合物价格昂贵、对热不稳定以及在低于pH2的室温条件下会失去甜味。

甜味蛋白 Brazzein 是一种甜的植物蛋白(由54个氨基酸残基组成),最初在非洲藤本植物的果实(*Pentadiplandra brazzeana*)中被发现。已经通过基因工程使多种非甜质玉米产生甜蛋白,并且正在努力从玉米种子的胚芽中提取这种甜蛋白从而实现这种甜味剂的商业化:据报道,它十分稳定且可同时产生甜味与宜人的口感。

从神秘果(*Richadella dulcifica*)中曾分离得到另一种碱性蛋白质神秘果素（Miraculin）。它本身无味,但具有将酸味转变成甜味的特异性,即它能使柠檬呈甜味。神秘果素是一种相对分子质量为42000的糖蛋白[58],与其他蛋白质甜味剂相似,具有热不稳定和在低pH时失活的特性。1mmol/L神秘果素溶液经0.1mol/L柠檬酸诱导产生的甜味相当于0.4mol/L蔗糖溶液的甜味,根据计算,由0.1mol/L柠檬酸诱导产生的甜味是蔗糖溶液的400000倍。神秘果素在口腔中的甜味能持续24h,这一特性限制了它可能的使用。在20世纪70年代,曾将神秘果素引入美国作为糖尿病患者的甜味辅助物;然而,由于有关安全性的实验数据不足,后被美国FDA禁止使用。

12.9 多羟基醇：甜味剂、品质改良剂和乳化剂

简单的多羟基化合物或多元醇是只含羟基官能团的碳水化合物类似物(详见第3章),因此,简单的糖类和多元醇(糖醇)在结构上也较类似,除了含有醛基或酮基(游离或结合)的糖的化学稳定性会受到不良影响,尤其是在高温条件下。

多羟基化合物通常都易溶于水,有吸湿性,它们的高浓度水溶液有中等的黏性,这些化合物的多羟基结构使它们具有与水结合的性质,这种性质在食品中得到了利用。多羟基醇的特殊功能包括对黏度和质构的控制、增加体积、保持湿度、降低水分活度、控制结晶、改善或保持柔软度、改善脱水食品的复水性质以及用作为风味化合物的溶剂等[24]。多羟基醇在食品中的很多应用取决于它们与糖、蛋白质、淀粉和树胶的共同作用。

一些简单的多羟基醇天然存在于自然界,但是由于它们的含量有限,通常在食品中不起功能作用。例如,葡萄酒和啤酒都因发酵而含有游离甘油,山梨醇则存在于梨、苹果和洋李中。当适当的简单多元醇含量合适时,相对较少的多元醇也会对在食品中的应用具有重要影响(图12.20)。

简单多元醇(糖醇)通常带有甜味,但甜度不如蔗糖强烈(表12.4)。短链多羟基醇(如甘油)在高浓度时略具苦味。当使用固体糖醇时,由于它们溶解时吸热,因此产生令人愉快的清凉感。值得注意的是,由于人们对低热量甜味剂特性的需求,一些多羟基醇的用量正在增长。过去,在美国,出现在食品标签上的由糖(如蔗糖)衍生的简单多羟基醇的能量被认为是16.7kJ/g。然而,随着欧共体于1990年确定多醇一类物质具有能量10kJ/g,上述观点发生了变化。美国FDA已接受各种商业多羟基醇的热量值在6.7~12.5kJ/g(表12.4)。

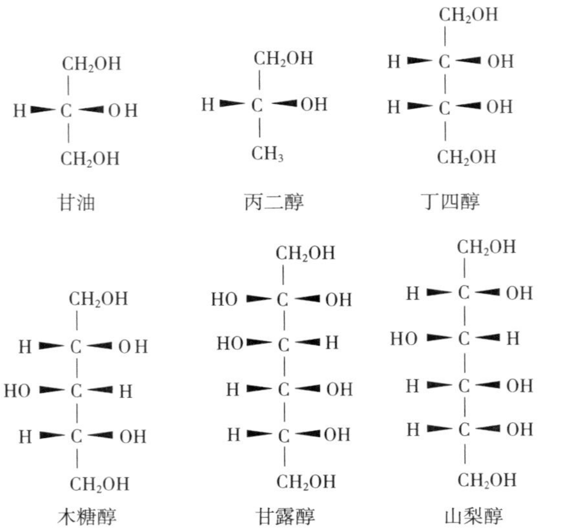

图 12.20 作为食品成分的简单多元醇的结构比较

这就显著的改变了多醇作为食品配料的地位,可以认为,将来它们在低热、低脂和无糖食品中的使用量会显著增加。虽然,有关多羟基醇对糖尿病的影响存在着不同的观点,然而,目前人们接受这些化合物适用糖尿病人食品的观点。

表 12.4 一些相对简单多羟基醇和糖的相对甜味和能量值

物质	相对甜味[①] (蔗糖=1,按质量计)	能量值[②]/ (kJ/g)	物质	相对甜味[①] (蔗糖=1,按质量计)	能量值[②]/ (kJ/g)
简单多元醇			**糖**		
赤藓糖醇	0.7	0.84	木糖	0.7	16.72
甘露醇	0.6	6.69	葡萄糖	0.5~0.8	16.72
乳糖醇	0.3	8.36	果糖	1.2~1.5	16.72
异麦芽糖	0.4~0.6	8.36	半乳糖	0.6	16.72
木糖醇	1.0	10.03	甘露糖	0.4	16.72
山梨醇	0.5	10.87	乳糖	0.2	16.72
麦芽醇	0.8	12.54	麦芽糖	0.5	16.72
氢化玉米糖浆	0.3~0.75	12.54	蔗糖	1.0	16.72

①表中列出的是经常被引用的相对甜味;然而,浓度和食品或饮料载体会显著影响甜味剂的实际甜味;

②美国 FDA 认可的能值。

木糖醇、山梨醇、甘露醇和乳糖醇分别由木糖、葡萄糖(图 12.21)、甘露糖、麦芽糖和乳糖氢化而成。氢化的淀粉水解物也用作食品配料,尤其是糖果中的应用,它们含有来自葡萄糖的山梨醇、来自麦芽糖的麦芽糖醇和来自低聚糖的各种聚合糖醇(氢化的麦芽糊精)。异麦芽酮糖醇是由蔗糖经过多步加工而得(图 12.22)。蔗糖的 1→2 糖苷键首先经酶反应异构成葡萄糖和果糖基的 1→6 糖苷键连接,接着该中间化合物氢化生成两个等摩尔的二糖多元醇葡萄糖–甘露糖醇和葡萄糖–山梨糖醇混合物。

图 12.21   葡萄糖氢化生成山梨醇反应

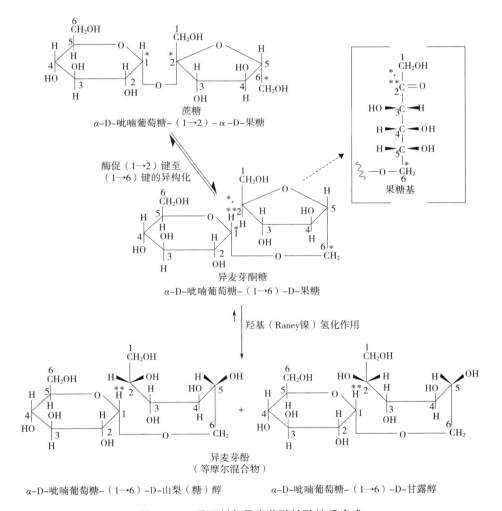

图 12.22   用于制备异麦芽醇糖醇的反应式

简单多元醇也是其他食品配料如乳化剂(详见第 7 章)生产的起始原料,其中一个例子是用山梨醇作为一个反应物制备司盘(spans)和吐温(tweens)(图 12.23)。山梨醇先转化成脱水山梨醇,然后与脂肪(硬脂酸)酯化生成两性分子山梨醇单硬脂酸酯(司盘)分子。山梨醇硬脂酸酯上剩余的羟基为进一步与环氧乙烷通过重复醚键制备聚山梨醇乳化剂(吐温)提供作用位点。

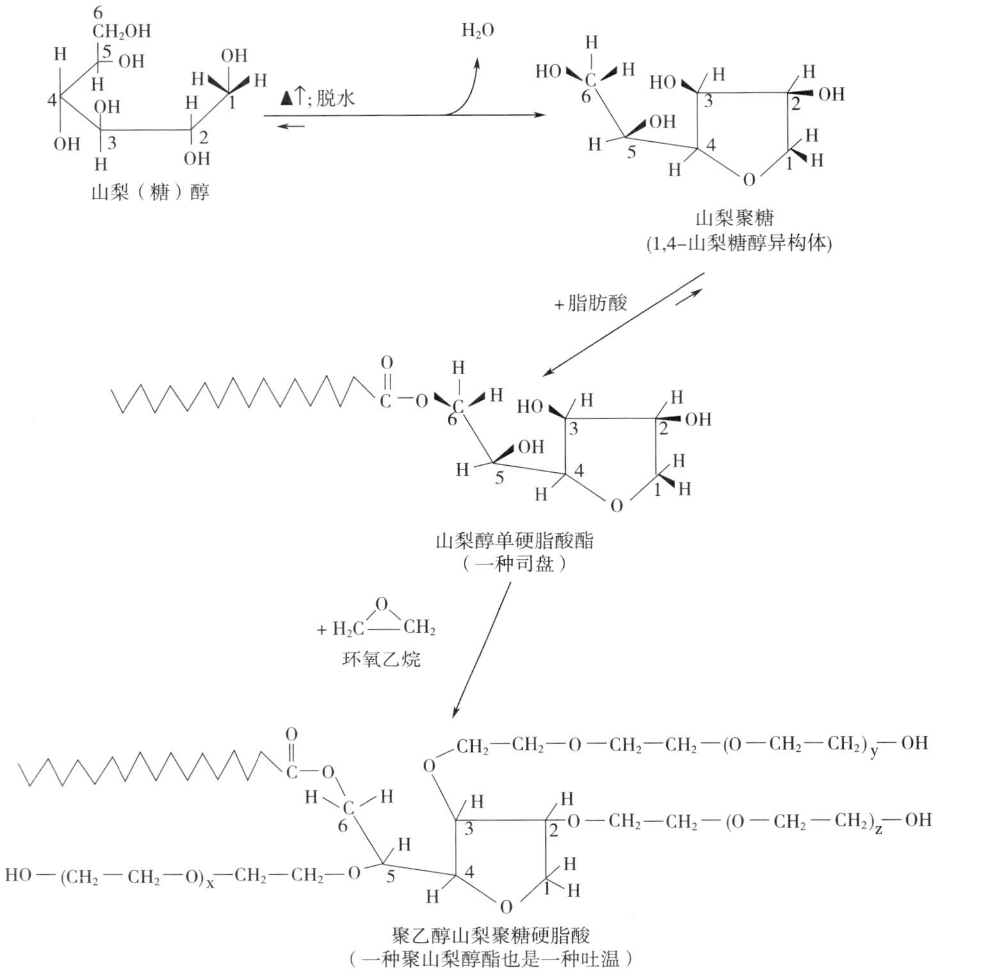

图 12.23 应用山梨醇制备司盘和吐温(聚山梨醇)乳化剂的反应

分子质量较大的多羟基醇聚合物已用应于食品。尽管乙二醇(CH_2OH—CH_2OH)有毒,但聚乙二醇 6000 却被许可用于增塑和某些食品的包装。聚丙三醇[CH_2OH—$CHOH$—CH_2—(O—CH_2CHOH—CH_2)$_n$—O—CH_2—$CHOH$—CH_2OH]由丙三醇经碱催化聚合而成,它也有一些有用的性质。聚丙三醇可被脂肪酸酯化进一步改性产生具有脂类特性的物质。这些聚丙三醇物质已获准用于食品,这是因为它们的水解产物甘油和脂肪酸可被正常地代谢。

由于多羟基醇可使中等水分(IM)的食品保持稳定,因此,就中等水分食品作一些讨论。中等水分食品含有的水分为 15%~30%,无须冷藏而不被微生物败坏。一些我们熟知的食品,包括果干、果酱、果冻、棉花糖、水果蛋糕和牛肉干等就是由于它们的中等水分特性才得以长期保存[35]。其中的某些食品可在食用前先复水,但所有的这些食品都具有可塑的质构且能直接食用。尽管近年来通过控制水分制成的耐保存宠物食品已为人们接受,但为人类食用的新型中等水分食品仍未普及。然而,肉、蔬菜、水果和预配制菜肴的组合却方兴未艾,它们可能最终成为预制食品的重要形式。

大部分中等水分食品的水分活度为 0.70~0.85,而那些含保湿剂的中等水分食品的水分含量约每 100 g 固体含 20 g 水(82%H_2O,质量分数)。如果从解吸制备得到中等水分食品的水分活度为 0.85,它们仍可能受到霉菌和酵母的攻击。为了解决这个问题,在制备过程中可加热配料或添加如山梨酸这样的抗真菌剂。

为了得到理想的水分活度,常需要添加保湿剂,它们能与水结合并保持柔软可口的质构。在制备中等水分食品时,只要用较少的物质,主要是丙三醇、蔗糖、葡萄糖、丙二醇和氯化钠,就能有效地降低水分活度而同时保持良好的口感。另一方面,现代无糖糖果的制备技术也以中等水分食品的原理为基础。

12.10　稳定剂和增稠剂

很多亲水胶体(hydrocolloid)物质因具有独特的质构、结构和功能性质而在食品中得到广泛使用,它们能稳定乳状液、悬浮液和泡沫,通常还具有增稠性。这些物质大部分取自天然来源(有时将它们称为胶),其中有些物质还需经过化学改性以得到理想的特性。很多稳定剂和增稠剂是多糖,如阿拉伯胶、瓜尔豆胶、羧甲基纤维素、卡拉胶、琼脂、淀粉和果胶。这些物质及相关的碳水化合物的化学性质已在第 3 章中加以讨论。明胶是由胶原衍生而成的蛋白质,它是很少几种非碳水化合物稳定剂中的一种,已在食品中得到广泛使用,在第 5 章中已经讨论过。所有有效的稳定剂和增稠剂均为亲水物质,它们以胶体分散于溶液中,因此被称为亲水胶体。有效的亲水胶体的共同特性包括在水中有显著的溶解度、具有增加黏度的能力以及在某些场合具有形成凝胶的能力(详见第 3 章)。亲水胶体的某些特殊功能包括改善食品的质构、抑制结晶(糖和冰)生成、稳定乳状液和泡沫、改善焙烤食品的糖霜(降低其对牙齿的黏附)以及风味物质的胶囊化[31]。由于很多亲水胶体的分散性有限,而且在约 2%或更低浓度时也具有理想的功能性质,所以亲水胶体常以上述浓度使用。亲水胶体的很多应用效果直接取决于它们增加黏度的能力。例如,正是这种机制,亲水胶体才能稳定水包油乳状液。它们的单个分子并不同时具备较强的亲水性和亲油性,因此,不能作为真正的乳化剂。

12.11　脂肪代用品

虽然脂肪是一个必需的食物组分,但是膳食中太多的脂肪通常与心血管病和某些癌症的高风险性相关。消费者常被忠告食用瘦肉、特别是鱼和去皮的鸡肉及低脂乳品和限制食用油炸食品、高脂焙烤食品、调味汁及色拉酱。然而,消费者在期望食品中的热量能大幅度降低的同时,又期望这些食品具有传统高脂食品的感官性质。

虽然采用复杂技术所制备食品的上市量越来越多,使得在发达国家中食品的脂肪过量,但是也提供了机会去开发为制造和大量销售低脂食品所需要的技术,当然这些食品必须与它们相当的高脂食品相似。在过去的20年中,在改性和开发能用于低脂食品的配料方面取得了重大的进展。推荐的可用于各种低脂食品的配料包括多种类型,它们由几类化学物质制得,即碳水化合物、蛋白质、脂类和纯合成化合物。

当从食品中部分或完全除去脂肪时,食品的性质也发生了变化,完全有必要用一些其他的配料或组分取代脂肪。因此,术语"脂肪替代品"被用来概括地指明具有这方面功能的配料。如物质能提供与脂肪相同的物理和感官性质,而没有热量,则它们被定义为"脂肪替代物"。这些配料一方面在食品中传达类似脂肪的感官性质,另一方面在各种应用如油炸食品中显示它们的物理性质。

其他不完全具有与脂肪相当功能的配料被称为"脂肪模拟物",这是因为它们在某些应用中能模仿脂肪所产生的效果。脂肪模拟物的一个实例为模仿由脂肪给予某些高脂肪焙烤产品的假湿性。某些物质,如特殊改性的淀粉能提供理想的、类似脂肪的性质,后者实际是通过填充和水分保留而造成的感官性质。

12.11.1　碳水化合物类脂肪模拟物

适度加工的淀粉、胶、半纤维素和纤维素按许多形式被使用在低脂食品以产生部分的脂肪功能性质,这些物质的化学性质已在第 3 章、12.9 和 12.10 进行了讨论。读者也可以从最近发表的综述[2,37]中找到有关它们在低脂食品中应用的额外信息。一般而言,一些碳水化合物脂肪模拟物基本上不提供热量(例如胶和纤维素),而其他则产生 16.7kJ/g 以下(例如改性淀粉)而不是传统脂肪的 37.6kJ/g 的能量。这些物质模仿食品中脂肪的润滑和奶油感主要是通过水分的保留和它们固形物的填充而实现,后两者有助于产生似脂肪感觉,如在焙烤食品中的润湿感和冰淇淋的质构感。

12.11.2　蛋白质类脂肪模拟物

已经将几种蛋白质(详见第 5 章)开发成脂肪类似物[39],并已获美国 GRAS 批准。然而,由于这些蛋白质在高温如油炸温度下并不能表现出类似脂肪的性质,因此,它们作为脂肪类似物的功能非常有限。然而,这些蛋白质(16.7kJ/g)配料对于取代食品尤其是水包油乳状液中的脂肪很有价值。对于这些应用,可以将脂肪类似物制成各种微粒(直径＜3μm),它们通过模拟一种类似于柔性滚珠轴承的方式模拟脂肪的物理性质。溶液中的蛋白质也提供了增稠、润滑和粘嘴的效果。明胶在低脂、固体产品(如人造奶油)中有着十分显著的功能,此时它提供了在制造中所需的热可逆胶凝作用,尤其是使人造奶油块具有稠度。

制造蛋白质脂肪类似物涉及几种策略,而每一种策略都是采用可溶性蛋白质作为起始物质。通过下面的处理从可溶性蛋白质获得颗粒状蛋白质:①疏水相互作用;②等电点沉淀;③热变性和/或凝结;④蛋白质-蛋白质络合物形成;⑤蛋白质-多糖络合物形成[39]。这些处理往往伴随物理剪切作用,它保证了微粒的形成。

12.11.3 低热量合成甘油三酯类脂肪取代物

由于独特的结构性质,当人和其他单胃动物食用某些甘油三酯(详见第4章)时并不产生完全的热量,因此最近食品界已利用了这些甘油三酯的优点。采用氢化和直接酯化或酯交换可以合成这种类型的各种甘油三酯。其中之一为中等链长的甘油三酯(MCTs),长期以来采用这种脂来治疗一些脂代谢紊乱者。MCTs由链长$C_6 \sim C_{12}$的饱和脂肪酸组成,它们提供约34.7kJ/g,而通常的甘油三酯热量值为37.6kJ/g[34]。

将短链饱和脂肪酸($C_2 \sim C_5$)和长链饱和脂肪酸($C_{14} \sim C_{24}$)一起并入甘油三酯分子是另一种策略,这样一般能显著减少热量。热量减少的部分原因是短链脂肪酸按单位质量计产生的热量比长链少;此外,长链脂肪酸在甘油分子中的位置显著影响长链脂肪酸的吸收。短链和长链饱和脂肪酸结合位置的某些组合可使长链脂肪酸的吸收率降低50%以上(详见第4章)。

根据上述原理,最近已开发出一组商品名为Salatrim(短链和长链甘油三酯)的甘油三酯[52]。Salatrim(XVI)是甘油三酯的混合物,主要由氢化植物油获得的硬脂酸(C_{18})作为长链脂肪酸,以各种比例的己酸、丙酸和丁酸(分别为C_2、C_3和C_4)作为短链脂肪酸。研究者已能制备从19.6~21.3kJ/g热量的各种Salatrim产品,并能控制脂肪酸组成以获得期望的物理性质(如熔点)。

Salatrim异构体(XVI)
(1–丙酰基–2–丁酰基–3–硬脂酰基–*sn*–甘油)

辛酸癸酸二十二碳酸甘油酯(Caprenin)是一种类似合成低热甘油三酸酯[热量约20.9kJ/g]产品的商品名称,它含有中等链长脂肪酸己酸(C_6)、癸酸(C_{10})以及长链脂肪酸二十二烷酸(C_{22})。Caprenin已用于块状糖中。己酸和癸酸从椰子油和棕榈油制得,而二十二酸从氢化海鱼油、氢化菜籽油和花生油制得。花生油含有约3%二十二烷酸,而菜籽油含有约35%芥酸($C_{22:1}$),后者通过氢化被转化成二十二烷酸。海鱼油常含有10%以上的二十二碳六烯酸(DHA),后者也能通过氢化被转化成二十二烷酸。

12.11.4 合成脂肪替代品

已经发现大量的合成化合物具有脂肪模拟物或替代物的性质[1,2]。其中许多含有类似甘油三酯的结构和官能团,如trialkoxycarballate,与常规的脂肪相比,它们实际上含有逆向酯基(即前者是甘油被酯化至脂肪酸,而后者是三羧酸被酯化至饱和醇)。由于这些化合物为人工合成,因此能抵抗酶的水解,在肠内不能被消化。这些化合物的使用很难获得美国FDA的批准,因此这些化合物在食品中的真正作用仍然存在着疑问。

12.11.4.1 聚葡萄糖

虽然可以将聚葡萄糖(ⅩⅦ)作为低热量的碳水化合物填充剂使用,但是它在一些应用中的性能可视为一种脂肪类似物。由于聚葡萄糖仅产生 4.18kJ/g 热量,因此它是一种有吸引力的具有双重功能的食品配料,即既能减少热量又能取代脂肪。目前,制造聚葡萄糖(商品名为 Litesse)方法是随机聚合葡萄糖(90%以上)、山梨醇(2%以下)和柠檬酸,它含有少量葡萄糖单体和1,6-脱水葡萄糖[2]。为了使产品具有合适的溶解度,应将聚葡萄糖聚合物的相对分子质量控制在 22000 以下。

聚葡萄糖（ⅩⅦ）

12.11.4.2 蔗糖聚酯

蔗糖聚酯(ⅩⅧ)是由一类由蔗糖分子上的两个或多于八个的可用羟基通过酯化作用形成的物质[1]。一些蔗糖聚酯可以在自然界中发现,例如在一些植物叶子的蜡质表层。蔗糖聚酯的商业化制造过程是通过蔗糖和天然来源的脂肪酸的酯化作用,所形成的极性和熔点特性取决于所选用的脂肪酸和酯化度。蔗糖聚酯的低酯化度使其具有两性特征,使它可作为乳化剂。完全酯化的,特别是和长链脂肪酸酯化的蔗糖分子是亲油、不易被消化、不易被吸收的 ,因而具有普通脂肪的物理和化学性质。

虽然蔗糖聚酯的使用并不广泛,但是自从 1983 年被批准在美国可作为乳化剂用于食品中以来,健康问题上一直存在很少的争议。这是因为只有少量的蔗糖聚酯被作为乳化剂使用,而且因为它们较低的酯化程度也使得很容易被消化。另外,相信蔗糖聚酯脂肪替代品(八酯:商业名 Olestra 和 Olean)是安全的,且在二十多年的健康和安全方面研究之后,于 1996 年被美国 FDA 通过批准为速食食品(例如,薯片和玉米脆片)的一种工业化干燥介质限量使用。引起蔗糖聚酯脂肪替代品被批准限量使用的主要健康问题是更多关于脂溶性维生素和微量营养元素的吸收围中冲突问题,以及由过量类脂蔗糖聚酯在消化道过量吸收而造成的痢疾及紊乱。

蔗糖聚酯异构体（XⅧ）

12.12   咀嚼物质

咀嚼物质使口香糖具有长时间持续的柔韧性质。这些物质既可以是天然产物也可以是有机合成产物，两者都很难降解。合成的咀嚼物质常通过 Fischer-Tropsch 过程制备，在这个过程中，一氧化碳、氢气和催化剂参与了反应，随后除去低分子质量化合物，再将产物氢化制取合成的链状烷烃[10]。化学改性的咀嚼物质可通过松香的部分氢化，随后与季戊四醇或甘油酯化制得，松香的主要成分是二萜类化合物。与合成橡胶类似的其他聚合物也被用作咀嚼物质，它们由乙烯、丁二烯或乙烯基单体制备得到。

用于口香糖的咀嚼基质大部分直接来自植物胶。植物胶必须经过加热、离心和过滤等方法纯化。糖胶树脂（chicle）来自山榄科（Sapotaceae）植物人心果，Gutta Katiau 产的树胶则来自胶木属（Palaquium）植物，胶乳固体（天然橡胶）来自三叶橡胶树（Henea brasiliensis），这些天然的咀嚼物质已得到广泛的应用。

12.13   组织硬化剂

植物组织经热加工和冷冻常会软化，这是因为纤维结构发生了改变。这些组织的坚固性和完整性取决于细胞的完整和细胞壁组分间牢固的分子键合。果胶物质（详见第 3 章和第 16 章）通过分子中游离羧基与多价阳离子的交联作用使植物组织具有坚固的结构。尽管天然存在数量可观的多价阳离子，但还常常添加钙盐（0.1%～0.25%，以钙计）。由于较不溶的果胶酯酸钙盐和果胶酸钙盐数量的增加,加强了交联,从而增加了坚硬度。这些稳定的结构支撑了组织,即使经过热加工,组织仍能保持完整性。包括番茄、浆果和苹果片在内的各种水果在罐装及冷冻前常添加一种或几种钙盐以增加坚硬度。最常用的钙盐包括氯化钙、柠檬酸钙、硫酸钙、乳酸钙和磷酸一钙。大部分钙盐略溶于水,有些钙盐在高浓度时还有苦味。

在发酵盐渍酸菜中添加酸性铝盐,使酸黄瓜比无铝盐加工产品更脆、更坚硬一些,常用的铝盐为硫酸铝钠[$NaAl(SO_4)_2 \cdot 12H_2O$]、硫酸铝钾、硫酸铝铵和硫酸铝[$Al_2(SO_4)_3 \cdot 18H_2O$]。三价铝离子与果胶物质形成的络合物与产品的松脆有关,但一些研究证明硫酸铝对新鲜包装或巴氏杀菌的酸菜产生软化作用,所以,不应将它们用于这些产品中[14]。软化的原因仍不清楚,但硫酸铝抵消了通常用乙酸和乳酸调节 pH 至 3.8 左右所产生的使产品坚硬的效果。

在加工过程中,不直接使用添加剂也能控制某些果蔬的坚硬度和质构。例如,果胶甲酯酶经低温热烫(70~82℃,3~15min)被激活,而经通常的热烫 (88~100℃,3min) 则失活。低温热烫后的坚硬程度可通过控制在加压杀菌前的放置时间而达到[57]。果胶甲酯酶水解果胶羧基上酯化了的甲醇 (有时被称为甲氧基),并产生果胶酯酸和果胶酸。含游离羧基较少的果胶不能牢固地结合,加之它们具有水溶性,所以能从细胞壁上迁移出来。另一方面,果胶酯酸和果胶酸具有大量游离的羧基,它们的水溶性较低,特别在钙离子(无论是内源还是外加)存在时更是如此。因而,果胶酯酸和果胶酸在加工过程中能保留在细胞壁上,并产生坚硬的质构。在食荚菜豆、马铃薯、菜花和酸浆果中都曾发现过由于果胶甲酯酶的活性而产生的坚硬作用。酶的激活与添加的钙离子一起,可产生额外的坚硬效果。

12.14 外观控制—澄清剂

饮料的外观是影响顾客接受产品的重要因素,因此控制这些产品胶体颗粒的悬浮或其他物质的分散度是很重要的考虑因素。在一些情况下,可以通过离子结合和增加黏度以降低沉淀来改变物理性状。在用巧克力固体丰富风味的巧克力乳的生产中,把卡拉胶(详见第 3 章)加到牛乳中正是这样的例子。而在其他情况下,仅通过增加黏度来稳定液态食品和饮料的做法不切实际。在这种情况下,改变分散相的密度可以为稳定产品的性状提供一种方便的方法。

将调味油分散在软饮料中,特别是含有柑橘油的(萜烯,详见第 11 章)软饮料,通过增加柑橘油的密度(sp. gr. 0. 85~0. 90g/cm³)以接近体相糖−水相的密度(sp. gr. 1. 04~1. 05g/cm³)来维持其浊度。历史上,通过溶解少量的溴化植物油(sp. gr. 1. 23~1. 33g/cm³)到柑橘油中可以达到这个目的。溴化植物油通过不饱和的植物油和溴的反应制备(图 12.24)。但是由于应用了内含毒性的物质,选择性加权剂常代替溴化植物油应用在柑橘风味油中。替代品包括硬树胶(约 1. 05g/cm³),它从苏木科(*Caesalpinaceae*)和龙脑香科属(*Dipterocarpacea*)的灌木分泌物中获得;以及酯胶,例如由木松香制得的木松香甘油酯 (sp. gr. 约 1. 05 g/cm³;XIX)。乙酸异丁酸蔗糖酯(sp. gr. 1. 10~1. 14g/cm³;XX)是一种合成的蔗糖聚酯,也被广泛应用。作为对照,当结合到豆油并分散在标准水包油乳化液中时,在豆油中加权剂的等密度(与水)浓度(质量%)对溴化植物油、乙酸异丁酸蔗糖酯、硬树胶和酯胶分别是 25、45、55 和 55[7]。

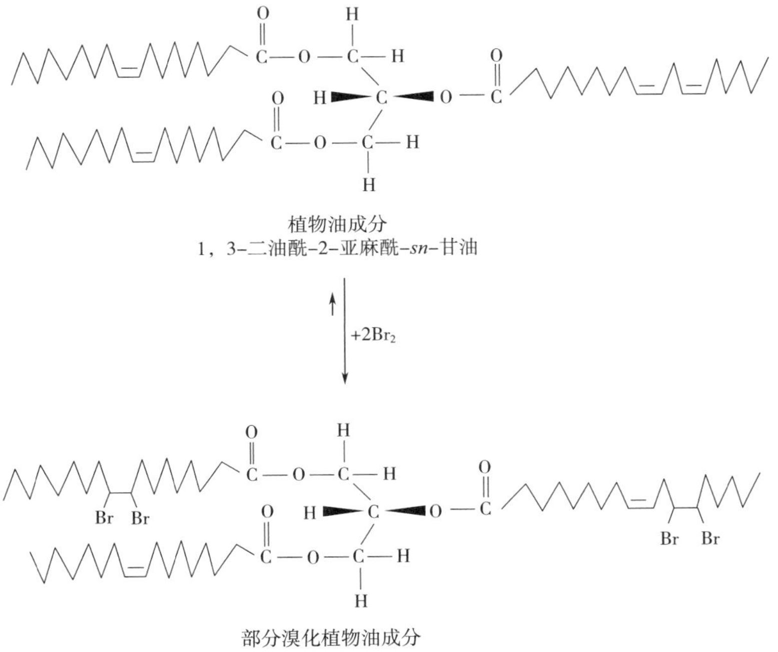

植物油成分
1,3-二油酰-2-亚麻酰-sn-甘油

+2Br₂

部分溴化植物油成分

图 12.24　用于制备溴化植物油的反应

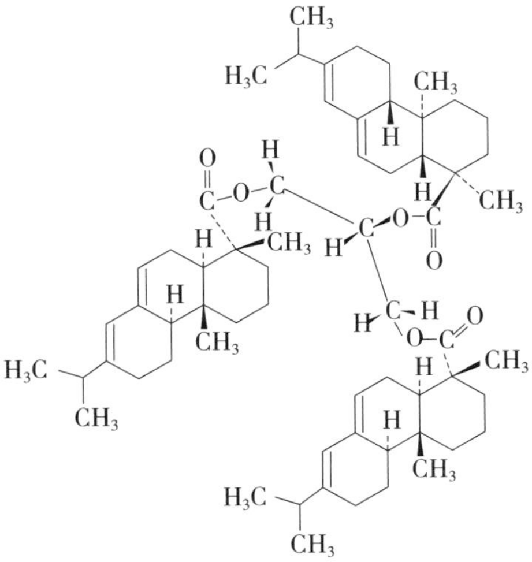

木松香甘油酯(ⅩⅨ) 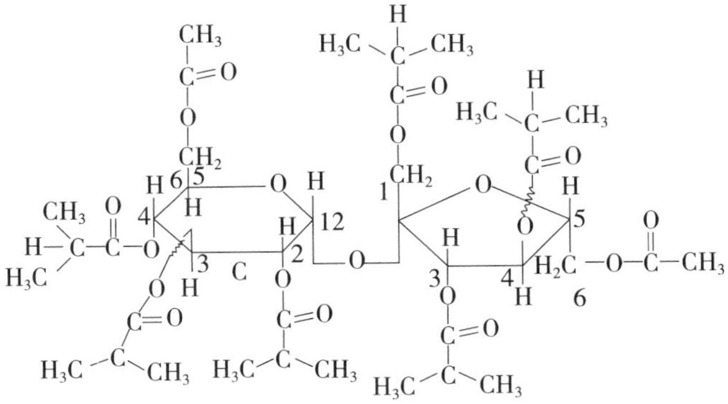　　　　乙酸异丁酸蔗糖酯(ⅩⅩ)

啤酒、葡萄酒和多种果汁长期存在的问题是浑浊或沉淀以及氧化变质。天然存在的酚类物质常与此有关。我们已在第 10 章中讨论了这一类重要化合物的化学性质,包括花青素、类黄酮、原花色素和单宁等化合物的化学性质。蛋白质和果胶物质与多酚类化合物一起参与形成了能产生浑浊的胶体。用一些特殊的酶部分水解高分子质量的蛋白质(详见第6章),从而减少浑浊的生成。然而,在有的场合,酶活性过高会对其他理想的性质产生不良影响,例如在啤酒中产生泡沫。

为了控制这些有利的和不利的影响,需调节多酚类化合物的组成,其重要的手段就是利用各种澄清剂和吸附剂。利用硅藻土类助滤剂至少可部分地消除加工初期形成的浑浊。人们采用的澄清剂多是非选择性的,它们对多酚类化合物含量的影响多少有些偶然。被吸附物质的溶解度最小时,吸附常最大,悬浮物或几乎不溶的物质,如单宁-蛋白质复合物,具有在任何界面聚集的倾向。当吸附剂活性增加时,微溶物质仍被优先吸附,但更易溶物质也被吸附。

膨润土是一种脱蒙土,它是很多用作澄清剂的相似的和中等效果矿物质的代表。脱蒙土是一种复杂的具有可交换阳离子(常是钠离子)的水合硅酸盐。在水相悬浮液中,膨润土成为不溶的硅酸盐片状小颗粒。膨润土小粒带一个负电荷,还具有$750m^2/g$的很大表面积。膨润土是一种选择性的蛋白质吸附剂,很明显这种吸附是由蛋白质的正电荷与硅酸盐的负电荷相互吸引的结果。被吸附蛋白质所覆盖的硅酸盐颗粒会再吸附某些酚类单宁,后者和蛋白质一起被吸附[51]。膨润土作为澄清剂用于葡萄酒,以防止蛋白质沉淀。当其用量为每37854L酒中添加几磅时,可使葡萄酒中蛋白质含量从50~100mg/L降低至小于10mg/L的稳定水平。膨润土可很快形成极其致密的沉淀,通常再用过滤除去沉淀。

能选择性地亲和单宁、原花色素和其他多酚类化合物的重要澄清剂包括蛋白质和某些合成树脂,如聚酚胺和聚乙烯吡咯烷酮(PVP)。在饮料澄清中,最常用的蛋白质是明胶和鱼胶(由鱼的鳔加工制得的)。单宁与蛋白质间最重要的连接形式(虽说不是唯一形式)似乎是酚类的羟基与蛋白质酰胺间的氢键。苹果汁中加入少量明胶(每40~170g/380L)能使明胶单宁复合物聚集、沉淀,同时捕集和清除其他悬浮固体。明胶的确切用量必须在加工时确定。多酚类化合物含量低的果汁可补加单宁或单宁酸(0.005%~0.01%),以促进明胶的絮凝作用。

明胶和其他水溶的澄清剂在低浓度时有保护胶体的作用,在较高浓度时则引起沉淀,而在更高浓度时又不产生沉淀。胶体澄清剂和水分子间的氢键决定了它们的溶解性。澄清剂和多酚类化合物的分子能以不同的比例结合成中性分子或者增强胶体颗粒的水合作用和溶解性。当水和蛋白质或多酚类之间大部分氢键近乎完全断裂时,沉淀极为彻底。这种情况发生在溶解的澄清剂数量大致上等于被除去单宁的质量时。

合成树脂(聚酰胺和聚乙烯吡咯烷酮)可以用来防止葡萄酒的褐变[6]以及除去啤酒的沉淀[12]。这些聚合物有水溶和水不溶两种形式。然而,由于饮料中要求没有或者几乎没有聚合物残留,因而促使人们采用水不溶的高分子质量交联型聚合物。合成树脂在酿造工业中特别有用,这是因为由冷藏引起的可逆浑浊(冷藏浑浊)和永久浑浊(与氧化风味的产生有关)都是酿造制品的严重问题。这些浑浊是由麦芽中的蛋白质与原花色素络合产生的。蛋白质清除过多会使产品缺少泡沫,而选择性地除去多酚类化合物能提高啤酒的稳定性。起初,人们采用聚酰胺(尼龙66),但交联的聚乙烯吡咯烷酮(PVP)(XXI)要比聚酰胺有效得多。每100桶啤酒经1.4~2.3kg不溶的PVP处理,其冷藏浑浊能得到控制,它的贮藏稳定性也有改善[12]。在发酵后、过滤前加入 PVP,它会很快吸附多酚类化合物。与膨润土在优先吸附蛋白质的同时除去了一些单宁相同的是,选择性的单宁吸附剂在吸附多酚类物质时也除去一些蛋白质。

聚乙烯吡咯烷酮（XXI）

除上述已讨论的吸附剂外,活性炭和一些其他物料也得到使用。活性炭的活性很强,但是当它吸附那些能导致浑浊的较大分子时,还吸附了数量可观的较小分子(风味化合物与色素)。单宁酸(单宁)则被用来沉淀蛋白质,但它的添加有可能引起前面已提到的不良影响。其他低溶解度蛋白质(角蛋白,酪蛋白和玉米醇溶蛋白)和可溶性蛋白质(酪蛋白酸钠、蛋清和血清白蛋白)也具有选择性吸附多酚类化合物的能力,但它们尚未得到广泛的使用。

12.15　面粉漂白剂和面包改良剂

刚磨制的小麦面粉具有浅黄色泽,用它们制成的发黏面团很难处理,焙烤性质也不理想。这种面粉经过贮藏,其色泽渐渐变白并经过老化或成熟过程,该过程改善了它的焙烤性质。通常,用化学处理可以加速这种天然过程[54],还可使用其他添加剂来增强酵母的膨松活性以及推迟老化的发生。

面粉漂白的主要原因是类胡萝卜素的氧化,其结果为类胡萝卜素共轭双键断裂成共轭较少的无色化合物。氧化剂对面团的改良作用被认为是涉及面筋蛋白质中巯基的氧化。人们采用的氧化剂可能仅参与漂白,或同时参与漂白和面团改良,也可能仅参与面团改良。常用的面粉漂白剂是过氧化苯酰[(C_6H_5CO)$_2O_2$],它具有漂白或脱色作用,但对焙烤性质并无影响。氯气(Cl_2),二氧化氯(ClO_2)、亚硝酰氯($NOCl$)和氮的氧化物(二氧化氮 NO_2;四氧化二氮 N_2O_4)[43]则既是漂白剂又是改良剂。这些氧化剂是气态的,当它们与面粉接触时,立即发生作用。主要用作面团改良剂的氧化剂并非在面粉阶段而是在面团阶段起作用,属于这类的有溴酸钾（$KBrO_3$）、碘酸钾（KIO_3）、碘酸钙[$Ca(IO_3)_2$]和过氧化钙（CaO_2）。

过氧化苯酰通常以 0.025%~0.075% 的比例在碾磨时添加于面粉之中。过氧化苯酰是粉末状的,通常,它与诸如硫酸钙、碳酸镁、磷酸二钙、碳酸钙和磷酸铝钾这样的稀释剂或稳定剂一起添加。过氧化苯酰是一种自由基引发剂（详见第 4 章）,添加后需要几小时才分解产生引发类胡萝卜素氧化所需的自由基。

用于面粉的气体氧化剂的漂白效果各不相同,但它们都能有效地改善面粉的焙烤性质。用二氧化氯处理面粉仅略微改变面粉的色泽,但用处理过的面粉所制成的面团的性质却得到改善。氯气(常含少量亚硝酰氯)被广泛地用于软麦蛋糕粉的漂白和改良。氯气氧化产生盐酸并略微降低了 pH,因而改善了蛋糕的焙烤性质。由空气通过一个强大的电弧而产生的四氧化二氮（N_2O_4）和其他氮的氧化物只是具有中等效力的漂白剂,但经它们处理的面粉却有良好的焙烤性质。

以面团改良为主要功能的氧化剂在面粉厂添加于面粉中（10~40mg/L）。然而,人们常将它们与很多无机盐放在一起制成面团性质改良混合剂后,在焙烤食品厂添加。溴酸钾是一种氧化剂,它常作为面团改良剂,当酵母发酵将面团的 pH 降低至足以激活溴酸钾时,它才开始作用。因此,在加工过程中,溴酸钾的作用相当迟,从而使面包体积增加,匀称性提高,面包心和面包质构也得到改善。

早期的研究者认为,由氧化剂处理引起的焙烤性质改良的原因是面粉中的蛋白酶受到抑制,而现在人们认为面团改良剂在适当时间内可氧化面筋中的巯基（—SH）,从而产生大量分子间的二硫键（—S—S—）。这种交联使面筋蛋白质膜形成了薄而坚韧的蛋白质网络,后者能包含气泡供面团发松。于是形成了坚韧的、更干燥的、更能延伸的面团,从而改良了最终产品的性质。必须避免面粉的过度氧化,否则会使面包心变得灰白,纹理不规则和面包体积减小。

将少量大豆粉添加于制作酵母膨松面团的小麦粉已很普遍。添加大豆脂肪氧合酶（详见第 4 章和第 6 章）是激发类胡萝卜素的自由基氧化的很好方法[15]。大豆脂肪氧合酶的添加还大大改善了面团的流变性质,其机制迄今尚不明了。尽管有人认为脂类的氢过氧化物参与面筋巯基的氧化,但有证据表明,其他蛋白质-脂类的相互作用也参与了由氧化剂引起的面团品质的改良[15]。

面团性质改良剂中的无机盐包括氯化铵（NH_4Cl）、硫酸铵[$(NH_4)_2SO_4$]、硫酸钙（$CaSO_4$）、磷酸铵[$(NH_4)_3PO_4$]和磷酸氢钙（$CaHPO_4$）。人们将它们加入面团以促进酵母的生长以及帮助控制 pH。铵盐的主要作用在于为酵母生长提供氮源。磷酸盐是通过产生略低于正常 pH 的缓冲体系而改进了面团性质;当供水为碱性时,这点显得特别重要。

在焙烤工业中,其他类型的物料也被用作面团改良剂。低用量(最高至 0.5%)的硬脂酰-2-乳酰乳酸钙{[$C_{17}H_{35}COOC(CH_3)HCOOC(CH_3)HCOO]_2Ca$}(图 12.25)和类似的乳化剂能改善面团的混合性质以及增加面包体积[56]。在焙烤工业中,还用亲水胶体提高面团的持水能力和改变面团和焙烤产品的其他性质[34]。其中效果最好的是卡拉胶、羧甲基纤维素、角豆胶和甲基纤维素。甲基纤维素和羧甲基纤维素能延迟面包的老化和变味,在贮藏过程中,它们能防止水分向面包表面迁移。卡拉胶(0.1%)可使甜面团制品的内部质构松软。在炸面圈中加入某些亲水胶体(如0.25%羧甲基纤维素)能显著地减少煎炸时吸收的脂肪量。此效应显然是因为面团性质的改良以及炸面圈表面形成更有效的水合阻隔才产生的。

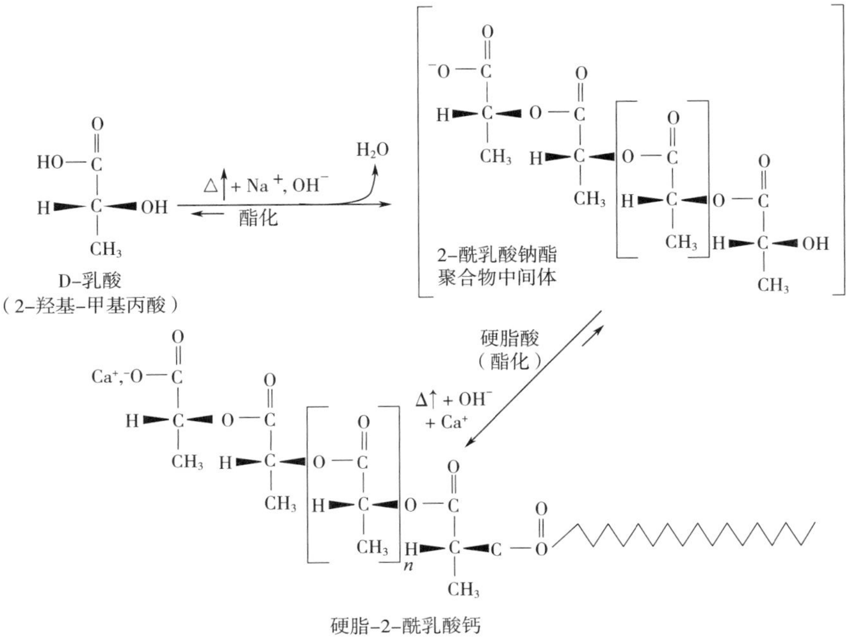

图 12. 25 用于制备硬脂酰-2-乳酰乳酸盐乳化剂的反应

12. 16 抗结剂

某些调节剂可用来保持颗粒状和粉末状吸湿性食品的自由流动。它们一般通过下列方式起作用:吸收过量的水分、涂覆在颗粒外使其一定程度地排斥水和提供不溶于水的特殊稀释剂。常用硅酸钙（$CaSiO_3 \cdot XH_2O$）来防止发粉(<5%)、食盐(<2%)和其他食品、食品配料的结块。硅酸钙细粉在吸收本身质量2.5倍的液体后仍能保持分散。除了吸收水以外,硅酸钙还能有效地吸收油和其他非极性的有机化合物。这种特性使它在粉末状复杂混合物和某些含有游离精油的香料中效果良好。

从牛油制得的食品级长链脂肪酸钙盐和镁盐可用于脱水蔬菜制品、食盐、洋葱盐和大蒜盐以及粉末状的各种食品配料与混合物中。粉末状食品中常添加硬脂酸钙以防止结块,促进加工时的流动,还能使最终产品在货架期避免结块。硬脂酸钙在水中基本不溶,但能很好地黏着颗粒,从而为颗粒提供了部分疏水的涂层。工业用硬脂酸盐粉末具有高密度[约320.37/(kg/m^3)]和很大的表面积,所以,将它们作为调节剂使用(0.5%~2.5%)在经济上也是合理的。在压制片状糖果时,硬脂酸钙还能用作脱模润滑剂(1%)。

在食品工业中使用的其他抗结剂包括硅铝酸钠、磷酸三钙[$Ca_3(PO_4)_2$]、硅酸镁和碳酸镁。它们在水中基本不溶,而吸收水分的能力则互不相同。它们的用量与其他抗结剂类似(如糖粉中硅铝酸钠用量约为1%)。人们用微晶纤维素粉末防止切碎的干酪再结成块。有的抗结剂可以被代谢(淀粉和硬脂酸盐),有的在其用量水平不显毒性[19]。

12.17 气体和气体推进剂

活泼气体和惰性气体都在食品工业中起着重要的作用。例如,氢气用于不饱和脂肪酸的氢化(详见第4章),氯气用于面粉漂白(详见本章的漂白剂和面团改良剂节)和设备消毒,二氧化硫用于抑制干果的酶促褐变(详见本章的亚硫酸和二氧化硫节),乙烯用于水果催熟(详见第16章),环氧乙烷用于香料的杀菌(详见本章的环氧化合物节)以及空气用于氧化成熟的橄榄以产生色泽。本节中我们将讨论基本上是惰性的气体在食品工业中的应用。

12.17.1 防止氧气的作用

在某些加工过程中,人们用惰性气体来排除氧气,如用氮气或二氧化碳充满食品的上部空间,或向液体中鼓泡,或在加工过程中或加工后将产品包封起来。二氧化碳并非完全无化学影响,由于它溶于水,因而在有的食品中产生一种强烈的碳酸味。在很多加工过程中,由于二氧化碳能在产品上面形成一种致密的较空气重的气体覆盖物,因而受到人们的重视。氮气的覆盖必须先通过喷吹,随后保持系统中有一个小的正压力,以免空气扩散进入系统。产品经彻底排气、氮气喷吹和随后的密封能提高抗氧化败坏的稳定性[30]。

12.17.2 充碳酸气

向液体产品充入二氧化碳可保持气泡,冲鼻,微酸并略有感官刺激,例如充气软饮料、啤酒、某些葡萄酒和果汁。充入的二氧化碳数量及其充气方式随产品的类型而改变[30]。例如,啤酒在发酵过程中已含有一部分二氧化碳,但在装瓶前,还得进一步补充二氧化碳。通常,啤酒含有3~4倍其体积的二氧化碳[16℃,98kPa的1体积啤酒含同样温度及压力下的3~4倍体积的二氧化碳]。充碳酸气过程常在较低温度(4℃)和较高压力下进行,以增加二氧化碳的溶解度。取决于所需要达到的效果,其他充气饮料一般含有自身1.0~318倍体积的二氧化碳。在常压下,溶液中大量二氧化碳的保留需归因于胶体的表面吸附和化学结合。已经证明,在某些产品中,蛋白质和氨基酸的游离氨基与二氧化碳发生迅速、可逆的反应,生成氨甲酰基化合物。另外,碳酸(H_2CO_3)和碳酸氢根离子(HCO_3^-)也有助于二氧化碳体系的稳定。啤酒中二氧化碳的自发释放(即喷涌)与微量金属杂质有关,还与可成为气泡中心的草酸盐结晶的存在有关。

12.17.3 气体推进剂

一些液体食品从加压密封气溶胶的容器压出,其形式有液体、泡沫或喷雾。由于气体推进剂与食品直接接触,它们也就附带成了食品的组分。将食品压出容器的主要气体为一氧化二氮、氮及二氧化碳[30]。由于一氧化二氮和二氧化碳易溶于水,所以,在使用时它们的膨胀促成了喷雾和泡沫的形成。二氧化碳还用于软质干酪,在此类产品中,二氧化碳产生的杂味和酸味可为人们所接受。由于氮气不溶于水和脂肪,它可推出不需泡沫的液体食品(如调味番茄酱、食油和糖浆)。所有用于食品的气体都需受到控制,在21℃时它们的压力不得超过 $6.9×10^5Pa$,54℃时不超过 $9.3×10^5Pa$,在这样的条件下,气体不会液化,因而容器的大部分都被推进剂所占据。随着食品从容器中被推出,压力随之下降,这样就难以均匀和完全地将产品推出。推进剂是无毒的、不燃的和廉价的气体,通常它们不会产生不良的色泽和风味。然而,单独使用二氧化碳时,它可使某些食品产生不良味感。

液体推进剂已被开发并许可用于食品。然而,考虑到大气外层臭氧被消耗等环境问题,使得碳氟类物质的使用受到了限制。食品中许可使用八氟环丁烷(即氟利昂 C-138,$CF_2—CF_2—CF_2—CF_2$)和氯代五氟乙烷(即氟利昂 115,$CClF_2—CF_3$)。虽然这些推进剂有一定的毒性,但易燃的烃丙烷、丁烷和异丁烯仍作为植物油基气溶胶和水基乳状液烹调喷雾料的推进剂。当使用时,这些推进剂在容器中形成位于食品上部的一液层,在食品的食品空间还有一些气化的推进剂。液化推进剂能以恒定的压力将食品压出,但开始使用时必须振荡容器使内容物乳化,并在被压出容器时形成泡沫或喷雾。性能良好的喷雾气溶胶必须有恒定的推出压力。这些推进剂在其使用量的水平上没有毒性,也不会使食品产生异味。因为液化推进剂易溶于任何脂肪,因此能形成良好的泡沫,而且以能被有效地乳化。

12.18　总结

表 12.5[9,16,17,21,28,36] 所示为各种食品添加剂及它们在食品中的功能。

表 12.5　　　　　　　　　　部分食品添加剂①

类别与一般功能	化学名称	额外的或更专门的功能	来源(章)
Ⅰ.用于加工过程中的添加剂			
疏松和发泡剂	二氧化碳	充碳酸气、发泡	12
	氮气	发泡	12
	碳酸氢钠	发泡	12
消泡剂	硬脂酸铝	酵母加工	—
	硬脂酸铵	甜菜糖加工	—
	硬脂酸丁酯	甜菜糖、酵母	—
	癸酸	甜菜糖、酵母	—
	二甲基聚硅氧烷	通用	—
	二甲基聚硅酮	通用	—
	月桂酸	甜菜糖、酵母	—
	矿物质	甜菜糖、酵母	—
	油酸	通用	—

续表

类别与一般功能	化学名称	额外的或更专门的功能	来源(章)
消泡剂	羟基硬脂酸甘油酯	甜菜糖、酵母	—
	棕榈酸	甜菜糖、酵母	—
	矿脂蜡	甜菜糖、酵母	—
	二氧化硅	通用	—
	硬脂酸		—
催化剂(包括酶)	镍	脂类还原反应	4
	淀粉酶	淀粉转化	3,6
	葡萄糖氧化酶	氧清除剂	6
	脂肪酶	产生乳品风味	6
	木瓜蛋白酶	抗冷啤酒、肉嫩化剂	6
	胃蛋白酶	肉嫩化剂	6
	凝乳酶	干酪制造	6
澄清剂和絮凝剂	膨润土	吸附蛋白质	12
	明胶	络合多酚类化合物	12
	聚乙烯吡咯烷酮	络合多酚类化合物	12
	单宁酸	络合蛋白质	12
色泽控制剂	葡萄糖酸亚铁	深橄榄色	—
	氯化镁	罐装豌豆	10
	硝酸盐和亚硝酸盐(钠、钾)	腌肉	10,12
	异抗坏血酸钠	腌肉色泽增效剂	10
冷冻剂和冷却剂	二氧化碳	—	12
	液氮		—
制麦芽助剂和发酵助剂	氯化铵	酵母营养物	12
	磷酸铵	—	—
	硫酸铵	—	—
	碳酸钙	—	—
	磷酸钙	—	—
	磷酸氢钙	—	—
	硫酸钙	—	—
	氯化钾	—	—
	磷酸钾	—	—
物料加工助剂	磷酸铝	抗结块、自如地流散	12
	硅酸钙	抗结块、自如地流散	12
	硬脂酸钙	抗结块、自如地流散	12
	磷酸二钙	抗结块、自如地流散	12
	磷酸二镁	抗结块、自如地流散	12

续表

类别与一般功能	化学名称	额外的或更专门的功能	来源(章)
物料加工助剂	高岭土	抗结块、自如地流散	12
	硅酸镁	抗结块、自如地流散	—
	硬脂酸镁	抗结块、自如地流散	—
	羧甲基纤维素钠	质感、体积	12
	硅铝酸钠	抗结块、自如地流散	12
	淀粉	抗结块、自如地流散	—
	磷酸三钙	抗结块、自如地流散	12
	硅酸三钙	抗结块、自如地流散	13
	黄原胶(和其他树胶)	质感、体积	3,12
氧化-还原剂	过氧化丙酮	自由基激发剂	12
	过氧化苯甲酰	自由基激发剂	12
	过氧化钙	自由基激发剂	12
	过氧化氢	自由基激发剂	—
	二氧化硫	干果漂白	12
pH 控制剂和调节剂酸化剂	乙酸	抗微生物剂	12
(酸类)	柠檬酸	螯合剂	4,12
	富马酸	螯合剂	12
	δ-葡萄糖酸内酯	膨松剂	12
	盐酸	—	12
	乳酸	—	12
	苹果酸	螯合剂	12
	磷酸	—	12
	酒石酸钾	膨松剂	12
	琥珀酸	螯合剂	12
	酒石酸	螯合剂	12
碱性剂(碱类)	碳酸氢铵	CO_2来源	12
	氢氧化铵	—	—
	碳酸钙	—	—
	碳酸镁	—	—
	碳酸钾	CO_2来源	—
	氢氧化钾	—	—
	碳酸氢钠	CO_2来源	12
	碳酸钠	—	—
	柠檬酸钠	乳化剂盐	12
	柠檬酸三钠	乳化剂盐	12

续表

类别与一般功能	化学名称	额外的或更专门的功能	来源(章)
缓冲盐	磷酸二氢铵、磷酸氢二铵	—	12
	柠檬酸钙	—	—
	葡萄糖酸钙	—	—
	二磷酸二氢钙、磷酸氢钙	—	—
	酒石酸钾	—	—
	柠檬酸钾	—	—
	磷酸二氢钾、磷酸氢二钾	—	—
	乙酸钠	—	—
	焦磷酸氢钠	—	—
	柠檬酸钠	—	—
	磷酸钠、磷酸氢二钠、磷酸二氢钠	—	—
	酒石酸钾钠	—	—
脱模剂和防黏剂	酰基化单酰基甘油	—	4,12
	蜂蜡	—	4,12
	硬脂酸钙	—	4,12
	硅酸镁	—	4,12
	矿物油	—	—
	单酰基和二酰基甘油	乳化剂	4
	淀粉	—	3
	硬脂酸	—	4,12
	滑石	—	—
消毒剂和熏蒸剂	氯气	氧化剂	—
	溴代甲烷	昆虫熏蒸剂	—
	次氯酸钠	氧化剂	—
助滤剂和分离助剂	硅藻土	—	—
	离子交换树脂	—	—
	硅酸镁	—	—
溶剂、载体、胶囊剂	丙酮	溶剂	—
	琼脂	胶囊	3
	阿拉伯半乳聚糖	胶囊	3
	纤维素	载体	3
	甘油	溶剂	4,12
	瓜尔豆胶	胶囊	3
	二氯甲烷	溶剂	—
	丙二醇	溶剂	12

续表

类别与一般功能	化学名称	额外的或更专门的功能	来源(章)
溶剂、载体、胶囊剂	柠檬酸三乙酯	溶剂	—
清洗剂和表面清除剂	十二烷基苯磺酸钠	洗涤剂	—
	氢氧化钠	碱液去皮	—
Ⅱ.最终产品添加剂			
抗微生物剂	乙酸及其盐	细菌、酵母	12
	苯甲酸及其盐	细菌、酵母	12
	环氧乙烷	通用	12
	对-羟基苯甲酸烷基酯硝酸盐	霉菌、酵母	12
	亚硝酸盐(钠盐、钾盐)	肉毒梭状芽孢杆菌	10,12
	丙酸及其盐	霉菌	12
	环氧丙烷	通用	12
	山梨酸及其盐	霉菌、酵母、细菌	12
	二氧化硫和亚硫酸盐	通用	12
抗氧化剂	抗坏血酸及其盐	还原剂	4,8
	抗坏血酸基棕榈酸酯	还原剂	12
	BHA	自由基终止剂	4,12
	BHT	自由基终止剂	4,12
	愈创树脂	自由基终止剂	4,12
	棓酸丙酯	自由基终止剂	4,12
	亚硫酸盐和亚硫酸氢盐	还原剂	4,12
	硫代二丙酸及其酯	氢过氧化物分解剂	12
外观控制剂着色剂和色泽改良剂	胭脂树橙	干酪、黄油、焙烤食品	10
	甜菜粉	糖霜	10
	焦糖	糖果	10
	胡萝卜素	人造奶油	10
	胭脂虫提取物	饮料	10
	FD&C 绿色 No.3	薄荷果冻	10
	FD&C 红色 No.3(樱桃色)	罐装什锦水果	10
	二氧化钛	白色糖果、意大利干酪	10
	姜黄	酸菜、调味汁	10
其他外观剂	蜂蜡	上光	4
	甘油	上光	4
	油酸	上光	4
	蔗糖	结晶糖衣	3
	蜡,caranuba	上光	—

续表

类别与一般功能	化学名称	额外的或更专门的功能	来源(章)
风味料与风味改良剂			
风味料②	精油	通用	11
	香料	通用	11
	植物提取物	通用	11
	合成风味化合物	通用	—
风味增效剂	鸟苷酸二钠	肉和蔬菜	11
	肌苷酸二钠	肉和蔬菜	11
	麦芽酚	焙烤食品与甜食	11
	谷氨酸一钠	肉和蔬菜	11
	氯化钠	通用	—
水分控制剂	甘油	增塑剂、保湿剂	3,11
	金合欢树胶		—
	转化糖		3
	丙二醇		11
	甘露醇		3,11
	山梨醇		3,11
营养素、膳食增补剂			
氨基酸	丙氨酸	—	5
	精氨酸	必需氨基酸	5
	天门冬氨酸	—	5
	半胱氨酸	—	5
	胱氨酸	—	5
	谷氨酸	—	5
	组氨酸	—	5
	异亮氨酸	必需氨基酸	5
	亮氨酸	必需氨基酸	5
	赖氨酸	必需氨基酸	5
	蛋氨酸	必需氨基酸	5
	苯丙氨酸	必需氨基酸	5
	脯氨酸	—	5
	丝氨酸	—	5
	苏氨酸	必需氨基酸	5
	缬氨酸	必需氨基酸	5
矿物质	硼酸	硼的来源	9

续表

类别与一般功能	化学名称	额外的或更专门的功能	来源(章)
矿物质	碳酸钙	早餐谷类食品	9
	柠檬酸钙	玉米粉	9
	磷酸钙	强化面粉	9
	焦磷酸钙	强化面粉	9
	硫酸钙	面包	9
	碳酸钴	钴的来源	9
	氯化钴	钴的来源	9
	氯化铜	铜的来源	9
	葡萄糖酸铜	铜的来源	9
	氧化铜	铜的来源	9
	氟化钙	水的氟化	—
	磷酸铁	铁的来源	9
	焦磷酸铁	铁的来源	9
	葡萄糖酸铁	铁的来源	9
	硫酸亚铁	铁的来源	9
	碘	碘的来源	9
	碘化亚铜	佐餐盐	9
	碘酸钾	碘的来源	9
	氯化镁	镁的来源	9
	氧化镁	镁的来源	9
	磷酸镁	镁的来源	9
	硫酸镁	镁的来源	9
	柠檬酸锰	锰的来源	9
	氧化锰	锰的来源	9
	钼酸铵	钼的来源	9
	硫酸镍	镍的来源	9
	磷酸的钙盐	磷的来源	9
	磷酸钠	磷的来源	9
	氯化钾	NaCl 替代物	9
	氯化锌	锌的来源	—
	硬脂酸锌	锌的来源	9
维生素	对-氨基苯甲酸	B 族维生素的复合因素	8
	生物素	—	8
	胡萝卜素	维生素 A 源	8

续表

类别与一般功能	化学名称	额外的或更专门的功能	来源(章)
维生素	叶酸	—	8
	烟酸	—	8
	烟酰胺	强化面粉	8
	泛酸钙	B 族复合维生素	8
	盐酸吡哆醇	B 族复合维生素	8
	核黄素	B 族复合维生素	8
	盐酸硫胺素	维生素 B_1	8
	生育酚乙酸酯	维生素 E_1	8
	维生素 A 乙酸酯	—	8
	维生素 B_{12}		—
	维生素 D		8
其他营养素	盐酸甜菜碱	膳食增补剂	8
	氯化胆碱	膳食增补剂	8
	肌醇	膳食增补剂	8
	亚油酸	必需脂肪酸	4
	芸香苷	膳食增补剂	8
螯合剂	柠檬酸钙	—	12
	EDTA 二钠钙盐	—	12
	葡萄糖酸钙	—	—
	二磷酸二氢钙	—	—
	柠檬酸	—	12
	EDTA 二钠盐	—	12
	磷酸	—	12
	柠檬酸钾	—	—
	磷酸二氢钾、磷酸氢二钾	—	—
	焦磷酸氢钠	—	9,12
	柠檬酸钠	—	12
	葡萄糖酸钠	—	—
	六偏磷酸钠	—	—
	磷酸二氢钠,磷酸氢二钠,磷酸钠	—	—
	酒石酸钾钠	—	—
	酒石酸钠	—	—
	三聚磷酸钠	—	9,12
	酒石酸	—	—

续表

类别与一般功能	化学名称	额外的或更专门的功能	来源（章）
比重控制剂	溴化植物油	提高油滴的密度	12
表面张力控制剂	硫代琥珀酸钠二辛酯	—	—
	牛胆提取物	—	—
	磷酸氢二钠	—	—
甜味剂			
无营养甜味剂	Acesulfame K	—	11,12
	糖精铵	—	11,12
	糖精钙	—	11,12
	糖精	—	11,12
	糖精钠	—	11,12
营养甜味剂	L-天冬氨酰-L-苯丙氨酸甲酯	—	11,12
	葡萄糖	—	3
	山梨醇	—	3,12
质构和稠度控制剂			
乳化剂和乳化盐	硬脂酰-2-乳酰乳酸钙	干蛋白,焙烤食品	4,12
	胆酸	干蛋白	4
	脱氧胆酸	干蛋白	4
	硫代琥珀酸钠二辛酯	通用	—
	脂肪酸($C_{10} \sim C_{18}$)	通用	4
	脂肪酸的乳酸酯	起酥	4,12
	磷脂	通用	4
	单酰基和二酰基甘油	通用	4
	牛胆提取物	通用	—
	聚甘油酯	通用	12
	聚氧乙烯山梨糖醇酐酯	通用	4,12
	丙二醇一酯,二酯	通用	4
	磷酸钾	干酪加工	12
	聚偏磷酸钾	干酪加工	—
	焦磷酸钾	干酪加工	12
	硫酸铝钾	干酪加工	12
	柠檬酸钠	干酪加工	12
	偏磷酸钠	干酪加工	12
	磷酸氢二钠	干酪加工	12
	磷酸二氢钠	干酪加工	12
	磷酸钠	干酪加工	12

续表

类别与一般功能	化学名称	额外的或更专门的功能	来源(章)
质构和稠度控制剂			
乳化剂和乳化盐	焦磷酸钠	干酪加工	12
	山梨糖醇酐单油酸酯	食品	4
	山梨糖醇酐单棕榈酸酯	分散风味	4
	山梨糖醇酐单硬脂酸酯	通用	4
	山梨糖醇酐三硬脂酸酯	糖果涂层	4
	硬酯酰-2-乳酰乳酸酯	焙烤食品的起酥	4
	硬酯酰单甘油柠檬酸酯	起酥	4
	牛磺胆酸(盐)	蛋白	4
组织硬化剂	硫酸铝	腌菜	12
	碳酸钙	通用	12
	氯化钙	罐装番茄	12
	柠檬酸钙	罐装番茄	12
	葡萄糖酸钙	苹果片	12
	氢氧化钙	水果制品	12
	乳酸钙	苹果片	12
	二磷酸二氢钙	罐装番茄	12
	硫酸钙	罐装马铃薯、番茄	12
	氯化镁	罐装豌豆	—
膨松剂	酸式碳酸铵	CO_2来源	12
	磷酸氢二胺	—	12
	磷酸钙	—	12
	δ-葡萄糖酸内酯	—	12
	酸式焦磷酸钠	—	12
	磷酸铝钠	—	12
	硫酸铝钠	—	12
	酸式碳酸钠	CO_2来源	12
咀嚼物质	合成链状烷烃	口香糖基	12
	松香的季戊四醇酯	口香糖基	12
推进剂	二氧化碳	—	12
	一氧化二氮	—	12
稳定剂和增稠剂	金合欢树胶	泡沫稳定剂	3,12
	琼脂	冰淇淋	3,12
	藻酸	冰淇淋	3,12
	卡拉胶	巧克力饮料	3,12

续表

类别与一般功能	化学名称	额外的或更专门的功能	来源（章）
稳定剂和增稠剂	胍尔豆胶	干酪食品	3,12
	羟丙基甲基纤维素	通用	3,12
	角豆胶	色拉调味料	3,12
	甲基纤维素	通用	3,12
	果胶	果冻	3,12
	羧甲基纤维素钠	冰淇淋	3,12
	黄芪胶	色拉调味料	3,12
组织化剂	卡拉胶	—	3,12
	甘露醇	—	3,12
	果胶	—	3,12
	酪蛋白酸钠	—	5
	柠檬酸钠	—	12
示踪剂	二氧化钛	植物蛋白增补剂	13

①若需其他信息，请参看参考文献[9]、[16]、[17]、[21]、[28]和[36]，也可以进一步阅读参考书。

②风味料为数众多，参考文献[21]和[28]中有详细清单，也可以进一步阅读参考书。

参考文献

1. Akoh, C.C.and B.G.Swandson(eds.)(1994).Carbohydrate Polyesters as Fat Substitutes, Marcel Dekker, New York, pp.1-9.

2. Artz, W. E. and S. L. Hansen (1994). Other fat substitutes, in Carbohydrate Polyesters as Fat Substitutes(C. C. and B. G. Swandson, eds.), Marcel Dekker, New York, pp.197-236.

3. Bakal, G.and A.Diaz(2005).Antimicrobial resistance: The lowdown on lauric arginate.Food Qual.February-March:54-61.

4. Brusick, D., M.Cfone, R.Young, and S.Benson(1989). Assessment of genotoxicity of calcium cyclamate and cyclohexylamine.Environ.Mol.Mutagen.14:188-199.

5. Bryan, G. T. and E. Erturk (1970). Productin of mouse urinary bladder carcinomas by sodium cyclamate. Science 167:996-998.

6. Caputi, A. and R. G. Peterson (1965). The browning problem in wines.Am.J.Enol.Vitic.16(1):9-13.

7. Chanamai, R. and D. J. McClements (2000). Impact of weighting agents and scurose on gravitational separation of beverage emulsions. J. Agric. Food Chem. 48:5561-5565.

8. Chichester, D.F.and F.W.Tanner(1972).Antimicrobial food and additives, in Handbook of Food additives(T. E.Furia, ed), CRC Press, Cleveland, OH, pp.115-184.

9. Committee on Food protection, Food and Nutrition Board (1965). Chemicals Used in Food Processing, Publ.1274.National Academy of Sciences Press, Washington, D.C., 294pp.

10. Considine, D.M.(ed.)(1982).Masticatory substances, in Foods and FoodProduction Encyclopedia, Van Nostrand Reinhold Co., New York, pp.1154-1155.

11. Crowell, E. A. and J. F. Guyman (1975). Wine constituents arising from sorbic acid addition, and identification of 2-ethoxyhexa-3,5-diene as source of geraniun-like off-oder. Am. J. Enol. Vitic. 26 (2):97-102.

12. Dahlstrom, R. W. and M. R. Sfat (1972). The use of polyvinylpyrrolidone in brewing.Brewer's Dig.47(5):75-80.

13. Ellinger, R.H.(1972).Phosphates in food processing, in Handbook of Food Additives (T. E. Furia, ed.), CRC Press, Cleveland, OH, pp.617-780.

14. Etchells, J.L., T.A.Bell, and L.J.Turney (1972).Influence of alum on firmness of fresh-pack dill pickles. J.Food Sci.37:442-445.

15. Faubian, J.M.and R.C.Hoseny (1981). Lipoxygenase: Its biochemistry and role in breadmaking. Cereal Chem.58: 175-180.

16. Food and nutrition Board(1981).Food Chemicals Codex, 3rd edn., National Research Council. National Academy Press, Washington, D.C., 735 pp.

17. Food Chemical News (1983). USDA petitioned to remove titanium dioxide marker requirements for soy protein.March 21, pp.37−38.

18. Freese, E and B.E.Levin(1978).Action mechanisms of preservatives and antiseptics, in Developments in Industrial Microbiology (L. A. Underkofler, ed.), Society of Industrial Microbiology, Washington, D.C., pp.207−227.

19. Furia, T.E.(1972). Regulatory status of direct food additives, in Handbook of Food Additives(T.E.Furia, ed.).CRC Press, Cleveland, OH, pp.903−966.

20. Furia, T.E.(1972).Sequestrants in food, in Handbook of Food Additives (T. E. Furia, ed.). CRC Press, Cleveland, OH, pp.271−294.

21. Furia, T.E.and N.Bellanca (eds.) (1976).Fenaroli's Handbook of Flavor Ingredients, Chemical Rubber Co., Cleveland, OH, 2 Vols.

22. Gardner, W.H.(1972).Acidulants in food processing, in Handbook of Food Additives (T. E. Furia, ed.), CRC Press, Cleveland, OH, pp.225−270.

23. Goddard, S.J.and B.L.Wedzicha(1972).Kinetics of the reaction of sorbic acid with sulphite species.Food Addit.Contam.9:485−492.

24. Griffin, W.C.and M.J.Lynch(1972).Polyhydric alcohols, in Handbook of Food Additives (T. E. Furia, ed.), 2ndedn., CRC Press, Cleveland, OH, pp.431−455.

25. Griswold, R.M.(1962).Leavening agents, in The Experimental Study of Foods (R. M. Griswold, ed.), Hougyton Mifflin Co., Boston, MA,pp.330−352.

26. Haddon, W.F., M.L.Mancini, M.McLaren, A.Effio, L.A.Harden, R.L.Degre, and J.L.Bradford(1994). Occurrence of ethyl carbamate(Urethane) in U.S.and Canadian breads:Measurements by gas chromatography−mass spectrometry.Cereal Chem.71:207−215.

27. Ham, R.(1971).Interactions between phosphates and meat proteins, in Symposium: Phosphates in Food Processing(J.M.DeMan and P.Melnychyn,eds.),AVI Publishing Co., Westport,CO,pp.65−84.

28. Heath, H. B. (1981). source Book of Flavors, AVI Publishing Co., Westport,CT, 861 pp.

29. Ishii,H.and T.Koshimizu(1981).Toxicity of aspartame and its diketopiperazine for Wistar rats by dietary administration for 104 weeks.Toxicology 21:91−94.

30. Joslyn, M.A.(1994).Gassing and deaeration in food processing, in Food Processing Operations their Management, Machines, Materials, and Methods(M.A. Joslyn and J.L.Heid,eds),Vol.3,AVI Publishing Co., Westport,CO,pp.335−368.

31. Kabara,J.J.,R.Varable, and M.S.Jie(1977).Antimi-crobial lipids: Natural and synthetic fatty acids and monoglycerides.Lipids 12:753−759.

32. Karahadian,C.and R.C.Lindsay(1988).Evaluation of the mechanism of dilauryl thiodipropionate antioxidant activity.J.Amer.Oil Chem.Soc.65:1159−1165.

33. Khandelwal, G.D., Y.L.Rimmer, and B.L.Wedzicha (1992).Reaction of sorbic acid in wheat flour doughs. Food Addit.Contam.9:493−497.

34. Klose, R.E.and M.Glicksman(1972).Gums, in Handbook of Food Additives(T.E.Furia, ed.), CRC Press, Cleveland, OH, pp.295−359.

35. Labuza, T. P., N. Dheidelbaugh, M. Sliver, and M. Karel(1971).Oxidation at intermediate moisture contents.J.Amer.Oil Chem.Soc.48:86−90.

36. Lewis, R.J., Sr. (1989).Food Additives Handbook, Van Nostrand Reinhold, New York.

37. Lucca, P. A. and Tepper, B.J.(1994).Fat replacers and the functionality of fat in foods.Trends Food Sci. Technol.5:12−19.

38. Mahon, J.H., K.Schlamb, and E.Brotsky (1971). General concepts applicable to the use of polyphosphates in res meat, poultry, seafood processing, in Symposium: Phosphates in Food Processing (J.M. DeMan and P. Malnychyn, eds.), AVI Publishing Co., Westport, CO, pp.158−181.

39. Miller, M. S. (1994). Proteins as fat substitutes, in Protein Functionality in Food Systems(N.S.Hettiarachchy and G. R. Ziegler, eds.), Marcel Dekker, New York, pp.435−465.

40. Miller, W. T. (1987). The legacy of cyclamate. Food Technol.41(1):116.

41. Minifie, B.W.(1970).Chocolate, Cocoa and Confectionery: Science and Technolory, AVI Publishing Co., Westport, CO, pp.38−41.

42. Peng, S. K., C. Taylor, J. C. Hill, and R. J. Marin (1985).Cholesterol oxidation derivatives and arterial endothelial damage.Arteriosclerosis 54: 121−136.

43. Pomeranz, Y. and J. A. Shallenberger (1971). Bread Science and Technology, AVI Publishing Co., Westport, CO.

44. Pratter, P.J.(1980).Neohesperidin dihydrochalcone: An updated review on a naturally derived sweetener and flavor potentiator.Perfumer Flavorist 5(6):12−18.

45. Price, J.M., C.G.Biana, B.L.Oser, E.E.Vogin, J. Steinfeld, and H.L.Ley(1970).Bladder tumors in rats fed cyclohexylamine or high doses of a mixture of cyclamate and saccharin.Science 167:1131−1132.

46. Ramarathnam, N.and L.J.Rubin(1994).The flavour of cured meat, in Flavor of meat and meat Products (F. Shahidi, ed.), Blackie Academic & Professional, London, pp.174−198.

47. Salant, A.(1972).Nonnutritive sweeteners, in Handbook of Food Additives (T.E.Furia, ed.), 2nd edn.,

CRC Press, Cleveland, OH, pp.523-586.

48. Scharpf, L.G.(1971).The use of phosphates in cheese processing, in Symposium: Phosphates in Food Processing (J.M.deMan and P.Melnychyn, eds.), AVI Publishing Co., Westport, CO, pp.120-157.

49. Scott, U.N. and S.L.Taylor(1981).Effect of nisin on the outgrowth of Clostridium botulinum spores.J.Food Sci.46:117-126.

50. Sebranek, J. G. and R. G. Cassens (1973). Nitrosamines: A review. J. Milk Food Technol. 36:76-88.

51. Singleton, V.L.(1967).Adsorption of natutal phenols from beer and wine.MBAA Tech.Q.4(4): 245-253.

52. Smith, R.E., J.W.Finley, and G.A.Leveille(1994). Overview of Salatrim, a family of low-calorie fats.J. Agric.Food Chem.42:432-434.

53. Stahl, J.E.and R.H.Ellinger(1971).The use of phosphates in the baking industry, in Sy mposium: Phosphates in Food Processing (J.M.deMan and P.Melnychyn, eds.), AVI Publishing Co., Westport, CO, pp.194-212.

54. Stauffer, C. E. (1983). Dough conditioners. Cereal Foods World 28:729-730.

55. Stukey, B.N.(1972).Antioxidants as food stabilizers, in Handbook of Food Additives (T. E. Furia, ed.),

CRC Press, Cleveland, OH, pp.185-224.

56. Thompson, J. E. and B. D. Buddemeyer (1954). Improvement in flour mixing chatacteristics by a steryl lactylic acid salt.Cereal Chem.31:296-302.

57. Van Buren, J.P.,J.C.Moyer, D.E.Wilson, W.B.Robinson, and D.B.Hand (1960).Influence of blanching conditions on sloughing, splitting, and firmness of canned snap beans.Food Technol.14:223-236.

58. van der Wel, H.(1974).Miracle fruit, katemfe, and serendipity berry, in Symposium: Sweeteners (G.Inglett, ed.), AVI Publishing Co., Westport, CO, pp. 194-215.

59. Weast, R.C.(ed.) (1988).Handbook of Chemistry and Physics, CRC Press, Boca Raton, FL, pp. D161-D163.

60. Wedzicha, R.L.(1984).Chemistry of Sulphur Dioxide in Foods, Elsevier Applied Science Publishers, London.

61. Wedzicha, R. L. (1992). Chemistry of sulphitong agents on foods.Foos additives Contam.9:449-459.

62. Wesley, F., F.Rourke, and O.Darbishire (1965).The formation of persistent toxic chlorohydrins in foodstuffs bu fumigation with ethylene oxide and with propylene oxide.J.Foos Sci.30:1037-1042.

拓展阅读

1. Ash, M. and I. Ash (2002). Handbook of Food Additives, 2nd edn., Synapse Information Resources, Endicott.New York.

2. Burdock, G.A.(1997).Encyclopedia of Food and Color Additives, CRC Press, Boca Raton, FL.

3. Davidson, P.M., J.N.Sofos, and A.L.Branen (eds.) (2005) Antimicrobials in Food, 3rd edn., CRC Press, Boca Raton, FL.

4. Food and Nutriton Board (1981). Food Chemicals Codex, 3rd edn., National Research Council, National Academy Press, Washington, D.C.

5. Burdock, G.A.(ed.) (2004).Fenaroli's book of Flavor Ingredients, 5th edn., CRC Press, Boca Raton, FL.

6. Gould, G. W. (1989). Mechanisms of Action of Food Preservation Procedures, Elsevier Applied Science, London.

7. Health, H. B. (1981). Source Book of Flavors, AVI Publishing Co., Westport, CO.

8. Lewis, R.J., Sr. (1989). Food Additives Handbook,

Van Nostrand Reinhold, New York.

9. Molins, R.A.(1991).Phosphates in Food, CRC Press, Boca Raton, FL.

10. Nabors, L.O.and R.C.Geraldi (eds) (1991).Alternative Sweeteners, 2nd edn., Marcel Dekker, New York.

11. Phillios, G. O., D. J. Wedlock, and P. A. Williams (eds) (1990).Gums and Stabilizers for the Food Industry, IRL Press, Oxford University Press, Oxford.

12. Roller, S.(2003).Natural Antimicrobials for the Minimal Processing of Foods, CRC Press, Boca Raton, FL.

13. Taylor, R.J.(1980).Food Additives, John Wiley and Sons, New York.

14. Wood, R., L.Foster, A.Damont, and P.Key (2004). Analytical Methods for Food Additives, CRC Press, Boca Raton, FL.

15. Yannai, S. (2004). Dictionary of Food Compouns, CRC Press, Boca Raton, FL.

生物活性食品组分：活性物质和有毒物质

Hang Xiao and Chi-Tang Ho

　　具有生物活性的食品组分包括对人体有多种生物学效应的各种膳食物质,它们被分为活性物质和有毒物质。活性物质是指天然来源的且对人类产生有利影响的食品组分,它们具有超出基本营养需求之外的促进健康和预防疾病的效果。有毒物质是自然形成或是经过加工诱导而生成的膳食物质,但会对人体健康产生不良影响。活性物质和有毒物质广泛存在于水果、蔬菜、普通饮料、谷物、坚果、油脂、水产品、药用植物和草药制品中。不同来源的食物中含有的生物活性组分的种类和含量各不相同。一般来说,大多数水果和蔬菜中活性物质的含量比有毒物质多,因此它们具有对健康有益的潜力。作为饮食的一部分,活性物质和有毒物质通常被一起食用,它们在人体内部可能会发生复杂的相互作用。这些相互作用可对整体健康结果产生影响(有益或者不利的影响;降低或者增加疾病风险)。由于公众日益增长的关注,生物活性食品组分目前是食品和营养领域研究最为深入的部分。本章简要概述了食品中的主要活性物质和有毒物质。

13.1　食品组分对健康影响的考查

　　通过对目标人群进行的观察性流行病学研究,初步证实了食用更多的水果和蔬菜有益于身体健康。这些研究比较了食物或食物组分在不同摄入水平下人群的健康结果。然而,观察性流行病学研究主要就单一或少数营养品/食物做与疾病关联的研究。这些流行病学方法不能完全代表实际的饮食摄入,因为人们不会只吃单一营养品或食物或其相应的成分明确的混合物,相反我们会食用含有多种营养物质的各种食物。为了克服这些局限性,科学家又引入了新的方法来分析膳食模式[1]。虽然仍在寻求更多的解决这些局限性的方法,但目前通过观察性流行病学的研究,研究人员已经获得了很多有价值的信息。对人体营养中维生素的研究就是一个成功的实例。

　　对观察性流行病学研究的调查表明,水果和蔬菜的摄入量越高,总死亡率越低,尤其是心血管疾病(CVD)死亡率越低[2]。研究还表明,水果和蔬菜中的某些成分会干预多种癌症的发展,通过摄取食物中的活性物质可能会降低癌症的发病率和死亡率,例如从葡萄中获取的白藜芦醇、从花椰菜中提取的萝卜硫素以及来源于大豆制品中的异黄酮[3]。已被证明具有抗癌活力的食物和草本植物包括大蒜、大豆、卷心菜、生姜、甘草、洋葱、亚麻、姜黄、十字花科类蔬菜、番茄、胡椒、糙米、小麦和伞形花科蔬菜如胡萝卜、芹菜和香菜等[3]。

　　已从实验室研究中获得了大量的科学证据来证明食品组分对健康的影响。实验室研究利用特征良好的模型系统或受试生物体来确定预期生物活性制剂的生物学效应。体外试验是指在生物体外、在模拟生物体内条件的人工环境中进行的实验。该研究涉及使用化学混合物、经分离得到的酶、细胞培养物、组织和器官等。体内模型通常是基于观察活体生物在处理后(如使用活性物质或有毒物质处理)的相关生理反应。针对不同的疾病状态需开发特定的模型,这些模型所需的生物材料可以从专门的供应商购买或最初开发模型的实验室获得。许多技术被用于开发这些模型,例如,通过用器官特异性致癌物处理实验动物(如小鼠和大鼠),可以获得不同器官部位癌症的模型。基因工程已经创造了大量有价值的老鼠模型,称为基因敲除小鼠①。尽管实验室模型都有局限性,但精心设计的实验室研究确实提供了重要的信息,这些信息可以被转移应用到人体生理学上。对于生物活性食品组分的实验室研究,一个关键因素是确保所使用的模型系统与口服食品具有生理相关性。例如,为了确定大豆异黄酮在啮齿类动物模型中抗乳腺癌的功效,大豆异黄酮应口服给啮齿动物,而不是直接注射进入腹腔或血液中。

13.2　促进健康的活性物质

　　许多活性物质已从不同的食品中分离出来,并对其促进健康的作用进行了研究。研究最多的活性物质可分为以下几类,其特点见下文。

13.2.1　类胡萝卜素

　　类胡萝卜素类组分是天然的脂溶性成分,能够赋予植物和动物亮丽的色泽。类胡萝卜素组分的一个明确的特征是其主链分子的化学结构,含由异戊二烯单元组成的含40个碳的多烯链(图 13.1)。这个多烯型骨架具有共轭双键,这些双键使得类胡萝卜素类化合物能通过非辐射性能量转移机制从其他分子获取额外能量[4]。这种特征可能与类胡萝卜素类的一些抗氧化活性有关,如清除活性氧和自由基。

　　这种共轭双键的结构特性,造成了类胡萝卜素化学结构的不稳定性。类胡萝卜素类化合物对光、空气、过热和酸敏感,导致在加工和贮藏过程中容易损耗,所以应该采取措施来尽可能减少食品中类胡萝卜素的损失。例如,将类胡萝卜素包封到乳液体系中,可以阻止它们与食品体系中的常见的促氧化物质接触,从而提高它们的稳定性。此外,多层乳液体系可以为类胡萝卜素提供额外的保护作用[5]。

　　β-胡萝卜素(图 13.1)是食物中最常见的类胡萝卜素类化合物,主要存在于红色棕榈油、棕榈果、多叶绿色蔬菜、胡萝卜、红薯、成熟的西葫芦、南瓜、芒果和木瓜中。β-胡萝卜素

---

① 基因敲除小鼠:一种基因工程鼠,其中有一个或多个的基因被敲除。

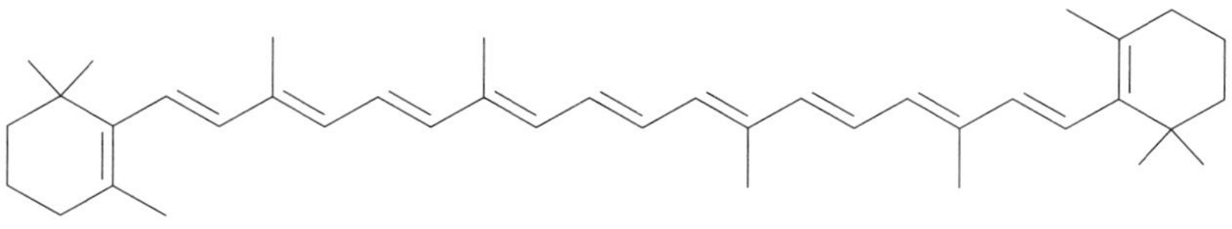

图 13.1　(1)β-胡萝卜素；(2)叶黄素；(3)玉米黄素；(4)番茄红素的结构

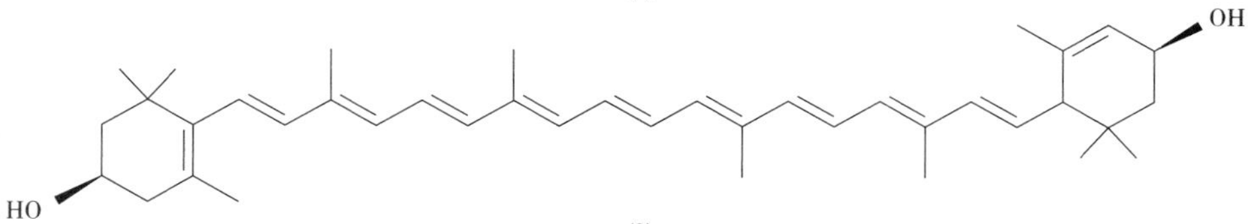

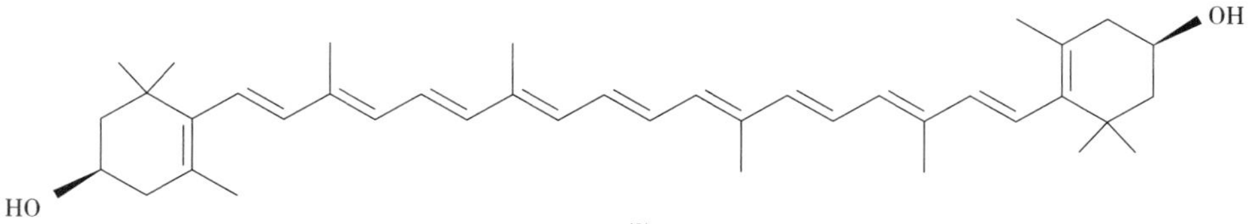

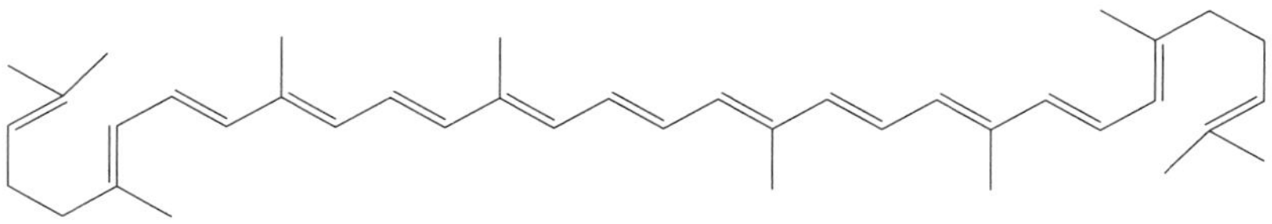

呈现出强烈的红橙色,具有多种促进健康的作用,如维生素 A 原活性和预防多种疾病,如心血管疾病、老年性黄斑病变和白内障形成。β-胡萝卜素是维生素 A 的前体,一个 β-胡萝卜素分子在小肠中酶促转化为两个维生素 A 分子。在发达国家,β-胡萝卜素提供了约 30％的膳食维生素 A。β-胡萝卜素主要通过淋巴系统被吸收和运输到身体的各个部位。β-胡萝卜素吸收和转化为维生素 A 的量会被身体根据对维生素 A 的需求而进行调节。因此,口服高剂量的 β-胡萝卜素不太可能引起维生素 A 毒性。但过量摄入胡萝卜素,可能会使皮肤变为橙色。

　　胡萝卜素对癌症的预防作用尚有争议。一些研究表明 β-胡萝卜素对胰腺癌、乳腺癌和皮肤癌没有预防作用,而有一些研究支持 β-胡萝卜素可以预防人类癌症的假说[6]。值得注意的是,对几项随机对照人群试验的系统评价和荟萃分析结果表明,饮食中补充 β-胡萝卜素可能增加吸烟者和石棉行业的工人患肺癌和胃癌的风险[7]。机制研究表明,β-胡萝卜素本身可能具有抗癌作用,但其氧化产物可能会促进癌症的发展,这项研究结果在一定程度上解释了某些人群中 β-胡萝卜素增加了癌症风险。换言之,在富含自由基的环境中,如吸烟者的肺部,β-胡萝卜素的降解可能形成了致癌性的氧化产物[6]。

　　胡萝卜素的抗氧化活性可能有助于某些生理作用。例如,血清中高含量的 β-胡萝卜素与氧化应激引起的代谢综合征的低发病率有关[8]。β-胡萝卜素的自由基俘获能力仅在低氧分压环境中存在,而不存在于正常空气分压环境中[9]。在生理条件下,大多数组织都存在低氧分压。相比之下,在较高氧分压环境里,β-胡萝卜素可能会失去抗氧化活性并显示出促氧化作用[9]。β-胡萝卜素的这些特性强调了在生理条件下,例如,在吸烟者的肺部,了解特定活性物质的化学性质的重要性。如果进行活性物质研究时没有考虑到生理相关性,类似于上文中的β-胡萝卜素癌症试验的结果就会成为谜团,因而可能会对研究生物活性食品组分领域带来更多迷惑与不解。

叶黄素及其异构体玉米黄素是一种黄色色素,它们均属于非维生素 A 原类胡萝卜素(图 13.1)。不同于其他的类胡萝卜素类化合物,在叶黄素和玉米黄素共轭双键的末端的环状结构上有着一个羟基取代基,因此可将其称为含氧类胡萝卜素类或叶黄素。叶黄素主要存在于深绿色多叶蔬菜中,如菠菜和甘蓝。玉米黄素赋予玉米黄颜色。其他含有此类物质的食物还有西葫芦、豌豆、卷心菜、辣椒、柑橘、猕猴桃和葡萄。叶黄素和玉米黄素已作为安全染料应用于染色玻璃体切除术[10]。尽管还没有充分的证据证明叶黄素(或玉米黄素)对任何慢性疾病有明确的疗效,但越来越多的研究(包括体内、体外和流行病学研究)证明叶黄素和玉米黄素能够降低眼睛白内障和老年性黄斑病变的风险[11]。认为叶黄素和玉米黄素有益眼睛健康的论据最为确凿,因为它们在人体中只存在于眼部组织,并且对这一课题进行了大量的流行病学研究。

由于它们在眼睛黄斑处,即视觉敏锐度最高的区域,有着大量积累,叶黄素和玉米黄素被认为可以吸收短波和高能量光以及滤除有害蓝光,同时也能够充当抗氧化剂来清除潜在而有害的活性氧自由基(ROS)[12]。被吸收的叶黄素和玉米黄素主要存在于细胞膜中,因为它们的分子结构与细胞膜中磷脂分子的酰基链平行。这种定位有助于防止细胞膜和磷脂双层接触促氧化剂。越来越多的证据表明叶黄素和玉米黄素可以保护皮肤免受光致损伤,尤其是紫外线波长引起的损伤。

番茄红素(图 13.1),一种红色的类胡萝卜素类化合物,来源于番茄、西瓜、木瓜、杏、和葡萄柚。大约 80% 的膳食番茄红素来源于番茄和番茄制品,第二大来源是西瓜。大多数天然产生的番茄红素以全反式的形式存在。热处理可以提高生番茄中番茄红素的生物利用率。这是因为热处理、光以及某些特定的化学相互作用,可以诱导番茄红素从全反式转化为顺式异构体,这些顺式异构体在热力学上更稳定。顺式番茄红素占人体组织和血浆中番茄红素含量的 50% 以上。在摄入后,全反式番茄红素转化为顺式形式,顺式番茄红素能提高抗氧化活性。而且,顺式番茄红素异构体具有更高的生物利用率,因为它们可以更容易地进入胆汁酸胶束和乳糜微粒中。线性的全反式番茄红素在某些食物中形成晶体形式,阻碍了其肠道吸收[13,14]。

番茄红素具有很强抗氧化活性,由于其化学结构中含有多个共轭双键。许多研究已经证实番茄红素具有清除活性氧的抗氧化作用,活性氧可能会对 DNA、细胞膜和蛋白质造成损害[6]。在人体血浆中,番茄红素是含量最丰富的类胡萝卜素,其通常与低密度脂蛋白(LDL)结合,并转运到各种组织部位,如肝脏、睾丸、肾上腺和前列腺。尽管番茄红素的有益作用被认为大部分是由于它的抗氧化特性,但是越来越多的证据也显示了其他的作用机制,如调节内分泌系统和免疫系统。摄入更多的番茄制品能降低各种癌症的发病率。这些活性可能是由于番茄红素能够干预癌症相关信号通路、调节癌细胞通讯或抑制肿瘤血管形成。番茄红素对前列腺癌的抑制作用一直是许多研究的焦点,包括一些人体试验。然而,对现有的随机对照人体试验的荟萃分析未能找到番茄红素对前列腺癌保护作用的证据[15]。番茄红素的另一个健康益处是它对心血管疾病的治疗作用。临床研究结果支持以番茄为原料的食物作为番茄红素的来源来促进心血管健康[16]。

13.2.2 类黄酮

类黄酮广泛存在于植物中,几乎所有的植物组织都具有合成类黄酮的能力。类黄酮在植物的生理学中很重要,它们参与植物的生长和繁殖,并能抵抗病原体和捕食昆虫[17]。已鉴定出多种(超过 4000 种)天然存在的类黄酮,它们存在于可食用的水果、多叶蔬菜、根茎、块茎、球茎、药草、辣椒、豆荚、茶叶、咖啡和红酒中。它们可以被分为 7 类:黄酮类、黄烷酮类、黄酮醇类、黄烷酮醇类、类黄酮类、黄烷醇类(儿茶酚类)和花青素类,其结构见图 13.2。表 13.1 所示为食物中常见的类黄酮。类黄酮化合物以苷元和苷的形式存在于植物中。通常情况,叶子、花朵和水果或者植物本身含有黄酮苷,木质组织含有苷元,而种子则可能同时含有黄酮苷和苷元。

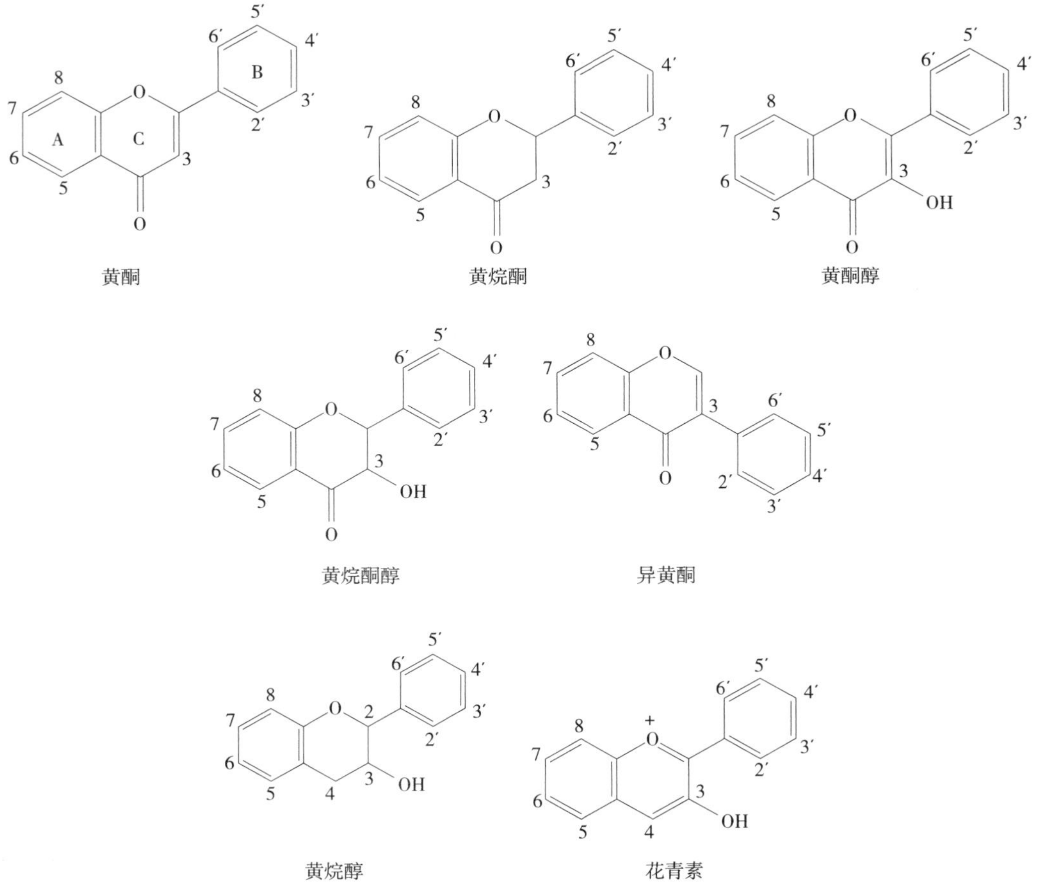

图 13.2 类黄酮的结构(黄酮化合物环骨架的分类)

表 13.1　　　　　　　　　　　　　　不同类型的类黄酮,其取代方式和膳食来源

类型	命名	取代情况	膳食来源
黄酮	芹黄素	5,7-OH	欧芹,芹菜
	芸香苷	5,7,3′,4′-OH,3-O-芸香糖	荞麦,柑橘
黄烷酮	柚皮苷	5,4′-OH	柑橘
	柚皮素	5,7,4′-OH	橘皮
黄酮醇	山奈酚	3,5,7,4′-OH	西蓝花,茶叶
	槲皮黄酮	3,5,7,3′,4′-OH	洋葱,西蓝花,苹果,浆果类
黄烷酮醇	紫杉叶素	3,5,7,3′,4′-OH	水果
异黄酮	木黄酮	5,7,4′-OH	大豆
	黄豆苷原	4′-OH,7-O-葡萄糖	大豆
	葛根素	7,4′-OH,8-C-葡萄糖	葛藤
黄烷醇(儿茶酚)	(-)-表儿茶酸	3,5,7,3′,4′-OH	茶叶
	(-)-表没食子儿茶素	3,5,7,3′,4′,5′-OH	茶叶
	(-)-表没食子儿茶酚没食子酸酯	5,7,3′,4′,5′-OH,3-没食子酸盐	茶叶
花色素	花青色素	3,5,7,3′,4′-OH	樱桃,草莓
	花翠色素	3,5,7,3′,4′,5′-OH	深色水果

　　由于类黄酮广泛存在于植物中,它已成为人类膳食中不可或缺的一部分。据估算,美国成年人类黄酮的平均总摄取量为345mg/d,主要是黄烷-3-醇(55.7%),其次是原花青素(28.5%)、黄酮醇(6.5%)、黄烷醇(5.2%)、花青素(2.7%)和异黄酮(0.7%),最后是黄酮(0.3%)[18]。类黄酮的每日摄入量主要来自茶叶、柑橘果汁和柑橘水果。

　　几乎所有的类黄酮都有一些类似的化学和生理特性:①抗氧化活性;②清除活性氧自由基;③清除亲电物;④抑制亚硝化作用;⑤螯合金属离子(如铁和铜);⑥特定金属离子存在的条件下形成过氧化氢;⑦调节特定的细胞胞内酶活力[2]。一些富含类黄酮的食物可能具有预防心血管疾病(CVDs)、神经退化性疾病和某些癌症的作用。

　　绿茶儿茶酚是近年来被研究的最为深入的促进健康类的类黄酮化合物。茶是世界消费量第二大的饮料,远远领先于咖啡、啤酒、葡萄酒和碳酸类软饮料[19]。几千年以来,中国和日本一直有把茶叶作为药物使用的现象。不同加工方法可以生产出300多种不同的茶叶。通常它们可以被分为三种:绿茶(非发酵型,将新鲜茶叶干燥、蒸煮,使多酚氧化酶失活,从而使茶叶的氧化作用最小化)、乌龙茶(半发酵型,新鲜茶叶在干燥前经过部分发酵)和红茶或者普洱茶(发酵型,新鲜茶叶在采后直接发酵,再进行干燥和蒸制。红茶的发酵主要是通过多酚氧化酶催化的氧化反应,而普洱茶的发酵是通过微生物作用。)[19]绿茶和乌龙茶在中国、日本、韩国以及一些非洲国家广为流行,而红茶则受到印度和西方国家的欢迎。试验和流行病学研究已经将茶叶摄入与降低心血管疾病和癌症发病率联系起来。此外,一些研究表明,摄入绿茶对骨密度、认知功能、龋齿和肾结石有好的作用。这些效应被归结于

茶叶里面有多酚类化合物[20]。儿茶酚是绿茶里面含量最为丰富的多酚类化合物。一杯沏好的绿茶含有 30%~40%(以干重计)的儿茶酚(包括表没食子儿茶素-3-没食子酸盐 EGCG,表没食子儿茶素 EGC,表儿茶素-3-没食子酸盐 ECG 和表儿茶素 EC,图 13.3)。EGCG 是绿茶、乌龙茶和红茶里面含量最为丰富的儿茶酚。每杯(237mL)绿茶/乌龙茶一般含有 30~130mg EGCG,每杯红茶中的含量则将近 70mg[21]。茶黄素和茶红素是红茶的主要色素成分,在发酵过程中由儿茶酚的氧化和聚合作用所形成。茶黄素的四种结构见图 13.4。然而茶红素的结构还没有得明确的解析,但已有几项研究提出了一些茶红素的结构和形成机制[22]。现已知茶黄素对红茶的颜色、味道和口感等特性具有重要的作用。

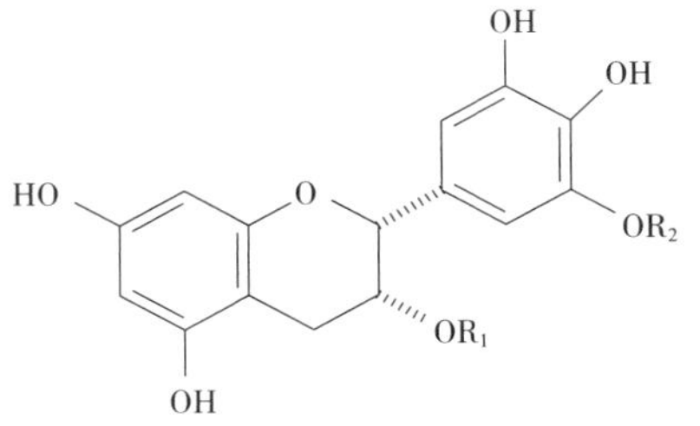

常用名	缩写	R_1	R_2
表儿茶素	EC	H	H
表儿茶素没食子酸酯	ECG	Gallate	H
表没食子儿茶素	EGC	H	Gallate
表没食子儿茶素没食子酸酯	EGCG	Gallate	Gallate

图 13.3　主要绿茶儿茶酚的结构

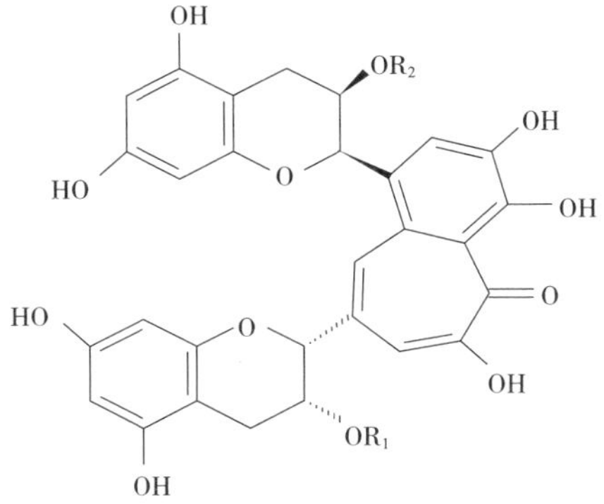

常用名	缩写	R_1	R_2
茶黄素	TF	H	H
茶黄素-3-没食子酸酯	TF3G	Gallate	H
茶黄素-3′-没食子酸酯	TF3′G	H	Gallate
茶黄素-3,3′-没食子酸二酯	TFDG	Gallate	Gallate

图 13.4　红茶中茶黄素的结构

绿茶及其成分的作用已通过体外和动物致癌模型进行了深入研究。尽管这些化合物在许多动物致癌模型中被证明是有效的，但是关于茶叶摄入对人类癌症发病率的影响的流行病学研究却得出了相反的结论[21]。一些研究表明，绿茶摄入与相关的癌症发病率和复发率降低有关，但另外其他的研究没有显示出这种效果。大多数流行病学研究显示在日本和中国的茶叶摄入与胃肠癌症发展呈负相关，而绿茶在日本和中国是茶叶摄入的主要形式。在日本，每天饮茶超过 10 杯的女性，其肺癌、肝癌和乳腺癌的转移①和复发相对风险显著降低[23]。在中国进行的一项病例对照研究表明，随着饮用绿茶的次数和用量的增加，前列腺癌的风险降低[24]。在美国洛瓦州进行的一项前瞻性队列研究中，喝茶与女性消化道和泌尿道癌症的风险降低有关[25]。在对癌细胞系研究的基础上，就茶叶及其成分对癌症的预防作用提出了很多种可能的机制。在体外，茶叶多酚类化合物，尤其是 EGCG，能抑制多种人体肿瘤细胞群（包括恶性黑素瘤、乳腺癌、肺癌、白血病和结肠癌）生长，并诱使其发生凋亡[20,26]。绿茶儿茶酚的体内作用机制还在进一步研究中。通常情况下，机体内的低浓度的活性物质便可以调节其重要的生物活性。大多数研究所面临的一个问题是，在体外研究中往往使用了远高于饮茶后动物血浆或组织里面的茶叶成分浓度。

绿茶儿茶酚的潜在健康影响不仅取决于摄入总量，还取决于它们的生物利用率和生物转化，其在不同条件下是变化的。现已对志愿者口服绿茶和儿茶酚后系统生物利用率的研究结果表明，按 20mg（固体）/kg（体重）的量口服绿茶后，在血浆里检测出 EGC、EC 和 EGCG 最高浓度分别为 729、428 和 170nmol/L。血浆里 EC 和 EGC 多以葡萄糖苷酸或硫酸共轭物的形式存在，而 77% 的 EGCG 为游离态[27]。另一项研究比较了 10 名健康志愿者摄入等摩尔剂量的纯 EGC、ECG 和 EGCG 后的生物利用率。在口服单剂量为 1.5mmol 的 EGC、ECG 和 EGCG 后其血浆浓度的平均峰值分别是：EGC 为 5.0μmol/L，ECG 为 3.1μmol/L，EGCG 为 1.3μmol/L。24h 后，血浆中 EGC 和 EGCG 恢复到基线水平，但血浆中 ECG 含量仍然升高[28]。这些研究能得出人们口服儿茶酚后可达到的其在血浆中浓度。这些信息可用于指导使用体外模型的研究，以确保生理相关性。

另一种常见的黄酮类化合物是槲皮素（图 13.5）。槲皮素通常存在于葡萄、葡萄酒、茶、洋葱、苹果和绿叶蔬菜中。槲皮素具有多种健康益处，包括预防骨质疏松症、某些类型的癌症、肺部疾病及心血管疾病。槲皮素的有益健康作用与其抗氧化能力有关，它能够清除高活性组分，如过氧亚硝酸盐和羟基自由基[29]。因此，需要人群研究来证实槲皮素的抗氧化活性在其潜在的健康益处中的作用。在一项基于饮食记录和血液样本生化分析的横断面人体研究中，槲皮素的饮食摄入与血浆总胆固醇和血浆低密度脂蛋白（LDL）胆固醇水平降低有关，并且能够预防心血管疾病[30]。据报道，槲皮素还可以抑制化学作用诱导的实验动物产生的肺癌、结肠癌、乳腺癌和肝脏癌[31]。

近年来大豆及其相关制品的保健作用备受瞩目。三羟基异黄酮（图 13.5），又称大豆异黄酮，是大豆及其制品（如大豆粉、豆粕、豆油、大豆分离蛋白、豆腐和大豆饮料）中的主要活性物质。1g 大豆粉含有 500μg 的大豆异黄酮，而 1g 大豆蛋白含有 250μg 的大豆异黄

---

① （癌症）转移：癌症从一个器官扩散到另一个器官。

酮[32]。大豆异黄酮作为一种植物雌激素,它在人类体内缺乏雌激素活性①,但具有抗雌激素活性。大豆异黄酮在结构上类似于人类雌激素,这也是两者拮抗关系的原因所在。大豆异黄酮对细胞核上雌激素受体的竞争性结合被认为可以调节细胞内部特定蛋白的合成;这些蛋白在细胞核内进一步结合到DNA调节位点上,通过增加或减少基因表达量来影响蛋白合成[33]。据报道,大豆异黄酮对健康的益处包括预防癌症、预防心血管疾病、改善肥胖问题和骨质疏松症以及预防女性绝经出现的系列问题[34]。动物实验研究表明,大豆异黄酮能在多个器官部位产生抗癌作用,包括化学诱发的乳腺癌、前列腺癌和胃癌、紫外线诱发的皮肤癌、突变诱发的子宫内膜癌及移植的前列腺癌、白血病和膀胱癌细胞。人类研究的结果也表明了大豆异黄酮对癌症的潜在预防作用。在一组中国女性中,由饮食暴露引起的血浆中异黄酮(包括大豆异黄酮)的浓度与乳腺癌风险呈负相关。富含大豆制品的饮食增加了亚洲男性血清、尿液和前列腺液中的大豆异黄酮相对水平,与前列腺癌低发病率相关。此外,对豆乳摄入量高的美国男性,其患前列腺癌的风险降低[34]。仍然需要进行随机对照临床试验来证实三羟基异黄酮(大豆异黄酮)与降低癌症风险之间的因果关系。

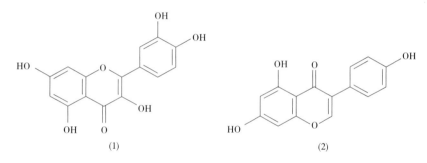

图 13.5　(1)槲皮素;(2)三羟基异黄酮的结构

多甲氧基黄酮(PMFs)是一类独特的黄酮类化合物,主要存在于柑橘类水果中,尤其是在甜橙和柑橘的果皮中,亚洲国家已将其用作草药有数百年之久。PMFs的结构是在其基本的苯并-γ-吡喃酮的骨架上连有两个或两个以上的甲氧基,并在C_4位置连有一个羰基。其中三种PMFs的化学结构如图13.6所示。越来越多的研究表明PMFs具有广泛的生理活性,包括抗癌、抗炎症、抗动脉粥样硬化、抗病毒及抗氧化活性等[35]。已分离和鉴定出了20多种PMFs,其中,对橘皮素、川陈皮素和5-去甲基川陈皮素(图13.6)潜在的健康改善作用研究最多。抗炎活性是PMFs最重要的生物学作用之一。据报道,PMFs的抗炎作用有多种机制,包括抑制促炎症的酶系,如诱导型一氧化氮合酶(iNOS)和环氧合酶-2(COX-2);下调促炎症细胞因子,如白细胞介素(IL)-1α、IL-1β,肿瘤坏死因子(TNF-α)及IL-6。很多的体外和体内研究表明,PMFs能通过多种机制预防不同类型的癌症,包括阻断肿瘤转移,抑制癌细胞迁移,促进细胞凋亡,选择性细胞毒性及抗细胞增殖。5-羟基化的PMFs是属于PMFs的一种子类,它们可以通过甲氧基的自动水解形成,如5-去甲基川陈皮素(图13.6)

---

①　雌激素活性:由雌激素或其类似物引起的生物活性。

能通过陈皮素形成。研究表明,5-羟基化 PMFs 与该位置被甲基化的 PMFs 相比较,5-甲基化的 PMFs 对不同类型的癌细胞具有更强的抑制作用[36,37]。

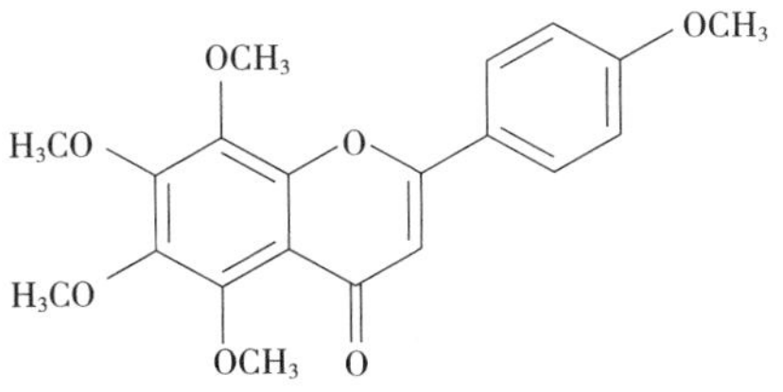

图 13.6　(1)橘皮素;(2)川陈皮素;(3)5-去甲基川陈皮素的结构

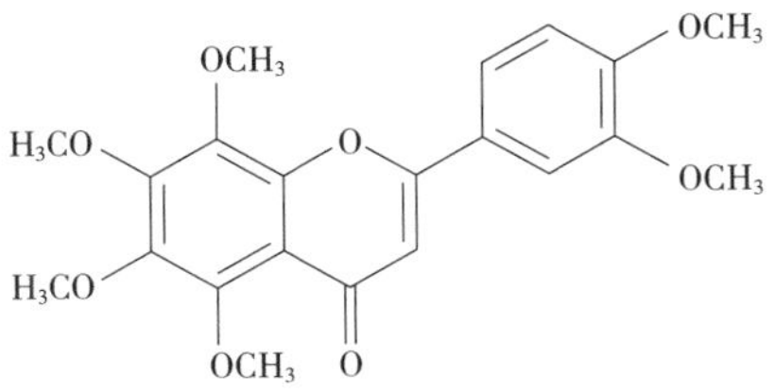

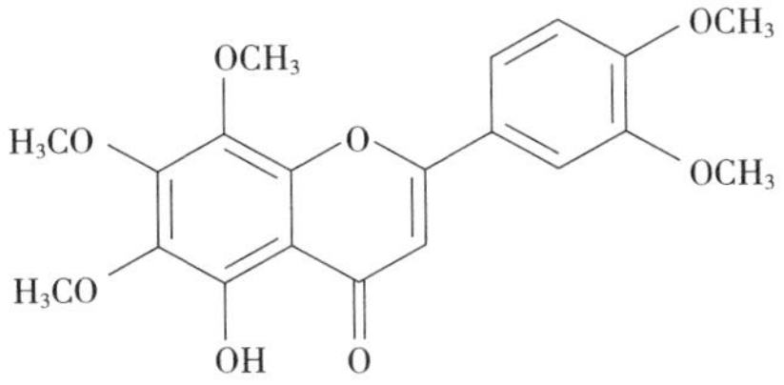

13.2.3　原花青素

原花青素是黄烷-3-醇单体的低聚体或多聚体,存在于水果、浆果、豆、坚果、可可和葡萄酒中,是人类膳食的重要组成部分[38]。在原花青素的化学结构中,黄烷-3-醇单体主要是通过 C4→C8 键连接而成,此连接方式被称为 B 型连接。而在黄烷-3-醇单体间以 C2→C7 间形成醚键的连接方式被称为 A 型连接[38]。天然植物中,B 型连接的原花青素比 A 型连接的原花青素含量更丰富。图 13.7 所示为最常见的二聚体 B1、B2 和 A2 以及三聚体 C1 和 C2 的化学结构。在不同的植物中,原花青素的含量各不相同,因其结构多样性和多种不同的聚合度。

很多体外和体内研究证明原花青素具有多种生物活性,包括抗氧化、抗癌、心血管保护、抗菌和神经保护活性。然而,缺乏有关人体内原花青素类化合物的健康效应、生物利用率和生物转化的数据。总的来说,原花青素的生物利用率低,由于其聚合度高且分子质量大[39]。现有的研究表明,人体对膳食中原花青素的吸收非常有限,大多数花青素多聚体能完好地通过小肠,然后在大肠中被肠道菌群降解为酚酸[38]。越来越多的证据表明,原花青素被微生物分解代谢的产物可能会对人体产生有益的健康影响[39]。

13.2.4　其他多酚类化合物

除了黄酮类化合物,许多多酚类化合物存在于食物中,尤其是水果、蔬菜和香辛料中。表 13.2 所示为这些化合物的某些保健功能。

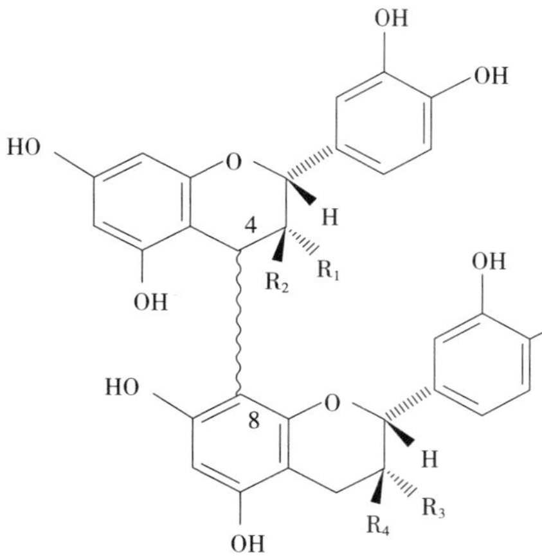

B1: R_1 = OH; R_2 = H; R_3 = H; R_4 = OH
B2: R_1 = OH; R_2 = H; R_3 = OH; R_4 = H

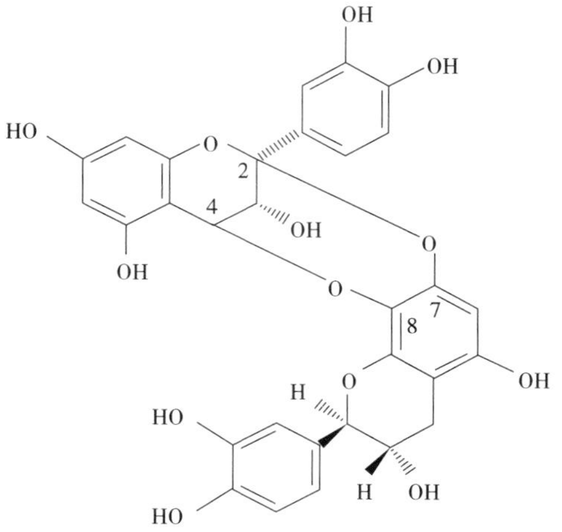

二聚体A_2

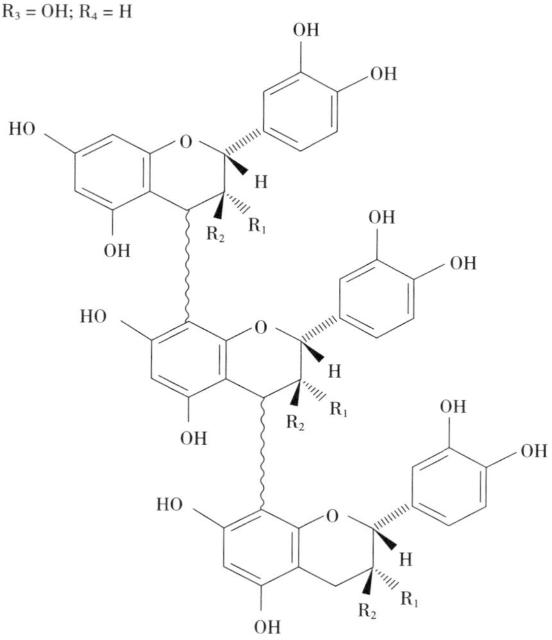

C1: R_1 = OH; R_2 = H
C2: R_1 = H; R_2 = OH

图 13. 7　常见的原花青素二聚体和三聚体的结构

表 13. 2　　　　　　　　　其他多酚类化合物及其膳食来源和潜在的保健作用

多酚类	膳食来源	潜在的保健作用
姜黄素	姜黄根	抗癌,消炎,保护心肌,预防糖尿病
姜酚	生姜根	抗癌,防止呕吐恶心
鼠尾草酸/卡诺醇	迷迭香,鼠尾草	抗氧化,抗癌
白藜芦醇	葡萄,红酒	抗癌,抗氧化,保护心肌
紫檀芪	蓝莓	抗癌,抗氧化,保护心肌

数百年来脱水的姜黄根茎一直被视为天然的药物用来治疗炎症和其他疾病。干燥的姜黄根茎粉中主要的色素,俗称姜黄香料,被鉴定为姜黄素(图13.8)。在印度,人们每日必食的姜黄香料,常被用做食品防腐剂和食品着色剂。研究表明姜黄或姜黄素具有较强的抗炎活性,因此,姜黄素能作为各种由炎症引起的疾病的治疗药剂。体外和体内试验显示姜黄素能通过诱导细胞凋亡来抑制癌细胞的生长。几项临床试验表明姜黄素对某些类型的癌症有预防作用[40]。然而,姜黄素由于肠道吸收不良、一级代谢快以及在人体中迅速全身消除,使得其生物利用率很低,从而限制了其作为预防慢性病的有效活性物质的潜力。

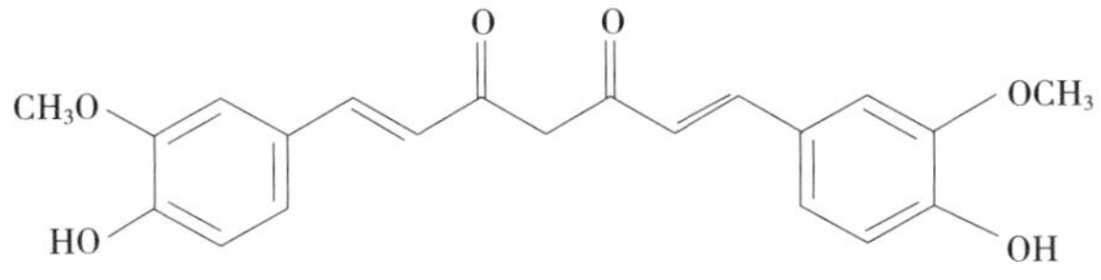

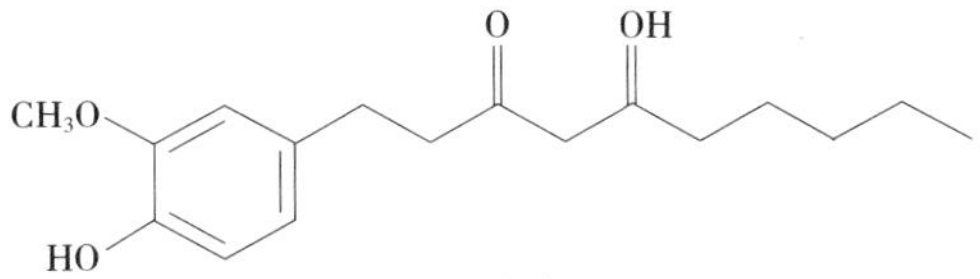

图13.8 姜黄素、6-姜酚、白藜芦醇和紫檀芪的结构

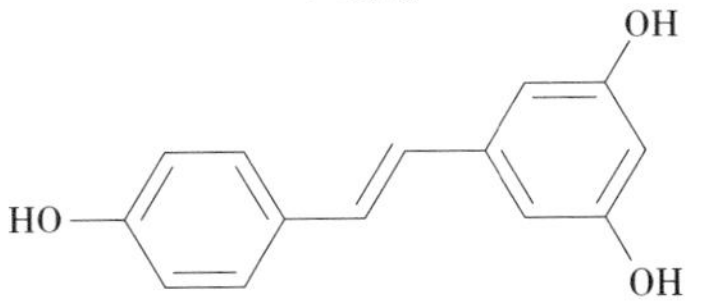

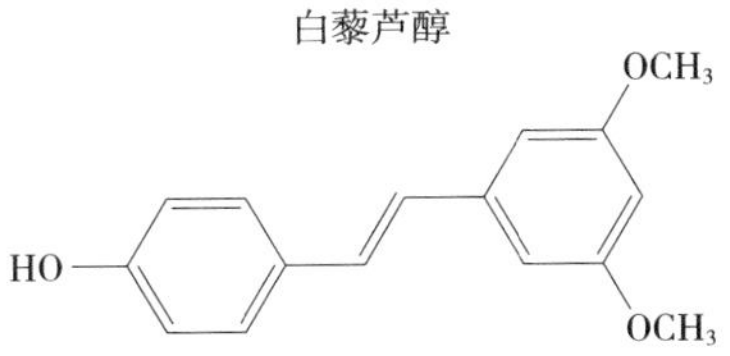

生姜作为一种民间药物已有数千年的历史。姜酚和姜烯酚是生姜的主要生物活性成分,也是生姜的主要刺激成分。姜酚是一系列具有不同烷基链的同系物,而姜烯酚是一系列姜酚的脱水衍生物(脱水部位在C5和C4)(图13.8和图13.9)。姜酚对热很敏感,在干燥或热处理姜酚过程中,它会被脱水成为对应的姜烯酚或者通过一步被醇醛缩合逆反应降解为姜油酮和对应的醛(图13.9)[41]。姜酚,尤其是6-姜酚,在新鲜生姜中含量更为丰富,而在干姜中姜烯酚含量有所增加。例如,6-姜酚和6-姜烯醇在新鲜生姜和干生姜中的比例分别约为10:1和1:1。6-姜酚和6-姜烯酚(图13.8)是生姜中所有生物活性成分中研究最多的,并且在体外和体内模型试验中发现它们都有抗炎和抗癌作用。还有一些研究表明,

与 6-姜酚相比,6-姜烯酚具有更强的抗癌和抗氧化活性。口服后,6-姜酚和 6-姜烯酚都大量地被代谢成它们的葡萄糖醛酸及其硫酸盐结合物,在血液中没有检测到 6-姜酚,但发现了少量的 6-姜烯酚[42]。

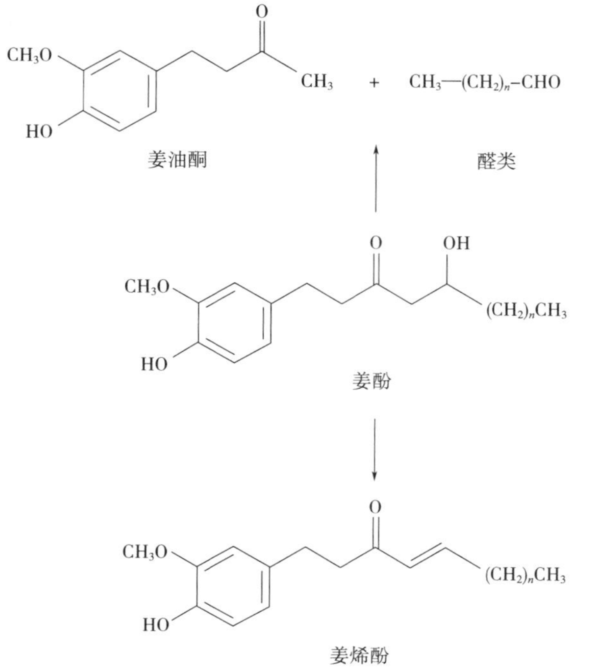

图 13.9　姜酚(姜辣素)的降解反应

　　白藜芦醇(3,5,4′-三羟基芪,图 13.8),主要发现于葡萄皮、花生、桑葚和红酒中。它在机体应对压力、损伤、感染或者紫外照射时由 p-酰基 CoA 和丙二酰基 CoA 合成。它被归为一种能够赋予植物抗病性的植物抗毒素。体外和体内试验都显示它具有很多生理活性,例如预防动脉粥样硬化、抗氧化活性、抗凝血和抗变异以及抗癌特性[43]。然而,一些临床研究表明,白藜芦醇的低口服生物利用率和快速的一级代谢可能会限制其有益健康的效果[44]。

　　紫檀芪(反式-3,5-二甲氧基-4-羟基二苯乙烯,图 13.8),一种白藜芦醇的二甲醚类似物,主要存在于蓝莓和紫檀木的心材中。与白藜芦醇类似,紫檀芪也是一种植物抗毒素。越来越多的研究表明,紫檀芪具有多种健康益处,包括预防癌症、抗炎症和预防血管疾病。在动物实验中,与白藜芦醇相比,紫檀芪具有更高的生物利用率和更强的生物活性,这是由于紫檀芪结构中的两个甲氧基能提高其亲脂性,从而提高口服生物利用率[44]。

　　迷迭香和鼠尾草叶子通常被用做香料和调味剂。迷迭香植株的干叶是食品加工过程中使用最广泛的香料之一,因为它具有理想的风味和较高的抗氧化活性。现已从迷迭香和鼠尾草叶子中分离出一些具有抗氧化活性的酚类二萜化合物,其中最值得注意的是鼠尾草酸。体外实验结果表明,鼠尾草酸通过清除羟基自由基和脂质过氧自由基来保护生物膜,防止脂质过氧化[45]。除了抗氧化活性,在动物模型里迷迭香提取物和鼠尾草酸都能抑制化学诱导的肿瘤形成。鼠尾草酸在加工和贮藏过程中并不稳定。它首先被氧化为鼠尾草酚,然后进一步氧化成为迷迭香酚,其转变的机制如图 13.10 所示[46]。值得注意的是鼠尾草酚和迷迭香酚都具有可与鼠尾草酸媲美的抗氧化活性[46]。

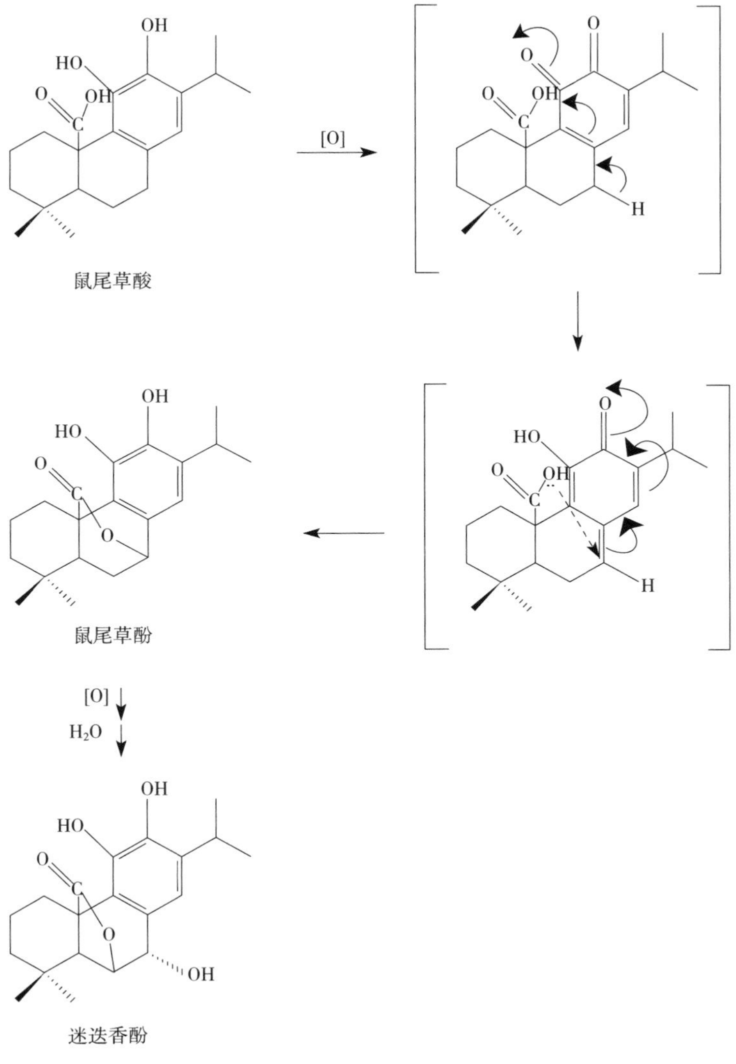

图 13.10 鼠尾草酸的氧化转变过程

13.2.5 有机硫类生物活性物质

有机硫化合物是另一类植物型功能组分,通常来自葱属植物的蔬菜,如洋葱、大蒜、大葱、香葱和韭菜。图 13.11 所示为一些常见食用葱属类蔬菜中发现的有机硫化合物。流行病学研究表明,摄入量较多的葱属类蔬菜与降低不同类型癌症的风险有关[47]。葱属类蔬菜对癌症的预防作用是由于其高含量的有机硫化合物。实验室研究证实了有机硫化合物对实验动物的胃、食道、乳腺、乳腺、皮肤和肺部的癌症具有预防作用。这些预防作用与多种机制相关,如对致癌物的解毒作用、抑制癌细胞增殖、诱导癌细胞死亡、抗菌活性、自由基清除活性以及抑制 DNA 加合物的形成。尽管流行病学和动物研究表明有机硫化合物具有潜在的抗癌作用,但随机对照临床试验的结果并不是毋庸置疑的。例如,两个较小的临床试验表明,大蒜对结肠癌有抗癌作用,而另一个较大的临床试验则表明大蒜没有这种抗癌作用[48]。

蒜素(二丙烯基硫代亚硫酸盐)是新鲜蒜蓉中主要的有机硫化合物,它是大蒜中的主要保健物质。然而,蒜素并不存在于完整的大蒜组织中。在经过切割和压碎等处理后,完整蒜粒中的主要成分蒜氨酸(S-半胱氨酸 S-氧化物;图 13.11)在蒜氨酸酶(详见第 6 章和第11 章)作用下被转化为蒜素。热处理时蒜素经化学转变形成其他有机硫化合物,如阿藿烯、乙烯二噻烯和烯丙基甲基三硫化物(图 13.11),这些硫化物在一定程度上可以提高纤溶酶活力并抑制凝血活力。

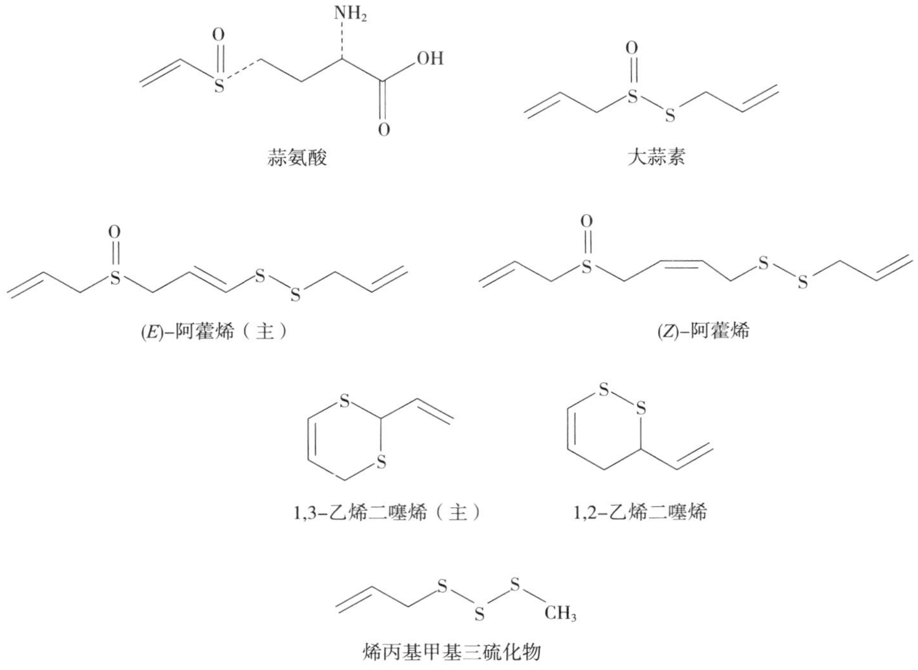

图 13.11　蒜氨酸、蒜素、阿藿烯、乙烯二噻烯和烯丙基甲基三硫化物的结构

已有一系列临床试验研究大蒜对普通感冒、高胆固醇血症、高血压、外周动脉疾病和先兆子痫的潜在有益作用。然而,总体结果表明,没有令人信服的证据表明大蒜对上述疾病的有益作用[48]。几项动物研究表明大蒜多硫化物具有抗炎和抑制冠状动脉钙化的作用。蒜味是大蒜使用而出现的最明显的不良反应,同时也有其他潜在的不良反应,包括过敏反应,改变血小板功能和凝血,以及改变处方药的功效[49]。

13.2.6 异硫氰酸酯与吲哚类物质

　　其他主要的具有生物活性的有机硫化合物是异硫氰酸酯与吲哚类物质，它们是通过酶水解硫代葡萄糖苷产生的。这些化合物在十字花科蔬菜中含量丰富，如西蓝花、抱子甘蓝、菜花、甘蓝叶、羽衣甘蓝、芜菁和芽甘蓝。十字花科植物呈现出来苦味和酸味是由于其存在大量的硫代葡萄糖苷。当十字花科蔬菜细胞受到破坏时，例如受到微生物攻击、昆虫捕食、食品加工或咀嚼，细胞区室会被破坏，使得黑芥子硫苷酸酶（β-葡糖硫苷酶–葡萄糖水解酶）接触到硫代葡萄糖苷，从而导致硫代葡萄糖苷发生水解形成异硫氰酸酯和吲哚类物质。例如，异硫氰酸酯家族中最著名的生物活性化合物萝卜硫素，在菜花组织破裂之前它是不存在的。在菜花中，能产生萝卜硫素的硫代葡萄糖苷主要是萝卜硫苷（图 13.12）[50]。在消化过程中，肠道微生物群产生的微生物黑芥子硫苷酸酶也能将硫代葡萄糖苷转化为异硫氰酸酯与吲哚。

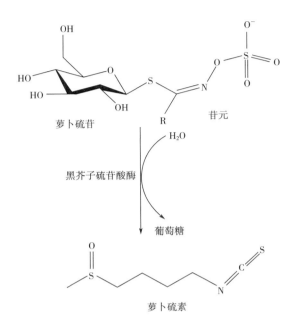

图 13.12　黑芥子硫苷酸酶介导的萝卜硫苷水解生产萝卜硫素的过程

　　在加工过程中异硫氰酸酯不耐热，其主要分解产物为硫脲衍生物。图 13.13 所示为萝卜硫素的分解途径。萝卜硫素首先被水解为一种胺，胺再与萝卜硫素反应形成 N,N'-双（甲基亚硫酰基）丁基硫脲[51]。但是这种分解对生物利用率的影响目前尚不清楚。另一方面，加热可能使黑芥子酶失活，从而减少了异硫氰酸酯从它们的前体即硫代葡萄糖苷生成的含量。硫代葡萄糖苷是一种水溶性化合物，会溶解在清洗蔬菜的水中而被浪费掉。因此，烹调十字花科蔬菜可能会降低它们对健康的有益影响[50]。

　　许多动物研究已经证实异硫氰酸酯的抗癌作用，包括苯乙基异硫氰酸酯、萝卜硫素、烯丙基异硫氰酸酯和苄基异硫氰酸酯（图 13.14）[52]。抗癌作用已在多个部位（如肝脏、肺、结肠、乳腺、前列腺和胰腺）的癌症中得到证实。此外，一些对人类的流行病学的研究表明十字花科蔬菜的摄入与癌症风险呈负相关，其结果与在动物模型中观察到的异硫氰酸酯的抗癌作用一致[50]。仍然需要进行随机对照临床试验来证实异硫氰酸酯作为抗癌药物在人体中的疗效。许多研究表明，异硫氰酸盐通过多种机制发挥其抗癌作用，其中包括激活 Ⅱ 相解毒酶（如谷胱甘肽 S-转移酶[GSTs]，UDP-葡萄糖醛酸转移酶［UGTs]）。增加这些酶的活性可能会促进从人体中消除致癌物和基因毒性化学物质。

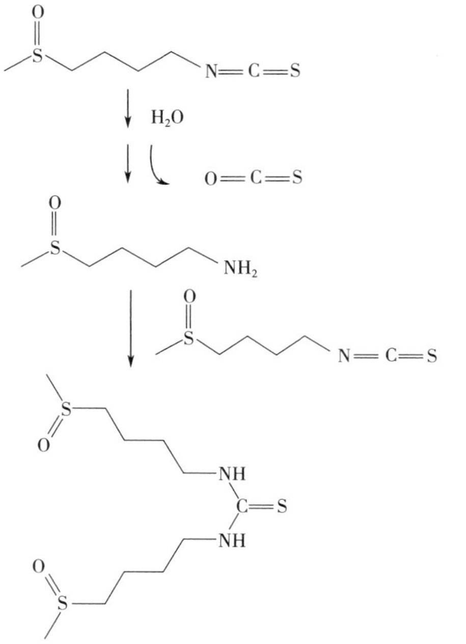

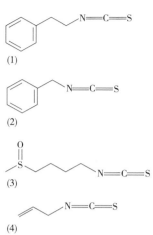

图 13.13 从萝卜硫素生成 N,N'-双（甲基亚硫酰基）丁基硫脲途径

图 13.14 （1）苯乙基异硫氰酸酯；（2）苄基异硫氰酸酯；（3）萝卜硫素；（4）烯丙基异硫氰酸酯的化学结构

吲哚-3-甲醇是通过浸渍诱导型黑芥子硫苷酸酶水解十字花科蔬菜里的芸苔葡糖硫苷产生的（图 13.15）。据研究表明，十字花科蔬菜的潜在健康益处（如抗癌作用）部分是因为吲哚-3-甲醇。口服后，吲哚-3-甲醇在胃部酸性条件下发生缩合，形成几种低聚物，特别是 3,3′-二吲哚基甲烷（图 13.15）。事实上，在口服吲哚-3-甲醇的受试者的血液中没有检测到吲哚-3-甲醇，而在这些受试者的血液中发现了一定数量的 3,3′-二吲哚基甲烷。值得注意的是，3,3′-二吲哚基甲烷具有抗癌作用。因此，提出 3,3′-二吲哚基甲烷可能是吲哚-3-甲醇体内抗癌作用的根本原因。

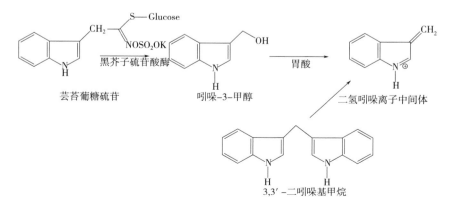

图 13.15 吲哚-3-甲醇在胃中形成 3,3′-二吲哚基甲烷的过程

13.3 活性物质的促进健康的一般机制

很多植物活性物质显现广泛的保健作用,这些保健机制可概括为:抗炎症作用、抗氧化作用、诱导解毒酶、诱导细胞凋亡和细胞周期停滞、免疫功能的改善和激素的调控作用[3,53-55]。

很多植物活性物质的抗炎作用已被深入报道。慢性炎症与各种疾病(如癌症、肥胖疾病、糖尿病,心血管疾病以及神经系统疾病)有着密切的联系。例如,2 型糖尿病患者的肥胖和胰岛素抵抗症状通常与慢性低度全身性炎症有关,其主要促炎细胞因① TNF-α 的表达水平升高可证明这一点[56]。炎症反应最重要的机制之一是巨噬细胞、中性粒细胞、淋巴细胞和其他免疫细胞在炎症反应过程中产生过量的一氧化氮(NO)、超氧化物和其他活性氧自由基及活性氮自由基。这些免疫细胞可以渗入发炎组织,诱导正在增殖的细胞其 DNA 发生损伤或者促进该部位恶性转化。许多植物活性物质的消炎作用机制一般是通过抑制两种重要的促炎蛋白,即通过降低环氧合酶(COX-2)和一氧化氮合成酶(iNOS)的表达水平或抑制其酶活性[3]。COX-2 和 iNOS 都与抗原刺激型炎症应答相关。植物活性物质的消炎作用还通过一些其他重要的机制,包括抑制促炎细胞因子、趋化因子和细胞周期调节分子,以及调节与炎症相关的关键信号通路和转录因子②[57]。

抗氧化保护免受自由基氧化,对于机体维持细胞结构和大分子结构的完整性具有至关重要的的作用[58]。该抵御系统通过一系列复杂的交互作用网来运作,该网络由维生素 C 和维生素 E、类胡萝卜素、锌离子、铜离子、硒、镁离子依赖性抗氧化酶和其他活性物质构成,所有的环节一起形成高度整合的循环和再生反应,以此来平衡和优化氧化状态。上述任何一个必要环节的缺失都可能会造成防御系统的严重损伤[53,58]。当活性氧(ROS)的生成与体内抗氧化应激防御系统之间存在不平衡时就会形成氧化应激。这些活性氧包括自由基如羟基自由基、过氧自由基和超氧阴离子等,还包括其他活性基团如过氧化氢、自然发生过程产生的单重态氧(如线粒体电子传递和运动)、环境刺激(如来自太阳的致电离辐射)、炎性细胞因子、环境污染物、改变的大气条件(如缺氧条件)和生活方式导致的应激物(如香烟烟雾和酗酒)所形成的单重态氧。去除活性氧自由基的机制包括超氧化物歧化酶、过氧化氢酶、谷胱甘肽过氧化物酶等抗氧化酶和人体内的或从食物中获得的抗氧化剂的参与。氧化损伤发生在蛋白质、DNA 和脂类等大分子上。DNA 碱基变化、链断裂和突变通常都和自由基攻击 DNA 相关。有研究显示,此种攻击可通过补充抗氧化剂而被终止、减少甚至被扭转[3]。这些抗氧化剂的保护效应不仅存在于高氧化应激人群(如吸烟者)中,在氧化应激不是很高的人群里也同样存在[59]。

癌症是全世界人口死亡的主要原因。人们对植物活性物质的抗癌作用已进行了深入的研究。癌变过程包括三个阶段:启动期、促进期和进展期。启动的过程是将正常细胞转

---

① 细胞因子:属于蛋白质类信号物质,对于形成先天性和适应性免疫应答功能至关重要。

② 炎症应答通常与缺少这种转录因子的调控相关。

化为启动细胞,涉及致癌物代谢、基因突变和 DNA 修复的功能障碍[3]。在启动期,环境致癌物(例如某些有毒化合物、烟草和污染物)会引起一个或多个简单的突变,如控制致癌过程的关键基因的转变或小的缺失。两种酶维持着启动过程的平衡:Ⅰ 相酶(如细胞色素 p450)能激活前致癌物,然后产生最终致癌物,其能与 DNA 反应并引起突变;另一方面,Ⅱ 相酶(如葡萄糖醛酸酶和硫酸基转移酶)促进从体内去除致癌物。某些活性物质激活各种上游信号通路并激活转录因子,如核因子 E2 相关因子 2(Nrf2)、AhR 和孕烷 X 受体(PXR),从而导致 Ⅱ 相酶和抗氧化酶(如 GST、UGT、血红素加氧酶-1 和其他的细胞防御酶)的表达水平增加[60]。这些酶能解毒致癌物、减少自由基和活性氧、去除或修复氧化损伤的蛋白质,从而降低致癌风险。

癌变过程中的促进期和进展期的特征是细胞信号通路失调,导致细胞增殖增加和细胞死亡减少,特别是程序性细胞死亡(又称凋亡)减少。细胞增殖失调是肿瘤发生的主要特征之一。在癌症中,调节细胞周期进展的基因经常发生突变,从而导致细胞周期调节失调,这是癌症的标志之一。细胞周期包括四个阶段(G1、S、G2 和 M 期)。细胞周期的每个阶段都受到许多信号蛋白的严格控制,如细胞周期蛋白依赖性激酶(CDKs)、细胞周期蛋白复合物和 CDK 抑制剂(如 p16、p21 和 p27)。因此,这些蛋白质的突变可以刺激细胞生长和增殖[61]。细胞凋亡是 DNA 损伤不可修复时发生的程序性细胞死亡的主要类型,在肿瘤细胞死亡中起着关键作用。一般来说,细胞凋亡分为两种不同的途径:内在途径(线粒体介导)和外在途径(死亡受体介导)。含半胱氨酸的天冬氨酸蛋白水解酶(caspase),属于半胱氨酸蛋白酶家族,在细胞凋亡内源途径和外源途径中起着调节细胞凋亡的重要作用。caspase-3 是细胞凋亡的主要执行者,它可以被 caspase-9 等启动子激活。激活的 caspase-3 通过酶切聚 ADP 核糖聚合酶(PARP)使其失活。失活的 PARP 导致 DNA 修复功能丧失,最终导致细胞凋亡[62]。抑制癌细胞生长的有效策略之一就是诱导细胞周期停滞和/或凋亡。许多活性物质通过调节与细胞周期进展和凋亡相关的关键信号分子,使癌细胞周期停滞和凋亡[3]。

人体免疫系统在保护机体免受包括恶性细胞和突变细胞在内的致病因素损害过程中起到了至关重要的作用。免疫系统及其细胞的高度交互作用生成的生物活性成分,对刺激、环境接触、营养缺乏和衰老所导致的不良效应非常灵敏。研究表明使用一些活性物质可以通过帮助增加免疫细胞(如自然杀伤细胞、T 辅助细胞和转移受体 IL-2 依赖细胞)的数目和活力,进而提高免疫功能[63]。

植物活性物质的其他保健机制是激素调控机制[64]。植物雌激素是在各种植物中发现的一类植物衍生化合物。最值得注意的是,大豆已经显示出一系列的健康益处,它们与调节激素功能的能力相关,如抑制乳腺癌的发展、增加骨密度、改善血脂谱、降低血液胆固醇含量和改善更年期综合征[65]。

13.4 活性物质间的相互作用

人类的饮食非常复杂,它们由许多不同的营养物质和活性物质组成。这些物质的组合可能会产生不同于个别成分产生的健康效应。越来越多的证据表明,具有不同作用机制的生物活性制剂联合使用可能会产生协同作用[66]。这些制剂之间的协同作用产生的健康效益比每种制剂单独作用产生的更大。联合制剂疗法能够增强疗效,还可以降低其中每种药剂所需的剂量,从而降低治疗的成本,并对社会产生积极的经济影响。事实上,研究表明,同时摄入某些活性物质可以提高健康效益[66]。迄今为止,对营养药物联合效应的研究主要集中在它们改变癌症病理学方面的疗效。

与姜黄素或茶多酚单独食用相比,姜黄素和茶多酚的联合饮食治疗对大鼠结肠癌发生的起始和进展阶段均有增强的抑制作用[67]。一种绿茶多酚也被发现能与鱼油协同抑制小鼠肠道肿瘤的形成[68]。对食用全食品(whole food)的研究表明全食品能增强抗癌作用,这是由于全食品中存在的多种成分的综合作用所致。例如,研究表明,将整个番茄粉作为饮食的一部分能显著降低大鼠的前列腺肿瘤质量,而单独使用番茄中主要活性物质番茄红素(含量是番茄粉内番茄红素的两倍)不能显著降低肿瘤质量[69]。有趣的是,番茄粉和菜花粉的联合使用对减轻肿瘤质量的作用更大。番茄还被用于和大蒜联合使用,比单独使用番茄或大蒜更能抑制大鼠结肠的癌变[70]。在另一项研究中,鱼油和丁酸盐混合的饮食治疗显著抑制了大鼠结肠癌变的形成[71]。相反,玉米油和丁酸盐混合的饮食却促进了大鼠结肠癌病变的形成。因此,与丁酸盐联合使用时,两种不同的食用油对结肠癌的发生产生了相反的作用。这些发现强调出饮食成分之间相互作用及其这些相互作用对人体健康的影响的重要性。

活性物质与胃肠道中的常量营养素的相互作用对活性物质的生物利用率有着深度的影响,进而影响活性物质的生物活性[72]。例如,多酚可以与胃肠道中的蛋白质形成复合物,从而延缓多酚的吸收。膳食脂肪通过增加多酚在胃肠道中的溶解性来增强多酚的吸收。碳水化合物还可以通过增加细胞旁路转运和抑制多酚的细菌降解来增强多酚的吸收。这些相互作用说明需要评估活性物质与食物基质和整体饮食之间的关系,以更好地预测和确保活性物质预期的健康效果。

13.5　活性物质的生物利用率

活性物质的口服生物利用率定义为实际以活性形式进入系统(血液)循环的口服营养药物的部分。系统循环中的活性物质可以分配到组织和器官,在组织和器官它们可以发挥有益的健康作用。对于口服的营养品,存在一些障碍(如食物基质对其的包封、消化过程中的化学不稳定性、胃肠液中的低溶解性、肠上皮细胞差的吸收和首过代谢效应)使它们无法以活性形式进入系统循环。一种活性物质的口服生物利用率(F)可通过以下式进行计算[73]:

$$F = F_B \times F_A \times F_M$$

式中,F_B是指摄取的活性物质的部分,这一部分是通过上消化道存留下来,并从食物基质释放到胃肠液中,从而成为可被肠上皮细胞吸收的生物可获取部分。F_A是指生物可获取的活性物质的部分,这一部分实际上被肠上皮细胞吸收,然后输送到门静脉血或淋巴(并进入系统循环)。F_M是指可吸收的活性物质部分,这一部分是在通过消化道和肝脏(以及任何其他代谢形式)中首过代谢后以活性形式存在的部分。

作为食物成分,活性物质通常被包封在食物基质中,它们需要在消化过程中释放,然后才能被胃肠道吸收。为了成为生物可获取部分被肠上皮细胞吸收,释放的活性物质需要在消化过程中溶解在胃肠液中。许多活性物质(如类胡萝卜素和姜黄素)在胃肠液中的溶解性较差,所以生物可及性较低。活性物质在通过胃肠道(即口腔、胃、小肠和大肠)的过程中会经受各种物理化学环境。这些不同的环境可能导致活性物质的物理状态和化学性质发生变化,从而降低或增加其生物可及性。例如,绿茶多酚 EGCG 在小肠液中的 pH 条件下是不稳定的,而小肠是大多数活性物质被吸收的地方。为了能够被肠上皮细胞吸收,胃肠液中的活性物质需要通过水性黏液层运输,这对于高度疏水性的活性物质可能是一个挑战。肠上皮细胞的细胞膜是吸收活性物质的另一个屏障。一般来说,亲水性活性物质更难通过脂质细胞膜。首过代谢(又称首过消除)是指活性物质被一系列存在于胃肠道和肝脏中的酶代谢的过程。首过代谢的结果是,只有一部分被吸收的活性物质以活性形式进入系统循环,从而导致口服生物利用率下降。为了提高营养药物的生物利用率,新的食品技术正在发展以克服上述低生物利用率问题[3]。

广泛的研究已经证明了生物利用率对活性物质的生物命运和健康影响的重要性。例如,大多数多酚以糖苷形式存在,在胃肠道中吸收很差,这大大限制了这些化合物的生物效应。然而,人体细胞产生的肠道酶和肠道微生物群可以将糖苷转化成能被肠上皮细胞吸收并通过门静脉血转运到肝脏的苷元。这些苷元在肝脏中经历广泛的代谢,转化为共轭物(主要是葡萄糖醛酸苷和硫酸盐共轭物)。这些共轭物通过胆汁循环返回小肠或循环系统,最终通过尿液排出。不被小肠吸收的多酚苷元及其代谢物(共轭物)将到达大肠,在大肠中受到肠道微生物群的代谢。微生物葡萄糖醛酸酶和硫酸酯酶将共轭物转化回能被大肠黏膜重新吸收的苷元。同时,肠道微生物群也能代谢苷元,产生简单的代谢产物,如羟基苯乙酸、羟基苯丙酸和苯基戊内酯。这些代谢产物可在大肠中被吸收,并进一步在肝脏中代谢和/或通过粪便排出。在多酚通过胃肠道的过程中,产生了许多代谢产物,对多酚的健康效益影响深远。有些代谢物很容易被吸收,而另一些则不能。此外,有些代谢物的生物活性较低,而另一些代谢物的生物活性较高。例如,小鼠摄入的 PMFs(如川陈皮素和5-去甲基川陈皮素)在其体内转化为不同的代谢产物,这些代谢产物显示出比其母体化合物更强的抗癌作用[74,75]。另一个值得一提的例子是大豆苷元,它是一种大豆异黄酮,可以被肠道微生物群转化为代谢物雌马酚,雌马酚比其前体(即大豆苷元)具有更高生物活性[76]。

13.6　植物膳食补充剂

随着人们对改善健康和疾病预防的意识不断增加,植物药材在国际市场上越来越受欢迎,已不再局限于中国、印度、日本和德国等草药制品使用历史悠久的国家了。目前,大约已有20000种药用植物被列入世界卫生组织(WHO)允许使用名单,并且有400种药用植物已被允许在世界范围内进行广泛应用。植物药材因其药理作用和促进健康的潜力而经常用于替代药物和膳食补充剂,尽管其功效和安全性往往尚未得到科学证实。很大一部分是由于 1994 年美国国会通过了膳食补充剂健康与教育实施条例(DSHEA),与药品和食品添加剂的标签要求相比,该条例显著降低了膳食补充剂的标签要求。此举很大程度上削弱了美国食品药品监督管理局(FDA)对膳食补充剂的安全性、纯度和效力的监管权限。事实上,膳食补充剂还没有在法律上被定为食品或者药物[77]。

在美国,以植物制品为基础的膳食补充剂以不同的形式出售,如新鲜植物产品、干燥植物粉末、液体植物提取物、软浸膏、干制提取物、酊剂和纯化的天然化合物。在美国可以出售多种植物制品,其中人参、银杏、大蒜、锯棕榈、紫锥菊、大豆、蔓越莓、葡萄籽和绿茶提取物是最畅销的。表 13.3 所示为一些常见的植物性膳食补充剂以及潜在的活性成分和功能[78]。

表 13.3　　　　　常见的植物性膳食补充剂以及潜在的活性成分和功能

膳食补充剂	拉丁名称	潜在的活性成分	主要健康益处
黄芪属植物	*Astragalus membranaceus*	多糖,皂苷(黄芪)	免疫调节和保护肝脏
黑升麻	*Cimicifuga racemosa*	蜂斗菜酸和 23 - epi - 26 - 脱氧升麻烃	舒缓更年期症状
蔓越莓	*Vaccinium macrocarpon*	原花青素	防治尿路感染
当归	*Angelica sinensis*	藁苯内脂	治疗妇科疾病
紫锥菊	*Echinacea purpurea*,*E. pallida*,*E. angustifolia*	多糖,糖蛋白,菊苣酸和烷基胺	治疗感冒、咳嗽和上呼吸道感染
野甘菊	*Tanacetum parthenium*	小白菊内酯和倍半萜内酯	缓解发烧、头痛和女性疾病
大蒜	*Allium sativum*	烯丙基含硫化合物	抗菌、抗癌、抗血栓和降血脂
生姜	*Zingiber officinale Roscoe*	姜酚	止吐剂、消炎和助消化剂
银杏	*Ginkgo biloba*	银杏内酯和类黄酮	治疗脑功能障碍和循环系统紊乱
西洋参	*Panax quinquefolius*	人参皂苷	对免疫功能、心血管疾病、癌症、性功能的治疗作用
亚洲人参	*Panax ginseng*	人参皂苷	对抗身心疲惫和虚弱无力
白毛莨	*Hydrastis canadensis*	生物碱,小檗碱和白毛莨碱	舒缓刺激的皮肤和黏膜,缓解呼吸困难
葡萄籽提取物	*Vitis vinifera*	原花青素	抗氧化、抗炎症、免疫调节、抗病毒和抗癌
绿茶多酚	*Camellia sinensis*	表没食子儿茶素没食子酸酯和儿茶素	预防心脏病、癌症、神经退行性疾病和糖尿病

续表

膳食补充剂	拉丁名称	潜在的活性成分	主要健康益处
卡瓦胡椒	*Piper methysticum*	卡瓦内酯	利于放松心情和平静情绪
甘草	*Glycyrrhiza glabra*	三萜皂苷,类黄酮和其他多酚	具有舒缓、抗炎和镇咳的特性
玛咖	*Lepidium meyenii*	芳香族异硫氰酸酯	用于壮阳目的
奶蓟草	*Silybum marianum*	水飞蓟素	治疗肝疾病
松树皮提取物	*Pinus pinasterssp. atlantica*	原花色素	用于保护血液循环和储存毛细血管愈合
红菽草	*Trifolium pretense*	大豆异黄酮	治疗更年期综合征
灵芝	*Ganoderma lucidum*	三萜类化合物和多糖	抗肿瘤和免疫调节
锯棕榈	*Serenoa repens*	未知	用于前列腺健康
大豆异黄酮	*Glycine max*	大豆异黄酮和大豆苷元	预防更年期综合征、骨质疏松症、冠心病和癌症
金丝桃草	*Hypericum perforatum*	金丝桃素	治疗轻度抑郁症
缬草	*Valeriana officinalis*L.	缬草素(环烯醚萜类)	用于轻度镇静和睡眠障碍
育亨宾树	*Pausinystalia johimbe*	育亨宾	用于壮阳目的

　　针对不同的商业用途,植物性膳食补充剂有不同的质量控制和质量保证标准。但是通常遵循一些通用规则[79],如植物必须是经鉴别的、并可以安全使用;外源物质、重金属、黄曲霉毒素和杀虫剂需在限制范围内;pH、灰分、水分含量和颗粒大小应在合理的范围之内。此外,还必须通过常规微生物检验。一般的质量控制标准通常应该能够被满足,但是对于草药制品的特殊标准目前还不完善。然而,植物性膳食补充剂存在一些潜在的安全问题。一些植物性膳食补充剂与各种处方药和非处方药结合使用时,会引起药物不良反应,有时甚至会危及生命[80]。例如,将降低血压的植物性产品与处方降压药结合使用可能导致严重的低血压。由于植物药材缺乏标准化,植物药材的质量可能在很大程度上不一致;另外,由于植物生长区域的不同、干燥的影响、用于浓缩/去除特定成分的提取类型、储存条件、不同的环境因素等,植物化学成分的变化很大[81]。此外,在植物性膳食补充剂的市场上,掺假并不少见,有时甚至是掺入违禁物质。

13.7　植物活性物质的提取技术

　　植物活性物质被广泛使用作为功能性食品和膳食补充剂等不同产品中的重要成分。为了从植物原料中获得活性物质,需要有效的提取技术来浓缩生物活性物质并去除不需要的成分。传统的提取技术如索氏提取法已经使用了几十年,近年也发展出新的提取技术以提高提取效率和工艺成本效益。在提取前,植物原料经常经过破碎、粉碎、碾磨等预处理,能大大提高提取效率。提取效率在很大程度上取决于活性物质的极性和提取过程中使用的溶剂类型。可根据溶剂的选择性、容量、反应性、稳定性、溶解性、再生能力和毒性来选择提取溶剂。本节简要概述了适用于植物原料的新型提取技术[82]。

加速溶剂提取法(ASE)又称加压溶剂提取法、亚临界溶剂提取法或加压液体提取法[83]。目前,ASE 已被广泛应用于从植物中提取活性物质。在 ASE 过程中,增加提取池中的压力使提取溶剂温度高于其常压下的沸点[84]。更高的温度越高和更高的压力,能使目标化合物的溶解度增大,溶剂扩散速度加快,溶剂黏度和表面张力减小,更利于提取[84]。然而,当温度过高时,一些热不稳定的成分可能降解,导致提取质量下降。值得注意的是,ASE 通常允许使用环境安全的溶剂,如水和乙醇水溶液,且与在正常提取条件下相比,使用相同溶剂情况下,ASE 能使植物原料提取更加彻底。ASE 是一个相对快速的过程,延长提取时间并不能显著提高提取效率。此外,提取过程可以自动化,能够降低劳动强度[82]。

超临界流体提取法(SFE)使用了超临界流体,其在提取各种活性物质方面均具有优势。超临界状态是气体和液体之间的一个相,温度和压力高于临界点[83]。超临界流体具有与液体相似的密度和与气体相似的黏度,但其扩散系数比液体高得多,与传统的溶剂提取相比,提取速度快得多。超临界流体由于其溶解能力强,已被广泛作为一种高效的提取溶剂。二氧化碳已被用作主要的 SFE 提取溶剂,由于其具有相对较低的临界条件、低毒性、不燃性和低成本的特点[85,86]。通过控制超临界二氧化碳的压力和温度,可以改变活性物质的溶解度,因此可以通过此特征探索 SFE 条件来提高提取的选择性,得到纯度更高的产品。随着超临界二氧化碳密度的降低,活性物质在超临界二氧化碳中的溶解度降低。因此,通过降低二氧化碳的压力可以很容易地回收提取的植物化学物质。由于它的低临界条件,超临界二氧化碳提取温度相对较低,是提取热不稳定活性物质的理想方法[85,86]。由于超临界二氧化碳是非极性的,所以对于酚类等极性活性物质可能不是有效的提取溶剂。然而,当超临界二氧化碳与乙醇等有机溶剂改性剂结合时,极性化合物的超临界提取效率会显著提高[87,88]。SFE 所需的高成本和复杂的操作条件限制了其广泛的应用。

超声辅助提取法(UAE)是一种简单且经济有效的方法,可以有效地提取多种植物原料。超声波可以改变植物原料的物理和化学性质,引起空化作用,导致靠近基质表面的压力和温度升高,从而破坏细胞壁,使细胞内化合物释放到提取溶剂中[89,90]。UAE 还可能导致植物材料膨胀,从而促进植物化学物质的提取。UAE 已被证明可以改善提取不同的植物化学物质,如多酚和类胡萝卜素。UAE 的一个优点是它适用于热不稳定的营养品,因为在相对较低的温度下可以获得令人满意的提取效果[82]。

酶辅助提取法(EAE)的原理是利用纤维素酶、果胶酶和半纤维素酶等酶分解植物细胞壁,从而促进植物原料中目标成分的提取[91]。EAE 已成功地应用于蛋白质、酚类、番茄红素和油脂等多种成分的提取。虽然与传统提取方法相比,EAE 可提供更高的提取效率,但通常需要花费相当长的时间,而且与 UAE 等其他新的预提取处理方法相比,EAE 无法提供更高的提取效率。在 EAE 过程中,不同的原料需要特定的酶来有效地分解细胞壁,释放目标成分。限制 EAE 应用的其他因素包括酶的相对高成本和使用的这些酶具有环境敏感性[82]。

脉冲电场辅助提取法(PEF)利用电场诱导细胞膜的电穿孔,从而提高了提取溶剂进入植物基质的渗透性和提取效率[83]。PEF 处理可提高花青素和单宁等化合物的提取率。与 UAE 等预处理方法相比,PEF 辅助提取法所需时间更短,能耗更低。而且,采用 PEF 作为挤压果蔬前的预处理,提高了不同果蔬汁的产量和品质(浑浊度和气味强度)[82]。

微波辅助提取法(MAE)利用微波穿透植物原料,并与水等极性分子相互作用产生热量。植物原料内部产生的热量会导致细胞结构破坏,从而促进活性物质从植物基质中溶解[92]。此外,微波处理使提取溶剂和植物原料的温度均匀升高,通常会提高提取效率。与传统提取方法相比,MAE 还能减少提取时间。然而,在某些情况下,MAE 过程中会产生不需要的产品,特别是当遇到过高的温度时。与传统的提取方法相比,MAE 的主要优点是可以显著缩短提取时间和减少溶剂的使用,并且具有类似甚至更好的提取效果[82,83]。

13.8　食品中加工生成的活性物质

几乎所有食用的食物都需要经过不同程度的加工。食品加工对食品质量、安全、贮藏和特殊食品的特性起着至关重要的作用。食品加工过程中涉及的化学反应错综复杂。虽然一些生物活性物质在加工过程中会遭到破坏,但也会产生很多原先不存在于组织和原料中的新物质,其中不乏一些具有潜在的促进健康作用的化合物。

羟基肉桂酸,如阿魏酸和咖啡酸,在自然界中广泛分布,它们以游离形式或单酯形式存在于水果、蔬菜和谷物中。羟基肉桂酸的相关化合物在咖啡豆中的含量很高,生咖啡豆含有 6%~9% 的绿原酸,它是咖啡酸的奎宁酸酯[93]。在烘焙过程中,绿原酸的含量大幅度降低。烘焙咖啡具有抗癌活性和抗菌活性,表明绿原酸的降解产物可能有助于产生有益的效果[94]。

绿原酸是生咖啡中主要儿茶酚类化合物中的一种。在加热条件下,咖啡酸经过快速脱羧后形成儿茶酚单体和复杂的稠环二聚体和多聚体。已从咖啡酸的温和裂解产物中分离出两个主要的化合物 1,3-顺和 1,3-反-四氧化苯基茚满,体外研究表明这两个化合物具有一定的抗氧化和抗诱变活性。图 13.16 所示为它们的形成机制。这两种化合物发现在炒焙咖啡中的含量在 10~15mg/L[95]。

热能不是改变食物生物活性成分的唯一因素。在特定食品加工过程中的酸处理也可能改变食物的活性成分。如在精炼芝麻油过程中生成抗氧化剂就是一个很好的实例。芝麻林素是芝麻籽里主要的木酚素。在精炼过程中,酸性黏土作为漂白剂可以催化分子内基团的转移,将芝麻林素转化为芝麻素酚,使精炼后芝麻素酚的浓度显著增加[96]。芝麻油的抗氧化活性是由芝麻素酚引起的。图 13.17 所示为芝麻素酚的形成机制。活性物质的转化也可以通过发酵诱导。例如,在大豆发酵过程中,由于微生物酶水解金雀异黄苷生成大豆异黄酮,使得大豆异黄酮含量显著增加[97]。据报道,大豆异黄酮比金雀异黄苷具有更强的抗癌作用。

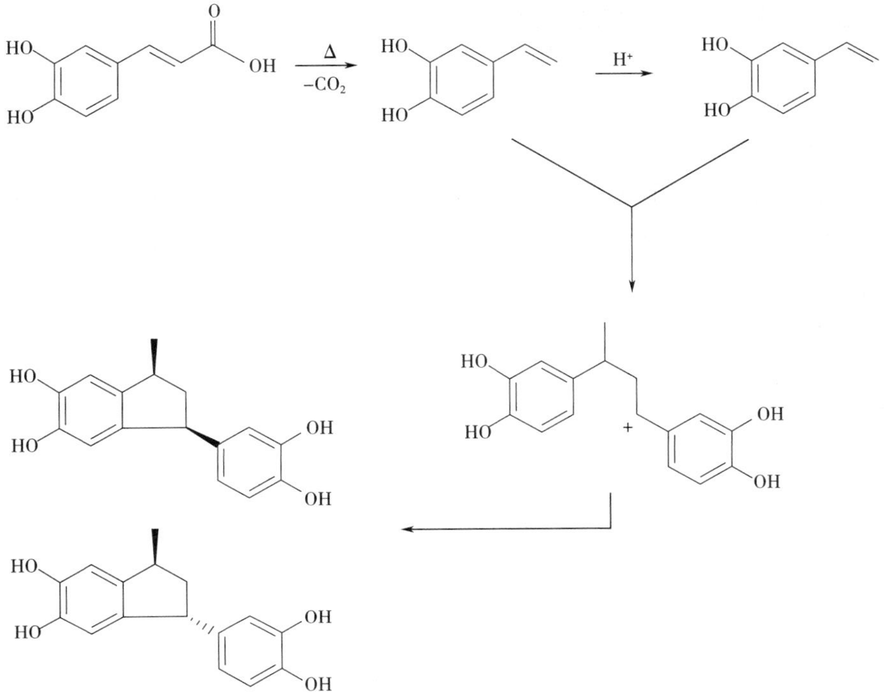

图 13.16 咖啡酸形成 1,3-四氧化苯基茚满

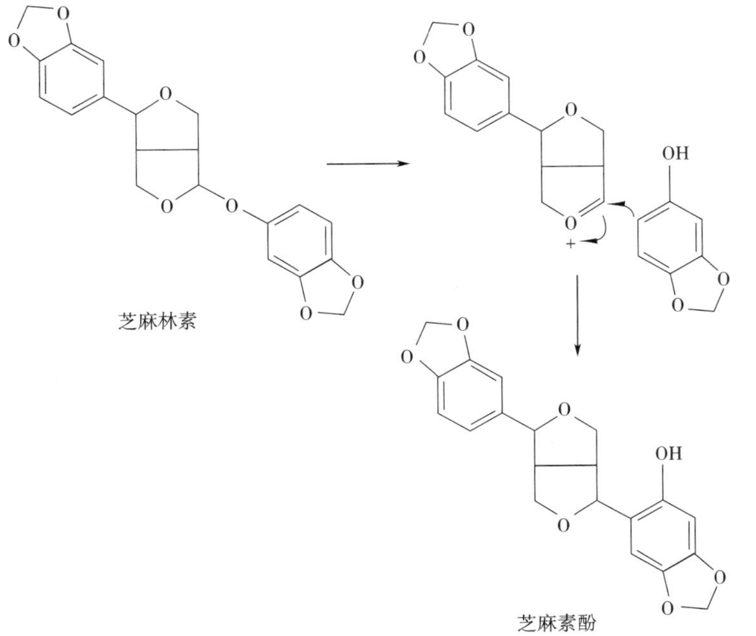

图 13.17 芝麻林素形成芝麻素酚

13.9 食品中天然来源的有毒物质

来自动植物资源的食物除了有益的生物活性成分外,还含有对人体有害的成分,即毒素和抗营养素(表13.4)[98]。在植物中,毒素通常被用来保护寄主植物免受捕食,但根据毒素的类型和剂量,毒素可导致人类出现从轻微到严重的症状[99]。其中一些毒素被认为是致癌物(表13.5)。然而,通过正常饮食摄入的毒素只有少数几种能对人体造成伤害。

表13.4 植物中固有有毒物质举例

毒素	化学性质	主要食物来源	主要毒性症状
蛋白酶抑制剂	蛋白质(相对分子质量4000~24000)	豆类(大豆、绿豆、四季豆、菜豆、利马豆)、鹰嘴豆、豌豆、马铃薯(红薯,白薯)、谷类	影响生长和食物利用;胰腺肥大
淀粉酶抑制剂	蛋白质	小麦粉	敏感个体的食物过敏
抗硫胺素	蛋白质(酶)	鱼、蟹、蛤蜊、蓝莓、黑醋栗、抱子甘蓝	敏感个体的食物过敏
血凝集素	蛋白质(相对分子质量10000~12400)	豆类(蓖麻子、大豆、四季豆、黑豆、黄豆、洋刀豆)、扁豆、豌豆	影响生长和食物利用;体外红细胞凝集;促进体外培养细胞分裂
皂角苷	菌醇类或三萜类糖苷	大豆,甜菜,花生,菠菜,芦笋	体外红细胞溶解
硫代葡萄糖苷(特定一类)	硫糖苷	卷心菜及相关物种,芜菁,芜菁甘蓝,萝卜,油菜籽,芥末	甲状腺功能衰退和甲状腺肿大
氰	氰糖苷	豌豆和大豆,豆类,亚麻籽,亚麻,果仁,木薯	氰化氢中毒
棉酚色素	棉酚	棉籽	肝脏损伤,出血,水肿
山黧豆素	β-氨基丙腈及衍生物	鹰嘴豆,野豌豆	神经山黧豆病(中枢神经系统损伤)
过敏原	蛋白质	几乎所有食物(尤其在谷物、豆类、坚果中)	过敏体质个体过敏反应
苏铁素	甲基氧化偶氮甲醇	苏铁属坚果	肝脏及其他器官癌变
β-侧柏酮	单萜酮	鼠尾草属的植物,艾菊属植物	惊厥,苦艾酒中毒
芥子酸	长链单不饱和脂肪酸(22:1)	菜籽油	心肌脂质沉着症
肉豆蔻脂	墨斯卡林相关化合物	黑胡椒,胡萝卜,芹菜,欧芹,小茴香	精神作用
蚕豆症	蚕豆苷和伴蚕豆苷(嘧啶β葡糖苷)	蚕豆	急性溶血性贫血
植物抗毒素	简单呋喃(甘薯酮)	红薯	肺水肿;肝和肾脏损伤
	苯并呋喃(补骨脂素)	芹菜,防风草	皮肤光敏反应
	炔呋喃(蚕豆酮)	蚕豆	体外细胞溶菌
	异黄酮(菜豆素)	豌豆,四季豆	

续表

毒素	化学性质	主要食物来源	主要毒性症状
双吡咯烷类生物碱	二氢吡咯	菊科植物和紫草科植物	肝脏和肺损伤,癌症
茄碱和卡茄碱	配糖生物碱	马铃薯	乙酰胆碱酯酶抑制剂,感觉过敏,胃肠道症状
黄樟素	烯丙基苯	黄樟,黑胡椒	癌症
α-鹅膏蕈碱	双环八肽	瓢蕈,蘑菇	流涎,呕吐,抽搐,死亡
仓术苷	甾苷	蓟	糖原耗竭

资料来源:摘自 Hu, F. B., *Curr. Opin. Lipidol.*, 13(1), 3, 2002; Palozza, P. and Krinsky, N. I., *Methods Enzymol.*, 213, 403, 1992.

表 13.5 一些食物中自然存在的致癌物质

鼠类致癌物	植物性食物	含量/(mg/L)
5-/8-甲氧基补骨脂素	欧芹	14
	欧洲防风草,煮熟的	32
	芹菜	0.8
	芹菜,新栽培品种	6.2
	芹菜,榨汁的	25
p-对肼基苯甲酸	蘑菇	11
谷酰基 p-对肼基苯甲酸	蘑菇	42
黑芥子硫苷酸钾(烯丙基异硫氰酸酯)	卷心菜	35~590
	羽衣甘蓝叶	250~788
	菜花	12~66
	球芽甘蓝	110~1560
	芥末(褐色)	16000~72000
	辣根	4500
草蒿脑(1-烯丙基-4-甲氧基苯)	罗勒	3800
	茴香	3000
黄樟素(1-烯丙基-3,4-甲二氧基苯)	肉豆蔻	3000
	肉豆蔻衣	10000
	黑胡椒	100
丙烯酸乙酯	菠萝	0.07
芝麻酚	芝麻籽(热油)	75
α-甲基苄醇	可可豆	1.3

续表

鼠类致癌物	植物性食物	含量/(mg/L)
乙酸苄酯	紫苏	82
	茉莉花茶	230
	蜂蜜	15
	咖啡豆(烘烤的)	100
咖啡酸	苹果,胡萝卜,芹菜,茄子,菊苣,葡萄,生菜,梨,李,马铃薯	50
	苦艾,茴香,紫苏,葛缕子,莳萝,墨角兰,迷迭香,鼠尾草,留兰香,龙蒿,百里香	>1000
	咖啡豆(烘烤的)	1800
	杏,樱桃,桃,李	50~500
绿原酸(咖啡酸)	咖啡豆(烘烤的)	21600
新绿原酸(咖啡酸)	苹果,杏,西蓝花,抱子甘蓝,卷心菜,樱桃,羽衣甘蓝,桃,梨,李	50~500
	咖啡豆(烘烤的)	11600

资料来源:摘自 Hu, F. B., *Curr. Opin. Lipidol.*, 13(1), 3, 2002; Boom, C. S. et al., *Crit. Rev. Food Sci. Nutr.*, 50(6), 515, 2010.

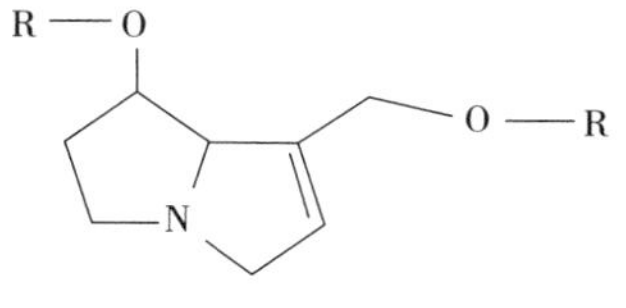

生物碱广泛分布于植物界,对其他生物有毒。例如,双吡咯烷类生物碱可导致肝脏损伤、胃肠道问题,甚至死亡。其基本环状结构如图 13.18 所示。人类接触生物碱毒素的方式有很多,例如食用含有生物碱的牛乳和加工谷物,因为乳牛可能喂养

图 13.18 双吡咯烷类生物碱的通用结构

了含有生物碱草料,谷物在种植和加工过程中可能掺杂了含有生物碱的杂草。有两种糖苷生物碱,即 α-茄碱和 α-卡茄碱(图 13.19)存在于马铃薯中,它们在高浓度下具有神经毒性。FDA 对马铃薯中茄碱的含量规定为不高于 20mg/100g[100]。

氰苷类化合物是另一类令人关注的毒素,因为它们在食用后被代谢成 HCN。在可食用的植物中已经鉴定出三种腈苷:苦杏苷(苯乙醇腈-β-葡糖苷基-6-β-葡糖苷),蜀黍苷(p-羟基苯甲醛-氰醇葡糖苷)和亚麻苦苷(丙酮氰醇葡糖苷)(图 13.20)。苦杏苷存在于苦杏仁中,蜀黍苷存在于高粱,而亚麻苦苷存在于豆子、亚麻籽和木薯[100]。图 13.21 所示为亚麻苦苷经水解可释放 HCN 的机制。

致甲状腺肿素是一种干扰人体碘吸收的物质。当食用芸苔属蔬菜时,黑芥子硫苷酸酶催化硫代葡萄糖苷转化为异硫氰酸酯,然后异硫氰酸酯进行环化生成一种致甲状腺肿的物质——甲状腺肿素(图 13.22)[99]。甲状腺肿素能降低碘水平(碘对甲状腺产生甲状腺素很重要),从而可能导致甲状腺肿大。

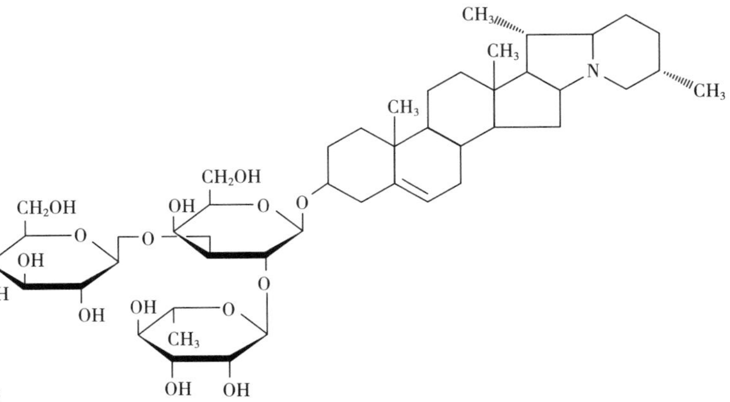

图 13.19　(1)α−茄碱;(2)α−卡茄碱的结构

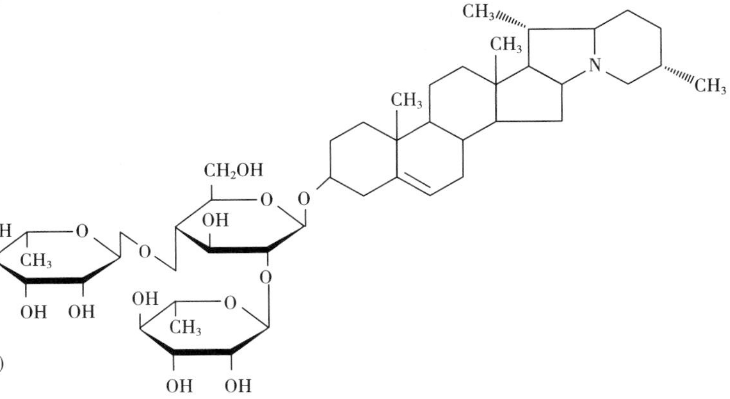

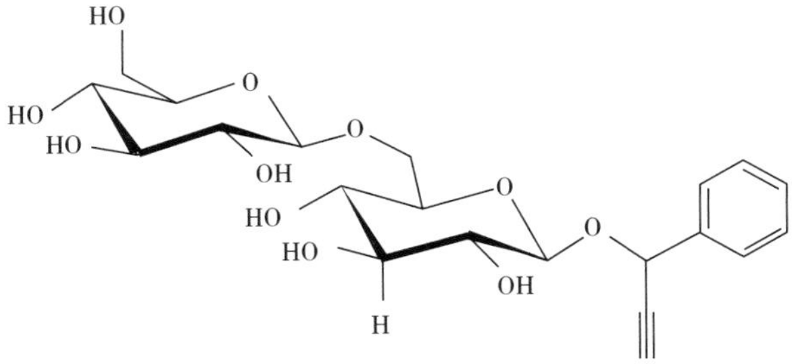

图 13.20　(1)苦杏苷;(2)蜀黍苷;(3)亚麻苦苷的结构

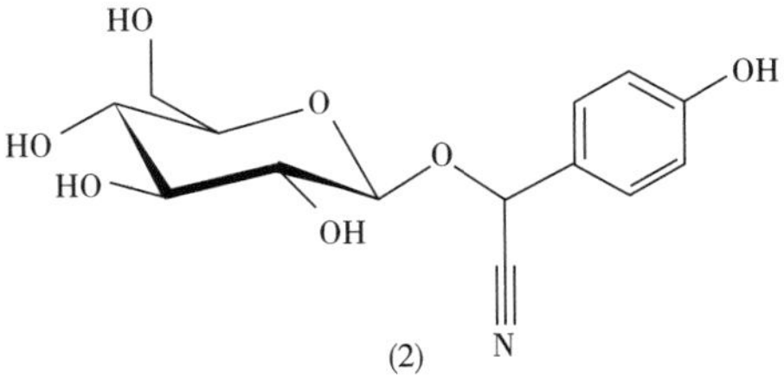

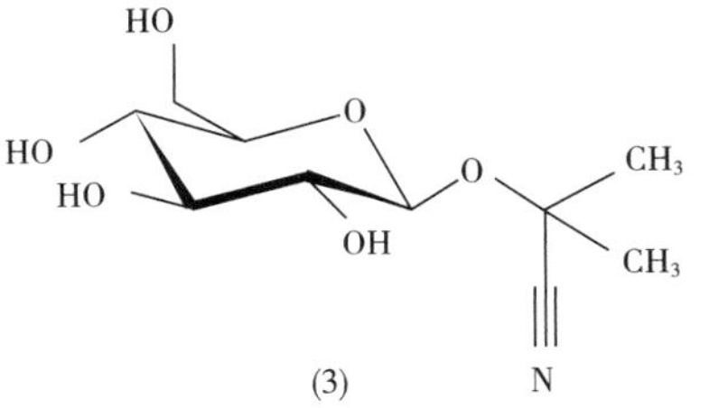

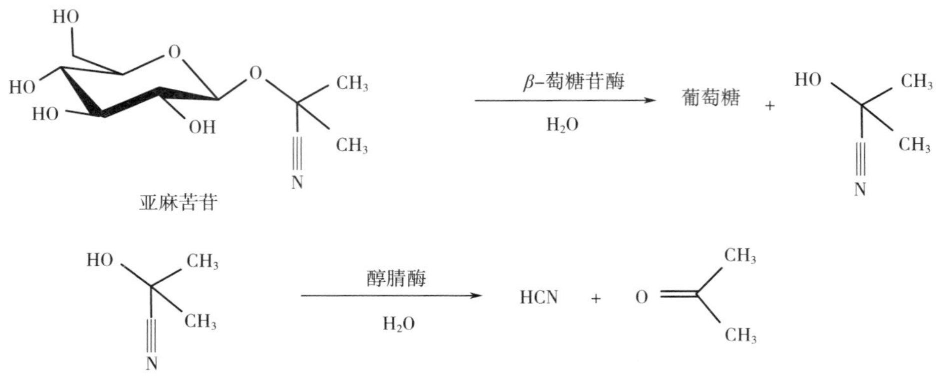

图 13.21　亚麻苦苷水解生成 HCN

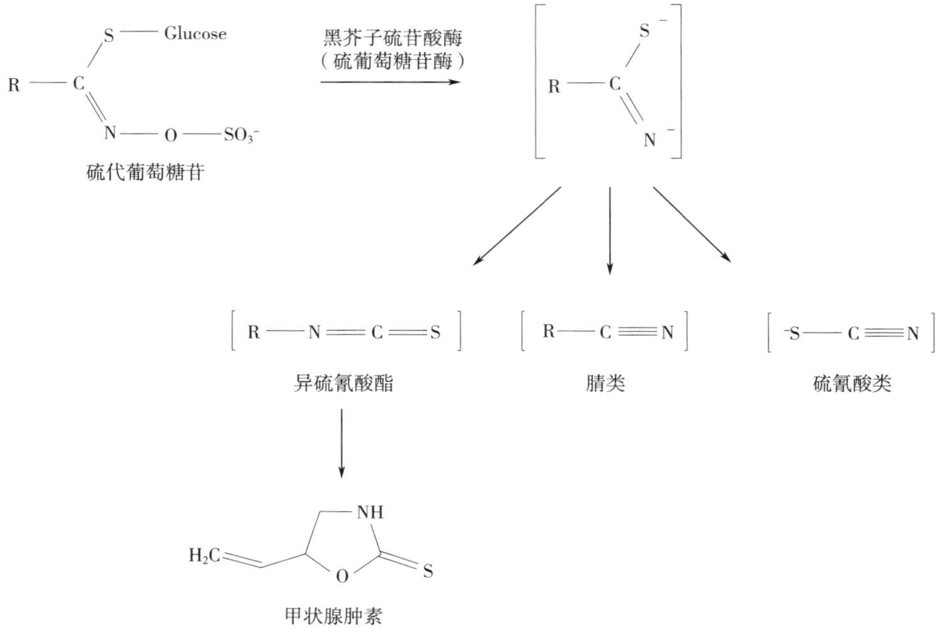

图 13.22　甲状腺肿素的形成

　　一些海鲜含有毒性较强的毒素,如河豚毒素,存在于河豚鱼的大部分组织中,是一种导致中枢神经系统和周围神经麻痹的神经毒素。它在高温下稳定,但在碱性条件下不稳定。焦脱镁叶绿酸-A 存在于鲍鱼中,它是鲍鱼赖以生存的海藻中的叶绿素的衍生物。该毒素具有光活性,能使靶分子如氨基酸产生胺类化合物,导致炎症和其他毒性反应。雪卡鱼毒素存在于 300 多种鱼类食用的植物和腰鞭毛虫中。雪卡鱼毒素能抑制胆碱酯酶(神经传递中的一种重要酶),从而破坏神经功能[99]。

　　抗营养素是指与营养物质相互作用并对营养物质的消化、吸收和生物活性产生负面影响的化合物。食品中三类主要的抗营养素是抗蛋白质因子、抗矿物质因子和抗维生素因子。胰凝乳蛋白酶抑制剂是一种抗蛋白因子,它们能抑制消化酶的蛋白水解酶活性,消化酶是蛋白质吸收前分解所必需的。乳糜蛋白酶抑制剂存在于鸡蛋白、豆类、蔬菜、牛乳和马铃薯中。由于它们不耐热,煮沸可以有效地灭活这些酶抑制剂。草酸盐是一种抗矿物质因子,存在菠菜、大黄和番茄中的,它们能降低锌、铁和钙的溶解性,从而导致吸收率降低[100]。在黑香豆、草木樨属植物和车叶草中发现的某些香豆素是抗维生素因子。在食物霉变过程中,这些香豆素被代谢成双香豆素,其具有与维生素 K 相似的结构。双香豆素作为竞争性抑制剂,阻碍了维生素 K 在血液中起到的活性作用[101]。

13.10 食品中加工生成的有毒物质

食物热处理具有两面性:当其引起的化学反应可以形成想要的气味时固然有益,然而产生有毒化合物时则产生危害。杂环芳香胺(HCAs)、多环芳烃(PAHs)和丙烯酰胺是食物热处理过程中产生的三种有毒物质。当蛋白质类食品(如牛肉、猪肉、鱼和家禽)在高温下烹饪时,如煎炸和直接在明火上烧烤,就会产生 HCAs 和 PAHs[102]。实验室研究表明,食用含有 HCAs 和 PAHs 的食物的啮齿类动物在多个器官中出现肿瘤[103]。但是,这些研究中使用的 HCAs 和 PAHs 的剂量非常高(比一个人在正常饮食中摄入的剂量高出数千倍)。人类研究还没有证实烹饪中产生的 HCAs 和 PAHs 与癌症风险增加之间的确切联系。尽管如此,流行病学研究表明,食用熟肉、油炸肉或烤肉与增加人类患某些癌症的风险之间存在关联[104]。

氨基咪唑杂环芳烃(AIAs)是一种主要的 HCAs,图 13.23 所示为常见的 AIAs 结构,包括 2-氨基-3-甲基咪唑[4,5-*f*]喹啉(IQ),2-氨基-3,4-二甲基咪唑[4,5-*f*]喹啉(MeIQ),2-氨基-3,8-二甲基咪唑-[4,5-*f*]喹恶啉(MeIQx)以及 2-氨基-3,4,8-三甲基咪唑-[4,5-*f*]喹恶啉(4,8-DiMeIQx)。所有这些 AIAs 都是从油炸肉制品中分离出来的[105]。IQ 和 MeIQ 也已从煮熟或晒干的沙丁鱼中分离出来[106]。

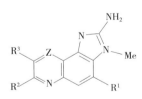

缩写	Z	R^1	R^2	R^3
IQ	C	H	H	H
MeIQ	C	Me	H	H
MeIQx	N	H	H	Me
4,8-DiMeIQx	N	Me	H	Me

图 13.23 氨基咪唑杂环芳烃(AIAs)的通用结构

尽管食品里 HCAs 的生成机制还没有得到确切的解析,但有学者认为这些 HCAs 分子中的 2-氨基咪唑部分来源于肌肉中自然生成的肌氨酸[105],而喹啉和喹恶啉部分被认为是来源于美拉德反应产物,尤其是吡嗪或吡啶和醛的前体[105]。图 13.24 所示为一种形成 4,8-DiMeIQx 的可能机制,第一步通过还原糖和氨基酸之间的美拉德反应来形成二羰基化合物,如丙酮醛。然后在二羰基化合物和氨基酸间的 Strecker 降解会形成一种作为反应物的二氢吡嗪分子。最后,二氢吡嗪、肌氨酸酐和乙醛之间的缩合反应生成了 4,8-DiMeIQx。乙醛是丙氨酸和半胱氨酸等氨基酸的 Strecker 降解产物,其也是脂类氧化的重要产物。这也许是三酰甘油的存在促进 HCAs 形成的原因所在[107]。

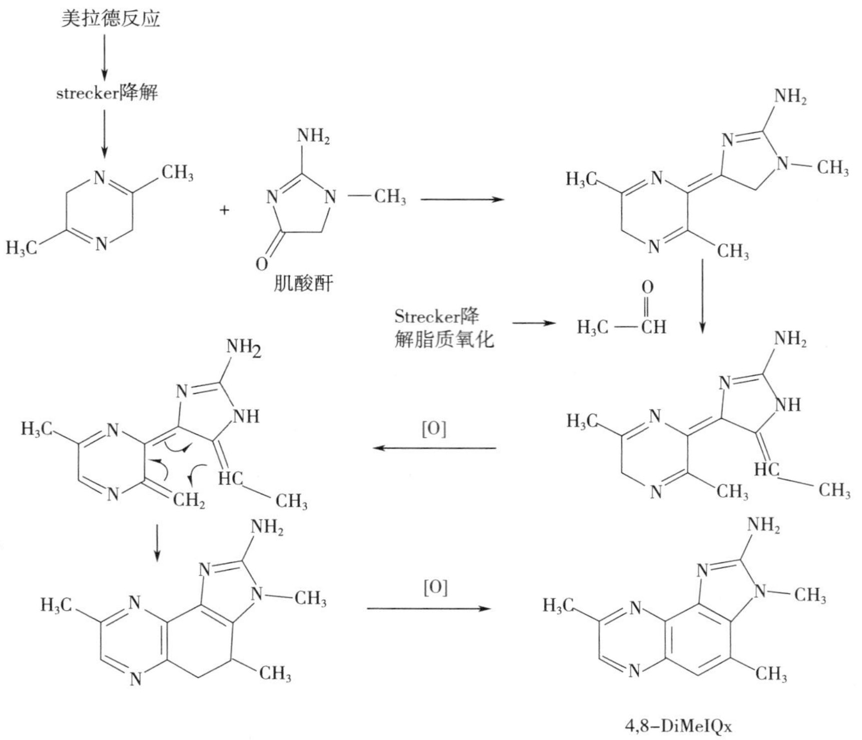

图 13.24　2-氨基-3,4,8-三甲基咪唑-[4,5-*f*]喹恶啉(4,8-DiMeIQx)的形成机制

丙烯酰胺,一种被广泛研究的神经毒素,其形成的主要反应途径是美拉德反应[108,109]。丙烯酰胺在动物体内还表现出生殖毒性、遗传毒性和致癌性。图 13.25 所示为天冬酰胺通过美拉德反应形成丙烯酰胺的机制[109]。尽管现在膳食丙烯酰胺对人体潜在的危害已引起人们的高度关注;然而,饮食中的丙烯酰胺和大肠癌、肾癌和膀胱癌之间的关系在人群研究并未发现[110]。

亚硝胺是由二级或三级胺在食品干燥、固化和保存过程中与硝化剂反应形成的。在食品中发现的硝化剂通常是由亚硝酸盐在酸性和水性条件下形成的亚硝酸酐[111]。亚硝胺存在于各种食物中,如干酪、大豆油、罐装水果、腌制或熏制肉类、鱼制品、用于肉类腌制的香料、啤酒和其他酒精饮料[101],其中,肉类和鱼类产品是主要的来源。N-亚硝基二甲胺(NDMA)、N-亚硝基二吡咯烷(NPYR)和 W-亚硝基二吡啶(NPIP)最常见于食品中,根据体内研究证据,它们是一种人类致癌物[101]。病例对照研究的结果也表明亚硝酸盐和亚硝胺的摄入与人类胃癌之间有关联[112]。

许多食品含有纳米材料,特别是金属纳米粒子,它们有意或无意地被添加到食品中,以提高产品质量和便于使用。例如,二氧化钛(TiO$_2$,E171)和二氧化硅(SiO$_2$,E551)纳米颗粒用作食品添加剂,而银(Ag,E174)和氧化锌(ZnO)纳米颗粒用于食品包装[113]。虽然这些无机纳米粒子进入人体胃肠道后的命运和生物效应还不清楚,但越来越多的证据表明,

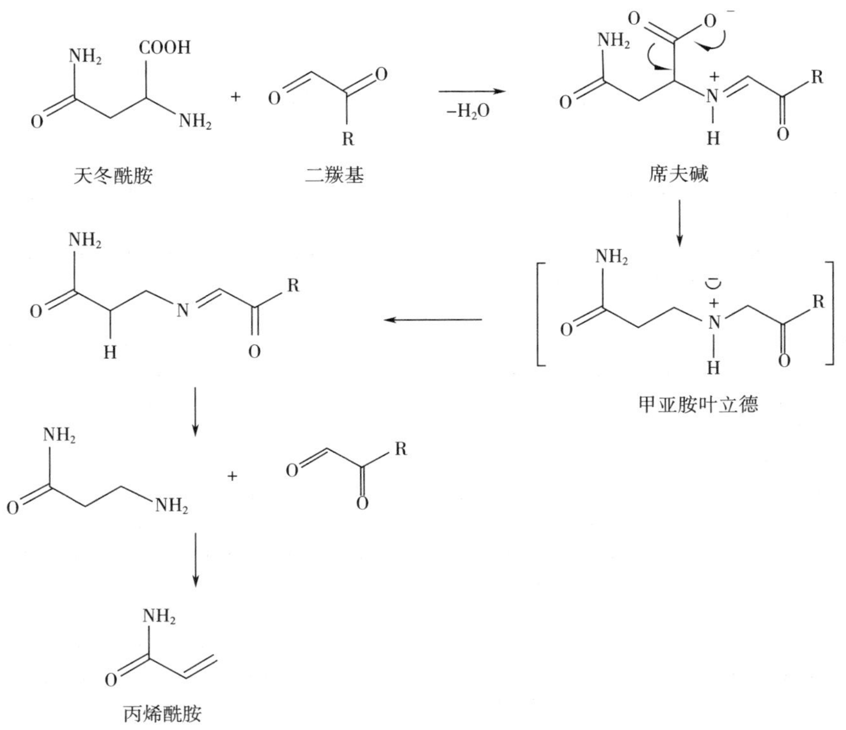

图13.25　天冬酰胺通过早期美拉德反应生成丙烯酰胺的机制

口服金属纳米粒子可能导致健康并发症[114]。研究表明,TiO$_2$和SiO$_2$纳米粒子可以穿过怀孕小鼠的胎盘屏障,并对后代造成神经毒性[115]。因此,在食品中使用这些纳米颗粒应该谨慎,并且有必要进行更多的研究以确保食品安全。

参考文献

1. Hu, F.B., Dietary pattern analysis: A new direction in nutritional epidemiology. *Curr Opin Lipidol*, 2002. **13**(1): 3-9.

2. Wang.X., Y.Ouyang, J.Liu, M.Zhu, G.Zhao, W.Bao, and F.B.Hu, Fruit and vegetable consumption and mortality from all causes, cardiovascular disease, and cancer: Systematic review and dose-response metaanalysis of prospective cohort studies. *Br Med J*. 2014. **349**: g4490.

3. Pan, M.H.and C.T.Ho, Chemopreventive effects of natural dietary compounds on cancer development. *Chem Soc Rev*, 2008.**37**(11): 2558-2574.

4. Palozza, P.and N.I.Krinsky, Antioxidant effects of carotenoids in vivo and in vitro: An overview. *Methods Enzymol*, 1992.**213**: 403-420.

5. Boon, C.S., D.J.Mcclements, J.Weiss, and E.A.Decker, Factors influencing thechemical stability of carote-

noids in foods, *Crit Rev Food Sci Nur*.2010.**50**(6): 515-532.

6. Alvarez, R., B.Vaz, H.Gronemeyer, and A.R.de Lera, Functions, therapeutic applications, and synthesis of retinoids and carotenoids.*Chem Rev*.2013. **114**(1): 1-125.

7. Druesne-pecollo, N., P.Latino-martel, T.Norat, E.Barrandon, S.Bertrais, P.Galan, and S.Hercberg, Beta-carotene supplementation and cancer risk: A systematic review and metaanalysis of randomized controlled trials.*Int J Cancer*, 2010.**127**(1): 172-184.

8. Liu, J., W.Q.Shi, Y.Cao, L.P.He, K.Guan, W.H.Ling, and Y.M.Chen, Higher serum carotenoid concentrations associated with a lower prevalence of the metabolic syndrome in middle-aged and elderly Chinese adults.*Br J Nitr*.2014: 1-8.

9. Burton, G.W.and K.U.Ingold, beta-carotene: An unu-

sual type of lipid antioxidant. *Science*, 1984. **224** (4649): 569-573.

10. Maia, M., B.A.Furlani, A.A.Souza-lima, D.S.Martins, R.M.Navarro, and R.J.Belfort, LUTEIN: A new dye for chromovitrectomy.*Retina*, 2014.**34**(2): 262-272.10.1097/IAE.0b013e3182a0b7f4.

11. Carpentier, S., M.Knaus, and M.Y.Suh, Associations between lutein, zeaxanthin and age-related macular degeneration: An overview.*Crit Rev Food Sci Nutr*, 2009.**49**(4) 313-326.

12. Roberts, R.L., J.Green, and B.Lewis, Lutein and zeaxanthin in eye and skin health.*Clin Dermatol*, 2009. **27**(2): 195-201.

13. Anese, M., G.Mirolo, A.Fabbro, and G.Lippe, Lycopene bioaccessibility and bioavailability from processed foods.*J Sci Ind Res*, 2013.**72**(9-10): 543-547.

14. Viuda-Martos, M., E.Sanchez-Zapata, E.Sayas-Barbera, E.Sendra, J.A.Perez-alvarez, and J.Fernandez-Lopez, Tomato and tomato byproducts. Human health benefits of lycopene and its application to meat products: A review. *Crit Rev Food Sci Nutr*.2013.**54** (8): 1032-1049.

15. Ilic, D.and M.Misso, Lycopene for the prevention and treatment of benign prostatic hyperplasia and prostate cancer: A systematic review.*Maturitas*, 2012.**72**(4): 269-276.

16. Burton-freeman, B. and H.D.Sesso, Whole food versus supplement: Comparing the clinical evidence of tomato intake and lycopene supplementation on cardiovascular risk factors.*Adv Nutr*, 2014.**5**(5): 457-485.

17. Ross, J.a.and C.M.Kasum, Dietary flavonoids: Bioavailability, metabolic effects, and safety. *Annu Rev Nutr*, 2002.**22**: 19-34.

18. Wei Bai, C.W.and C.Ren, Intakes of total and individual flavonoids by US adults. *Int J Food Sci Nutr*, 2014.**65**(1): 9-20.

19. Cabrera, C., Beneficial effects of green tea-A review. *J Am Coll Nitr*, 2006.**25**: 79-99.

20. Sang, S., J.D.Lambert, C.-T.Ho, and C.S.Yang, Green tea polyphenols, in *Encyclopedia of Dietary Supplements* (P.Coates, M.R.Blackman, G M.Cragg, M.Levine, J.Moss, and J.D.White, eds.), Marcel Dekker, New York, 2005, pp.327-336.

21. Ju, J., G.Lu, J.D.Lambert, and C.S.Yang, Inhibition of carcinogenesis by tea constituents. *Semin Cancer Biol*, 2007.**17**(5): 395-402.

22. Kuhnert, N., J.W.Drynan, J.Obuchowicz, M.N.Clifford, and M.Witt, Mass spectrometric characterization of black tea thearubigins leading to an oxidative cascade hypothesis for thearubigin formation. *Rapid Commun Mass Spectrom*: *RCM*, 2010. **24**: 3387-3404.

23. Khan, N.and H.Mukhtar, Tea polyphenols for health promotion.*Life Sci*, 2007.**81**: 519-533.

24. Jian, L., L.P.Xie, A.H.Lee, and C.W.Binns, Protective effect of green tea against prostate cancer: A case-control study in southeast China.*J Int Cancer*, 2004.**108**: 130-135.

25. Lambert, J.D.and C.S.Yang, Cancer chemopreventive activity and bioavailability of tea and tea polyphenols. *Mutat Res*, 2003.**523-524**: 201-208.

26. Yang, C.S., P.Maliakal, and X.Meng, Inhibition of carcinogenesis by tea. *Annu Rev Pharmacol Toricol*, 2002.**42**: 25-54.

27. Yang, C.S., L.Chen, M.J.Lee, D.Balentine, M.C.Kuo, and S.P.Schantz, Blood and urine levels of tea catechins after ingestion of different amounts of human volunteers.*Cancer Epidemiol Biomarkers Prev*, 1998.**7**: 351-354.

28. Higdon, J.V.and B.Frei, Tea catechins and polyphenols: Health effects, metabolism, and antioxidant functions.*Crit Rev Food Sci Nutr*.2003.**43**: 89-143.

29. Boots, A.W., G.R.M.M.Haenen, and A.Bast, Health effects of quercetin: From antioxidant to nutraceutical. *Eur J Pharmacol*, 2008.**585**: 325-337.

30. Arai, Y., S.Watanabe, M.Kimira, K.Shimoi, R.Mochizuki, and N.Kinae, Dietaryintakes of flavonols, flavones and isoflavones by Japanese women and the inverse correlation between quercetin intake and plasma LDL cholesterol concentration. J Nutr, 2000. **130**: 2243-2250.

31. Gibellini.L., M.Pinti, M.Nasi, J.P.Montagna, S.De Biasi,E.Roat, L.Bertoncelli, E.L.Cooper, and A.Cossarizza, Quercetin and cancer chemoprevention. *Evid Based Complement Alternat Med*, 2011.**2011**: 591356.

32. Szkudelska, K.and L.Nogowsk, Genistein-A dietary compound inducing hormonal and metabolic changes.*J Steroid Biochem Mol Biol*, 2007.**105**: 37-45.

33. De Naeyer, A., W. Vanden Berghe, D. De Keukeleire, and G. Haegeman, Characterization and beneficial effects of kurarinone, a new flavanone and a major phytoestrogen constituent of*Sophora flavescens* Ait., Chapter 25, *in Phytopharmaceuticals in Cancer Chemoprevention* (D.Bagchi and H.G.Preuss, eds.), CRC Press, Boca Raton, FL, 2005, pp.427-448.

34. Banerjee, S., Y.Li, Z.Wang, and F.H.Sarkar, Multi-targeted therapy of cancer by genistein.*Cancer Lett*, 2008.**269**:226-242.

35. Li, S., M.-H.Pan, C.-Y.Lo, D.Tan, Y.Wang, F Shahidi, and C-T.Ho, Chemistry and health effects of polymethoxyflavones and hydroxylated polymethoxyflavones.J Funct Foods, 2009.**1**: 2-12.

36. Qiu, P., P.Dong, H.Guan, S.Li, C.T.Ho, M.H.Pan, D.J.Mcclements, and H.Xiao, Inhibitory effects of 5-hydroxy polymethoxy flavones on colon cancer cells. *Mol Nutr Food Res*, 2010. **54** (Suppl. 2):

S244-S252.

37. Charoensinphon, N., P. Qiu, P Dong, J. Zheng, P. Ngauv, Y. Cao, S. Li, C. T. Ho, and H. Xiao, 5-demethyltangeretin inhibits human nonsmall cell lung cancer cell growth by inducing G2/M cell cycle arrest and apoptosis. *Mol Nutr Food Res*, 2013. **57** (12): 2103-2111.

38. Rasmussen, S. E., H. Frederiksen, K. S. Krogholm, and L. Poulsen, Dietary proanthocyanidins: Occurrence, dietary intake, bioavailability, and protection against cardiovascular disease. *Mol Nutr Food Res*, 2005. **49** (2): 159-174.

39. Monagas, M., M. Urpi-sarda, F. Sanchez-patan, R. Llorach, I. Garrido, C. Gomez-Cordoves, C. Andres-Lacueva, and B. Bartolome, Insights into the metabolism and microbial biotransformation of dietary flavan-3-ols and the bioactivity of their metabolites. *Food Funct*, 2010. **1**: 233-253.

40. Rahmani, A. H., M. A. Al Zohairy, S. M. Aly, and M. A. Khan, Curcumin: A potential candidate in prevention of cancer via modulation of molecular pathways. *Biomed Res Int*, 2014. **2014**: 761608.

41. Chen, C-C., R. T. Rosen, and C. -T. Ho, Chromatographic analyses of isomeric shogaol compounds derived from isolated gingerol compounds of ginger (*Zingiber officinale* Roscoe). *J Chromatogr A*, 1986. **360**: 175-184.

42. Yu, Y., S. Zick, X. Li, P. Zou, B. Wright, and D. Sun, Examination of the pharmacokinetics of active ingredients of ginger in humans. *AAPS J*, 2011. **13** (3): 417-426.

43. Wu. JM. XLu. J. Guo and T C Hsieh, Vascular effects of resveratrol in Chemicals: Mechanisms of Action (M. S. Meskin. W. R. Bidlack, A. J. Davies, D. S. Lewis, and RK Randolph, eds) CRC Press. Boca Raton, FL, 2004, pp 145-161.

44. Kapetanovic, I. M., M. Muzzio, Z. Huang, T. N. Thompson, and D. L. McCormick, Pharmacokinetics, oral bioavailability, and metabolic profile of resveratrol and its dimethylether analog. pterostilbene, in rats. *Cancer Chemother Pharmacol*, 2011. **68**: 593-601.

45. Manoharan. S., M. Vasanthaselvan, S. Silvan, N. Baskaran, A. Kumar Singh, and V. Vinoth Kumar, carnosic acid: A potent chemopreventive agent against oral carcinogenesis. *Chem-biol Interact*, 2010. **188**: 616-622.

46. Ho, C. T., T. Ferraro, Q. Chen, R. T. Rosen, and M. T. Huang, Phytochemicals in teas and rosemary and their cancer-preventive properties. ACS Symposium series 547, Washington DC, pp. 2-19, 1994.

47. Moriarty, R. M., R. Naithani, and B. Surve, Organosulfur compounds in cancer chemoprevention. *Mini Rev Med Chem*, 2007. 7(8): 827-838.

48. Pittler, M. H. and E. Ernst, Clinical effectiveness of garlic (Allium sativum). *Mol Nutr Food Res*, 2007. **51** (11): 1382-1385.

49. Borrelli, F., R. Capasso, and A. A. Izzo, Garlic (Allium sativum L): Adverse effects and drug interactions in humans. *Mol Nutr Food Res*. 2007. **51** (11): 1386-1397.

50. Herr. I and M. W. Buchler, Dietary constituents of broccoli and other cruciferous vegetables: Implications for prevention and therapy of cancer. *Cancer Treat Rev*, 2010. **36** (5): 377-383.

51. Jin, Y., M. Wang, R. T. Rosen, and CT. Ho, Thermal degradation of sulforaphane in aqueous solution. *J Agric Food Chem*, 1999. **47** (8): 3121-3123.

52. Zhang. Y., Allyl isothiocyanate as a cancer chemopreventive phytochemical. *Mol Nutr Food Res*, 2010. **54** (1): 127-135.

53. Calder, P. C. and S. Kew, The immune system: A target for functional foods? *Br J Nutr*, 2002. 88 (Suppl. 2): S165-S177.

54. Fenech, M., C. Stockley, and C. Aitken, Moderate wine consumption protects against hydrogen peroxide-induced DNA damage. *Mutagenesis*, 1997. **12** (4): 289-296.

55. Somjen, D., E. Knoll, J. Vaya, N. Stern, and S. Tamir, Estrogen-like activity of licorice root constituents Glabridin and glabrene, in vascular tissues in vitro and in vivo. *J Steroid Biochem Mol Biol*. 2004. **91** (3): 147-155.

56. Leiherer, A., A. Mundlein, and H. Drexel, Phytochemicals and their impact on adipose tissue inflammation and diabetes. *Vascul Pharmacol*, 2013. **58** (1-2): 3-20.

57. Reuter, S., S. C. Gupta, M. M. Chaturvedi, and B. B. Aggarwal, Oxidative stress, inflammation, and cancer: How are they linked? *Free Radic Biol Med*. 2010. **49** (11): 1603-1616.

58. De la Fuente, M., Effects of antioxidants on immune system ageing. *Eur J Clin Nutr*, 2002. **56** (Suppl. 3): S5-S8.

59. Zhang, J., S. Jiang, and R. R. Watson, Antioxidant supplementation prevents oxidation and inflammatory responses induced by sidestream cigarette smoke in old mice. *Environ Health Perspect*, 2001. **109** (10): 1007-1009.

60. Lee. J. H., T. O. Khor, L. Shu, Z. Y. Su, F. Fuentes, and A. N. Kong, Dietary phytochemicals and cancer prevention: Nrf2 signaling. epigenetics, and cell death mechanisms in blocking cancer initiation and progression. *Pharmacol Ther*, 2013. **137** (2): 153-171.

61. Gupta, S. C., J. H. Kim, S. Prasad, and B. B. Aggarwal, Regulation of survival, proliferation, invasion, angiogenesis, and metastasis of tumor cells through modula-

tion of inflammatory pathways by nutraceuticals. *Cancer Metastasis Rev*.2010.**29**(3)：405-434.

62. Ouyang, L., Z.Shi, S.Zhao, F.T.Wang, T.T.Zhou, B.Liu, and J.K.Bao, Programmed cell death pathways in cancer：A reviewof apoptosis, autophagy and programmed necrosis.*Cell Prolif*, 2012.**45**(6)：487-498.

63. Ganjali, S., A.Sahebkar, E.Mahdipour, K.Jamialahmadi, S. Torabi, S. Akhlaghi, G. Ferns, S. M. Parizadeh, and M.Ghayour-mobamhan, Investigation of the effects of curcumin on serum cytokines in obese individuals：A randomized controlled trial. *Scientific World Journal*, 2014.**2014**：.898361.

64. Branca, F. and S.Lorenzetti, Health effects of phytoestrogens.*Forum Nutr*.2005.**57**：100-111.

65. Patisaul, H.B.and W.Jefferson, The pros and cons of phytoestrogens.*Front Neuroendocrinol*, 2010.**31**(4)：400-419.

66. DiMarco-Crook, C.and H.Xiao, Diet-based strategies for cancer chemoprevention：The role of combi-nation regimens using dietary bioactive components.*Annu Rev Food Sci Technol*, 2015.**6**：505-526.

67. Sengupta, A., S. Ghosh, and S. Das, Tomato and garlic can modulate azoxymethane-induced colon carcinogenesis in rats. *Eur J Cancer Prev*, 2003.**12**(3)：195-200.

68. Bose, M., X. Hao, J.Ju, A.Husain, S.Park, J.D. Lambert, and C.S.Yang, Inhibition of tumorigenesis in ApcMin/＋ mice by a combination of (－)-epigallocatechin-3-gallate and fish oil. *J Agric Food Chem*. 2007.**55**(19)：7695-7700.

69. Canene-Adams, K., B.L.Lindshield, S.Wang, E.H. Jeffery, S.K.Clinton, and J.W.Erdman, Jr., Combinations of tomato and broccoli enhance antitumor activity in dunning r3327-h prostate adenocarcinomas. *Cancer Res*, 2007.**67**(2)：836-843.

70. Sungupta, A., S.Ghosh, and S.Das, Modulatory influence of garlic and tomato on cyclooxygenase－2 activity, cell proliferation and apoptosis during azoxymethane induced colon carcinogenesis in rat. *Cancer Lett*.2004.**208**(2)：127-136.

71. Crim, K.C., L.M.Sanders, M.Y.Hong, S.S.Taddeo, N.D.Turner, R.S.Chapkin, and J.R.Lupton, Upregulation of p2lqWaf1/Cipl expression in vivo by butyrate administration can be chemoprotective or chemopromotive depending on the lipid component of the diet.*Carcinogenesis*, 2008.**29**(7)：1415-1420.

72. Zhang, H., D.Yu, J.Sun, X.Liu, L Jiang, H.Guo, and F.Ren, Interaction of plant phenols with food macronutrients：Characterisation and nutritional-physiological consequences. *Nutr Res Rev*. 2014.**27**(1)：1-15.

73. Yao, M.F., H.Xiao, and D.J.Mcclements, Delivery of lipophilic bioactives：Assembly disassembly, and re-

assemblyof lipid nanoparticles. *Annu Rev Food Sci Technol*, 2014.**5**：53-81.

74. Zheng, J., M.Song, P.Dong, P.Qiu, S.Guo, Z. Zhong, S.Li, C.T.Ho, and H.Xiao, Identification of novel bioactive metabolites of 5-demethylnobietin in mice.*Mol Nutr Food Res*, 2013.57(11)：1999-2007.

75. Wu, X., M.Song, M.Wang, J.Zheng, Z.Gao, F.Xu, G.Zhang, and H. Xiao, Chemopreventive effects of nobiletin and its colonic metabolites on colon carcinogenesis.*Mol Nutr Food Res*, 2015.**59**(12)：2383-2394.

76. Valdes, L., A.Cuervo, N.Salazar, P.Ruas-madiedo, M.Gueimonde, and S.Gonzalez, The relationship between phenolic compounds from diet and microbiota：Impact on human health *Food Funct*, 2015.**6**(8)：2424-2439.

77. Hathcock, J., Dietary supplements：How they are used and regulated. *J Nutr*, 2001.**131**(3s) 1114S-1117S.

78. Coates, P.M., J.M.Betz, M.R.Blackman, G.M. Cragg, M.Levine, J.Moss, and J.D.White, *Encyclopedia of Dietary Supplements*, Marcel Dekker, New York, 2005.

79. Yi, J., H.Chi-tang, W.Mingfu, W.Qing-li, and E.S. James, Chemistry, pharmacology, and quality control of selected popular Asian herbs in the U.S.market, in Asian Functional Foods (J.Shi, F.Shahidi, and C-T. Ho, eds.), CRC Press, Boca Raton, FL, 2005, pp. 73-102.

80. Elvin-lewis, M., Should we be concerned about herbal remedies.*J Emopharmacol*.2001.75 (2-3)：141-164.

81. Pawar, R., H. Tamta, J. Ma, A. Krynitsky, E. Grundel, W.Wamer, and J.Rader.Updates on Chemicaland biological research on botanical ingredients in dietary supplements. *Anal Bioanal Chem*, 2013. **405** (13)：4373-4384.

82. Blumberg, J.B., B.W.Bolling, C.Y.O.Chen, and H. Xiao, Review and perspective on the composition and safety of green tea extracts.*Eur J Nutr Food Safety*, 2015.**5**(1)：1-31.

83. Wijngaard, H., M.B.Hossain, D.K.Rai, and N.Brunton, Techniques to extract bioactive compounds from food by-products of plant origin.*Food Res Int*, 2012.**46**(2)：505-513.

84. Hossain, M.B., C.Barry-ryan, A.B.Martin-Diana and N.P.Brunton, Optimisation of accelerated solvent extractionof antioxidant compounds from rosemary (*Rosmarinus officinalis* L.), marjoram (*Origanum majorna* L.) and oregano (*Origanum vulgare* L.) using response surface methodology, *Food Chem*, 2011.**126**(1)：339-346.

85. Herrero, M., J. A. Mendiola, A. Cifuentes, and E.

Ibanez, Supercritical fluid extraction: Recent advances and applications. *J Chromatogr A*, 2010.**1217**(16): 2495-2511.

86. Diaz-Reinoso, B., A.Moure, H.Dominguez, and J.C. Parajo, Supercritical CO₂ extraction and purification of compounds with antioxidant activity. *J Agric Food Chem*, 2006.**54**(7): 2441-2469.

87. Santos, S.A.O., J.J.Villaverde, C.M.Silva, C.P. Neto, and A.J.D.Silvestre, Supercritical fluid extraction of phenolic compounds from *Eucalptus globulus* Labill bark.*J Supercrit Fluids*, 2012.**71**: 71-79.

88. Casas, L., C.Mantell, M.Rodriguez, E.J.M.D.L. Ossa, A Roldan, I.D Ory, I.Caro, and A.Blandino, Extraction of resveratrol from the pomace of *Palomino fino* grapes by supercritical carbon dioxide. *J Food Ene*,2010.**96**: 304-308.

89. Chen, B.Y., C.H.Kuo, Y.C.Liu, L.Y.Ye, J.H.Chen, and C.J.Shieh, Ultrasonic-assisted extraction of the botanical dietary supplement resveratrol and other constituents of *Polygonum cuspidatum.J Nat Pro*, 2012.**75** (10): 1810-1813.

90. Chemat, F., Zill-e-huma, and M.K.Khan, Applications of ultrasound in food technology: Processing, preservation and extraction.*Ultrason Sonochem*, 2011. **18**(4): 813-835.

91. Puri, M., D.Sharma, and C.J.Barrow, Enzyme-assisted extraction of bioactives from plants.*Trends Biotechnol*, 2012.**30**(1): 37-44.

92. Kaufmann, B., P.Christen, and J.L.Veuthey, Parameters affecting microwave-assisted extraction of withanolides.*Phytochem Anal*, 2001.**12**(5): 327-331.

93. Daglia, M., M.T.Cuzzoni, and C.Dacarro, Antibacterial activity of coffee. *J Agric Food Chem*, 1994. **42** (10): 2270-2272.

94. Daglia, M., M.T.Cuzzoni, and C.Dacarro Antibacterial activity of coffee - relationship between biological-activity and chemical markers.*J Agric Food Chem*, 1994.**42**(10): 2273-2277.

95. Stadler.R.H., D.H.Welti, A.A.Stampfli, and L.B. Fay.Thermal decomposition of caffeic acid in model systems: Identification of novel tetraoxygenated phenylindan isomers and their stability in aqueous solution.*J Agric Food Chem*.1996.**44**(3): 898-905.

96. Jongen, W.M.F., Food phytochemicals for cancer prevention Ⅱ: Teas, spices and herbs.(ACS Symposium Series 547).*Trends Food Sci Technol*, 1995.**6**: 216.

97. Chiou, R.Y.Y. and S.L.Cheng, Isoflavone transformation during soybean koji preparation and subsequent miso fermentation supplemented with ethanol and NaCl.*J Agric Food Chem*, 2001.**49**(8): 3656-3660.

98. Pariza, M.Toxic substances. *Food Chem*. 1996. **3**: 825-841.

99. Omaye, S.T., Food and Nutritional Toxicology, CRC Press, Boca Raton, FL, 2004.

100. Rietjens, I.M., M.J.Martena, M.G.Boersma, W. Spiegelenberg, and G.M.Alink, Molecular mechanisms of toxicity of important food-borne phytotoxins. *Mol Nutr Food Res*.2005.**49**(2): 131-158.

101. Dolan, L.C., R.A.Matulka, and G.A.Burdock, Naturally occurring food toxins. Toxins, 2010. **2** (9): 2289-2332.

102. Cross, A.J.and R.Sinha, Meat-related mutagens/ carcinogens in the etiology of colorectal cancer. *Environ Mol Mutagen*, 2004.**44**(1): 44-55.

103. Sugimura, T., K.Wakabayashi, H.Nakagama, and M. Nagao, Heterocyclic amines: Mutagens/ carcinogens produced during cooking of meat and fish.*Cancer Sci*, 2004.**95**(4): 290-299.

104. Cross, A.J., M.Ferrucci, A.Risch, B.I.Graubard, M.H.Ward, Y.Park, A.R.Hollenbeck. A.Schatzkin, and R.Sinha, A large prospective study of meat consumption and colorectal cancer risk: An investigation of potential mechanisms underlying this association. *Cancer Res*, 2010.**70**(6): 2406-2414.

105. Jagerstad, M., A.L.Reutersward, R.Oste, A.Dahlqvist, S.Grivas, K.Olsson, and T.Nyhammar, Creatinine and Maillard-reaction products as precursors of mutagenic compounds formed in fried beef.*ACS Symposium Series*, 1983.**215**: 507-519.

106. Kasai, H., Z.Yamaizumi, K Wakabayashi, M. Nagao, T.Sugimura, S.Yokoyama, T.Miyazawa, and S.Nishimura, Structure and chemical synthesis of Me-Iq, a potent mutagen isolated from broiled fish. *Chem Lett*, 1980.**9**(11): 1391-1394.

107. Johansson, M., K.Skog, and M.Jagerstad, Effects of edible oils and fatty-acids on the formation of mutagenic heterocyclic amines in a model system.*Carcinogenesis*, 1993.**14**(1): 89-94.

108. Mottram.D.S., B.L.Wedzicha, and A.T.Dodson, Acrylamide is formed in the Maillard reaction. *Nature*, 2002.**419**(6906): 448-49.

109. Stadler, R.H., F.Robert, S.Riediker, N.Varga, T. Davidek, S.Devaud, T.Goldmann, J.Hau, and I. Blank, In-depth mechanistic study on the formation of acrylamide and other vinylogous compounds by the Maillard reaction.*J Agric Food Chem*, 2004.**52**(17): 5550-5558.

110. Mucci, L.A., P.W.Dickman, G.Steineck, H.O.Adami, and K.Augustsson, Dietaryacrylamide cancer of the large bowel, kidney, and bladder: Absence of an association in a population-based study Sweden.*Br J Cancer*, 2003.**88**(1): 84-89.

111. Scanlan.R.A., Formation and occurrence of nitrosamines in food Cancer Res, 1983.**43**(5): 2435-2440.

112. Jakszyn, P. and C. A. Gonzalez, Nitrosamine and related food intake and gastric and oesophageal cancer risk: A systematic review of the epidemiological evidence. *World J Gastroenterol*, 2006. **12** (27): 4296-4303.

113. Wang. H. F., L. J. Du, Z. M. Song, and X. X. Chen, Progress in the characterization and safety evaluation of engineered inorganic nanomaterials in food. *Nanomedicine*, 2013.**8**(12).2007-2025.

114. Martirosyan, A. and Y. J. Schneider, Engineered nanomaterials in food: Implications for food safety and consumer health. *Int J Environ Res Public Health*, 2014.**11**(6): 5720-5750.

115. Yamashita, K., Y. Yoshioka, K. Higashisaka, K. Mimura, Y. Morishita, M. Nozaki, T. Yoshida et al., Tsutsumi, Silica and titanium dioxide nanoparticles cause pregnancy complications in mice. *Nat Nanotech*, 2011.**6**(5): 321-328.

第三部分
食品系统

牛乳的特性

14

David S. Horne

14.1 引言

我们所熟知的乳,可能是加在我们的早餐麦片上、茶或咖啡中的白色饮品,抑或是杂货架或冷藏柜中形形色色的乳制品。应当注意到的是,乳是我们来到这个世界后的第一种食物,这是所有哺乳动物物种共有的特征。乳是母亲为我们提供的天然的完美的食物,在出生的前几个月里,它为我们提供维持生长的所有营养。

乳经常出现在神话和传说中。许多这些故事的共同特征是,喂养者具有母亲的特征。因此,在希腊神话中银河系的起源,是赫拉克勒斯被置于沉睡的女神赫拉的胸前,以期获得他父亲宙斯神的神性。赫拉醒来时抛开了孩子,她乳房流出的乳汁洒出来,成了银河系的恒星。传说罗马的开国元勋罗穆卢斯和雷穆斯也是被一只母狼哺育的。因此他们获得的不是母羊的温顺和谦和,而是狼的力量和狡猾。在罗马神话中,朱利叶斯恺撒的母亲奥里利亚用母乳喂养她所有的孩子,而不是将他们交给奴隶喂养,她认为像很多罗马贵族那样让奴隶喂养孩子是其堕落的明显且令人震惊的征兆。与此同时,罗马人认为入侵不列颠尼亚是将文明带入这个野蛮的社会,因为他们沉溺于难以言喻的习惯,如食人和喝牛乳[46]!

目前尚不清楚人类何时第一次意识到食用其他物种的乳的好处,确信是早于有记载的历史,很可能早于任何定居的农业,也可能是在采集与捕猎的过渡期。新石器时代的农民于10000~11000年前开始在安纳托利亚(现土耳其)、伊朗西部和美索不达米亚的北部驯化牛、山羊和绵羊[78],从那里开始,向北和向西蔓延到巴尔干半岛和高加索地区乃至整个欧洲。乳业何时成为畜牧的一部分仍然是一个谜。考古学家从破碎的无釉陶瓷器皿中提取的脂质显示,在大约7000~8000年前的安纳托利亚西北部以及其后1000多年的安纳托利亚中部和东南部,都有乳脂肪存在的痕迹[28]。在英国多个地方检测到陶器碎片上存在反刍动物脂肪,证明了在5000~7000年前就存在大规模的乳业[14]。这种检测依赖于陶器的存在,但是乳制品可能早于这些容器就已经存在。因为人们已经发现更早的发酵乳产品,如干酪和酸乳,而它们可能是牛乳储存于用动物的胃制成的袋子里发生酶解和凝乳导致的。

816

这一发明不仅可以储存和保存牛乳的许多营养成分供以后食用,而且还可以去除乳糖,而乳糖的存在使得牛乳不适合作为大多数成年人的食物。人类刚出生时肠道中就有活性的乳糖酶,但在儿童时期被逐步下调,使得成人表现乳糖不耐受,除非我们拥有保留乳糖酶活性的基因修饰。这种基因改造出现在大约 8000 年前的北欧中部,即现在的匈牙利[66]。通过进化反馈,这种基因改造从那里飞速传播,在北欧人群中达到高效改造。它所催生的乳制品产业,通过欧洲传遍了世界各地。当代乳品工业发展的其他因素包括牛乳质量保障技术创新、乳制品制造技术创新以及牧场模式和饲养方法的改进。

14.1.1 一些事实和数据

2011 年全球乳产量为 734×10^6 t[30]。除了少量的乳来自母马,到目前为止,大部分乳(约 84%)是牛乳。其他乳的来源包括水牛(13%)、山羊(1.8%)、绵羊(1.1%)和骆驼(0.3%)。在拉普兰当地也有驯鹿乳作为商品出售。就数量而言,乳的总产量在农产品中排名第三,仅次于糖(1800×10^6t)和玉米(885×10^6t)。牛乳的产地遍布全球(表 14.1),然而水牛和骆驼的乳产地更具区域性特征:水牛乳集中在印度和东南亚,而骆驼乳集中在阿拉伯半岛和非洲之角。如表 14.1 所示,2011 年,美国在新鲜牛乳产量方面排名第一,但印度由于水牛乳和山羊乳产量巨大使得印度的乳总产量提升至世界第一位,而且几乎所有水牛乳和山羊乳都产自印度。

表 14.1　　　　2011 年全球前 20 名牛乳生产国(新鲜全脂牛乳)产量数据

排名	区域	产量/t	排名	区域	产量/t
	世界	614578723	11	巴基斯坦	12906000
1	美国	89015235	12	波兰	12413796
2	印度	57400000(非官方数字)	13	荷兰	11627312
3	中国(大陆)	36578000	14	阿根廷	11206000
4	巴西	32096214	15	墨西哥	10724288
5	德国	30301359	16	意大利	10479053
6	俄罗斯	31385732	17	乌克兰	10804000
7	法国	24361094	18	澳大利亚	9101000
8	新西兰	17893848	19	加拿大	8400000
9	土耳其	13802428	20	日本	7474309
10	英国	13849000			

每头乳牛的产乳量取决于许多因素,包括生产系统和饮食模式。乳牛的饮食对牛乳产量的影响最大。在以色列,以营养丰富的人工混合饲料喂养的乳牛,每头乳牛每年最高产量约为 12500kg,而新西兰的乳牛全年都在外面放牧,其每头乳牛每年的平均产量只有约 4000kg[41]。美国每头乳牛的产乳量平均每年 10000kg,但在印度,平均产量仅为 1200kg,这证明了美国的生产方式更加高效,印度的饲料营养不够全面。Herrero 等估计

在 2000 年,混合作物喂养的牲畜生产了全球 69% 的牛乳,这对改善发展中国家贫困农民的生计做出了重大贡献。他们还发现,无论哪个地区,反刍动物生产乳蛋白质的饲料效率是反刍动物生产肉类的 1.5～5 倍。乳牛可以将草和低消化率的纤维有效地转化为人类可以利用的营养。

14.2 牛乳分泌、进化和合成

哺乳动物属于温血脊椎动物,他们用乳腺产生的乳汁喂养幼崽。哺乳动物最初出现在大约 1.66 亿年前。图 14.1 的系统发育树所示为主要类别和分支的大致进化时间及其中部分的现存实例。生殖方式、生长发育要求以及母婴生存环境推动了物种间乳的成分的变化。鸭嘴兽和有袋类幼崽在外观上是胚胎,并且在相当于胎盘哺乳动物的胎儿期内依赖于乳的营养和免疫保护。相比之下,胎盘哺乳动物的妊娠期相对较长,哺乳期较短。这些生殖策略直接影响乳的成分。表 14.2 中的数据表明,乳的营养素组成在不同物种之间也是有显著差异的。与此同时,这些具有代表性的成分可能会有很大的差异,取决于(特别是)泌乳期和母亲的营养状况。

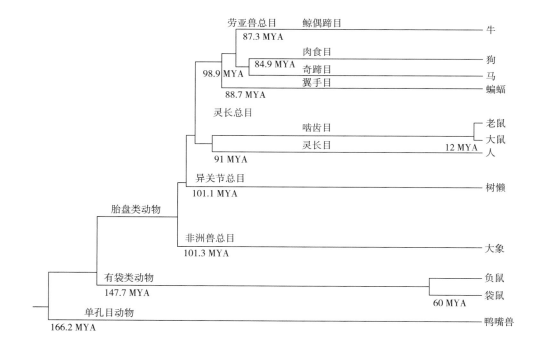

图 14.1 具有代表性的现存哺乳动物的物种关系与简化的系统发育树

主要分支点的起源位于数百万年前(MYA),进化分支分离出了卵生哺乳动物(166.2MYA)和有袋及胎盘哺乳动物(147.7 MYA)。50 MYA 出现了各大哺乳动物的祖先,240 万年之后四种主要胎盘哺乳动物相继出现。

表 14. 2 哺乳动物乳的总宏量营养素组成

种类	脂肪/%	蛋白质/%	乳糖和糖/%
牛	3. 7	3. 4	4. 6
狗	9. 5	7. 5	3. 8
马	1. 9	2. 5	6. 2
蝙蝠	13. 5	7. 4	3. 3
大鼠	27	12. 5	2. 6
小鼠	8. 8	8. 1	3. 8
人类	4	1	7
树懒	6. 9	6. 1	?
象	11. 6	4. 9	4. 7
袋鼠	7. 4	10	10(低聚糖)
小袋鼠(约36周)	20	13	12
鸭嘴兽	22. 2	8. 2	3. 7(二糖基乳糖)
灰海豹	53. 1	11. 2	0. 7

资料来源:改编自 Lemay, D. G. et al., *Genome Biol.*, 10, R43.1, 2009,并作了增补。

乳是新生儿营养的唯一来源,含有生长和发育所需的所有必需营养素。喂养良好的乳牛的日产乳量可能相当于 2kg 干酪、1kg 黄油和 1kg 糖。乳也不仅是为个人提供营养素的简单饮品。相反,它是复杂的具有高级结构的生物分子的集合。最丰富的乳蛋白-酪蛋白会以胶束形式提供;脂肪以乳脂肪球(MFG)的形式提供;而碳水化合物以乳糖(二糖)形式在溶液中输送。

在后面的章节中将详细介绍酪蛋白胶束和乳脂肪球。在这里需要提及的是,在一系列动物物种的基因组分析中[77],人们发现乳脂肪球膜(MFGM)蛋白质高度保守,自普通哺乳动物祖先产乳以来的 1.6 亿年中,其氨基酸序列的 98%~100%未发生变化。同样的分析表明,最不同的乳蛋白是具有营养或免疫学特性的蛋白质,例如最丰富的蛋白质——酪蛋白。但一般来说,乳汁和乳腺基因本身比哺乳动物基因组中的其他基因更高度保守。此外,虽然酪蛋白在乳汁中有明显的差异,但它们在乳中的组织结构,即酪蛋白胶束,至今已在所有的乳中被发现,包括有袋类动物的乳汁。这表明乳生产的分泌过程是在 1.5 亿年前建立的,并且遗传自早期哺乳动物的祖先。

目前已有各种理论来解释乳腺的起源,但由于缺乏任何发育阶段的直接化石证据,因此难以验证或反驳任何理论。Oftedal 总结了已经提出的这些假设[100-102]。哺乳动物祖先的汗腺、皮脂腺、毛囊和大汗腺都被认为可能是原始乳腺的前体。导致追踪进化发展出现混淆的原因是腺体增殖和输出的程度问题,细胞凋亡和腺体退化后循环发生增殖和分泌,乳腺中形成的分泌产物多种多样,这些都突显了进化的新奇性[102]。其中许多过程涉及复杂的激素控制,需要通过其他身体变化来激活,如怀孕和分娩。

14.2.1　乳的生物合成

乳腺是神奇的高效生物合成器官。关于腺体的生理学和功能的大多数研究已经在人类、反刍动物和啮齿动物组织中开展,但是在它们的结果中都表现出如此惊人的相似,表明在大部分物种中存在共同的分泌机制。

源自分泌组织的乳汁聚集在管道中,当接近乳头区域时,管道的尺寸增大。最小的完整乳汁"工厂"是乳腺泡,它包括一个储存区域(图14.2)。它是一个大致球形的有机单元,由一层分泌上皮细胞包围的中央储存体(管腔)组成,它直接连接到管道系统。这些细胞是定向的,因此根尖端及其独特的膜位于腔旁,基底端通过基底膜与血液和淋巴分离。因此,代谢物通过细胞发生定向流动,同时乳汁的生产模块通过基底外侧膜进入。

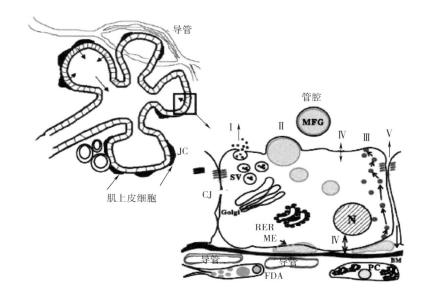

图14.2　乳汁分泌途径的乳腺泡和乳腺泡上皮细胞

乳汁由乳腺泡上皮细胞分泌到腔内(箭头)。然后通过导管通过围绕乳腺泡和导管上皮细胞的肌上皮细胞的收缩来排出。乳腺泡周围有发育良好的脉管系统和包含细胞外基质成分、成纤维细胞和脂肪细胞的基质。放大框内表示的区域显示乳腺泡细胞的关键结构和运输特性。途径Ⅰ描绘了乳蛋白,乳糖,钙和乳水相的其他组分的胞吐分泌。途径Ⅱ描绘了乳脂分泌,其形成细胞质脂滴,其移动到顶膜以作为膜结合的乳脂肪球分泌。途径Ⅲ描述了蛋白质的囊泡转胞吞作用,例如来自间质空间的免疫球蛋白。途径Ⅳ描述了转运体,其用于使单价离子、水和葡萄糖直接移动穿过细胞的顶膜和基底膜。途径Ⅴ描述了通过细胞旁路径输送血浆成分和白细胞。途径Ⅴ仅在怀孕期间、退化期间以及乳腺炎等炎症状态下运作。缩写:SV,分泌小泡;RER,粗面内质网;BM,基底膜;N,核;PC,浆细胞;FDA,脂肪耗竭的脂肪细胞;JC,包含紧密和黏附连接的交界复合体;GJ,间隙连接;ME,肌上皮细胞。

资料来源:转载自 McManaman,JL,Neville,MC. Adv. Drug Delivery Rev,55,451,2003.

乳汁的主要成分——蛋白质、脂肪、乳糖、离子等通过细胞的途径如图14.2所示。基本组分在内质网的生产线上合成。然后在高尔基体中的分泌囊泡中被包装起来或作为细胞质中的脂滴。

这些途径已为人们所熟知。目前还不清楚的是在分子水平上控制合成速率的因素。很明显,所产生的蛋白质是乳特异性的,在哺乳期(或接近泌乳期)乳腺以外的组织中表达非常少或没有表达。到目前为止的研究已经清楚地表明,主要乳蛋白的表达在哺乳期开始时以一致的方式显著增加,并且在哺乳期下降之前一直保持高水平(有袋动物有一些例外)[3]。众所周知,多种激素在细胞外基质和细胞与细胞间的相互作用在诱导适应中起着关键的作用,但物种间存在差异。已知营养会影响产生的乳蛋白的量,饮食的能量含量尤为重要。已经证明氨基酸的供应和运输不会限制乳腺中的蛋白质合成。事实上,有些研究[3]发现核糖体蛋白表达降低,即乳腺上皮细胞内蛋白质合成机器减少。但这可能只是其中一种机制,即优化乳相关蛋白翻译和合成,以增加乳腺产乳基本功能。

脂肪也在乳腺上皮细胞内合成,首先表现为源自内质网的小脂滴。似乎液滴脂质积聚在双层膜的外半部和内半部之间,然后从内质网释放到细胞质中。液滴可以通过相互融合而增大体积,产生更大的液滴,称为细胞质脂滴(CLD),但迄今为止其生长的机制,到底是随机的还是受调节的,仍然是未知的。随后,脂质液滴必须从它们的原点转移到细胞的顶端区域(图 14.2 途径 II)。同样,这种顶端迁移的机制也尚不明确。在顶膜处,脂滴逐渐被该膜包裹,直至脂质液滴从细胞上脱落,被质膜完全包围。MFG 上的外涂层看起来像一个典型的双层膜,称为乳脂肪球膜(MFGM),主要来源于顶端质膜(如果不是全部的话)[43]。控制乳脂分泌的具体机制尚不明确。

14.3　牛乳的成分

如前所述,全世界乳制品行业使用的大部分乳来自乳牛。一些主要乳牛品种的牛乳主要化合物类别的平均组成见表 14.3。

表 14.3		来自主要乳牛品种的牛乳的组成			单位:g/100g
品种	脂肪	蛋白质	乳糖	灰分	总固形物
荷斯坦	3.6	3.0	4.6	0.7	11.9
布朗瑞士	3.8	3.2	4.8	0.7	12.7
艾尔郡	4.0	3.3	4.6	0.7	12.7
根西岛	4.6	3.5	4.6	0.8	13.7
新泽西	5.0	3.7	4.7	0.8	14.2

资料来源:*Source*: After Huppertz, T. and Kelly, A. L., Properties and constituents of cow's milk, in *Milk Processing and Quality Management*, Tamime, A. Y., ed, Wiley-Blackwell Publishing, Oxford, U. K., 2009, pp. 23-47.

所有成分中脂质组成的差异性最大。牛乳成分受到饮食和乳牛品种的影响,很显然育种专家选育脂肪含量较高的乳牛是非常成功的。

由于乳糖和牛乳盐类对渗透压的影响,牛乳的渗透压必须和血液的渗透压保持一致,因此所有这些组分的变化是非常小的。应当指出,灰分并不确切代表牛乳盐类,这是因为在灰化时,有机盐类全被破坏,例如,各种柠檬酸盐是牛乳盐类中的主要组分。

14.3.1 乳蛋白

牛乳中含有 $30\sim36g/L$ 的总蛋白质。表 14.4 所示为脱脂乳部分中主要蛋白质的浓度,即通过离心除去脂质(脂肪)时剩余的部分。乳腺有六种主要的基因产物。其中四种属于酪蛋白家族, α_{s1}-酪蛋白、 α_{s2}-酪蛋白、 β-酪蛋白和 κ-酪蛋白,其余两种被称为乳清蛋白, β-乳球蛋白和 α-乳清蛋白。所有酪蛋白与磷酸钙结合,存在于牛乳中的一种独特的、高度水合的球形聚集复合物中,称为酪蛋白胶束。酪蛋白胶束的直径在 $30\sim600nm$,平均约 $200nm$。而乳清蛋白主要是单体或二聚体,存在于乳的非胶束水相中。

表 14.4　　　　　　　　　　牛乳中主要蛋白质的浓度

蛋白种类	浓度/g/L	总蛋白质的百分比(约)	蛋白种类	浓度/g/L	总蛋白质的百分比(约)
酪蛋白	$24\sim28$	80	β-乳球蛋白	$2\sim4$	9
α_{s1}-酪蛋白	$12\sim15$	34	α-乳清蛋白	$1\sim1.5$	4
α_{s2}-酪蛋白	$3\sim4$	8	蛋白胨	$0.6\sim1.8$	4
β-酪蛋白	$9\sim11$	25	血液蛋白质		
κ-酪蛋白	$3\sim4$	9	血清白蛋白	$0.1\sim0.4$	1
γ-酪蛋白	$1\sim2$	4	免疫球蛋白	$0.6\sim1.0$	2
乳清蛋白	$5\sim7$	20	总量		100

乳蛋白可以很容易地分离成酪蛋白和乳清蛋白组分。在干酪制造过程中,酶处理后可以通过酪蛋白胶束的聚集形成凝乳。其他蛋白质进入干酪乳清,因此它们被称为乳清蛋白。酪蛋白的分离也可以通过它们在等电点(约 pH4.6)下沉淀,产生所谓的酸性酪蛋白和乳清蛋白溶液来实现。高速离心也可用于沉淀酪蛋白胶束,产生含有乳清蛋白的上清液。最后,使用合适孔径膜的膜过滤技术也应运而生。

除了作为乳腺基因产物的 β-乳球蛋白和 α-乳清蛋白外,乳清还含有血清白蛋白和免疫球蛋白(Igs),它们来自血液以及微量的酶。牛乳还含有几种实际上是大多肽的"蛋白质"成分;它们被称为蛋白质肽。这些蛋白质是由于内源的牛乳蛋白酶——血液中的血溶纤维蛋白酶对牛乳蛋白质进行翻译后水解作用产生的。占大多数的 γ-酪蛋白与酪蛋白胶束保持附着并沉淀。大量或呈变多趋势的 γ-酪蛋白通常是乳腺炎的征兆。

14.3.1.1 酪蛋白和酪蛋白胶束

酪蛋白属于磷蛋白家族,组成了约 80% 的牛乳蛋白。在牛科中,磷酸化程度较高的成员(α_{s1}-酪蛋白, α_{s2}-酪蛋白和 β-酪蛋白)被称为钙敏感性蛋白,每一种都易被 Ca^{2+} 沉淀。相比之下,仅具有一个或两个磷酸丝氨酸残基的 κ-酪蛋白对钙不敏感,在与钙敏感性蛋白混合时,才会使其发生钙诱导的聚集,聚集体尺寸被稳定至非沉淀胶体的大小。因为酪蛋白利用相同的钙螯合机制来调节其环境中的磷酸钙浓度,所以它们已经被鉴定为来自共同祖先基因的更宽泛的分泌钙结合磷蛋白(SCPP)的家族成员[68,69]。所有 SCPP 都是早期原始基因的后代,通过重复和衍生来适应各自的功能。据报道,在侏罗纪时代单核细胞出现之前,原始的钙敏感酪蛋白与基质蛋白基因不同[68]。更具争议的是,川崎等人[70]认为所有对钙敏感和钙不敏感的酪蛋白,即 κ 型酪蛋白,都有一个共同的原始基因——牙源性成釉细胞相关基因,并通过两种不同的途径从中进化而来。

酪蛋白使牛乳呈现磷酸钙超饱和状态。从本质上讲,它以胶束形式安全地通过乳腺,为婴儿的骨骼和牙齿发育提供所必需的矿物质磷酸钙。

14.3.1.2　酪蛋白的一级结构和相互作用

通过化学测序和基因测序推断,我们得到了酪蛋白的氨基酸组成和一级序列。为了更全面地讨论个别酪蛋白的特征,读者可以参考几篇综述[61,62,104]。对于早期的工作,HE Swaisgood 在《食品化学》(第四版)中的章节是一个很好的参考[127]。

作为序列分析的结果,酪蛋白通过拥有该家族共有的功能和序列特征,被鉴定为更广泛的分泌型磷酸钙结合家族的成员[68,69]。基因序列中的 SXE 肽(Ser-Xaa-Glu)是保守的,其中 Xaa 可以是任何氨基酸。在酪蛋白中,该肽为酪蛋白激酶提供了乳腺中丝氨酸翻译后磷酸化的识别模板[93]。此外,在酪蛋白中,丝氨酸残基经常以两个、三个或四个的成簇状态出现。α_{s1}-酪蛋白和 β-酪蛋白中的这类簇是高度保守的[89],它们的数量表明了磷酸钙对哺乳动物出生后生长的重要性,α_{s1}- 和 α_{s2}-酪蛋白的成簇出现更是表明磷酸钙对哺乳动物出生后生长的意义(图 14.3)。

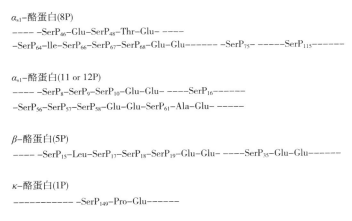

图 14.3　酪蛋白中的阴离子簇

这些磷酸丝氨酸残基簇和模拟其存在的必需谷氨酸残基将在单个分子中在正常乳汁 pH 下携带高的负电荷密度。在 α_{s1}-酪蛋白的残基 65~72 的跨度内具有-9e 的电荷密度,并且沿着相同蛋白质的序列 48~53 具有另外的-6e 的电荷密度。在 β-酪蛋白的残基 16~23 之间发现类似的高电荷密度-9e,包括那里的磷酸丝氨酸簇。在 α_{s2}-酪蛋白的磷酸丝氨酸簇周围发现了类似的高密度。磷酸丝氨酸簇及其伴随的高密度电荷是 α_s- 和 β-酪蛋白的钙敏感性的根本原因,因为钙结合中和这些电荷,从而导致蛋白质的沉淀。

当远离磷酸丝氨酸簇时,酪蛋白分子明显是疏水的。这种亲水性和疏水性残基的分离赋予酪蛋白一定的两亲性,这有助于它们成功地作为水包油乳状液的稳定剂发挥作用[54,57]。通过计算四种酪蛋白序列的五肽氨基酸疏水性移动平均值,绘制了序列疏水性图(图 14.4)。我们可以通过沿着酪蛋白定位疏水簇来更详细地研究。当被四个或更多个非疏水残基分开时,疏水簇就被认为是离散的。疏水性氨基酸是指 VILFMYW(对于氨基酸的单字母代码详见第 5 章),任何其他氨基酸被认为是非疏水性的。单独的疏水氨基酸团簇在序列疏水性图上表现为离散的棒状(图 14.4)。在疏水键合中,我们设想这些簇中的一个在其所在的分子或其他任何分子上与其他疏水簇相互作用。因此,以上假设的可能性很多,但这种键合是短暂、不稳定且脆弱的。

个别酪蛋白是自我缔合的,显然是以亲水性磷酸丝氨酸团簇在空间上尽可能地向水相中扩散的方式达成的。β-酪蛋白形成类似洗涤剂的胶束,而 α_{s1}-酪蛋白形成蠕虫状链,通过降低溶液 pH 或增加离子强度促进聚合度[1]。与疏水相互作用相比,静电排斥是一种长程力。电荷在控制酪蛋白聚集程度中的重要性毋庸置疑。它主要表现在限制蛋白质的自我结合,在 pH 降低至它们的等电点诱发沉淀,且控制 α_s-和 β-酪蛋白的钙敏感性。它也在酪蛋白胶束装配中起重要作用,如下节所述。

对钙不敏感的 κ-酪蛋白,其两亲性也很强,它具有明显的极性和疏水结构域,后者具有许多离散的疏水簇(图 14.4)。正如我们稍后将看到的,κ-酪蛋白在酪蛋白胶束的形成中起着重要作用。实验证据表明该蛋白易分布于表面,且具有限制酪蛋白胶束大小的作用[17,25]。κ-酪蛋白还具有重要的生理功能,因为它具有独特的识别序列,该序列使得小牛胃中凝乳酶对酪蛋白胶束进行有限水解,进而造成极性结构域的释放和胶束的凝固。这种小牛提供的帮助消化牛乳的蛋白水解反应,已经被乳品工业用于干酪制造中形成凝乳的第一阶段。

有别于钙敏感酪蛋白的阴离子特征磷酸酯簇,位于 κ-酪蛋白极性结构域的丝氨酰和苏氨酰残基通常是糖基化的[45]。该翻译后修饰导致包含 N-乙酰神经氨酸残基(AcNeu)的三糖或四糖部分的连接。在 C-末端 53 残基极性结构域中没有阳离子残基,其非糖基化形式在 pH6.6 下具有 -11 的净电荷。极性结构域中可能有一个或两个精氨酸残基被磷酸化,但它们彼此远离。附加 AcNeu 链可能产生额外电荷。这种高负电荷、多种其他极性残基以及八个均匀间隔的脯氨酸残基的存在,导致肽链高度水合、开放和柔韧。该极性结构域序列连接至非常大的疏水结构域,而后者有许多疏水性团簇位点,可与其他酪蛋白相互作用。酪蛋白胶束表面位置的 κ-酪蛋白起到胶体空间稳定剂的作用。在极性结构域的 N-末端存在 Phe—Met 键,作为凝乳酶蛋白水解位点,其水解意味着结构域的丧失及其伴随的空间稳定能力的破坏,随后发生胶束聚集和凝乳。

14.3.1.3　酪蛋白胶束结构和组装

由于它们的磷酸化和两亲结构,酪蛋白相互作用并与磷酸钙相互作用形成大的球形胶束,其平均直径约为 200nm。这些复合物和脂肪球的光散射是造成牛乳白色外观的主要原

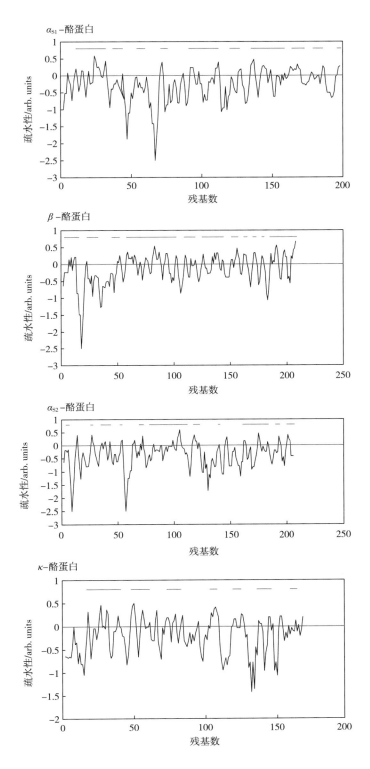

图 14.4 以 Horne 使用的氨基酸疏水性的移动平均值(窗口 *n* = 3) 表征的四种酪蛋白的序列疏水性图[51]

图中的条形表示疏水簇,长度表示它们的大小。

因。牛乳胶束含有 92%(质量)的蛋白质,由 α_{s1}:α_{s2}:β:κ-酪蛋白(物质的量比约为 3:1:3:1)和 8%(质量分数)的乳盐组成。乳盐主要由磷酸钙组成,但也有显著量的 Mg^{2+} 和柠檬酸盐。胶束的特性决定了工业加工和储存过程中牛乳和乳制品的特点。因此,天然胶束和模型体系的性能,包括所谓的胶束磷脂酸酯(MPCs),得到了相当广泛的研究(参见 DeKruif 和 Holt[20]、Payens[108]、Rollema[112] 和 Schmidt[114] 的综述)。

胶束具有多孔的"海绵状"结构和较大的体积,含有约 4mL/g 的酪蛋白,以及 3.7g H_2O/g 酪蛋白的超高水合作用。这种水合作用比典型的球状蛋白质大一个数量级。因此,甚至包括蛋白质等的大分子可以接近并且与胶束结构达成平衡。胶束的所有组分显然与牛乳血清达成缓慢的平衡。因此,在适当的条件下,各种酪蛋白和乳盐可以从胶束中可逆地解离。令人惊讶的是,这种解离可能在有限的程度上发生,而胶束(流体动力学)的大小没有任何明显的变化。将温度降低至接近 0℃ 会使一些 β-酪蛋白、κ-酪蛋白和胶体磷酸钙可逆地解离。降低 pH 会促进磷酸钙的流失。然而,在生理温度和天然 pH 下,血清中单个酪蛋白的量非常少。

由于胶束的结构尚未明确确定,因此不能确定单个酪蛋白分子的位置。但是,正如已经提到的,所有证据都证明了 κ-酪蛋白主要存在于表面,而 α_s- 和 β-酪蛋白在内部占主导地位。然而,这样的分布可能不是排他性的,因为钙敏感的酪蛋白也可以在表面上接近。κ-酪蛋白应该主要存在于表面是基于观察到 κ-酪蛋白的量随表面/体积比而线性增加。相同的结果表明,β-酪蛋白在表面区域的含量线性下降。需要注意的是,球体的表面/体积比随着尺寸的减小而增加。

酪蛋白胶束的早期电子显微照片显示出覆盆子样外观[115]。最近的电子显微研究[85,88,125]表明这些良好定义的结构可能是固定过程的伪影,尽管通过场发射扫描电子显微镜获得的显微照片显示出直径在 10~20nm 的圆柱形或管状但非球形突起的复杂表面结构[18]。这些样品不是金属涂层的,尽管它们必须经过固定和脱水过程,但这可能会使更松散结合的蛋白质在更致密的骨架上坍塌。Marchin 等的低温 TEM 照片[88]揭示了胶束结构的更精细细节,显示出高电子密度的小区域,直径大约 2.5nm,明显均一分布在均匀的蛋白质网中。这表明胶束具有颗粒状,随着 pH 从 6.7 降低到 5.2 而减少[88],与已知的酸化磷酸钙离解平行,但不损失胶束完整性。这证实不止一种类型的键合参与维持这种肽链结构完整性。虽然 McMahon 和 McManus 的电子显微镜观测研究得出的图片是同质的[85],来自 Trejo 等通过改变电子束入射角获得的形貌图像观测[125]揭示了胶束是具有充水通道和空腔的异质骨架结构的,骨架结构汇聚在更高密度的节点上,该节点被假设为磷酸钙簇状结构。这种结构的开放性与观测到的胶束内部对酶的可及性和 β-酪蛋白的易释放性一致。酪蛋白胶束悬浮液对渗透压缩的非仿射反应也支持该结构模型。

酪蛋白胶束结构不固定,因为它是动态的。它以各种方式响应胶束环境、温度和压力的变化。冷却牛乳在从 37℃ 乳房释放到冷藏温度下储存会使 β-酪蛋白、部分 κ-酪蛋白和来自胶束的 α_{s1}- 和 α_{s2}-酪蛋白的含量显著增加。将温度升至 37℃ 可逆转该过程。β-酪蛋白的这种运动不会破坏胶束的主要内部结构。值得注意的是,胶体磷酸钙也可以通过降低 pH 来溶解,同样基本上不破坏胶束结构,尽管这种反应与温度有关,与 β- 和 κ-酪蛋白流动的结果一致。另外,在磷酸钙流失之后,其余的实体对原子力显微镜探针的反应也出现了弱化[106]。

酪蛋白胶束模型已被广泛研究[54]。基于胶束和酪蛋白本身的生化和物理特性,研究者提出三种主要模型:亚胶束模型[115,120]、纳米团簇模型[20,48]和双结合模型[52,53]。

在亚胶束模型中,酪蛋白胶束由较小的蛋白质亚基、亚胶束组成,亚胶束被预先组装,然后通过胶体磷酸钙连接在一起。在 Holt 模型中,胶体磷酸钙的纳米团簇通过酪蛋白分子上的磷酸丝氨酸簇的三维网络随机分布和交联。这两种模型都饱受诟病[29,52],因此研究者创建了双结合模型以克服它们的不足。双结合模型植根于酪蛋白和磷酸钙的相互作用和化学反应。蛋白质链通过磷酸钙纳米晶体的交联为胶束中的网络形成提供了一条途径,就像在 Holt 模型中一样,但至关重要的是,在双结合模型中 α_s- 和 β- 酪蛋白不是简单地吸附到预先形成的晶体上,其高度带电的磷酸丝氨酸簇,既作为磷酸盐晶体开始生长的模板,又作为晶体生长的终端[60]。磷酸盐晶体通过每个 α_s- 酪蛋白分子上的磷酸丝氨酸簇的多样性实现网络生长,但 β- 酪蛋白仅具有一个这样的簇(图 14.3)。如果不是因为磷酸丝氨酸簇的高负电荷的中和使得分子之间的静电排斥充分减少,进而形成疏水键,则会终止这个网络的生长。在 McMahon 和 Oommen 提出的酪蛋白胶束的双结合模型中,在 α_s- 酪蛋白的疏水区域,业已中和的磷酸丝氨酸簇的上序列和下序列之间允许出现相似的相互作用,形成两个相互连接的网络[86]。

这本质上是具有两种类型功能的多功能缩合模型,一种是钙敏感酪蛋白上的磷酸丝氨酸簇,另一种是所有酪蛋白的疏水域中的疏水簇。因为 κ- 酪蛋白不具有磷酸丝氨酸簇,所以它不进入第一反应途径,即磷酸丝氨酸簇通过磷酸钙纳米晶体发生交联。但它确实具有疏水结构域,并且当有利的能量条件出现时,即当局部静电排斥被中和时,它可以与其他酪蛋白形成疏水结合。然而,它不能进一步扩展疏水结构域之间的网络桥接,因为分子的糖基化 C- 末端部分是亲水的。因此,在获得 κ- 酪蛋白分子时,该区域终止网络生长,并且胶束获得 κ- 酪蛋白的表面涂层。此外,κ- 酪蛋白含量控制胶束的大小。由于 κ- 酪蛋白分子到达任何点可被视为随机事件,因此产生一系列大小不一的胶束,其平均值由总 κ- 酪蛋白水平决定。因此,双结合模型与人们的实验经验一致。关于双结合模型如何预测酪蛋白胶束的性质以及其对乳制品行业加工应用和去稳定化处理的影响,更多实例在 Horne、Dalgleish 和 Corredig 的文献中有进一步阐述[54,16]。

14.3.1.4 乳清蛋白

乳清蛋白约占牛乳中蛋白质的 20%。β- 乳球蛋白和 α- 乳清蛋白占乳清蛋白质量的近 80%,单独的 β- 乳球蛋白接近 55%。Sawyer 等[113]、Brew[6]、Edwards 和 Jameson[26] 最近对它们的性质和行为进行了综述。已经有一些从乳中分离乳清蛋白的方法见诸报道。关于膜分离技术,详见 14.4.7。

β- 乳球蛋白和 α- 乳清蛋白具有其他球状蛋白质的典型结构。与酪蛋白类似,它们在牛乳的 pH 下带负电荷。然而,与酪蛋白不同,其疏水性、极性和带电残基的序列分布相当均匀。因此,这些蛋白质在分子内折叠,从而掩埋其大部分疏水残基,进而不会发生与其他蛋白质分子广泛的自身结合。研究人员已经通过 X 射线晶体学确定了三维结构,并通过 NMR 法确定 β-乳球蛋白的水溶液结构[75,126]。

(1)β-乳球蛋白　β-乳球蛋白是脂质运载蛋白家族的成员,因为它们能够将小疏水分子结合到疏水杯状腔中。根据 pH、温度和离子强度差异,蛋白质的四级结构在单体、二聚体或低聚体范围内,二聚体是牛乳在生理条件下的普遍存在形式。二聚体结构如图 14.5 所示,在每个二聚体分子疏水腔中均显示了 12-溴十二烷酸的结合。

β-乳球蛋白的热性质与工业生产密切相关,因为它们在加工设备(热交换器等)结垢方面起主导作用,另外,可通过热诱导的 β-乳球蛋白赋予某些乳制品一些功能性质。在中性 pH 下,通过差示扫描量热法测定的受热去折叠的转变中点为 70℃[21]。

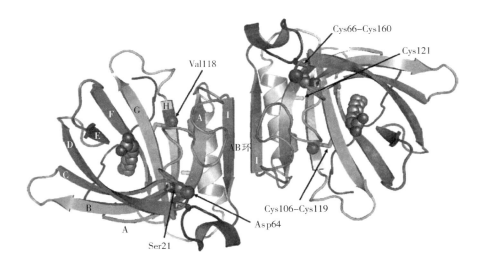

图 14.5　牛 β-乳球蛋白 A 的二聚体结构图,俯视双重轴

形成 β-桶的链标记为 A～H。I 链与部分 AB 环一起在中性 pH 下形成二聚体界面。A 和 B 变体之间的差异位点的位置如图。显示构象灵活性的 Ser21 和结合的 12-溴十二烷阴离子显示为球形。

资料来源:转载自 Edwards, P. J. B. and Jameson, G. B., Structure and stability of whey proteins, in Milk Proteins: From Expression to Food, 2nd edn., H. Singh, M. Boland, A. Thompson, eds, Elsevier/Academic Press, London, U. K., 2014, pp. 201-241.

此时,二聚体解离,组分分子开始展开。这揭示了 Cys 121 上的游离巯基和疏水补丁,开启了共价和疏水相互作用的可能性[65]。共价二硫键可以在分子内和分子间形成,并且如果在加热的乳中,则会与其他乳清蛋白,尤其是 κ-酪蛋白发生作用。后一种复合物为酸化牛乳产品(如酸乳)赋予了良好的质构特性,但降低了牛乳的可转化性。这些反应都较为复杂,受许多因素的影响。目前这些研究的摘要可以在 Anema[1] 以及 Edwards 和 Jameson[26] 的综述中找到。通过高压处理也可以实现变性和随后的反应,Patel 和 Huppertz 对该领域的工作做了详细的综述[107]。

(2)α-乳清蛋白　牛乳清中约 20% 的蛋白质是 α-乳清蛋白。α-乳清蛋白是一种致密的球状蛋白,与鸡蛋白溶菌酶具有明显的一级序列同源性。123 个残基中的 54 个与溶菌酶的残基相同,并且 4 个二硫键具有相似的位置。在乳腺分泌细胞中,乳糖的合成始于粗面内质网中 α-乳清蛋白的合成。然后 α-乳清蛋白被转运至高尔基体。在那里它遇到跨膜蛋白 β-1,4-半乳糖基转移酶,当它与 UDP-半乳糖结合时,经历构象变化,会允许 α-乳清蛋白结合。在结合 α-乳清蛋白的情况下,β-1,4-半乳糖基转移酶的特异性被改变,使葡萄糖成为半乳糖转移的受体糖,从而导致乳糖的合成。因此,α-乳清蛋白起到了 β-1,4-半乳糖基转移酶的调节剂的作用,并且在没有 α-乳清蛋白的情况下,酶在生理条件下不会合成乳糖[6]。

α-乳清蛋白是一种金属蛋白,每摩尔含有 4 个 Asp 残基,它们形成的口袋中含有一个 Ca^{2+}。由于蛋白质存在于牛乳中且二硫键完整,其三级结构可以展开并可逆地重折叠。尽管 α-乳清蛋白可能在比 β-乳球蛋白更低的温度下变性,但除非在非常高的温度下,该转变是可逆的。因此,与 β-乳球蛋白不同,α-乳清蛋白在大多数乳加工条件下不会发生不可逆的热变性。

(3)血清白蛋白、免疫球蛋白和乳铁蛋白 普通牛乳含有 0.1μg/L 的血清白蛋白,可能是由于血液渗漏造成的。它在牛乳中的生物学功能尚不清楚,但它可能作为疏水分子(脂肪酸)的混杂转运蛋白[26],其结构以大量的二硫桥连为特征。

成熟的牛乳含有 0.6~1g/L 的免疫球蛋白(Igs),但初乳中含有 10%(w/v)的 Ig,其含量在产后迅速下降。牛和山羊的幼崽出生时在它们的血液中没有 Igs,但是可以在出生后几天从肠道吸收它们,从而获得被动免疫,在他们出生后几周内便可合成他们自己的 Ig。在牛乳中,Ig 的主要种类是 IgG 亚家族的成员。关于牛 Ig 的分析和特性的综述,读者可以参考 Gapper 等的文献[36]。

牛乳中含有较低含量的乳铁蛋白,低于总乳清蛋白的 0.1%。尽管浓度很低,但已经出现了牛乳铁蛋白的商业应用,并且其部分消化的肽在婴儿配方食品中作为营养保健品出现。Brock[7] 已对这种蛋白质的特性和商业应用做了综述。

14.3.2 牛乳脂质和乳脂球

14.3.2.1 牛乳脂质

乳脂质或乳脂肪是膳食能量的重要来源。有关各种乳脂质的详细特征及其生物合成的讨论,建议读者应参考以下综述[43,71,83]。

乳中含有约 3%~5% 的脂肪,呈小球状,直径 2~6μm,被极性脂质膜和称为乳脂肪球膜(MFGM)的蛋白质包围。在脂肪球的核心内,甘油三酯是主要的分子形式,占总质量的 96%~98%(表 14.5)。还存在少量甘油二酯、甘油一酯、游离脂肪酸、极性脂质和甾醇以及微量的脂溶性维生素和 β-胡萝卜素[83]。

含有三种不同脂肪酸的甘油三酯在甘油骨架的 sn-2 位置具有手性碳。与其他膳食脂肪(例如,可可脂、葵花籽油、橄榄油)相比,乳脂的脂肪酸组成是较为复杂的。已经在牛乳脂质中鉴定了超过 400 种不同的脂肪酸。因此,如果考虑位置异构体,理论上可以有 400^3 种或 6400 万种甘油三酯。然而,浓度超过 1%(w/w)的脂肪酸仅检测到 13 种。表 14.6 所示为鲜乳中的主要脂肪酸成分。在一个物种中,脂肪酸组成可以根据遗传、哺乳阶段和饮食的不同而变化。酯化成甘油三酯的脂肪酸来自血浆脂质或通过小分子前体的从头合成。在牛的乳腺,脂肪二次合成的主要产物包括短链和中链的脂肪酸,从 C4:0 到 C14:0,还有一些 C16:0,而血浆脂质则贡献更长链的和单不饱和的脂肪酸。

表 14.5　牛乳的脂质成分

油脂	质量百分比	乳脂含量/g/L[①]
甘油三酯	95.8	30.7
甘油二酯	2.25	0.72
甘油一酯	0.08	0.03
游离脂肪酸	0.28	0.09
磷脂	1.11	0.36
胆固醇	0.46	0.15
胆固醇酯	0.02	0.006
烃类		

①根据巴氏杀菌全脂牛乳中的乳脂百分比计算,3.2%。

资料来源:Swaisgood, H. E., Characteristics of milk, in *Fennema's Food Chemistry*, 4th edn, Damodaran, S., Parkin, K. L., Fennema, O. R. eds., CRC Press, Boca Raton, FL, pp. 881-917, 2007.

表 14.6　牛乳脂肪的主要脂肪酸成分(奶油搅拌后获得黄油脂肪甘油三酯)

脂肪酸	质量百分比	脂肪酸	质量百分比
C4:0	3.81	C16:0	28.17
C6:0	2.51	C16:1	1.93
C8:0	1.60	C17:0	0.52
C10:0	3.68	C18:0	9.97
C12:0	4.26	C18:1	22.06
C14:0	11.74	C18:2	1.15
C14:1	0.94	C18:3	0.64
C15:0	1.18		

资料来源:Fong, B. Y. et al., *Int. Dairy J.*, 17, 275, 2007.

饱和脂肪酸占牛乳脂肪酸的 65%,C16:0 占 22%。不饱和残余物主要是 C18:1,约占 20%。必需的多不饱和脂肪酸 C18:2 和 C18:3 分别占约 1.2% 和 0.5%。近年来,研究工作主要集中在试图调节乳脂中饱和脂肪酸与多不饱和脂肪酸的平衡。目前已采取了各种各样的"农场后"和"农场内"战略。"农场后"方法包括:①脂肪的干法分馏;②将乳脂肪与富含不饱和脂肪酸的其他脂肪(例如植物油或鱼油)混合;③化学和酶促酯交换。采用的"农场内"策略包括:①物种优化选择;②用油菜籽或亚麻籽油充当饲料。在后一种方法上,不饱和脂肪酸组分必须以包埋的形式运送,以使其通过瘤胃(反刍动物的第一胃)时不发生变化。

乳的 13 种脂肪酸的位置异构体的理论潜在数量减少到 2197 种。Gresti 等[42]分离并鉴定了 223 种具有不同组成的甘油三酯,占总乳脂的 80%。他们确定甘油骨架的三个 *sn* 位置中脂肪酸的分布不是随机的,根本原因在于反刍动物乳腺中酰基转移酶的特定性质[95]。简而言之,甘油-3-磷酸是甘油三酯生物合成的主要途径,并且长链酰基辅酶 A(尤其是棕榈酰辅酶 A)是在位置 *sn*-1 然后 *sn*-2 中酰化的优选底物。相反,1,2-二酰基-*sn*-甘油酰基转移酶催化 *sn*-3 位短链脂肪酸的酯化反应比长链脂肪酸的酯化速度快。因此,通过对总牛乳甘油三酯的立体特异性分析发现,短链脂肪酸仅在 *sn*-3 位置上被酰化,而长链饱和脂肪酸在位置 *sn*-1 和 *sn*-2 中均可被酰化。中链脂肪酸在三个位置均可被酯化,但当脂肪酸的链长增加时,比例在位置 *sn*-3 处降低(图 14.6)。油酸在三个位置中几乎平均分布。甘油三酯分子中脂肪酸分布的总体模式不受动物饮食的显著影响。相关研究表明,这种特定的分子偏差是由甘油三酯合成过程中的调节引起的,目的是在生理温度下将脂肪保持在液态。

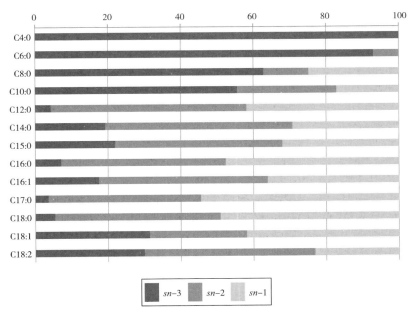

图 14.6　牛乳脂肪中甘油三酯位置中脂肪酸的百分比分布

资料来源:摘自 Lopez, C. , *Curr. Opin. Colloid Interface Sci.* , 16, 391, 2011.

　　自 20 世纪 60 年代 Pieter Walstra 教授的开创性工作以来,对 MFG 中甘油三酯的结晶性质的研究甚少。包埋在 MFG 内的甘油三酯在其合成和分泌的生理温度(36~39℃)下是液体。乳被收集和储存后降低其温度会导致甘油三酯发生从液态到固态的相变,然后形成脂肪晶体。MFGs 的结晶和热性能与其脂肪酸组成、甘油三酯分子结构及其多态性有关。是否经过热处理也对脂肪结晶有显著影响,脂肪球的大小也是如此。所有这一切都意味着乳脂在储存温度(4~7℃)、加工温度(7~30℃)以及消化温度(37℃)下是结晶和油的混合物。

　　MFG 内甘油三酯结晶对乳制品的制造过程具有技术重要性,如影响脂肪球对搅拌的敏感性,影响冰淇淋的结构稳定性,影响高脂肪产品的流变学性质、稠度和口感等,它也可能具与特定的营养和健康特性相关。在摄取和消化温度下保持固体状态的甘油三酯包含由长链饱和脂肪酸(C18:0 和 C16:0)组成的高熔点脂质。据报道,固相的存在限制了消化酶对甘油三酯的水解及其随后的吸收[4],这就引发了关于脂肪酸,特别是长链饱和脂肪酸的生物利用度的问题。

14.3.2.2　乳脂小球膜

　　牛乳的脂肪球被包裹在一层(或多层)表面活性物质中,称为 MFG 膜。它的基本结构是一个通过下述方式形成的三元结构(图 14.7)[43,92]。在乳分泌细胞内,甘油三酯在粗面内质网膜的表面内或表面上合成,并在细胞质中以微滴的形式聚集。这些细胞内液滴被弥散的界面层覆盖,该层由磷脂、鞘糖脂、胆固醇和蛋白质组成。脂质微滴通过融合与体积增长以形成各种大小的 CLDs,然后通过细胞质以尚不清楚的机制将其转化成细胞顶极,并且从上皮细胞分泌。在分泌期间,液滴被外质膜包被并从中分离。因此,围绕脂肪球的外层的组成类似于分泌细胞的顶端质膜的组成。

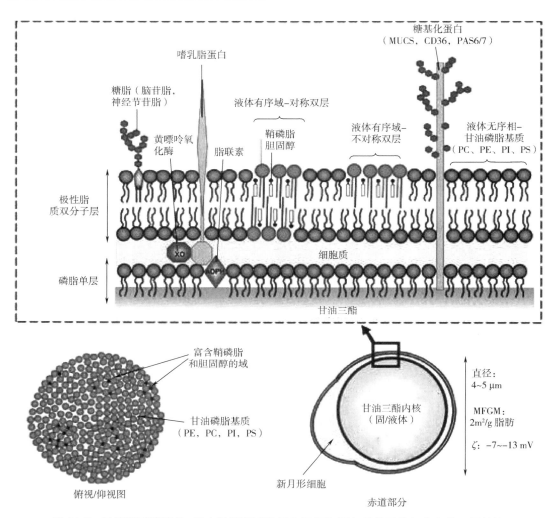

图 14.7　乳脂肪球膜结构:具有极性脂质的侧向组织和蛋白质的不均匀分布的三层结构

资料来源:转载自 Lopez, C., Curr. Opin. Colloid Interface Sci., 16, 391, 2011. With permission.

　　因此,乳中的脂肪球并不是简单的水包油乳液;小球被复杂的结构化膜包围,不能将其视为表面活性物质的简单单分子膜。相反,在乳腺分泌细胞合成过程中产生的膜有几个不同的层(图 14.7)。从脂质核心向外看,首先是包围细胞内液滴的内表面活性层,然后是位于双层膜内表面上的致密蛋白质涂层,最后是双层膜。

14.3.2.3　乳脂小球膜的组成

　　膜的数量和组成因脂肪含量和脂肪球大小而异,而脂肪球和脂肪球的大小又会受到多种因素的影响,例如,饮食、品种、健康状况和乳牛的泌乳期[92]。例如,在脂肪球尺寸分布中,较小的脂肪球由于其较大的比表面积而占据较大比例的 MFGM 总的材料。据估计,膜材料占总脂肪球的 2%~6%。蛋白质和脂质共占膜干重的 90% 以上,但脂质和蛋白质的相对比例可能差别很大[118]。

(1)组成 MFGM 的脂质成分很复杂,在一些综述中有详细介绍[33,71,83]。甘油三酯是 MFGM 组分中的主要脂类,占总量的 60% 以上。然而,这些脂质中的大多数似乎是由分离脂肪球膜期间脂肪球核心污染造成的。因此,用于分离膜材料的方法对甘油三酯含量有很大影响[33]。MFGM 相关的甘油三酯含有比脂肪球核心脂肪的甘油三酯更高比例的长链饱和脂肪酸。据报道,甾醇和甾醇酯的测定结果变化很大,但仅占脂肪球膜总脂质质量的 2%,胆固醇占甾醇总质量的 90%。另外,甘油单酯和甘油二酯,与游离脂肪酸和甾醇一起构成 MFGM 中总脂质质量的约 10%。

剩余约 30% 质量比的是两亲性的磷脂,其中磷脂酰胆碱、磷脂酰乙醇胺和鞘磷脂,各占总磷脂的约 25%~30%,阴离子形式的磷脂酰肌醇、磷脂酰丝氨酸和痕量溶血磷脂酰胆碱的百分比例较低[71]。

与甘油相关的主要脂肪酸是 C16:0,C18:0,C18:1 和 C18:2。研究发现鞘磷脂具有高比例的 C20:0、C23:0、C24:1 和 C24:0 脂肪酸与鞘氨醇碱[33]。短链和中链脂肪酸的含量非常低。MFGM 含有两种主要神经节苷脂,即中性乙二醇-神经鞘脂,由神经酰胺和同一种或多种唾液酸和几种糖连接的寡糖链组成。神经节苷脂的量为约 8μg/mg 膜蛋白。在 MFGM 中,发现的主要形式是葡萄糖神经酰胺(35%)和乳糖苷神经酰胺(65%)。它们的组成与乳腺中分泌细胞的顶端质膜中发现的相同。

MFGM 的极性脂质组合物对牛乳具有特异性,特别是其高比例的鞘磷脂,这使其与其他磷脂来源(例如,卵磷脂或大豆卵磷脂)含有少量鞘脂有很大不同。

(2)MFGM 中的蛋白质 蛋白质占 MFGM 质量的 25%~60%,取决于所采用的分离方法和样品存放时间。它们也占总乳蛋白的约 1%~2%。使用电泳和等电聚焦相结合,可以从 MFGM 蛋白质组分中分离出约 40 种不同的蛋白质。Mather[90]对主要的 MFGM 蛋白的结构、氨基酸序列和性质进行了详细的讨论[90],其中有许多是糖蛋白。主要的 MFGM 蛋白质是嗜乳脂蛋白(占据与牛 MFGM 有关的总蛋白质量 40% 以上的糖蛋白),作为氧化还原酶的黄嘌呤氧化酶(12% 总牛 MFGM 蛋白质)和高度糖基化的黏蛋白样蛋白质(MUC1,MUC15等)、PAS 6/7(乳黏素)、PAS Ⅲ,高度糖基化的 CD36 和非糖基化蛋白,脂联素和脂肪酸结合蛋白。

作为糖蛋白的嗜乳脂蛋白中占荷斯坦乳牛乳制品中与 MFGM 相关的总蛋白质的 40% 以上,而在来自泽西乳的 MFGM 约占 20%[91]。它的表观相对分子质量为 67000,含有约 5% 的碳水化合物。嗜乳脂蛋白是由 526 个氨基酸组成的肽,其 N 端疏水信号序列由 26 个氨基酸组成。嗜丁酸蛋白在乳腺中有特异性表达,浓缩在顶端质膜和 MFGM 中。

黄嘌呤氧化酶占 MFGM 总蛋白的约 12%~20%,属于将黄嘌呤转化为尿酸的铁-硫-钼黄素羟化酶家族。牛黄嘌呤氧化酶是具有两个相同亚基的二聚体,相对分子质量约为 150000。在乳分泌细胞中,该蛋白质沿着顶端质膜和 MFGM 的内表面浓缩。实验表明,嗜乳脂蛋白和黄嘌呤氧化酶存在彼此特异性相互作用[43]。在乳牛中,这两种蛋白质的表达量是可变的,但在整个泌乳过程中以固定的分子比例(4:1)表达。这种相互作用似乎涉及两个蛋白质之间的二硫键。黄嘌呤氧化酶可以通过还原二硫键从 MFGM 中释放出来。阻断这两种蛋白质表达的研究已经证明它们在正常的 MFG 分泌中起着至关重要的作用。

MUC1 是高度糖基化的蛋白(高达其质量的 50%)。当牛乳冷却或搅拌时,它很容易从脂肪球分离进入脱脂乳。PAS 6 和 PAS 7 分别是乳黏素 6 和乳黏素 7 的缩写。它们的相对分子质量范围为 48000~54000。PAS 6 和 PAS 7 的氨基酸序列是相同的:它们仅在糖基化水平上不同。PAS 6 和 PAS 7 也与 MFGM 松散地结合,并且可以通过用盐溶液洗涤从膜上除去。

脂联素是 MFGM 用盐和非离子洗涤剂提取后剩余的不溶性部分。脂联素(如果有的话)在脂肪球分泌中所起的作用是不确定的。与丁酰胆碱和黄嘌呤氧化酶不同,它似乎并不分布在质膜的顶端区域。相反,这种蛋白质似乎集中在细胞内脂滴上,据推测在那里它可能参与脂滴–质膜相互作用,进而导促进液滴的包裹和分泌。

14. 3. 2. 4　乳脂小球膜的结构

尽管近年来该方向的研究逐渐兴起,但人们并没有对 MFGM 的结构有更详细的了解。如今大部分人已认同了 MFGM 的三层结构(厚度 10~50nm)的表述(图 14.7),其中内层由来自内质网的蛋白质和极性脂质组成,而极性脂质的外部双层来自乳腺上皮细胞的顶端质膜区域,最常见的 MFG 由顶端质膜紧密包裹。然而,在某些情况下,液滴周围的质膜封闭可以在膜和脂肪滴表面之间夹带一些细胞质(图 14.7)。不同研究结果之间存在差异,夹带的物质既可以是些微的细胞材料裂片,也可能是体积超过脂肪球的细胞质。共聚焦扫描激光显微镜与亲脂探针的应用揭示了来自相同物种的脂肪球内和脂肪球膜的组成和结构的不均匀性。Lopez 等的研究[80]揭示了脂肪球膜平面中极性脂质的相分离,这种分离被认为是在无序液体相中由甘油磷脂的流体基质包围的刚性有序液体相微区域中的鞘磷脂和胆固醇的横向分离。富含鞘磷脂的结构域的横向扩散也被观察到。共聚焦扫描显微镜还显示,蛋白质和糖蛋白也在脂肪球膜中异质分布,并且呈现为斑块或网络,但在富含鞘磷脂的结构域中未被发现[79]。

尽管对 MFGM 的组成和结构有了一些认知,但实际上从脂质液滴在细胞内的形成到它们作为 MFG 从细胞中分泌这些步骤中涉及的分子机制,目前几乎一无所知。

14. 3. 3　牛乳中的盐类、矿物质、乳糖及微量的酶组分

14. 3. 3. 1　牛乳中的盐类和矿物质

牛乳中的盐类主要包括含有 H^+、K^+、Na^+、Mg^{2+} 和 Ca^{2+} 的柠檬酸盐、磷酸盐、碳酸盐以及氯化盐。它们或以溶液中的游离离子或配合物存在,也可作为与酪蛋白复合的胶体物质。关于牛乳中盐类这一话题,已有诸多评论,这个术语主要包括无机盐和有机盐(柠檬酸盐)两类[38,47,50,82]。

牛乳中盐类的近似浓度及其在胶体和血清相中的分布如表 14.7 所示。这种组成是相对恒定的,但在哺乳期可看到一些变化,其中最主要的变化发生在分娩时[38]。牛乳中钙浓度的变化似乎受到其中柠檬酸盐和酪蛋白含量的调节[98]。事实上,很多种类乳汁中的钙浓度对酪蛋白浓度作图,都呈现线性相关[50]。牛乳中大部分或全部钙都是由来自高尔基体的分泌小泡的胞吐作用而来。钙被泵入其中,分布在不同的钙结合分子之间,这些分子在数量上的平衡取决于它们的浓度——结合钙浓度和离子钙浓度[Ca^{2+}]。让人难以理解的是,如何能在保持胞浆钙在微摩尔范围条件下,将大量钙转移到高尔基体和分泌室中。Neville[98]总结了这方面的研究。柠檬酸盐是钙的结合伴侣,其主要浓度在哺乳期间会有大幅度变化。柠檬酸盐在脂肪酸的从头合成中起着间接作用,并且已经发现导致脂肪酸从头合成减少的饮食操作会增加牛乳中柠檬酸的浓度[37]。磷酸盐分泌进乳汁的主要方式也被认为是 Na^+-Pi 协同运输机制的高尔基囊泡途径[116]。牛乳中的盐类对牛乳的很多性能都有着至关重要的影响,包括酪蛋白胶束体系的形成与稳定(详见 14.3.2.3),酸碱缓冲作用和各种综合性质,以及在新生儿骨骼生长和发育中起到的关键的生物学功能。此外,这些组分对加工过程中蛋白质的稳定性也有很大的影响。凝乳酶的凝固性、热稳定性和酒精稳定性、各种类型乳蛋白凝胶的质地、干酪的结构和功能以及乳状液的稳定性都受到矿物质含量的影响。与胶体形式处于平衡状态的可溶性物质可通过透析或超滤(UF)获得。血清中的多价离子,如 Ca^{2+} 和 Mg^{2+},主要以配合物形式存在,包括大量柠檬酸钙和柠檬酸镁以及少量的$Ca(H_2PO_4)_2$。因此,在超滤液中,游离二价离子只占总钙和镁的 20%~30%。相反,会有超过 95% 的柠檬酸与这些阳离子络合。单价离子,如 K^+、Na^+ 和 Cl^-,几乎全部以游离离子的形式存在于血清中。考虑到这些不同的缔合关系,在 pH6.6~6.7 的条件下,牛乳的可扩散组分似乎在磷酸钙中过饱和,而且离子强度达到约 80mmol/L。牛乳中有大约 70% 的钙,50% 的磷酸盐以及 50% 的镁在胶体相中被发现。严格来说,所有这些矿物质都与酪蛋白胶束有关。正如我们所看到的,酪蛋白的磷脂残基可以结合钙离子,但是大部分磷酸钙胶束被结合在磷酸钙纳米团簇中(详见 14.3.2.3)。影响牛乳中的矿物质在胶束和可扩散相之间分布的一个重要方面是控制影响平衡的复杂因素所作用的各种物质的浓度,包括络合物的形成和溶解。正如 Gaucheron[38]总结的那样,这种分布取决于其所处的环境条件,包括pH、温度以及浓度,且对稳定性和功能特性都有重要影响。

表 14.7 牛乳中主要盐的浓度及分布

阳离子	浓度		胶体(胶束)/%	血清(可溶)/%
	mg/L	mmol/kg		
钙	1040~1280	26~32	69	31
镁	100~150	4~6	47	53
钾	1210~1680	31~43	6	94
钠	350~600	17~28	5	95
碳酸盐(包括 CO_2)	~200	~2	5	95

续表

阳离子	浓度		胶体(胶束)/%	血清(可溶)/%
	mg/L	mmol/kg		
氯化盐	780~1200	22~34	14	86
柠檬酸盐	1320~2080	7~11		
总磷(PO_4)(所有形式)	1800~2180	30~32		
无机磷(作为 PO_4)	930~1000	19~23	53	47
硫酸盐	~100	~1		

资料来源:改编自 Lucey,J. A. 和 Horne,D. S.,Milk salts:Technological significance,in *Advanced Dairy Chemistry*,Vol. 3,Lactose,Water,Salts and Minor Constituents,3rd edn.,McSweeney,P. L. H. and Fox,P. F.,eds.,Springer Science,New York,pp. 351-389,2009.

14.3.3.2 乳糖

由于对血液异渗透性的生物合成的需求,人们期待牛乳中盐和乳糖浓度之间呈倒数关系。事实证明,钠和乳糖含量之间以及钠和钾含量之间也存在着这样的倒数关系[47,111]。因此牛乳具有恒定的冰点(-0.53~-0.57℃),可以采用这种依数性来检测牛乳中不合法的掺水。

牛乳中主要碳水化合物是乳糖($4-O-\beta-D-$吡喃半乳糖基$-D-$吡喃葡萄糖),它的合成与主要的乳清蛋白,即 $\alpha-$乳清蛋白的合成有关,$\alpha-$乳清蛋白作为 UTP-半乳糖基转移酶的修饰蛋白,改变了该酶特异性,使半乳糖基转移至葡萄糖,而不是转移至糖蛋白。乳糖具有 α 型与 β 型,在20℃ β/α 的平衡比为 1.68[99]。β 型比 α 型溶解性好得多,在室温下旋光变异速度非常快,但在0℃时却非常慢。通常条件下,结晶的 $\alpha-$水合晶体有许多形状,但是最常见的是"斧形",它使得乳制品具有"砂质"口感,例如具"砂感"的冰淇淋。乳糖的甜度约为蔗糖的1/5,这对牛乳中的特征风味具有重要贡献。在 Fox[34] 的综述中可了解到关于乳糖特性的更广泛的讨论。

14.3.3.3 酶

这一讨论仅限于牛乳中的内源酶,但应该注意的是,由于微生物的生长,牛乳中也会引入一些其他酶。要想了解更完整的牛乳中的酶,读者应该参考 O'Mahony 等的综述[104,105]。在报道的牛乳中 60 种左右的内源酶中,大约有 20 种已经被分离出来,并有相当详细的特性描述。其中的大部分都具有技术意义。表 14.8 列出了一些相对重要的酶。

由于牛乳中成分分泌和排泄机制的特殊性,这些酶在牛乳中可能没有特定的功能,而只是进入乳中。脂蛋白脂肪酶和纤溶酶系统通过分泌细胞间的渗漏连接点从血液中进入。这些酶倾向于与酪蛋白胶束络合。从血液中转移到乳腺的体细胞可以抵抗乳腺中细菌的感染,从而产生组织蛋白酶 B 和 D。MFGM 是在牛乳中发现酶的主要部位,大多数酶会穿过这一膜,例如,黄嘌呤氧化酶。

表 14.8　　　　　　　　　　　　　　　牛乳中的一些内源酶[1]

氧化还原酶	水解酶
黄嘌呤氧化酶	蛋白酶
（黄嘌呤:O_2 氧化还原酶）	（血溶纤维蛋白酶,凝血酶,氨基肽酶和肽基肽水解酶）
巯基氧化酶	脂肪酶
（蛋白质:肽—SH:O_2 氧化还原酶）	（甘油酯水解酶）
乳过氧化物酶	溶菌酶
（供体:H_2O_2 氧化还原酶）	（黏肽 N-乙酰基神经氨酰水解酶）
超氧化物歧化酶	碱性磷酸酯酶
（O_2^-:O_2^- 氧化还原酶）	（正磷酸单酯磷酸水解酶）
谷胱甘肽过氧化物酶	ATP 酶
（GSH:H_2O_2 氧化还原酶）	（ATP 磷酸水解酶）
过氧化氢酶	N-乙酰-β-D-氨基葡萄糖酶
（H_2O_2:H_2O_2 氧化还原酶）	
硫辛酰胺脱氢酶	胆碱酯酶
（NADH:硫辛酰胺氧化还原酶）	（乙酰胆碱酰基水解酶）
细胞色素 C 还原酶	β-酯酶
（NADH:细胞色素 C 氧化还原酶）	（羧酸酯水解酶）
乳酸脱氢酶	α-淀粉酶
（L-乳酸:NAD 氧化还原酶）	（α-1,4-葡聚糖-4-葡聚糖水解酶）
	β-淀粉酶
	（β-1,4-葡聚糖麦芽糖水解酶）
转移酶	5′-核苷酸酶
UDP-半乳糖转移酶	（5′-核糖核苷酸磷酸酯水解酶）
（UDP 半乳糖:D-葡萄糖-1-半乳糖转移酶）	
核糖核酸酶	裂解酶
（聚核糖核苷酸 2-低聚核苷酸转移酶）	醛缩酶
γ-谷氨酰胺基转移酶	（果糖-1,6-二磷酸 D-甘油醛-3-磷酸裂解酶）
	碳酸酐酶
	（碳酸酯水解酶）

[1]括号内为系统命名。

资料来源:Swaisgood, H. E., Characteristics of milk, in Fennema's Food Chemistry, 4th edn., Damodaran, S., Parkin, K. L., Fennema, O. R. eds., CRC Press, Boca Raton, FL, pp. 881-917, 2007. 表 15. 12.

　　酶的物理分隔便利了研究者,可以通过离心等相关手段使酶得以分离。然而,牛乳的储存和处理会导致其中内源酶的重新分配,从而导致间接的破坏。因此,冷冻诱导牛乳脂肪的脂解可能是由于脂肪酶从胶束转移到脂肪球上引起,而且冷藏可诱导酪蛋白胶束中蛋白酶的解离。这些酶对乳制品风味和蛋白质稳定性有显著影响。

在其他的重要影响中,一些有益的、有用的以及有害的影响如下所述。血纤维蛋白溶酶或过氧化氢酶水平是动物是否健康的指标,尤其是乳腺炎。碱性磷脂酶是种耐热酶,其失活可作为有效巴氏杀菌的指标。一些酶使乳制品产生理想的变化,例如在干酪成熟过程中,脂蛋白脂肪酶、酸性磷酸酶和黄嘌呤氧化酶发挥有益帮助。同样,这些酶也会导致产品质量的下降,特别是脂蛋白脂肪酶导致的水解酸败,血纤维蛋白溶酶导致的蛋白质水解产生异味和黄嘌呤氧化酶导致的氧化酸败。

在牛乳中发现了高浓度乳过氧化物酶。当其与过氧化氢或硫氰酸酯结合时,它具有抗菌性能,但在牛乳中不存在任何可以结合的物质。这种酶的一个主要功能可能是限制过氧化物的毒性水平在乳房中积累。

14.4　商业乳制品

14.4.1　介绍

作为从农场到餐桌直接传递以及消费者直接食用的食物,牛乳是一种极易腐败的商品,容易受到细菌污染从而导致商品的腐败或使消费者患上可能的疾病。认识到其在营养方面的益处,人类开发了一系列旨在保存牛乳或其有益成分的加工方式,特别地,对于历史上最早的产品,是作为生产过剩时期的一种保存手段。

在大量的乳品中,本节主要关注的产品包括液态牛乳、发酵乳、干酪、黄油和酥油、炼乳、冰淇淋、乳粉、奶油、乳清制品以及干酪素。该列表大致根据产品的可使用存储寿命的不同列出,尽管对于每个单独的分组,可能存在相当大的范围从而有大量重叠。表 14.9 所示为从高消费量的北美和欧洲国家到低消费量的亚洲国家,一些主要产品的选择消费在世界各地的产品类别内部和之间的差异甚大。甚至在欧洲地区,与法国和意大利相比,斯堪的纳维亚国家的液态乳消费量也很高,而这两个国家乳制品消费历来以干酪为主。这可能只是反映了这些地区所经历的气候的文化证据,因为在依赖于冷藏、热处理和/或无菌包装的现代技术出现之前,干酪是在炎热的气候中生产出的更稳定产品。所有这些上述技术都是液态乳供应成为现实的重要贡献者。

表 14.9	全球特定商品乳制品人均消费量				单位:kg
国家	牛乳	黄油	干酪	脱脂乳粉	全脂乳粉
乌克兰	122.73	2.11 (8)	2.09 (10)	0.64 (14)	0.27 (13)
澳大利亚	108.94	3.56 (4)	10.41 (5)	3.30 (1)	1.74 (5)
美国	90.61	2.50 (6)	15.14 (3)	1.64 (5)	0.08 (15)
加拿大	87.26	2.78 (5)	15.41 (2)	2.02 (4)	—
俄罗斯	77.11	2.34 (7)	5.53 (7)	1.07 (8)	0.65 (9)
新西兰	61.66	4.71 (1)	7.17 (6)	0.67 (13)	0.45 (12)

续表

国家	牛乳	黄油	干酪	脱脂乳粉	全脂乳粉
欧盟	66.45	3.99（2）	16.60（1）	1.57（6）	0.54（10）
巴西	58.96	0.40（12）	3.64（8）	0.88（11）	3.03（3）
阿根廷	51.91	0.90（9）	12.44（4）	0.44（15）	2.19（4）
印度	42.05	3.66（3）	—	0.34（16）	—
墨西哥	34.49	1.87（8）	2.89（9）	2.08（3）	1.27（7）
日本	31.79	0.61（11）	2.22（11）	—	—
中国台湾	14.61	0.77（10）	0.92（12）	0.90（10）	1.33（6）
中国	9.82	—	—	0.19（17）	1.12（8）
菲律宾	0.54	—	0.22（13）	0.99（9）	0.13（14）

注：各国按人均牛乳消费量排名。每行中括号内的数字表示该栏中的商品排名。FAO 2012 年数据。

14.4.2　液态乳

牛乳在温度约 37℃ 时离开乳房。实际上，来自健康乳牛的新鲜牛乳是无菌的，但其在处理的所有阶段都会受到污染。细菌在 37℃ 左右最活跃，因此，新鲜牛乳必须立即冷却至 4℃ 左右来降低细菌的生长速率，且在运输和储存过程中也必须保持这一温度，直到可以执行进一步的处理。即使这种简单的温度变化也会改变牛乳体系中的平衡，在考虑加工对产品质量和功能造成的影响时，必须始终铭记这种改变的可能性。

脂肪和蛋白质在贮藏过程中可能发生变化。脂肪可能会在不饱和脂肪酸的双键部位发生氧化，其中卵磷脂最易受到攻击。铁或铜盐会加速自动氧化的引发，正如溶解氧存在或暴露在阳光下，特别是在直射阳光下时产生的效果一样。在光和/或过渡金属离子（如 Cu^+ 和 Fe^{2+}）的存在下，脂肪酸会进一步分解，最终分解成醛和酮，从而导致异味和酸败。脂肪也可能发生脂解，释放脂肪酸，使牛乳味道腐臭，但自然条件下发生的脂肪酶脂解只能作用于暴露的甘油三酯，从而损害 MFGM。这可以在泵入、喷溅或者搅拌等操作条件下发生。应避免不必要的搅拌，但在筒仓贮藏时需要一定程度的搅拌，以减少低密度的脂肪球上浮。

暴露在光照下也会导致蛋白质相关成分的氧化，但这些反应的复杂性超出了这一简化和有限的讨论范围。关于牛乳储存过程中以及牛乳加工的许多其他方面的更多细节，可以在 Walstra 等[128] 的文章中找到。

市场上销售脂肪含量范围广泛的牛乳，包括全脂乳（分泌得来）、标准乳（一般为 3.5% 脂肪）、半脱脂乳（半脂肪）以及脱脂乳（无脂肪）。含脂肪的品种一般会做均质处理。均质防止低密度脂肪球形成奶油层。在高压（约 25 MPa）下迫使球体通过受限通道从而使球体的直径从 3~10μm 减少至小于 2μm。当脂肪以液态存在，温度一般为 60~70℃ 时，均质效率最高。液滴直径的减小伴随着比表面积 5~10 倍的增加。没有足够的膜材料来涂覆新形成的这层界面，但这个缺陷会被蛋白质的快速吸附所弥补。这可以是胶束酪蛋白、胶束碎片或乳清蛋白，而这一界面层可以防止脂肪球的结合。

均质的主要作用是防止乳糜物沉淀或上浮,其次是为了增加白度。因为脂肪球数量的增加以及尺寸的减小会更有效地使光发生散射。均质也有一些缺点。它会降低牛乳的热稳定性[119]。另外,任何依赖于酪蛋白聚集和凝胶化的产品制作,如发酵乳中凝乳的形成或者酸凝胶,与未均质的牛乳原料制得的产品相比,会导致流变和质构上的不同。脂肪球也更容易发生光敏氧化,但这会被不透明包装阻止。当活性脂肪酶存在时也会容易发生脂解。

14.4.2.1 巴氏杀菌

巴氏杀菌是一种热处理过程,它可以延长牛乳的食用寿命,并将可能的致病微生物数量减少到不会对健康造成危害的程度。巴氏杀菌条件的设计是为了有效地消灭结核分枝杆菌以及库克斯氏杆菌,其中结核分枝杆菌被认为是最具抗性的普通有机体。除了致病微生物外,牛乳还含有其他物质和微生物,它们会导致牛乳变质并缩短其货架期。因此,热处理的第二个目的就是破坏这许多其他的生物有机体以及酶系(如脂肪酶)。在广泛的温度/时间条件组合下,可以达到预期的致命性水平。表14.10所示为乳制品行业通常会使用的加热条件,其中一些在不同的司法管辖区由法规强制执行。现代工厂最常用的加热条件是高温短时杀菌(HTST)和超高温瞬时杀菌(UHT)。在每个工段所采用的实际的时间/温度条件组合取决于生牛乳的质量、产品加热的方式以及所期待的货架期。HTST巴氏杀菌牛乳应冷藏,且消费者购买回家也应保持冷链。在未开封的容器中,HTST巴氏杀菌牛乳在5~7℃下应具有8~10d的保质期[128]。

UHT处理是连续流动的过程,产品在密闭系统中经过快速加热和冷却,以防止被空气中微生物污染。无菌灌装是一个不可或缺的过程,可以避免牛乳的再次感染。由此生产出的UHT牛乳在环境温度下可以密封几个月,而不是几个星期。

表 14.10　　　　　　　　　　　　乳制品行业热处理的主要类别

处理	温度/℃	时间
热杀菌	63~65	15s
牛乳的LTLT巴氏杀菌(低温,长时)	63	30min
牛乳的HTST巴氏杀菌(高温,短时)	72~75	15~20s
奶油的HTST巴氏杀菌	>80	1~5s
超巴氏杀菌	125~138	2~4s
UHT(超高温)(瞬时灭菌)	通常135~140	几秒钟
装瓶杀菌	115~120	20~30min

14.4.2.2 热处理效果

温度的变化改变了盐系统、蛋白质系统以及盐和蛋白质之间的平衡。即使恢复了原有条件,这些平衡的变化通常也并不完全可逆,因此乳制品的最终特性和功能取决于加工条件。有关此话题的讨论可参考 Huppertz 和 Kelly 的综述[62]。乳清对各种磷酸钙及柠檬酸钙是饱和或过饱和的,因此环境条件的微小变化都会引起这些平衡的重大变化[47,50]。不像大多数化合物那样,磷酸钙的浓度强烈依赖于温度,它随温度的升高而降低。

巴氏杀菌或 UHT 工艺不可逆地增加了胶体磷酸钙的含量,同时牺牲了可溶性钙和游离钙离子以及可溶性磷酸盐。在后续冷却过程中,钙和磷酸盐的热诱导(85℃)还原水平是迅速且几乎完全可逆的[109,110]。更强烈的热处理条件(>90℃)可能导致矿物质的平衡发生不可逆的变化[49]。因此,由于磷酸盐从一价到二价过程中质子的释放,也会导致 pH 的降低。转化为三价磷酸钙盐的钙并不完全来自于乳清相,因为加热也会诱导钙与蛋白质结合。因此,巴氏杀菌,特别是装瓶杀菌,会影响胶束的稳定特性。

根据依赖 pH 的热稳定性,将单个牛乳进行分类,定义为在 140℃下蛋白质凝固所需的加热时间。有关综述,读者可参考 Singh 和 Creamer[119]、O'Connell 和 Fox[103]以及 Huppertz 的综述[61]。A 型牛乳的稳定性曲线在 pH 6.6~6.9 出现最大值,紧接着是最小值,而 B 型牛乳的热稳定性在 pH 升高至约 6.6 时表现为稳定增加。这一现象似乎与 β-乳球蛋白与 κ-酪蛋白的比值以及这两种蛋白质之间的热诱导相互作用有关。添加 κ-酪蛋白可将 A 型牛乳转化为 B 型牛乳,而在 B 型牛乳中添加 β-乳球蛋白可实现相反的效果。这一现象也涉及蛋白质热诱导相互作用与尿素热产物转化之间的竞争,但在反应机制上仍存在争议[55,59]。

下面简要概述热诱导酪蛋白及酪蛋白胶束的变化。读者也可在 O'Connell 和 Fox[103]以及 Huppertz 和 Kelly[62]的综述了解更深层次的讨论。随着热处理强度的增加,由于二硫键的 β-消除导致脱氢丙二酰残基以及磷酰残基的增加,天冬酰基和谷氨酰胺残基的脱酰胺作用和美拉德褐变反应程度也随之增加。脱氢丙二酰残基与赖氨酸残基的 ε-氨基生成赖氨酸丙氨酸或与半胱氨酸残基的亚硫酸基生成硫化双丙氨酸的反应,可导致蛋白质在加热过程中发生交联(详见第 5 章)。持续加热(例如,140℃下加热 20~40min)会使胶束失稳,从而导致凝胶形成。在磷酸钙平衡从初级和二级磷酸盐向羟基磷灰石快速转变的基础上,长时间的加热还会通过乳糖的降解以及磷酸丝氨酸的水解导致 pH 的下降。聚集也可能被视为是伴随着一些蛋白质变化(例如,酰基反应)的等电点沉淀过程,通过增加蛋白质的负电荷从而导致静电排斥,来促进稳定作用。

由于乳清蛋白在 70℃以上会迅速变性,正常的商业热处理使这些蛋白质中的一部分发生变性。主要的乳清蛋白对结构展开具有热稳定性,顺序为 α-乳清蛋白<牛血清白蛋白<免疫球蛋白<β-乳球蛋白。然而,α-乳清蛋白的热折叠是可逆的,因此通过不可逆变化测量的变性表明了提高热稳定性的顺序为免疫球蛋白<牛血清白蛋白<β-乳球蛋白<α-乳清蛋白。变性过程中巯基基团的暴露使 β-乳球蛋白开始与其他蛋白质以巯基-二硫交换的形式发生聚集。牛乳中这种可能的搭档,除了 β-乳球蛋白本身,还包括其他乳清蛋白、α_{s2}-酪蛋白、κ-酪蛋白和部分 MFGM 蛋白。这些相互作用对牛乳的许多加工特性都有着显著影响,在发酵牛乳中具有积极作用,但在干酪生产中具有消极作用[62]。高强度的热处理也会对牛乳的外观、口感和营养价值产生不利影响。

经过热处理的牛乳必须具有良好的品质,并且能够承受温度/时间条件的作用,而不会出现不稳定的情况。这在 UHT 处理中尤为重要。在南美洲和拉丁美洲,这些用途的牛乳的质量需通过无酒精稳定性试验进行评估。牛乳样品与乙醇溶液(体积分数通常为 72%)进行混合。如果未立即观察到絮凝现象,则被判定为适于进一步加工。酒精稳定性试验最初被用作发酵降解的牛乳酸败程度的指标,但一些经检测不能用 UHT 做进一步处理的牛乳 pH 并没有明显的下降。Horne[55]更详细地讨论了影响酒精稳定性试验的因素及其在这方面的应用,并导出了酒精不稳定的一种机制,包括介电效应对电离和矿物平衡的影响。

14.4.3 发酵乳制品

发酵乳制品是通过乳酸发酵(如酸乳)或混合发酵和酵母发酵(例如酸乳酒)来制备的。发酵乳源自近东地区,随后流行于东欧和中欧。据推测,其最初大概是在偶然条件下制作的,可能是由游牧部落制得。这种牛乳在某种微生物的作用下变酸并凝固。幸运的是,这些细菌是无害的酸化细菌,不是产生毒素的有机体。酸乳酒起源于同一区域。在其生产中使用的活性有机体还包括能够形成酒精的酵母,其最大体积含量约为 0.8%。

如今,酸乳以工业规模生产,它在世界范围内也越来越受欢迎(表 14.9)。在美国,与健康生活方式有关的酸乳的消费在过去 10 年翻了一番,现在为 $2.04×10^9$ kg/年[127]。

酸乳加工使用到发酵剂,例如,嗜热链球菌和保加利亚乳杆菌的组合(又称嗜热唾液链球菌 SSP 和德氏保加利亚乳杆菌 SSP),乳酸菌发酵后将牛乳蛋白质的 pH 降低到等电点(大约为 4.6)。在接种前,牛乳必须经过热处理来消灭存在的竞争性微生物,通常在 85~90℃下处理 5~20min。这种热处理也会使乳清蛋白变性,并使其与含半胱氨酸的酪蛋白发生二硫键交换反应。这些反应还会修饰胶束表面并有助于酸化的凝固物形成良好的质构。热处理和接种后,将牛乳保存在适宜的温度下进行发酵以及产生乳酸。当 pH 达到 4.6 后,需快速冷却以停止发酵过程。这种发酵和冷却的过程可以在最终的包装罐或者储罐中进行,在包装罐中的产品被称为凝固型;而储罐中的产品,在凝胶形成后被搅拌并泵入零售罐,称为搅拌型酸奶。除了风味和香气,正确的外观和一致性也是重要的特征。这取决于预处理参数的选择。这包括足够强度的热处理及均质,有时也会与一些增加固形物含量的方法相结合。如有必要,还可添加稳定剂以改善产品质构特性或者抑制乳清分离。常用的稳定剂包括淀粉、凝胶和果胶。

天然酸乳由经调节过脂肪含量的牛乳制成并按一系列的脂肪含量零售。酸乳也有水果风味这一类别,水果要么在加入牛乳和发酵前分层加到发酵罐里,搅拌进入到设定的凝胶中,或单独包装在配有基本包装盒的一个"双盒"容器中。添加嗜热乳杆菌和双歧杆菌的酸乳的销量也在攀升。这些微生物是人类肠道菌群中的重要成员。乳制品中这一类型产品的消费作为恢复人体平衡及保持其水平的一种理想的方式而得到促进,但一些相关的副作用还需得到证实。

14.4.4 干酪

干酪是另一种可追溯到史前时期的耐腐败乳制品。与酸乳一样,干酪可能是在当动物肠道中储存的牛乳被发现凝固时首次偶然被发现,且经进一步压缩可挤出液态乳清[35]。

世界上大约有 50% 的干酪产自欧洲,尽管最大的生产国家是美国(2009 年占世界总生产量的 30%[30])。鉴于干酪品种繁多(约有 1400 种变体已被命名[35])且已有大量文献报道,若详细讨论则超过本章节范围,所以如下做简要概述。

干酪的制作过程包括很多主要阶段,这些阶段在大多数类型干酪中都很常见。其中最重要的步骤,牛乳中酪蛋白的凝固,可通过如下几种方式的其中一种来实现:①使用酶进行蛋白质的有限水解;②加酸或者发酵剂使体系酸化;③约 90℃ 的热处理辅助酸化[35]。大多数干酪通过酶促胶凝来生产,传统上使用的是幼牛、绵羊以及水牛胃中的凝乳酶。这一活性酶,即凝乳酶,已被克隆并得到了广泛的应用。

尽管 Dalgleish[15]、Hyslop[64]、Lucey[81] 以及 Horne 和 Banks[56] 等已总结了大量研究,但凝乳的形成机制还未得到完全的解释。目前的观点认为酪蛋白胶束是一个电位稳定的胶体体系,空间因子及大部分静电电荷都是由附着于胶束表面的 κ-酪蛋白提供。凝乳酶将 κ-酪蛋白分解,形成一种特殊的键,$Phe_{104}-Met_{105}$。当糖基化巨肽释放到牛乳血清相中时,空间因子被去除,导致胶束失稳,随后发生聚集和胶凝化。整个过程受温度、pH 以及钙浓度影响。胶凝反应对温度极其敏感。多年以来,人们认为这是由于温度降低引起的疏水相互作用减弱导致的[15,64],但最近对凝乳酶充分处理酪蛋白胶束的聚集动力学的重新评议表明了聚集速率的下降是钙离子结合水平随温度降低所致[58]。这种强调静电斥力在酪蛋白胶束相互作用中的重要性,符合胶束的普遍稳定性行为,且能推动离子钙及其与活性中心结合的作用。

对凝固物的处理对于每种类型的干酪来说都遵循一种特定的规则,这是种在某些条件下经多年试验而发展起来的程序,且常具有地方特色。概括来讲,牛乳从乳清中分离,采用的方法取决于所期望的最终的干酪含水量。较软的高含水量的干酪,例如 Camembert,被简单地装入模具并保存一夜即可,因为乳清可被排出。其他情况下,凝乳被切成块;切得越细,水分含量就越低。当乳清被排出,凝乳可能受到加热、烹饪、搅拌、挤压、盐渍等操作,以促进凝胶协同作用。

在此之后,凝乳被压入模具或箍内,并可能进行进一步的压缩。然后大多数凝乳酶凝固的干酪会经过成熟这一步骤。在这期间,干酪经历了整个一系列微生物、生化和物理作用,这些改变影响着乳糖、蛋白质以及脂肪,尤其是硬干酪中的蛋白质。

为制作不同种类的干酪而设计的技术对控制和调节乳酸菌的生长和活性具有指导意义。对于切达干酪,在凝乳形成之前,乳糖已经被发酵。对于其他干酪,乳糖的发酵应被控制在挤压过程中大部分分解作用业已发生的时候,且最晚是要在储存的第一或第二周。乳酸为丙酸菌提供了一种合适的底物,而丙酸菌是瑞士(多孔)干酪 Emmental、瑞士干酪 Gruyere 和类似类型干酪的微生物区系的重要成员。除了丙酸外,还会产生大量的二氧化碳,这是这些干酪中形成圆孔的直接原因。

细菌酶引起的蛋白质分解程度对干酪品质有很大的影响,尤其是在口感和质地方面。调节外部贮藏条件,在特定温度和相对湿度下完美控制每种干酪的成熟过程。在中等柔软的干酪中,如 Tilsiter,蛋白质分解由表面涂片辅助,在转移到下一个操作区和去除涂片之前,其初始条件会促进涂片上微生物的生长。在所有干酪中,酪蛋白在成熟过程中会逐渐分解,产生各种各样的肽和游离氨基酸。

在罗克福特等蓝脉半软干酪中,脂类是一种重要的风味产生剂。罗克福特干酪由具有较高脂肪含量的羊乳制成。其他蓝脉干酪可以由牛乳生产,其脂肪含量通过添加奶油而增加。牛乳在凝乳前经过部分均质,这种暴露使脂肪对接种的罗克斯福青霉(*Penicillium roqueforti*)中的脂肪酶更敏感,这是这些干酪的特性。干酪需要在大约5d时间的成熟后用针头刺穿,以便让霉菌生长所需的氧气进入。

成熟期取决于最终产品。硬干酪,如帕尔马干酪、满族干酪或者切达干酪,可被储存几个月甚至几年。新鲜干酪,如松软干酪或夸克,几乎没有任何成熟过程,且要冷冻零售。

14.4.5　奶油

奶油是新石器时代以来被创造出的第三种乳制品。从苏格兰沼泽地到中东的考古发掘点,都有在陶器碎片上发现黄油。直到十九世纪,黄油仍被允许由自然变酸的奶油制得。然后将奶油从牛乳的顶部撇去并倒入一个木桶中。然后用手工搅拌制成黄油。随着冷却的普及,在牛乳变酸之前就可以脱脂了。奶油分离器的发明提高了脱脂效率,并产生了大规模的奶油制造。

奶油成分上的不同是生产上的差异造成的。它含有80%的脂肪和16%~18%的水分,基本上取决于它是否加盐。它的颜色随类胡萝卜素的含量而变化,类胡萝卜素占牛乳总维生素A活性的11%~50%。由于类胡萝卜素含量通常在冬季和夏季之间波动,所以冬季生产的奶油颜色更亮。

14.4.6　炼乳和乳粉

这些保鲜乳产品是在十九世纪和二十世纪引进的。在1850年左右,通过添加糖来保存炼乳是非常完美的。甜炼乳中的高糖含量会增加渗透压,从而使大多数微生物被破坏。水相含糖量不能低于62.5%或大于64.5%。大于64.5%时一些糖可能会结晶沉淀。此产品用于冰淇淋和巧克力的工业生产,但也提供罐头零售。一种经过广泛热处理而焦糖化的甜炼乳在南美国家被广泛销售,被称作牛乳焦糖。

被称为炼乳的这种产品是一种杀菌产品,颜色浅,外观像奶油。它被广泛地应用在没有鲜奶的情况下,且在欧洲被广泛用作咖啡乳精。它是将牛乳蒸发至2倍浓度,均质,封罐,再在110~120℃下高温灭菌15~20min制得。重要的是,牛乳需要在储存罐内不凝结的前提下忍受高强度的热处理。因此,在加工前必须对其热稳定性进行评估,并且可以通过添加稳定剂(通常是磷酸二钠或磷酸三钠)来改善其热稳定性。稳定剂添加量通过预实验确定。炼乳能经受消毒处理的能力是必不可少的;实际上,炼乳可以在0~15℃的温度下储存几乎任何时长。有时也会有失败,为了避免这种情况,每个生产批次的产品都应在30℃和38℃下保藏10~14d,然后进行质量测试(黏度、细菌和孢子计数、颜色、气味、味道)。

通过干燥将水从牛乳中完全去除,从而形成了乳粉。干燥延长了牛乳的货架期,同时减少质量和体积,大幅度降低产品运输和储存的成本。如今,现代工厂大规模生产乳粉,允许一个国家过量生产以出口到另一个国家。脱脂乳粉的最长保质期约为3年;全脂乳粉的最长保质期约为 6 个月。后者是因为乳粉中的脂肪在储存过程中会氧化,从而导致味道逐渐恶化。

乳品行业采用的两种主要干燥方法:滚筒干燥和喷雾干燥。在喷雾干燥过程中,牛乳首先通过真空蒸发浓缩到约 45% ~ 55% 的干物质含量,然后在喷雾塔中干燥。在滚筒干燥乳粉的生产中,牛乳被送进辊式烘干机,整个干燥过程在一个阶段内完成,但与喷雾干燥相比,滚筒干燥所需的加热强度要大得多。

乳粉有很多用途。包括并不限于:用于制作复原乳;用于烘焙行业,如在面包和糕点等几种产品中都发挥了作用;牛乳巧克力的生产;冰淇淋的生产。每个应用领域都对乳粉明确提出了自己的具体要求。如果乳粉被用于制作供消费的复原乳,那它必须要易溶解且有良好的风味。一定程度的乳糖焦糖化有利于巧克力的生产。在第一种情况下,在喷雾塔中对产物进行温和的干燥是必要的,而在第二种情况下,粉末必须在滚筒干燥器中经受高强度的热处理。热处理使乳清蛋白变性,且随着热处理强度的增加,变性率逐渐增加。变性程度通常以乳清蛋白氮指数(WPN)表示,即每克粉末中未变性乳清蛋白的毫克数。这个指数越高,乳粉的热损伤就越小。高热粉 WPN<1.5,而低热粉 WPN>6.0。

14.4.7　膜分离加工

膜技术是一种行之有效的基于分子水平的分离技术,过去的 50 年里,它在乳制品行业中的应用显著增长。牛乳中成分的大小范围使之可以使用全系列膜操作来实现物理分离(图 14.8)。

在乳制品行业,膜技术主要与以下操作有关:

反渗透(RO)——浓缩可除去的水

纳米过滤(NF)——浓缩可去除部分单价离子(如 Na^+ 和 Cl^-)的有机组分

超滤(UF)——浓缩大颗粒和大分子

微滤(MF)——去除细菌、分离大分子

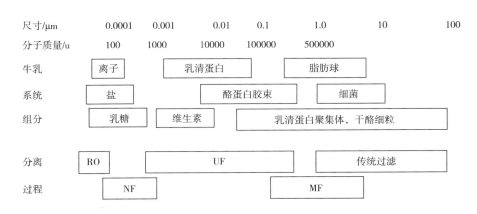

图 14.8　牛乳的组分、尺寸及膜分离技术在乳制品行业的应用

所有这些技术的特点都是错流过滤,在压力作用下进料溶液通过膜。溶液流经膜材

料,较大的组分(保留物)被保留,而渗透物被除去。这只取决于膜的孔径。

乳制品行业使用的分离技术具有不同的用途。RO 用于乳清、UF 透过物和浓缩物的脱水。当乳清、UF 透过物或截留物需要部分脱盐时,使用 NF。UF 通常用于浓缩牛乳和乳清中的牛乳蛋白质,以及用于干酪、酸乳和其他一些产品的牛乳蛋白质的标准化。MF 基本上用于降低脱脂乳、乳清和盐水中的细菌,但也可给用于乳清脱脂以生产乳清蛋白浓缩物(WPC)或蛋白分级(包括酪蛋白胶束分离)生产 MPC。这些操作通常是成系列的,从而允许分离和生产出所期望的特定的牛乳组分,如酪蛋白胶束或乳清蛋白。

14.5　作为功能成分的牛乳蛋白

越来越多传统来源的蛋白质被用作配方食品中的功能成分[19]。乳蛋白在这方面表现尤为突出,因为它们可以通过一系列加工与牛乳及其他成分分离,无论是以单独的形式或以混合物形式提供广泛的性质。Mulvihill 和 Ennis 总结了关于制备和分离的方法[97]。14.4.7 已经提到了用于乳蛋白膜分离的技术,但是传统的商业技术早于该技术并且已经被广泛使用。

四种酪蛋白产品,即酸法酪蛋白,凝乳酶酪蛋白,酪蛋白酸盐和共沉淀物。酸(盐酸、乳酸或硫酸)酪蛋白是等电沉淀物(pH4.6),它们不易溶。同样地,通过用凝乳酶处理制备的凝乳酶酪蛋白溶解性也不太好,特别是在 Ca^{2+} 存在的条件下,因为此时 κ-酪蛋白的极性结构域已被除去。凝乳酶酪蛋白也具有高矿物质含量,因为胶体磷酸钙包含在凝结(沉淀)的胶束中,而酸性酪蛋白具有较低的矿物质含量,因为胶体磷酸钙被溶解并进入乳清中。通过充分热处理牛乳以使乳清蛋白完全变性来制备酪蛋白和乳清蛋白的共沉淀物,然后乳清蛋白在酸化至 pH4.6 时与酪蛋白共沉淀。共沉淀物比酸法或凝乳酶酪蛋白更易溶,但不如酪蛋白酸盐那样易溶。通过将悬浮液 pH 调节至碱性并且添加多磷酸盐,可以改善共沉淀物的溶解性。酪蛋白酸盐(钠盐、钾盐和钙盐)是通过在干燥之前用适当的碱中和酸性酪蛋白制备的。这些分离物,尤其是酪蛋白酸钠和酪蛋白酸钾,在大多条件下都是易溶的,在极热的条件下依然稳定。

乳清蛋白浓缩物(WPCs)或乳清蛋白分离物(WPIs)可由酸乳清或干酪乳清制备。通过使用合适的超滤/透析膜的组合来生产乳清蛋白浓缩物。透析包括用水稀释渗余物并进行不断的超滤,以便可以更完全地除去低相对分子质量的溶质。乳清蛋白分离物可使用离子交换技术制得。在它们的等电点以下,乳清蛋白带有净正电荷并且可被吸附到阳离子交换剂上。在等电点以上,这些蛋白质带有负电荷并且可以吸附到阴离子交换剂上。

两种主要工艺已商业化运行。离子交换分离所涉及的步骤如下:①将乳清蛋白酸化至 pH<4.6,泵入反应器中,搅拌以使蛋白质吸附到阳离子交换膜上;②滤除乳糖和其他未吸附的化合物;③将树脂重新悬浮在水中,并将 pH 调节至大于 5.5 以从离子交换剂中释放蛋白质;④滤出蛋白质水溶液,用超滤膜浓缩富含蛋白质的洗脱液并蒸发,最后喷雾干燥,得到含有 95% 蛋白质的乳清蛋白分离物。在第二个工艺中,阴离子交换剂吸附在较高的 pH,而释放则是通过用酸降低 pH 来实现的。通过限制热处理程度来控制蛋白质变性水平是确定这些蛋白质作为功能成分有用的关键因素。降低矿物质和脂质含量也很重要,因为这些

会对功能性能产生不利影响。

乳蛋白在配方食品中的一些应用及其功能作用见表 14.11。很明显,所列出的许多食品比乳源分离蛋白产物的功能性或可获取性概念更早。在这些情况下,牛乳或浓缩牛乳很可能首先出现在食谱中,在 20 世纪 80 年代,随着功能性能的发展,我们对牛乳成分作用的认识逐步加深。

表 14.11   乳蛋白质和产品在配方食品中的应用

食品类型	酪蛋白/酪蛋白酸钠/共沉淀酪蛋白在食品中应用	乳清蛋白在食品中的应用
烘焙食品	面包,饼干/糕点,早餐谷物,蛋糕粉,面制点心,冷冻蛋糕	面包,蛋糕,松饼,羊角面包
功能	乳化剂,面团稠度,质构,体积/产量,营养	乳化剂,鸡蛋替代品,营养的
乳制品类食品	仿制干酪,咖啡伴侣,发酵乳制品,乳饮料	酸乳,干酪,涂抹干酪
功能	质构,脂肪和持水性,乳化剂	质构,稠度,乳化剂
糖果	太妃糖,焦糖,软糖,棉花糖及杏仁糖	充气糖果混合料,糕点上的糖霜,海绵状蛋糕
功能	质构,持水性,乳化剂,颜色	起泡性能,乳化剂
甜品	冰淇淋,冷冻甜食,冰淇淋粉加糖搅打成的冷冻甜食,即食布丁,搅打起泡的浇头	冰淇淋,冷冻果汁棒冰,冷冻甜食糖衣
功能	搅打性能,质构,乳化剂	搅打性能,质构,乳化剂
饮料	巧克力,起泡饮料,果汁饮料,奶酒,开胃酒,酒和啤酒	软饮料,果汁,橘子粉固体饮料或冷藏橘子饮料,以牛乳为基质的风味饮料
功能	稳定剂,搅打起泡性能,乳化剂,澄清剂	营养、黏度、胶体稳定性
肉制品	碎肉产品	法兰克福肠,午餐肉卷,注射盐水进行强化
功能	乳化剂,持水性,凝胶形成	预乳化,凝胶化

蛋白质的功能特性明显与其一级、二级和三级结构相关。结构决定了相互作用特性、溶解度和表面活性。溶解度很重要,因为其他作用的能力取决于是否完全分散到溶液中。表面活性是蛋白质表面疏水性和使其能够在界面处去折叠和展开的柔性的复杂功能,这种界面既包括空气/水(如泡沫)界面,也包括油/水(如乳液)界面。各种乳蛋白组分的表面活性的顺序是 β-酪蛋白>单分散酪蛋白胶束>血清白蛋白>α-乳清蛋白>α_s-酪蛋白/κ-酪蛋白>β-乳球蛋白。部分未折叠蛋白质结构之间发生的分子间相互作用对功能性质至关重要,但是在部分未折叠的蛋白质中,蛋白质的稳定性和结构以及表面或表面结构的类型是一个复杂的相互作用。酪蛋白之所以独特,是因为它的柔性结构允许其通过疏水作用和/或二级结构的延伸与许多其他蛋白质的部分未折叠结构相互作用。控制蛋白质与蛋白质之间的相互作用可以产生聚集体和凝胶,有助于食品形成适宜的质地、弹性和可挤压性。

　　表 14.11 表明酪蛋白产品和乳清蛋白产品在许多食品中的功能相似，或许会根据所需的效果以一种替代另一种。颗粒乳清蛋白聚集体的一个特别应用是它们作为脂肪仿制品的发展，赋予了脱脂奶油的顺滑的质感。在这方面，它们是独特的，但是体现了蛋白质变性的程度和类型对于最终状态下达到预期功能的重要性。最终，胶体体系（包括食品胶体）的整体性质取决于各种成分颗粒和聚合物之间相互作用的性质和强度[22]。食品体系中的颗粒是乳液液滴、气泡、脂肪晶体和蛋白质聚集体的实体，其相互作用易受其表面的结构和组成的影响。蛋白质和多糖聚合物，它们之间的相互作用，以及它们与粒子表面的相互作用，在更小的分子，如盐、糖、脂类和表面物质的存在下，都能敏感地调节它们之间的相互作用。这个复杂主题的全面报道超出了本章的范围，感兴趣的读者可以参考 Dickinson 的综述[22,23]。毫无疑问，随着对这些相互作用的了解的增加，可以对所制造的食品产品的特性进行更为熟练的掌控。

　　虽然前面描述的蛋白质功能的物理方面的研究仍然是食品科学研究的一个活跃领域，但人们对生物影响已经开始更多地给予关注[32]。生物功能可能是有益的，如为蛋白质合成提供氨基酸或提供生物活性肽（详见 14.5.1）；也可能是有害的，如引起食物过敏反应。在面包和早餐谷物中用酪蛋白部分替代谷物蛋白可以看到营养效益的一个例子[97]。大多数谷物中的限制性氨基酸是赖氨酸，而酪蛋白则富含赖氨酸。在小麦粉/酪蛋白混合物中，仅需要约 4%的酪蛋白可以将赖氨酸含量提高 60%，而不会对生产的面包产生不利影响。与植物蛋白（例如，大豆蛋白）相比，WPCs 或 WPIs 还具有高含量的含硫氨基酸，因此也具有理想的效果。

　　食物蛋白质的过敏性是一个活跃的研究领域。Kaminogawa 和 Totsuka 综述了乳蛋白过敏性的研究[67]。已有优秀的综述描述了食物过敏的发病机制的现有知识，包括受影响个体的潜在致敏性途径[9,117]。大多数过敏食品蛋白似乎会结合 IgE，并能引起肥大细胞表面的交联，导致下游级联从而导致过敏反应。结合 IgE 的蛋白质部分称为表位，表位可归属于蛋白质内的氨基酸线性序列，也可归属于蛋白质三维结构的一部分，并被认定为线性的或立体的。过敏蛋白的大多数表位被认为至少有 8 个氨基酸长。

　　过敏蛋白通常作为复杂食物基质中的组分被消费。因此，加工和食物本身极大地影响食物过敏原与敏感个体发生反应的可能性[94]。糖、多糖和脂质是通常在加工期间可与蛋白质反应的分子的常见实例，并且影响蛋白质的潜在过敏能力。例如，在模拟的体外消化过程中，磷脂显示出对 α-乳清蛋白的致敏性的保护作用[96]。类似地，现已证明美拉德反应对 β-乳球蛋白的修饰可以降低这种乳清蛋白的过敏性，而糖基化本质上是假设可以掩蔽蛋白质的表位[124]。据观察当蛋白质水解时，乳蛋白的过敏性降低[67]。

14.5.1　乳蛋白中来源的生物活性肽

　　乳蛋白含有可能影响主要身体系统的肽序列，即心血管、消化、免疫和神经系统[11,31,72]（图 14.9）。也有一些影响到微生物生长[12]。这些肽在原蛋白序列中并没有活性，可通过下述方法释放：①牛乳（或乳制品）的胃肠道消化；②蛋白水解发酵剂进行牛乳发酵；③蛋白酶水解。对牛乳来源的生物活性物质的系统综述已经发表[72,74]。在下面的内容中，我们列出了一些来自酪蛋白和乳清蛋白的生物活性肽。该清单并非详尽,因为该领域的研究正在积极地进行着[73]。

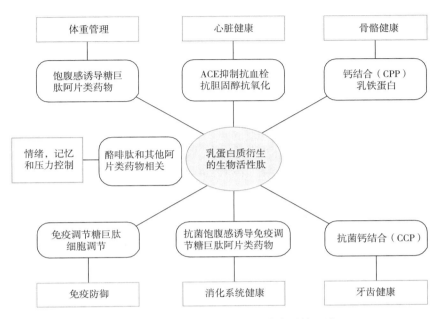

图 14.9 乳蛋白生物活性肽和潜在活性区域

14.5.1.1 酪蛋白来源的活性肽

许多来自 α_{s1}-或 β-酪蛋白的肽类显示出抗高血压活性,因为它们可以抑制血管紧张素转化酶(ACE)。ACE 可以将血管紧张素 I 转化为血管紧张素 II,ACE 抑制剂可以降低血压和醛固酮,激活缓激肽的抑制作用。从 α_{s1}-和 α_{s2}-酪蛋白中分别获得抗菌肽 Isracidin 和 Casocidin-I,这些肽不仅可以抑制革兰阳性菌(G^+),也可以抑制革兰阴性菌(G^-)。在干酪制备过程中,来自 κ-酪蛋白的糖基巨肽显示出抗龋齿的活性,因为它可以抑制口腔链球菌的生长和牙斑的形成,因而用于口腔保健用品。来自钙敏感酪蛋白的磷酸肽具有非常好的钙结合能力,而且不易水解。这些来自 α_{s1}-、α_{s2}-和 β-酪蛋白的酪蛋白磷酸肽,可以在小肠中增强钙的溶解性,有助于钙通过肠道壁的运输,进而促进钙的吸收和骨质钙化(表 14.12)。

表 14.12 来自牛乳酪蛋白的生物活性肽

蛋白质	名称	肽	生物活性
α_{s1}-酪蛋白	Isracidin	α_{s1}-酪蛋白(f 1–23)	抗菌
	α_{s1}-Casokinin-5	α_{s1}-酪蛋白(f 23–27)	抗菌和 ACE 抑制剂
	酪蛋白磷酸肽	α_{s1}-酪蛋白(f 59–79)	钙结合和运输
	α_{s1}-酪蛋白 exorphin	α_{s1}-酪蛋白(f 90–96)	镇静促效剂
	Casoxin D	α_{s1}-酪蛋白(f 158–154)	镇静拮抗剂
α_{s2}-酪蛋白	Casocidin-I	α_{s2}-酪蛋白(f 165–203)	抗菌

续表

蛋白质	名称	肽	生物活性
β-酪蛋白	β-Casokinin-7	β-酪蛋白（f 177-183）	ACE 抑制剂
	β-Casokinin-10	β-酪蛋白（f 193-202）	ACE 抑制剂和免疫调节
	β-Casomorphin-5	β-酪蛋白（f 60-64）	镇静促效剂
	Morphiceptin	β-酪蛋白（f 60-63 胺）	镇静促效剂
κ-酪蛋白	Casoplatelin	κ-酪蛋白（f 106-116）	抗血栓
	凝血酶抑制肽	κ-酪蛋白（f112-116）	抗血栓
	糖基巨肽	κ-酪蛋白（f 106-169）	抑制血小板凝集、抗龋齿、免疫调节
	Casoxin C	κ-酪蛋白（f 25-34）	镇静拮抗剂

已经确定了一些具有阿片活性的肽。来自 β-酪蛋白的 β-casomorphin 肽类，具有类吗啡活性。虽然它们的一级结构和典型的阿片肽 endorphins 有微小的差异，这些非典型肽类是阿片肽的促效剂，因为它们的结构与阿片肽受体在结合位点上非常匹配。因此它们可以调节生理活性，例如胃肠停留时间、抗腹泻、氨基酸运输、胰腺内分泌活性、增加胰岛素的输出。来自 α_{s1}-酪蛋白的 Casoxin D 和来自 κ-酪蛋白的 Casoxin C 这两种肽可作为阿片类拮抗剂。

有一些主要是来自 κ-酪蛋白的肽类，能显示出抗血栓、免疫调节活性。例如，糖基巨肽可以促进 IgA 的生物合成，从而诱导 B 淋巴细胞的增殖作用。它也抑制血小板的凝聚而减少血栓。来自 κ-酪蛋白糖基巨肽的其他一些肽也具有抗血栓活性。

14.5.1.2　乳清蛋白来源的活性肽

从 β-乳球蛋白和 α-乳清蛋白中分离出许多抗菌肽（表 14.13）。它们只对 G^+ 具有活性。从 β-乳球蛋白中提取的 β-内酰胺酶可以抑制 ACE 的活性，其中一种也是阿片肽的促效剂。

表 14.13　来自牛乳清蛋白的生物活性肽

蛋白质	名称	肽	生物活性
β-乳球蛋白	无	β-乳球蛋白（f 15-20）	抗菌
	无	β-乳球蛋白（f 25-40）	抗菌
	无	β-乳球蛋白（f 78-83）	抗菌
	无	β-乳球蛋白（f 92-100）	抗菌
	β-Lactophin	β-乳球蛋白（f 142-148）	ACE 抑制剂
	β-Lactophin（胺）	β-乳球蛋白（f 102-105）	镇静促效剂、ACE 抑制剂
α-乳清蛋白	无	α-乳清蛋白（f 17-31S-S109-114）	抗菌
	无	α-乳清蛋白（f 61-68S-S75-80）	抗菌
乳铁蛋白	Lactoferricin B	乳铁蛋白（f 14-41）	抗菌

广为所知并被深入研究的抗菌肽是来自乳铁传递蛋白的乳铁素 B。研究表明婴儿配方食品或成人饮料中补充乳铁蛋白,可以在胃肠道中产生较多有助于健康的肽。乳铁素 B 对金黄色葡萄球菌和大肠杆菌等病原菌具有抑菌活性。乳铁素 B 还具有其他一些生物活性,可诱导白血病细胞的凋亡,调节细胞内的活性氧,激活核酸内切酶。这些肽还具有抗病毒、免疫调节和抗炎症特性。

在促进健康的功能性食品的背景下,乳蛋白衍生肽的潜在健康益处已成为商业兴趣的主题。生物活性肽可以以配方的形式加入到功能性的新型食品和膳食补充剂,甚至药物中,以提供特定的健康益处。然而,在实现这些目标之前,必须解决许多科学和技术问题。特别是需要进行分子水平研究来评估生物活性肽发挥其活性的机制。大多数已知的生物活性肽不会从胃肠道吸收到血液中,因此它们的作用可能直接在肠腔中或通过肠细胞壁上的受体介导。有鉴于此,所关注的肽的目标功能是至关重要的。

14.6　牛乳的营养价值

乳制品对许多人,特别是北欧和北美的人的膳食总营养有着重要的贡献。表 14.14 所示为一些乳制品中重要的能源当量、脂肪、碳水化合物、蛋白质和微量营养素。流行病学研究已经指出,牛乳和人类健康之间存在着正相关的联系,而这种关系的基础机制则尚不清楚,因为牛乳是一种复杂的食物。牛乳中的大多数成分不是孤立地工作,而是与其他成分相互作用。通常,它们涉及多个生物过程,有时会产生相互矛盾的健康影响,具体取决于所涉及的过程。

表 14.14　　全脂牛乳、脱脂牛乳和其他一些乳制品中特定营养素的含量(每100g)

美国农业部食品名称和代码	能量/kcal	蛋白质/g	总脂肪/g	碳水化合物/g	钙/mg	钠/mg	SFA/g	单不饱和脂肪酸/g	多不饱和脂肪酸/g	胆固醇/mg
牛乳,原乳,液体,3.7% 乳脂(01078)	64	3.3	3.7	4.7	119	49	2.3	1.1	0.1	14
牛乳,脱脂,液体,无脂肪或脱脂(01151)	34	3.4	0.1	5.0	122	11	51.4	0.0	0.0	2
无盐黄油(01145)	717	0.9	81.1	0.1	24	714	51.4	21.0	3.0	215
含盐黄油(01001)	717	0.9	81.1	0.1	24	70	1.0	21.0	3.0	215
酸乳,原味,低脂,12g 蛋白质/8oz[①](01117)	63	5.3	1.6	7.0	183	70	21.3	0.4	0.0	6
切达干酪(01009)	403	24.9	33.1	1.3	721	621	21.1	9.4	0.9	105
建议每日摄入量	2000	56	<6.5	300		<2400	<20			<300

① 1oz = 28.35g。

McGregor 和 Poppitt[84]的综述提到越来越多的证据表明,乳蛋白可能改善或预防一系列与老龄化有关的慢性健康问题,特别是与代谢健康相关的问题,包括代谢综合征,Ⅱ型糖尿病,动脉粥样硬化和高血压。在控制体重和维持苗条或骨骼肌方面,许多乳蛋白也可能发挥作用。

另一个例子是乳脂。20 世纪 60 年代和 20 世纪 70 年代发展起来的传统健康模式认为,摄入脂肪,特别是饱和脂肪,总胆固醇和低密度脂蛋白胆固醇水平将升高并导致冠心病。最近的研究和分析表明,并非所有饱和脂肪都是如此,并且食用乳脂实际上可以降低患心脏病的风险[63,122]。

同样重要的是,膳食脂肪除了是一种集中的能量来源外,还是脂溶性维生素的重要传递机制,含有各种脂肪酸(如共轭亚油酸)和对健康有益的生物活性因子(如磷脂)[40]。类似地,甚至将饱和脂肪酸视为一组均匀的脂肪可能过于简单化,因为单独的脂肪酸根据其链长具有特定的功能。另一个需要考虑和研究的方面是食物结构对消化和下游生物处理的影响。如今,与 20 世纪 60 年代和 70 年代相反,许多脂肪以高度稳定的乳化形式存在于食品中,通常使用蛋白质基乳化剂。这对脂肪酶可及性以及随后任何脂肪消化模式的改变的影响尚未完全量化。

消化率也是蛋白质生物利用度的一个重要方面,生物利用度被定义为从胃肠道的食物结构中获取氨基酸到全身需要它的细胞中的比例。因此,食物中的蛋白质必须能够被胃和小肠的消化酶所水解。在酪蛋白稳定的乳状液中,与游离的酪蛋白相比,吸附在界面上的酪蛋白所形成的构象限制了蛋白质水解酶的可及性[76]。然而,包括乳蛋白在内的动物蛋白质与大多数植物和谷物蛋白质相比,具有良好的生物利用度。事实上,乳清蛋白的生物学价值比之前的对比基准鸡蛋蛋白还高出约 15%[121]。

膳食指南建议成人每日摄入蛋白质 800mg 蛋白质/kg 体重[129]。参考 2010 年美国膳食指南,这相当于体重 70kg 的成年男性的蛋白摄入量为 56g/d。特别地,这种蛋白质应该确保足够的膳食必需氨基酸,关于必需氨基酸的 WHO[24,129]推荐的摄入量列于表 14.15 中。

表 14.15   世卫组织建议每日摄入蛋白质和必需氨基酸,以及酪蛋白钠和乳清浓缩蛋白(WPC 80)提供的等量蛋白质和必需氨基酸

膳食成分	建议每日摄入量/(mg/kg 体重)	酪蛋白酸钠	乳清浓缩蛋白(WPC 80)
蛋白	800	800	800
组氨酸	10	19	6
异亮氨酸	20	37	40
亮氨酸	39	39	85
赖氨酸	30	71	70
蛋氨酸+胱氨酸	15	62	64
苯丙氨酸+酪氨酸	25	25	46
苏氨酸	15	81	55
色氨酸	4	32	14
缬氨酸	26	8	15

其中还列出了以 800mg 蛋白质摄入量为基础的酪蛋白酸钠和一种浓缩乳清蛋白(WPC 80)商业样品中这些氨基酸的计算值。酪蛋白(和干酪)是一种非常好的必需氨基酸来源,远远超过了所需要的量。乳清蛋白只缺乏组氨酸和缬氨酸,如果与含酪蛋白的液态乳一起食用,很容易弥补乳清蛋白的不足。

酪蛋白和乳清蛋白是赖氨酸的丰富来源,而许多植物主食的蛋白质明显缺乏这种氨基酸[10]。当意识到赖氨酸化学性质不稳定以及当食物在加热时会发生一系列反应时,保证足够的赖氨酸含量变得十分重要。其中最重要的反应是美拉德反应,该反应中蛋白质中赖氨酸残基的侧链与糖反应产生糖基衍生物。美拉德反应可在温和的加热条件下发生,但极端的条件是造成烹饪过程中发生大部分食物褐变的原因。在美拉德反应的后期阶段,赖氨酸不再具有生物可利用性,预计该途径赖氨酸的损失与其含量成正比。因此,乳制品的蛋白质应该还好。然而,另一种反应对乳制品也很重要,即赖氨酸与磷酸丝氨酸的反应,其导致形成不具有生物利用价值的赖丙复合物。该问题主要针对含酪蛋白的产品(主要是乳粉和酪蛋白),因为它们的磷酸丝氨酸含量很高。

在适当的情况下,列出食品宏量和微量营养素及其能量等价物的清单在许多国家变成了强制要求。与此同时,也增加了对推荐摄入量的指导以维持持续的健康体重。适用于多种乳制品的在美零售的食品典型营养成分标签如图 14.10 所示。除了营养素及其每份食物的数量列表外,每个标签都有一个面板,显示每日建议摄入量(DVs),该摄入量是基于应消耗或不应超过的参考摄入值的。标签给出了两组热量需求的数据:第一级 8371kJ/d,预计满足中等活跃的成年女性的要求,第二级 10463kJ/d,适用于中度活跃的成年男性的要求[24]。更激烈的活动会消耗更多能量。大满贯决赛中的职业网球选手可能会在比赛中燃烧 20927~25113kJ/d。150km 的自行车公路赛中的选手可能需要从他的饮食中获得类似的投入。这种水平的饮食如果久坐不动则会导致肥胖。

每日摄入量的百分比越高,食物供应对个体摄入特定营养素的贡献就越大。"低"营养的食物的营养含量通常占比不到每日摄入量的 5%;作为"良好"营养源的食物的营养含量通常每份占每日摄入量的 10%~19%。"高"或"富含"或"优质"来源的食物的营养含量通常每份占每日摄入量的 20%或更多。在此基础上,乳制品的碳水化合物和纤维含量"低",全脂乳和干酪是"良好"的脂肪来源,而且都是"优质"的钙来源。这些标签上没有列出蛋白质每日摄入量,但 2010 年美国人膳食指南中指出,男性参考数字为 56 g,这意味着任何一种乳制品提供的营养含量至少为每日摄入量的 12%,可将它们全部列为"良好"的蛋白质来源(图 14.10)。

14.6.1　乳糖不耐症

哺乳类动物在断乳后很短时间内就会失去大部分乳糖酶的肠道活动和消化乳糖的能力,这是正常情况。对于人类,这发生在幼儿期。这些人喝牛乳会导致结肠细菌消化乳糖,从而产生脂肪酸和各种气体,特别是氢气。此外,结肠中乳糖的存在具有渗透作用,从血液中吸收水分。结果可能包括腹泻、腹部绞痛、腹胀和慢性胃肠胀气。像这样的症状被称为乳糖不耐症,但将这种情况标记为乳糖消化不良或肠道低乳糖酶活性更为准确。

全脂牛乳

营养成分表

每次用量：1杯（240mL）

每杯中含有：

热量 150	来自于脂肪热量 70
	日摄入量（％）*
总脂肪 8g	13%
饱和脂肪 5g	26%
胆固醇 35mg	11%
钠 120mg	5%
总碳水化合物 12g	4%
膳食纤维 0g	0%
糖 12g	
蛋白质 8g	
维生素A 6%	维生素C 4%
钙 30%	铁 0%

* 日摄入量的百分比是以每天摄入8360J热量计算的。根据您自身的需要，可以进行适当调节：

		热量：	2000	10450J
总脂肪	少于		65g	80g
饱和脂肪	少于		20g	25g
胆固醇	少于		300mg	300mg
钠	少于		2400mg	2400mg
总碳水化合物			300g	375g
膳食纤维			25g	30g

低脂牛乳

营养成分表

每次用量：1杯（240mL）

每杯中含有：

热量 110	来自于脂肪热量 20
	日摄入量（％）*
总脂肪 2.5g	4%
饱和脂肪 1.5g	7%
胆固醇 10mg	3%
钠 130mg	5%
总碳水化合物 12g	4%
膳食纤维 0g	0%
糖 12g	
蛋白质 9g	
维生素A 10%	维生素C 4%
钙 30%	铁 0%

* 日摄入量的百分比是以每天摄入8360J热量计算的。根据您自身的需要，可以进行适当调节：

		热量：	2000	10450J
总脂肪	少于		65g	80g
饱和脂肪	少于		20g	25g
胆固醇	少于		300mg	300mg
钠	少于		2400mg	2400mg
总碳水化合物			300g	375g
膳食纤维			25g	30g

干酪（切达）

营养成分表

每次用量：1oz（28g）　　　　每盒16 oz

每食入份中含有：

热量 110	来自于脂肪热量 80
	日摄入量（％）*
总脂肪 9g	14%
饱和脂肪 6g	30%
胆固醇 30mg	10%
钠 170mg	7%
总碳水化合物 0g	0%
膳食纤维 0g	0%
糖 0g	
蛋白质 7g	
维生素A 6%	维生素C 0%
钙 20%	铁 0%

* 日摄入量的百分比是以每天摄入8360J热量计算的。根据您自身的需要，可以进行适当调节：

		热量：	2000	10450J
总脂肪	少于		65g	80g
饱和脂肪	少于		20g	25g
胆固醇	少于		300mg	300mg
钠	少于		2400mg	2400mg
总碳水化合物			300g	375g
膳食纤维			25g	30g

酸乳

营养成分表

每次用量：1杯（225g）

每杯中含有：

热量 230	来自于脂肪热量 20
	日摄入量（％）*
总脂肪 2.5g	4%
饱和脂肪 1.5g	8%
胆固醇 10mg	3%
钠 130mg	5%
总碳水化合物 43g	14%
膳食纤维 0g	0%
糖 34g	
蛋白质 10g	
维生素A 2%	维生素C 2%
钙 35%	铁 0%

* 日摄入量的百分比是以每天摄入8360J热量计算的。根据您自身的需要，可以进行适当调节：

		热量：	2000	10450J
总脂肪	少于		65g	80g
饱和脂肪	少于		20g	25g
胆固醇	少于		300mg	300mg
钠	少于		2400mg	2400mg
总碳水化合物			300g	375g
膳食纤维			25g	30g

图 14.10　美国零售的食品典型营养成分标签

据估计，大约7500万美国人和75%的世界人口是乳糖消化不良者[8]。这75%并不是均匀分布的。在西班牙裔人中，此种症状发生率为50%~80%，黑人或德系犹太人中有60%~80%受影响，而几乎100%的亚洲人或美洲原住民都会受到影响。相比之下，在北欧人中，乳糖酶的耐受性很高，几乎为98%，而且在非洲和中东的一些地区也出现类似情况。在欧洲人群中，单个基因突变的出现似乎解释了为何乳糖酶的活性没有下降及其耐受性可持续到成年期的原因。预测乳糖酶持久性的年龄的相关等位基因与动物驯化时间和乳业的文化传播的有关。根据方法的不同，一种起源时间估计是在 2000~20000 年前[2]，按另一种方法估计则是 7500~12300 年[13]。这个日期离当前仍然过于接近，因为这一等位基因在多个广泛分布的人群中高频率地存在[39]。容易料想的是近代的等位基因是罕见的，因为它们低频率地非定向地通过基因漂移来改变。然而，当前已经达到如此众多人口的等位基因不仅需要基因漂移，它还必须要有选择性优势，一种基因外的遗传因素，在基因携带者中发挥关键作用。由于该特性主要在乳品种植或牧民群体中出现，并且由于新鲜牛乳和一些乳制品是唯一天然存在的乳糖来源，因此不可能在没有供应新鲜牛乳的情况下选择乳糖酶持久性。因此，在基因培养的共同进化过程中，乳糖酶的持久性与乳牛的培养适应是协同进化的。关于选择压力是如何作用的，人们提出了各种各样的假设。读者可以查阅 Gerbault 等的著作[39]了解有关本主题及其与中东和欧洲乳业的传播和发展相关联的更多细节。关于等位基因传播的计算机模拟研究将其溯源于欧洲中部的匈牙利地区[66]。不仅农业和乳制品可能起源于中东，而且诸如发酵乳和干酪等不含乳糖的产品也从此地开始制造的。在欧洲中部和北部较温和的地区，尽管可能缺乏良好的卫生条件，并且确实缺乏冷藏、无菌包装和巴氏灭菌知识，但牛乳可能会有更长的保质期。在现代社会中，腹泻和胃肠胀气不会危及生命，但在饥饿的情况下，儿童腹泻可能是致命的。因此，在原始的新石器时代，断奶后饮用牛乳可能会降低儿童死亡率并提高存活率。另一种情况下，牛乳中维生素 D 在钙吸收方面的作用十分突出，它对于在阳光照射较低的高纬度地区预防佝偻病意义重大。

对于那些患有乳糖消化不耐症的人来说，目前可以选择饮用采用固定化微生物乳糖酶预处理水解乳糖的牛乳，让他们充分享受牛乳的营养。

参考文献

1. Anema, S.G. (2014). The whey proteins in milk: Thermal denaturation, physical interactions and effects on the functional properties of milk. In *Milk Proteins: From Expression to Food*, 2nd edn. (H. Singh, M. Boland, A. Thompson, eds.). Elsevier/Academic Press, London, U.K., pp. 270–318.

2. Bersaglieri, T., Sabati, P.C., Patterson, N., Vanderploeg, T., Schaffner, S.F., Drake, J.A., Rhodes, M., Reich, D.E., Hirschhorn, J.N. (2004). Genetic signatures of strong recent positive selection at the lactase gene. *American Journal of Human Genetics*, **74**, 1111–1120.

3. Bionaz, M., Perlasamy, K., Rodriguez–Zas, S.L., Everts, R.E., Lewin, H.A., Hurley, W.L., Loor, J.J. (2012). Old and new stories: Revelations from functional analysis of the bovine mammary transcriptome during the lactation cycle. *PLoS ONE*, **7**, e33268, 1–14.

4. Bonnaire, L., Sandra, L., Helgason, T., Decker, E.A., Weiss, J., McClements, D.J. (2008). Influence of lipid physical state on the in vitro digestibility of emulsified lipids. *Journal of Agricultural and Food Chemistry*, **56**, 3791–3797.

5. Bouchoux, A., Gesan–Guiziou, G., Perez, J., Cabane, B. (2010). How to squeeze a sponge. Casein micelles under osmotic stress, a SAXS study. *Biophysical Journal*, **99**, 3754–3762.

6. Brew, K. (2013). α–Lactalbumin. In *Advanced Dairy Chemistry*, Vol. 1A, Proteins: Basic Aspects (P.L.H. McSweeney, P.F. Fox, eds.). Springer Science+Business Media, New York, pp. 261–273.

7. Brock, J.H. (2002). The physiology of lactoferrin. *Biochemistry and Cell Biology*, **80**, 1–6.

8. Brown–Esters, O., McNamara, P., Savaiano, D. (2012). Dietary and biological factors influencing lactose intolerance. *International Dairy Journal*, **22**, 98–103.

9. Burks, A.W. (2008). Peanut allergy. *Lancet*, **371**, 1538–2546.

10. Chatterjee, S., Sarkar, A., Boland, M.J. (2014). The world supply of food and the role of dairy protein. In *Milk Proteins: From Expression to Food*, 2nd edn. (H. Singh, M. Boland, A. Thompson, eds.). Elsevier/Academic Press, London, U.K., pp. 2–18.

11. Clare, D.A., Swaisgood, H.E. (2000). Bioactive milk peptides: A prospectus. *Journal of Dairy Science*, **83**,

1187-1195.

12. Clare, D. A., Castignani, G. L., Swaisgood, H. E. (2003). Biodefense properties of milk; the role of anti-microbial proteins and peptides. *Current Pharmaceutical Design*, **9**, 1239-1255.

13. Coelho, M., Luiselli, D., Bertorelle, G., Lopes, A. I., Seixas, S., Destro-Bisol, G., Rocha, J. (2005). Microsatellite variation and evolution of human lactase persistence. *Human Genetics*, **117**, 329-339.

14. Copley, M.S., Berstan, R., Dudd, S.N., Docherty, G., Mukherjee, A.J., Straker, V. et al. (2003). Direct chemical evidence for widespread dairying in prehistoric Britain. *Proceedings of the National Academy of Sciences of the United States of America*, **100**, 1524-1529.

15. Dalgleish, D.G. (1992). The enzymatic coagulation of milk. In *Advanced Dairy Chemistry*, Vol. I, Proteins (P.F. Fox, ed). Elsevier Applied Science, London, U.K., pp. 579-619.

16. Dalgleish, D.G., Corredig, M. (2012). The structure of the casein micelle of milk and its changes during processing. *Annual Review of Food Science and Technology*, **3**, 449-467.

17. Dalgleish, D.G., Horne, D.S., Law, A.J.R. (1989). Size-related differences in bovine casein micelles. *Biochimica et Biophysica Acta*, **991**, 383-387.

18. Dalgleish, D. G., Spagnuolo, P. A., Goff, H. D. (2004). A possible structure of the casein micelle based on field-emission scanning electron microscopy. *International Dairy Journal*, **14**, 1025-1031.

19. Damodaran, S., Paraf, A. (1997). *Food Proteins and Their Applications*, Marcel Decker Inc., New York.

20. DeKruif, C. G., Holt, C. (2003). Casein micelle structure, functions and interactions. In *Advanced Dairy Chemistry*, Vol. I, Proteins, 3rd edn., Part A (P.F. Fox, P.L.H. Mc Sweeney, eds.). Kluwer Academic/ Plenum Publishers, New York, pp. 233-276.

21. deWit, J.N., Swinkels, G.A.M. (1980). A differential scanning calorimetry study of the thermal denaturation of bovine β-lactoglobulin. Thermal behaviour at temperatures up to 100℃. *Biochimica Biophysica Acta Protein Structure*, **624**, 40-50.

22. Dickinson, E. (2006). Colloid science of mixed ingredients. *Soft Matter*, **2**, 642-652.

23. Dickinson, E. (2011). Food colloids research: Historical perspective and outlook. *Advances in Colloid and Interface Science*, **165**, 7-13.

24. U.S. Department of Agriculture and U.S. Department of Health and Human Services. (2010). Dietary guidelines for Americans, 2010, 7th edn. U.S. Government Printing Office, Washington, DC.

25. Donnelly, W.J., McNeill, G.P., Bucheim, W., McGann, T.C.A. (1984). A comprehensive study of the relationship between size and protein composition in natural casein micelles. *Biochimica et Biophysica Acta*, **789**, 136-143.

26. Edwards, P.J.B., Jameson, G.B. (2014). Structure and stability of whey proteins. In *Milk Proteins: From Expression to Food*, 2nd edn. (H. Singh, M. Boland, A. Thompson, eds.). Elsevier/Academic Press, London, U.K., pp. 201-241.

27. Elwood, P.C., Givens, D.J., Beswick, A.D., Fehily, A.M., Pickering, J.E., Gallagher, J. (2008). The survival advantage of milk and dairy consumption. An overview of cohort studies of vascular diseases, diabetes and cancer. *Journal of American College of Nutrition*, **27**, S723-S734.

28. Evershed, R.P., Payne, S., Sherrat, A.G., Copley, M.S., Coolidge, J., Uram-Kotsu, D. et al. (2008). Earliest date for milk use in the Near East and southeastern Europe linked to cattle herding. *Nature*, **455**, 528-531.

29. Farrell, Jr., H.M., Malin, E.L., Brown, E.M., Qi, P.X. (2006). Casein micelle structure: What can be learned from milk synthesis and structural biology? *Current Opinion in Colloid and Interface Science*, **11**, 135-147.

30. FAOSTAT. (2011). Statistical database. Food and Agricultural Organization of the United Nations, Rome, Italy.

31. Fitzgerald, R.J., Meisel, H. (2003). Milk protein hydrolysates and bioactive peptides. In *Advanced Dairy Chemistry*, Vol. 1, Proteins, 3rd edn. (P.F. Fox, P. L. H. McSweeney, eds.). Kluwer Academic/Plenum Publishers, New York, pp. 675-698.

32. Foegeding, E.A., Davis, J.P. (2011). Food protein functionality: A comprehensive approach. *Food Hydrocolloids*, **25**, 1853-1864.

33. Fong, B. Y., Norris, C. S., MacGibbon, A. K. H. (2007). Protein and lipid composition of bovine milk fat globule membrane. *International Dairy Journal*, **17**, 275-288.

34. Fox, P.F. (2009). Lactose: Chemistry and properties. In *Advanced Dairy Chemistry*, Vol. 3, Lactose, Water, Salts and Minor Constituents, 3rd edn. (P.L. H. McSweeney, P.F. Fox, eds.). Springer Science, New York, pp. 1-15.

35. Fox, P.F., McSweeney, P.L.H. (2004). Cheese: An overview. In *Cheese Chemistry, Physics and Microbiology*, Vol. 1 (P.F. Fox, P.L.H. McSweeney, T.M. Cogan, T.P. Guinee, eds). Academic Press, London, U.K., pp. 1-18.

36. Gapper, L., Copestake, D., Otter, D., Indyk, H. (2007). Analysis of bovine immunoglobulin G in milk, colostrums and dietary supplements: A review. *Analytical and Bioanalytical Chemistry*, **389**, 93-109.

37. Garnsworthy,P.C., Masson, L.L., Lock, A.L., Mottram, T. T. (2006). Variation of milk citrate with stage of lactation and *de novo* fatty acid synthesis in dairy cows. *Journal of Dairy Science*, **89**, 1604-1612.

38. Gaucheron, F. (2005). The minerals of milk. *Reproduction, Nutrition, Development*, **45**, 473-483.

39. Gerbault, P., Liebert, A., Itan, Y., Powell, A., Currat, M., Burger, J., Swallow, D.M., Thomas, M. G. (2011). Evolution of lactase persistence: An example of human niche construction. *Philosophical Transactions of the Royal Society B*, **366**, 863-877.

40. German, J.B., Dillard, C.J. (2006). Composition, structure and adsorption of milk lipids: A source of energy, fat-soluble nutrients and bioactive molecules. *Critical Reviews in Food Science and Nutrition*, **46**, 57-92.

41. Gerosa,S., Skoet, J. (2013). Milk availability: Current production and demand and medium-term outlook. In *Milk and Dairy Products in Human Nutrition* (E. Muehlhoff, A. Bennett, D. McMahon, eds). Food and Agricultural Organization of the United Nations, Rome, Italy, pp. 11-40.

42. Gresti,J.M., Bugant, M., Maniongui, C., Bezard, J. (1993). Composition of molecular species of triacylglycerols in bovine milk fat. *Journal of Dairy Science*, **76**, 1850-1869.

43. Heid, H.W., Keenan, T.W. (2005). Intracellular origin and secretion of milk fat globules. *European Journal of Cell Biology*, **84**, 245-258.

44. Herrero, M., Havlik,P., Valin, H., Notenbaert, A., Rufino, M. C., Thornton, P. K. et al. (2013). Biomass use, production, feed efficiencies, and greenhouse gas emissions from global livestock systems. *Proceedings of the National Academy of Sciences of the United States of America*, **110**, 20888-20893.

45. Holland, J. W., Boland, M. (2014). Post-translational modification of the caseins. In *Milk Proteins: From Expression to Food*, 2nd edn. (H. Singh, M. Boland, A. Thompson, eds.). Elsevier/Academic Press, London, U.K., pp. 141-168.

46. Holland, T. (2003). *Rubicon, the Triumph and Tragedy of the Roman Republic*. Little, Brown and Co., New York.

47. Holt, C.(1985). The milk salts: Their secretion, concentration and physical chemistry. In *Developments in Dairy Chemistry*, Vol. 3, Lactose and Minor Constituents (P.F. Fox, ed.). Applied Science Publishers, London, U.K., pp. 143-181.

48. Holt, C.(1992). Structure and stability of casein micelles. *Advances in Protein Chemistry*, **43**, 63-151.

49. Holt, C. (1995). Effect of heating and cooling on the milk salts and their interaction with casein. In *Heat-Induced Changes in Milk* (P.F. Fox, ed.) Special Issue 9501, International Dairy Federation, Brussels, Belgium, pp. 105-133.

50. Holt, C.(1997). The milk salts and their interaction with casein. In *Advanced Dairy Chemistry*, Vol. 3, Lactose, Water, Salts and Vitamins, 2nd edn. (P.F. Fox, ed.). Chapman and Hall, London, U.K., pp. 233-256.

51. Horne, D. S. (1988). Prediction of protein helix content from an autocorrelation analysis of sequence hydrophobicities. *Biopolymers*, **27**, 451-477.

52. Horne,D.S. (2006). Casein micelle structure: Models and muddles. *Current Opinion in Colloid and Interface Science*, **11**, 148-153.

53. Horne, D. S. (1998). Casein interactions: Casting light on the Black Boxes, the structure in dairy products. *International Dairy Journal*, **8**, 171-177.

54. Horne,D.S. (2014). Casein micelle structure and stability. In *Milk Proteins: From Expression to Food*, 2nd edn. (H. Singh, M. Boland, A. Thompson, eds.). Elsevier/Academic Press, London, U. K., pp. 169-200.

55. Horne,D.S. (2016). Ethanol stability and milk composition. In *Advanced Dairy Chemistry*, Vol. 1B, Proteins (P.L.H. Mac Sweeney, J.A. O'Mahony, P.F. Fox, eds.). Springer Science+Business Media, New York, pp. 225-246.

56. Horne,D.S., Banks, J. (2004). Rennet-induced coagulation of milk. In *Cheese: Chemistry, Physics and Microbiology*, Vol. 1, General Aspects, 3rd edn. (P. F. Fox, P. L. H. McSweeney, T. M. Cogan, T. P. Guinee, eds.). Academic Press, London, U.K., pp. 47-70.

57. Horne, D.S., Leaver, J. (1995). Milk proteins on surfaces. *Food Hydrocolloids*, **9**, 91-95.

58. Horne,D.S., Lucey, J.A. (2014). Revisiting the temperature dependence of the coagulation of renneted bovine casein micelles. *Food Hydrocolloids*, 42, 75-80.

59. Horne, D.S., Muir, D.D. (1990). Alcohol and heat stability of milk protein. *Journal of Dairy Science*, **73**, 3613-3626.

60. Horne,D.S., Lucey, J.A., Choi, J. (2007). Casein interactions: Does the chemistry really matter? In *Food Colloids: Self Assembly and Materials Science* (E. Dickinson, M. Leser, eds.). Royal Society of Chemistry, Cambridge, U.K., pp. 155-166.

61. Huppertz,T. (2013). Chemistry of the caseins. In *Advanced Dairy Chemistry*, Vol. 1A, Proteins: Basic Aspects, 4th edn. (P. L. H. McSweeney, P. F. Fox, eds.). Springer, New York, pp. 135-160.

62. Huppertz, T., Kelly, A. L. (2009). Properties and constituents of cow's milk. In *Milk Processing and Quality Management* (A.Y. Tamime, ed). Wiley-

Blackwell Publishing, Oxford, U.K., pp. 23–47.

63. Huth, P.J., Park, K.M. (2012). Influence of dairy product and milk fat consumption on cardiovascular disease risk: A review of the evidence. *Advances in Nutrition*, **3**, 266–285.

64. Hyslop, D.B. (2003). Enzymatic coagulation of milk. In *Advanced Dairy Chemistry*, Vol. I, Proteins, 2nd edn. (P.F. Fox, P.L.H. McSweeney, eds.). Kluwer Academic/Plenum Publishers, New York, pp. 839–878.

65. Iametti, S., De Gregori, B., Vecchio, G., Bonomi, F. (1996). Modifications occur at different structural levels during the heat denaturation of β–lactoglobulin. *European Journal of Biochemistry*, **237**, 106–112.

66. Itan, Y., Powell, A., Beaumont, M.A., Burger, J., Thomas, M.G. (2009). The origins of lactase persistence in Europe. *PLoS Computational Biology*, **5** (8), e1000491.

67. Kaminogawa, S., Totsuka, M. (2003). Allergenicity of milk proteins. In *Advanced Dairy Chemistry*, Vol. 1, Proteins, 3rd edn. (P. F. Fox, P. L. H. McSweeney, eds). Kluwer Academic/Plenum Publishers, New York, pp. 647–674.

68. Kawasaki, K., Weiss, K.M. (2003). Mineralized tissue and vertebrate evolution: The secretory calcium–binding phosphoprotein gene cluster. *Proceedings of the National Academy of Sciences of the United States of America*, **100**, 4060–4065.

69. Kawasaki, K., Weiss, K.M. (2006). Evolutionary genetics of vertebrate tissue mineralization: The origin and evolution of the secretory calcium–binding phosphoprotein family. *Journal of Experimental Zoology (Molecular Development and Evolution)*, **306B**, 295–316.

70. Kawasaki, K., Lafont, A.–G., Sire, J.–Y. (2012). The evolution of milk casein genes from tooth gene before the origin of mammals. *Molecular Biology and Evolution*, **28**, 2053–2061.

71. Keenan, T.W., Mather, I.H. (2006). Intracellular origin of milk fat globules. In *Advanced Dairy Chemistry*, Lipids, 3rd edn. (P.F. Fox, P. L. H. McSweeney, eds.). Springer, New York, pp. 137–171.

72. Korhonen, H. (2006). Technological and health aspects of bioactive componentsof milk. *International Dairy Journal*, **16**, 1227–1426.

73. Korhonen, H. (2009). Milk–derived bioactive peptides: From science to application. *Journal of Functional Foods*, **1**, 177–187.

74. Korhonen, H., Pihlanto, A. (2006). Bioactive peptides: Production and functionality. *International Dairy Journal*, **16**, 945–960.

75. Kuwata, K., Hoshino, M., Forge, V., Batt, C.A.,

Goto, Y. (1999). Solution structure and dynamics of bovine β–lactoglobulin. *Protein Science*, **8**, 2541–2545.

76. Leaver, J., Dalgleish, D.G. (1990). The topography of bovine β–casein at an oil/water interface as determined from the kinetics of trypsin–catalysed hydrolysis. *Biochimica et Biophysica Acta*, **1041**, 217–222.

77. Lemay, D.G., Lynn, D.J., Martin, W.F., Neville, M.C., Casey, T.M., Rincon, G. et al. (2009). The bovine lactation genome: Insights into the evolution of mammalian milk. *Genome Biology*, **10**, R43.1–18.

78. Leonardi, M., Gerbault, P., Thomas, M.G., Burger, J. (2012). The evolution of lactase persistence in Europe. A synthesis of archaeological and genetic evidence. *International Dairy Journal*, **22**, 88–97.

79. Lopez, C. (2011). Milk fat globules enveloped by their biological membrane: Unique colloidal assemblies with a specific composition and structure. *Current Opinion in Colloid and Interface Science*, **16**, 391–404.

80. Lopez, C., Madec, M.–N., Jimenez–Flores, R. (2010). Lipid rafts in the bovine milk fat globule membrane revealed by the lateral segregation of phospholipids and heterogeneous distribution of glycoproteins. *Food Chemistry*, **120**, 22–33.

81. Lucey, J.A. (2014). Milk protein gels. In *Milk Proteins: From Expression to Food*, 2nd edn. (H. Singh, M. Boland, A. Thompson, eds.). Elsevier/Academic Press, London, U.K., pp. 494–318.

82. Lucey, J.A., Horne, D.S. (2009). Milk salts: Technological significance. In *Advanced Dairy Chemistry*, Vol. 3, Lactose, Water, Salts and Minor Constituents, 3rd edn. (P. L. H. McSweeney, P. F. Fox, eds.). Springer Science, New York, pp. 351–389.

83. MacGibbon, A.K.H., Taylor, M.W. (2006). Composition and structure of bovine milk lipids. In *Advanced Dairy Chemistry*, Lipids, 3rd edn. (P.F. Fox, P.L.H. McSweeney, eds.). Springer, New York, pp. 1–35.

84. McGregor, R.A., Poppitt, S.D. (2014). Milk proteins and human health. In *Milk Proteins: From Expression to Food*, 2nd edn. (H. Singh, M. Boland, A. Thompson, eds.). Elsevier/Academic Press, London, U.K., pp. 541–555.

85. McMahon, D.J., McManus, W.R. (1998). Rethinking casein micelle structure using electron microscopy. *Journal of Dairy Science*, **81**, 2985–2993.

86. McMahon, D.J., Oommen, B.S. (2008). Supramolecular structure of casein micelles. *Journal of Dairy Science*, **91**, 1709–1721.

87. McManaman, J.L., Neville, M.C. (2003). Mammary physiology and milk secretion. *Advanced Drug Delivery Reviews*, **55**, 629–641.

88. Marchin, S., Putaux, J.–L., Pignon, F., Leonil, J. (2007). Effects of the environmental factors on the

casein micelle structure studied by cryo−transmission electron microscopy and small − angle X − ray scattering/ultra − small − angle X − ray scattering. *Journal of Chemical Physics*, **126**, 045−101.

89. Martin, P., Ferranti, P., Leroux, C., Addeo, F. (2003). Non−bovine caseins: Quantitative variability and molecular diversity. In *Advanced Dairy Chemistry*, Vol. 1, Proteins, 3rd edn. (P.F. Fox, P.L.H. McSweeney, eds.). Kluwer Academic/Plenum Publishers, New York, pp. 277−317.

90. Mather, I.H. (2000). A review and proposed nomenclature for major proteins of themilk fat globule membrane. *Journal of Dairy Science*, **83**, 203−247.

91. Mather, I.H., Jack, I.J.W. (1996). A review of the molecular and cellular biology of butyrophilin, the major protein of milk fat globule membrane. *Journal of Dairy Science*, **76**, 3832−3850.

92. Mather, I.H., Keenan, T.W. (1998). Origin and secretion of milk lipids. *Journal of Mammary Gland Biology and Neoplasia*, **3**, 259−273.

93. Mercier, J.−C. (1981). Phosphorylation of casein. Present evidence for an amino acid triplet code post−translationally recognized by specific kinases. *Biochimie*, **68**, 1−17.

94. Mills, E.N.C., Mackie, A.R. (2008). The impact of processing on the allergenicity of food. *Current Opinion in Allergy and Clinical Immunology*, **8**, 249−253.

95. Moore, J. H., Christie, W. W. (1979). Lipid metabolism in the mammary gland of ruminants. *Progress in Lipid Research*, **17**, 347−395.

96. Moreno, F.J., Mackie, A.R., Mills, E.N.C. (2005). Phospholipid interactions protect the milk allergen alpha−lactalbumin from proteolysis during in vitro digestion. *Journal of Agricultural and Food Chemistry*, **53**, 9810−9816.

97. Mulvihill, D.M., Ennis, M.P. (2003). Functional milk proteins: Production and utilization. In *Advanced Dairy Chemistry*, Vol. 1B, Proteins, 3rd edn. (P.F. Fox, P.L.H. McSweeney, eds.). Kluwer Academic/Plenum Publishers, New York, pp. 1175−1228.

98. Neville, M.C. (2005). Calcium secretion into milk. *Journal of Mammary Gland Biology and Neoplasia*, **10**, 119−128.

99. Nickerson, T.A. (1965). Lactose. In *Fundamentals of Dairy Chemistry* (B.H. Webb, A.H. Johnson, eds.). AVI Publishing, Westport, CT, pp. 224−260.

100. Oftedal, O.T. (2002). The mammary gland and its origin during synapsid evolution. *Journal of Mammary Gland Biology*, **7**, 225−252.

101. Oftedal, O.T. (2012). The evolution of milk secretion and its ancient origin. *Animal*, **6**, 355−368.

102. Oftedal, O.T. (2013). Origin and evolution of the constituents of milk. In *Advanced Dairy Chemistry*, Vol. 1A, Proteins: Basic Aspects (P.L.H. McSweeney, P.F. Fox, eds.). Springer Science + Business Media, New York, pp. 1−42.

103. O'Connell, J.E., Fox, P.F. (2003). Heat−induced coagulation in milk. In *Advanced Dairy Chemistry*, Vol. 1, Proteins (P.F. Fox, P.L.H. McSweeney, eds.). Kluwer Academic/Plenum Publishers, New York, pp. 879−945.

104. O'Mahony, J.A., Fox, P.F. (2014). Milk: An overview. In *Milk Proteins: From Expression to Food*, 2nd edn. (H. Singh, M. Boland, A. Thompson, eds.). Elsevier/Academic Press, London, U.K., pp. 19−73.

105. O'Mahony, J.A., Fox, P.F., Kelly, A.L. (2013). Indigenous enzymes of milk. In *Advanced Dairy Chemistry*, Vol. 1A, Proteins: Basic Aspects (P.L.H. McSweeney, P.F. Fox, eds.). Springer Science+ Business Media, New York, pp. 337−386.

106. Ouanezar, M., Guyomarc'h, F., Bouchoux, A. (2012). AFM imaging of casein micelles: Evidence for structural rearrangement upon acidification. *Langmuir*, **28**, 4915−4919.

107. Patel, H.A., Huppertz, T. (2014). Effects of high−pressure processing on structure and interactions of milk proteins. In *Milk Proteins: From Expression to Food*, 2nd edn. (H. Singh, M. Boland, A. Thompson, eds.). Elsevier/Academic Press, London, U.K., pp. 243−267.

108. Payens, T.A.J. (1979). Casein micelles: The colloid chemical approach. *Journal of Dairy Research*, **46**, 291−306.

109. Pouliot, Y., Boulet, M., Paquin, P. (1989a). Observations on the heat−induced salt balance changes in milk. I. Effect of heating time between 4 and 90℃. *Journal of Dairy Research*, **56**, 185−192.

110. Pouliot, Y., Boulet, M., Paquin, P. (1989b). Observations on the heat−induced salt balance changes in milk. II. Reversibility on cooling. *Journal of Dairy Research*, **56**, 193−199.

111. Pyne, G.T. (1962). Some aspects of the physical chemistry of salts of milk. *Journal of Dairy Research*, **29**, 101−130.

112. Rollema, H.S. (1992). Casein association and micelle formation. In *Advanced Dairy Chemistry*, Vol. 1, Proteins (P.F. Fox, ed). Elsevier Applied Science, London, U.K., pp. 111−140.

113. Sawyer, L. (2013). β−Lactoglobulin. In *Advanced Dairy Chemistry*, Vol. 1A, Proteins: Basic Aspects (P.L.H. McSweeney, P.F. Fox, eds). Springer Science+Business Media, New York, pp. 211−259.

114. Schmidt, D.G. (1980). Colloidal aspects of the caseins. *Netherlands Milk and Dairy Journal*, **34**, 42−64.

115. Schmidt, D.G. (1982). Association of caseins and

casein micelle structure. In *Developments in Dairy Chemistry*, *Vol.* 1（P.F. Fox, ed）. Applied Science Publishers, London, U.K., pp. 61-86.

116. Shennan, D., Peaker, M.（2000）. Transport of milk constituents to the mammary gland. *Physiological Reviews*, **80**, 925-951.

117. Sicherer, S. H., Sampson, H. A.（2010）. Food allergy. *Journal of Allergy and Clinical Immunology*, **125**, S116-S125.

118. Singh, H.（2006）. Themilk fat globule membrane. A biophysical system for food applications. *Current Opinion in Colloid and Interface Science*, **11**, 154-163.

119. Singh, H., Creamer, L.K.（1992）. Heat stability of milk. In *Advanced Dairy Chemistry*, Vol. 1, Proteins（P.F. Fox, ed）. Elsevier Applied Science, London, U.K., pp. 621-656.

120. Slattery, C.W., Evard, R.（1973）. A model for the formation of casein micelles from sub-units of variable composition. *Biochimica et Biophysica Acta*, **317**, 529-538.

121. Smithers, G. W.（2008）. Whey proteins—From "gutter to gold." *International Dairy Journal*, **18**, 695-704.

122. Soedamah-Muthu, S.S., Ding, E.L., Al-Delaimy, W.K., Hu, F.b., Engberink, M.F., Willett, W.C., Galeijnse, J.M.（2011）. Milk and dairy consumption and incidence of cardiovascular diseases and all-cause mortality：Dose-response meta-analysis of prospective cohort studies. *American Journal of Clinical Nutrition*, **93**, 158-171.

123. Swaisgood, H.E.（2007）. Characteristics of milk. In *Fennema's Food Chemistry*, 4th edn.（S. Damodaran, K.L. Parkin, O. R. Fennema, eds.）. CRC Press, Boca Raton, FL., pp. 881-897.

124. Taheri-Kafrani, A., Gaudin, J.C., Rabesona, H., Nioi, C., Agarwal, D., Drouet, M. et al.（2009）. Effects of heating and glycation of beta-lactoglobulin on its recognition by IgE of sera from cow milk allergy patients. *Journal of Agricultural and Food Chemistry*, **57**, 4974-4982.

125. Trejo, R., Dokland, T., Jurat-Fuentes, J., Harte, F.（2011）. Cryo-transmission electron tomography of native casein micelles from bovine milk. *Journal of Dairy Science*, **94**, 5770-5775.

126. Uhrinova, S., Smith, M.H., Jameson, G.B., Uhrin, D., Sawyer, L., Barlow, P.N.（2000）. Structural changes accompanying pH-induced dissociation of the β-lactoglobulin dimer. *Biochemistry*, **39**, 3565-3574.

127. Dairy Products 2012 Summary.（April, 2013）. USDA National Agricultural Statistics Service, Washington, D.C.

128. Walstra, P., Wouters, J.T.M., Guerts, T.J.（2005）. *Dairy Science and Technology*, 2nd edn. CRC Press, Boca Raton, FL.

129. WHO（2007）. Protein and amino acid requirements in human nutrition：Report of a Joint FAO/WHO/UNU Expert Consultation. World Health Organization, Geneva, Switzerland.

拓展阅读

1. Fox, P.F., McSweeney, P.L.H.（eds.）（2006）. *Advanced Dairy Chemistry*, *Lipids*, 3rd edn. Springer, New York.

2. Fox, P. F., McSweeney, P. L. H., Cogan, T. M., Guinee, T. P.（eds）.（2004）. *Cheese Chemistry, Physics and Microbiology*, Vol. 1. Academic Press, London, U.K.

3. McSweeney, P.L.H., Fox, P.F.（eds）（2009）. *Advanced Dairy Chemistry*, Vol. 3, Lactose, Water, Salts and Minor Constituents, 3rd edn. Springer Science, New York.

4. McSweeney, P.L.H., Fox, P.F.（eds.）（2013）. *Advanced Dairy Chemistry*, Vol. 1A, Proteins：Basic Aspects. Springer Science+Business Media, New York.

5. McSweeney, P. L. H., O'Mahony, J. A.（eds.）（2016）. *Advanced Dairy Chemistry*, Vol. 1B, Proteins：Applied Aspects. Springer Science+Business Media, New York.

6. Muehlhoff, E., Bennett, A., McMahon, D.（eds.）（2013）. *Milk and Dairy Products in Human Nutrition*, Food and Agricultural Organization of the United Nations, Rome, Italy.

7. Singh, H., Boland, M., Thompson, A.（eds.）（2014）. *Milk Proteins：From Expression to Food*, 2nd edn. Elsevier/ Academic Press, London, U.K.

8. Tamime, A.Y.（ed.）*Milk Processing and Quality Management*. Wiley-Blackwell Publishing, Oxford, U.K.

9. Walstra, P., Wouters, J.T.M., Guerts, T.J.（eds.）（2009）. *Dairy Science and Technology*, 2nd edn. CRC Press, Boca Raton, FL.

可食性肌肉组织的生理和化学特征

Gale M. Strasburg and Youling L. Xiong

15.1 引言

考古证据表明,人类早在几千年前就已经开始把包括肉在内的动物产品作为食物的来源。1991 年,登山者在意大利阿尔卑斯山的高山冰河上发现爱斯曼(iceman)——冰冻的部分尸体这一事件,是这一事实的有利证据[1]。这位被当地居民亲切地称为 Otzi 的死者是名捕猎手,大约 5100—5300 年前死于与其他捕猎者或者捕猎队伍对抗中所受的箭伤。他的尸体在冰河中保存得非常完好,以至于科学家可以通过 DNA 重组技术去分析他胃肠道里的成分,以确定他的最后两餐吃了些什么。分析表明,他死之前的倒数第二餐里有野生山羊肉、谷物粮食以及其他植物食品;而他的最后一餐则食用了马鹿肉和某些谷物粮食。

在历史的进程中,某些文化把吃肉作为一种选择,而有些把它当作必须。同样的,在确定某种特定来源的肉可食用还是不可被接受时,宗教和文化因素起了重要作用。例如,有些宗教规定禁止食用猪肉,而另一些宗教要求禁止食用牛肉。美国的文化把吃马肉当作一种禁忌,而在其他国家却可以被接受。还有一些人因为民族或者健康方面的原因完全不吃肉。不过,显而易见的是,对肉制品的需求会随着国家经济的增长而相应增长,尤其是在发展中国家。

“肉”这个名词在通俗意义上是指红肉(牛肉,猪肉,羊肉),禽肉和鱼肉则各自自成一类。本章中,我们给“肉”一个较宽泛的定义,泛指在动物死后经历了一系列的物理化学转变的哺乳动物、鸟类、爬行动物、两栖动物或是鱼类的骨骼肌组织。我们特意将大部分器官肉,比如肝脏,胸腺和肾脏排除在外,但心脏和舌头被当作特殊肌肉组织包括在内。

与所有食品一样,为控制和优化加工食品中产品各组分的功能特性,对肉类产品的来源组织作基本了解是至关重要的。因此,本章在描述不同来源可食性肌肉组织营养价值的基础上,将重点关注活动物体内肌肉的结构和功能,这些肌肉的特征决定了肉及肉制品的功能特性和品质。此外,本章还将讲述肌肉到肉的转化过程,即动物死亡后肌肉所发生的化学和生理变化,并以加工和保存过程中肉可能经历的化学变化分析作为本章的结尾。

15.2　营养价值

鲜肉和加工肉制品的感官吸引力,以及食用含肉食物带来的满足感使得肉制品成为世界各国人民饮食的重要组成部分。肉中营养素种类多样、生物利用率高、密度高(即每千卡能量中营养物质含量),这些特征组合在一起使其成为众多消费者饮食中营养成分的重要来源。

肉的组成变化很大,动物的物种、品种、性别、年龄、营养状况、活动水平是影响肉类组成的主要因素[2]。此外,对于同一种动物而言,零售切割时的解剖位置、宰后处理、贮藏以及烹调等各个环节也都会导致肉类组成的差异。除了会有一些概括性的讨论外,这些因素的具体影响不在本章的讨论范围之内。从美国农业部可以得到有关不同种类、不同切割部位、不同去杂程度的原料肉及烹调肉制品组分的详细信息,且这些信息会被定期更新[3]。不过,考虑到存在众多可能导致差异的要素,这些公布的数值只能当作近似值参考使用。

瘦肉组织(除去表面脂肪的骨骼肌)的大致成分可能存在一些差异,但总的来说,新鲜瘦肉的含水量大约为70%(表15.1)。绝大部分的水都被束缚在肌肉细胞内部或者细胞之间,少量的水以不同程度与蛋白质结合。水分含量的差异通常可通过脂类组分的变化来抵消,而蛋白质的含量一般在18%~23%,灰分或矿物质含量一般在1%~1.2%(表15.1)。

表 15.1　　　　　　　　　　　不同来源肉的大致组成①

	红肉			家禽		鱼类	
	牛肉②	猪肉③	羊肉④	鸡肉⑤	火鸡肉⑥	鳕鱼⑦	金枪鱼⑧
水	70.29	73.17	73.42	75.46	75.37	81.22	68.09
蛋白质	20.72	21.20	20.29	21.39	22.64	17.81	23.33
脂肪	7.31	4.86	5.25	3.08	1.93	0.67	4.90
灰分	1.02	1.00	1.06	0.96	1.04	1.16	1.18

①以占可食用部分的质量百分数表示。

②牛肉,所有等级的胸部生瘦肉。

③猪肉,新鲜的生瘦肉,整理后的腿、腰、肩零售切块。

④羊肉,去除1/4脂肪的零售切块生瘦肉。

⑤鸡肉,肉鸡或肉用仔鸡的生肉。

⑥火鸡,生肉。

⑦鱼,生的大西洋鳕鱼。

⑧鱼,新鲜的生蓝鳍金枪鱼。

资料来源:摘自 Compiled from U. S. Department *of* Agriculture, Agricultural Research Service, USDA National Nutrient Database for Standard Reference, Release 26, Nutrient Data Laboratory Home Page, https://ndb. nal. usda. gov/ndb/, 2013.

肉的四种主要成分中,脂肪的含量和组成在不同肉之间差异最大。由于脂肪与肌肉组织相连,且脂肪组织的质量和组成各异,因而肉制品中脂肪组织的含量对其总体组成影响显著[4]。此外,随着脂肪组织含量的下降,磷脂对肉中总脂肪的贡献增大(表15.2)。肉中大部分的脂类是中性甘油三酯,含量次之的磷脂主要用于构成细胞膜,此外还有少量存在于肌浆膜和神经组织的胆固醇。中性脂肪中的脂肪酸比磷脂中的脂肪酸饱和度要高得多,从功能性的角度考虑,这一现象并不奇怪。在生理温度下保持细胞膜的流动性就要求磷脂含有较多的不饱和脂肪酸,而脂肪组织的稳固性则源于高比例的较高熔点饱和脂肪酸。尽管磷脂组分对总脂类组成的贡献较小,但磷脂的多不饱和特性及较高的比表面积使得磷脂极易受到氧化反应的影响,从而破坏肉类的风味和颜色[5]。

表 15.2 各种肉的脂肪含量①

品种	含量①			
	肌肉或类型	脂肪/%	中性脂肪/%	磷脂/%
鸡肉	白肌	1.0	52	48
	红肌	2.5	79	21
火鸡	白肌	1.0	29	71
	红肌	3.5	74	26
鱼(胭脂鱼)	白肌	1.5	76	2
	红肌	6.2	93	7
牛肉	背肌	2.6	78	22
		7.7	92	8
		12.7	95	5
猪肉	背肌	4.6	79	21
	腰肌	3.1	63	37
羊肉	背肌	5.7	83	10
	半腱肌	3.8	79	17

①肌肉成分中的大致百分含量。

资料来源:摘自 Allen, C. E. and E. A. Foegeding E. A., Food Technol., 35, 253, 1981.

脂肪的组成因种类而异,多不饱和脂肪酸含量最高的是鱼类,而含量最低的是牛肉和羊肉(表 15.3)。各种鱼类,尤其是鲑鱼等多脂海洋物种,富含 $n-3$ 多不饱和脂肪酸,如二十二碳六烯酸(C22:6)和二十碳五烯酸(C20:5)。在一定程度上,脂肪酸的组成可以通过饮食改变。例如,若在饲喂后期不改用谷物而是始终给肉牛饲喂草基饲料,则牛肉中多不饱和脂肪酸(包括 $n-3$ 脂肪酸)的百分比会增加[6]。然而,尽管含量有所增加,与大多数脂质鱼类相比,无论始终草食还是后期谷物饲喂的牛肉中 $n-3$ 脂肪酸含量仍相当低[3]。同一动物的不同肌肉间脂肪组成也存在差异,尤其是在比较主要依赖于氧化代谢的肌肉纤维(红肉)与主要依靠糖酵解代谢的肌肉(白肉)时,这种差异更为显著。

通常,可以通过测定产品的总氮含量并乘以 6.25 计算肉中蛋白质的含量,6.25 是肉类蛋白质平均含氮量折算因子。不过,采用这种方法会造成蛋白质含量估值偏高,因为有高达 10% 的肌肉氮来自于氨基酸,肽,肌氨酸,核苷酸以及其他含氮分子。

表 15.3　　　　　　　　　　　　　　各种肉的脂肪酸组成[1]

| | 红肉 | | | 家禽 | | 鱼类 | |
	牛肉[2]	猪肉[3]	羊肉[4]	鸡肉[5]	火鸡肉[6]	鳕鱼[7]	金枪鱼[8]
总饱和脂肪酸	35.14	34.52	35.81	25.65	23.78	19.55	25.65
14:0	2.99	1.19	2.67	0.65	0.67	1.34	2.84
16:0	22.12	21.94	19.43	17.21	15.03	13.58	16.53
18:0	9.91	10.88	11.81	7.14	7.00	4.48	6.27
总单不饱和脂肪酸	46.95	45.24	40.19	29.22	24.72	14.03	32.65
16:1	4.75	3.23	3.05	3.90	2.23	2.39	3.31
18:1	42.06	41.16	36.38	24.68	21.87	9.10	18.86
总多不饱和脂肪酸	3.12	10.71	9.14	24.35	21.30	34.48	29.24
18:2	2.44	8.67	6.86	17.86	20.67	0.75	1.08
18:3	0.27	0.34	1.33	0.65	0.88	0.15	0.00
20:4	0.41	1.19	0.95	2.60	1.61	3.28	0.88
20:5	0.00	0.00	0.00	0.32	0.00	9.55	5.77
22:5	0.00	0.00	0.00	0.65	0.16	1.49	2.55
22:6	0.00	0.00	0.00	0.97	0.10	17.91	18.20

①红肉、家禽和鱼的瘦肉组织中总脂肪含量。计算是依据美国农业部农业研究服务中心的资料(2013) USDA National Nutrient Database for Standard Reference, Release 26. Nutrient Data Laboratory Home Page, https://ndb.nal.usda.gov/ndb/.
②牛肉,所有等级的胸部生瘦肉法。
③猪肉,新鲜的生瘦肉,整理后的腿、腰、肩零售切块。
④羊肉,去除 1/4 脂肪的零售切块生瘦肉。
⑤鸡肉,肉鸡或肉用仔鸡的生肉。
⑥火鸡,生肉。
⑦鱼,生的大西洋鳕鱼。
⑧鱼,新鲜的生蓝鳍金枪鱼。

　　肉是优质食物蛋白来源,因为它的氨基酸组成与人类膳食必需氨基酸组分极其相近。肉的高品质及充足的蛋白含量,意味着仅仅 85g 肉就可以提供 50%~100%每日维持生长与健康所需的蛋白质摄入量[7]。此外,肉类的完全氨基酸组成能够为其他的食物蛋白源提供有效的补充。例如,在谷物或豆类主食中加入少量的肉,就能弥补赖氨酸和含硫氨基酸的不足,从而显著地提高植物蛋白的营养价值。

　　肉蛋白也是公认的生物活性肽的来源,具有远高于一般营养的特殊生理功能。例如,在胃(胃蛋白酶)肠(胰蛋白酶、糜蛋白酶和氨基肽酶)消化过程中肉(哺乳动物、家禽和鱼类)蛋白被水解产生的很多肽会表现出抗氧化、抑制血管紧张素-1 转换酶和结合金属离子的活性。目前,已从肌球蛋白、肌浆蛋白、胶原和许多其他肌肉蛋白的体外消化液中分离出了具有这些活性的肽段[8]。

　　肌肉组织是许多水溶性维生素的优质来源,包括硫胺素、核黄素、烟酸、维生素 B_6 和维生素 B_{12}(表 15.4)。然而像其他营养成分一样,维生素含量受到动物种类、年龄、性别以及营养状况的影响。最明显的事例就是,与牛羊肉相比,猪肉中硫胺素的含量很高而维生素 B_{12} 含量很低。在所有的肉类食品中,维生素 C,维生素 D,维生素 E 和维生素 K 的含量都很低。然而研究证明,肉中维生素 E 的水平可以通过膳食补充得到大幅提升。由于维生素 E

具有抗氧化功能,它的适量强化对有助于稳定肉的色泽,减少脂肪氧化和促进人类健康[9]。

红肉是金属元素的良好来源,因为它们的肌红蛋白含量很高;不过即使是家禽和鱼类的白肉也同样是金属元素的重要来源(表 15.4)。此外,与大多数无机形式的铁元素相比,亚铁血红素形式具有更高的生物利用率。钾,磷,镁在肉类中含量相对丰富。尽管钙元素对调节肌肉收缩十分重要,但它在肌肉中的含量相对于饮食需求来说严重不足。机械分割肉中,可能会由于含有小的骨头碎片而表现出较高的钙含量[10]。

表 15.4 各种肉的金属元素和维生素组成[①]

| | 红肉 | | | 家禽 | | 鱼类 | | DRI[②] |
	牛肉[③]	猪肉[④]	羊肉[⑤]	鸡肉[⑥]	火鸡肉[⑦]	鳕鱼[⑧]	金枪鱼[⑨]	RDA/AI*
金属元素								
钾	330	363	280	229	235	413	252	4700/4700*
磷	201	216	189	173	190	203	254	700/700
钠	79	59	66	77	118	54	39.0	1500/1500
镁	23	24	26	25	27	32	50.0	420/320[⑩]
钙	5	13	10	12	11	16	8.0	1000/1000*
锌	4.31	2.21	4.06	1.54	1.84	0.45	0.60	11/8
铁	1.92	0.82	1.77	0.89	0.86	0.38	1.02	8/18
维生素								
硫胺素	100	642	130	73	50	76	241	1200/1100
核黄素	170	254	230	142	192	65	251	1300/1100
烟酸	3940	5573	6000	8239	8100	2063	8654	16000/14000
泛酸	350	936	700	1058	844	153	1054	5000/5000*
维生素 B_6	420	644	160	430	652	245	455	1300/1300
叶酸	7	2	23	7	7	7	2	400/400
维生素 B_{12}	2.43	0.64	2.62	0.37	1.24	0.91	9.43	2.4/2.4

①金属元素和维生素的单位分别是 mg/100g, ug/100g。U. S. Department of Agriculture. Agricultural Research Service (2013). USDA National Nutrient Database for Standard Reference, Release 26. Nutrient Date laboratory Home Page, https://ndb. nal. usda. gov/ndb/.

②DRI(膳食参考摄入量)以成人(19-25 岁)RDA(推荐膳食量)和 AI*(适宜摄入量)表示。数据依据 Food and Nutrition Board, Institution of Medicine, National Academy of Sciences. (1997). Dietary Reference Intakes for Calcium, phosphours, magnesium, vitaminD and floride; Food and Nutrition Board, Institution of Medicine, National Academy of Sciences. (1998). Dietary Reference Intakes for thiamin, riboflavin, niacin, vatimin B_6, folate, vitamin B_{12}, pantothenic acid, biotin, and choline; Food and Nutrition Board, Institution of Medicine, National Academy of Sciences. (2000). Dietary Reference Intakes for vitamin A, vitamin K, arsenic, boron, chromium, copper, iodine, iron, manganese, molybdenum, nickel, silicon, vanadium, and zinc; Food and Nutrition Board, Institution of Medicine, National Academy of Sciences. (2004). Dietary Reference Intakes for water, potassium, sodium, chloride, and sulfate.

③牛肉,所有等级的胸部生瘦肉。

④猪肉,新鲜的生瘦肉,整理后的腿、腰、肩零售切块。

⑤羊肉,去除 1/4 脂肪的零售切块生瘦肉。

⑥鸡肉,肉鸡或肉用仔鸡的生肉。

⑦火鸡,生肉。

⑧鱼,生的大西洋鳕鱼。

⑨鱼,新鲜的生蓝鳍金枪鱼。

⑩年龄 31~50。

碳水化合物在鲜肉组成中所占比例很小(<1%)。糖原是肌肉中碳水化合物的主要形式,此外还有少量的单糖和糖酵解代谢物。在肌肉转变为食用肉的过程中,无氧糖酵解将大量的糖原转变为乳酸,从而使乳酸成为肉制品中主要的碳水化合物[11]。

小结

(1)肉由约70%的水、21%的蛋白质、7%的脂肪、1%的碳水化合物和1%的矿物质(灰分)组成。水分和灰分的含量相对恒定,蛋白质和脂肪的含量则变化较大。

(2)肉类作为营养丰富的食品,是完全蛋白质、B族维生素、铁、钾、镁和磷的优质来源,但维生素C、维生素D、维生素K和钙的含量明显不足。

(3)不同种类的肉在脂质含量和组成上差异很大,但在某种程度上可通过饲喂、加工等相关环节的管理来控制和改变。

15.3 肌肉的结构和功能

15.3.1 骨骼肌的结构

不同的骨骼肌在大小和形态上有很大区别。总的说来,肌肉是由细长并且多核的肌细胞,即肌纤维或肌原纤维平行排列构成的。单个肌原纤维宽10~100μm,长从几毫米到几厘米,有时甚至会横越整块肌肉的长度。肌原纤维以分层的形式与相结合的循环系统、神经、血液组织一起构成了整个肌肉器官(图15.1)。细胞外基质(ECM),又称肌内结缔组织,是组装肌纤维的支架系统。在ECM内,每个肌原纤维都被一层结缔组织即肌内膜包裹着,一组肌原纤维就形成了初级或二级肌束,并被另一层被称作肌束膜的结缔组织所包围。包裹在整个肌纤维外的最后一层厚的结缔组织鞘被称为"肌外膜"。这层肌外膜与结缔组织肌腱相融合将肌肉连接到骨骼上。结缔组织的分子和结构特性在15.3.4.1中有所描述。

肌肉细胞拥有与所有细胞相同的其他典型细胞器。受骨骼肌细胞进化途径影响,肌原纤维是典型的多核细胞(图15.2)。核通常分散在细胞的外围,紧邻肌纤维膜下方。线粒体作为肌纤维能量的传送者贯穿整个细胞并且与肌原纤维紧密相连。溶酶体是一系列蛋白水解酶的主要贮藏处,这些酶在蛋白质转换时起催化作用,被称为组织蛋白酶。

肌肉的肌质可能含有糖原颗粒和脂肪液滴,其数量取决于肌肉纤维的类型(氧化型或非氧化型)以及机体的营养状况、运动/休息状态。肌质中储氧肌红蛋白含量存在差异,各种酶类、代谢产物、氨基酸、核苷酸等也是如此。

肌肉收缩是通过特定蛋白质的作用完成的,这些特定蛋白质平行排列、相间交错形成粗肌丝和细肌丝(肌丝),构成了肌纤维体积的80%~90%。肌丝聚集成肌纤维,作为肌肉细胞的收缩细胞器,起到协调作用。当用显微镜观察骨骼肌的薄纵剖面时,就可以清晰地看到肌纤维高度结构化的组织方式。肌肉收缩的基本结构单元被称为肌节,肌节纵向重复形成了明暗相间的条带[图15.3(1)]。在偏光显微镜下,暗带是各向异性的,被称为"A带";亮带是各向同性的,称为"I带"。肌节的分界由被称为"Z盘"(又称"Z线")的结构单元定义,Z盘是I带中心又暗又窄,电子密集的蛋白质条带。Z盘一词来自于德文zwischen,意为

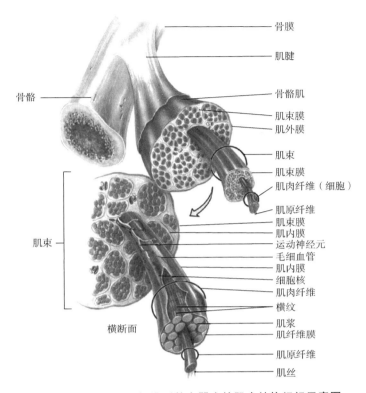

图 15.1　从亚细胞肌纤维到整个器官的肌肉结构组织示意图

单个肌肉细胞(纤维)被一层结缔组织(肌内膜)包围,多个纤维组合成肌束并被另一层被称作肌束膜的结缔组织所包围和分离。血管和神经穿透肌束膜,起到支持肌肉功能的组织作用。

资料来源:Tortora, G.J. and Derrickson, B., Principles of Anatomy and Physiolo, 14th edn., John Wiley & Sons, Inc., Hoboken, NJ, 2014.

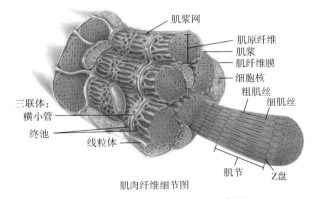

肌肉纤维细节图

图 15.2　肌纤维结构组织示意图

多核肌纤维被肌纤维膜包裹;肌纤维膜向肌纤维中心内陷形成横小管(T 小管)结构;每个 T 小管被夹在 SR 终池之间并与之相连,形成一个被称为三联体的结构;SR(肌肉内质网)包裹着肌原纤维,在肌肉休息时储存 Ca^{2+},在肌肉收缩时释放 Ca^{2+} 到肌浆。

资料来源:Tortora, G.J. and Derrickson, B., Principles of Anatomy and Physiolo, 14th edn., John Wiley & Sons, Inc., Hoboken, NJ, 2014.

"在两者之间",表明其位置在 I 带的中心。Z 盘蛋白质形成的网络结构是从 Z 盘两侧发散出的细肌丝中蛋白质的锚定基础[图 15.3(2),图 15.4]。

肌节由粗肌丝和细肌丝交替排列构成。I 带由细肌丝组成,而 A 带由粗细肌丝交叠组成。A 带的中心比末端区域密度稍小,看起来更亮,因为这个区域没有交叠的细肌丝,仅由粗肌丝组成[图 15.3(2),图 15.4]。A 带的这一部分被称为 H 区,来源于意为明亮的德文"helle"。H 区的中央有一个类似于 Z 盘的暗区,被称为 M 线,它由数个维持粗肌丝蛋白结构排列的蛋白质组成,并且是横跨整个 M 线与 Z 盘间的肌联蛋白的落脚点(详见 15.3.4.5)。

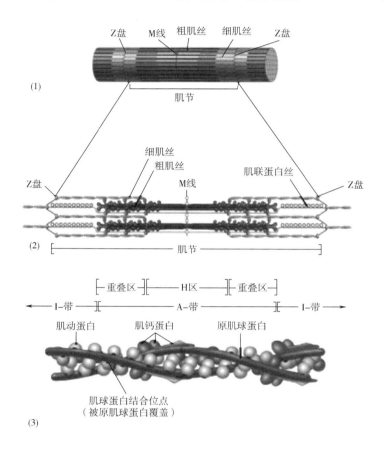

图 15.3　肌节的结构

(1)肌纤维的肌节单元从一个 Z 盘开始延伸到下一个 Z 盘。每个肌节的中心是由蛋白质排列形成的 M 线。(2)肌节的主要组成部分是锚定在 Z 盘上的细肌丝,位于肌节中心且与细肌丝部分重叠的粗肌丝,以及从 Z 盘横跨到 M 线肌联蛋白丝。(3)肌动蛋白单体聚合形成双股螺旋线圈,构成肌丝的骨架。原肌球蛋白以"从头到尾"的方式聚合于肌动蛋白双螺旋槽附近,覆盖了肌动蛋白骨架上肌球蛋白的结合位点。一个原肌球蛋白分子横跨 7 个肌动蛋白单体。一个肌钙蛋白分子(由 T、I 和 C 亚基组成)以不对称型 TnT 亚基与一个原肌球蛋白分子结合。

资料来源:Tortora,G.J. and Derrickson,B.,PPrinciples of Anatony and Physiology,14th edn.,John Wiley & Sons,Inc.,Hoboken,NJ,2014.

1954 年,Huxley 和 Hanson 提出了肌肉收缩理论——滑动肌丝假说,这个理论至今依然基本适用[15]。这个理论是基于无论肌肉是在拉伸,收缩或是休息状态下,细肌丝和粗肌丝的长度都保持不变的事实。与之相对的是,肌节的长度——相邻 Z 盘中心的距离,会随着肌纤维收缩程度或所受拉伸力强度的不同而改变。此外,肌肉横截面的电镜图表明,粗肌丝和细肌丝是以 6 条呈六边形阵列的细肌丝包围一条粗肌丝的方式相互交叠的。Huxley和 Hanson 认为,肌肉收缩时,粗肌丝和细肌丝会相互滑动使得位于肌节两端的细肌丝向中间相向移动,导致肌节长度减小(图 15.4)。与之相对应的是,拉伸时 Z 盘间隙增大,这一过程是通过肌节两端的细肌丝沿着 A 带反向滑动实现的。细肌丝和粗肌丝的交叠程度对肉的嫩度影响显著。正如 15.5.3 将介绍的,肌节长度和肉的韧性之间总体上呈现负相关。当肌肉最大程度收缩时,肌节是最短的,肌丝之间高度的交叠以及两种肌丝之间大量刚性结合的形成会导致肌肉韧性增加。有关肌丝滑动引起肌肉收缩的分子细节将会在 15.3.5 中讨论。

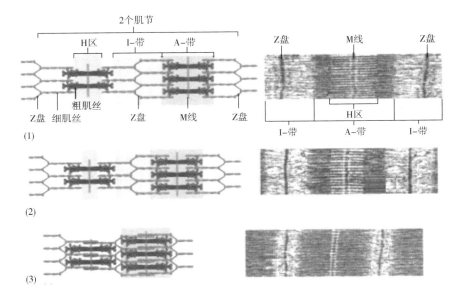

图 15.4 滑动肌丝假说的图示

(1)松弛,(2)部分收缩,(3)最大收缩。细肌丝和粗肌丝相互交错,使得肌丝之间可以相互穿过。肌肉收缩时,Z盘之间的距离缩短,细肌丝和粗肌丝之间的重叠增加。

资料来源:Tortora,G.J. and Derrickson, B., PPrinciples of Anatomy and Physiology, 14th edn., John Wiley & Sons, Inc., Hoboken, NJ, 2014.

15.3.2 心肌的结构

心肌可以被直接当作食物,或者更常见的是将其切碎加入到加工肉制品,如香肠中。与骨骼肌相似,心肌也具有条纹结构,这就意味着心肌中收缩蛋白的排列与骨骼肌类似。从解剖学角度来看,心肌的纤维排列不如骨骼肌的整齐,并且与骨骼肌纤维的多核特征相比,典型的心肌只有 1~2 个核居中分布。尽管组成心肌收缩器件的蛋白质与骨骼肌相同,但其亚型通常是心肌蛋白质所特有的。骨骼肌收缩蛋白与心肌收缩蛋白亚型在氨基酸序列上的差异使来自这两个组织的蛋白质在食物中表现出不同的功能特性。此外,刺激心肌收缩的信号机制和钙释放机制也与骨骼肌的不同。所有这些因素都对宰后心肌的代谢及其作为食物的应用有着重要的影响。更为详细的论述超出了本章的讨论范畴,建议读者查阅其他资料以获得有关心肌生物学的更加详细的信息[16,17]。

15.3.3 平滑肌的结构

有些平滑肌(如鸟类的砂囊、胃、肠)可以作为特殊的食物。平滑肌与骨骼肌或心肌不同,在显微镜下观察其纵剖面是看不到条纹的,也正因为如此我们称之为"平滑肌"。平滑肌的这种外观结构是其收缩蛋白的相对不规则排列所引起的。参与平滑肌收缩的大多数蛋白质与骨骼肌相同,但有些蛋白(如肌钙蛋白)是明显缺失的,并且不同种类的动物之间以及不同的平滑肌之间存在着多种不同的平滑肌收缩调控机制。与心肌的情况类似,即使是相同的蛋白质(如肌球蛋白,肌动蛋白,原肌球蛋白),其亚型表现也具有组织特异性,平滑肌与骨骼肌蛋白亚型之间的差异足以使得这些蛋白质在加工肉制品中的功能性质大相径庭。读者可以查阅其他参考资料以获得关于平滑肌的生理学方面的更详细的信息[17,18]。

15.3.4 肌肉组织中的蛋白质

骨骼肌的蛋白质可根据其溶解度或生理功能进行分类。按照生理功能分类时,通常是以蛋白质对肌肉结构、肌肉收缩以及代谢等的贡献为依据。按照溶解度分类时则通常依据肌肉蛋白在不同盐浓度下的溶解度将其分为三类,由于这三个类别通常与其在细胞内的位置有关联,因此被定义为①肌浆蛋白;②肌原纤维蛋白;③基质蛋白。

顾名思义,肌浆蛋白是指肌纤维肌浆中的蛋白质,包括糖酵解酶类,肌球蛋白以及代谢中涉及的其他酶。这些蛋白质有时也被定义为"水溶性"蛋白,因为它们在低离子强度下就可以溶解(~0.3mmol/L)。这部分蛋白占总肌肉蛋白含量的30%[19]。

肌原纤维蛋白在肌肉蛋白中所占的比例最大(50%~60%)。这些蛋白质需要在高的盐浓度(例如>0.3mol/L NaCl)下才可以溶解;因此,这部分肌肉蛋白有时也被称作肌肉蛋白的"盐溶部分"。肌肉组织中的盐浓度大约为0.15mol/L。如此低的盐浓度有效防止肌原纤维蛋白质在肌浆中的溶解,因此肌丝复杂的四级结构得以维持。

肌球蛋白和肌动蛋白分别是粗肌丝和细肌丝的主要组成成分[图15.3(3)],占据了肌原纤维蛋白总量的65%以及肌肉蛋白总量的40%[20]。由于这两种蛋白质含量丰富,它们在盐溶液中的化学特性决定了肌原纤维蛋白的溶解特性以及相关肉制品的加工特性。值得注意的是,尽管肌原纤维蛋白一般情况下等同于高浓度盐溶,但这只是宽泛地概括。反常的事例包括,有些鳕鱼的肌原纤维蛋白可在很低的离子强度下溶解(<0.0002)[21],此外,其他肌原纤维蛋白如肌钙蛋白,纯化后也可在低离子强度下溶解。

新鲜肉制品的质量特性在很大程度上也取决于占总蛋白含量10%~20%的基质蛋白或者结缔组织蛋白的量和组成。基质蛋白的含量随着动物种类、年龄和肌肉类型而变化[22]。在接近中性的pH、低盐浓度或高盐浓度、低温等通常的提取条件,这些蛋白质是不可溶的。动物体内含量最丰富的蛋白质-胶原蛋白是基质蛋白的主要成分。基质蛋白形成了结缔组织层来巩固和保护肌肉,因此胶原蛋白的数量和质量与肉的韧性之间应该有一定的联系[21]。此外,胶原蛋白分子之间存在共价交联(详见 15.3.4.1),并且交联量随着动物年龄的增大而增加[23]。人们设计了各种各样的加工和烹调方法用以破坏或部分溶解肉中的胶原蛋白从而增加肉的嫩度,这一事实充分印证了胶原蛋白对于肉品质的重要性[24]。

15.3.4.1　结缔组织蛋白与细胞外基质(ECM)蛋白

如前所述,ECM 以支架网络的形式构成了肌肉的结构基础,以支持肌肉的功能,同时保持一定程度的弹性[23]。此外,ECM 中还渗透着一个复杂的大分子网络,包括胶原家族成员、弹性蛋白、蛋白聚糖和糖胺聚糖,以及合成胶原蛋白、巨噬细胞、淋巴细胞、肥大细胞和嗜酸性粒细胞的成纤维细胞等多种细胞。直到最近,ECM 的主要作用还被认为是维护肌肉结构的完整性。但最新的研究表明,ECM 具有动态调节周围细胞行为的作用[25,26]。ECM 通过嵌入在 SL 中的整合素复合物向细胞传递信息,整合素复合物是连接细胞内细胞骨架网络和 ECM 的蛋白质(图 15.5)[27]。通过整合素,ECM 可以规范调节各种行为,包括基因的表达、传递、附着、增殖以及分化。骨骼肌的分化完全依赖于蛋白糖的合成[28],而蛋白糖的表达形式也在分化进程中不断变化[29]。此外,有研究表明,ECM 表达水平的下降[30]以及屠宰后整合素的降解都会引起额外的水分散失,从而导致肉的品质下降[31]。

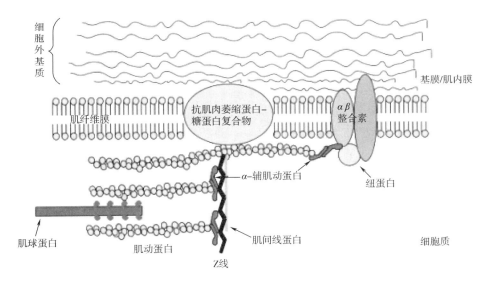

图 15.5　细胞外基质蛋白与细胞内骨架蛋白网络的定位和相互作用示意图

细胞外基质蛋白通过嵌入在肌纤维膜中的整合素复合物与细胞内的细胞骨架相连。

资料来源:Lewis, M.P.et al., Eur.J.Oral Sci., 109, 209, 2001.

组成 ECM 的优势蛋白是胶原家族成员,因此这些蛋白是 ECM 蛋白研究领域的重点。胶原蛋白是指一组至少 29 种不同类型的蛋白质,它们是存在于全身结缔组织(包括骨骼、肌腱、软骨、血管、皮肤、牙齿和肌肉[32])中的 30 多种基因的产物。胶原蛋白对肉制品的韧性有不同程度的影响,半纯态的胶原蛋白–明胶是重要的功能性食品配料。胶原蛋白对肉韧性的贡献与来源动物的大小和功能有一定的联系。例如,小型动物和鱼类的骨骼肌对承重能力的要求较低,因而与大型陆地动物相比,其骨骼肌中胶原蛋白的含量和交联程度都较低。

可以根据胶原蛋白形成的超分子结构对其进行分类。主要的类别包括①条纹或纤维状胶原;②非纤维或网状胶原;③微纤维或丝状胶原;④纤维相关的间断三股螺旋结构胶原(FACITs)。按照惯例,每个不同基因编码的胶原蛋白都用罗马数字来区分,例如,Ⅰ型、Ⅱ型……XXIX型,是根据发现的时间顺序来标识的。在29种胶原蛋白中,Ⅰ型、Ⅲ型、Ⅳ型、Ⅴ型、Ⅵ型、Ⅻ型和ⅩⅣ型存在于肌肉[33]中。以下列举讨论的是几个不同类型肌肉相关胶原蛋白。

Ⅰ型、Ⅲ型和Ⅴ型胶原蛋白属于纤维胶原家族,通常存在于ECM。在显微镜下观察这些胶原蛋白可以看到每64~70nm有一个重复条带单元,这是胶原蛋白分子并行交叉排列的结果(图15.6)。这三种类型的胶原蛋白与仅由Ⅰ型胶原组成的肌外膜以及包含Ⅰ、Ⅲ、Ⅴ型胶原的肌束膜有关[23]。Ⅲ型胶原被认为是胶原的一种胚胎形式,它在胚胎和新生儿中表达最高,此后随着Ⅰ型胶原数量的增多而逐渐减少。早期关于肌肉的文献认为肌束膜中有一种耐热被称为网硬蛋白的基质蛋白组分,以小纤维的形式存在。目前的研究已经证实这些纤维主要是Ⅲ型胶原,此外还有少量的其他胶原蛋白、糖蛋白和蛋白多糖[34]。已经有一些研究表明Ⅰ型和Ⅲ型胶原蛋白的比例与肉的韧性之间存在相关性,但这些研究结果[23]并非结论性的。

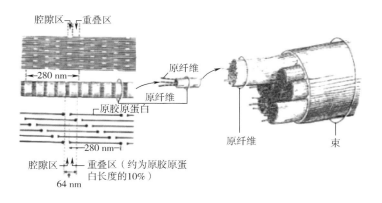

图15.6 胶原纤维的形成

原胶原蛋白单元以并排交错、头尾交叠的形式排列。原胶原纤维单元交错排列所形成的间隙和重叠就产生了亮区(腔隙区)和暗区(重叠区)。胶原原纤维包裹着肌肉纤维、纤维束和整块肌肉。

资料来源:Junqueira, L.C.et al., Basic Histology, Appletton & Lange, Norwalk, CT, 1989.

胶原蛋白的基本单元是原胶原蛋白,它由3条相互缠绕的多肽链组成,以螺旋线圈超螺旋结构形成了长280nm,宽1.4~1.5nm的线型分子(图15.7)。不同类型的胶原蛋白的多肽链可能是相同的,也可能具有不同的氨基酸序列。例如,Ⅰ型胶原蛋白由两条相同的肽链 α_1(Ⅰ)和一条氨基酸序列不同的肽链 α_2(Ⅰ)组成;Ⅲ型胶原由三条完全相同的肽链 α_1(Ⅲ)组成。按照惯例,阿拉伯数字是用来表示某一特定胶原蛋白类型中的不同肽链的,罗马数字代表胶原蛋白的类型。因此，Ⅰ型胶原蛋白的 α_1 肽链不同于Ⅲ型胶原蛋白的 α_1 肽链。

Ⅰ型胶原蛋白的多肽链平均含有 1000 个氨基酸残基，具有贯穿大部分主链的（Gly-X-Y$)_n$ 重复序列。这个序列中的 X 残基一般是脯氨酸，Y 通常是羟脯氨酸或羟赖氨酸。后两种氨基酸是通过脯氨酰羟化酶和赖氨酰羟化酶分别转译脯氨酸和赖氨酸而生成的。总的来说，胶原蛋白大概含有 33%甘氨酸，12%脯氨酸，11%丙氨酸，10%羟脯氨酸，1%羟赖氨酸以及少量的极性和带电氨基酸。胶原蛋白完全不含色氨酸，事实上，有些时候色氨酸的缺失被用作胶原蛋白产品纯度检验的标准。基于上述胶原蛋白中优势氨基酸的分析及其缺乏大部分人类必需氨基酸的事实，可以推断胶原蛋白不是优质食用蛋白源，尤其是在以明胶或胶原水解物形式被食用的时候。

$\alpha_1(Ⅰ)$
$\alpha_1(Ⅰ)$
$\alpha_2(Ⅰ)$

图 15.7　原胶原纤维的三股螺旋结构及胶原纤维中原胶原蛋白分子间交联的示意图

资料来源：Chiang，W. et al.，in Food Chemistry：Principles and Applications，2nd edn.，Y.H.Hui，ed.，Science Technology System，West Sacramento，CA，2007.

与所有蛋白质一样，胶原蛋白的一级结构决定了胶原蛋白家族的折叠和聚集结构。甘氨酸出现在每个三联体的开始且其后伴随的通常是脯氨酸残基，这一氨基酸排列特征使得胶原蛋白的多肽 α 链高度延伸并具有特殊的浅左旋结构。在Ⅰ型胶原蛋白中，3 条 α 多肽链以右手三螺旋线圈结构组成原胶原蛋白分子（图 15.7）。结构研究表明，每个甘氨酸残基侧链的氢原子都直接朝向螺旋线圈的中心。由于与其他氨基酸侧链相比，氢原子尺寸较小，因而甘氨酸成为唯一侧链可嵌入螺旋线中心的氨基酸。此外，每一条肽链都与其他两条稍有交错，这使得多肽链上甘氨酸残基的氨基氢与另一条链上的邻近 X 残基的羰基氧可以直接形成氢键。氨基酸序列上脯氨酸和羟脯氨酸的定期出现阻碍了常规 α 螺旋的形成，因为这些残基的可变 Φ，Ψ 角受到约束，此外，脯氨酸和羟脯氨酸的残基也缺少维持 α 螺旋稳定的氨基氢原子。羟脯氨酸和羟赖氨酸的羟基也被认为是由链间氢键稳定的，因此，与其他蛋白质相比，胶原蛋白的二级结构具有非同寻常的伸展性，相对刚性以及独特的螺旋模式[34]。

作为前体被合成的胶原蛋白多肽链被称为 pro-α 链，这些前体多肽包含一个氨基末端信号序列，该序列将多肽引向纤维原细胞的肌内膜网状组织。与 C-末端及 N-末端信号序列相连的是一系列被统称为前导肽的额外氨基酸残基。在多肽进入肌内膜网状组织处，特定的脯氨酸和赖氨酸残基被羟基化,同时少量的羟赖氨酸残基被糖基化。继而,pro-α 链结合形成三股原胶原蛋白分子。研究推断,前导肽系列启动了前胶原蛋白分子的形成,并且阻止了难以被分泌的细胞内大纤丝的形成[23]。

前胶原蛋白被分泌到 ECM,在那里蛋白酶从分子的两端裂解多肽形成原胶原蛋白,然后原胶原蛋白分子间自组装聚集形成肌丝。原胶原蛋白分子间是以并排交错的形式组装在一起的,其相互间的结合主要依靠疏水和静电相互作用保持稳定。在原胶原分子 N-末端的前 14 个氨基酸残基和 C-末端的前 10 个氨基酸残基中不存在典型的甘氨酸-X-Y 序列,因此这些"末端肽"区域不会形成典型的胶原蛋白螺旋。

末端肽区域参与了单个多肽链之间分子间共价交联的形成(图 15.7)。这些交联为超分子结构提供了至关重要的稳定性和抗拉强度。有 4 个关键残基参与了原胶原蛋白链最初的交联,它们是 N-末端肽的 2 个赖氨酸或羟赖氨酸残基,C-末端肽的 2 个赖氨酸或羟赖氨酸残基。原胶原蛋白分子的头尾交错排列方式使 N-末端肽得以与邻近的 C-末端肽之间产生相互作用。

交联的先决条件是赖氨酸或羟赖氨酸残基通过赖氨酰氧化酶的作用脱氨基分别形成醛赖氨酸或羟赖氨醛。接下来的交联反应通过醛醇缩合或是氨醛缩合(赖氨酸或羟赖氨酸的氨基与醛赖氨酸或羟赖氨醛的醛)形成席夫碱中间体而自发实现。图 15.8 所示为这些交联反应的示例。通过上述途径形成的二价交联可被硼氢化还原,因此被称为"可还原交联"。

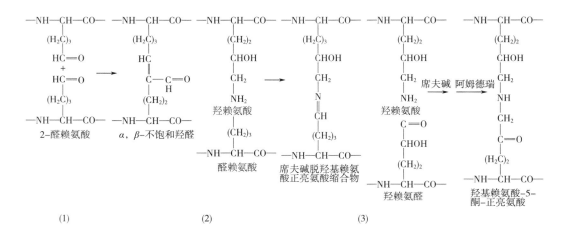

图 15.8 胶原蛋白侧链形成交联的机制

(1)两个醛赖氨酸残基羟醛缩合失去一个水分子;(2)羟赖氨酸与醛赖氨酸缩合后形成席夫碱;(3)羟赖氨酸与羟赖氨醛缩合形成席夫碱,席夫碱中间体经过 Amadori 重排形成羟基赖氨酸-5-酮-正亮氨酸。

随着动物年龄的增长,胶原的交联会由可还原型转化成较为稳定的三价不可还原型。不可还原型交联有两种主要形式:羟基赖氨酸吡啶酚(HP)和赖氨酰吡啶啉 LP(图 15.9),其中 LP 在肌肉中的含量几乎可以忽略。可还原交联消失的同时出现不可还原形式交联的这一事实证明[21],HP 可能是通过两个酮胺分子交联缩合而成的(图 15.8)。与可还原交联相反,不可还原交联非常耐热且显著影响肉的嫩度。此外,动物成熟过程中自发形成的额外交联致使肉的韧性增加,这在年老的动物中是较为常见[23,33]。

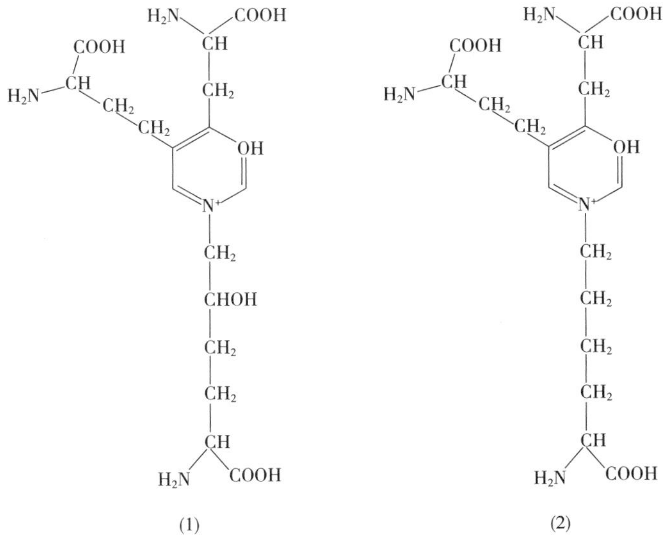

图 15.9　胶原蛋白的(1)HP 和(2)LP 交联结构

交联程度不仅随着动物的年龄而变化,还因肌肉的功能(如不同部位和不同器官的)、动物种类、锻炼程度、饲养方法而不同。此外,鉴于胶原蛋白含量和胶原蛋白交联程度都与肉的韧性存在不确定的相关性,因此可以推断这二者还存在其他影响肌肉韧性的附加效应。牛股二头肌等韧性较高的肉中胶原蛋白和 HP 含量较高,而韧性较低的肌肉,如背长肌中胶原蛋白和 HP 含量只有前者的 $1/2 \sim 2/3$。此外,臀中肌的胶原蛋白含量高而 HP 含量低,而胸大肌的胶原蛋白含量低但 HP 含量高,这两种肌肉相对来说都比较嫩。由此可见,肉的韧性与胶原蛋白的两个参数,即含量及交联程度的附加效应关系更密切[35]。

15.3.4.2　肌浆蛋白

肌肉中肌浆蛋白的含量很高(占肌肉蛋白总量的 25%~30%)。顾名思义,肌浆蛋白存在于肌细胞的肌浆(细胞质)中[19]。大多数但并非全部的肌浆蛋白是与糖酵解、糖原合成以及肝糖分解反应相关的酶(表 15.5)。其中,磷酸甘油脱氢酶占了肌浆蛋白的 20%,含量次之的其他 4 或 5 种糖酵解酶类合计占了肌浆蛋白总量的一半。其余的蛋白包括戊糖支路酶类以及辅酶,例如,肌酸激酶(可溶部分),AMP 脱氨酶,钙蛋白酶,贮氧酶以及肌红蛋白。

肌浆中有些蛋白质的含量随着物种、品种、肌纤维类型、动物年龄以及个体基因的不同而变化。例如,年幼的动物体内肌红蛋白含量较低;因此,小牛的肉色就比成年牛的苍白。家禽的胸肌和鱼肉由于肌红蛋白的含量低而几乎没有红色,但家禽的小腿和大腿肌肉则因为肌红蛋白含量较高,颜色比胸肌红。鲸肌肉中的肌红蛋白含量是目前所知最高的,有些鲸的肌浆蛋白中高达 70%是肌红蛋白[19]。

表 15.5   肌肉中肌浆蛋白的含量

蛋白质	含量/(mg/g)	蛋白质	含量/(mg/g)
磷酸化酶 B	2.5	磷酸甘油酸变位酶	1.0
磷酸葡萄糖变位酶	1.5	烯醇酶	5
磷酸葡萄糖异构酶	1.0	丙酮酸激酶	3
磷酸果糖激酶	1.0	乳酸脱氢酶	4
醛缩酶	6.0	肌酸激酶	5
磷酸丙糖异构酶	2.0	腺苷酸激酶	0.5
α-磷酸甘油脱氢酶	0.5	AMP 脱氨酶	0.2
磷酸甘油脱氢酶	12	肌球蛋白	0.5~2.0
磷酸甘油酸激酶	1.2		

另一种对于活的肌肉以及屠宰后肌肉向食用肉转化的过程而言都具有重要意义的酶是肌酸激酶。这种酶既存在于可溶肌浆蛋白中,又是肌纤维 M-线蛋白基质的组分之一。当有大量能量需求,如快跑或是提重物时,肌酸激酶可以维持肌肉中可用三磷酸腺苷(ATP)水平的稳定[36]。在糖酵解和氧化代谢可以补充 ATP 损失之前,ATP 可能很快被消耗完。磷酸肌酸(CrP)作为一种高贮能化合物,在肌酸激酶的催化作用下将其磷酸盐转移到 ADP 上:

$$CrP+MgADP \rightarrow MgATP+Cr$$

在静息肌肉中,由于糖酵解和氧化代谢反应储存了 ATP,这个反应就会向反方向移动,一部分多余的代谢能量就会由 ATP 转变为 CrP 这个储能形式。

肌浆中的另外两种重要的蛋白质是腺苷酸激酶和 AMP 脱氨酶。当 ATP 用于提供能量时,ADP 就会通过糖酵解、氧化磷酸化和肌酸激酶被转化回 ATP。腺苷酸激酶是另一种支持能量需求的酶,它通过催化以下的反应合成 ATP:

$$2ADP \rightarrow ATP+AMP$$

在肌肉需要大量能量时以及死后肌肉转化为肉的早期阶段,ATP 含量会迅速下降。当其他 ATP 生成来源耗尽时,这个反应显得尤为重要。该反应的另一产物 AMP 在 AMP 脱氨酶的作用下脱去氨基生成次黄酐酸:

$$AMP \rightarrow IMP+NH_3$$

IMP 进一步降解即生成有苦异味的次黄嘌呤。次黄嘌呤一直被当作判断鱼肉死亡时间的生化指示剂。

最后,有一些肌浆蛋白酶可能与肌肉生长、保持以及死后肌肉蛋白降解有关。这些酶在肉类老化和嫩化中所起的作用已在 15.4.1 中讨论。另一组肌浆蛋白酶是不可溶的,但采取不同的萃取方法可能可以使其溶解。这些蛋白包括构成肌肉中细胞骨架蛋白网络的部分中间丝和微肌丝。

15.3.4.3　收缩蛋白

(1)肌球蛋白　和胶原蛋白一样,肌球蛋白是一个由许多紧密相关的蛋白组成的超家族,这些蛋白几乎存在于所有细胞中,并在细胞运动性中发挥重要作用。以功能和序列相似性为依据,肌球蛋白可以被划分成数目不断增多的系统发育类别。目前,肌球蛋白超家族中有 24 类;骨骼肌、心肌和平滑肌亚型构成了Ⅱ类肌球蛋白[37]。即使在Ⅱ类肌球蛋白中,也有许多不同的蛋白亚型,它们是不同基因的产物或是经历了不同的选择性剪接。这些亚型的差异表达取决于动物生长发育阶段(胚胎、新生儿、成年)、肌肉组织类型(骨骼肌、心肌、平滑肌)和肌纤维类型(快、中等、慢)等多个影响因素。

　　肌球蛋白是肌肉收缩的分子马达。它是 A 带中的主要蛋白质,占据了肌原纤维蛋白质的 45%,它也是含量最丰富的骨骼肌蛋白质[20]。每个肌球蛋白分子由 6 个亚基组成,其中包括两个分子质量约为 220000u 的重链和 4 个分子质量在 16000~20000u 的轻链[38]。肌球蛋白的 6 个多肽链组合在一起形成分子质量约为 520000u、外观大致为两个球形头部从棍子末端伸出[图 15.10(1)]的四级结构。每条肌球蛋白重链的 N 末端折叠形成肌球蛋白头部,而由序列模体构成的 C 末端部分(60%的重链残基)则形成一个长的 α 螺旋结构。两条重链的螺旋相互缠绕形成棒状螺旋线圈。每一个肌球蛋白头被两条肌球蛋白轻链包裹。肌球蛋白的轻链中有两条碱溶性多肽,分别是轻链 1(LC1)(相对分子质量 20900)和轻链 3(LC3)(相对分子质量 16600)。轻链 2(相对分子质量 18000)有时被被称作 DTNB 轻链,因为用硫醇试剂 5,5′-二硫代双(2-硝基苯甲酸)(DTNB)处理肌球蛋白时可将其除去。每个肌球蛋白的头部都连接着一条碱轻链和一条 DTNB 轻链。DTNB 轻链有时又称调控轻链,因为软体动物肌肉和高等动物平滑肌中由肌球蛋白为主调节的收缩必须有 DTNB 链的参与。因此,LC1 和 LC3 有时又称必需轻链。同时,这些轻链在促进肌球蛋白重链与肌动蛋白的结合、精准调控 ATP 水解动力学以及相应的收缩功能中也发挥着重要作用。

　　肌球蛋白分子的头部和棒状部分的功能存在显著差异。在生理条件下,肌球蛋白分子间通过每个分子的棒状部分并排交错相连而结合在一起[图 15.10(2)]。因此,肌球蛋白的棒状部分为粗肌丝的形成提供了结构基础。粗肌丝以两极的形式排列,即肌丝的源头是位于粗肌丝中心的 M 线。肌球蛋白分子向 M 线的反方向延展[图 15.3(3)]。肌球蛋白头部从每个粗肌丝轴呈放射状射出,朝向细肌丝方向[图 15.10(3)]。肌球蛋白头的顶部与构成细肌丝主链的蛋白质—肌动蛋白相连。肌球蛋白头部还有一个 ATP 的结合位点,这一位点是驱动肌肉收缩的分子马达。

　　由于肌球蛋白尺寸大且溶解性差,研究天然肌球蛋白的收缩特性和酶学性质非常困难。然而,20 世纪 50 年代初研究人员发现用胰蛋白酶或木瓜蛋白酶简单水解肌球蛋白获得的蛋白片段更适合于在生理条件下进行其特性分析。有限的肌球蛋白水解可以得到两种主要产物,并且每个片段都保留了在完整蛋白中发现的特定结构和功能特征[39]。其中一个片段被称作重酶解肌球蛋白(HMM),由 2 个肌球蛋白头及与每个头部相连的肌球蛋白短棒组成。HMM 保持着原肌球蛋白分子的肌动蛋白结合以及 ATP-水解活性。水解除去HMM 后得到的另一片段—肌球蛋白棒状长链被称为轻酶解肌球蛋白(LMM),它含有可以使单个肌球蛋白分子集合成细肌丝的决定因子。进一步的水解会导致 HMM 在头尾连接处断裂形成 2 个亚片段:肌球蛋白头部组成亚片段 1(S1),短的尾部成为亚片段 2(S2)[图15.10(1)]。亚片段 2 既没有自我缔合的性质,也没有分子马达的活性。因此,S2 可能是分

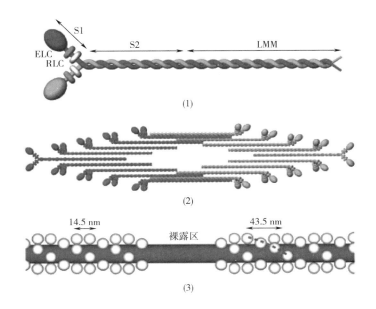

图 15.10　肌球蛋白分子及其组装成粗肌丝的结构示意图

(1)功能性肌球蛋白分子由两条重链组成,每条重链都有一个球状头部和一个棒状的 α 螺旋。两条重链的螺旋相互缠绕形成棒状螺旋线圈。与每个重链的颈部区域相结合的有两条轻链:这两条必需轻链(ELC)又称轻链 1 和轻链 3,调节轻链(RLC)又称轻链 2。肌球蛋白的有限水解可得到 HMM 和 LMM。进一步有限水解 HMM 可生成两个亚片段:亚片段 1(S1),由 HMM 的头部和颈部结构域组成;亚片段 2(S2)是连接肌球蛋白头部和 LMM(参与肌丝形成的杆部)的多肽片段。(2)肌球蛋白分子以两极交错排列的形式结合形成粗肌丝。(3)肌球蛋白头部在肌丝轴上呈螺旋状发散。平行的、相邻的肌球蛋白分子之间以 14.5nm 的距离相互交错;肌球蛋白头部之间的平移距离为 43.5nm。

资料来源:Craig,R.and Woodhead,J.L.,Curr.Opin.Struct.Biol,16,204,2006.

离肌球蛋白头部和粗肌丝轴并将二者连接的连接片段[40]。

　　研究人员已经获得了肌球蛋白亚片段 1 的结晶,并采用高分辨手段确定了其分子结构[41]。在 S1 众多可观察的结构特征中,一个重要的特点是具有两个明显的裂缝。其中一个口袋是 ATP 结合位点,而另一条裂缝是肌动蛋白结合位点(图 15.11)。这两种功能是肌球蛋白表现分子马达活性的必要条件。此外,肌球蛋白亚片段 1 的结构中还有一段连接肌球蛋白头 S1 和肌球蛋白棒状尾部 S2 的长 α 螺旋片段。肌肉收缩时,这一螺旋片段起到杠杆臂的作用,肌肉收缩时与肌动蛋白头部移动相关的构象变化就在此处发生。

　　(2)肌动蛋白　　与肌球蛋白一样,肌动蛋白是几乎所有真核细胞和原核细胞中普遍存在的蛋白质。然而,与肌球蛋白不同,肌动蛋白是自然界中发现的最高度保守的蛋白质家族之一。肌动蛋白是肌肉蛋白中含量第二高的蛋白质,大约占肌原纤维蛋白含量的20%[20]。肌动蛋白单体又称球状肌动蛋白或者 G-肌动蛋白,是一条分子质量为 42000u 的肽链并且包含一个单核苷酸腺嘌呤的结合位点。G-肌动蛋白的命名源于其单体是近似球形的这一传统观点。在观察 G-肌动蛋白的高分辨率结晶结构时可以清楚地发现,其外形像花生壳,由两个部分组成,其中每个部分又分成两个亚结构区[42]。不过,人们仍坚持用

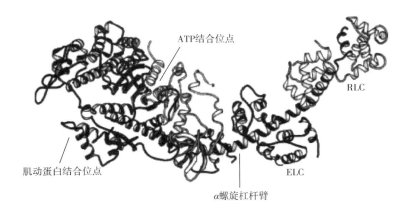

图15.11　肌球蛋白亚片段1的三维结构图

　　在肌球蛋白头部有两个明显的裂痕：一个是作为桥联结构域的肌动蛋白结合位点，一个是ATP水解产生支持肌肉收缩所需机械能的核苷酸结合位点。该结构中还有一段连接轻链的长α螺旋片段，它是肌肉收缩和松弛过程中肌球蛋白构象变化的杠杆臂。缩写：RLC，调节轻链；ELC，必需轻链。

　　资料来源：Rayment, I. et al..Annu. Rev. Physiol, 58, 671, 1996.

G-肌动蛋白来命名肌动蛋白单体。

　　在非常低的离子强度下，G-肌动蛋白维持单体结构。然而，当离子强度接近生理条件且体系中存在MgATP时，肌动蛋白会以头尾相连的形式形成聚集成双螺旋结构的细肌丝，被称为纤维状肌动蛋白，或称F-肌动蛋白[43]。纤维的一端嵌在Z盘上，另一端朝向位于肌节中心的M线[图15.3(2)]。鉴于细肌丝的朝向特性，在肌节内，位于M线两侧的肌动蛋白纤维就像箭一样相互指向对侧。细肌丝的长度相当准确，在1μm左右。研究表明，包括伴肌动蛋白、原肌球调节蛋白以及CapZ蛋白在内的其他细肌丝蛋白在控制单个细肌丝尺寸方面都起着关键[38]。

　　肌动蛋白在肌原纤维中起着双重作用。肌肉收缩时，肌动蛋白结合肌球蛋白在两条纤维间形成肌动球蛋白桥联。肌动蛋白在肌球蛋白上的结合激活了肌球蛋白ATP酶，促使肌球蛋白作为分子马达拉动细肌丝越过粗肌丝使肌节缩短。其次，肌动蛋白还形成了结合原肌球蛋白和肌钙蛋白的支架，这两种蛋白共同调控由肌浆钙含量变化导致的肌动蛋白-肌球蛋白相互作用。

15.3.4.4　调节蛋白

　　（1）原肌球蛋白　原肌球蛋白和肌钙蛋白一起组成了调节肌节内肌肉收缩的开关[44]。原肌球蛋白是由两条α-螺旋亚基相互缠绕形成的长棒状、螺旋线圈结构的蛋白质，其分子质量为74000u。在骨骼肌中发现有两种不同的原肌球蛋白亚基异构体，分别为α-和β-原肌球蛋白。这些亚基以不同的方式相互结合，形成同二聚体（αα或ββ）或者异二聚体（αβ）[45]。肌纤维中每种异构体的实际含量取决于肌纤维类型（快或慢）、肌肉类型（例如骨骼肌、心肌或平滑肌）、动物的生长发育阶段（胚胎、新生儿或成体）以及种类。此外，转译后的选择性剪接会产生几种额外的原肌球蛋白异构体,这可能为不同种类肌原纤维收缩特性的调控增加了一个维度。

与肌动蛋白相似,在生理离子强度条件下原肌球蛋白以头尾相连的形式聚集,每个分子的两端各有 8~11 个氨基酸发生交叠。单个原肌球蛋白分子长约 42nm,横跨 7 个肌动蛋白单体单元[图 15.3(3)]。丝状的原肌球蛋白与每个肌动球蛋白单体在肌动蛋白主链靠近双螺旋凹槽的特定部位结合。肌肉静息状态下,处于该位点的原肌球蛋白封锁了位于肌动蛋白肌丝外部的肌球蛋白结合位点(图 15.12)。在肌肉收缩过程中,原肌球蛋白被转移到另一组结合位点,这些结合位点位于由肌动蛋白肌丝形成的双螺旋凹槽内更深的位置。当收缩信号停止时,原肌球蛋白恢复到其静止位置,重新在空间上阻断肌球蛋白的结合位点[45]。

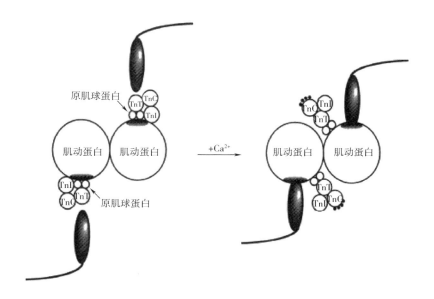

图 15.12　原肌球蛋白-肌钙蛋白复合物对肌肉收缩和松弛的调节

当肌肉处于静息状态时,原肌球蛋白空间阻断肌球蛋白头部与肌动蛋白肌丝上肌球蛋白结合位点(阴影区域)的结合。当 Ca^{2+} 与肌钙蛋白—C 结合时,肌钙蛋白复合物发生构象变化,导致原肌球蛋白转移到肌动蛋白凹槽内更深的位置,暴露肌球蛋白结合位点并促使肌动蛋白与肌球蛋白桥联的形成。

资料来源:Chiang ,W.et al., in Food Chemistry:Principles and Application, 2nd edn,Y.H. Hui,ed., Science Technology System, West Sacramento, CA, 2007.

(2)肌钙蛋白　　占肌纤维蛋白 5% 的肌钙蛋白复合物是一种连接到原肌球蛋白上的异三聚体(图 15.12)。肌钙蛋白与原肌球蛋白合作,共同响应肌浆的钙离子浓度的变化并控制肌动蛋白-肌球蛋白相互作用,启动肌肉的收缩或放松[44]。

肌钙蛋白—C(TnC)的相对分子质量为 18000u,是肌钙蛋白复合物的钙结合亚基[45]。TnC 分子由两个离子结合域组成。在 TnC 分子 C 端那一半有两个高亲和力 Ca^{2+} 结合位点($K_d \sim 10^{-9}$mol/L),它们也可以结合 Mg^{2+}。在 TnC 分子 N 端那一半有一个或两个较低亲和力的钙结合位点($K_d \sim 10^{-6}$mol/L)。快速骨骼肌 TnC 异构体包含两个低亲和力位点,而慢骨髂肌和心肌的 TnC 异构体只有一个低亲和力位点。对于所有的 TnC 异构体来说,低亲和力位点都是 Ca^{2+} 的特异性结合位点。在静息肌肉中,由于钙离子浓度低($<10^{-7}$ mol/L),我们认为两个低亲和力结合位点是空的;而高亲和力结合位点很有可能被 Mg^{2+} 占据,因为与 Ca^{2+} 相比,Mg^{2+} 的胞内浓度($\sim1\sim5$ mmol/L)较高[47]。当运动神经元启动肌肉收缩时,肌浆 Ca^{2+} 浓度会升高 100 倍以上达到 $>10^{-5}$ mol/L,一些钙离子会与 TnC 的低亲和力位点结合引发 TnC 构象变化,并形成从 TnC 到肌钙蛋白其他亚基、原肌球蛋白、肌动蛋白的构象变化传递。当收缩信号停止时,肌浆 Ca^{2+} 浓度降低到 10^{-7} mol/L 以下且 Ca^{2+} 从 TnC 的低亲和力位点被移除,肌钙蛋白复合物的结构恢复至其静息状态。

肌钙蛋白复合物主要通过一种相对分子质量为 30500 的棒状蛋白即肌钙蛋白 T(TnT)亚基与原肌球蛋白结合。肌钙蛋白复合物的第三个亚基是肌钙蛋白 I(TnI),如此命名是因为它抑制肌动球蛋白 ATP 酶的活性。在静息状态下,它与另外两个肌钙蛋白亚基以及肌动蛋白之间存在相互作用。肌钙蛋白复合物在靠近原肌球蛋白细肌丝的头尾汇合点与原肌球蛋白分子以 1:1 相结合[44]。

15.3.4.5 肌纤维的结构蛋白

(1)肌联蛋白 肌联蛋白,又称连接蛋白,是肌纤维中含量第三的蛋白质,它由超过 38000 个氨基酸残基组成,相对分子质量为 300 万~400 万,是已知的最大多肽单链。尽管肌联蛋白尺寸大且在肌肉中的含量丰富,但直到 1979 年它才被 K. Wang 和他的同事发现[48]。具有讽刺意味的是,这种蛋白质之所以没有被注意到是因为肌联蛋白的超大分子质量使它在用于表征肌肉蛋白的常规聚丙烯酰胺凝胶中的移动受到限制。在十二烷基硫酸钠-聚丙烯酰胺凝胶或者 SDS 琼脂糖凝胶中采用低浓度丙烯酰胺就会使凝胶孔径显著增大,进而使肌联蛋白能够迁移至凝胶中。肌联蛋白以及另一种大分子质量蛋白质-伴肌动蛋白就是因此被发现。

肌联蛋白是一种柔软、有弹性的纤维状蛋白质,长约 1μm,由几个结构域和功能域组成,这些结构与和功能域使得肌联蛋白在肌肉中具有多种功能。一个肌联蛋白分子的氨基端结合在肌节的 Z 盘上,而羧基端落在 M 线上,相应地,在肌节的另一半,另一个肌联蛋白分子以相反的极性形式结合在肌节上。这种结构布置就要求肌联蛋白分子必须能够适应肌节的拉伸和收缩。肌联蛋白的可延伸区位于 I 带,由类似免疫球蛋白的片段(Ig 片段)和 PEVK 片段衔接组成,之所以这样命名是因为 PEVK 片段中富含脯氨酸(P)、谷氨酸(E)、丙氨酸(V)和赖氨酸(K)[49]。肌联蛋白的这个区域也被认为具有本质上的无序性,是宰后肌肉转化为肉期间蛋白酶水解的靶点。除了上述片段,心肌肌联蛋白中还包含了一个特殊的 572-残基序列,该序列是心肌特有的 N2B 要素的一部分[50]。这些片段有着独特的抗弯刚度,因此松弛肌伸展首先会带来衔接 Ig 片段的延长(去折叠),随后是 PEVK 片段的延长。当肌肉松弛时,肌联蛋白经历结构重排使肌肉恢复到休息时的肌节长度。

除了在维持肌肉弹性方面的作用外,肌联蛋白还有许多其他功能。作为胚胎形成阶段在肌肉蛋白合成中最早被表达的基因之一,肌联蛋白是肌球蛋白分子形成粗肌丝的模板[51]。肌联蛋白的 A 带部分可作为分子标尺,维持粗肌丝的长度统一。此外,肌联蛋白与大量其他肌肉蛋白的结合,引发了关于肌联蛋白是组装整个肌肉肌节的黏附模板的猜想。

(2)伴肌动蛋白 与肌联蛋白一样,由于非同寻常的大相对分子质量(800000),伴肌动蛋白直到最近才被发现。它的数量与原肌球蛋白或肌钙蛋白相当。伴肌动蛋白分布于骨骼肌肌动蛋白细肌丝的两侧,其 C 末端部分地嵌入 Z 线,N 末端延伸至细肌丝的另一端。与肌联蛋白相似,伴肌动蛋白的氨基酸序列中也有一个超级重复序列。伴肌动蛋白可能作为分子标尺确定细肌丝的确切长度[52]。然而,与肌联蛋白不同的是,伴肌动蛋白是不可延伸的,不能起维持肌肉弹性的作用。伴肌动蛋白可能还参与了信号传导、收缩调节以及肌纤维力的产生[53],但是伴肌动蛋白实现这些功能的确切机制尚不清楚。

(3)α-辅肌动蛋白 Z 线的一个主要成分是作为肌动蛋白结合蛋白的 α-辅肌动蛋白(相对分子质量 97000)。α-辅肌动蛋白包含三个主要的部分:N 端球状的肌动蛋白结合部分、中心棒状部分以及类似于钙调蛋白的 C 端部分[54]。α-辅肌动蛋白单体的棒状部分之间相互作用形成反平行二聚体,它具有与来自相邻肌节的肌动蛋白和肌联蛋白交联的能力。实际上,α-辅肌动蛋白具有在 Z 线上与无数蛋白质结合的能力。蛋白质之间的这些相互作用使 Z 线具有拉伸完整性,同时也可作为其他 Z 线结合蛋白的额外结合点(图 15.5)。

电泳在肌肉蛋白研究中的应用

早在 20 世纪 30 年代,电泳就被用于蛋白质的研究。最初的凝胶是以淀粉作为分离基质的,随后是琼脂和聚丙烯酰胺。然而,由于蛋白质在凝胶中迁移是蛋白质大小(分子质量)、电荷和形状的函数,早期对电泳实验结果的解释是有限的。如果蛋白质 1 和蛋白质 2 具有相同的分子质量和球状构象,但净电荷相反,则一种蛋白会迁移到凝胶中,而另一种则不会。同样的,假定两种蛋白质具有相同的分子质量和相似的总电荷,而一个是近似球形的,而另一个是棒状的,则球形蛋白在凝胶中的迁移速度将比棒状蛋白快得多。

1969 年,K. Weber 和 M. Osborne 发表的一篇综述文章[143]极大地推动了蛋白质科学领域的变革。研究人员发现将洗涤剂——十二烷基硫酸钠(SDS)引入蛋白质混合物中,可以使大多数蛋白质完全展开,并且每单位质量蛋白质的 SDS 结合量大致恒定。SDS 分子带负电荷,每单位质量蛋白质上的 SDS 分子总数通常超过任何蛋白质的固有电荷(正电荷或负电荷)。因此,在有 SDS 存在的情况下,所有的蛋白质都呈棒状并带有净的负电荷。SDS 变性蛋白的迁移率与分子质量的对数成反比。通过测量几种已知分子质量的蛋白质标样的迁移率,就可以建立一个标准曲线来计算未知蛋白质的分子质量。尽管有些蛋白质在迁移时表现出异常的表观分子质量,但总体而言,该技术预测分子质量的准确率为±10%。

Weber 和 Osborne 的文章发表后不久,SDS 聚丙烯酰胺凝胶电泳(PAGE)就被广泛用于肌肉蛋白的研究。例如,Greaser 和 Gergely 采用 SDS-PAGE 证明了最初于 1965 年被作为单体发现的肌钙蛋白实际上是由三个亚基组成的[143]。此外,使用 SDS-PAGE 可以很容易地确定蛋白质的纯度,因为凝胶中杂质蛋白的染色强度与其含量成正比。

简单地修正原始 SDS-PAGE 方案就可以解决一些特定的问题。例如,通过调整丙烯酰胺单体浓度和双丙烯酰胺交联剂浓度,就可以使用 SDS-PAGE 来显示和分析在 20 世纪 70 年代定义的肌球蛋白全谱:从分子质量最小的肌原纤维蛋白亚基(轻链 3,相对分子质量

15000)到肌球蛋白重链(相对分子质量200000)[下图(1)]。

在肌原纤维的 SDS-PAGE 图谱上,凝胶通道顶部或接近顶部的位置往往存在数量不等的高分子质量蛋白(下图)。这些蛋白质条带通常会被研究人员忽视,大多数人认为这些大分子物质是一些人为杂质,例如,未解离/非变性的蛋白质。由于怀疑这些条带可能实际上是一些分子质量特别大的特殊蛋白质,20世纪70年代末,Dr. K. Wang 用 3%~4% 的聚丙烯酰胺浓度代替典型的 10%~20% 进行了实验。低的聚丙烯酰胺浓度使所有的蛋白质都迁移到了凝胶中。分子质量小于 35000u 的蛋白质没有被保留在凝胶上,但三种高分子质量蛋白质被迁移到了凝胶中。该实验发现了肌联蛋白(下图中的条带 1 和条带 2)和伴肌动蛋白(条带 3),这些蛋白质分子质量太大以至于之前它们从未被"看到"。

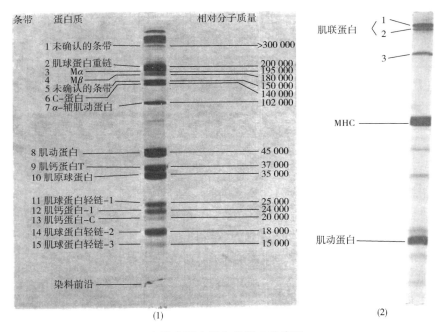

电泳在肌肉蛋白分析中的应用

(1)肌原纤维的 SDS-PAGE(10%丙烯酰胺单体和 0.1%双丙烯酰胺交联剂)。蛋白质条带采用考马斯亮蓝染色,可根据表观分子质量鉴定蛋白质种类。

资料来源:Biochim. Biophys. Acta-Protein Struct. , 490, Porzio, A. M and Pearson, A. M. , 30, Copyright 1977.

(2)肌原纤维的 SDS-PAGE(3.2%丙烯酰胺单体和 0.1%双丙烯酰胺交联剂)。分子质量$>3 \times 10^6$u 的肌联蛋白条带 1 和条带 2 分别对应于完整的肌联蛋白和部分水解的肌联蛋白片段,条带 3 为伴肌动蛋白。

资料来源:Wang, K. and Williamson, C. L. , , Proc. Natl. Acad. Sci. USA, 77, 3255, 1980.

(4)CapZ 和原肌球调节蛋白　肌动蛋白丝的形成是一个动态的过程,在肌纤维聚集进程中对这一环节的调节是维持肌丝长度[43]一致的关键。CapZ(又称 β-辅肌动蛋白)和原肌球调节蛋白可与细肌丝结合并盖住细肌丝的顶部,从而阻碍肌丝的伸长和缩短[55,56]。CapZ 是由 α(相对分子质量~36000)和 β(相对分子质量~32000)亚基组成的异二聚体,这两个亚基都在肌动蛋白丝的晶核形成和稳定中起到必要的作用[37,54]。在条纹肌肉中,CapZ 位于 Z 线并在 Z 线上与 α-辅肌动蛋白结合,形成固定细肌丝的锚定复合物。原肌球调节蛋白(相对分子质量~40000)有两个结构域,其中一个与原肌球蛋白结合,另一个与肌动蛋白结合,从而封住细肌丝的尖端(与 Z 线相反的末端)并防止肌动蛋白单体加入细肌丝[38]或从细肌丝中损失掉。基于这些分子间特定的蛋白质-蛋白质相互作用,我们可以预测在细肌丝的 Z 线起源处有一个化学计量的 CapZ,在 Z 线的另一端两个原肌球调节蛋白。

(5)肌间线蛋白　肌间线蛋白(相对分子质量~55000)是中间纤维(直径 10nm)中的主要蛋白质,是维持大多数细胞结构完整性的关键蛋白质。在肌肉中,肌间线蛋白肌丝位于 Z 线外围,其作用是交联邻近的肌原纤维并将肌原纤维 Z 线与 SL 蛋白质相连[57](图 15.5)。

(6)细丝蛋白　在肌肉中,已经被识别的细丝蛋白有 α、β 和 γ 三种,分子质量约为300000u。三种细丝蛋白的分子结构类似:与 N 端肌动蛋白结合头部相连的是 24 个类免疫球蛋白片段。γ-细丝蛋白(又称 ABP-280)是肌肉特异性细丝蛋白异构体。细丝蛋白位于 Z 线外围,为 SL 和细胞骨架肌节之间提供关键的连接。因为 γ-细丝蛋白在 Z 线形成的早期就存在,所以人们认为这个细丝蛋白异构体可能参与了肌节 Z 线的形成[58]。

(7)肌球结合蛋白 C 和 H　肌球结合蛋白 C(MyBP-C,相对分子质量~140000)和肌球结合蛋白 H(MyBP-H,Mr~58000)都是在粗肌丝的离散间隙中被发现的。它们都分布在粗肌丝的 C 区(每半条 A 带的中间三分之一部分),形成一系列相隔 43nm 的横纹,只是MyBP-H 在这个区域之外也有分布[59]。MyBP-C 与肌球蛋白重链的物质的量比大约为1:8,与肌球蛋白和肌联蛋白丝之间存在相互作用。MyBP-C 和 MyBP-H 的作用可能是连接和/或使 A 带中的粗肌丝排成一列[58]。

(8)肌中线蛋白和其他 M 线蛋白　M 线中的主要蛋白质是肌中线蛋白,它是一个单链多肽,分子质量因异构体而异,在 162000~185000u 变化[61]。肌中线蛋白有三种不同的基因编码:肌中线蛋白 1 存在于所有的横纹肌中,肌中线蛋白 2 和肌中线蛋白 3 分别存在于快收缩和慢收缩肌纤维中。除了作为连接肌联蛋白和肌球蛋白的脚手架之外,肌中线蛋白可能还参与维持粗肌丝的结构完整性。M 线中的其他组分还包括参与肌肉中 ATP 再生的肌酸激酶和腺苷酸激酶,这在 15.3.4.2 中已讨论过。当肌肉收缩、肌球蛋白利用 ATP 时,这些酶在 ATP 利用点附近的定位对于高 ATP 需求(如短跑)期间肌肉功能的正常运作是至关重要的。

(9)抗肌肉萎缩蛋白和抗肌肉萎缩聚糖复合物　抗肌肉萎缩蛋白以及其他组成抗肌肉萎缩聚糖复合物的相关蛋白质在肌肉结构和功能中起着重要作用。之所以被命名为抗肌肉萎缩蛋白质(相对分子质量 427000)是因为该基因的突变会导致与几种类型肌肉萎缩相关的异常蛋白的生成[62]。抗肌肉萎缩聚糖复合物由嵌入在 SL 中的一个大型多蛋白复合物组成,该复合物可跨膜结构连接 ECM 中的特定蛋白与细胞膜内的抗肌肉萎缩蛋白(图15.5)[63]。

(10)整联蛋白　与抗肌肉萎缩聚糖复合物类似,整联蛋白是一种内在的肌膜蛋白,它在结构上将 ECM 蛋白与细胞内的结构蛋白[27]连接在一起。对于从 ECM 向细胞内的信号传导,整联蛋白也发挥着关键作用。功能性整联蛋白是由一个 α 和一个 β 亚基组成的异二聚体,至少存在着 18 个 α 和 8 个 β 基因产物。这两个亚基都横越 SL 的宽度,并与 ECM 中的黏连蛋白、纤维黏连蛋白及胶原蛋白等蛋白之间形成连接。在细胞内,整联蛋白与多种细胞骨架蛋白(包括 α 辅肌动蛋白、纽带蛋白、踝蛋白)相连接,这些特定连接部分是由独立的亚基特性决定的[64]。

15.3.4.6 肌浆网(SR)和肌纤维膜(SL)蛋白

肌肉中不同细胞器(细胞核,线粒体,SL 等)的膜中都含有与细胞器和细胞特殊需求有关的功能性蛋白质。鉴于 SR 蛋白质在肌原纤维的钙离子储存、转运以及释放方面所起的作用,我们应给予它们特别的关注。由于钙离子具有引发肌肉收缩和调节糖酵解关键步骤的作用,因而这些蛋白质对活生物体中肌肉的活动至关重要。SR 蛋白质可能还是决定肉质的重要因素,其重要性大小取决于它们在宰后初期控制肌浆钙浓度的程度。尽管 SR 和 SL 中蛋白质很多,在这里我们只关注 3 种,其中尼碱受体(RyR)和二氢吡啶受体(DHPR)这两种蛋白质构成了激发肌肉收缩的钙离子释放机制的基本要素,第三种蛋白是钙离子泵,它的主要功能是调控肌肉松弛。

DHPR 是镶嵌在 T 管上的内在膜蛋白,当神经刺激肌肉收缩时,其作用相当于传递膜电压变化的传感器[65]。需要指出的是,虽然人们还是习惯用 DHPR 来命名这一蛋白质复合物,但基于最近通过的命名法,这一术语正在逐渐被取代。该命名法根据生理、药理和遗传特征的相似性,将所有 Ca^{2+} 通道蛋白统一划归在电压门控通道蛋白家族 10 个分组中的 1 组[66]。骨骼肌复合体被定义为 $Ca_{V1}.1$;心肌复合体被定义为 $Ca_{V1}.2$,此处我们将保留术语 DHPR。

DHPR 由 4 种不同的亚基组成,分别是 α_1,β,γ 和 $\alpha_2\delta$。α 亚基形成一个钙离子管道,感知 T 小管电压的变化,且在该亚基上有二氢吡啶类药品化合物的结合位点,此类化合物在医学上被用于调控蛋白质的功能。DHPR 其他亚基的功能还不是很清楚,但有证据证明它们参与了兴奋-收缩偶联过程[67]。不同组织中 DHPR 的作用在很大程度上取决于该组织所表达的异构体。例如,心肌特有的 α_1 异构体允许钙离子从细胞外环境向内扩散,而其骨骼肌异构体作为通道在本质上是不活跃的,但它在膜电压传感中发挥了关键作用。

SR 中被称作终池的部分位于 T 管对面的邻近位置(图 15.2)。终池中富含名为"SR 钙释放管道"或 RyR 的蛋白质,之所以这样命名是因为它非常专一且高度亲和地结合一种有毒的植物碱(兰尼碱)。RyR 家族由一系列相似的蛋白质组成,有时我们将它们命名为 RyR1,RyR2 和 RyR3。在哺乳动物中,RyR1 是骨骼肌中的异构体,RyR2 则是心肌中的主要形式。研究发现,RyR2 也存在于大脑等其他的组织中。RyR3 存在于哺乳动物的多种非肌肉组织中,同时在骨骼肌中 RyR3 也痕量存在。对于鸟类、鱼类和两栖动物而言,大部分骨骼肌中 RyR3 的含量与 RyR1 大致相同[68]。RyRs 的功能是作为将肌浆网内腔(钙离子的浓度为几个毫克当量)的钙离子运输到肌浆(钙离子浓度小于 10^{-7} mol/L)的通道或跨膜通道。

RyR 是一种非常大的蛋白质,是由四个分子质量约为 550000u 的不同亚基组成,总分子质量约为 2200ku 的功能性离子通道。还有其他几个与 RyR 紧密相连的蛋白质通过该通道调节 Ca^{2+} 电导[13]。RyR 超过 80% 的结构集中在肌浆网膜靠近细胞基质的一侧,所形成的结构有时被称作连接足,它横跨肌浆网终池与 T 小管之间间隙。骨骼肌 DHPRs 和 RyRs 是物理相连的[14]。电子显微图像显示 DHPR 以 4 个一组的方式组合成四联体。T 小管中的

DHPR 四联体与肌浆网连接蛋白(RyRs)的重叠表明每隔一个 RyR 会与一个四联体连接,相反地,未与四联体连接的 RyR 不与 DHPR 偶联(图 15.13)[69]。在鸟类、鱼类和两栖动物的 SR 中,与 RyR1 的含量差不多的 RyR3 只存在于肌浆网与 T 小管连接区域的周边,与 T 小管或者 DHPR 四联体之间并没有相互作用[70]。

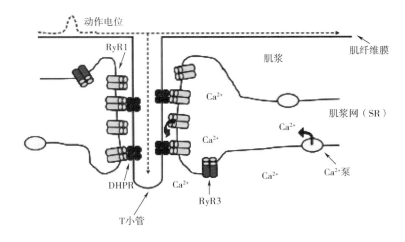

图 15.13　骨骼肌中钙离子释放和摄取机制示意图

嵌入 T-小管膜的 DHPRs 是被运动神经元启动的动作电位传感器。位于 SR 中的兰尼碱受体(RyR1 和 RyR3)是 Ca^{2+} 通道蛋白,在收缩期间打开使得 Ca^{2+} 从 SR 扩散到肌浆。当神经元刺激停止时,RyR 通道关闭,Ca^{2+} 泵蛋白通过 Ca^{2+} 转运到 SR 降低肌浆 Ca^{2+} 浓度。RyR3 位于 T-小管远端终池的外围区域,不与 DHPR 相连。当 RyR1 释放的 Ca^{2+} 与 RyR3 细胞质一侧结合,RyR3 通道被激活并打开。RyR3 在哺乳动物骨骼肌中含量很低,但在大多数鸟类、鱼类和两栖动物肌肉中,其含量与 RyR1 大致相同。

DHPR、RyR 及与其结合的调控蛋白质共同作用影响了 Ca^{2+} 向肌浆的释放,而 Ca^{2+} 的释放会引发肌肉收缩。当神经肌肉收缩信号停止,这些蛋白质就会回到休息状态,同时,肌浆中的钙含量也会在钙泵蛋白的作用下得以补充恢复。钙泵蛋白处于肌浆网的纵向位置,也就是肌浆网的末梢到终池这个部分。以 ATP 作为能源,每水解一个 ATP 分子,钙泵蛋白就可以将两个钙离子逆浓度梯度穿过肌浆网膜输送到肌浆网的内腔[71]。

15.3.5　兴奋-收缩偶联

对肌肉收缩机制的深入理解乍一看似乎与肉的质量无关。活体肌肉组织和肉之间的区别从字面来看是活的与死的区别。但是,在屠宰的一刹那肌肉组织会立即经历一系列过渡反应完成肌肉到肉的转变(详见 15.4)。转变过程所涉及的生化变化与肌肉收缩的机制完全相同,包含了支持活体肌肉的基本生理和生化反应,而所有的这些反应都是决定肉的品质的重要因素。

当肌肉细胞处于休息状态时,贯穿 SL 内部存在约 -90mV 的电压差,同时细胞内的钙离子浓度非常低($<10^{-7}$mol/L)。在肌原纤维中,原肌球蛋白在肌动蛋白丝中所处的位置使其阻碍了肌浆球蛋白和肌动蛋白桥联的形成。当运动神经元刺激肌原纤维时,肌肉细胞在

神经肌的连接处发生去极化。这种电压的变化沿着 SL 传导,通过 T 小管进入肌肉的内部。膜上发生的这个瞬间的电化学变化会引起 DHPR 的构象改变,这个改变又通过 T 小管和肌浆网的连接点传达给位于肌浆终池的 RyR,进而 RyR 打开其通道孔。SR 内腔中的钙离子(浓度$> 10^{-3}$mol/L) 会流入到肌浆,从而将肌浆中钙离子的浓度提高 100 倍,达到$> 10^{-5}$mol/L。钙离子与 TnC 结合后,肌钙蛋白复合物的构象发生变化,同时将这种构象的变化传递给原肌球蛋白。这一系列的反应会引起原肌球蛋白在肌动蛋白丝中位置的改变。原肌球蛋白将会移动到细肌丝沟的更深处,从而使肌浆球蛋白在肌动蛋白单体上的结合位点暴露,同时,促进肌动蛋白和肌浆球蛋白间桥联的形成(图 15.12)[17]。

在肌肉收缩循环的这一阶段(图 15.14),肌浆球蛋白头部的核苷酸结合袋中有 ADP 和无机磷酸盐(Pi),它们都是 ATP 水解反应的产物。肌动蛋白丝上肌浆球蛋白结合位点的暴露促成了肌浆球蛋白头部以垂直于粗肌丝轴线的方向与细肌丝弱结合。一旦与肌动蛋白相连接,肌浆球蛋白的头部就会释放出 Pi,使肌浆球蛋白发生一个小的构象变化并使肌浆球蛋白与肌动蛋白之间的连接增强。紧接着,肌浆球蛋白头部会发生比较大的构象变化,肌浆球蛋白的头部牵动着肌动蛋白肌丝沿着粗肌丝屈曲转动,指向 M 线,这一变化过程被称为动力冲程。这时,ADP 从肌浆球蛋白头部释放出来,进而 ATP 与空的核苷酸结合位点相结合,引发肌浆球蛋白头部从肌动蛋白的脱离。肌浆球蛋白头部 ATP 的水解会带来构象变化,使肌浆球蛋白头部竖起来,再一次呈现与粗肌丝相垂直的状态,这一系列的反应又会导致另一个收缩循环的发生[72]。由于肌原纤维节中的肌动蛋白和肌浆球蛋白肌丝都是取向于 M 线的,每一次收缩循环就会缩短 Z 盘之间的距离,从而影响肌肉的收缩(图 15.4 和图 15.14)[73]。

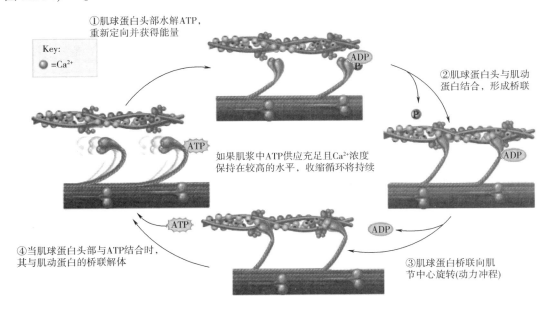

图 15.14 肌肉收缩时的桥联循环

资料来源:Tortora, G.J. and Derrickson, B., *Principles of Anatomy and Physiology*, 14th edn., John Wiley & Sons, Inc., Hoboken, NJ, 2014.

只要肌肉纤维的神经刺激一直存在,肌浆球蛋白连接、动力冲程、脱离的桥联循环就会持续以维持紧张或收缩。一旦刺激停止,在钙泵蛋白的作用下,肌浆中钙离子的浓度就会下降至舒张肌钙离子水平。随着钙离子浓度的下降,TnC 低亲和性结合位点处的钙离子就会脱落,导致 TnC 构象变化,恢复到肌肉舒张状态下的 TnC 结构。这个构象的变化使得原肌球蛋白回到休息状态时其在肌动蛋白丝上的位置,并因此阻挡肌浆球蛋白与肌动蛋白之间桥联的形成,形成肌肉舒张。

我们需要充分意识到 ATP 在肌肉收缩中的多重角色以及它在将肌肉转变为肉这一过程中所发挥的重要作用。作为细胞的主要能源,ATP 磷酸二酯键的水解被肌浆球蛋白转化为机械能,并引发肌肉收缩。除了许多化学反应都需要 ATP 参与外,ATP 对钙泵蛋白功能的支持对于肌肉向肉的转化是至关重要的。当 ATP 的浓度下降,钙泵蛋白隔离肌浆中钙离子的能力下降。动物死亡后,ATP 浓度最终会下降至没有足够的 ATP 连接在肌浆球蛋白头部的水平,导致肌浆球蛋白与肌动蛋白的分离。动力冲程末期,肌浆球蛋白头部与肌动蛋白连接的位置常被称为僵直复合物。

骨骼肌兴奋-收缩偶联的过程

(1)运动神经元触发 SL 内电压的去极化。

(2)运动电位沿 SL 向 T 小管移动。

(3)DHPR(电压传感器)的 α 亚基检测到去极化,发生构象变化。

(4)DHPR 的构象变化传递给 RyR1。

(5)RyR1 通道打开,Ca^{2+} 从 SR 内部扩散到肌浆。

(6)在非哺乳类动物骨骼肌中,通过 RyR1 释放的 Ca^{2+} 与 RyR3 结合,进一步触发 Ca^{2+} 从 SR 中释放。

(7)肌浆中 Ca^{2+} 浓度升高至 $>10\mu mol/L$;TnC 上低亲和力 Ca^{2+} 结合位点饱和,导致肌钙蛋白复合物构象改变。

(8)肌钙蛋白的构象变化传递给原肌球蛋白,导致原肌球蛋白分子从其沿肌动蛋白骨架的空间阻滞位置向肌动蛋白-肌动蛋白沟槽深处移动。

(9)原肌球蛋白位置的改变使肌动蛋白丝上肌球蛋白的结合位点暴露,肌球蛋白头与肌球蛋白丝形成桥联。磷酸盐离子从肌球蛋白头部释放出来。

(10)肌球蛋白头释放 ADP 并发生构象改变,使肌动蛋白丝向肌节中心靠拢。

(11)ATP 与肌球蛋白头结合,导致肌球蛋白头脱离肌动蛋白。

(12)肌球蛋白头水解 ATP 并发生构象改变,与肌球蛋白丝重新呈垂直定位。

(13)在有充足的 ATP 和足够高浓度 Ca^{2+} 的条件下,步骤(9)~(12)持续进行,以维持肌钙蛋白 Ca^{2+} 结合位点的饱和。

(14)当神经刺激停止时,SL 的电压恢复。

(15)DHPR 发生构象变化,恢复到它的静止状态结构。

(16)DHPR 构象的改变导致 RyR1 通道关闭,从而终止 Ca^{2+} 的释放。

(17)随着 Ca^{2+} 释放的停止,Ca^{2+} 泵蛋白的主导活性转为从肌浆向 SR 腔逆浓度梯度转运 Ca^{2+}。肌浆中 Ca^{2+}浓度降低到 100nmol/L 以下。

（18）肌浆 Ca^{2+}浓度的降低导致肌钙蛋白 Ca^{2+}的去除。

（19）肌钙蛋白恢复到静止状态的构象，并将构象变化传递给原肌球蛋白。

（20）原肌球蛋白在肌动蛋白丝上恢复到静止状态位置，阻断肌动蛋白-肌球蛋白的桥联。

（21）肌肉放松。

（22）补充说明：在肌肉向肉的转化过程中，当 ATP 被耗尽时，Ca 泵就无法再起到恢复静止状态 Ca^{2+}浓度的作用。同时，肌球蛋白-肌动蛋白的桥联也无法被破坏[步骤（1）]。这就是僵直状态。

15.3.6 肌肉纤维的类型

骨骼肌由各种不同的肌肉纤维组成，它们具有各种不同的功能，例如，调节收缩速度（快速或慢速）、支持新陈代谢（氧化或厌氧）。肌肉纤维类型具有很强的自适应能力，它们的表型特性受到了许多因素的影响，包括刺激肌肉纤维的神经元的类型、神经肌肉的活性、练习/训练、机械装载/卸载、激素、年龄等[74]。这些肌肉纤维可以根据它们的组织化学特性、生物化学特性、形态学特性、生理学特性等进行分类，不过，肌肉分类的各种方法之间往往无法统一。最初，人们根据每一种纤维缩短的速度将肌肉分类为快速-收缩型（Ⅰ型）和慢速-收缩型（Ⅱ型）两种[75]。这种分类还与它们的形态学差别相对应，在一些动物中，快速-收缩型肌肉是白色的，而慢速-收缩型肌肉是红色的。肌纤维呈现红色主要是由于含有大量的肌红蛋白，肌红蛋白为氧化代谢提供了充足的氧气。慢速-收缩型红色肌纤维通常含有比较多的线粒体和油脂作为氧化代谢的燃料，而快速-收缩型纤维常备有大量的用于厌氧代谢的碳水化合物。后来，人们基于肌纤维的收缩特性和氧化能力对Ⅰ型和Ⅱ型肌纤维按照双官能团命名法进行了重新分类。快速-收缩氧化型（FOG）肌肉比慢速-收缩氧化型（SO）肌肉的收缩速率更快，比快速-收缩糖酵解型（FG）肌肉的氧化能力更强。

免疫组织化学染色技术的发展使区分肌球蛋白重链异构体成为可能，采用这种方法，我们可以对肌纤维进行进一步的分类。新的分类包括Ⅰ型"慢速-红色"、Ⅱa 型"快速-红色"和Ⅱb 型"快速-白色"。在啮齿类动物中，Ⅱb 型又被区分为Ⅱx 型和Ⅱb 型两种，人类体内存在的是Ⅱx 型，而非Ⅱb 型[76]。Ⅰ型纤维和慢速-收缩氧化型（SO）肌肉之间存在良好的对应关系，但是，Ⅱa 型和快速-收缩氧化型（FOG）以及Ⅱb 型和快速-收缩糖酵解型（FG）肌纤维之间的关系常是多变的。Ⅱb 型纤维并非总是依赖于厌氧/糖酵解代谢反应，Ⅱa 型也并非总是依赖于有氧/氧化代谢[77]。随着新的分子研究方法的发展，可以预见肌肉纤维类型的划分将会得到进一步的拓展。

15.3.7 小结

（1）根据初级代谢类型（糖酵解、氧化）和组成纤维的蛋白质亚型不同，肌肉纤维可分为快收缩、慢收缩或中等收缩三种类型。

（2）骨骼肌作为一种可收缩的器官具有层级结构：肌丝（薄而厚）＜肌节＜肌原纤维＜

肌纤维（细胞）＜纤维束（束）＜器官。

（3）在肌肉内部，ECM 或肌内结缔组织也同样具有层级结构。肌纤维被肌内膜包裹，肌纤维束被肌外膜包围，整个器官被外膜包裹。ECM 为肌肉组织提供机械强度，是血管和神经嵌入的框架，并在与细胞生长和分化相关的信号传递过程中发挥动态作用。

（4）虽然作为营养成分 Ca^{2+} 在肌肉中浓度有限，但它在细胞内特定信号传导中起着至关重要的作用，这一信号传导会引发一系列的分子事件并最终导致肌节缩短、肌肉收缩。

（5）肌肉收缩是肌球蛋白头和肌动蛋白单体之间形成桥联的结果，桥联的构象变化导致肌球蛋白将肌节两端的细丝"拉"向中间，从而缩短肌节。ATP 在这一过程中起着双重作用：①提供肌肉收缩的能量来源；②与肌球蛋白头结合，使其从肌动蛋白中释放出来。

15.4　肌肉到肉的转变

活体肌肉组织具备十分成熟的新陈代谢系统，用于支持肌肉的特殊功能，即将化学能转化为机械能。最为直接的化学能来源是 ATP，而辅助新陈代谢反应最主要的作用就是维持 ATP 浓度水平，使其能够满足肌肉收缩和维持细胞平衡的需要。肌肉组织中的血液循环可以运输氧气和能量物质，同时还可以转移二氧化碳和代谢终产物，所以血液循环对于新陈代谢体系是十分重要的。

动物被屠宰后，肌肉转变为肉的第一个步骤就是屠宰后血液停止流入肌肉。尽管动物的生理死亡一般发生在屠宰后的一段时间，但是动物体中包括肌肉在内的各个器官都借助储备机制试图维持细胞稳态。当没有氧气持续供应到肌肉时，肌纤维就会利用储存的氧气在细胞内与肌红蛋白结合，此后，厌氧糖酵解反应很快就成为产生 ATP 的主要代谢方式。随着代谢终产物的累积和反应底物的耗尽，ATP 的合成再也赶不上其被水解的速度。因而，肌浆的钙离子浓度就不可能维持在休息状态的水平，同时其他需要 ATP 的离子泵，例如 Na^+-K^+-ATPase 逐渐失效。ATP 浓度的下降还会带来肌肉的僵硬，也就是死后僵直，这主要是由于没有足够的 ATP 在收缩反应中将肌浆球蛋白与肌动蛋白分离。最终，内源酶会降解肌丝的部分基本结构。各个物种发生这一系列反应的时间进程存在很大的差异，即使是同一物种也会有所不同。

在死后的最初阶段，几种主要的能量储备能够满足肌肉的能量需求。磷酸肌酸 CrP 是可快速供能的高能磷酸盐，当 ATP 被水解用于满足肌肉收缩的能量需求时，肌氨酸激酶将 CrP 的磷酸盐部分传输给 ADP，从而再生 ATP。此时，腺苷酸激酶（详见 15.3.4.2）可能对 ATP 的生成同样有贡献。不过，在死后的肌肉中，ATP 合成的这些来源很快就会被耗尽。糖原是 ATP 合成更主要的来源。磷酸化酶将葡萄糖单元从糖原上水解下来，产生的葡萄糖-1-磷酸盐会进入糖酵解反应产生 ATP。在没有氧气的情况下，丙酮酸盐被转化为乳酸并在肌肉中不断积累。

从图 15.15 中可以发现，最初从 CrP 和糖原产生 ATP 的速度与 ATP 被利用的速度基本相同，因此可以维持 ATP 的浓度在 5mmol/L 左右。只要能维持 ATP 浓度在较高的水平，肌肉的生理需求就可以得到满足，而且在肌肉转化为肉的初期阶段，肌肉组织的物理特性与对刺激的反应也会与活体组织保持一致。特别值得一提的是,当被拉伸时,肌肉仍然保持柔软并可以不断拉长。但是,即使 ATP 保持在较高水平,为满足生理需求而发生的 ATP 水解会不断产生和不断累积氢离子,使肌肉的 pH 下降。pH 下降的速率很好地反映了乳酸的累积速率,因而可以作为死后糖酵解反应速率的标志[11]。正如我们随后可以看到的,死后糖酵解反应的极端速率常与肉的质量问题相关。推迟期的时间长度差异很大,这主要与动物的种类、基因、厌氧营养状态以及屠宰前的动物预处理等因素有关。对于红色肉而言,这一时间可以长达 12h,但是对于禽肉而言,这个阶段只有 30min~2h[2]。

在 CrP 即将消耗殆尽时,由于 ATP 的利用速度已经超过了其再生速度,ATP 浓度快速下降,肌肉进入僵直期(图 15.15)。随着 ATP 浓度的下降,肌肉僵直程度上升,肌肉对拉伸的抵抗增强。ATP 的耗尽,使钙泵蛋白维持肌浆中钙离子浓度在亚微摩尔级别或休息状态肌肉钙离子水平的能力也下降。同时,由于缺少用于分离肌浆球蛋白和肌动蛋白的 ATP,体系中被保留的肌浆球蛋白-肌动蛋白桥联数量逐渐增多,最终导致肌肉最大程度的硬化。可以推测,肌原纤维节在这个阶段会发生一定程度的缩短,缩短的程度与肉的硬度紧密相关。

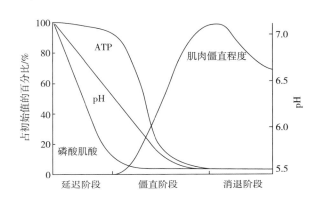

图 15.15 动物死后 ATP 浓度、磷酸肌酸浓度、pH 和肌肉僵直程度随时间变化的示意图

资料来源:Chiang, W. et al., in *Food Chemistry: Principles and Applications*, 2nd edn., Y.H. Hui, ed., Science Technology System, West Sacramento, CA, 2007.

肌肉向肉转变的最后阶段被称为老化或僵直消退。对于禽肉、猪肉和羔羊肉而言,这个阶段可能持续几天,而牛肉则需要 2 个星期。在僵直消退阶段,肌肉的柔软度和延展性都会逐步增大。这些有益变化主要是蛋白质水解破坏肌纤维超结构的结果,特别是随着时间的延长 Z 盘结构一致性的丧失。尽管僵硬过程中张力的变化对于最终消除僵直有很重要的影响,但是一般都认为肌肉结构的破坏以及肉嫩度的增加主要是蛋白质被水解的结果。[78]

15.4.1 肌肉蛋白的死后降解

研究表明,肌肉转变为肉以后,肉的嫩度随着死后储存时间的延长而增大。这个嫩化过程可能是肌肉中肌纤维和细胞骨架蛋白被部分降解所导致的[79]。

在所有的肌肉蛋白酶中,钙蛋白酶由于在动物死后肌肉蛋白降解过程中扮演着重要的角色而最受关注。钙蛋白酶是钙离子激活型半胱氨酸蛋白酶,在中性 pH 范围,钙蛋白酶活性最高。钙蛋白酶的活性受到很多因素的控制,包括钙离子、磷脂、钙蛋白酶抑制剂,其中钙蛋白酶抑制剂是一种大量分布的钙蛋白酶专一性蛋白抑制物[80]。肌肉组织中含有三种不同的钙蛋白酶:两种普通型钙蛋白酶和钙蛋白酶 3[81]。普通型钙蛋白酶包括:μ-钙蛋白酶,需要 5~50μmol/L 钙离子半激活;M-钙蛋白酶,需要 0.25~1mmol/L 钙离子半激活。这两种同工酶普遍存在于各种组织中,表明它们参与了那些由钙离子信号系统调节的基础细胞功能。钙蛋白酶 3(又称 p94 或 CAPN3)是一种特殊的骨骼肌钙蛋白酶同工酶,其活化所需的钙离子浓度比另两种钙蛋白酶低。普通型钙蛋白酶主要由两个亚基组成:催化亚基的分子质量约为 80000u,调节亚基的分子质量约为 30000u。两种普通型钙蛋白酶的调节亚基是一样的,但是催化亚基却不同。钙蛋白酶 3 在具有钙蛋白酶传统结构的同时,还含有其他钙蛋白酶未见的三个特殊序列。普通型钙蛋白酶主要集中分布在 Z 盘,钙蛋白酶作用于肌原纤维会导致 Z 盘的快速、完全损失。在骨骼肌细胞中,钙蛋白酶 3 结合在肌联蛋白的特定结构位置上[82],但是钙蛋白酶 3 并不会切断肌联蛋白。宰后随着钙离子浓度增加,钙蛋白酶(主要是普通型钙蛋白酶)被激活,进而启动各种肌肉蛋白的降解反应,包括肌钙蛋白-T、肌联蛋白、伴肌动蛋白、C-蛋白质、肌间线蛋白、肌丝、黏着斑蛋白、联丝蛋白[79]。这些蛋白质或者直接结合在肌原纤维-Z 盘上(例如,肌联蛋白、伴肌动蛋白)、与 Z 盘紧密连接(例如,肌丝、肌间线蛋白、联丝蛋白),或与其位置相近(例如,黏着斑蛋白)。当 Z 盘近乎完全被破坏时,肌动蛋白和肌浆球蛋白就会与其他蛋白质一起从肌浆中被释放出来,成为蛋白酶的作用底物。

组织蛋白酶是一类溶菌蛋白酶,在酸性 pH 下活力最高,该 pH 范围正是宰后阶段占优势的生理条件,特别是在老化阶段。乍一看,这似乎意味着在老化过程中,为达到期望的嫩化程度,组织蛋白酶的活性应该比钙蛋白酶更重要。但当将各种蛋白酶分别与肌原纤维共存时,研究却发现钙蛋白酶的作用结果与宰后嫩化阶段的蛋白质水解状况更接近。此外,宰后嫩化是受钙离子调节的[83],这一特征仅与骨骼肌中钙蛋白酶水解体系相关联。当然,组织蛋白酶在肉类的老化过程中的作用不能被忽视,它们在细胞内的分布情况以及它们对宰后骨骼肌中多种蛋白质的水解活性决定了它们在宰后蛋白质水解和嫩化过程中必然扮演重要的角色[84]。

蛋白酶体是广泛存在的 ATP 和泛素依赖性蛋白质水解体系,它可能也参与了肉的老化过程中肌原纤维蛋白质的降解。蛋白体可以在体外降解肌动蛋白和肌浆球蛋白[85],但是蛋白体不能降解完整的肌原纤维。肌肉蛋白(例如,肌动蛋白和肌浆球蛋白)在被蛋白酶体泛素化和降解之前通过 Ca^{2+}/钙蛋白酶依赖机制从肌浆中被释放出来。在钙蛋白酶抑制剂过表达的动物中,由蛋白酶体导致的宰后降解减少,这进一步肯定了钙蛋白酶在宰后嫩化中的作用[86]。因此,钙蛋白酶可能是肌原纤维降解的引发者,而蛋白酶体则负责将所有的肌原纤维碎片水解成氨基酸。

15.4.2 小结

(1)动物死后肌肉向肉的转化是一个渐进的过程,需要几个小时到几天的时间。肌肉在早期(延迟)阶段的性质与活体动物相似,因为细胞会利用所有可用的储备来产生 ATP。随着 ATP 水平的下降(僵直阶段),桥联循环减退。当 ATP 耗尽(僵直阶段),就无法再实现肌球蛋白与肌动蛋白的分离,从而导致肌肉僵硬或无法伸展。在随后的转变期,由于肌原纤维超微结构被酶降解,肌肉的延伸度和嫩度增加。

(2)在参与肌肉嫩化的多个水解体系(钙蛋白酶,组织蛋白酶、蛋白酶体)中,钙蛋白酶主要负责肌原纤维和细胞骨架细丝的降解。

死后肌肉的分子和超微结构变化

消费者通常会根据肉制品的几个品质指标决定是否购买,其中最重要的指标之一就是肉质的柔软度。那些坚硬难嚼的肉以及质地过于软烂的肉都有可能被消费者拒绝购买。因此,为了使终产品的品质能够令消费者满意,科学家们集中精力对肌肉向肉转化过程中发生的生化和结构变化进行详细的研究和了解。

从死后早期肌肉的电子显微照片就可以看出明显的变化,其中最显著的z盘。死亡时,牛肌肉的Z盘(在I带中心)致密,结构完整,界限分明。在25℃温度下放置24h后[下图(2)],Z盘明显变宽且质量大大减小。肌节出现膨胀,这可能是由于连接相邻肌原纤维的细胞骨架细丝被降解而导致的。

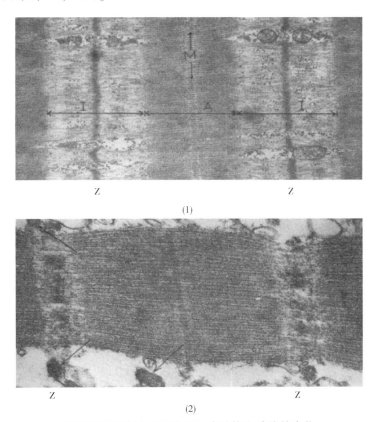

(1)

(2)

采用电镜和电泳分析宰后肌肉结构和功能的变化

(1)死亡时牛肌肉的电子显微图片。Z盘位于每条I带的中心,其他结构:M线(M),A带(A)。(2)牛肌肉在25℃保存24h后的电子显微图片。

资料来源:Henderson, D. W., Goll, D. E., and Stromer, M. H. (1970) A comparison of shortening and Z-line degradation in post-mortem bovine, porcine and rabbit muscle. (*Am. J. Anat.* 128, 117-135. Copyright Wiley-VCH Verlag GmbH & Co. KGaA.

蛋白质降解的 SDS-PAGE 分析揭示了肌肉组织超微结构变化与肉嫩度(采用 Warner Bratzler 剪切力测定或者感官测定) 之间的复杂关系。肌联蛋白、肌间线蛋白、细丝蛋白、抗肌肉萎缩蛋白和 TnT 是死后降解的主要蛋白质[145]。除 TnT 外,每一种蛋白质都在维持肌肉结构的完整性方面发挥着重要的作用,因此可以推测,这些蛋白的降解会导致 Z 盘和整体肌节结构的瓦解。这些蛋白质的降解还可能引发进一步的酶或氧化过程,这些过程都与嫩度的变化有关。TnT 是肌原纤维内的一种调节蛋白,它的降解被认为更像是肌肉中酶活力的标志,而不是老化进程中嫩化效应的贡献因子。有趣的是,肌球蛋白和肌动蛋白这两个主要的肌原纤维蛋白在肉的老化过程中基本保持不变。

不同的肌肉表现出不同的蛋白质降解速度这一事实使得肌肉的蛋白水解和嫩化图情变得更加复杂。下图所示是三种不同肌肉中肌联蛋白 (TI) 和伴肌动蛋白损失随时间的变化。随着肌联蛋白和伴肌动蛋白被降解,三种肌肉中两种蛋白的损失速度和程度存在显著差异。目前为止,这些蛋白质的降解对嫩度的贡献尚不清楚。肉的嫩度很可能受多因素的影响,欲确定每个因素的相对贡献还需要投入大量的研究。

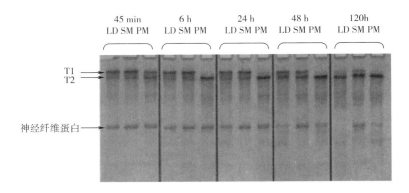

采用电子显微镜和电泳来分析死后肌肉结构和功能的变化

SDS-PAGE 凝胶显示猪背最长肌(LD),半膜肌(SM)和腰大肌(PM)肌肉的全肌提取物中的肌动蛋白和神经纤维蛋白的降解。T1 表示完整的肌联蛋白; T2 是肌联蛋白的蛋白水解片段。

资料来源:Meat Sci. , 86, Huff-Lonergan, E. , Zhang, W. , and Lonergan, S. M. , 184-195, Copyright 2010.

15.5　影响肉类品质的宰后自然或诱发生化变化

顾客在挑选肉时常常综合考虑产品的各种品质特性,包括持水性、颜色、脂肪含量、肉的嫩度等。如果一块肉具有不正常的颜色或者在包装中流失了过多的水分,这种产品常常会被顾客拒绝,其产品价值也会降低。消费者通常会因为买到一块特硬肉的不愉快经历而引发一连串的拒绝消费。

肉的品质受多个交互作用因素的影响,包括动物的种类、品种、基因型、营养状态、屠宰前的处理以及死后的冷冻、加工和储存经历等。在接下来的章节中,我们会列举一些特殊的质量问题并对其潜在的分子基础进行阐述。

伴随着肉的老化,肌肉组织表现出显著有别于活体肌肉的特性。宰后代谢使红肉和家禽肌肉组织的 pH 从正常生理条件下的 7.4 左右下降到 5.5~5.9。此外,在僵直复合物形成之前,肌肉组织就已经发生了一定程度的收缩。

肌肉组织 pH 的下降对于产品品质既有利也有弊。显然,相对于中性 pH,肉的酸性 pH 可以抑制微生物的生长并因此延长产品的货架期。但是,随着肌肉组织 pH 的进一步下降,这一优势可能被抵消,因为肌肉组织的水分会不断丧失而导致加工商的经济损失。肌浆球蛋白(肌肉中最主要的蛋白质)的等电点大约在 5.0 左右;在此 pH 条件下,蛋白质的净电荷数为零,蛋白质之间的相互作用最为强烈,而蛋白质与水之间的相互作用最小。其结果是肌纤维皱缩并失去大部分的持水力。储存过程中鲜肉或烹制肉的失水(有时被称为"purge")可能相当严重,浸在流出物中的肉会失去吸引力并导致商品价值下降。同时,由于肉类是按质量销售的,所以水分的流失等同于产品质量的损失,导致产品利润的进一步下降。对于那些水分损失严重的肉制品,消费者在食用时能感受到其多汁感和嫩度的双重下降。此外,我们还必须意识到水流出物会带走大量的水溶性维生素、矿物质、氨基酸以及其他的营养物质。对于消费者而言这些营养物质的流失也是一种损失。除持水力降低外,快速的宰后糖酵解反应和低的最终 pH 还会带来产品的外观缺陷。

15.5.1 苍白、软、渗出性肉

在肌肉到肉类的转变过程中,ATP 的水解会导致所有肌肉组织的 pH 下降。但是,在某些异常情况下,pH 降低的速率会相当快,以至于绝大部分的 pH 下降在肉的温度还较高时就已经完成。例如,在宰后 45min 内,猪肉的 pH 一般在 6.5~6.7,温度大概在 37℃ 左右。但某些情况下,胴体的 pH 可能会在 45min 内下降至 6.0 以下。胴体 pH 的快速下降与较高体温相结合会导致一些收缩蛋白的变性,进而使肌肉组织的持水力下降,最终产生一种苍白、软且具有渗出性的肉(PSE)[87]。在肉的这些特性不被消费者接受的同时,加工肉中 PSE 产品蛋白质功能的下降还会导致肉品加工企业严重的经济损失。PSE 猪肉的发生率约为 15.5%[88],尽管人们这一数据还有疑义。

在过去的半个世纪,人们就 PSE 肉问题的分子基础进行了广泛的讨论和研究。动物死前受到的刺激,例如:热处理、运输、物理运动、不熟悉动物的混养、饲养条件等,都是导致肉类品质问题的重要因素。这些刺激导致 PSE 肉的机制目前还不清楚,但是大量的实验证据证明,减少动物死前刺激可以显著改善肉的整体质量。

动物的基因型可能进一步增加其在刺激作用下产生不利反应的倾向。20 世纪 60 年代,研究已经表明在多个不同品种的猪中,有一些亚种特别容易受到刺激的影响。对刺激耐受力低的猪所具有的遗传性肌肉混乱症被称为猪应激反应症候群(PSS)[89]。这些动物受到刺激后,会产生恶性高热反应,其症状表现为肌肉挛缩、呼吸困难、快速高烧和最终死亡。与正常动物相比,具有这种调节混乱症状但未死于刺激的动物更容易产生 PSE 肉。

20 世纪 60 年代后的三十年,大量的研究证明 PSS 的产生主要是 RyR 变异所致。RyR 序列中 1843 核苷酸上的胸腺嘧啶被半胱氨酸取代使得氨基酸残基 615 上的半胱氨酸被精氨酸所取代[90]。这种变异使得受到刺激的动物的肌浆会释放出过多的钙离子,从而引发严

重的肌肉收缩,并最终导致活体猪恶性发热。对于易发 PSS 的猪而言,宰后肌肉中过多的钙离子释放会引发肌肉收缩并通过厌氧糖酵解反应形成氢离子累积,同时产生热量并最终导致 PSE 猪肉的形成。

PSE 通常发生在猪肉中。但是,在 20 世纪 90 年代初期,火鸡肉加工行业开始不断地出现 PSE 肉事件。PSE 猪肉和火鸡肉惊人的相似性提示 RyR 的变异可能是导致 PSE 火鸡肉问题的主要原因[91]。如 15.3.4.6 中所述,哺乳动物和鸟类的兴奋-收缩偶合机制存在着显著差异。因此,如果的确存在变异,那么变异就可能发生在 RyR1 或者是 RyR3 上,或者是两者都有。但迄今为止,还没有在火鸡的 RyR 异构体上发现变异。不过,有许多耐人寻味的迹象表明火鸡可能通过表达各种不同的 RyR 副本变异体组合来适应热应激,并改变产生 PSE 肉的倾向[92]。RNA 深度测序方法的出现,为分析肌肉转录组、确定正常和 PSE 肉样品的基因表达差异以及蛋白质丰度差异提供了新的机会。该方法的应用已经揭示了包括调节丙酮酸脱氢酶活性的丙酮酸脱氢酶激酶 4 几种候选基因在正常及 PSE 火鸡肉中的表达差异[93]。

另一种可能导致猪产生 PSE 肉的基因变异出现在 Napole(RN)基因上。这个变异主要是 AMP 活化的蛋白质激酶的 γ-亚基上 200 号残基位上的谷氨酸被精氨酸所取代[94]。这种酶在肌肉中扮演着多重角色,其中包括活化 ATP 产生途径、抑制 ATP 消耗路径及失活肝糖原合成酶。

与拥有隐性 RN+等位基因的猪相比,拥有显性 RN-等位基因的猪,其肝糖原含量更高。含有 Napole 基因的猪,宰后肌肉 pH 下降的速度比较正常。但是,较高的肝糖原会导致 pH 的过度下降并带来很低的终了 pH,通常接近 5.0。由于肌球蛋白的等电点约为 5.0,这一较低的终了 pH 会导致蛋白质功能特性劣化形成 PSE 肉。事实上,不仅 RN-猪肉的持水性比普通的猪肉低,在加工肉制品中,RN-猪肉的蛋白质功能特性甚至比 RyR 异常的猪肉更差。鉴于 65%～80% 的猪肉是作为加工肉被消费的,减少猪的 Napole 基因的重要性可见一斑。

15.5.2 暗、硬、干的肉

屠宰前的应激、运动或过度禁食等刺激偶尔也会导致储存肝糖原的厌氧性耗尽。这种情况会导致所形成的肉具有与 PSE 肉刚好相反的特征,表现为暗、硬、干,被称为 DFD 肉[86]。与正常红肉的樱桃红色相反,DFD 肉的颜色差异很大,可以从微暗红到近黑色甚至完全黑色。这种现象最常见于牛肉,但也有报道发现猪肉出现同样的问题。由于没有充足的肝糖原储备,糖酵解反应会提前终止,所以最终 pH 会相对偏高(＞6.0)。DFD 肉的出现具有季节性,与夏天相比,动物暴露在持续性的冷湿天气时更容易出现 DFD 肉。

由于终了 pH 通常至少比肌球蛋白的等电点高一个 pH 单位,DFD 肉的持水性比正常的肉类高。但这一优势远无法抵消 DFD 肉的其他缺陷,这些缺陷包括微生物的生长,以及异常颜色导致的消费者拒绝。DFD 肉异常深的颜色与宰后较高的 pH 有关。高的 pH 使得肌肉蛋白的净电荷维持较高的水平,从而最大程度的分离了肌纤维,并减少了光的分散。高 pH 条件下活跃的线粒体呼吸作用同样减少了组织中氧合肌红蛋白的含量。

15.5.3　冷冻收缩

20世纪60年代初,新西兰羊羔肉加工业开始收到来自欧洲和北美洲进口商关于肉质太硬的抱怨。这些抱怨与新西兰市场上消费的羊羔肉(未出现硬的现象)形成鲜明对比,说明加工和储存因素可能对肉的硬度产生了重要影响[95]。

新西兰肉类研究学会的一系列的研究简洁地概述了僵直前冷却与肉硬度之间的复杂关系(图15.16)。当我们把肌肉从其原本连接的骨头上剔除时,肌肉会发生收缩。收缩的程度取决于肌肉的种类(红肉还是白肉)、宰后放置的时间、肌肉的生理状态以及温度等。越靠近生理学温度,收缩的程度越高。在较低温度下,肌肉收缩的程度会逐渐地下降直至在10~20℃到达肌肉收缩程度最小点。如果同样的肌肉在僵直前被置于更低的温度条件下,我们会发现在10℃以下肌肉的缩短程度会急剧增大。这种由冷冻引发的肌肉收缩被称为"冷冻收缩"。

随后,Marsh和Leet[96]又阐述了僵硬前冷冻收缩与肌肉硬度的关系(图15.17)。Warner-Bratzler剪切实验可以检测切断固定大小的肌肉组织所需要的力。采用这一测试方法,Marsh和Leet证实随着肌肉收缩程度的增加,肉的硬度也会增大,直到肌肉收缩程度达到40%左右。此时,细肌丝和粗肌丝之间存在着很大的重叠部分,几乎所有的肌浆球蛋白的头部都与肌动蛋白肌丝相连。当收缩程度超过40%,多余的收缩会导致肉硬度下降。这一现象可以解释为:在某些情况下,例如缺少拉力,肌肉收缩会持续直至粗肌丝穿破Z盘,使肌肉的超结构受到大幅度破坏,进而导致肌肉嫩度的增大[97]。基于这些发现,人们对宰后羊羔胴体的冷却条件进行了实质性地修改,降低了僵直前的冷冻速率。此后,美国和欧洲的研究进一步确证了冷冻收缩对红肉工业的重要性,并在实际操作中采取措施将这一问题最小化。

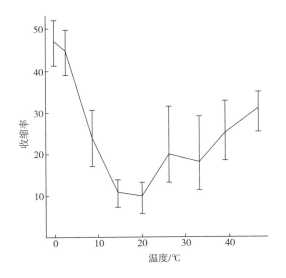

图15.16　僵直前离体牛肉收缩程度随保藏温度的变化

资料来源:Locker, H. H. and Hagyard, C. J., J. Sci. Food Agric.,14,787,1963.

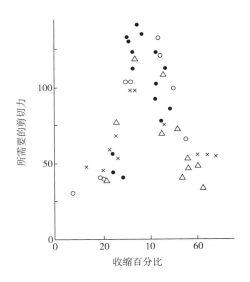

图15.17　肉的硬度与肌节缩短程度的关系(硬度用切断肉样品所需的剪切力表征)

资料来源:Marsh, B. B. and Leet, N. G., Nature, 211, 635,1966.

冷冻收缩的机制至今还没有被完全解析,但以下几个因素被确认在其中扮演重要的角色。首先,肌肉必须处于僵直前状态才可能发生收缩,因为只有在这个阶段才有足够的ATP给收缩反应提供能量并将肌浆球蛋白和肌动蛋白分离,为后续的收缩循环做准备;其次,温度必须低于10℃,而且温度越靠近0℃收缩的程度越大;最后,红色纤维含量越高的肌肉越容易发生冷冻收缩,例如,牛肉、羊羔肉和绵羊肉。猪肉的冷冻收缩程度一般比较低,因为大部分猪肉的白色肌肉纤维含量比较高。相对而言冷冻收缩很少发生于禽肉。

许多证据表明,宰后钙离子调控的变化以及酶活力温度依赖性的改变是导致冷冻收缩现象的主要原因。当肌肉的温度低于10℃时,缺氧的线粒体和肌浆会失去保留钙离子的能力。通常,钙调节蛋白会维持肌浆中的钙离子浓度处于休息肌的正常水平。但是,在较低的温度条件下,肌浆网重新累积钙离子的速率受到限制,因此,肌浆中的钙离子浓度会增加并引发肌肉收缩。红色肌肉纤维更容易发生冷冻收缩,因为它们主要是依赖于有氧新陈代谢提供能量,比白色纤维需要更多的线粒体。而且,红色肌纤维的肌浆网系统不如白色肌纤维完善,重新累积钙离子的能力也相应较弱[98]。

防止冷冻收缩的方案最初是以胴体冷却速率和肌肉硬度变化之间的关系为基础建立的。在形成宰后僵直前保持胴体的温度在10~20℃可以防止冷冻收缩。但是,这种方法与迅速降低胴体温度以减少肉表面微生物生长的方法有所冲突。20世纪70年代初,实验证明采用胴体电刺激可以大大缩短形成宰后僵直的时间[99]。目前,这一方法已成为大部分牛肉和羊肉屠宰企业普遍采用的标准方法(详见16.5.5)。

15.5.4 融化僵直

与冷冻收缩紧密相关的一个现象是经历过冷冻但仍处于僵直前阶段的肌肉在融化时发生的严重收缩。Sharp和Marsh首先提出了融化僵直这一概念[100],他们发现僵直前的鲸鱼肉在融化过程中肌肉收缩变短了近60%之多,同时持水力也大受损失。冰晶的形成对SL和SR膜结构的破坏可能是导致融化僵直现象的主要原因。膜结构整体性的破坏会导致钙离子流入肌浆并引发肌肉收缩,因为此时ATP的含量还足够提供收缩所需的能量。同样的,膜的破坏也导致了融化过程中肌肉纤维的过度损失。与防止冷冻收缩一样,采用电刺激以及在胴体肌肉发生僵直之前保持其温度高于冷冻温度的方法同样可以防止融化僵直。

15.5.5 电刺激

电刺激是指在屠宰后给动物的胴体施加不断变化的电流。如果在宰后早期给胴体实施电刺激,就能导致肌肉发生强烈的收缩和松弛,并因此加速肌肉的新陈代谢、ATP的转移和僵直的产生。根据电刺激所采用电压大小、频率、刺激持续时间的不同,报道称该方法可以不同程度地改善肉的硬度、色泽、风味、质量、零售货架期以及肉与肉制品的加工特性[101]。

对于美国的肉制品加工行业而言,采用电刺激的主要目的是改善肉的色泽和品质等级。在其他国家,采用电刺激的主要目的是改善肉的嫩度。最早应用电刺激法的国家是新西兰,应用的目的是解决采用快速冷冻处理时出口羊肉存在的冷冻收缩、融化收缩、肉硬度增大等问题[99]。不过,即使不存在冷冻收缩,电刺激法也可以有效的改善肉的嫩度。Pearson 和 Dutson 探讨了电刺激嫩化的可能机制。基于电刺激后溶菌酶体酶类的自由活力增大的事实,一种机制认为电刺激嫩化与溶酶体破坏以及随之而来的内源性蛋白酶释放有关。也就是说,老化前以及老化过程中蛋白水解活力的增强是嫩度增大的部分原因。另一种机制则将嫩化归因于电刺激引发的肌肉过度收缩使得肌纤维的完整性受到物理破坏[103]。在经历过电刺激的胴体肉的显微照片中可以很明显地看到超收缩区(收缩带)以及与收缩带相连肌丝的过度伸展。根据粗肌丝和细肌丝的物理尺寸,当收缩超过了休息状态下肌原纤维节长度的40%,就会导致粗肌丝穿透 Z 盘并与相邻肌原纤维节中的细肌丝相互作用[97]。同时,其他区域必须发生拉伸或撕裂以补偿这些超收缩区,肉的嫩度增加也就应运而生。尽管目前缺乏支持物理破裂理论的决定性证据,但其假设机制与过度收缩导致嫩化的情况是一致的。

电刺激的益处主要是因为它加快了宰后肌肉向肉的转变进程。本质上讲,经过刺激的胴体可以更快地达到最高的品质等级,这就使得包装工人或者可以在保持相同品质等级的情况下提高产量,或者可以在相同产量情况下提高产品的品质等级[101]。由于在牛肉工业中产品等级决定着价格体系,上述两种情况都会带来利润的增大,这也是在牛肉工业中广泛使用电刺激的主要原因。

15.5.6 小结

(1)持水力、颜色、质构和硬度是影响消费者选择的重要肉质指标。这些属性在一定程度上受到活体动物的管理方案(如最小化运输压力、屠宰前的饲喂控制等)以及加工工艺(如冷冻速率控制、电刺激的使用等)的影响。

(2)为减少质量缺陷的发生,有必要研究并明确与肉品质问题(如 PSE 肉、DFD 肉等)相关的基因、基因与环境间的相互作用。

15.6 储存过程中肉的化学变化

由于肌肉组织容易发生微生物腐败,所以需要采用物理或者化学方法进行保护。冷藏和冷冻是推迟微生物生长以及最大限度抑制使肉和肉制品品质劣化的各种化学和生物化学反应的最为有效的方法。传统上,人们将新鲜肉用盐腌制或部分脱水以提高渗透压和降低水分活度,从而抑制微生物的生长。辐射和高温处理是正逐渐得到肉类加工业认可的相对较新的肉类保藏方法。此外,一些非传统的包装体系,如气调包装,在延长肉类货架期方面也正在受到越来越多的关注。所有的这些保存技术不仅仅会影响肉产品上微生物的生态,还会影响肉和肉制品的化学性质。

15.6.1 冷却和冷藏

在传统的包装工厂中,动物胴体会被放在2~5℃的冷室中快速冷却以将微生物的生长最小化;对于肉鸡和鱼,人们通常将它们浸没在冰浆中进行冷却。胴体温度下降到最终的冷却温度所需的时间各不相同,这主要取决于肉的大小、皮下脂肪的厚度以及冷却的方法。冷却时间可以短至冰水冷却肉鸡胴体所需的 1h,也可能长至冷却 300kg 牛肉胴体所需的 24h。在一些商业化的包装工厂中,人们会使用冷水喷浇和高速空气流以加快冷却过程。

冷却的速度会影响宰后肌肉组织中的酶反应,进而影响老化后肉的质量。在肌肉转变为肉的初期阶段,肌肉发生的主要生化变化都是酶催化反应过程,包括 pH 的下降(糖酵解反应)、ATP 消耗和肌肉收缩。随着肌肉很快的冷却下来,这些生物化学变化会由于酶活性受到抑制而减慢。由于氧化酶活性在冷藏温度条件下的下降,脂类的氧化进程也会变慢。脂类氧化受阻有助于保持鲜肉的风味并使肌红蛋白的氧化程度最小化。尽管总体来说是有益的,但冷却也可能对肉的品质产生不良影响。例如,当瘦牛肉胴体在僵直前被迅速冷却时,就可能在长肌腰背筋膜附近形成一条深色的、外观呈凹陷状的变色带,通常被称为"热环"。这种现象应该是由僵直前肌肉边缘的冷冻收缩(肌纤维过度收缩)引起的,如果在死后立即对胴体实施电刺激就可以消除此现象。

如前所述,将僵直前的肉长时间暴露在冷却低温下可能会因为肌肉纤维收缩的增大而对肉的嫩度产生不利影响,这一点在红色肉中表现更为明显。为了尽可能地降低冷冻收缩程度,在冷却过程中必须保持肉和骨架的连接,特别是在宰后贮藏初期。由于参与宰后老化阶段肉嫩化反应的主要蛋白酶(例如,钙蛋白酶和组织蛋白酶)的活性在低温下会大幅下降,因此必须将胴体或肉充分老化才能获得满意的嫩度。

超冷或深冷也被用于抑制微生物生长和延长肉类货架期。在这个过程中,肉被冷冻到水的冰点以下 1~2℃。虽然肉的表面可能会形成一层非常薄的冰,但肉的内部仍然保持过冷但不冻结[104]。鸡肉和鱼特别适合超冷,因为可以很容易地将其浸没在超冷的水介质中。这种相对较新的技术是有益的,因为腐败微生物和酶不容易适应零度以下的温度。然而,超冷并不总是会减少化学反应的发生,有时候甚至会加速化学反应的进程。此外,研究人员还开发了在−0.8~0℃储存肉类和肉制品的技术,保持产品处于非冷冻状态的同时大幅度延长其微生物货架期。

15.6.2　冷冻

冷冻是保藏肉的最有效的方法之一。当肉和肉制品在低于−10℃的条件贮藏时,微生物的生长和酶反应基本上被抑制,因而肉的质量损失也降到最低。不过,在冷冻、贮藏和解冻过程中,物理和化学反应仍然可能发生。冷冻肉在贮藏期间发生的化学变化包括分别由肌红蛋白和不饱和脂肪酸氧化引起的褪色和氧化酸败,以及由蛋白质的变性和聚合所致的肉质硬化。这些不利变化的程度受到冷冻和融化速率、冷冻存储时间、储存期间冷冻温度的波动以及冷冻肉的气调条件等因素的影响。对于加工肉而言,加入到肉中的配料(例如,食盐)、特定的处理过程(例如,磨碎、切割、乳化、结构重组)都会影响冷冻产品的质量和保质期。人们通常会在冷冻肉产品中加入抗氧化剂以抑制盐引发的氧化反应。

冷冻引起的蛋白质变性是冷冻肉中一个重要的副作用,这种变性主要归因于冰晶形成和增大所导致的物理伤害以及与肌肉组织脱水和溶质浓缩相关的化学过程。在慢速冷冻条件下,冷冻引起的蛋白质变性尤为严重。慢速冷冻时,肌肉细胞的外部液体比内部液体冷却速度快,当过冷的细胞外部液体先达到临界温度时,水就会与溶质分离并形成冰晶。随着结晶的进行,细胞外盐的浓度逐渐增大,在细胞膜内外形成渗透压。这一过程会导致蛋白质的变性和细胞膜结构的破坏[105]。为了防止蛋白质变性,可以在冷冻前将低温防护剂,如多磷酸盐和多元醇(山梨醇、蔗糖、聚葡萄糖)加入到肉中。

冷冻速率取决于冷冻方法,从快到慢依次为:低温冷冻>风冷冷冻>静态冷冻。低温冷冻是采用压缩气体,如液氮(-195℃)和干冰(-98℃)将肉快速冷却至0℃以下,在数分钟内将液态水转化为冰晶。风冷冷冻的低温气流(例如,-50℃)也可以实现快速的热传导,有效地将细胞内的水转化为冰晶。然而,静态冷冻时热量以较慢的速率从肉中散发,造成肌肉细胞和蛋白质的损伤。一般而言,快速冷冻可促进小冰晶的形成,并且使小冰晶在细胞内外均匀分布,慢速冷冻则更容易产生数量少但体积大的冰晶,且大冰晶主要存在于细胞外。

"压力-转移冻结"是一种相对较新的、具有肉品质保护潜力的冷冻技术。在压力-转移冻结过程中,肉被冷冻至低于冰点的温度(-20℃)并且在特定的高压条件下保持不冻结。当压力突然释放时,整个肌肉组织中会立即产生均匀分布的微冰晶。有报道称,运用压力-转移冻结技术处理的肉超结构变化最小、蛋白质变性情况降低、产品质量也得到改善[106,107]。

15.6.3 高压处理

高压处理不仅仅在肉的保藏中有应用潜力,而且还可以用于改善肉的品质。在储存前用100~800MPa的流体静力学压力处理鲜肉,可以有效地破坏鲜肉中的致病微生物和失活未活化的腐败酶。非热、高压同样可以用于处理已包装的即食肉(例如,熟肉片),以防止单核细胞增生李斯特菌的污染。由于压缩能量比较低(例如,1L水在400MPa压力下为19.2kJ),所以共价键通常不受影响。但是,高压处理可能破坏蛋白质的静电及疏水相互作用,使蛋白质的稳定性下降。由于高压处理不依赖于添加剂且和温度无关,所以处理过的肉制品可以保持原有的风味和口感。

高压作用下肌肉组织的物理变化包括水相体积的减少和pH的下降。压力释放后,这些变化是可逆的。但是即使是短时间的高压处理也会永久的改变蛋白质的结构,同时改变蛋白质与非蛋白物质之间的连接。超过100MPa的压力可能会导致蛋白质四级结构解体成为亚基、单体结构部分伸展,也可能导致蛋白质的聚合和凝胶化[108,109]。高压处理会将肌浆球蛋白的重链解离成具有一个头部结构的单体,随后这些单体会以头对头方式相互作用形成聚集体[110]。压力引起的水化体积变化在肌肉蛋白质展开、解离、聚合和凝胶化过程中扮演着重要角色。经压力处理的肌肉蛋白,如鱼糜,在温和的温度条件下就会自发的形成凝胶。这主要是由于疏水氨基酸侧链的暴露增多,使得蛋白质容易发生聚集。经高压处理后,蛋白质结构的改变和溶解性的提高使肉的水结合能力及凝胶特性对高离子强度的依赖性下降,因此更适用于加工成低盐肉制品[111]。更多疏水性基团的暴露也使高压处理的肌肉蛋白能更有助于肉糜的形成和稳定。

对僵直前肌肉进行高压处理会加快糖酵解反应和肌纤维收缩的速率,这一现象是多个因素共同作用的结果,包括存储钙离子的肌浆网结构被破坏、Ca-ATP酶的活性下降。

胞浆中高浓度的钙离子会激活参与糖酵解反应(例如,磷酸化激酶)和肌肉收缩(例如,肌浆球蛋白 ATP 酶)的酶。当处理的压力足够高(例如,＞400MPa),生肉会褪色,表现为明暗度(L^*)值增大和红绿色值(a^*)值减小[108]。事实上,高压处理生肉时,由于亚铁离子被氧化同时球蛋白发生变性,肌肉中的高铁肌红蛋白(棕色)含量会增加,以牺牲肌红蛋白(红色)为代价。

超过 150MPa 的高压还会显著改变肌原纤维节的结构,如 M 线和 H 区消失、I 带肌丝失去完整性。但令人惊讶的是,这些结构的改变似乎并没有导致肌肉嫩度的改善。这可能主要归因于肌节中 Z 盘的增厚和蛋白酶活力的下降[110]。此外,高压处理也没有影响骨胶原的结构。

经过高压处理的牛肉,在老化过程中 μ-钙蛋白酶的水平会显著下降[112]。在 200MPa 的条件下,μ-钙蛋白酶和 m-钙蛋白酶会被部分钝化,当压力升至 400MPa 时,两种酶都会全部失活。这一负面效应是高压下钙蛋白酶变性以及从肌浆网中释放出来的高浓度胞浆钙离子引发钙蛋白酶高度自水解造成的。另一方面,高压处理会增强组织蛋白酶(B、D、L、H 和肽酶)的活性,因为溶菌体膜被破坏。显然,溶菌体中组织蛋白酶释放的增多足以战胜压力引起的蛋白酶变性。但是,组织蛋白酶活性的增多无法补偿由于肌原纤维中钙蛋白酶损失和结构变化所导致的肉嫩度的下降。因此,可以采用高压处理来克服储存过程中由于过度的蛋白质水解导致鱼组织肌肉软化,因为高压处理可以使得内源性的蛋白酶特别是溶菌酶失活。

烟火装置产生的超高压已经被用于肉的嫩化。这项技术的一个特殊应用实例是 Hydrodyne®[113]。其具体操作是:将包裹好的鲜肉放在密封的装满水的容器中,然后将该容器置于地平面以下。由一种液体和一种固体组成的少量炸药会产生与肌肉中的水分在声学上一致的冲击波。这个冲击波可以在肉的接触表面产生高达 68.9MPa 的超高压。经这样高压处理的肉嫩度得到极大改善,同时达到理想嫩度所需的老化时间也缩短了。这种嫩化作用主要是肌原纤维,包括 Z 盘,被破坏所导致的。由于 Hydrodyne 可以钝化微生物,这种处理还有利于鲜肉保藏和提高肉的安全性。

15.6.4 辐照处理

作为钝化致病微生物的一种方法,辐照已经在肉加工业得到广泛认可。辐照的主要方式有两种:致电离辐照和非致电离辐照。在非致电离辐照中,如微波和红外,辐照的能量不足以使原子离子化,它主要是依赖于辐照产生的热量来破坏微生物,所以非致电离辐照比较适合于热处理加工的肉制品。在致电离辐照中,由高速电子或放射性同位素(γ 射线)轰击原子产生离子,因此对微生物结构的破坏更为有效。对于禽肉,允许的辐照剂量为 1.5～3.0kGy,牛肉是 7.0kGy。

γ 射线是一种已经被允许用于鲜肉或生肉的辐照方法。尽管它能够有效地降低肉类中的微生物污染,但是辐射分解带来的肌肉组织不利化学变化同时存在。例如,对鲜肉进行 γ 射线处理会产生超氧自由基和羟基自由基。这些初级自由基具有很高的活性,可以与肌肉中的脂类和蛋白质发生反应产生二级自由基以及脂类和蛋白质的降解产物。与在肉的水分环境中寿命较短的小自由基不同的是,蛋白质自由基的寿命相对较长,同时蛋白质自由基之间会发生交联而导致肌肉组织的硬化。另一方面,γ射线处理后肌肉中不饱和脂肪酸的降解会产生许多碳氢化合物,特别是烯烃和羰基化合物,这些物质都会使经过处理的肉制品产生异味。γ射线处理还会使得蛋氨酸和半胱氨酸残基的侧链发生辐照分解,产生挥发性的含硫化合物,这些含硫化合物是经辐照处理的、真空包装红肉和禽肉中主要的挥发性异味物质[114]。

褪色是γ射线辐照带来的另一个重要不良后果。经辐照过的肉会呈现出不吸引人的绿色或褐灰色,这主要是因为亚铁血红素中的卟啉结构被降解,或者是形成了硫肌红蛋白[115]。对于浅色肉,例如禽肉,会由于一氧化碳-肌红蛋白复合物的形成而呈现深粉红色[116]。由于γ射线所导致的化学变化通常都自由基驱动的,所以采用真空包装或加入合适的水溶性和油溶性的抗氧化剂可以降低辐照对肉制食品质量的负面影响。

15.6.5 小结

(1)通过延迟热能依赖性生化反应(微生物的和酶的)和化学过程,冷却提高了新鲜与加工肉制品的货架稳定性,冷冻(将水转化为冰)则通过剥夺微生物代谢和化学反应所需的水进一步改善产品的稳定性。

(2)高压处理延长肉及肉制品货架稳定性的主要原因是微生物细胞的破坏以及一些内源代谢酶的失活。

(3)电离辐射是最有效的肉类非热杀菌方法,因为电离产生的自由基可破坏微生物DNA和其他关键细胞组分。不过,高剂量的辐射暴露也会导致不良的风味变化。

15.7 加工肉的化学

肉的加工是指对肌肉组织进行物理、化学和热处理以增加产品的多样性、提供便利,同时延长肉的保质期。加工过程中,鲜肉的物理化学品质会被显著改变。加工肉制品主要可以分为三类:①最低限度改变肌肉结构特性的加工肉制品,例如,火腿、培根、腌牛肉;②中等程度改变肌肉结构特性的加工肉制品,例如,切割并重组的烤肉和牛排;③深度粉碎后重组的肉制品,例如,香肠、法兰克福香肠和各种午餐肉。肌肉组织发生的化学变化取决于各种特定的加工方法和使用的配料。例如,火腿中稳定的粉红色的形成主要依赖于一氧化氮与肌红蛋白的化学反应;乳化型肉制品中稳定的油滴的形成主要取决于在油水界面上蛋白质和脂类的相互作用;无骨火鸡火腿的黏合性和顺滑质地则主要得益于盐和磷酸盐提取出的肌纤维蛋白质之间的相互作用以及凝胶化。

15.7.1 腌制

腌制是指用盐和亚硝酸盐处理鲜肉以达到保藏和获得特定色泽、风味的目的。腌制技术的起源并不十分明确,据传大约是在公元前3000年。经腌制的肉制品具有特征性的粉红色泽和与众不同的香味。腌制肉包括传统的火腿、培根、夏季香肠,还有各种各样在零售店的熟食或冷藏柜台出售的即食食品,例如,重组的切片火鸡火腿和熟食腊肠。

氯化钠是腌制肉中常用的一种盐。盐最主要的功能并不是提供风味而是提取肌原纤维蛋白质和增大渗透压,并因此抑制细菌的生长,防止产品的腐败。尽管盐是腌制产品中不可或缺一种配料,但真正的腌制剂是 NO_2^- 或 NO_3^-。最初硝酸盐被批准用于固定腌制肉的颜色,但现在它已经很大程度上被亚硝酸盐取代,因为后者是最终腌制剂 NO 的直接前体。目前,硝酸盐仅限于在干腌制产品中使用,例如,乡村腌制火腿和干香肠。在制作这些产品时,硝酸盐会被微生物或还原性化合物慢慢地转化为亚硝酸盐,形成慢腌制反应以产生更理想的风味和稳定的颜色。含硝酸盐的果蔬提取物,如芹菜或樱桃的提取物也可以被用来制作腌肉。提取物在含有硝酸盐还原酶的微生物(包括木糖葡萄球菌和肉糖葡萄球菌)作用下,可将硝酸盐转化为亚硝酸盐以实现腌制反应[117]。

亚硝酸盐是一种多功能的化学物质。它可以产生并稳定瘦肉的粉红色,帮助形成腌制肉的特殊风味,抑制腐败及致病微生物(特别是肉毒芽孢梭菌)的生长,延缓氧化腐败的进程。烹煮腌肉的粉红色是肌红蛋白的亚铁血红素与 NO 反应生成亚硝基肌红蛋白色素所致。在还原剂,如异抗血酸存在的情况下,亚硝酸盐会生成 NO。部分的亚硝酸盐溶于水中可形成亚硝酸(HNO_2)。在还原条件下,亚硝酸被分解成 NO。当 NO 与亚铁血红素上的铁离子相结合,会改变亚铁血红素结构的电子分布,进而产生粉红色。在进行热处理时,亚硝基肌红蛋白色素会转化为亚硝基血色原,由于球蛋白的变性,亚硝基血色原更为稳定。

腌肉混料中加入还原性物质,就可以利用亚硝酸盐向 NO 的转化以及亚铁血红素中的三价铁向二价铁的还原而加速颜色的变化。最为常用的还原剂是异抗坏血酸钠(抗坏血酸的同分异构体)。肌肉本身也含有内源性的还原物质和酶还原活性,例如,细胞色素、奎宁和 NADH,但是这些物质的还原能力相对较小。在腌肉中加入异抗坏血酸盐除了可以将高铁肌红蛋白还原为肌红蛋白,将亚硝酸盐转化为 NO 外,它还可以作为抗氧化剂用以维持腌制食品的颜色和风味,减少亚硝胺的形成。磷酸盐,例如,焦磷酸钠、三聚磷酸盐和六偏磷酸盐也是常用的腌制剂。磷酸盐并没有直接的参与到腌制反应中,但是它们具有增加肌肉持水力的功能,同时可以通过螯合未被氧化的金属离子提高氧化稳定性。

15.7.2 水合作用和持水性

如前所述,鲜肉中,水分占到了质量的 70%~80%。在一些注水肉中,水分含量超过了85%。烹煮肉的水分含量决定了产品的多汁液性并影响其嫩度。肉中的水或者是结合态的,或者是自由态的。结合水与蛋白质通过氢键紧密结合,氢键水平受蛋白质表面电荷和蛋白质极性的影响。自由水凭借毛细管力存在于在肌肉组织中的各个部位,例如存在于肌丝的间隙、肌纤维之间以及纤维的外部。自由水占肌肉中水的 70%~90%。在肉糜中,很大一部分水分还以被肌肉纤维蛋白质凝胶网络截留的形式存在。冷冻存储、氧化以及宰后肌肉温度相对较高时酸性物质的快速累积等变性条件都会导致肉的持水力下降。此外,PSE猪肉和火鸡肉的持水力也较低,这在前文中已有所论述。

加工肉结合、固定和保留内源及外源水分的能力主要依赖于肌原纤维蛋白质,其作用受到各种加入肉的配料的影响。通常,人们会采用注射或浸泡等方式将高浓度的单价盐(NaCl 或 KCl)溶液加入到肉中。NaCl 的添加会带来静电斥力增大,引起肌原纤维横断面膨胀,使水合及保留后添加水分成为可能[118]。各种磷酸化合物(包括焦磷酸钠,三聚磷酸钠和六偏磷酸钠)常常与盐一起添加以进一步改善肉的持水力。注射过的鲜肉一般含 0.5%~2.0% 的盐和 0.25%~0.40% 的磷酸盐。使用碱性的磷酸盐还有一个额外的益处,因为它可以将肉的 pH 从 5.5~5.6(靠近肌动球蛋白的等电点)提高到 5.8~6.0,在这个 pH 下,净电荷量的增加可使肌浆球蛋白和其他肌肉蛋白的水结合力更强。同时,pH 的增加还会通过静电斥力作用使肌丝间的空间增大,从而固定更多的水。

氯化钠和磷酸盐引起的肉水合机制远不止简单的静电排斥效应。除了相邻肌丝之间的静电斥力增大,高浓度的 NaCl(例如,>2.5%)可以分离肌球蛋白肌丝,产生一个庞大的可以保留水分的多肽网络[119]。此外,随着 NaCl 浓度的增加,由于蛋白质的正电荷(—NH^{3+})被氯离子掩蔽,肌球蛋白的等电点 pH 会下降,使肌浆球蛋白(或者是肌动球蛋白)在肉的正常 pH 范围内可以带有更多的表面电荷(图15.18)。多肽之间静电斥力的增加使蛋白质和水之间的相互作用增强,肉的持水

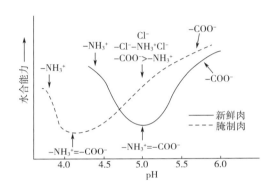

图 15.18　新鲜和腌制肉中蛋白质
水合能力与 pH 的关系

力提高。另一方面,低浓度的焦磷酸盐和三聚磷酸盐(小于 0.5% 或 5~15mmol/L)会导致肌动球蛋白复合物的解聚。在镁离子存在的情况下,焦磷酸盐的分解作用与 ATP 导致的分解非常类似。肌动蛋白从肌球蛋白肌丝上的分离使水分更容易扩散到肌丝之间的空间。这种分离也可以改善肉的嫩度。当 NaCl 的浓度由 0.1mol/L 提高到 0.6mol/L(无磷酸盐存在时)或 0.4mol/L(有磷酸盐存在时),会产生严重的肌肉纤维肿胀[120]。肿胀和水合的程度随着盐浓度的提高不断增大,直至 NaCl 浓度达到 1.0mol/L(大约是 0.4% 肌肉的质量)之后,肿胀的纤维会由于盐析作用而产生收缩。

经盐或磷酸盐处理的肉在发生水合作用的同时还伴随着肌纤维蛋白质的部分溶出。肌纤维主链中一些特定蛋白质的流出可能是蛋白质肌丝横切面膨胀所必需的。相差显微镜显示,在 0.6~1.0mol/L 的氯化钠溶液中,肌纤维膨胀和蛋白质从粗肌丝(肌球蛋白)中流出是同时发生的。加入 10mmol/L 的焦磷酸盐或三聚磷酸盐可以有效地促进水合作用,同时使肌球蛋白从 A 带末端的肌球蛋白与肌动蛋白交联处分离出来。此外,由盐和磷酸盐引起的横切面结构多肽的溶出(例如,M-蛋白、X-蛋白和 C-蛋白)可促进肌纤维网格结构的松弛,使肌肉纤维承载更多的水分[120,121]。

15.7.3　蛋白质凝胶网络结构的形成

蛋白质的凝胶化是重组肉和肉糜制品制备时包含的一个物理化学过程。凝胶的形成

不仅决定着肉片和肉颗粒之间的黏着性,对烹煮后产品的水分、香气、脂肪保持力也有重要影响。经热处理的肌肉食品中发生的凝胶化是一个三步连续过程。首先发生的是单个蛋白质分子的展开(变性),随后变性的蛋白质分子通过疏水相互作用发生聚集。最后,小的蛋白质聚合体或寡聚体相互交联形成精细的线结构并最终形成连续的具有黏弹性的网络结构[122]:

$$\chi P_N \xrightarrow[\text{变性}]{\text{加热}} \chi P_D \xrightarrow[\text{聚合}]{\text{加热}} (P_D)\varphi, (P_D)\psi, \cdots \xrightarrow[\text{交联}]{\text{加热/冷却}} (P_D)\varphi - (P_D)\psi - \cdots,$$

式中 χ 是蛋白质分子总数量,φ 和 ψ($\varphi + \psi + \cdots = \chi$)是在蛋白质凝胶过程中某一点发生聚合的分子数量,$P_N$ 代表天然蛋白质,P_D 代表的是变性蛋白质。凝胶类肉制品包括腊肠、法兰克福香肠和各种用粉碎肌肉制成的午餐肉。鉴于凝胶的黏合能力,重组肉制品中肉片连接处凝胶的形成成为决定产品整体性和切片性的关键。

肌浆和结缔组织(基质)蛋白质在加工肉的整体凝胶现象中扮演次要的角色。当咸肉被加热到 $40 \sim 60 ℃$ 时,大部分的肌浆蛋白质就会开始凝结,但没有形成有序的、具有功能性的凝胶结构。部分水解的胶原(明胶)是人们最熟知的凝胶化蛋白质,而且它的凝胶化对离子强度相对不敏感。明胶可以形成由氢键稳定的可逆的、冷固型凝胶。不过,将胶原分解或降解成水溶性明胶(凝胶化的主要成分)需要水分和持续的加热,这些条件在生产肌肉食品的过程中一般不会采用。整体而言,肌原纤维蛋白质是优质凝胶化蛋白质,对加工肌肉食品理想质构的形成起到决定性的作用。尤其是肌浆球蛋白(僵直前)或肌动球蛋白(僵直后),它们担当了肌纤维蛋白质体系大部分的凝胶化任务[123]。

为了形成凝胶,肌原纤维蛋白质必须先被溶出,而肉和盐(NaCl 或 KCl)以及磷酸盐的混合通常是溶出的第一步。肌原纤维蛋白质的凝胶化特性受蛋白质结构、大小、浓度、肌肉的类型或来源以及不同的加工条件(例如,pH、离子强度、加热速率)等因素的影响。因此,具有很大长径比(大约长度为 100nm,直径为 $1.5 \sim 2nm$)的肌球蛋白可以形成高度黏弹性的凝胶,而长度仅为肌球蛋白十分之一的球蛋白—肌动蛋白则凝胶性能较差[124]。尽管当肌球蛋白和肌动蛋白以 24:1 的比例混合时,肌动蛋白的添加可以起到增强肌球蛋白凝胶的作用[125]。基于两种肌球蛋白异构体之间不同的物理化学特性,白色肌肉(快速收缩糖酵解型)纤维中的肌原纤维蛋白质比红色肌肉(慢速收缩氧化型)纤维中的肌原纤维蛋白质可以形成更为刚性的凝胶[126]。这就解释了为什么在相同的加工条件下,与鸡腓肠肌(主要是红色纤维)或其蛋白质相比,完全由白色纤维组成的鸡胸大肌及其肌球蛋白或混合肌原纤维蛋白质能形成强度更大的凝胶。肌原纤维蛋白质另一个独特的特性是在 pH6.0 左右的条件下能形成更强的凝胶,尽管确切的最适 pH 会随着肌肉的类型以及动物的种类而发生轻微的改变。

热导致的肌原纤维蛋白质凝胶化机制主要是与肌球蛋白有关,它是加工肉的盐提取物中最主要的凝胶成分。在典型的肉加工条件下(pH6.0,0.6mol/L,或 2.5%NaCl),当蛋白质溶胶被加热到 35℃ 时,凝胶化始于 HMM 上 S-1 区域的展开,进而通过头-头相互作用形成疏水结合(图 15.19)。当温度上升至 48℃,寡聚体会聚合产生半凝胶弹性特性。当温度到达 $50 \sim 60 ℃$ 时,LMM(棒状)会发生构象变化,形成一个使疏水区域和特定的侧链基团暴露

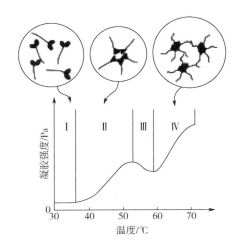

图 15.19 在 0.6mol/L NaCl, pH6.0 的水溶液中肌球蛋白的热诱导凝胶示意图

四个温区分别代表：（Ⅰ）肌球蛋白无变化，（Ⅱ）头–头联结，（Ⅲ）轻酶解肌球蛋白展开导致的肌球蛋白聚集体结构重排，（Ⅳ）肌球蛋白聚集体尾–尾联结。

的开放结构。该结构改变会导致半凝胶弹性特征的暂时下降。对于肌动球蛋白而言,这一中等温度条件下凝胶刚性的下降还与肌动蛋白的分离有关。不过,进一步的加热会使 LMM 通过尾–尾相互作用结合并产生永久性的线和丝状凝胶网络结构,该网络结构具有高弹性和高持水性。

微生物谷氨酰胺转氨酶是一种催化酰基转移反应、通过谷氨酸–赖氨酸桥联使蛋白交联的酶,对肌原纤维蛋白质的凝胶化有显著影响。将这种酶加入到凝胶溶液中会使肌原纤维凝胶强度增加高达 10 倍,因此,在特别重视肉的黏合性的肉和鱼糜加工业中,它是一种优质食品添加剂[127,128]。此外,活性氧、氧化抗坏血酸、类黄酮以及其他的氧化剂也能够通过促进蛋白质的结合而增加肌肉蛋白质的胶凝能力。有趣的是,在氧化应激条件下,肌球蛋白更倾向于通过二硫键形成尾–尾(棒)交联而非头–头(S1)交联,这种现象在白色肌纤维中尤其明显,并且在轻度氧化系统中起到了改善肌球蛋白凝胶化的作用[129,130]。如图 15.20 所示为鸡胸肌蛋白质的氧化效应。

15.7.4 脂肪的固定和稳定

在加工肉制品,特别是乳化产品中,脂肪是通过蛋白质界面膜和蛋白质网络结构的形成被固定和稳定的。在粉碎和乳化过程中,大的脂肪粒或脂肪组织在剪切作用下被粉碎成细小的颗粒。随着小的脂肪球的形成,它们被天然具有两亲结构(既有疏水基团又有亲水基团)的蛋白质覆盖。蛋白质的非极性基团会埋在脂肪(疏水的)中而极性基团伸向水相,形成界面膜将互不相溶的两相(油相和水相)分离。蛋白质在脂肪球表面的吸附所带来的总自由能下降加之蛋白质凝胶基质的形成,二者互补强化了乳化体系的稳定。各种肌肉蛋白质的相对乳化活性排序为:肌球蛋白＞肌动球蛋白＞肌浆蛋白质＞肌动蛋白[131]。肌球蛋白优良的乳化性能主要取决于它独特的结构(高的长径比)以及它的双极特征(疏水的头部和亲水的尾部)。图 15.21 所示是由以肌球蛋白主要形成的单层界面膜示意图。

在粉碎良好的肉(常被称为"糊")中,脂肪球均匀地分布在复杂的连续水相,水相中含有盐溶蛋白质、纤维片段、肌原纤维、连接组织纤维、胶原碎片和各种悬浮在水中的配料。两种乳化稳定机制都适用于肉糊:①脂肪颗粒表面蛋白质层的形成降低了界面张力;②脂肪颗粒被物理包埋固定在蛋白质的网络结构中。覆盖在脂肪颗粒表面的蛋白质膜并非均匀且本质上是多层的。研究人员已经从肉糊中厚的蛋白质界面膜中分辨出三层蛋白质结构[132]。覆盖在脂肪球表面的是一层薄薄的内层,它可能是蛋白质沉积在肌球蛋白或肌动

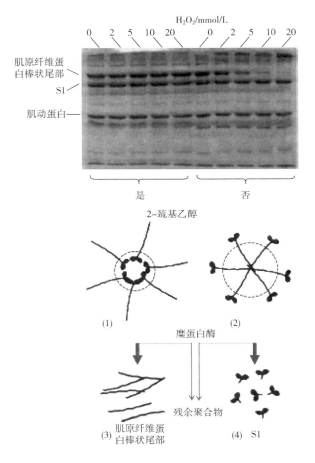

图 15. 20　鸡胸肌蛋白质的氧化效应

　　从鸡胸大肌中提取得到的肌原纤维蛋白受到 Fe^{2+}–H_2O_2 产生的羟基自由基的氧化应激,螺旋尾部(棒状)和球形头部(S1)都部分展开。与未氧化肌球蛋白间的 S1–S1(1)结合不同的是,随着 H_2O_2 浓度的增加,肌球蛋白聚合物主要通过棒–棒间的二硫键交联形成(2)。在 0.1mol/L NaCl 条件下,糜蛋白酶可打断肌球蛋白颈部扭结区,分解聚合物并释放出棒(3)、S1(4)和残留的但可被 2-巯基乙醇还原的聚合物。在 0.6mol/L NaCl 溶液中,氧化后轻酶解肌球蛋白减少,而重酶解肌球蛋白仍大量存在。这两个实验都证明了羟基自由基促进了肌球蛋白的尾部间的二硫键连接。

图 15.21　肉糜中肌球蛋白单层包覆脂肪球示意图

球蛋白单分子层上所形成的(图 15.21)。该内层通过一个扩散区域与密度相近的第二层相连。第二层则与非常厚的扩散蛋白质层相连,形成稳定的蛋白质膜结构。

　　与此类似,由蛋白质凝胶网络稳定脂肪球也是一个复杂的物理化学过程,因为凝胶化溶液(常被称为蛋白质溶胶)并不是简单地将蛋白质分散在水溶液中。实际上,溶胶代表的是一种混杂的基质,其中溶有水溶性蛋白质,也悬浮着一些不溶性的、水化了的肌纤维或纤维碎片。通常,溶胶中还会有一些非肉类的配料,例如,大豆蛋白、淀粉、调味料等。因此,烹煮后形成的凝胶可以被视为一个复合体系,在该体系中溶出的肌原纤维蛋白质形成的聚集体、肌纤维碎片以及被蛋白质覆盖的脂肪球相互作用形成了一个交织的网络结构。一些不溶性的纤维丝可能卷入凝胶骨架中,脂肪球可能填充至凝胶网络结构的空隙,起到加固凝胶的作用。蛋白质网络凝胶通过各种力维持稳定,其中包括疏水相互作用、静电相互作用、氢键、范德华力。除非是发生了氧化反应,共价键,例如二硫键的作用常是次要的。

脂肪球膜和连续蛋白质网络的物理化学和流变学是影响体系乳化稳定性的决定性因素,而它们又受到很多因素的影响,包括 pH、水相的黏度、乳化的时间和温度、瘦肉和脂肪的比例等。可以通过配料和添加剂的使用来改善脂肪球膜和连续水相的组成及性质,获得较高的乳化稳定性,抵抗较高温度条件下的聚合。水解大豆、面筋和乳清蛋白的使用可以加强界面膜和蛋白质网络结构,从而有助于乳化体系的稳定。在乳化前用微生物谷氨酰胺转氨酶处理乳化蛋白质也可以提高乳化稳定性,同时,酶的使用还有助于在加热时使无定形乳液形成稳定的凝胶网络结构[133]。实验表明,酶的作用一方面可以促进脂肪球膜之间的相互作用和交联,另一方面也可以促进脂肪球与凝胶结构中蛋白质网络片段之间的相互作用。

15.7.5 肉的重组

重组肉是经过加工后又重新塑形的产品,包括具有与未加工肉相同质构的各种形式的生肉排、肉块以及烤肉。重组肉还包括各种经烹调的即食肉,大多数的方便午餐肉都或多或少的属于重组肉范畴。根据加工方法、肉颗粒的大小或粉碎的程度,重组肉可以被分为三类:分段切割(整块的肌肉或肌肉群)并成形;大块分割(粗糙的肉颗粒)并成行;切碎(由冷冻肉切碎)并成形。

无论采用哪种方法降低肉粒的尺寸,影响重组肉加工的最重要的因素都是盐的使用和盐的作用。肌原纤维蛋白质,特别是肌浆球蛋白和肌动球蛋白的溶出需要盐(NaCl)。蛋白质提取物是一种黏度很高的黏稠流出物,可以将不同的肉粒黏合在一起。为了形成有效的黏合,必须将蛋白质提取物转化为黏弹性的、半固体凝胶或半凝胶基质。这种转化可以在重组肉烹煮加热时实现。盐溶性肌原纤维蛋白质的提取可以通过将肉与至少 0.5mol/L 的盐在机械混合器中混合来完成,例如,按摩机和滚揉机。滚揉时主要是依靠重力作用和下落肉片(前期掷上的)与其他肉片之间的摩擦来提取肌原纤维蛋白质,按摩时则主要是通过肉片之间的摩擦以及肉和旋转浆之间的摩擦来提取蛋白质。聚磷酸盐常与 NaCl 一起使用以改善蛋白质的提取和水分的保留。其他配料,包括调料、脱脂乳粉、浓缩乳清蛋白、大豆粉和亚硝酸盐等,也可能被加入到重组肉中以突出风味或者是改善黏聚强度、质构、切片性和外观。

通过使用谷氨酰胺转氨酶,人们已成功地制备了重组鲜牛排和猪排[134]。这种酶可以在谷氨酸和赖氨酸侧链之间形成共价连接,从而将碎肉片连接在一起。未经热处理的重组肉具有非常高的可操控性,可以按照特定的形状和大小要求进行分割和销售。

15.7.6　鱼糜化学

将切碎并机械去骨的鱼肉清洗、去除肌浆成分和脂肪所得到的粗提浓缩肌纤维蛋白即为鱼糜,将其与低温防护剂(常是多元醇)混合可防止冷冻储存过程中蛋白质的变性。鱼糜是一种中间产品,因为它可以经过再加工制成各种鱼糕和仿真海产品,如仿蟹肉和仿龙虾肉,或者是作为功能性配料用在其他的食品中。

很多鱼类在被用于制作鱼糜时的一个重要质量问题是它们有明显的蛋白水解活性,这一活性对鱼糜品的质构不利。例如,组织蛋白酶 B,L,以及一种 L 类蛋白酶很难通过清洗完全除去。这些内源性的蛋白酶在 $45 \sim 55℃$ 的范围内表现出很高的活性,因而可以通过降解肌动球蛋白而损害鱼糜基仿真海产品的质构[135]。干的牛血浆蛋白、蛋清和土豆提取物可以防止鱼糜凝胶的软化,因此可以在烹煮前将这些物质加入到鱼糜中。这些添加剂中的小肽(酶抑制剂)可以成为与鱼肉蛋白质竞争的蛋白酶反应底物。由于大部分的组织蛋白酶家族都是半胱氨酸蛋白酶,胱抑素作为一种常规半胱氨酸蛋白酶抑制剂,也被用于防止烹煮过程中鱼糜凝胶的弱化。这种抑制剂可以通过重组技术大量生产[136]。

酸溶或碱溶法可以取代传统的鱼糜生产方法。与传统鱼糜制备工艺中通过反复清洗切碎的鱼肉组织来除去肌浆成分和脂肪以浓缩肌纤维蛋白所不同的是,新方法采用酸(pH $2.5 \sim 3.5$)或者是碱(pH $9 \sim 10$)处理从均质后的肌肉组织中溶出肌原纤维蛋白质和肌浆蛋白质。随后采用等电点沉淀法(pH $5.0 \sim 5.5$)回收溶解得到的蛋白质[137]。这种技术最大的优点在于产率率高(蛋白质的回收率大于 90%,传统的清洗方法只有 $55\% \sim 65\%$)。酸溶解−等电点沉淀法特别适合于暗色肌肉且脂肪含量较高的鱼。

15.7.7　小结

(1)在肉类加工过程中,亚硝酸盐腌制是一个非常重要的环节。亚硝酸盐还原产生的一氧化氮与肌红蛋白中的血红素铁结合,产生亚硝基肌红蛋白(生肉中)或亚硝基血色素(熟肉中),赋予肉特有的粉红色。

(2)盐和磷酸盐的化学作用可以提高肌丝之间的静电斥力和促进肌动球蛋白复合体的解离,使肌丝间可截留水的空间扩大,赋予加工肉制品水合及保持水分的能力。

(3)肌原纤维蛋白的凝胶化一般发生在烹煮过程中。随着结构的展开,可溶性蛋白间主要通过疏水相互作用结合形成聚集体。随后,这些聚集体相互作用形成一个能够固定水和脂肪的三维基质,并产生一种黏着力以黏附肉粒。凝胶的形成在重组肉和熟鱼糜制品的加工中起着至关重要的作用。

(4)肉糜是界面蛋白质膜包裹着分散的脂肪颗粒形成的糜状物,具有低界面张力的乳化颗粒被物理截留并进一步稳定在具有高黏度和高弹性的蛋白质凝胶基质中。

(5)在有盐和磷酸盐参与的肉类加工过程中,焦磷酸盐或三聚磷酸盐与肌球蛋白头部的结合使肌动球蛋白分裂成肌球蛋白和肌动蛋白。混合肌肉蛋白的一般功能特性,包括持水性、凝胶性、乳化性和黏附性等在很大程度上源自一种蛋白质:肌球蛋白。

思考题

(1)对比牛肉、猪肉、鸡肉和鱼类脂肪酸组成的差异。

（2）虽然肉类通常被认为是营养丰富的，但它们通常缺乏哪些维生素和矿物质？

（3）描述肌内膜、肌束膜和肌外膜在骨骼肌中的作用。

（4）细肌丝和粗肌丝分别由哪些蛋白质组成？

（5）纤维性胶原的哪些一级结构特征形成了它独特的三级结构？

（6）胶原蛋白中有哪些类型的交联，它们分别对胶原蛋白的功能和肉的嫩度有哪些贡献？

（7）解释磷酸肌酸对于活体肌肉以及肌肉向肉的转化过程的重要性。

（8）1个肌钙蛋白分子是如何调节7个肌动蛋白单体的活动的？

（9）什么是僵直复合物？它对肉嫩度的重要性如何？

（10）如果一块肌肉的平均肌节长度为1.8m，而另一块肌肉的平均肌节长度为1.4m，哪块肌肉可能更加坚韧，为什么？

（11）分步描述肌肉的收缩过程，这一循环与肌肉向肉的转化关系如何？

（12）描述肌肉转化为肉的三个阶段中发生的主要生化反应。

（13）在PSE肉和DFD肉的形成过程中，糖原的作用是什么？

（14）分别简述冷冻、高压处理和辐照对鲜肉和肉制品品质保持的作用机制。

（15）概述亚硝酸盐腌制肉时发生的化学反应，并列举常用于促进腌制过程的辅助化学物质和添加剂。

（16）描述在烹饪过程中，氯化钠和焦磷酸盐在肌原纤维蛋白凝胶化和熟肉质构形成过程中的具体化学作用。

（17）列出并描述影响肉糜稳定性的内在和外在因素。

参考文献

1. Rollo, F., Ubaldi, M., Ermini, L., and Marota, I. (2002) Otzi's last meals: DNA analysis of the intestinal content of the Neolithic glacier mummy from the Alps. *Proc Natl Acad Sci USA* **99**, 12594–12599.

2. Lawrie, R. A. and Ledward, D. A. (2006) *Lawrie's Meat Science*, 7th edn., Woodhead Publishing, Cambridge, U.K.

3. U.S. Department of Agriculture, Agricultural Research Service (2013). National Nutrient Database for Standard Reference, Release 26, https://ndb.nal.usda.gov/ndb/, Accessed October 4, 2016.

4. Allen, C. E. and Foegeding, E. A. (1981) Some lipid characteristics and interactions in muscle foods—A review. *Food Technol* **35**, 253–257.

5. Gray, J. I. and Pearson, A. M. (1998) Lipid-derived off-flavors in meat formation and inhibition. In *Flavor of Meat and Meat Products* (Shahidi, F. ed.), Chapman and Hall, London, U.K., pp. 116–139.

6. Daley, C. A., Abbott, A., Doyle, P. S., Nader, G. A., and Larson, S. (2010) A review of fatty acid profiles and antioxidant content in grass-fed and grain-fed beef. *Nutr J* **9**, 10.

7. Bodwell, C. and Anderson, B. (1986) Nutritional composition and value of meat and meat products. In *Muscle as Food* (Bechtel, P. ed.), Academic Press, Inc., Orlando, FL.

8. Ryan, J. T., Ross, R. P., Bolton, D., Fitzgerald, G. F., and Stanton, C. (2011) Bioactive peptides from muscle sources: Meat and fish. *Nutrients* **3**, 765–791.

9. Faustman, C., Chan, W. K., Schaefer, D. M., and Havens, A. (1998) Beef color update: The role for vitamin E. *J Anim Sci* **76**, 1019–1026.

10. Knight, S. and Winterfeldt, E. A. (1977) Nutrient quality and acceptability of mechanically deboned meat. *J Am Diet Assoc* **71**, 501–504.

11. Bendall, J. (1973) Post-mortem changes in muscle. In *The Structure and Function of Muscle* (Bourne, G. ed.), 2nd edn., Academic Press, Inc., London, U.K., pp. 243–309.

12. Aberle, E. D., Forrest, J. C., Gerrard, D. E., and Mills, E. W. (2001) *Principles of Meat Science*, 4th edn., Kendall/Hunt, Dubuque, IA.

13. Rossi, A. E. and Dirksen, R.T. (2006) Sarcoplasmic reticulum: The dynamic calcium governor of muscle. *Muscle Nerve* **33**, 715−731.

14. Dulhunty, A.F., Haarmann, C. S., Green, D., Laver, D. R., Board, P. G., and Casarotto, M. G. (2002) Interactions between dihydropyridine receptors and ryanodine receptors in striated muscle. *Prog Biophys Mol Biol* **79**, 45−75.

15. Huxley, H. and Hanson, J. (1954) Changes in the cross − striations of muscle during contraction and stretch and their structural interpretation. *Nature* **173**, 973−976.

16. Bers, D. M. (2001) *Excitation−Contraction Coupling and Cardiac Contractile Force*, 2nd edn., Kluwer Academic Publishers, Dordrecht, the Netherlands.

17. Hill, J. A. and Olxon, E. N. (2012) *Muscle Fundamental Biology and Mechanisms of Disease*, Elsevier Science, Amsterdam, the Netherlands.

18. Barr, L. and Christ, G.J. (2000) *A Functional View of Smooth Muscle*, JAI Press, Stamford, CT.

19. Scopes, R.(1970) Characterization and study of sarcoplasmic proteins. In *The Physiology and Biochemistry of Muscle as a Food* (Briskey, E. J., Cassens, R. G., and Marsh, B. B. eds.), The University of Wisconsin Press, Madison, WI, pp. 471−492.

20. Yates, L. D. and Greaser, M. L. (1983) Quantitative determination of myosin and actin in rabbit skeletal muscle. *J Mol Biol* **168**, 123−141.

21. Stefansson, G. and Hultin, H. (1994) On the solubility of cod muscle proteins in water. *J Agric Food Chem* **42**, 2656−2664.

22. McCormick, R.J. (1999) Extracellular modifications to muscle collagen: Implications for meat quality. *Poult Sci* **78**, 785−791.

23. McCormick, R.J. (2009) Collagen. In *Applied Muscle Biology and Meat Science* (Du, M. and McCormick, R. J. eds.), CRC Press, Boca Raton, FL, pp. 129−148.

24. Resurreccion, A. V. A. (1994) Cookery of muscle foods. In *Muscle Foods* (Kinsman, D. M., Kotula, A. W., and Breidenstein, B. C. eds.), Chapman and Hall, New York, pp. 406−429.

25. Kjaer, M. (2004) Role of extracellular matrix in adaptation of tendon and skeletal muscle to mechanical loading. *Physiol Rev* **84**, 649−698.

26. Velleman, S. G. (2012) Meat science and muscle biology symposium: Extracellular matrix regulation of skeletal muscle formation. *J Anim Sci* **90**, 936−941.

27. Lewis, M.P., Machell, J. R., Hunt, N. P., Sinanan, A. C., and Tippett, H. L. (2001) The extracellular matrix of muscle—Implications for manipulation of the craniofacial musculature. *Eur J Oral Sci* **109**, 209−221.

28. Osses, N. and Brandan, E. (2002) ECM is required for skeletal muscle differentiation independently of muscle regulatory factor expression. *Am J Physiol Cell Physiol* **282**, C383−C394.

29. Velleman, S. G., Liu, X., Eggen, K. H., and Nestor, K. E. (1999) Developmental regulation of proteoglycan synthesis and decorin expression during turkey embryonic skeletal muscle formation. *Poult Sci* **78**, 1619−1626.

30. Velleman, S. G. (2001) Role of the extracellular matrix in muscle growth and development. *J Anim Sci* **80**, E8−E13.

31. Lawson, M. A. (2004) The role of integrin degradation in post−mortem drip loss in pork. *Meat Sci* **68**, 559−566.

32. Fratzl, P. (2008) *Collagen: Structure and Mechanics*, Springer Science+Business Media, LLC, New York.

33. Purslow, P. P. (2014) New developments on the role of intramuscular connective tissue in meat toughness. *Annu Rev Food Sci Technol* **5**, 133−153.

34. Ushiki, T. (2002) Collagen fibers, reticular fibers and elastic fibers. A comprehensive understanding from a morphological viewpoint. *Arch Histol Cytol* **65**, 109−126.

35. Purslow, P. P. (2005) Intramuscular connective tissue and its role in meat quality. *Meat Sci* **70**, 435−447.

36. Wallimann, T., Wyss, M., Brdiczka, D., Nicolay, K., and Eppenberger, H. M. (1992) Intracellular compartmentation, structure and function of creatine kinase isoenzymes in tissues with high and fluctuating energy demands: The 'phosphocreatine circuit' for cellular energy homeostasis. *Biochem J* **281**(Pt 1), 21−40.

37. Foth, B. J., Goedecke, M. C., and Soldati, D. (2006) New insights into myosin evolution and classification. *Proc Natl Acad Sci USA* **103**, 3681−3686.

38. Clark, K. A., McElhinny, A.S., Beckerle, M. C., and Gregorio, C. C. (2002) Striated muscle cytoarchitecture: An intricate web of form and function. *Annu Rev Cell Dev Biol* **18**, 637−706.

39. Lowey, S., Slayter, H. S., Weeds, A. G., and Baker, H. (1969) Substructure of the myosin molecule. 1.Subfragments of myosin by enzymic degradation. *J Mol Biol* **42**, 1−29.

40. Highsmith, S., Kretzschmar, K. M., O'Konski, C. T., and Morales, M. F. (1977) Flexibility of myosin rod, light meromyosin, and myosin subfragment−2 in solution. *Proc Natl Acad Sci USA* **74**, 4986−4990.

41. Rayment, I., Rypniewski, W. R., Schmidt−Bäse, K., Smith, R., Tomchick, D. R., Benning, M. M., Winkelmann, D. A., Wesenberg, G., and Holden, H. M. (1993) Three−dimensional structure of myosin

subfragment－1：A molecular motor. *Science* **261**, 50–58.

42. Kabsch, W., Mannherz, H. G., Suck, D., Pai, E. F., and Holmes, K. C. (1990) Atomic structure of the actin：DNase I complex. *Nature* **347**, 37–44.

43. Carlier, M.F. (1991) Actin：Protein structure and filament dynamics. *J Biol Chem* **266**, 1–4.

44. Brown, J. H. and Cohen, C. (2005) Regulation of muscle contraction by tropomyosin and troponin：How structure illuminates function. *Adv Protein Chem* **71**, 121–159.

45. Lees–Miller, J. P. and Helfman, D. M. (1991) The molecular basis for tropomyosin isoform diversity. *Bioessays* **13**, 429–437.

46. Grabarek, Z., Tao, T., and Gergely, J. (1992) Molecular mechanism of troponin－C function. *J Muscle Res Cell Motil* **13**, 383–393.

47. Potter, J. D. and Gergely, J. (1975) The calcium and magnesium binding sites on troponin and their role in the regulation of myofibrillar adenosine triphosphatase. *J Biol Chem* **250**, 4628–4633.

48. Wang, K., McClure, J., and Tu, A. (1979) Titin：Major myofibrillar components of striated muscle. *Proc Natl Acad Sci USA* **76**, 3698–3702.

49. Labeit, S. and Kolmerer, B. (1995) Titins：Giant proteins in charge of muscle ultrastructure and elasticity. *Science* **270**, 293–296.

50. Granzier, H. L. and Labeit, S. (2004) The giant protein titin：A major player in myocardial mechanics, signaling, and disease. *Circ Res* **94**, 284–295.

51. Tskhovrebova, L. and Trinick, J. (2003) Titin：Properties and family relationships. *Nat Rev Mol Cell Biol* **4**, 679–689.

52. Trinick, J. (1994) Titin and nebulin：Protein rulers in muscle? *Trends Biochem Sci* **19**, 405–409.

53. McElhinny, A.S., Kazmierski, S. T., Labeit, S., and Gregorio, C. C. (2003) Nebulin：The nebulous, multifunctional giant of striated muscle. *Trends Cardiovasc Med* **13**, 195–201.

54. Blanchard, A., Ohanian, V., and Critchley, D. (1989) The structure and function of alpha–actinin. *J Muscle Res Cell Motil* **10**, 280–289.

55. Cooper, J. A. and Schafer, D. A. (2000) Control of actin assembly and disassembly at filament ends. *Curr Opin Cell Biol* **12**, 97–103.

56. Fischer, R. S. and Fowler, V. M. (2003) Tropomodulins：Life at the slow end. *Trends Cell Biol* **13**, 593–601.

57. Lazarides, E. (1980) Desmin and intermediate filaments in muscle cells. *Results Probl Cell Differ* **11**, 124–131.

58. van derVen, P. F., Obermann, W. M., Lemke, B., Gautel, M., Weber, K., and Fürst, D. O. (2000) Characterization of muscle filamin isoforms suggests a possible role of gamma－filamin/ABP－L in sarcomeric Z－disc formation. *Cell Motil Cytoskeleton* **45**, 149–162.

59. Bennett, P., Craig, R., Starr, R., and Offer, G. (1986) The ultrastructural location of C–protein, X–protein and H–protein in rabbit muscle. *J Muscle Res Cell Motil* **7**, 550–567.

60. Koretz, J. F., Irving, T. C., and Wang, K. (1993) Filamentous aggregates of native titin and binding of C－protein and AMP－deaminase. *Arch Biochem Biophys* **304**, 305–309.

61. Schoenauer, R., Lange, S., Hirschy, A., Ehler, E., Perriard, J. C., and Agarkova, I. (2008) Myomesin 3, a novel structural component of the M－band in striated muscle. *J Mol Biol* **376**, 338–351.

62. Hoffman, E.P., Knudson, C. M., Campbell, K. P., and Kunkel, L. M. (1987) Subcellular fractionation of dystrophin to the triads of skeletal muscle. *Nature* **330**, 754–758.

63. Michele, D. E. and Campbell, K. P. (2003) Dystrophin–glycoprotein complex：Post－translational processing and dystroglycan function. *J Biol Chem* **278**, 15457–15460.

64. Ervasti, J. M. (2003) Costameres：The Achilles' heel of Herculean muscle. *J Biol Chem* **278**, 13591–13594.

65. Leong, P. and MacLennan, D. H. (1998) Complex interactions between skeletal muscle ryanodine receptor and dihydropyridine receptor proteins. *Biochem Cell Biol* **76**, 681–694.

66. Catterall, W. A., Perez–Reyes, E., Snutch, T. P., and Striessnig, J. (2005) International Union of Pharmacology. XLVIII. Nomenclature and structure－function relationships of voltage－gated calcium channels. *Pharmacol Rev* **57**, 411–425.

67. Catterall, W. A. (1988) Structure and function of voltage–sensitive ion channels. *Science* **242**, 50–61.

68. Sutko, J. L. and Airey, J. A. (1996) Ryanodine receptor Ca^{2+} release channels：Does diversity in form equal diversity in function? *Physiol Rev* **76**, 1027–1071.

69. Block, B. A., Imagawa, T., Campbell, K. P., and Franzini–Armstrong, C. (1988) Structural evidence for direct interaction between the molecular components of the transverse tubule/sarcoplasmic reticulum junction in skeletal muscle. *J Cell Biol* **107**, 2587–2600.

70. Felder, E. and Franzini–Armstrong, C. (2002) Type 3 ryanodine receptors of skeletal muscle are segregated in a parajunctional position. *Proc Natl Acad Sci USA* **99**, 1695–1700.

71. MacLennan, D. H., Rice, W. J., and Green, N. M.

（1997）The mechanism of Ca^{2+} transport by sarco（endo）plasmic reticulum Ca^{2+}-ATPases. *J Biol Chem* **272**, 28815-28818.

72. Rayment, I. and Holden, H. M.（1994）The three-dimensional structure of a molecular motor. *Trends Biochem Sci* **19**, 129-134.

73. Onishi, H., Mochizuki, N., and Morales, M. F.（2004）On the myosin catalysis of ATP hydrolysis. *Biochemistry* **43**, 3757-3763.

74. Pette, D. and Staron, R. S.（2001）Transitions of muscle fiber phenotypic profiles. *Histochem Cell Biol* **115**, 359-372.

75. Spangenburg, E. E. and Booth, F. W.（2003）Molecular regulation of individual skeletal muscle fibre types. *Acta Physiol Scand* **178**, 413-424.

76. Scott, W., Stevens, J., and Binder-Macleod, S. A.（2001）Human skeletal muscle fiber type classifications. *Phys Ther* **81**, 1810-1816.

77. Pette, D., Peuker, H., and Staron, R. S.（1999）The impact of biochemical methods for single muscle fibre analysis. *Acta Physiol Scand* **166**, 261-277.

78. Maltin, C., Balcerzak, D., Tilley, R., and Delday, M.（2003）Determinants of meat quality: Tenderness. *Proc Nutr Soc* **62**, 337-347.

79. Huff-Lonergan, E., Mitsuhashi, T., Beekman, D. D., Parrish, F. C., Olson, D. G., and Robson, R. M.（1996）Proteolysis of specific muscle structural proteins by mu-calpain at low pH and temperature is similar to degradation in postmortem bovine muscle. *J Anim Sci* **74**, 993-1008.

80. Goll, D. E., Thompson, V. F., Li, H., Wei, W., and Cong, J.（2003）The calpain system. *Physiol Rev* **83**, 731-801.

81. Bartoli, M. and Richard, I.（2005）Calpains in muscle wasting. *Int J Biochem Cell Biol* **37**, 2115-2133.

82. Sorimachi, H., Kinbara, K., Kimura, S., Takahashi, M., Ishiura, S., Sasagawa, N., Sorimachi, N., Shimada, H., Tagawa, K., and Maruyama, K.（1995）Muscle-specific calpain, p94, responsible for limb girdle muscular dystrophy type 2A, associates with connectin through IS2, a p94-specific sequence. *J Biol Chem* **270**, 31158-31162.

83. Koohmaraie, M.（1992）Role of neutral proteinases in postmortem muscle protein degradation and meat tenderness. *Proc Recip Meat Conf* **45**, 63-71.

84. Zeece, M.G., Woods, T. L., Keen, M. A., and Reville, W. J.（1992）Role of proteinases and inhibitors in postmortem muscle protein degradation. *Proc Recip Meat Conf* **45**, 51-61.

85. Solomon, V. and Goldberg, A. L.（1996）Importance of the ATP-ubiquitin-proteasome pathway in the degradation of soluble and myofibrillar proteins in rabbit muscle extracts. *J Biol Chem* **271**, 26690-26697.

86. Kent, M. P., Spencer, M. J., and Koohmaraie, M.（2004）Postmortem proteolysis is reduced in transgenic mice overexpressing calpastatin. *J Anim Sci* **82**, 794-801.

87. Wismer-Pedersen, J.（1959）Quality of pork in relation of rate of pH change postmortem. *Food Res* **24**, 711-727.

88. McKeith, F. K. and Stetzer, A. J.（2003）Benchmarking value in the pork supply chain: Quantitative strategies and opportunities to improve quality: Phase I. American Meat Science Association, Savoy, IL.

89. Mitchell, G. and Heffron, J. J.（1982）Porcine stress syndromes. *Adv Food Res* **28**, 167-230.

90. Fujii, J., Otsu, K., Zorzato, F., de Leon, S., Khanna, V. K., Weiler, J. E., O'Brien, P. J., and MacLennan, D.H.（1991）Identification of a mutation in porcine ryanodine receptor associated with malignant hyperthermia. *Science* **253**, 448-451.

91. Sosnicki, A., Greaser, M., Pietrzak, M., Pospiech, E., and Sante, V.（1998）PSE-like syndrome in breast muscle of domestic turkeys: A review. *J Muscle Foods* **9**, 13-23.

92. Chiang, W., Allison, C. P., Linz, J. E., and Strasburg, G. M.（2004）Identification of two alphaRYR alleles and characterization of alphaRYR transcript variants in turkey skeletal muscle. *Gene* **330**, 177-184.

93. Malila, Y., Carr, K. M., Ernst, C. W., Velleman, S. G., Reed, K. M., and Strasburg, G. M.（2014）Deep transcriptome sequencing reveals differences in global gene expression between normal and pale, soft, and exudative turkey meat. *J Anim Sci* **92**, 1250-1260.

94. Andersson, L.（2003）Identification and characterization of AMPK gamma 3 mutations in the pig. *Biochem Soc Trans* **31**, 232-235.

95. Marsh, B. B. and Thompson, J. F.（1958）Rigor mortis and thaw rigor in lamb. *J Sci Food Agric* **9**, 417-424.

96. Marsh, B. B. and Leet, N. G.（1966）Resistance to shearing of heat-denatured muscle in relation to short-ening. *Nature* **211**, 635-636.

97. Marsh, B. B.（1985）Electrical-stimulation research: Present concepts and future directions. *Adv Meat Res* **1**, 277-305.

98. Pearson, A. M. and Young, R. B.（1989）*Muscle and Meat Biochemistry*, Academic Press, San Diego, CA.

99. Carse, W. A.（1973）Meat quality and the acceleration of postmortem glycolysis by electrical stimulation. *J Food Technol* **8**, 163-166.

100. Sharp, J. G. and Marsh, B. B.（1953）Whale meat, production and preservation. Food Invest. Board, G. B. Dep. Sci. Ind. Res. Spec. Rep. 58.

101. Smith, G. C.（1985）Effects of electrical stimulation

on meat quality, color, grade, heat ring and palat-ability. *Adv Meat Res* **1**, 121-158.

102. Pearson, A. M. and Dutson, T. R. (1985) Scientific basis for electrical stimulation. *Adv Meat Res* **1**, 185-218.

103. Sorinmade, S. O., Cross, H. R., Ono, K., and Wergin, W. P. (1982) Mechanisms of ultrastructural changes in electrically stimulated beef Longissimus muscle. *Meat Sci* **6**, 71-77.

104. Zhou, G. H., Xu, X. L., and Liu, Y. (2010) Preservation technologies for fresh meat—A review. *Meat Sci* **86**, 119-128.

105. Fennema, O. (1982) Behavior of proteins at low-temperatures. *ACS Symp Series* **206**, 109-133.

106. Fernandez-Martin, F., Otero, L., Solas, M., and Sanz, P. (2000) Protein denaturation and structural damage during high-pressure-shift freezing of porcine and bovine muscle. *J Food Sci* **65**, 1002-1008.

107. Zhu, S., Le Bail, A., Ramaswamy, H., and Chapleau, N. (2004) Characterization of ice crystals in pork muscle formed by pressure-shift freezing as compared with classical freezing methods. *J Food Sci* **69**, E190-E197.

108. Cheftel, J. and Culioli, J. (1997) Effects of high pressure on meat: A review. *Meat Sci* **46**, 211-236.

109. Heremans, K., Van Camp, J., and Huyghebaert, A. (1997) High-pressure effects on proteins. In *Food Proteins and Their Applications* (Damodaran, S. and Paraf, A. eds.), Marcel Dekker, Inc., New York, pp. 473-502.

110. Jung, S., Ghoul, M., and de Lamballerie-Anton, M. (2000) Changes in lysosomal enzyme activities and shear values of high pressure treated meat during ageing. *Meat Sci* **56**, 239-246.

111. Sikes, A. L., Tobin, A. B., and Tume, R. K. (2009) Use of high pressure to reduce cook loss and improve texture of low-salt beef sausage batters. *Innov Food Sci Emerg Technol* **10**, 405-412.

112. Ouali, A. (1990) Meat tenderization: Possible causes and mechanisms: A review. *J Muscle Foods* **1**, 129-165.

113. Solomon, M., Long, J., and Eastridge, J. (1997) The Hydrodyne: A new process to improve beef tenderness. *J Anim Sci* **75**, 1534-1537.

114. Ahn, D. U., Jo, C., Du, T., Olson, D. G., and Nam, K. C. (2000) Quality characteristics of pork patties irradiated and stored in different packaging and storage conditions. *Meat Sci* **56**, 203-209.

115. Brewer, S. (2004) Irradiation effects on meat color—A review. *Meat Sci* **68**, 1-17.

116. Nam, K. and Ahn, D. (2003) Effects of ascorbic acid and antioxidants on the color of irradiated ground beef. *J Food Sci* **68**, 1686-1690.

117. Sebranek, J. G. and Bacus, J. N. (2007) Cured meat products without direct addition of nitrate or nitrite: What are the issues? *Meat Sci* **77**, 136-147.

118. Offer, G. and Trinick, J. (1983) On the mechanism of water holding in meat—The swelling and shrinking of myofibrils. *Meat Sci* **8**, 245-281.

119. Hamm, R. (1986) Functional properties of the myofibrillar system and their measurements. In *Muscle as Food* (Bechtel, P. ed.), Academic Press, New York, NY, pp. 135-199.

120. Xiong, Y., Lou, X., Wang, C., Moody, W., and Harmon, R. (2000) Protein extraction from chicken myo-fibrils irrigated with various polyphosphate and NaCl solutions. *J Food Sci* **65**, 96-100.

121. Parsons, N. and Knight, P. (1990) Origin of variable extraction of myosin from myofibrils treated with salt and pyrophosphate. *J Sci Food Agric* **51**, 71-90.

122. Xiong, Y. L. (2004) Muscle proteins. In *Proteins in Food Processing* (Yada, R. ed.), Woodhead Publishing, Cambridge, U.K., pp. 100-122.

123. Asghar, A., Samejima, K., and Yasui, T. (1985) Functionality of muscle proteins in gelation mechanisms of structured meat-products. *CRC Crit Rev Food Sci Nutr* **22**, 27-106.

124. Samejima, K., Hashimoto, Y., Yasui, T., and Fukazawa, T. (1969) Heat gelling properties of myosin, actin, actomyosin and myosin-subunits in a saline model system. *J Food Sci* **34**, 242-245.

125. Morita, J. and Ogata, T. (1991) Role of light-chains in heat-induced gelation of skeletal-muscle myosin. *J Food Sci* **56**, 855-856.

126. Xiong, Y. L. (1994) Myofibrillar protein from different muscle fiber types: Implications of biochemical and functional properties in meat processing. *Crit Rev Food Sci Nutr* **34**, 293-319.

127. Kuraishi, C., Sakamoto, J., Yamazaki, K., Susa, Y., Kuhara, C., and Soeda, T. (1997) Production of restructured meat using microbial transglutaminase without salt or cooking. *J Food Sci* **62**, 488-490.

128. Ramirez-Suarez, J. and Xiong, Y. (2003) Effect of transglutaminase-induced cross-linking on gelation of myofibrillar/soy protein mixtures. *Meat Sci* **65**, 899-907.

129. Ooizumi, T. and Xiong, Y. L. (2006) Identification of cross-linking site(s) of myosin heavy chains in oxidatively stressed chicken myofibrils. *J Food Sci* **71**, C196-C199.

130. Xiong, Y. L., Blanchard, S. P., Ooizumi, T., and Ma, Y. (2010) Hydroxyl radical and ferryl-generating systems promote gel network formation of myofibrillar protein. *J Food Sci* **75**, C215-C221.

131. Galluzzo, S. and Regenstein, J. (1978) Role of chicken breast muscle proteins in meat emulsion formation—Myosin, actin and synthetic actomyosin. *J Food Sci* **43**, 1761–1765.

132. Gordon, A. and Barbut, S. (1992) Mechanisms of meat batter stabilization—A review. *Crit Rev Food Sci Nutr* **32**, 299–332.

133. Ramirez–Suarez, J. and Xiong, Y. (2003) Rheological properties of mixed muscle/nonmuscle protein emulsions treated with transglutaminase at two ionic strengths. *Int J Food Sci Technol* **38**, 777–785.

134. Motoki, M. and Seguro, K. (1998) Transglutaminase and its use for food processing. *Trends Food Sci Technol* **9**, 204–210.

135. An, H. J., Seymour, T. A., Wu, J. W., and Morrissey, M. T. (1994) Assay systems and characterization of Pacific whiting (*Merluccius productus*) protease. *J Food Sci* **59**, 277–281.

136. Tzeng, S. and Jiang, S. (2004) Glycosylation modification improved the characteristics of recombinant chicken cystatin and its application on mackerel surimi. *J Agric Food Chem* **52**, 3612–3616.

137. Hultin, H. O. (2000) Surimi processing from dark muscle fish. In *Surimi and Surimi Seafood* (Park, J. W. ed.), Marcel Dekker, Inc., New York, pp. 59–77.

138. Tortora, G.J. and Derrickson B. (2014) *Principles of Anatomy and Physiology* 14th Ed. John Wiley and Sons, Inc., Hoboken, NJ.

139. Junqueira, L.C., Carneiro, J., and Kelley R.O. (1989) *Basic Histology*. Appleton & Lange, Norwalk, CT.

140. Chiang, W., Strasburg, G. M., and Byrem, T. M. (2007) Red meats. Ch. 23, pp. 23–1–23–21. In *Food Chemistry: Principles and Applications*, 2nd Ed. Y.H. Hui (Ed.), Science Technology System, West Sacramento, CA.

141. Craig, R. and Woodhead, J.L. (2006) Structure and function of myosin filaments. *Curr Opin Struc Biol* **16**, 204–212.

142. Rayment, I., Smith, C., and Yount, R.G. (1996) The active site of myosin. *Annu Rev Physiol* **58**, 671–702.

143. Weber, K. and Osborn, M. (1969) The reliability of molecular weight determinations by dodecyl sulfate–polyacrylamide gel electrophoresis. *J Biol Chem* **244**, 4406–4412.

144. Greaser, M.L. and Gergely, J. (1971) Reconstitution of troponin activity from three protein components. *J Biol. Chem* **246**, 4226–4233.

145. Huff–Lonergan, E., Zhang, W., Lonergan, S. M. (2010). Biochemistry of postmortem muscle—Lessons on mechanisms of meat tenderization. *Meat Sci* **86**, 184–195.

146. Henderson, D.W., Goll, D.E., and Stromer, M.H. (1970) A comparison of shortening and Z line degradation in post–mortem bovine, porcine, and rabbit muscle. *Am. J. Anat.* **128**, 117–135.

147. Locker, R. H. and Hagyard, C. J. (1963) A cold shortening effect in beef muscles. *J Sci Food Agric* **14**, 787–793.

可食用植物组织的采后生理 16

Christopher B. Watkins

16.1 引言

可食用植物组织包括谷物、坚果、种子、果实、蔬菜及花朵。按消费形式,则可分为整售产品、鲜切产品和加工产品。未加工前,植物组织始终处于代谢活动状态。植物组织呼吸过程中消耗 O_2 同时产生 CO_2;代谢利用碳水化合物、有机酸、蛋白质和脂肪等物质,为细胞维持结构和功能提供必要的能量,同时产生热(呼吸热)和水。在植物体内,一旦这些物质被消耗则不能重新补充。因此,更快的呼吸频率将造成食品营养价值的损失、销售质量的减少以及风味和组织的弱化,从而导致产品品质劣变。

块茎或块根作物,谷物、豆类以及其他一些植物种子是大宗商品作物,也是食品供给中的主要物质(表 16.1)。其中,水稻、玉米和小麦在人类食物消费中的占比约为 2/3。相比块茎或块根作物,谷物中水分含量更低(平均略低于 6.8 倍),因此其能量、蛋白质和碳水化合物占比更高(分别为高于 3、6.5 和 3.1 倍)[1]。颖果(如小麦、玉米、水稻、燕麦和高粱),块茎(如马铃薯、甘薯和山药),贮藏根(如木薯和芋头)以及豆科植物的种子,都是主要的淀粉贮藏器官,这些作物的生长需要占据大量农业土地[2]。据估算,每年富含淀粉作物的年收量约为 25 亿 t,其中大部分被人类食用或直接用作动物饲料[3]。

表 16.1 部分主食每 100g 营养成分

	玉米	大米(精米)	大米(糙米)	小麦	马铃薯	木薯	大豆(青豆)	甘薯	高粱	芋头	芭蕉
水/g	10	12	10	13	79	60	68	77	9	70	65
能量/kJ	1528	1528	1549	1369	322	670	615	360	1419	494	511
蛋白质/g	9.4	7.1	7.9	12.6	2.0	1.4	13.0	1.6	11.3	1.5	1.3
脂肪/g	4.7	0.7	2.9	1.5	0.1	0.3	6.8	0.05	3.3	0.2	0.4
碳水化合物/g	74	80	77	71	17	38	11	20	75	28	32
纤维/g	7.3	1.3	3.5	12.2	2.2	1.8	4.2	3	6.3	4.1	2.3

资料来源:USDA Nutrient Data Laboratory, ndb. nal. usda. gov/ndb/search/list, 2014.

这些大宗商品作物是人类健康所必需的矿物质和维生素的重要来源,然而我们也逐渐认识到水果和蔬菜在降低心血管疾病、中风、糖尿病和癌症等疾病风险方面所具有的重要作用。除了为食物的食用感官提供所需要的有机酸、糖分和香气物质外,果蔬中的抗氧化物质(如维生素 A,维生素 C 和维生素 E)、多酚以及其他植物化学素也是非常重要的。许多果蔬还具有美学价值(例如,花卉和其他观赏性产品),对于人的健康安乐也有积极的作用。

对可食用植物组织的采后损失进行准确估计并不容易,但每年全球被浪费的食品大约有 1/3 或 13 亿 t[4]。一般而言,谷物、坚果和植物种子由于水分含量低而具有高稳定性,因此它们的采后管理主要是通过适当的干燥来抑制发芽、霉菌毒素污染及虫害滋生。在适当条件下,谷物可以保藏 12 个月以上;然而在非洲每年谷物的损失率可达到 15%,包括采收过程中的破损,运输过程中的洒漏以及每个采后工序中的损耗(包括贮藏,尤其是贮藏在温暖潮湿的环境中)。造成损失的主要原因是霉变、虫害、啮齿动物及鸟类的偷食。全球水果和蔬菜的平均损失率约为 32%[5],这个数据在发达国家和发展中国家是接近的。然而造成损失的原因有所差异:在发展中国家,由于基础设施不足而导致在生产和零售环节之间的损失(22%)高于在零售、食品服务和消费阶段的损失(10%);而在发达国家,主要的损失发生在零售及更远端(20%),造成损失的原因则包括产品变质、生产过剩、家庭贮藏量以及"餐盘浪费"(对食物不满意、口味偏好及"吃不下")。

相比谷物,水果和蔬菜含水量更高,因此更不耐贮藏。采摘后果蔬的代谢作用仍然持续,所以在贮藏过程中会发生一些消费者期望的或不期望的变化。产生天然色素是我们所期望的变化,例如番茄中番茄红素的合成,苹果和草莓中花色苷的合成,桃和杏中类胡萝卜素(黄色及橘色色素)的合成。其他变化包括成熟过程中质构软化、叶绿素损失(绿色褪色)以及形成香气和特征风味。有时候,某种变化在某些情形下是好的,而在某些情形下又是我们所不期望的。例如,叶绿素分解在番茄中是好事,而在黄瓜和西蓝花中则是颜色劣变。淀粉降解为游离糖在苹果中是好事(可增加甜度),然而在马铃薯中则不是好事(会在油炸过程中加深褐变)。反之,游离糖转化为淀粉在马铃薯而言是好的变化,而对于豌豆和甜玉米则是不好的(会降低甜度)。取决于采收时所处的生理时期,植物的生长仍可能继续,例如,马铃薯的发芽以及芦笋的向地性弯曲。

发达国家超市货架上,鲜切或最低限度加工的果蔬所占比例越来越高。这类产品食用方便、健康、外观佳且风味好。该类产品的生产工序一般包括切割、修剪、分级、消毒及包装,这些操作会损伤植物组织,引起创伤应激,因此相较于完好的食材,它们的保藏期会缩短。

应用采后加工技术延缓植物组织的代谢作用,抑制过度成熟和衰老,对于完整果蔬或鲜切果蔬,都是保持其品质的必要手段。为了成功地应用采后加工技术对可食用植物组织进行保鲜,就有必要了解植物组织采摘后所发生的生理化学反应。

16.2 可食用植物组织的品质和采后生理

采后加工技术通过衔接生产与消费环节、提高产品附加值、延长产品货架期以及扩大产品运输范围等作用,保持可食用植物组织的品质[6]。然而,"品质"从不同角度具有不同的含义,如何测量"品质"? 它与消费者对食品的接受性有何关系? "品质"一词的定义,包括"适合食用""达到消费者需求"以及"产品的品质或等级满足特定食用要求"。从全球范围来看,食品的品质与经济、社会及环境问题紧密相关,涵盖了诸如从业人员保护标准、化学品使用、辐射、文化偏好及转基因等内容[6]。

许多消费者认为,"新鲜"一词是指产品采后没有经过贮藏而是直接运至超市销售。然而,贮藏是保障食物全年供应的重要环节,它可以短至在冷库中保藏数日,也可以长至在气调环境中保藏数月。所以,任何从采后到货架期结束之前,保持"无损"的食物都能称为"新鲜的"。若植物品种和贮藏条件适当,植物组织的品质及营养可以与新鲜采摘的一样。如16.3.4 所述,品种和采摘时间对于果蔬的货架品质是有影响的。

因此,采后技术的主要目标是通过以下手段保持产品品质:

(1)降低代谢速率。代谢会引起植物组织颜色、成分、质构、风味和营养成分等方面发生不期望的变化,以及引起萌芽、抽芽和生根等不期望的生长。

(2)降低水分流失。水分流失会引起质量下降、枯萎、皱缩、软化和脆度下降。

(3)将擦伤、损伤及其他物理性破损的程度降至最低。

(4)降低微生物腐败水平,尤其是微生物对创伤组织的损害。

(5)防止冻伤及其他生理失调,例如低温冷伤和衰老失调。

(6)将操作、贮藏和运输过程中受到的化学或微生物污染降至最低,降低食品安全风险。

从植物组织的采收到消费是一个连续的过程,包括各种加工操作、贮藏、运输以及零售。基于对植物组织生物学特性的认知理解,就可以实现保持其品质的目标。植物组织的采收必须在适当的成熟度或品质阶段,小心操作以避免物理损伤,快速制冷以去除环境中的热量,如有必要则用化学试剂处理并结合气调包装进行贮藏,并在保藏、运输和销售过程中保持适当温度。必须采取措施防止或去除化学污染,特别要注意预防自然产生的化学物质(如乙烯)对产品的影响。所有新鲜采摘的原料天然含有细菌、酵母及霉菌,这些"污染物"随着灰尘、昆虫、土壤、雨滴以及人类的活动而被带入。人或动物食用这些产品后容易发生食物中毒,因此食品加工相关安全条例,如良好农业规范(GAP),危害分析与关键点控制(HACCP)等,在可食用植物组织的生产活动中变得日益重要。

16.3 可食用植物组织的天然特性和结构

16.3.1 形态

虽然形态各异,但可食用植物组织都是植物体的一部分[8],包括完整的植物、不完整的植物、地上部分(叶、梗、茎、穗、花、干或新鲜的果实,以及其他部分组织如菌菇[真菌])和地下部分(根、根茎和块茎、鳞茎、球茎及分根和分株等非贮藏性器官)。这些组织已在其他文献中详细介绍[8],表 16.2 也加以总结。也可以根据植物的组织类型,即皮组织、基本组织、维管组织、支持组织和分生组织,将可食用植物组织进一步划分(表 16.3)。植物组织的特性各不相同,在代谢速率、贮藏的碳水化合物种类、水分流失及受损的难易程度等方面也存在差异。从植物组织成熟及衰老角度所提出的采后加工原则,以及基于生长(如抽芽、生根、萌芽),木质化作用或创伤周皮形成所提出的采后加工原则,这两者之间可能会有较大差异。按植物结构部位分类,以及对植物组织功能的解析,可以为食品化学家提供重要参考信息,从而从概念上区分对采后加工有影响的物理和生理特征,指导采收、搬运和贮藏过程,满足整售、鲜切和加工对植物组织产品品质的要求。

表 16.2 根据可食用植物的可食部位对植物进行分类

植物部位		举例
完整植物体		豆或苜蓿芽,裸根幼苗和生根插条
植物体的地上部分	叶	菠菜,羽衣甘蓝,大白菜,生菜,卷心菜
	叶柄	芹菜,大黄,小白菜
	茎,芽和穗状花序	芦笋,竹笋,唐菖蒲,开花姜穗
	花	花菜,西蓝花,百合花
	肉质果实	苹果,香蕉,无花果,橙,桃,菠萝,草莓,番茄
	干果	小麦,大米,大豆,巴西坚果,罂粟,核桃
	其他结构	蘑菇,松露
植物体的地下部分	根	甜菜,胡萝卜
	根茎和块茎	生姜,荷花,马铃薯,红薯
	鳞茎	洋葱
	球茎	荸荠,芋头

资料来源:Kays, S. J. , Postharvest Physiology of Perishable Plant Products, Exon Press, Athens, Greece, 1997.

表 16.3 可食用植物的一般组织类型和细胞类型

组织类型	细胞类型	组织类型	细胞类型
皮组织	表皮(气孔,毛状体,蜜腺,水孔),周皮	支持组织	厚角细胞,厚壁细胞
基本组织	薄壁细胞	分生组织	分生细胞
维管组织	木质部,韧皮部		

资料来源:Kays, S. J. , Postharvest Physiology of Perishable Plant Products, Exon Press, Athens, Greece, 1997.

不同类型可食用植物组织的形态有显著差异[9]。鲜美的果实可来源于植物的不同结构组织(图 16.1),如雌蕊或其他附属物;但无论发源于哪个部分,果实主要是由薄壁组织构成的。谷物是干燥果实或干燥果实胚珠的典型例子。水稻、小麦和燕麦则是不开裂的果实,可归类于颖果。颖果是含有一粒种子的干果,果皮与种皮结合在一起(图16.2)。

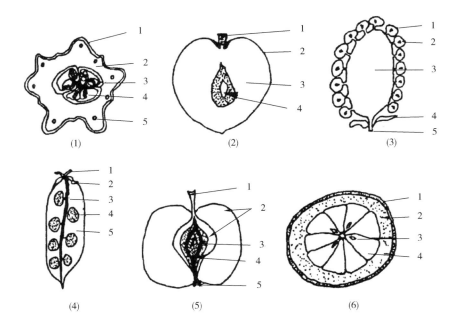

图 16.1　不同类型水果的解剖结构示意图

（1）瓠果(黄瓜、南瓜小果和南瓜)的横剖面:1—外皮(花托),2—果肉(子房壁),3—胎盘,4—种子,5—维管束。(2)核果(樱桃、桃子和李子)的纵剖面:1—柄,2—表皮(子房壁),3—果肉(子房壁),4—纹孔(石质子房壁)。(3)聚合果(覆盆子、草莓、黑莓)的纵剖面:1—肉质子房壁,2—种子(石质子房壁加种子),3—肉质花托,4—萼片,5—柄。(4)豆类(豌豆、大豆和青豆)的纵剖面:1—柄,2—萼片,3—维管束,4—种子,5—豆荚(子房壁)。(5)仁果(苹果和梨)的纵剖面:1—柄,2—外皮和果肉(花托),3—坚韧的心皮(子房壁),4—种子,5—花萼(萼片和雄蕊)。(6)柑果(柑橘)的横剖面:1—厚角组织外果皮(油胞层),2—薄壁组织中果皮(白皮层),3—种子,4—由实质样细胞分解形成的汁囊内果皮。

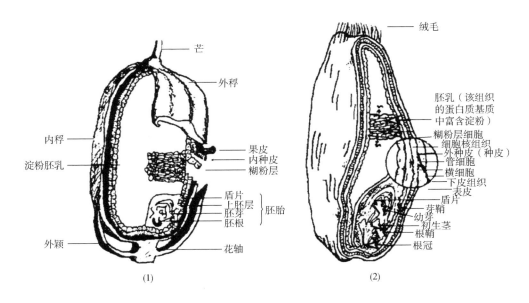

图 16.2　谷物颖果结构示意图

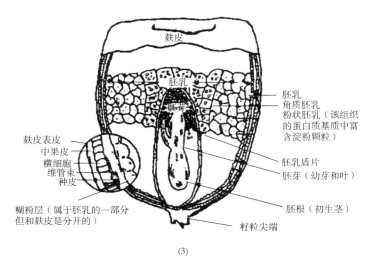

(3)

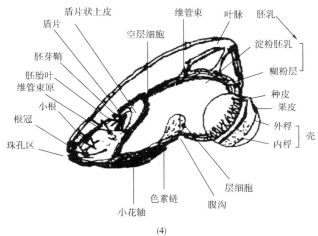

(4)

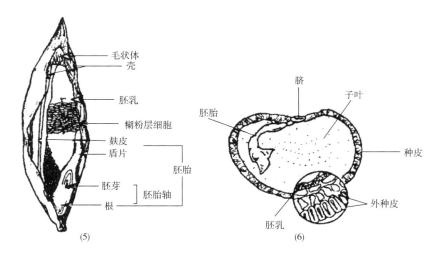

(5)　　　　　　　　　　　　　　(6)

图 16.2　谷物颖果结构示意图(续)

(1)大米,(2)小麦,(3)玉米,(4)大麦,(5)燕麦,(6)大豆是一种不含薄果壳的种子。

16.3.2 采收时所处的生理发育阶段

为商业目的而采摘的植物组织,其所处的生理阶段可以从生长早期的萌芽和秧苗期,到成熟衰老时的产籽和结果期(图 16.3)。大多数植物组织产品的生理状态主要是由其发育程度决定的,发育程度决定了呼吸频率、表皮发育程度,以及对损伤及病原体的敏感性。生理状态还受到采后加工条件(例如贮藏温度)的影响。

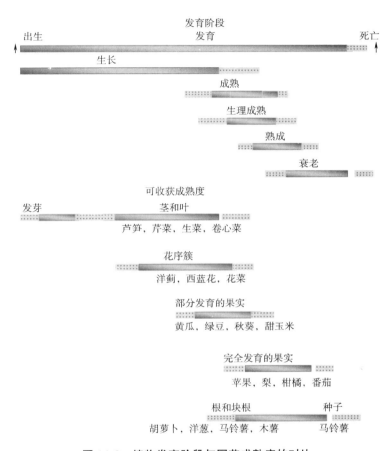

图 16.3 植物发育阶段与园艺成熟度的对比

资料来源:Watada, A. E. et al., *HortScience*, 19, 20, 1984.

采摘、操作及贮藏的方式极大地影响到植物组织的贮藏寿命,即使对于存活期最长的水果和蔬菜也是如此。充分发育的果实中,通常有两种竞争性的因素并存。一方面,随着果实发育成熟,消费者所需要的产品属性,如甜味和风味,都变得更好;但同时产品的可贮藏性也在持续降低(图 16.4)。竞争作用的结果是,果实必须在比最适合即食的时候更早采摘以提前进行贮藏。苹果是一个典型的例子,若在完全成熟时采摘,则苹果中淀粉含量低而可溶性固形物含量高,香气浓郁但贮藏期短。相反地,若要长期贮藏苹果,就要在苹果未完全成熟时采摘,此时淀粉含量较高而特征风味尚未完全形成。相比采摘时底部还是白色的草莓,红透的、香气馥郁的草莓贮藏期更短,然而前者的特征风味和香气成分要弱一些。因此,淡季时超市货架上的水果,由于要在采收运输时间与品质劣变速度之间取得平衡,其品质要次于当地栽培的水果。

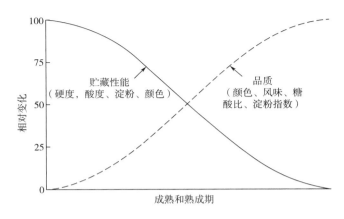

图 16.4　熟成植物产品的贮藏性能与消费者所期望的品质之间的关系
果实熟成后,颜色和风味等品质属性提高,但可贮藏期缩短。

16.3.3　成熟和衰老

采收后可食用植物组织仍然会继续衰老而导致细胞死亡。衰老被认为是植物发育的最后阶段,在此阶段植物体耗尽所有在生长和发育阶段所累积的、用于维持生命的有机物质。也可以说,个体发育①的最后阶段就是死亡和功能丧失。然而,熟成(ripening)是果实的一个额外发育阶段,包含一系列特别的同化代谢和分解代谢反应,造成细胞壁软化、质构变化、颜色变化并产生香气。动物更喜爱吃成熟果实,成熟果实也更容易受微生物感染而腐坏,以便种子扩散。从定义上讲,"成熟"(mature)的果实是指果实在采收后完成了其正常的熟成过程。尽管果实熟成方式可能明显不同(如呼吸跃变型果实与非呼吸跃变型果实),但在从胚珠到成熟果实的发育期内,果实均会表现出一系列发育所带来的变化(详见 16.5.1.2)。

16.3.4　采收前的影响因素

本章主要论述采后生理,但很多可食用植物组织的采后反应明显地受到其品种和采前管理的影响。种植者一般会根据市场可销售性(与消费接受性相关的肉眼可见的品质属性)和产量选择栽种品种,因为这两个因素直接决定了种植的经济效益。然而,不同品种在贮藏和货架期内,对采后病害和生理失调的抵抗能力也有明显差异。一个产品的耐贮藏性是由该品种采后的生理和生物化学反应所决定的。因此,种植者有时也会倾向于选择具有更好机械抵抗性的品种,以降低在采摘、加工操作和运输过程中产生的擦伤和表皮损伤。具有粗糙外皮的品种符合这种选择,但有时也会降低食用品质。在一些实例中,一些与生理反应相关的基因,例如能降低乙烯合成,降低呼吸频率和延缓软化的基因,已被引入商业品种中。例如 *RIN* 突变体已被引入大多数商业番茄品种中,可赋予果实更慢的软化速率和更紧致的质构,但其香气和风味更弱一些。

---

　　①　个体发育:一个生物体的发育过程。

贮藏性能也会受到采摘时果蔬中矿物质的影响[10]。具有良好贮藏性的产品往往钙浓度水平较高；反之钙含量低的产品,贮藏期短且更易产生病变和腐败,例如番茄的"腐病"就与钙浓度低有关。氮元素有利于提高番茄产量,但也会对番茄的采后品质产生负面影响。因为这时果实尺寸变大,钙浓度降低了。另一个例子是洋葱,高氮水平可提高洋葱产量,但也造成洋葱发育成厚颈,在堆放过程中更容易受创,贮藏期间腐烂率升高。高浓度的钾、镁和硼,以及低浓度的磷也会缩短贮藏期。其他因素,如农地和果园中的虫害和病原体的防治,也影响采后产品的病害发生概率。

16.4　基础代谢

可食用植物组织通过光合作用在绿叶中制造碳水化合物并转存至果实和块茎中。然而采收后,植物组织通常被贮藏在光合作用无法进行的环境中。许多仍能进行光合作用的植物产品,如观赏性植物和叶插,往往是不可食用的。能够进行光合作用的可食用部分,如叶片、嫩芽、茎部以及含有叶绿素的果实(如苹果、辣椒),一般被贮藏在暗环境中,低贮藏温度也抑制光合作用继续合成含碳化合物。因此,采摘时组织中的碳水化合物就成为采后维持细胞功能的唯一碳源。

呼吸作用是一种基础代谢,通过消耗碳水化合物以维持高能化合物三磷酸腺苷(ATP)、烟酰胺腺嘌呤二核苷酸(NADH)和焦磷酸盐(PPi)的正常水平,这三种物质是维持细胞组织正常生命活动的必需物质。在植物体中,淀粉、游离糖和无机酸通过糖酵解及相关途径分解为更简单的小分子(如 CO_2 和 H_2O),同时释放热(能量)。

糖酵解产生的中间体,为细胞合成氨基酸、核苷酸、色素、脂肪和风味化合物等提供碳骨架(表 16.4)。另外,碳水化合物也在各种错综复杂的反应途径中被用于合成各种化合物(图 16.5),这些化合物对采后植物组织的品质和贮藏性能有重要影响。

表 16.4　糖酵解途径和 TCA 循环与细胞内其他途径之间的联系举例

中间体	衍生的代谢物
糖酵解途径	
葡萄糖-6-磷酸	核苷酸
果糖-6-磷酸	氨基酸,糖脂,糖蛋白
二羟丙酮磷酸盐	脂类
3-磷酸	丝氨酸
磷酸烯醇	氨基酸,嘧啶
丙酮酸	丙氨酸
TCA 循环	
柠檬酸盐	氨基酸,胆固醇,脂肪酸,类异戊二烯
α-酮戊二酸	谷氨酸,其他氨基酸,嘌呤
琥珀酰 CoA	血红素,叶绿素
草酰乙酸	天冬氨酸,其他氨基酸,嘌呤,嘧啶

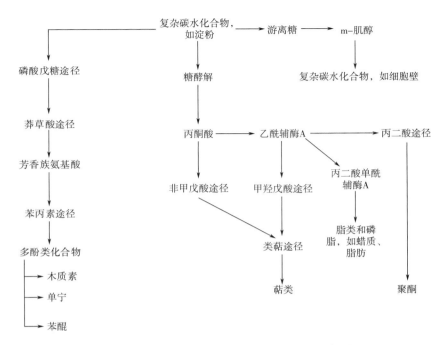

图 16.5　可食用植物组织中的初级和次级代谢途径

在糖酵解中,若以葡萄糖为底物,呼吸过程的完整方程式可写作:

$$C_6H_{12}O_6+6O_2+38ADP+38Pi \rightarrow 6CO_2+6H_2O+38ATP+686kcal$$

葡萄糖源包括简单游离糖(如蔗糖)或复杂碳水化合物(如淀粉)。当好氧呼吸以碳水化合物为底物时,呼吸熵(RQ,即呼吸作用所释放的 CO_2 和消耗的 O_2 的物质的量比)接近于1。若以脂肪为底物,RQ 会小于1(例如,以棕榈酸为底物,RQ 为 0.36);若以有机酸为底物,则 RQ 会大于1(例如,以苹果酸为底物,RQ 为 1.33)。在呼吸过程中 O_2 分子从环境扩散进入组织,而 CO_2 分子从组织中释放至环境。每摩尔葡萄糖可产生 2871kJ 能量,其中 1176kJ(41%)被用于合成 38 个 ATP 分子;54kJ(2%)是葡萄糖转化为氧化终产物时的熵增加值;剩余 1640kJ(57%)是以"呼吸热"形式损失。

呼吸作用包含三个相互关联的复杂代谢过程,即糖酵解、三羧酸循环(TCA)和电子传递链,每一个代谢过程均包含了一系列连续反应[11](图 16.6)。

通过发生在细胞质中的糖酵解,1 分子葡萄糖能够产生 2 分子丙酮酸。糖酵解的 10 个独立而连续的反应都由特定的酶催化,以完成下列反应之一:为底物分子加上 1 个含有能量的磷酸基、底物重排或将底物分解为更小的分子。糖酵解中两个关键的酶是磷酸果糖激酶(PFK)和丙酮酸激酶(PK)。细胞能够通过调节糖酵解速度实现控制能量产生,主要依赖于调节 PFK 和 PK 的活力。呼吸作用的其中一个产物,即 ATP,是对 PFK 活力的一个负面反馈抑制。糖酵解过程中,每 1 分子葡萄糖分子的降解均产生 2 分子 ATP 和 2 分子 NADH。

通过发生在线粒体中的 TCA 循环,丙酮酸经过 9 步连续酶催化反应,分解产生 CO_2。丙酮酸是醋酸盐的脱羧基产物,它与辅酶缩合形成乙酰辅酶 A(图 16.6),然后乙酰辅酶 A

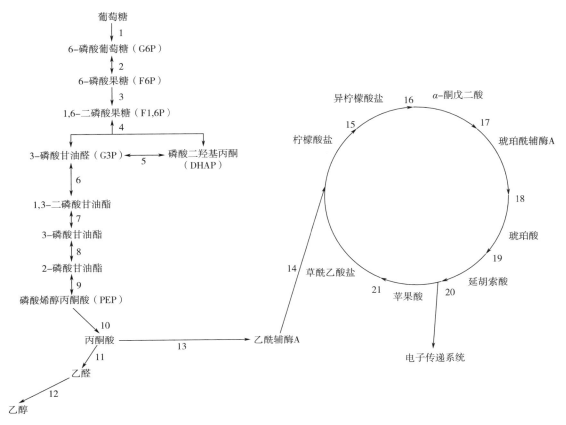

图 16.6　糖酵解途径,TCA 循环和电子传递系统,以及主要的酶和反应物

　　每 1 分子葡萄糖产生 2 分子 ATP 和 2 分子 NADH。每 1 分子丙酮酸产生 2 分子 $FADH_2$ 和 4 分子 NADH。通过电子传递系统,每 1 分子 NADH 产生 3 分子 ATP,而 1 分子 $FADH_2$ 产生 2 分子 ATP。

　　1—己糖激酶(葡萄糖+ATP→G6P+ADP),2—磷酸己糖异构酶(G6P→F6P),3—磷酸果糖激酶(F6P+ATP→F1,6P+ADP),4—醛缩酶(F1,6P→DHAP+G3P),5—异构酶(DHAP→G3P),6—3-磷酸甘油醛脱氢酶(G3P+NAD^+→1,3-二磷酸甘油酯+NADH),7—磷酸甘油酸激酶(1,3-二磷酸甘油酯+ADP+Pi→3-磷酸甘油酯+ATP),8—磷酸甘油酸变位酶(3-磷酸甘油酯→2-磷酸甘油酯),9—烯醇化酶(2-磷酸甘油酯→PEP+H_2O),10—丙酮酸激酶(PEP+ADP→丙酮酸+ATP),11—丙酮酸脱羧酶(丙酮酸→乙醛+CO_2),12—乙醇脱氢酶(乙醛+NADH→乙醇+NAD^+),13—丙酮酸脱氢酶复合物(丙酮酸+辅酶 A-SH+NAD^+→乙酰辅酶 A+CO_2+NADH+H^+),14—柠檬酸合酶(乙酰辅酶 A+草酰乙酸盐+H_2O→柠檬酸+乙酰辅酶 A),15—顺乌头酸酶(柠檬酸+H_2O→异柠檬酸+H_2O),16—异柠檬酸脱氢酶(异柠檬酸+NAD→α-酮戊二酸+NADH+CO_2),17—α-酮戊二酸脱氢酶(α-酮戊二酸+NAD→琥珀酰辅酶 A+NADH+CO_2),18—琥珀酸硫激酶[琥珀酰辅酶 A+Pi+二磷酸腺苷(GDP 或 ADP)→琥珀酸+乙酰辅酶 A+三磷酸腺苷(GTP 或 ATP)],19—琥珀酸脱氢酶(琥珀酸+H_2O→延胡索酸),20—延胡索酸酶(延胡索酸+FAD→苹果酸+$FADH_2$),21—苹果酸脱氢酶(苹果酸+NAD→草酰乙酸盐+NADH+H^+)。

　　进入 TCA 循环,与草酰乙酸盐形成柠檬酸。柠檬酸是三元酸,该循环即据此命名。在之后的 7 步反应过程中,柠檬酸经过重排、氧化和脱羧基反应,又转化为草酰乙酸盐,可结合新的乙酰辅酶 A 分子。每 1 分子丙酮酸通过 TCA 循环,可产生 1 分子黄素腺嘌呤二核苷酸($FADH_2$)和 4 分子 NADH;此外还产生一系列中间体,它们参与细胞中各种合成反应。

电子传递链位于线粒体膜上,通过高能中间体 $FADH_2$ 和 NADH 产生 ATP。经过一系列反应,1 分子 NADH 可产生 3 分子 ATP,而 1 分子 $FADH_2$ 可产生 2 分子 ATP。ATP 的产生不仅依赖于 NADH 和 $FADH_2$ 提供的能量,同时也取决于细胞和线粒体内的化学环境(pH 和离子浓度)。

若无 O_2 参与,NADH 和 $FADH_2$ 以还原态形式积累。随着氧化态(NAD^+ 和 FAD)的消耗,TCA 循环中断而糖酵解就变成唯一的 ATP 产生途径。NAD^+ 的再生对于厌氧细胞的存活是绝对必要的。在发酵代谢中,丙酮酸还原脱羧反应生成乙醇,在该过程中可以实现 NAD^+ 的再生。

发酵或无氧呼吸作用过程中,在没有 O_2 参与时,己糖转化为醇和 CO_2。糖酵解产生的丙酮酸(反应不需要 O_2)能被转化为乳酸、苹果酸、乙酰辅酶 A 或乙醛,而哪一种反应占主导则取决于细胞 pH,预应激及细胞的代谢需要。细胞质的酸化可增强丙酮酸脱羧酶的活力,从而促进丙酮酸转化为 CO_2 和乙醛。乙醛可被乙醇脱氢酶转化为乙醇,同时伴随 NAD^+ 的再生。在无氧呼吸(酒精发酵)过程中,每 1 分子葡萄糖产生 2 分子 ATP 和 88kJ 热能。为保持有氧速率下的 ATP 水平,葡萄糖的需求量将提高至原来的 19 倍,而糖酵解的速率也会提高 19 倍。然而,在糖酵解过程中仅产生 2 分子 CO_2,少于有氧呼吸过程中产生的 6 个,因此 CO_2 的增加量仅为 6.3 倍。

无氧补偿点(ACP)是指在该 O_2 浓度下,组织中的呼吸方式从有氧为主转变为无氧为主(图 16.7)[12],ACP 在不同的组织中是不同的。当 O_2 浓度低于 ACP 时即产生无氧环境。在高于 ACP 的环境中贮藏可食用植物组织可获得最长的贮藏期,而组织过长地暴露在低于 ACP 的 O_2 浓度下则会引起细胞死亡。

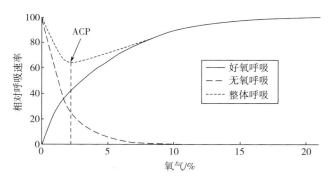

图 16.7　植物产品随贮藏环境氧气浓度变化的好氧呼吸、无氧呼吸和整体呼吸速率
厌氧补偿点(ACP)是指不引起有害发酵的最低氧气浓度,在 ACP 浓度下产品潜在贮藏寿命最长。

游离糖能经过氧化的戊糖磷酸途径分解为 CO_2。该途径的第一步是将糖酵解产生葡萄糖-6-磷酸可逆氧化为 6-磷酸葡萄糖醛酸[8]。该途径为合成核糖核酸提供了核糖-5-磷酸,也是一些合成反应中还原态 NADP 的来源。同时该途径通过一系列糖分子相互转化,为很多生物合成反应提供了三、四、五、六甚至七碳骨架。采后植物组织中戊糖磷酸途径和 TCA 循环仍然在进行,但我们还不清楚它们各自带来的具体影响。在番茄中大约有 16% 的碳水化合物是经过戊糖磷酸途径消耗的;在贮藏期间,根组织中 25%～50% 的碳水化合物可能是经由该途径氧化[8]。

呼吸速率与代谢速率紧密相关,因此测量呼吸速率是监测可食用植物组织代谢和生理状态的重要手段。不同产品的呼吸速率可以很高也可以很低(表16.5),且呼吸速率有时与采收时所处的生长阶段有关(图16.3)。虽然每种产品的平均呼吸速率受到季节性生长条件、采收时所处发育阶段、植物品种及采后加工管理的影响,但它们的贮藏寿命大致上相同。一般而言,许多可食用植物组织采后的变质速率与其呼吸速率有相关性(表16.6),高呼吸速率下碳水化合物和组织中其他能源物质的利用更快,产品品质快速下降。具有很高呼吸速率的产品,如芦笋、蘑菇、香芹、豌豆、菠菜和甜玉米,其腐败速度就远高于苹果、甜菜、芹菜、大蒜、葡萄、蜜瓜和洋葱等呼吸速率慢的产品。干制食品的呼吸速率特别低,因此可以在适当条件下长期贮藏。例如小麦,在优化条件下其呼吸速率低至< 1mg CO_2/kg·h,然而在潮湿高温环境中其呼吸速率可显著提高[13]。

表 16.5 　　　　　　　　　　依据呼吸速率对可食用果蔬进行分类

种类	5℃时呼吸水平/ (mg CO_2/kg·h)	完整果蔬	鲜切果蔬
非常低	<5	枣,干果,蔬菜,坚果	
低	5~10	苹果,甜菜,芹菜,蔓越莓,大蒜,葡萄,蜜瓜,洋葱,木瓜,马铃薯(成熟),甘薯,西瓜	切丁辣椒,磨碎的红甜菜,马铃薯切片
中等	11~20	杏,香蕉,蓝莓,卷心菜,哈密瓜,胡萝卜顶部,芹菜,樱桃,黄瓜,无花果,醋栗,生菜(头),油桃,橄榄,桃,梨,辣椒,李,马铃薯(未成熟),萝卜顶部,西葫芦,番茄	哈密瓜,胡萝卜和切片,洋葱圈,去皮大蒜,切丝卷心菜和莴苣,南瓜切片
高	21~30	黑莓,带顶胡萝卜,花菜,韭菜,生菜(叶),利马豆,带顶萝卜,覆盆子,草莓	花菜小花,韭葱环,切叶色拉混合多叶生菜,菊苣根,(卷叶)欧洲菊苣,芝麻菜和/或菊苣
非常高	>30	朝鲜蓟,芦笋,豆芽,西蓝花,抱子甘蓝,菊苣,大葱,羽衣甘蓝,蘑菇,秋葵,欧芹,豌豆,豆角	西蓝花花头,切片蘑菇,带壳豌豆

资料来源:Modified from Kader, A. A., Postharvest Technology of Horticultural Crops, Regents of the University of California, Division of Agricultural and Natural Resources, Oakland, CA, 2002; Kader, A. A. and Saltveit, M. E., Respiration and gas exchange, in Postharvest Physiology and Pathology of Vegetables, Bartz, J. A. and Brecht, J. K., Eds, Marcel Dekker, New York, pp. 7–30, 2003.

表 16.6 根据近似温度和相对湿度下空气中相对易腐性和可贮藏时间分类的食用植物组织

相对易腐烂性	可贮藏时间/周	食用植物组织
非常低	>16	木本坚果,干果,蔬菜,谷物
低	8~16	苹果和梨(一些品种),马铃薯(成熟),干洋葱,大蒜,南瓜,冬南瓜,红薯,芋头;鳞茎和观赏植物的其他繁殖体

续表

相对易腐烂性	可贮藏时间/周	食用植物组织
中等	4~8	苹果和梨(一些品种),葡萄(SO_2处理),柚子,甜菜,胡萝卜,萝卜,马铃薯(未成熟)
高	2~4	葡萄(不经SO_2处理),甜瓜,油桃,木瓜,桃,黄瓜,李;朝鲜蓟,青豆,抱子甘蓝,白菜,芹菜,茄子,莴苣,秋葵,辣椒,西葫芦,番茄(部分成熟)
非常高	<2	杏,黑莓,蓝莓,樱桃,无花果,覆盆子,草莓;芦笋,豆芽,西蓝花,菜花,哈密瓜,葱,叶生菜。蘑菇,豌豆,菠菜,甜玉米,番茄(成熟);大多数切花和枝叶;鲜切(最低限度加工)的水果和蔬菜

资料来源:Modified from Kader, A. A., Postharvest Technology of Horticultural Crops, Regents of the University of California, Division of Agricultural and Natural Resources, Oakland, CA, 2002.

重要的是,某种产品的呼吸速率与保持品质之间的内在关系,决定了其贮藏寿命。例如贮藏寿命为1周的产品,尽管可采取措施延长其贮藏期,但也无法与一个贮藏寿命长达数月的产品相提并论。尽管如此,控制呼吸速率仍然是采后技术的重要内容,任何能够降低呼吸速率的技术方法都能延长贮藏寿命。低温贮藏是降低组织呼吸的主要贮藏手段。低O_2高CO_2环境也能减弱呼吸作用,但要注意保持一定的O_2浓度水平以进行有氧呼吸,而CO_2浓度不能过高,否则会产生伤害。当果蔬被密封保藏,O_2不足和CO_2累积过量都会引起细胞死亡。同样,呼吸产生的"呼吸热"将提高环境温度,若不及时采用冷藏或通风除热,将会缩短贮藏寿命。水是呼吸作用的产物,失水会造成产品品质下降(如萎缩)。16.7将介绍如何在采后技术中运用上述要素保持可食用植物组织的品质。

16.5　激素

植物激素是一类化学物质,可以增强植物信号传导网络,调节植物生长发育代谢系统,调节植物对生物及非生物胁迫的应答。五种"典型"的植物激素包括乙烯、生长素、赤霉素、脱落酸和细胞分裂素(图16.8),通常它们也是植物生长调节因子(PGR)。很多采后可食用植物组织品质的研究是关于乙烯的,原因是乙烯能够直接影响植物的熟成和衰老,而且乙烯易于检测。相比乙烯,我们对影响植物熟成和衰老的其他激素所知甚少。另一个令人不解的现象是,植物激素的作用效果虽取决于浓度水平,但也依赖于植物组织对激素的敏感程度[14]。本部分简要介绍了重要植物激素的作用和功能。但要说明的是,这些内容虽能帮助我们理解采后技术原理,但也并非完全准确,因为植物的代谢调节是各种激素综合作用的结果而并不是单独一种发挥作用。除乙烯外,其他激素,包括最近才被认知的激素家族如多胺、一氧化氮、茉莉酸、油菜素甾醇以及水杨酸等[15-17],也发挥了重要作用。本节对受体机制进行了总结性的介绍,详细阐述了激素迁移过程,详细论述了激素信号传导的下游细胞过程。本书绘制了转录及转录后反应网络中的激素信号传导图[18],替换了上一版中根据植物发育或对环境应答而对激素进行分类论述的内容。

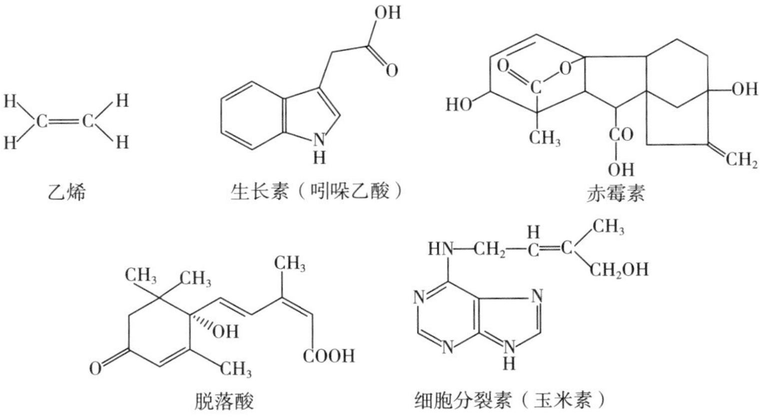

图 16.8　主要植物激素分子结构式

乙烯、生长素(吲哚乙酸)、赤霉素、脱落酸、细胞分裂素(玉米素)。

16.5.1　乙烯

　　乙烯是天然植物生长调节因子,对植物生长发育各阶段都产生明显影响。在十亿分之一(nL/L)到百万分之一(μL/L)的极低浓度范围内,乙烯即可产生效果。

16.5.1.1　乙烯的生物合成

　　参考文献[19]很好地介绍了基因和生物化学水平上乙烯的生物合成、感知、信号传导和调节。高等植物体内乙烯的合成是从甲硫氨酸开始的。甲硫氨酸首先与腺嘌呤反应生成 S-腺苷基甲硫氨酸(S-AdoMet 或 SAM),该反应消耗 ATP 且由 SAM 合成酶催化(图16.9)。SAM 是一个重要的代谢产物,是多胺生物合成中丙胺基团的供体(详见16.6.2.1),也是脂肪、核酸和多糖的甲基化反应中的甲基供体。另外,乙烯生物合成的第一步反应是 SAM 被转化为 1-氨基环丙烷-1-羧酸(ACC)。催化该步反应的酶是 ACC 合成酶,通常它的反应速率受到限制。该反应的副产物 5'-甲硫腺苷(MTA)通过杨式循环(Yang cycle)重新生成甲硫氨酸,因此仅需要少量甲硫氨酸即可合成乙烯。ACC 在 ACC 氧化酶(正式名称为乙烯合成酶)的作用下转化为乙烯。另外 ACC 也能在 N-丙二酰转移酶和 γ-谷氨酰转肽酶作用下,分别生成丙二酰 ACC(MACC)和 γ-谷氨酰-ACC(GACC)。在生理环境中 MACC 无法重新代谢生成 ACC。植物体将 ACC 转化为 MACC 和 GACC 的用途尚不明确,但偶联 ACC 或许有助于调节乙烯合成。ACC 自身也可能是一种重要的信号分子[20]。

　　乙烯必须被植物细胞感受到才能发挥作用。结合乙烯后植物体通过一系列基因表达调节因子传导信号,启动基因表达和蛋白质合成,而其中很多基因和蛋白都在植物熟成和衰老中发挥重要作用。由乙烯引起的表型变化①取决于:①对激素的感知;②通过基因表达调节因子实现信号传递;③基因表达与合成对乙烯信号敏感的蛋白质[21]。

---

　　①　表型:肉眼可见的特征。

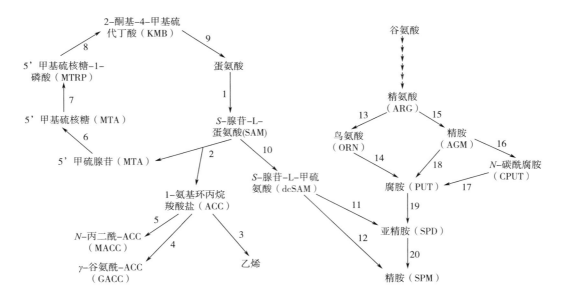

图 16.9　乙烯和聚胺生物合成途径,以及主要的酶和反应物

1—SAM 合成酶[MET+ATP→SAM+二磷酸盐(PPi)+硫酸盐(Pi)],2—ACC 合成酶(SAM→ACC+MTA),3—ACC 氧化酶(ACC+1/2O_2→乙烯+CO_2+HCN+H_2O),4—γ-谷氨酰转肽酶(ACC+谷胱甘肽→GACC+Cys-Gly),5—ACC N-丙二酰转移酶(ACC+丙二酰辅酶 A→MACC+辅酶 A-SH),6—MTA 核苷酶(MTA+H_2O→MTR+腺嘌呤),7—MTR 激酶(MTR+ATP→MTRP+ADP),8—自发反应,9—转氨酶(KMB+氨基酸→蛋氨酸+2-氧代酸),10—SAM 脱羧酶(SAM→dSAM+CO_2),11—SPD 合成酶(dSAM→SPD+MTA),12—SPM 合成酶(dSAM→SPM+MTA),13—精氨酸酶(Arg+H_2O→ORN+尿素),14—ORN 脱羧酶(ORN→PUT+CO_2),15—ARG 脱羧酶(ARG→AGM+CO_2),16—AGM 亚氨基羟化酶(胍丁胺脱氨酶)(AGM+H_2O→CPUT+NH_3),17—N-氨甲酰腐胺酰胺水解酶(酰胺酶)(CPUT+2H_2O→PUT+CO_2+NH_3),18—鲱精胺酶(AGM+H_2O→PUT+尿素),19—合成酶(PUT+dSAM→SPD+SAM),20—SPM 合成酶(SPD+dSAM→SPM+SAM)。

植物体通过内质网上的感受体与乙烯结合(图 16.10)。在番茄中,已鉴定了 7 个乙烯感受体基因[*ETR*,*ETR*2,*ETR*3/*Nerve ripe*(*Nr*),*ETR*4－7],在阿拉伯芥中则发现了 5 个[19, 22]。在不同植物组织中这些基因表达水平不同,因而植物组织对乙烯的感知能力也有差异,由此可以对熟成等生理过程进行调控。乙烯信号传递的下游感受体是通过一个负调节因子 *CTR*1 MAP 激酶基因来调节的。正调节因子 *EIN*2 蛋白受到 *CTR*1 的负调节,EIN2 通过调节 EIN3 转录因子来调控后续乙烯信号传导。在阿拉伯芥中仅发现了 1 个 *EIN*3 基因,而番茄中已发现 4 个与 *EIN*-3 类似的 *EIL* 基因(*EIL*1-4)。当转录激活 ERFs 后,乙烯的信号级联即终止,而 ERF 则进一步激活引起熟成的次级反应基因。

16.5.1.2　非跃变型和跃变型果实

果实可分为两类:一类在熟成和衰老期内不产生乙烯,另一类则产生乙烯以促进果实成熟。这两类果实在发育和成熟期间采用不同的呼吸模式(图 16.11)。

非跃变型果实的呼吸速率随时间延长而逐渐降低,它们所产生的乙烯量低至不可察觉。相对地,跃变型果实具有强烈的呼吸作用,同时自催化合成乙烯反应。两种果实的本质区别在于呼吸模式,但我们通常会通过测定乙烯产量来区别果实属于哪一类。

一般认为存在两个乙烯系统。系统 I 中,非跃变型和跃变型植物组织中都存在基础乙烯合成,同时在受创时或(非)生物胁迫下也会产生乙烯。系统 II 是指在跃变型果实中自催化产生乙烯。在跃变型果实熟成过程中,系统 II 乙烯总是伴随着 ACC 合成酶基因和 ACC 氧化酶基因的正调节及两个酶活力提高。ACC 合成酶的转录调节作用是乙烯生物合成的主要控制点,但在正常熟成过程中 ACC 氧化酶并不是限速酶。转基因突变体中,降低 ACC 氧化酶的基因表达量可以降低乙烯合成量从而抑制熟成[19]。尽管非跃变型果实和跃变型果实之间区别是很明显的,但越来越多的证据表明这种分类也不是绝对的。在非跃变型的草莓中就观察到乙烯量增加,尽管增加量很小[15]。同样,在跃变型果实中依赖乙烯和不依赖乙烯的熟成情况也同时存在。以甜瓜为例,与新鲜颜色、游离糖、酸度、部分细胞壁降解酶和

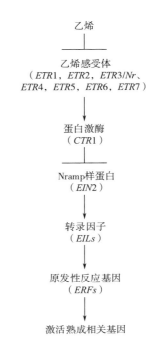

图 16.10　模型果实番茄的乙烯感知和信号传导途径

乙烯感知是通过与7个乙烯感受体(乙烯应答)基因[ETR,$ETR2$,$ETR3/Never\ rip(Nr)$,$ETR4-7$]。当转录激活乙烯应答因子(ERFs)时乙烯信号传导中止。

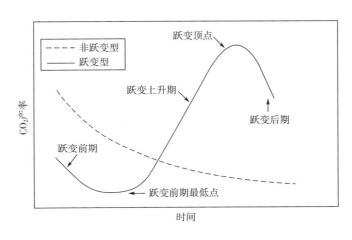

图 16.11　跃变型和非跃变型果实的呼吸模式对比

非跃变型果实的呼吸速率随时间延长而降低,而跃变型果实的呼吸速率在跃变前期先下降至一个最低点然后提高至峰值。

部分与软化相关的酶,它们的基因表达并不依赖于乙烯;而与叶绿素降解、脱落、香气、跃变呼吸、部分细胞壁降解酶以及大部分与软化相关的酶,它们的基因表达则依赖于乙烯[23]。

表 16.7 所示为一些跃变型和非跃变型果实的例子。很多常见果实都是跃变型的,包括苹果、桃子、李子和番茄,它们生长环境中的低乙烯浓度有利于延迟熟成,但乙烯在它们正常熟成中也必不可少。若没有内生或外部提供的乙烯,成熟的绿色番茄不会变红色且软化。非跃变型果实的熟成不需要更多的乙烯,它们常会受到其他果蔬、变质食品及污染源所产生的乙烯的负面影响。跃变型果实的生存期有短(如桃)有长(如苹果),非跃变型果实也是如此,例如,草莓生存期短而柠檬生存期长。因此,尽管果蔬在合成乙烯的速率上差异很大(表 16.8),但合成乙烯速率和贮藏寿命之间并没有清晰的协同关系。不过,有些果实可能存在乙烯水平与熟成速率之间的关系——产生乙烯越多则软化越快。麦金托什苹果(McIntosh apple)就是这样的一个例子。

表 16.7　　　　　　　　　　依据熟成阶段呼吸模式对可食用果蔬进行分类

呼吸跃变型	非呼吸跃变型	呼吸跃变型	非呼吸跃变型
苹果	黑莓	猕猴桃	枇杷
杏	可可	芒果	橘子
牛油果	樱桃(甜,酸)	甜瓜	橄榄
香蕉	蔓越莓	油桃	辣椒
苦瓜	可可	桃	菠萝
蓝莓	酸果蔓	梨	覆盆子
面包果	黄瓜	李	草莓
哈密瓜	茄子	番茄	西葫芦
番荔枝	葡萄	西瓜	树番茄
费约果	柠檬		

表 16.8　　　　　　　　　　根据乙烯产量对可食用果蔬进行分类

种类	20℃时乙烯产量/ ($\mu L\ C_2H_4/kg \cdot h$)	食用植物组织
非常低	<0.1	朝鲜蓟,芦笋,花菜,樱桃,柑橘科水果,葡萄,枣,草莓,石榴,绿叶蔬菜,根菜类,马铃薯
低	0.1~1.0	黑莓,蓝莓,冬甜瓜,蔓越莓,黄瓜,茄子,秋葵,橄榄,辣椒(甜和辣),柿子,菠萝,南瓜,覆盆子,树番茄,西瓜
适中	1.0~10.0	香蕉,无花果,番石榴,蜜瓜,荔枝,芒果,芭蕉,番茄
高	10.0~100.0	苹果,杏,牛油果,哈密瓜,费约果,猕猴桃(成熟),油桃,木瓜,桃子,梨,李
非常高	>100.0	番荔枝,曼密苹果,百香果,人参果

资料来源: Modified from Kader, A. A., Postharvest Technology of Horticultural Crops, Regents of the University of California, Division of Agricultural and Natural Resources, Oakland, CA, 2002.

病害、腐烂、冷藏或破损(包括鲜切加工)均会促进乙烯合成。另外,内燃能、烟雾及其他污染也会产生乙烯。因此,需要特别注意一些敏感果实(如猕猴桃)在操作过程和贮藏环境中避免受到污染。其他类似乙烯的气体,如丙烯、CO_2和乙炔,都具有与乙烯类似的效果,但要求的浓度更高些。乙烯可以刺激果蔬的呼吸作用从而提高碳水化合物消耗。16.7中介绍了采后加工技术中植物组织对乙烯的应答反应。

16.5.2　植物生长素

植物生长素(图16.8)是植物向光性①和向地性②生长中起主要作用的激素,它控制分生组织的分化为维管并促进叶片生长和叶序排列[24, 25]。植物生长素影响开花、结果及熟成,并抑制脱落③。吲哚乙酸(IAA)是植物生长素的一般形式,它是由色氨酸转化而来。在植物细胞中,很低浓度的植物生长素即可发挥作用。植物体通过控制生长素的合成和分解途径(IAA氧化酶)、降解条件(如H_2O_2、光照、直接氧化)、结合以及运输等过程的速率,实现调节生长素浓度。

人工合成植物生长素已经被用于苹果等的熟前落果,但也会导致产生乙烯而起负面作用。但对于番茄,提高植物生长素浓度反而会延迟熟成。对于非跃变型的草莓,植物生长素浓度下降至低于阈值时才会触发熟成[26]。草莓中的生长素是由瘦果④产生的,去除瘦果后,花色苷累积和质构软化都会增快。

16.5.3　赤霉素

赤霉素(GA)(图16.8)包含了约125种类似的植物激素,其作用是促进植物嫩芽延长、种子发芽以及果实和花蕾的成熟。GA在植物的根、茎顶分生组织、新叶和种胚中合成。在需要低温或光照才能萌芽的植物中,GA的作用是打破种子的休眠状态。GA的其他功能包括性别表达、无核果实发育以及延缓果实和叶片的衰老[27]。成熟过程中的葡萄若用GA处理,葡萄粒会变得更大且葡萄串更松散(茎变长)。

16.5.4　脱落酸

完整植物体在应对各种非生物胁迫(如干旱、高温、寒冷和高盐度)过程中,均有脱落酸(ABA)的参与(图16.8);然而果实利用脱落酸应对非生物胁迫则非常少见[28]。ABA参与调控熟成的证据是非常充分的[15, 28]:①在非跃变型和跃变型果实开始熟成及熟成过程中,ABA含量显著提高;②ABA提高了数种代谢产物的浓度水平,这些代谢产物可促进果实熟成;③在RNAi沉默(RNAi-silenced)的草莓中抑制ABA信号,就会抑制果实熟成。脱落酸的作用效果与GA完全相反。

---

① 向光性:植物由于光照所做出的生长反应。
② 向地性:植物由于重力作用所做出的生长反应。
③ 脱落:植物部位自然掉落。
④ 瘦果:小而干燥的单籽不裂果。

16.5.5　细胞分裂素

　　处于生长阶段的组织中(如根、胚胎和果实)细胞分裂(胞质分裂)正在进行,细胞分裂素(图16.8)含量丰富。细胞分裂素可以保持叶菜的绿色和新鲜度,延缓果实熟成和衰老[27]。

16.5.6　其他激素

16.5.6.1　多胺

　　多胺(PA)是小分子脂肪胺,在细胞的生理 pH 下带正电。所有生物体内都有二元胺腐胺(PUT),三元胺亚精胺(SPD)和四元胺精胺(SPM)(图16.12)。PA 被认为是一类植物生长调节因子(PGR),在植物生长发育阶段广泛参与各种生理代谢反应,包括熟成、衰老和应对(非)生物胁迫[29]。

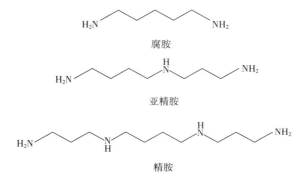

腐胺

亚精胺

精胺

图 16.12　二元胺腐胺、三元胺亚精胺和四元胺精胺的分子结构式

　　PA 在多重信号传导通路中具有核心作用,这些信号传递关联到很多重要的细胞功能。植物细胞内 PA 的含量主要是通过调节其合成及分解代谢,以及调节 PA 与羟基肉桂酸的结合来实现。PUT 的合成可通过两条途径实现(图16.9),一是通过鸟氨酸脱羧酶(ODC)催化鸟氨酸转化,二是通过精氨酸脱羧酶(ADC)催化精氨酸转化为胍丁胺,然后在胍丁胺亚氨基脱氢酶和 N-氨甲酰腐胺酰胺水解酶作用下实现转化。这两条通路各自对应于 ADC 在叶绿体中和 ODC 在细胞质中的反应途径。在 SPD 合成酶催化下,PUT 从脱羧 S-腺苷甲硫氨酸(dcSAM)获得一个氨丙基,转化为 SPD。同样以 dcSAM 为供体,在 SPM 合成酶作用下,PUT 可转化为 SPM。游离态 PA 的浓度,受到分解代谢途径、降解、结合以及转运等过程的调节。

　　SAM 的利用与乙烯的生物合成途径有重要联系。SAM 也会产生 ACC(图16.9),且 SAM 对果实熟成和衰老的效果与 ACC 完全相反。PA 的浓度在果实生长早期最高,PA 浓度的下降是果实熟成的一个信号,不过这之间的关系并不总是一致的[29]。

16.5.6.2　一氧化氮

　　一氧化氮(NO)是一种气体状态的自由基,相比于生物体系中的其他自由基,NO 的半衰期相对较长(3~5s)。在哺乳动物体内,NO 在一氧化氮合成酶作用下,在精氨酸转化为瓜氨酸的过程中被代谢消耗。在植物生长发育、熟成及衰老过程中,NO 是重要的信号分子,可执行很多重要的生理功能[16, 30]。NO 能同时激发植物细胞中的有益效应和有害效应,这取决于 NO 浓度、合成速率、转运、消除活性氮化合物的有效程度、活性氧化合物的抑制作用,以及 NO 直接与其他物质反应的能力[16, 31]。提供外源 NO 能延长跃变型和非跃变型果蔬的贮藏和货架期寿命,能延缓鲜切果蔬的熟成和衰老以及抑制冷藏伤害[30]。

16.5.6.3　茉莉酸,油菜素甾醇和水杨酸

茉莉素,如茉莉酸(JA)和甲基茉莉酸(图 16.13),是重要的细胞调节因子,对果实熟成和衰老有重要作用[15]。用茉莉素处理采后果实能提高果实中游离糖和花色苷含量,加快木质素和乙烯的生物合成,对于细胞壁降解也可能有调节作用。

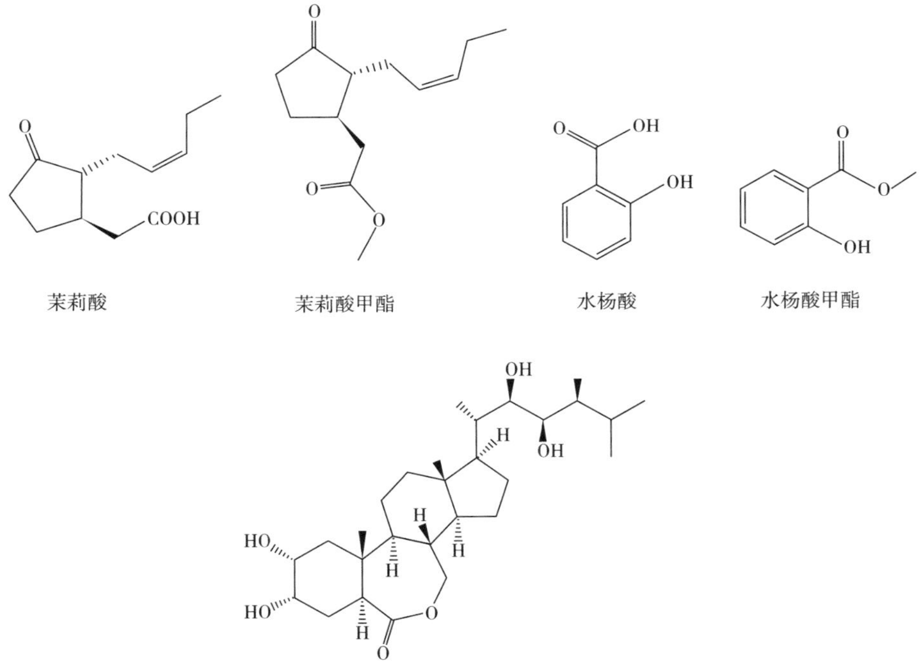

茉莉酸　　　　　茉莉酸甲酯　　　　　水杨酸　　　　　水杨酸甲酯

油菜素甾醇

图 16.13　茉莉酸、茉莉酸甲酯、水杨酸、水杨酸甲酯和油菜素甾醇的分子结构式

水杨酸(SA)即单羟基苯甲酸,或称为甲基水杨酸酯(MeSA)(图 16.13),在植物体内参与很多生长发育过程,包括光合作用、蒸腾作用、离子吸收和运输,以及诱导对病害和胁迫的抵抗。用 SA 处理果实能延缓苹果、香蕉、猕猴桃、芒果、桃子、柿子和番茄等果实的衰老,机制可能是抑制乙烯合成。不过,目前还没有足够的证据表明内生 SA 同样在果实熟成过程中发挥作用。

油菜素甾醇(BR)是促进生长的类固醇(图 16.13),现在也被认为是一种植物激素。突

变体研究表明,合成 BR、感知 BR 以及对 BR 做出应答,对植物正常生长发育至关重要[32]。虽然目前对于 BR 在果实熟成和衰老过程中的作用机制所知有限,但 BR 已被用于葡萄、草莓和番茄的催熟。

16.6 组分

16.6.1 水分

水是大部分果蔬的主要组分。果蔬可以被看作是"水装在令人愉悦的袋子中"或者"具有机械结构的水",因此水分损耗或蒸腾作用是影响果蔬品质的主要因素之一。除了减少质量,水分损失还会引起植物组织枯萎、皱缩、松弛、软化以及营养价值变化。不同果蔬产品的水分损失率及损失带来的影响各不相同。例如,生菜所允许的最高水分损失率为 3%,而洋葱为 10%。果蔬产品的水分损失程度主要取决于其表面形态,包括角质层①厚度和组成,以及是否存在供气体和水分进出的气孔②和皮孔③。某些产品的水分损失程度还受到发育阶段的影响。

16.6.2 碳水化合物

碳水化合物是可食用植物组织的主要组成成分,在干物质中的占比约 50%~80%。碳水化合物可分为三类:结构碳水化合物、可溶性碳水化合物以及贮藏碳水化合物。碳水化合物是细胞主要的能量来源,也是光合作用的主要产物。可食用植物组织在采后,或光合作用被打断时,碳水化合物就成为维持细胞功能的能量源。碳水化合物的组成,尤其是复杂碳水化合物和游离糖(和酸)之间的平衡,很大程度上影响了消费者对产品的接受性。碳水化合物的功能及其代谢已有详细的介绍[8, 29, 33-35]。本书作一些总结性介绍。

16.6.2.1 结构碳水化合物

可食用植物组织的细胞壁是由膳食纤维组成的。结构碳水化合物构成了细胞壁的基础结构,细胞壁包围着细胞膜并为细胞提供结构支撑和保护。细胞生长时形成一层薄而有弹性、可延展的初生细胞壁。细胞完全长成后,初生细胞壁内侧会生成一层厚的次生细胞壁,而在相邻细胞之间形成的中间层可增强细胞之间的黏附力。

细胞壁是由纤维素和各种半纤维质和果胶质多糖构成。它们总共占细胞壁干物质的90%左右,剩余物质包括次生细胞壁中的细胞壁蛋白(包括结构性蛋白和酶蛋白),矿物离子和多酚类化合物(如木质素)。大部分可食用植物组织都具有非木质化的初生细胞壁,而仅有少数组织的次生细胞壁是木质化的。水稻颖果的外层和水稻麸皮的一部分则是例外。在成熟的芦笋中,厚壁组织纤维构成了芦笋粗糙多筋的质构。石细胞形成了梨和菲油果砂

---

① 角质层:表皮分泌的角质和蜡质构成的外层。
② 气孔:表皮上的孔洞,可允许气体/水汽交换。
③ 皮孔:表面细胞聚集造成的孔,可允许气体/水汽交换。

砾般的质构。细胞壁蛋白中的伸展蛋白,是一类富含羟脯氨酸的糖蛋白,它是细胞壁伸展所必需的。细胞壁中伸展蛋白含量丰富,且形成交联的网络结构。

纤维素是 D-葡萄糖通过 β-1,4 糖苷键连接而成的线性大分子聚合物。纤维素在细胞壁中以结晶或非晶的微纤维形式存在,而微纤维又是由独立的纤维素分子链通过大量氢键横向结合形成。纤维素结晶区对化学降解和酶降解的抗性很高。微纤维围绕细胞呈螺旋形排列,这种排列方式决定了细胞伸展的方向。

半纤维素由中性糖构成,主要是木糖,其他还有甘露糖、半乳糖、鼠李糖和阿拉伯糖。不同于纤维素,半纤维素具有支链结构。在大多数果蔬中,最常见的多糖骨架是木葡聚糖,其结构是 β-1,4-D 葡萄糖链上,木糖侧链以固定的间隔连接在葡聚糖上(大多通过 α-1,6-糖苷键),其他中性糖则连接在木糖上。半纤维素与纤维素微纤维交缠并通过共价键连接在一起。

果胶质多糖,或称为果胶,是线性或具有支链的多糖,半乳糖醛酸含量丰富,组成其结构的单糖,包括有取代基的单糖在内,可多达 17 种。这些多糖充分地分布于初生细胞壁中,形成凝胶结构,与纤维素-半纤维素网络结构共存。果胶包括均聚半乳糖醛酸聚糖(HGA)、鼠李半乳糖醛酸聚糖 I(RG-I)、鼠李半乳糖醛酸聚糖 II(RG-II)和木糖半乳糖醛酸聚糖,后三种是具有支链的杂多糖。HGA 是由 α-D-半乳糖醛酸通过 1,4-糖苷键连接而成的线性多糖,且天然地在 C-6 位上高度甲基化,在 O-2 和 O-3 位上部分地乙酰化。HGA 存在于初生细胞壁,也是细胞中间层的主要成分;位于中间层的 HGA 酯化度低一些。酯化度决定了果胶的带电程度和钙结合能力,以及果胶酶在果胶上的作用位置。中间层中 HGA 酯化度低,有利于形成凝胶结构,对细胞间的黏附性有重要贡献。RG-I 果胶的主链是 α-D-(1,4)-半乳糖醛酸和 α-(1,2)-鼠李糖构成的周期性二糖结构;由中性糖构成的多种支链连接在鼠李糖上,中性糖主要是 D-半乳糖,L-阿拉伯糖和 D-木糖,不同来源的果胶其中性糖种类和比例各不相同。RG-I 也存在于初生细胞壁中,在中间层中含量较少。高度支链化的结构被称为“毛发区”。在细胞壁中促成果胶超结构的作用力包括通过蛋盒方式(egg-box)连接两个半乳糖醛酸的钙桥,以及连接两个 RG-II 单体的硼二酯键。一些证据表明 RG-I 的侧链共价连接在半纤维素上,从而形成超分子聚合物网络结构。RG-II 是复杂的高支链化多糖,它是初生细胞壁中的次要成分且不存在于中间层。细胞壁还含有非多糖成分,包括结构蛋白和一些酶。有些细胞有特殊的细胞壁,例如,木质化的次生细胞壁。表皮细胞的细胞壁含有大量结构脂类,以角质层的形式存在。

细胞壁的组成随植物种群、组织部位、细胞类型及发育所处阶段的不同而有所变化,这对可食用植物组织的品质有显著影响。谷物不同组织部位的细胞壁及其组成,对谷物的最终利用有重要影响——在碾磨过程中,谷物的吸水性及破碎方式取决于果皮种子外膜细胞壁的结构和组成[36]。我们已经知道植物组织主要成分的相关信息,然而对细胞壁结构还了解得比较少。目前已提出的几种细胞壁结构模型,通常都包含了组成成分、分子取向、分子间相互作用以及组分相对含量等信息,总和起来形成了对细胞壁整体结构的认识[37]。还有几种模型中包含了常见组分,但是组分之间的键合作用和多糖分布有所不同。被引述最多的细胞壁模型包含了两种多糖网络结构[38]:一个是由纤维素微纤维与半纤维素(通常是木葡聚糖或木聚糖）交联而成；另一个是更为具体的果胶多糖网络结构（图16.14）。所有模型中都存在一个不足之处，即没有展现出细胞壁的动态性质。细胞壁的生物合成和降解是同时存在的，尤其是在植物生长过程中，这个特点更为明显。

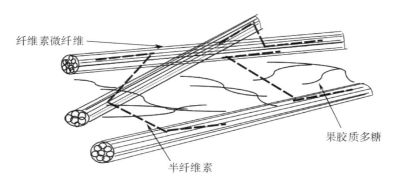

纤维素微纤维

果胶质多糖

半纤维素

图16.14 理想化的细胞壁结构，其中显示了纤维素微纤维、半纤维素和果胶质多糖

在植物正常生长和衰老过程中，细胞壁组分会发生变化，其中最明显的变化是在果实熟成的软化和质构改变阶段[39]。这些变化一般伴随着颜色、香气和营养特性的变化，从而使果实更诱人、更吸引动物食用以帮助种子扩散，但也更易腐烂。消费者一般更喜欢柔软的可食用植物组织，如牛油果、猕猴桃和梨子，不过有些水果（如苹果）的软化一般是很有限的。细胞在外界应力（如咀嚼）作用下破裂，这个特性明显影响到食用感受。以苹果为例，如果细胞中间层比细胞壁更软，则细胞将会发生分离；反之若细胞中间层比细胞壁更硬，则细胞壁将会破裂。第一种情况的苹果具有绵软的口感，而第二种情况的苹果就是爽脆多汁的。

初生细胞壁和细胞中间层的完整性、淀粉等贮藏多糖的蓄积、细胞渗透引起的膨胀压等因素也会影响果实的质构。对某些果实（如柠檬），膨胀压变化是引起质构变化的主要原因。芒果和香蕉中淀粉的水解导致细胞壁结构变得松散。与熟成相关的细胞壁结构变化一般包括初生细胞壁和中间层的降解，以及它们之间分子作用力的变化，后者会引起细胞分离和细胞壁膨胀。大多数多糖会发生降解，不同植物体中果胶和半纤维素降解的程度各不相同，而纤维素水解的程度还不清楚。同样地，关于细胞壁中哪一种成分首先发生变化，目前仍然存在一些争论。一些研究认为，果胶聚半乳糖侧链的断裂以及多糖基体的降解是最早发生的，这些变化发生在熟成初期，随后发生的是果胶阿拉伯聚糖侧链的断裂及果胶从细胞壁中溶出。果胶的降解可能在熟成的早期和中期发生，但在后期变得更明显[39]。不过，这些变化在某些植物中不会发生或发生程度有限。在苹果、香蕉、甜瓜、辣椒、草莓、木瓜和西瓜的熟成阶段，果胶不发生降解或降解水平较低；而在牛油果、桃子和番茄的熟成阶段，果胶降解水平为中等或较高。在苹果和西瓜中，果胶不发生溶解或溶解程度低；而在牛油果、香蕉、黑莓、猕猴桃、李子和番茄中，果胶溶解水平为中等或较高。在不同类型的果实中，果胶上聚半乳糖和聚阿拉伯糖侧链的断裂情况是不同的[39]。

细胞壁膨胀或许和半纤维素–纤维素网络结构的松弛以及果胶溶解有关，造成这些变化的原因是,果胶侧链断裂提高了细胞壁的多孔性。事实上,有研究认为熟成阶段早期发生的一个变化是半纤维素和纤维素微纤维之间氢键数量的减少。果胶降解增加了细胞壁孔隙,因此各种降解酶也更容易与底物接触。角质层是影响果实坚固程度的另一个重要因素,这一点已引起了越来越多的关注[40,41]。角质层可防止水分流失,从而抑制细胞膨胀;同时角质层对可食用植物组织感知和接触环境也有重要作用。

在果实熟成过程中,有很多酶蛋白和非酶蛋白对细胞壁的变化具有调节作用。这方面研究最多的是聚半乳糖醛酸酶(PG),它能够水解去甲基化的均聚半乳糖醛酸聚糖(HGA)。在番茄中,通过对 PG 基因的沉寂或过表达研究发现,PG 并不是唯一一个能造成软化的酶[19]。现在我们已经明确,对细胞壁具有修饰作用的酶包括果胶甲酯酶、果胶裂解酶、阿拉伯聚糖酶、半乳聚糖酶和其他多种糖苷酶;另外扩张蛋白会引起细胞壁松弛,但其作用方式是非酶类型的。每一种酶的具体作用效果,以及它们是如何协同作用的,目前还没有被很好地测定。各种酶的效果会随着细胞壁组成的不同、不同类型果实质构状态的不同而有所差异。也即是说,对于具有不同质构的不同果实,各种酶的重要性是不同的。

16.6.2.2 可溶性碳水化合物

可食用植物组织中的可溶性碳水化合物主要是葡萄糖、果糖和蔗糖,在各种果蔬中它们的含量不同(表 16.9)。其他在特定植物中发现的糖类还有木糖、甘露糖、阿拉伯糖、半乳糖、麦芽糖、水苏糖和棉籽糖。苹果、桃子和樱桃等蔷薇科植物的果实中糖醇(如山梨醇)含量很高。从叶片或其他光合作用组织运输到细胞中的可溶性碳水化合物主要是蔗糖,其他被运输的糖类还有蔷薇科植物中的山梨醇、芹菜中的甘露醇、南瓜和香瓜中的棉籽糖和水苏糖。植物体中的可溶性碳水化合物来源于贮藏碳水化合物以及细胞壁降解。可溶性碳水化合物被用于糖酵解等代谢以及累积淀粉等贮藏物质。另外,小分子碳水化合物对可食用植物产品的特征风味和品质有重要贡献。

表 16.9	部分果蔬菜中主要可溶性糖的含量		单位:mg/g FW
产品	蔗糖	葡萄糖	果糖
芦笋	0.3~3.0	5.5~10	8.2~14
卷心菜	0.2~4.0	14~17	9~22
胡萝卜	34~45	1.0~11	3.9~15
黄瓜	tr-1.0①	6.7~12	8.0~12
茄子	tr-4.2①	14~20	14~20
甜瓜	24~90	7.0~25	8.0~22
洋葱(甜)	8.0~29	13~25	9.4~24
马铃薯	0.4~2.4	0.2~3.0	0.05~1.4
菠菜	tr-1.0①	0.1~1.2	0.1~5.1
草莓	5.0~16	20~22	23~26

续表

产品	蔗糖	葡萄糖	果糖
甜樱桃	4.4~20	61~161	54~102
甘薯	19~47	0.5~2.3	0.9~4.0
葡萄	0.7~29	55~77	68~85
番茄	tr-1.0[①]	8.9~22	11~16

①tr =痕量。

资料来源: Modified from Maness, N. and Perkins-Veazie, B, Soluble and storage carbohydrates, in Postharvest Physiology and Pathology of Vegetables, Bartz, J. A. and Brecht, J. K. , Eds, Marcel Dekker, New York, pp. 361 - 382, 2003; Lee, C. Y. et al. , NY Food Life ScL Bull, New State Agricultural Experiment Station, Geneva, 1, 1-12,1970; Paul, A. A. et al. , J. Human Nulr. , 32,335, 1978; Li, B. W. et al. , J. Food Comp. Anal. , 15,715,2002.

与可溶性碳水化合物代谢相关的酶有蔗糖酶(酸性、碱性和中性酶),蔗糖合成酶和蔗糖磷酸合成酶。蔗糖酶能将蔗糖水解为葡萄糖和果糖;蔗糖合成酶则催化二磷酸尿苷-果糖(UDP-果糖)和葡萄糖合成蔗糖并释放出二磷酸尿苷(UDP);蔗糖磷酸合成酶则催化UDP-葡萄糖和果糖-6-P 转化为蔗糖-6-P 和 UDP。这些酶的作用在不同植物种类、发育阶段和采后阶段中是不同的(在后文中介绍)[34]。

16.6.2.3　贮藏碳水化合物

淀粉是可食用植物组织中主要的贮藏碳水化合物。淀粉是可溶性均聚糖,包含直链淀粉和支链淀粉(图 16.15),这两种淀粉共同构成了淀粉的半结晶区,即不可溶淀粉颗粒内部的层状结构[42](图 16.16)。支链淀粉是淀粉的主要组成部分,一般在淀粉颗粒中占比为75%或更高,因此淀粉颗粒的性质主要取决于支链淀粉。支链淀粉是多支链的高分子,其支链是由 6~100 个葡萄糖通过 α-1,4 糖苷键连接而成;支链通过 α-1,6 糖苷键(分支点)连接在主链上。直链淀粉是由葡萄糖通过 α-1,4 糖苷键连接而成的线性分子。半结晶区构成了淀粉颗粒基体的主要部分,它在高等植物的淀粉结构中是高度保守的[2]。

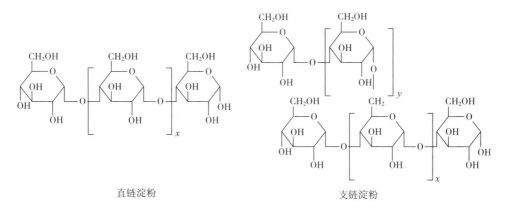

图 16.15　直链淀粉和直链淀粉的分子结构式

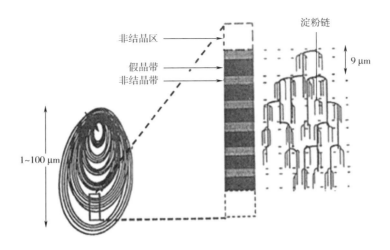

图 16.16 淀粉颗粒中淀粉的组织结构

资料来源:Mishra, S. et al., Food structure and carbohydrate digestibility, in Biochemistry, Genetics and Molecular, Biology "Carbohydrates – Comprehensive Studies on Glycobiology and Glycotechnology," C – F. Chang, Ed, InTech, Rijeka, Croatia, 2012.

作为主要的贮藏碳水化合物,淀粉在植物体的生命循环中有重要作用。在叶片中,光合作用吸收的碳元素,一部分以淀粉的形式暂时贮藏在叶绿体中;一部分则转化为蔗糖后,被运至生长部位或贮藏器官。暂存的淀粉在夜晚被分解,一方面为叶片呼吸提供能量,另一方面持续地转化为蔗糖并运至其他部位。在茎、根、块根和种子等非光合作用器官中,蔗糖被转化为淀粉以供长期储存。特别地,在淀粉质体中蔗糖转化程度很高。苹果和香蕉等跃变型果实在成熟过程中累积淀粉,而淀粉水解成游离糖是熟成过程的重要部分。采后加工有时会造成淀粉-游离糖的平衡向负面发展。例如,马铃薯在<10℃下保藏时,淀粉会转化为游离糖,游离糖含量升高会加剧制作薯片和薯条过程中的美拉德反应,产生过分的褐变[43]。温暖的保藏温度会促进甜玉米中淀粉的合成并降低可溶性糖的含量,因此甜味会减弱。

高等植物中,淀粉同时在光合作用细胞和非光合作用细胞的质粒中合成。暂存淀粉及贮藏淀粉的生物合成,受到细胞浆和质粒中代谢产物与酶之间相互作用的调节[2,44]。关于淀粉生物合成的经典模型包括光合作用模型和异养①模型[44,45],然而关于该问题目前仍存在一些争论。

植物光合作用组织中,在质体磷酸葡萄糖异构酶(PGI)作用下,淀粉是一个与 Calvin 循环直接相关的反应途径的终产物,这个反应只有在叶绿体中才会发生。光合作用产生的丙糖磷酸被运送至细胞液中转化为蔗糖,蔗糖再被运送至植物的异养组织。一般认为,在叶绿体和淀粉体中淀粉的生物合成机制是一个单向的媒介过程,其中 ADPG 葡萄糖焦磷酸化酶(AGPase)专一性催化 ADPG 和 PPi 的合成,这一步也是葡萄糖异生作用主要的速率限制

---

① 异养:由于自身不能合成,需要从其他组织中获取各种 N 和 C 化合物以供自身代谢。

步骤。

在异养组织中,蔗糖和UDP经过蔗糖合成酶(SS)催化而产生UDP-葡萄糖(UDPG)和果糖。UDPG进一步被UDPG葡萄糖焦磷酸化酶(UGPase)催化转化为葡萄糖-1-P(G1P),而G1P进一步被细胞液中的葡糖磷酸变位酶(PGM)催化转化为葡萄糖-6-磷酸(G6P)。G6P进入淀粉体后,在质体PGM、AGPase和SS的一系列作用下转化为淀粉[44, 45](图16.17)。

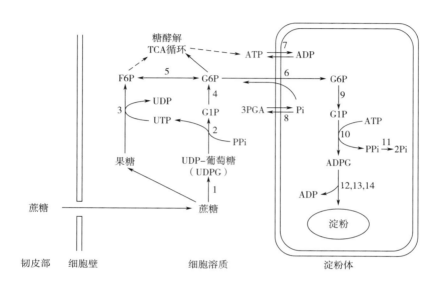

图16.17 双子叶植物异养组织中蔗糖转化为淀粉过程示意图

1—蔗糖合成酶(蔗糖+UDP→UDP-葡萄糖+果糖),2—UDP-葡萄糖焦磷酸化酶(UDP-葡萄糖+PPi→G1P+UTP),3—果糖激酶(果糖+UTP→F6P+UDP),4—细胞溶质磷酸葡萄糖变位酶(F1P→G6P),5—葡糖磷酸异构酶(G6P→F6P),6—磷酸己糖转运子,7—腺苷酸转运子,8—磷酸丙糖转运子,9—质体磷酸葡萄糖变位酶(G6P→G1P),10—ADP葡萄糖焦磷酸化酶(ATP+G1P→PPi+ADP-葡萄糖),11—碱性焦磷酸盐(PPi→2Pi),12—颗粒结合淀粉合成酶[ADP-葡萄糖+(1,4-α-d-葡萄糖基)$_n$→ADP+(1,4-α-d-葡萄糖基)$_{n+1}$],13—可溶性淀粉合成酶[ADP-葡萄糖+(1,4-α-d-葡萄糖基)$_n$→ADP+(1,4-α-d-葡萄糖基)$_{n+1}$],14—淀粉分支酶。

淀粉水解时,支链淀粉构成的不可溶半结晶区被转化为葡萄糖和G1P,G1P可以进入中间代谢。在光合作用组织中淀粉的降解反应和生物合成并存,因此需要代谢协调;而在异养组织中,生物合成与水解通常是暂时分开的。淀粉水解需要数种酶对淀粉颗粒表面进行协同作用,主要的酶是α-淀粉酶、β-淀粉酶、磷酸化酶和α-葡萄糖苷酶(麦芽糖酶)(图16.18)。α-淀粉酶催化直链淀粉中的α-(1-4)糖苷键水解,产生长度为~10个葡萄糖残基的寡糖片段(麦芽糊精),这些寡糖进一步被缓慢地完全水解成麦芽糖[8]。α-淀粉酶也能够水解支链淀粉中的α-(1-4)糖苷键,但不能水解分支点处的α-(1-6)糖苷键,因此会产生一些极限糊精(含2~10个葡萄糖残基)。β-淀粉酶从非还原端水解淀粉,每次切下一个麦芽糖单元(两个葡萄糖单元),产物为麦芽糖和极限糊精。淀粉磷酸化酶作用于G1P上的α-(1-4)糖苷键,该反应需要磷酸盐(P_i)参与。α-葡萄糖苷酶可水解麦芽糖为葡萄糖。

16.6.3　有机酸

可食用植物组织中最常见的有机酸包括一元、二元和三元羧酸（图16.19）。有机酸的形态包括非解离态、共轭碱（阴离子）、形成盐或与阳离子形成络合物或与其他代谢产物形成酯或糖苷。有机酸有许多代谢功能，如作为TCA循环中的中间体（详见16.3.1），作为光合作用的代谢产物（甘油磷酸酯），以及作为呼吸作用的底物。高浓度的有机酸也是采后植物细胞维持功能的能量源。

有机酸累积在可食用植物组织细胞的液泡中，尤其在果实中有机酸对风味形成和细胞膨胀压有重要贡献。蔬菜中有机酸的累积并不显著，而在不太熟的果实中有机酸的累积是很明显的。酸度下降是果实熟成的一个标志，不过也有例外，欧洲甜樱桃在树（on-tree）成熟期间有机酸就是不断累积的[46]。不同果实甚至同种果实之间，有机酸的种类和比例都会有较大差异。不同品种

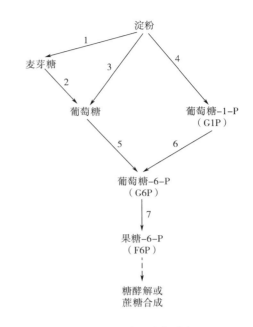

图16.18　淀粉降解途径

1—β-淀粉酶（淀粉+nH$_2$O→n 麦芽糖），2—α-葡萄糖苷酶或麦芽糖酶（麦芽糖+ H$_2$O→2 葡萄糖），3—α-淀粉酶（淀粉→葡萄糖），4—淀粉磷酸化酶（淀粉+nPi→nG1P），5—己糖激酶（葡萄糖+ATP→G6P+ADP），6—葡糖磷酸变位酶（G1P→G6P），7—磷酸己糖异构酶（G6P→F6P）。

的番茄和李子中，有机酸含量分别为0.4%～1.7%和0.7%～1.6%[29]。苹果、杏、洋蓟、西蓝花、花菜、洋葱、李、油桃、桃、枇杷、石榴和甜樱桃中主要的有机酸是苹果酸；在柑橘科果实、番茄、柿子、蓝莓、草莓和芒果中主要是柠檬酸；黑莓中是异柠檬酸；牛油果和葡萄中是酒石酸；菠菜和大黄中则为草酸。在鲜食葡萄和酿酒葡萄中，酒石酸是很重要的。红酒的感官特性和成熟潜力与果实中的酒石酸浓度以及酿酒时加入的酒石酸量有关。其他重要的有机酸还有绿原酸和抗坏血酸，我们将分别在多酚（详见16.6.4）和抗氧化代谢（详见

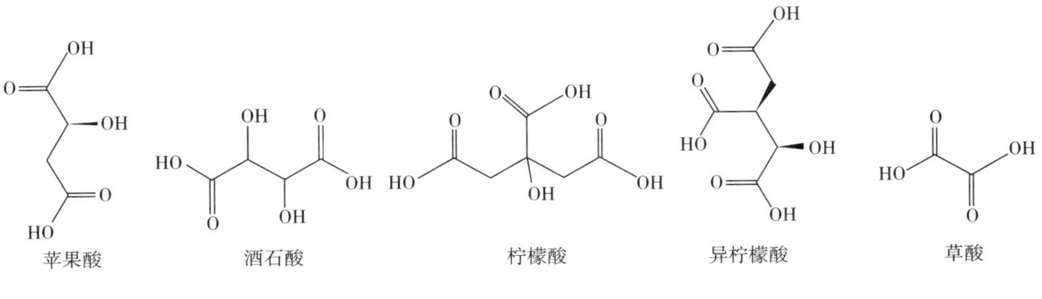

| 苹果酸 | 酒石酸 | 柠檬酸 | 异柠檬酸 | 草酸 |

图16.19　可食用植物组织中主要有机酸的分子结构式

16.6.9.1)中介绍。

果蔬的酸涩味与有机酸有很大关系,尽管如此,好的果蔬感官是取决于平衡的糖酸比而非糖或酸的绝对量。如果糖含量很高,就无法察觉酸味。柠檬酸能掩蔽我们对蔗糖和果糖的感知,而苹果酸则能增强我们对蔗糖的感觉[47]。

有机酸与醇缩合为酯,为果蔬增添了特殊的味道和香气。苹果、梨、香蕉、菠萝和草莓等水果中的香气来源于酯类。在果蔬中已发现了很多酯类,如苹果含有乙酸乙酯、乙酸丙酯、乙酸丁酯、乙酸戊酯、乙酸己酯、乙酸异丁酯、丁酸丁酯、丁酸戊酯和丁酸丙酯;草莓含有丁酸甲酯、丁酸乙酯、己酸甲酯和己酸乙酯。部分醇和有机酸是由氨基酸代谢产生的。

苹果酸的合成是由磷酸烯醇式丙酮酸羧化酶和NAD-苹果酸脱氢酶催化的一系列反应实现的,苹果酸分解为丙酮酸和CO_2则是由NADP-苹果酸酶催化的。有趣的是,苹果酸累积的方式和分解的方式,既不符合常见的跃变型或非跃变型果实分类,与呼吸速率的整体变化也不一致[15]。某些跃变型果实在呼吸爆发过程中会消耗苹果酸盐,而某些果实在熟成过程中则持续地累积苹果酸盐。在果实发育过程中,苹果酸代谢对暂存淀粉代谢很重要[48]。

柠檬酸是在TCA循环过程中,由柠檬酸合成酶催化乙酰辅酶A和草酰乙酸盐缩合而成的,该反应发生在线粒体中,生成的柠檬酸则贮藏在液泡内。柠檬酸分解主要发生在细胞液中,反应经过一系列酶催化,包括顺乌头酸酶、异柠檬酸脱氢酶、谷氨酸脱羧酶和谷氨酰胺合成酶。柠檬酸依次被转化为异柠檬酸、2-酮戊二酸和谷氨酸盐,谷氨酸盐被用于合成谷氨酰胺,也在γ-氨基丁酸分路中被代谢分解(详见16.6.5)[49]。除了被细胞质乌头酸酶异构化之外,柠檬酸盐也在细胞液中被ATP-柠檬酸裂解酶降解为草酰乙酸盐和乙酰辅酶A,以供应氨基酸、脂肪酸、类异戊二烯和其他代谢产物的合成[50]。

抗坏血酸生成酒石酸是一个分解反应,该过程为:抗坏血酸转化为2-酮L-艾杜糖酸,2-酮L-艾杜糖酸还原为L-艾杜糖酸,L-艾杜糖酸氧化为5-酮D-葡萄糖醛酸。在倒数第二步,5-酮D-葡萄糖醛酸的C4和C5之间的键被打开,产生四碳化合物L-threo-tetruronate,该物质最后自发氧化为酒石酸[51]。

16.6.4　多酚

多酚类化合物是植物次级代谢产物,它们对可食用植物组织的外观(颜色)、滋味和风味都有影响。多酚是强抗氧化剂,它们芳香环上的离域电子形成高氧化还原势,因此多酚通常可用作还原剂、氢离子供体以及单重态氧淬灭剂[29]。多酚的生理健康功能包括抗血小板聚集、抗氧化和抗炎症[52]。

多酚种类繁多,结构各异,既包含最简单的多酚如羟基苯,也包含分子质量很大的聚合物如缩合类单宁和水解类单宁。多酚化合物也包括橄榄苦甙及其相关化合物,羟基苯甲酸衍生物,肉桂酸酯,黄酮类物质(黄酮、异黄酮、黄烷酮、黄酮醇和黄烷醇),木酚素和芪类化合物,花色苷,查耳酮和二氢查耳酮,花色苷和类单宁化合物,以及鞣花单宁。

大多数多酚化合物,是由磷酸烯醇丙酮酸(源自糖酵解)和4-磷酸赤藓糖(源自戊糖磷酸途径)通过莽草酸途径中的莽草酸转化而来。3-脱氧-阿拉伯-庚酮糖酸7-磷酸由相应的合成酶催化产生,该酶是控制碳流向多酚代谢途径(图 16.20)的关键酶。苯丙氨酸解氨酶(PAL)可催化芳香族氨基酸苯丙氨酸的去胺基反应,它是多酚生物合成的关键酶。PAL催化 L-苯丙氨酸发生非氧化性去胺基反应,生成反式肉桂酸(苯丙烯酸)并释放游离的铵根离子。该反应是植物合成多种苯丙素二级衍生物(如黄酮、异黄酮、香豆素、木质素、具有伤口保护作用的羟基肉桂酸酯及其他多酚)的第一步。因此,调节 PAL 的活力是调控植物体合成苯丙素的重要手段。

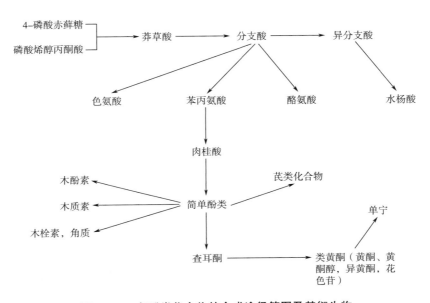

图 16.20　多酚类化合物的合成途径简图及其衍生物

　　多酚对于可食用植物组织的采后生理具有多方面的效果,包括以前介绍的对于外观、滋味和风味,以及在 16.6.7~16.6.9 中讨论的内容。此外,多酚还会引起果蔬褐变。多酚氧化酶(PPO)可催化多酚化合物发生酶促氧化,PPO 主要存在于高等植物质体中。在氧气分子存在时,PPO 可催化两种反应:将单羟基酚氧化为对 O-双酚(单酚氧化酶、甲酚酶或羟基化酶活力)以及将 O-双酚氧化为 O-苯醌(二酚氧化酶、儿茶酚酶或氧化酶活力)。O-苯醌发生非酶聚合反应形成非均一的黑色、棕色或红色色素,通常称为黑色素。

　　黑色素对产品品质有决定性影响。造成果实切口褐变的原因包括受创、操作不当(如擦伤)、酶处于可作用状态(如鲜切水果)、生理失调(如苹果的衰老分解),以及采后加工温度或气氛设置不当等。

16.6.5　蛋白质和氨基酸

　　蛋白质在细胞液、细胞膜和细胞壁中通过酶催化反应执行各种功能,在调节植物代谢和维持正常生理功能中发挥关键作用。植物细胞正常运作过程中会合成、激活或降解各种酶类,以应对环境变化以及生长发育阶段的生理变化。除酶以外,其他蛋白质还具有组成结构、调节因子或能量贮藏的功能。蛋白质可分为脂蛋白(含有脂质辅基)、核蛋白(含有核酸)、金属蛋白(含有金属离子)和糖蛋白(含有糖辅基)。

游离氨基酸(蛋白质或非蛋白质)及其水溶性衍生物,在植物体生长发育的氮贮藏过程中具有重要作用。游离氨基酸在豆类种子中占5%或更高比例,如蚕豆中有精氨酸,小扁豆中有γ-羟基精氨酸。植物胚珠和营养细胞中的贮藏蛋白为其生命循环提供必要的 C、N 和 S。在植物体生长发育和执行生理功能过程中,蛋白质的贮藏和代谢是必不可少的。

谷物中的蛋白质是人类膳食的重要组成部分[53],花生、核桃、杏仁、腰果和巴西坚果等高蛋白含量坚果对我们也很重要。水果中蛋白质含量一般较低,扁豆、日本青豆、鹰嘴豆、豆荚、蔬菜、青豌豆、玉米、芦笋和土豆等蔬菜中蛋白质含量要高一些。然而相对于其他成分来说,蛋白质含量仍然较小。

在可食用植物组织中还发现了一些非蛋白类的含氮化合物,它们是生长调节因子,也是对抗虫害及食草动物的防御物质。这些化合物包括:

(1)豆类中的刀豆氨酸(2-氨基-4-胍氧基-丁酸)。

(2)甘氨酸甜菜碱和脯氨酸,它们是两种主要的有机渗透剂,在很多植物体内累积以对抗环境胁迫,如干旱、高盐和极端温度[55]。它们通过调节渗透压来保持酶活力和细胞膜完整性。

(3)多巴胺存在于很多植物中,在香蕉中含量最高,红色和黄色香蕉打成的果浆中多巴胺含量(质量比)可达到 $40\sim50mg/kg$[56]。马铃薯、牛油果、西蓝花和球芽甘蓝(*Brussels sprout*)中多巴胺含量约为 $1mg/kg$ 或更高一些;橙子、番茄、菠菜、豆荚和其他一些植物中多巴胺的含量略低于 $1mg/kg$。

(4)生物碱是含氮有机化合物,在可食用植物组织中最为人所知的生物碱是龙葵素[57]。这种糖苷生物碱是有毒的,在番茄、马铃薯和枸杞等茄属植物(茄科)的叶片、果实和块茎中含有龙葵素。

另一种非蛋白类氨基酸,γ-氨基丁酸(GABA),也在生物体内广泛存在。在动物中枢神经系统中 GABA 是神经递质或神经调质;在植物体内,GABA 在碳-氮代谢、能量平衡、信号传递和发育等代谢等过程中具有不同的作用。在生物胁迫和缺氧、寒冷、干旱、高盐及机械损伤等非生物胁迫下,植物体内的 GABA 都会累积[58]。最近发现,采后加工(如高 CO_2 浓度处理)和生理障碍状态下,植物果实中的 GABA 会发生累积;而采用 GABA 处理果实能抑制冷害等生理障碍。

GABA 主要通过 GABA 通路合成(图 16.21)。GABA 通路与 TCA 循环关系非常密切,以至于该通路或许可以被看作是初级 C/N 代谢的一个单独通道[59]。在依赖于 pH 和钙调蛋白的谷氨酸脱羧酶(GAD)作用下,TCA 循环产生的谷氨酸发生脱羧基反应,生成 GABA 和 CO_2,随后 GABA 被转运至线粒体。在线粒体中,GABA 首先被 GABA 转氨酶催化分解,若该过程消耗丙酮酸(-TP)则产生琥珀酸半醛(SAA)和丙氨酸;若消耗 α-酮戊二酸(-TK),则生成 SAA 和谷氨酸。SAA 随后被依赖 NAD^+ 的琥珀酸半醛脱氢酶催化生成琥珀酸和 NADH,它们可进入线粒体的呼吸通路。琥珀酸半醛脱氢酶对线粒体能量状态非常敏感,其活力在胁迫环境下(NAD^+:NADH 比例较低)会受到抑制,然后 SAA 会累积,导致对 GABA 转氨酶活力的反馈抑制。SAA 也能在 SAA 还原酶的作用下被转化为 γ-羟基丁酸

（GHB）。SAA 的脱毒作用可能在植物体忍受胁迫过程中发挥作用。另外,腐胺(丁二胺)氧化是产生 GABA 的另一个途径。

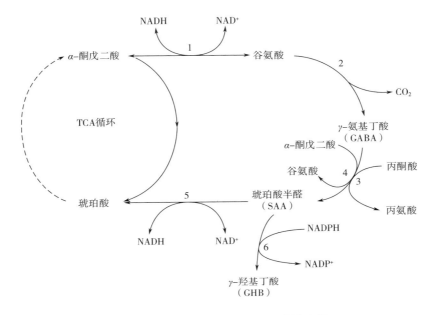

图 16.21　γ-氨基丁酸(GABA)分流途径

1—谷氨酸脱氢酶(α-酮戊二酸 $+NH_4^+ +NADH \rightarrow GLU+NAD^+$),2—谷氨酸脱羧酶(GAD)(GLU$\rightarrow$GABA$+CO_2$),3—GABA转氨酶-TP(依赖丙酮酸;GABA+丙酮酸$\rightarrow$SAA+丙氨酸),4—GABA 转氨酶-TK(依赖 GABA$+\alpha$-酮戊二酸$\rightarrow$SAA+谷氨酸),5—琥珀酸半醛脱氢酶(SAA$+NAD^+ \rightarrow$琥珀酸$+NADH$),6—琥珀酸半醛还原酶(SAA$+NADPH \rightarrow$GHB$+NADP^+$)。

16.6.6　脂类

　　脂类包含各类非极性分子,其结构一般含有碳氢长链和酯键。在完好的植物体和切下的植物组织中,细胞膜、脂质体和角质层蜡质都是由脂类构成的。植物中的脂类有四种,甘油三酯、磷脂、蜡质和异戊二烯衍生脂类(详见第 4 章)。甘油三酯由 3 个脂肪酸分子与 1个甘油分子酯化得到,在植物组织中以油滴或脂质体形式存在,是食物中能量最高的成分。膜脂主要成分是甘油二酯,其第三个羟基则与一个极性分子通过酯键连接。极性分子包括糖分子(形成糖脂)或(有机金属)磷酸化合物(形成磷脂)。半乳糖基-糖脂是构成质体(叶绿体、染色体、淀粉体)膜的主要脂类,甚至是首要脂类,其在小麦等谷物中的含量尤其丰富,对面团中面筋的形成有一定贡献。植物甾醇和其他异戊二烯衍生脂类(如生育酚和类胡萝卜素)也存在于细胞膜中,并在不同的组织中发挥必要的功能。角质层脂类是碳氢化合物和长链脂肪酸(包括二酸和含氧酸)与醇生成的酯类的复杂混合物,角质层脂类被包裹在被称为角质的脂肪聚合物中。腊质和角质共同组成了角质层,它能够调节植物体与环境之间的水分和气体交换。尽管在大多数可食用植物组织中的含量都较低(表 16.1),脂类在植物体内也是一种能量贮藏化合物,典型的例子有牛油果和橄榄、谷物颖果、花生和核桃等植物种子[8]。相比于淀粉,液态油脂的不饱和度要高很多,相同质量下油脂能提供的能量几乎是淀粉的 2 倍。脂肪酸从甘油上脱除成为游离态后，能够发生 β -氧化反应并释放能量。

细胞膜脂类组成决定了细胞膜的物理性质和功能，也是保持可食用植物组织品质的主要作用因素。磷脂，主要是磷脂酰胆碱和磷脂酰乙醇胺，构成了很多植物细胞膜的脂质基础。细胞膜对水分子和离子具有阻隔效果，由此划分出了具有不同功能的细胞且细胞中含有执行细胞功能所需要的酶。采后植物组织的品质变化很大程度上取决于细胞膜功能，细胞膜分解是组织衰老的关键诱因。水分损失及其引起的细胞膨胀压降低，会引起组织枯萎和不好的质构变化，这一定程度上是由原生质膜(细胞膜)和液泡膜通透性增加引起的。植物组织对贮藏温度，尤其是对冷害的敏感性，与其细胞膜的脂肪组织有重要关系。一般地，细胞膜流动性越高(不饱和度高)的组织，能耐受的非冻结温度会更低一些。

细胞膜的过氧化反应是熟成和衰老过程中的一部分，也会在组织处于低温(可诱导冷害)等胁迫环境下发生。过氧化反应发生在很多磷脂分解代谢的过程中，是由活性的氧化合物引发的自由基反应。当抗氧化防御系统能力下降时，油脂的过氧化反应和膜的劣化就会发生，引起细胞膜酶活力及物理防御能力下降。这些变化同样也出现在植物体的正常熟成衰老及环境胁迫应答中。这些过程至少包括以下反应中的一种或数种：①由过氧化反应和油脂不饱和度下降所引起的甘油酯脂肪酸不饱和度下降；②磷脂和半乳糖脂类含量及比例的变化；③脂类水解产物和过氧化产物变得更不稳定；④甾醇的组分和结合水平升高或发生变化[60]。

腊质、角质、软木脂和油脂是植物的重要组成成分，对很多可食用组织的贮藏特性和货架寿命都有重要影响。腊质和角质存在于角质层中，可防止组织脱水和病原菌入侵，以及控制环境中气体分子进入组织内部。软木脂是一种衍生自脂肪的聚合物，它存在于植物的地下部分以及愈合伤口的表面。类似角质，软木脂通常被包埋在腊质中[8]，也具有防脱水和阻止病原菌的作用。

16. 6. 7　色素

可食用植物组织中的色素包括一系列化合物，色素对植物光合作用以及对动物和昆虫的视觉吸引至关重要。根据结构，可以将色素分为四类，即叶绿素、类胡萝卜素、类黄酮(特别是花色苷)和甜菜色素。

叶绿素是植物中的主要色素，其功能是吸收光能并将之转化为化学能(碳素同化作用)。植物体含有大量叶绿素，所以是绿色的。绿色是很多叶菜和一些果实(如绿苹果)新鲜程度和消费品质的主要指示因子，因此保持绿色是采后技术的一个重要目标。另一方面，绿色消退后显示出红色、黄色和橙色，这是番茄、香蕉、梨和柑橘的品质指示因子。

类胡萝卜素是黄色、橙色或红色的四萜类化合物，它是植物体中的辅助色素，在光合作用中吸收叶绿素不易吸收的波长。另外，类胡萝卜素还在光致氧化中保护叶绿色，以及执行其他重要的功能，如作为脱落酸(ABA)的前体。一般地，除了叶绿素 a(Chl a)和叶绿素 b(Chl b)之外，有 6 种类胡萝卜素遍布各种植物体内，即新黄素、紫黄素、环氧玉米黄素、玉米黄素、叶黄素和 β -胡萝卜素。我们最熟悉的类胡萝卜素有 β -胡萝卜素(一种橙色色素)，叶黄素(果蔬中的黄色色素,也是植物中含量最高的类胡萝卜素)和番茄红素(番茄的红色)。不同品类植物的色素组成是特定的,因而显示出独特的颜色,但绿叶组织中类胡萝卜素的组成和含量是比较接近的,这或许是光合作用功能优化的结果。

黄酮类化合物包括水溶性的红色或蓝色花色苷和淡黄色的芦丁、槲皮素和山奈酚。花色苷(详见第 10 章)是数量最大和种类最繁多的植物色素,它是由苯丙素途径产生的。花色苷的显色受到组织中 pH 的影响。花色苷存在于高等植物的所有组织中,赋予叶片、茎、根、花和果实各种颜色,尽管它的含量有时低至无法察觉。

甜菜色素是红色或黄色的。与花色苷一样,甜菜色素也是水溶性的,但不同的是其基本结构主要是通过酪氨酸和其他氨基酸合成的。这种色素仅存在于石竹目(*Caryophyllale*)中,且从不与花色苷共存。甜菜色素是甜菜深红色的来源,在商业上用作食品着色剂。

表 16.10 所示为可食用植物组织中的常见类胡萝卜素和花色苷。人工选育及培养对可食用组织的组成影响显著。例如,未驯化的胡萝卜中叶黄素等类胡萝卜素含量很低,所以其根是白色的;经过不断选育得到了现在我们看到的富含类胡萝卜素的橙色胡萝卜,其中维生素 A 的前体 β-胡萝卜素的含量很高而 α-胡萝卜素含量略低一些[61]。紫色胡萝卜的颜色是由于花色苷累积引起的,尽管类胡萝卜素也同时在累积。柑橘科果实种类繁多,其外部颜色也各异,有青柠的绿色、柠檬的黄色、橘子和甜橙的橙色以及葡萄柚的粉色。除了血橙的红色和紫色是源自花色苷以外,其他颜色典型地反映了不同的叶绿素和类胡萝卜素组成[62]。现在我们可以用传统方法和生物技术手段来提高果蔬中的花色苷、甜菜红素和番茄红素等色素的含量[63, 64]。

表 16.10 　　　　　　　　　　各种食用植物组织中的主要花青素和类胡萝卜素

色素	水果或蔬菜
花青素	
天竺葵素 3-葡萄糖苷	草莓,菝葜
矢车菊素 3-芸香糖苷	甜樱桃
矢车菊素 3-葡萄糖苷	
矢车菊素 3-葡萄糖苷	李,黑莓,石榴
芍药色素 3-葡萄糖苷	葡萄
矢车菊素 3-葡萄糖苷	
锦葵花素 3-葡萄糖苷	
锦葵花素 3-葡萄糖苷	蓝莓
类胡萝卜素	
辣椒红素	辣椒
番茄红素	番茄,西瓜,木瓜,番石榴,深红和星红宝石柚子

续表

色素	水果或蔬菜
β-胡萝卜素	桃,油桃,李,枇杷,杏,墨西哥青柠,香橼,胡萝卜,甘薯
β-隐黄素	柑橘,柠檬,朗布尔青柠
紫黄素	钱德勒柚子,橙子

资料来源：Modified from Valero, D. and Serrano, M., Postharvest Biology and Technology for Preserving Fruit Quality, CRC Press, Boca Raton, FL, 2010.

16.6.8　挥发性有机化合物

植物挥发性有机化合物（VOC）是次级代谢产物,在生物交互作用及非生物胁迫应答中发挥重要作用。很多植物的香气来源于挥发性化合物,但它们为人所认知还是因为它们在果实中的作用。跃变型果实中,熟成开始时 VOC 含量显著增加,在达到或稍早于完全熟成时 VOC 含量达到顶峰,且许多 VOC 的合成是受到乙烯调控的。果实中 VOC 的累积很可能是以一种与颜色产生类似的方式,随着种子散播而发生的。VOC 累积是产品消费品质的一个重要方面,当 VOC 被鼻子中的嗅觉上皮组织感知,消费者就闻到了产品的特征香气。

果蔬可含有数百种 VOC,不过并非所有 VOC 都能被消费者感知。即使在同一类果蔬中（如苹果）,不同品种的 VOC 数量和浓度都会有差异[65]。果蔬被浸渍或烹煮时,风味物质同时被产生和降解;果蔬食用时会产生各种滋味（甜、酸、咸和苦味）,影响消费者对风味物质的感知;此外,非挥发性成分和挥发性成分之间还存在复杂的相互作用。在各种因素作用下,仅有一小部分 VOC 会被消费者明显感知,它们的香气阈值（低于该值即无法感知香气）的差异也很大。例如,乙酸丁酯的阈值是 $5000\mu g/L$,然而其异构体丁酸乙酯的阈值仅为 $0.13\mu g/L$。

蔬菜中重要的 VOC 有芹菜中的苯酞、新鲜洋葱中的丙硫醛-S-氧化物、卷心菜中的 2-异硫氰酸丙烯酯和黄瓜中的 2,5-壬二烯醛[66]。苹果含有超过 200 种挥发性物质,包括醇、醛、酮、倍半萜和酯。酯类为水果增添了"果香"风味,尤其是在熟成阶段酯类浓度显著提高。乙酸丁酯,乙酸己酯和 2-甲基乙酸丁酯是成熟水果中的主要风味物质;感官分析结果表明,后两种物质对于水果的诱人程度影响是最大的。

果蔬中 VOC 的生物合成途径各不相同。番茄是一个很好的例子,其 VOC 合成途径中包含了几个目前已确定的、在大多数可食用果实中都存在的关键途径。虽不是全部,但番茄中绝大多数风味挥发性成分都是在熟成开始时增多而在完全熟成前的短时间达到顶峰值,这说明风味挥发物质的合成受到高度调节[67]。VOC 可以产生自类胡萝卜素、脂肪酸、萜类和氨基酸。

（1）衍生自类胡萝卜素的挥发性物质　番茄中重要的 VOC,大多数都是脱辅基类胡萝卜素,衍生自 β-紫罗兰酮、6-甲基-5-庚烯-2-酮、香叶基丙酮和 β-大马烯酮等类胡萝卜素。这些 VOC 是由线性及环状类胡萝卜素的非酶氧化断裂,或者是类胡萝卜素经加双氧酶催化断裂而得到。基于它们与类胡萝卜素的联系,这些 VOC 的含量就与果实成熟有密切关系,在红色番茄中这些 VOC 的含量就很丰富。

（2）衍生自脂肪酸的挥发性物质:具有风味的脂肪分解产物,例如,顺-2-戊烯-1-醇,反-2-戊烯醛,顺-3-己醛,反-2-己醛和反-2-庚烯醛等,是番茄香气中含量最多的成分。己醛以亚油酸等脂肪酸的13-氢过氧化物为原料,经过脂肪氧合酶、裂解酶和异构化酶的连续催化反应而形成的。顺-3-己醛在新鲜的绿色番茄的香气中存在,其感官阈值大约为0.25μg/L。

（3）萜类化合物　主要的萜类VOC是疏水性的单萜类、倍半萜类和二萜类化合物,它们衍生自香叶基二磷酸或反-法尼基二磷酸。番茄富含萜类化合物,萜类化合物在细胞液中的生物合成途径在果实发育早期就会产生糖基生物碱和甾醇,而在熟成期间,质体中萜类通路活力增加;不过熟成的番茄仅含有很少量的单萜和倍半萜类化合物。特别地,柑橘精油中富含萜类物质。

（4）衍生自氨基酸的挥发性物质　番茄也含有衍生自氨基酸的挥发性物质。几种支链的氨基酸和芳香族氨基酸与植物的衰老有关;衍生自苯丙氨酸的挥发性物质,如愈创木酚、MeSA和丁香油酚,对番茄的香气也有贡献。

16.6.9　维生素和健康功能因子

人们很早就知道维生素在促进人体健康和预防减轻疾病方面的重要作用。日常摄入的可食用植物组织,含有大量的水溶性维生素 B_1（硫胺素）、维生素 B_2（核黄素）、维生素 B_6（吡哆醇）、维生素 B_{12}、烟酸、生物素、叶酸、泛酸和维生素C（抗坏血酸）。人体自身无法合成这些维生素(除了一些烟酸),因此植物基饮食就成为保持人体健康的必需条件。另外,生育酚（营养性获得）、黄酮、类胡萝卜素和葡萄糖异硫氰酸盐等其他抗氧化剂越来越受到关注。可食用植物组织也是我们饮食中膳食纤维的唯一来源(详见3.4)。因此果蔬被认为是"化学防护剂"和"功能食品"。

16.6.9.1　抗坏血酸（抗坏血酸盐,维生素C）

L-抗坏血酸是一种水溶性的抗氧化剂,其结构与 C_6 糖（$C_6H_8O_6$）类似,是己糖酸的醛糖酸-1,4,-内酯(图16.22)[68]。维生素C是许多园艺植物中最重要的营养因子,也是人体内重要的生物功能因子。众所周知维生素C主要的生物合成是通过GDP-甘露糖和L-半乳糖完成的;D-半乳糖醛酸,D-葡萄糖醛酸和GDP-L-葡萄糖则是抗坏血酸盐的次要前体[69]。不过,人和其他脊椎动物由于缺乏1-葡萄糖酸-1,4-内酯氧化酶而无法合成抗坏血酸。我们从新鲜果蔬中摄入大约90%的维生素C,以维持软骨、骨头、胶原、皮肤和牙齿的新陈代谢,以及作为抗氧化剂对抗氧化胁迫引起的疾病,如癌症、心血管病、衰老及白内障[68]。

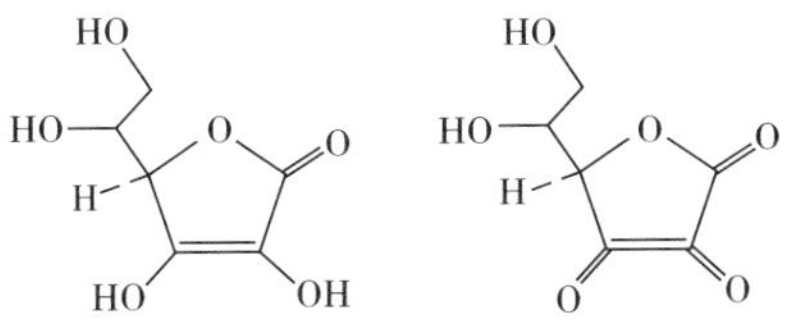

在植物的细胞膜或叶绿体中,抗坏血酸是辅酶因子、自由基捕获剂以及电子供体/受体。在葡萄等水果中,抗坏血酸是草酸和酒石酸生物合成的底物。抗坏血酸主要的功能是还原光合作用(尤其是胁迫环境下)所产生的过氧化氢（H_2O_2）。果实熟成过程中的一个特征是氧自由基

图16.22　抗坏血酸和脱氢抗坏血酸的分子结构式

增多(ROS),近期研究发现 ROS 在细胞的复杂神经网络中有极其重要的作用,在信号传导过程中是一个活跃而明确的角色。ROS 的体内稳定是通过一系列氧化还原酶保持的。抗坏血酸通过 4 步反应去除 ROS,该过程即抗坏血酸谷胱甘肽循环,或称为 Foyer, Halliwell, Ashada 循环(图 16.23)[70]。参与该循环的酶有抗坏血酸过氧化物氧化酶(APX)、单脱氢抗坏血酸还原酶(MDHAR),脱氢抗坏血酸还原酶(DHAR)和谷胱甘肽还原酶(GR)。在正常代谢条件及胁迫环境下,抗坏血酸盐(ASA/DHA)和谷胱甘肽(GSH/GSSG)保持高氧化还原势。其他重要的抗氧化酶还有过氧化物酶、超氧化物歧化酶和过氧化氢酶。

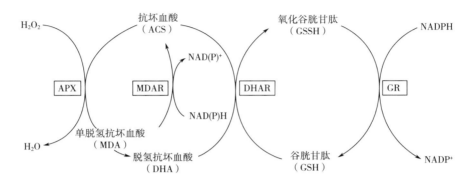

图 16.23　抗坏血酸-谷胱甘肽循环

过氧化氢(H_2O_2)被抗坏血酸过氧化物酶(APX)还原为 H_2O,该反应以抗坏血酸(ASC)为电子供体,产生单脱氢抗坏血酸(MDA)。在单脱氢抗坏血酸还原酶(MDAR)催化下,MDA 与 NAD(P)H 反应可重新变为 ASC。未被还原的 MDA 不成比例地被转化为 ASC 和脱氢抗坏血酸(DHA)。DHA 被脱氢抗坏血酸还原酶(DHAR)还原为 ASC,谷胱甘肽参与该反应并被氧化为氧化谷胱甘肽(GSSG)。最后 GSSG 被谷胱甘肽还原酶(GR)还原为 GSH,该反应以 NADPH 为电子供体。

　　与果蔬相比,谷物中抗坏血酸的浓度较低。可食用植物组织中抗坏血酸的浓度受到基因差异、采收前气候条件和种植方式、成熟度及采摘方式、采后加工等因素的影响[71]。总的来说,低温贮藏和避免水分流失能有效减缓抗坏血酸的损失。

16.6.9.2　维生素 A

　　维生素 A 是一类具有视黄醇生物活性的脂溶性化合物的统称(包括视黄醇类和类胡萝卜素)。维生素 A 分子是含有一个 6-C 环和一个 11-C 支链的类异戊二烯(详见 8.7.1)。维生素 A 是人体营养的重要组成部分,其来源主要是通过植物中的胡萝卜素在人体小肠黏膜中被分解而成。由于植物体中不含视黄醇,所以维生素 A 的含量可以用维生素 A 原类胡萝卜素的含量来表示,在国际单位(IU)中 1 个单位的维生素 A 原等于 1.2μg α-胡萝卜素或 0.9μg β-胡萝卜素[8,72]。维生素 A 缺乏是常见病,每年有数百万儿童因缺乏维生素 A 导致干眼、失明乃至死亡。对小麦胚乳的 β-胡萝卜素合成途径进行基因工程改造,已经成功开发出具有健康功效的黄金大米(Golden Rice),我们在 16.8.2 中还会再提到该技术。

　　叶菜和水果中维生素 A 的平均含量分别为每 100g 鲜重中 500IU 以及 100~500IU,但是芒果和木瓜中含量更高(分别为 3000 和 2500IU/100g 鲜重)[8]。对比于黄金大米和红薯中的含量(2500IU/100g 鲜重),其他主粮中的维生素 A 含量就显得微不足道了。在采后贮藏期间,类胡萝卜素的稳定性一般比抗坏血酸更好[72],但也取决于基因型、贮藏条件、贮藏温度和湿度。

16.6.9.3 植物化学素

多酚类化合物是强抗氧化剂(详见 16.6.4 节),我们已对其抗氧化性和其他生理功效有所认知。在苹果等水果中,抗坏血酸对整个抗氧化性的贡献是比较小的(0.4%)。在一些果蔬中大多数抗氧化活力是来源于多酚和黄酮类物质,而植物化学素对抗氧化物质的加成或协同效应增强了它们的抗氧化和抗癌症活力[73]。一般来说,多酚类化合物在贮藏和加工过程中是稳定的,除非在多酚氧化酶(PPO)作用下发生氧化。

16.6.9.4 含硫化合物

洋葱及其他葱属蔬菜含有风味化合物前体物质,这些前体物质是半胱氨酸和谷胱甘肽在硫摄入和脱毒生理过程中所产生的次级代谢产物,主要有 γ-谷氨酰-S-烷基-L-半胱胺酸和 S-烷基-L-半胱氨酸亚砜(ACSO)。在咀嚼或均质过程中,空泡蒜氨酸酶水解细胞质中的 ACSOs 产生强刺激性的含硫化合物以及副产物丙酮酸和氨[10]。十字花科蔬菜(Brassicaceae, syn, Cruciferae)中的硫代葡萄糖苷会转化为异硫氰酸酯和吲哚,它们也是促健康功能因子;它们并不存在于完好植物组织中,但咀嚼和均质会触发葡萄糖硫苷酶(黑芥子酶)水解硫代葡萄糖苷的反应。在贮藏过程中 ACSO 和硫代葡萄糖苷的含量会有所增加,但一般会随着产品腐败而降低[6]。

16.7 采后技术

16.7.1 贮藏温度

控制温度是保持采后可食用植物组织品质的最基本的手段。温度对生化反应的速率有重要影响[11],所以对可食用植物组织来说,在采后将它们尽快冷藏以降低其代谢活力是非常重要的。低温可以降低呼吸速率,减少水分损失,降低组织对乙烯的敏感性以及抑制病害和微生物引起的腐坏。愈合是低温下的一个例外,低温有利于干燥洋葱的颈和外皮以及帮助马铃薯受创的表面长出创伤周皮。愈合一般在适当温度环境下发生,或者在 7~16℃的养护室中进行。

低温贮藏可保持植物组织的外观,提高花色苷、类胡萝卜素和抗坏血酸等色素的稳定性,保持颜色以及推迟不期望的软化和质构变化[6,74]。一般新鲜产品中的风味和香气化合物通常比冷藏保存的产品要好(如番茄)[75],然而风味化合物与糖、酸和植物组织会产生复杂的相互作用,因此对产品保藏带来各种影响。

冷却方法是根据产品类型和处理量而定的。冷却方法包括自然或被动冷却、风冷、水冷、包装冷藏和真空冷却。每一种冷却技术的具体细节在很多教材或网络上都有介绍[76,77],因此本书不再赘述。不论是何种冷却技术,产品的冷却速率都符合物理学基本定律:随时间延长,产品和冷媒之间的温差越来越小,冷却速率变慢。图 16.24 是典型的可食用植物组织的冷却曲线,图中标出了"1/2 冷却"或"7/8 冷却"点所对应的时间。1/2 冷却时间是将产品从初始温度冷却到冷库设定温度的一半时,所需要花费的时间。例如,产品刚放进冷库时的温度是 20℃,而冷库设定温度为 0℃ 或 10℃,那么 1/2 冷却时间是指把产品温度分别降低至 10℃ 或 15℃ 所需要的时间。将产品温度再降低 1/2 需要花费同样多的时间;所以达到 7/8 冷却点所花费的时间是 1/2 冷却的 3 倍。

当温度低于大多数植物的生理温度范围(0~30℃),会引起呼吸水平的指数性降低。根据 van't Hoff 定律,温度每降低 10℃,生物反应的速率会降低 2~3 倍。我们把温度降低 10℃,品质降低的速度比称为温度系数 Q_{10},即等于低于某一温度 10℃ 下的反应速率除以该温度下的反应速率:$Q_{10} = R_2/R_1$。温度系数适用于预测产品冷藏下呼吸作用减弱时的货架期寿命;不过这种关系并不是理想型的,在更低温度范围内 Q_{10} 的预测结果会偏低于或偏高。

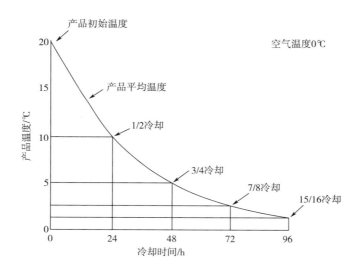

图 16.24 冷库中可食用植物组织的典型冷却曲线

在本例中,初始温度 20℃ 的产品置于 0℃ 冷库中。产品温度降低 50%的时间(即降至 10℃)被称为"半冷却时间"。

不同的温度范围内,典型的 Q_{10} 为:0~10℃ 为 2.5~4.0;10~20℃ 为 2.0~2.5;20~30℃ 为 1.5~2.0;30~40℃ 为 1.0~1.5 [11]。Q_{10} 可反应温度对典型易腐败产品的呼吸速率、腐败速率及货架期寿命的影响(表 16.11)。如表所示,一个产品货架寿命在 0℃ 时为 100d,而在 20℃ 时则为 13d,在 4℃ 时仅为 4d。

表 16.11 基于 Q_{10} 的温度对食用植物组织呼吸速率和相对贮藏寿命的影响

温度/℃	Q_{10}	相对呼吸速率	相对贮藏寿命
0		1.0	100
	3.0		
10		3.0	33
	2.5		

续表

温度/℃	Q_{10}	相对呼吸速率	相对贮藏寿命
20		7.5	13
	2.0		
30		15.0	7
	1.5		
40		22.5	4

资料来源：Kader, A. A. and Saltveit, M. E., Respiration and gas exchange, in Postharvest Physiology and Pathology of Vegetables, Bartz, J. A. and Brecht, J. K., Eds, Marcel Dekker, New York, 2003, pp. 7-30.

　　一般地，在未达到产品冰点温度前，产品的贮藏温度越低则货架期寿命越长。对不同的产品其最低安全贮藏温度是不同的，因为很多植物组织对低温很敏感，容易产生冷害。植物组织产品可被分为冷敏感和冷不敏感两类（表 16.12）。冷敏感产品通常是原产于亚热带或热带，但某一种的产品的发育、采收时的熟成度以及冷处理时间都影响到其对低温的敏感性。例如，香蕉在低于 12.5℃ 下贮藏数天就非常明显地表现出对冷的敏感反应；而蜜瓜在 5℃ 下贮藏数周才会表现出明显症状。对于牛油果、蜜瓜和番茄，发育和熟成度也是决定它们对冷敏感性的重要因素。更成熟的果实对于冷害的敏感性要低一些，尤其是当冷害对成熟不起作用时，果实敏感性会更低。当温度明显低于阈值时，伤害会在短时间内发生；而当温度只是稍低于最小安全温度时，伤害会经历很长一段时间才表现出来。例如，我们通常会将番茄保藏在冰箱中，尽管它是冷敏感性的；但随着时间延长，冷害并没有表现出来。给出贮藏意见是很复杂的，诸如桃子等水果在 0℃ 时产生冷伤害的速度比在 4℃ 和 10℃ 下更慢，因此推荐采用更低的保藏温度。减轻植物组织冷害的采后策略包括采用气调包装贮藏、热处理、一定温度预处理以及间歇式加温[78]。

表 16.12　　　　　　　　**根据对冷害的敏感性对食用植物组织进行分类**

非冷害敏感型	冷害敏感型	非冷害敏感型	冷害敏感型
苹果①	牛油果	黑加仑	番木瓜
杏	香蕉	大蒜	辣椒
芦笋	豆芽	葡萄	菠萝
青豆	哈密瓜	蘑菇	马铃薯
甜菜	蔓越莓	洋葱	南瓜
黑莓	黄瓜	香菜	南瓜小果
蓝莓	茄子	桃①	红薯
西蓝花	柠檬	山莓	番茄
菜花	酸橙	菠菜	西瓜
芹菜	芒果	草莓	山药
甜玉米	甜瓜	芜菁	密生西葫芦
樱桃	橙子		

①有些品种是冷害敏感性的。

资料来源：Modified firom Kader, A. A., Ibstharvest Tidinology of Horticultural Crops, Regents of the University of California. Division of Agricultural and Natural Resources, Oakland. CA. 2002.

冷敏感性植物组织的最佳贮藏温度,相比于冷不敏感性植物要高一些。表 16.13 所示为一些果蔬的安全贮藏温度,以及各种冷害症状。冷害症状会通过多种途径表现出来,包括非常规的成熟、不成熟、浸水外观、表皮褪色、粉质化、表皮出现斑点以及更容易腐坏等。

表 16.13　　食用植物组织在低温(非冻结温度)下存储时所受的冷害影响

食用植物组织	最低安全温度/℃	冻伤症状
某些品种苹果	2~3	内部褐变,棕色核心,水样破裂
芦笋	0~2	无光泽,灰绿色,尖端变软
牛油果	4.5~13	果肉变灰褐色
香蕉	11.5~13	成熟时颜色暗淡
青豆	1~4.5	深褐色斑点或成片变色
四季豆	7	深褐色斑点
蔓越莓	2	质地软烂,肉呈红色
黄瓜	7	点蚀、水渍、腐烂
茄子	7	表面烫伤、黑斑病、种子变黑
番石榴	4.5	损伤、腐烂
葡萄柚	10	烫伤、点蚀、水样破裂
柠檬	11~13	点蚀、膜染色、红斑
青柠	7~9	点蚀,逐渐变棕褐色
荔枝	3	表皮褐变
芒果	10~13	表皮变灰白色,成熟不均匀
菠萝	7~10	成熟时暗绿色,内部呈褐色
马铃薯	3	红木褐化、有甜味
南瓜和硬壳南瓜	10	腐烂,有链格孢斑
甜马铃薯	13	腐烂、点蚀、内部变色、煮熟后变硬
成熟番茄	7~10	浸水、软化、腐烂
成熟番茄(绿色)	13	成熟时颜色差,黑斑病
西瓜	4.5	点蚀,异味

资料来源:Modified from Kader, A. A., Postharvest Technology of Horticultural Crops, Regents of the University of California, Division of Agricultural and Natural Resources, Oakland, CA, 2002.

图 16.25 所示为冷不敏感性及冷敏感性植物组织对贮藏温度的不同反应。冷不敏感性产品的最长贮藏时间与其最低非冻结贮藏温度。冷敏感性产品的贮藏寿命随着贮藏温度降低而提高,根据不同的产品,在 7~18℃ 范围内获得最长贮藏时间,当温度进一步降低则会发生冷害而缩短贮藏时间。

长期以来,对冷害生理基础的研究主要集中在细胞膜的物理变化,当贮藏温度处于冷

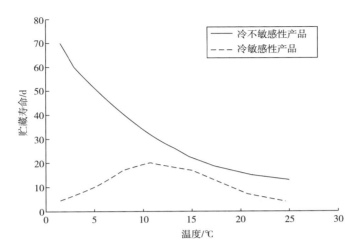

图 16.25 冷敏感性和冷不敏感性产品的贮藏寿命对比

作用效果较明显的区间时,细胞膜脂质分子的排列发生变化(一些脂质分子发生从液态变为凝胶态的相变),随后引发一系列次级反应;若冷处理强度和时间有限,那么植物组织能够恢复原有状态(图 16.26)。支持该理论的证据包括:热带植物品种细胞膜中饱和脂肪酸比例更高(如棕榈酸,它不含双键,熔点更高);而寒冷气候下生长的植物,细胞膜中油酸、亚油酸和亚麻酸等不饱和脂肪的含量较高。然而,也有研究发现冷不敏感性和冷敏感性植物细胞膜的脂质组成并没有

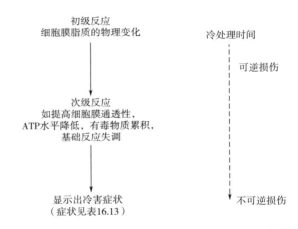

图 16.26 冷敏感性植物组织在冷胁迫下的应激反应简图

明显差异,也没有发现某种单独的生理因子能够将植物的冷敏感性与冷害联系起来[79]。不同植物组织(尤其是采后经过热处理的植物组织)对冷害抵抗力有所差异的机制包括:不饱和脂肪酸/饱和脂肪酸比例提高后增强了细胞膜完整性;提高热休克蛋白基因表达量及蛋白量;提高抗氧化系统的活力;强化精氨酸通路以累积更多信号分子(如多胺、一氧化氮和脯氨酸),这些分子在提高植物体冷耐受性过程中具有核心作用;调节苯丙氨酸解氨酶和多酚氧化酶活力;强化糖代谢[80]。

当可食用植物组织置于冰点以下(通常是无意地)时会发生冻害,此时植物体内的水在低于冰点时变为冰,在复融过程中导致细胞壁破裂。冻害通常会造成产品的浸水外观,以及细胞结构损伤和膨胀压下降,但不同种类果蔬对冻害的敏感性差异很大[81]。植物中水分结冰的冰点取决于植物体中的糖分和其他溶质的含量,以及相应的冰点下降程度。例如,

含糖量较低的生菜冰点为−0.2℃而含糖量高的李子的冰点则为−1.7℃或更低。一些植物组织可能会经历反复冻融数次而没有受到损害,而有些则在轻微冷冻下即发生永久损伤。根据对冷冻的敏感性,可以把所有的果蔬分为三类:最敏感的——冷冻1个晚上即发生损伤;中等敏感的——冷冻1~2晚后取出,可恢复原状;最不敏感的——可被轻微冷冻数次而没有严重损伤。

冷冻损伤的机制及其对植物组织代谢和化学反应的影响类似其他物理性损伤,这部分内容并不是本章节重点。不过,将冷冻组织缓慢加温有时会引起产品部分地恢复原有特性,但通常产品的贮藏寿命会缩短。

16.7.2　相对湿度

相对湿度(RH)的定义是,空气中水的蒸汽压与相同温度下饱和水蒸气压的百分比。采后加工和贮藏过程中水分的损失程度,是产品渗透性、温度以及组织内部与环境之间蒸汽压差的综合作用结果[74]。RH对产品的贮藏质量有直接影响。谷物可以贮藏在低湿度环境下,但对大多数植物组织产品来说,水分过量流失将造成枯萎、皱缩、松弛、软化、营养和可销售质量损失。果蔬应保藏在高RH环境中,但接近100%的RH会促进微生物生长和果蔬表皮开裂,所以保持适当的高湿度比保持低湿度更为困难。不过,RH和温度之间的关系意味着,可食用植物组织保藏的适当温度范围是物理、生理和病理学反应的综合作用结果。

16.7.3　调节和控制贮藏气氛

气调贮藏(MA)是指改变产品周围的空气组成,一般是降低O_2浓度(空气中含量21%)和提高CO_2浓度(空气中含量为0.04%)。MA可以被动地通过产品呼吸作用实现,也可以主动地将特定气体注射到包装袋中去(MAP)。包装袋中的气氛也取决于产品类型和温度,这两个因素决定了呼吸速率、包装膜对O_2和CO_2的渗透及扩散阻隔性能,以及包装袋中产品的质量。可控气氛(CA)是MA的一种,顾名思义,该技术使用特定设备(如氮气发生器和CO_2洗涤器)持续控制和调节产品贮藏时周围的气氛。

基于呼吸作用产生的化学变化(详见16.4),人们一直以来都认为低O_2和高CO_2环境会抑制呼吸作用从而延长货架期寿命。气体与植物组织之间的相互作用是很复杂的,特别是气体与乙烯的感知和产生有关。乙烯的作用受到O_2的抑制,在2.8%浓度下乙烯的作用效果会降低一半[82],但提高CO_2则会增强乙烯的效果。O_2和CO_2可以协同作用,它们共同降低植物呼吸作用的效果,比单独使用要更好。

降低果蔬周围O_2浓度会降低果蔬呼吸作用,直至达到ACP(图16.7)。此时呼吸变化伴随着发酵作用和有害的乙醛和乙醇累积,这些变化会造成伤害。

每种可食用植物组织对低O_2和高CO_2环境都具有一定耐受性(表16.14和表16.15),且根据品种、生长条件和气调保藏时间不同而有明显区别。优选温度下大多数可食用植物组织贮藏时的O_2和CO_2安全浓度范围[83]明显高于ACP,这也可以避免引起各种负面生理反应。

表 16.14 **正常储存温度下可食用植物组织可能发生伤害的最低氧气浓度**

最低可承受 O_2 浓度/%	食用植物组织
0.5	坚果,干果和蔬菜
1	某些品种的梨,西蓝花,蘑菇,大蒜,洋葱,大多数切割或切片(最低限度加工)水果和蔬菜
2	大多数品种的苹果和梨,猕猴桃,杏,樱桃,油桃,桃,李,草莓,木瓜,菠萝,橄榄,哈密瓜,甜玉米,绿豆,芹菜,生菜,卷心菜,菜花,抱子甘蓝
3	牛油果,柿子,番茄,辣椒,黄瓜,朝鲜蓟
5	柑橘科水果,绿豌豆,芦笋,马铃薯,红薯

资料来源:Modified from Kader, A. A., Postharvest Technology of Horticultural Crops, Regents of the University of California, Division of Agricultural and Natural Resources, Oakland, CA, 2002.

表 16.15 **一般储存温度下可食用植物组织可能发生伤害的最高二氧化碳浓度**

最低可承受 CO_2 浓度/%	食用植物组织
2	亚洲梨,欧洲梨,杏,葡萄,橄榄,番茄,辣椒(甜),生菜,菊苣,白菜,芹菜,朝鲜蓟,红薯
5	苹果(大多数品种),桃子,油桃,李,橙子,牛油果,香蕉,芒果,木瓜,猕猴桃,蔓越莓,豌豆,辣椒,茄子,菜花,卷心菜,抱子甘蓝,萝卜,胡萝卜
10	葡萄柚,柠檬,酸橙,柿子,菠萝,黄瓜,西葫芦,豆角,秋葵,芦笋,西蓝花,欧芹,韭菜,葱,干洋葱,大蒜,马铃薯
15	草莓,覆盆子,黑莓,蓝莓,樱桃,无花果,哈密瓜,甜玉米,蘑菇,菠菜,羽衣甘蓝,瑞士甜菜

资料来源:Modified from Kader, A. A., Postharvest Technology of Horticultural Crops, Regents of the University of California, Division of Agricultural and Natural Resources, Oakland, CA, 2002.

气调包装中的气氛组成是植物组织呼吸速率的参数,受到产品质量、贮藏温度、包装材料的 O_2 和 CO_2 渗透性以及包装袋体积等因素的影响。目前 MAP 的应用还比较有限,因为缺少成本适中、性能良好的包装膜材料,而且整个商业链中气调包装产品很难保持温度恒定。目前主要的 MAP 应用还是鲜切产品(详见 16.9.3)。

控制最优 CA 的有益效果包括延缓衰老(包括熟成),与生理生化变化协同作用降低呼吸速率、减少乙烯产量、抑制软化和成分变化。表 16.16 所示为 O_2 和 CO_2 浓度对代谢过程的影响。在何种浓度下会发生上述变化以及这些变化的重要性,根据植物类型和品种、成熟阶段、贮藏温度和周期,以及乙烯浓度等因素的不同而有所差异[84]。胁迫性的 CA 条件可降低 pH 和 ATP 水平,从而降低丙酮酸脱氢酶的活力,激发丙酮酸脱羧酶和乙醇脱氢酶的活力,产生乙醛和乙醇等发酵产物(图 16.6)。

商业上 CA 技术最成功的应用是保藏苹果、梨、卷心菜、甜洋葱、猕猴桃、牛油果、柿子、石榴、坚果、干制水果和蔬菜。在长途运输中,气调技术也用于保藏苹果、芦笋、牛油果、香蕉、西蓝花、蔓藤类浆果、樱桃、无花果、猕猴桃、芒果、甜瓜、油桃、桃、梨、李和草莓。未来技术的发展有望降低 CA 在储运过程中的成本至合理的水平(有益效应/成本),从而在新鲜植物组织产品中的应用更为广泛。实现 CA 技术的投资成本很高,因此 CA 目前还不能广泛应用。首先贮藏室必须是密封的并装备冷却系统、精确的温度控制系统和气氛调节设备,为最大化利用设备,贮藏室体积也必须很大。因此,要收回投资成本就必须依靠可以贮藏长达数月的产品,而不是贮藏几天或几周的产品。

表 16.16　　　O₂浓度＜5%和 CO₂浓度＞5%对食用植物组织代谢的一般影响

	对代谢的一般影响	
	O₂ 浓度减小	二氧化碳浓度升高
呼吸作用		
速率	↓	↓,NE,或↑
从有氧转为厌氧	↑（＜1%）	↑（＞20%）
产生能量	↓	
乙烯生物合成与作用		
蛋氨酸到 S-腺甘基蛋氨酸	NE	？
ACC 合成酶的合成	↓	↓
ACC 合成酶活力	NE	↓
ACC 氧化酶的合成	↓	↓
ACC 氧化酶活力	↓	↓或↑
乙烯作用	↓	↓
成分变化		
色素		
叶绿素降解	↓	↓
花青素生成	↓	↓
类胡萝卜素的生物合成	↓	↓
酚类		
苯丙氨酸氨裂合酶活性	↓	↑
总酚含量	↓	↓
多酚氧化酶活性	↓	↓
细胞壁组成		
多聚半乳糖醛酸酶活性	↓	↓
可溶性聚尿苷酸	↓	↓
淀粉到糖的转化	↓	↓
有机和氨基酸		
酸度减少	↓	↓
琥珀酸	↓	↑

续表

	对代谢的一般影响	
	O₂ 浓度减小	二氧化碳浓度升高
苹果酸	↑	↓
天冬氨酸和谷氨酸	?	↓
γ-氨基丁酸	?	↓
挥发性化合物		
特征挥发性芳香化合物	↓	↓
异味(发酵产品)	↑(<1%)	↑(>20%)
维生素		
维生素 A(胡萝卜素)损失	↓	↓
抗坏血酸损失	↓	↓

注:↓=减少或抑制,NE=没有影响,↑=刺激或增加,?=结论数据不足。

资料来源:Modified from Kader, A. A. and Saltveit, M. E., Atmosphere modification, in Postharvest Physiology and Pathology of Vegetables, Bartz, J. A. and Brecht,J. K., Eds, Marcel Dekker, New York, 2003, pp. 229-246.

　　苹果的经济重要性和可长期贮藏能力已经成为 CA 新技术发展的动力。标准 CA 中,原本 O₂和 CO₂浓度维持在 2%~3%,而现在已经被超低 O₂(ULO)所取代。若可以精准控制贮藏室温度和气体浓度,一些特定区域生长的品种,也可以被贮藏在 1%~1.5%的低 O₂浓度环境中。

　　动态 CA(DCA)是一项新技术,经过发展已经实现商业化。该技术并不预先设定 O₂浓度,而是将果蔬贮藏在接近 ACP 的 O₂浓度下以获得最好的品质(详见 16.4;图 16.7)。当贮藏室中 O₂浓度降低至接近 ACP,果蔬产生胁迫信号被设备检测到,继而将 O₂浓度提高约0.2%以避免引起有害发酵和其他损伤。因此,DCA 技术能够根据果蔬的实时反应进行调整,以保证果蔬代谢速率始终保持在低水平以延长贮藏时间。三种探测果蔬发生胁迫应激的方法是,乙醇累积法、RQ 法和叶绿素荧光法[85, 86]。在实践中,DCA 能被用于任何果蔬组织,但大多数还是苹果保藏。

　　其他基于气氛调节的保藏方法,如减压贮藏,即将产品贮藏在低压环境中以实现长期贮藏,在实际应用中成本很高,不能满足商业化要求。

16.7.4　可食用膜

　　可食用膜技术,是用可食用材料制备的薄膜取代植物组织的天然保护性蜡质膜,或覆盖在其表面。涂膜可通过浸渍、喷涂或刷涂等方式实现。可食用膜技术的作用方式类似MAP,通过改变植物内部气体浓度而实现调节品质。对于完整的或最低限度加工的果蔬,理想的可食用膜不仅能够延长其贮藏寿命,而且不引起无氧作用或对产品品质带来其他负面影响。

　　应用可食用膜的主要原因是改善外观、减少水分损失、延缓熟成和降低腐坏和生理性病害的概率。紫胶(虫胶)和巴西棕榈蜡是最常用的两种食用膜材料,已被单独使用或协同使用于苹果和橙子的保鲜。合成膜已被使用了数十年,大多数消费者都知道苹果是打蜡的,但它们并不知道黄瓜、橙子、芒果、木瓜和辣椒等果蔬也是打蜡的。消费者对于营养、食品安全和环境的关注,重新促进了可食用膜相关研究[87-89]。越来越多的鲜切水果和蔬菜采用可食用膜技术以降低切割和加工引起的腐坏。可食用膜也能用于花生、烤杏仁等非生鲜产品。另一个有意义的领域是,在可食用膜中加入抗氧化剂、抗菌剂和营养素等活性物质[88]。

根据产品和目标的不同,对可食用膜的要求也不同。然而,可食用膜不能造成低 O_2 或高 CO_2 浓度,否则就会产生不良风味、诱导腐坏及影响产品品质。所期望的膜的特性,包括形成更好的外观、保持结构完整、增强产品可机械操作性、可作为抗氧化剂或维生素的载体、不溶于水(可保持膜完整性)、隔水性好、在 40℃ 以上融化但不分解、易乳化、不黏手、干燥特性好、低黏度、价格便宜、透明或半透明以及能抵抗轻微的压力[88,89]。

制作可食用膜的材料有脂类、多糖、蛋白质以及它们的复合物[90]。任何公认安全(GRAS)的、可用于制作膜且不受限制的原材料,FDA 均批准为"可食用"。

疏水性的脂类可以有效防止水分流失,因此常作为可食用膜的主要材料[88],通常使用的有:

(1)以蜡和油为基底的膜 这类物质来源于动物(如紫胶蜡和蜂蜡)、植物(如巴西棕榈蜡和小烛树蜡),或者矿物质及合成腊(如石蜡)。

(2)脂肪酸和单甘脂 这类物质通常作为乳化剂和分散剂(脂肪酸是从植物油中提取,单甘脂通过甘油和甘油三酯的酯交换反应制备)。

(3)树脂和松香 由紫胶酮酸和壳脑酸组成的紫胶树脂,是紫胶虫(*Laccifer lacca*)所分泌的一种物质。树脂是从松树的油树脂制取的,是粗树脂蒸馏除去挥发性物质后剩余的残渣。

(4)乳液(通过甘油和脂肪酸的衍生物制备,如聚甘油−多硬脂酸酯)。

多糖具有强亲水性,因此不能有效地阻隔环境中的水分,但能够通过与水之间的相互作用减少产品中的水分流失;同时多糖对气体分子有良好阻隔作用。多糖是线性分子,所以多糖通常形成粗糙、有弹性且透明的膜[88]。通常使用的多糖包括:

(1)纤维素及其衍生物 葡萄糖缩合而成的聚合物长链紧密堆积,形成了高度结晶区(纤维素,详见 16.6.2.1),通常需要碱来增加其水溶性,然后与氯乙酸、氯甲烷或氧化丙烯反应,生成羧甲基纤维素(CMC)、甲基纤维素(MC)、羟丙基甲基纤维素(HPMC)或羟丙基纤维素(HPC)。这些多糖形成可溶的透明膜,其对水分和 O_2 的阻隔效果比纤维素更好。

(2)淀粉及其衍生产物 直链淀粉和支链淀粉(详见 16.6.2.3)可被用于制备生物可降解膜,不过通常需要用增塑剂(如甘油、聚乙二醇、甘露醇和山梨醇)处理或与其他材料混合/接枝以形成具有良好机械性能的膜,包括高延伸率,高抗张强度和高抗弯强度。

(3)几丁质和壳聚糖 几丁质结构与纤维素类似,存在于甲壳纲动物的外壳(外骨骼)、真菌细胞壁及其他生物质原料中。几丁质经过碱催化脱乙酰反应得到壳聚糖。壳聚糖对大量致病和致腐的革兰阳性和阴性细菌有抗菌活性,因此已被广泛应用于制备抗菌膜[89]。

（4）海藻酸钠和卡拉胶　海藻酸钠提取自海藻，是海藻酸的盐类，其分子是线性的 D-甘露糖醛酸和 L-古洛糖醛酸共聚物。海藻酸钠与胶凝剂（如钙和镁离子）反应可形成膜。卡拉胶由至少 5 种水溶性半乳糖聚合物混合而成。这两种胶形成的膜亲水性强，对水分子阻隔性差，与钙离子结合能适当减弱其水分子渗透性。

（5）果胶（详见 16.6.2.1）　高甲氧基果胶可以形成高性能膜，柑橘果胶与高直链淀粉混合共同塑化后可形成高强度弹性膜。

（6）芦荟胶　芦荟胶是从多年生的芦荟属肉质植物的软组织细胞中提取得到的，是一种新型的皮肤涂层膜[89]。芦荟胶也有抗菌活性。

蛋白质能作用可食用原料，但是蛋白质可食用膜的开发是最少的[88]。很多蛋白质是农业资源副产物和食品加工下脚料，因此开发蛋白质可食用膜很有意义。通过对蛋白质中的化学活性氨基酸进行物理或化学方法接枝和交联，可以制备新型的蛋白质材料[91]。蛋白质一般是亲水性的，易于吸水，因此蛋白膜会受到温度和 pH 影响。常见的蛋白质可食用膜有：

（1）明胶　是通过对纤维状不可溶的胶原蛋白进行控制水解而得到的，是皮肤、骨和结缔组织的主要成分。明胶中甘氨酸、脯氨酸和羟脯氨酸含量很高，明胶结构包含了亲水性的单链和双链。

（2）玉米蛋白　是玉米胚乳中的醇溶蛋白，可溶于乙醇，有优异的成膜性能。

（3）小麦面筋　是小麦面粉中的一种水不溶性蛋白，包括麦醇溶蛋白和麦谷蛋白。麦醇溶蛋白可溶于 70% 乙醇溶液，而麦谷蛋白不溶。可以通过干燥小麦面筋的乙醇溶液来制备可食用膜。

（4）大豆蛋白　大多数大豆蛋白是不溶于水的，但是能溶解在稀释的中性盐溶液中。大豆蛋白由两个主要的蛋白成分组成，即 7S（大豆伴球蛋白，35%）和 11S（大豆球蛋白，52%），每种蛋白均含有半胱氨酸并以二硫键形式存在。加热豆乳或大豆分离蛋白溶液，在其表面即可形成一层可食用膜[91]。

（5）酪蛋白　是牛乳中的蛋白质，因其结构为无规律线团，因此容易被加工制成各种硬而脆或软而韧的材料[88]。

（6）角蛋白　是从毛发、指甲和羽毛中提取得到的，由于含有大量半胱氨酸（二硫键），角蛋白浓度很低，因此很难加工。加工后可制成完全可生物降解的水溶性塑料，但产品的机械性能相比其他蛋白质仍然很差。可通过混合或压层技术提高其对 RH 的敏感性[88]。

（7）乳清蛋白　是芝士和酸乳生产的副产物，可被加工成软而脆的膜。乳清蛋白是亲水性的，在成膜过程中可加入脂类以降低膜中水分迁移。

可食用膜的效果，已在很多完整的或最低限度加工的果蔬产品中被大量验证[88-90]。由于一般应用对象为苹果、甜椒、柠檬、橙子、黄瓜等产品，所以可食用膜的商业应用效果并不容易精准评价。在最低限度加工产品中，可食用膜可用于苹果、甜瓜、胡萝卜、生菜、香瓜、梨、桃和马铃薯。若涂抹了可食用膜，则需在包装标签上注明，这或许会给消费者以不新鲜的感觉[87]。

可食用膜为产品品质带来的主要效果是防止水分损失和调节产品内部气氛。果蔬中水分向环境的损失是蒸腾作用的结果,因此一般将产品贮藏在高湿度(RH)环境下。清洗和处理果蔬会损伤其天然保护膜,从而加剧产品的水分损失;这种情况在最低限度加工的产品中尤其明显。一般来说,脂类(蜡质和油)是最有效的水蒸气屏障,然后是紫胶,而亲水性的碳水化合物和蛋白质则是效果最差的[90]。

涂膜在产品表面增加了一道气体交换的屏障,因此能够调节产品内部气氛。涂膜产品中 O_2 浓度会降低同时 CO_2 浓度会升高,这种效果类似 MAP 技术。当任一种气体浓度低于8%而高于5%,呼吸作用减弱及生产乙烯会导致延缓熟成和衰老。高透气性的材料,如聚乙烯和巴西棕榈蜡,能控制水分损失但不会改变产品内部气氛和产品的成熟过程。树脂具有低的透气性,因此可以更有效地控制果实成熟。商业过程中可能出现会极端温度,此时树脂可帮助形成不造成损伤的厌氧气体保护层。亲水性的碳水化合物和蛋白质膜也具有调节内部气氛的作用。

抑制熟成和老化对产品品质的影响如下:

(1)外观　光滑闪亮及降低水分损失(枯萎)赋予产品更好的外观。可食用膜能够抑制其他 O_2 参与的代谢过程,包括马铃薯发芽、叶绿素合成和龙葵素合成,青柠和柠檬褪色以及小胡萝卜(baby carrot)表面形成白斑(雾状)。

(2)物理特性　可食用膜可延缓产品紧致程度下降和酸度下降,减少可溶性固形物产生,但具体效果取决于产品类型和可食用膜种类[89]。

(3)风味和营养　可食用膜可影响风味物质合成相关代谢过程,并能将风味物质截留在膜中,从而影响产品风味特性。某些时候,这种效果对产品品质有正面影响,但某些时候,尤其是当厌氧作用产生乙醇时,会产生负面影响。可食用膜能减少多酚类物质和抗氧化物质的损失,但效果取决于产品类型和膜种类[87, 89]。去皮胡萝卜经过涂膜,其中的类胡萝卜素含量要高于未涂膜的;去皮辣椒经过涂膜,其中的抗坏血酸含量也高于未涂膜的。

(4)褐变　经过涂膜后,龙眼、鲜切蘑菇、南瓜和桃的褐变程度及 PPO 活力得到抑制[92]。

(5)腐坏　可食用膜能减轻受创(表面损伤、疤痕、擦伤)带来的条件性致病菌感染。混合了酸化剂或防腐剂的可食用膜能抑制柑橘、黄瓜、马铃薯片和草莓的腐坏[87]。

16.7.5　乙烯

乙烯处理有时是有好处的,有时是不利的,这取决于果蔬种类以及何时进行处理[93]。乙烯对产品的处理效果取决于果蔬品类、种植条件、前期激素处理,以及过去及目前的胁迫状态。何种乙烯浓度会产生不利影响是没有标准的,不同果蔬对乙烯的敏感性差异很大(表16.17)。苹果和梨等跃变型果实所产生的乙烯量高,对乙烯敏感性也高;其他果实(如西蓝花、卷心菜、胡萝卜和草莓等)果实产生的乙烯量低,但对乙烯敏感性也高。大多数非跃变型果实,如樱桃、葡萄、浆果和辣椒,乙烯产量低且对乙烯敏感性低。

表 16.17   可食用植物组织的乙烯生成水平及对乙烯的敏感性

可食用植物组织	乙烯产量	乙烯敏感性
跃变型水果		
苹果,猕猴桃,梨,番荔枝	高	高(0.03~0.1mg/L)
牛油果,哈密瓜,百香果	高	中等(>0.4mg/L)
杏,香蕉,芒果	中等	高(0.03~0.1mg/L)
油桃,木瓜,桃,李,番茄	中等	中等(>0.4mg/L)
蔬菜和非跃变型水果		
西蓝花,抱子甘蓝,卷心菜,胡萝卜	低	高(0.01~0.02mg/L)
花菜,黄瓜,生菜,柿子	低	高(0.01~0.02mg/L)
马铃薯,菠菜,草莓	低	高(0.01~0.02mg/L)
芦笋,豆类,芹菜,柑橘,茄子	低	中等(0.04~0.2mg/L)
朝鲜蓟,浆果,樱桃,葡萄,菠萝	低	低(>0.2mg/L)
辣椒	低	低(>0.2mg/L)

资料来源:Modified from Martinez-Romero, D. et al., Crit. Rev. Food Sci. Nutr., 47, 543, 2007.

乙烯是从液态化合物乙烯利(2-氯乙基膦酸)产生的。采收前用乙烯处理可以催发苹果和番茄变更红。对采后香蕉进行乙烯处理,可加速叶绿素分解,保证香蕉的熟成颜色更均匀;乙烯处理有时也是"即食"牛油果和梨的标准处理过程之一。也能将苹果和其他水果放在同一个纸包中,利用苹果产生的乙烯催熟其他水果。

农民和商超通常更关心乙烯带来的不利反应。用乙烯处理未成熟的跃变型果实能使其成熟提前,但也使绿色蔬菜(如黄瓜、西芹和西蓝花)产生不期望的黄色,同时还有许多负面效果(表16.18)。乙烯处理蔬菜和非跃变型的水果,能提高它们的呼吸频率,这意味着果蔬中贮藏的碳水化合物利用速度加快,水分损失加剧,果蔬加速衰老。这种情况经常发生在将产乙烯的果实与乙烯敏感型果实贮藏在一起。同一个乙烯诱导的反应,对不同的植物组织也是有利有弊。加速叶绿素分解、促进成熟、诱导产生多酚等变化,对于不同产品产生的影响有好有坏(表16.19)。

表 16.18   乙烯对可食用植物组织品质的不利影响

乙烯效应	症状或受影响的器官	可食用植物组织
生理障碍	冷害	柿子,牛油果
	赤褐色斑点	生菜
	表面烫伤	梨,苹果
	内部褐变	梨,桃
脱落	柄	圣女果(小番茄)
	茎	甜瓜
	花萼	柿子

续表

乙烯效应	症状或受影响的器官	可食用植物组织
苦味	异香豆素	胡萝卜,生菜
韧性	木质化	芦笋
异味	挥发	香蕉
发芽	球茎结节	马铃薯,洋葱
颜色	变黄	西蓝花,欧芹,黄瓜
	茎褐变	甜樱桃
褪色	中果皮	牛油果
变软	坚固性	牛油果,芒果,苹果,草莓,猕猴桃,甜瓜

资料来源:Modified from Martinez-Romero, D. et al., Crit. Rev. Food Sci. Nutr., 47, 543, 2007.

表 16.19　　乙烯引起的生理生化反应在不同体系中产生正面或负面影响

乙烯引起的反应	正面影响	负面影响
加速叶绿素流失	柑橘的脱绿	绿色蔬菜的黄化
促进成熟	成熟的跃变型果实	水果过于柔软和粉状
刺激苯丙烷代谢	防御病原体	褐变和苦味

资料来源:Saltveit, M. E., Postharvest Biol. Tec., 15, 279, 1999.

16.7.5.1　避免乙烯作用

若要避免受到乙烯作用、将损伤降到最低,则在种植、分级和包装等过程中就要十分注意。对于跃变型果实,一旦自催化反应开始,就很难减少产品内部自生的乙烯。产品应被快速冷却至最低安全温度,以降低乙烯产生量及降低产品对乙烯的敏感性。应当避免乙烯敏感型产品靠近内燃机引擎(会产生乙烯),在产品搬运过程中应使用电动叉车或隔离车。天然乙烯源如过熟和腐坏的产品,应当被及时从运输和贮藏环节中去除。产乙烯的果蔬和乙烯敏感型果蔬不宜长时间放在一起。零售时,产乙烯的苹果和番茄应避免和敏感型的生菜和黄瓜放在一起;尽管在这些区域通风情况一般很好,一定程度上能降低乙烯的影响。

通风能引入新鲜干净的空气,降低贮藏环境中乙烯的浓度。不过,新鲜空气必须经过冷却,因此通风是高能耗过程。高换气频率会引起冷藏室中相对湿度降低。通风也不适用于 CA 贮藏,甚至也不适合常规环境中保存的包装食品,因为上述情况中气氛组成是被密切控制的。

16.7.5.2　乙烯吸附剂、氧化剂和催化分解

物理吸附或氧化也能降低贮藏环境中乙烯的浓度[94]。活性炭和沸石(多孔硅酸盐)是成熟的吸附剂,已被应用多年。将沸石分散在塑料膜中,能够抑菌及保持产品品质。乙烯可通过不同的方法氧化。高锰酸钾($KMnO_4$)是强氧化剂,可被置于密封包、膜和过滤器中,

但不能将其加入到可食用膜中,因为它具有毒性。已有研究证明高锰酸钾对于一些产乙烯果蔬的贮藏具有良好的效果,但吸附需要巨大的表面积,因此目前高锰酸钾的商业化应用还存在问题。虽然已经开发出特定系统将空气抽导入过滤器以提高吸附效率,但目前还不能满足商业应用要求。

臭氧(O_3)能氧化乙烯,已有文献报道臭氧作为消毒剂可用于延缓成熟、降低霉菌和细菌感染。各种植物组织产品对臭氧的敏感度不同。臭氧并不稳定,因此在保藏过程中要维持臭氧浓度是一件困难的事。

乙烯的催化分解包括两种类型。第一种是金属催化,金属元素能有效催化乙烯氧化为CO_2和水。大多数消除乙烯的研究集中在用 Pd(钯)和 TiO_2(二氧化钛)作为催化剂,活性炭作为催化剂载体。例如,Pd-活性炭可延缓番茄和牛油果的熟成。另一种是光催化,所用到的主要催化剂是 TiO_2,它可被紫外线(波长 300~370nm)激发。光催化的优点包括:将乙烯原位消除;Ti 价格低、对光照稳定、清洁;不影响贮藏环境中的相对湿度;乙烯消除可在室温下完成[94]。主要缺点是需要恒定的紫外线照射,因此不能在包装袋中使用。

16.7.5.3　乙烯的抑制剂

如 2.6 中所述,MA/CA 可抑制产品对乙烯的感知,以及抑制低 O_2 高 CO_2 条件下乙烯的产生量,而最近又开发出一种更有效的防止果蔬感知乙烯的方法。1-甲基环丙烯(1-MCP)是一种环丙烯(图 16.27),它是乙烯感知的竞争性物质。1-MCP通过可逆地与乙烯结合位点结合而阻止乙烯的结合,进而阻止相关信号传导和翻译(16.5.1)。1-

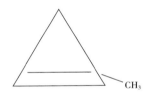

图 16.27　乙烯结合抑制剂 1-甲基环丙烯的分子结构式

MCP 非常活泼,在液体中不稳定,不过现在有一种稳定化方法,即用 α-环糊精与 1-MCP 络合。1-MCP 的商业产品 SmartFresh[SM] Quality System 在短时间内即被园艺工业所采用。1-MCP 没有明显残留,在生理温度下是气体,作用时间短(<24h)且在低浓度下即有效果(1mg/L)。为了尽快抑制乙烯作用,典型的做法是,果蔬采后立即用 1-MCP 处理[95]。

截至 2016 年,1-MCP 已在超过 40 个国家被批准作为调节因子使用。1-MCP 可被用于处理多种果蔬,包括苹果、牛油果、香蕉、西蓝花、黄瓜、枣子、猕猴桃、芒果、甜瓜、油桃、木瓜、桃、梨、辣椒、柿子、菠萝、大蕉、李、南瓜和番茄。每个国家 1-MCP 注册的果蔬应用范围有很大差异,部分取决于该果蔬在该国的重要程度。

在 CA 贮藏案例中,1-MCP 主要用于处理苹果[96]。主要原因是,苹果是大宗产量水果,可在 CA 条件下贮藏长达 12 个月(取决于品种和生长条件)。在某些情况下,果蔬采后立即用 1-MCP 处理,可替代 CA 贮藏,但 CA 和 1-MCP 联合使用更为常见。1-MCP 的优点是可以抑制 CA 贮藏结束后果蔬的快速软化。因此,苹果本身就是一种非常适合 1-MCP 技术的理想水果,因为每一种苹果在采收时都具有爽脆的质构和合适的糖酸比,应用 MCP 技术就可以保持苹果在销售时具有与采收时一样的品质。

MCP 在其他产品上的应用很有限。不同于苹果,很多跃变型水果如牛油果、香蕉、梨和番茄等,需要放置一段时间让其成熟,以保证销售时达到消费者所期望的颜色、质构和风味。1-MCP 浓度低至不抑制果蔬熟成时,也很难作为气体使用。针对这个问题,新的 1-MCP 溶液技术可实现 1-MCP 的成片播撒或浸渍使用,这方面的研究还在持续进行[95]。另一个限制 1-MCP 应用的原因是性价比,某些蔬菜使用 1-MCP 得不偿失。西蓝花变黄是由于储运过程中遭遇了高温和乙烯,这个问题可用 1-MCP 解决,但变黄在西蓝花这种低价商品中并不是普遍存在,因此就没有必要采用 1-MCP。

1-MCP 对果蔬的一些影响效果总结如下:

(1)跃变型水果的熟成的主要特征如软化和变色,以及风味物质的产生与乙烯密切相关,但 1-MCP 处理的效果则与果实种类、品种和成熟度有关。成熟一旦开始,1-MCP 中止成熟的效果就取决于果实本身的属性。一般地,1-MCP 对于快速代谢的果实或处于成熟阶段的果实,作用效果不太明显。这是因为乙烯已经产生,抑制果实对乙烯的感知是困难的。用 1-MCP 处理未成熟的番石榴、番茄和香蕉等水果,可以完全抑制其成熟。

(2)1-MCP 也能影响非跃变型果实,其作用效果能帮助了解在成熟过程中哪些品质变化是依赖于乙烯而哪些是不依赖于乙烯的,包括基因表达的情况(上调或下调)。通常 1-MCP 处理非跃变型果实的效果是抑制叶绿素和蛋白质损失。

(3)1-MCP 可以抑制维生素 C 等功能因子的损失,不过对多酚类化合物的效果要弱一些。

(4)若熟成仅被 1-MCP 延缓但未抑制,那么处理后产品的品质,包括功能因子的水平,通常与未经处理的产品差不多。

(5)衰老或乙烯(内源或外源)诱导产生的生理病害可被 1-MCP 抑制,但由 CO_2 引起的其他问题则会被加剧。冷害是否会加剧或减弱取决于乙烯是否会加剧或减弱这种伤害。

16.7.6　热处理

热处理是一种物理加工,热处理可食用植物组织,可控制虫害、预防腐坏、延长贮藏寿命以及预防生理性病害[97]。三种常用的热处理方法为:①热水浸泡或喷淋;②蒸汽加热(用饱和水蒸气);③静态或加压的热风处理。热水处理(热烫)可以和其他操作(如洗刷)一起进行[98]。

每种产品的热处理温度和时间(从几秒到几天)都是规定的,达到处理目的同时,不能损伤植物组织或对其造成不可恢复的损害。热处理果蔬的效果是众多因素共同作用的结果,包括采收前的环境条件、产品的热生理年龄、热处理温度和时间,产品是否在热处理后即转入贮藏或成熟温度等。热处理对植物产品的影响已有很多研究(如苹果、芦笋、胡萝卜、芹菜、生菜、芒果、桃、木瓜、马铃薯、草莓和番茄),但热处理在商业上的接受程度还受到其他因素制约,如高昂的加热成本。

热处理还会洗去产品表面的微生物孢子、杀灭引起腐坏的微生物或虫子以及改变植物体表面蜡质结构和组成,从而减少腐坏。通过抑制熟成和衰老过程中的代谢过程可以提高产品贮藏品质,热处理对熟成果实的一个重要影响是通过抑制 ACC 氧化酶活力来抑制乙烯的生物合成,同时热处理也降低了植物组织对乙烯的敏感性和蛋白质合成水平[97]。热处理前期植物体的呼吸作用会加快但随后会降低至比未处理果实更低的水平。热处理还能抑制熟成过程中的细胞壁解体、乙烯诱导的类胡萝卜素合成(如番茄红素),以及风味分子和挥发性物质的变化。热处理引起苹果、香蕉、大蕉和番茄等水果的催色是不期望发生的,若处理条件不当,造成的不利影响会无法消除。

热处理也引起热胁迫应激反应,包括一系列热休克蛋白(HSP)表达量上调,也会引起许多熟成相关的基因表达量下调。HSP 的转录和翻译为细胞提供必要的保护蛋白,从而植物表现出热耐受性。若热处理条件不当,这些具有保护作用的蛋白的生物合成就可能减弱,导致热损伤。尽管如此,产品可以经过中温预处理以诱导 HSP 产生,从而获得对高温的抵抗力[97]。另外,热处理后植物产品中脂肪酸饱和度会提高。

16.7.7 离子辐照

食品的离子辐照是将产品用放射性同位素产生的 γ 射线或用电子加速器产生的 X 射线或电子射线进行照射。WHO,FAO 和国际原子能组织认为该技术是安全有效的,不过仍有消费者对辐照有抵触[99]。辐照技术可以破坏植物组织表面有害微生物的 DNA,也能无损地引发一些有益的生理应激效应。辐照没有残留,可减少可食用植物组织的化学品使用。

辐照通过多种作用保持产品品质及降低采后损失,包括降低大肠杆菌和李斯特菌等致病致腐微生物的数量,抑制胡萝卜、洋葱和马铃薯发芽,延长完整的和鲜切果蔬的货架寿命。辐照会影响可食用植物组织的品质,包括产生乙烯、呼吸作用、外观、质构和营养等方面,但一般影响较小[99, 100]。各种产品对辐照的敏感程度不同,不造成产品品质损失的辐照限制强度一般是 1k~2kGy 或略高一些,不过在低于 1 kGy 的照射强度下也会产生一些不期望的变化,包括更严重的软化、抗坏血酸损失,以及在抑制马铃薯发芽同时干扰伤口愈合。鲜切果蔬对辐照的敏感程度低于完整果蔬。应用栅栏技术,即组合采用一系列方法(如MAP、热烫、化学消毒、添加钙盐和抗氧化剂等)来保持产品品质,可以降低辐照的有效剂量率。

16.7.8 其他技术

为了提高可食用植物组织的保藏品质,我们仍然在不断开发研究新技术,包括:

(1)聚胺　参与乙烯生物合成(详见 16.5.1.1 和 16.5.6.1),因此熟成过程中聚胺浓度下降。果蔬采后用聚胺处理,可以提高内源聚胺含量,抑制乙烯合成,保持产品品质并提高产品对机械损伤的抗性[29, 94]。

(2)一氧化氮(详见 16.5.6.2)　作用于一些非跃变型果实能够延缓衰老,部分原因是抑制乙烯合成[16]。NO 目前以熏蒸剂形式使用,或以亚硝基铁氰化钠、S-亚硝基硫醇或二醇二氮烯翁为原料释放,而未来 NO 的应用则需要一种智能化载体或缓释系统[30, 101]。一个替代方案是使用 NO 生物合成的前体物质精氨酸来产生 NO [30]。

随着对方法原理和作用模式的更深入理解认知,上述技术的商业化推广应用有望持续发展。不过,一项技术的商业化应用并不仅取决于其效果。其他因素,如专利保护造成的机会限制、一些果蔬的消费量过小等，造成了技术应用缺乏必要的资金投入，因而无法达到监管批准的要求。

16.8　转基因植物产品

16.8.1　转基因生物

与人类文明同步发展的植物种植与培育，是人类生活从狩猎转变为农业采集的基础。很多植物品种经过驯化后用于农业生产，成为人类膳食中的主食，如大米、小麦、玉米和马铃薯等；植物品种也经过筛选以满足人们对品质、产量和抗病虫害的要求。无论是哪种可食用植物组织，农民一般是根据其可市场销售性（影响到其消费接受性的肉眼可见的品质）和产量来选择种植品种，因为这些因素直接决定了经济效益。如 16.3.4 所述，我们所期望的产品特性有时候与其品质是矛盾的。农民有时倾向于选择机械抵抗性更好的产品，以降低操作过程中的损伤，而高产量的品种可能具有粗糙的表皮而降低食用口感。

除了单纯的筛选天然品种之外，其他方法也被应用于品种培育，包括蓄意杂交和突变育种[102]。许多果蔬品种是通过杂交和筛选得到的（如苹果、草莓、番茄和南瓜），但杂交技术需要两个同种或基因上非常相似的品种，这就产生了技术局限。另外，在转入目标特性的同时，也可能把不期望的特性一同带入。突变育种依赖于品种自发突变，如半矮化型的谷物作物和红色的苹果株，或者对植物的种子、枝条、花粉、组织培养细胞进行物理或化学方法诱变。突变育种是一个随机的、不清楚的过程，可得到原始表型和嵌合体①。

近年来基因技术被用于植物育种，即将编码所需要特性的基因插入到宿主基因中去。一般称为转基因（GM）或转基因生物（GMO）的技术，包括目的基因的插入、上调表达或下调表达。转基因可分为"异源转基因"，即其他物种的基因被插入到植物体中，和"同源转基因"，即只有同种或非常接近的品种的基因作为插入基因。很多商业转基因技术旨在改善作物生长能力，特别是作物对杀虫剂（如草甘膦）、环境胁迫、虫害和病害的抵抗力。转基因技术也被用于将能抵抗环斑病病毒（PRSV）的基因引入木瓜等水果[103]。该领域技术发展非常快，CRISPR 技术可用于基因编辑，其精准性、效率和灵活性都是前所未有的[104]。虽然该技术目前还处于前期发展阶段，但有望用其改变可食用植物组织的代谢过程。

GM 食品的安全性，主要是对人体健康安全风险、环境影响和对自然的感受，都受到了其商业化发展对立集团的质疑[105, 106]。相比美国，欧盟对 GM 食品的质疑和反对更多，因此批准使用 GM 食品的法律阻力也比美国更大[107]。社会经济因素、个体知识和科学背景、家庭教育及宗教等因素均会影响公众对 GM 食品的态度[105]。不过，1994 年以来至少有 36 个国家已批准转基因食品的使用，超过 25 个国家种植转基因作物，种植总面积超过 12140 亿 m^2，从业总人数超过 1700 万人。

对异源转基因食品的安全性评价是基于"实质等同性原则"，将转基因产品的组成与传统非转基因食品进行比较[108, 109]，目的是为了检查转基因是否带来意料之外的变化。可能

---

① 嵌合体：一个以上基因型（遗传组成）的细胞在该植物的组织中相邻生长。

发生的变化包括毒性、致敏性、抗生素抵抗、致癌性以及营养特性的变化(宏量营养素、微量营养素和抗营养素)[110]。对马铃薯、木瓜、红辣椒、番茄、小麦、玉米和水稻中的营养素和天然毒素比较研究显示,所有常规测试(糖类、有机酸、类胡萝卜素、生物碱、VOC、抗氧化剂和矿物质)的结果均为"实质等同"[103, 110, 111]。

对于可食用植物组织,目前很多研究集中于提高营养品质为目标的基因修饰,以及对植物成熟和衰老代谢的基因修饰,以增强保持品质的能力。

16.8.2　营养强化食品作物

农作物的生物强化可以通过在化肥中或在培育过程中,添加合适的矿物质或无机盐来实现;但应用生物技术可以直接有效地、可持续地提高产品品质属性[103, 112]。例如,在大米中插入编码 β-胡萝卜素(维生素 A 的前体)的基因,可以提高维生素 A 的含量[113]。GM 大米,或称为黄金大米,是第一个有目的的被营养强化以对抗营养不良的作物。维生素 A 缺乏每年造成 300 万儿童视力退化。β-胡萝卜素生物强化技术已经拓展到玉米和木薯。

其他 GM 作物的例子包括在大米中插入基因以提高铁元素的生物可利用率和降低植酸(抑制锌元素吸收)水平;对小麦进行改造以提高其锌含量;三重维生素强化的玉米中,β-胡萝卜素、抗坏血酸和叶酸含量都很高;通过生物技术降低小麦中引起乳糜泻的麦醇溶蛋白含量。

目前该领域中一个有意义的课题是"设计师作物",作物中重要的健康功能因子水平得到了提升,例如,植物种子油中 Ω-3 脂肪酸含量增加;在番茄中合成花色苷和白藜芦醇等。

16.8.3　熟成和衰老过程的调控

对可食用植物组织的基因修饰,特别是对番茄的研究,在很多实验室中普遍开展,由此我们对熟成和衰老过程的了解更为深入。

第一种被批准食用的转基因食物是 Flavr Savr 番茄,由美国 Calgene 公司开发。该产品是通过基因技术插入一个细胞壁软化酶 PG(详见 16.6.2)的反义链基因,转基因延长了产品货架期寿命,但没有引起产品硬度提高。该产品在 1994 年到 1997 年间销售[114]。另一种类似的转基因番茄下调了 PG 基因表达,由英格兰 Zeneca 公司开发,用它生产的番茄酱售价降低了 20%。这个在标签上标注了"基因工程食品"的番茄酱,深受市场欢迎,但后来由于反对 GMO 风潮的兴起而停止生产[115]。

最近,美国批准了异源性转基因苹果和马铃薯上市[116]。降低多酚氧化酶(PPO)活性的苹果,褐变程度低,被贴上了 Artic apple 的商标;转基因的"Innate"马铃薯,由 J. R. Simplot 公司开发,被设计为抗黑点瘀伤和褐变,且天冬酰胺含量更低。天冬酰胺含量低可减少丙烯酰胺的产生,丙烯酰胺是一种在马铃薯油炸过程中产生的致癌物质。

16.9　商品的要求

16.9.1　谷物、坚果和植物种子

谷物、坚果和植物种子在没有虫子和低水分活度(防止微生物生长)环境中可被长期保

藏。因此,相对于水果蔬菜,谷物、坚果和植物种子的贮藏环境调节更注重抑制虫害和微生物。

成功保藏这些产品的因素包括[117]:

(1)合理的贮藏结构 贮藏谷物、坚果和植物种子应避免淋雨和积水,尽可能减少环境温度和湿度的影响,排除虫子、啮齿动物和鸟类。

(2)温度控制 温度并不直接影响产品质量,但会影响虫害、霉菌、酵母和细菌等的生长。

(3)湿度控制 谷物、坚果和植物种子所产生的水汽,在颗粒间的空气中与环境湿度达到平衡。相对湿度(RH)应保持≤70%以防止霉菌、酵母和细菌滋生。

取代人造杀虫剂的方法,包括采用加压通风控制温度来调节产品周围的微环境气候,从而防止虫害和污染,同时保持产品品质;也可以用冷藏或加热处理。谷物贮藏环境中的空气,大约占贮藏室50%的体积,具有低O_2高CO_2的组成特征。空气组成可被进一步调节(降低O_2浓度及提高CO_2浓度),以杀灭虫害和抑制微生物生长。物料本身含有的尘土(如黏土、砂子、灰、硅藻土和人造二氧化硅等)和矿尘(如大理石和石灰石),起到干燥剂的作用,能够通过擦伤虫子表皮然后引起水分流失来杀灭虫害。

16.9.2 完整的水果和蔬菜

每一种果蔬,甚至是同种果蔬的不同品种,都有各自明确的贮藏要求,这些要求是16.3和16.7中所述各种因素共同作用的结果,包括:

(1)最大贮藏时间通常取决于果蔬的品种以及采摘时所处的成熟阶段。例如,番茄的贮藏时间远小于苹果,但番茄的贮藏时间根据成熟度不同,可以为几天、几周乃至数月。

(2)最优贮藏温度取决于植物组织对冷害和冻害的敏感程度。相比于温带果蔬,亚热带和热带果蔬的代谢速率更快,对冷害更为敏感。

(3)相对湿度 一般果蔬保藏需要高的相对湿度,因为水分流失会带来外观、质构、风味和质量上的负面影响。水分流失的速率取决于产品固有性质,如角质层和表皮特性,是否存在气孔、皮孔、表皮毛和绒毛。另外贮藏温度影响到蒸腾作用速率。

(4)对低O_2浓度和高CO_2浓度的耐受性。

(5)对乙烯的敏感程度。

食用植物组织的相关推荐规程都是基于它们对上述因素的生理反应而制定的,这些过程可以包括互联网在内的很多途径检索到[83]。在多大程度上按照过程操作依赖于具体的工业生产情况和实际可以达到的水平。例如,一个当地零售超市可能会把数种产品保存在一起,而保藏温度可能对其中某些产品不合适,但由于贮藏时间短,因此品质下降可忽略不计。相反地,一个苹果贮藏仓库,为了实现贮藏10个月的目标,必须非常留意选择合适的贮藏品种、保证快速冷却至最佳贮藏温度、采取辅助手段如1-MCP并快速确立最佳CA。

16.9.3 鲜切(最低限度加工)水果和蔬菜

鲜切果蔬或最低限度加工果蔬具有即食的优点,消费者认为它们是健康食品,因此其消费市场近年来增长很快。食品化学角度看来,鲜切加工对可食用植物组织的影响方面很多[118, 119]。鲜切产品和完整产品最大的区别在于外露的组织切面以及在此产生的生理变化(包括伤口反应)。切割使产品失去了天然表皮的保护,造成组织破坏,使内源酶能够与其底物接触而引发各种反应,还使切面感染到微生物。鲜切加工提高组织的呼吸速率,诱导乙烯产生,加速水分流失,单位体积内的表面积增加进一步加剧水分流失。这些生理变化伴随着风味损失、切口变色和褪色、腐坏、维生素损失、软化加速、干枯以及贮藏期缩短。

生产鲜切产品包括一系列加工环节,为了尽可能减少微生物污染,加工在洁净的环境中进行,温度和湿度均很好地控制[119]。加工环节包括:

(1)物料接收和贮藏。

(2)预先清洗,并根据成熟度和熟成阶段合理地分类,以供鲜切。

(3)预切处理。

(4)去皮(如有必要)。

(5)按规程切割。

(6)清洗和冷却。

(7)沥干。

(8)包装。

在这些步骤中,影响果蔬产品品质的共同因素包括选择适合加工的品种、采前管理、适当的采后保藏温度和方法,以及采收时间和品质的平衡点(图16.4)。一个不太成熟的果实其质构更紧致,更利于操作、运输和贮藏,只是其香气和风味要弱一些。完整的果实自采摘时刻开始,正常的能量来源就被切断了,维持正常采后代谢必须依赖自身贮藏的能量物质。

相对于完整的果蔬,鲜切果蔬产品一般需要采用MAP技术来保持其品质[120]。去除能够阻挡气体扩散的外表皮后,优化的气氛组成中一般O_2浓度会更低,而CO_2浓度会更高。对冷敏感的果蔬鲜切后一般保藏在比完整果蔬更低的温度下,因为那些表现出冷害特征的部分往往在鲜切过程中被去除了,而在较短的贮藏时间内CI症状一般不会显现。

鲜切加工对产品带来明显影响[118],因此需要良好的过程控制。这些影响包括:

(1)机械损伤 相比于钝的刀片,尖锐的刀片造成的伤害要小一些,植物组织的呼吸速率也更低。切块越小,呼吸速率越高,产生的乙烯也越多,乙烯激发的PAL活力也越大。伤口应激包括产生木质素(纤维状)和香豆素(苦味)。营养品质,尤其是维生素C,会随着水分流失而损失,暴露在光照和空气中发生变化,被酶催化分解或化学分解,以及在消毒剂如氯气等作用下损失。尽管如此,维生素的稳定性也依赖于产品类型和温度。MAP技术作为保持鲜切果蔬品质的重要手段,虽然能保护营养物质,但高CO_2浓度也会加速营养物质分解。切割造成的伤口能提高多酚类化合物的浓度和抗氧化能力,研究发现分别可以从26%和191%提高到51%和442%[121]。

(2)酶促褐变 鲜切加工破坏了果蔬细胞壁,使其中的PPO流出,与多酚类化合物混合即催化发生快速褐变,该反应在富含多酚类化合物的果蔬中(苹果、洋蓟、桃、梨和马铃薯)尤其明显。生菜等植物中的多酚类化合物产生和累积都比较少,但切割伤害能够刺激多酚类化合物合成。降低酶促褐变的方法包括添加抗坏血酸等酸化剂或亚硫酸盐,或者采

用 O_2 和高 CO_2 气氛(MAP)。

(3)不希望发生的颜色变化　绿叶菜中叶绿素损失、暴露出黄色或无色的类胡萝卜素会导致不可接受的黄变;形成脱镁叶绿素也会使组织变黄。切割的胡萝卜切面会发白,这是由于切面细胞外层干枯并脱落,暴露出木质素。生菜的粉色或棕色斑(赤褐斑)与组织接触乙烯有关。根据具体症状,控制的措施包括低温保藏、MAP、控制湿度、涂膜以及添加抗氧化剂。

(4)软化　切割过程释放出的果胶酶能造成组织软化,这主要发生在切面。质构也会因为水解而发生变化。通过保持合适的温度和湿度可以控制这些变化。乙烯能加速软化,1-MCP 可以一定程度上控制该反应。鲜切产物通常用钙盐处理以保持紧致的质构。

(5)形成通气组织　芹菜和萝卜的皮层组织①中形成通气组织②是不期望发生的现象。这个问题可以通过低温和 MAP 来控制。

(6)异味和不良风味　大多数常见的异味和不良风味的产生是因为 MAP 中 O_2 浓度过低而 CO_2 浓度过高。选择合适的包装膜、避免温度波动是非常重要的,温度波动会引起植物体呼吸速率变化。另一个原因是伤口刺激产生的次级代谢产物,如磨碎的胡萝卜中产生绿原酸、鲜切的波萝中产生倍半萜等。

(7)半透明化　半透明化是一种生理失调现象,是液体累积在细胞的自由空间中造成的,多见于鲜切的番茄和蜜瓜。引起半透明化的一个预处理因素是组织中钙含量不足。低温和 MAP 能抑制这个问题,而 1-MCP 处理能延缓乙烯引起的反应。

16.10　结论

可食用植物组织包括主食作物、水果和蔬菜,是人类主要的能量来源,提供了蛋白质、碳水化合物、维生素和其他健康因子。2016 年世界人口达到 75 亿,预计到 2050 年可达到 90 亿。食物供给和安全是全球政治稳定的一个重要部分,也是对人类社会的巨大挑战。为了供养全人类,增加可食用植物组织产量是必要的,但同时我们也面临着可耕种土地面积减少、食物分配、动物饲养消耗大量植物资源、环境污染和气候变化等问题。另外,当消费者变得更富有时,他们对产品的要求会越加严苛,如无瑕疵、大小和颜色统一、安全、无病害和虫害,而且通常会强调可持续发展。

这些挑战主要应在种植层面解决,特别是通过品种选育、种植管理来提高产量、稳定产品品质和降低损失。不管在发达国家还是发展中国家,若能降低采摘后产品损失率,都将是食物供应链中一个显著的进步,而且这个目标是有望达到的。很多主食作物不容易腐坏,但大多数可食用植物产品的贮藏期较短。本章概括介绍了可食用植物产品(包括完整产品和鲜切产品)表象背后的食品(生物)化学原理,以及有望用于降低代谢速率、抑制品质下降的各种技术方法。这些技术的应用发展水平不一,有时甚至受限于基本的供电要求。

---

① 皮层组织:和皮层有关,表皮和维管组织之间的非特定细胞。
② 通气组织:柔软的海绵组织,包含大量细胞间空气空间。

某些技术,如基因修饰技术,具有极大的潜力可以改善可食用植物产品的营养品质和贮藏性能,但目前仍存在争议。

参考文献

1. USDA Food Composition Databases, USDA Nutrient Data Laboratory, ndb. nal. usda. gov/ndb/search/list, 2014. Accessed September 30, 2016.

2. Zeeman, S.C., J. Kossmann, and A.M. Smith, Starch: Its metabolism, evolution, and biotechnological modification in plants. *Annual Review of Plant Biology*, 2010. 61:209-234.

3. Food And Agriculture Organization Of The United Nations, FAOSTAT, faostat.fao.org.proxy.library.cornell.edu, 2015. Accessed September 30, 2016.

4. FAO, Global food losses and food waster - Extent, causes and prevention. http://www.fao.org/docrep/014/mb060e/mb060e00.pdf, 2011.

5. Kader, A.A., Increasing food availability by reducing postharvest losses of fresh produce. *Acta Horticulturae*, 2005. 682:2169-2175.

6. Watkins, C.B. and J.H.Ekman, How postharvest technologies affect quality, in *Environmentally Friendly Technologies for Agricultural Produce Quality*, S. Ben-Yoshua, Ed. 2005, CRC Press: Boca Raton, FL, pp. 333-396.

7. Shewfelt, R.L., What is quality? *Postharvest Biology and Technology*, 1999. 15:197-200.

8. Kays, S.J., *Postharvest Physiology of Perishable Plant Products*. 1997, Athens, Greece: Exon Press.

9. Brecht, J.K., M.A. Ritenour, N.F. Haard, and G.W. Chism, Postharvest physiology of edible plant tissues, in *Fennema's Food Chemistry*, S. Damodaran, K.L. Parkin, and O.R. Fennema, Eds. 2008, pp. 975-1049, CRC Press: Boca Raton, FL.

10. Sams, C.E. and W.S. Conway, Preharvest nutritional factors affecting postharvest physiology, in *Postharvest Physiology and Pathology of Vegetables*, J.A. Bartz and J.K. Brecht, Eds. 2003, Marcel Dekker: New York, pp. 161-176.

11. Kader, A.A. and M.E. Saltveit, Respiration and gas exchange, in *Postharvest Physiology and Pathology of Vegetables*, J.A. Bartz and J.K. Brecht, Eds. 2003, Marcel Dekker: New York, pp. 7-30.

12. Ben-Yehoshua, S., R.M. Beaudry, S. Fishman, J. Jayanty, and N. Mir, Modified atmosphere packaging and controlled atmosphere storage, in *Environmentally Friendly Technologies for Agricultural Produce Quality*, S. Ben-Yoshua, Ed. 2005, CRC Press: Boca Raton, FL, pp. 61-112.

13. Dillahunty, A.L., T.J. Siebenmorgen, R.W. Buescher, D.E. Smith, and A. Mauromoustakos, Effect of moisture content and temperature on respiration rate of rice. *Cereal Chemistry*, 2000. 77: 541-543.

14. Trewavas, A.J., Growth substances in context: A decade of sensitivity. *Biochemical Society Transactions*, 1992. 20:102-108.

15. Cherian, S., C.R. Figueroa, and H. Nair, 'Movers and shakers' in the regulation of fruit ripening: A cross-dissection of climacteric versus non-climacteric fruit. *Journal of Experimental Botany*, 2014. 65: 4705-4722.

16. Manjunatha, G., V. Lokesh, and N. Bhagyalakshmi, Nitric oxide in fruit ripening: Trends and opportunities. *Biotechnology Advances*, 2010. 28:489-499.

17. Munné-Bosch, S. and M. Müller, Hormonal cross-talk in plant development and stress responses. *Frontiers in Plant Science*, 2013. 4: 529.

18. Murphy, A., Hormone crosstalk in plants. *Journal of Experimental Botany*, 2015. 66:4853-4854.

19. Gapper, N.E., R.P. McQuinn, and J.J. Giovannoni, Molecular and genetic regulation of fruit ripening. *Plant Molecular Biology*, 2013. 82:575-591.

20. Van de Poel, B. and D. Van der Straeten, 1-Aminocyclopropane-1-carboxylic acid (ACC) in plants: More than just the precursor of ethylene! *Frontiers in Plant Science*, 2014. 5:640.

21. Cara, B. and J.J. Giovannoni, Molecular biology of ethylene during tomato fruit development and maturation. *Plant Science*, 2008. 175:106-113.

22. Ju, C. and C. Chang, Mechanistic insights in ethylene perception and signal transduction. *Plant Physiology*, 2015. 169:85-95.

23. Pech, J.C., M. Bouzayen, and A. Latche, Climacteric fruit ripening: Ethylene-dependent and independent regulation of ripening pathways in melon fruit. *Plant Science*, 2008. 175:114-120.

24. Tromas, A. and C. Perrot-Rechenmann, Recent progress in auxin biology. *Comptes Rendus Biologies*, 2010. 333:297-306.

25. Su, L.Y., G. Diretto, E. Purgatto, S. Danoun, M. Zouine, Z.G. Li, J.P. Roustan, M. Bouzayen, G. Giuliano, and C. Chervin, Carotenoid accumulation during tomato fruit ripening is modulated by the auxin-ethylene balance. *BMC Plant Biology*, 2015. 15: 114.

26. Given, N.K., M.A. Venis, and D. Grierson, Hormonal regulation of ripening in the strawberry, a nonclimac-

teric fruit. *Planta*, 1988. 174:402–406.

27. Ludford, P.M., Hormonal changes during postharvest, in *Postharvest Physiology and Pathology of Vegetables*, J.A. Bartz and J.K. Brecht, Eds. 2003, Marcel Dekker: New York, pp. 31–77.

28. Leng, P., B. Yuan, Y. Guo, and P. Chen, The role of abscisic acid in fruit ripening and responses to abiotic stress. *Journal of Experimental Botany*, 2014. 65: 4577–4588.

29. Valero, D. and M. Serrano, *Postharvest Biology and Technology for Preserving Fruit Quality*. 2010, CRC Press: Boca Raton, FL.

30. Wills, R. B. H., Potential of nitric oxide as a postharvest technology, in *Advances in Postharvest Fruit and Vegetable Technology*, R.B.H. Wills and J. Golding, Eds. 2015, CRC Press: Boca Raton, FL, pp. 191–210.

31. Arasimowicz, M. and J. Floryszak-Wieczorek, Nitric oxide as a bioactive signalling molecule in plant stress responses. *Plant Science*, 2007. 172:876–887.

32. Haubrick, L.L. and S.M. Assmann, Brassinosteroids and plant function: Some clues, more puzzles. *Plant, Cell and Environment*, 2006. 29:446–457.

33. Caffall, K. H. and D. Mohnen, The structure, function, and biosynthesis of plant cell wall pectic polysaccharides. *Carbohydrate Research*, 2009. 344: 1879–1900.

34. Maness, N. and P. Perkins-Veazie, Soluble and storage carbohydrates, in *Postharvest Physiology and Pathology of Vegetables*, J.A. Bartz and J.K. Brecht, Eds. 2003, Marcel Dekker: New York, pp. 361–382.

35. Smith, A.C., K.W. Waldron, N. Maness, and P. Perkins-Veazie, Vegetable texture: Measurement and structural implications, in *Postharvest Physiology and Pathology of Vegetables*, J.A. Bartz and J.K. Brecht, Eds. 2003, Marcel Dekker: New York, pp. 297–330.

36. Stone, B., Cell walls of cereal grains. The Regional Institute, http://www. regional. org. au/au/ cereals/2/ 12stone.htm, 2005.

37. Vicente, A.R., M. Saladie, J.K.C. Rose, and J.M. Labavitch, The linkage between cell wall metabolism and fruit softening: Looking to the future. *Journal of the Science of Food and Agriculture*, 2007. 87: 1435–1448.

38. Carpita, N.C. and D.M. Gibeaut, Structural models of primary-cell walls in flowering plants Consistency of molecular-structure with the physical-properties of the walls during growth. *Plant Journal*, 1993. 3: 1–30.

39. Brummell, D.A., Cell wall disassembly in ripening fruit. *Functional Plant Biology*, 2006. 33:103–119.

40. Saladie, M., A.J. Matas, T. Isaacson, M.A. Jenks, S.M. Goodwin, K.J. Niklas, X.L. Ren, J.M. La-

bavitch, K. A. Shackel, A. R. Fernie, A. Lytovchenko, M.A. O'Neill, C.B. Watkins, and J.K. C. Rose, A reevaluation of thekey factors that influence tomato fruit softening and integrity. *Plant Physiology*, 2007. 144:1012–1028.

41. Lara, I., B. Belge, and L.F. Goulao, The fruit cuticle as a modulator of postharvest quality. *Postharvest Biology and Technology*, 2014. 87:103–112.

42. Mishra, S., A. Haracre, and J. Monro, Food structure and carbohydrate digestibility, in *Carbohydrates—Comprehensive Studies on Glycobiology and Glycotechnology*, C-F. Chang, Ed. 2012, Chapter 13, pp. 289–316, InTech: Rijeka, Croatia. http://www.intechopen.com/books/ carbohydrates-comprehensive-studies-on-glycobiology-and-glycotechnology/food-structure-and-carbohydrate-digestibility.

43. Blenkinsop, R.W., R.Y. Yada, and A.G. Marangoni, Metabolic control of low-temperature sweetening in potato tubers during postharvest storage, J. Janick, Ed. in *Horticultural Reviews*. 2004, John Wiley & Sons, Inc: New York, Volume 30, pp. 317–354.

44. Munoz, F.J., E. Baroja-Fernandez, M.T. Moran-Zorzano, A.M. Viale, E. Etxeberria, N. Alonso-Casajus, and J. Pozueta-Romero, Sucrose synthase controls both intracellular ADP glucose levels and transitory starch biosynthesis in source leaves. *Plant and Cell Physiology*, 2005. 46:1366–1376.

45. Tiessen, A., J.H.M. Hendriks, M. Stitt, A. Branscheid, Y. Gibon, E.M. Farre, and P. Geigenberger, Starch synthesis in potato tubers is regulated by post-translational redox modification of ADP-glucose pyrophosphorylase: A novel regulatory mechanism linking starch synthesis to the sucrose supply. *Plant Cell*, 2002. 14:2191–2213.

46. Serrano, M., F. Guillen, D. Martinez-Romero, S. Castillo, and D. Valero, Chemical constituents and antioxidant activity of sweet cherry at different ripening stages. *Journal of Agricultural and Food Chemistry*, 2005. 53:2741–2745.

47. Lobit, P., M. Genard, B.H. Wu, P. Soing, and R. Habib, Modelling citrate metabolism in fruits: Responses to growth and temperature. *Journal of Experimental Botany*, 2003. 54:2489–2501.

48. Centeno, D.C., S. Osorio, A. Nunes-Nesi, A.L.F. Bertolo, R. T. Carneiro, W. L. Araujo, M. C. Steinhauser, J. Michalska, J. Rohrmann, P. Geigenberger, S. N. Oliver, M. Stitt, F. Carrari, J. K. C. Rose, and A.R. Fernie, Malate plays a crucial role in starch metabolism, ripening, and soluble solid content of tomato fruit and affects postharvest softening. *Plant Cell*, 2011. 23:162–184.

49. Degu, A., B. Hatew, A. Nunes-Nesi, L. Shlizerman, N. Zur, E. Katz, A.R. Fernie, E. Blumwald, and A.

Sadka, Inhibition of aconitase in citrus fruit callus results in a metabolic shift towards amino acid biosynthesis. *Planta*, 2011. 234:501–513.

50. Hu, X.M., C.Y. Shi, X. Liu, L.F. Jin, Y.Z. Liu, and S.A. Peng, Genome-wide identification of citrus ATP citrate lyase genes and their transcript analysis in fruits reveals their possible role in citrate utilization. *Molecular Genetics and Genomics*, 2015. 290:29–38.

51. DeBolt, S., D.R. Cook, and C.M. Ford, L-Tartaric acid synthesis from vitamin C in higher plants. *Proceedings of the National Academy of Sciences of the United States of America*, 2006. 103:5608–5613.

52. Tomas-Barberan, F.A. and J.C. Espin, Phenolic compounds and related enzymes as determinants of quality in fruits and vegetables. *Journal of the Science of Food and Agriculture*, 2001. 81:853–876.

53. Shewry, P.R. and N.G. Halford, Cereal seed storage proteins: Structures, properties and role in grain utilization. *Journal of Experimental Botany*, 2002. 53:947–958.

54. Ekanayake, S., K. Skog, and N.G. Asp, Canavanine content in sword beans (*Canavalia gladiata*): Analysis and effect of processing. *Food and Chemical Toxicology*, 2007. 45:797–803.

55. Larher, F.R., D. Gagneul, C. Deleu, and A. Bouchereau, The physiological functions of nitrogenous solutes accumulated by higher plants subjected to environmental stress. *Acta Horticulturae*, 2007. 279:33–41.

56. Pereira, A. and M. Maraschin, Banana (*Musa* spp) from peel to pulp: Ethnopharmacology, source of bioactive compounds and its relevance for human health. *Journal of Ethnopharmacology*, 2015. 160:149–163.

57. Petersson, E.V., U. Arif, V. Schulzova, V. Krtkova, J. Hajslova, J. Meijer, H.C. Andersson, L. Jonsson, and F. Sitbon, Glycoalkaloid and calystegine levels in table potato cultivars subjected to wounding, light, and heat treatments. *Journal of Agricultural and Food Chemistry*, 2013. 61:5893–5902.

58. Shelp, B.J., G.G. Bozzo, C.P. Trobacher, G. Chiu, and V.S. Bajwa, Strategies and tools for studying the metabolism and function of gamma-aminobutyrate in plants. I. Pathway structure. *Botany-Botanique*, 2012. 90:651–668.

59. Fait, A., H. Fromm, D. Walter, G. Galili, and A.R. Fernie, Highway or byway: The metabolic role of the GABA shunt in plants. *Trends in Plant Science*, 2008. 13:14–19.

60. Whitaker, B.D., Chemical and physical changes in membranes, in *Postharvest Physiology and Pathology of Vegetables*, J.A. Bartz and J.K. Brecht, Eds. 2003, Marcel Dekker: New York, pp. 79–110.

61. Rodriguez-Concepcion, M. and C. Stange, Biosynthesis of carotenoids in carrot: An underground story comes to light. *Archives of Biochemistry and Biophysics*, 2013. 539:110–116.

62. Rodrigo, M.J., B. Alquezar, E. Alos, J. Lado, and L. Zacarias, Biochemical bases and molecular regulation of pigmentation in the peel of citrus fruit. *Scientia Horticulturae*, 2013. 163:46–62.

63. Seymour, G.B., N.H. Chapman, B.L. Chew, and J.K.C. Rose, Regulation of ripening and opportunities for control in tomato and other fruits. *Plant Biotechnology Journal*, 2013. 11:269–278.

64. Simon, P.W., Progress toward increasing intake of dietary nutrients from vegetables and fruits: The case for a greater role for the horticultural sciences. *HortScience*, 2014. 49:112–115.

65. Dixon, J. and E.W. Hewett, Factors affecting apple aroma/flavour volatile concentration: A review. *New Zealand Journal of Crop and Horticultural Science*, 2000. 28:155–173.

66. Sims, C.A. and R. Golaszewski, Vegetable flavor and changes during postharvest storage, in *Postharvest Physiology and Pathology of Vegetables*, J.A. Bartz and J.K. Brecht, Eds. 2003, Marcel Dekker: New York, pp. 7–30.

67. Klee, H.J. and J.J. Giovannoni, Genetics and control of tomato fruit ripening and quality attributes. *Annual Review of Genetics*, 2011. 45:41–59.

68. Davey, M.W., M. Van Montagu, D. Inze, M. Sanmartin, A. Kanellis, N. Smirnoff, I.J.J. Benzie, J.J. Strain, D. Favell, and J. Fletcher, Plant L-ascorbicacid: Chemistry, function, metabolism, bioavailability and effects of processing. *Journal of the Science of Food and Agriculture*, 2000. 80:825–860.

69. Smirnoff, N., Vitamin C: The metabolism and functions of ascorbic acid in plants, in *Advances in Botanical Research*, R.B. Fabrice and D. Roland, Eds. 2011, Academic Press: Cambridge, MA, pp. 107–177.

70. Foyer, C.H. and G. Noctor, Ascorbate and glutathione: The heart of the redox hub. *Plant Physiology*, 2011. 155:2–18.

71. Lee, S.K. and A.A. Kader, Preharvest and postharvest factors influencing vitamin C content of horticultural crops. *Postharvest Biology and Technology*, 2000. 20:207–220.

72. Zhuang, H. and W.S. Barth, The physiological roles of vitamins in vegetables, in *Postharvest Physiology and Pathology of Vegetables*, J.A. Bartz and J.K. Brecht, Eds. 2003, Marcel Dekker: New York, pp. 341–360.

73. Liu, R.H., Health benefits of fruit and vegetables are from additive and synergistic combinations of phytochemicals. *American Journal of Clinical Nutrition*,

2003. 78:517S-520S.

74. Paull, R.E., Effect of temperature and relative humidity on fresh commodity quality.*Postharvest Biology and Technology*, 1999. 15:263-277.

75. Renard, C., C. Ginies, B. Gouble, S. Bureau, and M. Causse, Home conservation strategies for tomato (*Solanum lycopersicum*): Storage temperature vs. duration-Is there a compromise for better aroma preservation? *Food Chemistry*, 2013. 139:825-836.

76. Kader, A.A., *Postharvest Technology of Horticultural Crops*. 2002, Oakland, CA: Regents of the University of California, Division of Agricultural and Natural Resources.

77. Thompson, J.F., Precooling and storage facilities, in *The Commercial Storage of Fruits, Vegetables, and Florist and Nursery Stocks*, in Agricultural Handbook Number 66, Revised, K.C. Gross, C.Y. Wang, and M.E. Saltveit, Eds. 2016. pp. 11-21.

78. Wang,C.Y., Alleviation of chilling injury in tropical and subtropical fruits. 2010. 279:267-273.

79. Lukatkin, A.S., A. Brazaityte, C. Bobinas, and P. Duchovskis, Chilling injury in chilling - sensitive plants: A review. *Zemdirbyste (Agriculture)*, 2012. 99:111-124.

80. Aghdam, M.S. and S. Bodbodak, Postharvest heat treatment for mitigation of chilling injury in fruits and vegetables.*Food and Bioprocess Technology*, 2014. 7: 37-53.

81. Wang, C.Y., Chilling and freezing injury, in *The Commercial Storage of Fruits, Vegetables, and Florist and Nursery Stocks*, in Agricultural Handbook Number 66, Revised, K.C. Gross, C.Y. Wang, and M.E. Saltveit, Eds. 2016. pp. 62-67.

82. Burg,S.P. and E.A. Burg, Molecular requirements for biological activity of ethylene. *Plant Physiology*, 1967. 42:144-152.

83. USDA,*The Commercial Storage of Fruits, Vegetables, and Florist and Nursery Stocks*, in Agricultural Handbook Number 66, Revised, K.C. Gross, C.Y. Wang, and M.E. Saltveit, Eds. 2016.

84. Kader, A.A. and M.E. Saltveit, Atmosphere modification, in *Postharvest Physiology and Pathology of Vegetables*, J.A. Bartz and J.K. Brecht, Eds. 2003, Marcel Dekker: New York, pp. 229-246.

85. Gasser, F., T. Eppler, W. Naunheim, S. Gabioud, and E. Hoehn, Control of the critical oxygen level during dynamic CA storage of apples by monitoring respiration as well as chlorophyll fluorescence. *Acta Horticulturae*, 2008. 796:69-76.

86. Zanella, A. andO. Rossi, Post - harvest retention of apple fruit firmness by 1 - methylcyclopropene (1 - MCP) treatment or dynamic CA storage with chlorophyll fluorescence (DCA - CF). *European Journal of Horticultural Science*, 2015. 80:11-17.

87. Baldwin, E. A., Coatings and other supplementary treatments tomaintain vegetable quality, in *Postharvest Physiology and Pathology of Vegetables*, J.A. Bartz and J.K. Brecht, Eds. 2003, Marcel Dekker: New York, pp. 413-436.

88. Dhall, R.K., Advances in edible coatings for fresh fruits and vegetables: Areview. *Critical Reviews in Food Science and Nutrition*, 2013. 53:435-450.

89. Serrano, M., D. Martinez-Romero, P.J. Zapata, F. Guillen, J.M. Valverde, H.M. Diaz - Mula, S. Castillo, and D. Valero, Advances in edible coatings, in *Advances in Postharvest Fruit and Vegetable Technology*, R.B.H. Wills and J. Golding, Eds. 2015, CRC Press: Boca Raton, FL, pp. 147-166.

90. Baldwin, E.A., Edible coatings, in*Environmentally Friendly Technologies for Agricultural Produce Quality*, S. Ben-Yehoshua, Ed. 2005, Taylor & Francis: Boca Raton, FL, pp. 301-315.

91. Gennadios, A., *Protein - Based Films and Coatings*. 2002, CRC Press: Boca Raton, FL.

92. Falguera,V., J. Pablo Quintero, A. Jimenez, J. Aldemar Munoz, and A. Ibarz, Edible films and coatings: Structures, active functions and trends in their use. *Trends in Food Science & Technology*, 2011. 22: 292-303.

93. Saltveit, M.E., Effect of ethylene on quality of fresh fruits and vegetables. *Postharvest Biology and Technology*, 1999. 15:279-292.

94. Martinez - Romero, D., G. Bailen, M. Serrano, F. Guillen, J.M. Valverde, P. Zapata, S. Castillo, and D. Valero, Tools to maintain postharvest fruit and vegetable quality through the inhibition of ethylene action: A review. *Critical Reviews in Food Science and Nutrition*, 2007. 47:543-560.

95. Watkins, C.B., Advances in the use of1-MCP, in *Advances in Postharvest Fruit and Vegetable Technology*, R.B.H. Wills and J. Golding, Eds. 2015, CRC Press: Boca Raton, FL, pp. 117-146.

96. Watkins, C.B., Overview of 1-methylcyclopropenetrials and uses for edible horticultural crops. *HortScience*, 2008. 43:86-94.

97. Lurie,S., Postharvest heat treatments. *Postharvest Biology and Technology*, 1998. 14:257-269.

98. Fallik, E., Prestorage hot water treatments (immersion, rinsing and brushing).*Postharvest Biology and Technology*, 2004. 32:125-134.

99. Arvanitoyannis, I.S., A.C. Stratakos, and P. Tsarouhas, Irradiation applications in vegetables and fruits: A review. *Critical Reviews in Food Science and Nutrition*, 2009. 49:427-462.

100. Fan,X.T., Irradiation of fresh and fresh-cut fruits and vegetables: Quality and shelf-life, in *Food Irra-*

diation Research and Technology, X. Fan and C. H. Sommers, Eds. 2012, Blackwell: Oxford, U.K., pp. 271–293.

101. Mahajan, P. V., O. J. Caleb, Z. Singh, C. B. Watkins, and M. Geyer, Postharvest treatments of fresh produce. *Philosophical Transactions of the Royal Society A – Mathematical Physical and Engineering Sciences*, 2014. 372: DOI: 10.1098/rsta.2013.

102. Xiong, J. S., J. Ding, and Y. Li, Genome–editing technologies and their potential application in horticultural crop breeding. *Horticulture Research*, 2015. 2: (May 13, 2015).

103. Jiao, Z., J. C. Deng, G. K. Li, Z. M. Zhang, and Z. W. Cai, Study on the compositional differences between transgenic and non–transgenic papaya (*Carica papaya* L.). *Journal of Food Composition and Analysis*, 2010. 23: 640–647.

104. Ledford, H., CRISPR, the disruptor. *Nature*, 2015. 522: 20–24.

105. Hudson, J., A. Caplanova, and M. Novak, Public attitudes to GM foods. The balancing of risks and gains. *Appetite*, 2015. 92: 303–313.

106. Konig, A., A. Cockburn, R. W. R. Crevel, E. Debruyne, R. Grafstroem, U. Hammerling, I. Kimber, I. Knudsen, H. A. Kuiper, A. Peijnenburg, A. H. Penninks, M. Poulsen, M. Schauzu, and J. M. Wal, Assessment of the safety of foods derived from genetically modified (GM) crops. *Food and Chemical Toxicology*, 2004. 42: 1047–1088.

107. Ceccoli, S. and W. Hixon, Explaining attitudes toward genetically modified foods in the European Union. *International Political Science Review*, 2012. 33: 301–319.

108. Commission, C. A., Codex principles and guidelines on foods derived from biotechnology. Codex Alimentarius Commission, Joint FAO/WHO Food Standard Programme. Food and Agriculture Organization of United Nations, Rome, Italy, 2003.

109. OECD, Safety evaluation of foods derived from modern biotechnology, concepts and principles. Organization for Economic Cooperation and Development, Paris, France, 1993.

110. Venneria, E., S. Fanasca, G. Monastra, E. Finotti, R. Ambra, E. Azzini, A. Durazzo, M. S. Foddai, and G. Maiani, Assessment of the nutritional values of genetically modified wheat, corn, and tomato crops. *Journal of Agricultural and Food Chemistry*, 2008. 56: 9206–9214.

111. Bhandari, S. R., S. Basnet, K. H. Chung, K. H.

Ryu, and Y. S. Lee, Comparisons of nutritional and phytochemical property of genetically modified CMV–resistant red pepper and its parental cultivar. *Horticulture Environment and Biotechnology*, 2012. 53: 151–157.

112. Hefferon, K. L., Nutritionally enhanced food crops: Progress and perspectives. *International Journal of Molecular Sciences*, 2015. 16: 3895–3914.

113. Xudong, Y., S. Al–Babili, A. Kloeti, Z. Jing, P. Lucca, P. Beyer, and I. Potrykus, Engineering the provitamin A (beta–carotene) biosynthetic pathway into (carotenoid – free) rice endosperm. *Science*, 2000. 287: 303–305.

114. Weasel, L. H., *Food Fray*, 2009. Amacom Publishing: New York.

115. Grierson, D., Identifying and silencing tomato ripening genes with antisense genes. *Plant Biotechnology Journal*, 2016. 14: 835–838.

116. FDA, FDA concludes arctic apples and innate potatoes are safe for consumption, http://www.fda. gov/NewsEvents/Newsroom/PressAnnouncements/ ucm 439121. htm, U. S. F. a. D. Administration, Ed. 2015.

117. Navarro, S. and J. Donahaye, Innovative environmentally friendly technologies to maintain quality of durable agricultural produce, in *Environmentally Friendly Technologies for Agricultural Produce Quality*, S. Ben–Yoshua, Ed. 2005, CRC Press: Boca Raton, FL, pp. 205–262.

118. Artes, F., P. A. Gomez, and F. Artes–Hernandez, Physical, physiological and microbial deterioration of minimally fresh processed fruits and vegetables. *Food Science and Technology International*, 2007. 13: 177–188.

119. Barrett, D. M., J. C. Beaulieu, and R. L. Shewfelt, Color, flavor, texture, and nutritional quality of freshcut fruits and vegetables: Desirable levels, instrumental and sensory measurement, and the effects of processing. *Critical Reviews in Food Science and Nutrition*, 2010. 50: 369–389.

120. Oliveira, M., M. Abadias, J. Usall, R. Torres, N. Teixido, and I. Vinas, Application of modified atmosphere packaging as a safety approach to fresh–cut fruits and vegetables—A review. *Trends in Food Science & Technology*, 2015. 46: 13–26.

121. Reyes, L. F., J. E. Villarreal, and L. Cisneros–Zevallos, The increase in antioxidant capacity after wounding depends on the type of fruit or vegetable tissue. *Food Chemistry*, 2007. 101: 1254–1262.